IUPAC Periodic Table of the Elements

Key:

atomic number **Symbol** name standard atomic weight

1	2	3	4	5	6	7	8	9	10	11	12	13	14	15	16	17	18
1 **H** hydrogen [1.007; 1.009]																	2 **He** helium 4.003
3 **Li** lithium [6.938; 6.997]	4 **Be** beryllium 9.012											5 **B** boron [10.80; 10.83]	6 **C** carbon [12.00; 12.02]	7 **N** nitrogen [14.00; 14.01]	8 **O** oxygen [15.99; 16.00]	9 **F** fluorine 19.00	10 **Ne** neon 20.18
11 **Na** sodium 22.99	12 **Mg** magnesium 24.31											13 **Al** aluminium 26.98	14 **Si** silicon [28.08; 28.09]	15 **P** phosphorus 30.97	16 **S** sulfur [32.05; 32.08]	17 **Cl** chlorine [35.44; 35.46]	18 **Ar** argon 39.95
19 **K** potassium 39.10	20 **Ca** calcium 40.08	21 **Sc** scandium 44.96	22 **Ti** titanium 47.87	23 **V** vanadium 50.94	24 **Cr** chromium 52.00	25 **Mn** manganese 54.94	26 **Fe** iron 55.85	27 **Co** cobalt 58.93	28 **Ni** nickel 58.69	29 **Cu** copper 63.55	30 **Zn** zinc 65.38(2)	31 **Ga** gallium 69.72	32 **Ge** germanium 72.63	33 **As** arsenic 74.92	34 **Se** selenium 78.96(3)	35 **Br** bromine 79.90	36 **Kr** krypton 83.80
37 **Rb** rubidium 85.47	38 **Sr** strontium 87.62	39 **Y** yttrium 88.91	40 **Zr** zirconium 91.22	41 **Nb** niobium 92.91	42 **Mo** molybdenum 95.96(2)	43 **Tc** technetium	44 **Ru** ruthenium 101.1	45 **Rh** rhodium 102.9	46 **Pd** palladium 106.4	47 **Ag** silver 107.9	48 **Cd** cadmium 112.4	49 **In** indium 114.8	50 **Sn** tin 118.7	51 **Sb** antimony 121.8	52 **Te** tellurium 127.6	53 **I** iodine 126.9	54 **Xe** xenon 131.3
55 **Cs** caesium 132.9	56 **Ba** barium 137.3	57-71 lanthanoids	72 **Hf** hafnium 178.5	73 **Ta** tantalum 180.9	74 **W** tungsten 183.8	75 **Re** rhenium 186.2	76 **Os** osmium 190.2	77 **Ir** iridium 192.2	78 **Pt** platinum 195.1	79 **Au** gold 197.0	80 **Hg** mercury 200.6	81 **Tl** thallium [204.3; 204.4]	82 **Pb** lead 207.2	83 **Bi** bismuth 209.0	84 **Po** polonium	85 **At** astatine	86 **Rn** radon
87 **Fr** francium	88 **Ra** radium	89-103 actinoids	104 **Rf** rutherfordium	105 **Db** dubnium	106 **Sg** seaborgium	107 **Bh** bohrium	108 **Hs** hassium	109 **Mt** meitnerium	110 **Ds** darmstadtium	111 **Rg** roentgenium	112 **Cn** copernicium		114 **Fl** flerovium		116 **Lv** livermorium		

57 **La** lanthanum 138.9	58 **Ce** cerium 140.1	59 **Pr** praseodymium 140.9	60 **Nd** neodymium 144.2	61 **Pm** promethium	62 **Sm** samarium 150.4	63 **Eu** europium 152.0	64 **Gd** gadolinium 157.3	65 **Tb** terbium 158.9	66 **Dy** dysprosium 162.5	67 **Ho** holmium 164.9	68 **Er** erbium 167.3	69 **Tm** thulium 168.9	70 **Yb** ytterbium 173.1	71 **Lu** lutetium 175.0
89 **Ac** actinium	90 **Th** thorium 232.0	91 **Pa** protactinium 231.0	92 **U** uranium 238.0	93 **Np** neptunium	94 **Pu** plutonium	95 **Am** americium	96 **Cm** curium	97 **Bk** berkelium	98 **Cf** californium	99 **Es** einsteinium	100 **Fm** fermium	101 **Md** mendelevium	102 **No** nobelium	103 **Lr** lawrencium

INTERNATIONAL UNION OF
PURE AND APPLIED CHEMISTRY

Notes

- IUPAC 2009 Standard atomic weights abridged to four significant digits (Table 4 published in *Pure Appl. Chem.* 83, 359-396 (2011); doi:10.1351/PAC-REP-10-09-14). The uncertainty in the last digit of the standard atomic weight value is listed in parentheses following the value. In the absence of parentheses, the uncertainty is one in that last digit. An interval in square brackets provides the lower and upper bounds of the standard atomic weight for that element. No values are listed for elements which lack isotopes with a characteristic isotopic abundance in natural terrestrial samples. See PAC for more details.

- "Aluminum" and "cesium"are commonly used alternative spellings for "aluminium"and "caesium."

- Claims for the discovery of all the remaining elements in the last row of the Table, namely elements with atomic numbers 113,115,117 and 118, and for which no assignments have yet been made, are being considered by a IUPAC and IUPAP Joint Working Party.

For updates to this table, see iupac.org/reports/periodic_table/. This version is dated 1 June 2012.

본문 그림

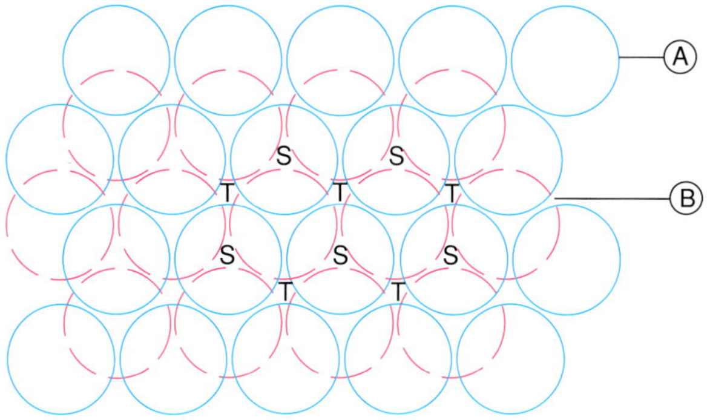

그림 1.17 A와 B 위치에 각각 배열된 두 개의 조밀 쌓임 층. B 층은 그림 1.16의 P 위치에 해당.

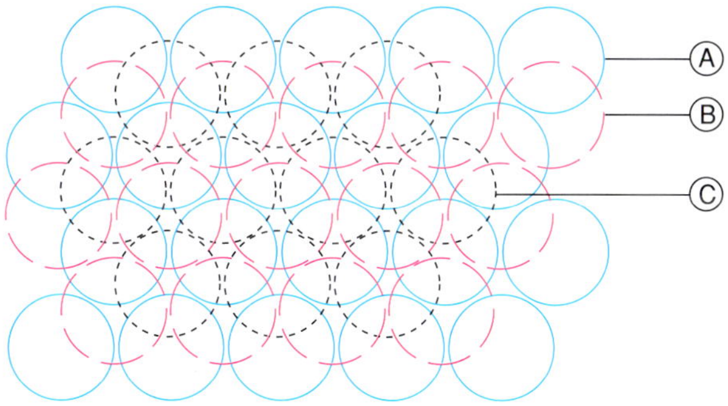

그림 1.18 *ccp* 순서로 배열된 3개의 조밀 쌓임 층.

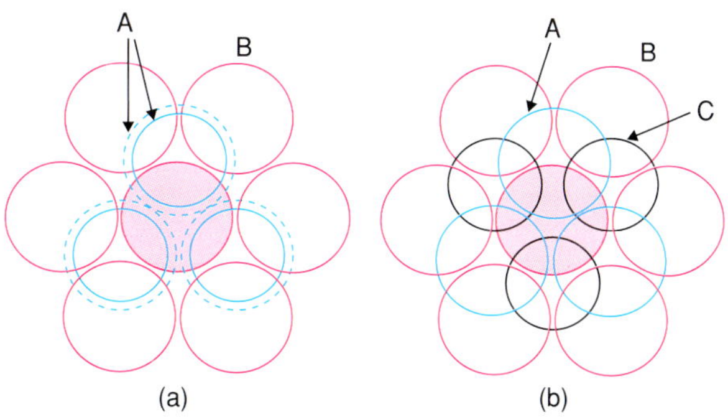

그림 1.19 (a) *hcp* 구조와 (b) *ccp* 구조에서 음영 표시된 원자를 중심으로 한 12배위 환경.

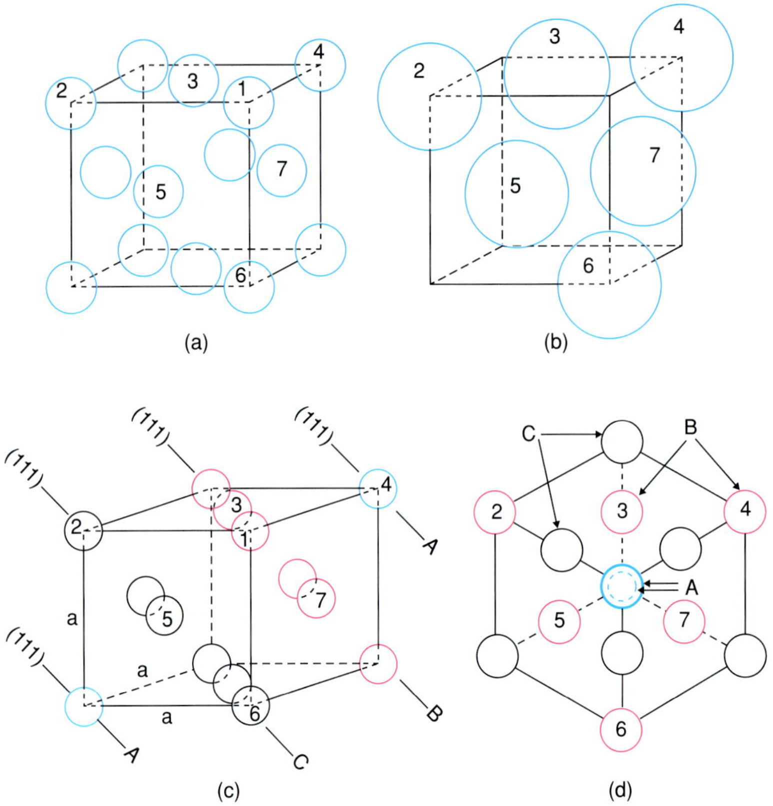

그림 1.20 면심 입방 *fcc* 단위세포와 *ccp* 배열된 구의 단위세포.

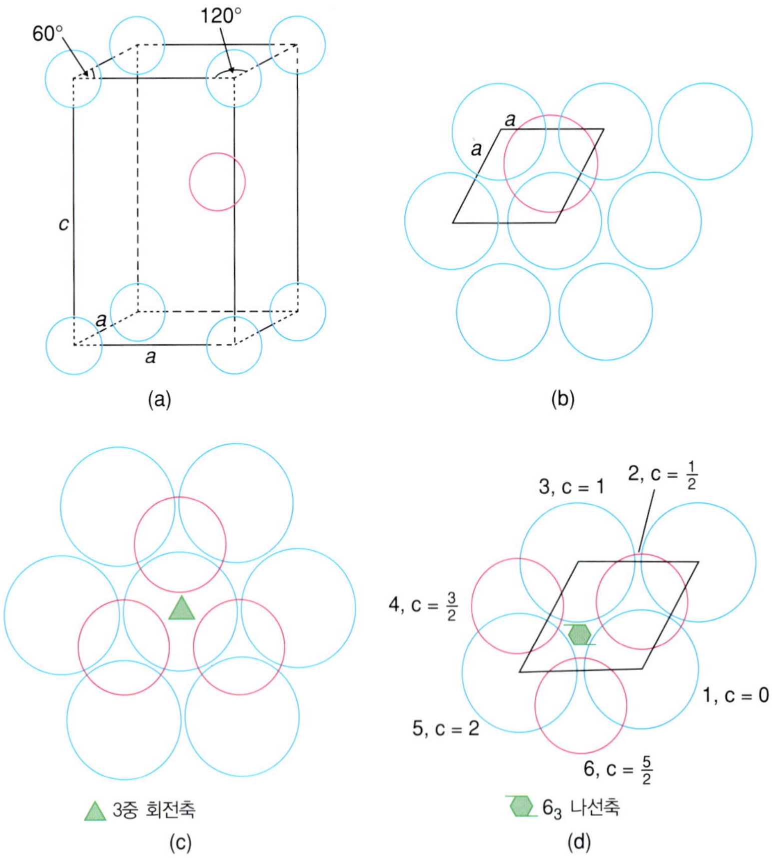

그림 1.21 (a, b) 구의 *hcp* 배열로 형성된 육방 단위세포와 (c) 3중 회전축, (d) 6_3 나선축

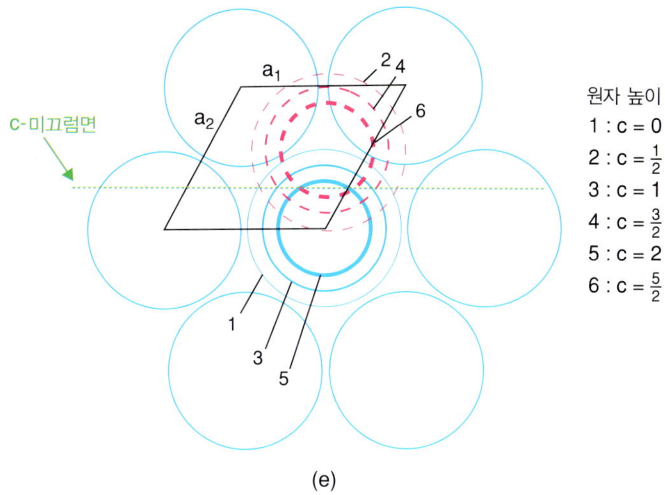

그림 1.21 (계속) (e) c-미끄럼면.

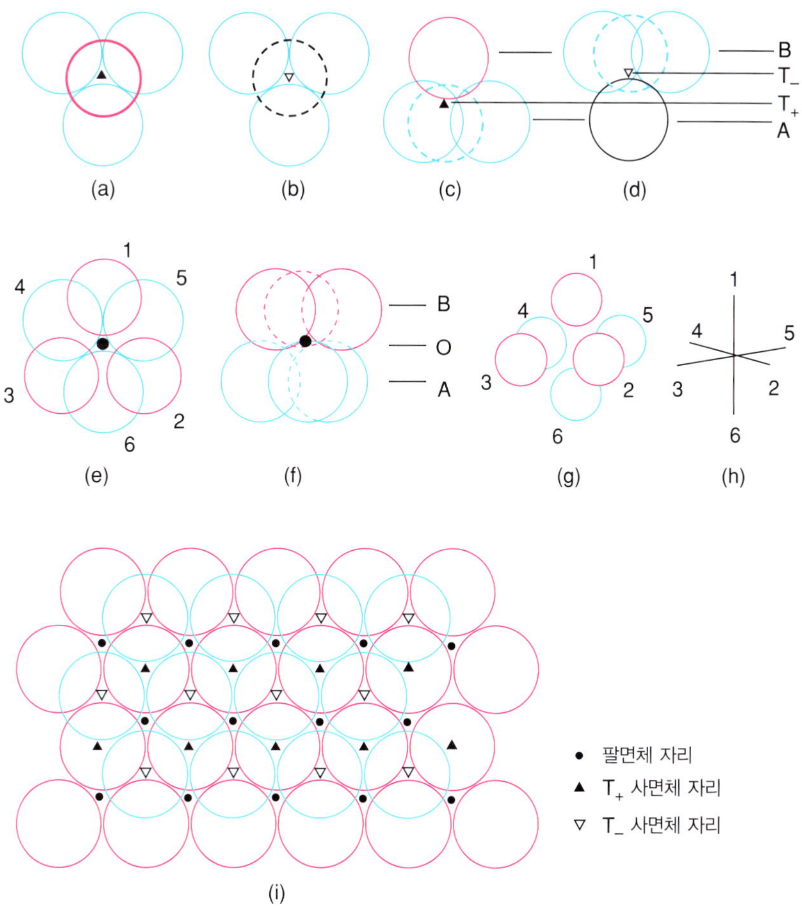

그림 1.23 인접한 음이온 cp 층 (A, B) 사이에 존재하는 사면체 자리(T_+, T_-)와 팔면체 자리(O). (a, b) 3중 회전축을 따라 투사된 T_+ 자리와 T_- 자리. (c, d) 측면에서 바라본 사면체 자리. (e) 3중 회전축을 따라 투사된 팔면체 자리와 (f) 측면에서 바라본 팔면체 자리. (g, h) 팔면체 자리의 보편적 표현. (i) 두 cp 층 사이에 분포된 T_+, T_-, O 자리.

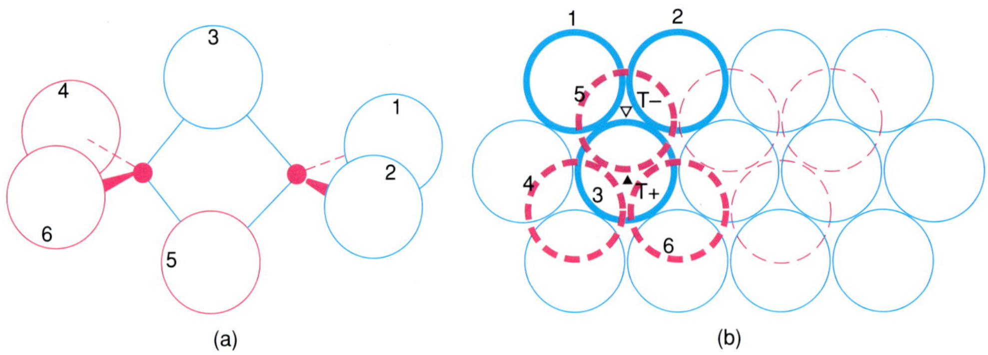

그림 1.26 (a) 결정성 Al_2Br_6에서 Br 원자의 배열; (b) Al 원자는 T_+와 T_- 자리를 채움.

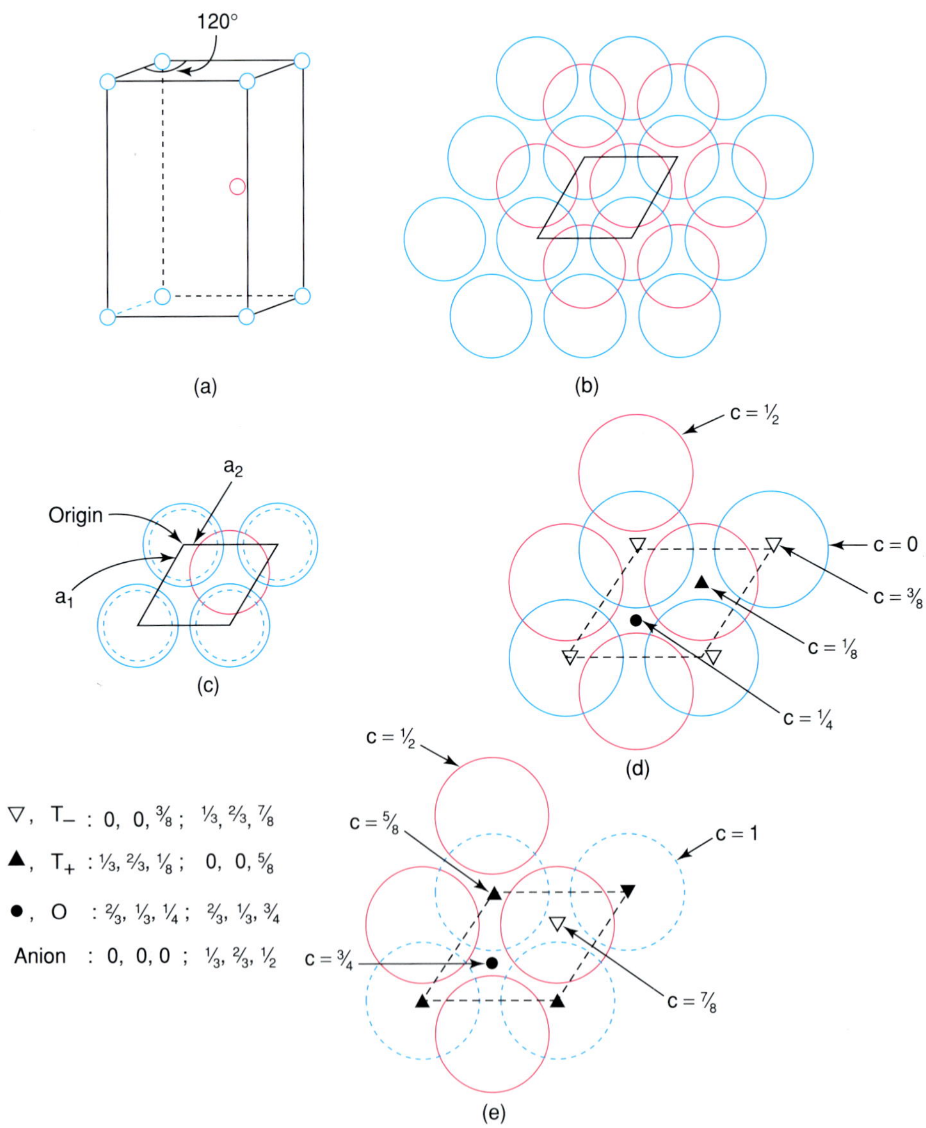

그림 1.35 섬유아연석 구조와 NiAs 구조: (a–c) *hcp* 음이온 배열의 육방 단위세포; (d, e) *hcp* 배열의 틈새자리

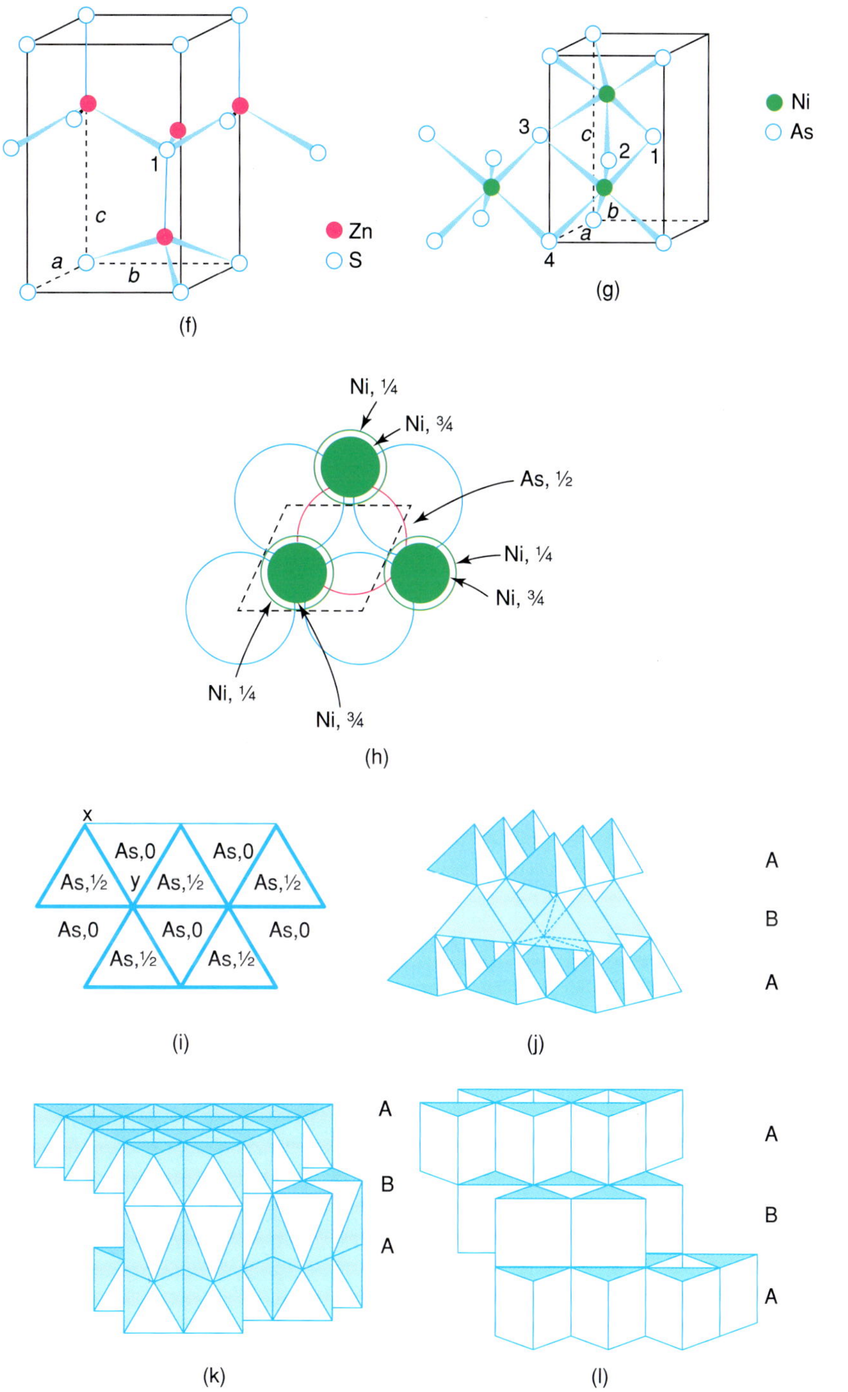

그림 1.35 (계속) (f, g) 섬유아연석 ZnS와 NiAs의 구조; (h, i) NiAs에서 As의 삼각기둥 배위; (j, k, l) ZnS와 NiAs의 구조 모형에서 다면체의 연결 배열.

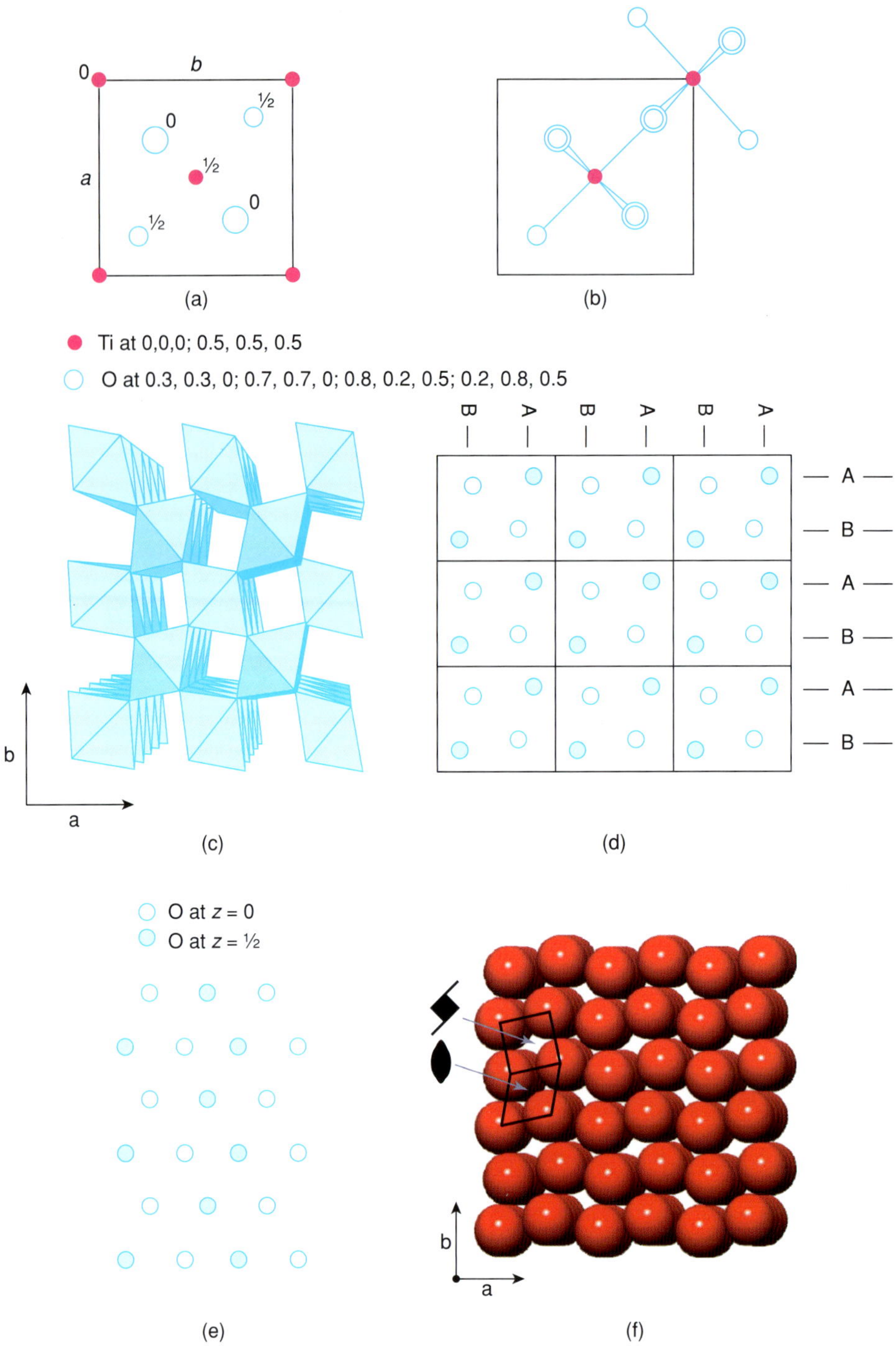

그림 1.37 루틸 TiO_2의 구조: (a) 단위세포; (b) 단위세포에서 TiO_6 팔면체의 두 가지 배향; (c) 3차원 상 팔면체 배열; (d) 지그재그 배열된 산소 원자; (e) 이상적 *hcp* 구조에서 산소 원자의 투사; (f) 구조의 [001] 방향 투사에서 나타나는 4중 나선축과 2중 회전축.

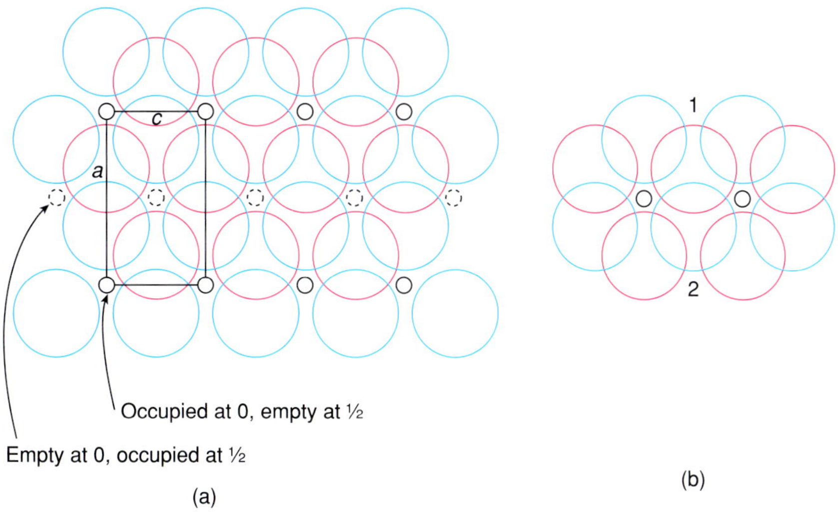

그림 1.38 (a) 이상적 *hcp* 배열에서 팔면체 자리; (b) 모서리 공유된 팔면체.

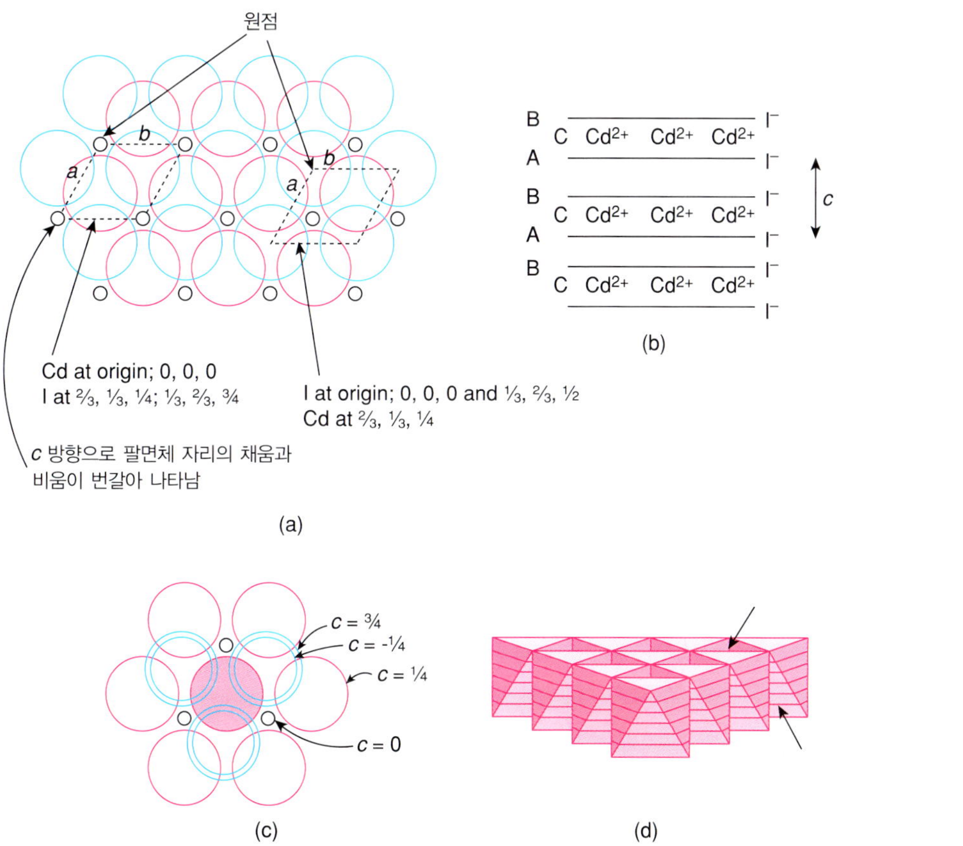

그림 1.39 CdI_2 구조: (a) 육방 단위세포의 바닥 면 윤곽에서 선택 가능한 원점 두 가지; (b) c-축 방향의 층 쌓임 순서; (c) I의 배위 환경; (d) 팔면체의 꼭짓점 공유로 형성된 층; 화살표는 비어 있는 사면체 자리를 가리킴.

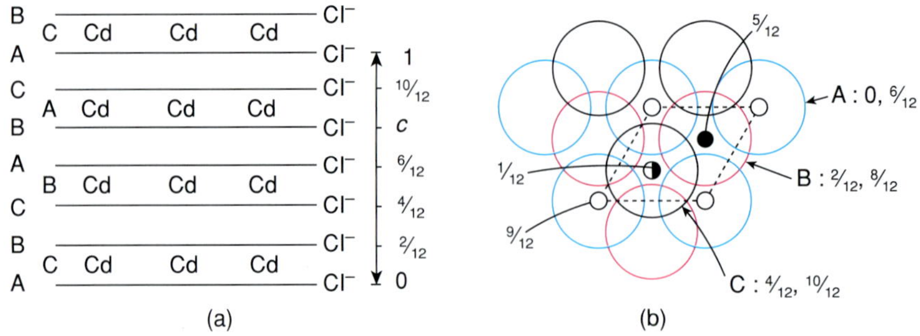

그림 1.40 $CdCl_2$ 구조.

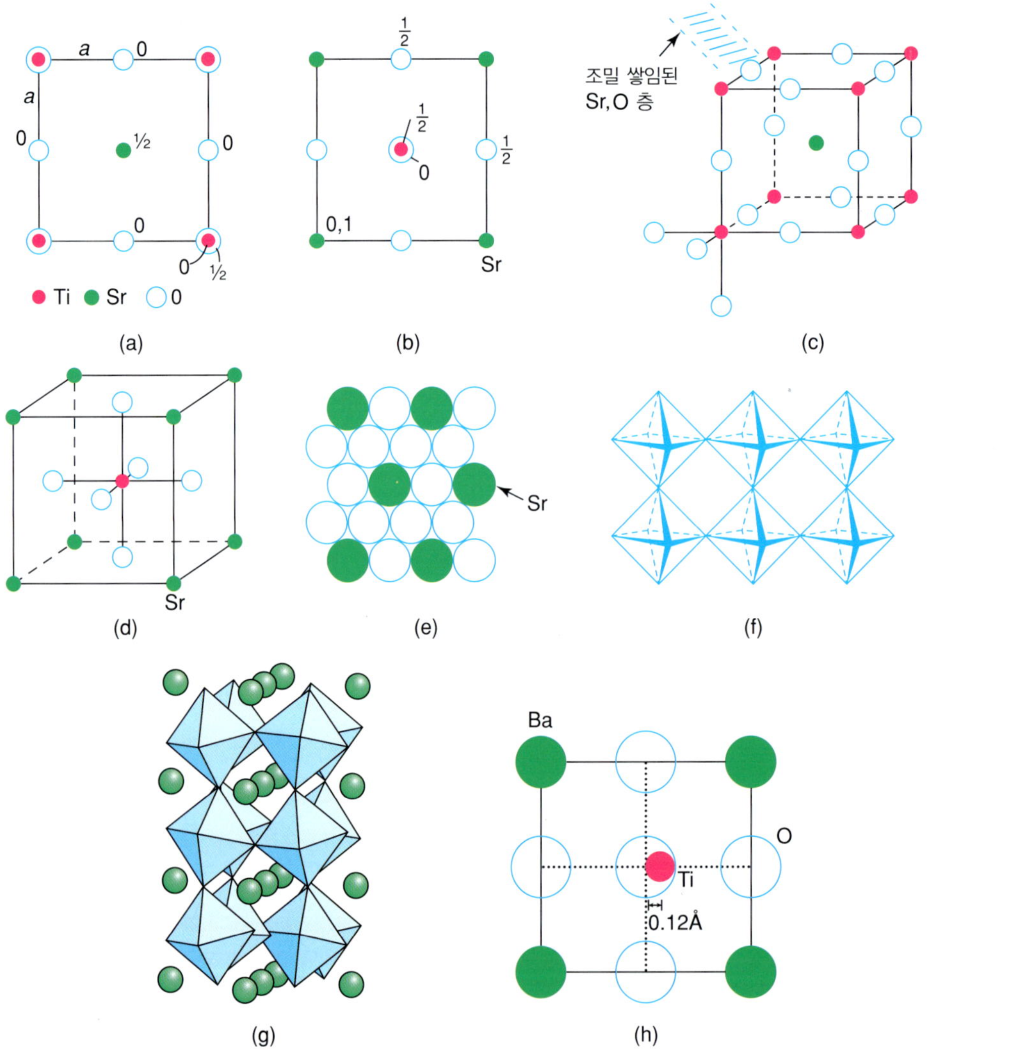

그림 1.41 (a–d) 페로브스카이트 $SrTiO_3$의 구조. (e) 조밀 쌓임된 Sr,O 층. (f) 꼭짓점 공유된 팔면체의 층. (g) $GdFeO_3$ 구조. (h) *ac* 평면에 투사된 정방 $BaTiO_3$의 구조. (b)에서 Ti를 단위세포 원점에 위치시킨 데 비해 (h)에서는 Ba가 원점에 놓였음을 유의하라. Adapted with permission from Weller, Inorganic Materials Chemistry, © 1994 Oxford University Press.

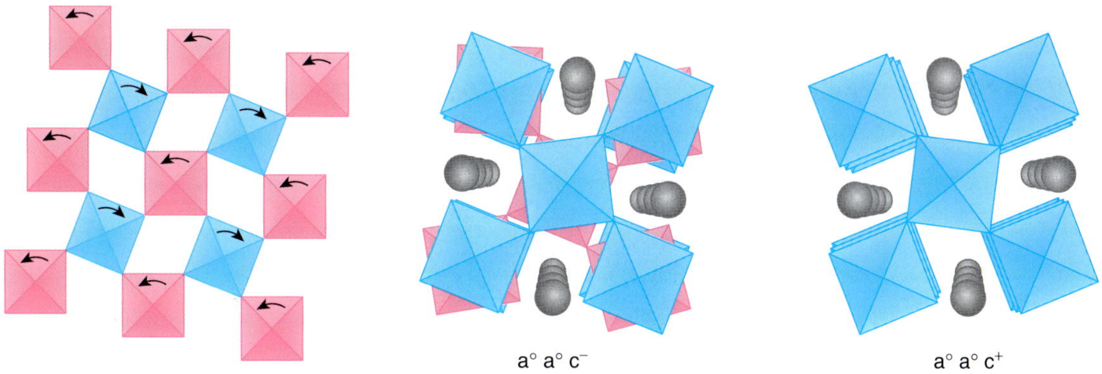

그림 1.41 (계속) (i) 꼭짓점 공유된 팔면체의 2차원 판에서 일어나는 짝지음 회전. (j, k) $a^0a^0c^-$와 $a^0a^0c^+$ 유형의 팔면체 기울어짐을 c-축 방향으로 내려다 본 모양: A 자리 양이온은 구형체로 표시되어 있고 B 자리 양이온은 팔면체 중심에 위치함. Adapted with permission from Lufaso and Woodward, Acta Cryst., B57, 725–738, © 2001 International Union of Crystallography.

CCTO ($CaCu_3Ti_4O_{12}$)

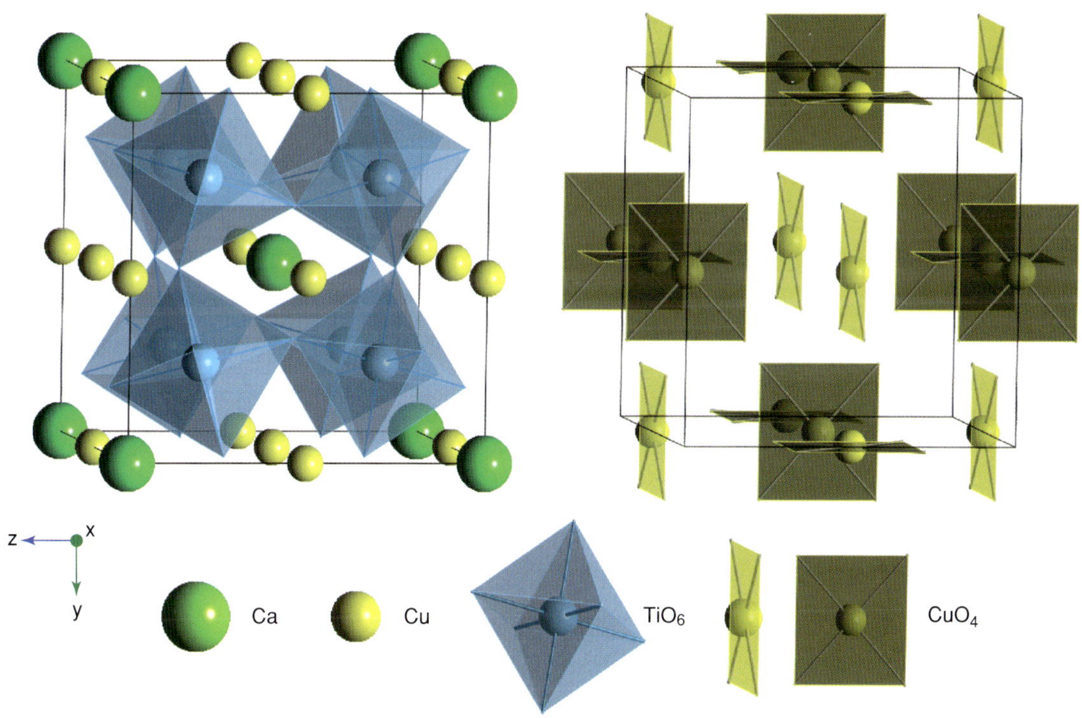

Atom	Wyckoff positions	x	y	z
Ca	2a	0	0	0
Cu	6b	0	0.5	0.5
Ti	8c	0.25	0.25	0.25
O	24g	0.3029(1)	0.1790(1)	0

Cubic : a = 7.3818 Å

Space Group : Im $\overline{3}$ (No. 204)

(a)

그림 1.42 (a) $CaCu_3Ti_4O_{12}$의 결정 구조. Data taken from E. S. Bozin et al., J. Phys. Condens. Matter, 16, S5091–S5102, © 2004 IOP Publishing.

Brownmillerite [$Ca_2(Fe,Al)_2O_5$]

Atom	Wyckoff positions	x	y	z
Ca	8d	0.48141(6)	0.10802(3)	0.02331(6)
(Al, Fe) Site 1	4a	0	0	0
(Al, Fe) Site 2	4c	0.94628(6)	0.25	0.93351(6)
O1	8d	0.2622(2)	0.98432(8)	0.2375(2)
O2	8d	0.0236(2)	0.14090(9)	0.0723(2)
O3	4c	0.5992(3)	0.25	0.8736(3)

Orthorhombic : a = 5.4217, b = 14.7432, c = 5.5960 Å

Space Group : Pnma (No. 62)

(b)

그림 1.42 (계속) (b) Brownmillerite 구조. Data taken from G. J. Redhammer et al., Am. Miner., 89, 405−420, © 2004 The Mineralogical Society of America (MSA).

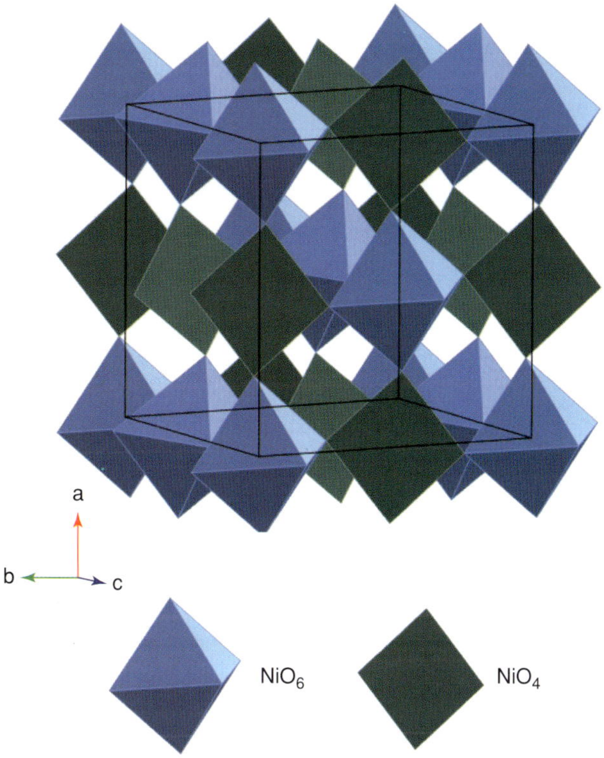

Atom	Wyckoff positions	x	y	z	f_{occ}
La	8f	0.2483(7)	0.2601(6)	0.2510(6)	1.0
Ni1	4a	0	0	0	0.5
Ni2	4b	0	0.5	0	0.5
O1	8f	0.2618(8)	0.0348(5)	0.0282(6)	1.0
O2	8f	−0.0295(6)	0.2669(9)	0.0429(5)	1.0
O3	4e	0	−0.054(1)	0.25	0.5
O4	4e	0	0.49(1)	0.25	0.06(1)

Monoclinic : a = 7.8426, b = 7.7988, c = 7.4720 Å, β = 93.859°

Space Group : C2/c (No. 15)

Tilt system:- $a^-a^-c^-$: antiphase tilt along the three axes.

(c)

그림 1.42 (계속) (c) $La_2Ni_2O_5$ 구조. Data taken from J. A. Alonso et al., J. Phys. Condens. Matter, 9, 6417–6426, © 1997 IOP Publishing.

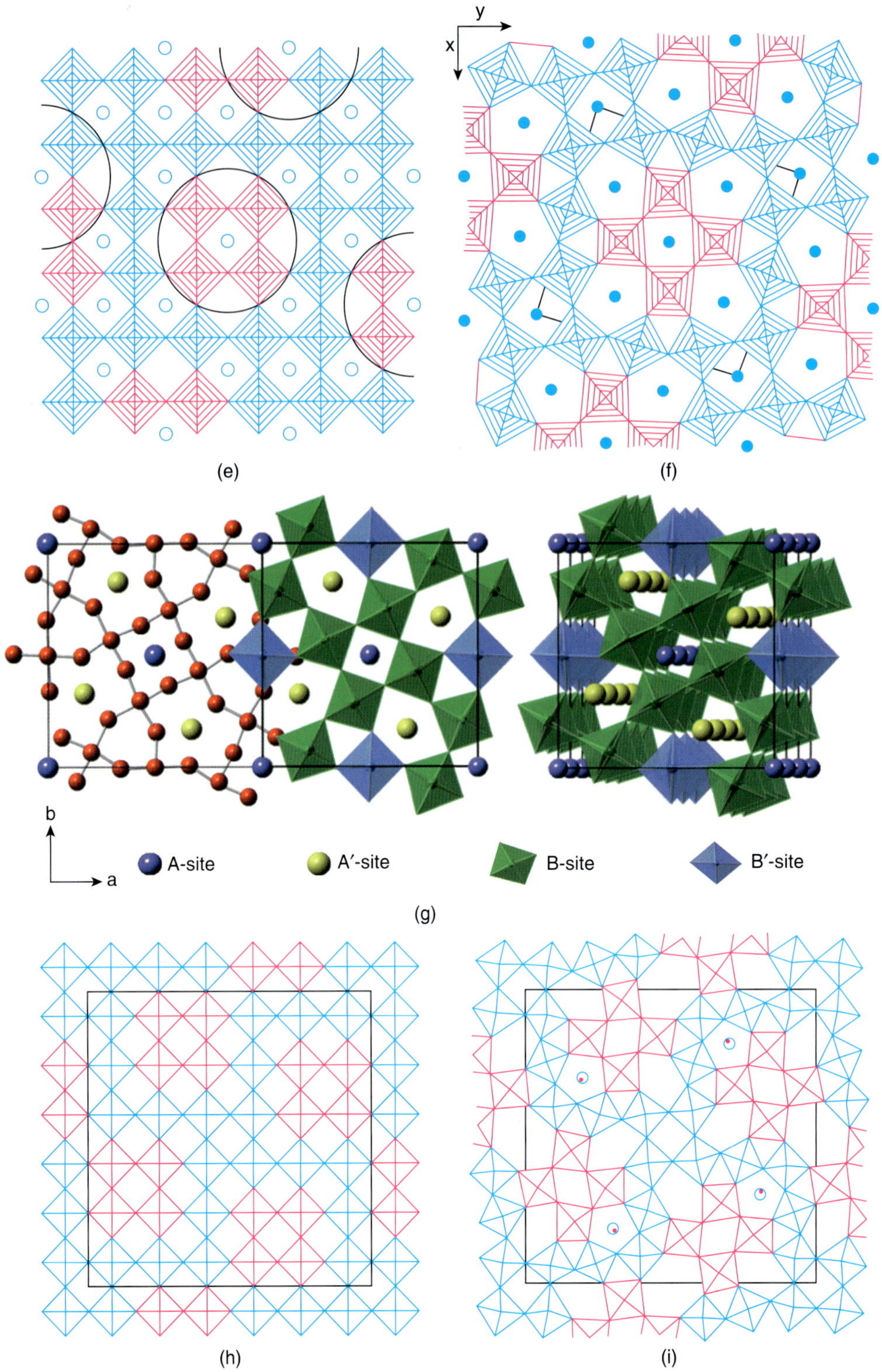

그림 1.43 (e, f) 정방 텅스텐 브론즈 (TTB) 구조, (g) $Ba_2LaTi_2Nb_3O_{15}$의 TTB 구조, (h, i) Mo_5O_{14}의 터널 구조.

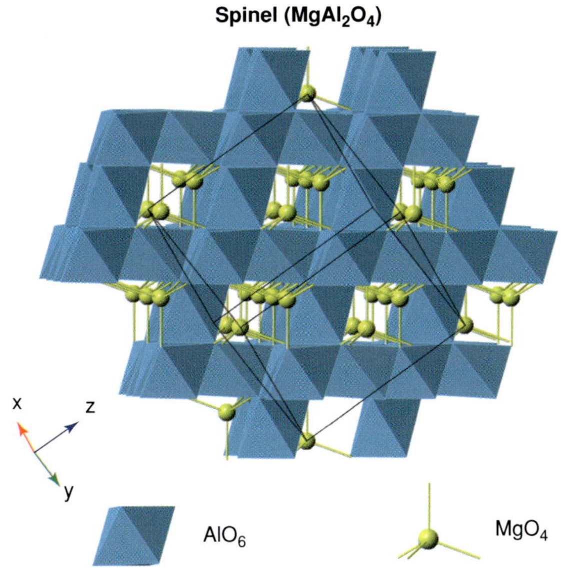

Atom	Wyckoff positions	x	y	z
Mg	8a	0	0	0
Al	16d	0.625	0.625	0.625
O	32e	0.3873(1)	0.3873(1)	0.3873(1)

Cubic : a = 8.0806 Å

Space Group : $Fd\bar{3}m$ (No. 227)

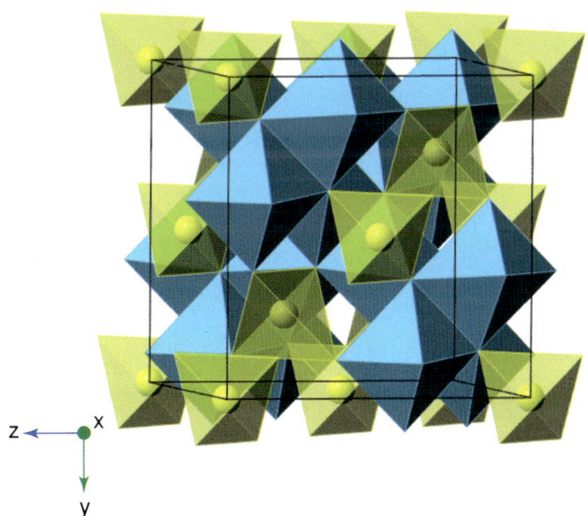

(f)

그림 1.44 (f) 스피넬 $MgAl_2O_4$ 구조에 대한 두 가지 관점: 각각에서 AlO_6 팔면체 골격, 또는 통로 자리에 위치한 MgO_4 사면체가 강조됨.

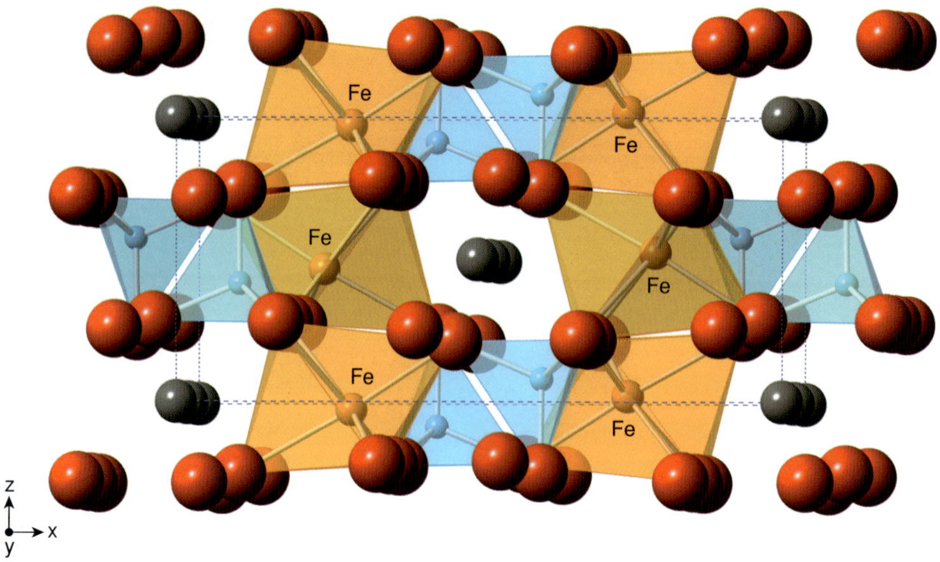

그림 1.45 감람석 $LiFePO_4$의 구조. Adapted from J. J. Biendicho and A. R.West, Solid State Ionics, 203, 33–36 © 2011, Elsevier. Reproduced under the terms of the STM Agreement.

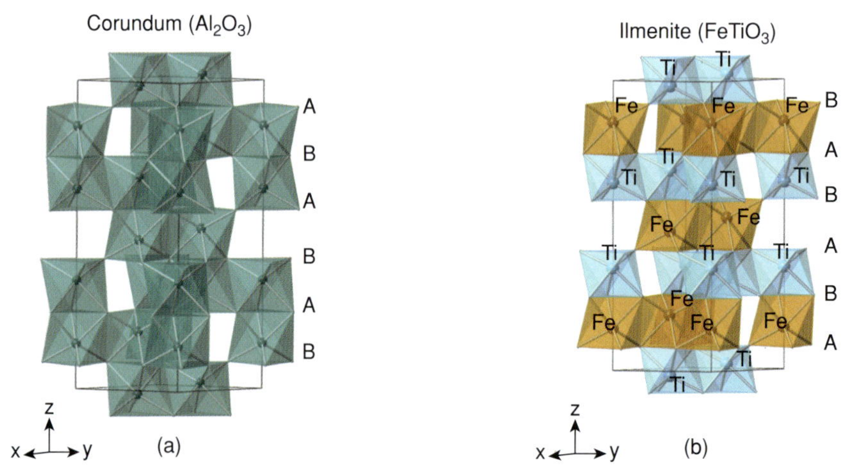

Atom	Wyckoff positions	x	y	z
Al	12c	0	0	0.3520(1)
O	18e	0.3060(6)	0	0.25

Trigonal : a = 4.7538, c = 12.9725 Å

Space Group : $R\bar{3}c$ (No. 167)

Atom	Wyckoff positions	x	y	z
Fe	6c	0	0	0.1446(1)
Ti	6c	0	0	0.3536(1)
O	18f	0.295(1)	−0.022(1)	0.2548(3)

Trigonal : a = 5.087, c = 14.042 Å

Space Group : $R\bar{3}$ (No. 148)

그림 1.46 결정 구조: (a) 강옥, (b) 티탄철석

Lithium Niobate ($LiNbO_3$)

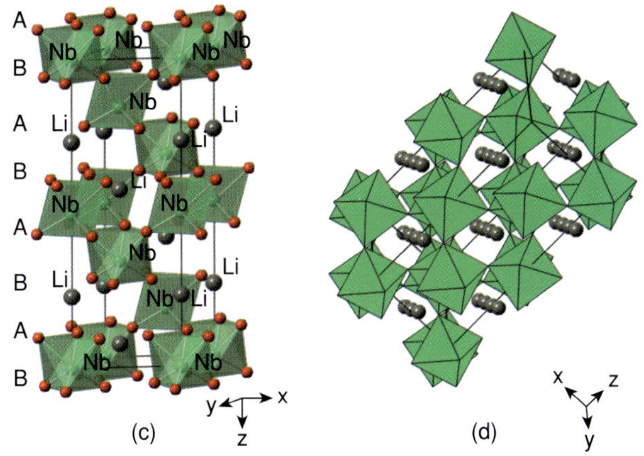

Atom	Wyckoff positions	x	y	z
Li	6a	0	0	0.268(11)
Nb	6a	0	0	0
O	18b	0.0.0437(69)	0.3309(82)	0.0636(12)

Trigonal : a = 5.1483, c = 13.8631 Å

Space Group : $R\bar{3}c$ (No. 161)

그림 1.46 (계속) (c, d) $LiNbO_3$.

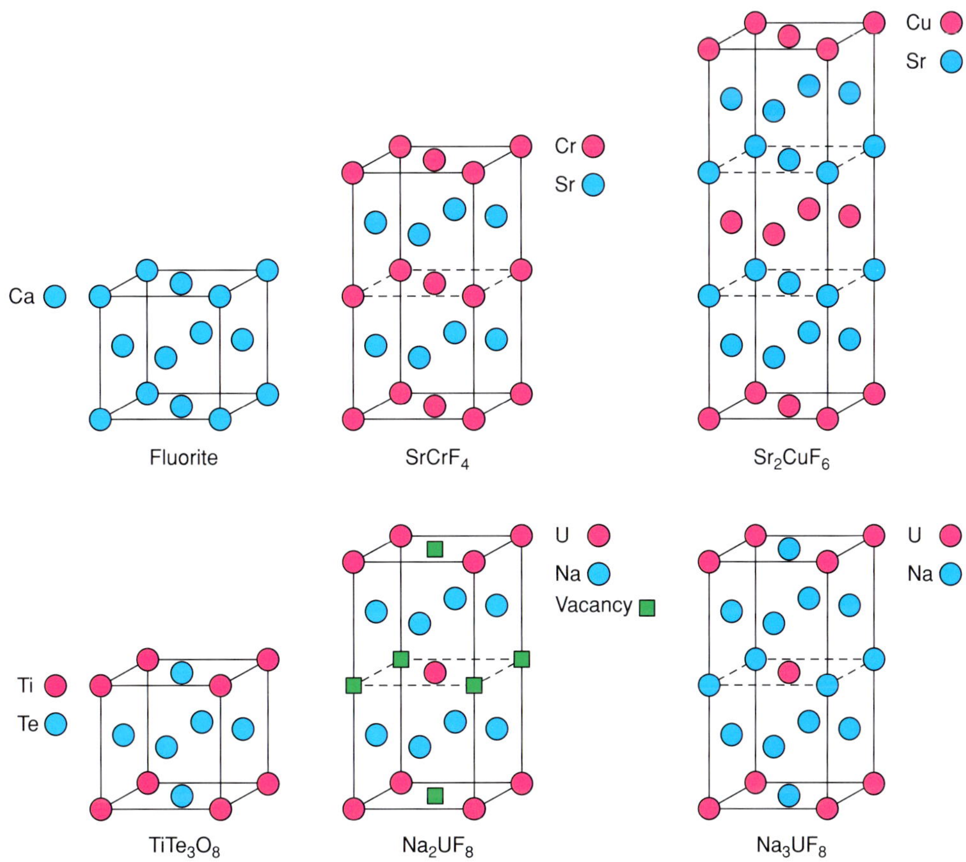

그림 1.47 양이온이 질서 배열된 형석 구조에서 양이온의 위치(형석의 *fcc* 배열과 비교하라). Adapted with permission from A. F. Wells, Structural Inorganic Chemistry, ©1984 Oxford University Press.

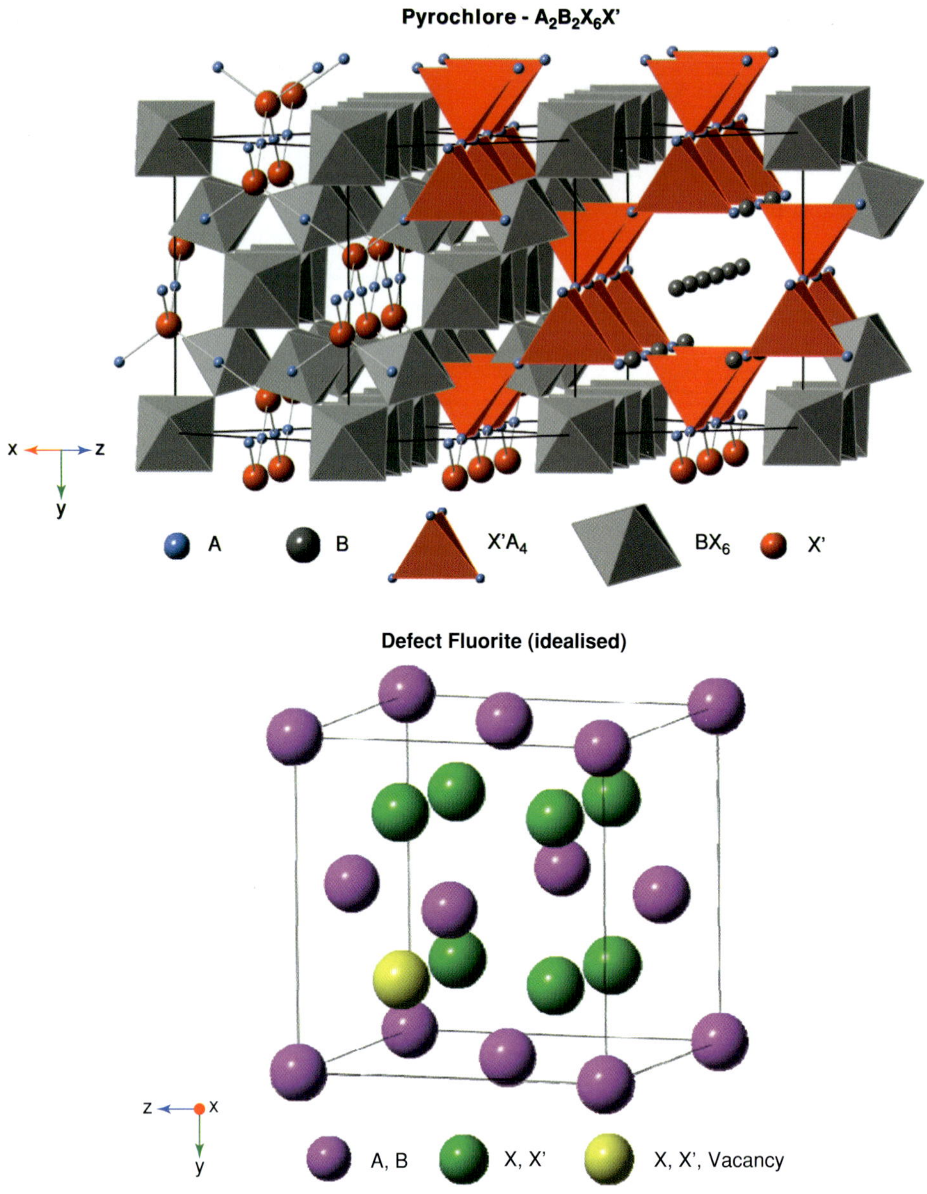

그림 1.48 파이로클로어 구조: 형석이 '양이온 질서 배열', '격자 왜곡', '음이온-결핍'을 통해 변형된 (2×2×2) 초격자로 간주될 수 있음. 형석 구조의 8중 자리(예: $^1/_4$, $^1/_4$, $^1/_4$) 음이온이 파이로클로어에서는 48중 자리(예: x, $^1/_8$, $^1/_8$)와 16중 자리로 갈라짐.

Garnet ($Y_3Fe_5O_{12}$)

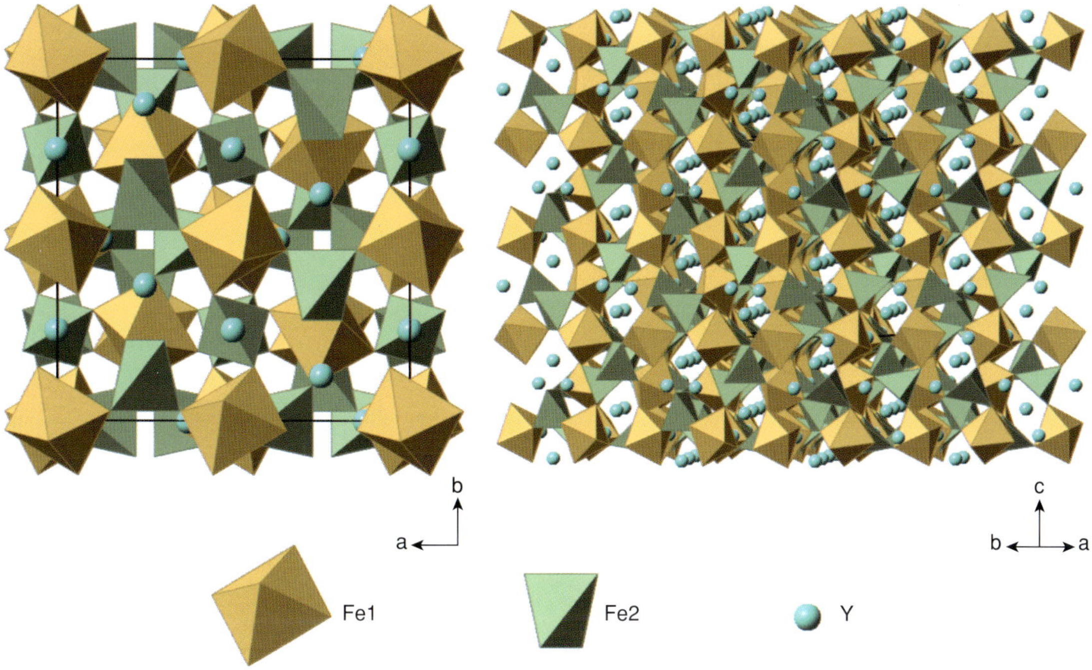

Atom	Wyckoff positions	x	y	z
Y	24c	0.1250	0	0.25
Fe1	16a	0	0	0
Fe2	24d	0.375	0	0.25
O	96h	−0.0271(1)	0.0567(1)	0.1504(1)

Cubic : a = 12.376 Å

Space Group : $Ia\bar{3}d$ (No. 230)

그림 1.49 가넷 결정 구조.

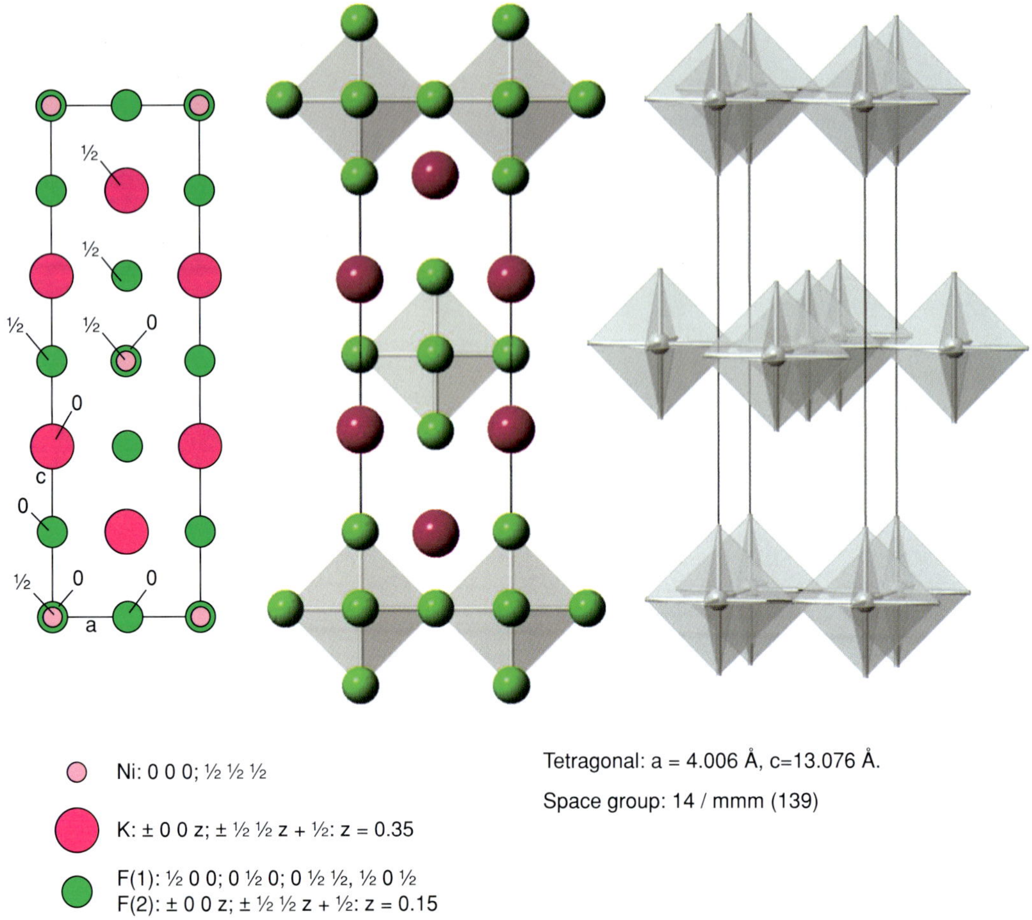

그림 1.50 K_2NiF_4 구조.

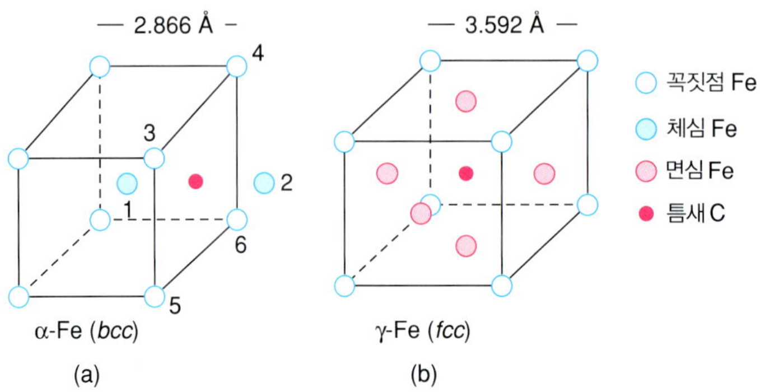

그림 2.12 (a) α-Fe와 (b) γ-Fe에서 탄소의 틈새자리.

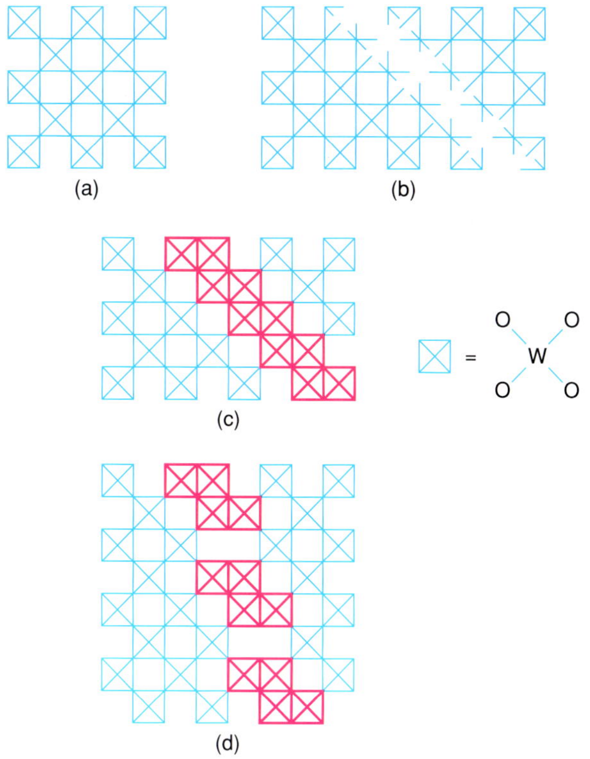

그림 2.17 WO_3 및 관련 구조에서 CS 면의 형성. 십자선 표시된 사각형 각각은 꼭짓점 공유된 WO_6 팔면체가 지면에 수직으로 형성한 사슬을 나타냄. 환원되지 않은 부분은 입방 ReO_3와 같은 구조임.

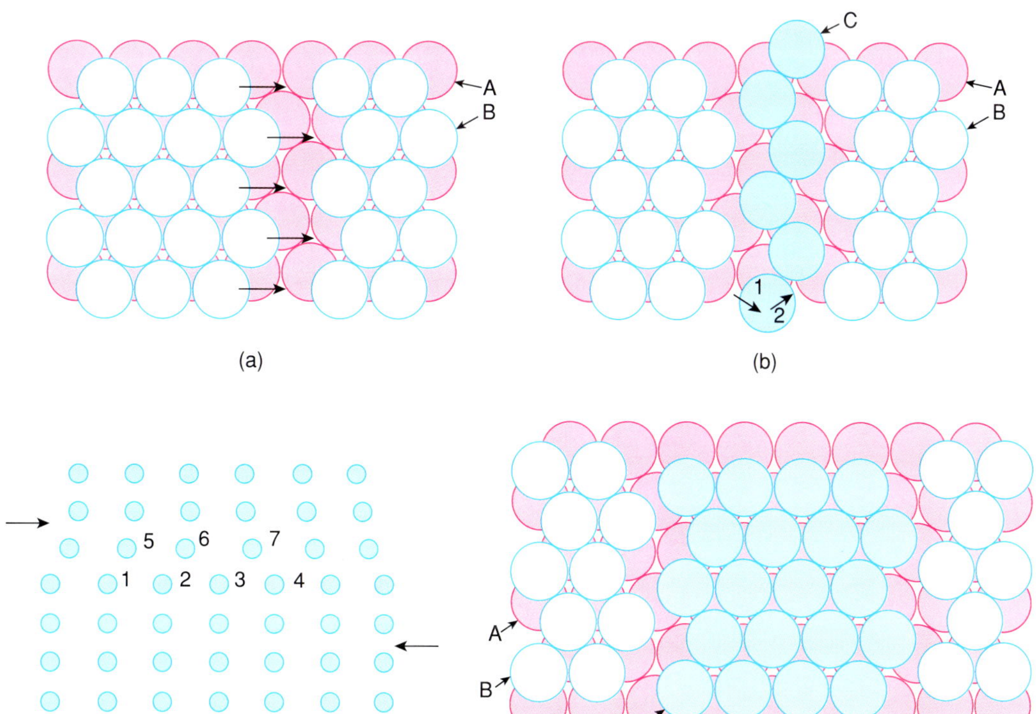

그림 2.30 (a) 모서리 어긋남과 (b) *fcc* 금속의 부분 어긋남; (c) 3번 원자 위치의 모서리 어긋남의 투사. (d) 두 개의 부분 어긋남이 분리되어 생겨나는 쌓임 오류.

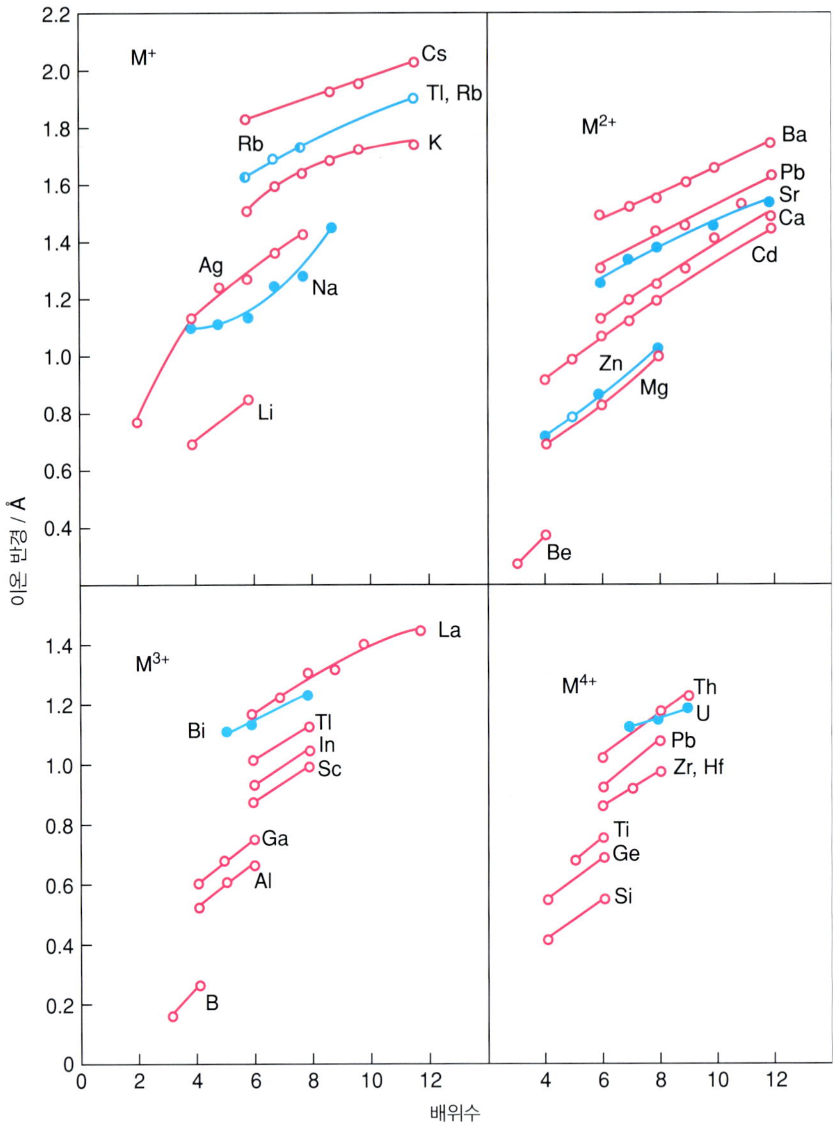

그림 3.3 양이온 M^+–M^{4+}의 배위수에 따른 이온 반경. $r_{F^-} = 1.19\,Å$, $r_{O^{2-}} = 1.26\,Å$을 기준값으로 삼음. Reproduced with permission from Shannon and Prewitt, Acta Cryst., B25, 925, © 1970 International Union of Crystallography.

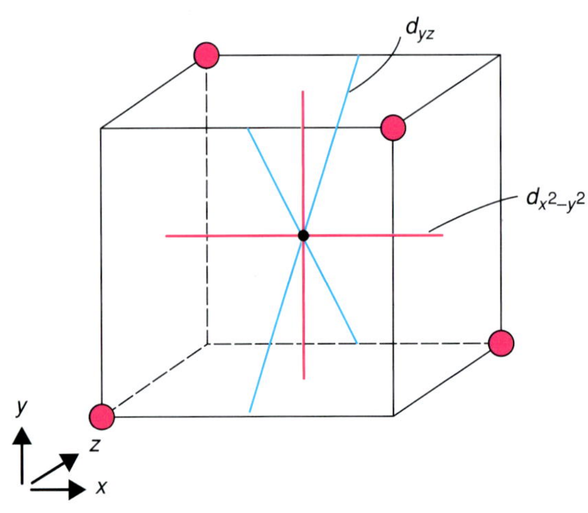

그림 3.13 사면체 장에서 d 오비탈들의 배향.

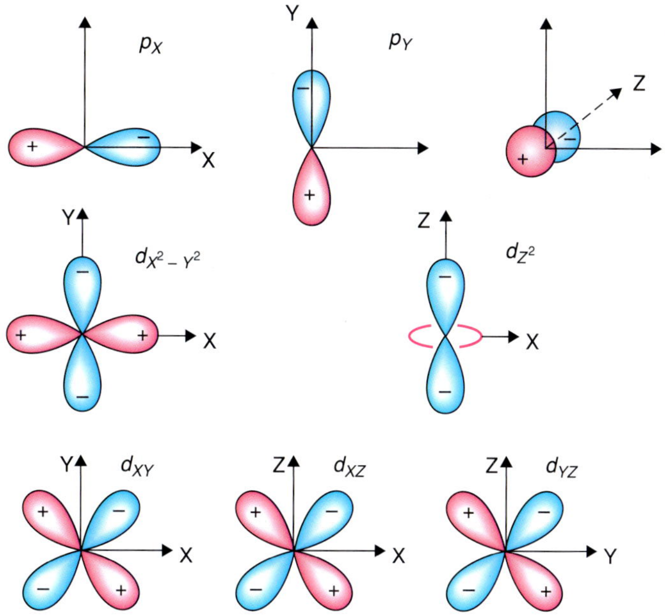

그림 3.16 3가지 p 오비탈과 5가지 d 오비탈. 각 오비탈 명칭과 축의 공간 관계를 주목하라.

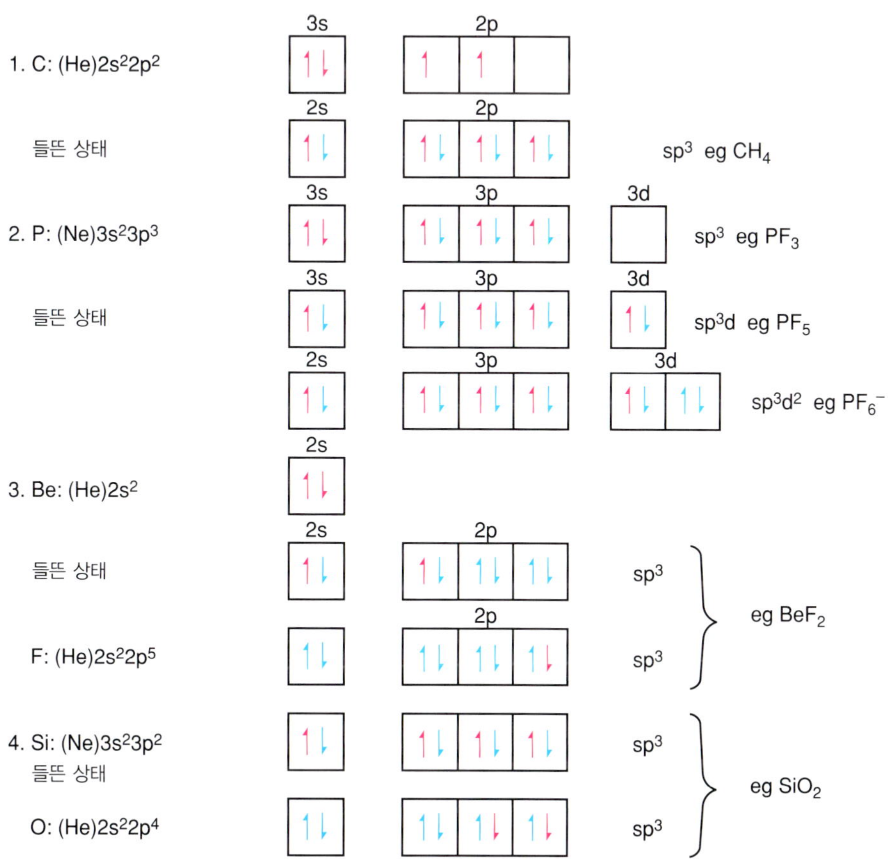

그림 3.24 몇몇 무기 화합물과 구조에 대한 원자가 결합 묘사.

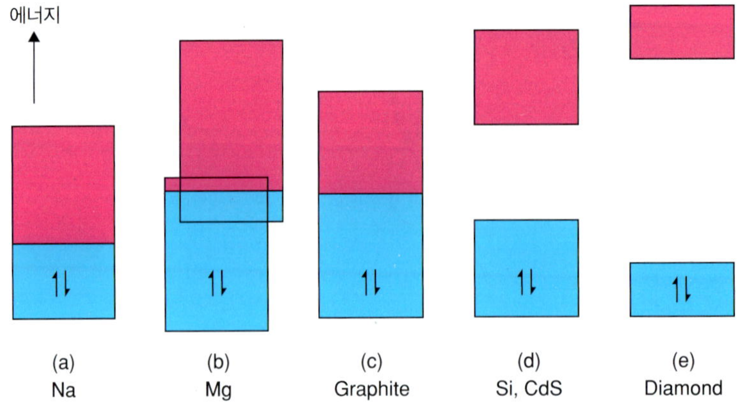

그림 3.25 전자 띠 구조: (a, b) 금속, (c) 반금속, (d) 반도체, (e) 절연체. 진홍색과 청색 영역은 각각 빈 에너지 준위와 점유된 준위를 나타냄.

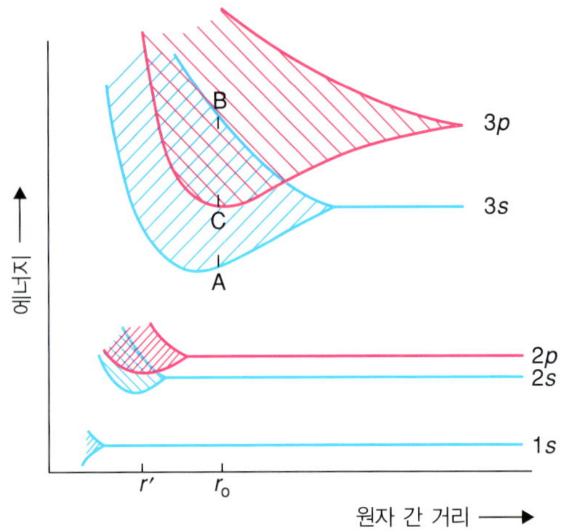

그림 3.26 Na에서 원자 간 거리에 따른 원자 오비탈 준위의 변화(밀접 결합 이론을 이용하여 계산됨). 빗금 영역은 인접한 AO 들의 중첩으로 형성된 에너지 준위 띠를 나타낸다.

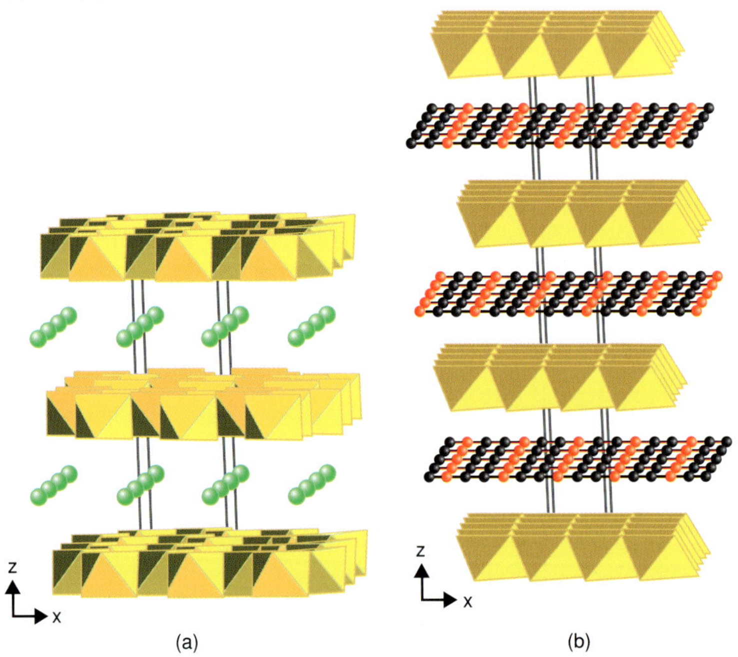

그림 4.11 LDH에서 팔면체 층의 쌓임 구조. (a) 육방정계 다형체에서의 2-층 반복과 (b) 삼방정계 다형체에서의 3-층 반복. Reproduced with permission from A. I. Khan and D. O'Hare, J. Mat. Chem., 12, 3191, © 2002 Royal Society of Chemistry.

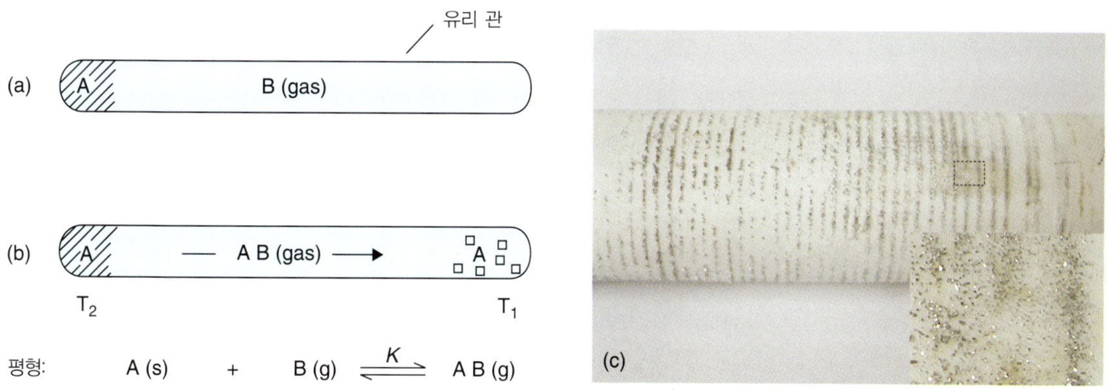

그림 4.13 (a, b) 휘발성 중간체 AB를 통해 A의 결정을 수송, 성장시키기 위한 증기상 수송 실험. (c) 전기로 세라믹 관의 저온부 표면에 성장된 백금 결정.

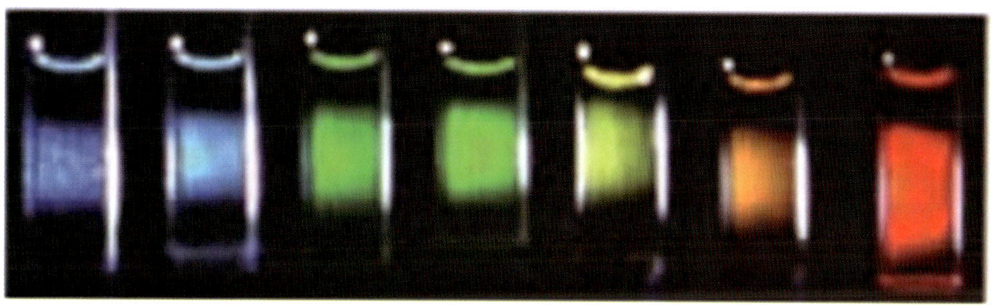

그림 4.20 USP 과정의 전기로 온도에 의해 입자 크기(2–4 nm)가 조절된 CdSe 양자점의 형광. Photograph courtesy of K. S. Suslick. Bang, J. H.; Didenko, Y. T.; Helmich, R. J.; Suslick, K. S. 'Nanostructured Materials through Ultrasonic Spray Pyrolysis' Aldrich Materials Matter, 2012, 7(2), 15–18.

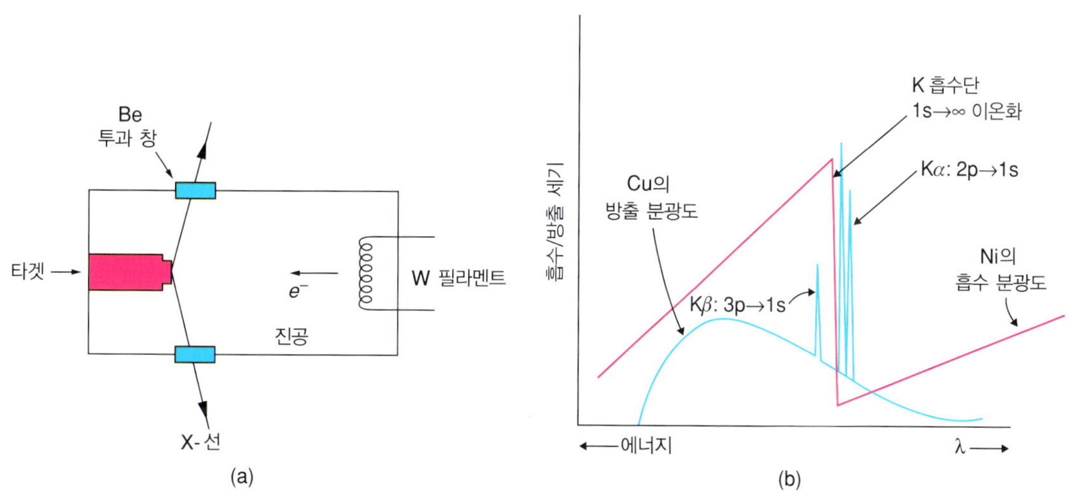

그림 5.4 (a) 필라멘트 X-선 튜브. (b) Ni 필터를 이용하여 백색 복사와 K_β 방사를 걸러내는 과정.

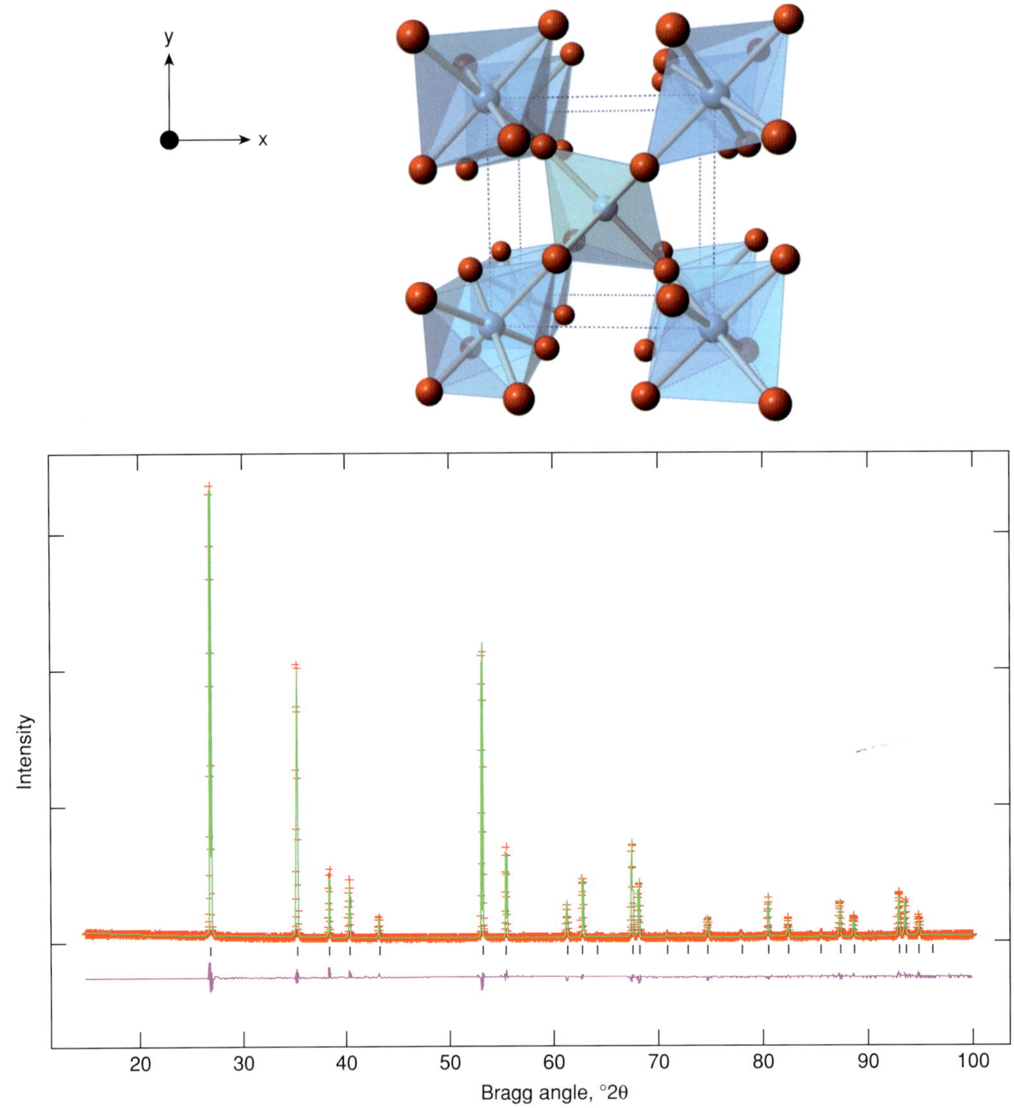

$a = 4.67791(3)$, $c = 3.02234(2)$ Å

Space group $P4_2/mnm$ (No 136)

Cations, site 2a: 000;½½½; $U_{iso} = 0.0080\ (3)$ Å^2

Oxygens, site 4f: x,x,0; $\bar{x}$, $\bar{x}$,0; $\bar{x}$+½,x+½,½; x+½,$\bar{x}$+½,½ with $x = 0.03035(3)$; $U_{iso} = 0.0119(7)$ Å^2

χ^2: 6.575, R_{wp}: 7.27%, R_p: 5.58%,

Cation-oxygen bond lengths : 1.994 (1) x 4 and 2.008(2) x 2 Å

그림 5.23 루틸 구조 $Ti_{1-3x}Cu_xNb_{2x}O_2$($x = 0.02$)의 분말 X-선 회절 패턴을 이용한 리트벨트 분석. Adapted from N. Reeves-McLaren et al., J. Solid State Chem., 184, 1813, © 2011 Elsevier. Reproduced under the terms of the STM Agreement.

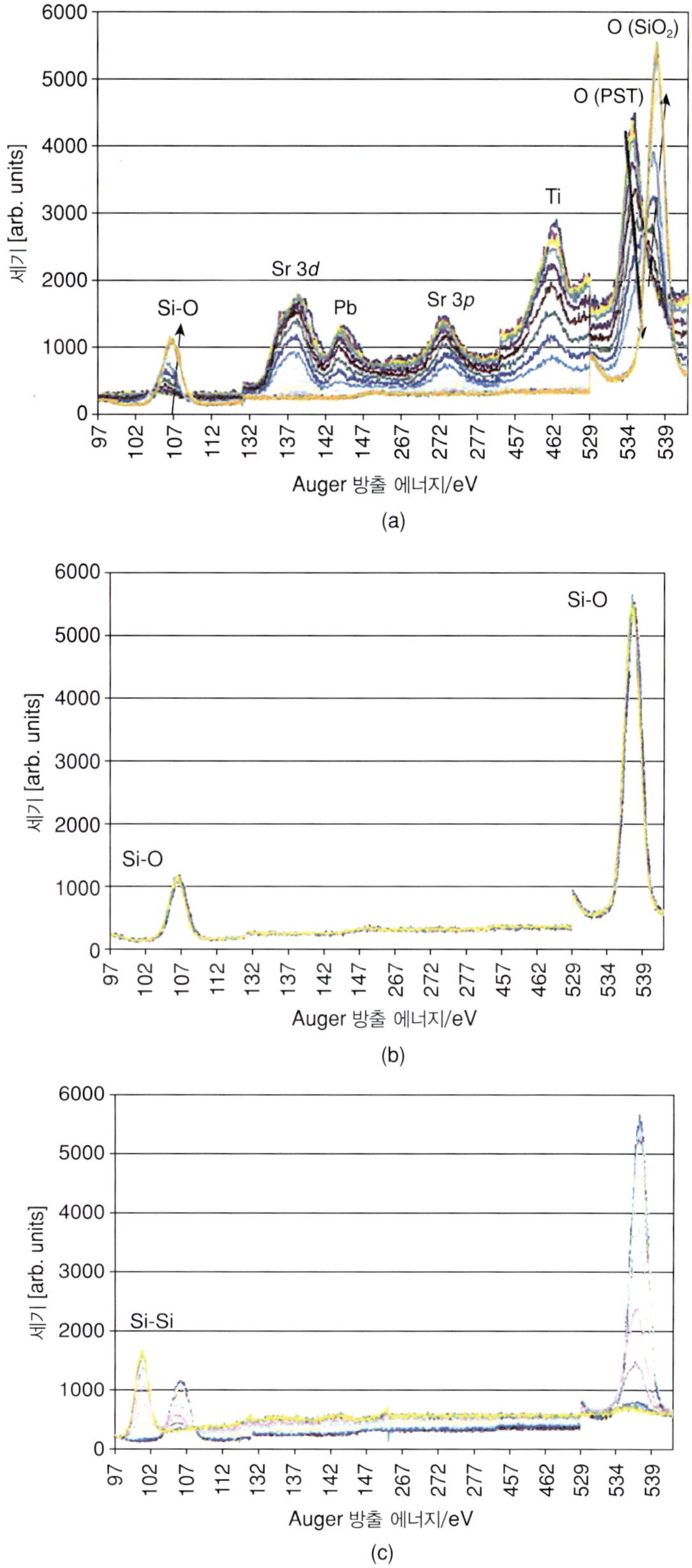

그림 6.11 $(Pb_{0.4}Sr_{0.6})TiO_3/SiO_2/Si$ 적층 구조의 표면을 이온 스퍼터링으로 제거하면서 단계적으로 측정된 Auger 분광도. (a) $(Pb_{0.4}Sr_{0.6})TiO_3$의 Pb, Sr, Ti, O의 세기는 감소하는 반면 SiO_2의 Si와 O의 세기는 증가; (b) 표면 층이 제거되어 노출된 SiO_2 층; (c) 계속된 스퍼터링에 의해 SiO_2의 세기(청색)는 감소하고 Si의 세기(황색)는 증가. Reproduced with permission from A. Lüker et al., Thin Solid Films, 518, 3763, © 2010 Elsevier.

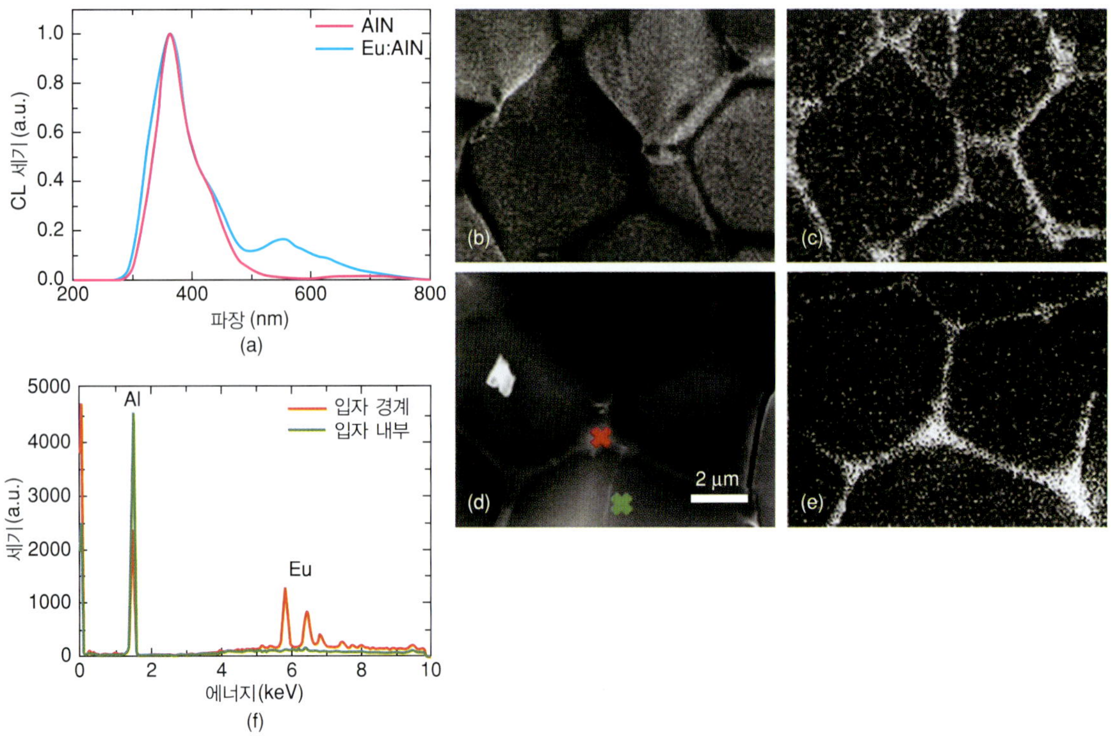

그림 6.13 (a) AlN과 AlN:Eu(0.2%)의 정규화된 CL 분광도. (b−f) AlN:Eu; (b) 360 nm 피크에 의한 CL 영상; (c) 550 nm 피크에 의한 CL 영상; (d) Eu 분포를 나타내는 SEM; (e) Eu 분포를 나타내는 EDS 지도; (f) Eu, Al의 EDS 분광도. Reproduced from B. Dierre et al., Sci. Technol. Adv. Mater. 11 © 2010 IOP Publishing.

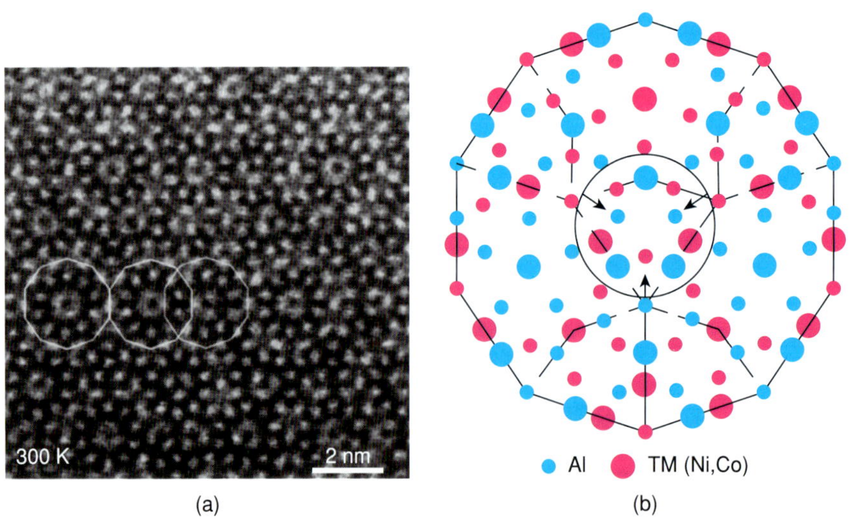

그림 6.16 (a) $Al_{72}Ni_{20}Co_8$의 10중 회전축을 따라 얻어진 원자 해상 HAADF-STEM 사진. (b) 해당 국부 구조의 원자 모형. Reproduced from E. Abe, Materials Transactions, 44 (10), 2035, © 2003 The Japan Institute of Metals.

Chevrel Phase ($BaMo_6S_8$)

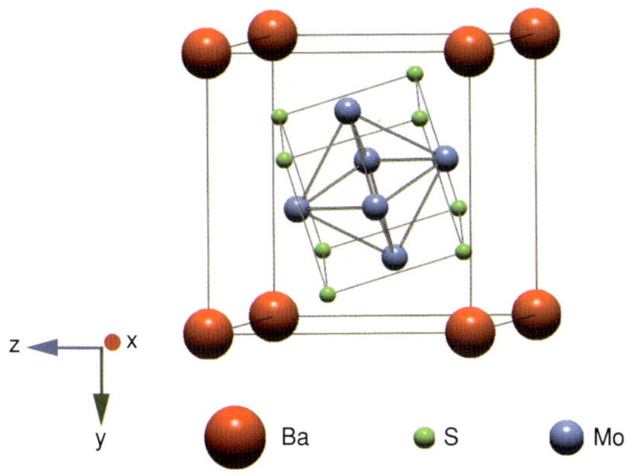

Atom	Wyckoff positions	x	y	z
Ba	1a	0	0	0
Mo	6f	0.23479	0.56589	0.41741
S1	6f	0.1233	0.3907	0.7365
S2	2c	0.2512	0.2512	0.2512

Trigonal (Rhombohedral) : a = 6.6441 Å, $\alpha = 88.562$

Space Group : R $\bar{3}$ (No. 148)

(a)

ZrCuSiAs

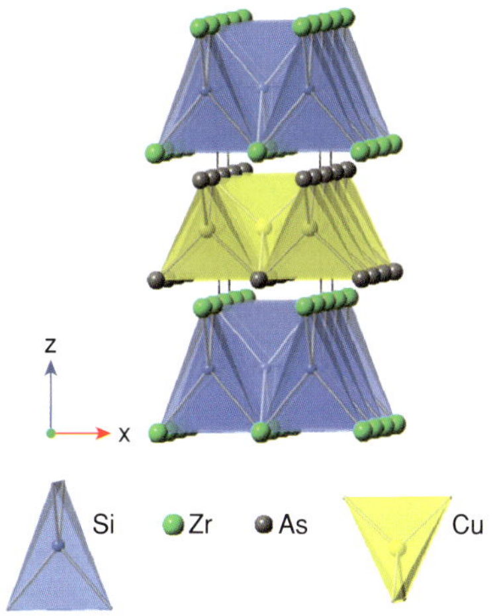

Atom	Wyckoff positions	x	y	z
Zr	2c	0	0.5	0.2046(6)
Cu	2b	0	0.5	0.5
Si	2a	0	0	0
As	2c	0	0	0.6793(8)

Tetragonal : a = 3.6736, c = 9.5712 Å

Space Group : P4 / nmm (No. 129)

(b)

Matlockite (PbFCl)

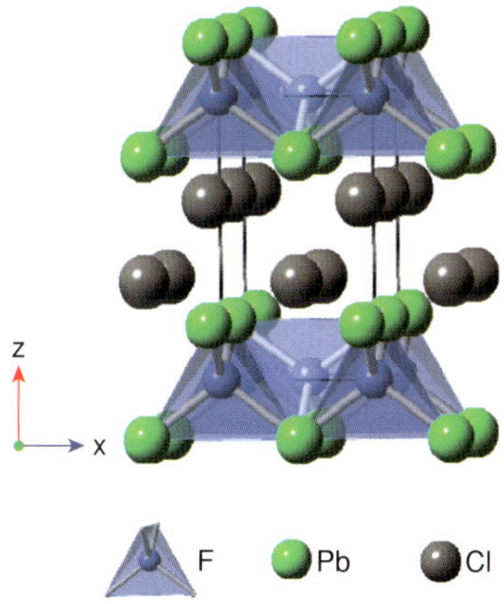

Atom	Wyckoff positions	x	y	z
Pb	2c	0	0.5	0.2055(1)
Cl	2c	0	0.5	0.6485(1)
F	2a	0	0	0

Tetragonal : a = 4.1062, c = 7.2264 Å

Space Group : P4 / nmm (No. 129)

(c)

그림 8.6 결정 구조 표현: (a) Chevrel 상, (b) ZrCuSiAs, (c) PbFCl.

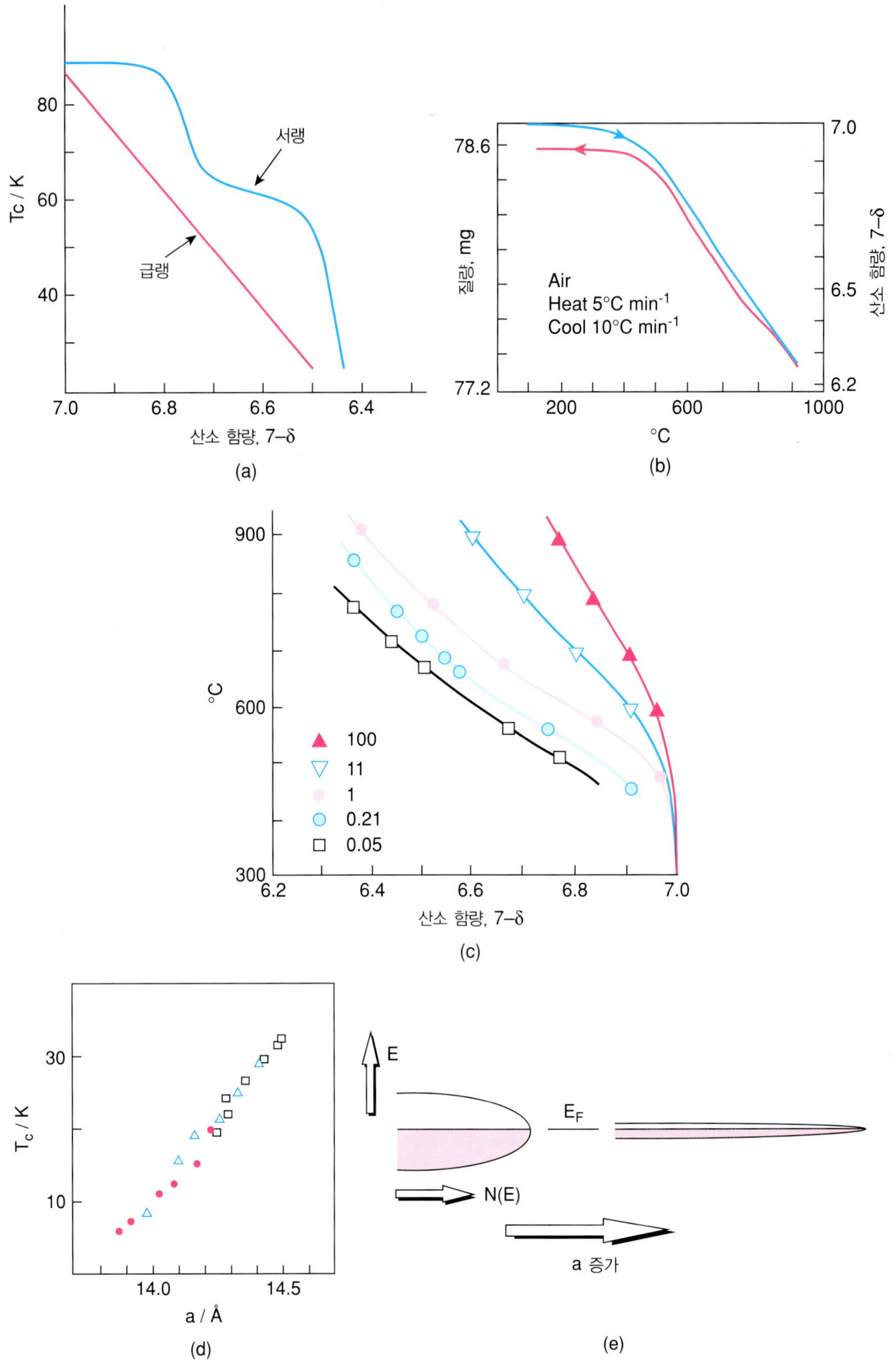

그림 8.9 (a) $YBa_2Cu_3O_{7-\delta}$에서 산소 함량에 따른 T_c: 시료의 내력(합성 후 냉각 속도)의 효과를 알 수 있음. (b) $YBa_2Cu_3O_7$의 열중량 분석: 가열에 의해 산소가 이탈하며 냉각 과정에서 대체로 가역적인 회복이 일어남. 원래 산소 함량 7.0을 완전히 회복하기 위해서는 10 °C min^{-1}보다 훨씬 느린 냉각 속도가 필요함. (c) 다양한 산소 분압(bar) 환경에서 $YBa_2Cu_3O_{7-\delta}$의 산소 함량을 온도에 따라 나타낸 상 도표. (d) 풀러렌화물에서 입방 격자 상수 a에 따른 T_c의 변화: (•) 다양한 압력 하의 K_3C_{60}, (△) 다양한 압력 하의 Rb_3C_{60}, (□) 조성이 다른 $(M_xM'_{3-x})C_{60}$: M, M′ = K, Rb, Cs. Reproduced with permission from Gunnarsson, Rev. Mod. Phys., 69, 575–606, © 1997 American Physical Society. (e) C_{60}^{3-} 이온 간 거리가 멀어지면서 전도 띠 폭이 좁아지고 $N(E)$가 증가.

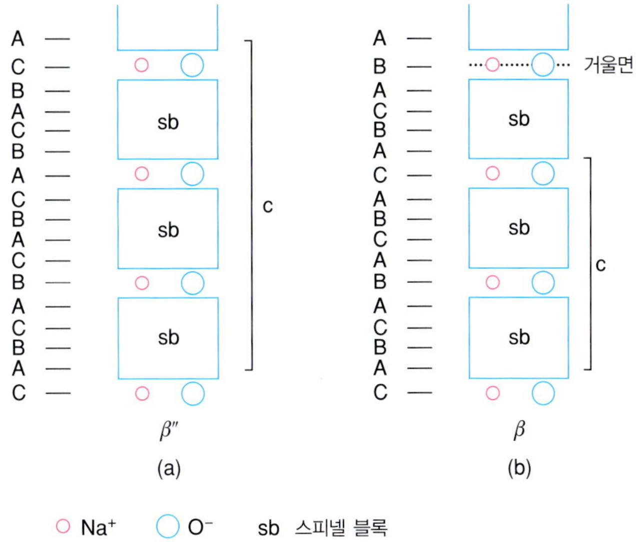

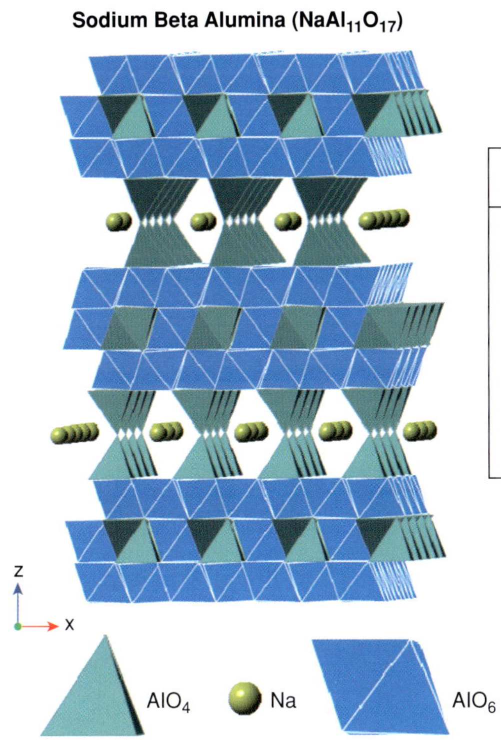

Atom	Wyckoff positions	x	y	z
Al1	2a	0	0	0
Al2	4f	0.3333	0.6667	0.0248(3)
Al3	12k	0.8333	0.1667	0.1062(2)
Al4	4f	0.3333	0.6667	0.1757(3)
Na	2d	0.6667	0.3333	0.25
O1	12k	0.1667	0.8333	0.0494(4)
O2	4f	0.6667	0.3333	0.0548(8)
O3	4e	0	0	0.1421(8)
O4	12k	0.5	0.5	0.1466(4)
O5	2c	0.3333	0.6667	0.25

Hexagonal : a = 5.602, c = 22.626 Å

Space Group : $P6_3$ / mmc (194)

(c)

그림 8.24 (a) β″-알루미나, (b) β-알루미나에서의 산소 채움. (c) β 다형체에서 사면체와 팔면체의 3차원 배열과 전도 평면의 Na^+ 이온.

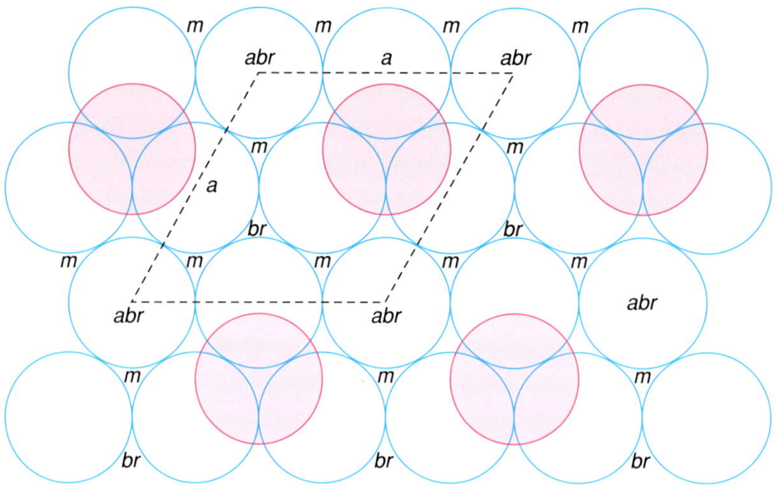

그림 8.25 β-알루미나의 전도 평면: 파선은 육방 세포의 바닥면 경계를 나타냄.

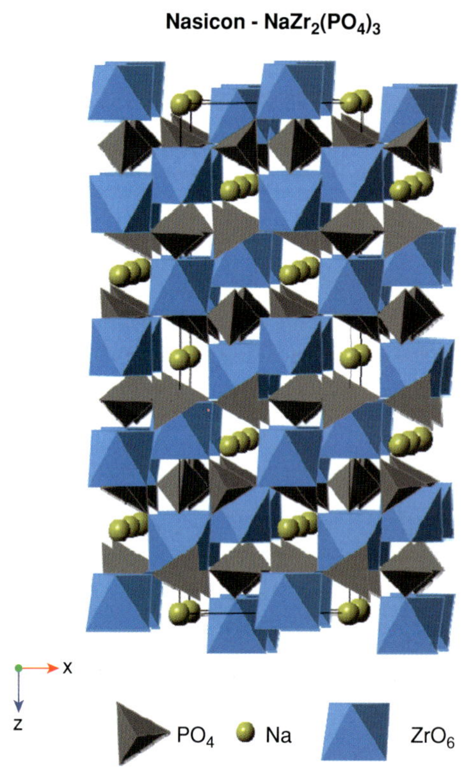

Atom	Wyckoff positions	x	y	z
Na	6b	0	0	0
Zr	12c	0	0	0.1456(1)
P	18e	0.2909(6)	0	0.25
O	36f	0.1860(15)	−0.0144(15)	0.0949(5)
O	36f	0.1913(15)	0.1683(15)	0.0866(5)

Trigonal : a = 8.8043, c = 22.7585 Å

Space Group : $R\bar{3}c$ (No. 167)

(a)

그림 8.27 (a) Nasicon $NaZr_2(PO_4)_3$의 결정 구조. Data taken from L. O. Hogman and P. Kierkegaard (1968), Acta Chem. Scand., 22, 1822–1832.

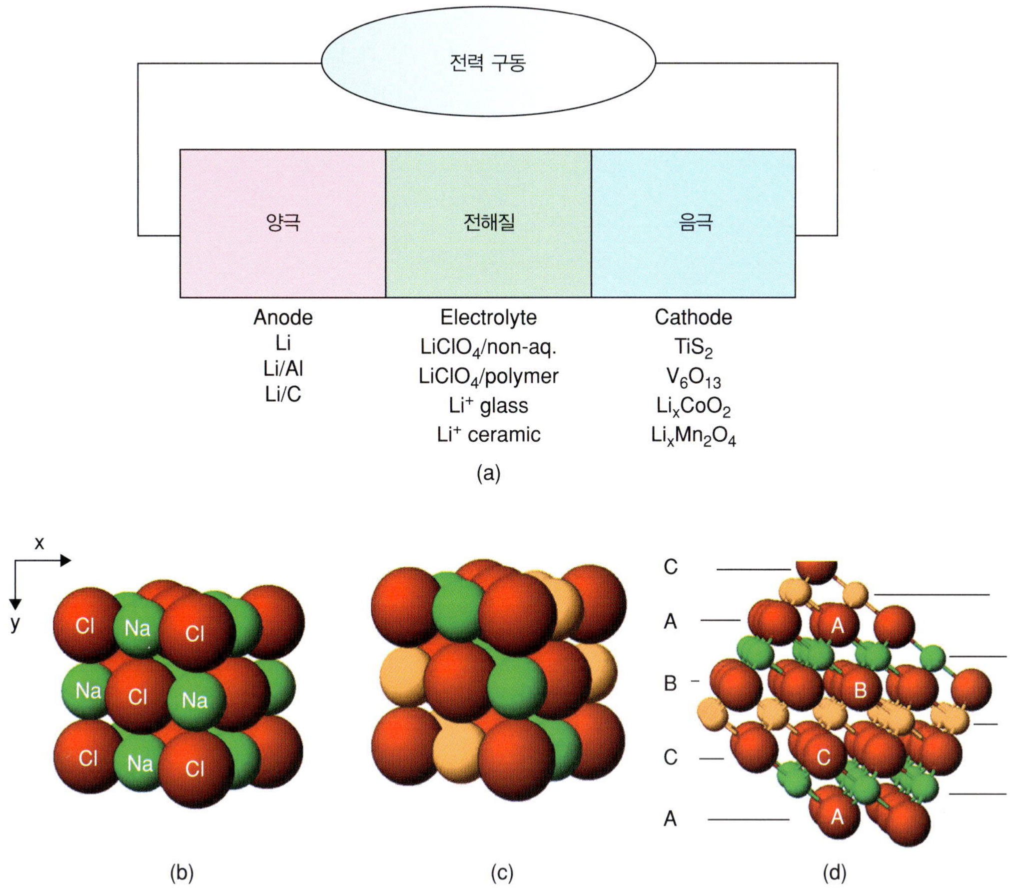

그림 8.35 (a) 리튬 이차 전지의 구성 요소. (b) NaCl의 결정 구조에서 Na^+와 Cl^- 이온 층. (c) $LiCoO_2$ 결정 구조의 *ccp* 산소 배열 사이에 번갈아 나타나는 Li^+, Co^{3+} 이온 층. (d) 다른 방향에서 나타낸 $LiCoO_2$ 구조에서, *ccp* 산소 층(적색) 사이에 번갈아 나타나는 Li^+(주황색), Co^{3+}(녹색) 이온 층.

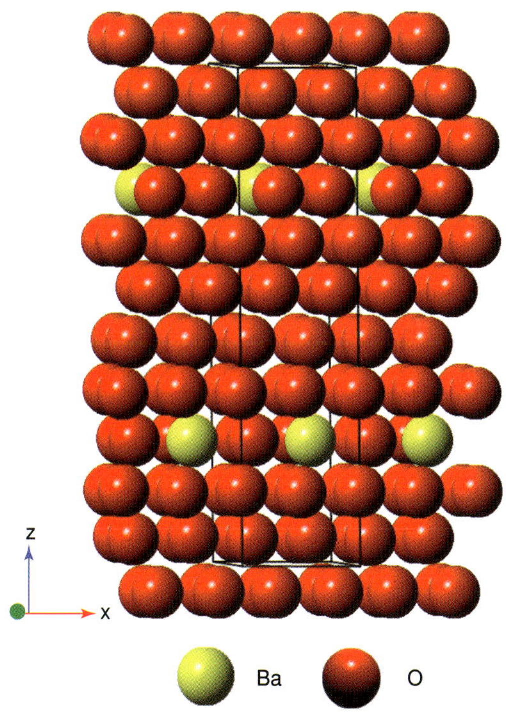

그림 9.14 Magnetoplumbite 구조에서 O와 Ba의 채움 배열.

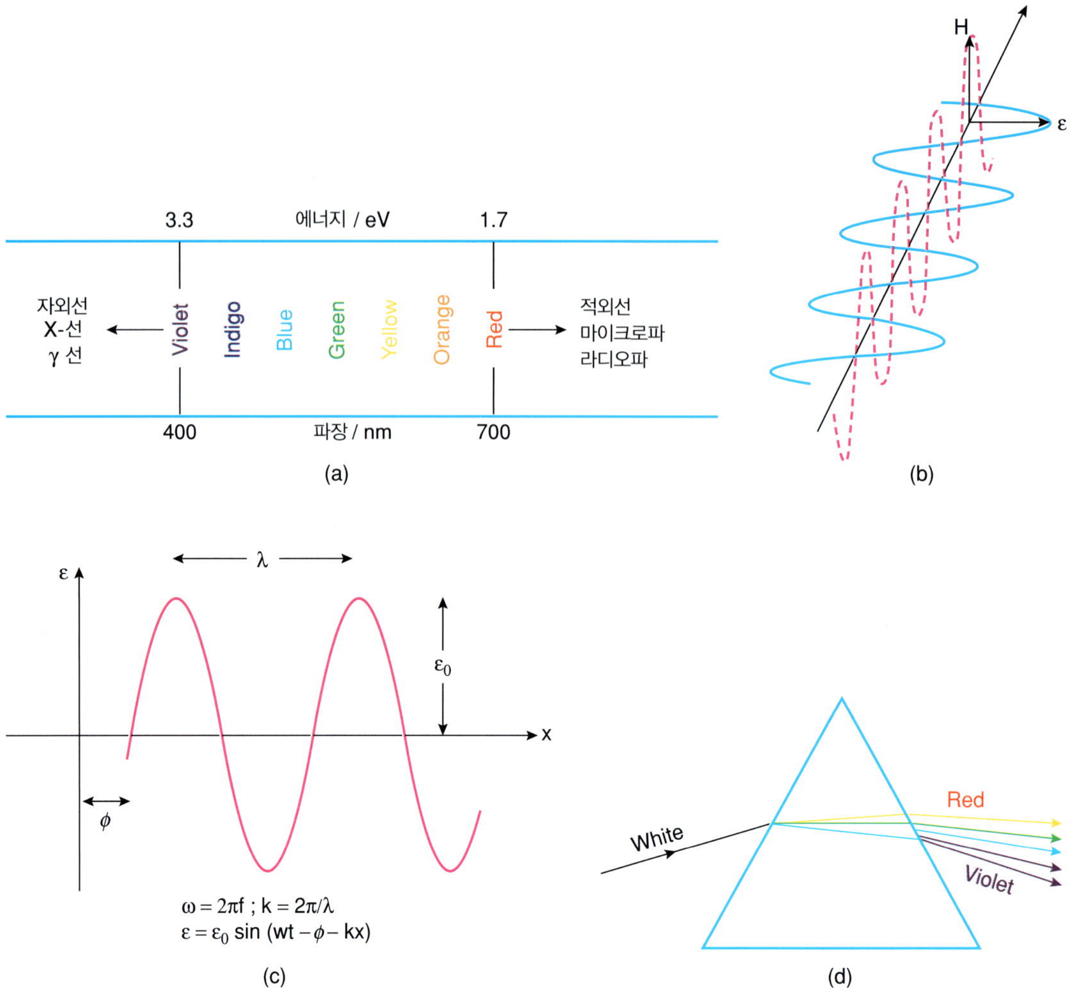

그림 10.1 (a) 가시광선 영역의 전자기 스펙트럼; (b) 상호 직교하는 진동 전기장과 진동 자기장이 빛을 구성; (c) x-방향으로 진행하는 1차원 전자기파; (d) 백색광이 프리즘을 거쳐 성분 색으로 분리.

ANTHONY R. WEST

Solid State Chemistry

and its Applications **Second Edition**

고체화학 제2판

김영일 옮김

WILEY 자유아카데미

저자 서문

이 책은 'Solid State Chemistry and its Applications'의 학생용 축약 개정판이며, 정식 개정판의 출간은 별도로 계획되어 있다. 이 책은 저자의 'Basic Solid State Chemistry'를 바탕으로 하되 전면적으로 재집필되었으며 그 과정에 40% 가량의 새 내용이 추가되고 모든 그림들이 전문가 작업을 거쳐 보완되었다. 'Basic'의 9개 장 중 '자기적 성질과 전기적 성질'을 둘로 분리하면서 이번 판은 10개 장으로 구성되었다.

1999년 'Basic'의 2판이 출간된 이래 15년 가까운 시간이 흘렀고 그 기간 중에 무기재료 고체화학 분야의 새로운 발견과 개발이 여러 방면으로 진척되어 왔다. 대표적인 주제 영역으로 초거대 자기저항, 다중강성체, 발광 다이오드, 그래핀 등을 꼽을 수 있겠다. 또한 역학적 합성, 마이크로파-수열 합성, 원자층 증착과 같은 신규 합성 기법이 확립되어졌고, 분석 기법 면에서는 방사광을 이용한 회절과 분광, 고분해능 주사 투과 전자 현미경에 의한 원자-차원 탐침 등이 눈부시게 발전해 왔다. 이런 면에서 'Basic'과 'Solid State Chemistry'의 개정 작업이 다소 뒤늦은 감도 없지 않다.

이번 판의 특징 중 한 가지는 중요한 무기 고체군의 결정 구조들이 심도 있게 다뤄졌다는 점이다. 또한 이 책의 구매자에게는 PC 환경에서 사용 가능한 CrystalMaker® Viewer 프로그램과 100여 개의 실습 파일이 함께 제공된다. 프로그램 상에서 구조의 3차원 배향을 바꿔가면서 혹은 특정 부분을 숨기거나 강조하여 표시함으로써 결정 구조별 요점을 입체적으로 살펴볼 수 있다. 프로그램과 구조 파일들은 학습지원 웹사이트 http://www.wiley.com/go/west/solidstatechemistrystudent에 탑재되어 있다.

이번 신판을 준비하는 과정에 많은 이들의 도움과 격려가 있었다. John McCallum은 결정 구조의 작도와 파일 작성에 수고해 주었고 Frances Kirk는 원고 전체의 전자문서화를 맡아주었다. Wiley 사의 담당 직원 Sarah Hall과 Sarah Tilley는 작업 전반에 걸쳐 열의를 갖고 지원해 주었다. 특히 Sarah Hall은 CrystalMaker®의 제휴 사용을 조율해 주었고 Sarah Tilley는 삽화 작업을 총괄 감독하였다. 이들 모두에게 각별한 감사의 말을 전한다.

2013년 7월, Sheffield에서
Anthony R. West

저자 약력

Anthony R. West는 University College Swansea에서 화학 전공으로 BSc를 얻은 후 University of Aberdeen에서 F. P. Glasser 교수의 지도 하에 규산염 화학에 대한 연구로 PhD를 취득하였다. 이후 1971년 Aberdeen에서 전임강사로 임용되었으며 당시 새롭게 부상하던 고체화학 분야에 관심을 두어 생애에 걸친 연구 활동을 시작하였다. 특히 그가 매진한 영역은 신규 산화물의 합성과 결정 구조, 전기적 성질이다. 그는 1984년 Aberdeen에서 DSc를 수여받았고 1989년 화학과 정교수로 승진하였으며 1999년에 University of Sheffield의 재료공학과로 소속을 옮겨 2007년까지 학과장으로 봉직하였다.

West 교수는 *Journal of Materials Chemistry*의 창간 편집자였으며 활동 기간 중 Materials Chemistry Forum을 창설, 운영함으로써 이후 영국 왕립화학회(RSC)에 재료화학 분과가 설립되는 기틀을 마련했다. 그는 1993년 Aberdeen에서 개최된 제1회 International Conference on Materials Chemistry(MCI)를 기획, 주관하였으며 1998년 Bordeaux에서 열린 제1회 Materials Discussion(MDI)을 공동 주관하였다. 또한 그는 2004–2007년 기간 동안 IUPAC의 무기화학 분과회장을 역임하였다.

West 교수는 RSC, 물리연구소, 재료 · 광물 · 광업연구소(IOM^3), Edinburgh 왕립학회의 특별회원이기도 하며 Industrial Award in Solid State Chemistry (RSC, 1996), Griffiths Medal and Prize (IOM^3, 2008), Epsilon de Oro Award (스페인 유리 · 세라믹학회, 2007), Chemical Record Lectureship (일본화학회, 2007) 등을 수상한 바 있다. 최근 West 교수는 RSC로부터 2013 John B. Goodenough Award in Materials Chemistry를 수상하였으며, 이는 재료화학 분야에 대한 탁월하고 지속적인 공헌을 기리는 평생공로상으로서 큰 의의를 갖는다.

역자 서문

이 책은 Anthony R. West가 저술한 Solid State Chemistry and its Applications(2nd Edition: Student Edition, Wiley, 2014)의 번역서이다. West 교수는 영국 Sheffield 대학교 재료공학과에 재직 중으로, Solid State Chemistry and its Applications(1984), Basic Solid State Chemistry(1988, 1999) 등의 저서와 500편에 달하는 논문의 저자이자, *Journal of Materials Chemistry*(RSC)의 창간 편집자로서 고체재료과학 분야에 뚜렷한 영향을 끼친 연구자이다. 특히, 위의 두 저서는 고체화학 입문을 위한 고전으로 오랫동안 호평 받아왔다. 번역 원서는 실질적으로 Basic Solid State Chemistry의 후속에 해당하는데, 상당한 범위의 내용 개정과 함께 최신 연구사례들을 적절한 맥락에 소개함으로써 시의성을 한층 보완하였다. 아울러 삽도의 전면 재구성, 결정 구조의 시각화 매체 제공, 온라인 지원 사이트 개설 등을 통해 학습 편의를 배려한 부분이 돋보인다.

원서 본문은 10개 장으로 구성되며, 결정 화학, 고체의 결합, 결합과 전자 구조, 합성 기법, 회절/현미경을 비롯한 분석 기법, 상 도표, 전기적 · 자기적 · 광학적 성질 등을 두루 다루고 있다. 어느 모로 보나 고체화학 기본 학습서로 손색이 없으며 학부 고학년이나 대학원 강의 교재로 적격이라 여겨진다. 물론 심층 학습이나 연구 목적을 위해서는 주제별 전문서를 참고해야 할 것이다.

독자 저변이 그리 넓지 않음에도 선뜻 이 번역서의 출판을 주선해 준 자유아카데미에 감사드린다. 덕분에 좋은 책 한 권을 완독하게 되었고, 고체화학의 다양한 세부 주제들을 찬찬히 살펴볼 기회를 가졌다. 번역 과정에서 원서 내용을 가급적 그대로 전달하고자 하였으며, 다만 원서에서 발견된 경미한 오류들은 바로잡았다. 출간 후에라도 수정사항이 있을 경우에는 자유아카데미 웹사이트(www.freeaca.com) 자료실에 게시할 예정이다. 주요 개념과 용어에 등장하는 외래어들의 표기 방식을 통일하는 것이 쉽지 않았고, 차선으로 역자 판단에 따라 가장 적절한 표현을 일관되게 사용하였음을 일러둔다(페로브스카이트, 강옥, eutactic, …). 아무쪼록 이 번역서가 많은 이들의 학습에 도움되기를 바란다.

2018년 1월
김영일

차 례

화학-고체화학-재료화학-재료과학·공학

화학의 진보는 진행형이다! 전통적으로 화학의 세부 전공은 유기, 물리, 무기, 분석으로 분류되어 왔지만 최근의 새로운 관점에서는 분자 화학(molecular chemistry)과 비분자 화학(non-molecular chemistry)의 분류가 제안되고 있다. 여기서 분자와 비분자는 각각 기체/액체와 고체에 대응된다. 두 부류를 대표하는 '단순'한 물질로 톨루엔과 산화 알루미늄을 선택하여 비교해 보면 각각에 대한 이해 관점과 연구방법론이 뚜렷이 다르다는 것을 알 수 있다.

이를테면 톨루엔에 대해서는 일단 화학식과 분자 구조가 결정되고 나면 더 이상 언급될 내용이 별로 없다－굳이 더한다면 저온 결정에서 톨루엔 분자의 쌓임 배열이나 미처 알려지지 않았던 화학적, 생물학적, 약물학적 성질 정도가 될 것이다.

이에 반해 알루미나는 한마디로 매우 복잡한 물질이다. 그 물성과 응용은 대상 관점(벌크, 결함, 표면, 나노), 특정 모양과 상태를 얻기 위한 합성 기법, 혼입에 의한 물성 조절 가능성, (다양한 거리 차원에 대한) 구조와 조성, 이 모든 것에 따라 달라진다. 이것이 바로 고체화학이다!

분자성 물질과 비분자성 물질의 가장 큰 차이는 후자의 경우 이질 성분의 혼입(doping)에 의해 자성, 초전도성, 색깔, 띠 간격(band gap)과 같은 물성이 조절될 수 있다는 점이다. 이와 대조적으로 분자에 대한 혼입은 원론적으로 불가능하다. 분자 내의 한 원자가 다른 원자로 바뀌거나 원자가 제거되어 빈자리가 생긴다면 이는 곧 '다른' 분자 물질이 될 뿐이다.

최근 수십여 년, 재료화학은 화학의 독립적 분야로 자리잡고 있으며 그 범위에 비분자성 고체상 물질

분자성 물질과 비분자성 물질의 화학

특성	톨루엔	산화 알루미늄
화학식	정확히 고정된다: $C_6H_5CH_3$	대개 고정(Al_2O_3)되지만 그렇지 않은 산화물도 있다(예: $Fe_{1-x}O$).
결함이 존재?	존재할 수 없음: 원자가 누락되거나 위치가 바뀌면 다른 분자가 된다.	불가피함: 소량의 빈자리, 틈새 채움, 어긋남이 항상 존재한다.
혼입이 가능?	불가능: 혼입은 다른 분자를 만들어낸다.	혼입 또는 고용체 형성을 통해 물성이 조절된다(예: 루비는 Cr이 혼입된 Al_2O_3).
구조의 분석	분자체의 구조는 분광 기법으로 결정된다: NMR/질량 분광/IR. 분자성 결정의 분자 쌓임 배열, 결합 거리 및 각도는 단결정 X-선 회절로부터 분석된다. 대개 이 단계에 이르면 구조 정보가 완성된 셈이다.	고체의 종합적 묘사를 위해서는 국부－단위세포－나노－마이크로 길이 차원의 구조 정보와 조성 정보가 모두 필요하다. 따라서 종합적 규명을 위해서는 여러 가지 회절, 분광, 미세 분석 기법이 함께 요구된다.
물성과 응용	분자의 조성과 원자 배열 순서에 의해 달라지며, 혼입에 의한 조절은 가능하지 않다. 어떤 물성(예: 약리 활성)은 분자성 결정 내의 분자 쌓임 배열에 따라 달라진다.	결정 구조, 결함, 혼입물, 표면 구조, 입자 크기, 재료 형태(분말, 단결정, 박막, …) 등에 따라 물성과 응용이 달라진다. Al_2O_3의 다채로운 응용을 떠올려 보라: 박막과 세라믹은 절연체로, 분말은 연마제로, Cr^{3+}-혼입물 루비는 레이저에 사용되고, 다공성 고체는 촉매 지지체로 사용된다.

(산화물, 할로젠화물, …)과 함께 많은 분자성 물질들(특히 기능성 고분자와 유용한 물성의 유기 고체)이 포함된다. 재료화학은 화학의 전통적 학제들을 아우를 뿐만 아니라 다양한 물질들의 물리적 성질에 관심을 둔다. 과거에 물리적 성질 연구의 본향이 고체물리학과 재료과학이었다면 이제 이 주제는 고체재료화학의 고유한 일부로 여겨지고 있다.

대개 재료화학과 재료과학이 명확하게 구분되지는 않지만 둘 사이의 대략적 차이는 다음과 같이 요약될 수 있다:

재료화학	(합성–결정 구조 규명–물리적 성질 분석) ⇒ 신물질 개발
재료과학	(물질 가공–분석–물성 최적화 및 시험) ⇒ 제품이나 장치로의 공학적 응용을 위한 물성 개선 또는 신물질 발굴

재료과학은 유용한 물성이 이미 확인되었거나 응용 잠재성을 갖는 물질을 대상으로 삼아 물성 최적화를 위한 조성 조절, 또는 특정 형태/모양/제품으로 가공하는 공정을 탐색한다. 따라서 재료과학에서는 주어진 문제의 해결과 관련된 화학, 물리학, 공학적 지식이 모두 동원된다.

그러나 재료화학은 재료과학의 소영역을 훨씬 넘어서는 광범위한 주제를 다룬다. 재료과학과 달리 재료화학의 연구들은 특정 응용에 한정되지 않고 진행되곤 한다. 재료화학자들은 신물질의 합성과 물성 측정에 본능적으로 이끌린다. 개중에 결과물의 일부가 유용한 물성을 보이고 산업적 측면의 기여로 이어지기도 하지만, 재료화학자들이 무엇보다도 관심을 두는 부분은 새로운 화학, 새로운 구조, '구조–조성–성질' 상관 관계에 대한 이해 증진이라 하겠다.

화학의 초창기에 무기화학은 주기율표의 원소와 화합물 중 천연물 혹은 합성이 용이한 것들을 주 관심계로 삼았다. 이후 세분화 과정에서 유기금속화학과 배위화학이 포함되어졌는데, 흥미롭게도 많은 고전적 무기물들이 큰 관심과 함께 최근 고체재료과학의 핵심 영역에서 재조명되고 있다. 예를 들면 Cr이 혼입된 Al_2O_3(레이저), 혼입된 Si 반도체(마이크로전자공학), 혼입된 ZrO_2(연료 전지의 고체 전해질), $BaTiO_3$(축전기 산업의 기반, 연간 제작수량 10^{12}개 이상), 복합 구리 산화물(초전도체), 이외에도 수많은 예들이 있다. 새로운 고체재료의 개발과 응용 범위는 실로 무한하다–앞서 다뤄진 '단순' 물질 Al_2O_3의 예를 보라. 한편 대부분의 기능성 무기 고체 화합물은 휘발이나 분해, 대기 취약성과 같은 문제로부터 자유롭기 때문에 환경적으로 안전하게 사용될 수 있다.

종종 무기 고체의 물리적 성질은 길이 차원별 구조 특성에 따라 달라지므로 이를 유념해야 한다. 아래 그림을 보라.

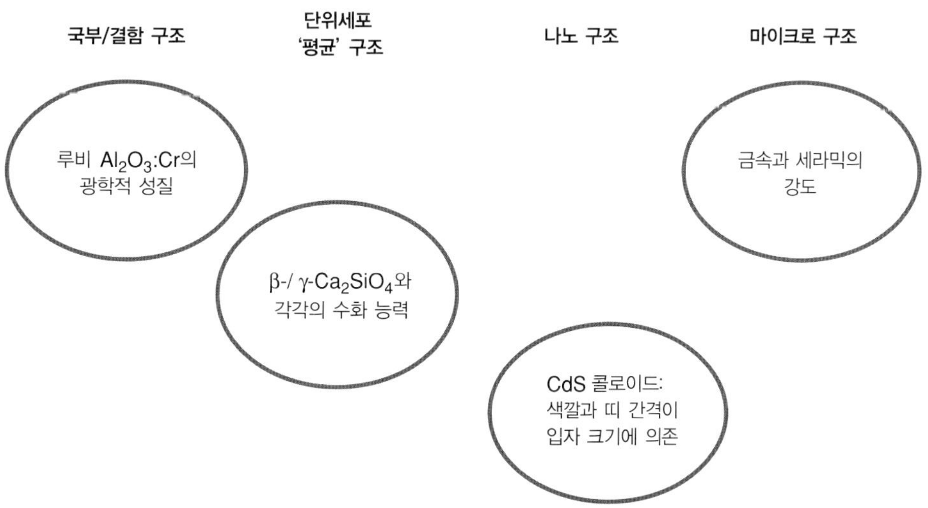

예컨대 루비(천연 보석이면서 레이저 발진이 최초로 관찰된 물질)의 경우 두 가지 구조적 관점, 즉 바탕 결정인 강옥 α-Al_2O_3의 구조와 혼입물 Cr^{3+}의 국부 구조를 살펴야 한다. Cr^{3+}는 강옥 격자에서 약 1%의 Al^{3+}를 치환하며 Cr–O 결합 길이와 팔면체 대칭은 바탕 구조에 의해 제약된다. 이들 구조 요소의 복합에 의해 Cr 발색부의 d–d 전이와 색깔이 정해지고, 또한 레이저 발진에 요구되는 여기 상태 안정성이 결정지어진다.

Ca_2SiO_4는 상온에서 두 가지 다형체(polymorph)로 얻어지며, 단위세포 차원의 결정 구조 세부에 따라 물성이 판이하게 달라지는 예로 특기할 만하다. β-다형체가 물과 반응하면 콘크리트의 주성분인 반결정성 칼슘 규산염 수화물이 견고하게 형성된다. 반면 다른 다형체 γ-Ca_2SiO_4는 물과 반응하지 않는다. 생각해 보라, 건설 산업 전체가 이칼슘 규산염의 다형 현상에 절대적으로 의존하고 있는 것이다! 시멘트에 Ca_2SiO_4라는 화합물이 함유되는 것만으로는 충분치 않다. 이 조성에서 구성 이온들이 어떻게 배열되어 결정 구조를 이루었는지에 따라 수화 특성과 콘크리트 형성이 달라진다.

나노 물질은 결정성 입자라 하더라도 겨우 수백 개의 단위세포를 포함하며 분말, 세라믹, 단결정 상태와 다른 물성을 보이는 경우가 자주 있다. 똑같은 물질이면서 입자 크기만 다를 뿐임에도 이러한 거동이 나타나는 데는 표면 에너지의 영향이 크게 작용한다. 나노 입자(종래의 콜로이드라는 용어와 같은 의미)에서는 물질의 전체 자유 에너지가 표면 자유 에너지와 표면 구조에 의해 좌우된다. CdS 나노 입자의 띠 간격과 색깔은 단순히 입자 크기의 조절만으로 미세 조정될 수 있다.

어떤 물성은 마이크론($1\ \mu m = 10^3\ nm = 10^4\ Å = 10^{-3}\ mm$) 수준 범위의 구조 특성과 연관된다. 금속과 세라믹의 연구에서 광학/전자 현미경을 이용한 미세 구조 분석이 강조되는 것은 바로 이 때문이다. 많은 경우에 불순물/혼입물이 입계와 표면에 석출되어 주요 물성, 특히 기계적 성질에 결정적 영향을 미친다.

위의 예들은 무기 고체의 묘사를 완결짓기 전에 얼마나 많은 점들이 고려되어야 하는지를 잘 설명해 준다. 이에 더해 무기 결정 구조의 다양한 유형이라든가 미량 혼입에 의한 물성 조절 가능성들은 물질과학, 공학, 기술의 많은 영역에서 고체화학이 큰 비중을 담당하는 배경을 잘 보여 준다.

이 책은 고체화학을 중심 주제로 하며 무기 고체에 초점을 둔다–세부적으로 결정 구조, 결함 구조와 결합, 합성과 구조 결정을 위한 기법, 물리적 성질과 응용이 다뤄진다. 유기물 또는 분자성 물질의 일부는 고체 상태에서 무기 고체와 연관된 성질을 나타내는 보충 사례로 포함되어져 있다. 구조–성질 상관 관계의 전반에서 화학적 통찰과 배경지식은 불가결한 부분이다. 그것을 통해 물질의 합성과 분석이 올바로 수행될 수 있을 뿐만 아니라 물리적 성질과 그 관여 요인이 이해될 수 있다.

지원 웹사이트

이 교재에 대한 학습지원을 위해 아래 웹사이트에 다양한 자료가 게시되어 있다.

http://www.wiley.com/go/west/solidstatechemistrystudent

교재의 모든 그림에 대한 파워포인트 슬라이드와 연습문제 풀이가 온라인에 제공되어 있다. 사이트를 통해 CrystalMaker® viewer 프로그램에 접근할 수 있으며, 이 프로그램(CrystalViewer)은 윈도우즈와 매킨토시 운영 체제에서 사용 가능하다. 프로그램을 활용하여 주요한 결정 구조의 세부 사항들을 편리하고 효과적으로 살펴볼 수 있다.

CrystalViewer

CrystalViewer는 결정 구조를 시각화하는 프로그램이며, 구조의 도시 방법을 다양하게 선택 조작할 수 있는 기능을 갖추고 있다. 사용자는 결정 구조를 다양한 시각 관점에서 3차원적으로 살펴보고 구조의 특정 요소를 강조하거나 생략함으로써 복잡한 결정 구조의 핵심을 파악할 수 있다. 프로그램과 함께 100여 개의 결정 구조 파일이 제공되며 이들의 다수가 교재 내의 삽도와 연관된다(파일명에 그림 일련번호가 표시되어 있다). 추가적으로 포함된 결정 구조들 또한 교재에서 다루어진 내용을 이해하는 데 유익한 자료들이다.

CrystalViewer 소프트웨어와 예제 구조 파일들은 지원 웹사이트에서 내려 받을 수 있다: http://www.wiley.com/go/west/solidstatechemistrystudent

$CaCu_3Ti_4O_{12}$

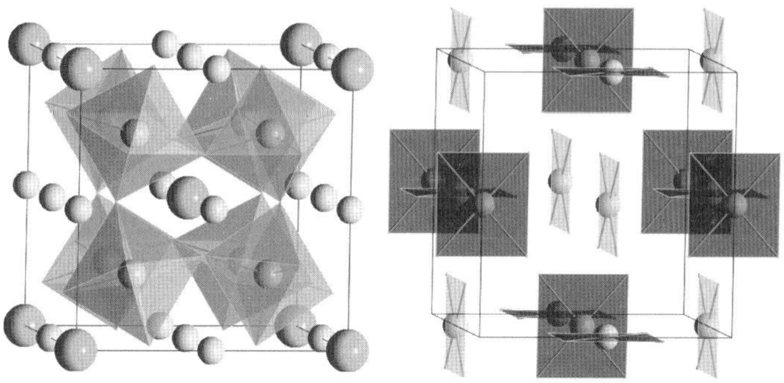

CrystalMaker® CrystalMaker Software Ltd, www.crystalmaker.com

위 그림은 관점에 따라 결정 구조의 표현이 어떻게 달라질 수 있는지를 $CaCu_3Ti_4O_{12}$를 예로 삼아 보여 주고 있다. 한쪽에서는 TiO_6 팔면체가, 다른 한쪽에서는 CuO_4 사각 평면 단위가 강조되어 있다.

결정 구조 자료집

100여 개의 구조가 포함된 결정 구조 자료집이 지원 웹사이트에 제공되며, CrystalViewer 소프트웨어를 이용하여 각 구조를 자세히 검토할 수 있다. 이 책의 그림에 직접 해당되는 구조들이 아래 열거되어 있으며 그림의 일련번호가 괄호 안에 함께 표시되어 있다. 그 외 다수의 결정 구조들이 온라인으로 제공되며 그 목록이 계속 확대될 예정이다.

주요한 무기 구조 유형(본문에서의 그림 번호)

β-알루미나, $NaAl_{11}O_{17}$ (8.23, 8.24)
$BaTiO_3$ (8.40)
bcc 금속 (2.12)
놋쇠, ZnCu (2.11)
Brownmillerite, $Ca_2(Fe,Al)_2O_5$ (1.42)
CaC_2 (1.10)
$CaCu_3Ti_4O_{12}$ (1.42)
$CdCl_2$ (1.40)
CdI_2 (1.39)
Chevrel 상, $BaMo_6S_8$ (8.6)
강옥, α-Al_2O_3 (1.46)
CsCl (1.36)
다이아몬드 (1.33)
fcc 금속 (1.20)
형석/반형석, CaF_2 (1.29, 1.30, 1.34)
가넷, $Y_3Fe_5O_{12}$ (1.49)
$GdFeO_3$ (1.41)
hcp 금속 (1.21)
Hollandite (8.27)
티탄철석, $FeTiO_3$ (1.46)
K_2NiF_4 (1.50)
층상 이중 수산화물, LDH (4.11)
Li_3N (8.32)
$LiCoO_2$/α-$NaFeO_2$ (8.35)
$LiNbO_3$ (1.46)
Magnetoplumbite (9.14)
MgB_2 (1.51)
Nasicon, $NaZr_2(PO_4)_3$ (8.27)
비소화 니켈, NiAs (1.35)
감람석, $LiFePO_4$ (1.45)
PbFCl, matlockite (8.6)
PbO (3.14)
페로브스카이트, $SrTiO_3$ (1.41)
파이로클로어 (1.48)
암염, NaCl (1.2, 1.29, 1.31)
루틸, TiO_2 (1.37)
스피넬 (1.44)
정방 텅스텐 브론즈 (1.43)
섬유아연석, ZnS (1.35)
$YBa_2Cu_3O_6$ (8.8)
$YBa_2Cu_3O_7$ (8.8)
섬아연석, ZnS (1.29, 1.33)
ZrCuSiAs (8.6)

1장

결정 구조와 결정 화학

고체화학은 주로 결정성 무기물의 합성, 구조, 물성과 응용을 다룬다. 폭넓은 영역의 다양한 주제 중에서도 고체의 **결정 구조**(crystal structure)와 **결정 화학**(crystal chemistry)에서부터 논의를 시작하도록 하자. 고체의 구조를 묘사하기 위한 모든 정보는 **단위세포**(unit cell) 자료, 즉 격자 상수와 원자 좌표에 포함되어 있다. 결정 화학은 이러한 기본 구조 정보를 성분 원소의 종류, 산화 상태, 이온 반경, 배위 경향과 금속/이온/공유 결합 속성 등에 비추어 논한다. 원소의 성질과 주기율표에 대한 지식은 결정 화학을 학습하기 위한 매우 유익한 배경이고, 또한 결정 구조와 결정 화학을 숙지하는 것은 원소들과 화합물들에 대한 이해를 넓혀줄 수 있다.

결정성 무기물의 구조 유형은 매우 다양하여 분류 기준에 따라서는 수천 가지 이상으로 구분될 수 있다. 재미있는 사실은 실질적으로 관심을 받고 있는 여러 물성과 응용들이 놀라울 정도로 적은 수의 구조 유형에서 집중적으로 발견된다는 점이다. 1장에서는 주요 무기 결정 구조 유형들을 –특히 흥미로운 물성을 보이는 구조를 위주로– 살펴볼 것이다. 그에 앞서 결정학의 몇몇 기본 개념들을 정리해 보도록 하자.

1.1 단위세포와 결정계

결정은 원자들의 3차원 규칙 배열로 만들어지며, 이 배열은 단위세포라고 불리는 반복 단위에 의해 나타내어질 수 있다. 단위세포는 '결정 구조의 대칭성을 모두 내포하는 최소한의 반복 단위'로 정의된다. 이것이 정확히 어떤 의미인지 예를 통해 확인해 보자. 그림 1.1(a)는 NaCl 결정의 한 단면을 나타내며, (b)–(e)는 가능한 반복 단위들을 제시하고 있다. 각각에서 반복 단위는 가장 작은 정사각형이고 인접한 정사각형들끼리는 변과 꼭짓점을 공유한다. (b), (c), (d)의 반복 단위는 크기와 모양이 모두 같고, 원점

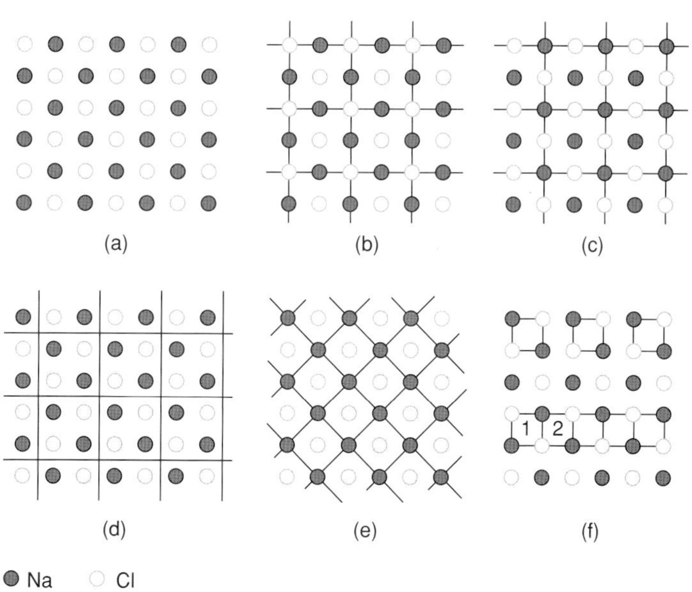

그림 1.1 (a) NaCl의 단면; (b–e) 가능한 반복 단위; (f) 잘못된 반복 단위.

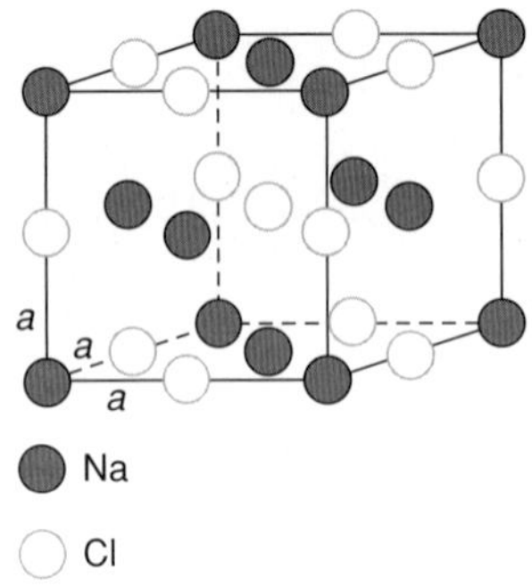

그림 1.2 NaCl의 단위세포: 입방형, $a = b = c$.

위치만이 다르다. 즉, 반복 단위의 크기, 모양과 방향은 일정하지만, 그 원점의 선택은 다소 임의적이다. NaCl의 반복 단위는 대개 (b)나 (c)로 정하는데, 반복 단위에서 원자가 꼭짓점이나 모서리 중심과 같은 특수 위치(special position)에 놓일 경우, 전체적 구조를 도시하여 시각화하기에 편리하기 때문이다. 반복 단위를 정하는 또 다른 참고 지침은 구조의 대칭성이 명확히 드러나도록 하는 것이다.

가상적으로 NaCl이 2차원 결정을 형성할 수 있다면 올바른 반복 단위는 (e)가 된다. (c)와 (e)를 비교하면, 둘 다 정사각형이고 구조의 2차원 대칭성을 나타낸다. 나아가 (e) 단위의 크기가 (b)나 (c)에 비해 절반이므로 앞서 서술된 정의에 따라 단위세포 선택은 (e)가 될 것이다. 그러나 3차원 상 NaCl의 단위세포는 (b)나 (c)를 바탕으로 하는데, 이들만이 입방 대칭성을 갖기 때문이다.

(f)는 반복 단위의 요건에 위배되는 두 가지 예를 보여 준다. 우선 아랫부분에 표시된 사각형들은 서로 동일하지 않으므로 반복 단위가 될 수 없다. 윗부분의 정사각형들은 모두 동일하고, (c)에 비해 크기가 $\frac{1}{4}$이다. 하지만 단위세포들은 그림과 같이 격리된 채 설정될 수 없다. 달리 표현하여, 모든 단위세포들을 연속적으로 배열했을 때 구조 공간 전체가 채워져야 하므로, 이 경우 또한 반복 단위로서 부적절하다.

NaCl의 실제 단위세포, 즉 3차원 세포는 그림 1.2와 같다. 이 세포는 꼭짓점과 면 중심에 Na, 모서리 중심과 체심에 Cl을 갖는데, 2차원 단위세포에서와 같이 원점의 선택은 임의적이다. 즉, Na와 Cl의 위치가 맞바뀌진 배열도 동등하게 단위세포가 될 수 있다. NaCl의 단위세포는 입방체 모양을 갖는다: 세 모서리 길이 a, b, c가 모두 같고 세 가지 사잇각 α (b/c), β (a/c), γ (a/b)가 모두 90°. **입방정계** 단위세포는 위의 기하 특성과 함께 몇 가지 대칭 요소에 의해 규정된다.

표 1.1과 그림 1.3(a)에 열거된 7가지의 결정계는 3차원 결정에서 나타날 수 있는 단위세포 모양의 가능한 모든 유형을 포함한다. 이 중 육방정계를 제외한 5가지는 입방 단위세포를 다양한 방식으로 단순 변형시킴으로써 유도될 수 있다(그림 1.3(b)).

표 1.1 7가지 결정계

결정계	단위세포 기하[b]	필수 대칭 요소	격자
입방정계	$a = b = c$, $\alpha = \beta = \gamma = 90°$	4개의 C_3 축	P, F, I
정방정계	$a = b \neq c$, $\alpha = \beta = \gamma = 90°$	1개의 C_4 축	P, I
사방정계	$a \neq b \neq c$, $\alpha = \beta = \gamma = 90°$	3개의 C_2 축 또는 σ	P, F, I, A (B, C)
육방정계	$a = b \neq c$, $\alpha = \beta = 90°$, $\gamma = 120°$	1개의 C_6 축	P
삼방정계(T)	$a = b \neq c$, $\alpha = \beta = 90°$, $\gamma = 120°$	1개의 C_3 축	P
삼방정계(R)	$a = b = c$, $\alpha = \beta = \gamma \neq 90°$	1개의 C_3 축	R
단사정계[a]	$a \neq b \neq c$, $\alpha = \gamma = 90°$, $\beta \neq 90°$	1개의 C_2 축 또는 σ	P, C
삼사정계	$a \neq b \neq c$, $\alpha \neq \beta \neq \gamma \neq 90°$		P

[a] 단사정계 세포는 b를 고유 축으로($\beta \neq 90°$) 삼는 것이 관행이며, 간혹 c를 고유 축으로($\gamma \neq 90°$) 삼기도 한다.
[b] 모든 단위세포는 평행육면체이며 그 모서리 길이 a, b, c와 사잇각 α, β, γ를 격자 상수라 부른다. '≠'는 반드시 다르다는 것이 아니라, 같지 않을 수 있다는 의미로 사용된다.

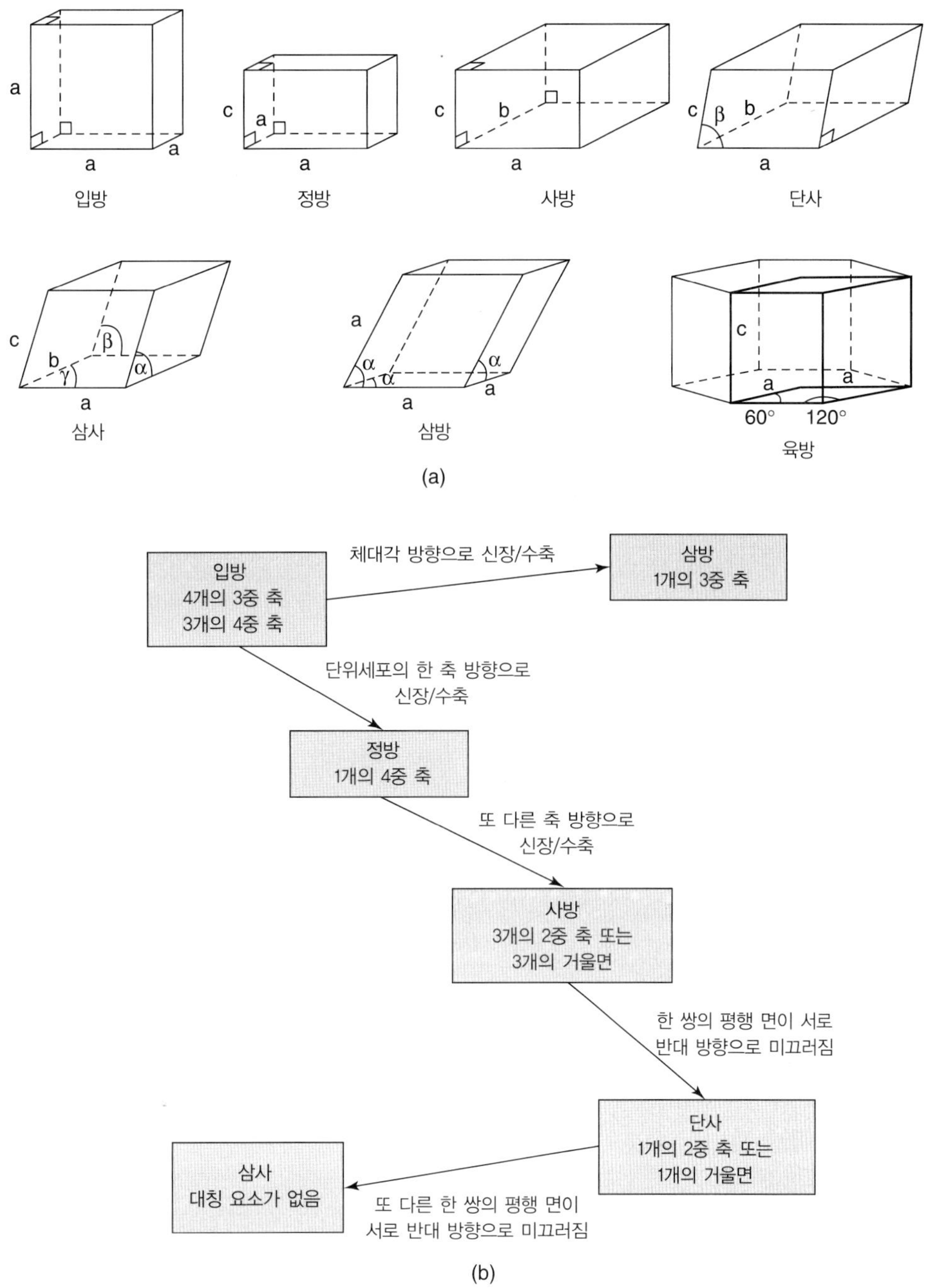

그림 1.3 (a) 7가지 결정계와 단위세포 모양; (b) 5가지 결정계는 입방정계의 변형에 의해 유도될 수 있음.

입방체의 한 모서리 c의 길이가 달라지면 **정방정계**이고, 세 모서리 모두의 길이가 서로 달라지면 **사방정계**가 된다. 사방 세포의 한 각도 β가 90°에서 벗어나면 **단사정계**가 되고, 나아가 세 각도 모두가 90°에서 벗어나면 **삼사정계**가 된다. 끝으로 입방체의 모서리 길이는 그대로 유지하면서 체대각 방향으로 수축 또는 신장시키면 **삼방정계**가 얻어진다.

남은 한 가지, **육방정계**는 정육각 기둥의 $\frac{1}{3}$에 해당하는 부분을 단위세포로 갖는데, 이 결정계에 대해서는 이후 그림 1.21을 참조하여 상세히 논할 것이다.

흔히 단위세포의 기하 형태에 따라 그 결정계를 구분하곤 하는데, 엄밀하게는 대칭 요소를 기준으로 삼아야 한다. 예를 들어 어떤 단위세포가 정육면체 모양이더라도 입방정계로서의 충분조건을 갖춘 것은 아니다. 진정한 입방정계이기 위해서는 서로 교차하는 4개의 3중 회전축(C_3)이 존재하도록 원자가 배열되어야 한다. 표 1.1은 각 결정계에 요구되는 대칭 요소들을 제시하고 있다.

1.2 대칭(symmetry)

1.2.1 회전 대칭; 대칭 요소와 대칭 조작

구조에서의 '대칭' 개념을 복습하기 위해 그림 1.4(a)의 SiO_4 사면체를 살펴보자. Si–O 결합을 축으로 사면체를 회전시키면 매 120°마다 원래와 분간되지 않는 배향으로 사면체가 놓인다. 실질적으로 3개의 기저 산소 원자들끼리 120°마다 자리바꿈하는데, 사면체가 한 바퀴(360°) 회전하는 동안 동일 위치를 세 번 지나게 된다. 이와 같이 사면체의 회전 과정에 둘 이상의 동일한 위치 혹은 배향이 나타난다는 것은 SiO_4 사면체가 회전 대칭성을 가짐을 의미한다. 이때 '회전'은 **대칭 조작**(symmetry operation)의 한 종류이며, '회전축'은 그에 대응된 **대칭 요소**(symmetry element)이다.

표 1.2는 결정학에서 주요하게 취급되는 대칭 요소들을 열거하고 있다. 각각에 대해 두 종류의 명칭 기호가 부여되는데 Hermann–Mauguin 기호는 결정학에서 주로 사용되고, Schönflies 체계는 분광학에서 주로 사용된다. 기호 명칭이 통일되지 않고 있는 것은 두 체계가 각각 잘 확립되어져 있고, 결정학(공간 대칭)과 분광학(점 대칭)에서의 관점이 다르며, 분광학은 결정학보다 훨씬 광범위한 대칭 요소들을 다루기 때문이다.

정의 상, 어떤 분자를 n 회전축 중심으로 $(360/n)°$ 회전할 때 동일 배향이 나타나며, 이러한 회전을 n회 반복하면 정확히 원래의 분자체로 되돌아온다. 앞서 SiO_4 사면체에서 예로 사용된 회전축 대칭 요소는 3중 회전축이고 $n=3$이다. SiO_4 사면체는 각 Si–O 결합에 해당하는 4개의 3중 회전축을 갖는다. SiO_4 사면체를 다른 방향에서 바라보면 O–Si–O 결합각을 2등분하는 2중 회전축($n=2$)이 3개 발견될 수 있다(그림 1.4(b)).

3차원 결정은 2, 3, 4, 6의 회전 대칭만을 가질 수 있고 이들 이외, 예를 들어 $n=5$, 7, … 등은 성립할

표 1.2 대칭 요소

	대칭 요소	Hermann–Mauguin 기호	Schönflies 기호
점 대칭	거울면	m	σ_v, σ_h
	회전축	$n=2, 3, 4, 6$	C_n (C_2, C_3, …)
	반전축	$\bar{n}$ $(=\bar{1}, \bar{2}, \cdots)$	–
	교번축[a]	–	S_n (S_1, S_2, …)
	반전 중심	$\bar{1}$	i
공간 대칭	미끄럼면	a, b, c, d, n	–
	나선축	2_1, 3_1, …	–

[a] 교번축의 대칭 조작은 회전(n)과 반사의 결합이며 결정학에서 거의 사용되지 않는다.

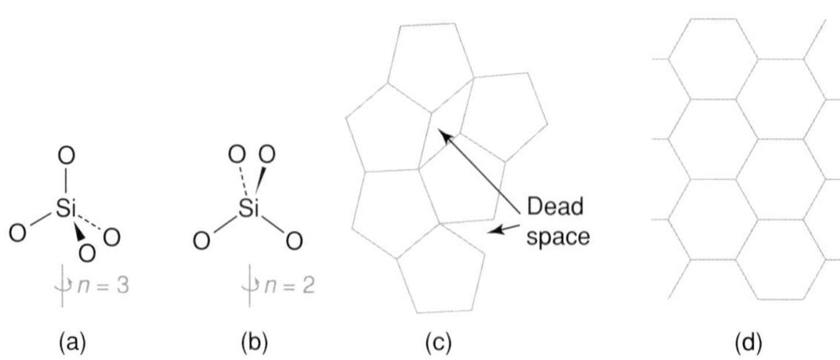

그림 1.4 (a) C_3, (b) C_2 회전축; (c) 정오각형, (d) 정육각형을 이용한 평면 채움.

수 없다. 그림 1.4(c)에 나타낸 것처럼 주어진 면 전체를 정오각형으로 완전히 채우는 것은 불가능하다. 즉, 개별 오각형은 5중 회전 대칭을 갖지만 면이나 공간에서 5중 회전 대칭 배열이 얻어질 수는 없다. 반면 정육각형을 이용하여 면을 채우는 작업은 매우 간단하며 그 결과로 얻어진 배열은 전체적으로 6중 회전 대칭을 나타낸다. 이는 정오각형 분자가 결정을 형성하더라도 결정 구조 전체로는 5중 회전 대칭성이 유지될 수 없다는 뜻일 뿐, $n = 5$(또는 7, …)를 갖는 분자가 결정성으로 존재할 수 없다는 의미는 아니다.

1.2.2 준결정(quasicrystal)

1982년 Schechtman과 그 동료들이 준결정 상태[1]를 새로운 물질 상태로 보고했을 당시, 결정 격자에 허용되는 회전 대칭성을 위배한 오류로 간주되어 상당한 논쟁의 대상이었다. 그들의 단결정 회절 패턴은 $n = 5$, 10, 12에 해당하는 회전 대칭을 나타내었으나 그림 1.4(c)에 보인 바와 같이 정상적인 결정 격자에서 5중 회전 대칭이 존재하는 것은 불가능하다. 이 난제에 대해 제시된 해석은 준결정의 구조가 단일한 단위세포의 단순 반복으로 이루어진 게 아니라는 것이다. 대신, 준결정은 둘 이상의 단위체가 *주기성 없이* 질서 배열된 구조로 이해된다.

수학자 R. Penrose가 1970년대에 제안한 Penrose 경사(Penrose tilting)는 준대칭성의 전형적 예이다(그림 1.5). Penrose 경사에서는 두 종류의 사각형들이 평면을 완전히 채우며, 경사 무늬의 곳곳에서 5중 대

그림 1.5 두 종류의 평행사변형 세트들이 공간을 채워 만들어낸 2차원 Penrose 경사. Adapted with permission from C. Janot, Quasicrystals, © 1997 Oxford University Press.

1) 이 업적에 대해 2011년 노벨 화학상이 수여됨.

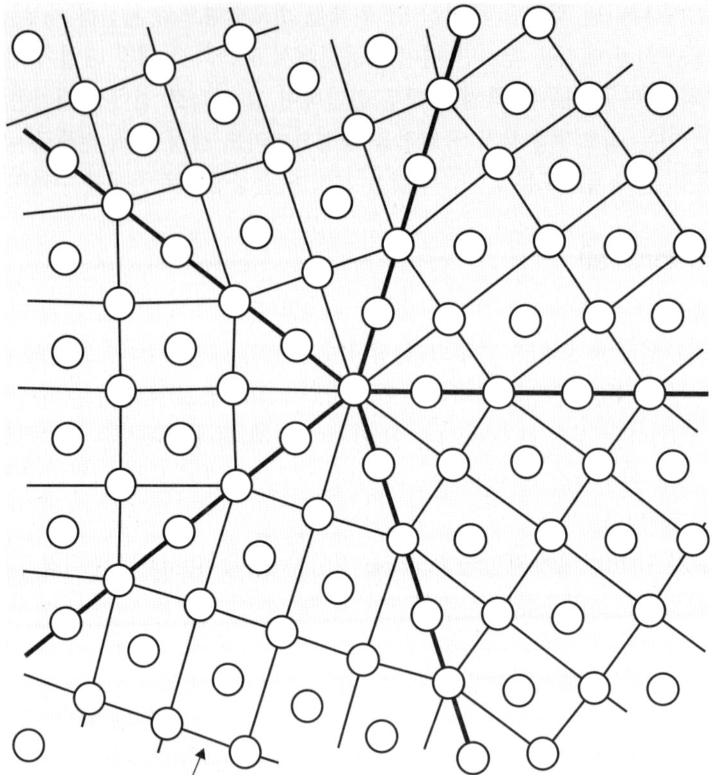

그림 1.6 5중 회전 대칭을 보이는 가상적 쌍정 구조. Adapted with permission from J. M. Dubois, Useful Quasicrystals, pg 10, © 2005 World Scientific Publishing Company.

칭이 발견되지만 구조 전체로 볼 때는 주기성이 없다. 이후 준결정은 다양한 합금, 유기 고분자, 액정 물질에서 발견되었는데, 자연계에서 발견된 Al–Fe–Cu 합금은 유성의 성분으로 지각에 도달하여 수십억 년 이상 존재해 온 것으로 여겨지고 있다.

준결정의 초기 연구에서는 5중 대칭이 쌍정(twinning)에서 유래한 것으로 설명되기도 하였다(그림 1.6). 이 모델에서 전체 구조는 서로 합동인 5개의 결정 조각으로 이루어지며, 각 조각은 평면에 투사되었을 때 2중 회전 대칭을 갖는다. 서로 결맞게 마주하는 조각 쌍들은 쌍정 면을 경계로 거울상 관계에 있다. 5개의 결정 조각이 만나는 중심점에 대해 5중 회전 대칭이 존재하지만 각각의 결정 조각들은 5중 대칭을 갖지 않는다. Schechtman은 준결정이 그림 1.6과 같은 쌍정으로 설명될 수 없음을 명확히 보여 주었다.

1.2.3 거울 대칭(mirror symmetry)

한 분자에서 중앙 면을 거울로 삼아 양쪽 절반을 반사(reflection)시켰을 때 서로 겹쳐질 수 있으면 거울면 m이 존재하는 것이다. SiO_4 사면체는 6개의 거울면을 갖는데 그 중 한 개는 그림 1.7(a)에서 지면에 대해 직각이면서 수직 방향이다. Si와 2개의 O (1, 2)는 거울면 위에 있으면서 반사 조작에 의한 위치 변화가 없다. 한편 다른 두 O (3, 4)는 서로 위치를 맞바꾼다. 또 다른 거울면 하나는 지면에 해당하며 이 거울면은 Si와 O3, O4를 포함한다. O1과 O2는 각각 거울의 앞쪽과 뒤쪽에 놓여 있으며 서로 거울상 관계이다.

1.2.4 대칭 중심(center of symmetry)과 반전축(inversion axis)

분자 구조의 임의 부분을 분자 중심점에 대해 반사시킬 때, 원래와 같은 원자 배열이 유지된다면 이 분자는 대칭 중심 $\bar{1}$을 갖는다. AlO_6 팔면체(그림 1.7(b))는 Al 원자를 기준점으로 하는 중심대칭성을 갖는다.

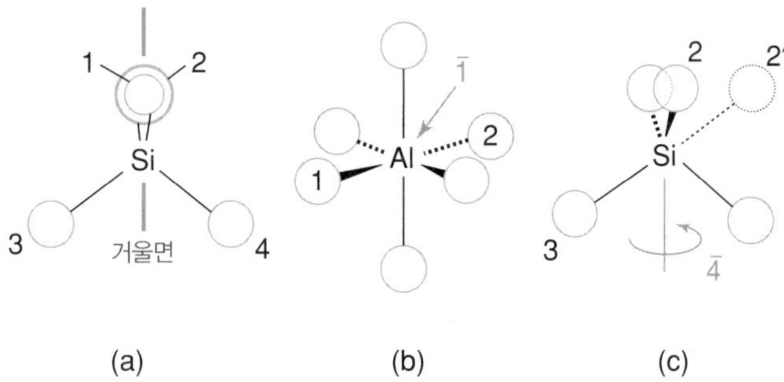

그림 1.7 대칭 요소: (a) 거울면; (b) 대칭 중심; (c) 4중 반전축.

임의의 O, 예를 들어 O1으로부터 Al을 지나는 선을 그어 반대쪽으로 같은 거리만큼 이동하면 또 다른 O 원자(O2)가 반드시 발견되는 것이다. 반면 SiO_4와 같은 사면체는 중심대칭성을 갖지 않는다.

반전축 $\bar{n}$은 회전(n)과 중심 반전($\bar{1}$)이 결합된 대칭 조작이다. 그림 1.7(c)는 4중 반전축 $\bar{4}$를 보여 준다. O2를 예로 보면, 첫 단계 90° 회전에 의해 2′ 위치로 이동하고 다음 단계의 반전에 의해 3 위치로 옮겨진다. 따라서 O2와 O3은 $\bar{4}$-축에 의해 서로 대응된다. 회전축에 대해서와 마찬가지로 결정에서 허용되는 반전축은 $\bar{1}$, $\bar{2}$, $\bar{3}$, $\bar{4}$, $\bar{6}$의 다섯 가지로 제한된다. 이들 중 $\bar{1}$과 $\bar{2}$는 별도의 대칭 요소가 아니다. 1중 반전축 $\bar{1}$은 대칭 중심과 같고, 2중 반전축 $\bar{2}$는 해당 축에 수직인 거울면과 같다.

1.2.5 점 대칭(point symmetry)과 공간 대칭(space symmetry)

이제까지 논의된 대칭 요소는 모두 점 대칭 요소들이고, 이들의 대칭 조작에서는 분자 내에서 적어도 한 점이 고정되며, 분자의 무게 중심이 변하지 않는다. 유한한 크기의 분자들은 점 대칭 요소만을 갖지만, 결정에서는 대칭 조작의 일부로 병진(translation)이 포함될 수 있다. 그 결과로 공간 대칭에서는 두 가지 대칭 요소가 추가로 고려된다.

나선축(screw axis)은 병진과 회전을 결합한다; 나선축을 갖는 결정에서 원자나 이온은 해당 축 주위에 나선형으로 배열된다. 그림 1.8(a)는 나선축의 대칭을 모식적으로 나타낸다. 나선축의 기호 X_Y는 (1) 나선축 방향으로 단위세포 길이의 (Y/X)만큼의 병진과 (2) 나선축을 중심으로 (360/X)°만큼의 회전이 동반됨을 의미한다. 한 예로 a 축에 평행한 4_2 축은 a/2만큼의 병진과 90° 회전을 결합한다. 이 조작은 매 단위세포마다 a 축을 따라 2회씩 반복된다.

미끄럼면(glide plane)은 병진과 반사를 결합한다(그림 1.8(b)). 병진의 방향은 단위세포의 축(a, b, c), 면대각(n), 또는 체대각(d) 중 하나와 평행하다. 미끄럼면 a, b, c, n은 모두 해당 방향으로 단위세포 절반만큼의 병진을 포함하고, d 미끄럼면의 병진은 체대각 거리의 1/4만큼 일어난다. 축 방향 미끄럼면 a, b, c에 대해서는 병진에 뒤따르는 반사의 방향을 함께 알아야 한다. a 미끄럼면은 b에 대해 수직(ac 면에 대해 반사)이거나 혹은 c에 대해 수직(ab 면에 대해 반사)일 수도 있다.

대부분의 결정 구조에서 3차원 모형 없이 공간 대칭 요소를 인지하기는 쉽지 않다. 미끄럼면과 나선축의 단순한 예가 그림 1.21에 제시되어 있으며, 그에 대한 설명은 1.12절에 주어질 것이다.

결정과 준결정 간의 차이점 한 가지는 공간 대칭성이다. 결정은 최소한의 대칭 속성으로 단위세포의 주기적 병진 대칭성을 가지며, 많은 경우에 나선축과 미끄럼면을 추가로 갖는다. 반면 준결정은 공간 대칭성을 보이지 못한다. 즉, 일정한 반복 단위나 병진 대칭 요소를 갖지 않는다.

1.3 대칭성과 단위세포 선택

7가지 결정계별 단위세포의 기하학적 모양은 표 1.1과 그림 1.3에 나타낸 바 있다. 이 형태 특성들은 단위세포를 정의하는 조건이 아니고, 단지 각 결정계가 갖는 대칭 요소들에 의해 파생된 결과일 뿐이다.

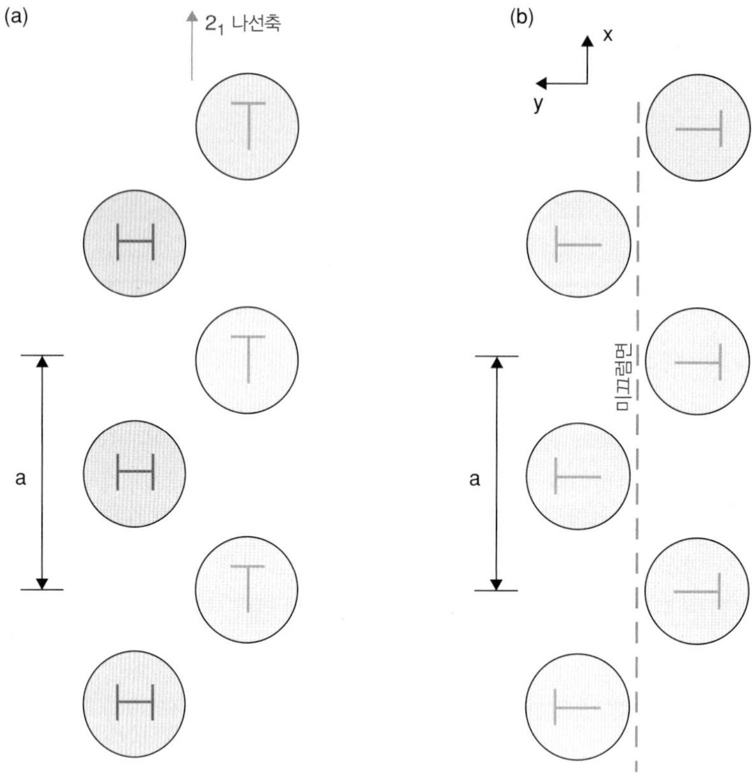

그림 1.8 (a) a에 평행인 2_1 나선축; (b) b에 수직인 미끄럼면. 각 경우에 대칭 관계의 물체들 간 병진 크기는 $a/2$.

입방 단위세포는 4개의 3중 회전축을 가져야 한다. 이들 회전축은 입방 체대각 방향에 평행한데(그림 1.9(a)), 이 대칭 요소에 의해 자동적으로 $a=b=c$, $\alpha=\beta=\gamma=90°$가 된다. 대부분 결정계들은 각각을 정의하기 위한 필수 대칭 요소(표 1.1) 외에 추가적 대칭 요소들을 여럿 갖는다. 입방정계의 경우에도 마주보는 두 면을 관통하는 3개의 4중 회전축(그림 1.9(a)), 거울면(그림 1.9(b), (c))을 포함하여 다른 대칭 요소들이 다수 존재한다.

정방 단위세포는 1개의 4중 회전축을 가지며 정육면체를 한 축 방향으로 늘이거나 압축시킨 꼴이다. 그 결과로 3중 회전축 모두와 2개의 4중 회전축이 없어진다. 한 예로 CaC_2는 NaCl-관련 구조이지만, C_2^{2-} 이온이 구형이 아닌 선형이기 때문에 한 축의 길이가 나머지 둘보다 길다(그림 1.10(a)). NaCl에 대해서도 유사하게 정방 반복 단위를 찾아낼 수 있지만 그것을 단위세포로 정할 수는 없다. 그 경우 NaCl 배열에 존재하는 3중 회전 대칭을 내포하지 못하기 때문이다. 정방 단위세포에는 다른 둘에 비해 길이가 다른 한 축이 존재한다. 이 축은 정방 **고유 축**(unique axis)이라 불리며, 통상 c 축으로 선택된다.

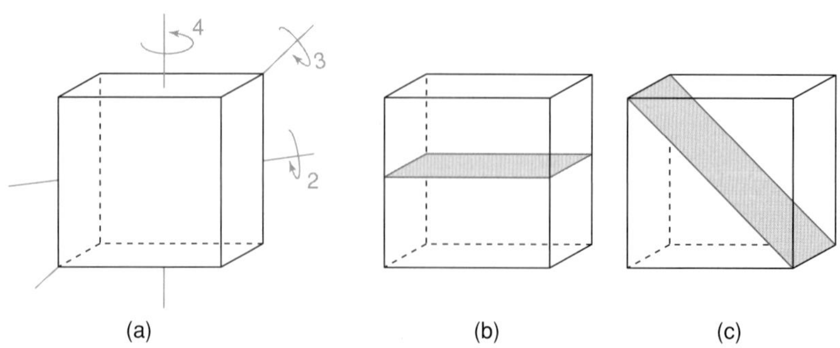

그림 1.9 입방체에서 발견되는 대칭 요소들: (a) 2, 3, 4중 회전축, (b), (c) 거울면.

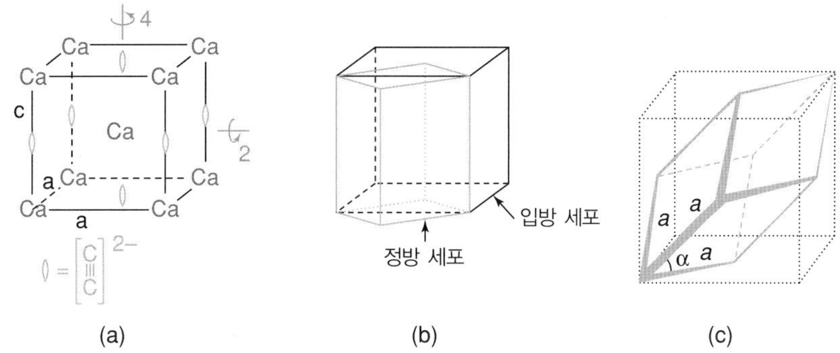

그림 1.10 (a) CaC_2의 정방 단위세포: 선형의 C_2^{2-} 이온이 c 축 방향으로 정렬됨; (b) NaCl에서 정방 세포와 입방 세포의 관계; (c) 입방 NaCl로부터 발견되는 원시 삼방 세포.

삼방정계는 단일한 3중 회전축으로 정의되며, 그 모양은 입방체를 체대각 방향으로 늘이거나 압축시킨 결과로 볼 수 있다(그림 1.10(c)). 변형 방향의 3중 회전축은 그대로 유지되지만 다른 3개의 3중 축은 사라진다. 세 모서리 길이는 모두 불변이고, 세 각의 크기도 서로 동일하게 유지되지만 그 값은 90°로부터 벗어나게 된다. NaCl에 대해서도 꼭짓점에 Na, 체심에 Cl을 갖고 $\alpha = \beta = \gamma = 60°$인 삼방 세포를 제안할 수 있다. 하지만 이러한 단위세포 역시 NaCl이 갖는 대칭성을 완전히 묘사하지 못하기 때문에 올바른 선택이 되지 못한다.

$NaNO_3$의 구조는 NaCl 구조가 삼방 왜곡된 결과로 묘사할 수 있다. Cl^- 이온이 구형인 데 비해, NO_3^- 이온은 삼각형이고 그 분자 평면이 단위세포 체대각에 대해 수직 방향으로 놓인다. NO_3^- 분자에 의해 입방체의 체대각 중 한 방향으로 수축(혹은 NO_3^- 분자 평면 방향으로 확장)이 일어나고, 그 결과 4개의 3중 회전축 중 3개와 4중 회전축 모두가 제거된다.

육방정계는 뒷부분에서 그림 1.21과 함께 설명하기로 한다.

사방 단위세포는 90° 크기로만 각진 상자 모양이면서, 그 모서리 길이가 모두 다른 경우를 떠올리면 된다. 이 결정계의 최소 대칭 요건은 서로 직교하는 3개의 거울면, 또는 서로 직교하는 3개의 2중 회전축을 갖는 것이다.

단사 단위세포는 사방정계 상자의 상하면을 역평행 방향으로 엇갈리게 이동시켜 얻어진다. 이때 이동 방향은 축 방향 중의 하나와 같다. 이 결과로 사잇각 중 하나의 값이 90°에서 벗어나게 되고 1개의 거울면이나 1개의 2중 회전축만이(또는 둘 다) 대칭 요소로 남는다. 단사 단위세포에서는 한 축만이 다른 두 축과 직각을 이루므로 고유 축이 되며, 흔히 b 축이 단사 고유 축으로 지정된다($\alpha = \gamma = 90°$).

삼사정계는 대칭 요소를 전혀 갖지 않으며, 단위세포 모서리 길이나 사잇각 크기에 대한 제한이 없다.

이상과 같이 각 결정계에 대한 필수 대칭 요건이 명시되었고, 그에 따라 단위세포의 모양이 자동으로 귀결됨을 살펴보았다. 다시 한 번 상기될 부분은 그 역관계, 즉 단위세포 모양으로부터 결정계를 추론하는 것은 적법하지 않다는 것이다. **유사대칭**(pseudo-symmetry) 구조에서는 단위세포의 모양과 대칭 요소가 일반적 상관성을 따르지 않는다. 예를 들어 어떤 단위세포가 기하학적으로 입방체 모양이더라도, 입방에 요구되는 필수 대칭 요소를 갖지 못할 수 있으며 그 경우 실제 대칭은 입방보다 낮아진다.

1.4 격자, Bravais 격자

결정 내 원자와 분자들이 반복되는 방식을 일련의 점 배열로 나타낼 수 있으며, 이 배열을 **격자**(lattice), 점을 **격자 점**(lattice point)이라 일컫는다. 격자를 이용하여 구조를 표현할 때 각 격자 점은 모두 동일한 환경과 배향을 갖도록 배열되어야 한다. 그림 1.11(a)에 보여진 NaCl의 한 단면은 그림 1.11(b)와 같은 격자로 나타낼 수 있다. 여기서 각 격자 점은 Na 1개와 Cl 1개의 묶음에 해당하지만, 정확히 어떤 지점(Na 원자, Cl 원자 또는 그 중간)인지는 중요하지 않다. 격자 점을 적절히 연결하면 단위세포가 경계지어지는

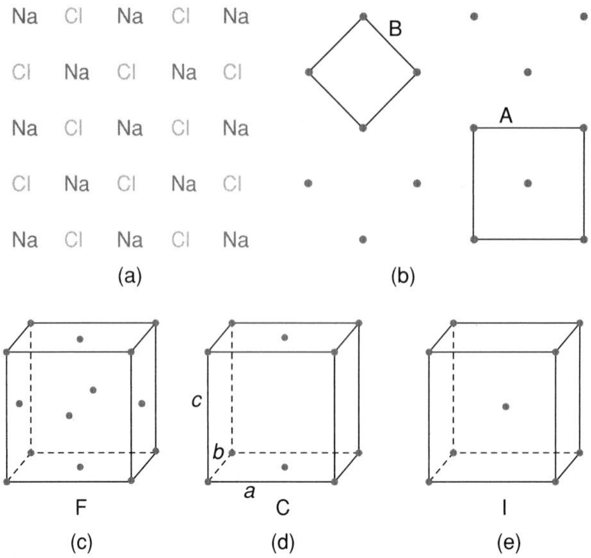

그림 1.11 (a) NaCl 구조의 2차원 표현과 (b) (a)에 대한 격자 표현; (c) 면심, (d) 측심, (e) 체심 격자.

데, 그림 1.11(b)는 A와 B, 두 종류의 세포를 보여 주고 있다. B와 같이 격자 점을 꼭짓점에만 갖는 경우를 **원시**(primitive, *P*) 세포라 하며, A와 같이 추가 위치에 격자 점을 갖는 경우 **중심화**(centered) 세포라 한다. 중심화 세포에는 몇 가지 다른 종류가 있다.

면심(face centered, *F*) 격자는 세포의 6개 면 중심 모두에 격자 점을 갖는다(그림 1.11(c)). 금속 Cu는 면심 입방(face-centered cubic, *fcc*) 구조를 갖는 한 예이다. **측심**(side centered) 격자는 마주 보는 한 쌍의 면심에만 추가 격자 점을 갖는다. 그림 1.11(d)와 같이 추가 격자 점이 *ab* 평면에 놓이면 *C*-측심이라 이름 붙여지고, *A*-측심과 *B*-측심도 비슷한 방식으로 격자 점을 갖는다.

체심(body centered, *I*) 격자는 입체 중심에 추가 격자 점을 갖는다(그림 1.11(e)). α-Fe는 체심 입방(body-centered cubic, *bcc*) 구조의 한 예로서, 단위세포 꼭짓점과 입체 중심에 Fe 원자를 갖는다.

CsCl의 단위세포는 꼭짓점에 Cs, 입체 중심에 Cl을 갖지만 이 경우 원시 입방으로 분류된다. 어떤 격자가 체심형이기 위해서는 꼭짓점에 위치한 원자(단)와 동일한 원자(단)가 입체 중심에 놓여야 하기 때문이다.

원소 금속 Cu나 α-Fe와 같이 단순한 구조의 고체에서는 격자 점 배열이 원자의 내부 배열과 동일하게 얻어진다. NaCl과 같은 경우 격자 점이 이온 쌍(Na^+-Cl^-)을 나타내지만 여전히 단순한 유형에 속한다. 실제 무기 고체에서는 격자 점이 여러 원자의 군집을 나타내는 경우가 많고, 단백질과 같은 유기 분자에서는 격자 점이 단백질 분자 전체를 나타내기도 한다. 격자는 격자 점에 대응되는 화학종이 3차원 상에서 어떻게 채워져 있는지를 나타내 준다. 단, 격자 점 자체는 그것이 대변하는 원자들의 종류와 배열에 대해 아무런 정보를 주지 않는다는 것을 유념해야 한다.

7가지 결정계 구분과 4가지 격자 유형 구분을 조합함으로써 Bravais 격자가 정해진다(표 1.1, 그림 1.12). 각 결정계마다 허용되는 중심화 유형이 다르기 때문에 가능한 Bravais 격자는 총 14가지이다. 예를 들어 *P*-단사나 *C*-단사는 가능하지만 *I*-단사는 존재하지 않는다. 이렇듯 격자 유형과 단위세포 결정계의 결합이 성립되지 못하는 데에는 두 종류의 이유가 있다. 우선 중심화에 의해 결정계의 대칭 요건이 위배되는 경우이다. 예를 들어 입방 세포에 *C*-측심이 적용될 경우 3중 회전축이 소멸하게 된다. 둘째, 중심화에 의해 더 작은 단위세포가 유도되는 경우이다. 예를 들어 면심 정방 세포는 체심 정방 세포를 이용하여 달리 표현될 수 있다. 새로운 체심 정방 세포는 원래에 비해 절반의 부피를 가지면서도 정방 대칭성을 유지한다.

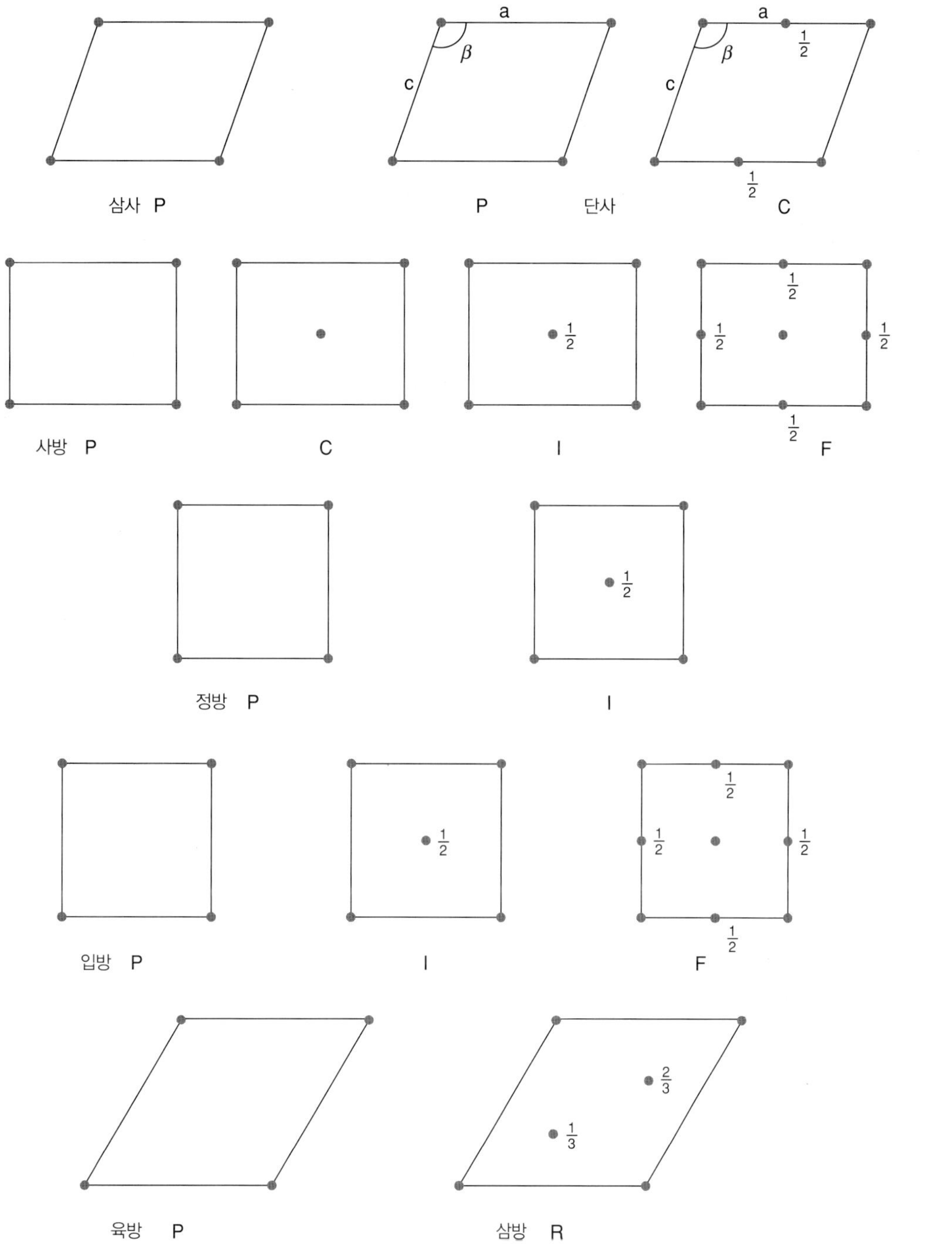

그림 1.12 14개 Bravais 격자의 단위세포: 별도 표시가 없는 경우 두 변은 a, b 축을 가리키며, 격자 점의 c 방향 높이는 0 또는 1이다. Adapted with permission from Essentials of Crystallography © 1986 McKie and McKie, Blackwell.

1.5 격자 면과 밀러 지수

격자 면(lattice plane) 개념은 두 가지 다른 방식으로 이해될 수 있기 때문에 이에 대한 혼동을 주의해야 한다. 금속이나 이온성 염과 같은 단순 구조를 어떤 방향에서 바라보면 원자 층이 쌓여 3차원 구조를 이룬 형상으로 나타난다. 이러한 층들은 종종 아주 간단하게 단위세포와 연관된다. 예를 들어 단위세포의 면은 그 자체로서 원자의 층인 경우가 많다. 그러나 그 반대 관계도 반드시 옳은 것은 아니어서, 복잡한 구조의 단위세포 면이나 단면은 결정 내 원자의 층에 해당하지 않는 경우가 많다. 다른 한편으로 Bragg 회절 법

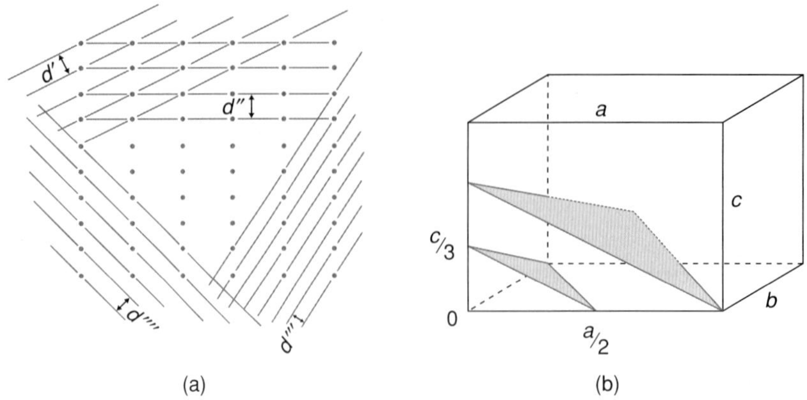

그림 1.13 (a) 다양한 격자 면들(평면 투사); (b) 밀러 지수의 산출.

칙(4장 참조)에 등장하는 격자 면은 오로지 단위세포의 모양과 크기에 의해 정의된다. 여기서의 격자 면은 전적으로 가상적이며 결정 내의 원자 위치를 지시하기 위한 기준 좌표계를 제공할 뿐이다. 간혹 주어진 격자 면 세트가 원자 층과 일치하기도 하나, 대부분은 그렇지 않다.

그림 1.13(a)에 보여진 2차원의 격자 점 배열을 고려해 보자. 각기 다른 여러 개의 줄 묶음을 이용하여 이 격자를 분할할 수 있는데, 이웃한 줄 사이의 거리 d는 각 묶음에 대해 고유하게 다르다. 3차원 상에서는 이러한 줄들이 격자 면으로 확장되며, 이웃한 면들은 일정한 *d*-**간격**(*d*-spacing) 거리를 갖는다.

3차원 결정에서 각기 다른 격자 면들을 구분하기 위해 **밀러 지수**(Miller index)라 불리는 세 개의 정수를 부여한다. 밀러 지수는 격자 면의 방향 정보를 담고 있으며 그림 1.13(b)의 예시와 같이 정할 수 있다. 그림에서 음영으로 표시된 두 삼각형은 한 격자 면 세트에 속하면서 이웃하는 두 면을 가리키며, 각각이 단위세포에 속한 부분만을 나타낸다. 이 격자 면들은 결정 표면에 이를 때까지 무한히 계속되며, 그 과정에서 무수히 많은 다른 단위세포들을 지나게 된다. 이 격자 면 세트에는 그림의 두 면과 평행한 무수히 많은 면들이 추가로 포함되며, 그 중에는 단위세포의 원점 0을 지나는 면도 있음을 유추할 수 있다.

격자 면 세트의 밀러 지수는 다음의 네 단계를 거쳐 정할 수 있다.

1. 격자 점의 배열, 또는 결정 구조로부터 단위세포를 정한다. 원점을 선택하고 a, b, c 축과 α(b와 c 사이), β(a와 c 사이), γ(a와 b 사이) 각을 지정한다.
2. 특정한 격자 면 세트에서 원점을 지나는 격자 면에 이웃한 격자 면을 찾아낸다.
3. 위의 격자 면이 단위세포의 세 축과 교차하는 지점들을 찾고, 그 위치들을 격자 상수에 대한 상댓값으로 적는다. 그림 1.13(b)에서는 x, y, z 축을 각각 $a/2$, b, $c/3$ 지점에서 교차한다. 따라서 분수로 나타낸 교차점 위치는 각각 1/2, 1, 1/3이 된다.
4. 위 분수들의 역수를 취하여 순서대로 괄호 안에 표기한다; (213). 얻어진 세 정수의 조합 (213)은 위에 다룬 두 면을 포함하여 이들에 대해 등간격으로 평행인 모든 면들의 밀러 지수이다.

그림 1.14는 밀러 지수를 정하는 몇 가지 다른 예들을 보여 주고 있다. 그림 1.14(a)에서 음영 면은 x, y, z 축과 각각 $1a$, ∞b, $1c$ 지점에서 교차한다, 즉 b 축에 대해 평행이다. 1, ∞, 1의 역수를 취하면 밀러 지수로 (101)이 얻어지는데, 밀러 지수에서의 0은 격자 면이 해당 축에 대해 평행임을 의미한다. 그림 1.14(b)에서는 단위세포의 마주 보는 두 면이 격자 면 세트를 이루고 있다. 면 2는 $1a$, ∞b, ∞c를 교차점으로 가지므로 이에 대한 밀러 지수는 (100)이 된다.

그림 1.14(c)는 (b)와 유사하지만 (b)에 비해 2배 많은 면들이 격자 면 세트를 구성한다. 원점을 지나지 않으면서 가장 가까운 격자 면, 즉 면 2를 살펴보면 그 교차점이 1/2, ∞, ∞이므로 밀러 지수는 (200)이다. 이렇듯 밀러 지수에서의 2는 격자 면이 해당 축을 중간 지점에서 통과하는 경우이다. 여기서 중요한

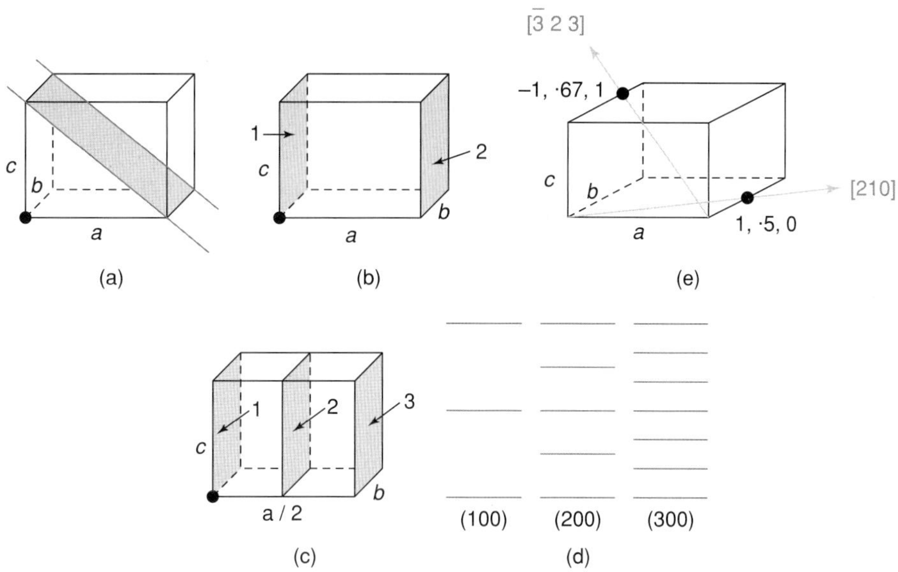

그림 1.14 밀러 지수의 예: (a) (101); (b) (100); (c) (200); (d) (*h*00) 격자 면들; (e) [210]과 [$\bar{3}$23] 지수에 해당하는 방향들.

한 가지를 언급할 수 있다. 교차점의 역수로 얻어진 세 정수를 약분하면 원 의미가 달라진다. 이와 관련하여 흔히 저지르기 쉬운 오류는 (200) 격자 면 세트를 (100) 격자 면들의 사이 면으로 생각하는 것이다. 즉 (200) 세트의 연속적인 격자 면들을 (100), (200), (100), (200), (100), …의 혼합 배열로 보는 것이다. 그림 1.14(d)는 (100), (200), (300) 격자 면 세트의 올바른 구성을 각각 나타내고 있다. 인접한 (100) 면들 중간에 추가로 격자 면이 존재한다면, 그들 모두를 통틀어 (200) 면이라 불러야 한다.

밀러 지수의 일반 표현 형식은 (*hkl*)이다. 세 정수를 구분하기 위해 쉼표를 넣을 필요는 없으며, 이 지수들은 괄호 ( )로 묶어 준다. 밀러 지수에 두 자릿수 이상의 정수가 포함되면 그 숫자는 ($\underline{12}$00)과 같이 밑줄로 표시한다. 중괄호 { }는 등가(equivalent)의 격자 면 세트들을 통칭할 때 사용된다. 예를 들어, 입방정계에서 (100), (010), (001)은 서로 등가이고 이들을 묶어 {100}으로 적을 수 있다. 이제까지는 밀러 지수가 0 혹은 양의 정수인 경우만을 다뤘으나, 음의 방향에서 축을 교차하는 격자 면 또한 존재한다. 이 경우 음수 값의 밀러 지수를 표기하기 위해 윗줄을 사용한다; ($\bar{h}\bar{k}\bar{l}$).

육방 단위세포에서 밀러 지수를 정하는 데에는 약간 다른 방식이 이용된다. 육방 단위세포에서는 $a = a \neq c$이고 그에 따라 기저 면의 두 a 축을 정하는 데 3가지 선택(그림 1.15의 a_1, a_2, a_3 중 둘을 선택)

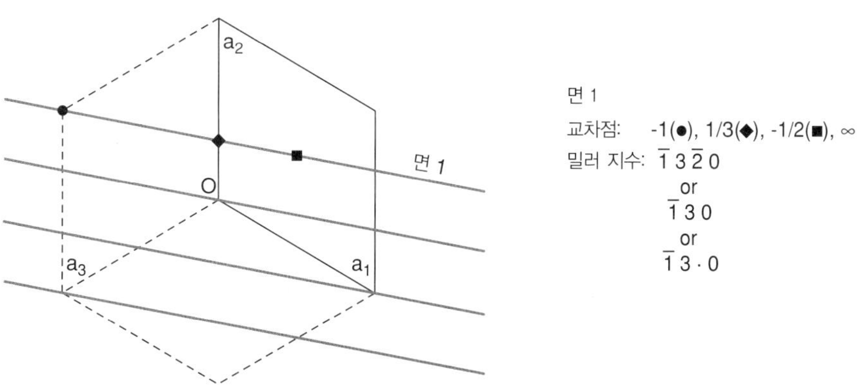

그림 1.15 육방 격자의 밀러 지수.

이 주어진다. 그림에서 O를 원점으로 삼고, 단위세포의 두 축으로 a_1, a_2를 선택한 경우를 보자. 주어진 격자 면 세트가 c 축에 평행이라 할 때 이들의 밀러 지수는 다음과 같이 결정된다. 앞서 방식과 같이 면 1의 교차점을 찾되, c 축과 함께 세 a 축 모두를 고려한다. 그 결과로 a_1, a_2, a_3와 c에 대응되는 4개의 지수가 얻어지며, 이에 대한 일반 기호 표현은 $(hkil)$이다. 그림 1.15 격자 면의 밀러 지수는 $\bar{1}3\bar{2}0$이 되는데, 이때 세 번째 지수는 앞의 두 지수에 종속된다. 즉, 육방 단위세포의 밀러 지수 $(hkil)$에서는 $h+k+i=0$ 관계가 언제나 지켜진다. 따라서 육방정계에서의 밀러 지수를 명시할 때는 상황에 따라 $(hkil)$, (hkl), 또는 $(hk{\cdot}l)$의 3가지 방식이 혼용된다.

1.6 격자 방향의 지수 표현

결정과 격자에서 방향을 표지하기 위해서는 우선 원점을 지나고 해당 방향에 평행인 직선을 그린다. 그 직선이 좌표 x, y, z인 점을 지난다면 해당 방향의 지수 표현은 $[xyz]$가 된다. 이때 x, y, z의 조합은 가장 간단한 정수비로 표현되게 한다. 예를 들어 [1/2 1/2 0], [110], [330]은 모두 같은 방향을 나타내며, [110]으로 나타내는 것이 적절한 방식이다.

입방정계에서는 $[hkl]$ 방향과 (hkl) 면이 언제나 수직이지만, 다른 결정계에서는 일부 경우에만 이 관계가 성립한다. 대칭 속성에 따라 등가인 방향들을 묶어 표기할 수 있다. 예를 들어 입방정계에서 [100], [010], [001] 방향들은 ⟨100⟩으로 통칭된다. 그림 1.14(e)는 방향과 그 지수 표현에 대한 두 가지 예를 보여 주고 있다. [210]은 단위세포의 하단-좌측-전면 꼭짓점을 원점으로 하고 좌표점 1, 1/2, 0을 향하는 방향으로 정해진다. $[\bar{3}23]$ 방향을 정의하기 위해서는 하단-우측-전면 꼭짓점을 원점으로 하여 좌표점 (−1, 2/3, 1)을 지나도록 한다.

1.7 *d*-간격 공식

격자 면 세트의 d-간격은 인접한 두 면 사이의 최단 거리로 정의되며, 이 간격이 바로 Bragg 법칙에 사용되는 d 값이다. 입방 단위세포에서 (100) 격자 면의 d-간격은 격자 상수 a와 같고(그림 1.14(b)), (200) 면의 d-간격은 $a/2$가 된다. **직각**(orthogonal) 결정계($\alpha=\beta=\gamma=90°$)에서 임의의 (hkl) 격자 면 세트에 대한 d-간격은 다음과 같이 공식화된다.

$$\frac{1}{d_{hkl}^2}=\frac{h^2}{a^2}+\frac{k^2}{b^2}+\frac{l^2}{c^2} \tag{1.1}$$

정방정계에서는 $a=b$이므로 위 공식이 약간 단순화될 수 있고, 나아가 입방정계, $a=b=c$일 때는 아래 식이 사용될 수 있다.

$$\frac{1}{d_{hkl}^2}=\frac{h^2+k^2+l^2}{a^2} \tag{1.2}$$

입방 (200) 격자 면에 대해 위 식을 적용하여 확인하면, $h=2$, $k=l=0$이므로 $1/d^2=4/a^2$; $d=a/2$가 된다.

단사정계 또는 삼사정계에서는 직각에서 벗어난 사잇각이 매개 변수로 등장하여 d-간격 공식이 훨씬 복잡해진다. 각 결정계에서의 단위세포 부피와 d-간격 공식은 부록 A에 주어져 있다.

1.8 결정 밀도와 단위세포 함량

정의에 의해 단위세포에는 최소한 하나의 화학식 단위가 포함된다. 또한 중심화 격자(I, F, ⋯)의 단위세포는 2개 이상의 격자 점과 2개 이상의 화학식 단위를 포함하게 된다. 세포 부피와 화학식 단위 개수(Z), 몰 질량(FW), 결정 밀도(D)는 단순한 관계에 의해 연관된다.

$$D = \frac{\text{질량}}{\text{부피}} = \frac{\text{FW}}{\text{몰 부피}} = \frac{\text{FW}}{\text{화학식 단위당 부피} \times N_A}$$

N_A는 아보가드로 수를 가리킨다. 만일 단위세포의 부피가 V이고 Z개의 화학식 단위를 포함한다면 $V = (Z \times \text{화학식 단위당 부피})$가 되므로,

$$D = \frac{\text{FW} \times Z}{V \times N_A} \tag{1.3}$$

대개 V가 $Å^3$ 단위로 주어지는 반면, D는 g cm^{-3} 단위를 사용하는 것이 보편적이다. 따라서 $10^{24}\ Å^3 = 1\ \text{cm}^3$ 관계를 이용한 단위 변환과 $N_A = 6.022 \times 10^{23}\ \text{mol}^{-1}$의 대입을 통해 계산식을 정리하면,

$$D(\text{g cm}^{-3}) = \frac{\text{FW} \times Z \times 1.66}{V(Å^3)} \tag{1.4}$$

이 공식은 몇 가지 방식으로 활용될 수 있다.

(1) 주어진 결정 자료가 합당한지 – 예를 들어 화학식량이 잘못 추정되었는지 등을 – 점검할 수 있다.
(2) 포함된 4개의 변수 중 셋을 알면 나머지 하나를 알아낼 수 있다. Z를 결정하는 경우가 많지만, FW나 D를 알아내기 위해 사용되기도 한다.
(3) 실험 밀도 D_{obs} 값과 계산값 D_{calc}를 비교함으로써 결정 결함(빈자리, 틈새자리) 존재, 고용체 형성 메커니즘, 세라믹의 다공성 정보를 얻을 수 있다.

단위세포 구조로부터 Z를 파악할 때 몇 가지 유의할 점이 있다. 원자는 단위세포의 내부에 놓이기도 하지만, 면(face), 모서리(edge), 꼭짓점(corner) 위에 놓일 수도 있다. 단위세포 내부에 위치한 원자는 온전히 세포의 함량이 되지만 그렇지 않은 경우 인접 단위세포와 분할된다. 따라서 단위세포의 실제 내용량을 산출함에 있어 이 점을 감안해야 한다.

예를 들어 체심 입방 α-Fe(그림 1.11(e))에서 $Z = 2$이다. 단위세포 꼭짓점에 놓인 Fe 원자는 8개의 인접 세포에 의해 공유되므로, 실질적으로 1/8개에 해당한다. 총 8개의 꼭짓점에 Fe가 놓여 있으므로 이들의 기여 합은 $8 \times (1/8) = 1$개이다. 또한 단위세포 중심에 놓인 Fe는 1개 구실을 하므로 단위세포에 포함된 Fe 개수는 총 2개이다.

면심 입방 Cu(그림 1.11(c))에서 $Z = 4$이다. 이 경우에도 8개 꼭짓점에 놓인 Cu 원자들은 모두 합하여 1개로 계산된다. 또한 6개의 면심 원자 각각은 2개의 세포에 의해 분할되므로 1/2개로 계산된다. 따라서 단위세포 내 Cu의 개수는 $1 + 6 \times (1/2) = 4$개가 된다.

NaCl 또한 면심 입방 구조를 가지며 $Z = 4$이다. Na를 원점에 두면(그림 1.2) Na 원자가 위의 Cu와 같이 배열되므로 단위세포는 4개의 Na를 포함한다. Cl은 단위세포의 입체 중심과 12개의 모서리 위에 놓여 있다. 모서리에 놓인 Cl은 인접한 4개의 세포에 의해 공유되므로 각각 1/4개로 계산되고, 단위세포에 포함된 Cl의 개수는 $1 + 12 \times (1/4) = 4$이다. 따라서 단위세포의 유효 함량은 4NaCl이 된다.

1.9 결정 구조의 묘사

3차원 결정 구조는 다양한 방법으로 묘사될 수 있다. 가장 일반적이면서 또한 모든 필요 정보를 전달하는 방법은 단위세포 정보를 제시하는 것이다. 이론상 단위세포의 크기와 모양, 그리고 세포 내의 원자 위치, 즉 **원자 좌표**(atomic coordinate)가 제공되면 결정 구조가 완전히 표현될 수 있다. 그러나 많은 경우에 단위세포의 원자 배열만으로 전체 구조의 개요와 요점을 파악하기는 쉽지 않다. 이를 위해서는 약간 넓은 범위에서 구조를 관찰하는 것이 필요하다. 단위세포 여럿이 포함된 원거리 배열을 살핌으로써 원자들의 상대 배열과 배위수, 원자 간 거리, 결합 유형 등을 보다 쉽게 인식할 수 있다. 이를 바탕으로 결정 구조를 여러 가지 다양한 방식으로 시각화하거나, 다른 유형의 결정 구조들을 비교 대조할 수 있게 된다.

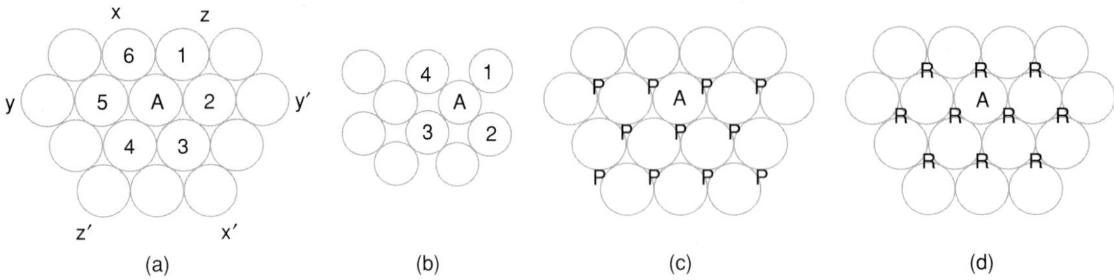

그림 1.16 (a) 조밀 쌓임 단일 층; (b) 배위수 4인 비조밀 쌓임 층; (c, d) 두 번째 조밀 쌓임 층의 대안 위치 P와 R.

구조 묘사 방식의 대표적 두 가지는 '조밀 쌓임'과 '공간-채움 다면체'를 이용하는 것이다. 둘 다 제각기 장단점을 가져 모든 구조 유형에 일률적으로 적용될 수는 없으나, 단순한 단위세포 표현에 비해 훨씬 심도 있는 결정 화학적 이해를 제공한다. 나아가 결정 구조 모형을 직접 제작해 보거나(부록 B 참조), 소프트웨어를 이용하여 구조 그림을 살펴보는 것은 구조 이해에 매우 유익한 방법이다. 이 책에 다뤄진 모든 구조들과 그 외 다수 구조들을 CrystalViewer 프로그램[2)]을 이용하여 고품질 그래픽으로 시각화할 수 있다. 프로그램 상에서 구조의 확대, 회전, 색깔 변경 등이 가능하고 원자나 다면체를 선택적으로 표시하여 구조의 핵심 요소를 강조할 수 있다.

1.10 조밀 쌓임 구조

다수의 금속, 이온성, 공유성, 분자 결정 구조들은 조밀 쌓임(close packing, *cp*) 개념을 이용하여 묘사될 수 있다. 그 바탕에 작용하는 인자는 고체가 형성될 때 가급적 높은 밀도의 구조가 선호된다는 것이다. 연관된 원리를 이해하기 위해 같은 크기의 구를 3차원에 가장 효율적으로 채우는 방법을 고려해 보자.

2차원에서 구를 가장 효율적으로 채우는 방법은 그림 1.16(a)와 같다. 여기서 A를 포함한 각각의 구는 6개의 다른 구에 둘러싸여 접한다. 달리 표현하여 A는 6개의 **최인접 원자**(nearest neighbor)를 갖고 **배위수**(coordination number)가 6이다. 이 배열을 규칙적으로 반복하면 무한히 펼쳐진 *cp* 층이 형성된다. 같은 크기의 구가 밀착하여 평면 배열될 때의 최대 배위수는 6이다. 물론 더 낮은 배위수들도 가능하지만, 그로부터 얻어지는 배열은 *cp* 층이 아니다. 또한 *cp* 층 내에는 3개의 조밀 쌓임 방향이 발생한다. 즉, 그림 1.16(a)의 구들은 *xx*′, *yy*′, *zz*′ 방향으로 접하며 구 A는 이 줄들 각각에 모두 속한다.

3차원 상에서 구를 가장 효율적으로 채우는 방법은 *cp* 층을 빽빽이 쌓아가는 것이다. 이에는 두 가지 다른 방식이 있으며, 각각의 결과로 **육방 조밀 쌓임**(hexagonal close packing, *hcp*)과 **입방 조밀 쌓임**(cubic close packing, *ccp*)이 얻어진다.

우선 두 개의 *cp* 층 A와 B가 가장 효율적으로 공간을 채우는 방법은 한쪽 층의 구 각각이 상대 층의 구 3개 사이에 형성된 홈에 놓이는 것이다. 즉, 그림 1.16(c), (d)의 P나 R 위치에 이웃 층의 구들이 놓이는 것이다. 그림 1.17은 그와 같은 위치 관계에 놓인 두 개의 *cp* 층을 나타낸다. 두 번째 *cp* 층의 원자(구)는 P 또는 R 위치에 놓이지만, 그 둘에 모두 채워지거나 혹은 섞여서 채워질 수 없다. 결과적으로 모든 B 구는 세 개의 A 구 사이에 놓이고, 또한 모든 A 구는 세 개의 B 구 사이에 놓인다.

세 번째 *cp* 층이 더해질 때에도 두 가지 선택 경우가 있고 그에 의해 *hcp*와 *ccp*의 구분이 생겨난다. 그림 1.17에서 A 층 위에 B 층이 있고, B 층 위에 또 다른 *cp* 층을 얹는다고 생각해 보자. 이번에도 역시, 구들이 S 또는 T 위치에 놓일 수 있지만 둘 모두 혹은 섞여져 놓일 수는 없다. 세 번째 층이 S에 놓인다면 그 위치는 정확히 A 층에 포개진다. 후속 층들이 같은 방식으로 반복되면 다음의 순서가 나타나게 된다:

2) Wiley 지원 웹사이트에 무상 공개됨.

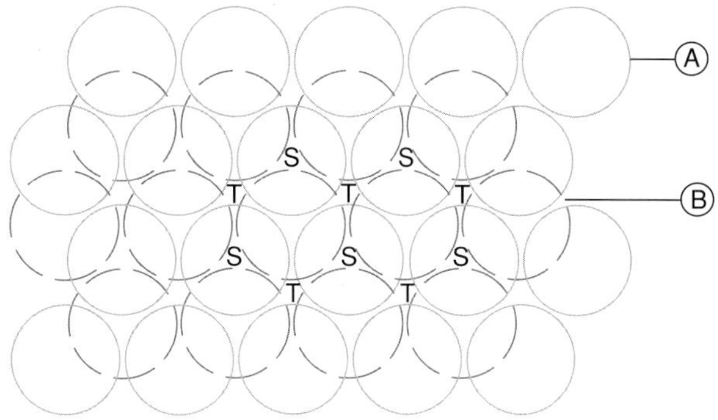

그림 1.17 A와 B 위치에 각각 배열된 두 개의 조밀 쌓임 층. B 층은 그림 1.16의 P 위치에 해당. ➔ 앞의 컬러 그림 참조

… ABABAB …

이 순서는 *hcp*로 잘 알려져 있다. 다른 한편으로 세 번째 *cp* 층이 T에 놓이는 경우 세 층 모두가 서로 엇갈리게 되고, 네 번째 층에서야 층 순서가 반복된다. 세 번째 층을 C로 칭하면(그림 1.18) 층 반복 순서는 아래와 같다.

… ABCABCABC …

이 순서는 *ccp*로 알려져 있다. *hcp*와 *ccp*는 가장 단순한 3차원 *cp* 구조를 나타내며, 구조 화학에서 매우 중요한 위치를 차지하는 배열 방식이다. 어떤 광물에서는 ABCACB, ABAC와 같이 좀 더 큰 반복 단위의 복잡한 순서들이 나타나는데, 그에서 비롯하여 **다형 속성**(polytypism)이 파생되기도 한다.

3차원 *cp* 구조에서 각 구는 12개의 다른 구와 접하며, 이 값은 같은 크기의 구가 밀접할 때 가능한 최대 배위수이다. 이 중 6개는 중심 원자와 같은 층 내에 있고, 인접한 위아래 층 각각에 3개씩의 구가 있다. *ccp*와 *hcp*는 위층의 3개 구와 아래층의 3개 구가 이루는 상대 배향에 있어 차이를 보인다(그림 1.19).

금속이나 합금뿐만 아니라 이온성, 공유성, 분자성 구조에서도 조밀 쌓임 양상이 자주 발견된다. 대개의 경우 조밀 쌓임 배열된 원자들이 가능한 한 가깝게 밀착되지만, 어떤 경우 원자들이 조밀 쌓임에서와 동일한 방식으로 배열하되 서로 접하지 않기도 한다. 그러한 구조들은 **eutactic** 구조로 불린다(부록 D 참조).

1.11 입방 조밀 쌓임과 면심 입방

ccp 배열의 단위세포는 사실 면심 입방(*fcc*, 그림 1.11(c)) 단위세포와 같지만, 그 둘을 곧바로 동일시하기는 쉽지 않다. 이는 *fcc* 단위세포의 각 면들이 *cp* 층이 아니기 때문인데, 대신 *fcc* 단위세포는 {111} 면

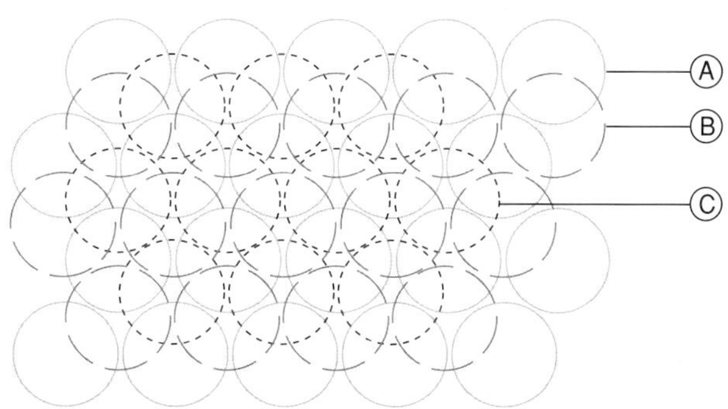

그림 1.18 *ccp* 순서로 배열된 3개의 조밀 쌓임 층. ➔ 앞의 컬러 그림 참조

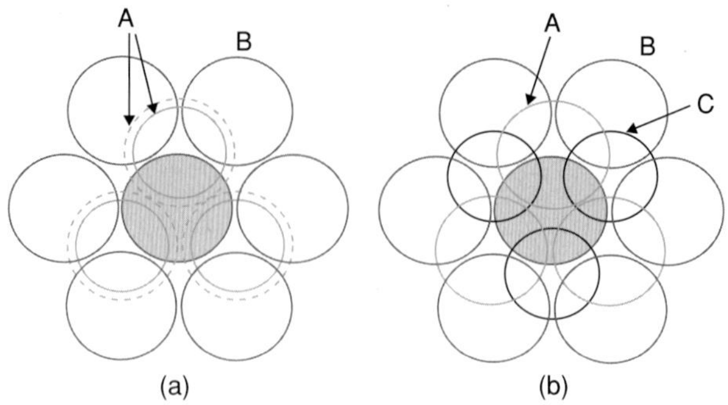

그림 1.19 (a) *hcp* 구조와 (b) *ccp* 구조에서 음영 표시된 원자를 중심으로 한 12배위 환경. ➡ 앞의 컬러 그림 참조

을 따라 *cp* 층들을 갖는다. 그림 1.20(a)에서 2-7번으로 표지된 구들은 *cp* 층을 이루는 부분이다. 이는 그림 1.20(b)에서와 같이 1번 구를 생략하고 그림 1.16(a)와 비교함으로써 확인될 수 있다. 실제로 그림 1.20(a)로부터 임의의 꼭짓점 위치 구를 제거하면 그림 1.20(b)와 같은 배열이 나타나게 된다. 이렇듯 *fcc*(=*ccp*) 구조에서 *cp* 층은 4가지 다른 배향으로 나타나며, 이들 각각은 입방체의 체대각 방향에 수직이다. 그림 1.20(c)는 *cp* 층들을 측면 방향에서 바라본 것이며, 그림 1.20(d)는 수직 방향에서 내려다본 것이다. 그림 1.20(c)와 (d)는 각각 그림 1.20(a), (b)와 동일하지만 방향을 약간 돌려서 나타낸 것이다. 특히 그림 1.20(d)에서는 단위세포 내 원자들이 이루는 네 개의 *cp* 층 ABCA가 ⟨111⟩ 방향으로 투사되어 있다.

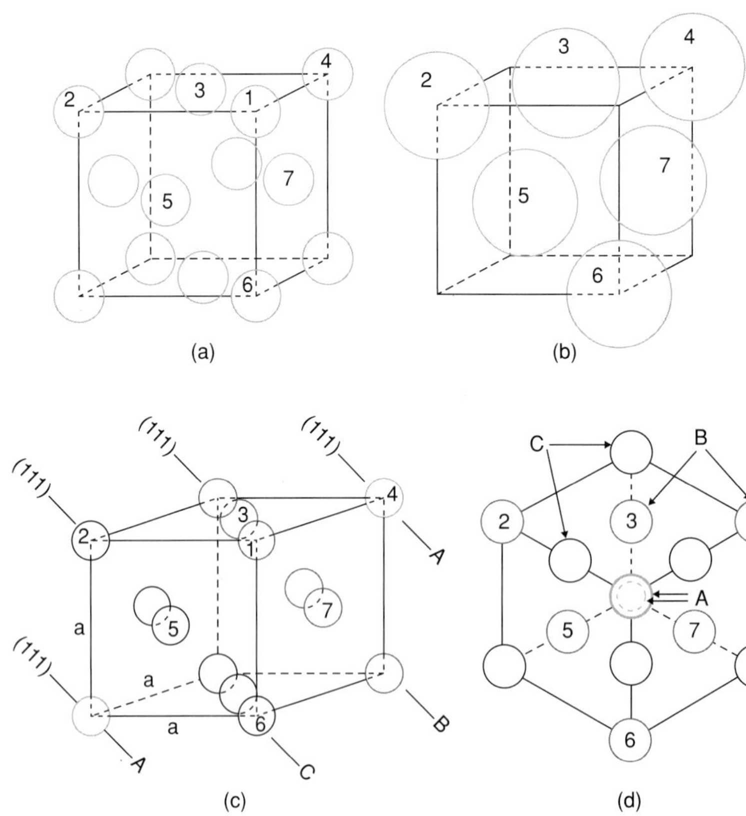

그림 1.20 면심 입방 *fcc* 단위세포와 *ccp* 배열된 구의 단위세포. ➡ 앞의 컬러 그림 참조

1.12 육방 단위세포와 조밀 쌓임

구형체를 *hcp* 방식으로 배열하면 육방 단위세포가 얻어지며(그림 1.21), 그 밑면은 그림 1.21(b)에 보인 것과 같은 *cp* 층이다. 육방 단위세포의 꼭짓점(청색)과 1/3, 2/3, 1/2 위치(적색)에 구가 놓여, 도합 2개의 구가 세포에 포함된다. 밑면의 두 축은 서로 동등하지만 원자 좌표를 묘사하기 위해 이 둘을 a_1, a_2 축으로 구분짓는다. 분수를 이용한 원자 좌표 묘사는 1.14절에서 설명될 것이다.

hcp 구조의 *cp* 층은 단 한 방향으로만, 즉 밑면에 평행하게 나타난다(그림 1.21(b)). 단위세포 밑면의 두 축은 같은 길이이며 구의 반경이 *r*이고 서로 접한다고 할 때, $a = 2r$, $\gamma = 120°$가 된다(표 1.1).

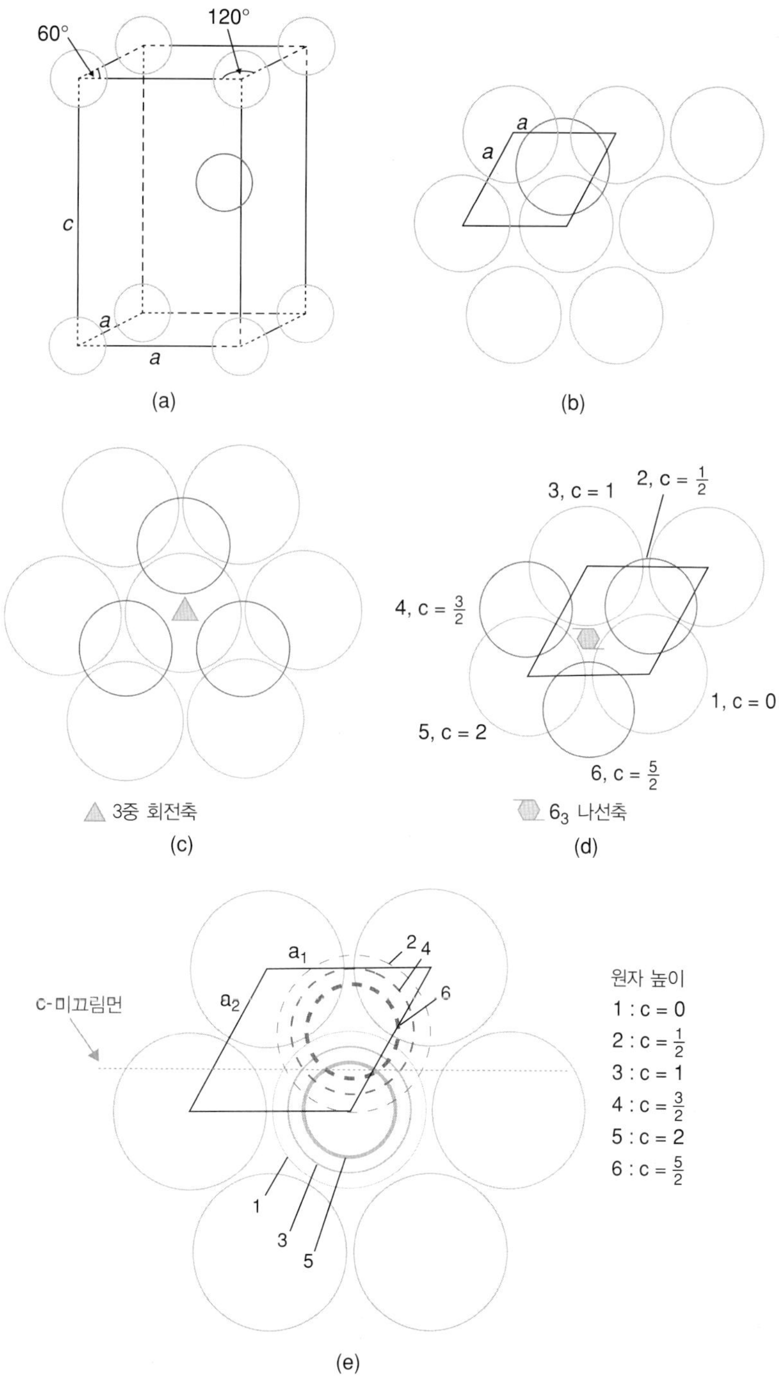

그림 1.21 (a, b) 구의 *hcp* 배열로 형성된 육방 단위세포와 (c) 3중 회전축, (d) 6_3 나선축, (e) *c*-미끄럼면. ➔ 앞의 컬러 그림 참조

육방 단위세포의 대칭성은 겉보기로 단순하지만, 몇 가지 주의하여 살펴볼 부분이 있다. 밑면만을 놓고 보면 6중 회전축이 존재하지만 *c* 축을 따라 인접한 B 층의 배열에 의해 대칭도가 3중 회전축으로 낮아진다(그림 1.21(c)).

다른 한편으로 이 구조는 나선축 6_3을 갖는데, 이 축은 *c*에 평행하고 밑면의 2/3, 1/3, 0 지점을 지난다(그림 1.21(d)). 이 대칭축은 *c*/2 병진과 60° 회전의 결합 조작에 대응된다. 1−6번으로 표지된 원자들은 밑면으로부터 *c* 축 방향을 따라 진행되는 나선 위에 놓여 있다. 예를 들어 3번 원자는 단위세포의 윗면에 있고 4, 5번 원자는 *c* 방향으로 인접한 다른 단위세포에 놓여 있는 것이다. 이와 같이 *hcp* 결정 구조는 6중 나선축과 3중 회전축을 대칭 요소로 갖는다.

육방 구조는 위의 둘 이외에도 여러 대칭 요소들을 갖는다. 그림 1.21(e)는 *c*-미끄럼면을 나타내는데, 이 대칭 요소는 *c*/2 병진과 a_1c 면에 대한 반사로 이루어진다. 이때 a_1c 면은 $a_2 = 2/3$ 위치에서 단위세포를 통과한다. 위의 미끄럼면 대칭 조작은 원자 1, 2, 3, 4의 위치를 상관시킨다.

대칭 요소들은 각각에 대응되는 결정학적 기호를 가지며, 그림 1.21은 회전축, 나선축, 미끄럼면에 대한 기호 표현을 보여 주고 있다.

1.13 조밀 쌓임 구조의 밀도

조밀 쌓임 구조에서는 구형체가 전체 부피의 74.05%를 차지한다. 이 값은 동일한 크기의 구형체로 이루어진 구조의 최대 밀도이며, *cp* 구조의 단위세포 부피와 내용물 부피로부터 계산될 수 있다. 구의 *ccp* 배열에서 *fcc* 단위세포는 4개(꼭짓점 1개, 면 중심 3개)의 구를 포함한다: 이는 *fcc* 단위세포가 4개의 격자점을 갖는다는 서술과 같은 의미이다. 단위세포의 면대각으로 *cp* 방향(그림 1.16(a)의 *xx*′, *yy*′, *zz*′ 방향)이 나타나므로 그림 1.20(a)의 원자 2, 5, 6은 서로 일직선상에서 접한다. 따라서 원자 반경이 *r*일 때 면대각선의 길이는 4*r*이 된다. 또한 피타고라스 정리에 의해 단위세포의 모서리 길이는 $2\sqrt{2}r$이고 단위세포의 부피는 $16\sqrt{2}r^3$이다(그림 1.22(a)). 구 1개의 부피가 $\frac{4}{3}\pi r^3$이므로 구의 전체 부피와 단위세포 부피의 비는 다음과 같이 계산된다.

$$\frac{16\pi r^3}{3\times 16\sqrt{2}r^3}=\frac{\pi}{3\sqrt{2}}=0.7405 \tag{1.5}$$

hcp 구조에 대한 계산에서도 똑같은 수치가 얻어지게 된다.

비조밀 쌓임 구조에서는 채움 밀도가 언제나 0.7405보다 낮은 값으로 얻어진다. 체심 입방(*bcc*)의 경우 0.6802, 원시 입방(*pc*)은 0.5236의 결과 값이 얻어진다.

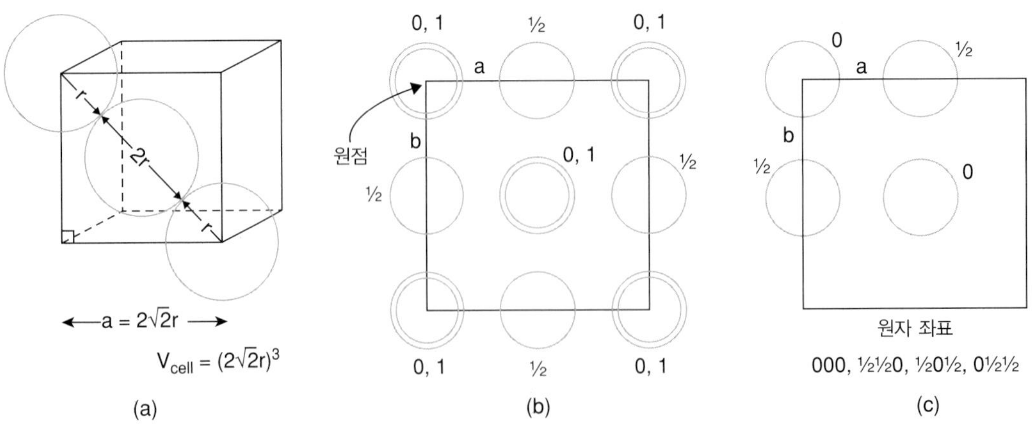

그림 1.22 (a) 반경이 *r*인 구가 면대각으로 접하고 있는 *fcc* 단위세포에서의 기하 관계. (b) *fcc* 구조를 단위세포 면에 투사한 그림. (c) *fcc* 단위세포의 내용물.

1.14 단위세포 투사도와 원자 좌표

결정 구조의 3차원적 원근감을 표현하기 위해 그림 1.20(a)와 같이 비스듬히 투사하여 나타내기도 한다. 그러나 정확한 구조 묘사를 위해서는 특정한 결정 방향으로 혹은 특정한 결정 면 위에 투사하는 방법이 선호된다. 그림 1.22(b)는 면심 입방체를 z 축 방향으로 ab 면 위에 투사하여 나타내고 있다. 이러한 그림 표현에서는 구조의 수직 원근이 드러나지 않으므로 그에 대한 정보 제공을 위해 원자의 수직 방향 위치를 수치로 명시한다. 이때 원자의 위치는 c 축 상의 상대 좌표로 환산되어 0~1 사이의 값을 갖는다. 이러한 투사도에서 원점은 좌측 상단이 되며, 투사도가 척도에 따라 그려졌다면 원자의 x, y 좌표는 표시하지 않아도 된다.

그림 1.22(b)의 투사도에서는 꼭짓점마다 2개의 원자가 겹쳐 있고 그들의 z 좌표는 각각 0과 1이다. 비슷하게, 면 중심에 표시된 원자들의 z 좌표도 0 또는 1인데, 이는 바닥면($z=0$)과 윗면($z=1$)의 원자들이 ab 평면 상의 같은 지점에 투사됨을 나타낸다. 4개의 측면 중심 위치에는 1개의 원이 표시되어 있으며 각각에서 $z=1/2$이다.

결정 구조 정보를 취급하기 위해서는 그림 1.22(b)와 같은 도표를 해석하고, 그로부터 원자 좌표 내역을 파악할 수 있어야 한다. 면심 입방체는 단위세포 내에 4개의 알짜 원자 위치(꼭짓점 1개, 면심 3개)를 갖는다고 할 수 있는데, 그들의 좌표는 각각 000, 1/2 1/2 0, 1/2 0 1/2, 0 1/2 1/2이다. 각 좌표는 원점으로부터 원자까지의 a, b, c 방향 분할 거리를 나타낸다. 그림 1.22(c)는 위의 알짜 원자 위치들을 보여 주며, 이웃 단위세포에 속한 등가 위치를 더함으로써 그림 1.22(b)의 확장된 배열이 얻어지게 된다.

이렇듯 그림 1.22(b)와 (c)는 모두 면심 입방 단위세포를 나타낸다. 1.22(b)를 사용한다면 꼭짓점 원자의 1/8만이 주어진 세포에 속하고 나머지 7/8은 이웃 세포에 속함을 기억해야 한다. 비슷한 맥락에서 모서리 위의 원자는 4개의 인접한 세포에 걸쳐 있고 각각의 1/4만이 주어진 세포에 포함된다. 끝으로 면심 원자는 인접한 두 세포에 의해 분할되므로 각각 1/2원자로 셀 수 있다. 반면 그림 1.22(c)를 사용한다면 표시된 4개 원자 모두를 단위세포 내용물로 간주할 수 있다. 그림 1.22(c)가 결정 구조를 간결하게 표현하는 데 비해, 그림 1.22(b)는 알아보기에 쉬우면서 3차원 원근 구조를 좀 더 잘 나타낸다.

1.15 조밀 쌓임 기반 구조

1.15.1 금속

금속 원소의 90%가 *ccp*, *hcp*, *bcc* 중의 한 가지 배열을 취하는데 이 중 *ccp*와 *hcp*는 조밀 쌓임 구조이다. 금속에서 나타나는 구조 유형은 다소 불규칙적이고(표 1.3) 뚜렷한 경향성이 드러나지 않아, 어떤 금속이 특정 구조를 선호하는 이유가 잘 정립되어 있지 못하다. 양자역학적 계산을 통해 조사한 바로는 *hcp*와 *ccp* 금속 구조의 격자 에너지 차이가 매우 작은 것으로 나타났다. 따라서 금속이 취하는 구조 유형은 결

표 1.3 몇 가지 금속의 구조와 단위세포 크기

ccp		*hcp*			*bcc*	
금속	a/Å	금속	a/Å	c/Å	금속	a/Å
Cu	3.6147	Be	2.2856	3.5842	Fe	2.8664
Ag	4.0857	Mg	3.2094	5.2105	Cr	2.8846
Au	4.0783	Zn	2.6649	4.9468	Mo	3.1469
Al	4.0495	Cd	2.9788	5.6167	W	3.1650
Ni	3.5240	Ti	2.9506	4.6788	Ta	3.3026
Pb	4.9502	Zr	3.2312	5.1477	Ba	5.019

합 속성이나 전자 구조의 세부 인자에 의해 좌우되는 것으로 추정되고 있다.

1.15.2 합금

합금(alloy)은 금속간 화합물(intermetallic) 또는 **고용체**(solid solution)이고, 많은 경우에 *cp* 구조로 얻어진다. 예를 들어 Cu와 Au는 원소 상태에서나 Cu–Au 합금을 이룬 경우에서 모두 *ccp* 구조를 갖는다. Cu와 Au는 고온에서 완전한 고용체를 형성하는데, 이때 Cu와 Au 원자는 *fcc* 단위세포의 격자 점에 통계 분포적으로 채워진다. 한편 AuCu나 $AuCu_3$ 조성의 고용체를 저온 풀림(annealing)시키면 Au와 Cu의 질서 배열이 나타난다. 질서 배열 상태에서도 *ccp* 층이 관찰되지만 층 내부의 Au/Cu 배열은 더 이상 무작위적이지 않다. 이와 같은 **질서–무질서**(order-disorder) 현상은 금속성과 이온성 구조 모두에서 일어난다.

1.15.3 이온성 구조

NaCl, Al_2O_3, Na_2O, ZnO와 같은 대다수 이온성 화합물에서 음이온은 양이온보다 더 크다. 따라서 이러한 물질의 구조는 *cp* 층으로 배열된 음이온과 **틈새자리**(interstitial site)에 채워진 양이온으로 형성된다고 취급하는 것이 편리하다. 이때 음이온의 *cp* 층 종류(*ccp* 또는 *hcp*), 양이온이 채워진 틈새자리의 종류(사면체 자리 또는 팔면체 자리)와 개수에 따라 각기 다른 다양한 구조들이 형성될 수 있다. 그러나 적잖은 경우에 주어진 틈새 공간에 비해 양이온이 너무 커서 음이온 배열 간격을 넓히는 경우가 발생한다. 그 결과로 나타난 구조에서 음이온의 배열은 *cp*와 같은 패턴이지만 인접한 이온들끼리 접촉하지 않게 된다.

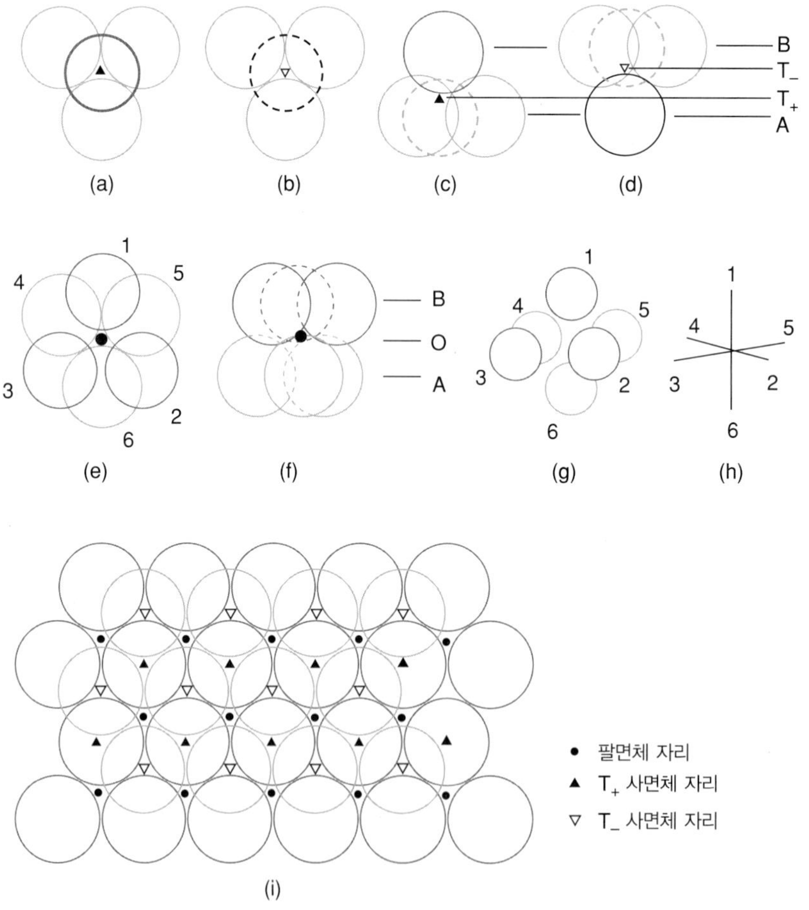

그림 1.23 인접한 음이온 *cp* 층 (A, B) 사이에 존재하는 사면체 자리(T_+, T_-)와 팔면체 자리(O). (a, b) 3중 회전축을 따라 투사된 T_+ 자리와 T_- 자리. (c, d) 측면에서 바라본 사면체 자리. (e) 3중 회전축을 따라 투사된 팔면체 자리와 (f) 측면에서 바라본 팔면체 자리. (g, h) 팔면체 자리의 보편적 표현. (i) 두 *cp* 층 사이에 분포된 T_+, T_-, O 자리. ➡ 앞의 컬러 그림 참조

O'Keeffe는 이러한 구조를 일컫기 위해 eutactic이라는 용어를 제안하였다. 이후 논의에서 음이온 배열이 *hcp*나 *ccp*로 묘사되는 경우 반드시 음이온들의 접촉을 가리키는 것은 아니며 대신 eutactic 구조일 수 있음을 기억하도록 하자. 또한 **경구**(rigid sphere) 모델은 실제 구조를 지나치게 단순화한 접근법인데, 이는 이온성 구조에서의 이온 반경(ionic radii)을 단정할 수 없다는 데에서도 방증된다.

1.15.3.1 사면체 자리(tetrahedral site)와 팔면체 자리(octahedral site)

cp 구조에 존재하는 두 가지 틈새자리, 즉 **사면체 자리**(T)와 **팔면체 자리**(O)는 인접한 두 *cp* 층의 경계 공간에서 발견될 수 있다. 한 *cp* 층에서 3개의 음이온으로 밑면을 이루고 그 위(그림 1.23(a), (c))나 아래(그림 1.23(b), (d))의 *cp* 층으로부터 꼭짓점을 취하면 사면체 자리가 형성된다. 이같이 만들어진 두 종류의 사면체는 배향에 따라 T_+, T_-로 구분된다. 사면체의 무게 중심은 꼭짓점보다 밑면에 가깝기 때문에 사면체 자리의 위치는 두 *cp* 층 중 한쪽에 치우친다. *ccp* 구조에는 등가의 *cp* 층이 네 방향으로 나타나고, 그에 따라 등가의 T_+, T_- 자리가 각각 네 방향으로 형성된다.

팔면체 자리 O는 이웃한 각 *cp* 층의 음이온 3개씩에 배위되며, 두 층 사이의 중간 높이에 위치한다(그림 1.23(e), (f)). 팔면체 배위는 흔히 같은 평면에 놓인 4개의 원자와 평면 위아래 각각에 꼭짓점을 하나씩 갖는 형태로 묘사된다. 그림 1.23(e)에서 1, 2, 4, 6번 원자는 같은 평면에 놓이고 3, 5번 원자가 팔면체의 꼭짓점에 놓인다. 또한 2, 3, 4, 5번 원자나 1, 3, 5, 6번 원자를 한 평면에 두고 팔면체를 만드는 것도 가능하다. 그림 1.23(g)와 (h)는 (e)와 약간 다르면서 보편적인 방향 관점에서 팔면체를 나타내고 있다.

그림 1.23(i)는 이웃한 두 *cp* 층 사이의 모든 틈새자리를 나타낸다. 위층(적색)의 구 아래에는 언제나 T_+ 자리가 있고, 마찬가지로 아래층(청색)의 구 위에는 언제나 T_- 자리가 있다. 이에 더해 T_+ 또는 T_-와 같은 개수의 O 자리가 존재한다. 그림 1.23(i)와 같은 틈새자리 분포는 이웃한 두 음이온 *cp* 층 사이에서는 언제나 동일하게 발견될 수 있다. 각 틈새자리의 개수를 세어 보면, 음이온 1개당 1개의 O 자리와 2개의 T 자리(T_+, T_- 각 1개)가 발견된다.

cp 구조의 틈새자리 모두가 채워지는 경우는 매우 드물며, 대부분의 경우 한 종류의 일부 혹은 전체가 채워지고 다른 종류는 비어 있다. 표 1.4는 몇 가지 이온성 *cp* 구조를 음이온 층의 쌓임 순서와 틈새자리

표 1.4 몇 가지 조밀 쌓임 구조들

음이온 배열	틈새자리			예
	T_+	T_-	O	
ccp	–	–	1	NaCl(암염)
	1	–	–	ZnS(섬아연석)
	1/8	1/8	1/2	$MgAl_2O_4$(스피넬)
	–	–	1/2	$CdCl_2$
	–	–	1/3	$CrCl_3$
	1	1	–	K_2O(반형석)
hcp	–	–	1	NiAs
	1	–	–	ZnO(섬유아연석)
	–	–	1/2	CdI_2
	–	–	1/2	TiO_2(루틸)[a]
	–	–	2/3	Al_2O_3(강옥)
	1/8	1/8	1/2	Mg_2SiO_4(감람석)
ccp 'BaO_3'	–	–	1/4	$BaTiO_3$(페로브스카이트)

[a] 루틸의 *hcp* 산소 층은 평평하지 않고 굴곡져 있다; 이 산소 층은 정방 쌓임 *tp*로 취급될 수도 있다.

의 채움 방식에 따라 분류하고 있다. 개개 구조에 대한 묘사는 뒷부분에서 이루어질 것이며, 여기서는 각기 다른 다양한 구조들을 어떻게 같은 부류로 묶을 수 있는지 살펴본다. 그 과정을 통해 결정 구조의 비교에서 주안점이 두어지는 부분이 제시된다. 예를 들어,

(1) 암염과 NiAs 구조 모두에서 양이온은 팔면체 배위되어 있으나 음이온의 쌓임 순서가 다르다. 이와 유사하게 양이온 환경은 같으나 음이온 층 쌓임이 다른 짝들이 다수 존재한다: 감람석(olivine)/스피넬(spinel); 섬유아연석(wurtzite)/섬아연석(sphalerite)[3]; CdI_2/$CdCl_2$.

(2) 루틸(rutile) TiO_2와 CdI_2는 공통적으로 *hcp* 음이온 배열을 갖고 팔면체 자리의 절반이 양이온으로 채워진다. 그러나 이들 구조에서 양이온 자리의 채움 방식이 다른데, 루틸에서는 모든 팔면체 자리 층이 절반씩 채워지는 데 비해, CdI_2에서는 완전히 채워진 팔면체 자리 층과 완전히 빈 팔면체 자리 층이 번갈아 나타난다. 이 결과, CdI_2는 뚜렷한 층상 구조를 갖는다.

(3) 몇몇 구조는 양이온에 의한 *cp* 층과 틈새자리의 음이온으로 고려하는 것이 더 적절하다. 형석(fluorite) 구조 CaF_2는 Ca가 *ccp* 배열되고 T_+, T_- 자리 모두가 F로 채워진 것으로 볼 수 있다. 이와 정반대로, 반형석 구조 K_2O는 O의 *ccp* 배열에서 T_+, T_- 자리 모두를 K가 채운 구조이다.

(4) *cp* 개념을 확장하여 음이온과 양이온이 혼합된 *cp* 배열을 포함시킬 수 있다. 즉, 크기가 큰 양이온과 음이온이 함께 *cp* 층을 이루고 그 틈새자리에 작은 양이온이 채워진 경우를 고려하는 것이다. 페로브스카이트(perovskite) 구조 $BaTiO_3$에는 'BaO_3' 조성의 *ccp* 층이 존재하며, 팔면체 자리의 1/4이 Ti에 의해 채워진다. 단, Ti의 팔면체 환경은 O^{2-} 이온으로만 구성된다.

(5) 어떤 구조는 음이온이 결핍되어 불완전한 *cp* 배열을 갖는다. ReO_3 구조의 음이온 배열은 *ccp* 배열에서 1/4을 비운 것과 같다. 이 구조는 앞서 다뤄진 $BaTiO_3$ 구조와 비교될 수 있다. $BaTiO_3$에서 BaO_3가 *ccp* 배열되는 데 비해, ReO_3에서는 O_3가 불완전한 *ccp* 배열을 이룬다; Ti와 마찬가지로 Re는 팔면체 자리를 채우며 Ba에 해당하는 자리는 비어 있다. β-알루미나의 명목 화학식은 $NaAl_{11}O_{17}$이며, 그 구조의 음이온 배열은 불완전한 *hcp*이다. 즉, O *cp* 층의 매 다섯 번째마다 약 3/4의 O 원자가 결핍된다.

1.15.3.2 사면체 자리와 팔면체 자리의 상대 크기

배위 다면체에서 나타나는 일반적 경향 한 가지는 배위수(꼭짓점 개수)가 증가할수록 다면체 부피가 커진다는 것이다. 즉, 사면체보다는 팔면체, 또 그보다 육면체가 더 크다. 나아가 주어진 음이온 배열에 대해 틈새자리의 크기를 기하학적으로 계산하는 것이 가능하다.

이온성 구조에서 양이온 M은 자신의 크기에 가장 적합한 틈새자리 혹은 다면체를 채우는데, 이때 유의할 부분은 양이온과 배위 공간의 크기 비교이다. 얼핏 양이온은 자신보다 더 작은 틈새 공간에 들어가기 어렵다고 생각하기 쉬운데 실제는 그와 다르다. 양이온은 다소 작은 크기의 틈새자리에 채워질 수 있으며 그 과정에서 음이온 사이를 벌려 구조를 팽창시킨다. 오히려 양이온은 지나치게 큰 공간을 피하는 경향이 있다. 양이온이 자신보다 더 큰 공간에 놓일 경우에는 배위 환경의 변형을 유발하기도 한다. 즉, 음이온 배열을 찌그러뜨림으로써 틈새자리의 크기를 감소시키고 에너지 안정화를 유발하는 것이다. 12배위 공간에 비해 작은 양이온을 갖는 다수의 페로브스카이트에서 위의 구조 왜곡이 발생한다. 틈새자리의 크기가 양이온에 비해 근소하게 큰 경우 상당히 흥미로운 상황이 발생하기도 한다. 그 경우 양이온은 다면체 중심으로부터 약간 이동하게 되고, 그에 의해 높은 분극도(polarizability)과 유전 상수(dielectric constant), 나아가 강유전(ferroelectricity) 현상이 유래된다.

1.15.3.3 *fcc* 단위세포의 틈새자리

앞에서 이웃한 두 *cp* 층 사이에 발생하는 T_+, T_-, O 자리를 살펴보았고(그림 1.23), 또한 *fcc* 구조와 *ccp* 구조의 상관성을 고찰하였다(그림 1.20). 다음으로 *fcc* 단위세포에서 T_+, T_-, O 자리를 찾아보자. 그림

3) olivine: 감람석; spinel: 첨정석; wurtzite: 섬유아연석; sphalerite: zinc blende, 섬아연석

1.24에서 음이온 X는 *fcc* 단위세포의 꼭짓점과 면심 위치(A, B, C, D)에 놓여 있다. 팔면체 자리는 비교적 쉽게 눈에 띄는데, 그 위치는 모서리 중심 1, 2, 3과 체심 4이다. 단위세포 격자 상수가 a라면 팔면체 자리로부터 X까지의 거리, 즉 M−X는 $a/2$가 된다.

T_+, T_- 자리를 쉽게 분간하기 위해서는 그림 1.24와 같이 단위세포를 8등분하여 보는 것이 편리하다. 점선으로 경계 표시된 작은 입방체들은 8개의 꼭짓점 중 4개에만 음이온을 갖고, 각각의 작은 입방체 중심은 사면체 자리 T_+ 또는 T_-가 된다. 8개의 작은 입방체들은 사면체 배향에 따라 두 종류로 나뉘고, 따라서 T 자리에도 두 종류가 있다. 그림 1.25에 나타낸 바와 같이 원래 단위세포를 기준으로 T_- 사면체의 꼭짓점은 $[\bar{1}\bar{1}\bar{1}]$ 방향을, T_+ 사면체의 꼭짓점은 [111] 방향을 향한다.

사면체 자리는 꼭짓점이 번갈아 제거된 입방체의 중심으로 간주될 수 있다(그림 1.25(a)). 이러한 배열을 이용하면 결합 거리와 결합각을 계산하거나 사면체의 대칭 요소들을 나타내기가 용이해진다. 예를 들어 모서리 길이가 $a/2$인 8분 입방체에서 M−X 거리를 계산하면 다음과 같다.

$$d_{\mathrm{M-X}} = \frac{1}{2}\left[3\left(\frac{a}{2}\right)^2\right]^{\frac{1}{2}} = \frac{\sqrt{3}a}{4}$$

2중 회전축과 4중 반전축은 8분 입방체의 모서리에 평행하며, 한 쌍의 마주 보는 세포 면을 관통한다. 그림에 표시된 예를 포함하여 총 3개씩의 2, $\bar{4}$ 축이 존재한다. 거울면은 {110} 격자 면들에 평행하게 존재하며 총 6개가 있다. 3중 회전축은 ⟨111⟩ 방향에 평행하며 총 4개가 있다.

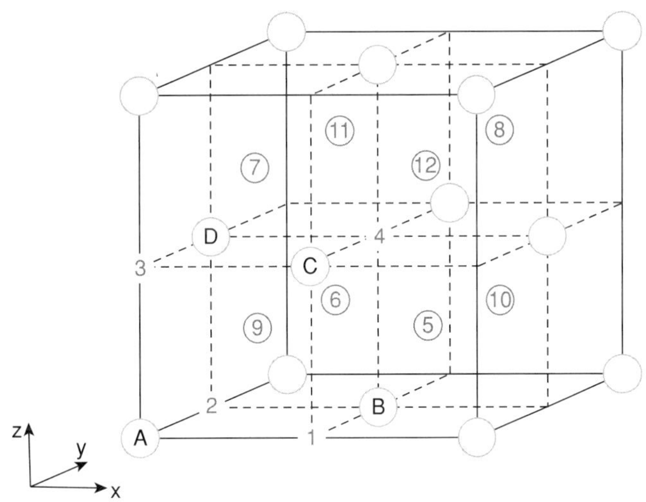

그림 1.24 음이온의 *fcc* 배열에서 발견되는 양이온 자리, 1~12.

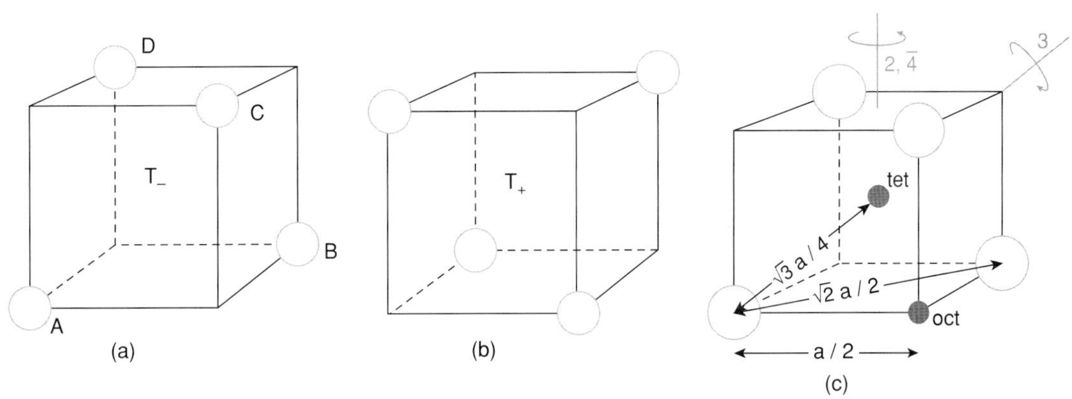

그림 1.25 (a, b) 사면체 자리 T_+, T_-와 입방체 내에서의 위치 관계. (c) 사면체에서의 결합 거리 계산과 대칭 요소.

1.15.3.4 결정 구조의 묘사; 원자 좌표

결정 구조를 묘사하기 위해서는 기본적으로 • 단위세포 유형 • 단위세포 크기 • 단위세포 내 원자의 좌표를 명시해야 한다. 앞서 기술되었듯, 꼭짓점과 면심에 음이온을 갖는 *fcc* 단위세포는 음이온 4개를 갖는 셈이고, 네 음이온(그림 1.24의 A–D)의 원자 좌표는 다음과 같다.

$$000,\ {}^1/_2{}^1/_2 0,\ {}^1/_2 0\,{}^1/_2,\ 0\,{}^1/_2{}^1/_2$$

꼭짓점 중에서는 000 위치의 단 1개만이 표시된다. 100이나 010 등의 나머지 7개 꼭짓점은 000 위치와 등가이면서 다른 단위세포에 속한 것으로 간주할 수 있다. 다른 방법으로, 8개의 꼭짓점 좌표를 모두 적고 그들 각각의 1/8만이 단위세포에 속한다고 언급할 수도 있겠으나 이는 불필요하게 번거롭다.

꼭짓점에서와 마찬가지로, 마주한 면심 원자의 쌍 중에서 1개만을 좌표 표시한다. 예를 들어 ${}^1/_2{}^1/_2 0$과 ${}^1/_2{}^1/_2 1$ 중 ${}^1/_2{}^1/_2 0$만을 적는 것이다. 그림 1.24의 다양한 양이온 좌표들은 다음과 같다:

팔면체 자리	1: ${}^1/_2 00$	2: $0\,{}^1/_2 0$	3: $00\,{}^1/_2$	4: ${}^1/_2{}^1/_2{}^1/_2$
사면체 자리 T_+	5: ${}^3/_4{}^1/_4{}^1/_4$	6: ${}^1/_4{}^3/_4{}^1/_4$	7: ${}^1/_4{}^1/_4{}^3/_4$	8: ${}^3/_4{}^3/_4{}^3/_4$
사면체 자리 T_-	9: ${}^1/_4{}^1/_4{}^1/_4$	10: ${}^3/_4{}^3/_4{}^1/_4$	11: ${}^1/_4{}^3/_4{}^3/_4$	12: ${}^3/_4{}^1/_4{}^3/_4$

fcc 단위세포는 4개의 음이온과 함께 양이온 자리 O, T_+, T_- 각각을 4개씩 갖는데, 서로 다른 양이온 자리들이 완전히 혹은 부분적으로 채워짐에 따라 표 1.4와 같이 다양한 구조들이 발생된다.

1.15.4 공유 결합 그물망 구조

다이아몬드나 탄화 규소(SiC)와 같은 물질은 매우 강하고 뚜렷이 지향된 공유 결합을 갖는다. 이런 물질도 이온성 화합물과 같은 구조 유형을 가지며, *cp* 구조 또는 eutactic 구조로 묘사될 수 있다. SiC는 섬유아연석 구조의 다형체를 갖는데, Si와 C 각각이 *hcp* 배열되거나 또는 T_+ 자리를 채운다. 이때 T_+ 자리의 배열 자체가 *hcp*이기 때문에 둘을 구분하는 것은 무의미하며, 어느 경우에나 꼭짓점 공유로 연결된 사면체의 3차원 구조가 얻어진다. 다이아몬드는 섬아연석과 유사하게, 절반의 C가 *ccp* 배열되고 나머지 절반이 T_+ 자리를 채운 구조로 간주할 수 있다. 여기에서 역시 T_+ 자리의 배열이 *ccp*이므로 두 종류의 C 원자가 차별화되지 않는다. 다이아몬드는 특히 eutactic 구조로 분류되는데, 한 종류의 원자만으로 형성된 구조에서 쌓임 원자(packing atom)와 틈새 채움 원자(interstitial atom)를 구분하는 것이 비논리적이기 때문이다.

실제, ZnS나 $CrCl_3$를 비롯한 많은 구조들은 이온성과 공유성이 혼합된 결합 성격을 띤다. 그럼에도 이러한 구조들을 *cp* 개념으로 묘사하는 것은 세세한 결합 속성에 구애되지 않는다는 이점이 있다.

1.15.5 분자성 구조

기본적으로 *cp* 구조는 주어진 공간에 원자를 효율적으로 배치한다는 장점이 있다. 분자성 화합물에서 개개 분자들은 매우 약한 분산력(van der Waals force)만으로 결합되지만 분자 배열이 *cp* 구조로 얻어지는 경우가 여럿 있다. 분자의 동역학적 모양이 구형에 가까운 경우 *hcp* 또는 *ccp* 구조 배열이 얻어지기 쉽고, H_2, CH_4, HCl의 저온 결정들이 그 예에 속한다. 구형이 아니더라도 사면체나 팔면체를 기본 구조 단위로 갖는 분자들은 *cp* 구조를 이루도록 공간 배열될 수 있다. 예를 들어 Al_2Br_6는 $AlBr_4$ 사면체가 모서리 공유하여 만들어낸 이합체이다(그림 1.26(a)). 결정성 Al_2Br_6에서 Br 원자는 *hcp* 배열되고 Al은 사면체 자리 중 1/6을 채운다. 그림 1.26(b)는 결정 내의 Al_2Br_6 분자 1개를 보여 주는데, Al 원자는 인접한 한 쌍의 T_+, T_- 자리를 채우고 있다. 3번과 5번 Br 원자는 그림 1.26(a)의 다리 원자이면서 두 사면체의 공유 모서리를 이룬다. 결정에서 각 Br 원자는 1개의 Al_2Br_6 분자에만 속하도록 분자 배열이 이루어진다. $SnBr_4$는 사면체 분자 단위를 갖는데, 여기서도 역시 Br이 *hcp* 배열되고 Sn은 사면체 자리의 1/8을 채운다.

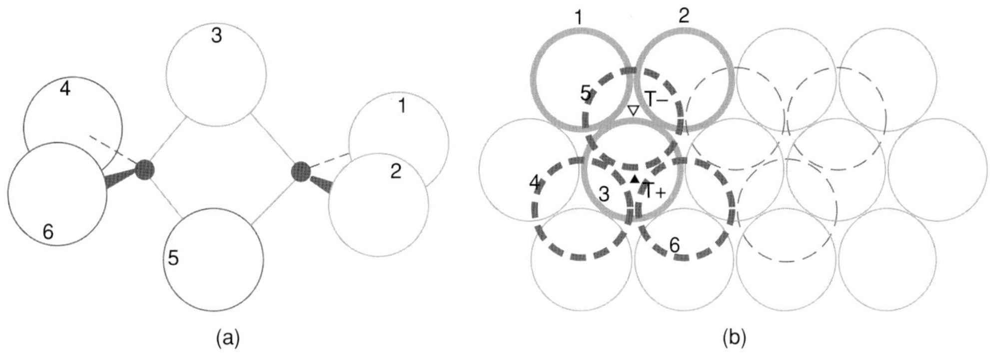

그림 1.26 (a) 결정성 Al_2Br_6에서 Br 원자의 배열; (b) Al 원자는 T_+와 T_- 자리를 채움. ➡ 앞의 컬러 그림 참조

1.15.6 풀러렌과 풀러렌화물

풀러렌(fullerene)[4] 중 가장 단순하고 가장 대칭적이며 잘 알려진 것은 C_{60}이다. C_{60}은 직경 7.1 Å 크기의 속이 빈 구형이며, 3배위된 C 원자 60개가 서로 연결되어 12개의 오각형과 20개의 육각형을 이룬다. 흥미롭게도 C_{60}의 C−C 결합 위치는 축구공의 무늬와 정확히 일치한다.

C_{60} 분자들은 *cp* 배열로 결정화하는데 그 분자 모양이 구형임을 생각할 때 그다지 놀라운 일이 아니다. 상온에서 C_{60}은 *fcc* 구조($Z=4$), $a=14.17$ Å이며, 각 분자의 배향은 불규칙적이다. 인접한 C_{60} 분자의 중심 간 거리는 그림 1.22를 참고하여 10.0 Å으로 계산된다. C_{60} 분자의 직경 7.1 Å과 비교하면 인접한 분자들이 약 2.9 Å만큼 떨어져 있는 셈인데, 이는 분산력으로 설명되기에 타당한 거리이다.

C_{60}이 완벽한 구형이 아니기 때문에(그림 1.27), 249 K 이하의 온도에서는 질서 거동을 보인다. 이러한 질서 배열은 이웃한 분자들 간 결합 안정화를 극대화하려는 데에서 비롯한다. C_{60} 분자에서 두 개의 육각형을 이어 주는 C−C 결합은 길이가 짧고, 1.40 Å, 전자 밀도가 높다. 반면 오각형 고리 영역은 전자 밀도가 낮다. C_{60} 결정의 *ccp* 배열을 [110] 방향으로 바라볼 때, 인접한 C_{60} 분자들은 위의 두 영역이 가깝게 놓이도록 배향한다(그림 1.27(b)).

이러한 배열을 통해 C−C 결합 영역의 직접적 중첩을 피하는 한편, 이웃한 분자들 간 주개−받개 상호작용이 극대화될 수 있다. 풀러렌 내의 C−C 결합은 두 종류로 분류된다. 즉, 두 개의 육각형을 연결하는 1.40 Å 길이의 결합과, 오각형과 육각형을 연결하는 1.45 Å 길이의 결합이 있다. 유기 화합물의 전형적

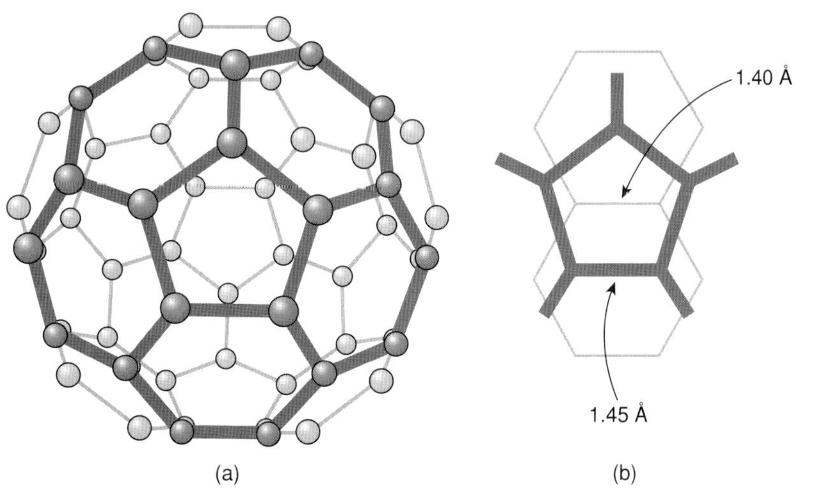

그림 1.27 (a) C_{60} 분자; 각 오각형은 5개의 육각형으로 둘러싸임. (b) 두 개의 C_{60} 분자 간 최인접 영역에서 한 분자의 최단 C−C 결합(1.40 Å)은 이웃한 분자의 오각형 중앙부를 향함. Adapted from David et al., Nature, 353, 147, © 1991 Macmillan Publishers Ltd. Adapted under the terms of the STM Agreement.

4) 건축가 Buckminster Fuller의 이름을 따서 명명. C_{60}은 buckyball로 불리기도 함.

C−C 결합 길이가 단일 결합: 1.54 Å, 이중 결합: 1.33 Å인 점에 비추어 C_{60}의 C−C 결합들은 그 중간 차수로 볼 수 있다.

C_{70} 등의 몇몇 다른 풀러렌들도 *cp* 구조를 갖는다. C_{70} 분자는 럭비공과 비슷한 모양으로 긴 방향 8.34 Å, 짧은 방향 7.66 Å의 크기이다. 하지만 상온에서 C_{70} 타원 분자는 자유로이 회전할 수 있어 유사 구형을 띠고 *fcc* 구조, $a = 15.01$ Å으로 결정화한다.

cp 구조는 사면체 자리와 팔면체 자리를 갖게 마련이고 풀러렌의 경우 분자체의 쌓임 구조이기 때문에 틈새자리가 상당히 크다. 실제로 C_{60}의 틈새자리에 알칼리 양이온이 채워진 '풀러렌화물(fulleride)'들이 얻어질 수 있다. 그 중 가장 활발히 연구된 대상은 A_3C_{60}의 일반식을 갖는 일련의 C_{60} 풀러렌화물들(Rb_3C_{60}, K_2RbC_{60}, ⋯)이며, 이들에서는 T_+, T_-, O 자리가 모두 채워져 있다. A_3C_{60}에서 알칼리 금속은 C_{60}의 전도 띠에 전자를 공여하고 그 결과 A_3C_{60}은 금속성 전도 거동을 보인다. 그 뿐만 아니라 다수의 풀러렌화물이 저온에서 초전도 현상(superconductivity)을 나타낸다. 현재까지 풀러렌화물 계에서 보고된 최고 T_c(초전도 전이 온도)는 Tl_2RbC_{60}의 45 K이다.

풀러렌화물의 종류에 따라 다른 방식의 틈새 채움이 나타나기도 한다. AC_{60}의 경우 암염이나 섬아연석 유형을 보이고, A_2C_{60}은 형석 유형의 구조로 존재한다. 또한 C_{60} 분자당 A의 함량을 4당량 이상으로 증가시킨 예도 있다. Na_4C_{60}는 팔면체 자리에 Na_4 뭉치를 갖는다. A_6C_{60}에서는 C_{60} 분자의 배열이 *ccp*에서 *bcc*로 변하면서 새로운 틈새자리가 여럿 생겨난다. 예를 들어 6개의 왜곡된 사면체 자리가 나타나는데 이들은 *bcc* 음이온 배열의 입방체 면에 놓인다(그림 8.28, α-AgI에 대한 설명 참고). 이렇듯 풀러렌화물 A_nC_{60}이 다양한 조성 범위로 얻어지는 것은 C_{60} 분자가 상당히 많은 수의 전자를 수용할 수 있고, 그에 따라 다양한 C_{60}^{n-} ($n = 1, 2, 3, 4, \cdots$)의 형성이 가능한 때문이다. C_{60} 화학의 흥미로운 부분 중 하나는 전자 구조 면의 특성이 n 값에 따라 절연에서부터 금속성/초전도성에 이르기까지 폭넓게 변한다는 점이다.

1.16 공간-채움 다면체 구조

결정 구조에서 양이온 중심의 배위 환경을 강조하고자 할 경우 다면체를 이용하여 구조를 묘사한다. 이 방법에서는 양이온에 인접 음이온들이 배위하여 다면체를 형성하고, 그것들끼리 꼭짓점, 모서리 또는 면을 공유하여 확장된 구조를 이루는 것으로 설명한다. 예를 들어 NaCl의 Na는 6개의 최인접 Cl에 둘러싸여 팔면체를 형성하는데, 3차원적 구조를 검토하기 위해서는 이웃한 $NaCl_6$ 팔면체들이 어떻게 연결되는지 살펴볼 수 있다. NaCl에서는 각각의 팔면체 모서리들이 2개의 팔면체 사이에 공유됨으로써, 3차원 상에 무한히 펼쳐진 모서리-공유 팔면체 구조가 된다. 또한 페로브스카이트 $SrTiO_3$에서는 TiO_6 팔면체들이 꼭짓점 공유로 연결되어 3차원 네트워크를 이룬다. 위의 단순한 예뿐만 아니라, 팔면체 또는 사면체들의 다양한 연결 방식에 의해 무수히 많은 구조 유형이 얻어진다. 표 1.5는 그 일부를 나열하고 있다.

표 1.5 공간-채움 다면체로 형성된 구조들

다면체	네트워크	예
팔면체	모서리 12개 공유	NaCl
	꼭짓점 6개 공유	ReO_3
	모서리 3개 공유	$CrCl_3$, BiI_3
	모서리 2개, 꼭짓점 6개 공유	TiO_2
	꼭짓점 4개 공유	$KAlF_4$
사면체	꼭짓점 4개 공유 (각각 4개 사면체)	ZnS
	꼭짓점 4개 공유 (각각 2개 사면체)	SiO_2
	꼭짓점 1개 공유 (2개의 사면체)	$Si_2O_7^{6-}$
	꼭짓점 2개 공유 (각각 2개 사면체)	$(SiO_3)_n^{2n-}$ (고리 또는 사슬)

cp 구조에 대해서와 달리, 공간-채움 다면체(space-filling polyhedra)에 대해서는 채움 비율을 산정하는 것이 무의미하다. 후자의 경우 결정 부피의 대부분을 차지하는 음이온이 단지 다면체의 꼭짓점으로 취급되기 때문이다. 이러한 단점이 있는 반면, 구조-채움 다면체 묘사는 네트워크 구조의 위상 기하(topology)나 연결 방식을 잘 표현해 주고, 또한 비어 있는 틈새자리를 드러내는 데 유용하다.

Wells[5]와 그 동료들은 다면체 구조를 분류 유형화하는 완성된 기준을 마련했는데, 그 시작 단계에서 맞닥뜨린 문제는 기하학적 성격, 즉 다면체의 연결에 의해 어떤 네트워크 유형들이 형성될 수 있는가에 관한 것이다. 이에 대한 고려 변수는 다음과 같다.

- 다면체는 사면체, 팔면체, 삼각 프리즘 등의 종류가 있다.
- 다면체는 이웃한 다면체와 꼭짓점, 모서리, 면의 일부 또는 모두를 공유할 수 있는데, 연결된 두 다면체는 같은 종류일 수도 있고 아닐 수도 있다.
- 꼭짓점이나 모서리는 둘 또는 그 이상의 다면체들에 의해 공유된다. 단, 면을 공유하는 다면체는 두 개로 한정된다.

산술적으로는 무수히 많은 종류의 구조들이 유도될 수 있고, 다른 한편으로 실제 구조들을 위의 기준에 따라 유형화하는 것은 상당히 흥미로운 작업이다. 다면체를 위상학적으로 다양하게 배열할 때 이온들 간의 결합은 전혀 고려되지 않으며, 그와 같은 정보들은 별도로 얻어진다. 또한 구조 묘사에 이용되는 다면체들이 독립적 화학종으로 존재함을 뜻하지는 않는다. 한 예로 NaCl의 결합은 주로 이온성이고, 물리적으로 분리된 $NaCl_6$ 팔면체는 존재하지 않는다. 비슷하게, 공유 결합 네트워크 구조를 갖는 SiC에서 SiC_4 사면체가 독립 단위로 존재하지는 않는다. 다면체가 별개 단위로 존재하는 경우는 다음 두 가지이다: • 분자성 물질, 예를 들어 Al_2Br_6는 모서리를 공유하는 한 쌍의 사면체를 구조 단위로 가짐. • 착이온을 함유한 화합물, 예를 들어 SiO_4 사면체를 기본 단위로 하는 다양한 규산염(silicate) 구조들.

이온성 복합 결정에 대한 Pauling 규칙의 제3항은 다면체 연결 방식의 개연성을 판단하는 데 유익한 지침을 제공한다: 다면체가 모서리, 특히 면을 공유할 경우 구조의 안정성을 감소시킨다. 이 효과는 중심 양이온의 전하가 크고, 배위수가 작을수록 더 뚜렷하다. 다면체가 면이나 모서리를 공유할 경우 양이온–양이온 간 거리, 즉 다면체 중심 간 거리가 가까워지고 정전기적 반발력에 의해 양이온끼리 밀어내려는 힘이 발생한다. 그림 1.28은 꼭짓점 공유와 모서리 공유 상태의 팔면체 쌍을 보여 주고 있다. 양이온–양이온 간 거리는 후자의 경우에 뚜렷이 짧고, 그림으로 제시되지 않았으나 면 공유에서는 더욱 짧아진다. 팔면체 간 모서리 공유와 사면체 간 모서리 공유를 비교하면, 팔면체 사이에서는 양이온 M과 음이온 X가 이루는 사잇각 M–X–M이 90°인 데 비해 사면체 사이에서는 71°이다. 그 결과 팔면체 사이에서 양이온 간 거리 M–M이 1.414(M–X)인 데 비해 사면체 사이에서는 1.16(M–X)로 더 짧다. 유사한 비교가 면 공유에 대해서도 이루어질 수 있고, 표 1.6은 다양한 다면체 공유에서의 M–M 거리를 M–X 거리에 대한 상댓값으로 보여 주고 있다. M–M 거리는 팔면체의 꼭짓점 공유에서 가장 길고, 사면체의 면 공유에서 가장 짧다. 꼭짓점이나 모서리 공유의 경우 M–M 거리의 가능한 최댓값이 주어졌는데, 다면체의 회전에 의해 그 거리가 감소될 수도 있다.

표 1.6에 의하면 면 공유 사면체에서 M–M 거리는 M–X 거리에 비해 훨씬 짧다. 이러한 구조는 매우 큰 양이온–양이온 반발력을 감당해야 하기 때문에 실제로 형성되기 어렵다. 형석(또는 반형석) 구조에 상응하는 *hcp* 구조가 전혀 없다는 사실은 사면체의 면 공유가 불가능함을 잘 예시한다. 반형석 구조의 Na_2O에서 O는 *ccp* 배열되고 사면체 자리 모두가 Na에 의해 채워진다. 그 결과 Na_2O에서는 NaO_4 사면체의 모서리 공유가 일어난다. 이에 비해, 음이온 X가 *hcp* 배열되고 사면체 자리가 모두 M으로 채워질 경우 MX_4 사면체는 면을 공유하게 된다. 사면체의 모서리 공유에서 M–M 거리는 M–X에 비해 16%만큼 더 긴데, 형석 구조의 실제 예들은 위의 범위가 에너지 면에서 수용 가능한 범위임을 가리킨다. 그러나 면 공유 사면체는 일상적 조건에서 허용되지 않는다.

---

5) Alexander Frank Wells, Structural Inorganic Chemistry의 저자.

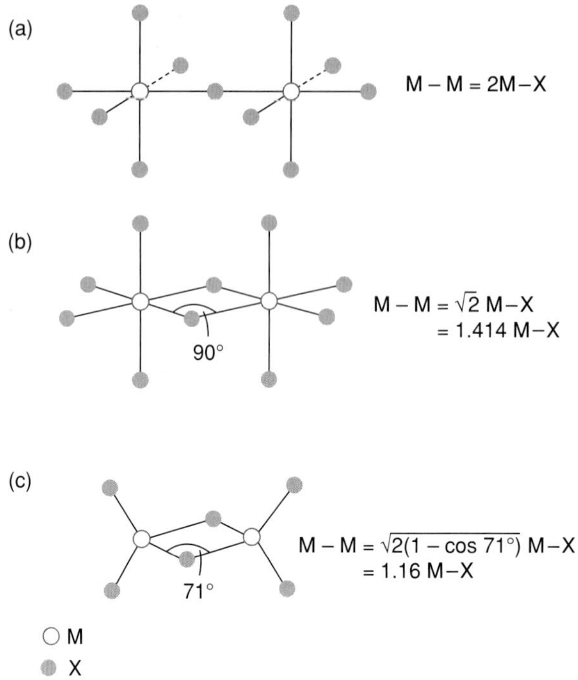

그림 1.28 다면체 쌍에서 양이온–양이온 간 거리. (a) 꼭짓점 공유 팔면체 쌍; (b) 모서리 공유 팔면체 쌍; (c) 모서리 공유 사면체 쌍.

표 1.6 X를 공유하는 MX_4 또는 MX_6 다면체 사이에서 M–M 거리

	꼭짓점 공유	모서리 공유	면 공유
$MX_4:MX_4$	$2.00(M-X)_{사면체}$[a]	$1.16(M-X)_{사면체}$[a]	$0.67(M-X)_{사면체}$
$MX_6:MX_6$	$2.00(M-X)_{팔면체}$[a]	$1.41(M-X)_{팔면체}$[a]	$1.16(M-X)_{팔면체}$

[a] 가능한 최대 거리

전하가 큰 양이온을 갖는 사면체는 모서리 공유의 불안정화가 심하고 꼭짓점 공유만을 취한다. 예를 들어 SiO_4 사면체들로 이루어지는 규산염 구조에서 모서리 공유는 전혀 보고된 바 없다. 한편 SiS_2의 SiS_4 사면체는 모서리를 공유하는데, 이는 Si–S의 결합이 길고 그에 따라 Si–Si 거리가 상당히 멀리 유지될 수 있기 때문으로 여겨진다.

1.17 결정 구조의 주요 유형

1.17.1 암염(NaCl), 섬아연석(ZnS), 형석(CaF_2), 반형석(Na_2O)

이 4가지 구조들은 공통적으로 *ccp*(=*fcc*) 음이온 배열을 갖지만, 양이온이 어떤 위치를 점유하는가에 따라 구분된다. 이들 구조의 이해를 위해 그림 1.24를 다시 참조하도록 하자. 이 그림은 음이온이 *fcc* 배열된 단위세포에서 O, T_+, T_- 자리들을 모두 표시하고 있는데, 사면체 자리 중 T_+와 T_-의 구분은 임의적이다. 단위세포의 원점 또한 임의로 선택될 수 있으나 음이온 위치 중 하나로 삼는 것이 편리하다. 위의 서로 다른 구조들은 아래 방식으로 생성된다:

- 암염(rock salt): O가 모두 채워짐; T_+와 T_-는 비어 있음
- 섬아연석(zinc blende): T_+(또는 T_-)가 모두 채워짐; O와 T_-(또는 T_+)는 비어 있음
- 반형석(antifluorite): T_+와 T_-가 모두 채워짐; O는 비어 있음

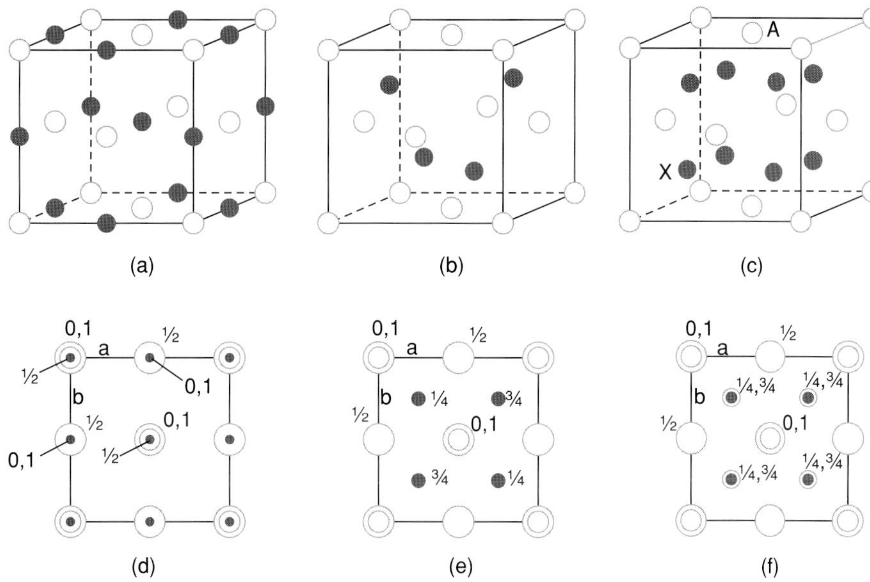

그림 1.29 (a, d) 암염, (b, e) 섬아연석 ZnS, (c, f) 반형석 Na_2O의 단위세포. 채워진 원은 양이온, 빈 원은 음이온을 나타냄.

그림 1.29는 각 구조의 단위세포를 경사 투영도(a–c)와 *ab* 면에 대한 평면도(d–f)로 나타낸 것이며, 각각에 대한 세부 설명은 나중에 이루어질 것이다.

고체 구조의 배위수에서 나타나는 일반적 규칙은 화학식이 A_xX_y일 경우, A와 X의 배위수가 $y:x$의 비를 갖는다는 점이다. 암염과 섬아연석에서는 $x=y$이고 양이온과 음이온의 배위수가 서로 같다. 그러나 일반식이 X_2A인 반형석에서는 양이온 X와 음이온 A의 배위수가 1:2의 비를 갖고, 양이온 X가 사면체 틈새를 채우므로 음이온 A의 배위수는 8이 된다. 단위세포의 원점을 양이온 위치로 이동하여 그려 주면 음이온의 8배위 환경이 보다 잘 나타난다. 예를 들어 그림 1.29(c)의 양이온 X 위치로 원점을 변경하려면 기존 단위세포를 체대각 방향으로 체대각 길이의 ¼만큼 옮기면 된다. 새로운 단위세포에서의 원자 좌표는 구좌표 값에서 ${}^1/_4{}^1/_4{}^1/_4$을 빼준 값이 된다(표 1.7).

위의 좌표 변환에 의해 좌표 값이 음의 부호(예를 들어 $-{}^1/_4\ -{}^1/_4\ -{}^1/_4$)가 될 경우 해당 위치는 단위세포의 외부에 해당하는데, 각 좌표 값에 1을 더하면 단위세포 내부의 동등한 위치(${}^3/_4\ {}^3/_4\ {}^3/_4$)로 변환될 수 있다. 원점을 X 위치로 이동시켜 새롭게 얻은 반형석 구조 단위세포에서는 그림 1.30(a)에 나타낸 것과 같이 꼭짓점, 모서리 중심, 면심, 체심에 양이온이 놓인다.

반형석 구조에서 음이온의 배위 환경을 파악하려면 단위세포를 8개의 작은 정육면체로 등분하여(그림 1.24 참조) 살펴보는 것이 편리하다. 그림 1.30(a)에서 각각의 작은 육면체는 8개 꼭짓점 모두에 양이온을 갖고 따라서 그 중심은 8배위 자리가 된다. 음이온은 8배위 자리 중 절반을 채우는데, 단위세포의 각 모서리 방향을 따라 채움과 비움이 번갈아 나타나는 방식을 따른다. 그림 1.30(b)는 음이온 A를 중심으로 한 배위 구조를 나타낸다.

표 1.7 반형석 구조의 단위세포를 선택하는 두 가지 다른 방식

	기존 단위세포	새로운 단위세포
음이온	$000,\ {}^1/_2{}^1/_20,\ {}^1/_20{}^1/_2,\ 0{}^1/_2{}^1/_2$	${}^3/_4{}^3/_4{}^3/_4,\ {}^1/_4{}^1/_4{}^3/_4,\ {}^1/_4{}^3/_4{}^1/_4,\ {}^3/_4{}^1/_4{}^1/_4$
양이온	${}^1/_4{}^1/_4{}^1/_4,\ {}^1/_4{}^1/_4{}^3/_4,\ {}^1/_4{}^3/_4{}^1/_4,\ {}^3/_4{}^1/_4{}^1/_4$ ${}^1/_4{}^3/_4{}^3/_4,\ {}^3/_4{}^1/_4{}^3/_4,\ {}^3/_4{}^3/_4{}^1/_4,\ {}^3/_4{}^3/_4{}^3/_4$	$000,\ 00{}^1/_2,\ 0{}^1/_20,\ {}^1/_200$ $0{}^1/_2{}^1/_2,\ {}^1/_20{}^1/_2,\ {}^1/_2{}^1/_20,\ {}^1/_2{}^1/_2{}^1/_2$

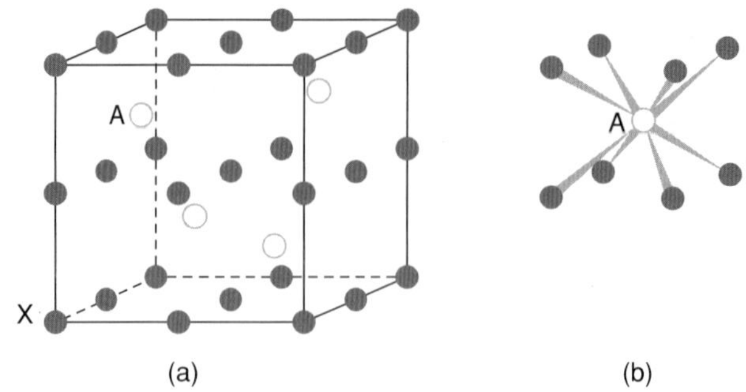

그림 1.30 반형석 구조에 대한 두 가지 다른 관점.

반형석 구조에서 단위세포의 원점을 음이온 혹은 양이온 위치로 정함에 따라 상당히 다른 배열이 제시되는 데 비해, 암염이나 섬아연석에서는 양이온과 음이온을 맞바꿔 배열해도 실질적인 차이가 없고 따라서 원점을 어떻게 선택하는지가 중요하지 않다.

이상에서 암염, 섬아연석, 반형석 구조를 조밀 쌓임 관점과 단위세포 관점의 두 가지 방식으로 묘사했는데, 이에 더해 세 번째 방법은 다면체의 공간 채움 방식이다. 각 이온과 그 최인접 원자를 적절한 다면체로 나타낼 수 있는데, 예를 들어 섬아연석에서 Zn 이온과 그것을 둘러싼 4개의 S 이온은 사면체를 이룬다. 이와 같이 형성된 다면체들이 3차원 상에서 어떻게 연결되는지에 대한 고찰은 구조에 대한 이해를 도울 수 있다. 각 구조에서 다면체 배열 방식을 자세히 살펴보도록 하겠다.

1.17.1.1 암염(rock salt) 구조

암염 구조를 요약 묘사하면 음이온이 *ccp*/*fcc* 배열을 취하고, 팔면체 틈새자리는 양이온에 의해 모두 채워졌으며 사면체 틈새자리는 완전히 비어 있다. 각각의 양이온은 그림 1.31의 양이온 1, 2, 3으로 예시되듯 6개의 음이온에 둘러싸여 팔면체 중심에 놓인다. 비슷하게 각각의 음이온은 양이온에 의한 팔면체 배위 환경을 갖는다.

암염 구조 NaCl에서 $(NaCl_6)$ 또는 $(ClNa_6)$ 팔면체들은 모서리를 공유한다. 팔면체 각각이 12개의 모서

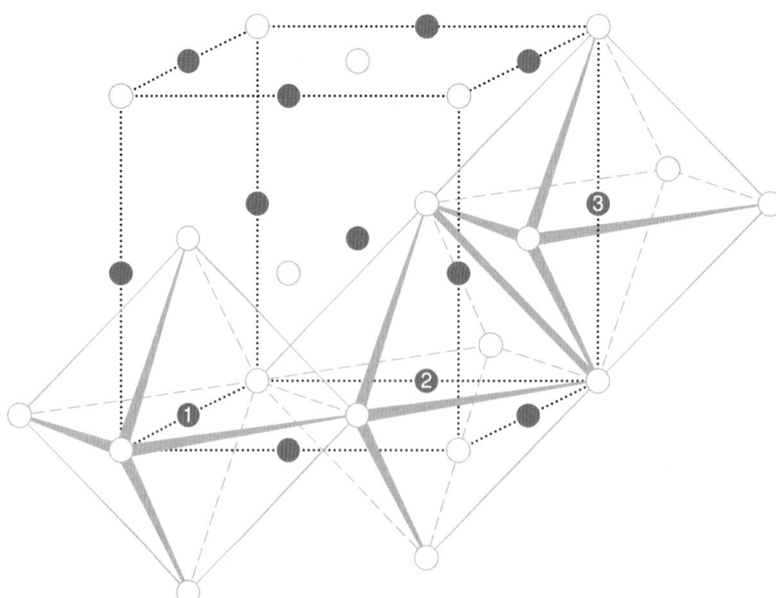

그림 1.31 암염 구조 단위세포에서 팔면체의 모서리 공유.

리를 갖고 각각의 모서리가 2개의 팔면체에 의해 공유되므로 전체적인 배열을 그림으로 나타내기는 다소 어렵다. 따라서 그림 1.31은 팔면체의 모서리 공유 영역 두 부분만을 보여 주고 있다. 그림 1.32는 팔면체의 3차원 배열을 입체감 있게 표현하기 위한 투사도로서, 이 구조에서는 팔면체 층의 쌓임이 발견될 뿐만 아니라 팔면체들이 음이온과 마찬가지로 ABC 쌓임 순서로 배열됨을 알 수 있다. 팔면체의 면은 음이온 *cp* 층과 평행한데, 이는 그림 1.32에서 같은 층에 속한 팔면체 면들을 번호 1, 2, 3으로 표시함으로써 쉽게 파악될 수 있다. *ccp*/*fcc* 배열 내에는 4가지의 *cp* 층 배향이 존재하며, 그림 1.32는 그 중 3개의 배향과 일치하는 면들을 보여 주고 있다. 또한 팔면체 배열에 존재하는 빈 사면체 틈새들이 화살표에 의해 표시되어 있다.

다수의 AB 유형 화합물이 암염 구조를 가지며, 표 1.8은 그 몇몇 예를 입방 격자 상수 *a*와 함께 나타내고 있다. 알칼리와 Ag^+ 이온의 할로젠화물, 알칼리 수소화물, +2가 양이온의 칼코젠화물 대부분이 암염 구조를 취하며, 화학 결합은 이온성인 경우가 많지만 금속성 TiO, 공유성 TiC와 같은 예도 있다.

1.17.1.2 섬아연석(zinc blende, sphalerite) 구조

섬아연석 구조에서 음이온은 *ccp*/*fcc* 배열되어 있고 양이온은 한 세트의 사면체 자리 T_+ 또는 T_-만을 완전히 채운다. ZnS에서 ZnS_4 사면체들은 꼭짓점을 통해 연결되며 각각의 꼭짓점은 4개의 사면체

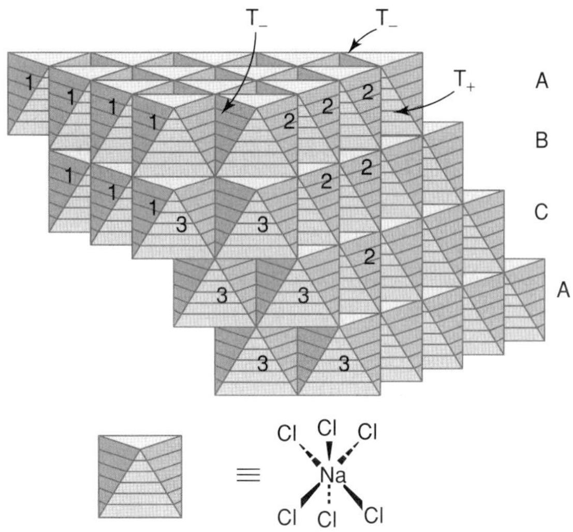

그림 1.32 모서리 공유된 팔면체의 배열로 표현된 암염 구조.

표 1.8 NaCl 구조 화합물의 일부 예와 격자 상수 a/Å

MgO	4.213	MgS	5.200	LiF	4.0270	KF	5.347
CaO	4.8105	CaS	5.6948	LiCl	5.1396	KCl	6.2931
SrO	5.160	SrS	6.020	LiBr	5.5013	KBr	6.5966
BaO	5.539	BaS	6.386	LiI	6.00	KI	7.0655
TiO	4.177	α-MnS	5.224	LiH	4.083	RbF	5.6516
MnO	4.445	MgSe	5.462	NaF	4.64	RbCl	6.5810
FeO	4.307	CaSe	5.924	NaCl	5.6402	RbBr	6.889
CoO	4.260	SrSe	6.246	NaBr	5.9772	RbI	7.342
NiO	4.1769	BaSe	6.600	NaI	6.473	AgF	4.92
CdO	4.6953	CaTe	6.356	TiN	4.240	AgCl	5.549
TiC	4.3285	LaN	5.30	UN	4.890	AgBr	5.7745

에 의해 공유된다. 그림 1.33(a)는 ZnS의 단위세포를 사면체의 꼭짓점 공유 관점에서 나타낸 것으로, 그림 1.29(b)와 비교될 수 있다. 사면체의 면은 음이온의 *cp* 층, 즉 단위세포의 {111} 면과 평행하며, 그림 1.33(b)의 확장 배열은 한 세트의 사면체 면들이 바닥면에 접하도록 배향되어 있다. ZnS 구조는 흔히 음이온 S의 *cp* 층 사이 사면체 자리를 양이온 Zn이 채우는 것으로 묘사되는데, Zn과 S의 위치를 서로 맞바꿔도 동일한 구조가 얻어지므로, Zn의 *cp* 층 사이에 형성된 사면체 자리를 S가 채운 것으로 설명하는 것도 가능하다. 또한 ZnS_4(또는 SZn_4) 사면체의 *ccp* 배열을 이용하여 ZnS 구조를 시각화할 수 있다.

표 1.9는 섬아연석 구조 화합물의 몇몇 예를 열거하고 있다. 섬아연석 구조는 암염 유형에 비해 화학 결합의 이온성 비중이 작은 편이고, 산화물에서 발견되는 경우는 흔치 않다. 예외 격인 ZnO는 두 가지 다형체로 존재하며 그 각각은 섬아연석 구조와 섬유아연석 구조이다. 알칼리 토금속의 칼코젠화물이 대개 암염 구조인 데 비해 Be, Zn, Cd, Hg의 칼코젠화물은 섬아연석 구조를 취한다. Cu(I)의 할로젠화물, γ-AgI 역시 섬아연석 구조에 속한다. 다수의 III−V족 화합물이 섬아연석 구조를 취하며 이들 중 GaAs를 비롯한 몇몇은 반도체로서 큰 중요성을 갖는다.

1.17.1.3 반형석(antifluorite)/형석(fluorite) 구조

반형석 구조에서는 음이온이 *ccp*/*fcc* 배열되어 있고 양이온이 사면체 틈새자리(T_+, T_-) 모두를 채운다. 반면, 형석 구조에서는 양이온과 음이온의 역할이 뒤바뀌어 양이온이 *ccp* 배열되고 음이온이 사면체 틈새를 채운다. 즉, 반형석과 형석은 음이온, 양이온 중 어느 쪽이 조밀 쌓임 골격을 형성하고 어느 쪽이 사면체 틈새를 채우는가에 의해 구분된다. 반형석 구조에서 양이온:음이온의 비는 2:1이고 양이온의 배위수가 4이므로 음이온의 배위수는 8이 된다(그림 1.30).

이들 구조에서는 양이온, 음이온의 배위 환경이 뚜렷이 다르기 때문에 다면체 배열을 이용한 구조 묘사 역시 두 가지 다른 방식으로 이루어질 수 있다. 그림 1.34(a)는 사면체를 이용한 3차원 네트워크를 보여주며 그림 1.29(c)의 원자 배열에 상응한다. 다른 한편으로 그림 1.34(b)는 그림 1.30(a)의 원자 배열에서 8배위 정육면체를 강조하여 나타낸 것이다. 그림 1.34(c)의 조형물은 육면체들이 꼭짓점 공유와 모서리 공유를 통해 3차원 배열로 확장된 형상으로서, 반형석 구조의 다면체 모델과 매우 유사한 흥미로운 예이다.

알칼리 금속의 산화물과 칼코젠화물은 $A^{+}_{2}X^{2-}$의 일반식을 가지며 이들의 상당수가 반형석 구조에 속한다(표 1.10). 또한 +2가 양이온의 플루오린화물과 +4가 양이온의 산화물은 각각 $A^{2+}F_2$, $A^{4+}O_2$의 일반

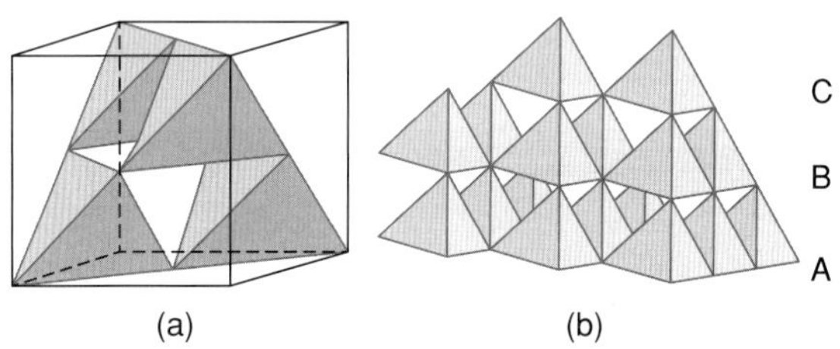

그림 1.33 섬아연석 구조에서 (a) 단위세포 내용물과 (b) 꼭짓점 공유된 사면체의 확장된 네트워크.

표 1.9 섬아연석 구조 물질의 일부 예와 격자 상수 a/Å

CuF	4.255	BeS	4.8624	β-CdS	5.818	BN	3.616	GaP	5.448
CuCl	5.416	BeSe	5.07	CdSe	6.077	BP	4.538	GaAs	5.6534
γ-CuBr	5.6905	BeTe	5.54	CdTe	6.481	BAs	4.777	GaSb	6.095
γ-CuI	6.051	β-ZnS	5.4060	HgS	5.8517	AlP	5.451	InP	5.869
γ-AgI	6.495	ZnSe	5.667	HgSe	6.085	AlAs	5.662	InAs	6.058
β-MnS, red	5.600	β-SiC	4.358	HgTe	6.453	AlSb	6.1347	InSb	6.4782
C[a]	3.5667	Si	5.4307	Ge	5.6574	α-Sn (grey)	6.4912		

[a] 다이아몬드 구조

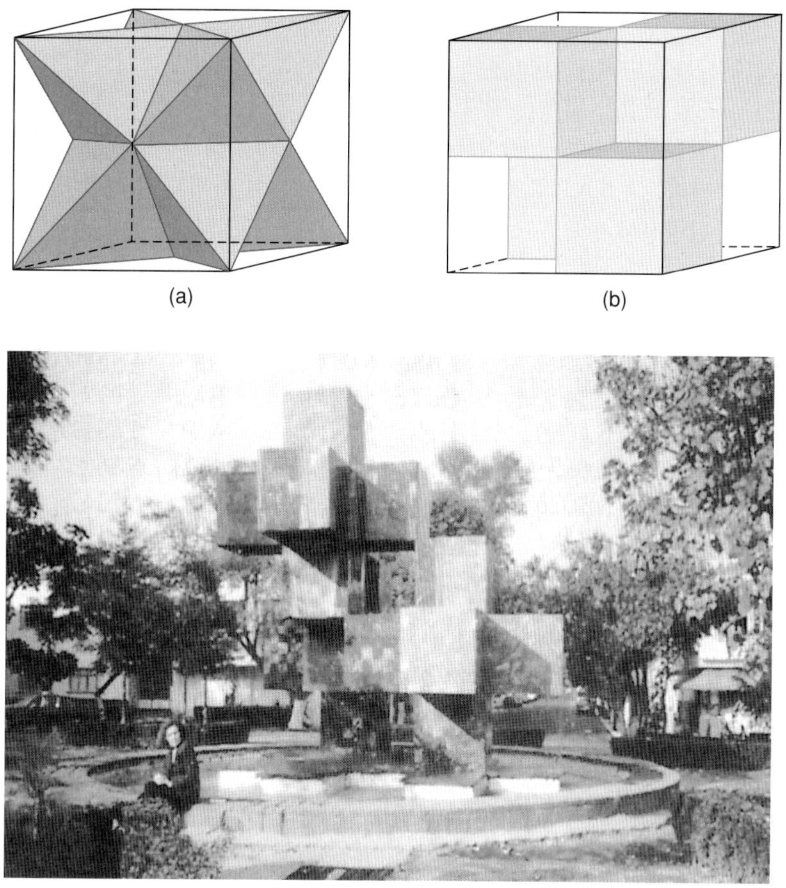

그림 1.34 반형석 구조 Na_2O의 단위세포: (a) NaO_4 사면체 또는 (b) ONa_8 입방체의 네트워크가 강조된 표현. (c) 입방체 배열의 확장된 네트워크(멕시코 시티 근교의 조형물).

식을 가지면서 형석 구조로 형성되는 경우가 많다. 단, 형석 구조를 이루기 위해서는 양이온의 크기가 상당히 큰 편이어야 한다.

그림 1.34(b)와 1.34(c)의 형석 구조를 살펴보면 음이온이 원시 입방 격자로 배열되고 그 틈새의 8배위 자리에 번갈아 양이온이 채워진 것으로 묘사할 수 있다. 주의할 점은 형석 구조 전체의 격자 유형은 단순 입방이 아니라 면심 입방(*fcc*)이라는 점이다. 단순 입방 배열은 음이온 하위 격자에 해당할 뿐이며, 그 최소 단위인 단순 입방체는 전체 단위세포의 일부분(1/8)에 불과하기 때문이다. 위와 같이 묘사된 형석 구조(음이온 원시 입방 격자의 8배위 자리를 번갈아 양이온이 채움)는 CsCl 구조와 유사점을 갖는다. CsCl의 경우 음이온이 원시 입방 격자를 이루고 양이온은 입방체 중심 8배위 자리를 모두 채운다.

형석 구조는 음이온의 원시 입방 배열과 양이온의 *fcc* 배열을 바탕으로 한다는 점에서 eutactic 구조 속

표 1.10 형석 또는 반형석 구조 화합물의 일부 예와 격자 상수 a/Å

형석 구조				반형석 구조			
CaF_2	5.4626	PbO_2	5.349	Li_2O	4.6114	K_2O	6.449
SrF_2	5.800	CeO_2	5.4110	Li_2S	5.710	K_2S	7.406
$SrCl_2$	6.9767	PrO_2	5.392	Li_2Se	6.002	K_2Se	7.692
BaF_2	6.2001	ThO_2	5.600	Li_2Te	6.517	K_2Te	8.168
CdF_2	5.3895	UO_2	5.372	Na_2O	5.55	Rb_2O	6.74
β-PbF_2	5.940	NpO_2	5.4334	Na_2S	6.539	Rb_2S	7.65

성을 갖는다. 음이온의 크기는 완전히 밀착된 *ccp* 양이온 배열의 사면체 틈새에 비해 확연히 크고, 양이온 또한 완전히 밀착된 원시 입방 음이온 격자의 입방체 중심 공간에 비해 크다. 따라서 형석 구조에서는 양이온, 음이온 어느 쪽도 완전히 밀착된 배열을 갖지 못하게 된다. 형석 구조 유형 중 채움 밀도의 최댓값을 보이는 화합물은 알칼리 양이온 중 가장 작은 것과 칼코젠 중 가장 크기가 큰 것이 짝지워진 Li_2Te이다. Li_2Te에서 Te−Te 거리는 4.6 Å으로 Te^{2-} 이온의 직경 4.4 Å에 비해 단지 약간 길다.

이 절에서는 이상적 입방정계 형석 구조를 묘사했는데, 나아가 밀접하게 연관된 다른 구조들을 1.17.12 절에서 다룰 것이다.

1.17.1.4 결합 길이의 계산

주어진 결정 구조에서 원자 간 거리, 즉 결합 길이를 계산하는 것은 구조 이해를 위한 기본적이면서 중요한 부분이다. 직각 단위세포($\alpha=\beta=\gamma=90°$)를 갖는 결정에서는 삼각법의 단순 적용만으로 결합 길이를 계산할 수 있다. 단순한 예로 암염 구조에서 음이온−양이온 간 거리는 $a/2$이고 음이온−음이온 간 거리는 $a/\sqrt{2}$이다. 음이온이 *fcc*/*ccp* 배열되고 양이온이 T 또는 O 자리에 채워진 구조에서는 그림 1.25(c)에서와 같이 주요 결합 길이를 파악할 수 있다. 표 1.11은 구조 유형별 결합 길이를 정리하여 나타내며, 표 1.9 등에 주어진 격자 상수를 대입하여 특정 화합물에서의 결합 길이를 구할 수 있다. 부록 F는 모든 원소에 대해 산소 또는 플루오린에 대한 결합 거리의 전형적 범위를 수록하며, 이때 원소의 배위수와 산화수가 다양한 경우 각각에 대한 값이 별도로 주어져 있다.

표 1.11 몇몇 단순 구조에서 원자 간 거리의 계산

구조 유형	원자 쌍	개수	거리(격자 상수에 대한 상대 크기)
암염 (입방)	Na−Cl	6	$a/2=0.5a$
	Cl−Cl	12	$a/\sqrt{2}=0.707a$
	Na−Na	12	$a/\sqrt{2}=0.707a$
섬아연석 (입방)	Zn−S	4	$a\sqrt{3}/4=0.433a$
	Zn−Zn	12	$a/\sqrt{2}=0.707a$
	S−S	12	$a/\sqrt{2}=0.707a$
형석 (입방)	Ca−F	4 또는 8	$a\sqrt{3}/4=0.433a$
	Ca−Ca	12	$a/\sqrt{2}=0.707a$
	F−F	6	$a/2=0.5a$
섬유아연석[a] (육방)	Zn−S	4	$a\sqrt{3/8}=0.612a=3c/8=0.375c$
	Zn−Zn	12	$a=0.612c$
	S−S	12	$a=0.612c$
NiAs[a] (육방)	Ni−As	6	$a/\sqrt{2}=0.707a=0.433c$
	As−As	12	$a=0.612c$
	Ni−Ni	2	$c/2=0.5c=0.816a$
	Ni−Ni	6	$a=0.612c$
CsCl (입방)	Cs−Cl	8	$a\sqrt{3}/2=0.866a$
	Cs−Cs	6	a
	Cl−Cl	6	a
CdI_2 (육방)	Cd−I	6	$a/\sqrt{2}=0.707a=0.433c$
	I−I	12	$a=0.612c$
	Cd−Cd	6	$a=0.612c$

[a] c/a가 이상적인 값 1.633과 다를 경우 주어진 거리 표현이 적용되지 않음.

앞서 세 가지 구조 유형을 살펴본 바, *cp* 음이온 배열에 양이온이 틈새를 채우는 방식이 형석 구조에서는 지켜지지 않는다. 말하자면, Na_2O와 같은 반형석에서 O^{2-} 음이온의 *ccp* 배열에 양이온 Na^+가 사면체 틈새를 채우는 반면, 형석 CaF_2의 경우 양이온 Ca^{2+}의 *ccp* 배열에 음이온 F^-가 틈새 구멍을 채운 것으로 간주되어야 한다. CaF_2에서 Ca^{2+} 이온의 하위 격자는 eutactic *ccp* 배열이지만 이웃한 이온들 간 거리가 상당히 멀다. 표 1.10과 표 1.11을 참조할 때 CaF_2에서 Ca–Ca 거리는 3.86 Å이고, 이는 Ca^{2+}의 이온 직경 범위 ~2.2–2.6 Å에 비해 훨씬 길다.

다른 한편으로 CaF_2에서 F–F 거리는 2.73 Å으로 F^- 이온(r_{F^-} = 1.2–1.4 Å)들끼리 거의 맞닿은 것으로 볼 수 있고, 따라서 CaF_2 구조를 F^- 이온의 배열 틈새에 Ca^{2+}가 채워진 것으로 묘사하는 것도 가능하다. 비록 CaF_2에서 F^-의 배열이 (조밀 쌓임이 아닌) 원시 입방이지만, F^- 이온의 배열을 바탕 골격으로 삼는 편이 Ca^{2+}의 eutactic 배열 틈새에 F^- 이온을 채우는 것보다 합리적인 설명이 될 수 있다.

1.17.2 다이아몬드

이 구조 유형은 반도체 산업에서 특히 중요성을 띠며, 섬아연석(그림 1.29, 1.33)을 이용하여 이미 묘사된 바 있다. 다이아몬드 구조는 섬아연석 구조를 구성하는 두 원소 종이 서로 같을 때 얻어지는데, 다이아몬드를 예로, 탄소 원자가 *ccp* 배열되고 그 사면체 자리 중 한 세트(T_+ 또는 T_-)를 역시 탄소 원자가 채운 것으로 묘사될 수 있다. 하지만 실제 경우 *ccp* 배열과 T 자리의 탄소가 서로 차별화되지 않기 때문에 위와 같은 묘사는 다소 작위적인 면이 있다. 가장 대표적인 예는 물론 다이아몬드이며 대부분의 14족 원소가 이 구조 유형을 취한다.

1.17.3 섬유아연석(wurtzite, ZnS)과 비소화 니켈(NiAs)

이 두 구조는 공통적으로 *hcp* 음이온 배열을 갖지만 양이온 위치에서 아래와 같이 차이를 보인다.

- 섬유아연석: T_+(또는 T_-) 자리가 채워지고 T_-(또는 T_+)와 O 자리는 비어 있음
- 비소화 니켈: O 자리가 채워지고 T_+, T_- 자리는 비어 있음

이들은 *ccp* 배열에 기반한 섬아연석과 암염 구조에 각각 대응되는 *hcp* 구조라 할 수 있다. 이에 반해 형석이나 반형석에 대응되는 *hcp* 구조는 없음을 상기하라.

섬유아연석과 NiAs 모두 육방 대칭과 육방 단위세포를 갖는다. 그림 1.35(a)는 *hcp* 배열된 음이온의 단위세포를 나타내는데, 단위세포의 γ 각도가 120°인 점 때문에 시각화와 그림 표현에 약간 어려움이 있다. *hcp* 배열의 단위세포에서 음이온은 원점과 세포 내부에 총 2개 존재한다.

$$0,\ 0,\ 0;\ {}^1/_3,\ {}^2/_3,\ {}^1/_2$$

그림 1.35(b)는 위 구조를 c 축 방향으로 투사하여 나타낸 것이다. 기저면들($c = 0$의 청색 원, $c = {}^1/_2$의 분홍색 원)이 조밀 쌓임 층으로 형성되며, 두 종류의 층이 번갈아 ···ABABA··· 방식으로 적층되어 있다. 그림 1.35(c)는 단위세포 내용물을 나타내며, 파선으로 표시된 원은 위층($c = 1$)의 4개 꼭짓점에 자리한 음이온을 가리킨다.

hcp 구조의 금속에서는 인접한 원자들이 단위세포의 a_1과 $a_2(\equiv b)$ 모서리 방향으로 서로 접한다(그림 1.35(b, c)). 그러나 이온성 구조의 eutactic 조밀 쌓임에서는 틈새자리 양이온이 음이온들 간 거리를 멀어지게 한다. 가상적으로 *hcp* 배열의 최인접 음이온들끼리 모두 접한다면 육방 단위세포의 모양은 $c/a = 1.633$ 관계를 따르게 된다: 격자 상수 a는 음이온 간 최단거리 X–X와 같고, c는 음이온 4개가 이루는 정사면체 높이의 2배라는 점을 토대로 계산하면 c/a의 이상적 값은 $\sqrt{8/3}$이다(부록 C 참고).

음이온의 *hcp* 배열에서는 그림 1.35(d), 1.35(e)에 표시된 것과 같이 틈새자리가 형성된다. 두 그림은 각각 단위세포의 하반부($c = 0 \sim {}^1/_2$)와 상반부($c = {}^1/_2 \sim 1$)를 나타내며, 단위세포가 두 개의 음이온으로 구성되므로 단위세포에 포함된 T_+, T_-, O 자리 역시 각각 2개씩이다.

이상의 배경을 바탕으로 섬유아연석과 NiAs의 원자 위치에 대한 세부 묘사가 진행될 수 있다. 그림 1.35(d)에서 단위세포의 원점에 놓인 음이온으로부터 c 모서리를 따라 $^3/_8$의 높이에 T_- 자리가 존재하는데, 이 자리는 $c={}^1/_2$ 평면의 음이온 3개와 $c=0$에 놓인 꼭짓점 음이온에 의해 배위된다. 위와 같이 T_- 자리를 중심으로 형성된 사면체는 아래쪽을 향한다. 음이온 배열이 이상적 *hcp*를 유지하는 경우 사면체 내부 T_- 자리의 위치는 해당 사면체의 무게 중심, 즉 밑면과 정점 간 거리의 $^1/_4$ 지점과 같다(부록 C). 사면체 정점과 밑면의 위치가 각각 $c=0$, $c={}^1/_2$이므로 T_- 자리는 $c={}^3/_8$ 지점이 될 것이다. 하지만 실제

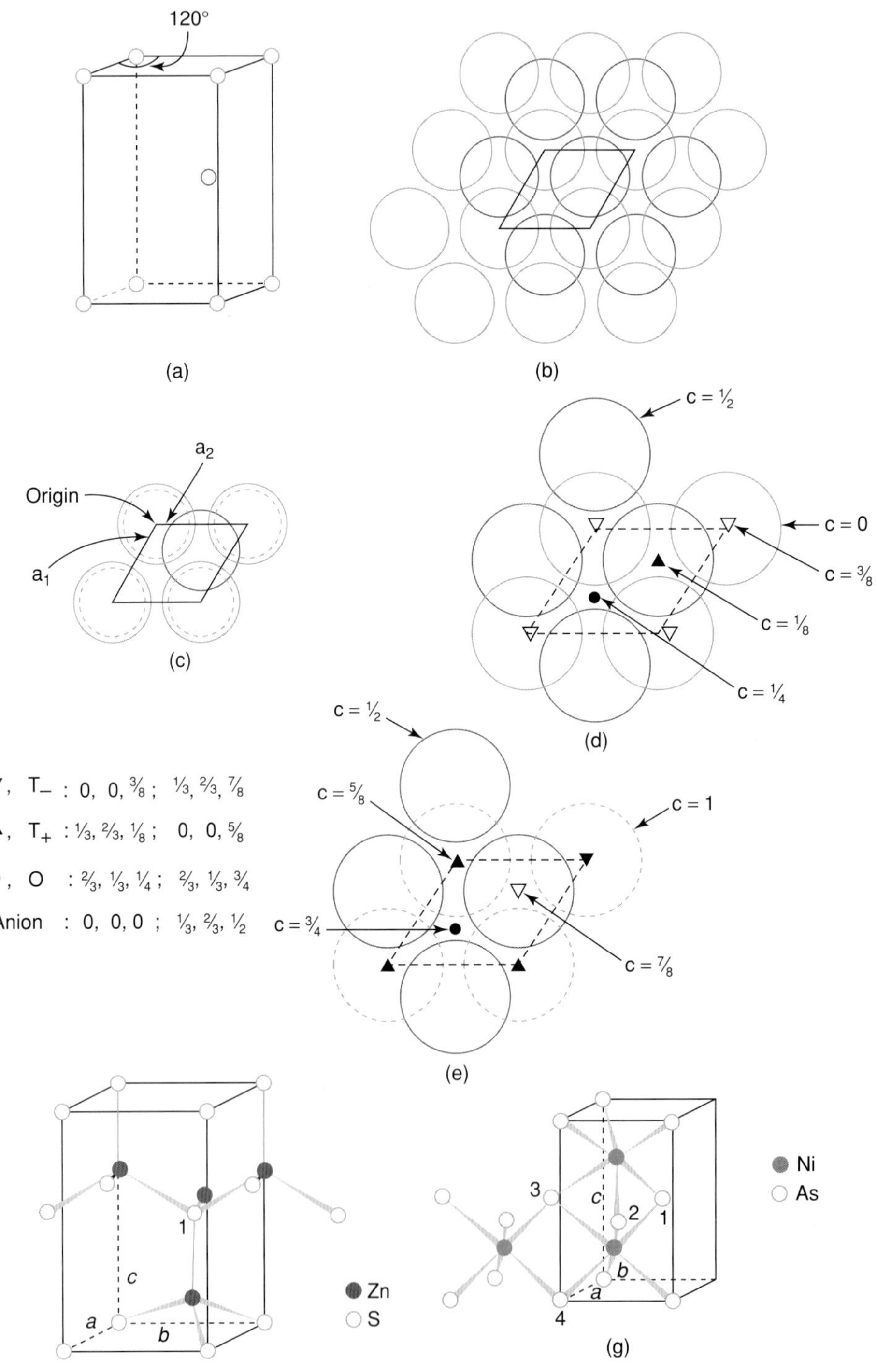

그림 1.35 섬유아연석 구조와 NiAs 구조: (a–c) *hcp* 음이온 배열의 육방 단위세포; (d, e) *hcp* 배열의 틈새자리; (f, g) 섬유아연석 ZnS와 NiAs의 구조 ➡ 앞의 컬러 그림 참조

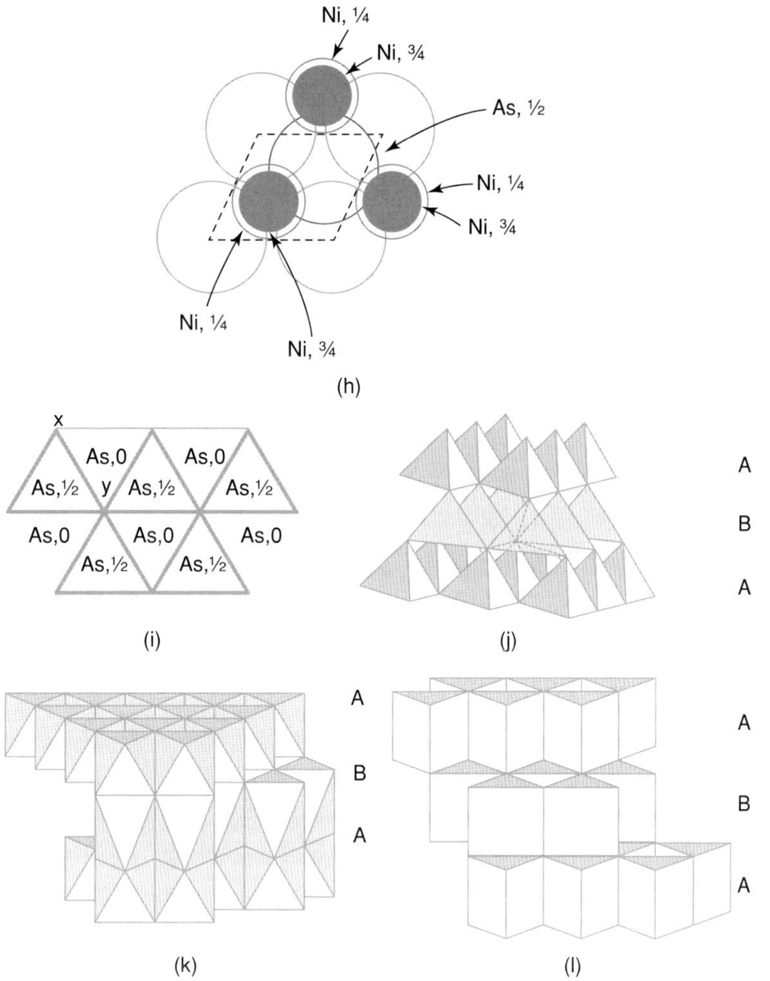

그림 1.35 (계속) (h, i) NiAs에서 As의 삼각기둥 배위; (j, k, l) ZnS와 NiAs의 구조 모형에서 다면체의 연결 배열. ➡ 앞의 컬러 그림 참조

섬유아연석 화합물에서는 T_- 자리를 채운 양이온이 0.375c 위치에서 다소 벗어나는 경우가 대부분이다. 구조가 정확히 결정된 섬유아연석 사례들에서 c-축 방향 분할 좌표 u 값은 0.345~0.385의 범위로 나타난다(표 1.12).

T_- 중심 사면체의 밑면 역할을 하는 세 음이온($c = 1/2$)들은 인접한 T_+ 자리(0, 0, $^5/_8$)의 밑면이기도 하다(그림 1.35(e)). 이때 사면체의 정점이 되는 음이온은 단위세포 윗면의 꼭짓점 (0, 0, 1)에 놓여 있다. 또 다른 T_+ 자리가 $^1/_3$, $^2/_3$, $^1/_8$ 위치에 존재하며, 단위세포 기저면의 음이온 3개와 $^1/_3$, $^2/_3$, $^1/_2$ 위치의 음이온에 의해 배위된다(그림 1.35(d)). 여기서 기저면($c = 0$)의 음이온 3개가 이루는 사면체 밑면은 아래쪽으로 인접한 T_- 자리($^1/_3$, $^2/_3$, $-^1/_8$)의 밑면이기도 하다. 이 T_- 자리는 세포 안쪽의 $^1/_3$, $^2/_3$, $^7/_8$ 위치와 동등하다(그림 1.35(e)).

그림 1.35(d)에서 팔면체 자리는 $c = 0$ 평면의 음이온 3개와 $c = {}^1/_2$ 평면의 음이온 3개에 의해 둘러싸인다. 팔면체의 무게 중심은 두 평면의 중간 지점이고 그 정확한 좌표는 $^2/_3$, $^1/_3$, $^1/_4$이다. 또한 두 번째 팔면체 자리는 첫 번째 자리로부터 수직 이동한 위치 $^2/_3$, $^1/_3$, $^3/_4$에 형성되는데(그림 1.35(e)) 이는 *hcp* 음이온 배열이 두 가지 *cp* 층의 교차 적층(…ABABA…)으로 형성된 것과 관련 있다. 위에 묘사된 바와 같이 인접한 두 팔면체 자리는 세 개의 음이온($c = {}^1/_2$ 평면)을 공유하며, 각 팔면체 자리는 서로 마주 보는 면을 각기 다른 팔면체와 공유한다.

그림 1.35(f)와 1.35(g)는 섬유아연석과 NiAs의 양이온 배위 환경을 비교하고 있다. 그림 1.35(f)의 섬

유아연석 구조에서 Zn은 T_+ 위치에 놓여 ZnS_4 사면체를 형성하고 사면체 꼭짓점의 연결을 통해 3차원 네트워크를 이룬다. 또한 섬유아연석 구조는 SZn_4 사면체를 바탕으로 묘사될 수도 있으며, 그림 1.35(f)는 S 원자(번호 1)를 중심으로 하는 SZn_4 사면체를 함께 나타내고 있다. 제시된 그림에서 ZnS_4 사면체가 모두 위를 향하는 반면 SZn_4 사면체는 아래를 향하는데, SZn_4 사면체의 위아래를 뒤집어도 마찬가지 구조가 얻어진다.

섬아연석(그림 1.33(b))과 섬유아연석(그림 1.35(j)) 구조를 보다 확장된 시각에서 비교하면, 둘 모두에서 유사하게 사면체 기본 단위의 꼭짓점 공유로 형성된 네트워크를 발견할 수 있으나 약간의 차이가 있다. 섬아연석에서는 사면체 층이 ABC 배열 규칙을 가지며 각 층의 사면체 배향이 모두 같다. 이에 비해 섬유아연석에서는 사면체 층이 AB 타입으로 배열되며 인접한 층의 사면체들은 *c*-축에 대한 180° 회전 관계에 있다.

그림 1.35(g)는 NiAs에서 Ni 중심의 팔면체 배위 환경을 나타낸다. 각각의 $NiAs_6$ 팔면체는 마주 보는 한 쌍의 면들을 다른 팔면체와 공유하며, 면 공유로 연결된 팔면체들이 *c*-축에 평행한 무한 사슬을 이룬다. 그러나 *ab*-평면 상에서 볼 때 $NiAs_6$ 팔면체는 모서리만을 공유한다. 그림의 보기에서 3, 4번 As 원자는 이웃한 팔면체에 의해 공유되며, 이러한 모서리 공유의 확장에 의해 *b*-축에 평행한 무한 사슬이 형성된다. 또한 비슷한 방식으로 모서리 공유된 팔면체 사슬이 *a*-축에 평행하게 형성된다. 그림 1.35(k)는 NiAs 구조에서 $NiAs_6$ 팔면체의 배열을 원거리 차원에서 나타내고 있다.

NiAs 구조는 양이온과 음이온이 같은 배위수를 가지면서도 배위 환경이 다르다는 특이점을 갖는다. 이 구조에서 양이온:음이온 비가 1:1이고 양이온 Ni가 팔면체 중심에 놓이기 때문에 음이온 As의 배위수는 6이 된다. 단, As를 중심으로 한 Ni 6개의 배열은 통상적 팔면체형이 아닌 삼각기둥 형태이다. 그림 1.35(h)에서 $c = {}^1/_2$ 평면의 As 원자는 $c = {}^1/_4$ 평면의 Ni 3개와 $c = {}^3/_4$ 평면의 Ni 3개에 의해 배위되는데, *c*-축 방향으로 투사할 때 두 무리의 Ni 원자들이 서로 겹친 위치에 놓임으로써 삼각기둥이 형성된다[비슷한 방식으로 $NiAs_6$ 팔면체 배위 환경을 투사할 때는 두 삼각 면이 서로 엇갈려 겹쳐짐을 주목하라(그림 1.35(e))].

$AsNi_6$ 삼각기둥을 위주로 볼 때, NiAs 구조의 3차원 배열은 삼각기둥의 모서리 공유에 의해 얻어진다. 그림 1.35(i)에서 각각의 삼각형은 *c*-축 방향으로 투사된 삼각기둥을 나타내며, 따라서 삼각기둥의 옆면 모서리는 *c*-축에 평행하다. 그림 1.35(h)를 참조할 때, $c = {}^1/_4$ 평면과 $c = {}^3/_4$ 평면의 Ni 원자 쌍에 의해 옆면 모서리가 형성되며, 각각의 옆면 모서리는 3개의 삼각기둥에 의해 공유된다. 이와 달리, 삼각기둥의 바닥면 모서리는 두 개의 기둥에 의해 공유된다. 그림 1.35(i)의 예에서 모서리 *xy*는 $c = {}^1/_2$ 평면의 As와 $c = 0$ 평면의 As에 의해 공유된다. 따라서 NiAs 구조는 그림 1.35(l)과 같이 삼각기둥 층의 ···ABABA··· 타입 육방 적층으로 간주될 수도 있다.

표 1.12와 1.13은 각각 섬유아연석 구조와 NiAs 구조 화합물의 예를 격자 상수(*a*, *c*)와 함께 나타내고 있다. 섬유아연석 구조는 주로 +2가 양이온의 칼코겐화물에서 형성되며 화학 결합 속성은 이온성이 우세

표 1.12 섬유아연석 구조 화합물의 일부 예와 격자 상수 *a*, *c*/Å

화합물	*a*/Å	*c*/Å	*u*	*c*/*a*	화합물	*a*/Å	*c*/Å	*u*	*c*/*a*
ZnO	3.2495	5.2069	0.345	1.602	AgI	4.580	7.494		1.636
ZnS	3.811	6.234		1.636	AlN	3.111	4.978	0.385	1.600
ZnSe	3.98	6.53		1.641	GaN	3.180	5.166		1.625
ZnTe	4.27	6.99		1.637	InN	3.533	5.693		1.611
BeO	2.698	4.380	0.378	1.623	TaN	3.05	4.94		1.620
CdS	4.1348	6.7490		1.632	NH_4F	4.39	7.02	0.365	1.600
CdSe	4.30	7.02		1.633	SiC	3.076	5.048		1.641
MnS	3.976	6.432		1.618	MnSe	4.12	6.72		1.631

Source: Reproduced from Wyckoff, Crystal Structures, Vol. 1 © 1971 Wiley Interscience. Reproduced under the terms of the STM Agreement.

표 1.13 NiAs 구조 화합물의 일부 예와 격자 상수 a, c/Å

화합물	a/Å	c/Å	c/a	화합물	a/Å	c/Å	c/a
NiS	3.4392	5.3484	1.555	CoS	3.367	5.160	1.533
NiAs	3.602	5.009	1.391	CoSe	3.6294	5.3006	1.460
NiSb	3.94	5.14	1.305	CoTe	3.886	5.360	1.379
NiSe	3.6613	5.3562	1.463	CoSb	3.866	5.188	1.342
NiSn	4.048	5.123	1.266	CrSe	3.684	6.019	1.634
NiTe	3.957	5.354	1.353	CrTe	3.981	6.211	1.560
FeS	3.438	5.880	1.710	CrSb	4.108	5.440	1.324
FeSe	3.637	5.958	1.638	MnTe	4.1429	6.7031	1.618
FeTe	3.800	5.651	1.487	MnAs	3.710	5.691	1.534
FeSb	4.06	5.13	1.264	MnSb	4.120	5.784	1.404
δ'-NbN[a]	2.968	5.549	1.870	MnBi	4.30	6.12	1.423
PtB*	3.358	4.058	1.208	PtSb	4.130	5.472	1.325
PtSn	4.103	5.428	1.323	PtBi	4.315	5.490	1.272

[a] 반-NiAs 구조

Source: Reproduced from Wyckoff, Crystal Structures, Vol. 1 © 1971 Wiley Interscience. Reproduced under the terms of the STM Agreement.

하다. 이에 비해 NiAs 구조는 금속성에 가까우며 다양한 금속간 화합물과 몇몇 전이 금속 칼코젠화물에서 관찰된다. 섬유아연석 구조 화합물에서는 c/a 비가 대체로 일정하다. 반면 NiAs 구조에서 c/a 값이 상당히 넓은 변화 폭을 갖는데, 이는 c-축 방향으로 인접한 금속–금속 간 결합에서 비롯한다. 이해를 돕기 위해 Ni와 As의 결합 환경을 살펴보자(단, 아래에서 원자 간 거리는 이상적 *hcp* 구조일 때의 값이다).

As : 6 Ni (삼각기둥), 거리 $0.707a$
  12 As (*hcp*), 거리 a
Ni : 6 As (팔면체), 거리 $0.707a$
  2 Ni (c-축 방향 선형), 거리 $c/2$ $(=0.816a)$
  6 Ni (ab-평면 상 육방), 거리 a

NiAs 구조에서 c/a 비가 변할 때 크게 영향 받는 것은 c-축 방향의 금속 원자 간 거리이다. 한 예로 FeTe에서 $c/a(=1.49)$는 이상적인 값 1.633에 비해 상당히 작고 Fe–Fe 거리 또한 $c/2=0.745a$로 감소한다. 이는 Fe 원자 간 중첩과 금속성 결합 세기의 증가를 직접적으로 가리킨다. 그러나 c/a 값의 변화가 a와 c 모두의 증감에 의존하므로 c/a 값의 크기를 금속 결합성의 정량적 척도로 삼을 수는 없다.

1.17.4 염화 세슘(CsCl)

CsCl의 단위세포(그림 1.36)는 꼭짓점에 Cl 원자, 체심에 Cs 원자를 갖는 원시 입방체이며, 주어진 구조에서 Cs와 Cl의 위치를 맞바꿔도 동일한 구조가 얻어진다(CsCl 구조를 체심 입방으로 오인하는 경우가 있는데, 이는 서로 다른 종류의 원자들을 묶어 격자 구조를 파악하는 오류에서 비롯한다). Cs와 Cl 모두 배위수는 8이고 최인접 원자 거리는 $0.866a$이다(표 1.11). CsCl 구조는 조밀 쌓임을 기반으로 하지 않는다. *cp* 이온성 구조에서 각 음이온은 12개의 음이온을 차인접 원자로 갖지만 CsCl에서 각 Cl은 단 6개의 Cl을 차인접 원자로 갖는다. 표 1.14는 CsCl 구조 화합물의 예를 보여 주며, 이들은 크기가 큰 +1가 양이온의 할로젠화물 또는 다양한 금속간 화합물의 두 부류로 나뉜다.

CsCl은 *cp* 구조가 아니지만 형석 구조와 연관된다. 형석은 원시 입방 음이온 배열에서 입방체 중심을 양이온이 번갈아가며 채운 구조로 묘사될 수 있는데, 다른 한편으로 양이온이 입방체 중심을 모두 채울 경우 CsCl 구조가 얻어진다.

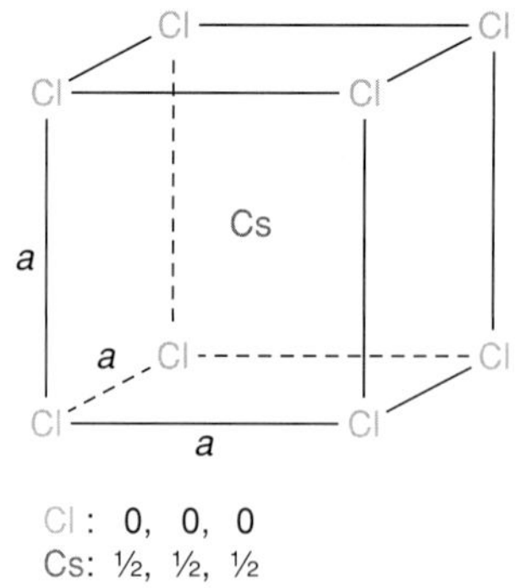

그림 1.36 CsCl의 원시 입방 단위세포.

1.17.5 기타 AX 유형 구조

NaCl, CsCl, NiAs, 섬아연석, 섬유아연석은 AX 화합물의 주요 구조 유형 5가지로서 각각은 다수의 예들을 포함할 뿐만 아니라 약간의 변형에 의해 몇몇 구조들을 파생시킨다.

(가) FeO는 90 K 이상의 온도에서 암염 구조를 취하지만 저온(<90 K)에서 능면 왜곡(rhombohedral distortion)을 일으킨다. 구체적으로 입방 세포의 3중 회전축 방향으로 약간의 수축이 일어나고 격자 상수 α가 90.07°로 증가하는데, 이러한 능면 왜곡은 FeO의 저온 자기 거동에 밀접히 연관된다(9장 참조).

(나) TlF의 구조는 암염과 유사하지만 *fcc* 대신 면심 사방 단위세포를 갖는다.

(다) NH_4Cl이 CsCl 구조를 갖는 데 비해 NH_4CN은 약간 왜곡된 구조를 갖는다. NH_4CN에서 CN^- 이온은 면대각 방향으로 배향되고, 그 결과 격자 상수 a가 c보다 길어지면서 격자 대칭이 정방으로 변한다.

또한 위 유형들과 전혀 다른 구조로 다음의 예들이 있다.

(가) Pd^{2+}나 Pt^{2+}와 같은 d^8 이온의 화합물은 종종 양이온이 평면 사각으로 배위된 구조를 가지며(PdO, PtS), Cu^{2+}와 같은 d^9 이온의 화합물에서도 비슷한 경향이 나타난다(CuO).

(나) 원자 번호가 높은 p-블록 원소가 낮은 산화 상태일 때(Tl^+, Pb^{2+}, Bi^{3+}) 양이온의 **비활성 전자쌍 효과**(inert pair effect)에 의해 다면체 왜곡이 일어나기 쉽다. 예를 들어 PbO와 SnO에서 양이온은 4개의 O^{2-} 이온이 사각뿔형으로 배위된 비대칭 환경을 갖는다(그림 3.14). 비슷하게 InBi에서 Bi^{3+}는 뒤틀린 배위 환경을 갖는다.

1.17.6 루틸(rutile, TiO_2), CdI_2, $CdCl_2$, Cs_2O

이 구조들은 형석과 함께 주요한 AX_2 구조 군을 이룬다. 루틸 TiO_2의 단위세포는 정방정계($a = b = 4.594$ Å, $c = 2.958$ Å)이고 그림 1.37(a)에 나타내어져 있다. Ti는 단위세포당 2개 포함되며 꼭짓점(0, 0, 0)과 체심($^1/_2$, $^1/_2$, $^1/_2$)에 놓인다. 4개의 O는 일반 위치 x, x, 0; $1-x$, $1-x$, 0; $^1/_2+x$, $^1/_2-x$, $^1/_2$; $^1/_2-x$, $^1/_2+x$, $^1/_2$에 놓이며 좌표의 가변값 x는 실험적 결정 구조 분석을 통해 약 0.3으로 밝혀졌다.

표 1.14 CsCl 구조 화합물의 일부 예와 격자 상수 a/Å

화합물	a/Å	화합물	a/Å	화합물	a/Å	화합물	a/Å
CsCl	4.123	NH_4Br	4.0594	CuPd	2.988	AlNi	2.881
CsBr	4.286	TlCl	3.8340	AuMg	3.259	LiHg	3.287
CsI	4.5667	TlBr	3.97	AuZn	3.19	MgSr	3.900
CsCN	4.25	TlI	4.198	AgZn	3.156		
NH_4Cl	3.8756	CuZn	2.945	LiAg	3.168		

체심 위치의 Ti는 6개의 O에 의해 팔면체형으로 배위된다. 팔면체 꼭짓점 중 2개는 $z=0$ 평면, 2개는 $z=1$ 평면에 놓이며 이들 4개 위치의 O는 Ti와 한 평면을 이룬다. $z=1$ 평면과 $z=0$ 평면의 O 원자들은 c 방향으로 투사할 때 정확히 같은 지점에 놓인다. 나머지 2개의 O 원자는 $z=\frac{1}{2}$ 평면에 놓이고, Ti와 함께 팔면체의 축에 해당하는 일직선을 이룬다. 꼭짓점의 Ti 원자도 체심 Ti와 같이 팔면체 환경을 갖지만 팔면체의 배향이 다르다(그림 1.37(b)). O 원자들은 3개의 Ti에 의해 삼각형으로 배위된다. 그림 1.37(a)에서 $z=0$ 평면의 O 원자는 꼭짓점, 체심, 아래쪽 이웃 세포의 체심에 놓인 Ti에 의해 배위된다.

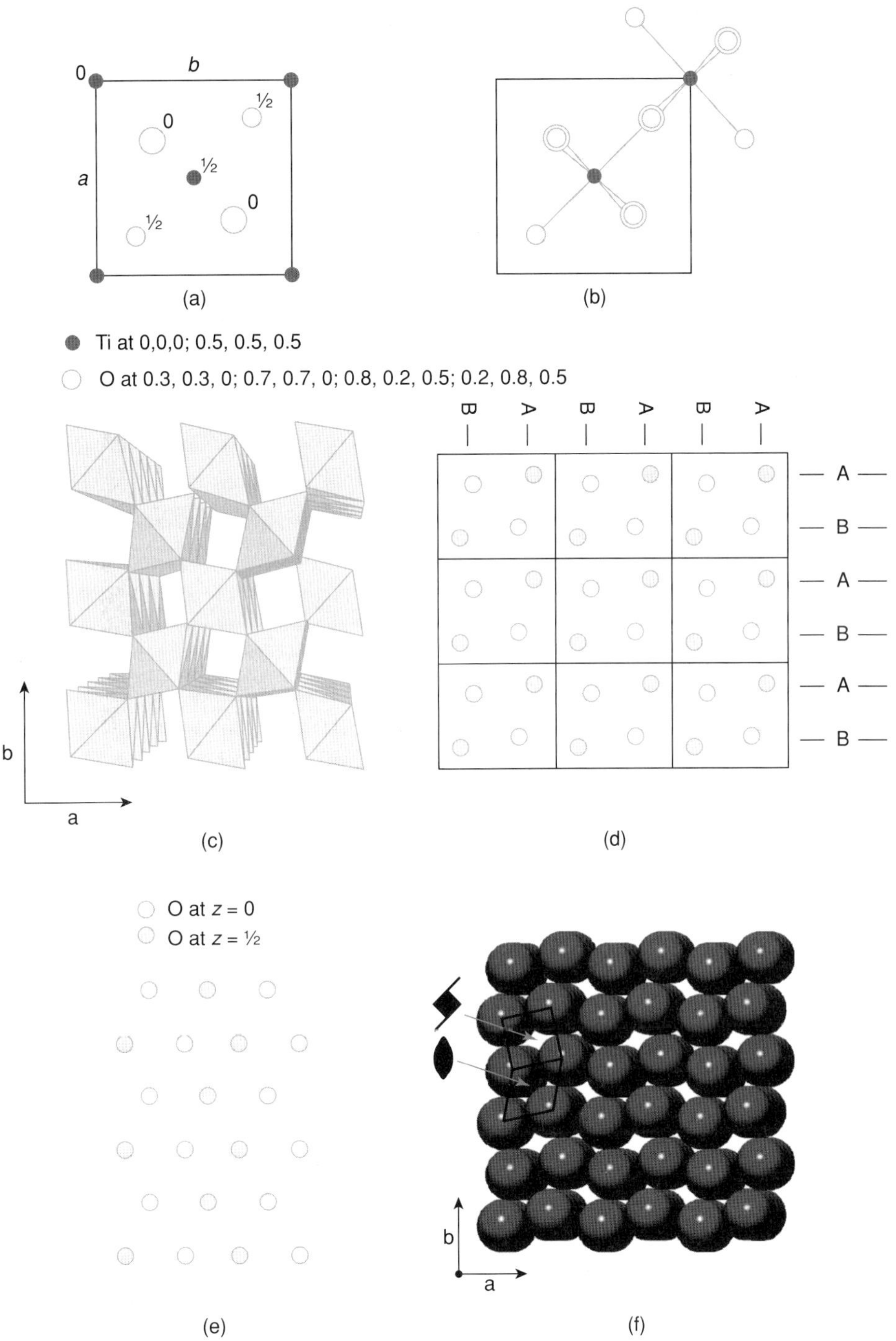

그림 1.37 루틸 TiO_2의 구조: (a) 단위세포; (b) 단위세포에서 TiO_6 팔면체의 두 가지 배향; (c) 3차원 상 팔면체 배열; (d) 지그재그 배열된 산소 원자; (e) 이상적 *hcp* 구조에서 산소 원자의 투사; (f) 구조의 [001] 방향 투사에서 나타나는 4중 나선축과 2중 회전축. ➞ 앞의 컬러 그림 참조

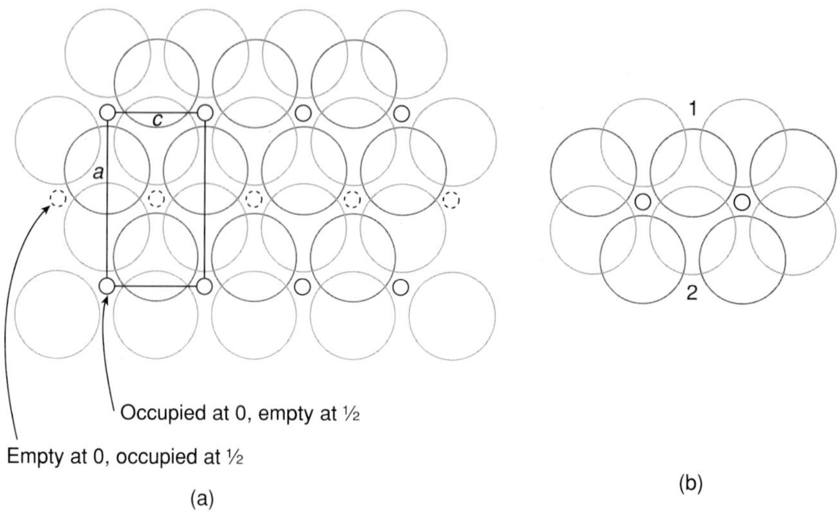

그림 1.38 (a) 이상적 *hcp* 배열에서 팔면체 자리; (b) 모서리 공유된 팔면체. ➞ 앞의 컬러 그림 참조

TiO_6 팔면체는 모서리와 꼭짓점을 공유함으로써 3차원 골격으로 확장된다. 그림 1.37(b)에서 세포 중심에 놓인 TiO_6 팔면체를 보면, 제시된 세포의 위아래로(*c* 방향) 이웃한 세포에 똑같은 TiO_6 팔면체가 동일 배향으로 반복된다. 이때 인접한 세포의 TiO_6 팔면체들은 병진 대칭 관계를 가지며 모서리 공유를 통해 *c* 축에 평행한 무한 사슬을 형성한다. 예를 들어 $z=0$ 평면의 O 2개는 $z=+^1/_2$ 평면의 Ti와 $z=-^1/_2$ 평면의 Ti에 동시에 배위된다. 비슷한 방법으로 단위세포 꼭짓점을 중심으로 하는 팔면체들이 *c* 축 방향으로 무한 사슬을 형성한다. 이 두 가지의 사슬은 서로 합동인 기하체이지만 팔면체 배향 면에서 *c* 축에 대해 90°만큼 회전시킨 관계이고, 또한 $c/2$만큼 수직 이동시킨 관계에 있다; 4중 나선축 대칭. 이 사슬들은 꼭짓점 공유에 의해 연결되어 3차원 구조를 이룬다(그림 1.37(c)).

루틸은 O 원자가 왜곡된 *hcp* 배열을 취하고 Ti가 팔면체 틈새의 $^1/_2$을 채운 구조로 묘사되기도 한다. 그림 1.37(d)는 단위세포 3×3개의 범위에 대해 O 원자의 위치만을 나타낸 것이다. 원자 배열의 흐트러짐 결과로 가로와 세로 방향 모두에서 주름진 *cp* 층이 관찰되는데, 이상적 *hcp*(그림 1.37(e))에서는 *cp* 층이 가로 방향으로만 형성된다.

그림 1.38(a)는 이상적 *hcp*에서 *cp* 층 두 개와 팔면체 틈새 위치를 평면 투사도로 나타낸 것이다. NiAs(그림 1.35(h))의 경우 팔면체 틈새가 모두 채워지지만, 루틸에서는 팔면체 틈새자리의 가로 열에 채움과 비움이 번갈아 나타나는 방식으로 전체 틈새의 절반만이 채워진다. 그림 1.38(a)는 루틸의 정방 단위세포 배향을 표시하고 있으며, TiO_6 팔면체들은 *c* 축에 평행한 방향(그림에서 가로 방향)으로 모서리를 공유한다. 그림 1.38(b)는 O 원자 1, 2를 모서리로 공유하는 두 개의 팔면체를 나타내고 있다.

루틸에서 산소 음이온의 배열을 묘사하는 보다 정확한 방법은 이른바 **정방 쌓임**(tetragonal packing, *tp*)이라 불리는 채움 배열을 바탕으로 하는 것이다. *tp* 배열에서는 *hcp*나 *ccp*와 달리 원자의 배위수가 11이고 3중 회전 대칭이 없는 대신 4중 회전 대칭이 존재한다. *hcp*의 경우 4중 회전 대칭이 없는 대신 3중(또는 6중) 회전 대칭을 갖는다. 그림 1.37(f)는 루틸 구조를 [001] 방향으로 바라볼 때 나타나는 음이온 배열이며, 이 배열에 존재하는 4중 나선축과 2중 회전축을 함께 표시하고 있다. 루틸 구조가 갖는 4중 나선 회전은 *c* 축에 대한 90° 회전과 $c/2$만큼의 병진 이동을 결합시킨 복합 대칭 조작(4_2)이다.

루틸에서 원자 간 결합 길이는 원자 좌표와 격자 상수를 이용하여 계산될 수 있다. Ti ($^1/_2$, $^1/_2$, $^1/_2$)와 O (0.3, 0.3, 0)에서, 두 원자의 *x*, *y* 방향 거리는 공통적으로 $(^1/_2-0.3)a=0.92$ Å이고 *z* 방향 거리는 $(^1/_2-0)c=1.48$ Å이므로 결합 거리는 $\sqrt{0.92^2+0.92^2+1.48^2}=1.97$ Å이다. 축 방향 결합의 경우, 예를 들어 Ti ($^1/_2$, $^1/_2$, $^1/_2$)와 O (0.8, 0.2, $^1/_2$)는 *c* 축 방향 위치가 같기 때문에 결합 거리가 $\sqrt{2\times(0.3a)^2}=1.95$ Å으로 계산된다.

루틸 구조 화합물은 크게 두 종류, 즉 산화수가 +4인 금속의 산화물과 +2가 금속의 플루오린화물로 나뉘며(표 1.15), 양이온 크기가 작아 형석 구조를 취하기 어려운 조성들이다. 루틸 구조의 결합은 본질적으로 이온성이라 할 수 있다.

CdI_2 구조는 음이온의 *hcp* 배열에 팔면체 틈새의 50%를 양이온이 채운다는 점에서 루틸과 유사점을 갖는다. 그러나 CdI_2 구조에서는 양이온의 산화수가 +2가로 한정되며, 루틸과 다른 방식으로 팔면체 틈새가 채워진다. 팔면체 틈새자리는 *cp* 층에 평행한 층을 형성하는데 CdI_2에서는 이러한 층들이 한 층 건너 번갈아 채워진다(그림 1.39). 루틸이 매우 견고한 3차원 성격을 띠는 데 비해 CdI_2는 결정 구조 면에서

표 1.15 루틸 구조 화합물의 일부 예

화합물	a/Å	c/Å	x	화합물	a/Å	c/Å	x
TiO_2	4.5937	2.9581	0.305	CoF_2	4.6951	3.1796	0.306
CrO_2	4.41	2.91		FeF_2	4.6966	3.3091	0.300
GeO_2	4.395	2.859	0.307	MgF_2	4.623	3.052	0.303
IrO_2	4.49	3.14		MnF_2	4.8734	3.3099	0.305
β-MnO_2	4.396	2.871	0.302	NiF_2	4.6506	3.0836	0.302
MoO_2	4.86	2.79		PdF_2	4.931	3.367	
NbO_2	4.77	2.96		ZnF_2	4.7034	3.1335	0.303
OsO_2	4.51	3.19		SnO_2	4.7373	3.1864	0.307
PbO_2	4.946	3.379		TaO_2	4.709	3.065	
RuO_2	4.51	3.11		WO_2	4.86	2.77	

Source: Reproduced from Wyckoff, Crystal Structures, Vol. 1 © 1971 Wiley Interscience. Reproduced under the terms of the STM Agreement.

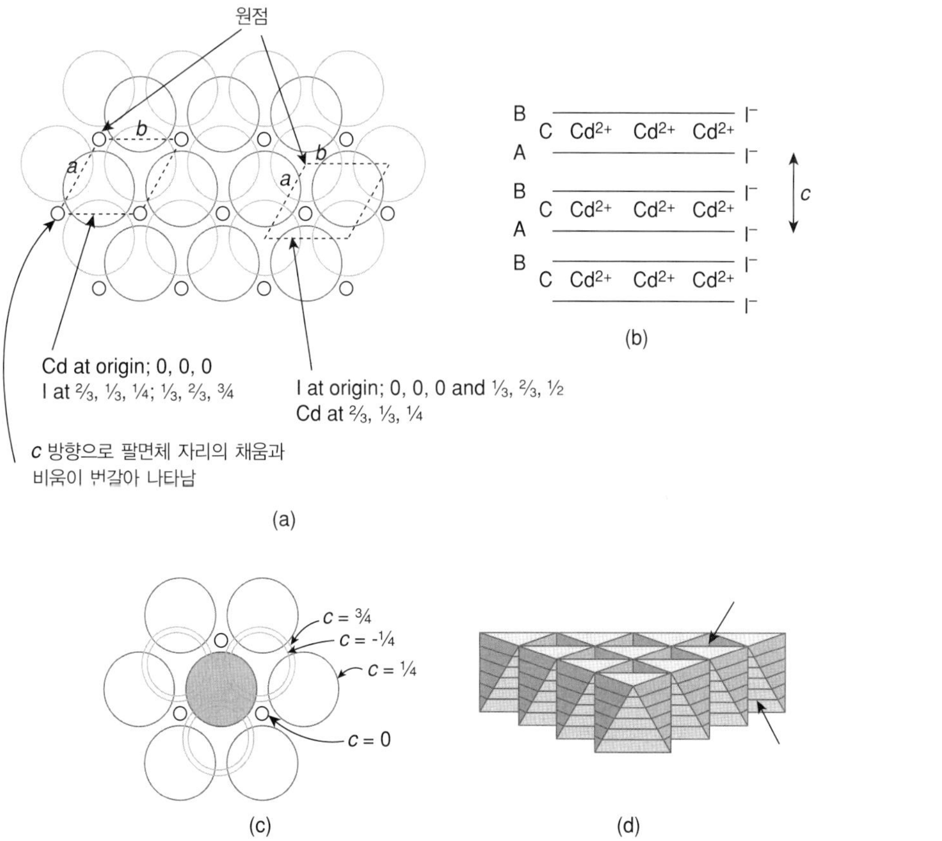

그림 1.39 CdI_2 구조: (a) 육방 단위세포의 바닥 면 윤곽에서 선택 가능한 원점 두 가지; (b) c-축 방향의 층 쌓임 순서; (c) I의 배위 환경; (d) 팔면체의 꼭짓점 공유로 형성된 층; 화살표는 비어 있는 사면체 자리를 가리킴. ➜ 앞의 컬러 그림 참조

나 물성 면에서나 층상 물질로 분류된다.

그림 1.39(a)는 *hcp* 배열에서 인접한 2개의 아이오딘(I) *cp* 층과, 그들 사이에 Cd가 점유한 팔면체 틈새자리를 보여 준다. 두 I 층의 바깥 면 방향에 있는 팔면체 틈새들은 모두 비어 있다. NiAs(그림 1.35(d)와 (h))는 CdI_2와 같은 음이온 배열을 갖지만, 팔면체 틈새가 모두 채워진 구조이다. 그림 1.39(b)는 CdI_2에서 *c* 축 방향의 원자층 쌓임 순서를 모식적으로 나타내는데, 특히 이 구조의 층상 성격이 강조되어 있다. I는 …ABABA… 유형의 쌓임 순서를 가지며, Cd가 점유한 위치는 AB 층에 대해 C 유형에 해당한다. CdI_2 구조는 I^- 이온 층 사이에 Cd^{2+} 이온 층이 끼워진 샌드위치 형태를 기본 요소로 가지며, 인접한 샌드위치 단위들은 I 층과 I 층 사이의 반데르발스 결합으로 붙들려 있다. 이러한 면에서 CdI_2는 분자성 결정과 다소 유사하다. 분자성 결정의 전형적 예로 고체 CCl_4에서 분자 내의 C−Cl 결합은 매우 강한 반면 인접한 분자 사이의 Cl−Cl 결합은 아주 약하다. 분자 간 결합이 약하기 때문에 CCl_4는 녹는점과 끓는점이 낮고 휘발성이다. 마찬가지로 CdI_2에서는 Cd−I 결합으로 형성된 무한 면적의 샌드위치 '분자'들이 약한 반데르발스 힘으로 결합되어 있다.

그림 1.39(c)는 CdI_2에서 I의 배위 환경을 나타낸다. $c = {}^1/_4$ 높이의 I 원자(음영 표시)를 중심으로 볼 때, Cd와의 결합은 층의 한쪽 방향으로만 일어나며 $c = 0$ 높이에서 Cd 3개를 최인접 이웃으로 갖는다. I 원자에 대한 차인접 원자는 12개의 I이고 이는 *hcp* 배열로부터 파악될 수 있다. 음영 표시된 I 원자에 대해 같은 층($c = {}^1/_4$)에 6개, 인접한 상하 층($c = {}^3/_4$, $c = -{}^1/_4$)에 각각 3개씩의 I 원자가 차인접 원자로 존재한다.

CdI_2의 층상 속성은 다면체 모델을 이용한 그림에서 잘 강조된다(그림 1.39(d)). CdI_6 팔면체는 이웃한 6개의 팔면체와 모서리를 공유하면서 무한 판을 이루는데, 인접한 판 사이에는 직접적인 다면체 연결이 없다. 이러한 이유로 CdI_2 구조에 대한 3차원 팔면체 모델은 제시될 수 없다. 표 1.16에 열거된 바와 같이 CdI_2 구조는 주로 전이 금속의 아이오딘화물, 브로민화물, 염화물, 수산화물에서 관찰된다. 이 구조의 한 예인 TiS_2는 층간삽입 반응성에 의해 리튬 이차 전지(8.4절 참조)의 음극 소재로 주목받았다. Li^+와 같이 크기와 전하가 작은 양이온은 TiS_2 판 사이의 비어 있는 층 공간으로 확산할 수 있으며, 그와 동시에 전자가 TiS_2에 주입되어 Ti의 $3d_{xy}$ 전자 띠를 채우게 된다. 위의 Li^+ 삽입 과정이 가역적으로 일어날 수 있으므로 TiS_2는 이차 전지의 산화−환원 전극 역할을 할 수 있다.

$CdCl_2$는 CdI_2와 유사한 구조이지만, 음이온 배열에 있어 $CdCl_2$의 Cl^-는 *ccp*이고 CdI_2의 I^-는 *hcp*라는 차이가 있다. $CdCl_2$ 구조는 대개 육방 단위세포를 이용하여 표현되지만, 더 작은 부피의 능면 세포가 선택될 수도 있다. 육방 단위세포의 밑면은 CdI_2에서와 같은 영역을 포함하지만 *c*-축의 길이는 CdI_2에 비해

표 1.16 CdI_2 **구조 화합물의 일부 예**

화합물	*a*/Å	*c*/Å	화합물	*a*/Å	*c*/Å
CdI_2	4.24	6.84	VBr_2	3.768	6.180
CaI_2	4.48	6.96	$TiBr_2$	3.629	6.492
CoI_2	3.96	6.65	$MnBr_2$	3.82	6.19
FeI_2	4.04	6.75	$FeBr_2$	3.74	6.17
MgI_2	4.14	6.88	$CoBr_2$	3.68	6.12
MnI_2	4.16	6.82	$TiCl_2$	3.561	5.875
PbI_2	4.555	6.977	VCl_2	3.601	5.835
ThI_2	4.13	7.02	$Mg(OH)_2$	3.147	4.769
TiI_2	4.110	6.820	$Ca(OH)_2$	3.584	4.896
TmI_2	4.520	6.967	$Fe(OH)_2$	3.258	4.605
VI_2	4.000	6.670	$Co(OH)_2$	3.173	4.640
YbI_2	4.503	6.972	$Ni(OH)_2$	3.117	4.595
ZnI_2(I)	4.25	6.54	$Cd(OH)_2$	3.48	4.67

Source: Reproduced from Wyckoff, Crystal Structures, Vol. 1 © 1971 Wiley Interscience. Reproduced under the terms of the STM Agreement.

3배가 된다. 이는 $CdCl_2$의 c-축 방향으로 내려다볼 때, Cd의 위치(또한 $CdCl_6$ 팔면체의 위치)가 엇갈려 있고, 그 결과 Cd의 경우 3-층 반복 단위(CBA)를, Cl은 6-층 반복 단위(ABCABC)를 갖기 때문이다(그림 1.40). 이에 비해 CdI_2에서는 Cd의 위치(CdI_6 팔면체의 위치)가 정확히 포개지기 때문에 c 방향 반복 단위가 2개의 I 층(AB)과 1개의 Cd 층(C)만을 포함한다.

그림 1.40(b)는 $CdCl_2$의 단위세포를 c 방향으로 투사하여 나타낸 것이다. Cl 층은 $c=0$ (A), 2/12 (B), 4/12 (C) 높이에 있고 같은 순서가 $c=6/12$, 8/12, 10/12 높이에 반복된다. 두 개의 Cl 층, $c=0$과 $c=2/12$의 사이, 즉 $c=1/12$ 높이에는 팔면체 틈새가 존재하며 Cd에 의해 모두 채워진다. 그러나 $c=3/12$ 높이(2/12와 4/12의 중간)에 존재하는 팔면체 틈새는 완전히 비어 있다. 팔면체 틈새의 위치만을 비교하면 $c/2$ (3개의 Cl 층)를 주기로 같은 순서가 반복되지만 각 층의 채움 양상이 다르기 때문에 양이온 반복 단위는 6개의 Cl 층을 필요로 한다. 즉, $CdCl_2$에서는 팔면체 틈새 층이 $c=1/12$ (C, 채움), 3/12 (A, 비움), 5/12 (B, 채움), 7/12 (C, 비움), 9/12 (A, 채움), 11/12 (B, 비움)의 순서로 반복된다.

$CdCl_2$ 또한 두드러진 층상 속성을 가지며, 결정 구조와 결합 특성 측면에서 CdI_2에 대해 언급된 내용이 거의 그대로 적용될 수 있다. $CdCl_2$ 구조 역시 다양한 전이 금속 할로젠화물에서 발견된다(표 1.17).

Cs_2O는 매우 드문 구조 예로서 반-$CdCl_2$ 유형이라 할 수 있다. Cs가 *ccp* 배열을 하고 O는 Cs 2중 층 사이의 팔면체 틈새를 한 층 건너마다 채운다. 주기율표의 원소 중 Cs의 전기양성도가 가장 크고, Cs의 염은 대개 전형적 이온성 고체라는 점에서 Cs_2O의 구조는 간단히 설명되기 어려운 대상이다. 그러나 분명하게 Cs_2O에서 Cs는 음이온 O에 의해 둘러싸이는 대신, 단 3개의 O와 한쪽 방향으로만 결합하고 있다. 나아가 이 구조를 3차원 상에서 유지하는 실질적인 힘은 인접한 층의 Cs 원자 간 결합이다.

Cs_2O 구조에 대한 보다 개연성 있는 설명은 관찰된 구조를 단순히 특이한 결합 사례로 취급하기보다는 주어진 조성과 이온 크기 비 조건으로부터 얻어질 수 있는 유일한 배열로 보는 것이다. 화학 조성으로부터 Cs와 O의 배위수 비는 1:2이어야 하는데, Cs^+ 이온이 O^{2-}에 비해 현저히 크기 때문에 O의 최대 배위수가 6으로 제한되고 결국 Cs의 배위수는 3이 되는 것이다.

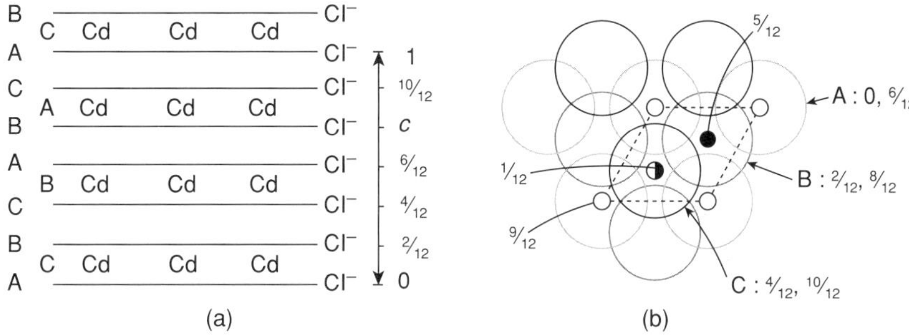

그림 1.40 $CdCl_2$ 구조. → 앞의 컬러 그림 참조

표 1.17 $CdCl_2$ 구조 화합물의 일부 예

화합물	a/Å	c/Å	화합물	a/Å	c/Å
$CdCl_2$	3.854	17.457	$NiCl_2$	3.543	17.335
$CdBr_2$	3.95	18.67	$NiBr_2$	3.708	18.300
$CoCl_2$	3.544	17.430	NiI_2	3.892	19.634
$FeCl_2$	3.579	17.536	$ZnBr_2$	3.92	18.73
$MgCl_2$	3.596	17.589	ZnI_2	4.25	21.5
$MnCl_2$	3.686	17.470	Cs_2O[a]	4.256	18.99

[a] Cs_2O는 반-$CdCl_2$ 구조임.

Source: Reproduced from Wyckoff, Crystal Structures, Vol. 1 © 1971 Wiley Interscience. Reproduced under the terms of the STM Agreement.

위와 관련하여 다른 알칼리 산화물, 특히 K_2O와 Rb_2O의 구조를 살펴보는 것도 흥미로운 내용이다. 이 두 산화물은 반형석 구조를 취하며 금속(M)과 O의 배위수가 각각 4와 8이다. Rb^+의 반경이 O^{2-}의 사면체 틈새 크기에 비해 훨씬 크기 때문에 RbO_4 4배위는 예외적인 구조임에 틀림없지만, 다른 구조 배열이 가능하지 않기 때문에 Rb는 4배위 이외의 선택을 할 수 없다. Cs_2O의 경우 Cs^+가 산소 음이온의 사면체 틈새에 들어갈 수 없을 정도로 크기 때문에 반형석 구조보다는 반-$CdCl_2$ 구조로 안정화된다. 이러한 관찰들은 열역학적 자료에 의해 일부 뒷받침된다. Cs_2O와 Rb_2O 모두 그다지 안정하지 못하며, 쉽게 산화되어 과산화물 M_2O_2나 초과산화물 MO_2를 형성한다. 이러한 (초)과산화 생성물들은 크기가 큰 음이온(O_2^{2-}, O_2^-)을 가짐으로써 구조 안정성이 개선된다.

1.17.7 페로브스카이트(perovskite) $SrTiO_3$

페로브스카이트는 ABX_3의 일반식과 원시 입방 단위세포를 가지며 결정성 고체 전체를 통틀어 가장 중요한 구조 중 한 가지이다. 그림 1.41은 페로브스카이트 구조의 축 방향 투사도(a, b)와 경사 투사도(c, d)를 나타내고 있다. 페로브스카이트의 단위세포는 원점의 선택에 따라 2가지 방법으로 표시될 수 있다. 첫 번째 방법에서는(그림 1.41(a), (c)) Ti를 꼭짓점에(0,0,0), Sr을 체심에($^1/_2$,$^1/_2$,$^1/_2$), O를 모서리 중심에($^1/_2$,0,0; 0,$^1/_2$,0; 0,0,$^1/_2$) 위치시킨다. 두 번째 방법에서는(그림 1.41(b), (d)) Sr을 꼭짓점에, Ti를 체심에, O를 면심에 위치시킨다. 이 두 가지 묘사는 세포의 원점을 입방 체대각 방향으로 $^1/_2$만큼 병진시킴으로써 호환되는 관계에 있다. Ti의 팔면체 환경은 경사 투사도(그림 1.41(c), (d))로부터 파악될 수 있고 원자 간 거리 또한 단순 연산으로부터 Ti−O $= a/2 = 1.953$ Å으로 계산될 수 있다. Sr 주위에는 12개의 O가 등거리에 존재하며 Sr−O 거리는 면대각 거리의 절반, 즉 $a/\sqrt{2} = 2.76$ Å이 된다.

각각의 O 원자는 최인접 양이온으로 2개의 Ti를 1.953 Å 거리에 갖고, 이와 함께 4개의 Sr을 2.76 Å 거리에 갖는데 O와 Sr 원자들은 한 평면에 속한다. 한편, O 원자 주위에는 8개의 또 다른 O가 2.76 Å 거리에 존재한다. 따라서 O의 배위수에 대해서는 2(선형), 6(축 방향으로 압축된 팔면체), 14(6개의 양이온과 8개의 음이온) 중 어느 것이 가장 타당한가에 대한 다른 관점들이 존재한다.

페로브스카이트 $SrTiO_3$의 단위세포 묘사에서 더 나아가, 넓은 차원에서 이 구조를 고찰할 때 다음과 같은 질문을 떠올릴 수 있다. 이 구조에서 음이온은 *cp* 배열을 갖는가? 이 구조는 동공을 갖는 골격 구조인가? 그에 대한 답과 설명은 다음과 같다.

페로브스카이트 구조에서 O 원자만으로는 *cp* 배열이 아니지만, O와 Sr을 함께 고려하면 *cp* 층이 {111} 평면에 평행한 *ccp* 배열을 발견할 수 있다(그림 1.41(c), (e)). 이러한 구조 특성을 알아보기 쉽도록 그림 1.41(d)의 단위세포를 암염의 단위세포(그림 1.2)와 비교해 보자. 암염의 경우 Cl(또는 Na) 원자가 꼭짓점과 면심에 놓여 *ccp* 배열을 이루는 데 비해, 페로브스카이트에서는 O가 면심에, Sr이 꼭짓점에 놓여 있다. Sr, O의 혼합으로 이루어진 *cp* 층에서 Sr은 전체 원자 자리의 1/4만큼을 규칙적으로 채운다(그림 1.41(e)). Sr^{2+}($r = 1.32$ Å)와 같이 크기가 큰 양이온은 종종 구조 환경에 따라 다른 역할을 한다. 즉, 페로브스카이트 $SrTiO_3$에서는 12배위의 채움 이온 역할을 하는 반면, 암염 SrO에서는 *ccp* 음이온 배열에서 팔면체 틈새 이온 역할을 한다.

페로브스카이트와 암염 각각에서 Ti와 Na는 팔면체 틈새를 채운다는 공통점이 있다. 하지만 암염에서 Na가 팔면체 틈새 모두(꼭짓점, 면심)를 채우는 반면, 페로브스카이트에서 Ti는 단 1/4(꼭짓점)만을 채운다. 이를 강조하여 화학식을 바꿔 적으면 NaCl과 Ti$\square_3$(O_3Sr)로 표현할 수 있다.

페로브스카이트는 TiO_6 팔면체가 꼭짓점 공유로 연결되면서 형성한 12배위 틈새 공간에 Sr이 채워진, 일종의 골격 구조라 할 수 있다. 그림 1.41(c), (d)는 Ti의 팔면체 배위를 나타낸 것이다. 이 팔면체의 꼭짓점 O는 또 하나의 팔면체와 공유되며 이웃한 팔면체는 Ti−O−Ti 연결이 직선형이 되도록 배열된다. 이러한 꼭짓점 공유가 연속되어 2차원 무한 판을 이루고(그림 1.41(f)) 비슷한 방식으로 이웃한 판들끼리 꼭짓점 공유로 연결되어 3차원 구조로 확장된다.

수백여 개 조성의 산화물과 할로젠화물이 페로브스카이트 구조를 취하며, 표 1.18은 선별된 예를 나

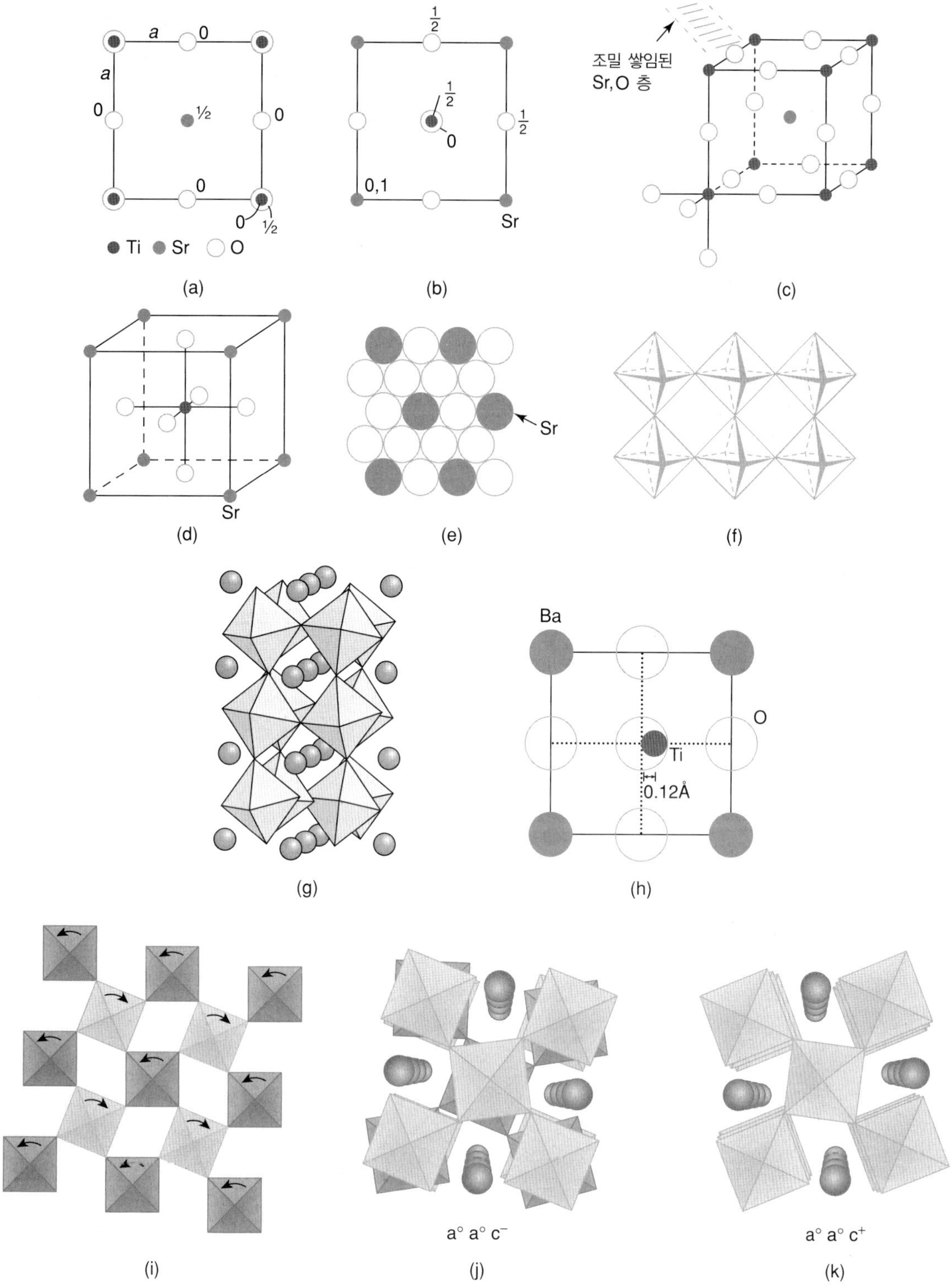

그림 1.41 (a–d) 페로브스카이트 $SrTiO_3$의 구조. (e) 조밀 쌓임된 Sr,O 층. (f) 꼭짓점 공유된 팔면체의 층. (g) $GdFeO_3$ 구조. (h) *ac* 평면에 투사된 정방 $BaTiO_3$의 구조. (b)에서 Ti를 단위세포 원점에 위치시킨 데 비해 (h)에서는 Ba가 원점에 놓였음을 유의하라. Adapted with permission from Weller, Inorganic Materials Chemistry, © 1994 Oxford University Press. (i) 꼭짓점 공유된 팔면체의 2차원 판에서 일어나는 짝지음 회전. (j, k) $a^0a^0c^-$와 $a^0a^0c^+$ 유형의 팔면체 기울어짐을 *c*-축 방향으로 내려다 본 모양: A 자리 양이온은 구형체로 표시되어 있고 B 자리 양이온은 팔면체 중심에 위치함. Adapted with permission from Lufaso and Woodward, Acta Cryst., B57, 725–738, © 2001 International Union of Crystallography. ➞ 앞의 컬러 그림 참조

표 1.18 페로브스카이트 구조 화합물의 일부 예

화합물	a/Å	화합물	a/Å	화합물	a/Å
$KNbO_3$	4.007	$LaFeO_3$	3.920		
$KTaO_3$	3.9885	$LaGaO_3$	3.875	$CsCaF_3$	4.522
KIO_3	4.410	$LaVO_3$	3.99	$CsCdBr_3$	5.33
$NaNbO_3$	3.915	$SrTiO_3$	3.9051	$CsCdCl_3$	5.20
$NaWO_3$	3.8622	$SrZrO_3$	4.101	$CsHgBr_3$	5.77
$LaCoO_3$	3.824	$SrHfO_3$	4.069	$CsHgCl_3$	5.44
$LaCrO_3$	3.874	$SrSnO_3$	4.0334		

열하고 있다. 산화물 페로브스카이트 ABO_3에서 양이온 A, B의 산화수 합은 6이어야 한다. 따라서 A/B 양이온의 산화수 조합으로 +I/+V, +II/+IV, +III/+III 등이 가능하며 각각의 간단한 예로 $KNbO_3$, $CaTiO_3$, $LaGaO_3$를 들 수 있다. A 양이온은 12배위 자리를 채우면서 산화수 또한 낮기 때문에 6배위 자리 B 양이온에 비해 크기가 훨씬 크다.

이제까지 페로브스카이트 구조의 논의에서는 이상적 입방 구조를 기준으로 삼았으나 다수의 페로브스카이트는 다양한 양상으로 변형된 비-입방 구조를 갖는다. 또한 입방 대칭 페로브스카이트라 하더라도 온도 하강과 함께 낮은 대칭성의 구조로 전이할 수 있고, 그 과정은 팔면체의 왜곡(distortion)이나 골격의 기울어짐(tilting)을 수반한다. 그림 1.41(g)는 한 예로서 사방정계 $GdFeO_3$의 구조를 보여 주고 있다. 페로브스카이트 구조의 왜곡은 12배위 A 이온과 6배위 B 이온의 크기 요건과 밀접히 연관된다. A나 B 이온에 주어진 공간과 해당 이온의 크기가 크게 다를 경우 전체적인 원자 배열 질서를 흐트러뜨리면서 최적의 결합 환경에 도달하게 되는데, 이 과정에서 이상적 페로브스카이트 구조를 벗어나는 것이다. 페로브스카이트 조성에서 A 또는 B 자리에 두 종류 이상의 양이온이 채워지는 것도 가능하며, 이렇게 얻어진 복합 페로브스카이트는 이온 질서 배열(cation ordering)을 보이기도 한다.

1.17.7.1 Tolerance factor

페로브스카이트의 구조 왜곡이 일어나는 기본 원인은 A 또는 B 원자의 크기가 다른 원자들의 배열에 의해 형성된 틈새 크기에 들어맞지 않기 때문이다. 이상적 입방 페로브스카이트 산화물에서 원자 간 거리는 단위세포 격자 상수 a와 직접 연관된다.

$$a = \sqrt{2}r_{\mathrm{A-O}} = 2r_{\mathrm{B-O}} \tag{1.6}$$

원소 종류별 크기, 산화 상태, 배위수가 다분히 일정한 범위로 한정되기 때문에(부록 F), 식 1.6을 이용하여 특정한 A, B 원소 조합이 이상적 페로브스카이트의 구조 요건에 얼마나 잘 부합되는지 검토할 수 있다. 흔히 구성 원소의 크기가 식 1.6의 이상 조건으로부터 벗어나는 정도를 가늠하는 척도로 tolerance factor, t를 정의하여 사용한다.

$$t = \frac{\sqrt{2}r_{\mathrm{A-O}}}{2r_{\mathrm{B-O}}} \tag{1.7}$$

$t=1$일 때 식 1.6의 조건이 만족되며, 해당 ABO_3 조성은 이상적 페로브스카이트 구조를 취할 가능성이 높다. 그러나 $t=1$일 때에만 입방 구조가 가능한 것은 아니며, 결합 거리에 대한 약간의 허용 범위가 존재하여 $0.9<t<1.0$ 범위에서는 입방 페로브스카이트가 형성될 수 있다.

$t>1$인 경우는 B 자리 틈새 공간이 이온 크기보다 클 때이다. $BaTiO_3$($t=1.06$)와 같이 t가 1보다 약간 큰 경우 구조 왜곡이 일어나지만 페로브스카이트의 원자 배열은 유지된다. 그러나 t가 1에서 더 멀어질수록 B 이온은 팔면체 틈새자리보다 더 작은 공간(더 작은 배위수)을 원하게 되고 결국 전면적 구조 변화가 일어난다. 한 예로 $BaSiO_3$는 사면체 배위 환경의 Si를 갖는다.

$GdFeO_3$와 같이 A 이온의 크기가 작은 경우 t 값이 작아지며($0.85 < t < 0.90$), 몇 가지 다른 종류의 구조 왜곡이 일어난다. 전형적으로 구조 왜곡 과정에서 BO_6 팔면체의 회전과 기울어짐이 일어나고(그림 1.41(g)), 그에 의해 B−O−B 연결이 지그재그 형으로 뒤틀리면서 A 이온의 자리가 좁아지는 결과가 얻어진다.

1.17.7.2 $BaTiO_3$

$BaTiO_3$는 상온에서 정방 단위세포($a = 3.995$ Å, $c = 4.034$ Å)를 가지며, 구조에 대한 ac 평면 투사도가 그림 1.41(h)에 나타내어져 있다. Ti^{4+}는 BaO_3 배열의 팔면체 틈새에 비해 약간 작기 때문에 팔면체 중심에 머무르기보다 꼭짓점의 O를 향해 이동하며 그 크기는 Ti−O 거리의 6%만큼이다. Ba^{2+} 역시 Ti^{4+}와 같은 방향으로 이동하지만 그 크기가 상대적으로 작다. 결과적으로 Ti는 5배위 사각 피라미드에 가까운 환경을 갖게 되고 적절한 Ti−O 결합 거리에 도달하기 위해 단위세포의 ab 평면이 약간 수축된다.

Ti^{4+} 이온의 변위와 함께 $BaTiO_3$ 단위세포는 중심대칭성을 상실하며, 양전하 중심과 음전하 중심이 분리됨에 따라 쌍극자 모멘트를 갖게 된다. 더욱이 인접한 단위세포에서 Ti 원자들의 변위가 같은 방향으로 일어나는 경향이 있기 때문에 구조 전체 차원에서는 매우 큰 쌍극자 모멘트가 발생하게 된다. $BaTiO_3$의 단위세포에서 내부 쌍극자 모멘트 방향은 외부 전기장 인가에 의해 반전될 수 있다. 전기장을 가할 때, Ti^{4+} 이온이 팔면체 중심을 지나쳐 반대편의 O를 향해 이동할 수 있기 때문이다. $BaTiO_3$의 가역적 구조 변화 속성은 높은 분극도와 높은 유전 상수에 직접 연관되며 나아가 강유전성(8.7절 참조)의 원인이 된다.

1.17.7.3 페로브스카이트에서 팔면체 기울어짐(tilting): Glazer 명명

그림 1.4(g)의 왜곡된 페로브스카이트 구조를 살펴보면, 팔면체 BO_6가 형태를 거의 유지하면서도 협동적 기울어짐이나 회전에 참여하고 그 과정에서 A 자리의 크기와 배위수가 감소된다. $GdFeO_3$에서 A 자리 이온 Gd^{3+}의 배위수는 12가 아닌 8이다. 이같은 구조 왜곡의 배경은 A 이온이 너무 작아 BO_6의 꼭짓점 공유로 형성된 12배위 자리에 안정화되기 어렵다는 것이다. 그 결과로 BO_6 팔면체의 회전과 A−O 거리의 감소가 유발된다.

페로브스카이트의 tolerance factor가 1보다 작은 경우 다양한 구조 왜곡이 일어난다. 가장 흔한 유형은 BO_6 팔면체가 하나 혹은 둘 이상의 축에 대해 회전하거나 기울어지는 것이다. 이때 팔면체의 꼭짓점 공유가 3차원 상에서 모두 유지되므로 팔면체 회전/기울어짐은 협동적으로 일어나게 된다. 단순한 예로 팔면체가 어떤 축에 대해 시계 방향으로 회전한다면 이웃한 팔면체는 반시계 방향으로 회전해야 한다. 그림 1.41(i)의 경우 xy 평면 상에 무한 판을 이룬 팔면체들이 z 축을 중심으로 짝지음 회전하고 있다.

위와 비슷한 짝지음 회전이 x 축이나 y 축에 대해서도 일어날 수 있다. 꼭짓점 공유로 연결된 무한 판 내에서 팔면체의 회전은 독립적으로 일어날 수 없다. 한 팔면체가 시계 방향으로 회전할 때 이웃한 4개의 팔면체는 반시계 방향으로 회전해야 하기 때문이다. 그러나 회전축을 따라 이웃한 판 사이에서는, 예를 들어 z 방향으로 맞닿은 판에서, 위와 같은 짝지음 상관 관계가 작용하지 않는다. 이 결과로 두 개 이상의 판을 고려할 때의 필면체 회진 양상은 인접한 판에서의 팔면체 회전이 똑같은 경우(그림 1.41(j))와 정반대인 경우(그림 1.41(k))의 두 종류로 나뉘어 나타난다.

이론적 고찰을 통해 밝혀진 바, 페로브스카이트의 팔면체 기울어짐 양상에는 15가지 서로 다른 종류가 있다. Glazer와 Alexandrov는 **기울어짐 계**(tilt system)의 분류와 표기 체계를 창안하였다. 다음은 현재 널리 통용되고 있는 Glazer 명명법을 요약한 것이다.

1. 왜곡되지 않은 입방 페로브스카이트를 비교 대상으로 삼아, 세 축에 대한 팔면체의 회전 여부를 문자 a, b, c로 각각 나타낸다. 만일 세 축에 대한 회전 크기가 모두 동일하다면 같은 문자를 사용하여 표기한다(aaa). 또는 세 축 중 한 축에 대해서만 회전 크기가 다르다면 문자 역시 그것을 반영하여 표기한다(aac).
2. 세 문자 각각에 위첨자를 더하여 기울어짐 계의 표기를 완성한다. 해당 축에 대한 회전이 없다면 위첨자 0, 해당 축에 대한 회전 방향이 인접 층에서 같으면(in-phase) 위첨자 +, 정반대이면(antiphase) 위첨자 −를 적는다.

그림 1.41(j)와 (k)의 예에서 팔면체 회전은 한 개의 축(z)에 대해서만 일어나며, 각각은 $a^0a^0c^-$, $a^0a^0c^+$로 표기된다. 이와 같은 1-축 기울어짐 계는 그 공간 구조가 비교적 쉽게 인지될 수 있다. 반면 팔면체 회전이 세 축 모두에 대해 일어난 경우라면 면밀한 검토 없이 구조를 파악하기가 쉽지 않을 것이다. $GdFeO_3$는 $a^-b^+a^-$ 기울어짐 계에 속하는데, 그림 1.41(g)와 같은 단편적 구조 표현으로부터 이러한 분류를 도출해내기는 어렵다. 기울어짐 계들에서 얻어지는 단위세포는 대개 입방 대칭을 갖지 못한다. $GdFeO_3$의 예에서는 $a \approx c \approx \sqrt{2}a_p$, $b \approx 2a_p$의 사방 단위세포가 관찰된다(a_p는 원형체 입방 페로브스카이트의 격자 상수를 가리킨다). 따라서 $GdFeO_3$의 단위세포는 원시 입방 페로브스카이트에 비해 4배 크고 화학식의 4당량을 포함한다. 한편 $a^-b^+a^-$ 기울어짐 계는 페로브스카이트에서 가장 흔히 발견되는 왜곡 유형이다.

흥미로운 예로 $a^+a^+a^+$는 입방 대칭을 유지하는 기울어짐 계로서 일반식 $A'A''_3B_4O_{12}$의 복합 페로브스카이트 군에서 나타나고, 가장 대표적인 조성은 $CaCu_3Ti_4O_{12}$이다. 여기서 TiO_6 팔면체는 세 축 모두에 대해 유사하게 협동 회전하고, 그 결과 A 자리의 3/4은 평면 사각 배위 환경으로 바뀐다. 이 구조는 Cu, Mn, 또는 Ni가 평면 사각 A″ 자리를 점유할 때 형성되기 쉽다(그림 1.42(a)). 약간의 추가적 내용이 다음 절에 실려 있다.

CCTO ($CaCu_3Ti_4O_{12}$)

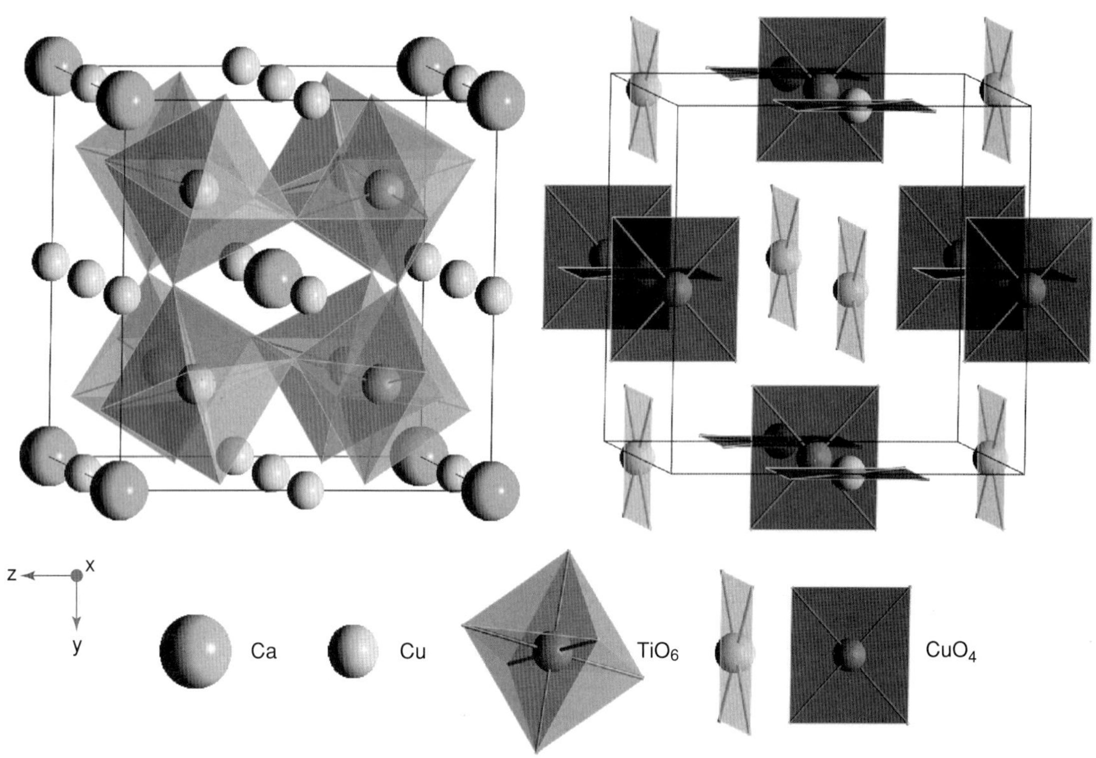

Atom	Wyckoff positions	x	y	z
Ca	2a	0	0	0
Cu	6b	0	0.5	0.5
Ti	8c	0.25	0.25	0.25
O	24g	0.3029(1)	0.1790(1)	0

Cubic : a = 7.3818 Å

Space Group : Im $\overline{3}$ (No. 204)

(a)

그림 1.42 (a) $CaCu_3Ti_4O_{12}$의 결정 구조. Data taken from E. S. Bozin et al., J. Phys. Condens. Matter, 16, S5091–S5102, © 2004 IOP Publishing. → 앞의 컬러 그림 참조

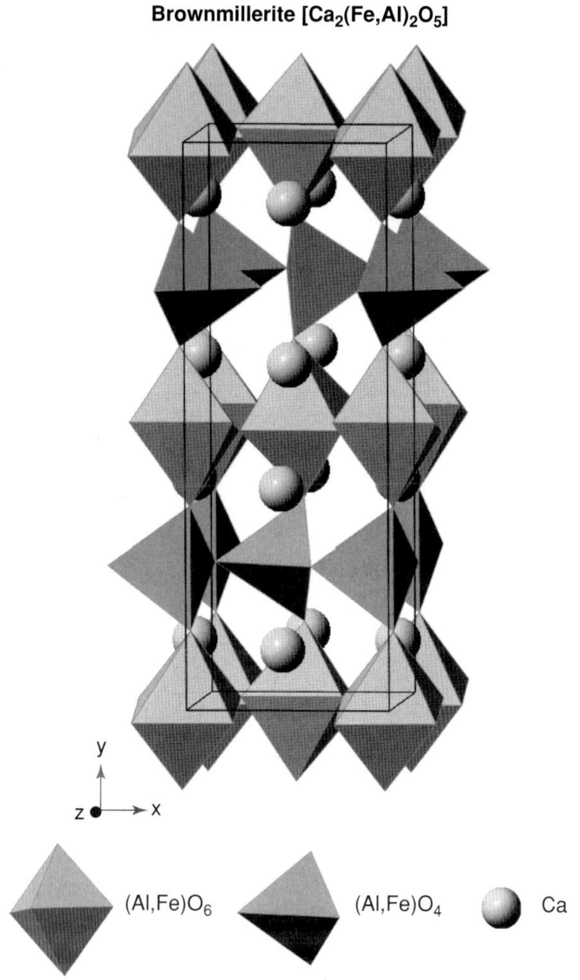

Atom	Wyckoff positions	x	y	z
Ca	8d	0.48141(6)	0.10802(3)	0.02331(6)
(Al, Fe) Site 1	4a	0	0	0
(Al, Fe) Site 2	4c	0.94628(6)	0.25	0.93351(6)
O1	8d	0.2622(2)	0.98432(8)	0.2375(2)
O2	8d	0.0236(2)	0.14090(9)	0.0723(2)
O3	4c	0.5992(3)	0.25	0.8736(3)

Orthorhombic : a = 5.4217, b = 14.7432, c = 5.5960 Å

Space Group : Pnma (No. 62)

(b)

그림 1.42 (계속) (b) Brownmillerite 구조. Data taken from G. J. Redhammer et al., Am. Miner., 89, 405–420, © 2004 The Mineralogical Society of America (MSA). ➜ 앞의 컬러 그림 참조

그 외 비교적 빈도가 높은 기울어짐 계로 $a^-a^-a^-$가 있는데, 이 경우 단위세포는 삼방 대칭으로 얻어진다. 그 예로는 $LaBO_3$(B = Co, Ni, Cu, Al, Ga) 등이 있다.

1.17.7.4 $CaCu_3Ti_4O_{12}$, CCTO

2000년대 초, $CaCu_3Ti_4O_{12}$(CCTO)로 대표되는 일련의 페로브스카이트-관련 상들은 거대 유전 상수의 잠재적 소재로서 큰 관심을 불러일으켰다. 현재까지 밝혀지기로, 이 물질에서 측정된 높은 유전 상수는 고유 물성이라기보다는 세라믹의 내부 입계에서 비롯한다. 입계 영역이 넓은 면적과 좁은 폭으로 형성됨에 따라 매우 큰 축전 용량이 구현된 것으로 설명되고 있다. CCTO의 구조는 A 자리에 8배위 CaO_8과 평면

$La_2Ni_2O_5$

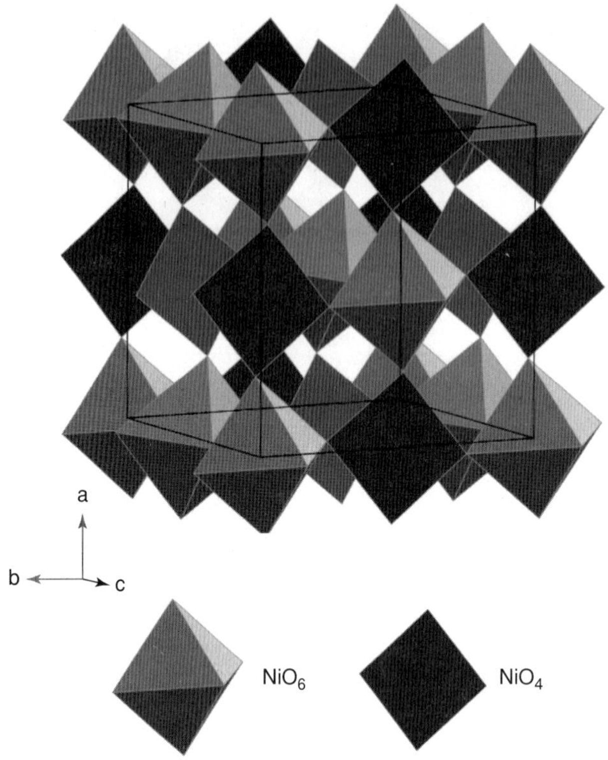

Atom	Wyckoff positions	x	y	z	f_{occ}
La	8f	0.2483(7)	0.2601(6)	0.2510(6)	1.0
Ni1	4a	0	0	0	0.5
Ni2	4b	0	0.5	0	0.5
O1	8f	0.2618(8)	0.0348(5)	0.0282(6)	1.0
O2	8f	−0.0295(6)	0.2669(9)	0.0429(5)	1.0
O3	4e	0	−0.054(1)	0.25	0.5
O4	4e	0	0.49(1)	0.25	0.06(1)

Monoclinic : a = 7.8426, b = 7.7988, c = 7.4720 Å, β = 93.859°

Space Group : C2/c (No. 15)

Tilt system:- $a^-a^-c^-$: antiphase tilt along the three axes.

(c)

그림 1.42 (계속) (c) $La_2Ni_2O_5$ 구조. Data taken from J. A. Alonso et al., J. Phys. Condens. Matter, 9, 6417–6426, © 1997 IOP Publishing. ➜ 앞의 컬러 그림 참조

사각 CuO_4 단위를 갖는다는 점에서 매우 독특하다. 그림 1.42(a), CCTO의 구조에서 좌측은 TiO_6 팔면체의 기울어짐을 강조하고 있고 우측은 Cu를 중심으로 하는 평면 사각 단위를 부각시켜 나타내고 있다. 입방 대칭 요건에 의해 CuO_4 사각형은 3개의 동등한 배향을 갖는다. Glazer 명명 체계에 의하면 CCTO의 기울어짐 계는 $a^+a^+a^+$이다.

1.17.7.5 음이온-결핍 페로브스카이트

종종 음이온 자리가 불완전하게 채워진 '음이온-결핍 페로브스카이트'가 형성되는데, 이에 더해 음이온이 질서 배열되는 경우 다소 복잡한 구조들이 파생된다. 음이온-결핍은 B 자리의 배위수를 평균 6 미만으로 감소시킨다. 그림 1.42(b), brownmillerite는 화학식이 $Ca(Fe,Al)O_{2.5}$이며 구조 내 B 자리의 평균 배위수가 5일 것으로 예상할 수 있다. Brownmillerite는 팔면체 층과 사면체 층이 교대로 나타나는 층상 구조를

취함으로써 B 자리 평균 배위수를 5로 만든다. $LaNiO_{2.5}$에서는 NiO_6 팔면체와 NiO_4 사각 평면이 1:1의 비로 질서 배열되고 그 결과 2×2×2 크기로 확대된 단위세포가 나타난다(그림 1.42(c)). $LaNiO_{2.5}$에서 a, b 방향으로는 팔면체와 사각 평면이 번갈아 나타난다. 반면 c 방향으로는 꼭짓점 공유된 팔면체들이 무한 사슬을 형성하고, 인접한 사슬들은 사각 평면 단위를 통해 연결된다. Ni 중심 팔면체는 단위세포 축 방향 모두에 대해 역위상의 기울어짐(antiphase tilting)을 보이며, Glazer 명명 $a^-a^-c^-$ 계에 속한다. 이 물질은 $LaNiO_3$의 수소(H_2) 분위기 환원으로 얻어지는데, O4 위치에 산소가 잔류된 불완전 환원 상이 얻어지기도 한다. 개별 사례로 $LaNiO_{2.53(1)}$의 형성이 보고된 바 있으며, 환원 조건에 따라 산소 함량의 조절이 가능한 것으로 여겨진다.

Brownmillerite와 $LaNiO_{2.5}$는 음이온 질서 배열 구조 중 특정 조성(2:2:5)으로만 발생하는 두 가지 예이며, 다른 양상의 음이온 질서 배열 또한 알려져 있다. 많은 계에서 음이온 양이 일정 범위에서 연속적으로 변할 수 있는 $ABO_{3-\delta}$ 고용체 거동이 나타난다. 이런 경우 O의 빈자리는 페로브스카이트 구조 전반에 무작위 분포될 수도 있고, 또는 국부 차원에서 질서 배열되지만 원거리 차원 규칙성이 없어 전체적으로는 무질서한 페로브스카이트 네트워크를 형성하기도 한다.

1.17.7.6 화학양론과 물성 간 관계

두 종류의 양이온이 적정한 크기 비를 갖고, 간단한 전하 요건(산화물이라면 전하의 합이 6)을 만족시킨다면 페로브스카이트 구조의 형성을 기대할 수 있다. 실제로 매우 폭넓은 범위의 조성에 대해 페로브스카이트 상의 형성이 알려져 있다. 또한 양이온이나 음이온 빈자리가 발생함으로써 결함 페로브스카이트가 형성되기도 한다. 결함, 고용체 등 다양한 비양론적 현상은 2장에서 다뤄질 것이다. 여기서 주목할 부분은 특정 물성을 염두에 두고 페로브스카이트의 조성을 다각적으로 설계할 수 있으며, 실제로 놀라울 만치 광범위한 물성이 페로브스카이트 관련 물질에서 나타난다는 점이다. 그 조성이나 결함의 조절을 통해 거의 모든 범주의 물리적 성질이 유발될 수 있기 때문에 페로브스카이트를 무기물 카멜레온이라 부르기도 한다. 표 1.19에는 페로브스카이트의 대표적 예 몇 가지와 그 물성이 정리되어 있다.

1.17.8 ReO_3, 페로브스카이트 텅스텐 브론즈, 정방 텅스텐 브론즈, 터널 구조

입방 ReO_3의 구조는 페로브스카이트 구조에 밀접하게 연관된다. 이 구조는 $SrTiO_3$에서 Sr을 제외시킨 'TiO_3'만의 골격과 같다. 단위세포는 그림 1.41(a)에 도시한 바와 비슷하며 Re가 꼭짓점에, O가 모서리 중심에 있다. 몇 가지 산화물과 할로젠화물이 ReO_3 구조로 알려져 있으며(표 1.20), Cu_3N은 반-ReO_3 구

표 1.19 페로브스카이트: 조성–물성 상관 관계의 일부 예

조성	물성	조성	물성
$CaTiO_3$	유전체	Na_xWO_3	혼합 전도체 (Na^+, e^-);
$BaTiO_3$	강유전체		전기 변색성
$Pb(Mg_{1/3}Nb_{2/3})O_3$	릴랙서 강유전체	$SrCeO_3$:H	H^+ 전도체
$Pb(Zr_{1-x}Ti_x)O_3$	압전체	RMO_{3-x}	혼합 전도체 (O^{2-}, e^-)
$(Ba_{1-x}La_x)TiO_3$	반도체	$Li_{0.5-3x}La_{0.5+x}TiO_3$	Li^+ 전도체
$(Y_{1/3}Ba_{2/3})CuO_{3-x}$	초전도체	$RMnO_{3-\delta}$	거대 자기저항 효과

R = 희토류; M = 전이 금속.

표 1.20 ReO_3 구조 화합물의 일부 예

화합물	a/Å	화합물	a/Å
ReO_3	3.734	NbF_3	3.903
UO_3	4.156	TaF_3	3.9012
MoF_3	3.8985	Cu_3N	3.807

조를 갖는다.

ReO_3 구조를 바탕으로 일어나는 팔면체 짝지음 회전은 매우 다양한 산화물과 산화플루오린화물(oxyfluoride) 구조들을 파생시킨다. 이 과정을 논하기 위해 시작점인 ReO_3 구조(그림 1.43(a))를 먼저 살펴보자. 각각의 팔면체는 6개의 꼭짓점 모두를 공유하며, 2차원 상에 꼭짓점 공유된 팔면체의 층을 형성한다. A 양이온이 팔면체 배열을 흐트러뜨리지 않으면서 12배위의 큰 동공을 채울 경우 입방 페로브스카이트가 생성된다(그림 1.43(b)).

ReO_3와 페로브스카이트의 중간 형태로 페로브스카이트 텅스텐 브론즈(perovskite tungsten bronze) 구조가 있다. 이 구조는 Na_xWO_3와 같이 연속적 조성으로 나타나며, WO_6 팔면체의 3차원 골격에 더해 A 자리의 일부가($0<x<1$) Na에 의해 채워진 꼴이다. 가변 양론 x에 상응하도록 W의 평균 산화수는 +5와 +6 사이에서 변한다. 브론즈에서 W의 산화 상태를 나타내기 위해 화학식을 다음과 같이 적기도 한다.

$$Na_xW^{V}_xW^{VI}_{1-x}O_3$$

페로브스카이트 텅스텐 브론즈는 색깔과 전기적 성질 면에서 흥미로운데, x 값이 낮을 때는 희미한 녹/황색의 반도체이지만 x의 증가와 함께 W $5d$ 띠의 전자 채움이 진행된다. 그 결과 광택과 함께 금속성이 나타나며, '브론즈(청동)'라는 명칭은 여기서 유래되었다.

다양한 +1가 양이온이 텅스텐 브론즈 상의 형성에 참여한다. 또한 MoO_3에 대해서도 유사한 거동이 일어나 몰리브데넘 브론즈가 얻어진다. MO_2나 MO_3 타입의 산화물을 바탕으로 전기 전도성이 뛰어난 브론

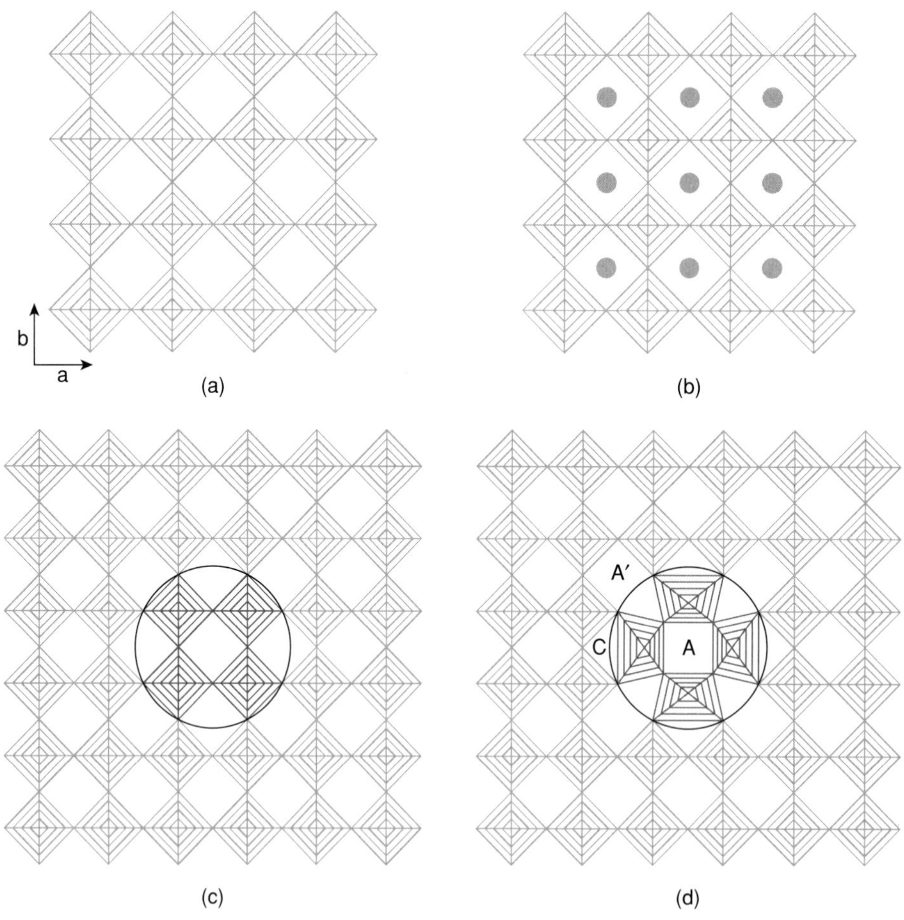

그림 1.43 (a) ReO_3 구조, (b) 텅스텐 브론즈 Na_xWO_3의 구조, (c, d) ReO_3에서 팔면체 4개의 블록이 회전하여 브론즈와 터널 구조를 만드는 과정. Adapted with permission from B. G. Hyde and M. O'Keeffe, Acta Cryst., A29, 243 ©1973 International Union of Crystallography.

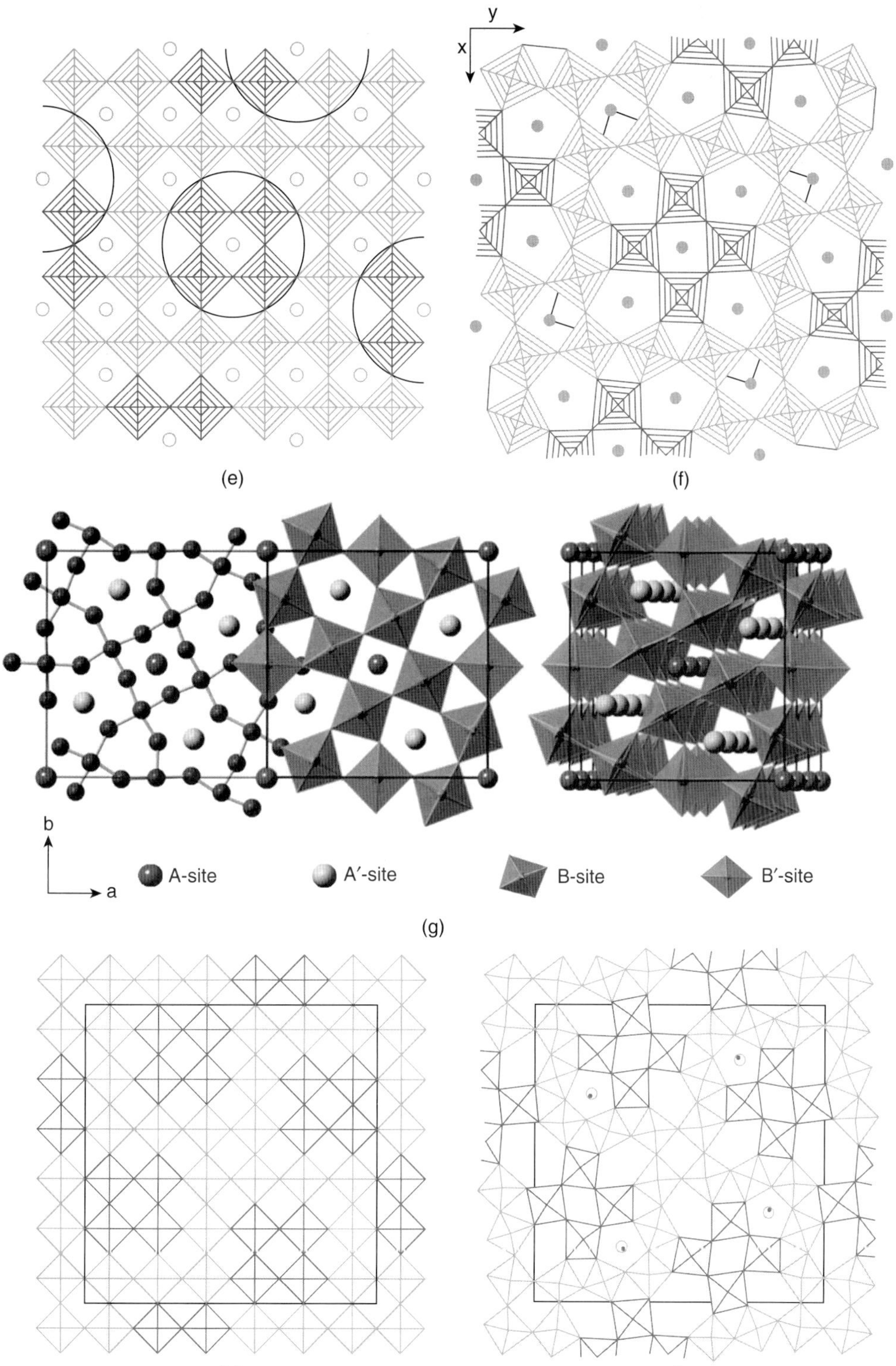

그림 1.43 (계속) (e, f) 정방 텅스텐 브론즈 (TTB) 구조, (g) $Ba_2LaTi_2Nb_3O_{15}$의 TTB 구조, (h, i) Mo_5O_{14}의 터널 구조. ➞ 앞의 컬러 그림 참조

즈 화합물이 다수 형성되는데, 이때 M은 혼합 산화 상태를 취할 수 있는 전이 금속으로서 Ti, V, Nb, Ta, Mo, W, Re, Ru, Pt를 포함한다.

위에 비교된 구조들은 팔면체의 배열 방식이 원형대로 유지되는 경우들이다. 한편 더 큰 폭의 변화를 통해 파생된 구조로 **정방 텅스텐 브론즈**(tetragonal tungsten bronze, TTB)가 있다. 이 구조의 기본 골격은 ReO_3 배열에서 인접한 팔면체 기둥 네 개의 뭉치가 90° 회전한 후 원래 구조의 나머지 부분과 꼭짓점 공유된 형태이다(그림 1.43(c), (d)). 이 과정에서 A 양이온 자리의 배위수와 크기에 큰 변화가 일어난다. 일부 자리(A)는 12배위 환경을 유지하며, 이들은 축 방향으로 투사될 때 4각 터널을 이룬다. 또 다른 일련의 자리들(A′)은 15배위 환경이며, 5각 터널을 형성한다. 세 번째 타입의 자리(C)는 배위수가 9이고 3각 터널을 이룬다. TTB 구조에는 중요한 강유전성 물질 군이 포함되는데, 절연체이면서도 브론즈라는 명칭이 사용되는 점은 불가피한 오칭이라 하겠다.

이상적 TTB 구조의 일반식은 $A_2A'B_4B'O_{15}$ 또는 $A_2A'B_3B'_2O_{15}$이며, 이때 A, A′, B, B′의 산화수는 다양하게 조합된다. TTB 구조는 (B,B′):O 비가 1:3이고 BO_6와 $B'O_6$ 팔면체 모두가 꼭짓점 공유되어 있다는 점에서 ReO_3와 일면 유사하지만 팔면체의 연결 방식에서 차이가 있다. TTB 구조에서는 사각 고리를 이루는 팔면체 블록 단위가 회전하여 3, 4, 5각형의 동공 터널을 형성시킨다(그림 1.43(e), (f)). c 방향으로, TTB 구조의 단위세포는 팔면체 한 개의 높이에 불과하다. 이론적으로 TTB 골격의 모든 자리(A, A′, C)는 양이온을 수용할 수 있다. 하지만 실제 예에서 K^+나 Ba^{2+}와 같이 큰 양이온은 5각 터널의 15배위 자리(A)를, La^{3+}와 같이 약간 작은 양이온은 4각 터널의 12배위 자리(A′)를 채운다. 반면 3각 터널의 자리(C)는 비어 있거나 Li^+ 등의 작은 양이온에 의해서만 채워진다.

표 1.21은 TTB 구조 화합물의 선별된 조성들을 열거하고 있다. TTB의 A와 A′ 자리에서는 완전한 양이온 질서 배열, 무질서 배열, 부분적 점유 등이 다양한 방식으로 일어난다. 또한 팔면체 중심 자리 B와 B′가 한 종류의 양이온으로 채워지기도 하고, 혼합 이온으로 채워지기도 한다. 모든 결정 구조가 그렇듯 다양한 관점에서 TTB 구조를 살펴보는 것이 유익하다. 그림 1.43(g)는 TTB 구조를 세 가지 다른 묘사 방식으로 나타낸 것이다.

Mo_5O_{14} 구조(그림 1.43(h), (i))는 TTB 구조와 비슷한 과정으로 형성되지만 다소 다른 부분이 있다. Mo_5O_{14}에도 5각 터널이 존재하는데 그 내부는 Mo와 O의 원자열에 의해 점유된다(그림 1.43(i)에서 Mo와 O는 각각 비워진 청색 원과 채워진 홍색 원으로 표시). 터널 내부에 O가 함께 존재하기 때문에 Mo의 배위수는 15에서 7로 감소한다. 다른 형태의 5각 터널과 3각 터널은 비워진 채로 남는다. 이에 더해, Mo_5O_{14}의 팔면체 기둥 배열은 6각 터널을 형성하는데 이들은 비어 있다. 유사한 방식의 변형에 의해 $NaNb_6O_{15}F$, $Nb_{16}W_{18}O_{94}$, $Bi_6Nb_{34}O_{94}$, Ta_3O_7F 등 다른 복합 구조들이 다수 형성된다.

1.17.9 스피넬

상업적으로 중요한 자성체 산화물 몇몇은 스피넬 구조를 갖는다. $MgAl_2O_4$는 스피넬의 원조가 되는 화합물이며, O^{2-} 이온의 *ccp* 배열에 더해 Mg^{2+}와 Al^{3+}가 사면체 틈새와 팔면체 틈새를 각각 채운다. 많은 산화물, 황화물, 할로겐화물이 스피넬 구조를 취하며 다양한 양이온 전하 조합이 가능하다: 2,3 ($MgAl_2O_4$); 2,4 (Mg_2TiO_4); 1,3,4 ($LiAlTiO_4$); 1,3 ($Li_{0.5}Al_{2.5}O_4$); 1,2,5 ($LiNiVO_4$); 1,6 (Na_2WO_4). 이와 비슷한 양이온 조합이, 예를 들어 2,3 ($ZnAl_2S_4$)이나 2,4 (Cu_2SnS_4), 황화물에 대해서도 나타난다. 할로겐화물에서는 Li_2NiF_4에서와 같이 양이온 전하가 1이나 2이어야만 양이온:음이온 비를 3:4로 유지할 수 있다.

표 1.21 정방 텅스텐 브론즈(TTB) 구조 화합물의 일부 예. 단위세포: 정방 $a \approx 12.4$ Å, $c \approx 3.9$ Å

A_2	A′	B_4B'	O_{15}
Ba_2	RE[a]	Ti_2, Nb_3	O_{15}
Sr_2	Na or K	Nb_5	O_{15}
Ba_2	Na	Nb_5	O_{15}
Ba_2 or Sr_2	Ba or Sr	Ti, Nb_4	O_{15}
$Sr_{2.5}$		Nb_5	O_{15}
$K_{0.4\text{–}0.6}$		W	O_3

[a] RE = La–Dy, Bi.

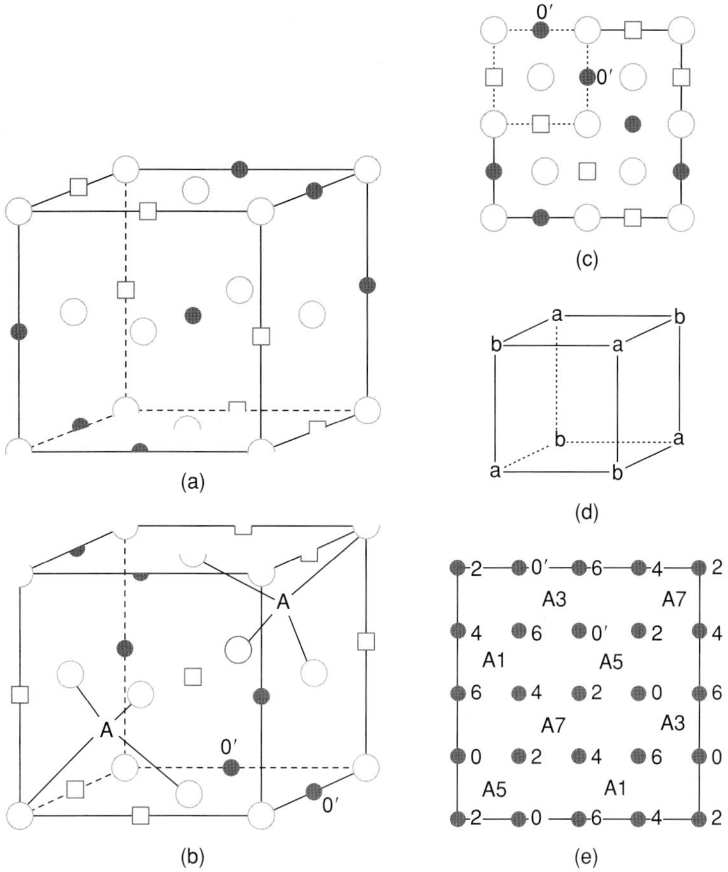

그림 1.44 스피넬 구조의 부분 표현. (a) 단위세포의 팔분체: 꼭짓점과 면심의 산소, 빈 팔면체 자리(□), 점유된 팔면체 자리(●)가 표시됨. (b) (a)의 아래쪽에 이웃한 팔분체: 두 개의 점유된 사면체 자리가 A로 표시됨. (c) 입방 단위세포의 한 면: 점선 경계로 표시된 부분은 (b)에 나타낸 하위 세포의 바닥 면에 해당. (d) 스피넬 구조에서 (a), (b) 팔분체의 교대 배열. (e) 스피넬에서 양이온 위치: 숫자는 $c/8$의 배수로 표현된 분할 높이를 나타냄. 팔면체 양이온 자리 $0'$가 (b)와 (c)에 표시됨.

$MgAl_2O_4$에서는 O^{2-} 이온이 *ccp* 배열되어 있고, 팔면체 틈새의 절반을 Al이, 사면체 틈새의 1/8을 Mg가 채운다. $MgAl_2O_4$의 입방 단위세포 격자 상수 a는 8.08 Å이나 되며, 단위세포는 8개의 화학식 단위($Z=8$), 즉 $Mg_8Al_{16}O_{32}$를 함유한다.

스피넬의 단위세포는 기본 면심 입방 정육면체의 '2×2×2'배에 해당하는 커다란 정육면체이고 56개의 원자를 포함한다. 따라서 입체적 그림을 이용하여 스피넬의 전체 단위세포와 내용물을 포괄적으로 표현하는 것은 불가능에 가깝다. 하지만 이 구조가 유도된 과정을 어렵지 않게 이해할 수 있고, 구조의 부분 영역 그림을 통해 몇몇 특징들이 설명될 수 있다.

정상 스피넬의 일반식을 $A^{tet}B_2^{oct}O_4$라 하고, 먼저 $B_2^{oct}O_4$ 부분만을 고려하도록 하자. 이 부분은 암염 구조와 연관되는데, O^{2-} 이온이 *ccp* 배열되고 팔면체 틈새의 절반이 B 양이온에 의해 점유된다. B 이온이 채워진 자리와 비어 있는 팔면체 틈새는 번갈아 나타난다. 그림 1.44(a)와 (b)는 그와 같은 암염-관련 하위 세포 두 가지를 나타낸다. 각각의 하위 세포 입방체는 스피넬 단위세포의 팔분체에 해당하며, (a) 하위 세포의 밑면은 (b) 하위 세포의 윗면과 같다. 그림 1.44(a)와 (b)에서 모두 산소는 꼭짓점과 면심에 위치하고 있다. 팔면체 틈새의 일부는 B에 의해 점유되는데(채워진 원으로 표시), 이 위치로부터 단위세포 축 방향으로 이웃한 틈새는 모두 비어 있다(비어 있는 사각형으로 표시).

그림 1.44(c)는 스피넬 단위세포의 바닥 면을 나타내는데, 파선으로 경계 표시된 부분은 (b)의 밑면과 같다. 그림 1.44(c)는 팔면체 틈새자리에서 비움–채움–비움이 번갈아 나타나는 양상을 잘 나타내며, 유

Spinel ($MgAl_2O_4$)

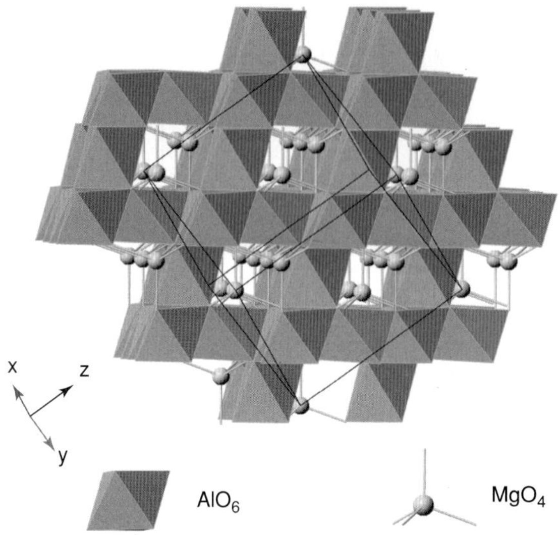

Atom	Wyckoff positions	x	y	z
Mg	8a	0	0	0
Al	16d	0.625	0.625	0.625
O	32e	0.3873(1)	0.3873(1)	0.3873(1)

Cubic : a = 8.0806 Å

Space Group : $Fd\bar{3}m$ (No. 227)

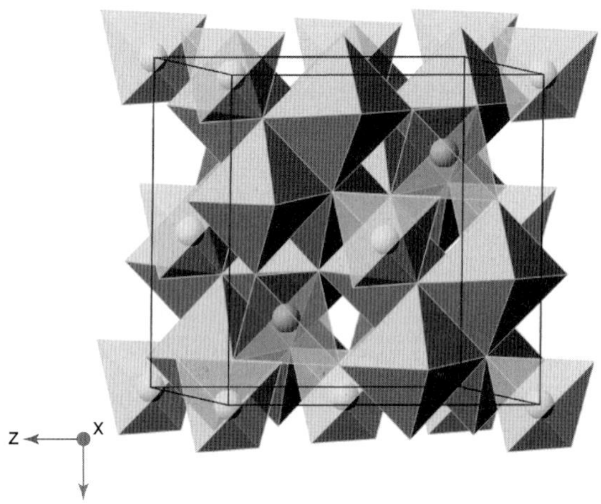

(f)

그림 1.44 (계속) (f) 스피넬 $MgAl_2O_4$ 구조에 대한 두 가지 관점: 각각에서 AlO_6 팔면체 골격, 또는 통로 자리에 위치한 MgO_4 사면체가 강조됨. ➞ 앞의 컬러 그림 참조

사한 양상이 3차원 배열(a, b)에서도 관찰된다.

B_2O_4 배열의 사면체 틈새에 A 이온을 채움으로써 스피넬 구조가 완성된다. 단위세포 팔분체의 *fcc* 음이온 배열은 8개의 사면체 틈새(그림 1.24에서 5–12)를 갖는다. 이 사면체 틈새자리는 산소 원자에 대해서뿐만 아니라 팔면체 틈새 양이온에 대해서도 거리가 같다. 예를 들어 그림 1.24에서 9–A 거리와 9–3 거리는 서로 같다. 양이온–양이온 반발을 감안할 때, 인접한 사면체 틈새와 팔면체 틈새는 동시에 채워질 수 없다(이는 양이온 중심 사면체와 팔면체가 면을 공유하는 상황과 같다). 따라서 A 양이온의 위치를 정하려면 인접한 팔면체 자리가 모두 비어 있는 사면체 틈새자리를 찾아야 한다. 그림 1.44(a)의 사면체 자

리들은 인접한 팔면체 틈새에 적어도 1개의 양이온 B를 가지므로 이 팔분체의 사면체 틈새들은 전혀 채워지지 않는다. 그림 1.44(b)의 팔분체는 (a)의 위쪽 혹은 아래쪽으로 직접 이웃한다((b)의 윗면과 (a)의 바닥면은 서로 같고, (b)의 바닥면과 (a)의 윗면도 그러하다). 이 팔분체에서 두 개의 사면체 틈새자리(그림 1.24의 8, 9와 같음)는 팔면체 자리 양이온을 이웃하지 않고, 따라서 A 양이온을 수용할 수 있다. 스피넬 단위세포에서 8개의 팔분체들은 구조 상 (a) 유형과 (b) 유형의 두 종류로 나뉜다(그림 1.44 참조). A 양이온은 (b) 유형 팔분체 4개에만 채워지므로 총 개수는 8이 된다.

위의 (a), (b) 타입 팔분체들은 3개의 축 방향 모두에 대해 번갈아가며 나타난다. 즉, 암염에서 양이온과 음이온이 배열되는 방식과 똑같은 패턴을 따른다(그림 1.44(d)). 그림 1.44(e)는 스피넬의 양이온 위치만을 단위세포 면에 투사한 것이다. 여기서 그림의 배향은 1.44(c)와 똑같고, 지면으로부터의 높이가 $c/8$에 대한 배수 값으로 나타내어져 있다. 팔면체 자리는 채워진 원으로, 점유된 사면체 자리는 A로 표시되어 있다. 그림 1.44(e)와 1.44(b), 1.44(c)에서 0′으로 표시된 팔면체 중심 원자는 모두 동일함을 주목하라. 그림 1.44(f)는 $MgAl_2O_4$ 스피넬 구조를 또 다른 방식으로 나타내고 있다. 이 그림에서는 AlO_6 팔면체의 모서리 공유가 만들어낸 골격과, 그 사이에 고립되어 형성된 MgO_4 사면체들을 볼 수 있다.

스피넬 구조에 대한 위의 묘사는 다소 단순화된 면이 있고, 실제로는 음이온들이 꼭짓점과 면심으로부터 약간 이동해 있다. 음이온의 변위 크기는 A, B 조합에 따라 다르며 최적의 A−O, B−O 결합 거리가 얻어지도록 조정된다. 스피넬 구조의 표현에서는 사면체 중심 A 양이온을 원점에 두는 것이 보편적이며, 원점의 이동과 함께 다른 관점의 묘사가 이루어질 수 있다. 한 예로 A 원자만의 배열을 고려하면 다이아몬드 구조와 같고, 이를 기본 바탕으로 다른 요소를 첨가시켜 구조를 완성할 수도 있다.

몇몇 스피넬 구조는 양이온 분포가 가변적이라는 면에서 복잡성을 띤다. 이와 관련하여 두 가지 극단적 상태가 제시될 수 있다. **정상 스피넬**(normal spinel)에서의 양이온 채움은 $[A]^{tet}[B_2]^{oct}O_4$의 식으로 표현될 수 있다. 이때, A와 B는 각각 사면체 자리와 팔면체 자리의 양이온이다. 정상 스피넬의 대표적 예로는 $MgAl_2O_4$와 $MgTi_2O_4$가 있다. 반면 **역스피넬**(inverse spinel)에서는 B 원자의 절반이 사면체 자리를 채우는 한편, 나머지 B 원자 모두와 A 원자가 팔면체 자리를 채우므로 $[B]^{tet}[A,B]^{oct}O_4$로 표현될 수 있다. 역스피넬의 팔면체 자리에서 A와 B 양이온은 대개 무질서 배열된다. $MgFe_2O_4$와 Mg_2TiO_4는 역스피넬의 대표적 예이다.

정상 스피넬과 역스피넬 사이에 해당하는 중도적 양이온 분포 양상이 전체 범위에 대해 나타날 수 있으며, 어떤 경우에는 온도에 따라 분포가 달라진다. 전체 A 양이온 중 팔면체 자리에 채워진 분율 γ는 스피넬의 양이온 분포 양상을 정량적으로 나타내는 지표가 된다.

- 정상 스피넬: $[A]^{tet}[B_2]^{oct}O_4$ $(\gamma = 0)$
- 역스피넬: $[B]^{tet}[A,B]^{oct}O_4$ $(\gamma = 1)$
- 무작위 스피넬: $[A_{1/3}B_{2/3}]^{tet}[A_{2/3}B_{4/3}]^{oct}O_4$ $(\gamma = 2/3)$

다양한 스피넬 예에 대해 양이온 분포와 **반전도** γ가 심도 있게 연구되어졌고, γ에 영향을 미치는 몇 가지 요인들이 간추려졌다. 요약하자면 γ는 A 이온과 B 이온의 사면체 자리와 팔면체 자리에 대한 상대적 선호도가 복합적으로 작용하여 나타난 결과이다. 주어진 배위 환경에서 이온의 안정도는 이온 크기, 공유결합 성향, 결정장 안정화 에너지(2장 참조) 등에 의존하므로 스피넬 화합물의 γ를 해석하기 위해서는 이러한 요소들이 모두 고려되어야 한다. 표 1.22는 스피넬 구조에 속하는 조성의 일부를 열거하고 있다.

1.17.10 감람석(olivine)

감람석 구조는 스피넬 구조의 *hcp* 유사체라 할 수 있으며, 이에 속하는 대표적 광물로 Mg_2SiO_4(forsterite), Fe_2SiO_4(fayalite), $LiFePO_4$(triphylite)를 들 수 있다. 산소의 *hcp* 배열에서 사면체 틈새의 1/8이 Si나 P로 채워지고 팔면체 틈새의 1/2이 Mg, Li, 또는 Fe로 채워진다. 감람석 구조는 결정학적으로 구분되는 두 가지의 팔면체 틈새자리를 가지며, $LiFePO_4$에서는 이들 각각에 Li와 Fe가 질서 배열된

표 1.22 스피넬 구조 화합물의 일부 예와 구조 특성

화합물	조성 유형	a/Å	구조 유형	화합물	조성 유형	a/Å	구조 유형
$MgAl_2O_4$	2, 3	8.0800	정상	$MgIn_2O_4$	2, 3	8.81	역
$CoAl_2O_4$	2, 3	8.1068	정상	$MgIn_2S_4$	2, 3	10.708	역
$CuCr_2S_4$	2, 3	9.629	정상	Mg_2TiO_4	2, 4	8.44	역
$CuCr_2Se_4$	2, 3	10.357	정상	Zn_2SnO_4	2, 4	8.70	역
$CuCr_2Te_4$	2, 3	11.051	정상	Zn_2TiO_4	2, 4	8.467	역
$MgTi_2O_4$	2, 3	8.474	정상	$LiAlTiO_4$	1, 3, 4	8.34	사면체 자리 Li
Co_2GeO_4	2, 4	8.318	정상	$LiMnTiO_4$	1, 3, 4	8.30	사면체 자리 Li
Fe_2GeO_4	2, 4	8.411	정상	$LiZnSbO_4$	1, 2, 5	8.55	사면체 자리 Li
$MgFe_2O_4$	2, 3	8.389	역	$LiCoSbO_4$	1, 2, 5	8.56	사면체 자리 Li
$NiFe_2O_4$	2, 3	8.3532	역				

다. 그림 1.45는 $LiFePO_4$를 예로 감람석 구조를 도시한 것이고, 표 1.23은 이 구조에 속하는 화합물 몇몇을 조성 양이온의 전하에 따라 분류하고 있다. 감람석 조성의 3개 양이온은 일정한 전하 합(산화물의 경우 +8)을 만족시켜야 하는데, 상당히 다양한 조합이 실제 감람석에서 관찰된다. 감람석은 주로 산화물 형태로 나타나지만 황화물, 셀레늄화물, 플루오린화물로 형성되기도 한다.

감람석은 원래 $(Mg,Fe)_2SiO_4$ 조성의 광물을 가리키며 지구 맨틀 상층부의 주요 구성물이다. 다수의 감람석이 고압 조건에서 스피넬 구조로 변환되며, 이에 비추어 맨틀 하층부의 주요 구성물은 스피넬 상일 것으로 추정된다. 지구 지각 변화 과정에 산맥이나 해저 지형이 형성된 것은 감람석-스피넬 상 변환 과정의 부피 변화로 설명되기도 한다. 맨틀 하층부의 스피넬 상이 지각 표면으로 융기할 때, 압력 감소에 의해 감람석 상으로 변환된다. 반대로 감람석이 스피넬로 변환되는 과정은 부피 감소를 수반하며, 이는 지진 발생을 유발할 수 있다.

$LiFePO_4$는 리튬 이차 전지의 음극재료로 매우 큰 관심을 받고 있다. 충전 과정에서 Li가 감람석 구조로부터 이탈하며, 그 양만큼의 Fe^{2+}가 Fe^{3+}로 산화된다.

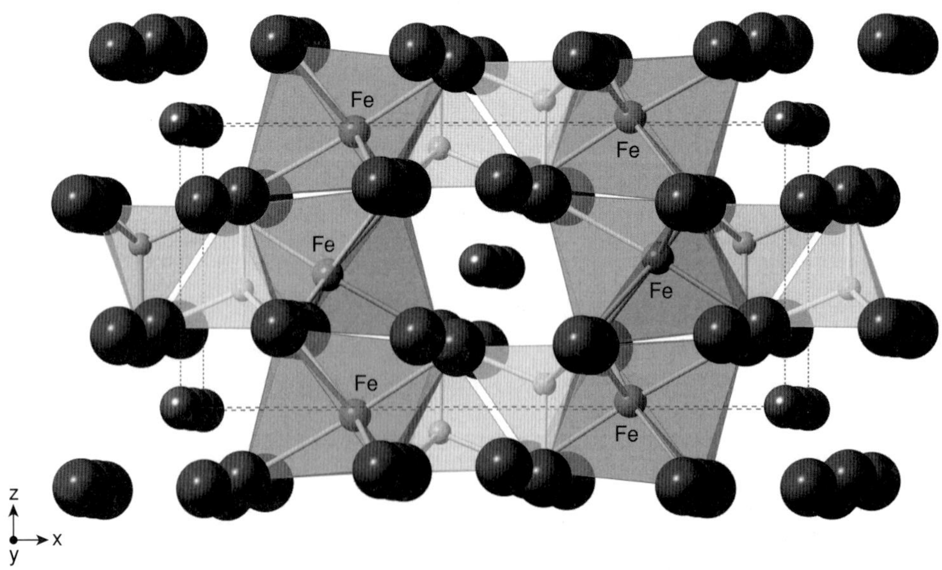

그림 1.45 감람석 $LiFePO_4$의 구조. Adapted from J. J. Biendicho and A. R.West, Solid State Ionics, 203, 33–36 © 2011, Elsevier. Reproduced under the terms of the STM Agreement. ➜ 앞의 컬러 그림 참조

표 1.23 감람석 구조 화합물의 분류

일반식			
팔면체 자리	사면체 자리	*hcp* 음이온	예
II_2	IV	O_4	Mg_2SiO_4 (forsterite)
			Fe_2SiO_4 (fayalite)
			Ca, Mg SiO_4 (monticellite)
			γ-Ca_2SiO_4
			A_2GeO_4: A = Mg, Ca, Sr, Ba, Mn
III_2	II	O_4	Al_2BeO_4 (chrysoberyl)
			Cr_2BeO_4
II, III′	III′	O_4	$MgAlBeO_4$
I, II	V	O_4	$LiFePO_4$ (triphylite)
			$LiMnPO_4$ (lithiophilite)
I, III	IV	O_4	$LiRESiO_4$: RE = Ho, . . . , Lu
			$NaREGeO_4$: RE = Sm, . . . , Lu
			$LiREGeO_4$: RE = Dy, . . . , Lu
II_2	IV	S_4	Mn_2SiS_4
			Mg_2SnS_4
			Ca_2GeS_4
I_2	II	F_4	γ-Na_2BeF_4

단위세포: 사방; $LiFePO_4$의 경우 $a = 10.33$, $b = 6.01$, $c = 4.70$ Å; $Z = 4$.

$$LiFe^{2+}PO_4 \xrightarrow[-xe^-]{-xLi^+} Li_{1-x}Fe^{2+}_{1-x}Fe^{3+}_xPO_4$$

위 반응은 고체상 산화-환원의 한 예이며, 약 3.08 V의 전지 전압을 발생시킨다. Li 이온은 단위세포의 y-축 방향으로 형성된 통로를 점유하고 있어(그림 1.45), 충방전 과정에서 구조 내 이동이 용이하다. $LiFePO_4$에 대한 연구 관심은 $LiMnPO_4$와 같은 유사 조성으로 확장된 바 있다. 이들 감람석 물질은 Li 탈삽입 및 산화-환원의 가역성이 우수하여 전지 용량이 높을 뿐만 아니라, 소재 원가가 낮고 환경 친화적이라는 장점을 갖는다.

1.17.11 강옥(corundum), 티탄철석(ilmenite), $LiNbO_3$

강옥(Al_2O_3), 티탄철석($FeTiO_3$), $LiNbO_3$는 공통적으로 산소 음이온의 *hcp* 배열을 갖고, 팔면체 틈새의 2/3에 양이온이 채워진다. 넓게 보면 세 구조 모두 일반식 A_2O_3로 적을 수 있으며, NiAs, CdI_2와 비교될 수 있다(표 1.4). 그림 1.46은 위의 세 구조를 도시하여 나타내고 있으며, 표 1.24는 몇몇 예를 열거하고

표 1.24 강옥-관련 구조 화합물의 예

강옥(α-알루미나)	M_2O_3: M = Al, Cr, Fe (적철석), Ti, V, Ga, Rh
	Al_2O_3: Cr이 혼입된 경우 루비
	Al_2O_3: Fe, Ti가 혼입된 경우 사파이어
티탄철석	$MTiO_3$: M = Mg, Mn, Fe, Co, Ni, Zn, Cd
	$MgSnO_3$, $CdSnO_3$
	$NiMnO_3$
	$NaSbO_3$
$LiNbO_3$, $LiTaO_3$	

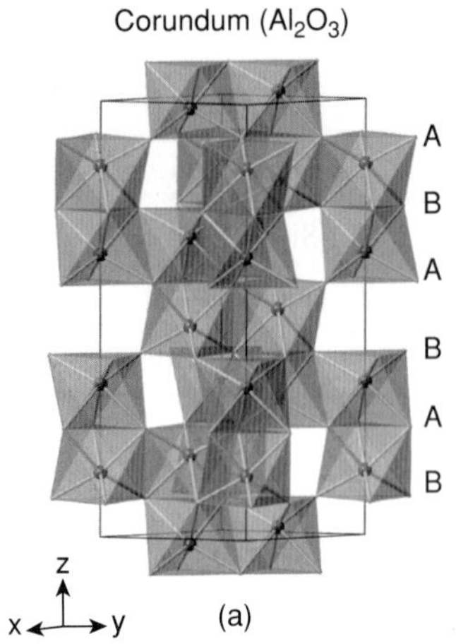

Atom	Wyckoff positions	x	y	z
Al	12c	0	0	0.3520(1)
O	18e	0.3060(6)	0	0.25

Trigonal : a = 4.7538, c = 12.9725 Å

Space Group : $R\bar{3}c$ (No. 167)

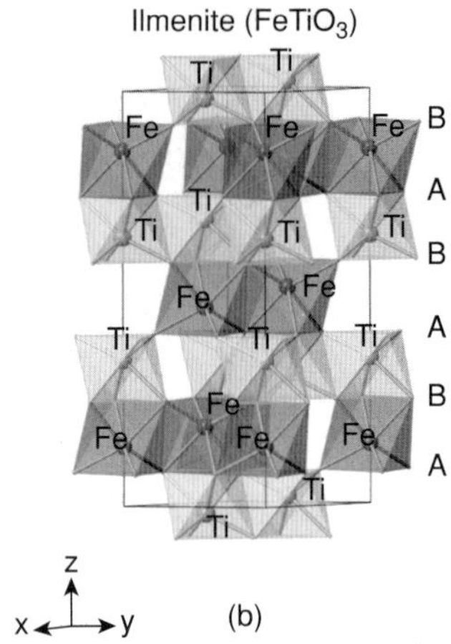

Atom	Wyckoff positions	x	y	z
Fe	6c	0	0	0.1446(1)
Ti	6c	0	0	0.3536(1)
O	18f	0.295(1)	−0.022(1)	0.2548(3)

Trigonal : a = 5.087, c = 14.042 Å

Space Group : $R\bar{3}$ (No. 148)

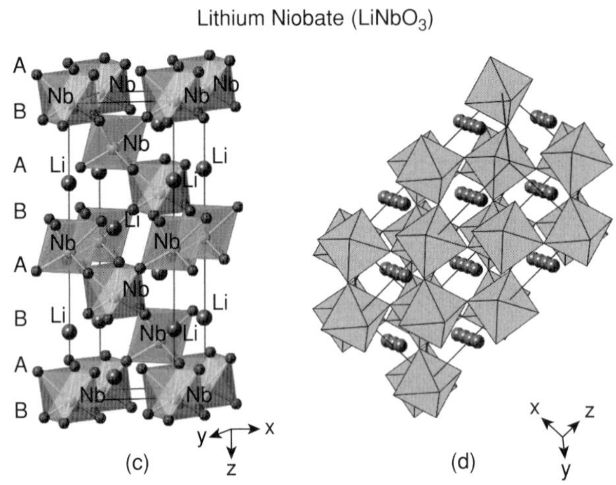

Atom	Wyckoff positions	x	y	z
Li	6a	0	0	0.268(11)
Nb	6a	0	0	0
O	18b	0.0.0437(69)	0.3309(82)	0.0636(12)

Trigonal : a = 5.1483, c = 13.8631 Å

Space Group : $R\bar{3}c$ (No. 161)

그림 1.46 결정 구조: (a) 강옥, (b) 티탄철석, (c, d) $LiNbO_3$. ➜ 앞의 컬러 그림 참조

있다. 강옥에서 팔면체 틈새의 2/3를 단 한 종류의 양이온 Al^{3+}가 채우는 데 비해, 티탄철석과 $LiNbO_3$에서는 Al이 채웠던 자리를 두 종류의 양이온이 규칙적으로 분할한다. 티탄철석과 $LiNbO_3$를 비교하면, Fe/Ti와 Li/Nb의 질서 배열 패턴에 차이점이 있다.

세 구조 모두 육방 단위세포를 가지며, c 방향 반복 단위는 기저 면에 평행한 음이온 cp 층 6개(c 높이 1/12, 3/12, 5/12, 7/12, 9/12, 11/12)를 포함한다(그림 1.46(a)). 음이온 층들의 사이 중간에 형성된 팔면체 틈새를 양이온이 채우는데, 양이온이 채워진 팔면체는 c 방향으로 면을 공유하도록 둘씩 짝짓는다.

이때 인접한 양이온 간 반발력에 의해 음이온의 배열이 이상적 *hcp*에서 크게 벗어나며, 양이온의 배위 환경은 3개의 긴 결합과 3개의 짧은 결합을 갖도록 뒤틀려진다. 특히 $LiNbO_3$에서 Li는 공유된 팔면체 면의 반대쪽 면 방향으로 현저히 이동되어 있다. $LiNbO_3$와 $LiTaO_3$는 강유전성 물질로 잘 알려져 있는데, 이들이 극성 결정 구조와 (전기장에 의한) 쌍극자 반전 거동을 나타내는 배경에는 팔면체 내 Li^+의 변위가 구조적 요인으로 작용한다.

티탄철석에서는 *c* 방향으로 반복되는 양이온 자리 층을 Fe와 Ti가 번갈아 채운다(그림 1.46(b)). 이와 달리 $LiNbO_3$에서는 모든 팔면체 틈새 층에 Li와 Nb가 함께 존재하며 또한 질서 배열된다(그림 1.46(c)). $LiNbO_3$를 다른 방식으로 도시하면(그림 1.46(d)) 매우 심하게 왜곡된 페로브스카이트 구조로 나타낼 수 있다. 이때 Li와 Nb를 각각 페로브스카이트 A, B 양이온으로 간주할 수 있는데, NbO_6 팔면체의 기울어짐/회전 뒤틀림에 의해 Li의 환경(A 자리)은 왜곡된 팔면체 중심으로 바뀌게 된다. $LiNbO_3$를 페로브스카이트 구조로 포함시킨다면, 이 구조에 대해 계산된 tolerance factor, 0.78은 페로브스카이트 상 형성의 실질적인 하한 경곗값이 될 것이다.

1.17.12 형석 관련 구조와 파이로클로어(pyrochlore)

형석 CaF_2의 구조에서는 Ca^{2+}가 eutactic 상태로 *ccp* 배열되고 F^-가 사면체 틈새를 모두 채운다(그림 1.29). 형석 구조에 기반하되, 음이온의 과잉/결핍이나 양이온의 질서 배열이 발생함에 따라 보다 복잡한 구조들이 다수 파생될 수 있다.

음이온-과잉 형석 구조의 특기할 예로, LaH_3는 형석 구조로 배열된 $[LaH_2]$와 함께 팔면체 틈새 모두에 H가 채워져 있다. 즉, LaH_3에서는 La가 *ccp* 배열되고 사면체 틈새와 팔면체 틈새 모두를 H가 채운다(그림 1.24). 유사한 구조가 Li_3Bi나 Fe_3Al과 같은 금속간 화합물에서 나타나는데, 이들은 사면체/팔면체 틈새자리가 모두 채워지는 극한에 해당한다. 한편, 란타넘 수소화물은 $LaH_{1.9}$와 LaH_3 사이에 완전한 고용체를 형성하며 이 구간 범위의 조성에서 사면체 자리는 부분적으로 점유된다.

우라늄 산화물 UO_{2+x}은 산소-과잉 형석 구조를 이루는데(그림 2.10), 과잉 산소에 의한 국부 왜곡이 뚜렷하다. 과잉의 산소 음이온은 이상적인 팔면체 틈새(단위세포 체심)에서 벗어난 위치에 놓이며, 이러한 변위가 연쇄적으로 파급되어 사면체 자리의 산소 음이온 일부를 대칭성이 낮은 위치로 이동시킨다. UO_{2+x} 계는 원자력 발전을 위한 원자로 연료로서 중요성을 가져 상당한 연구 관심을 받아왔다.

LaOF, SmOF와 같은 혼합 음이온 산화플루오린화물에서도 형석 구조가 관찰되는데, 이때 O^{2-}와 F^-는 크기와 전하가 엇비슷하여 사면체 자리에 무질서 배열된다. 또한 혼합 양이온이 질서 배열된 형석 구조들이 다양하게 알려져 있다. 그림 1.47은 몇몇 예를 나타내는데, 그 원자 배열이 이상적으로 표현되어 있음을 유념해야 한다. 실제 구조에서는 음이온이 사면체 중심에서 벗어나 있고, 그 결과 양이온 환경이 왜곡된 사면체 자리($SrCrF_4$에서 Cr)이거나 왜곡된 팔면체 자리($TiTe_3O_8$에서 Ti와 Te)이다.

Li_2O는 반형석 구조를 취하며, 이로부터 파생된 다양한 Li-결핍 반형석 구조는 우수한 Li^+ 이온 전도 거동을 보인 바 있다. 한 예로 $Li_9N_2Cl_3$에서는 Li 자리의 10%가 비어 있어 Li^+의 이동성이 매우 크다.

파이로클로어 구조는 형석의 음이온 격자에서 일부 원자의 제거와 배열 왜곡이 일어나고, 양이온 격자에 크기가 다른 두 종류 A, B가 채워진 형태로 묘사될 수 있다. 파이로클로어의 일반식은 $A_2B_2X_7$ 또는 $A_2B_2X_6X'$로 표기되며, 단위세포는 격자 상수 ≈11 Å의 입방체이고 8개의 화학식 단위를 포함한다. 단순하게 생각할 때 파이로클로어는 형석 구조의 음이온 중 1/8을 제거함으로써 생겨난 결과이며, 그 구조 내에 원자 위치 변수를 단 한 개만 갖는다. 즉, A, B, X′ 원자들이 특수 위치를 점유하는 데 비해 48개의 X 원자들은 일반 위치(x, 1/8, 1/8)와 그 대칭 위치에 놓인다(그림 1.48). 파이로클로어 구조의 세부를 결정짓는 것은 X 원자의 좌표 x라 할 수 있는데, 다양한 파이로클로어 구조에서 관찰된 x의 범위는 0.31~0.36이다. 참고로 $x = 0.375$인 경우, 음이온 격자는 이상적인 형석 구조의 배열을 유지하며 A는 8배위 입방체 환경 $A(X_6X'_2)$에, B는 심하게 왜곡된 팔면체 환경 BX_6에 놓인다. x가 감소함에 따라 X 원자들은 정상적인 사면체 중심으로부터 점차 멀어지고 A의 입방 환경은 왜곡된다. 이 과정에서 8개의 입방체 꼭짓점 중

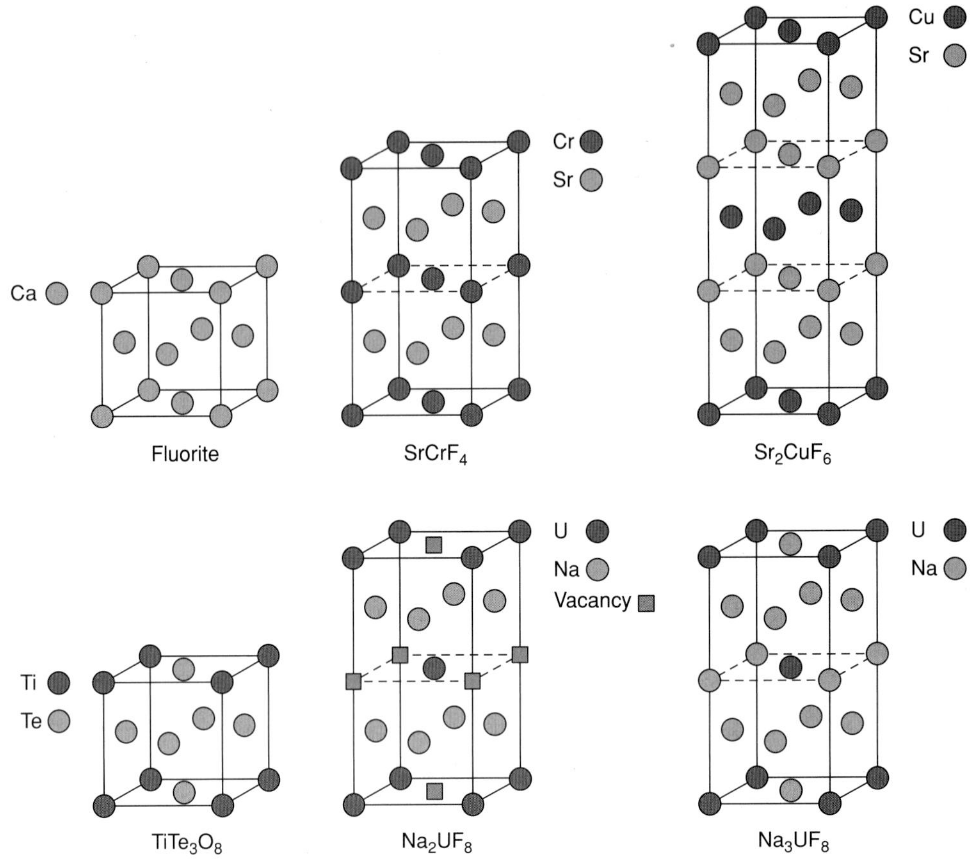

그림 1.47 양이온이 질서 배열된 형석 구조에서 양이온의 위치(형석의 *fcc* 배열과 비교하라). Adapted with permission from A. F. Wells, Structural Inorganic Chemistry, ©1984 Oxford University Press. ➡ 앞의 컬러 그림 참조

6개의 X는 굴곡진 육각형을 이루고 2개의 X′는 육각 곡면의 양쪽 방향 꼭짓점 위치에 놓인다.

$x = 0.3125(=5/16)$일 때, B는 정팔면체 배위 환경을 갖고 BX_6 팔면체의 꼭짓점 공유를 통해 B_2X_6 조성의 3차원 네트워크가 형성된다. 한편 A의 배위 환경은 2X′+6X로 묘사될 수 있고, 짧은 결합 거리의 A−X′ 연결은 3차원 상으로 확장되어 A_2X' 네트워크를 이룬다. A_2X' 네트워크는 선형 X′−A−X′ 단위와 $X'A_4$ 사면체로 구성되는데, 이는 Cu_2O 구조와 유사점을 띤다. 파이로클로어 구조를 전체적으로 살펴보면 상호 관통하는 A_2X' 네트워크와 B_2X_6 네트워크가 발견되며, 그림 1.48은 두 부분 각각을 나타내고 있다.

파이로클로어-기반 산화물들은 폭넓은 범위의 물성과 소재 응용성을 갖는다. $La_2Zr_2O_7$이 절연체인 데 비해 $Bi_2Ru_2O_{7-\delta}$는 금속성이고 $Cd_2Re_2O_7$은 저온 초전도체이다. 또한 산소 전도체 $(Gd_{1.9}Ca_{0.1})Ti_2O_{6.9}$, 스핀 비정질(spin glass) $Y_2Mo_2O_7$ 등이 파이로클로어 구조를 바탕으로 한다. 위에 나타낸 바와 같이 파이로클로어 화학식의 음이온 함량은 7로 한정되지 않으며, 일반식의 X′가 0−1 사이의 계수 값을 취할 수 있다.

1.17.13 가넷(garnet, 석류석)

가넷은 상당히 많은 조성 예를 포함하는 복합 산화물 군이며, 천연 광물로 또는 합성에 의해 얻어질 수 있다. 잘 알려진 가넷 상의 하나로 $Y_3Al_5O_{12}$(YAG)는 합성 보석으로 이용될 뿐만 아니라 Nd 혼입으로 얻어진 YAG:Nd^{3+}는 YAG 레이저의 핵심 요소이다. 최근 사례로 매우 높은 전도도를 갖는 Li^+ 이온 전도체가 가넷 구조로 합성된 바 있다. 또한 몇몇 가넷 상은 강자성 물질로서 중요성을 띤다. 가넷은 높은 경도(Mho 척도 6.5−7.5)를 가져 사포의 연마재로 사용되기도 한다. 가넷의 조성은 일반식 $A_3B_2X_3O_{12}$(A = Ca, Mg, Fe,⋯; B = Al, Cr, Fe,⋯; X = Si, Ge, As, V,⋯)로 표현된다. A는 반경 ~1 Å

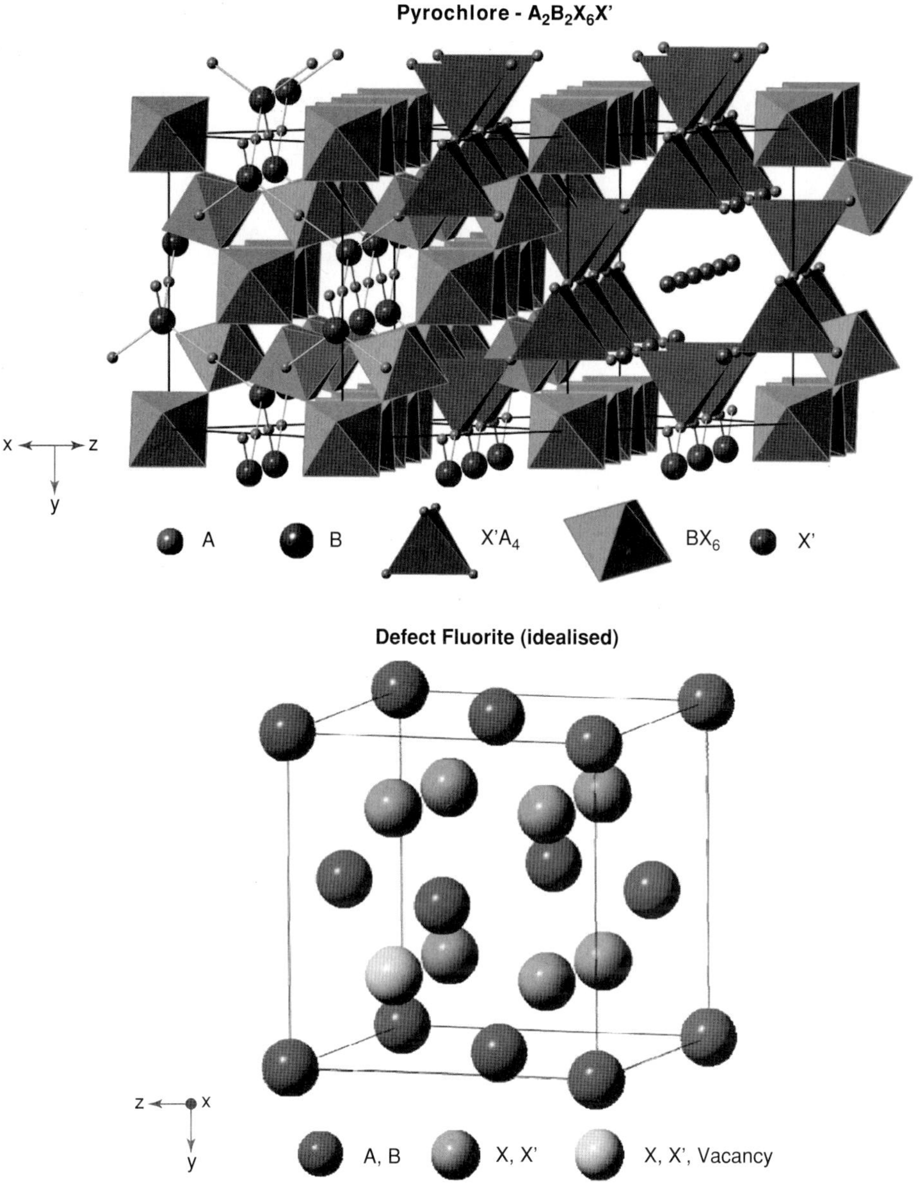

그림 1.48 파이로클로어 구조: 형석이 '양이온 질서 배열', '격자 왜곡', '음이온-결핍'을 통해 변형된 (2×2×2) 초격자로 간주될 수 있음. 형석 구조의 8중 자리(예: $^1/_4$, $^1/_4$, $^1/_4$) 음이온이 파이로클로어에서는 48중 자리(예: x, $^1/_8$, $^1/_8$)와 16중 자리로 갈라짐. ➡ 앞의 컬러 그림 참조

의 양이온이며 8배위의 왜곡된 입방 환경을 갖는다. 이에 비해 B와 X는 크기가 작고 각각 팔면체 자리와 사면체 자리를 점유한다. A = Y, Sm, Gd, Tb, Dy, Ho, Er, Tm, Yb, Lu이고 B, X = Fe^{3+}인 가넷 상들은 흥미로운 자기적 성질을 나타낸다. 이들 중 중요한 예로 $Y_3Fe_5O_{12}$(YIG)의 구조가 그림 1.49에 나타내어져 있다. 가넷 상을 형성하는 A, B, X 조합은 다양하게 구성될 수 있으며, 표 1.25는 일부 예를 열거하고 있다.

가넷의 단위세포는 격자 상수 $a \approx 12.4$ Å의 체심 입방이고 8개의 화학식 단위를 포함한다. 이 구조의 주요 골격은 BO_6 팔면체와 XO_4 사면체의 꼭짓점 공유에 의해 형성되며, 크기가 큰 A 이온은 골격 틈의 8배위 동공을 채운다.

1.17.14 페로브스카이트-암염의 교대 성장(intergrowth) 구조

페로브스카이트 배열과 암염 배열의 교대 성장으로 형성된 일련의 구조들이 알려져 있으며, 이 중 일부

Garnet ($Y_3Fe_5O_{12}$)

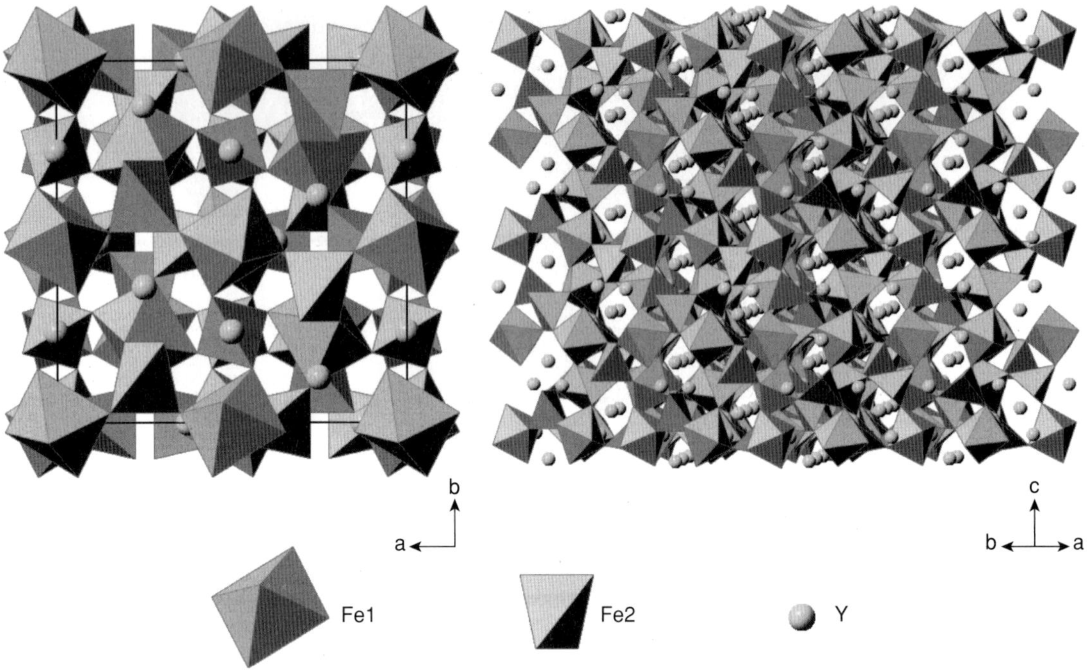

Atom	Wyckoff positions	x	y	z
Y	24c	0.1250	0	0.25
Fe1	16a	0	0	0
Fe2	24d	0.375	0	0.25
O	96h	−0.0271(1)	0.0567(1)	0.1504(1)

Cubic : a = 12.376 Å

Space Group : $Ia\bar{3}d$ (No. 230)

그림 1.49 가넷 결정 구조. → 앞의 컬러 그림 참조

표 1.25 가넷 $A_3B_2X_3O_{12}$에서 A, B, X의 조성 조합 예

가넷	A	B	X	O
Grossular	Ca_3	Al_2	Si_3	O_{12}
Uvarovite	Ca_3	Cr_2	Si_3	O_{12}
Andradite	Ca_3	Fe_2	Si_3	O_{12}
Pyrope	Mg_3	Al_2	Si_3	O_{12}
Almandine	Fe_3	Al_2	Si_3	O_{12}
Spessartine	Mn_3	Al_2	Si_3	O_{12}
	Ca_3	CaZr	Ge_3	O_{12}
	Ca_3	Te_2	Zn_3	O_{12}
	Na_2Ca	Ti_2	Ge_3	O_{12}
	$NaCa_2$	Zn_2	V_3	O_{12}

는 고온 초전도성을 나타내어 매우 큰 관심을 끌었다. 이와 같은 교대 성장 구조 중 가장 단순한 예는 K_2NiF_4 구조이다. 그림 1.50에 보이듯 K_2NiF_4는 페로브스카이트 층과 암염 층의 교대 적층으로 형성되며, 구조적 특성을 강조하기 위해 화학식을 $KNiF_3 \cdot KF$로 적을 수도 있다. K_2NiF_4의 단위세포는 체심 정

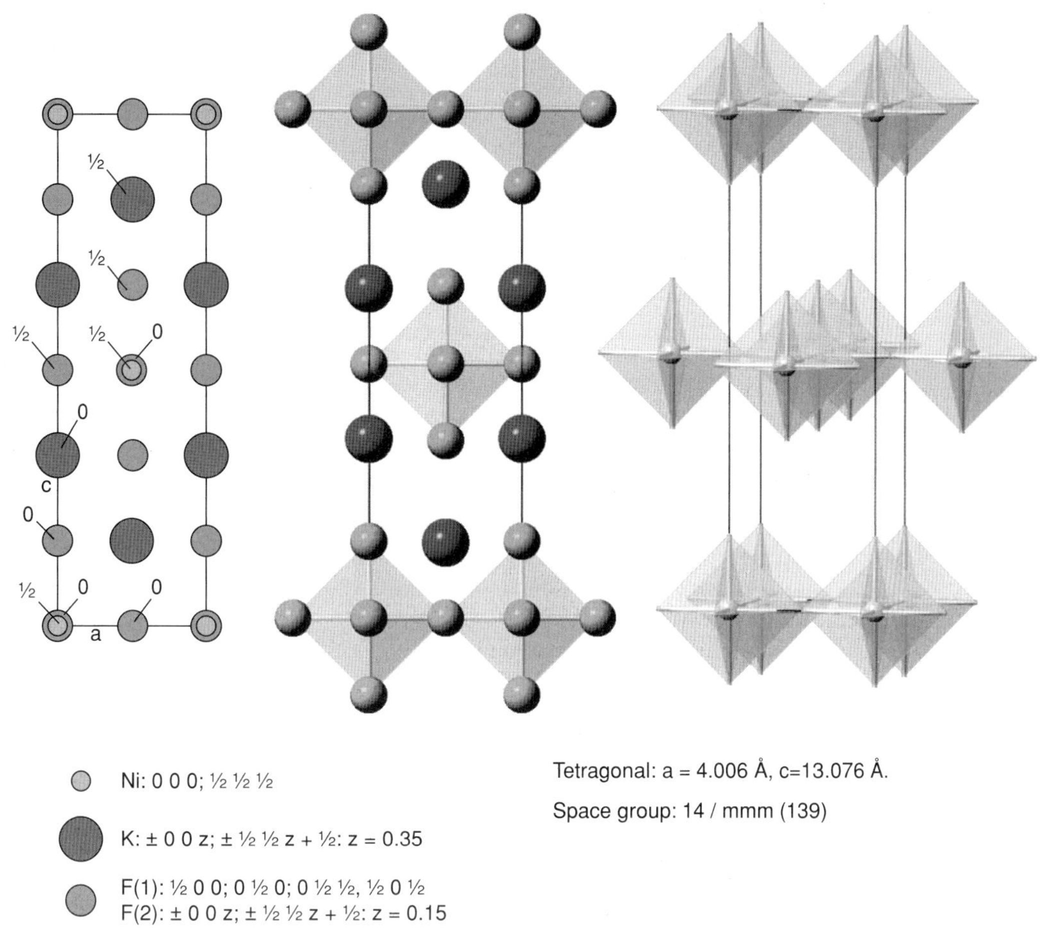

그림 1.50 K_2NiF_4 구조. → 앞의 컬러 그림 참조

방이며 페로브스카이트 배열의 팔면체 중심이 $c = 0$과 $c = {}^1/_2$ 높이에 놓인다. K^+ 이온은 암염과 페로브스카이트 블록 경계에서 9배위 위치에 놓인다. 페로브스카이트와 암염에서 K의 배위수는 각각 12, 6이지만 교대 성장 구조의 블록 경계에서 음이온이 위치 이동함에 따라 K는 중간 배위수의 비대칭적 환경을 갖게 된다. K_2NiF_4 구조는 다수의 플루오린화물, 염화물, 산화물에서 나타난다(표 1.26). 할로젠화물에서는 낮은 산화수의 양이온이 조성으로 포함되고, 산화물의 경우 $A^+{}_2B^{6+}O_4$, $A^{2+}{}_2B^{4+}O_4$, $A^{3+}{}_2B^{2+}O_4$, $A^{2+}A'^{3+}B^{3+}O_4$, $A^{3+}{}_2B^+{}_{1/2}B'^{3+}{}_{1/2}O_4$ 등의 양이온 조합(A는 크기가 큰 양이온, B는 작은 양이온)이 가능하다.

$A^+A'^{3+}B^{4+}O_4$ (A = Na; A′ = La−Lu; B = Ti) 조성에서는 A/A′ 이온의 질서 배열이 일어난다. 즉, Na와 란탄족 양이온의 크기, 전하가 뚜렷이 다르기 때문에 c 축 상으로 각기 다른 층을 점유하게 된다. 음이온이 양론에서 벗어나는 K_2NiF_4 구조가 형성되기도 한다. Sr_2XO_3 (X = Cu, Pd)에서는 산소의 1/4이 제거되어 X는 평면 사각 배위, Sr은 7배위 환경을 갖는다. 반면 La_2NiO_{4+x}는 틈새자리에 잉여 산소를 갖는다.

Ruddlesden−Popper 계열 화합물은 K_2NiF_4와 비슷한 방식으로 형성된 교대 성장 구조를 모두 포함한다. K_2NiF_4에서는 페로브스카이트 블록과 암염 블록이 각각 한 층씩 배열되지만 페로브스카이트 블록 단위의 두께가 두 층 이상인 구조들도 형성될 수 있고, 이들 모두를 아울러 Ruddlesden−Popper 상이라 부른다. Sr−Ti−O 계를 예로 들어 Ruddlesden−Popper 계열의 일반식은 $Sr_{n+1}Ti_nO_{3n+1}$로 표현될 수 있다. 식에 내포되듯 반복 단위는 n개 층의 페로브스카이트 블록($nSrTiO_3$)과 SrO 한 층으로 구성되며, Sr_2TiO_4 ($n = 1$), $Sr_3Ti_2O_7$ ($n = 2$), $Sr_4Ti_3O_{10}$ ($n = 3$) 등의 개개 조성이 모두 포함된다. 한편, $n = \infty$

표 1.26 K_2NiF_4 구조 화합물의 예와 구조 정보

화합물[a]	a/Å	c/Å	z (M^{n+} 이온)	z (음이온)
K_2NiF_4	4.006	13.076	0.352	0.151
K_2CuF_4	4.155	12.74	0.356	0.153
Ba_2SnO_4	4.140	13.295	0.355	0.155
Ba_2PbO_4	4.305	13.273	0.355	0.155
Sr_2SnO_4	4.037	12.53	0.353	0.153
Sr_2TiO_4	3.884	12.60	0.355	0.152
La_2NiO_4	3.855	12.652	0.360	0.170
K_2MgF_4	3.955	13.706	0.35	0.15
그 외 예[b]				
$M_2Y^{6+}O_4$: M = K, Rb, Cs; Y = U, Np				
Ln_2YO_4: Ln = La→Nd; Y = Ni, Cu				
$CaLnAlO_4$: Ln = La → Er, Y				
$SrLnFeO_4$: Ln = La → Tb				
$SrLnCrO_4$: Ln = La → Dy				
$BaLnFeO_4$: Ln = La → Eu				
$La_2Li_{1/2}Y_{1/2}O_4$: Y = Ni, Co				
A_2BF_4: A = K, Rb, Tl; B = Mg, Ni, Zn, Co, Fe				
A_2BCl_4: A = Rb, Cs; B = Cr, Mn, Cd				
Sr_2BO_4: B = Ti, Sn, Zr, Hf, Mo, Tc, Ir, Ru, Rh, Mn				

[a] Data reproduced from R. G. Wyckoff, Crystal Structures, Vol. 3, © 1965 Wiley Interscience. Reproduced under the terms of the STM Agreement.

[b] Data taken from O. Muller and R. Roy, The Major Ternary Structural Families, © 1974 Springer-Verlag.

인 극한 경우는 페로브스카이트 $SrTiO_3$에 해당함을 알 수 있다. n이 증가할 때 단위세포의 정방 대칭성과 a 상수는 크게 달라지지 않지만 c 상수는 매우 큰 폭으로 증가한다. 위와 비슷하게 $La_{n+1}Ni_nO_{3n+1}$ 계열도 $n = 1, 2, 3, \infty$에 대해 형성될 수 있다. 대부분의 경우 주어진 양이온 조합의 Ruddlesden–Popper 계열이 포함하는 조성은 한두 가지에 불과한 것으로 알려져 있다. 몇몇 예는 아래와 같다.

$Sr_3B_2O_7$: B = Ir, Ti, Zr, Cr, Fe
$Ca_3B_2O_7$: B = Mn, Ti
$Sr_4B_3O_{10}$: B = Ir, Ti, Zn
$Ca_4B_3O_{10}$: B = Mn, Ti
$K_3Zn_2F_7$, $K_3Fe_2O_7$, $Rb_3Cd_2F_7$, $K_3Mn_2Cl_7$, $Rb_3Mn_2O_7$, $Cs_3Ca_2Cl_7$, $Rb_4Cd_3Cl_{10}$

1.17.15 이붕소화 알루미늄(AlB_2) 구조

2000년도에 MgB_2에서 임계 온도(T_c) 39 K의 초전도성이 관찰된 것을 계기로 AlB_2 구조 군은 매우 큰 주목을 받게 되었다. 그림 1.51에 나타낸 바와 같이 MgB_2는 비교적 단순한 구조를 갖는다. 우선 Mg의 cp 층이 AAA 순서로 적층되어 원시 육방 쌓임(hp)을 이룬다. B는 흑연과 유사한 층 단위를 형성하여 Mg의 cp 층 사이마다 삽입되어진다. 그 결과 Mg는 z 축 상하 방향의 B 육각형 2개 사이에 놓여 12배위 환경을 갖는다. 각각의 B 원자 주위에는 최인접 원자로서 3개의 B가 평면 삼각 위치에 존재하고, 차인접 원자로서 6개의 Mg가 삼각기둥 위치에 배열된다.

다수의 붕소화물과 규소화물이 AlB_2 구조를 가지며, 이에 포함되는 예로 MB_2(M = Ti, Zr, Nb, Ta, V,

Magnesium Diboride (MgB_2)

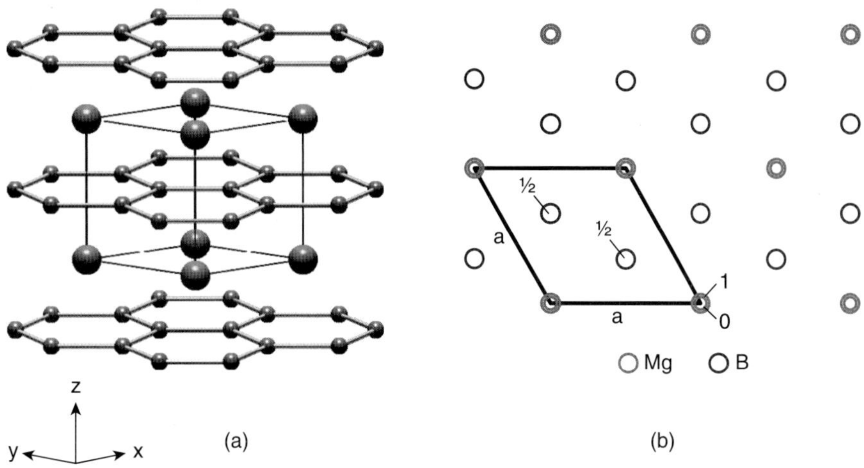

Atom	Wyckoff positions	x	y	z
Mg	1a	0	0	0
B	2d	0.3333	0.6667	0.5
		0.6667	0.3333	0.5

Trigonal : a = 3.08489, c = 3.52107 Å

Space Group : P6 / mmm (No. 191)

그림 1.51 MgB_2의 결정 구조: (a) B 원자의 육각 고리와 마주 보는 두 고리 사이에 놓인 12배위 Mg. (b) 결정 구조의 [001] 방향 투사.

Cr, Mo, Mg, U), MSi_2(M = U, Pu, Th)를 들 수 있다. $Cd(OH)_2$와 같은 몇몇 금속 수산화물의 구조 또한 AlB_2와 밀접히 연관된다.

AlB_2 구조는 NiAs 구조와도 유사성이 크다. 두 구조 모두에서 금속 원자는 원시 육방 배열을 취한다. 그러나 NiAs에서 As가 삼각기둥 배열의 절반만을 채우는 데 비해, AlB_2의 B는 삼각기둥 배열을 완전히 채운다. 그에 따라 NiAs의 Ni는 팔면체 6배위, AlB_2의 Al은 12배위로 차별화된다.

1.17.16 규산염(silicate) 구조 – 몇 가지 이해 요령

규산염은 복잡한 화학식과 결정 구조를 갖는 경우가 많고, 이는 광물인 경우에 더욱 두드러진다. 실제로 규산염의 다양한 구조를 총괄 정리하는 것은 매우 방대한 작업이 될 것이다. 대신 이 절에서 주로 전달하고자 하는 내용은 규산염의 화학식만으로도 상당한 정도의 구조 정보가 파악될 수 있다는 점이다. 복잡한 화학식들을 암기하지 않더라도 몇 가지 원칙을 참고함으로써 주어진 규산염이 3차원 골격 구조, 판상형, 사슬형 중 어떤 유형에 해당하는지 구분할 수 있다.

일반적 접근법에 따르면, 규산염 화합물의 구조는 양이온과 규소산 음이온(silicate) 부분으로 나누어 고려할 수 있다. 규소산 음이온은 매우 다양한 형태로 형성될 수 있다. 극단적으로 감람석(Mg_2SiO_4)과 같은 오쏘규산염에는 고립된 SiO_4^{4-} 사면체가 존재하는 한편, 산화 규소(SiO_2)에는 3차원으로 무한 확장된 골격이 존재한다. 규소산 음이온의 구조에서 발견되는 몇 가지 원칙을 아래와 같이 요약할 수 있다.

(1) 거의 모든 규산염 구조에서 기본 단위는 SiO_4 사면체이다.
(2) 사면체는 꼭짓점 공유를 통해 더 큰 단위를 형성한다.
(3) 한 꼭짓점을 공유하는 사면체는 단 두 개로 한정된다.
(4) SiO_4 사면체 간에 모서리나 면 공유는 일어나지 않는다.

(1)에 대한 예외로 팔면체 환경의 Si가 SiP_2O_7의 다형체와 SiO_2의 고압 다형체(coesite, stishovite)에서 보고된 바 있지만 이들은 극히 드문 사례이고, 일반적 관점에서는 SiO_4 사면체를 규산염 구조의 기본 단위로 취급하는 데에 전혀 무리가 없다. (3)은 공유된 꼭짓점(O^{2-})에서의 국부적 전기 중성 유지와 관련되고, (4)는 높은 전하의 양이온, Si^{4+}들 간에 최소한의 거리를 유지하기 위한 지침이다.

화학식을 구조 유형과 연관 지을 때 중요한 요소는 Si:O의 상대 비이다. 이 값은 SiO_4 사면체의 꼭짓점 공유 방식에 따라 달라지는데, 공유된 O와 공유되지 않은 O가 양론적으로 차별화되기 때문이다. 그림 1.52(a)는 두 개의 사면체에 의해 공유된 O를 나타내는데, 실효적으로 이 O의 절반은 한 쪽 Si에, 나머지 절반은 다른 쪽 Si에 속해 있다. 따라서 Si:O의 알짜 비를 산출할 때 공유된 O는 1/2개로 계산해야 한다. 공유되지 않은 O는 단 한 개의 Si에 결합하며, 말단 O로 불리기도 한다(그림 1.52(b)). 물론 말단 O는 구조 내의 다른 양이온과의 결합을 통해 전하 균형을 유지한다. Si:O 비의 산출에서 말단 O는 1개로 계산된다.

규산염 구조에서 전체적인 Si:O 비는 공유된 O와 말단 O의 상대량에 따라 달라진다. 이에 대한 몇 가지 예가 표 1.27에 제시되어 있는데, 어느 경우에나 규소산 음이온 유형이 화학식으로부터 간단히 파악될 수 있다.

다음으로 좀 더 복잡도가 높은 구조들을 몇 가지 살펴보겠다. 이들의 경우 화학식만으로 자세한 구조를 추론하기 어렵지만 적어도 규소산 음이온 유형을 대략적으로 추정할 수 있다. 예를 들어 $Na_2Si_3O_7$에서 Si:O 비는 1:2.33이고, 이는 SiO_4당 평균적으로 2/3개의 O가 말단 유형인 구조에 해당한다. 즉, 일부 SiO_4는 4개의 O 모두를 공유하고 다른 SiO_4는 3개의 O를 공유하는 것으로 해석되며, 규소산 음이온의 구조는 무한 판상과 3차원 골격의 중간 형태일 것으로 예상할 수 있다. 실제로 $Na_2Si_3O_7$의 규소산은 무한 이중 판상 구조이고, 전체 SiO_4 중 2/3가 1개의 말단 O를 갖는다.

Al이 규산염 조성에 포함된 경우 화학식과 규소산 구조의 관계가 약간 복잡해진다. 규산염에서 Al은 SiO_4의 Si를 치환하기도 하고 어떤 경우에는 팔면체 자리를 차지하기도 한다. 조장석($NaAlSi_3O_8$), 회장석($CaAl_2Si_2O_8$) 등의 장석류 광물에서 Al은 규소산의 Si 일부를 치환한다. 따라서 이들에서는

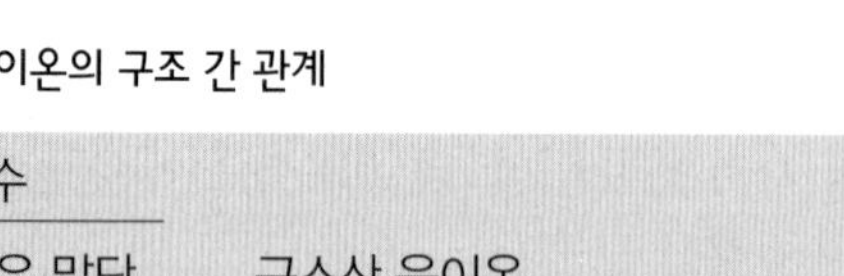

(a) (b)

그림 1.52 규소산 음이온에서 (a) 다리 산소와 (b) 말단 산소.

표 1.27 규산염의 화학식과 규소산 음이온의 구조 간 관계

O/Si 비	Si당 O 개수		규소산 음이온	예
	다리 공유	비공유 말단		
4	0	4	고립 SiO_4^{4-}	Mg_2SiO_4(감람석), Li_4SiO_4
3.5	1	3	이합체 $Si_2O_7^{6-}$	$Ca_3Si_2O_7$(rankinite), $Sc_2Si_2O_7$(thortveitite)
3	2	2	사슬 $(SiO_3)_n^{2n-}$	Na_2SiO_3, $MgSiO_3$(pyroxene)
			고리 (예: $Si_3O_9^{6-}$)	$CaSiO_3$[a], $BaTiSi_3O_9$(benitoite)
			고리 (예: $Si_6O_{18}^{12-}$)	$Be_3Al_2Si_6O_{18}$(beryl)
2.5	3	1	판 $(Si_2O_5)_n^{2n-}$	$Na_2Si_2O_5$
2	4	0	3차원 골격	SiO_2[b]

[a] $CaSiO_3$는 두 가지 다형체로 존재하며, 그 중 하나는 $Si_3O_9^{6-}$ 고리를 갖고 다른 하나는 $(SiO_3)_n^{2n-}$ 사슬을 가짐.

[b] 실리카의 세 가지 주요 다형체, 석영, 인규석, 홍연석은 서로 다른 방식의 3차원 골격 구조를 가짐.

(Si + Al) : O 비를 검토해야 하고, 두 경우 비가 1 : 2이므로 3차원 골격 구조가 예상된다. 유사하게 $KAlSi_3O_8$, $KAlSiO_4$, $LiAlSiO_4$, $LiAlSi_2O_6$에서 역시 3차원 골격 구조가 나타난다.

Al에 의한 Si 치환은 운모나 점토 광물과 같은 판상 구조에서 자주 일어난다. 활석 $Mg_3(OH)_2Si_4O_{10}$은 Si : O = 1 : 2.5의 비에서 예상되듯 무한 판상 규소산을 구조 요소로 포함한다. 금운모는 활석의 Si 중 1/4이 Al로 치환되고 전하 중성을 위해 K가 더해진 광물로서 화학식은 $KMg_3(OH)_2(Si_3Al)O_{10}$이다. 활석과 금운모에서 Mg는 규소산 판 사이의 팔면체 자리를 점유하고 K는 12배위 자리를 차지한다.

백운모 $KAl_2(OH)_2(Si_3Al)O_{10}$은 무한 판상 $(Si_3Al)O_{10}$을 갖는다는 점에서 금운모와 유사하지만 전체적인 구조에서 더욱 복잡하다. 백운모는 금운모의 Mg 3개를 Al 2개가 치환하여 얻어지고 그 결과로 성격이 다른 두 종류의 Al을 갖게 된다. Si를 치환한 Al은 규소산 음이온의 일부로 취급되는 데 비해, 팔면체 자리의 Al은 알칼리 금속이나 알칼리 토금속과 비슷한 요소로 간주된다(표 1.27).

몇 가지 예외가 있긴 하지만 규산염 구조는 *cp* 배열로 묘사하기 곤란하다. 그러나 다행히도 규산염 구조에서는 규소산 음이온의 배열이 명확히 드러나기 때문에 구조의 체계적 분류와 묘사가 용이한 면이 있다. Si–O의 강한 결합 세기와 부분적 공유성은 규소산 음이온의 안정성에 크게 기여하며, 나아가 규산염의 물성 전반에 영향을 미친다.

규산염 결정 구조의 예들이 CrystalViewer Companion 사이트[6)]의 minerals section에 게시되어 있으므로 활용하기를 권장한다. 규소산 음이온을 면밀히 살펴보기 위해서는 구조 내의 양이온들이 표시되지 않도록 하는 것이 편리하다. 규소산 음이온에서 공유된 O와 말단 O의 개수를 파악하고 Si : O 비와 규소산의 구조를 비교해 볼 수 있을 것이다.

6) http://www.wiley.com/go/west/solidstatechemistrystudent

2장

결정 결함, 화학 비양론, 고용체

2.1 결정의 불완벽성

무결함의 완벽한 결정에서 모든 원자는 정확한 격자 위치에 놓여 있다. 따라서 완벽한 결정은 가상의 상태일 뿐, 이론상으로 절대 온도 0 K에서만 가능하다. 즉, 모든 실제 온도 조건에서 결정은 완벽하지 못하다. 결정 내 원자의 열적 진동은 그 자체로 일종의 결함이며 나아가 일부 원자는 정해진 격자 위치를 벗어나 있다. 결정의 결함 농도는 물질에 따라 매우 다양한데, 고순도의 다이아몬드나 석영과 같이 결함이 매우 적은 물질이 있는 반면 그 반대의 경우도 매우 흔하다. 결함 농도가 높은 물질에 대해 종종 제기되는 질문은 결함을 구조의 고유 속성으로 취급해야 하는지이다.

결정의 불완벽성이 불가피한 이유는 어느 정도의 결함 형성이 자유 에너지를 낮추는 데 기여하기 때문이다. 가상의 완벽한 결정에 결함이 1개 형성되는 과정의 자유 에너지 변화(ΔG)를 고려해 보자. 예를 들어 양이온 빈자리(vacancy)가 생겨날 때, 일정량의 에너지(ΔH)가 필요한 반면 그와 함께 매우 큰 엔트로피 증가(ΔS)가 일어난다. 실제 결정의 이온 개수를 생각할 때 빈자리 위치의 자유도는 아보가드로 수 차원이고, 볼츠만 공식에 따른 **배열 엔트로피**(configurational entropy, S)는 다음과 같이 주어진다.

$$S = k \ln W \tag{2.1}$$

위에서 가능한 상태의 수 $W \approx 10^{23}$이다. 또한 부차적으로 결함 주위의 격자 변형에 의한 엔트로피 증가가 일어난다. 이러한 엔트로피 증가는 결함 형성을 위한 엔탈피를 충분히 상쇄하고, 결과적으로 자유 에너지를 감소시킨다.

$$\Delta G = \Delta H - T\Delta S < 0 \tag{2.2}$$

반대의 극한 상황으로 결함 농도가 매우 높을 때의 열역학적 측면을 고려해 보자. 결함의 양이 증가할 때 결함 형성에 필요한 엔탈피 총량은 꾸준히 증가하지만, 엔트로피 변화는 차츰 둔화된다. 이는 미량이나마 결함이 이미 존재하는 상태는 무질서도가 상당히 크기 때문이다. 따라서 결함 농도가 아주 높은 경우 $\Delta G = \Delta H - T\Delta S > 0$이 되어 열역학적으로 안정하지 못하다. 두 극단 사이에 ΔG가 최소가 되는 조건이 존재하며, 이는 곧 결함의 평형 농도에 해당한다(그림 2.1).

이상과 같이 결정은 반드시 결함을 갖게 마련이며, 나아가 T가 높을수록 결함의 평형 농도가 높아짐을 알 수 있다: ΔH와 ΔS의 온도 의존성을 무시하면, 온도가 높을수록 $-T\Delta S$항의 크기가 커지고 ΔG의 최소 점은 높은 결함 농도 쪽으로 이동하게 된다.

주어진 결정에서 모든 결함 유형에 대해 그림 2.1과 같은 곡선이 그려질 수 있는데, 결함의 종류에 따라 ΔG의 최솟점이 나타나는 결함 농도는 다를 것이다. 실제 고체 결정에는 다양한 종류의 결함이 혼재할 수 있으며, 그 중 형성 엔탈피가 가장 작고 $\Delta G_{최소}$에서의 농도가 가장 높은 것이 **지배 결함**(predominant defect)이 된다. NaCl에서 빈자리 결함(Schottky 결함)이 지배적인 반면 AgCl에서는 틈새 결함(Frenkel

Solid State Chemistry and its Applications, Second Edition, Student Edition. Anthony R. West.

Companion Website: http://www.wiley.com/go/west/solidstatechemistrystudent

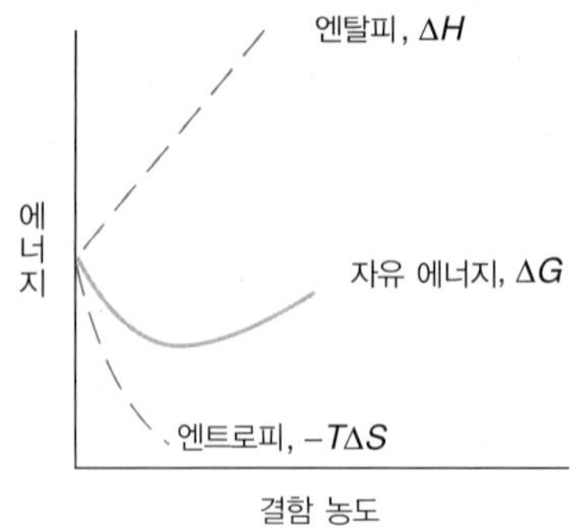

그림 2.1 결정 내의 결함 농도에 따른 에너지 변화.

표 2.1 다양한 이온성 결정의 내인성 점 결함 중 지배 성분

결정계	결정 구조	지배적 내인성 결함
알칼리(Cs 제외) 할로젠화물	암염(NaCl)	Schottky
알칼리 토 산화물	암염	Schottky
AgCl, AgBr	암염	Frenkel(양이온)
Cs 할로젠화물, TlCl	CsCl	Schottky
BeO	섬유아연석(ZnS)	Schottky
알칼리 토 플루오린화물, CeO_2, ThO_2	형석(CaF_2)	Frenkel(음이온)

결함)이 지배적이라는 점은 위의 관점에서 설명될 수 있다. 표 2.1은 다양한 무기 고체의 결함 특성을 요약하고 있다.

2.2 결함의 유형: 점 결함

결함은 다양한 기준으로 분류될 수 있으며, 그 중 한 가지는 양론적/비양론적 결함의 구분이다. 화학양론적 결함은 결정의 화학 조성비를 변화시키지 않는 데 비해 비양론적 결함은 결정의 조성 변화와 함께 발생한다. 이들은 각각 **내인성**(intrinsic), **외인성**(extrinsic) 결함으로 불리기도 한다.

또한 결함은 그 크기와 모양에 따라 분류되기도 한다. **점 결함**(point defect)은 원자의 결함(빈자리 또는 틈새자리)이 0차원 형태로 고립되어 형성된 상태를 가리킨다. **선 결함**(line defect)은 점 결함이 1차원 상으로만 무한히 확장된 것으로서 어긋남(dislocation)이라 불리기도 한다. **면 결함**(plane defect)은 결정 구조 내의 층 전체가 결함성인 경우이다. 종종 점 결함 이외의 모든 종류를 **확장 결함**(extended defect)이라 통칭한다. 우선 논하게 될 점 결함은 1930년대 Schottky, Frenkel, Wagner 등의 연구로부터 제안되었으며, 수십 년이 경과한 후 직접적 실험 증거들이 얻어진 바 있다.

2.2.1 Schottky 결함

Schottky 결함은 금속의 할로젠화물이나 산화물과 같은 이온성 고체에서 양이온 빈자리 결함과 음이온 빈자리 결함이 짝을 이룬 것으로, 매 결함에 의한 빈자리들은 결정 표면의 추가적 원자 2개로 보상된다. Schottky 결함은 알칼리 할로젠화물의 주된 점 결함이며 그림 2.2는 NaCl의 예를 보여 준다. 국부적 전하 중성을 위해 양이온 빈자리와 음이온 빈자리가 같은 수로 존재함을 주목할 수 있다.

결정 내의 빈자리 결함은 무작위로 분포되기보다 쌍, 뭉치 등으로 결합하는 경우가 많다. 이온 빈자리는 반대 극성의 유효 전하 역할을 하기 때문에 양이온 빈자리와 음이온 빈자리는 서로 인력으로 이끌리게

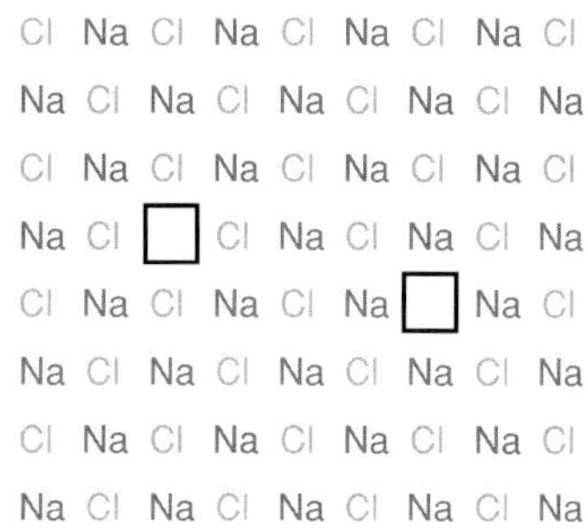

그림 2.2 NaCl에서 Schottky 결함의 2차원 표현.

된다. NaCl에서 음이온 빈자리는 6개의 Na^+에 둘러싸이고 각 Na^+가 갖는 부분 전하를 합하면 +1의 알짜 전하와 같다. 달리 이해하자면 음이온 빈자리에 −1의 전하를 더함으로써 국부적 전기 중성이 회복되는 것이다. 마찬가지로 양이온 빈자리는 −1의 알짜 전하를 갖는다. 이들 빈자리 쌍의 해리를 위해서는 회합 엔탈피에 해당하는 에너지가 제공되어야 하는데, NaCl의 경우 그 크기는 1.30 eV(~120 kJ/mol)이다.

NaCl 결정에서 Schottky 결함의 수는 관점에 따라 아주 많다고 할 수도, 아주 적다고 할 수도 있다. 상온에서 NaCl의 양이온/음이온 자리 각각은 $1/10^{15}$ 정도 비어 있는데 이는 결정 전체로 볼 때 매우 적은 양이다. 하지만 다른 한편으로 불과 1 mg의 소금 알갱이(원자$\approx 10^{19}$개)에 존재하는 Schottky 결함의 수는 약 10^4이나 된다. 결함은 미량의 존재만으로도 물질의 성질에 큰 영향을 미치는 경우가 많다. NaCl 역시 광학적 성질이나 전기적 성질의 주요 부분이 Schottky 결함에서 비롯한다.

2.2.2 Frenkel 결함

Frenkel 결함은 원자가 격자 점을 이탈하여 틈새자리로 이동한 형태로서 화학양론적 결함에 속한다. AgCl(암염 구조)은 Frenkel 결함을 갖는 대표적 예이며, Ag^+ 이온이 틈새자리 원자 역할을 한다(그림 2.3). 그림 2.3(b)에 나타낸 바와 같이 AgCl의 틈새자리는 4개의 Cl^- 이온으로 둘러싸인 사면체 중심인 동시에 4개의 Ag^+ 이온이 이루는 사면체 중심이다. 즉, AgCl의 틈새자리는 4개의 Ag^+와 4개의 Cl^-에 의해 형성된 8배위 환경을 갖는다. AgCl에서는 틈새자리 Ag^+ 이온과 4개의 최인접 Cl^- 이온 간 공유성 상호 작용이 틈새자리 결함을 안정화시키고, 나아가 Frenkel 결함이 발생하는 것으로 여겨진다. 반면, Na^+와 같이 이온성과 하드(hard) 속성이 강한 양이온이 틈새자리에 놓일 경우 최인접 Na^+ 이온과의 정전기적 반발력이 매우 크기 때문에 NaCl의 Frenkel 결함은 형성되기 어렵다.

CaF_2 또한 Frenkel 결함을 갖는 예이지만 이 경우 F^-가 틈새자리 원자 역할을 한다. 그림 1.34는 CaF_2에서 F^-의 틈새자리(빈 입방체)를 나타내고 있다. 형석 구조나 반형석 구조의 다른 물질들 역시 유사한 결함 거동을 보인다. 예를 들어 Na_2O는 Na^+를 틈새자리 원자로 하는 Frenkel 결함을 갖는다.

Schottky 결함에서와 비슷하게, Frenkel 결함의 빈자리와 틈새자리는 반대 극성의 전하를 가지므로 서로 이끌려 쌍을 이룰 수 있다. 이 쌍들은 전기적으로 중성이지만 쌍극자 모멘트를 갖기 때문에 다른 쌍극자들과의 응집을 통해 거대 뭉치를 이룬다. 이러한 성격의 뭉치들은 전체 계와 다른 조성의 상이 석출되

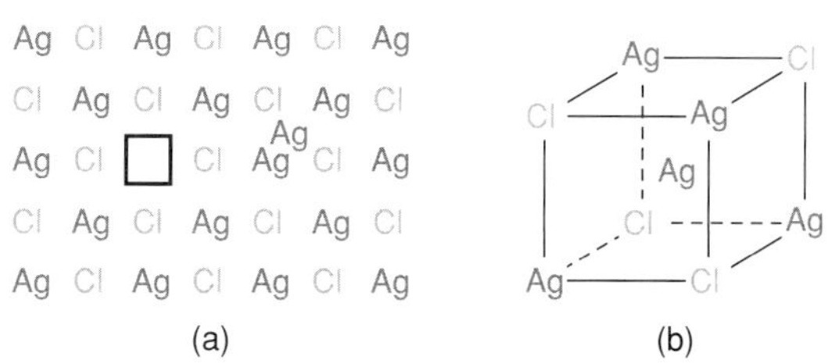

그림 2.3 (a) AgCl에서 Frenkel 결함의 2차원 표현; (b) 틈새자리는 Ag와 Cl 각각에 의해 사면체 배위됨.

는 과정에서 성장핵 역할을 할 수 있다.

2.2.2.1 결정 결함에 대한 Kroger–Vink 명명

점 결함을 명확히 나타내기 위해서는 그 위치와 속성, 유효 전하를 모두 표시해야 한다. Kroger와 Vink가 개발한 명명 방법은 점 결함을 표현하는 데 매우 유용하며, 세 부분으로 구성된 기호를 사용한다.

- 점 결함 위치에 놓인 원자 종류(빈 자리인 경우 V로 표기)
- 점 결함에 의한 알짜 전하를 위첨자로 표기: $\bullet$ (+1), x(0), ′(−1)
- 정상적인 결정에서 점 결함 위치에 해당하는 원자 종류를 아래 첨자로 표기(틈새자리인 경우 i, 표면 자리인 경우 s로 표기)

다음은 결정 내의 몇 가지 점 결함에 대한 Kroger–Vink 표기 예이다.

V'_{Na}	Na^+ 이온의 빈자리 결함, 알짜 전하 −1
$V^{\bullet}_{Cl}$	Cl^- 이온의 빈자리 결함, 알짜 전하 +1
Na^x_{Na}, Cl^x_{Cl}	Na^+ 이온과 Cl^- 이온이 각각 정상 위치에 존재, 알짜 전하 0(결함이 아님)
$Cd^{\bullet}_{Na}$	Na^+ 이온 자리에 Cd^{2+} 이온이 존재, 알짜 전하 +1
$Ag^{\bullet}_i$	Ag^+ 이온이 틈새자리에 존재, 알짜 전하 +1
F'_i	F^- 이온이 틈새자리에 존재, 알짜 전하 −1

2.2.2.2 Schottky 결함과 Frenkel 결함 생성의 열역학

Schottky 결함과 Frenkel 결함은 내인성으로서, '순물질'에서도 발생할 뿐만 아니라 결정 내에서 일정 함량 이상으로 반드시 존재한다. 실제 물질에서 이들 결함의 농도는 열역학적 평형 농도보다 더 높게 얻어지기 쉽다. 고체 결정이 형성되는 조건에서 결함 형성에 대한 열역학 함수를 고려해 보자. 결정은 흔히 고온에서 형성되는데 온도가 높을수록 $T\Delta S$ 항의 중요성이 커지면서 결함의 평형 농도가 높아진다(그림 2.1). 온도를 하강시키면 결함의 평형 농도가 낮아지면서 결함의 일부가 소멸된다. 하지만 냉각 과정이 극도로 느리게 진행되지 않는 한 평형 상태가 유지되기 어렵고, 그 결과 저온에서의 결함 농도는 평형 농도보다 높게 마련이다.

나아가 결함 농도를 인위적으로 증가시키는 방법의 한 가지는 고에너지 복사파를 결정에 쪼여 주는 것이다. 고에너지의 복사파가 정상 격자 위치의 원자를 즉각적으로 이탈시키는 데 비해 그 역과정, 즉 결함의 소멸이나 재결합은 매우 느리게 일어난다.

점 결함의 평형은 두 가지 방식으로 연구될 수 있다. 통계 열역학을 이용할 경우, 우선 결함성 결정 모형에 대한 완전한 분배 함수(partition function)를 기술하고 이를 이용하여 자유 에너지(G)의 표현식을 얻는다. 다음으로 자유 에너지를 최소화시킴으로써 평형 조건을 찾아낸다. 이 방법은 비양론적 결함의 평형에 대해서도 적용될 수 있다. 이와 달리 **질량 작용 법칙**(law of mass action)을 이용하는 경우, 결함의 농도를 온도에 대한 지수 의존성 함수로 얻어내게 된다. 둘 중 더 단순하고 쉽게 적용될 수 있는 후자의 방법을 실제로 사용해 보겠다. 많은 결함 연구 사례에서 순수 조성 또는 불순물이 혼입된 알칼리 할로젠화물이 주로 이용되었는데 이 물질들의 단결정 성장이 비교적 용이하기 때문이다. 그로부터 얻어진 실험적 결과는 결함 평형에 대한 이해와 세라믹 산화물의 응용에 유익한 이론적 토대를 제공하였다.

Schottky 결함

NaCl 결정의 Schottky 결함은 양이온 빈자리와 음이온 빈자리가 쌍으로 형성된 상태이고, 단순화하여 생각할 때 결정 내부의 이온 쌍이 결정 표면으로 이동하고 결정 내부에 빈자리를 남긴 상태로 취급할 수 있다.

$$\mathrm{Na_{Na}} + \mathrm{Cl_{Cl}} + V_{\mathrm{Na,s}} + V_{\mathrm{Cl,s}} \rightleftharpoons V'_{\mathrm{Na}} + V^{\bullet}_{\mathrm{Cl}} + \mathrm{Na_{Na,s}} + \mathrm{Cl_{Cl,s}} \tag{2.3}$$

여기서 V'_{Na}, $V^{\bullet}_{\mathrm{Cl}}$, $V_{\mathrm{Na,s}}$, $V_{\mathrm{Cl,s}}$, $\mathrm{Na_{Na}}$, $\mathrm{Cl_{Cl}}$, $\mathrm{Na_{Na,s}}$, $\mathrm{Cl_{Cl,s}}$는 각각 결정 내의 빈자리 결함, 결정 표면의 빈자리, 결정 내의 이온 점유, 결정 표면의 이온 점유를 가리킨다. Schottky 결함의 형성에 대한 평형 상수는 다음과 같이 표현될 수 있다.

$$K = \frac{[V'_{\mathrm{Na}}][V^{\bullet}_{\mathrm{Cl}}][\mathrm{Na_{Na,s}}][\mathrm{Cl_{Cl,s}}]}{[\mathrm{Na_{Na}}][\mathrm{Cl_{Cl}}][V_{\mathrm{Na,s}}][V_{\mathrm{Cl,s}}]} \tag{2.4}$$

결정 표면적이 일정하다면 표면 자리의 수가 일정하고 나아가 표면 자리를 점유한 Na^+와 Cl^-의 개수가 일정하다. Schottky 결함이 형성될 때, Na^+와 Cl^- 이온이 표면 자리로 이동하지만, 동시에 같은 수만큼의 새로운 표면 자리가 생성된다(이 과정의 결정 표면적 증가는 무시될 수 있다). 따라서 $[\mathrm{Na_{Na,s}}] = [V_{\mathrm{Na,s}}]$, $[\mathrm{Cl_{Cl,s}}] = [V_{\mathrm{Cl,s}}]$이고, 식 2.4는 다음과 같이 정리된다.

$$K = \frac{[V'_{\mathrm{Na}}][V^{\bullet}_{\mathrm{Cl}}]}{[\mathrm{Na_{Na}}][\mathrm{Cl_{Cl}}]} \tag{2.5}$$

결정에서 Na와 Cl의 자리가 각각 N개이고 Schottky 결함이 N_V개라면, 결정에서 각 이온에 의해 점유된 자리는 $(N - N_V)$개가 된다. 따라서,

$$K = \frac{(N_V)^2}{(N - N_V)^2} \tag{2.6}$$

결함의 양이 매우 적다면

$$N \simeq N - N_V \tag{2.7}$$

$$N_V \simeq N\sqrt{K} \tag{2.8}$$

한편, 평형 상수 K는 온도에 대한 지수 의존성 함수이다.

$$K \propto \exp(-\Delta G/RT) \tag{2.9}$$

$$\propto \exp(-\Delta H/RT)\exp(\Delta S/R) \tag{2.10}$$

$$= \text{상수} \times \exp(-\Delta H/RT) \tag{2.11}$$

식 2.8과 식 2.11을 결합하면,

$$N_V = \text{상수} \times N\exp(-\Delta H/2RT) \tag{2.12}$$

여기서 ΔG, ΔH, ΔS는 각각 1몰의 결함이 생성되는 과정의 자유 에너지, 엔탈피, 엔트로피 변화이다. 위에 유도된 관계는 Schottky 결함의 평형 농도가 온도에 따라 지수 의존성으로 증가하며, 주어진 온도에서 결함의 생성 엔탈피 ΔH가 작을수록 Schottky 결함의 농도가 높아짐을 가리킨다.

금속과 같은 단일 원자 결정에 대해서도 유사한 관계 표현이 유도될 수 있다. 식 2.5–2.7이 단순화되어 아래 식이 얻어지는데,

$$N_V = NK \tag{2.13}$$

이 경우 한 종류의 빈자리만이 존재하므로 최종 결과는 식 2.12의 지수 항에서 2가 제거된 형태가 된다.

Frenkel 결함

AgCl에서 Frenkel 결함의 평형은 Ag^+ 이온이 격자 점으로부터 빈 틈새자리로 이동하는 과정에 관계되며, 다음 식으로 나타낼 수 있다.

$$\mathrm{Ag_{Ag}} + V_{\mathrm{i}} \rightleftharpoons \mathrm{Ag}^{\bullet}_{\mathrm{i}} + V'_{\mathrm{Ag}} \tag{2.14}$$

여기서 V_i와 $Ag_i^{\bullet}$는 각각 비어 있는 틈새자리와 채워진 틈새자리를 나타낸다. 평형 상수는 다음과 같다.

$$K = \frac{[Ag_i^{\bullet}][V'_{Ag}]}{[Ag_{Ag}][V_i]} \tag{2.15}$$

완벽한 결정에서 격자 점이 N개이고 점유된 틈새자리가 N_i개라 하면,

$$[V'_{Ag}] = [Ag_i^{\bullet}] = N_i \tag{2.16}$$

$$[Ag_{Ag}] = N - N_i \tag{2.17}$$

대부분의 구조에서,

$$[V_i] = \alpha N \tag{2.18}$$

바꿔 말해, 결함 형성에 기여할 수 있는 틈새자리 개수는 전체 격자 자리의 개수와 단순 연관된다. 암염 구조 AgCl의 경우, Cl의 *ccp* 격자가 형성하는 팔면체 자리를 Ag^+ 이온이 채우는 한편 사면체 자리가 비어 있다. 따라서 사면체 자리가 틈새 역할을 하게 되는데 그 개수가 팔면체 자리(격자 점)의 2배이므로 $\alpha = 2$이다. 식 2.15에 2.16−2.18을 대입하면,

$$K = \frac{N_i^2}{(N - N_i)(\alpha N)} \simeq \frac{N_i^2}{\alpha N^2} \tag{2.19}$$

식 2.9와 2.19를 결합하면,

$$[V'_{Ag}] = [Ag_i^{\bullet}] = N_i = N\sqrt{\alpha}\exp(-\Delta G/2RT) \tag{2.20}$$

$$= \text{상수} \times N\exp(-\Delta H/2RT) \tag{2.21}$$

Frenkel 결함과 Schottky 결함에서 공통적으로 지수 항에 배수 인자 2가 포함되는데(식 2.21, 2.12), 이는 결함 1개당 2개의 결함 요소가 관여되기 때문이다. 즉, Schottky 유형은 이온 빈자리 2개가, Frenkel 유형은 빈자리 1개와 틈새 원자 1개가 결함 1개를 구성한다. 따라서 각 경우에 결함 생성의 전체적인 ΔH는 두 생성 엔탈피 성분의 합에 해당한다.

그림 2.4는 AgCl에서 실험적으로 얻어진 Frenkel 결함의 양을 나타낸다. 도표에서 로그 간격이 이용된 것은 결함의 양이 아레니우스(또는 볼츠만) 관계식을 따르기 때문이다. 즉, 식 2.21의 대수 로그를 취하면,

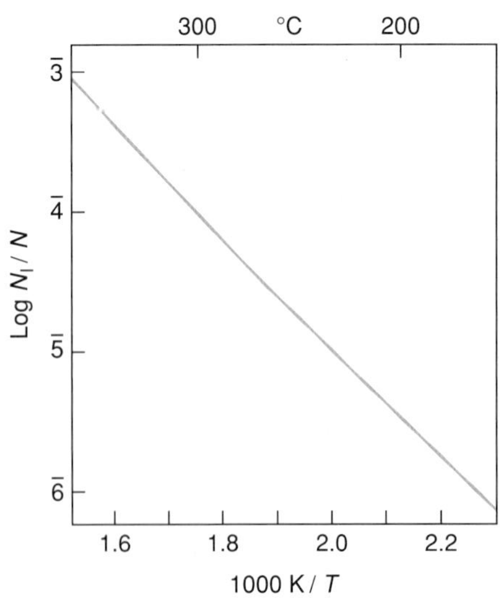

그림 2.4 AgCl에서 온도에 따른 Frenkel 결함 농도. Reproduced with permission from Abbink and Martin, J. Phys. Chem. Solids, 27, 205, ©1966 Elsevier.

$$\log_{10}(N_i/N) = \log_{10}(\text{상수}) - (\Delta H/2RT)\log_{10} e \tag{2.22}$$

따라서 $\log_{10}(N_i/N)$을 $1/T$에 대해 도시하면 기울기가 $-(\Delta H \log_{10} e)/2R$인 직선이 얻어지게 된다. AgCl에 대한 실험 자료를 아레니우스 관계와 비교하면 고온 영역에서 약간의 벗어남이 뚜렷이 관찰되지만 대체로 잘 일치한다. 그림 2.4에서 고온 영역의 미세한 굴곡을 무시하면 빈자리와 틈새 원자의 수는 온도 상승과 함께 급격히 증가한다. AgCl의 녹는점(456 °C)보다 약간 낮은 온도에서 Frenkel 결함의 평형 농도는 0.6%로 추산되는데, 이는 Ag^+ 이온 중 약 1/200만큼이 팔면체 자리 격자 점을 이탈하여 사면체 자리 틈새를 점유한 것에 해당한다. 이 값은 대다수 이온성 결정들이 용융 직전에 함유하는 결함(Frenkel 또는 Schottky 유형) 농도에 비해 수십 내지 수백 배 더 높다. AgCl에서 Frenkel 결함의 생성 엔탈피는 ≈1.35 eV(130 kJ mol^{-1})이고 NaCl에서 Schottky 결함의 생성 엔탈피는 2.3 eV(≈220 kJ mol^{-1})이다. 이 값들은 이온성 결정의 전형적 범위에 해당한다.

그림 2.4에서 고온 영역의 거동이 직선성을 벗어나는 것은 반대 전하의 점 결함들 사이에 원거리 **Debye–Hückel 인력**이 작용하기 때문이다. 즉, AgCl에서 빈자리 결함과 틈새자리 원자 간 인력이 결함의 생성 에너지를 다소 감소시킴으로써 결함의 양을 증가시킬 수 있다. 이러한 영향은 고온에서 특히 두드러지게 된다.

2.2.3 색 중심(color center)

F-중심[1]은 가장 잘 알려진 색 중심의 예이며, 그림 2.5에 나타낸 바와 같이 음이온 빈자리에 전자가 포착된 상태이다. F-중심은 알칼리 할로젠화물을 알칼리 금속의 증기 하에서 가열함으로써 얻어낼 수 있다. NaCl을 Na 증기에서 가열하면 Na를 흡입하여 녹황색의 비양론 상, $Na_{1+\delta}Cl(\delta \ll 1)$이 된다. 세부 과정으로 Na 원자가 NaCl에 흡수된 후 결정 표면에서 이온화하고, 그 결과 생긴 Na^+ 이온들은 결정 표면에 머무르지만 전자는 결정 내로 확산하여 음이온 빈자리 공간을 차지한다. 동시에 전하 균형을 위해 같은 수의 Cl^- 이온이 표면으로 이동해야 한다. 이처럼 포획된 전자는 고전적인 '상자 속 전자'의 실험적 예를 제공하며, 일련의 불연속적 에너지 준위를 갖는다. 이 준위들 간의 전이 에너지는 가시광선 영역 대이며 나아가 F-중심의 색깔을 결정짓는다. F-중심의 전자 에너지, 또한 관찰되는 색은 전자의 출처에 무관하고 바탕 결정의 속성에 의존한다. 따라서 NaCl을 K 증기에서 가열하여도 Na 증기에서 가열하는 것과 마찬가지로 노란색의 F-중심이 얻어진다. 반면 KCl을 K 증기에서 가열하면 보라색의 F-중심이 얻어진다.

F-중심을 만들어내는 또 다른 방법은 고에너지 복사파를 쪼이는 것이다. X-선 회절(5장 참조)에서 사용되는 기본 세기의 X-선 포격만으로도 NaCl 분말이 녹황색을 띠게 할 수 있다. 이 경우에도 역시 포획된 전자에 의해 색깔이 나타나지만, Na 과잉의 비양론에 의한 것은 아니고, 대신 Cl^-의 이온화에서 비롯한 것으로 보는 것이 그럴싸하다.

F-중심은 단일 전자의 포획 상태이기 때문에 홀스핀에 의한 전자 상자기 모멘트를 갖는다. 전자 스핀 공명(ESR) 분광법(6장 참조)은 홀스핀의 탐지에 유용하며, 색 중심을 연구하는 데 있어서도 매우 강력한 기법이다.

Cl Na Cl Na Cl
Na Cl Na Cl Na
Cl Na e Na Cl
Na Cl Na Cl Na
Cl Na Cl Na Cl

그림 2.5 F-중심, 음이온 빈자리에 속박된 전자.

1) 독일어 farbenzentre에서 유래된 용어.

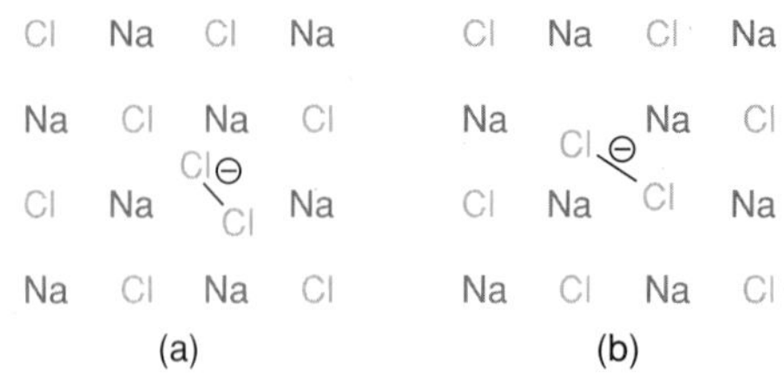

그림 2.6 NaCl에서 (a) H-중심과 (b) V-중심.

알칼리 할로젠화물 결정에서는 다른 유형의 색 중심들 또한 다수 발견된 바 있다. 그림 2.6은 그 중 두 가지, H-중심과 V-중심을 나타낸다. 이 둘은 모두 염소의 분자 이온 Cl_2^-을 함유한다. 하지만 H-중심의 Cl_2^- 분자가 하나의 Cl 자리를 차지하는 데 비해 V-중심에서는 두 개의 Cl 자리에 걸쳐 있다. 또한 두 경우 모두 Cl_2^- 분자의 결합 축은 NaCl 결정의 ⟨101⟩ 방향에 평행하다. V-중심은 NaCl을 X-선으로 쪼일 때 생겨나는데, 그 세부 과정에서 Cl^-가 Cl로 이온화한 후 이웃한 Cl^-에 공유 결합하는 것으로 여겨진다. 그 외에 알칼리 할로젠화물에서 발견된 결함 중심들은 다음과 같다.

(ㄱ) F′-중심: 한 개의 음이온 빈자리에 두 개의 전자가 포획
(ㄴ) F_A-중심: F-중심의 일종이며 둘러싼 6개의 +1가 양이온 중 1개가 이질적
(ㄷ) M-중심: 인접한 F-중심 두 개의 짝지음
(ㄹ) R-중심: 인접한 F-중심 세 개가 (111) 면에 놓인 묶음
(ㅁ) M^+, R^+, R^-: 이온화되거나 전하를 띤 뭉치 중심

2.2.4 비양론적 결정에서 빈자리와 틈새자리: 외인성 결함과 내인성 결함

Schottky 결함과 Frenkel 결함은 양론적 결정에서도 늘 존재하는 내인성 결함이다. 이와 달리 조성의 변화와 함께 발생하는 결함을 외인성이라 한다. 순수한 결정이 이원자가(aliovalent) 불순물로 혼입될 때, 즉 혼입 치환에 관여되는 원자의 원자가(valence)가 다른 경우에도 외인성 결함이 발생한다. 예를 들어 NaCl에 $CaCl_2$가 혼입되면 화학식 $Na_{1-2x}Ca_x(V_{Na})_xCl$의 결정이 얻어진다. 이러한 결정에서 Cl^-의 *ccp* 배열은 그대로 보존되지만 팔면체 틈새에는 Na^+, Ca^{2+} 이온과 V_{Na}가 혼재한다. NaCl의 Ca^{2+} 혼입은 결과적으로 양이온 빈자리를 증가시킨다. Schottky 쌍과 같이 열적으로 생성된 내인성 결함과 달리 외인성 결함의 양은 불순물 함량에 의존한다.

결함 농도가 묽은(≪1%) 결정에서는 질량 작용 법칙이 적용될 수 있다. 앞서 살펴본 바와 같이 Schottky 결함 생성의 평형 상수 K는 양이온 빈자리와 음이온 빈자리의 농도 곱에 비례한다(식 2.5).

$$K \propto [V_{Na}][V_{Cl}]$$

한편 NaCl에 Ca^{2+}와 같은 불순물을 소량 더하여도 K는 거의 달라지지 않는다. 따라서 $[Ca^{2+}]$가 증가할 때 양이온 빈자리 농도는 증가하고 음이온 빈자리 농도는 감소하게 된다.

결정에 대한 이원자가 혼입과 물질 전달(mass transport)의 이론적 연구, 전기 전도도 측정을 병행하는 것은 점 결함 평형을 연구하는 매우 강력한 접근법이다. NaCl에서 물질 전달은 빈자리의 이동에 의해 일어난다. 실제로 일어나는 현상은 빈자리에 인접한 이온이 빈자리로 이동하면서 원래의 자리를 비우는 것이지만 겉보기로는 빈자리의 이동으로 취급할 수 있다. 온도와 결함 농도에 대한 전도도의 의존성을 분석함으로써 결함의 생성 엔탈피와 이동 엔탈피와 같은 열역학적 함수가 결정될 수 있다. 보다 상세한 내용이 8장에서 다루어진다.

2.2.5 결함 뭉치(cluster) 또는 응집

고분해능 전자 현미경 등의 분석 장비와 전산 모사 기법의 진보는 결함에 대한 보다 세밀한 연구를 가능

케 했고, 점 결함들이 종종 복잡한 군집 형태로 존재함을 밝혀냈다. 예를 들어 *fcc* 구조의 금속에 존재하는 틈새 결함 원자를 고려해 보자. 틈새 원자가 원래 구조를 크게 변형시키지 않는다고 가정하면, 틈새 원자가 차지할 수 있는 자리로는 사면체 틈새와 팔면체 틈새 두 가지만이 있다. 그러나 최근의 연구 결과들은 틈새 원자에 의해 주변 바탕 격자 배열이 다소 흐트러짐을 가리킨다. 한 예로 그림 2.7은 틈새 원자를 갖는 Pt 결정을 보여 준다. 틈새자리의 Pt는 팔면체 구멍을 차지하는 대신 면심을 향해 약 1 Å만큼 이동해 있고, 이와 함께 원래 면심에 놓여 있던 Pt 원자 역시 [100] 방향으로 이동되어 있다. 따라서 Pt에서의 틈새 결함은 두 개의 원자로 구성되며 둘 모두 뒤틀린 틈새자리에 놓여 있다. 이러한 결함 복합체는 **갈라진 틈새**(split interstitial) 또는 **아령 틈새**(dumb-bell-shaped interstitial)로 불린다.

α-Fe와 같은 *bcc* 결정에서도 갈라진 틈새 결함이 유사하게 존재한다. *bcc* 결정에서 틈새 원자가 채워질 '이상적' 자리는 입방체의 면심이겠으나, 실제 틈새 원자의 위치는 한 꼭짓점을 향해 이동해 있다. 이와 함께 해당 꼭짓점의 원자 역시 [110] 방향, 즉 면대각 방향으로 이동해 있다(그림 2.8).

알칼리 할로젠화물에서 틈새 결함의 구조는 명확하지 않다. 알칼리 할로젠화물에서는 Schottky 결함이 주종을 이루지만, 소량의 틈새 결함 또한 존재한다. 계산적 연구에 의하면, 어떤 물질에서는 왜곡되지 않은 틈새자리 결함이 선호되는 반면 다른 물질에서는 갈라진 틈새가 선호된다.

금속과 이온성 결정 두 경우 모두에 빈자리 결함의 존재는 주변 환경의 구조 이완을 일으킨다. 금속에서는 빈자리를 둘러싼 원자들이 안쪽으로 약간 이완함으로써 빈자리를 더 작게 만든다. 반면, 이온성 결정에서는 정전기적 힘의 불균형에 의해 빈자리를 둘러싼 이온들이 바깥쪽으로 이완한다.

이온성 결정의 빈자리는 전하를 띠기 때문에 반대 전하를 띠는 것들끼리 서로 이끌려 뭉치를 이룰 수 있다. 가장 작은 크기의 뭉치는 양이온 빈자리/음이온 빈자리의 쌍, 또는 이원자가 불순물(예를 들어 NaCl에서 Cd^{2+})/양이온 빈자리의 쌍이 될 것이다. 이들은 전체적으로는 전기적 중성이지만 이중극성을 갖기 때문에 다른 뭉치들과 회합하여 더 큰 크기로 확대될 수 있다.

결함 계 중 가장 많이 연구되어졌고 또한 잘 정립되어진 예는 **wüstite**, $Fe_{1-x}O$$(0 \le x \le 0.1)$이다. 화학양론적인 FeO는 암염 구조를 갖고, Fe^{2+}가 팔면체 환경을 취한다. $Fe_{1-x}O$의 밀도 측정 결과는 이 물질의 비양론 속성이 잉여 산소가 아닌 철의 결핍에서 비롯함을 가리킨다. 점 결함의 기본 속성들을 고려할 때, 비양론적 $Fe_{1-x}O$의 구조식은 $Fe^{2+}_{1-3x}Fe^{3+}_{2x}V_xO$로 표현되고, Fe^{2+}, Fe^{3+}, V_{Fe}가 *ccp* 음이온 배열의 팔면체

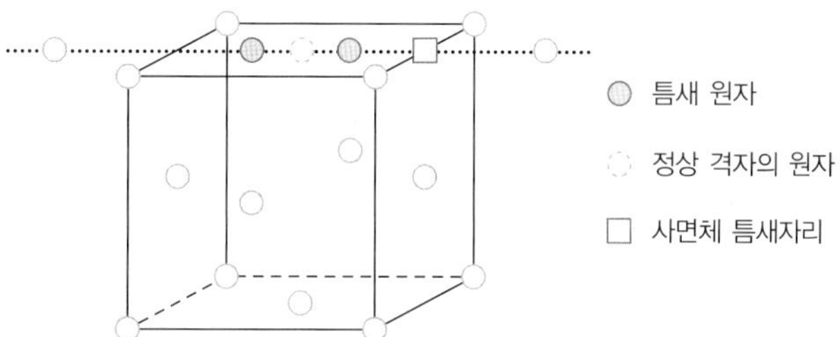

그림 2.7 *fcc* 금속에서 갈라진 틈새 결함.

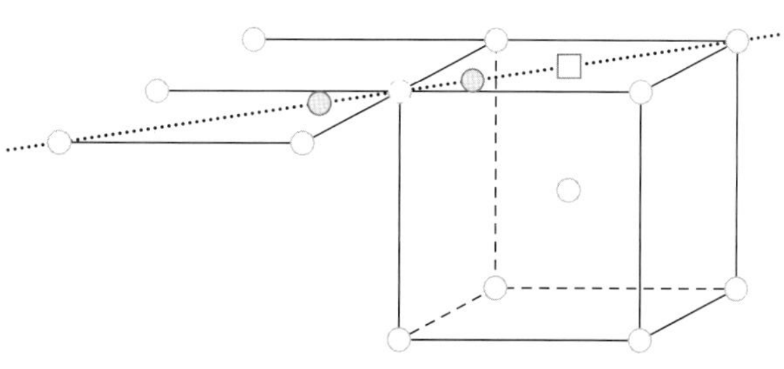

그림 2.8 *bcc* 금속(예: α-Fe)의 틈새 갈라짐. 기호의 의미는 그림 2.7과 동일.

틈새에 무작위 배열된다고 생각할 수 있다. 그러나 $Fe_{1-x}O$에 대한 중성자/X-선 회절 연구들은 이 물질의 실제 결함 구조가 단순 예상과 상당히 다름을 보여 주었다. 단적으로 Fe^{3+} 이온은 사면체 틈새에 놓여 있고 결함 뭉치가 뚜렷이 형성되어 있다.

그림 2.9는 wüstite 내의 결함 뭉치 형태로 가능성이 있는 한 가지이며, 이른바 **Koch 뭉치**로 알려져 있다. Koch 뭉치에서 산소 음이온은 *ccp* 배열을 유지하지만, 암염 구조 단위세포 범위의 모든 양이온 자리가 뭉치에 관여된다. 12개의 모서리 중심과 체심의 팔면체 자리는 모두 비어 있고, 8개의 사면체 자리 중 4개가 Fe^{3+} 이온으로 채워져 있다. 즉, Koch 뭉치는 13개의 Fe^{2+} 빈자리와 4개의 Fe^{3+} 틈새 이온으로 구성되어 -14의 알짜 전하를 갖는다. 나머지 Fe^{3+} 이온들은 Koch 뭉치 주변의 팔면체 자리에 분포되어 국부 전하 중성이 유지되도록 한다. 조성의 x 값이 증가할수록 Koch 뭉치의 농도가 증가하여 뭉치 간 평균 거리가 감소하게 된다. 중성자 확산 산란(diffuse scattering) 기법으로 얻어진 실험적 증거들은 wüstite 내 뭉치의 규칙 배열로 **초격자**(superstructure)가 형성됨을 가리킨다.

잘 규명된 결함 계의 또 다른 예는 과잉 산소를 갖는 이산화 우라늄 UO_{2+x}이다. X-선 회절은 가장 보편적인 고체 분석 기법의 하나이지만 산화 우라늄에서 산소의 위치 정보를 알아내는 데에는 거의 유용성이 없다. 이에 비해 중성자 회절은 매우 강력한 대안으로 활용될 수 있다. 양론적 UO_2는 형석 구조를 갖는데, 비양론적 UO_{2+x}에서 틈새자리의 산화 이온들은 그림 2.10에 나타낸 바와 같이 뭉치를 형성한다. UO_2에서 O^{2-} 이온은 단순 입방 배열되며 U^{4+} 이온은 O^{2-} 입방체의 중심을 번갈아 채운다. 이때 양이온이 채워지지 않은 O^{2-} 입방체 중심은 주요한 틈새자리가 된다. 물론 UO_{2+x}에서의 틈새 이온이 O^{2-}이므로 위의 틈새자리(O_8 입방체 중심)에 정확히 놓일 수 없고, 대신 위의 체심으로부터 [110] 방향을 따라 모서리 중심을 향해 이동한다. 틈새 이온의 이동에 의해 인접하게 된 두 개의 O^{2-} 이온 각각은 비어 있는 이웃 체심을 향해 [111] 방향을 따라 이동한다. 따라서 최초 생성된 한 개의 틈새 원자가 3개의 틈새 원자와 두 개의 빈자리로 이뤄진 뭉치로 확장되게 된다.

결정의 결함 구조를 정확히 밝혀내는 데에는 어느 정도 한계가 있을 수밖에 없다. 구조 분석에 흔히 이용되는 회절 기법은 그 선원 종류를 막론하고 결정의 **평균 구조**(*average* structure)를 측정한다는 원리 속성이 있다. 화학적 순도가 높고 결함 농도가 낮은 결정의 경우 측정된 평균 구조가 실제 구조에 매우 근접할 테지만, 비양론적이고 결함 농도가 높은 결정에 대해 표현된 평균 구조는 결함 부근의 실제 구조와 크게 다를 수 있다. 결함 구조를 탐지하기 위한 기법은 국부 범위의 원자 배열과 결합에 대해 민감해야 하며, 그 한 부류로 분광학적 기법(6장 참조)들이 있다. 예를 들어 불순물 원자 결함이 분광 활성을 갖는 경우 그 위치를 결정하는 것이 가능하다. 그러나 대상 원자의 최인접 배위구 이상으로 확대된 범위에 대해서는 분자 분광 기법을 통한 구조 정보 수집이 용이하지 않다. 즉, 매우 넓은 범위의 평균 구조나 매우 좁

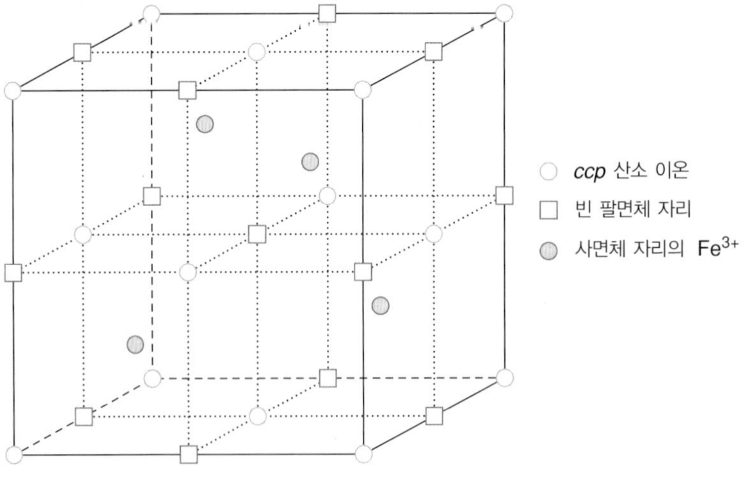

그림 2.9 Wüstite, $Fe_{1-x}O$에 존재하는 것으로 여겨지는 Koch 뭉치.

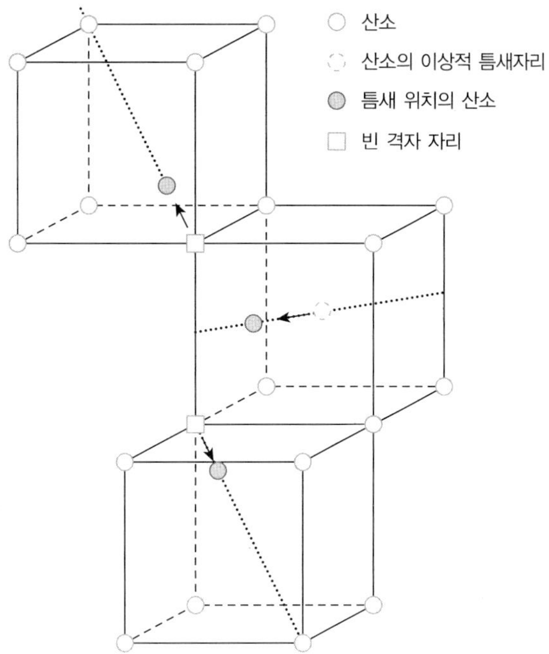

그림 2.10 UO_{2+x}의 틈새 결함 뭉치. 우라늄은 번갈아 나타나는 입방체 중심에 놓임(그림에 미표시).

은 범위의 국부 구조를 조사하는 것이 가능한 반면 중간 영역, 특히 5–20 Å의 거리 차원에 적용될 수 있는 분석법은 매우 드물다. 이러한 구조 정보에 대해서는 EXAFS 기법이나 PDF 기법이 적절할 것으로 기대되고 있다.

2.2.6 원자의 자리 교환: 질서–무질서 배열

어떤 결정성 물질에서는 원자 간 자리 맞바꿈이 일어난다. 이러한 현상은 두 종류 이상의 원소들이 각각 특정한 위치에 배열되어 형성한 합금, 또는 두 종류 이상의 양이온이 각각 특정한 위치에 배열된 이온성 구조에서 빈번히 나타난다. 자리 교환에 관여한 원자들이 많고, 또한 그 수가 온도와 함께 뚜렷이 증가한다면, 이는 곧 질서–무질서 현상을 가리키는 것이다. 자리 교환이 충분히 많이 일어나 한계에 도달하면, 더 이상 원소 종류와 특정 위치를 연관 지을 수 없게 된다.

합금에서는 둘 이상의 서로 다른 금속이 하나 또는 둘 이상의 결정학적 위치 조합에 배열되어 있다. 그와 같은 합금은 **치환성 고용체**(substitutional solid solution)의 예가 된다. 합금에서 원자 배열은 무질서 또는 질서 상태로 나타날 수 있다. 무질서 배열 합금에서는 가능한 결정학적 위치(들)에 원자들이 무작위로 분포되고, 질서 배열 합금에서는 각기 다른 종류의 원자들이 제각각에 해당하는 위치에 놓인다. 질서 배열은 확장된 단위세포(supercell)의 형성을 수반하며 이는 XRD에서 추가적인 회절의 등장으로 확인된다. CuZn은 ~450 °C보다 낮은 온도에서 질서 배열된 **β'-놋쇠**(그림 2.11) 구조를 갖는다. β'-놋쇠의 구조는 CsCl과 유사하게 꼭짓점에 Zn, 중심에 Cu를 갖는 원시 입방 격자이다. β-놋쇠는 β'-형과 조성이 동일

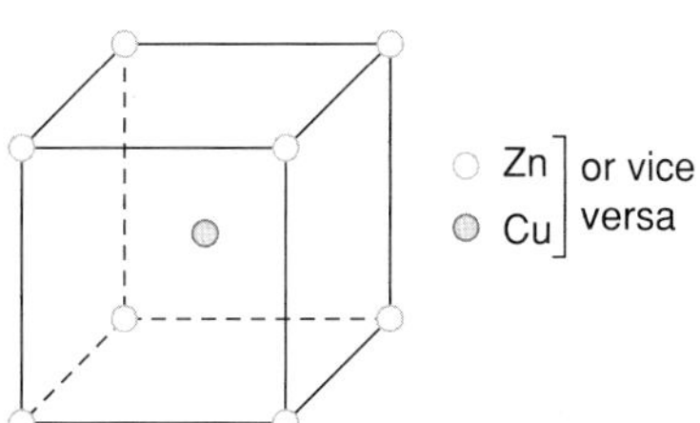

그림 2.11 질서 배열된 β'-놋쇠 CuZn의 원시 입방 단위세포.

하지만, Cu와 Zn이 무작위 배열되어 α-Fe와 같이 체심 입방 격자에 속한다. 2장 전반의 결함 논의와 맥을 같이 하여 강조되는 부분은 β'-놋쇠의 원거리 차원 배열 질서와 초격자가 유지된 채로 Cu/Zn의 자리 교환이 부분적으로 발생할 수 있다는 것이다. 이러한 원자 자리 교환은 완벽한 구조에서 소량의 결함이 발생하는 것과 다르지 않다.

스피넬은 비금속성 산화물 구조에서 일어나는 양이온 자리 교환의 좋은 예이다. 1장과 9장은 이에 대한 보다 자세한 내용을 담고 있다.

2.3 고용체(solid solution)

이상에서 화학양론적 결정의 내인성 결함 측면과 불순물/혼입물과 연관된 외인성 결함 측면을 살펴보았다. 후자의 경우 불순물은 결정 내 틈새를 채우거나 원 구조 내의 원자를 치환할 수 있다. 혼입물 농도가 일정 수준(~0.1−1%) 이상으로 증가한다면 해당 물질을 혼입물이라기보다 고용체로 부르는 것이 적절하겠으나, 실제 경우 두 용어는 혼용될 수 있다.

고용체는 조성이 임의 비율로 변할 수 있는 결정성 상이다. 혼입 결정과 마찬가지로 단순 고용체는 두 종류로 나뉜다. 치환성 고용체에서는 결정에 유입된 원자가 같은 전하의 원자를 일대일로 대체한다. 반면 **틈새 고용체**(interstitial solid solution)에서는 혼입된 원자가 원래 비어 있던 틈새자리를 채우고, 그 과정에서 결정으로부터 제거되는 원자는 없다. 이 두 가지 기본 유형을 출발점으로 보다 복잡한 고용체들이 다양하게 파생될 수 있다. 예를 들어 치환과 틈새 채움이 함께 일어나거나, 서로 다른 전하의 이온들이 혼입되면서 빈자리가 발생하는 경우들을 생각해 볼 수 있다. 먼저 두 가지 단순 유형, 즉 치환성과 틈새형 고용체를 자세히 논하도록 하겠다.

2.3.1 치환성 고용체

이 부류의 한 예는 Al_2O_3와 Cr_2O_3를 고온에서 반응시켜 얻어낸 일련의 산화물 군이다. 두 말단 조성은 모두 강옥 구조이고(산소 음이온의 배열은 유사 *hcp*이고 양이온은 팔면체 자리의 $^2/_3$를 채운다), 고용체의 일반식은 $(Al_{2-x}Cr_x)O_3$: $0 \le x \le 2$로 적을 수 있다. x 값이 중간 범위일 때, Al^{3+}와 Cr^{3+} 이온은 Al_2O_3에서의 양이온(Al^{3+}) 자리에 무작위로 배열된다. 따라서 임의의 주어진 양이온 자리는 Al^{3+}나 Cr^{3+} 이온으로 채워지고, 그 이온이 어떤 종류일 것인지의 확률은 조성 x에 따라 정해진다. 구조 전체를 단순화하여 양이온 자리들이 평균화된 점유 상태를 갖는다고 간주한다면, 각각의 양이온 자리가 가상적 '평균 양이온'으로 채워졌다고 간주할 수 있다. 이때 평균 양이온은 원자 번호, 크기 등의 성질에 있어 Al^{3+}와 Cr^{3+}의 중간 값을 갖는 것으로 취급된다.

$(Al_{2-x}Cr_x)O_3$는 치환성 고용체의 단순 사례를 제공할 뿐만 아니라 혼입물이나 고용체 형성에 의해 물리적 성질이 매우 크게 달라질 수 있음을 보여 준다. Al_2O_3가 백색의 절연성 고체인 데 비해, Al^{3+}를 소량의 Cr^{3+} 이온($< 1\%$)으로 치환하면 밝은 적색이 된다. 이 혼입물은 보석광물 루비(ruby)이며 레이저의 작용 원리를 최초로 입증하는 데 이용된 물질이다. 루비에서는 불순물의 농도 수준이 낮음에도 그 효과가 특이할 정도로 크다. 더욱 놀라운 점은 Cr^{3+} 함량이 일정 수준 이상이 되면 루비 적색과 레이저 작용이 사라진다는 것이다. Cr^{3+}의 농도가 높을 때 고용체는 Cr_2O_3와 비슷하게 녹색을 띤다.

단순한 치환성 고용체가 어느 정도 잘 형성되기 위해서는 몇 가지 요건이 충족되어야 한다. 우선, 치환에 관여되는 이온들이 같은 전하를 가져야 한다. 그렇지 않을 경우, 전기적 중성을 위해 빈자리나 틈새 원자와 같은 부가적 구조 변화가 동반되어야 한다. 이러한 사례들은 뒷부분에서 논의될 것이다.

둘째, 치환에 관여된 이온들이 엇비슷한 크기를 가져야 한다. 금속 합금에 대한 실험 결과들을 검토할 때 치환성 고용체가 충분히 넓은 조성 범위에 걸쳐 형성되기 위해서는 치환 상대 원자들 간의 반경 차이가 15% 이내이어야 하는 것으로 나타났다. 비금속성 고용체에서는 치환을 허용하는 반경 차이 한계가 15%보다 큰 것으로 여겨지지만 그 한계 값을 정확히 지정하기 어렵다. 이는 이온성 고체에서 이온 반경을 정확히 산출하기 어려울뿐더러 고용체 형성의 온도 의존성이 매우 크기 때문이다. 즉, 고온에서는 고용체가 넓은 조성 범위에서 잘 형성될지라도 저온에서는 고용체 현상이 매우 제한적이거나 전혀 일어나지 않을 수도 있다.

고온에서 고용체 형성이 유리해지는 점은 단순한 열역학적 관점으로 설명이 가능하다. 고용체가 안정하기 위해서는 고용체의 자유 에너지가 구성물 조성의 단순 혼합물보다 낮아야 한다. 자유 에너지는 식 2.2에 따라 엔탈피와 엔트로피의 구성 요소를 포함한다. 고용체 형성의 엔탈피와 엔트로피 측면을 고려해 보자. 고용체에서는 두 종류 양이온이 결정 구조 내에서 무작위로 배열되므로 두 말단 조성의 단순 혼합에 비해 엔트로피가 훨씬 더 크다. 즉, 엔트로피 요소는 언제나 고용체 형성을 선호하는 방향으로 기여한다. 엔탈피 요소는 고용체 형성을 선호할 수도, 그렇지 않을 수도 있다. 고용체의 형성 엔탈피가 음의 부호라면 고용체 형성은 엔탈피와 엔트로피 항 모두에 의해 선호되므로, 모든 온도 범위에서 고용체가 안정하다. 하지만 형성 엔탈피가 양의 부호라면 엔탈피와 엔트로피 요소가 서로 상반되게 작용한다. 저온에서는 엔탈피 항(ΔH)이 엔트로피 항($-T\Delta S$)보다 우세하여 자유 에너지의 부호를 결정짓는다. 즉, $\Delta G>0$이고 고용체 형성이 미미하다. 반면 온도가 상승함에 따라 $T\Delta S$의 크기가 증가하여 ΔH를 충분히 보상하게 된다. 따라서 고온으로 갈수록 고용체의 형성은 언제나 용이해진다.

다음으로 고용체 형성에서 서로 치환 가능, 혹은 불가능한 이온들의 예를 보겠다. 이온의 크기 비교를 위해서는 일관된 체계에 따라 산정된 반경 값을 참조해야 하며, Shannon과 Prewitt에 의해 정리된 이온 반경 목록[2)]을 이용하는 것이 보편적이다. 산화 이온 O^{2-}의 반경을 1.26 Å으로 할 때, +1가 양이온들 몇몇의 6배위 반경(Å)은 다음과 같다: Li 0.88, Na 1.16, Ag 1.29, K 1.52, Rb 1.63, Cs 1.84. K/Rb와 Rb/Cs 짝들은 15% 이내의 반경 차이를 갖고 실제로 고용체를 잘 형성한다. K^+는 Na^+에 비해 약 30% 더 크다. Na와 K의 염들은 간혹 고용체를 형성하며 특히 고온에서(예를 들어, 600 °C에서 NaCl과 KCl) 더 쉽게 형성된다. 한편 Li^+와 K^+의 크기 차이는 매우 큰 편이며 이들 간의 고용체 치환은 거의 일어나지 않는다. Ag^+의 크기는 Na^+와 비슷하여 이들의 염 사이에는 고용체 형성이 흔하다.

몇몇 +2가 이온들의 6배위 반경(Å)은 다음과 같다: Mg 0.86, Ca 1.14, Sr 1.30, Ba 1.50, Mn 0.96 (고스핀), Fe 0.91 (고스핀), Co 0.88 (고스핀), Ni 0.84, Cu 0.87, Zn 0.89, Cd 1.09. +2가의 전이 금속들(Mn ⋯ Zn) 간에는 상호 치환에 의한 고용체가 잘 얻어지는데 이들의 반경 사이에는 큰 차이가 없다. Mg 역시 위의 전이 금속들과 고용체를 잘 이루는데, 그 크기가 비슷하기 때문에 가능한 결과이다. 이와 달리 Ca는 +2가 전이 금속들에 비해 20–30% 더 크며, 고용체를 잘 형성하지 않는다. 유사한 비교를 +3가 이온들에 대해서도 적용할 수 있다. 크기가 비슷한 Al^{3+}, Ga^{3+}, Fe^{3+}, Cr^{3+}(0.67–0.76 Å) 이온들 간에, 또한 +3가 란탄족 이온들(0.99–1.20 Å) 간에는 상호 치환이 흔히 일어난다.

요약하여, 크기가 비슷한 이온들(예를 들어 Zr 0.86, Hf 0.85 Å)은 상대 이온을 쉽게 치환하고 모든 온도 조건에서 안정한 고용체를 광범위하게 형성한다 – 비슷한 크기의 이온들이 격자 내에서 혼합될 때 엔탈피 변화는 그다지 크지 않고, 따라서 엔트로피 증가가 고용체 형성에 주된 동력을 제공하게 된다. 이온의 크기 차이가 15–20%에 달할 경우 고용체 형성 엔탈피는 양의 부호일 것이고, 따라서 고용체는 엔트로피 항이 충분히 커지는 고온에서만 형성된다. 나아가 이온 크기 차이가 30% 이상이라면 고용체 형성을 기대하기 어렵다.

고용체 형성 여부를 예측할 때 고려되는 중요한 요소는 두 말단 조성이 갖는 결정 구조이다. 전체 조성 범위에 대해 고용체가 이루어지려면 말단 조성이 같은 구조 유형을 가져야 한다. 그렇다 하여 위 서술의 역이 반드시 성립하는 것은 아니다. 예를 들어 LiF와 CaO는 공통적으로 암염 구조를 갖지만 서로 간에 고용체를 형성하지 않는다.

$(Al_{2-x}Cr_x)O_3$ 고용체는 모든 조성 범위($0\le x\le 2$)에 걸쳐 형성되는 사례이지만, 대다수의 고용체 계는 부분적, 제한적 조성 범위만을 갖는다. 후자의 경우 말단 조성들이 등구조 관계가 아닌 상황이 많다. 예

2) R. D. Shannon, C. T. Prewitt, Acta Cryst. **B25** (1969), 925; R. D. Shannon, Acta Cryst. **A32** (1976), 751.

를 들어 감람석 Mg_2SiO_4와 규산아연석(willemite) Zn_2SiO_4는 서로 다른 구조를 갖지만, 각각 상대 조성을 약 20%까지 수용하여 고용체를 형성할 수 있다. 감람석 고용체 $Mg_{2-x}Zn_xSiO_4$에서 팔면체 중심 이온 Mg^{2+}의 일부는 Zn^{2+}로 치환된다. 반면 규산아연석 고용체 $Zn_{2-x}Mg_xSiO_4$에서는 사면체 배위된 Zn^{2+}의 일부를 Mg^{2+}가 치환한다. 이러한 고용체들이 가능한 것은 Mg^{2+}와 Zn^{2+}의 크기가 비슷할 뿐만 아니라 두 이온 모두 팔면체 배위와 사면체 배위 환경에 안정화될 수 있기 때문이다.

어떤 이온들은 특정 대칭 환경이나 특정 배위수의 격자 자리를 뚜렷이 선호하는데 이러한 거동은 전이금속 이온들에서 자주 관찰된다. 한 예로 Cr^{3+}는 거의 언제나 팔면체 환경에서만 발견되며, 비슷한 크기의 Al^{3+}가 사면체 자리나 팔면체 자리 모두를 채우는 점과 대조된다. 이와 같은 자리 선호 경향은 경우에 따라 고용체 형성의 장애가 된다. $LiCrO_2$에서는 Cr^{3+}가 팔면체 배위 환경을 갖고 Al^{3+}에 의한 치환으로 고용체 $LiCr_{1-x}Al_xO_2$가 형성된다. 하지만 이 반대의 고용체 $LiAl_{1-x}Cr_xO_2$는 형성되지 않는다. $LiAlO_2$에서 Al^{3+}는 사면체 자리에 놓여 있고, 사면체 환경을 기피하는 Cr^{3+}가 치환할 수 없기 때문이다.

규산염과 저마늄산염은 같은 구조를 갖는 경우가 많고, $Si^{4+} \rightleftharpoons Ge^{4+}$ 치환에 의한 고용체 형성이 용이하다. 란탄족 이온들은 크기가 엇비슷하기 때문에 고용체 산화물을 유난히 잘 형성한다. 근대 화학에서 란탄족 금속의 분리 정제는 매우 어려운 작업에 속했는데, 이들 간에 매우 안정한 고용체가 형성되는 것이 그 원인이다.

AgCl−AgBr과 같이 음이온 조성을 바탕으로 한 치환성 고용체가 형성되기도 하지만, 양이온 고용체에 비하면 사례가 매우 적다. 이는 음이온들 중 크기와 배위 성향이 비슷한 짝들이 많지 않기 때문이다. 많은 합금들은 치환성 고용체에 해당한다. 예를 들어 놋쇠는 구리와 아연이 넓은 조성 범위에 대해 이루는 고용체 $Cu_{1-x}Zn_x$이다.

2.3.2 틈새 고용체

많은 금속들에서 작은 원자들(H, C, B, N, ⋯)이 결정의 빈 틈새를 채움으로써 틈새 고용체가 형성된다. 팔라듐(Pd) 금속은 대단히 많은 양의 수소(H_2) 기체를 흡수 차단할 수 있으며, 그 생성물로 틈새 고용체 $PdH_x(0 \le x \le 0.7)$가 형성된다. 여기서 H 원자는 *fcc* Pd 격자의 틈새자리를 채운다.

γ-Fe의 *fcc* 구조에서 팔면체 틈새를 탄소 원자가 채울 수 있으며, 이 결과 형성된 틈새 고용체는 강철 제조의 출발점으로서 기술적 중요성이 매우 크다. 탄소 원자는 γ-Fe에 '용해'되는 반면 α-Fe(*bcc*)에는 용해되지 않는다. 이러한 상이점은 틈새 고용체 형성의 구조적 속성을 잘 나타내는 예가 된다.

철은 세 가지 다형체로 존재한다: α-형(*bcc*, 910 °C 이하에서 안정), γ-형(*fcc*, 910−1400 °C에서 안정), δ-형(*bcc*, 1400 °C부터 녹는점 1534 °C까지 안정). γ-Fe는 틈새 탄소를 2.06 wt% 수준까지 수용할 수 있다. 반면 α-Fe와 δ-Fe는 각각 0.02 wt%, 0.1 wt%의 탄소 원자만을 용해시킬 수 있다.

γ-Fe는 *bcc* 다형체들에 비해 쌓임 조밀도가 더 높지만 틈새 공간의 크기는 더 크다(단, 그 개수는 더 적다). 그림 2.12는 두 다형체의 단위세포를 나타내며, 각각에서 팔면체 틈새 위치가 표시되어 있다. α-Fe

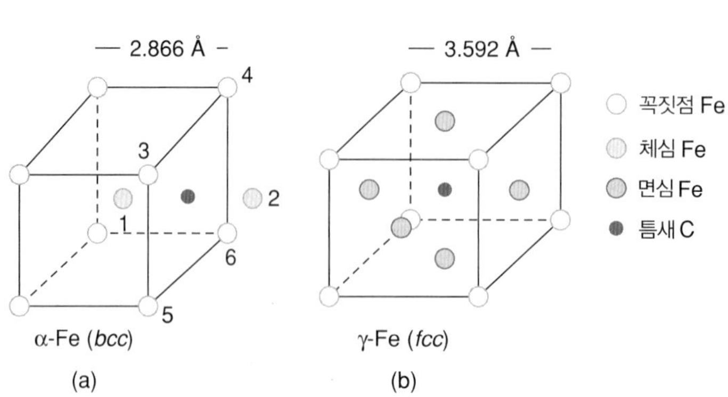

그림 2.12 (a) α-Fe와 (b) γ-Fe에서 탄소의 틈새자리. ➜ 앞의 컬러 그림 참조

는 입방체의 면심에, γ-Fe는 입방체의 체심에 팔면체 틈새를 갖는다. 두 경우에 대해 Fe−C 거리와 틈새 크기를 비교하면, γ-Fe 쪽이 더 크다는 것을 알 수 있다. 또한 다음 계산에서 드러나듯 α-Fe의 팔면체 공간은 상당히 찌그러진 형태이다. α-Fe의 격자 상수 $a = 2.866$ Å으로부터 그림 2.12(a)의 1, 2번 Fe와 C 사이의 거리는 $a/2 = 1.433$ Å이다. 이에 비해 나머지 4개의 Fe−C 거리는 $a\sqrt{2}/2 = 2.03$ Å이나 된다. γ-Fe(그림 2.12(b))에서는 틈새자리의 환경이 정팔면체이고 Fe−C 거리가 $a/2 = 1.796$ Å이다. 이 값은 상온에서의 거리이며 900 °C 부근에서는 이보다 약간 증가하여 화합물에서의 전형적인 Fe−C 거리 범위, 1.89−2.153 Å에 근접할 것으로 여겨진다. α-Fe에서는 두 개의 최단 Fe−C 거리(1.433 Å)가 지나치게 짧아 탄소 원자의 틈새 점유를 기대하기 어렵다.

2.3.3 복잡한 고용체 메커니즘: 이원자가 치환(aliovalent substitution)

이제까지 다뤄진 고용체들은 격자 자리 치환이나 틈새 채움에서 비롯되는 비교적 단순한 유형들이다. 틈새 고용체의 예들은 금속성 계에서 선택되어졌는데 FeC_x나 PdH_x로 고용체를 형성하면서 결합 속성이 다소 달라진다. 따라서 틈새 고용체의 형성은 등전하 이온들 간의 단순 치환에 비해 복잡한 면이 있다. 나아가 고용체에 대한 관점을 약간 다르고 넓게 확대하여 논의를 계속하겠다.

치환성 고용체는 크게 두 종류, 즉 **등원자가**(homovalent, isovalent) 치환과 **이원자가**(heterovalent, aliovalent) 치환으로 나뉜다. 등원자가 치환에서는 맞바꿔지는 이온들의 전하가 서로 같기 때문에 전기적 중성 유지를 위한 부가적 변화가 필요하지 않다. 이원자가 치환에서는 서로 다른 전하의 이온들이 맞바뀌지므로 전하 보상을 위한 변화가 함께 일어난다. 여기서 전하 보상은 빈자리 결함, 틈새 채움(**이온성 보상**(ionic compensation)), 또는 전자, 정공의 주입(**전자성 보상**(electronic compensation)) 등을 통해 이루어지며, 그림 2.13(a)는 이원자가 양이온 치환에 대한 이온성 보상 방법 4가지를 요약하여 나타낸 것이다. 이원자가 음이온 치환에 대해서도 유사한 방식의 묘사가 가능하겠으나, 그 사례가 훨씬 적다. 기본적으로 우리의 주요 논의 대상은 산화물이며, O^{2-}와 견줄만한 크기를 갖는 음이온이 F^-, N^{3-}뿐이기 때문이다.

2.3.3.1 이온성 전하 보상 메커니즘

1. 양이온 빈자리의 생성

대상 구조에 포함된 양이온을 그것보다 더 큰 전하의 양이온이 치환할 때, 그와 함께 양이온 빈자리가 생성될 수 있다. 예를 들어 NaCl은 소량의 $CaCl_2$를 용해시킬 수 있으며, 그 과정에서 2개의 Na^+ 이온이 한 개의 Ca^{2+} 이온과 한 개의 Na^+ 빈자리(V)로 대체된다. 이를 화학식으로 표현하면 $Na_{1-2x}Ca_xV_xCl$이 된다. 약 600 °C에서 실험적으로 파악된 고용체 범위는 $0<x<0.15$이고, Ca^{2+} 이온, 양이온 빈자리, Na^+ 이온은 암염 구조의 팔면체 자리에 무질서하게 배열된다. 그러나 실제 경우, Ca^{2+} 이온은 +1만큼의 과잉 전하를 갖고 Na^+ 빈자리는 −1의 유효 전하를 가지므로 이들 간 인력에 의한 국부 질서가 존재할 수 있다. 이는 Schottky 결함들이 쌍으로 회합하는 것과 유사한 거동이다.

고용체는 다양한 전하 조합 방식에 의해 무수히 많은 예로 형성될 수 있다. 스피넬 $MgAl_2O_4$에서 사면체 자리의 Mg^{2+}가 Al^{3+}로 치환되어 $Mg_{1-3x}Al_{2+2x}O_4$가 형성될 수 있다. 이때 $Mg^{2+}:Al^{3+}$의 치환 비는 3:2이고 x만큼의 사면체 자리 빈자리가 함께 생겨난다.

Li_2TiO_3는 고온에서 암염 구조를 가지며, Li^+와 Ti^{4+}가 *ccp* 산소 배열의 팔면체 자리에 무질서 배열되어 있다. 과량의 TiO_2 조건에서 고용체 $Li_{2-4x}Ti_{1+x}O_3$($0<x<\sim0.19$)가 형성될 수 있는데, 이 과정은 +1가, +4가 양이온의 맞바꿈과 Li^+ 이온의 빈자리 생성을 포함한다. Li^+와 Ti^{4+}의 전하 차이가 상당히 큼에도 불구하고 위의 고용체가 형성되는 것은 두 양이온들이 비슷한 크기의 팔면체 자리(금속−산소 거리 1.9−2.2 Å)를 채울 수 있기 때문이다.

광전자 재료로서 중요성을 띠는 $LiNbO_3$는 강옥에서 파생된 구조를 가지며 팔면체 자리의 $5Li^+ \rightleftharpoons Nb^{5+}$ 치환으로 고용체를 이룰 수 있다. 유사하게, Na^+는 Zr^{4+}와 비슷한 크기이고 서로 치환할 수 있어 고용체 $Na_{5-4x}Zr_{1+x}P_3O_{12}$($0.04<x<0.15$)를 이룬다.

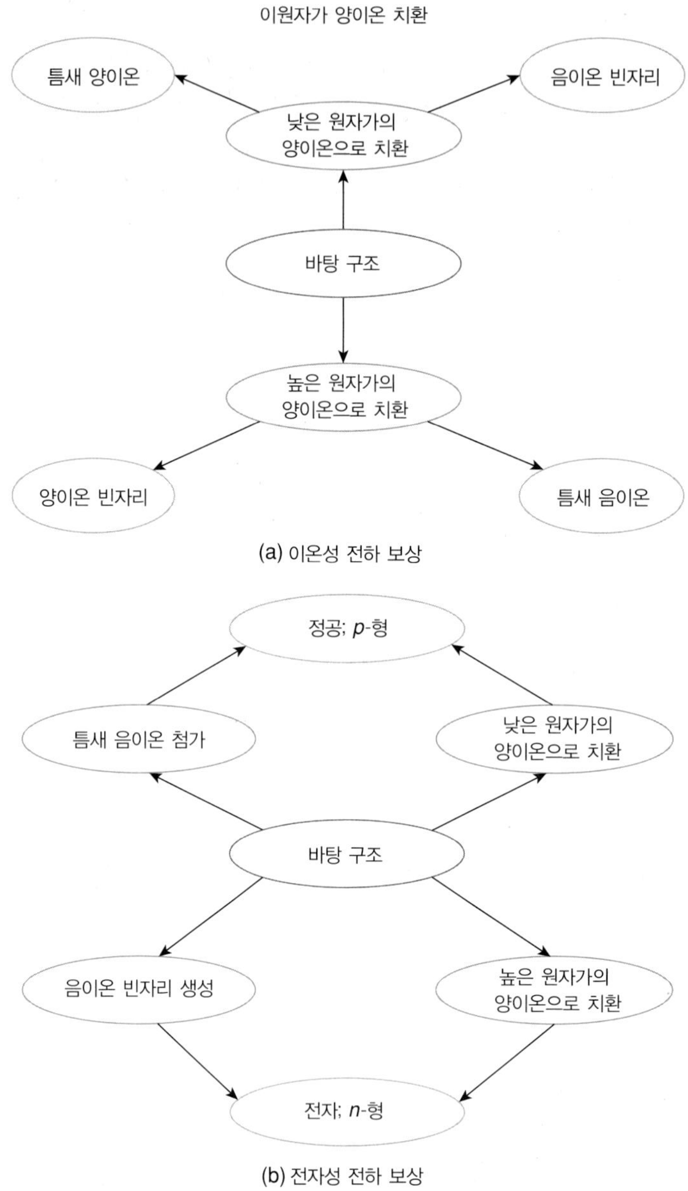

그림 2.13 이원자가 양이온 치환에 의한 고용체 메커니즘: (a) 이온성 전하 보상; (b) 전자성 전하 보상.

2. 틈새 음이온의 생성

더 높은 전하의 양이온이 낮은 전하의 양이온을 치환할 때, 이에 대한 전하 보상의 또 다른 방식은 틈새 음이온을 생성하는 것이다. 대부분의 구조가 음이온을 수용할만한 틈새를 갖지 않기 때문에 이 메커니즘의 사례는 몇몇 형석 구조 이외에는 매우 드물다. CaF_2는 소량의 YF_3를 용해시킬 수 있는데, 그 과정에서 양이온의 총 개수가 일정한 대신 틈새 위치의 F^-가 생성되어 $Ca_{1-x}Y_xF_{2+x}$를 이룬다. 이때 과잉의 F^-는 8개의 다른 F^- 이온으로 둘러싸인 입방체 중심에 놓인다(그림 1.30).

형석-관련 구조로서 과잉의 틈새 음이온을 함유하는 또 다른 구조는 UO_2이다. 산화 환경에서 형성되는 고용체 UO_{2+x}는 틈새 위치의 O^{2-}와 혼합 산화수의 U를 가져 $U^{4+}_{1-x}U^{6+}_xO_{2+x}$로 표현될 수 있다. 틈새 음이온 O^{2-}는 무질서 배열되기보다는 결함 뭉치를 형성한다(그림 2.10).

3. 음이온 빈자리의 생성

치환되는 양이온에 비해 치환하는 이온의 전하가 더 낮은 경우, 음이온 빈자리나 틈새 양이온을 생성함으로써 전하 보상을 이룰 수 있다. 음이온 빈자리 유형의 가장 잘 알려진 예는 ZrO_2를 위시한 형석 구조에서 나타난다. ZrO_2와 CaO가 형성하는 고용체는 $Zr_{1-x}Ca_xO_{2-x}$($0.1<x<0.2$)로 표현될 수 있다. 이 물질은 산업용 세라믹으로서, 또한 산소 전도도를 갖는 고체 전해질로서 현대 기술에서 중요한 위치를 차지한다(8장에서 부연됨).

4. 틈새 양이온의 생성

과잉의 양이온이 수용될만한 적절한 크기의 틈새가 구조 내에 존재하는 경우 이 메커니즘이 작용하기 쉽다. 다양한 유형의 '충진된 실리카(stuffed silica)' 상들은 이에 속하는 좋은 예이다. 실리카의 다형체들, 석영(quartz), 인규석(tridymite), 홍연석(cristobalite)에서 Si^{4+}의 일부가 Al^{3+}로 치환될 수 있고 그와 동시에 알칼리 양이온이 실리카 골격의 틈새에 채워진다.

충진된 석영 구조의 예로 $Li_x(Si_{1-x}Al_x)O_2$($0<x\le0.5$)을 들 수 있다. 특히 $x=0.5$, 0.33에서는 각각 $LiAlSiO_4$(eucryptite)와 $LiAlSi_2O_6$(spodumene)이 형성된다. β-spodumene은 특이할 정도로 작은 열팽창계수를 갖는다. 즉, 온도에 따른 부피 변화가 작고 열적 충격에 안정하여 고온 환경의 사용에 적합하다. 석영 구조의 틈새 구멍은 크기가 작아 Li^+보다 더 큰 이온은 수용할 수 없다. 인규석과 홍연석은 석영에 비해 밀도가 낮고 틈새 공간이 더 크다. 충진된 인규석과 충진된 홍연석은 고용체를 형성하며 이들은 Na^+와 K^+를 충진 이온으로 갖는다.

5. 이중 치환

경우에 따라 두 가지의 치환이 동시에 일어날 수 있다. 예를 들어 합성 감람석에서 Mg^{2+}가 Fe^{2+}로, Si^{4+}가 Ge^{4+}로 동시 치환되어 $(Mg_{2-x}Fe_x)(Si_{1-y}Ge_y)O_4$가 형성될 수 있다. AgBr과 NaCl은 양이온과 음이온 두 부분 모두의 치환에 의해 $(Ag_{1-x}Na_x)(Br_{1-y}Cl_y)$ ($0<x$, $y<1$)을 이룬다. 전체적 전하 중성이 유지된다면 이중 치환이 다른 전하의 이온들 간에 일어날 수도 있다. 사장석(plagioclase)은 회장석(anorthite, $CaAl_2Si_2O_8$)과 조장석(albite, $NaAlSi_3O_8$) 간의 고용체로서 화학식 $(Ca_{1-x}Na_x)(Al_{2-x}Si_{2+x})O_8$ ($0<x<1$)으로 표현된다. 사장석이 형성되는 과정에서는 $Na^+ \rightleftharpoons Ca^{2+}$ 치환과 $Si^{4+} \rightleftharpoons Al^{3+}$ 치환이 동시에, 또한 같은 양만큼 일어난다.

Si−Al−O−N 계의 고용체인 **시알론**(sialon)은 Si_3N_4에 대한 이중 치환으로 얻어진다. β-Si_3N_4는 SiN_4 사면체가 꼭짓점 공유로 연결되어 형성하는 3차원 구조이고, 각각의 N 원자는 3개의 SiN_4 사면체에 의해 공유되어 평면 삼각 배위 환경을 갖는다. 시알론 고용체의 형성 과정에서는 Si^{4+}와 N^{3-}의 일부가 각각 Al^{3+}와 O^{2-}로 치환되면서 전하 중성이 유지된다. 따라서 시알론의 일반식은 $(Si_{3-x}Al_x)(N_{4-x}O_x)$이고 그 구조의 구성 단위는 (Si,Al)(O,N)$_4$ 사면체이다. Si_3N_4와 시알론은 고온 세라믹으로 중요한 재료이다.

2.3.3.2 전자성 전하 보상: 금속, 반도체, 초전도체

앞서 다뤄진 바와 같이 이원자가 치환에 대한 전하 보상이 이온성으로 일어날 경우 그 결과물은 절연성, 혹은 빈자리나 틈새자리 결함의 성격에 따라 이온 전도성을 나타내지만, 전자 전도성을 갖지는 못한다. 그러나 전이 금속 화합물, 특히 혼합 산화수가 발생하는 고용체는 다양한 전자 전도 거동(금속성, 반도성, 초전도성)을 보일 수 있다. 이를 논하기 위해 그림 2.13(b)의 모식도를 참고하여, 고용체 치환에 관여된 양이온들이 같은 원소이지만 산화수가 다른 경우들을 고려해 보자.

1. $LiCoO_2$나 $LiMn_2O_4$와 같은 물질에서는 Li^+가 제거되면서 양이온 빈자리가 생성될 수 있다. 이 과정의 전하 중성 유지를 위해 양의 극성인 정공이 생성되어 구조 골격 내의 전이 금속 양이온에 놓이게 된다. 즉, $Li_{1-x}Co^{3+}_{1-x}Co^{4+}_xO_2$, $Li_{1-x}Mn^{3+}_{1-x}Mn^{4+}_{1+x}O_4$가 형성되는 것이다. 다른 한편으로, 이 고용체들은 산화수가 높은 양이온(Co^{4+}, Mn^{4+})이 더 낮은 산화수의 Co^{3+}나 Mn^{3+}를 치환하면서 전하 보상을 위해 Li^+가 함께 제거된 결과물로 볼 수도 있다(그림 2.13(a)). 이 물질들은 상용 리튬 이차 전지에서 매우 중요한 비중을 차지한다. $LiCoO_2$는 현재 시판 제품에 사용되는 음극재료이며 $LiMn_2O_4$는 차세대 전지에서 음극재료로 고려되는 물질이다(8.5.4.11절 참조).

많은 산화물들에서 산소 함량의 변화와 함께 혼합 산화 상태의 고용체가 형성된다. 낮은 산화수의 전이 금속이 함유된 산화물을 가열하면 O_2가 흡수되고 O 원자로 해리된 후 전이 금속으로부터 전자를 취한다. 이 결과, 격자 내에 O^{2-} 이온이 과잉으로 존재하고 구조는 양이온 빈자리를 갖게 된다. 이러한 거동의 좋은 예로, 연녹색의 절연체 NiO를 가열하면 산화 과정을 통해 흑색의 반도체가 된다.

$$NiO + O_2 \xrightarrow{\text{Heat}} Ni^{2+}_{1-3x}Ni^{3+}_{2x}V_{Ni,x}O$$

위의 생성물은 NiO와 같은 암염 구조이지만 Ni^{2+}, Ni^{3+}, 양이온 빈자리가 팔면체 자리에 혼재되어 있다. 실제 구조의 세부적인 면에서, 과잉의 산화 이온이 틈새 위치가 아닌 결정 표면에 주로 분포되면서 결정 부피를 약간 증가시킨다. 또 다른 좋은 예는 비양론 산화 철 $Fe_{1-x}O$(wüstite)이다. $Fe_{1-x}O$에서는 단순 암염 배열의 팔면체 자리에 Fe^{2+}, Fe^{3+}, 양이온 빈자리가 분포된 것으로 생각될 수 있으나, 2.2.5절에서 논해진 것처럼 겉보기보다 복잡한 결함 구조가 존재한다.

2. 양이온의 혼합 산화 상태는 틈새 음이온의 삽입에 의해 유발되기도 한다. 이 부류의 고용체로는 비교적 최근에 확립된 고온 초전도체 물질 군을 들 수 있으며, 가장 잘 알려진 예는 YBCO 혹은 Y123으로 약칭되는 $YBa_2Cu_3O_\delta$이다. 산소 함량 δ에 따라 Cu의 산화수는 +I/+II의 혼합 ($\delta<6.5$), 전적으로 +II ($\delta=6.5$), 또는 +II/+III의 혼합 ($\delta>6.5$)으로 달라진다. $\delta=6$인 상태에서 시작하여, O_2 혹은 공기 중, 350 °C에서 가열을 통해 과잉 산소가 구조에 유입될 수 있고 그에 상응하여 Cu의 산화수가 증가한다. 이와 함께 전기적 성질은 반도체($\delta=6$)에서 전이 온도 90 K의 초전도체($\delta=7$)로 변한다(8.3.7절).
3. $YBa_2Cu_3O_\delta$는 과잉의 O가 출입할 수 있는 틈새자리를 갖는다. 이 틈새자리들은 $\delta=6$인 경우 완전히 비어 있고, $\delta=7$일 때에는 완전히 채워져 있다. 따라서 이 계는 $YBa_2Cu_3O_6$을 기준으로 하는 틈새 고용체, 또는 $YBa_2Cu_3O_7$을 기준으로 하는 빈자리 고용체 중 어느 것으로도 간주될 수 있다.

   다수의 산화물은 고온 조건에서 산소를 잃고 음이온 빈자리와 함께 양이온의 환원을 겪는다. 이러한 경향은 고온 조건이 환원성 분위기와 함께 조성될 때 더욱 심해진다. 이 과정($2O^{2-} \rightarrow O_2 + 4e^-$)에서 방출된 전자는 구조에 유입되어 전이 금속을 환원시킴으로써 혼합 산화 상태를 이끌어낸다. 결과적으로 생성된 물질은 TiO_{2-x}, WO_{3-x}, $BaTiO_{3-x}$(1400 °C 이상)와 같이 반도성 혹은 금속성을 띠는 경우가 많다.
4. 삽입(intercalation) 물질에서는 한 종류의 원소가 틈새 양이온 역할을 하고 다른 종류의 원소가 혼합 산화 상태 양이온으로 나타난다. 예를 들어 MnO_2에 Li가 삽입되는 경우, 틈새 양이온 Li^+와 함께 혼합 산화 상태의 Mn^{3+}/Mn^{4+}가 발생한다. 사실 이 과정은 항목 1의 $LiCoO_2$나 $LiMn_2O_4$로부터 Li^+가 제거되는 과정의 정반대이다. 다른 친숙한 예로 텅스텐 브론즈는 WO_3를 알칼리 금속, *n*-BuLi와 직접 반응시키거나 전기화학적 삽입 반응을 통해 얻어지며 화학식 $Li_xW^{6+}_{1-x}W^{5+}_xO_3$로 적을 수 있다. 텅스텐 브론즈의 금속성 전도도와 외관상 광택은 W의 혼합 산화 상태에서 비롯한다. 텅스텐 브론즈 형성 과정에서 Li의 출입이 매우 빠르게, 가역적으로 일어날 뿐만 아니라 *x* 값에 따라 뚜렷한 색 변화가 수반되므로 박막 전기변색 소자와 유리 코팅에 응용될 수 있다(8.5.4.11절 참조).

혼합 산화 상태는 이중 치환 메커니즘의 반쪽 반응이 동일 원소 간 치환인 형태로도 발생한다. 한 예로 La_2CuO_4에 Ba를 혼입시키면 $La^{3+} + Cu^{2+} \rightleftharpoons Ba^{2+} + Cu^{3+}$의 이중 치환이 일어나 $La_{2-x}Ba_xCu^{2+}_{1-x}Cu^{3+}_xO_4$를 형성한다. 이 물질은 1986년 Bednorz와 Müller에 의해 초전도성을 띠는 것으로 보고되었으며, 이후 고온 초전도체의 연구에 획기적 전환점을 제공하였다.

또 다른 예는 개별 이온 Bi^{3+}와 Bi^{5+}를 갖는 반도체 $BaBiO_3$이다. $BaBiO_3$는 왜곡된 페로브스카이트 구조에 Bi^{3+}와 Bi^{5+}를 같은 양만큼 함유하는데, Ba^{2+}의 일부를 K^+로 치환하면 Bi^{5+}의 상대량이 증가하면서 초전도체 $Ba_{1-2x}K_{2x}Bi^{3+}_{0.5-x}Bi^{5+}_{0.5+x}O_3$가 얻어진다. $BaBiO_3$에서 Bi^{3+}와 Bi^{5+}가 질서 배열되는 데 비해, K-혼입물에서는 두 이온의 결정학적 분간이 없어지면서 무작위 배열된다. 그 결과로 K-혼입물의 평균 구조는 단순 입방 페로브스카이트 유형이지만 그 세부는 매우 복잡하다. 사실 $Ba_{1-x}K_xBiO_3$에 대해 단정적으로 언급할 수 있는 것은 Bi의 평균 산화수가 +4 이상으로 증가한다는 점뿐이다. 위의 두 예는 그림 2.13에 모식화된 범주에서 다소 벗어나지만 이중 치환을 잘 설명하는 보기이다.

2.3.4 열역학적으로 안정한 고용체와 준안정적인 고용체

고용체는 열역학적으로 안정할 수도, 준안정적일 수도 있다. 열역학적으로 안정한 고용체는 관련된 상 도표(phase diagram)에 명시적으로 표시되며, 주어진 조건(전체 조성, 온도, 경우에 따라 산소 분압)의 평형에 반드시 관여한다. 상 도표에서 자주 발견되듯 고용체의 조성 한계는 온도에 따라 달라지며, 특정 조성의 고용체가 고온 평형에는 등장하지만 저온에서는 불안정할 수 있다. 이러한 경우에 고온 상의 고용체를 저온까지 유지시키고자 한다면 적절한 속도의 급랭(quenching) 처리가 필요하다.

소프트 화학(*chimie douce*)과 같은 합성 기법은 비평형 조건에서 진행되므로 일반적 평형 조건에서보다 훨씬 넓은 조성 범위의 생성물을 얻을 수 있다. 간단한 예로 β-알루미나, $Na_2O{\cdot}8Al_2O_3$에서 Na^+ 이온의 일부 혹은 전체가 Li^+, K^+, Ag^+, Cs^+와 같은 +1가 양이온으로 교환될 수 있는데, 그로부터 얻어진 생성물들 대부분은 열역학적으로 안정하지 못하다(8장 참조).

2.3.5 고용체 연구를 위한 실험 방법

2.3.5.1 X-선 회절(X-ray diffraction, XRD)

XRD를 이용하여 고용체 정보를 얻는 방법은 크게 세 가지이다. 우선 **지문법**(fingerprint method)은 대략적 패턴만으로 시료에 포함된 결정성 고체상을 알아내는 것을 목적으로 한다. 분말 XRD는 결정성 고체의 확인에 있어 가장 중요한 역할을 하는 기법이지만 혼합물에서의 검출 한계가 2−3 wt% 수준이다. 따라서 XRD에 의해 단일 상으로 판별된 시료라 하더라도 검출 한계 이내의 불순물이 함유될 수 있음을 유의해야 한다.

두 번째로, 보다 정밀한 XRD 패턴을 이용하여 단위세포 크기를 결정함으로써 고용체 조성 변화에 따른 격자 상수의 미세 변화를 추적할 수 있다. 고용체 조성과 격자 상수 간의 표준 교정선이 얻어진 경우, XRD 자료만으로 시료의 조성을 알아낼 수 있다. 일반적 경향으로 작은 이온이 더 큰 이온으로 바뀌는 경우 단위세포 부피가 증가하며, 그 역 관계 또한 마찬가지로 지켜진다. Bragg 법칙과 격자 면 d-간격의 공식 표현(5장 참조)이 가리키듯, 단위세포 격자 상수가 증가하면 XRD 패턴 전반이 더 낮은 2θ 영역으로 이동한다. 단, 개개 XRD 피크의 이동 정도는 결정계 종류와 팽창/수축의 등방성 여부에 따라 달라진다.

Vegard 법칙은 고용체 조성과 단위세포 격자 상수 간에 선형 상관성이 존재하는 것으로 기술한다. 그 배경에는 조성에 따른 격자 상수 변화가 순전히 고용체 형성에 관여하는 이온들의 상대 크기에 의해 정해진다는 가정이 내포되어 있다. 하지만 실제로는 Vegard 법칙이 대략적으로만 지켜질 뿐, 정확한 측정값은 선형성에서 벗어나는 경우가 종종 있다. 엄밀히 말해 Vegard 법칙은 '법칙'이라기보다는 다양한 고용체들에서 관찰된 경향을 일반화시킨 표현에 가깝다.

셋째, 고용체의 분말 XRD 패턴, 그 중에서도 특히 회절 신호의 세기를 리트벨트(Rietveld) 기법으로 분석함으로써 치환 원자, 빈자리, 틈새 원자의 위치와 같은 결정학적 세부 정보를 얻을 수 있다. 하지만 이 경우에도 역시 아주 작은 조성 변화를 감지하는 데에는 한계가 있다.

2.3.5.2 밀도 측정

경우에 따라 시료 밀도와 단위세포 부피의 측정으로부터 고용체 형성 메커니즘이 유추될 수 있다. 이때 평균 단위세포의 질량이 주요 매개 변수로 취급되며, 이 값이 고용체 형성 과정에서 증가 또는 감소하는지에 초점을 둔다.

ZrO_2와 CaO 간에 형성되는 지르코니아 안정화물은 좋은 분석 사례를 제공한다. 이 고용체는 대략 10−25% 범위의 CaO 함량으로 형성되는데 두 가지의 단순 메커니즘이 고려될 수 있다. (i) $(Zr_{1-x}Ca_{2x})O_2$: 음이온의 총 개수가 일정하며, 틈새 위치의 Ca^{2+}가 생성된다. (ii) $(Zr_{1-x}Ca_x)O_{2-x}$: 양이온의 총 개수가 일

정하며 O^{2-} 빈자리가 생성된다. (i)에서는 2개의 Ca^{2+}가 1개의 Zr^{4+}를 대신하며, 가상적으로 x가 0에서 1로 변할 때 몰질량이 11 g만큼 감소한다. (ii)에서는 1개의 Zr^{4+}와 1개의 O^{2-}가 1개의 Ca^{2+}로 맞교환되며, x가 0에서 1로 변할 때 몰질량이 67 g만큼 감소한다. x가 증가할 때, 단위세포 부피 변화를 무시한다면 메커니즘 (ii)를 따를 경우의 밀도 감소가 더 클 것으로 예상할 수 있다.

그림 2.14는 1600 °C에서 급랭된 시료의 밀도 측정 결과이며, 메커니즘 (ii)가 작용함을 뚜렷이 가리킨다. 이론상으로는 (i), (ii) 이외의 다른 복잡한 메커니즘들이 얼마든지 제안될 수 있다; 예를 들어 Zr^{4+}의 총 개수가 일정하고 틈새 Ca^{2+}와 틈새 O^{2-}가 생성되는 것도 한 경우이다. 그러나 실험 결과에 부합되는 메커니즘이 여럿일 때 굳이 특이한 가능성을 선택할 이유가 없으며, 대개의 경우 단순한 메커니즘이 실제로 우세하게 작용한다.

그림 2.15는 앞서 묘사된 CaF_2-YF_3 고용체의 밀도 자료를 나타낸다. 이 결과는 양이온 빈자리($Ca_{1-3x}Y_{2x}F_2$)보다는 틈새 F^- 이온($Ca_{1-x}Y_xF_{2+x}$)을 포함한 메커니즘이 타당함을 명확히 보여 준다. 밀도 측정을 통해 빈자리나 틈새 결함에 결부된 개개 원자의 세부 정보까지 파악할 수는 없으나 그들의 평균치를 알아내는 것은 가능하다. 결함의 배열 구조를 규명하기 위해서는 중성자 확산 산란과 같은 기법이 필요하다.

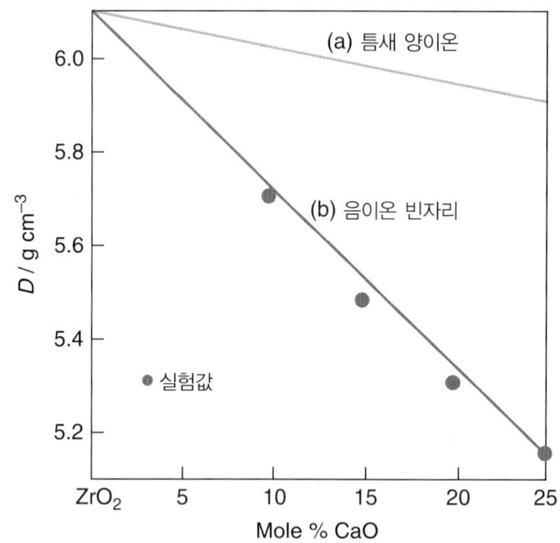

그림 2.14 입방 CaO-안정화 지르코니아 고용체의 밀도 자료. 1600 °C에서 급랭된 시료로부터 측정됨. Data reproduced from Diness and Roy, Solid State Commun., 3, 123, © 1965 Elsevier.

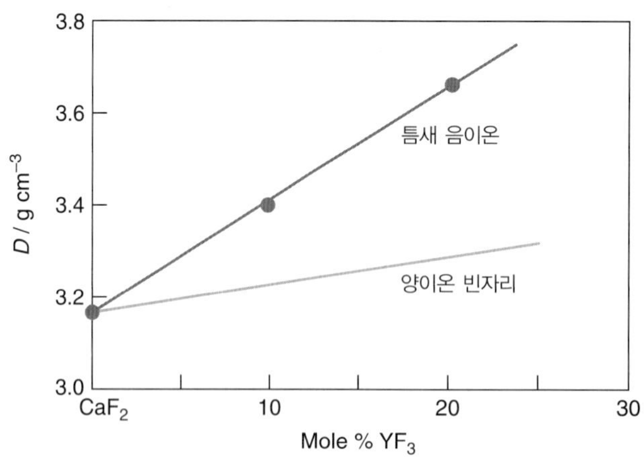

그림 2.15 CaF_2에 YF_3가 용해된 고용체의 밀도 자료. Reproduced from Kingery, Bowen and Uhlmann, Introduction to Ceramics, Wiley, New York, © 1976 John Wiley & Sons, Inc. Reproduced under the terms of the STM Agreement.

밀도를 측정하는 가장 기본적인 방법은 비중 용기(specific gravity bottle)를 이용하는 것이다. 액체가 담긴 비중 용기에 시료를 넣어 완전히 잠기게 한 후, 질량과 부피의 변화를 측정하여 시료 밀도를 산출할 수 있다. CCl_4 등이 액체로 사용되며, 그램 수준 질량의 시료가 필요하다. 부침법(float-sink method)은 밀도 값이 각기 다른 다양한 액체에서 시료의 결정들이 떠 있는지 가라앉는지를 살피는 방법이다. 시료 결정과 액체의 밀도가 같을 때 결정은 뜨지도, 가라앉지도 않는다. 이 방법의 원리를 응용하여 수직 방향으로 밀도 경사가 있는 액체 기둥을 마련하여 사용하기도 한다. 이러한 기둥에서는 상단에서 하단으로 갈수록 밀도가 점진적으로 증가하며, 기둥의 수직 위치에 따른 밀도를 검정선으로 표현할 수 있다. 따라서 액체에 잠긴 결정의 위치로부터 밀도를 알아낼 수 있다. 위의 비중법에서는 결정 표면에 기포가 형성될 경우 밀도가 참값보다 낮게 측정되므로 주의해야 한다.

대량 시료(10−100 g)의 밀도 측정에는 기체 변위 비중 측정법이 적합하다. 기체가 채워진 용기에 시료를 넣은 후 피스톤을 이용하여 소정의 압력까지 압축한다. 또한 시료가 없이 기체만 있는 상태로 같은 압력까지 압축한다. 두 경우의 부피 차이로부터 시료의 부피와 나아가 밀도를 산출할 수 있다.

2.3.5.3 다른 물성의 변화 – 열적 거동과 DTA/DSC

다수의 물질들이 가열 과정에서 구조나 물성의 뚜렷한 변화를 보인다. 만일 물질이 고용체를 이룬다면 위의 변화가 일어나는 온도가 조성에 따라 달라진다. 흔히 물질의 상태 전이는 충분히 감지 가능한 엔탈피 변화를 수반하므로, 열적 변화를 조사하는 데에 **시차 열분석**(differential thermal analysis, DTA)/**시차 주사 열계량**(differential scanning calorimetry, DSC) 법이 자주 사용된다. 고용체의 상태 전이 온도는 조성에 따라 수십 내지 수백 °C만큼 달라질 수 있으므로 DTA/DSC는 매우 민감한 수단이 된다. 다음은 그 몇 가지 예들이다.

- 철에 탄소를 첨가하면 $\alpha \rightleftharpoons \gamma$ 상 전이 온도가 낮아진다. 단지 0.02 wt%의 탄소 첨가만으로 상 전이 온도가 920 °C에서 723 °C로 낮아진다.
- 강유전체 $BaTiO_3$의 Curie 온도(T_C~125 °C)는 혼입에 대해 매우 민감하다. 페로브스카이트 A 또는 B 자리 어느 쪽에 혼입이 일어나더라도 T_C가 감소하는 것이 일반적이지만, Ba 자리에 Pb가 혼입되면 T_C가 증가한다. Ca가 혼입물로 사용된 경우 흥미로운 효과가 나타난다. Ca가 Ba를 등원자가 치환하면 T_C의 변화가 거의 없으나, Ti를 이원자가 치환할 경우 T_C가 급격히 감소한다(그림 2.16).

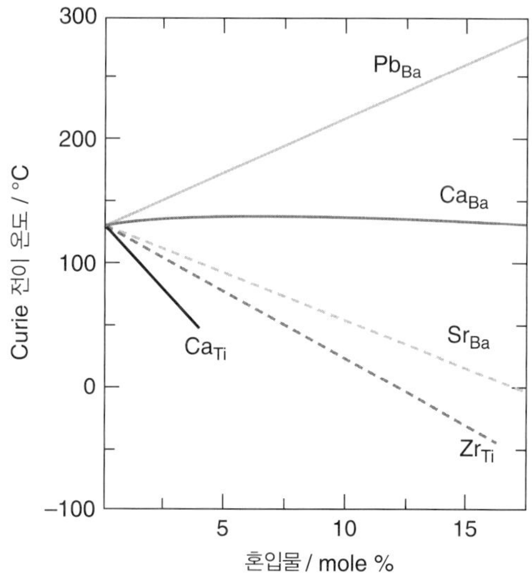

그림 2.16 $BaTiO_3$의 Curie 온도에 대한 양이온 치환 효과: Ba를 Sr, Ca, Pb로 등원자가 치환; Ti를 Zr로 등원자가 치환; Ca를 Ti로 이원자가 치환.

• 순수한 산화 지르코늄 ZrO_2는 고온 내구성이 우수하고 녹는점이 매우 높지만 세라믹 소재로 사용되기 어렵다. 이는 ZrO_2가 고온으로부터 냉각되는 과정에서 정방정계 → 단사정계의 상 전이와 부피 변화가 일어나 가공된 형태가 유지될 수 없기 때문이다. 이러한 문제점은 Zr^{4+}를 Ca^{2+}나 Y^{3+}로 일부 치환하여 해결되는데, 고용체 치환에 의해 상 전이가 완전히 억제되고, 입방정계 또는 정방정계의 다형체가 상온에서 안정화될 수 있다.

2.4 확장된 결함(extended defect)

2.4.1 결정학적 전단(crystallographic shear, CS) 구조

몇몇 전이 금속 산화물들은 상당히 넓은 범위의 비양론 상태, 예를 들어 WO_{3-x}, MoO_{3-x}, TiO_{2-x}와 같은 조성으로 얻어질 수 있다. Magneli는 이러한 계들이 연속적 가변 조성의 고용체가 아니라 밀접하게 연관된 일련의 조성과 구조로 형성됨을 밝혀냈다. 산소-결핍 루틸(rutile)의 경우 Ti_nO_{2n-1}($n = 3-10$)로 표현되는 **동족 계열**(homologous series) 상들로 형성된다. 이를테면 Ti_8O_{15}($TiO_{1.875}$)와 Ti_9O_{17} ($TiO_{1.889}$) 각각은 물리적 분리가 가능한 개별 균일 상에 해당한다.

Magneli, Wadsley 등은 이러한 상들의 결정 구조 고찰로부터 공통 요소로 존재하는 결함을 발견했으며 이에 대해 **결정학적 전단**이라는 용어를 사용했다. 산소-결핍 루틸에서는 결정학적 전단면(CS 면)이 환원되지 않은 루틸 영역들을 분리하는 경계로서 존재한다. 물론 CS 면은 루틸에 비해 다른 조성과 구조를 가지며, 모든 산소 결핍은 CS 면에 편중되어 있다. 환원이 심화될수록 O/Ti의 상대 비가 감소하며, 그와 함께 CS 면의 수는 증가하고 루틸 층의 크기는 감소한다.

WO_3의 환원 과정을 예로 들어 CS 구조의 형성을 개략적으로 나타내 보겠다(그림 2.17). WO_3는 1.17.8절에 소개된 ReO_3 유형의 구조이며, 루틸에 비해 훨씬 대칭적이기 때문에 구조 내에 형성되는 CS

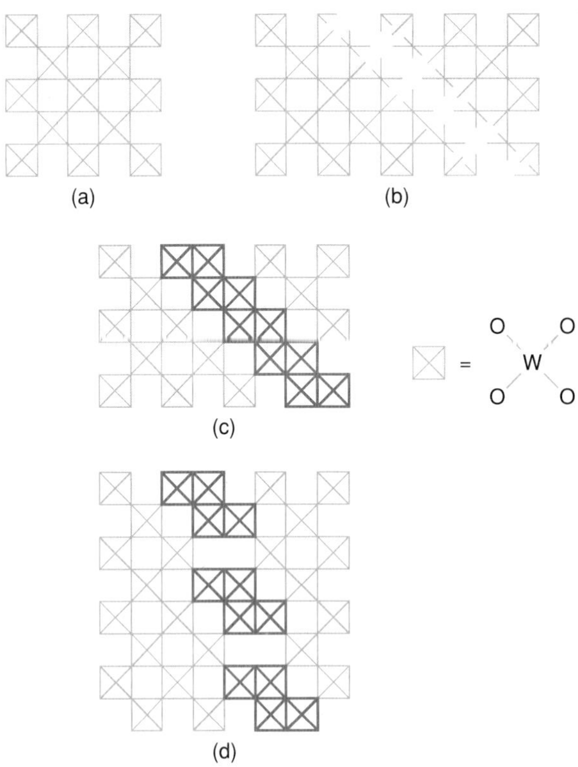

그림 2.17 WO_3 및 관련 구조에서 CS 면의 형성. 십자선 표시된 사각형 각각은 꼭짓점 공유된 WO_6 팔면체가 지면에 수직으로 형성한 사슬을 나타냄. 환원되지 않은 부분은 입방 ReO_3와 같은 구조임. ➡ 앞의 컬러 그림 참조

면이 쉽게 묘사될 수 있다. 우선 WO_3는 팔면체의 꼭짓점 공유로 형성된 3차원 골격 구조를 갖는다(그림 2.17(a)). 첫 단계에서 산소 빈자리의 생성과 함께 W^{6+} 일부가 W^{5+}로 환원된다. 산소 빈자리는 무작위 분포되는 대신 결정 내의 특정 면에 편재된다(그림 2.17(b)). 이러한 구조는 매우 불안정할 수밖에 없고, 부분적 붕괴를 통해 빈자리 층이 제거되면서 CS 면이 만들어진다. 그림 2.17(c)에서 CS 면은 굵은 선으로 표시되어 있고 결정을 비스듬히 관통한다. 응축의 결과로 CS 면의 팔면체는 모서리 공유를 갖게 된다. 이는 WO_3가 꼭짓점 공유만을 갖는 점과 주요하게 대비되는 부분이다.

CS 면은 불규칙적으로, 또는 일정 간격으로 분포되어 생겨난다. 규칙성 없이 발생하는 CS 면은 단순한 면 결함으로 간주될 수 있고 **Wadsley 결함**으로 지칭된다. 반면 CS 면들이 일정 간격으로 나타나 규칙적 패턴을 이룬 구조는 별개의 독립 상으로 취급될 수 있다. 환원이 진행될수록 CS 면의 수가 많아지고 그들 간의 평균 거리는 감소한다. 환원 상 WO_{3-x} (W_nO_{3n-1})의 동족 계열을 구성하는 상들의 조성과 결함 농도는 인접한 CS 면들 간의 거리와 직결된다. 즉, n이 감소할수록 CS 면 간 거리 역시 감소한다.

위의 예에서는 동족 계열에 속한 상들이 모두 같은 CS 면 배향과 구조를 갖는다. 다른 한편으로 CS 면들이 서로 다른 배향으로 발생하면서 그에 따라 세부 구조가 달라지는 경우가 있다. 그림 2.17(d)의 CS 면은 2.17(c)와 다른 배향을 갖고 팔면체 공유 방식 또한 다르다. 실제로 2.17(d)의 예는 Mo_nO_{3n-1} 동족 계열 중 $n=8$인 상을 나타내는데, 이 역시 입방 WO_3 구조에서 유래된다.

루틸 구조가 팔면체의 모서리 공유로 이루어진 데 비해 환원된 루틸의 CS 면은 팔면체의 면 공유를 갖는다. 루틸의 환원 상에는 두 가지 동족 계열이 나타난다. 둘 모두 일반식이 Ti_nO_{2n-1}이지만, $3<n<10$인 경우와 $16<n<36$인 경우가 각기 다른 계열을 이룬다. 두 계열의 CS 면 배향은 서로에 대해 11.53°만큼 어긋나 있다. $10<n<14$ 범위는 조성에 따라 CS 면의 배향이 점진적으로 변하기 때문에 상당히 흥미로운 대상이다. n 값에 따라 CS 평면 배향의 회전 정도가 고유하게 정해져 있고, 또한 CS 면들은 완벽하게 질서 배열되어 있다. 이는 곧 $n=10-14$ 범위의 조성들이 각기 고유한 구조를 갖는다는 의미가 될 수 있다. 이 개개 조성들은 각기 다른 구조를 갖기 때문에 조성 범위 전체($n=10-14$)를 대표하는 평균 구조가 제시될 수 없으며, 자연히 고용체를 형성할 수 없는 관계에 있다.

루틸 환원 상과 유사한 CS 면을 갖는 예로는 이산화 바나듐의 환원 상 $V_nO_{2n-1}(4\leq n\leq 8)$, 크로뮴/타이타늄의 혼합 산화물 $(Cr,Ti)O_{2-\delta}$이 있다.

이제까지 다룬 예들에서는 서로 평행하면서 일정 간격으로 배열된 한 세트의 CS 면이 나타나고, 환원되지 않은 산화물 영역은 얇은 층 내지 판으로 한정된다. 반면 Nb_2O_5의 환원 상, Nb/Ti의 혼합 산화물, Nb/W의 혼합 산화물 등에서는 CS 면이 직교 관계의 두 세트로 나타난다. 그 결과 산화물 영역은 무한 2차원 형태에서 무한 기둥 또는 블록 형태로 그 크기가 감소한다. 이러한 구조는 '블록' 또는 '이중 전단(double shear)' 구조라 불리고, 길이, 폭, 그리고 산화물 블록의 연결 방식에 의해 규정된다. 산화물 블록이 모두 같은 크기인 단순한 경우도 있지만, 두 종류 이상의 다른 크기로 규칙 배열된 경우도 있다. 후자에 속하는 $Nb_{25}O_{62}$, $Nb_{47}O_{116}$, $W_4Nb_{26}O_{77}$, $Nb_{65}O_{161}F_3$는 동족 계열의 일반식으로 표현될 수 있으나 복잡한 변수의 사용이 요구된다. 이론상으로는 세 세트의 CS 면이 서로 직교하면서, 한정된 크기의 산화물 블록이 형성되는 것이 가능하지만 실제 알려진 사례는 없다.

CS 면을 갖는 구조는 X-선 회절과 고분해능 전자 현미경을 이용하여 조사될 수 있다. 결정 구조의 분석에 있어 가장 강력한 기법은 단결정 XRD이지만 전자 현미경 또한 보조 역할을 할 수 있다. 전자 현미경은 미세 결정을 이용하여 공간 군(space group)과 격자 상수를 알아낼 뿐만 아니라 쌓임 오류(stacking fault), 어긋남(dislocation)과 같은 결함 정보를 제공할 수 있다. 전자 현미경을 이용하여 직접적인 격자 영상(6.2.2.5절)을 얻는 것은 CS 면의 구조 연구에 매우 유용하다.

전자 현미경을 이용한 구조 투영도는 흔히 약 3 Å의 해상도로 얻어지며, 무거운 금속 원자의 배열을 반영하는 간섭 패턴이 줄무늬로 관찰된다. 완벽한 결정은 등간격의 줄무늬를 만들어내지만 CS 면이 존재할 경우 줄 간격이 불규칙적으로 달라진다. 전단 면 형성의 응축 과정에서 금속 원자들 간 거리가 감소하기 때문에 CS 면은 정상보다 좁은 간격의 두 줄로 나타나게 된다. 각 블록에서 일정 간격의 줄무늬 개수는 동족 계열에서의 *n* 값을 가리킨다. 계열에 속한 한 조성의 구조를 X-선 기법으로 자세히 결정했다면, 다른 조성들의 구조는 전자 현미경을 이용하여 쉽게 연역할 수 있다.

이와 같이 Wadsley 결함(무작위 CS 면)이나 단결정의 불균일성은 쉽게 파악될 수 있다. 단결정의 결함은 결정 내 구역 분리, 미세한 조성 편차, 두 종류 이상 상들의 교대 성장 등을 포함한다.

2.4.2 쌓임 오류

쌓임 오류는 2차원 면 결함의 대표적 예로서 층상 물질, 특히 다형 현상을 보이는 경우 흔히 나타난다. 코발트(Co) 금속은 다형 현상과 쌓임 오류를 모두 나타내며, 주요한 두 다형체는 *ccp*(ABC 쌓임)와 *hcp*(AB 쌓임)이다. 이들은 동일한 2차원 요소, 즉 *cp* 층으로 구성되지만 3차원상 쌓임 방식에 의해 구분된다. **쌓임 무질서**(stacking disorder)는 정상적인 쌓임 방식이 흐트러짐으로써 발생한다. 예를 들어 *hcp*의 쌓임에 결함 층이 발생하여 ··· ABABA*<u>BCA</u>*BABA ···와 같은 3차원 구조가 형성될 수 있다. 위의 예에서 밑줄 표시된 문자는 완전히 잘못 배열되었거나 정상 구조에 비해 인접 층 환경이 달라진 부분을 가리킨다. 흑연 또한 *hcp*/*ccp*의 다형 현상과 쌓임 무질서를 나타낸다.

2.4.3 하위 입계와 역상 구역

많은 단결정에서 발생하는 결함의 한 방식은 구역(domain) 또는 모자이크 조직의 발생이다. 구역의 크기는 대개 ~10,000 Å이며 구역 내의 구조 질서가 완벽한 반면 구역 간 경계에서는 원자 배열의 부정합이 발생한다(그림 2.18). 대개 이러한 부정합은 매우 작은 정도이고, 구역들의 배향 어긋남은 수백분의 1° 미만이다. 구역 입자들 간의 경계는 **하위 입계**(subgrain boundary)라 불리며 2.5절에서 어긋남 이론을 통해 다시 접하게 될 것이다.

경계면의 또 다른 유형으로, **역상 경계**(antiphase boundary)는 한 결정 내의 두 부분이 측면 방향으로 상대 이동하여 형성된다. 그림 2.19는 2차원 결정 AB의 모형을 이용하여 역상 경계의 개념을 나타내고 있다. 역상 경계를 사이에 두고 ··· ABAB ··· 배열 순서가 반대로 뒤바뀌면서, 같은 종류의 원자들이 경계

그림 2.18 단결정의 구역 조직.

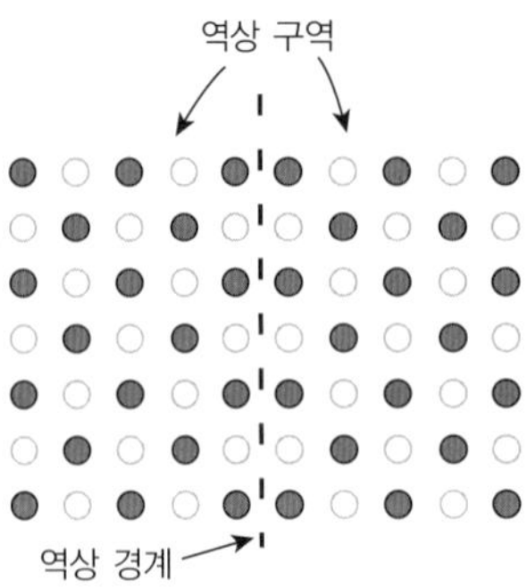

그림 2.19 질서 배열된 AB에서 역상 구역과 경계: 빈 원과 채워진 원은 각각 A와 B를 나타냄.

에서 마주하게 된다. A, B 원자를 파동의 봉우리와 골짜기로 각각 간주한다면 역상 경계에서 π만큼의 위상 변화가 발생하는 셈이고, 이로부터 역상이라는 용어가 유래되었다.

역상 경계는 전자 현미경의 암시야(dark field) 영상 관찰에서 무늬 형태로 나타난다. 만일 역상 경계들이 일정 간격으로 형성되어 있다면, 즉 역상 구역이 질서 배열되어 있다면 초격자와 같은 회절 거동을 보일 수 있다. 이때 경계에서 동종 원자들 간 반발력으로 약간의 부피 팽창이 일어나기 때문에 역격자(reciprocal lattice) 회절 영상에 위성 신호(satellite spot)들이 나타나기 마련이다. CuAu와 같은 합금 또는 사장석 등의 광물에서 이러한 결과가 관찰된 바 있다.

2.5 어긋남과 고체의 기계적 성질

어긋남은 고체의 결정 결함 중 매우 중요성이 큰 요소이다. 다음은 어긋남과 연관된 몇 가지 중요 내용들이다.

- 어긋남의 존재에 의해 순수한 금속은 다소 약한 강도를 갖는다. 반면 몇몇 경우 금속의 가공-경화에 어긋남이 이용된다.
- 용액 또는 증기로부터 고체 결정이 성장하는 메커니즘은 어긋남과 관여된다.
- 고체의 반응은 표면의 활성 부위에서 일어나며, 이는 주로 어긋남이 출현하는 지점이다.

어긋남은 양론적 선 결함이며, 실험적 증거의 훨씬 이전부터 그 존재가 인지되어 왔다. 결정 내에서 점 결함 이외의 다른 결함의 존재를 가리키는 주요한 관찰 사항들은 다음과 같다.

(a) 금속은 흔히 생각하는 것보다 훨씬 무르다. 이론적 계산에 의한 금속의 전단 응력은 $\sim 10^6$ psi 수준이지만 많은 금속들이 실험적으로 나타내는 값은 $\sim 10^2$ psi에 지나지 않는다. 이는 금속 구조 내에 약한 이질적 부위가 존재하여 결정이 쉽게 쪼개지도록 한다는 가정을 가능케 한다.
(b) 품질이 양호한 결정조차도 성장 과정에 남겨진 나선 자국을 표면에 갖는다. 이는 현미경이나 심지어 육안으로도 관찰될 수 있는데, 완벽한 결정이라면 그러한 나선이 형성될 수 없다.
(c) 금속의 전성과 연성은 어긋남을 전제하지 않고서는 설명되기 어려운 성질이다. 마그네슘 리본은 마치 껌처럼 끊어지지 않고 원래 길이의 수 배에 이르도록 늘여질 수 있다.
(d) 금속의 가공-경화 효과 역시 어긋남의 개념을 이용하지 않고는 설명되기 어렵다.

어긋남은 두 가지 극단적 유형인 모서리 어긋남과 나선 어긋남, 또는 이 둘의 중간 형태로 나타날 수 있다.

2.5.1 모서리 어긋남(edge dislocation)

단순한 모서리 어긋남(그림 2.20)은 잉여의 '반쪽 원자 층', 즉 구조 내부로부터 한 방향으로만 진행된 원자 평면이라 할 수 있다. 그림의 투사에서 구조 내의 원자 평면, 즉 격자 면은 직선으로 표시되어 있다. 정상적인 부분에서 이 선들은 서로 평행하지만 반쪽 원자 층이 끝나는 부분에서는 약간의 뒤틀림이 나타난다. 이러한 뒤틀림의 중심은 반쪽 원자 층이 끝나는 지점이며 2차원 그림에서 점으로 나타나 있지만 실제 3차원 구조에서는 결정 내부를 지나는 선에 해당한다(그림 2.20에서 이 선은 지면을 수직으로 관통한다). 이렇듯 반쪽 원자 층의 끝부분이 이루는 선을 **어긋남 선**(dislocation line)이라 부른다. 변형력의 영향 범위를 벗어나면 결정은 정상적 원자 배열을 유지한다. 그림과 같이 잉여 원자 층이 존재할 경우, 윗부분의 폭이 아랫부분보다 약간 넓어지게 된다.

결정의 기계적 성질에 대한 어긋남의 효과를 이해하기 위해 모서리 어긋남을 갖는 결정에 전단력이 가해지는 상황을 고려해 보자(그림 2.21). 결정의 윗부분에는 오른쪽으로, 아랫부분에는 왼쪽으로 힘이 작용한다. 그림 (a), 즉 초기에는 2 지점에서 반쪽 평면이 종결되었으나 전단력이 가해진 후 (b)에서는 3 지점으로 종결점이 이동한다. 이 과정은 3–6 결합의 해리와 2–6 결합의 형성만을 포함하므로 쉽게 일어날

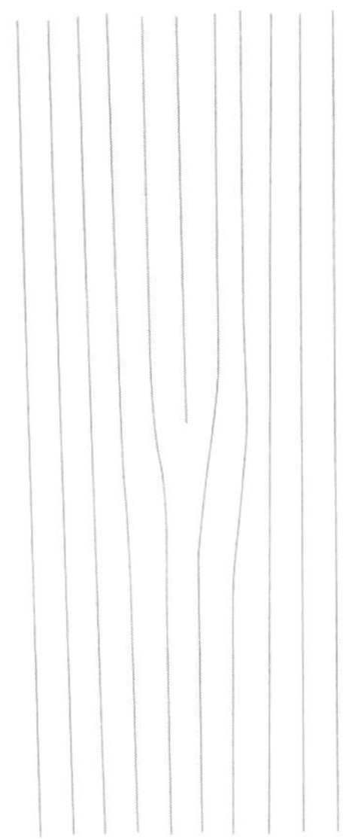

그림 2.20 모서리 어긋남의 평면 투사.

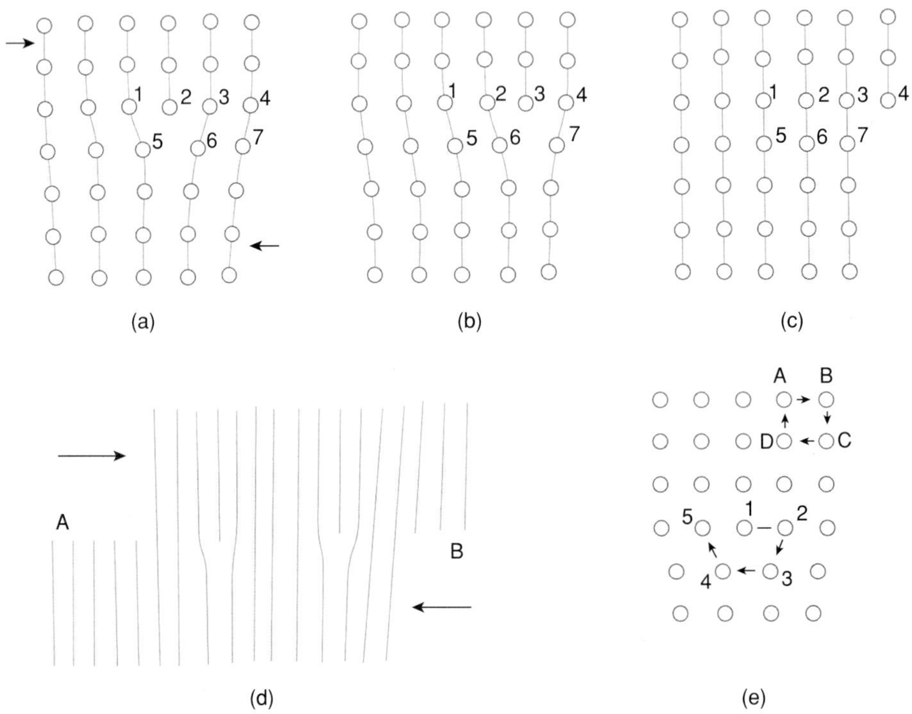

그림 2.21 전단 응력에 의한 모서리 어긋남의 이동.

수 있다. 즉, 매우 작은 힘만으로도 반쪽 평면이 한 거리 단위만큼 이동하고, 이러한 과정이 계속됨에 따라 결국에는 결정 표면에 도달할 수 있다(그림 2.21(c)). 따라서 반쪽 평면이 쉽게 생성될 수 있다면 어긋남 선의 반복적 이동을 통해 영구적 전단 뒤틀림이 발생하게 된다. 그림 (d)에서 반쪽 평면들이 결정의 왼쪽 끝에서 생겨난다고 가정하자(생성의 메커니즘은 뒤에 다뤄진다). 반쪽 평면이 하나 생겨날 때마다 그에 짝지워져 배향이 같고 방향이 정반대인 반쪽 평면이 남겨진다. 왼쪽 편에서 결정의 아랫부분에 5개의 반쪽 평면이 표면에 돌출되어 있다. 이에 균형을 맞춰 결정의 윗부분에서는 3개의 반쪽 평면이 오른쪽 표면에 도달해 있고 2개는 결정 내부를 이동 중이다.

어긋남이 쉽게 이동하는 현상은 커다란 양탄자의 주름을 펴는 것에 빗대어질 수 있다. 한쪽 전체를 들어올려 펼치기보다는 한쪽 끝에 주름을 만들어 반대편으로 이동시키는 편이 훨씬 수월하다.

어긋남이 이동하는 과정을 **미끄러짐**(slip)이라고 부르며, 반쪽 평면들이 결정의 상대편 면에 쌓임으로써 **미끄러짐 계단**(slip step)이 형성된다. 그림 2.21(d)에서 선분 AB는 어긋남의 이동 궤적을 나타내는 면의 2차원 투사이며, **미끄러짐 면**(slip plane)이라 불린다.

어긋남은 **Burgers 벡터**(**b**)에 의해 규정된다. 벡터 **b**의 크기와 방향을 알아내기 위해서는 어긋남 주변에서 가상적인 원자–원자 순환경로를 설정해야 한다(그림 2.21(e)). 결정의 정상적 부분에서는 ABCDA와 같이 각 방향으로 한 단위의 병진을 포함함으로써 폐회로, 즉 시작과 종말이 같은 순환이 완성된다. 그러나 어긋남 주변의 경로 12345는 닫힌 경로가 되지 못한다. Burgers 벡터의 크기와 방향은 각각 1–5의 거리, 1–5(또는 5–1)의 방향으로 정해진다. 모서리 어긋남의 **b**는 어긋남 선에 대해 수직이고, 어긋남 선의 이동 방향에 평행하다. 달리 말해, **b**는 반쪽 평면에 수직이고 전단 방향에 대해 평행하다.

2.5.2 나선 어긋남(screw dislocation)

나선 어긋남은 시각화하기 다소 어려운 면이 있다(그림 2.22). 그림 (b)의 선분 SS′는 나선 어긋남의 선을 나타낸다. 이 선분을 기준으로 앞쪽 부분에는 결정의 미끄러짐이 있지만 뒷부분에서는 변형이 없다. 그림 (b)의 결정에 화살표 표시와 같이 전단력을 계속 가하면 미끄러짐 계단이 결정면 전체에 걸쳐 점진적으로 확대된다. 결국 결정의 양 측면에 미끄러짐 계단이 형성되는 동시에 선분 SS′는 결정의 뒷면에 도달한다(그림 2.22(c)). 나선 어긋남의 Burgers 벡터를 찾기 위해 어긋남 주위를 지나는 회로 12345를 살펴보자(그림 1.22(a)). Burgers 벡터 **b**는 1–5의 거리와 방향에 의해 정해지므로, 어긋남 선(SS′)에 평행하고 그 진행 방향에 대해 수직이다. 이는 모서리 어긋남과 대조되며, 실제로 모서리 어긋남과 나선 어긋남은 서로 90° 관계에 있다. 두 어긋남에서 공통으로 **b**는 전단 또는 미끄러짐 방향에 평행하다. 그림 2.22(a)의 색칠된 5개의 원자들을 보면 나선이라는 용어가 붙여진 이유를 쉽게 알 수 있다. 이 원자들은 결정을 관통하는 나선 위에 놓여 있고 이 나선은 S′ 지점에서 반대 회전성으로 결정을 빠져 나온다. 모서리 어긋남에서와 같이, 단지 몇 개의 결합 해리만으로 나선 어긋남의 이동이 일어난다. 예를 들어 그림 2.22(a)는 원

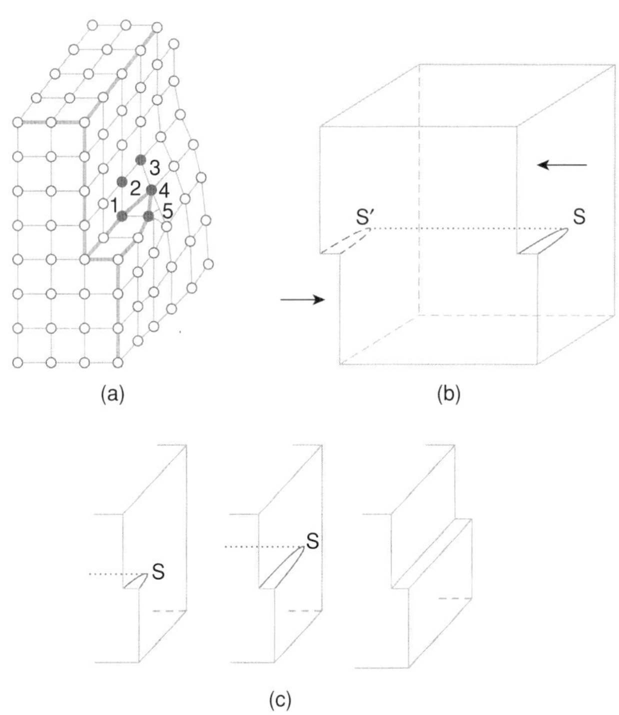

그림 2.22 나선 어긋남.

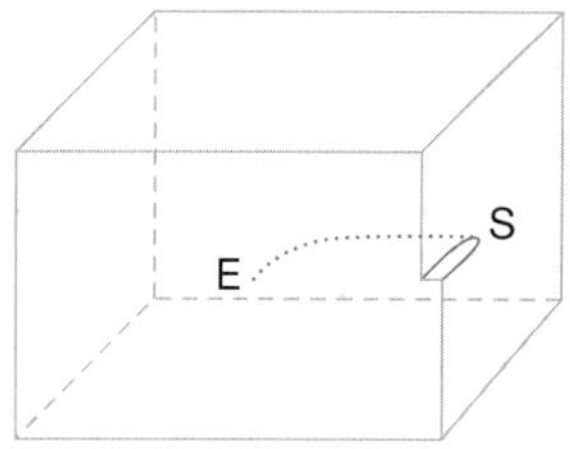

그림 2.23 사분 어긋남 고리.

자 2와 5의 결합이 방금 막 끊어지고 2와 1이 새로이 결합된 상태라 할 수 있다. 나아가 다음 순서로 원자 3과 4의 결합이 해리될 것이다. 어긋남의 묘사를 위해 고체 내의 원자 간 상호 작용을 결합과 해리로 단순 구분했지만 실제 고체의 화학 결합은 여러 요소의 혼재성과 중도성을 갖는다; 다만 금속이나 이온성 결정이 공유 결합성과 거리가 멀다는 것만은 틀림이 없다.

2.5.3 어긋남 고리(dislocation loop)

어긋남의 발생은 다소 복잡한 과정이지만 어느 경우에나 어긋남 고리의 형성이 관여되는 것으로 볼 수 있다. 그림 2.23에서 결정의 우측면을 보면 어긋남 계단이 끝나는 지점 S 근처에서 나선 어긋남의 출현이 뚜렷이 발견된다. 하지만 결정의 좌측면에 어긋남 계단이 없다는 점은 위의 어긋남이 좌측면까지 파급되지 못함을 가리킨다. 결정의 앞면을 떼어놓고 보면 한 개의 잉여 반쪽 평면과 E 지점에서 시작된 모서리 어긋남이 존재한다. 그러나 이 어긋남 역시 반대 면, 즉 뒷면까지 확장되지는 못한 상태이다. 어긋남의 속성 상 일단 결정에 진입하면 결정 내부에서 자연 종결될 수 없고 결정의 어딘가를 통해 다시 빠져 나와야 한다. 언뜻 그림 2.23의 상황은 위의 진술과 상충되지만 이때 일어난 현상은 두 어긋남이 방향을 바꾸면서 서로 조우하여 **사분 어긋남 고리**(quarter dislocation loop)를 이룬 것이다. 그 결과로 하나의 어긋남 요소가 한쪽 끝에서는 순수한 모서리 어긋남이고 반대쪽 끝에서는 순수한 나선 어긋남이면서 그 사이에는 두 유형 사이에 가능한 모든 중간 상태를 취할 수 있다. 모서리, 나선 유형이 혼재된 어긋남 영역의 구조적 뒤틀림을 3차원 모형 없이 이해하기는 쉽지 않다.

어긋남 고리의 근원에 대해서는 알려진 바가 매우 적다. 이후 논해지겠지만 한 가지 가능한 원인은 빈자리 결함들이 평면을 이루어 무리지은 후 내향성 붕괴를 유발하는 것이다. 이는 온전히 결정 내부에 속하는 고리를 만들어낸다. 또 다른 가설의 시각적 설명을 위해 그림 2.24가 제시되어 있다. 결정 모서리의 작은 흠만으로도 고리가 개시될 수 있으며, 원자 몇 개만의 이동으로 작은 사분 고리가 생성된다(a). 일단

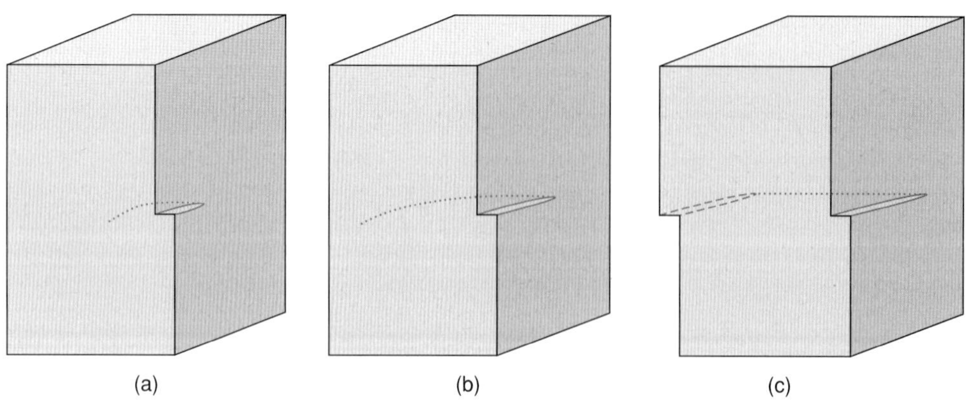

그림 2.24 어긋남 고리의 생성과 진행.

만들어진 고리는 쉽게 성장할 수 있다(b). 대개 고리는 비대칭적으로 확장되는데 이는 나선 어긋남에 비해 모서리 어긋남의 이동이 더 쉽고 빠르기 때문이다. 결과적으로 형성된 상태(c)에서 모서리 성분은 반대면(좌측면)까지 진행했고 결정의 앞부분 몇 개 층에서는 미끄러짐 과정이 완결되어 있다. 남아 있는 어긋남은 주로 또는 전적으로 나선 유형이며 결정의 뒷면을 향해 서서히 이동하면서 미끄러짐을 완결해 간다.

어긋남 고리의 발생은 금속의 기계적 강도를 현저히 감소시키며, 특히 건축 구조물로 사용되는 금속에서는 매우 심각한 문제가 된다. 큰 변형력(응력)에 대한 금속의 충격내성은 단시간의 실험으로 쉽게 측정될 수 있다. 반면 작은 변형력에 대한 내성을 장기간에 걸쳐 측정하는 것은 까다로운 작업이다. 변형력이 작더라도 어렵지 않게 어긋남을 생성시킬 수 있다. 또한 작은 변형력은 어긋남을 매우 천천히 이동시키지만 그 효과가 비가역적으로 누적된다. 그 결과 미세한 변형력이 존재하는 환경에서는 금속 구조의 붕괴가 순간적으로, 전혀 예견되지 못한 채 일어날 수 있다.

어긋남은 소재 강도를 약화시키는 주요 원인이지만 경우에 따라 강도나 경도를 크게 향상시키는 작용을 한다. 한 가지 경로는 혼입된 불순물 원자를 이용하여 어긋남을 고정시키는 것이다(그림 2.25). 어긋남은 결정 내부를 자유롭게 이동하지만 불순물 원자를 만나면 더 이상 이동하지 못한 채 포착된다. 강철을 담금질할 때 탄소를 소량 첨가하면 탄화 철(Fe_3C) 입자가 형성되어 어긋남을 고정시키는 역할을 한다.

가공-경화(work-hardening)는 금속의 강화 공정으로 매우 큰 중요성을 띤다. 금속을 망치로 가격하면 엄청난 수의 어긋남이 생성되고 다결정성 물질 내에서 수많은 배향 상태로 존재하게 된다. 이 어긋남들은 결정 내부를 이동할 수 있지만, 그 움직임은 얼마 못가서 중단된다. 어긋남이 결정 입자를 빠져 나가게 되면 입자 표면을 왜곡시키면서 이웃 입자에 변형력을 발생시키기 때문에 아예 표면에 도달하지 못하는 것이다. 결국 입계가 결정 입자 내의 어긋남을 중단시키는 효과적 수단으로 작용하는 것이다.

어긋남 주변 영역에 변형력이 발생하므로 어긋남들끼리는 인접하지 않으려는 경향이 있다. 어긋남의 선두 영역이 입계 또는 다른 방향에서 진행해오는 어긋남에 의해 가로막히면 뒤따르는 어긋남들 또한 이동할 수 없다. 따라서 어긋남의 적체가 재빨리 형성되고 개개의 어긋남들은 전방이나 후방 어느 쪽으로도 움직일 수 없게 된다. 이와 같은 적체에 의해 금속의 강도가 확연히 증가하는데, 이를 이용한 저온 처리 공정을 **변형-경화**(strain-hardening)라고 부른다.

변형-경화된 금속은 고온 풀림(annealing)을 통해 전성과 연성을 회복할 수 있다. 고온에서는 원자의 열에너지와 운동 에너지가 상당하기 때문에 어긋남이 재배열되거나 소멸될 수 있다. 정반대 방향의 두 모서리 어긋남이 같은 미끄러짐 면에서 마주치게 되면 서로 상쇄되어 무변형 영역을 만들어낸다. 이 과정은 매우 빨리 일어난다. 예를 들어 실험실에서 흔히 사용되는 백금 도가니를 1200 ℃ 환경에 두면 수분 내에 연화가 일어난다.

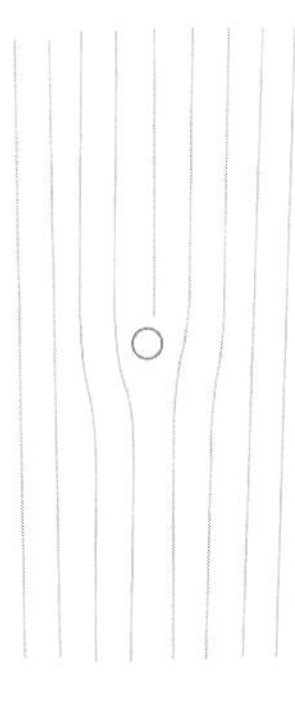

그림 2.25 불순물 원자 위치에서의 모서리 어긋남 고정.

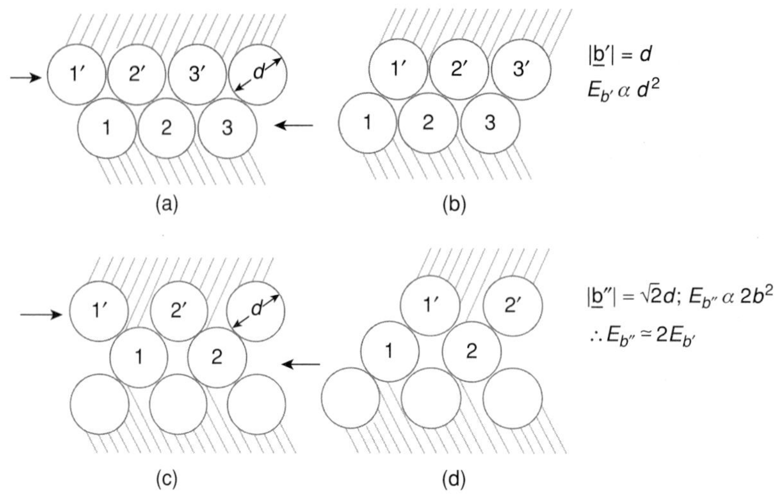

그림 2.26 (a, b) *cp* 방향과 (c, d) 비조밀 쌓임 방향의 Burgers 벡터.

2.5.4 어긋남과 결정 구조

구조 유형의 대부분에는 어긋남이 일어나기 쉬운 특정 면과 어긋남이 진행하기 쉬운 특정 방향이 존재한다. 어긋남을 병진 단위만큼 이동시키는 데 필요한 에너지, E는 Burgers 벡터 **b**의 크기의 제곱에 비례한다.

$$E \propto |\mathbf{b}|^2 \tag{2.23}$$

따라서 주요한 어긋남일수록 그 **b**가 더 작다.

금속에서 어긋남의 이동 방향은 대개 구조 내의 조밀 쌓임 방향과 평행하다. 그림 2.26(a)는 두 줄로 배열된 구형체를 보여 주는데 각 줄은 투사된 원자 층을 나타낸다; 각 줄의 원자들이 맞닿아 있으므로 조밀 쌓임임을 알 수 있다. 어긋남 영역에 전단력이 가해지면 윗줄이 아랫줄에 대해 한 칸만큼 움직인다. 그 결과 그림 (a)에서 원자 2′가 놓였던 자리를 원자 1′이 채우고, 이웃 원자들이 연쇄적으로 이동하는 '전단(shear)'이 일어난다. 거리 1′−2′는 미끄러짐과 어긋남의 병진 단위에 해당하며, Burgers 벡터의 크기와 같다. 즉, $|\mathbf{b}'| = d$이며 $E_{b'} \propto d^2$이다. 여기서 d는 구형체의 직경이다.

그림 2.26(c)와 (d)는 조밀 쌓임이 아닌 배열에서의 어긋남 이동을 비교하여 보여 준다. 그림 (a)와 (b)에 비해 1′−2′ 거리가 길어지며, 그림의 배열에서 $|\mathbf{b}''| = d\sqrt{2}$로 볼 수 있고 나아가 $E_{b''} \propto 2d^2$이다. 그러므로 이 예에서 조밀 쌓임이 아닌 방향으로의 어긋남 이동은 조밀 쌓임 방향에 비해 두 배의 에너지를 필요로 한다.

위와 같이 어긋남의 이동이 선호되는 방향은 *cp* 층에 평행하다는 것을 알 수 있다. 또한 전단이나 미끄러짐 면은 대개 *cp* 평면인 것으로 여겨진다. 이는 두 개의 *cp* 층 사이의 거리 d_1이 비조밀 층 사이의 거리 d_2에 비해 길기 때문이다(그림 2.27). 전단 과정에 미끄러짐 면 양측의 원자들이 반대 방향으로 움직일 때, 해당 영역의 구조 뒤틀림은 그림 (b)보다 (a)에서가 훨씬 적다. 달리 말해, 원자가 그림의 곡선 화살표를 따라 한 지점에서 다음 지점으로 이동하기까지 필요한 에너지 장벽이 그림 (b)에서 훨씬 더 크다는 것이다.

2.5.5 금속의 기계적 성질

fcc 구조의 금속들(Cu, Ag, Au, Pt, Pb, Ni, Al 등)은 대개 *hcp* 구조의 금속들(Ti, Zr, Be)이나 *bcc* 구조의 금속들(W, V, Mo, Cr, Fe)에 비해 전성과 연성이 훨씬 더 크다 − 단, Mg(*hcp*)와 Nb(*bcc*)는 이에 대한 뚜렷한 예외이다. 금속의 전성과 연성에는 여러 인자가 관여하며, 그 중 하나는 구조 내에 포함된 *cp* 층의 개수와 방향이다.

fcc 금속은 4개의 *cp* 층 세트를 가지며, 이들 각각은 입방 세포의 체대각 방향에 수직이다(그림 1.20).

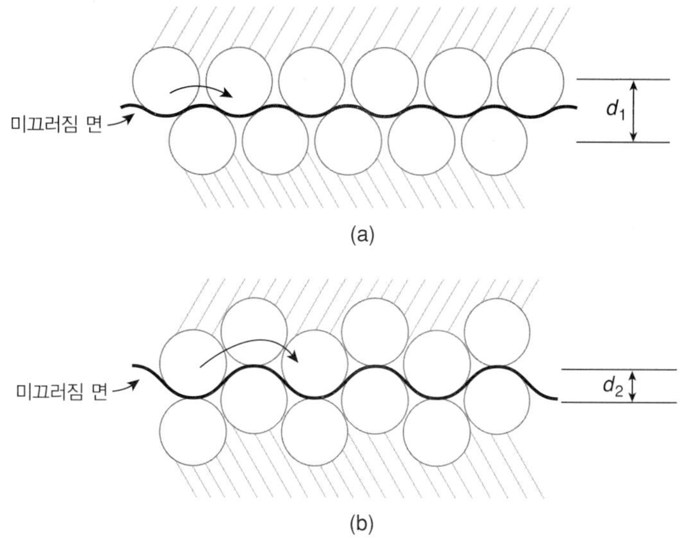

그림 2.27 (a)에서와 같이 미끄러짐 면이 *cp* 평면일 때 미끄러짐이 더 쉽게 일어남.

각각의 *cp* 층은 3개의 *cp* 방향($x-x'$, $y-y'$, $z-z'$)을 갖는다(그림 1.16). 이 *cp* 방향들은 입방 세포의 면대각 방향과 같아 방향 지수가 ⟨110⟩이다. 단위세포 전체로는 총 6가지의 *cp* 방향이 있다.

hcp 구조는 단 한 개의 *cp* 층 세트를 가지며, 이들은 단위세포의 기저 면에 평행하다. 이 경우 역시 *cp* 층 내에는 3개의 *cp* 방향이 존재한다. *bcc* 단위세포에서는 *cp* 층이 발견되지 않는다. *cp* 구조에서 원자의 배위수가 12인 데 비해 *bcc* 배열에서 원자의 배위수는 8이다. 그러나 *bcc* 구조에는 4개의 *cp* 방향이 존재하며, 이들은 입방 세포의 체대각, ⟨111⟩ 방향과 같다.

변형력이 금속의 미끄러짐 방향과 미끄러짐 면의 배향에 대해 어떤 상대 방향으로 가해지는지에 따라 금속의 거동이 달라진다. 그림 2.28은 육방 기저 면과 기둥 축이 45°를 이루는 마그네슘 단결정 기둥에 인장 변형력이 가해지는 상황을 나타낸다. 변형력이 ~100 psi 미만일 때 단결정의 변형은 탄성적이며 영구적 신장이 일어나지 않는다. 반면, **항복점**(yield point), ~100 psi 이상에서는 **소성 흐름**(plastic flow)이

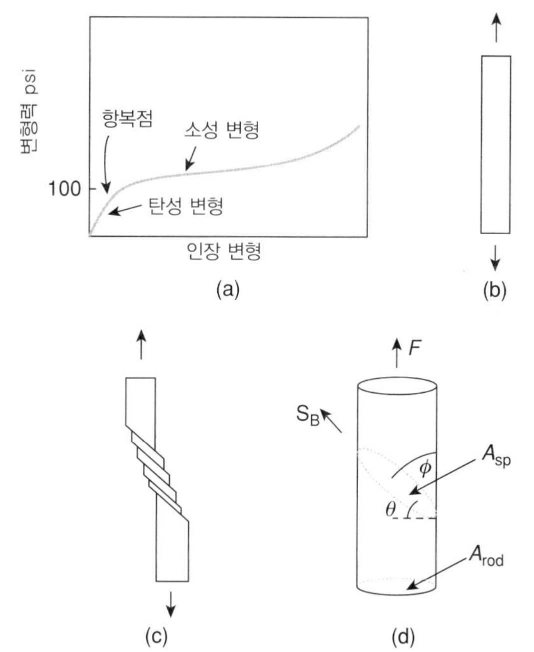

그림 2.28 (a) 단결정 Mg에 대한 인장 변형력–변형 곡선; (b, c) 인장 변형력에 의한 미끄러짐과 신장; (d) 전단 변형 분력의 정의.

일어나 결정이 비가역적으로 신장된다. 마그네슘은 원래 길이의 수 배까지 늘여질 수 있다는 점에서 특기할 만한 금속이다. 그림 2.28(c)에 보이듯, 마그네슘의 신장 과정에서는 결정 내에 대규모의 미끄러짐이 일어나면서 광학 현미경을 통해 관찰이 가능할 정도의 미끄러짐 계단이 형성된다. 현미경으로 관찰되기 위해서는 미끄러짐 계단의 전체 크기가 최소 2 μm이어야 한다. 따라서 어긋남의 진행으로 생겨나는 개개 미끄러짐 높이(또는 폭)가 2 Å이라면, 관측되는 미끄러짐 계단마다 적어도 10,000개의 어긋남이 포함되어야 한다.

마그네슘 결정의 기저 면과 기둥 축의 사잇각이 45°가 아니라면 소성 변형(plastic deformation)에 필요한 힘이 더 커진다. 이는 변형에 있어 실질적으로 중요한 요소가 바닥면에 평행한 방향으로 가해지는 변형력이기 때문이다. 가해진 힘이 F일 때, 미끄러짐 면에 가해지는 변형력 S_A는 다음과 같이 표현된다(그림 2.28(d)).

$$S_A = F/A_{sp} = F(\cos\theta/A_{rod}) \tag{2.24}$$

A_{rod}는 기둥의 단면적, A_{sp}는 미끄러짐 면의 면적, θ는 A_{rod}와 A_{sp}의 사잇각이다. 미끄러짐 면에 대한 변형력이 S_A일 때 미끄러짐 방향에 평행한 성분 크기는 S_B이다.

$$S_B = S_A\cos\phi = (F/A_{rod})\cos\theta\cos\phi \tag{2.25}$$

ϕ는 미끄러짐 방향과 변형력의 사잇각이다. 소성 흐름을 일으키기 위한 S_B의 크기를 **임계 전단 변형 분력**(critical resolved shear stress)이라 부른다. θ와 ϕ의 관계성을 살펴보면, $\theta=\phi=45°$일 때 S_B가 최대임을 알 수 있다. 즉,

$$S_B = \tfrac{1}{2}(F/A_{rod}) = \tfrac{1}{2}S \quad \text{when } \theta = \phi = 45° \tag{2.26}$$

S는 결정에 가해진 변형력이다. 식 2.25에 의하면, 미끄러짐 면이 변형력에 대해 수직이거나 평행할 때는 전단 변형 분력이 0이 되어 미끄러짐이 일어나지 않는다.

이상으로부터 *hcp*나 *bcc* 타입에 비해 *fcc* 금속의 소성 변형이 월등한 이유가 정성적으로 설명될 수 있다. *fcc* 금속은 미끄러짐의 발생에 중요한 요소인 *cp* 층을 네 세트, *cp* 방향을 여섯 가지 갖는다. 따라서 임의 방향의 외력이 인가될 때 그에 상응하여 미끄러짐을 일으키기 적합한 배향의 미끄러짐 면과 방향이 적어도 하나, 대개는 둘 이상 존재한다. 반면 육방정계 금속은 변형력에 대한 결정의 배향이 특정한 범위일 때에만 미끄러짐이 잘 일어난다. 이들 금속의 차이점은 다결정 시편에서 더욱 뚜렷해진다. 다결정 육방정계 금속에 포함된 결정 입자들은 거의 항상 변형력에 대해 수평이거나 수직인 방향의 미끄러짐 면만을 갖는다. 따라서 이 경우의 소성 변형은 단결정에 비해 작은 크기로 일어난다. 이에 반해 *fcc* 금속은 단결정, 다결정 구분 없이 전성과 연성이 크다.

fcc 금속은 대개 작은 임계 전단 변형 분력을 갖는다; Cu 92, Ag 54, Au 132, Al 148 psi. 육방정계 금속(단, *hcp*가 아님)에 대한 값은 두 부류로 나뉜다. 한 그룹은 *fcc* 금속과 유사한 값을 갖지만; Zn 26, Cd 82, Mg 83 psi, 다른 그룹은 훨씬 더 큰 값을 갖는다; Be 5700, Ti 16,000 psi. 사실 Ti에서의 미끄러짐은 비-기저 면에서 더 쉽게 일어나는데 이 면이 *cp* 방향을 갖기 때문이다; 이때의 임계 전단 변형 분력은 7100 psi이다. Be, Ti, Zr에서의 임계 변형 분력이 훨씬 더 큰 이유는 육방 단위세포가 *c*-축 방향으로 압축된 형태이기 때문이다. 이상적인 *hcp*의 단위세포에서 c/a 비는 $\sqrt{8/3}=1.633$임을 상기하라. Zn, Cd, Mg에서 c/a는 각각 1.856, 1.886, 1.624로 이상적 값에 비해 더 크거나 비슷하지만, Be, Ti, Zr의 값은 각각 1.586, 1.588, 1.590이다. c/a 값이 작다는 것은 인접한 기저 면 사이가 가까움을 의미하며 나아가 기저 면 방향의 미끄러짐이 더 어려울 것임을 가리킨다(그림 2.27(a)).

bcc 금속은 네 개의 *cp* 방향을 갖지만 *cp* 면이 없기 때문에 임계 전단 변형 분력이 매우 크다. 예를 들어 α-Fe에서는 약 4000 psi이다.

2.5.6 어긋남, 빈자리, 쌓임 오류

아래 예에 상술되듯 선 결함(어긋남)은 점 결함(빈자리), 면 결함(쌓임 오류)과 밀접히 연관된다.

상승(climb)은 빈자리를 매개로 어긋남이 이동하는 특수한 메커니즘이다(그림 2.29). 모서리 어긋남의 선(잉여 반쪽 원자 층) 주변에 빈자리가 존재한다고 가정하자. 어긋남 선의 한 원자가 이 빈자리로 이동하면 실질적으로 반쪽 원자 층은 원자 1개만큼 짧아진다. 이 과정이 어긋남 선을 따라 연쇄적으로 일어나면 결국 결정 내의 반쪽 면이 상승하는 효과가 나타난다.

어긋남과 쌓임 오류 사이에는 밀접한 구조 관계가 존재한다. 그림 2.30(a)는 *fcc* 금속에서 인접한 두 원자 층을 투사하여 나타내고 있다. 백색 원으로 표시된 위층에서 지그재그 열을 따라 원자가 결여되어 있는데, 이는 보기에 따라 잉여 원자 열이나 음의 모서리 어긋남이 아래층에 존재하는 것으로 묘사될 수도 있다. 후자의 관점에서 본다면 아래층의 모서리 어긋남이 위층의 원자 사이를 벌려 놓아 원자 열이 결여된 상태를 만들어낸 것이다. 위의 작용을 다른 방향에서 바라보면 그림 (c)와 같이 나타낼 수 있다. 원자

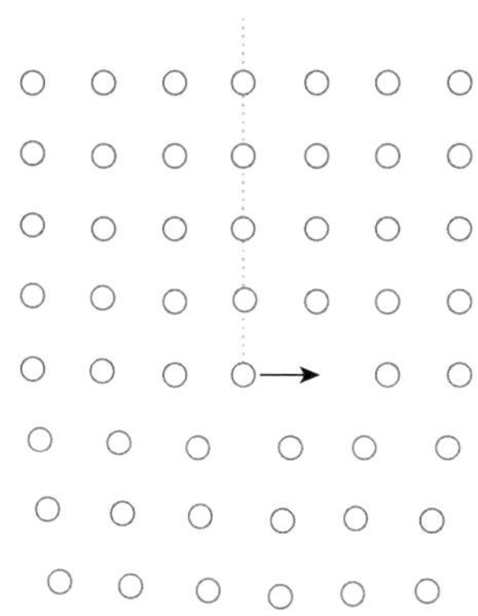

그림 2.29 빈자리 이동에 의한 모서리 어긋남 상승.

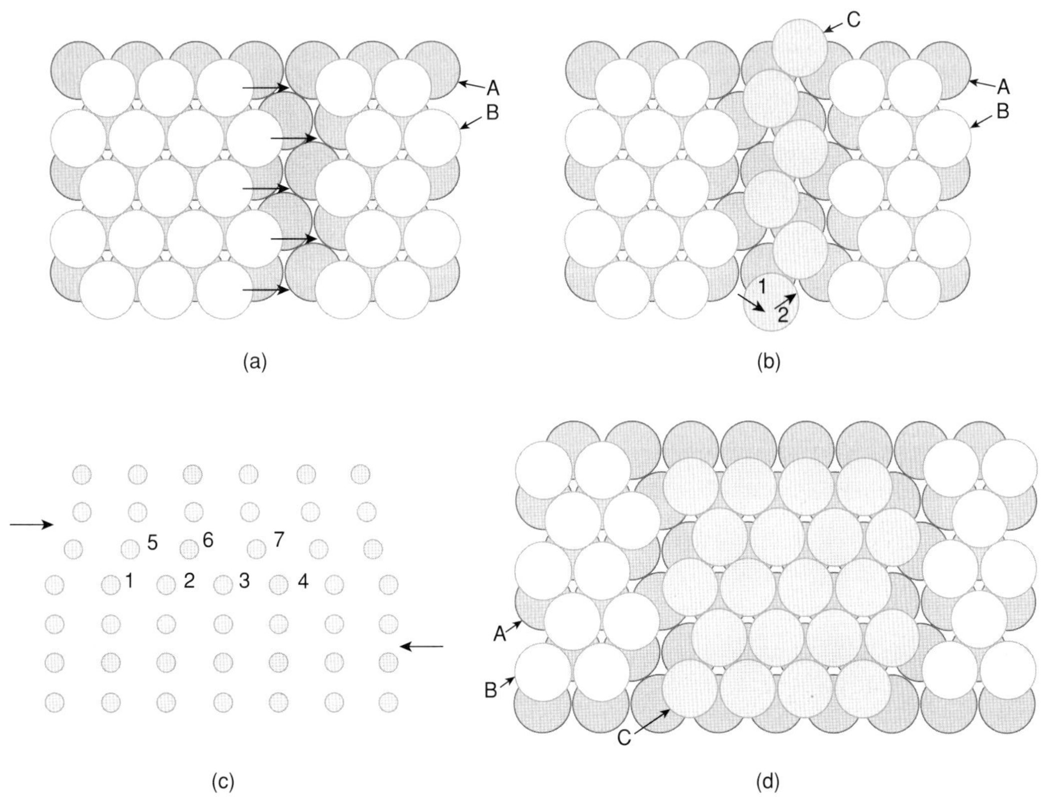

그림 2.30 (a) 모서리 어긋남과 (b) *fcc* 금속의 부분 어긋남; (c) 3번 원자 위치의 모서리 어긋남의 투사. (d) 두 개의 부분 어긋남이 분리되어 생겨나는 쌓임 오류. ➜ 앞의 컬러 그림 참조

1−4를 포함한 줄은 그림 (a)의 아래층에 해당하며, 5−7을 포함하는 줄은 위층에 해당한다. 그림 (c)의 원자 3은 음의 모서리 어긋남을 나타내고 있다. 모서리 어긋남의 이동은 위층의 백색 원자 한 줄이 비어 있던 원자 열 위치로 이동하는 과정이며, 그림 (a)와 (c)에서 화살표로 표시되어 있다. 원자들이 우측으로 한 단위만큼 이동함으로써 음의 모서리 어긋남이 좌측으로 한 단위 이동하는 알짜 효과가 있다. 미끄러짐 전후에 모두 위층 원자들은 B 자리에 놓이므로 어긋남의 이동에 의한 적층 순서 변화는 없다. Burgers 벡터는 화살표 방향이며 원자 직경만큼의 크기를 갖는다.

그림 2.30(a)에 표시된 화살표를 따라 원자가 이동할 때 위층의 원자는 아래층 원자를 큰 폭으로 오르내려야 한다. 이보다 훨씬 쉬운 이동 방법은 그림 (b)에 나타내어지듯, 두 단계의 짧은 이동(화살표 1, 2)을 연속적으로 거치는 것이다. 각 단계에서 B 위치의 원자는 두 개의 A 위치 원자 사이의 낮은 경계를 넘어 횡단한다. 첫 단계(화살표 1) 이동 후 원자는 C 위치에 놓이며, 그림 (b)와 같이 원자 열을 형성한다. 유사하게 두 번째 단계(화살표 2)의 후속 이동이 일어난 후에는 원자가 이웃한 B 위치에 놓이게 된다. 이러한 부분 어긋남의 생성은 두 가지 관점에서 해석될 수 있다. 활성화 에너지 관점에서 두 개의 낮은 활성화 에너지를 갖는 경로와 하나의 높은 활성화 에너지를 갖는 경로가 있을 때, 전자의 이동 거리가 더 길다 하더라도 후자에 비해 더 선호된다. Burgers 벡터 측면에서도, 경로의 총 거리가 과도하게 길지 않다면 분할된 경로가 더 유리하다. 직접 경로의 이동 거리가 b일 때 에너지 E_1은 $|b|^2$에 비례한다. 각 단계 이동의 경우, 수평에 대해 30° 방향으로 일어나며 이동 거리는 $b/\sqrt{3}$이다. 따라서 두 단계 이동에 대한 전체 에너지 E_2는 $(b/\sqrt{3})^2+(b/\sqrt{3})^2$에 비례한다. 즉, $E_2 \propto \frac{2}{3}|b|^2$이므로 $E_2 < E_1$이다.

위와 같은 단계적 이동에서는 어긋남이 두 개의 부분 어긋남으로 분리되는 중간 상태가 나타난다. 즉, 그림 (b)의 청색 원자열 좌우에 두 개의 어긋남을 발견할 수 있다. 두 개의 부분 어긋남은 상호 반발로 인해 그림 2.30(d)와 같이 분리되기도 한다. 부분 어긋남의 사이 영역에서 위층 원자들(청색)은 C 위치에 놓이므로 쌓임 오류 상태이며, 두 부분 어긋남이 결정 표면까지 확장된다면, 결함성 층이 생겨나는 것이다. 이 과정의 실제 발생 여부에 관계없이 어긋남, 부분 어긋남, 쌓임 오류 간에 뚜렷한 연관성이 있음을 알 수 있다.

어긋남의 시발점으로 제안되는 한 가지는 빈자리 결함들이 평면을 이뤄 무리지은 후 내향 붕괴하여 어긋남 고리를 만들어낸다는 것이다. 이 메커니즘은 빈자리 결함의 생성과 이동이 용이한 고온 조건에서 매우 중요해진다. 순수한 금속에서 빈자리 결함이 일정 반경 범위에 걸쳐 평면을 이룬다면, 구조 내에 원반 형태의 공백이 형성될 것이다. 원반 공백의 양측은 그림 2.31에 단면 구조로 나타낸 바와 같이 안쪽으로 함몰될 것이고, 그 결과 양쪽 끝부분에 반대 부호의 모서리 어긋남이 나타난다. 따라서 이 과정은 기계적 변형력이 없이 어긋남이 생겨나는 가능성을 제시한다.

2.5.7 어긋남과 입계(grain boundary)

다결정 물질에서 이웃한 입자들의 배향 사잇각이 그다지 크지 않다면, 입자 경계를 어긋남의 망상 조직으로 간주할 수 있다. 그림 2.32는 양의 모서리 어긋남 6개가 각기 다른 높이에 존재하는 결정을 나타낸다. 배향과 위치가 엇비슷한 어긋남들이 존재함으로써 결정의 상반부가 하반부에 비해 미세하게 넓어지고, 결정의 두 부분 간에 배향각 편차가 일어난다. 위의 어긋남들이 끝나는 표면은 지면에 수직이며, 좌우측

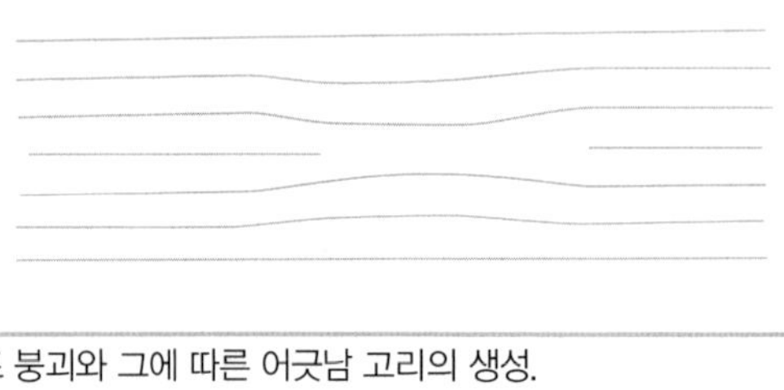

그림 2.31 결함 뭉치 부근의 구조 붕괴와 그에 따른 어긋남 고리의 생성.

그림 2.32 저각 입계에서 모서리 어긋남의 배열.

입자의 경계면으로 볼 수 있다. 단, 이 경계면에서 두 입자 간의 구조 연속성은 대체로 양호하다. 이러한 유형의 경계면을 **저각 입계**(low angle grain boundary)라고 부른다. 그림 2.18에 나타낸 단결정의 모자이크 또는 구역 조직은 종종 저각 입계를 이용하여 묘사될 수 있다.

두 입자 간의 배향각 편차는 쉽게 계산될 수 있다. 1 μm 너비의 단결정 조각이 양의 모서리 어긋남 5개에 의해 저각 입계를 형성하는 상황을 생각해 보자. 결정의 한쪽 끝이 다른 쪽 끝에 비해 원자 면 5층(약 10 Å) 가량만큼 더 넓을 것이므로, 입자들의 배향각 편차는 $\theta = \tan^{-1}(10/10{,}000) = 0.057°$이다. 종종 적절한 표면 식각에 의해 저각 입계를 찾아낼 수 있는데, 이때 광학 현미경에서 홈 자국이 관찰되기 위해서는 입계의 크기와 간격이 1−2 μm 수준 이상이어야 한다. 입계에 대한 어긋남 모형은 배향각 편차가 10° 이내인 경우를 설명하는 데 유용하다. 그러나 편차가 10° 이상으로 산출된다면 어긋남 모형의 적용이 부적합하다. 이 경우 모서리 어긋남이 매우 촘촘히 밀집된 상태에 해당하면서 개개 모서리 어긋남의 독립성과 고유성이 전제될 수 없기 때문이다.

3장

고체의 결합

3.1 개요: 고체 내의 이온성, 공유성, 금속성, 반데르발스, 그리고 수소 결합

결정성 물질에서는 이온성, 공유성, 금속성, 반데르발스(van der Waals) 유형에 이르는 다양한 결합 형태가 모두 나타난다. 경우에 따라서는 한 물질 내에 두 가지 이상의 결합 유형이 함께 존재하기도 한다. 복합 음이온의 염 Li_2SO_4에서 Li^+와 SO_4^{2-} 간 결합은 이온성, S와 O 간 결합은 공유성이다. 많은 경우에 실제 결합은 서로 다른 유형의 혼합 속성을 띤다. TiO에는 이온성/금속성, CdI_2에는 이온성/공유성/반데르발스 결합 속성이 혼재한다. 하지만 고체의 구조 논의에서는 결합의 혼합 속성을 무시하고 단순 이온성으로 취급하는 것이 간편한 경우가 많다.

이온성 결합은 대칭성이 높고 원자의 배위수가 가능한 한 높게 배열된 구조를 선호하는데, 그에 의해 결정 격자의 정전기적 알짜 인력, 즉 **격자 에너지**(lattice energy)를 극대화시킬 수 있기 때문이다. 반면 **공유성 결합**은 지향성이 매우 크며, 중심 원자가 선호하는 특정 배위 환경이 뚜렷이 유지된다. 공유성 구조에서는 배위수가 대체로 낮으며, 공유성 결합의 배위수는 크기가 비슷한 원자의 이온성 결합에 비해 작게 마련이다.

화합물의 결합 속성은 구성 원자의 주기율표 상 위치, 특히 전기음성도(electronegativity)와 잘 결부된다. 알칼리 원소와 알칼리 토 원소는 대개 이온성 구조를 형성하며(Be는 예외적), O^{2-}나 F^-와 같이 크기가 작고 전기음성도가 높은 음이온과 짝지을 경우 특히 그렇다. 공유성 구조가 두드러지는 두 가지 경우로 (i) 양이온의 크기가 작고 원자가(valence)가 높을 때(B^{3+}, Si^{4+}, P^{5+}, S^{6+}) 편극성이 매우 크며, (ii) 이보다는 덜하지만 크기가 큰 음이온(I^-, S^{2-}) 역시 편극성이 크다. 대부분의 비분자성 물질(확장형 결정)에는 이온성과 공유성 결합이 함께 존재하며, 이후 논의되듯 특정 결합의 **이온성 분율**(ionicity), 즉 결합에서 이온성의 기여도 백분율이 산출될 수 있다.

결합의 부가적 인자로 고려되는 한 가지는 금속성 결합이며, 이는 일부 전이 금속 화합물에서 특히 중요하다. 금속성 결합을 이루는 최외각 전자는 개별 원자 이온이나 원자 간 공유 결합에 국한되기보다 전자 띠를 채우는 것으로 묘사된다. 고체의 전자 띠가 구조 전체에 대응된다는 점을 생각해 보면, 금속성 결합의 전자는 구조의 전체 공간에 비편재되는 것이다. 주기율표 상 원소의 대부분은 금속성이며, 여기에는 *s*-, *d*-, *f*-블록 원소 전체와 *p*-블록 원소 상당수가 포함된다. 이에 더해 고체화학에서 매우 흥미로운 부분은 산화물을 포함한 다수의 화합물들이 금속성이라는 점이다. 좋은 예로 텅스텐 브론즈 Na_xWO_3, 고온 초전도체 세라믹 $YBa_2Cu_3O_7$ 등이 포함된다. 이들에서는 가변 산화수의 전이 금속 $W^{5+,6+}$, $Cu^{2+,3+}$에서 비롯하는 금속성 결합과 함께 Na^+, Y^{3+}, Ba^{2+}가 관여하는 이온성 결합이 함께 존재한다.

반데르발스 결합은 분자성 물질의 주요 속성이다. 분자성 물질에서 분자 내의 원자들은 강한 공유 결합으로 붙들려 있고, 분자 간에는 약한 반데르발스 결합에서 기인하는 인력이 작용한다. 질소(N_2)와 같은 분자성 물질이 저온에서 액화 내지 응고되는 것은 반데르발스 인력 때문이다. 반데르발스 결합이 없다면 헬륨(He)과 같은 기체 원소는 화학 결합을 전혀 갖지 않을 것이고 따라서 액화될 수 없다. 반데르발스 결합의 세기는 매우 약하기 때문에 분자성 물질의 녹는점과 끓는점은 낮은 편이다.

H_2O와 같은 분자 사이에는 **수소 결합**이 작용한다. 수소 결합에 관여하는 원자, 즉 $H^{\delta+}$와 이웃 분자의 $O^{\delta-}$(H_2O인 경우)는 부분 전하를 띠기 때문에 이들 간의 상호 작용은 이온성 내지 극성이고, 그 세기가 상

당히 강하다. H_2O 분자는 결합 원자(H, O)의 전기음성도가 다를 뿐만 아니라 분자 기하가 중심비대칭이기 때문에 영구 쌍극자를 갖는다. 반면에 비극성 분자들 간의 반데르발스 결합은 분자 내 최외각 전하 구름의 순간적 움직임에 의한 약한 자발 극성에서 비롯된다.

3.2 이온성 결합

순수한 이온성 결합은 매우 드물며, 흔히 이온성으로 분류되는 구조들(NaCl, CaO, …)이더라도 대개는 부분적 공유성을 띤다. 결합의 공유도는 구성 원자의 원자가가 클수록 증가하며, 알짜 전하가 +1 또는 −1보다 더 큰 이온은 실재하기 어렵다. 예를 들어 NaCl을 Na^+Cl^-로 표현할 수는 있겠지만, TiC를 Ti^{4+}와 C^{4-}의 결합으로 취급할 수는 없다. 달리 말해 TiC의 주된 결합 방식은 비이온성인 것이다. 이러한 점을 고려할 때 다소 난해한 질문이 제기될 수 있다. Al_2O_3나 $CdCl_2$와 같이 상당한 공유 결합성을 갖는 구조를 묘사할 때 이온 모형을 이용하는 것이 적절한가? 하는 것이다. 만일 그렇지 않다면 결합 표현를 위한 대체 모형을 찾아내야 할 것이다. 이온성 결합은 폭넓은 적용 범위를 가지며 공유성이 큰 물질에 대해서도 구조 묘사의 출발점을 제공하는 데 유용하다. 이러한 배경에서 이 절은 이온성 결합 모형을 중점적으로 다룬다.

3.2.1 이온과 이온 반경

구성 이온의 크기에 대한 명확한 정보가 없이 결정 구조를 논한다는 것은 상상하기 어려운 일이다. 이미 오래 전에 Pauling, Goldschmidt 등에 의해 **이온 반경 목록**이 확립되어져 결정 화학의 토대를 제공했지만, 이들이 심각한 오류를 담고 있기 때문에 이후 약간의 개정이 이루어져 왔다. 그와 함께 이온과 이온성 구조에 대한 개념 또한 수정되어져 왔다. 가장 최근에 Shannon과 Prewitt(1969, 1970)이 작성한 이온 반

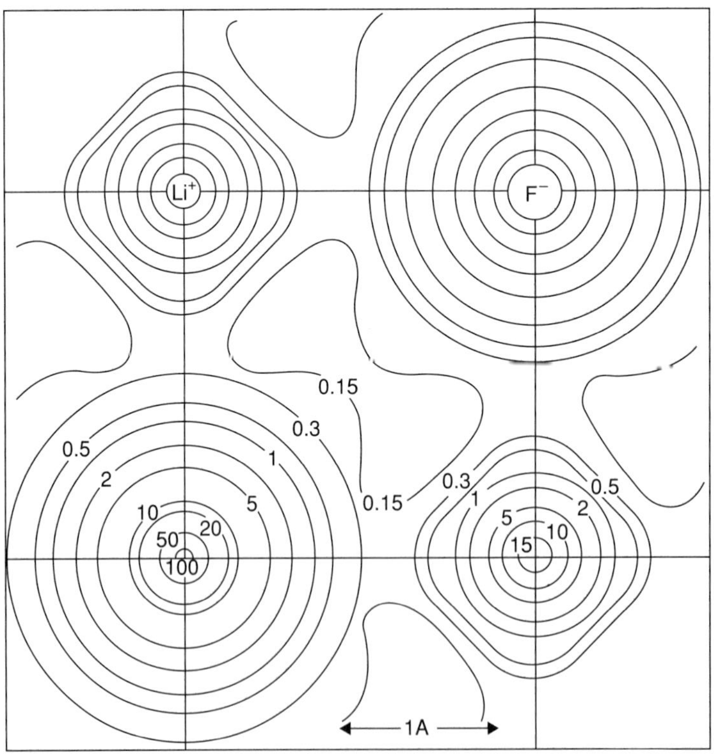

그림 3.1 암염 구조 LiF의 전자 밀도 등고선 지도: 단위세포 단면의 일부. 각각의 등고선 위에서는 전자 밀도(e Å^{-3})가 동일함. Reproduced with permission from Krug, Witte and Wolfel, Zeit. Phys. Chem., Frankfurt, 4, 36, © 1955 Oldenbourg Verlag.

경 목록에서는 종전의 인식에 비해 양이온을 더 크게, 음이온을 더 작게 나타내고 있다. 예를 들어 Na^+와 F^-의 Pauling 반경은 각각 0.98 Å, 1.36 Å이지만 Shannon−Prewitt 반경은 각각 1.14−1.30 Å, 1.19 Å이다. Na^+의 Shannon−Prewitt 반경이 배위수에 따라 다르게 주어지는 점 또한 주목할 차이점이다.

이와 같은 수정이 이루어진 데에는 개선된 품질의 X-선 결정학으로부터 결정 내의 전자 밀도 분포 지도가 상당히 정확하게 얻어진 점이 크게 기여하였다. X-선 결정학을 통해 개별 이온을 '시각화'함으로써 크기, 모양, 속성을 논할 수 있게 된 것이다. 그림 3.1은 LiF에 대한 전자 밀도 등고선 지도(contour map)를 보여 준다. 이 지도는 (100) 평면 중 단위세포 범위의 영역을 포함하며, Li^+와 F^- 이온의 중심을 지나고 있다. 그림 3.2는 인접한 Li^+와 F^- 이온의 직선 거리를 따라 전자 밀도의 변동을 보여 준다. 그림 3.1과 3.2, 그리고 다른 구조에 대한 유사 도표들로부터 결정 내 이온에 대한 추론을 다음과 같이 이끌어낼 수 있다.

(가) 이온은 본질적으로 구형이다.

(나) 이온은 전자 밀도가 집중된 중심핵과 전자 밀도가 매우 낮은 외곽 영역으로 나뉠 수 있다.

(다) 이온 반경 값을 정하는 것은 단순한 작업이 아니다; 이온들이 맞닿은 것으로 보이는 경우에도 그 경계는 자명하지 않다(그림 3.2).

추론 (나)는 '이온은 전하를 띠고, 압축되지 않으며 편극되지 않는 구형체'라는 통념에 배치된다. 이온이 전하를 띠는 것은 틀림없지만, 확정된 반경을 갖는 경구(hard sphere)로 볼 수는 없다는 것이다. 핵으로부터 거리가 멀어짐에 따라 이온의 전자 밀도는 어느 지점에서 급작스레 0으로 감소하는 것이 아니라 대략적인 지수 의존성을 보이면서 감소한다. 또한 이온은 압축 불가능한 경구가 아니라 상당한 신축성을 갖는 입자이다. 이온의 중심핵은 거의 불변이지만 외부 영역이 유연하게 변형될 수 있기 때문이다. 외곽 영역의 유연성은 배위수와 결합 환경에 따라 이온 반경이 달라지는 점을 설명하기 위한 필수 요소이다. 한계 범위 내에서는 주어진 환경 조건에 맞추어 이온이 팽창하거나 수축할 수 있는 것이다.

그림 3.1과 3.2에 나타나듯 전자 밀도의 대부분은 이온 핵 가까이에 밀집되어 있다. 바꿔 말해 결정 부피의 대부분은 자유 공간에 가까우며 매우 낮은 전자 밀도를 갖는다. 약간 엉뚱한 비교이지만, 원자나 이온의 구조는 태양계의 구조와 유사성을 갖는다. 두 경우 모두 물질 요소의 대부분이 매우 작은 공간에 밀집되고 부피의 나머지 부분은 실질적으로 빈 공간이다.

인접한 양이온과 음이온 경계에서 전자 밀도가 넓고 얕은 최저 영역을 형성하기 때문에 이온 반경을 정확히 명시하기는 어렵다. LiF에 대해(그림 3.2), Pauling과 Goldschmidt가 선택한 Li^+ 반경과 함께 전자 밀도의 최솟값 지점이 표시되어 있다. 비록 위의 세 값들이 0.60 Å에서 0.92 Å까지 큰 폭으로 다르지만, 이들 모두 광역 차원의 전자 밀도 최저 영역에 속한다.

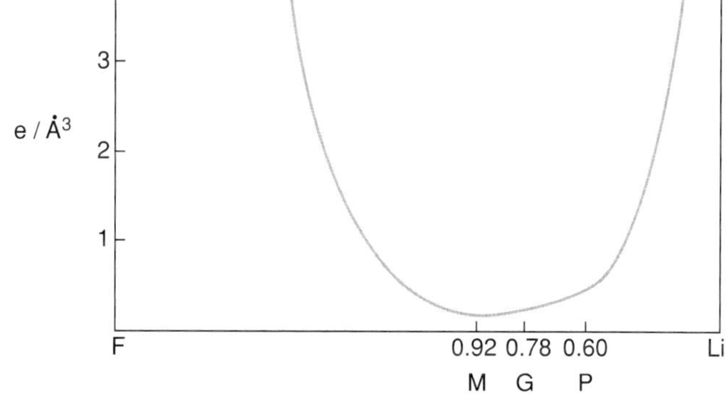

그림 3.2 LiF에서 인접한 Li−F의 연결선을 따라 표시된 전자 밀도. P = Li^+의 Pauling 반경; G = Li^+의 Goldschmidt 반경; M = 최저 전자 밀도 지점. Reproduced with permission from Krebs, Fundamentals of Inorganic Crystal Chemistry, © 1968 McGraw-Hill.

개개 이온 반경의 절대적 참값을 정하기는 어렵겠지만, 일정 규칙에 따라 작성된 이온 반경 목록은 유용한 참고자료로 활용될 수 있다. 다행히도 대부분의 이온 반경 목록은 가법적이며 자체 일관성을 갖는다. 따라서 서로 다른 목록의 반경 값을 혼용하지 않는다면 결정 내의 **이온 간 거리**를 높은 신뢰도로 산출할 수 있다. Shannon과 Prewitt은 두 벌의 반경 목록을 제시하였다: 한 목록은 O^{2-}의 반경, $r_{O^{2-}} = 1.40$ Å을 기준값으로 하며, Pauling, Goldschmidt 등과 비슷한 반경 값들을 담고 있다. 다른 목록에서는 $r_{F^-} = 1.19$ Å ($r_{O^{2-}} = 1.26$ Å)이 기준값이며 X-선 전자 밀도 지도의 결과에 비중을 둔다. 두 목록 모두 양이온의 다양한 배위수에 대해 포괄적인 수치를 담고 있지만 산화물과 플루오린화물만 포함한다. 3장의 논의에서는 $r_{F^-} = 1.19$ Å ($r_{O^{2-}} = 1.26$ Å)을 기준으로 하는 목록이 사용될 것이다. 그림 3.3은 M^+에서 M^{4+} 타입의 몇몇 양이온의 반경을 배위수에 따라 나타내고 있다; 양이온 전하가 클 경우 음이온의 편극을 심화시키고 나아가 공유 결합을 형성하기 때문에 +4보다 큰 전하를 갖는 이온은 존재하기 어렵다.

이온 반경을 표로 정리하는 대신 양이온 별로 전형적인 결합 거리를 수록할 수도 있다(부록 F). 예를 들어, 다양한 종류의 금속 타이타늄산과 TiO_2에서, Ti가 왜곡되지 않은 TiO_6 팔면체 자리에 놓인다면 Ti−O 결합 거리는 1.94−1.96 Å 범위에 속한다. 따라서 Ti^{4+}, Zr^{4+}, Al^{3+}와 같은 이온들의 크기를 비교하는 간

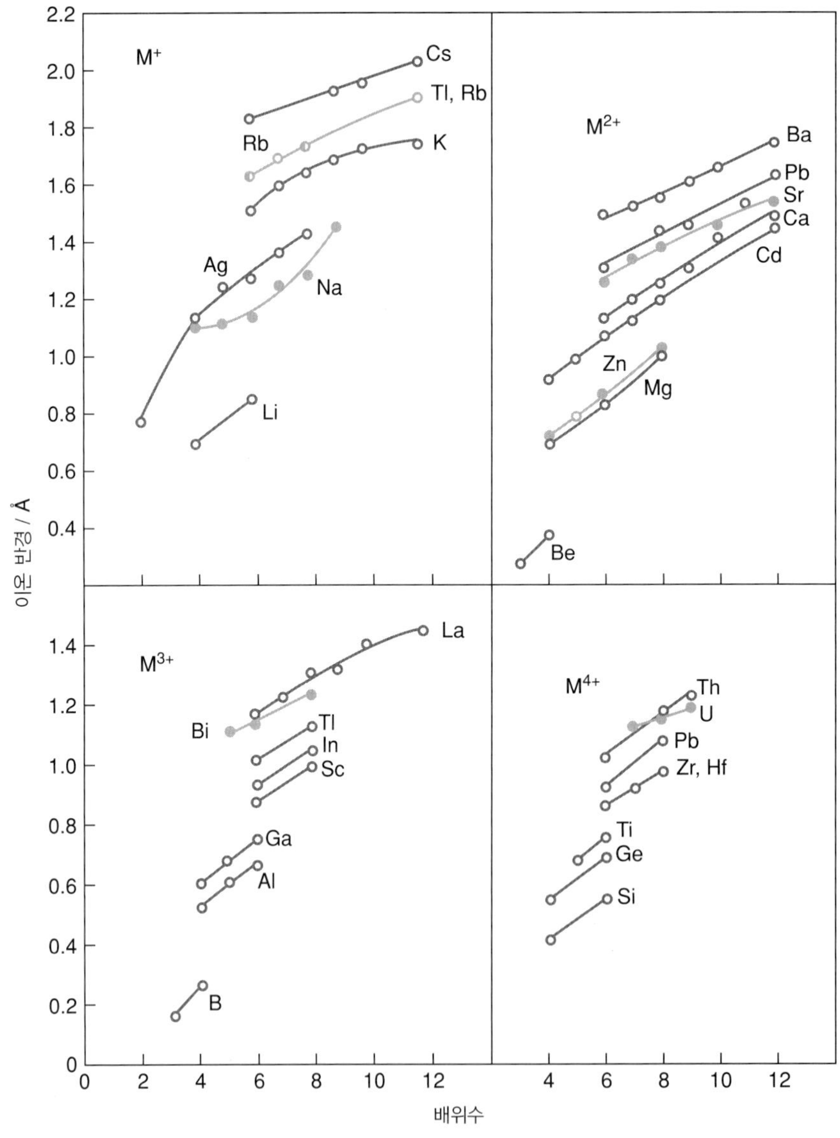

그림 3.3 양이온 M^+−M^{4+}의 배위수에 따른 이온 반경. $r_{F^-} = 1.19$ Å, $r_{O^{2-}} = 1.26$ Å을 기준값으로 삼음. Reproduced with permission from Shannon and Prewitt, Acta Cryst,, B25, 925, © 1970 International Union of Crystallography.
➜ 앞의 컬러 그림 참조

편한 방법은 각 이온의 산소에 대한 결합 거리를 살펴보는 것이다.

이온 반경은 주기율표 상의 위치, 형식 전하, 배위수에 대해 아래와 같은 의존 경향성을 보인다.

(가) *s*-, *p*-블록 영역의 같은 족 내에서는 원자 번호가 증가할수록 이온 반경이 커진다; 팔면체 배위된 알칼리 이온.

(나) 등전자 관계의 양이온 계열에서는 전하가 증가할수록 반경이 작아진다; Na^+, Mg^{2+}, Al^{3+}, Si^{4+}.

(다) 원소가 둘 이상의 산화수를 갖는 경우, 산화수가 증가할수록 이온 반경이 작아진다; $V^{2+} > V^{3+} > V^{4+} > V^{5+}$.

(라) 원소가 다양한 배위수를 취할 수 있는 경우, 배위수가 증가할수록 이온 반경이 커진다.

(마) **란탄족 수축**(lanthanide contraction)에 의해, 같은 전하이면서 원자 번호가 더 높은 이온이 더 작은 크기를 갖게 된다; 팔면체 반경, La^{3+}(1.20 Å) ⋯ Eu^{3+}(1.09 Å) ⋯ Lu^{3+}(0.99 Å). 이 현상은 *f*-와 *d*-전자의 핵전하 차폐력이 매우 약한 데에서 기인한다. 비슷한 효과가 몇몇 전이 금속 계열에서 나타난다.

(바) 어떤 전이 금속 이온과 그에 유사하게 대응되는 주족 이온을 비교할 때, (마)의 이유로 인해 전이 금속 이온의 크기가 더 작다; Rb^+(1.63 Å)/Ag^+(1.29 Å), Ca^{2+}(1.14 Å)/Zn^{2+}(0.89 Å).

(사) 주기율표 상에서 대각선 방향으로 이웃한 원소 쌍들의 몇몇은 이온 반경과 화학적 거동이 비슷하다; Li^+(0.88 Å)/Mg^{2+}(0.86 Å). 이는 (가)와 (나)의 효과가 결합된 결과이다.

3.2.2 이온성 구조–일반적 규칙

이온성 구조에 대한 다음 지침을 유념하도록 하자.

(가) 이온은 전하를 띠고, 탄력성과 편극성을 갖는 구형체이다.

(나) 이온성 구조는 정전기적 힘에 의해 유지되며, 각 이온은 반대 전하의 이온으로 둘러싸여진다.

(다) 이온 간의 정전기적 알짜 인력(격자 에너지)을 극대화시키기 위해, 가능한 한 높은 배위수에 도달하도록 최인접 이온이 배열된다. 단, 중심 이온이 반대 전하의 이웃 이온과 모두 맞닿아야 하므로 배위수가 무한히 높아질 수는 없다.

(라) 차인접 원자와의 상호 작용은 음이온–음이온 또는 양이온–양이온 사이의 반발력이 된다. 같은 전하의 이온들끼리 가능한 한 멀리 배열되려 하기 때문에 대칭성이 크고 부피가 극대화된 구조가 얻어진다.

(마) 국부 차원의 전하 중성이 매우 잘 지켜진다; 이온의 원자가는 해당 이온과 최인접 이온 간의 정전기적 결합력을 모두 합한 값과 같다.

(가)의 내용은 3.2절에서 언급된 바 있다; 이온은 전하를 띠며, 배위수에 따라 크기가 달라지므로 탄력적이고, 공유성 결합을 이룰 수 있다는 면에서 편극성을 지닌다. 그림 3.1, LiF의 전자 밀도 지도에서 Li^+ 이온은 구형에서 약간 벗어난 모양으로 나타나는데, 이는 Li^+와 F^- 간의 공유 결합 성분에 의한 것이다.

(나)–(마)의 바탕 내용은 이온성 결정의 안정화 요인이 주로 정전기적 인력에서 제공된다는 것이며, 결국 이온성 결정을 유지하는 힘의 크기가 결정을 점 전하의 3차원 배열로 간주하여 계산된 알짜 쿨롱(Coulomb) 에너지와 같다고 생각하는 것이다. 쿨롱의 법칙에 의하면, 전하가 Z_+e, Z_-e인 두 이온이 r의 거리에 놓일 때 작용하는 힘 F는 다음과 같다.

$$F = \frac{(Z_+e)(Z_-e)}{r^2} \tag{3.1}$$

비슷한 관계식이 결정 내의 이온 쌍 각각에 대해 적용되며, 모든 이온 쌍 조합들에 대해 얻어진 쿨롱 힘을 합하면 결정의 격자 에너지가 된다.

(다)는 최인접 이온들끼리 맞닿아야 한다는 단서 조건을 포함한다. 이온성 결정에서 관찰되는 전자 밀도 분포의 양상을 감안할 때, '맞닿음'을 정량적으로 판별하기는 어렵다. 그럼에도 불구하고 맞닿음이 강조되는 이유는 비록 이온 크기가 배위수에 따라 달라지지만 대부분의 이온들, 특히 작은 이온들은 배위수

의 상한값을 갖는 것으로 나타나기 때문이다; 일반적으로 Be^{2+}는 4, Li^{+}는 6보다 큰 배위수를 취하지 않는다. 따라서 이온들은 탄력적이지만 크기 변화 범위가 상당히 좁게 제한된다.

(라)에서 이온성 결정의 부피가 극대화된다는 생각은 다소 의외롭다. 흔히 이온성 구조와 *cp* 유도 구조들은 최소화된 부피를 갖는다고 여겨지기 때문이다. 그러나 위의 두 관점은 상반되지 않는다. 이온성 결정의 주된 결합력은 최인접 양이온–음이온 간의 인력이며, 두 이온 간 거리가 짧을수록 증대된다(이온들이 너무 가까워지면 반발력이 급증하면서 알짜 인력을 감소시킨다). 하지만 위의 인력에 대한 추가적 효과로 차인접 이온 간 반발력이 작용한다. 즉, (가)의 양이온–음이온 거리가 최소화된다는 요건과 (나)의 배위수가 극대화된다는 요건에 더하여, 같은 전하의 이온들끼리 반발력을 줄이기 위해 가능한 한 멀리 떨어져 배열되는 것이다. 그 결과로 얻어지는 이온 배열은 규칙적이고 대칭성이 높으며, 극대화된 부피를 갖는다.

루틸 TiO_2(1.17.6절)는 부피가 극대화된 구조의 좋은 예이다. 루틸 구조의 산화 이온 층은 이상적 *hcp* 배열과 달리 주름져 있고, O–O 간 차인접 배위수는 12(*hcp*)에서 11(*tp*)로 감소한다. 위의 구조 왜곡 과정에서 Ti–O 배위수와 O–Ti 배위수는 달라지지 않지만 구조 전체의 부피는 2–3% 가량 증가한다. 따라서 산화 이온 층의 왜곡에 의해 부피가 증가한 것으로 볼 수 있다.

(마)는 Pauling의 **정전기적 원자가 규칙**(electrostatic valence rule)이며, Pauling이 이온성 결정에 대해 제시한 일련의 규칙들 중 제2항에 해당한다. 이 규칙이 근본적으로 의미하는 바는 특정 이온, 예를 들어 어떤 음이온에 대한 전하 균형(charge balancing)이 그 이온을 둘러싼 양이온들에 의해 이루어진다는 것이다. 이때 양이온들이 기여하는 전하 총량은 음이온 전하와 크기가 같아야 한다. 실제로는 이 양이온들 또한 다른 음이온들에 의해 둘러싸이기 때문에 각각의 양이온–음이온 결합에 부속된 유효 전하량이 적절히 계산되어져야 한다. 양이온 M^{m+}이 n개의 음이온 X^{x-}에 의해 배위될 때, 양이온–음이온 결합 각각의 **정전기적 결합 세기**(electrostatic bond strength, *ebs*)는 다음과 같이 정의된다.

$$ebs = \frac{m}{n} \tag{3.2}$$

또한 각 음이온에 대한 최인접 양이온들의 *ebs* 총합은 음이온의 전하 크기와 같아야 한다.

$$\sum \frac{m}{n} = x \tag{3.3}$$

예를 들어,

(가) 스피넬 $MgAl_2O_4$는 팔면체 자리의 Al^{3+}와 사면체 자리의 Mg^{2+} 이온을 갖는다; 각 O 원자는 3개의 Al^{3+} 이온과 1개의 Mg^{2+} 이온이 형성하는 사면체 자리에 놓인다. 위 서술은 다음과 같이 확인될 수 있다.

$$Mg^{2+}\text{에 대한 전하 균형: } ebs = \frac{2}{4} = \frac{1}{2}$$

$$Al^{3+}\text{에 대한 전하 균형: } ebs = \frac{3}{6} = \frac{1}{2}$$

따라서 O^{2-}에 대한 전하 균형은

$$\sum ebs\,(3Al^{3+} + 1Mg^{2+}) = 2$$

(나) 규산염 구조에서 3개의 SiO_4 사면체가 꼭짓점을 공유하는 것이 불가능함을 입증할 수 있다.

$$Si^{4+}\text{에 대한 전하 균형: } ebs = \frac{4}{4} = 1$$

두 개의 사면체가 꼭짓점을 공유하는 경우라면, O 원자에 대해 $\Sigma ebs = 2$로 정상적인 값이 얻어진다. 하지만 3개의 사면체가 공통의 꼭짓점을 공유한다면, 공유된 O 원자에 대한 계산값, $\Sigma ebs = 3$은 물리적 의미가 없는 결과이다.

이러한 Pauling 규칙은 결정 구조 내에서 어떤 방식의 다면체 연결이 가능할지 예측하는 데 유용한 지침을 제공한다. 표 3.1은 몇몇 일반적 양이온들의 형식 전하와 배위수(*CN*), 그리고 *ebs*를 열거하고 있다. 표 3.2는 산화 이온 다면체의 꼭짓점 공유가 가능한 조합과 가능하지 않은 조합 몇몇을 열거하고 있다. 이 외에도 많은 조합들이 가능하며, 위상 기하학적 제한을 고려하면서(이를 테면 꼭짓점을 공유하는 팔면체 개수는 최대 6으로 제한된다) 어떤 조합들이 가능할지 추론해 볼 수 있다.

Pauling의 제3 규칙은 다면체의 배열 관계에 관련되며, 1장에서 논의된 바 있다. Pauling의 제1 규칙은 다음과 같이 서술된다: '각 양이온 주위에는 음이온 다면체가 형성된다; 양이온–음이온 거리는 두 이온의 반경 합과 같고 양이온의 배위수는 반경 비에 의해 정해진다'. 이온 간 거리가 반경 합에 의해 결정된다는 견해는 모든 이온 반경 표에 함의되어져 있다. 사실 이온 반경 표의 주된 용도는 원자 간 거리를 정확히 예측하는 것이다. 다음으로 배위수와 반경 비 규칙에 대해 살펴보겠다.

3.2.3 반경 비 규칙(radius ratio rule)

이상적인 이온성 구조에서 이온의 배위수를 결정짓는 것은 정전기적 요인이다. 양이온들은 가능한 한 많은 음이온들로 자신을 둘러싸고, 반대의 경우 또한 마찬가지이다. 이를 통해 반대 전하의 인접 이온들 간 정전기적 인력이 극대화되고, 나아가 결정의 격자 에너지가 극대화된다. 이러한 구조적 요건의 고찰을 통해 이온성 구조에 대한 반경 비 규칙이 제안되었는데, 그 내용은 어떤 화합물이 취하는 구조가 구성 이온들의 상대적 크기에 따라 달라진다는 것이다. 이 규칙은 실험적 구조에 대한 대략적 묘사를 도울 수 있지만 세밀한 설명이나 미지 구조의 예측에 이용될 수는 없다.

표 3.1 몇몇 양이온의 정전기적 결합 세기(*ebs*)

양이온	배위수	*ebs*
Li^+	4, 6	1/4, 1/6
Na^+	6, 8	1/6, 1/8
Be^{2+}	3, 4	2/3, 1/2
Mg^{2+}	4, 6	1/2, 1/3
Ca^{2+}	8	1/4
Zn^{2+}	4	1/2
Al^{3+}	4, 6	3/4, 1/2
Cr^{3+}	6	1/2
Si^{4+}	4	1
Ge^{4+}	4, 6	1, 2/3
Ti^{4+}	6	2/3
Th^{4+}	8	1/2

표 3.2 산소 다면체(MO_4 사면체, MO_6 팔면체, MO_{12} 십이면체)의 꼭짓점 공유 예: 가능한 조합과 불가능한 조합

가능 조합	예	불가능 조합
$2SiO_4$	실리카	$>2SiO_4$
$1MgO_4+3AlO_6$	스피넬	$3AlO_4$
$1SiO_4+3MgO_6$	감람석	$1SiO_4+2AlO_4$
$8LiO_4$	Li_2O	$4TiO_6$
$2TiO_6+4CaO_{12}$	페로브스카이트	
$3TiO_6$	루틸	

반경 비 규칙을 적용하는 데에는 두 가지 지침을 따라야 한다.

1. 양이온은 인접 음이온과 맞닿아야 한다.
2. 이웃한 음이온들끼리는 맞닿을 수도, 맞닿지 않을 수도 있다.

조건 1은 특정한 자리에 채워질 양이온의 크기 하한값을 규정한다. 양이온이 음이온 다면체 내에서 **요동**(rattle)하는 상황은 에너지 면에서 불안정할 것이므로, 양이온이 자리 공간보다 커야 한다. 이 점에 근거하여 음이온 배열의 다양한 틈새자리에 대해 수용 가능한 양이온 크기 범위를 계산할 수 있다. 연습문제 1.32−1.35를 충실히 학습했다면 아래 내용은 그에 대한 복습이 될 수 있을 것이다.

먼저 팔면체 자리에 대한 양이온 최소 반경을 계산해 보자. 그림 3.4는 팔면체의 한 단면을 나타내며, 중심 양이온이 동일 평면에 놓인 4개의 음이온과 이웃하고 있다. 피타고라스 정리를 적용하면,

$$(2r_X)^2 + (2r_X)^2 = [2(r_M + r_X)]^2 \tag{3.4}$$

즉,

$$2r_X\sqrt{2} = 2(r_M + r_X)$$

$$r_M/r_X = \sqrt{2} - 1 = 0.414 \tag{3.5}$$

반경 비가 0.414보다 작은 경우, 양이온은 팔면체 자리 공간에 비해 너무 작고, 더 작은 배위수의 자리를 채우게 된다. 반경 비가 0.414보다 커지면 양이온은 음이온들의 틈을 벌려 밀어낸다. 반경 비가 0.732가 될 때까지 비슷한 양상이 일어나며 그 정도가 점차 증가한다. 반경 비가 0.732인 조건에서는 양이온이 8개의 음이온 이웃을 가질 수 있고 음이온들 모두가 양이온에 접한다.

8배위 자리의 최소 반경 비를 계산하는 데에는 양이온과 음이온이 입방체의 체대각선을 따라 맞닿아 있는 점을 이용할 수 있다(CsCl, 그림 1.36).

$$2(r_M + r_X) = \text{입방 체대각 길이} \tag{3.6}$$

또한, 음이온들끼리는 세포 모서리(길이 a)를 따라 접한다.

$$a = 2r_X \tag{3.7}$$

따라서,

$$2(r_M + r_X) = 2r_X\sqrt{3}$$

$$r_M/r_X = \sqrt{3} - 1 = 0.732 \tag{3.8}$$

사면체 배위에 대한 최소 반경 비의 계산에서는 그림 1.25와 같이 입방체 꼭짓점의 절반을 제거하여 사면체를 표현하는 것이 편리하다. 음이온과 양이온이 입방체의 체대각 방향을 따라 접하므로 식 3.6의 관계가 유효하다. 다른 한편으로 음이온들은 입방체의 면대각 방향을 따라 접하므로

$$2r_X = \text{입방 면대각 길이} \tag{3.9}$$

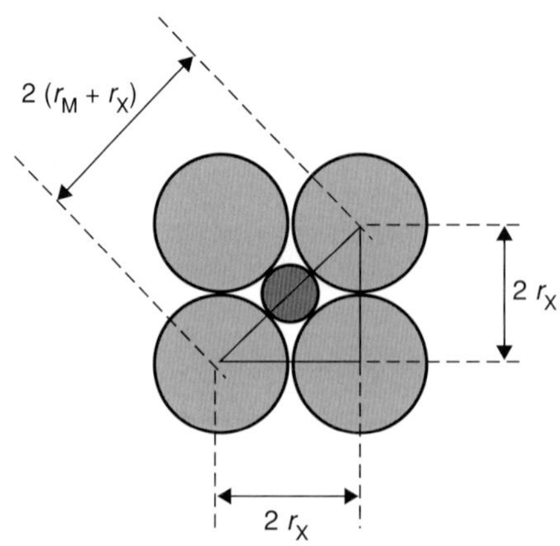

그림 3.4 팔면체 배위에서 반경 비의 계산.

식 3.6과 3.9를 연립한 후 재배열하면

$$(2r_X)^2 + (\sqrt{2}r_X)^2 = [2(r_M + r_X)]^2$$

즉,

$$2(r_M + r_X) = \sqrt{6}r_X$$

$$r_M/r_X = \frac{\sqrt{6}-2}{2} = 0.225 \tag{3.10}$$

표 3.3은 다양한 배위수에 대한 최소 반경 비를 나타내고 있다. *cp* 구조에는 M−X 거리가 동일한 5배위 자리가 존재하지 않기 때문에 배위수 5에 대한 수치는 포함되지 않았다.

반경 비 규칙은 배위수와 구조 유형 간 관계의 경향성을 예측하는 데 유용하지만 단지 대략적 참고 사항으로 사용될 뿐이다. 반경 비는 어떤 이온 반경 목록이 참조되는지에 따라 크게 달라진다. 단, 종래의 전통적 자료와 X-선 회절 결과에 기반한 현대적 자료 중 어느 한 쪽이 뚜렷한 장점을 보이지는 않는다. RbI를 예로 들어, $r_{O^{2-}}$의 기준값을 1.40 Å과 1.26 Å으로 하는 두 가지 중 어느 것을 사용하는지에 따라 r^+/r^-는 0.69 또는 0.80이다. 따라서 참조된 목록에 따라 RbI 구조의 예측이 6배위(암염) 또는 8배위(CsCl)로 달라질 수 있다(RbI의 실제 구조는 암염 유형이다). 또한 비슷한 비교에서 LiI에 대한 r^+/r^-는 0.28 또는 0.46으로 계산되므로 사면체 배위와 팔면체 배위(실측 구조)의 구조 예측이 모두 제시될 수 있다. CsF와 같이 큰 양이온이 관여되어 $r^+/r^- > 1$인 경우, 그 역수 r^-/r^+를 고려하는 것이 더 타당해진다.

MX_2 타입의 산화물과 플루오린화물들은 반경 비와 결정 구조의 상관성을 상당히 잘 보여 주는 예이다. 이 물질 군에서는 석영(양이온 배위수 4), 루틸(양이온 배위수 6), 형석(양이온 배위수 8)의 구조 유형이 나타난다. 표 3.4는 각 유형에 속하는 산화물들, 그리고 그림 3.3의 자료($r_{O^{2-}} = 1.26$ Å)로부터 계산된

표 3.3 배위 환경별 최소 반경 비

배위	r_M:r_X 하한값
직선형, 2	–
삼각, 3	0.155
사면체, 4	0.225
팔면체, 6	0.414
입방, 8	0.732
십이면체, 12	1.000

표 3.4 MO_2 산화물의 구조와 이온 반경 비

산화물	반경 비 계산값[a]		실제 구조 유형	
CO_2	~0.1	(CN = 2)	분자성	(CN = 2)
SiO_2	0.32	(CN = 4)	실리카	(CN = 4)
GeO_2	0.43	(CN = 4)	실리카	(CN = 4)
	0.54	(CN = 6)	루틸	(CN = 6)
TiO_2	0.59	(CN = 6)	루틸	(CN = 6)
SnO_2	0.66	(CN = 6)	루틸	(CN = 6)
PbO_2	0.73	(CN = 6)	루틸	(CN = 6)
HfO_2	0.68	(CN = 6)	형석	(CN = 8)
	0.77	(CN = 8)		
CeO_2	0.75	(CN = 6)	형석	(CN = 8)
	0.88	(CN = 8)		
ThO_2	0.95	(CN = 8)	형석	(CN = 8)

[a] 배위수(CN)에 따라 양이온 반경이 달라지므로(그림 3.3), 일부 경우 두 가지 계산값이 주어짐. $r_{O^{2-}} = 1.26$ Å을 기준값으로 삼음.

각각의 반경 비를 보여 준다. 반경 비 규칙에 근거할 때, 반경 비 0.225, 0.414, 0.732를 경계로 배위수의 변화가 예상된다. 참조된 목록에 따라 반경 비 계산값이 달라질 수 있음을 감안할 때, 실제 구조와 예측이 상당히 잘 일치한다. GeO_2는 흥미로운 사례를 제공한다. GeO_2는 석영과 루틸의 다형 거동을 보이는데, 실제로 Ge^{4+}의 4배위 반경을 이용하여 계산된 반경 비 0.43은 4/6배위의 경계에 해당한다.

3.2.4 경계 반경 비와 구조 왜곡

양이온의 크기 증가에 따라 배위수가 4에서 6으로 변할 때 뚜렷한 구조 전이가 일어나는 경우가 많다. 예를 들어, GeO_2는 경계 반경 비(borderline radius ratio)를 가지면서 다형 현상을 보이는데, 두 다형체 각각은 대칭성이 높은 4배위, 6배위 구조이다. GeO_2의 경우 배위수가 5인 다형체 상은 나타나지 않는다.

경계 반경 비를 갖는 다른 예에서는 5배위의 왜곡된 다면체가 발생하기도 한다. V_2O_5의 한 다형체에서 V^{5+}(4배위 반경 비 0.39, 6배위 반경 비 0.54)는 심하게 왜곡된 팔면체 환경을 갖는다. 5개의 V−O 결합 거리는 보편적 범위(1.5−2.0 Å)에 속하지만 6번째 결합 거리가 2.8 Å이기 때문에 V의 배위는 왜곡된 사각 피라미드로 규정하는 것이 적절하다. 이 경우, V^{5+}의 크기가 팔면체 자리에 안정화되기에는 약간 작기 때문에 사면체와 팔면체의 중간 구조가 나타난 것으로 보인다.

비슷한 구조 왜곡이 배위수 6과 8 사이에서도 일어난다. ZrO_2는 6/8배위의 경계 반경 비(6배위 반경 0.68, 8배위 반경 0.78)를 가지며, 고온(> 2000 °C)에서는 형석 구조이지만 상온에서는 Zr 배위수 7의 baddeleyite 구조를 취한다.

양이온이 음이온 배열의 빈 공간에 비해 단지 근소하게 작을 경우 배위 왜곡이 덜하다. 이 경우, 음이온의 배열은 정상적으로 유지되지만, 양이온이 요동하거나 다면체 중심으로부터 약간 이동한다. $PbTiO_3$(6배위 Ti의 반경 비 0.59)에서 Ti는 팔면체 중심으로부터 한 꼭짓점을 향해 ~0.2 Å만큼 이동해 있다. 전기장 인가에 의해 Ti의 변위 방향이 가역적으로 전환되면서 이 물질의 강유전성(ferroelectricity)이 유도된다(8장 참조). 매우 흥미로운 사실은 전자 산업과 전자세라믹 산업의 주요 소재 물성들이 경계 반경 비 영역의 미묘한 구조 왜곡에 의존한다는 점이다: 개별 예로는 압전(piezoelectric) 센서, 고유전율 유전/축전 재료, 강유전체 기반 메모리 전환 장치 등이 있다.

Dunitz와 Orgel은 '최대 접촉 거리(maximum contact distance)'라는 개념을 제안하였다. 간단히 서술하자면, 금속−음이온 거리가 최대 접촉 거리보다 더 멀어지면 금속 이온이 요동 상태에 놓이고, 금속−음이온 거리가 감소하면 금속 이온이 압축된다는 내용이다. 그러나 최대 접촉 거리가 이온 반경 합에 해당하지는 않기 때문에 이 개념을 정량화하기에 어려운 면이 있다.

3.2.5 이온성 결정의 격자 에너지

이온성 결정은 점 전하의 3차원 규칙 배열로 간주될 수 있다. 이온성 결정을 붙들어 매는 힘은 전적으로 정전기적 속성이며 결정 내의 모든 정전기적 인력과 반발력을 합함으로써 계산될 수 있다. 격자 에너지 U는 구조를 구성하는 전하 배열이 갖는 알짜 잠재 에너지(potential energy)라 할 수 있다. 또한 격자 에너지의 크기는 기체상 이온들이 고체 결정으로 격자를 이룰 때 방출되는 에너지라고도 할 수 있다.[1)]

$$Na^+(g) + Cl^-(g) \rightarrow NaCl(s), \ \ \Delta H = U$$

U 값은 결정 구조 유형, 이온 전하, 이온의 핵 간 거리에 의존하여 달라진다. 이온성 결정 구조를 결정짓는 주요한 힘 두 가지는 다음과 같다:

(i) **정전기적 인력과 반발력.** 쿨롱의 법칙에 의해, 거리 r만큼 떨어져 있는 두 이온 M^{Z+}와 X^{Z-}가 겪는 인력은

1) 격자 에너지 U의 정의는 두 가지 서로 다른 방식이 사용되어 혼란스러운 경우가 있다(전자 친화도의 정의에 혼란이 있는 것과 유사함). 방식에 따라 U의 부호만이 달라지는데 어느 경우에나 관심 내용은 그 절댓값 크기이다. 이 역서에서는 U가 음의 값을 갖는 방식을 택하여 서술한다.

$$F = \frac{Z_+ Z_- e^2}{r^2} \tag{3.11}$$

그에 대한 쿨롱 에너지 V는

$$V = \int_{\infty}^{r} F \mathrm{d}r = -\frac{Z_+ Z_- e^2}{r} \tag{3.12}$$

위의 식과 유사하게, 같은 전하의 이온들($M^{Z+}-M^{Z+}$, $X^{Z-}-X^{Z-}$) 간에는 반발력과 반발 에너지가 작용한다.

(ii) **근거리 차원의 반발력**(원자나 이온들이 아주 근접하여 전자 구름의 중첩이 커질 때 중요하게 작용). Born은 이러한 반발 에너지를 다음의 형태로 표현하였다.

$$V = \frac{B}{r^n} \tag{3.13}$$

B는 상수이며 n은 5−12 범위의 정수이다. 지수 n이 큰 값이기 때문에, r이 증가할 때 V는 급격하게 0으로 수렴한다.

격자 에너지 U는 알짜 정전기적 에너지와 Born 반발 에너지의 합으로 계산되며, U의 크기가 최대일 때의 핵 간 거리 r_e를 찾아내어 식의 표현에 포함시킴으로써 식이 정리된다. 그 과정은 다음과 같다.

NaCl 구조(그림 1.29(a))를 예로 다루겠다. 각 이온 쌍 간에는 식 3.11에 주어진 정전기적 힘이 작용한다. 결정 내에는 무수히 많은 이온 쌍 조합이 존재하며 알짜 인력을 구하기 위해서는 이들 모두의 상호 작용을 고려해야 한다. 먼저 특정 이온(단위세포 체심 위치의 Na^+)을 선택하여 다른 이온들과의 상호 작용을 계산하도록 하자. 최인접 이온은 면심 위치에 있는 6개의 Cl^-이며 거리가 r이다(단위세포 격자 상수는 $2r$이 된다). 이들 간의 끌림 잠재 에너지는

$$V = -6\frac{e^2 Z_+ Z_-}{r} \tag{3.14}$$

차인접 이온은 모서리 중심에 놓인 12개의 Na^+이고 거리는 $\sqrt{2}r$이다; 이들은 반발 잠재 에너지 항으로 기여한다.

$$V = +12\frac{e^2 Z_+ Z_-}{\sqrt{2}r} \tag{3.15}$$

세 번째 인접 이온은 입방체 꼭짓점에 놓인 8개의 Cl^-이고 거리는 $\sqrt{3}r$이다; 이들은 중심 Na^+에 다음과 같이 이끌린다.

$$V = -8\frac{e^2 Z_+ Z_-}{\sqrt{3}r} \tag{3.16}$$

위와 같은 검토를 확장하여 중심 Na^+와 결정의 나머지 전체 사이에 작용하는 알짜 쿨롱 에너지를 다음과 같은 무한 급수로 얻을 수 있다.

$$V = -\frac{e^2 Z_+ Z_-}{r}\left(6 - \frac{12}{\sqrt{2}} + \frac{8}{\sqrt{3}} - \frac{6}{\sqrt{4}} + \ldots\right) \tag{3.17}$$

다음으로 위의 합산을 결정 내의 모든 이온들, 즉 1몰의 NaCl이라면 $2N_A$개의 이온에 대해 반복한다. 합산 과정에서 각 이온 쌍이 두 번씩 고려되므로 합산 값을 2로 나누어 다음과 같이 최종 결과를 얻는다.

$$V = -\frac{e^2 Z_+ Z_-}{r} N_A A \tag{3.18}$$

A는 **마델룽 상수**(Madelung constant)로서 식 3.17의 괄호 안에 표현된 무한 급수 값이다. 마델룽 상수는 점 전하들의 기하학적 배열 방식에만 의존하므로 같은 구조 유형의 물질들은 동일한 A 값을 갖는다. 예를

표 3.5 몇몇 단순 구조의 마델룽 상수 A

구조 유형	A
암염	1.748
CsCl	1.763
섬유아연석	1.641
섬아연석	1.638
형석	2.520
루틸	2.408

들어 암염 구조를 취하는 물질은 모두 마델룽 상수가 1.748이다. 몇몇 구조 유형들에 대한 마델룽 상수가 표 3.5에 주어져 있다.

만일 식 3.18이 격자 에너지의 유일한 요소라면 $V \propto -\frac{1}{r}$이므로 모든 구조가 점의 극한으로 응축될 것이다. 실제 이러한 붕괴가 일어나지 않는 것은 극성과 관계없이 이온들이 너무 가까워지면 상호 반발력이 급증하기 때문이다(식 3.13). 그림 3.5는 거리 r에 따른 반발력 세기를 모식적으로 보여 준다. 결정의 전체 에너지 U는 쿨롱 에너지와 Born 에너지의 합이므로 식 3.18과 3.13을 합하면,

$$U = -\frac{e^2 Z_+ Z_- N_A A}{r} + \frac{BN_A}{r^n} \tag{3.19}$$

원자핵 간 평형 거리, 즉 r_e를 특정하기 위해 U의 크기가 최대일 때의 r 값을 찾아내도록 하자. 우선 U를 r에 대해 미분하면,

$$\frac{dU}{dr} = \frac{e^2 Z_+ Z_- N_A A}{r^2} - \frac{nBN_A}{r^{n+1}} \tag{3.20}$$

U의 극소점에서

$$\frac{dU}{dr} = 0 \tag{3.21}$$

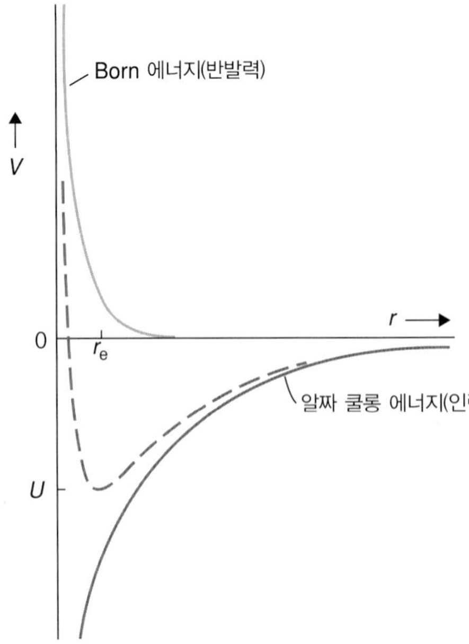

그림 3.5 이온성 결정에서 원자핵 간 거리에 따른 격자 에너지(파선).

$$B = \frac{e^2 Z_+ Z_- A r^{n-1}}{n} \tag{3.22}$$

이 조건에서 $r = r_e$이므로 식 3.19를 고쳐 적을 수 있다.

$$U = -\frac{e^2 Z_+ Z_- N_A A}{r_e}\left(1 - \frac{1}{n}\right) \tag{3.23}$$

그림 3.5의 파선은 r에 따른 U의 변동을 보여 주며, $r = r_e$에서 $|U|$는 극대가 된다.

식 3.19는 대부분의 상황에 충분히 적용 가능하지만, 보다 정밀한 논의를 위해 몇 가지 수정이 더해지기도 한다.

(가) Born 반발 항을 지수 함수로 표현한다.

$$V = B \exp\left(\frac{-r}{\rho}\right) \tag{3.24}$$

ρ는 상수이며 대개 0.35로 한다. 식 3.13과 3.24가 나타내는 V는 r이 작을 경우($r \ll r_e$) 크게 다르지만, 실제적인 원자 간 거리 범위에서는($r \simeq r_e$) 두 값이 비슷하다. 식 3.24를 사용하여 U의 표현을 유도하면 **Born−Mayer 공식**이 얻어진다.

$$U = -\frac{e^2 Z_+ Z_- N_A A}{r_e}\left(1 - \frac{\rho}{r_e}\right) \tag{3.25}$$

(나) U의 계산에 결정의 영점 에너지($2.25h\nu_{0,\max}$)를 포함시킨다. $\nu_{0,\max}$는 결정의 진동 모드 중 점유된 최고 에너지 준위를 가리킨다. 영점 에너지를 고려함으로써 U의 크기는 약간 감소한다.

(다) 이온들 간에 유도 쌍극자−유도 쌍극자 상호 작용에 의한 반데르발스 인력이 작용한다. 이 힘은 $N_A C/r^6$ 형식으로 표현되며 U의 크기를 증가시킨다.

이상의 요소들을 보정함으로써 좀 더 완결도가 높게 U를 표현할 수 있다.

$$U = -\frac{N_A A e^2 Z_+ Z_-}{r} + N_A B e^{-r/\rho} - N_A C r^{-6} + 2.25 N_A h\nu_{0,\max} \tag{3.26}$$

암염 구조의 두 가지 화합물에서 U를 구성하는 요소들의 전형적 값들은 다음과 같다. 자료는 Greenwood (1968)의 발표물에서 발췌되었으며, 수치 단위는 kJ mol^{-1}이다.

물질	$-N_A A e^2 Z_+ Z_- r^{-1}$	$N_A B e^{-r/\rho}$	$-N_A C r^{-6}$	$2.25 N_A h\nu_{0,\max}$	U
NaCl	−859.4	98.6	−12.1	7.1	−765.8
MgO	−4631	698	−6.3	18.4	−3921

Born 반발은 전체 U 값에 대해 10 15%의 비중으로 기여한나; 영점 진동과 반데르발스 항의 기여도는 각각 1% 내외이며 서로 반대 부호이므로 대략적으로 상쇄된다. 따라서 대부분의 논의에서는 단순화된 형태의 식 3.23을 사용해도 무방하다. 이제 식 3.23에 포함된 항들을 살펴보고 각각의 상대적 중요성을 검토해 보겠다.

U의 크기는 여섯 개의 요소 인자(A, N_A, e, Z, n, r_e)에 의존하며, 이 중 넷은 주어진 결정 구조에서 상수이다. 따라서 실질적인 변수로는 이온 전하 Z_+Z_-와 핵간 평형 거리 r_e, 둘만이 남는다. 이 중에서도 전하 곱(Z_+Z_-)은 r_e보다 훨씬 큰 변이 범위를 가지므로 가장 중요한 성분 요소가 된다. 예를 들어, 구성 이온이 ±2의 전하를 갖는 물질의 U는 구조 유형과 r_e가 같되 ±1가 이온으로 이뤄진 결정에 비해 4배 더 크다. 표 3.6에서 SrO와 LiCl의 격자 에너지를 비교해 보자. 둘 모두 암염 구조이고 r_e ($=a/2$, 표 1.8)가 비슷하지만 SrO의 격자 에너지가 4배 가량 더 크다. Z 값이 서로 같은 등구조에서는 r_e가 증가할 때 U가 감소할 것으로 예상된다. 암염 구조의 알칼리 플루오린화물 간에 또는 알칼리 토 산화물 간에 U를 비교해

표 3.6 몇몇 암염 구조 화합물의 격자 에너지(kJ mol^{-1})

MgO	−3938	LiF	−1024	NaF	−911
CaO	−3566	LiCl	−861	KF	−815
SrO	−3369	LiBr	−803	RbF	−777
BaO	−3202	LiI	−744	CsF	−748

Source: Reproduced with permission from Ladd and Lee, Progr. Solid State Chem., **1**, 37–82, 1963; **2**, 378–413, © 1965 Elsevier.

볼 수 있다. 표 3.6의 격자 에너지 비교에서는 이러한 두 가지 의존 경향이 잘 드러난다.

결정의 U는 해리열(heat of dissociation)의 크기에 상응하므로, 결정의 녹는점과 잘 상관된다(U와 승화 에너지 간의 상관성이 더 높을 것으로 예상되나 실험적 확인이 어렵다). 녹는점에 대한 Z_+Z_- 항의 영향은 알칼리 할로젠화물(예: NaCl 800 °C)과 알칼리 토 산화물(예: CaO 2572 °C)의 녹는점 비교에서 잘 나타난다. 녹는점에 대한 r_e의 영향은 MgO(2800 °C), CaO(2572 °C), SrO(2531 °C), BaO(1923 °C)와 같은 등구조 계열의 비교로부터 확인될 수 있다.

3.2.6 Kapustinskii 공식

Kapustinskii는 이온 배위수의 증가에 따라 마델룽 상수 A가 증가하는 실증적 경향에 주목하였다. 예로서 섬유아연석, 암염, CsCl 구조의 A 값을 비교해 보라(표 3.5). Kapustinskii는 특정 음이온과 양이온의 짝에서 배위수가 증가할 때 r_e 또한 증가한다는 점에 착안하여(그림 3.3) A와 r_e의 변동을 자가 보상시킴으로써, U의 일반화된 공식을 제안하였다. 그는 식 3.25를 일반화시키기 위해 A로는 암염의 값을 사용하고, r_e를 Goldschmidt 이온 반경의 합으로 표현하였다. 즉, $r_e = r_c + r_a$, $\rho = 0.345$, $A = 1.745$로 대입하고, N_A, e의 상수 값을 적용함으로써 Kapustinskii 공식을 제시하였다.

$$U = \frac{1200.5 V Z_+ Z_-}{r_c + r_a}\left(1 - \frac{0.345}{r_c + r_a}\right) \text{ kJ mol}^{-1} \tag{3.27}$$

여기서 V는 화학식 단위당 이온 개수를 가리킨다(NaCl: 2, PbF_2: 3, …). 이 공식은 임의의 알려진 물질이나 가상적 이온성 화합물의 U를 계산하는 데 이용될 수 있으며, 유도 과정에 몇 가지 추정이 포함됨에도 불구하고 놀라울 정도로 정확한 결과를 제공한다.

Kapustinskii 공식은 기존에 알려지지 않았던 몇 가지 화합물의 안정성 여부를 예측하는 데 이용된 바 있다. 또한 Born−Haber 순환을 토대로 한 계산으로부터 U가 산출된 경우(3.2.7절), 이 공식을 통해 이온 반경을 유추할 수 있다. 이는 SO_4^{2-}나 PO_4^{3-}와 같이 유효 반경을 측정하기 어려운 복합 음이온에 있어 매우 유용한 접근법이다. 이러한 방법으로 설정된 반경 값들은 **열화학 반경**(thermochemical radii)이라 불리며, 몇몇 값들이 표 3.7에 주어져 있다. CN^-와 같이 구형이 아닌 이온의 반경 자료는 다소 과도한 단순화 과정을 통해 얻어진 결과이며, 격자 에너지 계산 이외의 목적에는 참조될 수 없다.

표 3.7 다원자 음이온의 열화학 반경(Å)

BF_4^-	2.28	CrO_4^{2-}	2.40	IO_4^-	2.49
SO_4^{2-}	2.30	MnO_4^-	2.40	MoO_4^{2-}	2.54
ClO_4^-	2.36	BeF_4^-	2.45	SbO_4^{3-}	2.60
PO_4^{3-}	2.38	AsO_4^{3-}	2.48	BiO_4^{3-}	2.68
OH^-	1.40	O_2^{2-}	1.80	CO_3^{2-}	1.85
NO_2^-	1.55	CN^-	1.82	NO_3^-	1.89

Source: Reproduced with permission from Kapustinskii, Quart. Rev., 283–294, © 1956 Royal Society of Chemistry.

3.2.7 Born–Haber 순환과 열화학적 계산

결정의 격자 에너지 U는 기체상 이온 성분으로부터 1몰의 결정이 생성되는 과정의 엔탈피 변화로 정의된다.

$$Na^+(g) + Cl^-(g) \rightarrow NaCl(s), \quad \Delta H = U$$

U를 실험적으로 직접 측정할 수는 없으나 결정의 생성열 ΔH_f를 측정하는 것은 가능하다.

$$Na(s) + \tfrac{1}{2}Cl_2(g) \rightarrow NaCl(s), \quad \Delta H = \Delta H_f$$

생성열의 정의 상, 표준 상태의 원소를 출발물로 삼는 점에 유의하라. Born–Haber 순환으로 이름 붙여진 열화학적 순환 경로를 고려함으로써 ΔH_f와 U를 연관시킬 수 있다. NaCl의 경우 표준 상태의 원소로부터 결정이 생성되는 과정의 개별 단계는 다음과 같다.

고체 Na의 승화	$\Delta H = S$
기체상 Na 원자의 이온화	$\Delta H = IP$
Cl_2 분자의 해리	$\Delta H = \frac{1}{2}D$
Cl^- 이온의 생성	$\Delta H = EA$
기체상 이온들이 NaCl 결정으로 응집	$\Delta H = U$

위의 다섯 단계를 모두 합하면 고체 Na와 기체 Cl_2로부터 NaCl 결정이 생성되는 과정이 된다.

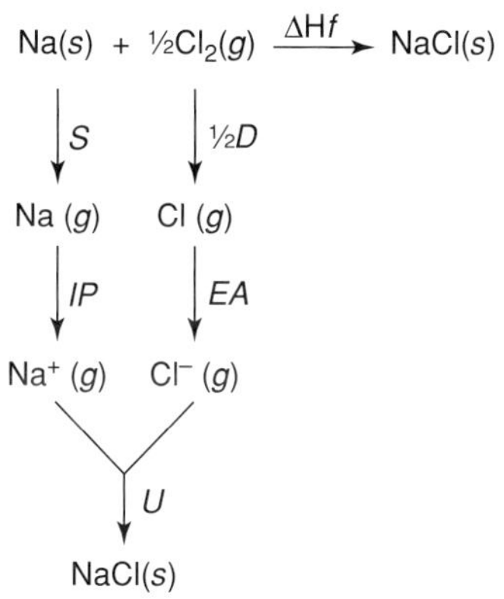

Hess의 법칙에 따라 다음 관계가 기술될 수 있다.

$$\Delta H_f = S + \tfrac{1}{2}D + IP + EA + U \tag{3.28}$$

Born–Haber 순환과 식 3.28은 다음과 같이 다양한 방법으로 활용될 수 있다.

(가) 식 3.28에는 6개의 엔탈피 항이 포함된다. 6개 값 모두가 별도로 결정될 수 있다면 단계의 순환 관계를 바탕으로 자료의 내적 정합성을 검토할 수 있다. NaCl에 대한 각 단계별 상수 값(kJ mol^{-1})은 아래와 같다.

S	109
IP	493.7
$\frac{1}{2}D$	121
EA	−356
U	−764.4
ΔH_f	−410.9

처음 5개의 항을 모두 더해 산출된 $\Delta H_{f,\text{계산}}$는 −396.7 kJ mol^{-1}이며 측정치 −410.9 kJ mol^{-1}에 상당히 근사하다.

(나) 만일 5개 항의 값만을 알고 있다면, 식 3.28을 이용하여 나머지 하나의 값이 얻어질 수 있다. 과거 전자 친화도 EA에 대한 자료가 불충분하던 무렵에는 Born–Haber 순환을 이용하여 EA를 계산하는 것

표 3.8 할로젠화 은의 격자 에너지($kJ\,mol^{-1}$)

화합물	U_{calc}	$U_{Born-Haber}$	ΔU
AgF	−920	−953	33
AgCl	−832	−903	71
AgBr	−815	−895	80
AgI	−777	−882	105

Source: Reproduced with permission fromWaddington, Adv. Inorg. Chem. Radiochem., **1**, 157–221, © 1959 Elsevier.

이 주된 관심사였다.

(다) $\Delta H_{f,계산}$로부터 미지 화합물의 안정도가 가늠될 수 있다. 이 경우, U의 계산을 위해 미지 화합물의 구조를 먼저 가정해야 한다. 이 과정에서 오차(예를 들어 r_e의 추정)가 개입될 수 있지만, 식 3.28의 다른 에너지 항들의 영향에 비해 무시될 수 있는 수준이다. 일단 U 값이 추정되면 ΔH_f가 계산될 수 있다. $\Delta H_{f,계산}$가 양의 부호이면서 절댓값이 크다면, 대상 화합물이 미지 상태인 이유가 자명하다. 즉, 원소 상태에 비해 화합물의 안정성이 낮기 때문이다. 반면 $\Delta H_{f,계산}$의 부호가 음이라면 적절한 조건을 구상하여 화합물의 합성을 시도해 볼 만하다. 몇 가지 사례가 3.2.8절에 소개되어 있다.

(라) U는 Born–Haber 순환을 이용하여 얻어질 수 있을 뿐만 아니라(열화학적 격자 에너지), 결정 구조의 순수 이온 모형으로부터 계산될 수도 있다. 이 두 값 사이의 격차는 비이온성 결합 효과를 가리키는 증거로 볼 수 있다. 표 3.8, 할로젠화 은에 대한 자료들과 탈륨, 구리에 대한 유사 자료들은 두 격자 에너지 값 간의 차이가 아이오딘화물에서 가장 크고 플루오린화물에서 가장 작음을 보여 준다. 이는 화합물의 공유 결합이 강할수록 열화학적 U 값을 증가시키기 때문으로 해석된다. 은의 염들, 특히 AgI의 수용액상 불용성 또한 공유 결합 성분의 존재와 상관된다. 알칼리 할로젠화물에서는 이론적으로 계산된 U와 열화학적 U가 크게 다르지 않다; 따라서 이 계의 묘사에는 이온성 결합 모형이 잘 적용될 수 있다. AgCl과 AgBr도 공유 결합성을 갖지만 암염 결정 구조를 더 낮은 배위수의 구조로 바꿔놓을 정도로 강하지는 않다. 그러나 AgI에서는 양상이 달라진다. AgI는 다형 거동을 보이며 세 가지 이상의 구조 유형으로 존재하는데 이들 모두 배위수가 4 정도로 낮다. 공유 결합 성향의 증가에 의해 구조와 배위수가 변하는 사례가 뒷부분에 소개될 것이다.

(마) 몇몇 전이 원소들은 d 전자 배치에 따라 **결정장 안정화 에너지**(crystal field stabilization energy, CFSE)를 가지며, 그 결과 화합물의 격자 에너지를 증가시키는 효과를 나타낸다. 예를 들어, CoF_2에서 U의 실험값과 계산값의 차이, $83\,kJ\,mol^{-1}$은 고스핀 $Co^{2+}(d^7)$에 대해 계산된 CFSE 값 $104\,kJ\,mol^{-1}$과 대체로 일치한다. CFSE 효과를 갖지 않는 이온들은 전자 배치가 d^0(예: Ca^{2+}), 고스핀 d^5(예: Mn^{2+}), 또는 d^{10}(예: Zn^{2+})이다. 좀 더 자세한 내용이 3.2.15.1절에서 다뤄질 것이다.

(바) 그 외에도 여러 방법으로 Born–Haber 순환이 활용될 수 있다. 예를 들어 용액 계에서 이온의 착물화 에너지와 수화 에너지가 결정될 수 있다. 이를 위해서는 관련된 고체의 격자 에너지가 필요하다. 그러나 이 방법들을 통해 고체에 대한 새로운 정보가 제공되지는 않기 때문에 구체적인 논의는 생략한다.

3.2.8 실제 화합물과 가상적 이온성 화합물의 안정성

3.2.8.1 불활성 기체의 화합물

미지 조성, 예를 들어 ArCl과 같은 화합물의 합성이 과연 가능할까? 하는 질문이 종종 제기될 수 있다. Born–Haber 순환과 식 3.28을 바탕으로 미지 조성을 검토할 때, ΔH_f를 제외하면 유일한 미지 항은 U이다. 가상 화합물 ArCl이 암염 구조를 갖고 Ar^+의 이온 반경이 Na^+와 K^+의 중간 값이라고 가정하면 ArCl의 격자 에너지를 $-745\,kJ\,mol^{-1}$로 추정할 수 있다(NaCl과 KCl의 격자 에너지는 각각 $-764.4\,kJ\,mol^{-1}$, $-701.4\,kJ\,mol^{-1}$이다). 식 3.28에 각 항들의 값($kJ\,mol^{-1}$)을 대입하면,

S	$\frac{1}{2}D$	IP	EA	U	$\Delta H_{f,계산}$
0	121	1524	−356	−745	+544

ArCl은 양이면서 큰 $\Delta H_{f,계산}$ 값을 가지므로 원소 상태에 비해 열역학적 안정성이 매우 낮다.

나아가 이와 같은 계산은 ArCl이 불안정한 근본 원인을 보여 준다. ArCl과 NaCl에 대한 계산 내용을 비교하면, ArCl의 불안정성은 Ar의 높은 이온화 에너지에서 주로 비롯함을 알 수 있다(엄밀히 말해 안정성은 생성 자유 에너지에 의존하지만 ΔS가 작기 때문에 $\Delta G \simeq \Delta H$이다). 표 3.9는 몇 가지 다른 가상 화합물들에 대해 계산된 생성 엔탈피를 비교하고 있다.

1962년 Bartlett에 의해 $XePtF_6$이 합성된 이래 다수의 비활성 기체 화합물이 보고되어 왔다. 격자 에너지와 생성 엔탈피를 고려한 결과 Bartlett은 $XePtF_6$의 생성 가능성을 예측하였고 Xe와 PtF_6의 기체상 직접 반응을 이용하여 합성 시도에 착수하였다. 이에 앞서 O_2와 PtF_6 간의 우연한 반응으로부터 O_2PtF_6가 얻어졌는데 이 화합물은 $(O_2)^+(PtF_6)^-$ 형태의 이온성 염이다. Bartlett은 O_2(1176 kJ mol^{-1})와 Xe(1169 kJ mol^{-1})의 1차 이온화 에너지가 비슷한 점에 주목하였고 Xe 화합물이 안정할 것이라 추론하였다.

3.2.8.2 비정상적 원자가의 화합물

알칼리 토금속의 화합물에서 금속은 언제나 +2의 원자가를 갖는다. 한편 중성 원자에서 전자를 2개 제거하는 데에는 매우 큰 에너지가 요구된다. 이 점에 주목한다면 알칼리 토금속이 +1가 이온 상태로, 예를 들어 MgCl과 같은 화합물을 형성할 수는 없는지 고찰해 볼 만하다. 표 3.9의 자료에 의하면 MgCl이 원소 상태보다 안정하지만($\Delta H_{f,계산} = -125$ kJ mol^{-1}), $MgCl_2$의 안정성은 그에 비해 훨씬 더 크다($\Delta H_{f,계산} = -639$ kJ mol^{-1}). 이러한 상대 관계는 다음의 엔탈피 흐름으로 표시될 수 있다.

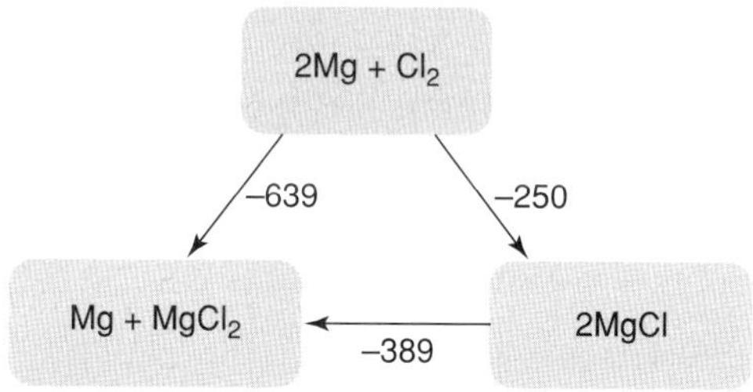

MgCl을 합성하고자 한다면 반응 온도를 가급적 낮게 유지하고, MgCl의 분리 수득 방법을 마련하여 $MgCl_2$로의 진행이나 Mg/$MgCl_2$로의 불균화(disproportionation)를 막아야 할 것이다. ZnCl, Zn_2O, AlCl, $AlCl_2$와 같은 가상 화합물에서도 유사한 경향이 관찰된다.

화합물의 안정성에 관계된 인자들을 고려할 때, 화합물 내 비정상적 산화수에 대해 다음의 결론이 도출될 수 있다.

(가) 화합물 내에서 비정상적으로 낮은 원자가가 선호되는 조건은 (i) 금속의 고차 이온화 에너지가 유난히 높을 때, (ii) 정상 산화수의 화합물이 낮은 격자 에너지를 가질 때이다.

(나) 비정상적으로 높은 산화수를 실현하기 위해서는 닫힌 전자 껍질에서 전자를 제거해야 한다. 이를 위해 선호되는 조건은 (i) 금속의 고차 이온화 에너지가 낮을 때, (ii) 높은 산화수의 화합물이 높은 격자

표 3.9 몇몇 가상 화합물(*)과 실제 화합물의 생성 엔탈피(kJ mol^{-1})

HeF*	+1066	NeCl*	+1028	$CsCl_2^*$	+213	CuI_2	−21
ArF*	+418	NaCl	−411	CsF_2^*	−125	$CuBr_2$	−142
XeF*	+163	MgCl*	−125	AgI_2^*	+280	$CuCl_2$	−217
$MgCl_2$	−639	AlCl*	−188	$AgCl_2$	+96		
$NaCl_2^*$	+2144	$AlCl_3$	−694	AgF_2	−205		

에너지를 가질 때이다.

이 경향들이 지켜지는 예로서 알칼리 토 일할로젠화물(monohalides)에 대한 계산 결과를 보면, 어느 경우에나 이할로젠화물(dihalides)보다는 불안정하지만 불균화 엔탈피가 아이오딘화물에서 가장 작게 나타난다($U_{MI_2} < U_{MBr_2} < \cdots$: (가)-(ii) 효과). 다른 한편으로 비정상적으로 높은 산화수의 발생 가능성은 1A족 Cs나 1B족 금속((나)-(i) 효과)의 플루오린화물((나)-(ii) 효과)에서 상대적으로 높다. 표 3.9에서 CsF_2를 제외한 모든 이할로젠화 세슘은 0보다 큰 ΔH_f를 가지며 불안정할 것이다. CsF_2는 음의 ΔH_f를 가지므로 적어도 이론적으로는 안정하다. 하지만 CsF로의 분해에 수반된 ΔH가 매우 큰 음의 값이기 때문에 CsF_2가 분리되어진 사례는 없다.

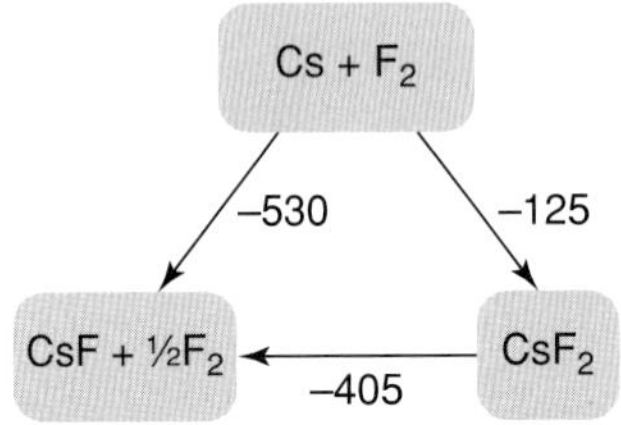

은의 이할로젠화물, $AgI_2 \cdots AgF_2$의 계열에서는 ΔH_f의 흡열 크기가 차츰 감소하다가 마침내 발열로 돌아선다. 이 역시 r_e에 따라 U와 ΔH_f가 영향 받는 사실을 보여 준다((나)-(ii) 효과). AgF와 AgF_2의 ΔH_f가 엇비슷하기 때문에 '$AgF_2 \rightarrow AgF + \frac{1}{2}F_2$'의 불균화 엔탈피는 0에 가깝다. 이 결과로 CsF_2와 달리 AgF_2는 안정성을 보인다.

구리의 할로젠화물은 꽤 흥미로운 양상을 보인다. Cu의 가장 흔한 산화 상태는 +2이고, 이는 d^{10} 껍질의 전자 1개를 떼어냄으로써 얻어진다. Cu에서도 역시 $CuF_2 \cdots CuI_2$의 순서로 안정도가 감소한다(표 3.9). CuI_2는 형성되지 않는 것으로 여겨지며 계산된 ΔH_f도 미미한 발열에 해당한다. +1가 상태의 상황은 정반대가 되어 CuF를 제외한 모든 일할로젠화물이 알려져 있다. 계산 상, CuF는 원소 상태에 비해 안정하나 CuF_2에 비하면 불안정하다.

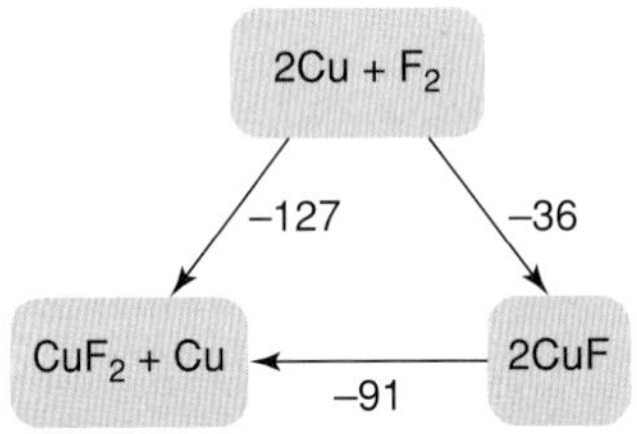

위의 예들은 화합물의 조성과 안정성이 몇 가지 인자에 의해 영향 받음을 보여 준다. 주요 인자로 이온화 에너지, 격자 에너지(원자핵 간 거리, 이온 전하), 원소의 산화 상태에 따른 상대적 안정성이 포함되는데, 종종 이들 간의 미묘한 우열 균형이 화합물의 안정성 여부를 판가름한다. 각 인자의 기여를 평가하기 위해서는 세밀한 계산이 필요할 것이다.

3.2.9 결정 구조에 대한 부분적 공유 결합의 영향

단순화된 화학 결합의 묘사에서는 금속성 원소(양이온)와 비금속성 원소(음이온) 간의 결합을 이온성으로 분류한다. 그러나 실제 금속–비금속 화합물에서는 음이온의 외곽 전자 밀도가 인접 양이온을 향해 편재됨으로써 공유 결합 성분이 생겨난다. 공유 결합 성분의 크기는 관여된 양이온과 음이온의 속성에 따라 크게 달라지지만 0이 되는 경우는 없다고 해도 과언이 아니다. 공유 결합의 형성을 달리 묘사하면, 순수한 이온성 구조에서 음이온에 속박되었던 전자쌍이 양이온–음이온 사이 영역으로 이동하는 것이다. 부분적 공유 결합의 경우, 전자 밀도 일부가 양쪽 원자에 의해 공유되는 한편 나머지 전자 밀도는 전기음성도가 더 큰 원자에 속한다. 순수한 공유 결합은 두 원자 사이에 대칭적 전자 분포를 가지며 비극성이다.

표 3.10 비극성 공유 반경

원소	r_c/Å	원소	r_c/Å	원소	r_c/Å	원소	r_c/Å
H	0.32	Mg	1.38	As	1.19	Te	1.35
Li	1.34	Al	1.26	Se	1.16	I	1.33
Be	0.91	Si	1.17	Br	1.14	Cs	2.35
B	0.82	P	1.10	Rb	2.16	Ba	1.98
C	0.77	S	1.04	Sr	1.91	Tl	1.48
N	0.74	Cl	0.99	Ag	1.50	Pb	1.47
O	0.70	K	1.96	Cd	1.46	Bi	1.46
F	0.68	Ca	1.74	Sn	1.40		
Na	1.54	Ge	1.22	Sb	1.38		

Source: after R.T. Sanderson, 1976, Chemical bonds and bond energy, Academic Press; R.T. Sanderson 'The nature of Ionic solids.' J. Chem. Ed. 44 516 (1967).

비극성 공유 반경은 정확히 측정될 수 있는 값이며 원자들의 크기 비교를 위한 기준이 된다. 예컨대 C−C 단일 결합 거리의 절반 값, 0.77 Å은 탄소의 비극성 공유 원자 반경으로 정해지며 다이아몬드에서 기체상 탄화수소에 이르기까지 보편적으로 적용된다. 몇 가지 원소들의 비극성 공유 반경 r_c가 표 3.10에 주어져 있다.

언뜻 이온성 구조로 간주되지만 부분 공유 결합에 의해 결정 구조가 확연히 달라지는 예들을 살펴보겠다.

(가) **SrO, BaO, HgO.** SrO와 BaO는 모두 암염 구조이며 팔면체 중심에 양이온 M^{2+}를 갖는다. 이온성이라는 가정 하에 크기 측면만을 고려하면, HgO 역시 같은 구조일 것으로 쉽게 예상할 수 있다. 그러나 HgO에서 Hg의 배위수는 단 2이다. 구조 내에 O−Hg−O 직선형 마디가 지그재그로 연결되어 있으며, 이는 Hg의 *sp* 혼성을 바탕으로 설명될 수 있다. Hg 원자의 바닥 상태와 1차 여기 상태(Hg^*)의 전자 배치는 각각 다음과 같다.

$$\text{Hg: [Xe]}\,4f^{14}5d^{10}6s^2$$
$$\text{Hg}^*\text{: [Xe]}\,4f^{14}5d^{10}6s^1 6p^1$$

6*s*와 6*p* 오비탈은 혼성을 통해 두 개의 선형 *sp* 혼성 오비탈을 만들며, 이들 각각은 O의 오비탈과 중첩하여 보통의 전자쌍 공유 결합을 이룬다. 이에 의해 HgO의 Hg는 배위수 2를 갖는다.

(나) **AlF_3, $AlCl_3$, $AlBr_3$, AlI_3.** 이들에서는 원자 간 전기음성도 차이의 감소와 함께 이온성 결합에서 공유성 결합으로 점차적 전이가 나타난다. 이를 테면 AlF_3는 본질적으로 이온성이고 녹는점이 높은 고체로서, Al^{3+} 이온이 왜곡된 팔면체 환경에 자리한 유사-ReO_3 구조를 갖는다. $AlCl_3$는 $CrCl_3$와 유사한 층상 중합체 구조이고 $CdCl_2$와 CdI_2 유형과도 연관된다. $AlCl_3$의 결합은 이온성과 공유성 모두를 부분적으로 포함한다. $AlBr_3$와 AlI_3는 Al_2X_6 이합체를 구성 단위로 하는 분자성 구조를 갖는다. 이들의 구조는 그림 1.26에 주어져 있다. Al−Br, Al−I의 결합은 근본적으로 공유성이다.

(다) 다른 원소들(예: Be, Mg, Ga, In)의 할로젠화물에서도 할로젠 종류에 따라 결합 속성과 구조가 뚜렷이 달라진다. 항상 동일한 기본 경향이 관찰되는데, 플루오린화물에서 결합 원자 간 전기음성도 차이가 최대이고 이들의 구조는 이온성이 가장 크다. 또한 공유성은 F−Cl−Br−I 순서를 따라 증가한다. 이온성이 우세한 구조에서 부분적 공유 결합의 존재는 특이적으로 더 큰 격자 에너지를 통해 방증되기도 한다(표 3.8). 그 외 경우에도 구조적 특징이나 원자 배위수만으로 공유 결합의 존재가 확인될 수 있다.

이른바 이온성 구조로 취급되는 구조의 대부분이 사실 상당한 정도의 공유성을 띤다. 그럼에도 불구하고 주어진 구조에서 부분적 공유도를 정량화하는 것은 매우 까다로운 작업이다. 원자의 결합 속성에 영향을 주는 두 가지 고유 변수는 이온화 에너지와 전자 친화도이다. 이들의 물리적 의미를 상기시키자면 이온화 에너지는 원자로부터 전자를 제거하여 양이온으로 만들기 쉬운 정도이고, 전자 친화도는 원자가 전자를 끌어당겨 음이온이 되려는 힘의 세기를 가리킨다. 이들과 연관된 두 개의 다른 변수, 유효 핵전하와 전기음성도 역시 결합 속성에 영향을 미친다. 두 가지 접근법, Sanderson의 배위 중합체 모형(coordinated polymeric model)과 Mooser & Pearson의 이온성 분율 도표(ionicity plot)는 유효 핵전하와 전기음성도 개념을 바탕으로 이온성 분율 혹은 부분 공유 결합을 성공적으로 정량화하였다.

3.2.10 유효 핵전하

원자의 유효 핵전하(effective nuclear charge)는 외부 전자가 원자 경계에 도달할 때 느끼게 되는 양전하의 크기이다. 원자 전체를 놓고 보면 전기적으로 중성인 개체이지만, 최외각 전자가 핵의 양전하를 효과적으로 차폐하지 못하기 때문에 외부에 대한 양전하가 완전히 차단되지 않는다. 그 결과, 외부에서 진입하는 전자(예를 들어, 이웃 원자에서 결합 형성 가능성을 탐색하기 위해 접근하는 전자)는 핵전하의 인력을 느끼게 된다. 만일 위의 해석이 옳지 않고 원자 표면이 핵전하로부터 완전히 차폐된다면 원자는 전자 친화도를 갖지 않을 것이며 이온성, 공유성을 막론하고 결합을 형성하지 않을 것이다.

유효 핵전하는 최외각 껍질에 빈자리 1개를 갖는 원소, 즉 할로젠에서 극대화된다. 비활성 기체에서는 최외각 껍질이 완전히 채워져 있어 외부 전자가 차지할 공간이 없다. 외부의 진입 전자가 비어 있는 오비탈을 채워야 하는데, 이 오비탈은 실질적으로 원자 경계 외부 영역이기 때문에 유효 핵전하가 매우 작다. Slater는 바깥 껍질 전자의 핵전하 차폐력이 속껍질 전자에 비해 훨씬 약하다는 점을 발견하고 이를 토대로 **차폐 상수**(screening constant)를 계산하였다. 최외각 껍질의 차폐 상수는 약 1/3로 계산된다. 이것이 의미하는 바는 원소 주기에서 원자 번호와 핵전하가 1씩 증가할 때마다(예를 들어 Na에서 Cl까지), 핵전하의 증가분이 단 1/3씩만큼만 차폐된다는 것이다. 따라서 Na에서 Cl로 가면서 유효 핵전하는 2/3씩 증가하고 그와 함께 최외각 전자에 대한 핵 인력이 점진적으로 증가한다. 마찬가지 효과가 주기율표 전반에 걸쳐 나타난다. 유효 핵전하는 알칼리 금속에서 가장 작고, 족 번호에 따라 증가하여 할로젠에서 최대가 된다.

원자의 여러 가지 주기적 성질이 유효 핵전하와 상관된다.

(가) 이온화 에너지는 주기율표의 좌측에서 우측으로 갈수록 증가한다.
(나) 전자 친화도는 좌측에서 우측으로 갈수록 음의 크기가 증가한다.
(다) 원자 반경은 좌측에서 우측으로 갈수록 감소한다(표 3.10).
(라) 전기음성도는 좌측에서 우측으로 갈수록 증가한다.

3.2.11 전기음성도와 원자의 부분 하전

원자의 전기음성도는 핵 방향으로 최외각 전자에 작용하는 알짜 인력이다.[2] 전기음성도는 Pauling에 의해 최초 제안된 개념이며 이종 원자 간 결합의 극성과 상관된다. 원자의 전기음성도가 높을수록 공유 전자를 더 강하게 끌어당기고, 부분 음전하를 띠게 된다. 부분 전하의 크기는 최초 중성 원자들의 전기음성도 차이에 의존한다. Pauling은 결합 극성과 결합 세기 사이에 상관성이 존재함을 발견하였고 이를 논의의 출발점으로 삼아 원자의 전기음성도를 산출해냈다. 그림 3.6은 주기율표 상 위치에 따라 Pauling 전기음성도가 어떻게 달라지는지를 나타낸다. **전기음성도 동등화 원리**(principle of electronegativity equalization)는 결합 형성과 극성에 대한 이해를 도울 수 있는 유익한 개념이다. 이 원리는 다음과 같이 기술된다: '전기음성도가 서로 다른 둘 이상의 원자들이 화학적으로 결합할 때, 그 결과로 얻어진 화합물에서 각 원자의 전기음성도는 모두 동일한 중간 상태로 조정된다.' 즉, 서로 다른 두 원자가 결합할 때 결

2) 전기음성도의 또 다른 보편적 정의는 원자가 결합을 형성할 때, 결합 전자를 자기 자신 쪽으로 끌어당기는 세기이다.

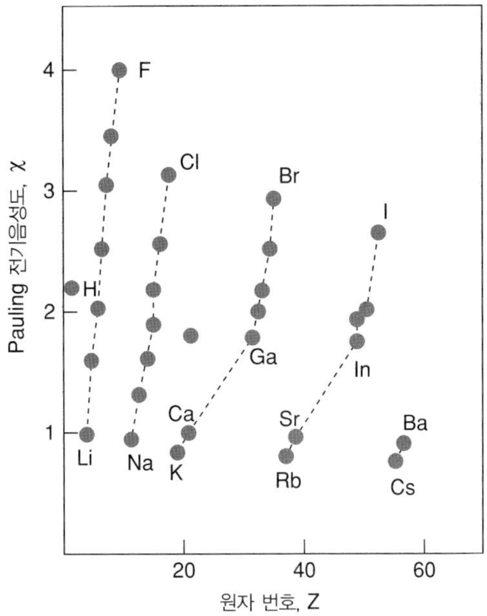

그림 3.6 주기율표 상 위치에 따른 Pauling 전기음성도. Reproduced with permission from Shriver and Atkins, Inorganic Chemistry, 4th edition, © 2006 Oxford University Press.

합 전자는 전기음성도가 높은 원자 쪽으로 부분 이동한다. 그 결과로 생성된 평형 화합물에는 부분적으로 하전된 원자들이 존재하며, 하전된 상태의 원자들은 균등화된 전기음성도를 갖는다.

표 3.11은 다양한 산화물에서 산화 이온의 부분 전하에 대한 계산값을 열거하고 있다. 산소 전하의 계산값은 산화물 종류에 따라 0에서 −1의 전 범위에 걸쳐 있다. 통념상 산화물에 포함된 산화 이온은 O^{2-} 상태인 것으로 간주되지만, 계산에 따른 산소의 실제 전하는 −1을 넘지 않고 대개는 −1보다 훨씬 작다. 이 결과는 산소의 전자 친화도 자료와 잘 부합된다. 비록 기체상 자료이지만, $O + e \rightarrow O^-$는 발열 과정인 데 비해 $O^- + e \rightarrow O^{2-}$는 흡열 과정이라는 점을 주목할 수 있다.

전기음성도 동등화 원리에 의하면, 가상적 공유 결합 내에서 전자는 전기음성도가 더 큰 원자 쪽으로 부분 편향된다. 전기양성도가 높은 원자로부터 전자가 제거됨으로 인해 유효 핵전하의 증가와 원자 크기의 감소가 일어나고 나아가 유효 전기음성도가 증가한다. 마찬가지로 전기음성도가 높은 원자가 전자를 얻음으로써 전자 획득 능력이 약화되어 전기음성도가 낮아진다. 이와 같이 두 원자의 전기음성도는 그들이 서로 같아질 때까지 조정된다. 단순하게는 이원자 기체 분자에서부터 보다 복잡한 결합 구조의 3차원 고체에까지 이 원리가 적용될 수 있다. 이러한 설명은 원래 비극성 상태인 공유 결합이 전기음성도 동등화를 통해 극성을 띠게 되는 과정을 개연성 있게 묘사해 준다.

표 3.11 몇몇 고체 산화물에서 산소의 부분 전하

화합물	$-\delta_O$	화합물	$-\delta_O$	화합물	$-\delta_O$	화합물	$-\delta_O$
Cu_2O	0.41	BeO	0.36	BaO	0.68	La_2O_3	0.56
Ag_2O	0.41	PbO	0.36	Ga_2O_3	0.19	CO_2	0.11
Li_2O	0.80	SnO	0.37	Tl_2O_3	0.21	GeO_2	0.13
Na_2O	0.81	FeO	0.40	In_2O_3	0.23	SnO_2	0.17
K_2O	0.89	CoO	0.40	B_2O_3	0.24	PbO_2	0.18
Rb_2O	0.92	NiO	0.40	Al_2O_3	0.31	SiO_2	0.23
Cs_2O	0.94	MnO	0.41	Fe_2O_3	0.33	MnO_2	0.29
HgO	0.27	MgO	0.50	Cr_2O_3	0.37	TiO_2	0.39
ZnO	0.29	CaO	0.56	Sc_2O_3	0.47	ZrO_2	0.44
CdO	0.32	SrO	0.60	Y_2O_3	0.52	HfO_2	0.45
CuO	0.32						

전기음성도를 바탕으로 결합을 논하는 또 다른 접근에서는 순수한 이온성 결합을 출발점으로 삼아 공유성이 더해지는 과정을 묘사한다. 이온성 구조 M^+X^-에서 양이온은 음이온으로(대개 4, 6, 8개) 둘러싸인다. 한편 양이온은 빈 최외각 껍질을 갖는 잠재적 전자쌍 받개이고, 같은 맥락에서 음이온은 채워진 최외각 껍질을 갖는 잠재적 전자쌍 주개이다. 따라서 양이온과 음이온은 루이스(Lewis) 산-염기와 같은 방식으로 상호 작용한다. 음이온은 비공유 전자쌍을 이용하여 이웃 양이온에 배위한다. 이 상호 작용의 세기, 즉 공유 결합 정도는 두 상대 원자의 전기음성도 차이에 의존한다. Al^{3+}와 같이 전기음성도가 높은 양이온은 K^+와 같은 전기 양성 양이온에 비해 훨씬 강한 전자쌍 받개(루이스 산)이다. 이러한 '배위 중합체 모형'은 Sanderson에 의해 제안되었으며 이온들 간의 산-염기 상호 작용을 바탕으로 하면서, 이온성과 공유성 결합의 극한 사이에 연결점 역할을 한다.

3.2.12 배위 중합체 구조-Sanderson 모형

Sanderson 모형에서는 비분자성 화합물 구조의 모든 결합을 극성 공유 결합으로 간주한다. 원자들은 부분 전하를 갖는 것으로 전제되며, 그 값은 Sanderson 전기음성도로부터 계산될 수 있다. 또한 부분 전하 값으로부터 결합 전체에 대한 이온성과 공유성의 상대적 기여도를 추정할 수 있다. 모든 비분자성 결정들이 부분 하전된 원자만을 함유하므로, 이온성 모형은 실제와 동떨어진 극한 형태의 결합에 해당한다. 예컨대 KCl에서 원자의 전하는 ±1이 아닌 ±0.76으로 계산된다.

Sanderson은 다수의 고체 화합물에 대해 부분 전하와 원자 반경을 계산하기 위한 기법을 개발하였으며, MCl과 MCl_2 유형의 염화물에 대한 자료가 표 3.12에 제시되어 있다. Cl 원자의 전하는 −0.21($CdCl_2$)에서 −0.81(CsCl) 범위에 분포되어 있다. 그와 함께 Cl의 계산 반경은 1.24−1.95 Å 범위로 나타난다. 이에 비해 Cl의 비극성 공유 반경은 0.99 Å, 이온 반경은 2.18 Å으로 알려져 있다(표 3.10). 계산 과정에 가정이 일부 포함되므로 그 결과에 정량적 오류가 있을 수 있지만 그럼에도 불구하고 이 접근법은 유익한 통찰을 제공한다. 표 3.12의 화합물들 대부분은 대개 이온성으로 여겨지는 물질이다. 만일 표의 부분 전하 자료가 어떤 식으로든 유의미하다면, 이는 모든 염화물 고체에 대해 단일한 염화 이온 반경을 할당하는 것이 적절치 못함을 단적으로 보여 준다.

3.2.13 Mooser-Pearson 도표와 이온성 분율

반경 비 규칙에 의한 구조 예측이 그다지 만족스럽지 못한 데 비해, Mooser와 Pearson이 개발한 방법은 상당히 개선된 결과를 보였다. 이 방법은 결합의 지향성(공유성)에 초점을 둔다. 결정의 결합 공유성에 영향을 주는 것으로 여겨지는 두 가지 인자는 (i) 결합에 관여된 두 원자의 평균 주양자수 $\bar{n}$, (ii) 두 원자의 전기음성도 차이 $\Delta\chi$이다. Mooser-Peasrson 도표는 위의 두 변수의 관계를 도시함으로써 얻어진다. 그림 3.7은 AB 화합물들에 대한 도표를 나타낸다. 이 도표에서 무엇보다도 두드러지는 면은 4가지 구조 유형[섬아연석(ZnS, B), 섬유아연석(ZnS, W), 암염, CsCl]에 해당하는 영역이 매우 선명하게 경계 지어진다는 점이다. 직관적으로 판단할 때, 이들 중 가장 공유성이 큰 것은 섬아연석이고 가장 이온성이 큰 것은

표 3.12 몇몇 고체 염화물에서 염소의 부분 전하와 원자 반경

화합물	$-\delta_{Cl}$	r_{Cl}/Å	화합물	$-\delta_{Cl}$	r_{Cl}/Å
$CdCl_2$	0.21	1.24	$BaCl_2$	0.49	1.57
$BeCl_2$	0.28	1.26	LiCl	0.65	1.76
CuCl	0.29	1.34	NaCl	0.67	1.79
AgCl	0.30	1.35	KCl	0.76	1.90
$MgCl_2$	0.34	1.39	RbCl	0.78	1.92
$CaCl_2$	0.40	1.47	CsCl	0.81	1.95
$SrCl_2$	0.43	1.50			

암염 혹은 CsCl이다. Mooser–Pearson 도표에는 이러한 직관이 그림 형태로 옮겨져 있다.

결합의 이온성 성향에 대한 계량 결과는 '이온성 분율(ionicity, f_i)'로 지칭된다. 이온성 분율은 도표의 왼쪽 아래에서 오른쪽 위로 갈수록 증가한다. 따라서 이온성 분율은 결합 원자의 전기음성도뿐만 아니라 최외각 껍질, 곧 원자 크기에 의해서도 달라지는 것이다. 그림 3.7에서 발견되는 보편적 경향으로, 지향성이 큰 공유 결합은 원자 번호가 낮은 원소를 포함할 때(도표의 아래쪽)와 $\Delta\chi$가 작을 때(도표의 왼쪽) 형성되기 쉽다.

그림 3.7에서 다른 '구조 구역' 사이에는 뚜렷하고 매끄러운 교차 경계가 관찰된다. 이는 각 구조 유형에 대해 임계 이온성 분율이 존재하며, 특정 구조를 취할 수 있는 조성이 결합 특성에 의해서도 제한됨을 가리킨다. Phillips와 van Vechten의 연구는 Mooser–Pearson 도표에 대한 이론적 뒷받침을 제공하였다. 그들은 AB 화합물들의 광학적 흡광 거동을 측정하여 전기음성도와 이온성 분율을 산출하였다. 우선 분광 자료를 이용하여 **띠 간격**(band gap, E_g)을 직접 측정할 수 있다. 나아가 그들은 등전자 계열의 화합물(예: ZnSe, GaAs, Ge)에서 띠 간격에 기여하는 두 가지 성분을 (ㄱ) 순수한 Ge에서 나타나는 것과 같은 동핵(homopolar) 띠 간격 E_h와 (ㄴ) 원자 사이의 전하 전달 C로 설정하였다. C는 이온성 에너지(ionic energy)로 불리기도 한다. 이들 간에는 다음 관계가 성립한다.

$$E_g^2 = E_h^2 + C^2 \tag{3.29}$$

분광도로부터 E_g와 E_h를 측정할 수 있으며, 이에 따라 C를 계산할 수 있다. C는 극성 결합에서 전자 전하의 전달에 필요한 에너지와 관계되며, 따라서 전기음성도 요소를 반영한다. 이온성 분율 f_i의 척도는 다음과 같이 고안되어졌다.

$$f_i = \frac{C^2}{E_g^2} \tag{3.30}$$

f_i 값은 0(동핵 공유 결합에서 $C=0$)에서 1(극한의 이온성 결합에서 $C=E_g$) 사이의 범위이며, 결합의 이온성 기여 분율을 정량적으로 나타낸다. Phillips는 팔면체 배위 또는 사면체 배위를 갖는 68가지의 AB 화합물에 대해 분광 자료를 분석하였고, 이로부터 이 두 가지 구조가 임계 이온성 분율 $f_i=0.785$를 경계로 구분되는 점을 발견하였다.

Mooser–Pearson 도표와 Phillips–van Vechten 이온성 분율을 연관짓자면,

$$\Delta\chi\,(\text{Mooser–Pearson}) \simeq C\,(\text{Phillips})$$

$$\bar{n}\,(\text{Mooser–Pearson}) \simeq E_h\,(\text{Phillips})$$

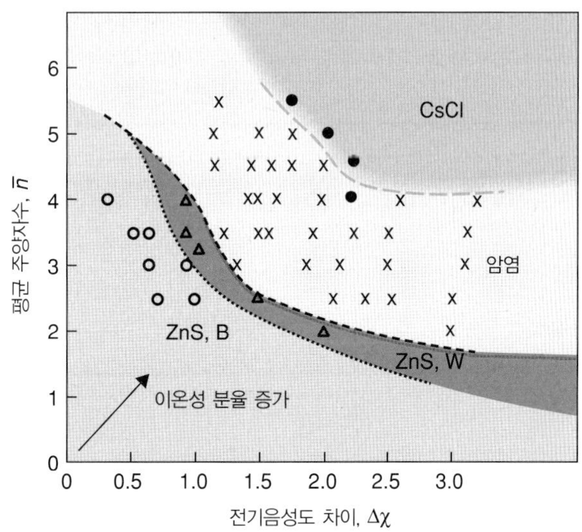

그림 3.7 주족 원소 화합물 AB에 대한 Mooser–Pearson 도표. 화살표는 결합 이온성이 증가하는 방향을 나타낸다. Adapted with permission from Acta Cryst., 12, 1015, © 1959 The International Union of Crystallography.

두 번째 관계를 부연하면, $\bar{n}$이 커질수록 최외각 껍질의 크기와 분산도가 증가하며, 그 결과 부껍질(s, p, d, f) 간의 에너지 차이가 작아진다. 이러한 과정에서 E_h가 감소하며, $E_h = 0$에 가까워지면 금속성이 나타난다. 여기서 $\bar{n}$을 검토함으로써 음이온과 양이온의 평균 거동이 반영된다. Phillips−van Vechten 분석은 아직까지 AB 화합물에 국한되지만, Mooser−Pearson 도표의 매우 광범위한 적용 예에 대해 이론적 입증을 제공한다는 점에서 중요한 의미를 갖는다.

3.2.14 결합 원자가(bond valence, bv)와 결합 길이

유 · 무기물의 구분을 떠나 대부분 분자성 물질의 구조는 **원자가 결합 이론**(valence bond theory, VBT)을 이용하여 만족스럽게 묘사될 수 있다. 여기서의 고려 대상에는 단일, 이중, 삼중 결합과 부분 결합이 모두 포함된다. 그러나 비분자성 무기물의 경우, 비록 공유 결합 속성이 지배적일지라도 결합 영역 수에 비해 결합 전자 수가 부족한 경우가 있고 원자가 결합 이론의 일반적 적용이 불가능하다.

Pauling, Brown, Shannon, Donnay 등은 부분적 결합을 묘사할 수 있는 유용한 기법을 실증에 기반을 두어 개발하였다. 이 기법은 구조에서의 **결합 차수**(bond order) 또는 **결합 원자가**를 산출한다. 결합 원자가는 Pauling의 정전기적 원자가 규칙(electrostatic valence rule, 3.3절)에 포함된 정전기적 결합 세기(electrostatic bond strength, *ebs*)와 비슷한 방식으로 정의되며, Pauling의 규칙을 이온성 이외의 구조에까지 확장시킨 산물이다. 결합 원자가는 원자의 산화 상태와 실험적 결합 길이 정보를 이용하여 실증적으로 정의되며, 결합의 속성(이온성, 공유성, 혹은 그들의 혼합)은 전혀 고려되지 않는다.

Pauling의 정전기적 원자가 규칙에 설정된 요건은 한 이온과 인접 원자 간 결합들 사이의 *ebs* 합이 해당 이온의 형식 전하와 같다는 것이다(식 3.2, 3.3). 이 규칙을 약간 수정함으로써 비이온성 구조에까지 적용 범위를 확대할 수 있다. *ebs*를 결합 원자가 bv로 대체하고, 이온의 형식 전하를 원자의 원자가로 대체함으로써(원자가는 결합에 참여한 전자 수로 정의된다) **원자가 총합 규칙**(valence sum rule)이 얻어진다.

$$V_i = \sum_j bv_{ij} \tag{3.31}$$

V_i는 원자 i의 원자가이고, bv_{ij}는 원자 i와 이웃 원자 j 사이의 개개 결합 원자가이다. 어떤 원자가 이룬 결합들의 bv를 모두 합한 값은 그 원자의 원자가와 같아야 한다. 즉, 원자가 V_i는 **결합 원자가 총합**(bond valence sum, bvs)으로 얻어진다. 원자가 총합 규칙의 적용에서 bv_{ij}가 정수인 경우, 분자성 구조에서 원자 주위의 결합 수를 산출하는 상황과 같아진다(원자의 원자가가 결합의 총 개수와 같음). 그러나 비분자성 구조에서는 bv가 정수로 얻어지는 경우가 오히려 예외적이다.

Pauling 규칙에서는 *ebs*가 '양이온 전하 : 양이온 배위수' 비로 주어지며, 양이온 배위수가 일정치 않거나 양이온−음이온 거리가 동일하지 않은 경우 평균 *ebs*만을 적용할 수 있다. 반면 bv 법은 각각의 결합을

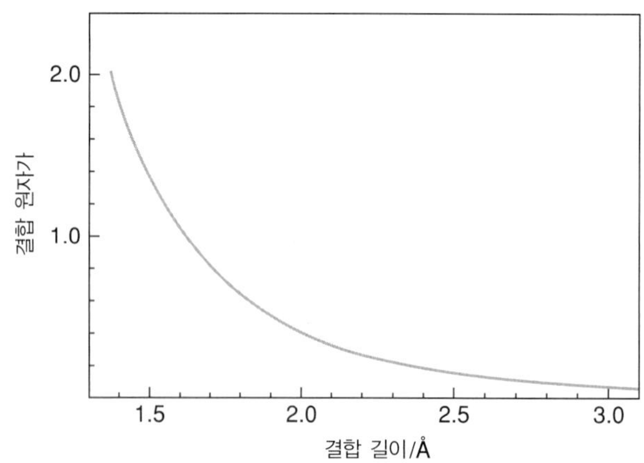

그림 3.8 산소와 3주기 원자들(Na, Mg, Al, Si, P, S) 사이의 결합으로부터 얻어진 '결합 원자가−결합 길이' 상관 곡선. Reproduced with permission from Brown, Chem. Soc. Rev., 7(3), 359, © 1978 Royal Society of Chemistry.

별개의 구조 요소로 취급하므로 비정형적이거나 왜곡된 배위 환경들도 모두 고려할 수 있다.

그림 3.8, 산소와 3주기 원소들(Na^{I}, Mg^{II}, Al^{III}, Si^{IV}, P^{V}, S^{VI}) 간 결합으로부터 관찰되듯, 주어진 원소 쌍들에서 bv와 결합 길이는 반비례한다. 원소 종류별로, 또한 산화 상태별로 고유한 'bv–결합 길이' 관계 곡선이 제시될 수 있지만, 등전자 화합물 계열에 대해서는 그림 3.8과 같은 '범용 곡선'이 사용될 수 있다. 그림 3.8과 같은 곡선의 해석을 위해 다양한 분석 표현이 검토되었으며, 가장 널리 통용되는 함수 형태 중 하나는 아래와 같다.

$$bv_{ij} = \left(\frac{R_0}{R}\right)^N \tag{3.32}$$

R은 결합 길이이고 R_0와 N은 상수이다(R_0는 $bv = 1$에 해당하는 결합 길이). 그림 3.8의 곡선에서는 $R_0 = 1.622$ Å, $N = 4.290$이다.

그림 3.8은 결합 길이의 증가에 따라 bv가 감소함을 나타낸다. 나아가 주어진 원자의 배위수가 증가할 때 bv는 감소할 것이므로, 배위수와 결합 길이 간에도 상관성이 존재한다. 그림 3.3은 배위수와 양이온 반경을 비교함으로써 위의 상관성을 약간 다른 방식으로 표현하였다. 그림 3.3의 자료는 F^-나 O^{2-}의 반경을 일정한 값으로 가정하여 얻어졌으므로, 그림 3.3의 세로축을 이온 반경 대신 금속–산소 결합 길이로 단순 변환시킬 수 있다.

그림 3.8과 같은 곡선은 결정 구조에 대한 논리적 이해의 폭을 넓힐 수 있다는 점에서 중요하다. 구조 결정과 관련된 적용 예는 다음과 같다.

(가) 구조 내의 모든 원자들은 오차 범위 수 % 내에서 원자가 총합 규칙을 따를 것이므로, 제안된 구조의 타당성과 정확도가 검토될 수 있다.

(나) H와 같이 X-선 결정학으로 탐지될 수 없는 원자의 위치를 찾아낸다. 구조 내의 각 원자에 대해 bv 총합을 결정한 후, 명목 원자가와 bvs가 크게 다른 원자가 발견된다면 H와 결합되었을 가능성이 있다.

(다) 알루미노규산염에서 Al^{3+}와 Si^{4+}의 위치를 구분해낸다. Al^{3+}와 Si^{4+}는 X-선 회절로 분간될 수 없지만, 비슷한 배위 환경에 놓일 때 뚜렷이 다른 bvs를 갖는다. 예를 들어 MO_4 정사면체에서 Si–O 결합의 bv는 1이지만, Al–O 결합의 bv는 0.75이다. 따라서 원자가 총합 규칙이나 M–O 결합 길이를 검토함으로써, 특정 자리에 대한 원자 점유도를 파악할 수 있다.

3.2.15 비결합 전자 효과

이 절에서는 구조에 영향을 미치는 두 종류의 비결합 전자(전이 금속의 d 전자와 산화 상태가 낮은 p-블록 중금속의 s^2 전자쌍)에 대해 살펴본다. 이들 전자는 결합에 참여하지 않지만 금속 원자의 배위수와 배위 환경에 상당한 영향을 미친다.

3.2.15.1 *d*-전자 효과

전이 금속 화합물에서 금속의 d 전자 대부분은 결합 형성에 직접 참여하지 않지만 금속의 배위 환경에 영향을 주어 색깔이나 자기적 성질을 결정짓는다. 배경 이론의 정성적 기술을 위해, **결정장 이론**(crystal field theory, CFT)의 기본적 내용을 먼저 다루도록 하겠다. 독자들이 CFT에 대해 어느 정도 친숙할 것으로 생각되므로 주요 내용을 요약하는 수준으로 한다.

1. 에너지 준위의 결정장 갈라짐

팔면체 환경에서 전이 금속 원자의 5개 d 오비탈은 축퇴 상태에서 벗어나 두 무리, 낮은 에너지의 t_{2g}와 높은 에너지의 e_g로 갈라진다(그림 3.9). Hund 규칙에 따라 전자는 가능한 최대 다중도를 취하도록 오비탈을 채운다. d^4에서 d^7 사이의 원자들은 **저스핀**(low-spin, LS)과 **고스핀**(high-spin, HS) 상태의 두 가지 바닥 상태 전자 배치를 가질 수 있다. 그림 3.9(c)는 d^7 이온의 LS, HS 상태를 예로 보여 준다. 선택 상황

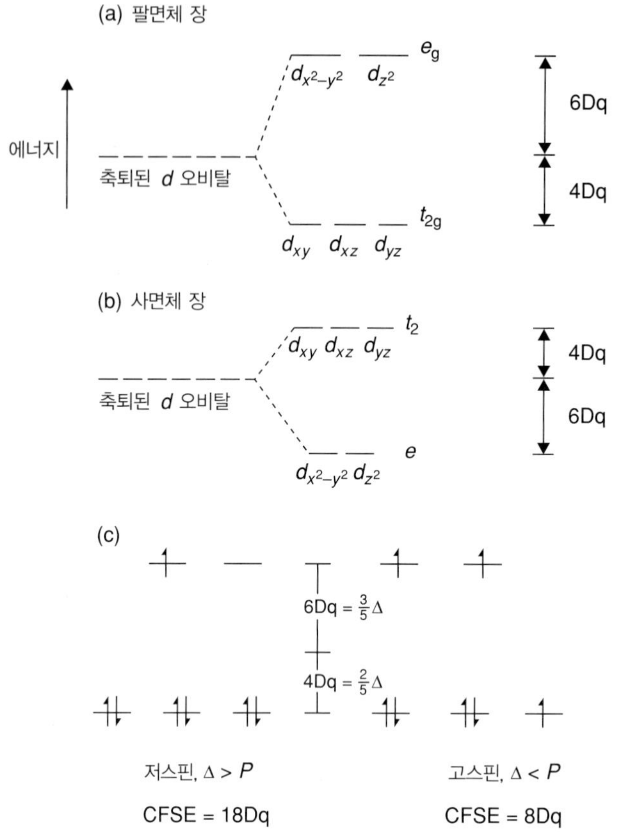

그림 3.9 (a) 팔면체 장과 (b) 사면체 장에서 d 오비탈의 에너지 준위 갈라짐. (c) 팔면체 장에서 d^7 이온의 저스핀/고스핀 상태.

에서 전자가 e_g 준위를 채울 경우, Δ만큼 전체 에너지가 증가하지만 다중도 또한 증가한다. 반면 t_{2g} 준위가 채워질 경우 전자 2개가 한 오비탈을 점유하므로 전자 간 반발력, 즉 **짝지음 에너지**(pairing energy, P)가 발생한다. 따라서 위의 경쟁 인자들 간 균형에 의해 전자 배치가 정해진다. Δ의 크기는 금속에 결합된 리간드 혹은 음이온의 종류에 따라 달라진다. 약한 장 리간드인 경우 Δ가 작아 HS 배치가 일어나며, 강한 장 리간드인 경우 반대 결과가 나타난다. Δ는 금속의 속성에 따라서도 달라지는데 특히 금속 원자가 속한 주기에 따라 $\Delta(5d) > \Delta(4d) > \Delta(3d)$의 일반 경향이 존재한다. 따라서 $4d$와 $5d$ 계열에서는 HS 거동이 매우 드물다. Δ 값은 전자 분광도로부터 실험적으로 결정될 수 있다. 표 3.13에는 d 전자 수(1–10) 별로 가능한 스핀 배치가 정리되어 있다.

표 3.13 팔면체 배위된 금속 원자의 d-전자 배치

전자 수	저스핀, $\Delta > P$		고스핀, $\Delta < P$		저스핀 상태의 오비탈 에너지 이득	예
	t_{2g}	e_g	t_{2g}	e_g		
1	↑		↑			V^{4+}
2	↑↑		↑↑			Ti^{2+}, V^{3+}
3	↑↑↑		↑↑↑			V^{2+}, Cr^{3+}
4	↑↓↑↑		↑↑↑	↑	Δ	Cr^{2+}, Mn^{3+}
5	↑↓↑↓↑		↑↑↑	↑↑	2Δ	Mn^{2+}, Fe^{3+}
6	↑↓↑↓↑↓		↑↓↑↑	↑↑	2Δ	Fe^{2+}, Co^{3+}
7	↑↓↑↓↑↓	↑	↑↓↑↓↑	↑↑	Δ	Co^{2+}
8	↑↓↑↓↑↓	↑↑	↑↓↑↓↑↓	↑↑		Ni^{2+}
9	↑↓↑↓↑↓	↑↓↑	↑↓↑↓↑↓	↑↓↑		Cu^{2+}
10	↑↓↑↓↑↓	↑↓↑↓	↑↓↑↓↑↓	↑↓↑↓		Zn^{2+}

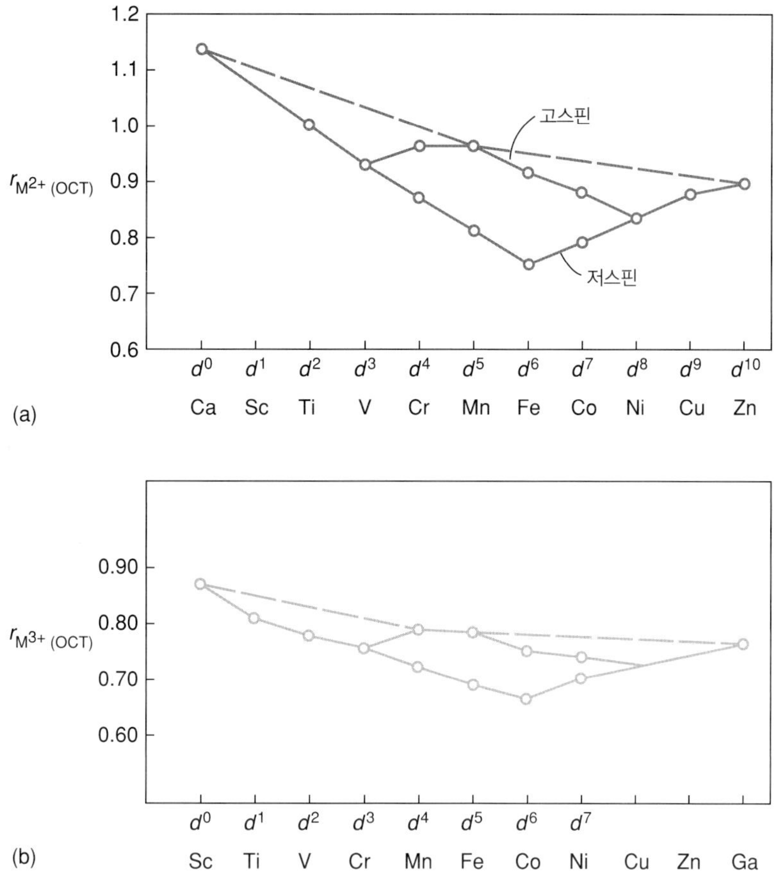

그림 3.10 (a) +2가와 (b) +3가 전이 금속 이온의 팔면체 배위 반경. r_{F^-} = 1.19 Å을 기준값으로 삼음. Data from Shannon and Prewitt, Acta Cryst., B25, 925, © 1970 The International Union of Crystallography.

전이 금속의 이온 반경은 d 전자 배치에 따라 달라진다. 그림 3.10(a)는 팔면체 배위 +2가 양이온들의 반경을 예로 보여 주고 있다. 원자 번호의 증가와 함께 몇 가지 경향이 나타난다. 첫째, 파선으로 연결된 Ca^{2+}, Mn^{2+}(HS), Zn^{2+}의 비교로부터, d 껍질의 채움 증가에 따라 이온 반경이 감소함을 알 수 있다. 위의 세 이온들은 d 오비탈이 완전히 비었거나(Ca), 모두 단일 점유되거나(Mn), 완전히 채워져(Zn) 있기 때문에 구형 대칭의 전자 밀도 분포를 갖는다. 반경 감소의 주원인은 d 전자의 핵전하 차폐력이 빈약하다는 데에 있다. 원자 번호가 높아질수록 외곽의 결합 전자에 대한 유효 핵전하가 증가하고, 그 결과 이온은 점차 수축된다. 비슷한 효과가 주기율표의 모든 주기 계열에서 나타나지만, 특히 전이 금속 계열에 대해 잘 확립되어 있다.

d^1~d^4와 d^6~d^9 이온들에서는 전자의 분포가 구형에서 벗어난다. 이 전자들의 핵전하 차폐는 훨씬 더 약하며, 이온 반경은 추세에 비해 작아진다. 예를 들어 Ti^{2+} 이온은 t_{2g} 오비탈 중 둘을 단일 점유함으로써 $(t_{2g})^2$ 전자 배치를 갖는다. 팔면체 환경에서 이 비결합 전자들이 점유하는 공간은 Ti^{2+}−음이온 결합축과 비껴난 방향에 위치한다. Ca^{2+}를 예로 비교하면, Ti^{2+} 이온에는 +2만큼의 핵전하와 2개의 t_{2g} 전자가 함께 더해진다. 하지만 이 t_{2g} 전자들이 결합 전자에 대한 추가 핵전하를 거의 차폐하지 못하기 때문에, Ti^{2+}의 유효 핵전하가 크게 증가하고 Ti^{2+}와 결합 전자 간 인력이 강해진다. 실제로 TiO의 Ti−O 결합은 CaO의 Ca−O 결합뿐만 아니라 그림 3.10(a)의 파선 추세에 비해서도 더 짧다. 이 경향은 V^{2+}, Cr^{2+}(LS), Mn^{2+}(LS), Fe^{2+}(LS)에까지 계속되는데 이들은 모두 t_{2g} 전자만을 갖는다(표 3.13). Fe^{2+}(LS) 이후에는 e_g 오비탈이 채워지기 시작하며, 이 전자들은 보다 효과적으로 핵전하를 차폐한다. 그 결과로 Fe^{2+}(LS), Co^{2+}(LS), Ni^{2+}, Cu^{2+}, Zn^{2+} 구간에서는 이온 반경이 증가한다.

고스핀 이온에서는 약간 다른 경향이 관찰된다. V^{2+}, Cr^{2+}(HS), Mn^{2+}(HS)를 지날 때, e_g 오비탈이 채워지면서 핵전하가 차폐되기 때문에 반경이 증가한다. 하지만 Mn^{2+}(HS), Fe^{2+}(HS), Co^{2+}(HS), Ni^{2+} 구간에서는 추가되는 전자가 t_{2g} 오비탈을 채우므로 반경이 다시 감소한다.

유사한 경향이 +3가 전이 금속 이온에서도 나타나지만, 반경 변화의 폭이 더 작다(그림 3.10(b)). 또한 +2가 이온에서 관찰된 다양한 효과들이 대체로 재현되지만 주된 전이 지점이 원자 번호 1만큼 우측으로 이동하여 나타난다. 예컨대 +2가 이온 중 크기가 가장 작은 이온은 Fe^{2+}(LS)인 데 비해, +3가 이온 중에서는 Co^{3+}(LS)이다.

팔면체 배위 환경과 더불어 사면체 환경 또한 구조에서 자주 발생하는 유형이다. 사면체 결정장에서도 d 오비탈이 두 무리로 갈라지는데, 팔면체 환경과 정반대 방식을 따른다. 즉, 3개의 오비탈(d_{xy}, d_{xz}, d_{yz})이 높은 에너지의 t_2 준위를 이루고 나머지 둘($d_{x^2-y^2}$, d_{z^2})은 낮은 에너지의 e 준위를 이룬다(그림 3.9(b)).

전이 금속 이온의 d 오비탈 결정장 갈라짐은 **결정장 안정화 에너지**(CFSE)의 원인이 되고 나아가 이온성 화합물의 격자 에너지를 증가시킬 수 있다. 예를 들어, 루틸 구조 CoF_2는 팔면체 환경의 Co^{2+}(d^7, HS)를 갖는다(그림 3.9(c)). t_{2g} 준위와 e_g 준위의 에너지 차이 Δ가 $10Dq$와 같다고 하면, t_{2g} 전자 각각은 $4Dq$만큼 안정화되고, e_g 전자 각각은 $6Dq$만큼 불안정화된다. 결정장이 없는 환경의 축퇴된 오비탈을 기준으로(그림 3.9(a)), Co^{2+} 이온의 CFSE를 다음과 같이 LS, HS 상태 별로 계산할 수 있다.

$$\text{LS: } 6\times 4Dq - 1\times 6Dq = 18Dq$$
$$\text{HS: } 5\times 4Dq - 2\times 6Dq = 8Dq$$

CFSE의 발생은 격자 에너지의 증가로 이어진다. 루틸 구조의 Co^{2+}(HS)에 대해서는 CFSE가 104 kJ mol^{-1}로 계산된다. 이 값은 Born–Haber 순환을 이용하여 결정된 격자 에너지(−2959 kJ mol^{-1})와 Born–Mayer 공식으로부터 계산된 격자 에너지(−2867 kJ mol^{-1})의 차이 83 kJ mol^{-1}에 상당히 근접하다.

그림 3.11은 4주기 전이 원소의 이플루오린화물의 격자 에너지를 나타낸 것이며, 이와 비슷한 경향이 다른 할로젠화물들에서도 관찰된다. Ca^{2+}(d^0), Mn^{2+}(d^5, HS), Zn^{2+}(d^{10})은 CFSE를 갖지 않으며, 이들이 함유된 화합물의 격자 에너지는 모두 아래쪽 파선 상에 놓인다. 그 외의 이온들은 다소간의 CFSE를 나타내며 그들의 격자 에너지는 위쪽의 실선 상에 놓인다. 그림 3.11의 플루오린화물에 대해 계산된 CFSE는 격자 에너지 편차 $\Delta U(= -U_{\text{Born-Haber}} + U_{\text{Born-Mayer}})$와 대체로 일치한다. 따라서 이들 플루오린화물의 결합은 이온성이 지배적인 것으로 볼 수 있다. 반면 다른 할로젠화물에서는 $\Delta U \gg$ CFSE이고, 이는 공유

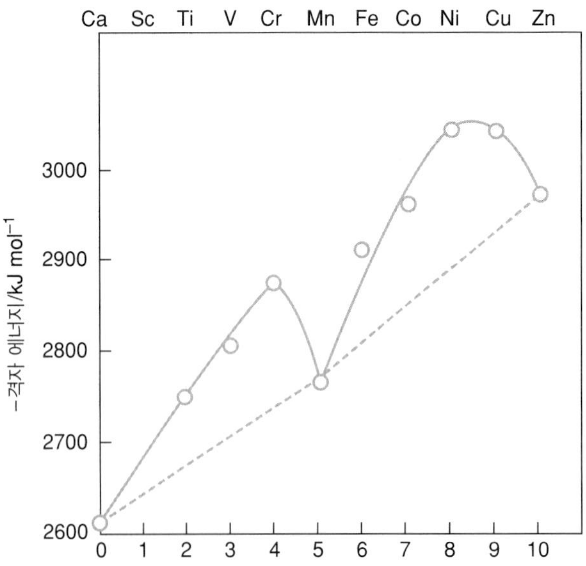

그림 3.11 Born–Haber 순환을 이용하여 얻어진 +2가 전이 금속 할로젠화물의 격자 에너지. Reproduced with permission from Waddington, Adn. Inorg. Chem. Radiochem., 1, 157–221, © 1959 Elsevier.

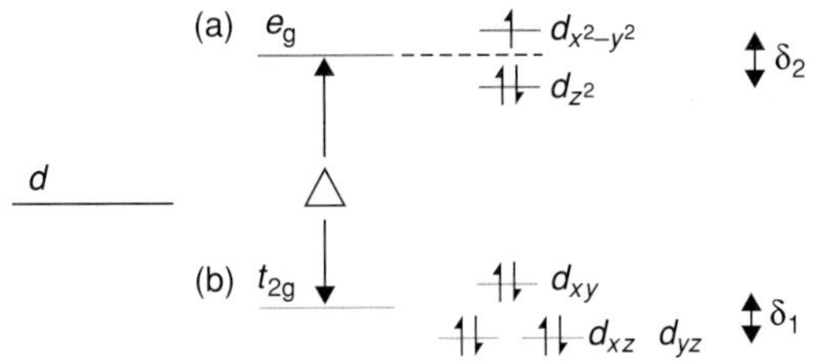

그림 3.12 Jahn–Teller 왜곡 환경의 d^9 이온에서 d-오비탈의 에너지 준위 도표. z 축 방향의 두 결합이 나머지 넷보다 길고, 그 결과 d_{z^2} 오비탈의 에너지가 $d_{x^2-y^2}$ 오비탈보다 낮다.

결합 등의 다른 기여 효과를 가리킨다.

2. Jahn–Teller 왜곡

다수의 전이 금속 화합물에서 금속의 배위 환경이 정팔면체에서 벗어난 형태로 왜곡된다. 그 중 전형적인 한 가지 방법은 팔면체의 6개 결합 중 마주 보는 두 결합이 나머지에 비해 길어지거나 짧아지는 것이다. 이러한 왜곡은 이른바 Jahn–Teller 효과에서 비롯하며, d^9, d^7(LS), d^4(HS) 이온에서 주로 발생한다. 대표적 예인 d^9 이온, Cu^{2+}를 살펴보자. Cu^{2+}의 바닥 상태 전자 배치는 $(t_{2g})^6(e_g)^3$이고 e_g 오비탈 중 하나는 2개의 전자를, 다른 하나는 1개의 전자를 갖는다. 단일 점유된 오비탈은 $d_{x^2-y^2}$일 수도, d_{z^2}일 수도 있으며, 자유 이온 상태에서는 양쪽의 에너지가 같다. 그러나 금속 이온의 실제 환경인 팔면체 배위 상태에서 두 e_g 오비탈이 불균등하게 점유된다면 이들은 더 이상 축퇴 상태가 아니다. e_g 오비탈은 리간드를 향해 배향되기 때문에 t_{2g}에 비해 더 높은 에너지 준위를 갖는다. 또한 이중 점유된 e_g 오비탈의 전자는 단일 점유된 e_g 오비탈의 전자에 비해 더 큰 반발력을 느끼면서 에너지가 높아진다. 이러한 에너지 불안정화를 해소하는 방법은 이중 점유된 오비탈 방향으로 금속–리간드 길이를 증가시키는 것이다. 예컨대 d_{z^2} 오비탈이 이중 점유된다면, z 축 방향의 결합들이 나머지 4개의 결합들보다 더 길어지는 것이다. 그림 3.12(a)는 이에 대한 에너지 준위 도표를 나타낸다. z 축 방향으로 금속–리간드 길이가 증가함으로써 d_{z^2} 오비탈의 에너지는 낮아진다. 이와 같이 왜곡된 구조는 정팔면체 구조에 비해 전체 에너지가 $\frac{1}{2}\delta_2$만큼 안정화되고, 따라서 실질적 바닥 상태가 된다.

고스핀 d^4와 저스핀 d^7 이온들도 홀수의 e_g 전자를 갖고, Jahn–Teller 왜곡을 보인다. 결합 길이의 왜곡은 두 가지 다른 방식(2개가 짧고 4개가 길게, 또는 그 반대)으로 나타날 수 있으며, 주어진 구조의 실제 형태는 실험적으로 결정되어야 한다. Jahn–Teller 효과는 t_{2g} 준위의 축퇴도 제거시키지만 에너지 갈라짐의 크기 δ_1이 작아(그림 3.12(b)), 상대적 중요성이 낮다.

Cu^{2+}의 일반적 배위 환경은 왜곡된 팔면체이고, 4개의 짧은 결합과 2개의 긴 결합으로 구성된다. 왜곡의 크기는 화합물 종류에 따라 다르다. CuF_2(왜곡된 루틸)의 왜곡 정도는 그다지 크지 않지만(1.93 Å×4, 2.27 Å×2), $CuCl_2$에서는 크게 증가하고(2.30 Å×4, 2.95 Å×2), 흑동석(tenoritc) CuO에서는 거의 사각 평면에 가깝게(1.96 Å×4, 2.78 Å×2) 된다.

Cu^{2+}와 Cr^{2+}(d^4) 화합물에서의 Jahn–Teller 효과는 4주기 M^{2+} 전이 금속의 산화물과 플루오린화물의 구조 비교에서 잘 드러난다. 산화물 계열, MO(M^{2+} = Ti, V, Cr, Mn, Fe, Co, Ni, Cu)는 CuO와 CrO를 제외하고 모두 이상적 암염 구조를 갖는다. CuO는 심하게 왜곡된 CuO_6 팔면체를 가지며, CrO 조성의 형성은 알려진 바 없다. 플루오린화물 MF_2 계열에서도 다른 조성 모두가 이상적 루틸 구조인 데 비해 CrF_2와 CuF_2는 왜곡된 루틸 구조이다. Jahn–Teller 효과에 의해 팔면체 배위가 왜곡되는 다른 예로는 Mn^{3+}(HS)와 Ni^{3+}(LS) 화합물이 있다.

3. 평면 사각 배위

d^8 이온(Ni^{2+}, Pd^{2+}, Pt^{2+})은 정사각 평면 또는 직사각 평면 배위에 대한 선호도가 매우 높다. 이를 이해하기 위해 팔면체 환경과 왜곡된 팔면체 환경에서 이들 이온의 d 에너지 준위를 고려해 보자.

(가) 팔면체 환경에서 d^8 이온의 정상 전자 배치는 $(t_{2g})^6(e_g)^2$이다. 두 개의 e_g 전자는 축퇴된 $d_{x^2-y^2}$, d_{z^2} 오비탈 각각을 단일 점유하고, 화합물은 상자성(paramagnetic)이다.

(나) 팔면체를 왜곡시켜 z 축 방향으로 두 개의 금속–리간드 결합을 증가시킬 때의 효과를 살펴보자. e_g 준위의 축퇴가 제거되면서 d_{z^2} 오비탈의 에너지가 $^1/_2\delta_2$만큼 낮아진다(그림 3.12). z 축 방향의 결합 신장이 작은 경우 d_{z^2} 오비탈의 이중 점유에 수반되는 짝지음 에너지가 $d_{z^2}/d_{x^2-y^2}$ 에너지 차보다 더 크다($P>\delta_2$). 따라서 d_{z^2} 오비탈의 이중 점유보다는 d_{z^2}, $d_{x^2-y^2}$ 오비탈 각각을 단일 점유하는 편이 더 유리하고, 팔면체 배위의 왜곡을 통한 에너지 안정화 효과가 없다. 그러나 z 축 방향의 결합 신장이 증가함에 따라 $P<\delta_2$로 바뀌면, d_{z^2} 오비탈의 이중 점유가 더 안정해지므로 d^8 이온의 바닥 상태가 된다. 정팔면체 배위로부터의 왜곡이 심해지면 흑동석 CuO와 같이 사각 평면 배위가 나타날 수 있다. 다수의 경우에(예: PdO), z 축 방향 리간드가 사라지고 정팔면체–사각 평면의 전환이 완전히 일어난다. 이와 같이 형성된 d^8 사각 평면 화합물들은 홀전자를 갖지 않으므로 반자성(diamagnetic)이다.

사각 평면 배위는 3d보다는 4d와 5d 전이 원소에서 더 흔하다. d 오비탈의 주양자수가 증가할수록 전자 분산도가 높고 핵으로부터 더 멀리까지 분포된다. 그에 따라, 리간드에 의한 결정장(리간드장) 갈라짐(Δ, δ)이 $3d<4d<5d$ 순서로 커지기 때문이다. 단적인 예로 NiO는 암염 구조인 데 비해 PdO와 PtO에서는 금속 이온이 사각 평면 배위를 갖는다. Pd^{2+}의 팔면체 배위는 PdF_2(루틸)에서 유일하게 알려져 있고, Pt^{2+}나 Au^{3+}의 화합물에서는 팔면체 배위가 보고된 바 없다.

4. 사면체 배위

앞서 기술되었듯, 사면체 결정장에서는 팔면체 장과 반대 방식으로 d 에너지 준위가 갈라진다(그림 3.9(b)). 더욱이 d 오비탈 중 어느 것도 사면체 리간드를 직접적으로 향하지 않기 때문에 사면체 장 갈라짐의 크기 Δ는 팔면체 장에 비해 작다. 약간의 차이지만 d_{xy}, d_{xz}, d_{yz} 오비탈은 다른 둘보다 사면체 리간드에 더 가깝다(그림 3.13). 사면체 장에서도 Jahn–Teller 효과가 나타나며, 특히 t_2 준위의 전자 채움이 1, 2, 4, 또는 5개일 때[d^3(HS), d^4(HS), d^5, d^9] 관찰되기 쉽다. 사면체의 Jahn–Teller 왜곡은 다양한 유형으로(예: 정방 왜곡, 삼방 왜곡) 일어날 수 있으며, 팔면체 장만큼 많이 연구되지는 않았다. 자세한 내용은 생략하기로 한다. 왜곡의 흔한 유형은 사면체의 2중 회전축(그림 1.25(c)) 방향으로 사면체를 납작하게 또는 길쭉하게 하는 것이다. 한 예로 Cs_2CuCl_4는 납작한 $CuCl_4$ 사면체를 갖는다.

5. 사면체 배위와 팔면체 배위의 비교

팔면체 환경의 CFSE가 사면체 환경에 비해 크기 때문에 대부분의 전이 금속 이온은 정팔면체나 왜곡된

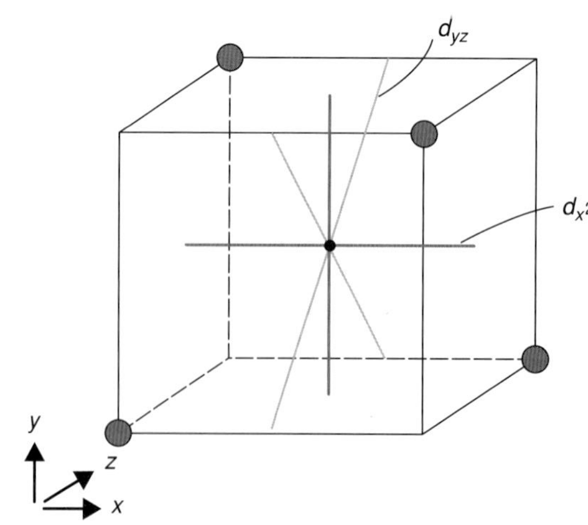

그림 3.13 사면체 장에서 d 오비탈들의 배향. ➡ 앞의 컬러 그림 참조

팔면체 배위를 선호한다. 이에 대해 좀 더 살펴보면 팔면체 배위에서는 t_{2g} 전자마다 $(4/10)\Delta^{oct}$ 만큼의 안정화, e_g 전자마다 $(6/10)\Delta^{oct}$ 만큼의 불안정화가 일어난다(그림 3.9(a)). 따라서 $d^3[(t_{2g})^3]$, Cr^{3+} 이온의 CFSE는 $1.2\Delta^{oct}$이고, $d^9[(t_{2g})^6(e_g)^3]$, Cu^{2+} 이온의 CFSE는 $0.6\Delta^{oct}$이 된다. 반면 사면체 배위에서는 e 준위의 전자마다 $(6/10)\Delta^{tet}$ 만큼의 안정화, t_2 전자마다 $(4/10)\Delta^{tet}$ 만큼의 불안정화가 일어난다(그림 3.9(b)). 따라서 Cr^{3+}, Cu^{2+}의 CFSE는 각각 $0.8\Delta^{tet}$와 $0.4\Delta^{tet}$가 된다. 대략적으로 $\Delta^{tet} \approx 0.4\Delta^{oct}$이며, 주어진 이온에 대한 Δ^{oct}와 Δ^{tet} 값을 비교하여 선호되는 배위 환경을 예측할 수 있다. 분광학적 측정을 통해 보다 정확한 CFSE 값을 얻을 수 있으며, 몇몇 전이 금속 산화물에 대한 값이 표 3.14에 주어져 있다. d^0, d^{10}과 고스핀 d^5 이온들은 결정장 효과에 의한 팔면체/사면체 배위 선택성을 보이지 않는다. Cr^{3+}, Ni^{2+}, Mn^{3+} 이온들은 팔면체 배위에 대한 선호가 가장 큰 이온들이고, 실제로 Ni^{2+}의 사면체 배위는 매우 드물다.

스피넬 구조는 이온의 배위 선호 거동을 보여 주는 좋은 예이다. 스피넬의 일반식은 AB_2O_4이며(1장), A, B 양이온의 배위 환경에 따라 다음과 같이 분류된다.

(가) 정상 스피넬: A는 사면체 자리, B는 팔면체 자리
(나) 역스피넬: A는 팔면체 자리, B는 사면체 자리와 팔면체 자리에 절반씩
(다) 정상 스피넬과 역스피넬의 중도 형태

A 양이온 중 팔면체 자리에 놓인 분율(스피넬 반전도)을 γ라 하면, 정상 스피넬에서 $\gamma = 0$, 역스피넬에서 $\gamma = 1$, 무작위 배열에서는 $\gamma = 0.67$이 된다. CFSE의 고려 없이, 격자 에너지를 계산한 결과로는 2,3 유형($A = M^{2+}$, $B = M^{3+}$, 예: $MgAl_2O_4$)의 경우 정상 스피넬을 이루는 편이 유리하고, 4,2 유형($A = M^{4+}$, $B = M^{2+}$, 예: $TiMg_2O_4$)은 역스피넬이 더 유리하다. 그러나 이러한 선호 경향은 CFSE의 개입에 의해 뒤바뀔 수 있다. 표 3.15에 나타내어지듯, 2,3 유형 스피넬들에서도 γ가 폭넓게 달라지며, 그 대표적 사례는 다음과 같다.

(가) $Cr^{3+}(d^3)$ 이온은 CFSE가 매우 크고, 그에 부합하여 모든 크로뮴산 스피넬은 팔면체 Cr^{3+}를 갖는 정상 유형이다. Ni^{2+}의 사면체 배위는 드물지만, $NiCr_2O_4$에서는 Ni^{2+}가 사면체 자리로 밀려난다.
(나) Co_3O_4 ($\equiv CoO \cdot Co_2O_3$)는 정상 스피넬이다. 이는 저스핀 Co^{3+}가 팔면체 자리에 놓일 때의 CFSE 이득이 Co^{2+}가 사면체 자리를 택할 때의 손해에 비해 더 크기 때문이다. Mn_3O_4 또한 정상 스피넬이다. 하지만 자철석(magnetite) Fe_3O_4의 경우, Fe^{3+}가 CFSE를 갖지 않는 데 비해 Fe^{2+}는 팔면체 자리를 선호하므로 역스피넬 구조를 취한다.

스피넬은 대개 입방 단위세포를 갖지만 몇몇은 정방 왜곡을 보인다. 특히 Cu^{2+}가 함유된 스피넬 $CuFe_2O_4$(정방 격자 상수 비 $c/a = 1.06$), $CuCr_2O_4$($c/a = 0.9$)는 Jahn–Teller 왜곡이 두드러진 예이다.

표 3.14 전이 금속 산화물에 대해 산출된 결정장 안정화 에너지($kJ\,mol^{-1}$)

이온		팔면체 장 안정화	사면체 장 안정화	팔면체 장의 상대 안정화
Ti^{3+}	d^1	87.4	58.5	28.9
V^{3+}	d^2	160.1	106.6	53.5
Cr^{3+}	d^3	224.5	66.9	157.6
Mn^{3+}	d^4	135.4	40.1	95.3
Fe^{3+}	d^5	0	0	0
Mn^{2+}	d^5	0	0	0
Fe^{2+}	d^6	49.7	33.0	16.7
Co^{2+}	d^7	92.8	61.9	30.9
Ni^{2+}	d^8	122.1	35.9	86.2
Cu^{2+}	d^9	90.3	26.8	63.5

Source: Data reproduced with permission from Dunitz and Orgel, Adn. Inorg Radiochem., 2, 1–60, © 1960 Elsevier.

표 3.15 몇몇 스피넬에서 γ 인자 값

M^{3+} \ M^{2+}	Mg^{2+}	Mn^{2+}	Fe^{2+}	Co^{2+}	Ni^{2+}	Cu^{2+}	Zn^{2+}
Al^{3+}	0	0.3	0	0	0.75	0.4	0
Cr^{3+}	0	0	0	0	0	0	0
Fe^{3+}	0.9	0.2	1	1	1	1	0
Mn^{3+}	0	0	0.67	0	1	0	0
Co^{3+}	–	–	–	0	–	–	0

Source: Data reproduced from Greenwood, Ionic Crystals, Lattice Defects and Nonstoichiometry, Butterworths © 1968; Dunitz and Orgel, Adn.Inorg. Radiochem., 2, 1, © 1960.

$CuFe_2O_4$는 역스피넬이며, Jahn–Teller 효과에 의해 CuO_6 팔면체의 z 축 방향 결합들이 xy 평면의 결합들보다 길다. 이와 반대로 $CuCr_2O_4$는 정상이고, z 방향으로 납작해진 CuO_4 사면체를 갖는다. 이 역시 Jahn–Teller 효과에서 비롯하며, 결과적으로 c 격자 상수가 짧아진다.

3.2.15.2 비활성 전자쌍 효과(inert pair effect)

원자 번호가 높은 전이후 금속들(post-transition metal), 특히 Tl, Sn, Pb, Sb, Bi는 족 원자가보다 2만큼 낮은 산화수를 갖는 경우가 빈번하다. 예를 들어 4A족(14족) 원소의 족 원자가가 4인 데 비해, Sn^{2+}, Pb^{2+}와 같은 상태가 화합물에서 자주 나타난다. 이러한 비활성 전자쌍 효과는 금속 이온의 배위 환경 왜곡으로부터 쉽게 드러난다. Pb^{2+}의 전자 배치, [Xe] $4f^{14}5d^{10}6s^2$에서 $6s^2$ 전자쌍은 '입체화학적 활성(stereochemical activity)'을 갖는다. 바꿔 말해, 이 전자들은 구형 대칭으로 분포되는 대신 Pb^{2+} 이온의 한쪽 방향으로 치우쳐 있다. 여기에는 일종의 s–p 혼성이 관여된 것으로 짐작된다.

이 효과에 의해 다양한 형태의 왜곡된 다면체들이 발생한다. 종종 비공유 전자쌍이 금속 이온과 최인접 음이온 사이에 놓임으로써 금속 이온 주위의 결합 거리를 변화시킨다. 예를 들어 적색 PbO는 CsCl이 정방 왜곡된 구조를 갖는다(그림 3.14). 4개의 산소는 Pb^{2+} 이온으로부터 2.3 Å 거리에 놓이며 이는 정상적인 Pb–O 거리 범위에 해당한다. 이와 달리, 나머지 4개의 산소는 4.3 Å 거리에 놓여 있다. 비록 비공유 전자쌍의 직접 관측은 불가하지만 Pb^{2+} 이온의 왜곡된 입방 배위 구조는 그 존재를 명확히 가리킨다.

이와 관련된 효과가 SnS의 왜곡된 암염 구조에서도 나타난다. [111] 방향으로 SnS_6 팔면체를 바라볼 때, 가까운 쪽의 S 3개는 ~2.64 Å 거리에 있고 나머지 S 3개는 비공유 전자쌍에 의해 밀려나 ~3.31 Å 거리에 위치한다.

또 다른 흔한 왜곡은 비공유 전자쌍이 음이온과 결합 전자쌍의 자리를 차지하는 것이다. 예를 들어 TlI에서는 'TlI_6' 팔면체의 꼭짓점 하나가 비워진 5배위 구조가 나타난다.

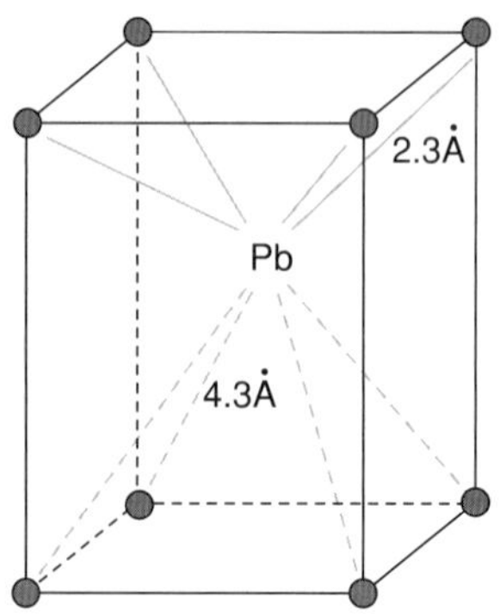

그림 3.14 적색 PbO의 구조에서 Pb–O 결합 거리의 차이에 의해 드러나는 비활성 전자쌍 효과.

3.3 공유 결합

공유 결합의 묘사, 설명에 이용되는 주요 방법 두 가지는 **분자 오비탈**(molecular orbital, MO) 이론과 **원자가 결합**(valence bond, VB) 이론이다. 각각의 장점이 있지만, 둘 중 어느 것도 공유 결합의 모든 면들을 완전히 설명하지는 못한다. 오비탈 혼성 개념과 **원자가 껍질 전자쌍 반발**(valence shell electron pair repulsion, VSEPR) 이론을 이용하면 공유 분자의 배위수와 모양을 간단하게 예측하고 설명할 수 있으나, 이들은 자기적 성질이나 전자 분광도를 해석해내지 못한다. 반면 MO 이론은 자기적 거동과 전자 전이 양상을 잘 설명하지만 분자 기하의 이해나 예측에는 유용하지 않다. 두 이론의 주요 내용을 설명하기에 앞서, 원자의 전자 구조에 대한 핵심이 먼저 요약될 것이다.

3.3.1 입자-파동 이중성, 원자 오비탈, 파동함수와 마디

종종 논의의 편리를 위해 전자를 고정된 질량의 작고 단단한 입자로 단순하게 취급한다. 그러나 보편적으로 받아들여지듯 전자는 입자성과 파동성을 모두 가지며, 입자로서의 운동량은 mv, 파동으로서의 파장은 λ이다. 또한 이들은 **de Broglie 관계**로 연관된다.

$$\lambda = \frac{h}{mv} \tag{3.33}$$

위에서 m과 v는 각각 전자의 질량, 속력이고, h는 Planck 상수(6.6261×10^{-34} J s)이다. 예컨대 다른 모든 파동과 마찬가지로 전자는 회절 현상을 나타낸다. 한편 전자의 입자성과 파동성은 결코 배타적이지 않다. 입자-파동 이중성은 Heisenberg의 **불확정성 원리**(uncertainty principle: 전자의 정확한 위치와 운동량을 동시에 알아낼 수는 없다)와도 상통한다. 예를 들어 전자를 관찰하기 위해 적절한 파장의 광원을 이용한다고 가정하자. 전자는 크기가 아주 작기 때문에 전자를 '보기' 위해서는 매우 짧은 파장과 높은 에너지의 복사파가 필요하다. 복사파의 에너지와 파장, 진동수 간 관계를 상기하라: $E = h\nu = hc/\lambda$. 흥미로운 결론은 전자 탐지 목적으로 이용된 복사파가 전자에 에너지를 전달하여 전자의 운동량을 변화시킨다는 것이다. 간단히 말해 전자와 같이 지극히 작은 물체는 관찰하는 것만으로도 운동량이 달라진다는 것이다. Heisenberg의 불확정성 원리는 확률 표현으로 주어진다.

$$(\text{위치의 측정 오차}) \times (\text{운동량의 측정 오차}) \geq h/4\pi \tag{3.34}$$

이것이 의미하는 바는 전자의 위치를 정확히 알아내려 하면 할수록 전자의 운동량 증가를 초래하게 된다는 것이다. 역으로, 전자의 속력을 낮추려 할수록 위치 정보가 불분명해진다.

전자의 위치와 운동량을 결정하는 데에 한계가 있음을 생각할 때 전자의 위치를 단정적으로 결정하는 대신 특정 지점에서의 발견 확률, 즉 '전자 밀도 분포'로 표현하는 편이 더 적절하다. 원자에서 전자가 놓인 공간은 오비탈, 즉 궤도로 표현되며 우리가 각각의 오비탈에 대해 알 수 있는 것은 그 윤곽 모양과 주어진 내부 지점에서의 전자 발견 확률뿐이다.

Schrödinger 방정식은 전자의 파동성과 에너지 준위의 **양자화**(quantization)를 핵심 개념으로 하여 전자의 에너지와 위치 정보에 이론적으로 접근한다. 이 식의 풀이 결과로서 오비탈의 모양과 전자 밀도 분포가 수학적으로 얻어진다. 사실 파동과 에너지의 양자화는 일상 속에서도 친숙한 현상이다. 현악기에서 발생되는 음파는 특정한 주파수들(에너지)로 한정되며 줄을 팽팽하게 조임으로써 가청 고조파(higher harmonics)의 경계 조건이 조정된다. 마찬가지로 원자의 전자가 점유하는 오비탈의 에너지는 일련의 특정 준위로 한정된다. Schrödinger 방정식의 해는 '파동함수(오비탈)-에너지'의 짝 형태로 얻어지며 전자의 파동 성질이 만족되는 경우만이 허용된다. 결국 원자의 전자 배치, 전자의 에너지 구조, 나아가 원소 주기율표 자체 모두가 전자의 파동성에서 비롯한다고 할 수 있다.

Schrödinger 방정식의 수학적 내용을 깊이 다루지는 않을 것이며, 다만 방정식 해에 담겨진 핵심 내용을 언급하겠다. **파동함수**(wavefunction) ψ의 위상 부호는 + 또는 −로 표현되며, 서로 다른 파동함수가 중첩할 때 어떤 간섭 효과가 일어날지에 대한 지표가 된다. 인접한 파동함수가 같은 부호라면 결합성 오비탈에서와 같은 보강 간섭이 일어나며, 다른 부호라면 반결합성 오비탈에서와 같이 소멸 간섭이 일어난다(이는 빛이나 X-선의 회절과 흡사한 부분이다). 파동함수의 부호 +/−는 전기적 전하와는 무관한 표현이며 단지 파동 위상의 상대성을 의미한다; 파동이 180°(= π)만큼 진행할 때 위상이 반전된다.

오비탈 내 임의 지점의 전자 밀도는 파동함수의 제곱 ψ^2으로 주어진다(파동의 세기가 파동 진폭의 제곱으로 표현되는 것과 마찬가지이다). 원자 중 가장 단순한 대상계인 수소(H)에 대해서는 Schrödinger 방정식의 정확한 풀이가 가능하다. 그림 3.15는 H 1*s*, 2*s*, 3*s* 오비탈에 대해, 핵으로부터 거리에 따른 ψ와 ψ^2의 변화를 개략적으로 나타낸다. 그림은 $4\pi r^2\psi^2$의 곡선을 보여 주는데, $4\pi r^2$이 곱해짐으로써 핵으로부터의 거리 *r*인 면 공간의 전체 전자 밀도가 나타내어진다. 들뜬 상태 오비탈은 특정한 *r* 지점에 **마디**(node)를 갖는다. 마디에서는 전자 밀도가 0이 되며, 그 전후에 파동함수의 부호가 변한다. 서로 다른 *s* 오비탈들을 비교하면, 1*s* 오비탈의 전자 밀도는 핵으로부터의 거리에 따라(방사 방향으로) 1개의 극댓값을 갖는다. 2*s* 오비탈의 경우 마디를 사이에 둔 2개의 극댓값이 나타나며 전자 밀도의 대부분은 바깥쪽 밀집 영역에 속한다. 전자 밀도를 핵으로부터의 거리에 대한 함수로 도시한 것을 **방사 방향 분포 함수**(radial distribution function, RDF)라 부른다.

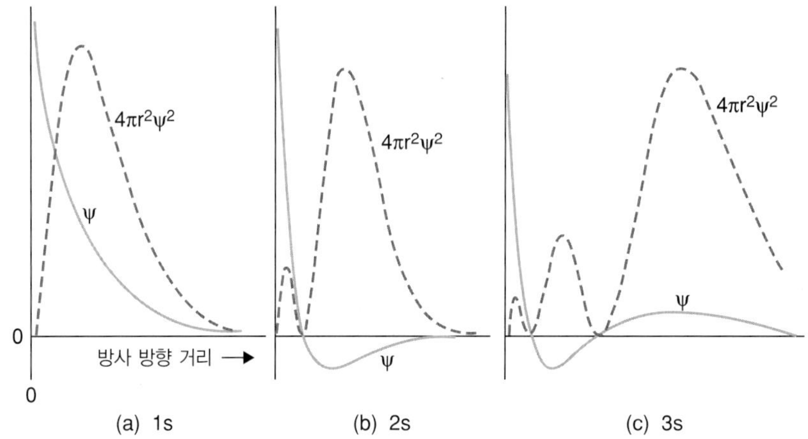

그림 3.15 H 원자의 1*s*, 2*s*, 3*s* 오비탈에 대한 ψ와 $4\pi r^2\psi^2$ 함수. Adapted with permission from Chemical Bonding, Mark J. Winter, © 1994 Oxford University Press.

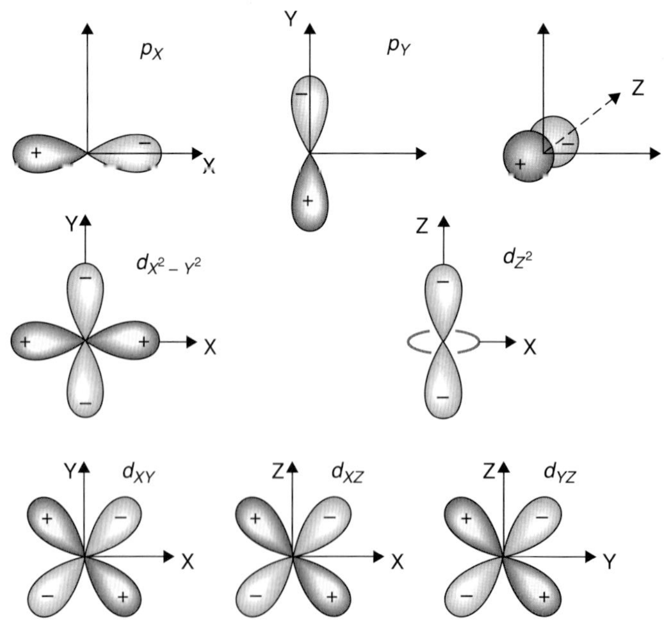

그림 3.16 3가지 *p* 오비탈과 5가지 *d* 오비탈. 각 오비탈 명칭과 축의 공간 관계를 주목하라. ➡ 앞의 컬러 그림 참조

RDF의 전자 밀도는 0보다 크거나 같지만 파동함수는 마디 지점에서 부호가 바뀐다. 마디의 존재는 원자 오비탈(AO)이 인접한 원자와의 작용으로 분자 오비탈(MO)을 형성할 때 그 에너지에 영향을 준다. *s* 오비탈은 구형 대칭이기 때문에 핵으로부터 방향에 관계없이 거리가 같다면 파동함수의 부호가 모두 같다. 그러나 *p*, *d*, *f* 오비탈들은 구형이 아니며, 로브(lobe)라 불리는 부분 영역에 전자 밀도가 집중되어 있다. 주어진 오비탈 내에서 각기 다른 로브들은 다른 부호를 가질 수 있다(그림 3.16).

3.3.2 오비탈 중첩, 대칭, 분자 오비탈

인접 원자의 AO들이 중첩하여 둘 이상의 원자에 걸쳐 MO를 이룰 때 공유 결합이 형성된다. 중첩 영역에서 AO들의 파동이 같은 부호라면 **결합성 오비탈**(bonding orbital)이, 파동의 부호가 반대라면 **반결합성**(antibonding) 오비탈이 얻어진다. 만일 같은 부호끼리의 작용과 반대 부호끼리의 작용이 동시에 일어나거나 중첩의 정도가 매우 작다면, 그 결과는 **비결합성**(non-bonding) 오비탈이다. MO 형성과 관련된 몇 가지 일반 규칙은 다음과 같다.

1. AO로부터 MO가 형성될 때, 기여 요소로 참여한 AO 개수만큼의 MO가 형성된다.
2. 결합성 MO의 에너지는 그 형성에 기여한 AO보다 더 낮고, 그에 상응하여 반결합 MO의 에너지는 더 높다. 비결합 오비탈의 에너지는 AO와 거의 같다.
3. MO의 전자 밀도가 결합 원자 사이의 중간에 밀집된 경우 σ 오비탈로 분류된다(반결합성이면 σ^* 오비탈). 전자의 중첩 영역이 원자핵 간 결합 축과 일치하지 않는 경우, π 오비탈(또는 π^* 오비탈)로 분류된다.[3)]

고체의 공유 결합을 고려하기에 앞서 작은 분자의 결합을 살펴보도록 하자. 단순한 예로 그림 3.17은 두 H 원자의 1*s* 오비탈이 중첩하여 H_2 분자를 이루는 과정을 나타낸다. 각각의 H 원자가 전자를 1개씩 제공하므로 분자의 전자 수는 총 2개이다. 이들이 σ 1*s* 오비탈을 채우는 한편 σ^* 1*s* 오비탈은 비어 있다. σ^* 1*s* 오비탈의 로브 사이에는 마디가 있기 때문에 추가적인 전자가 채워지더라도 전자 밀도가 중첩 영역에서 멀리 떨어져 분포된다.

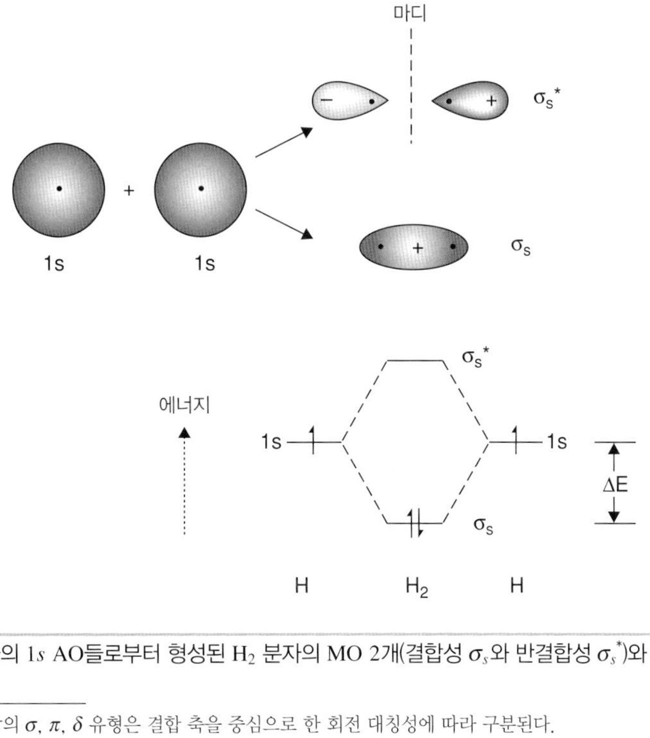

그림 3.17 두 수소 원자의 1*s* AO들로부터 형성된 H_2 분자의 MO 2개(결합성 σ_s와 반결합성 σ_s^*)와 그들의 상대 에너지.

3) 엄밀하게 말해 분자 오비탈의 σ, π, δ 유형은 결합 축을 중심으로 한 회전 대칭성에 따라 구분된다.

결합성 오비탈과 반결합성 오비탈의 에너지 속성을 다른 관점에서 본다면, 이들은 오비탈의 전자들이 원자핵의 양전하를 서로로부터 차폐하는지의 여부에서 차이가 있다. 핵전하의 차폐는 σ 오비탈이 가장 효과적이고, π 오비탈은 덜하며, 반결합성 오비탈은 효과가 없다. 이 결과로, 이들을 점유하는 전자들의 상대 에너지가 달라진다.

H_2와 같이 결합성 오비탈이 한 쌍의 전자를 갖고 반결합성 오비탈이 비어 있는 분자에서는 H 원자 사이에 단일 공유 결합이 존재한다고 기술될 수 있다. 이와 달리, 만일 결합성 오비탈이 단 한 개의 전자만을 갖거나(예: H_2^+ 분자 이온) 반결합성 오비탈이 전자 한 개를 가져(예: H_2^- 분자 이온) 결합성 오비탈을 일부 상쇄한다면, 그에 따른 결합 차수(bond order)는 단일 결합의 절반에 해당한다. 나아가 결합성, 반결합성 오비탈들이 모두 두 개씩의 전자를 갖는다면, 알짜 결합과 안정화 효과가 없어 반데르발스 결합이 매우 강하지 않은 이상 분자가 형성되기 어렵다(예: He_2). σ 유형과 함께 π 유형의 결합성 오비탈이 채워지고 반결합성 오비탈은 비어 있다면, 1보다 큰 결합 차수, 즉 다중 결합이 가능하다.

p_z 오비탈의 로브는 결합 축(z 방향)을 따라 배향되어 있고, 그것들로부터 비롯되는 MO는 σ_p(결합성), σ_p^*(반결합성)로 이름 붙여진다(그림 3.18(a), (b)). 원자 오비탈 p_x와 p_y의 로브는 결합 축에 수직으로 배향되며, 이들로부터 형성된 MO는 π_p(그림 3.18(c))와 π_p^*(그림 3.18(d))로 불린다.

최외각 껍질의 s, p AO 모두가 결합에 관여하는 분자에서는 그림 3.19의 에너지 준위 도표가 얻어진다. σ_s와 σ_s^* 오비탈들의 에너지가 가장 낮고 전자에 의해 우선적으로 점유된다. 다음으로 결합성 MO σ_p, π_p와 이들에 대한 반결합성 MO π_p^*, σ_p^*가 순차적으로 배열된다. p_x와 p_y 각각이 만들어내는 MO들은 같은 에너지를 갖기 때문에 π 오비탈들은 2중 축퇴되어 있다.

결합 차수를 산출하기 위해서는 MO 형성에 관여한 원자들의 최외각 s, p 전자의 전체 개수만큼 MO를 채워 준다. 전자를 채울 때는 제일 낮은 에너지의 MO(σ_s)부터 두 개씩 채워나간다. 예를 들어 F_2의 경우, F의 전자 배치가 [He] $2s^2 2p^5$이므로 총 14개의 전자가 그림 3.19(a)와 같이 MO에 채워진다. 점유된 MO 중 에너지가 가장 높은 것은 π_p^*이며 σ_p^*는 비어 있다. 알짜 효과를 살펴보면, F_2 분자는 σ_p 오비탈의 전자쌍에 의한 단일 공유 결합을 갖는다.

그림 3.19(b)는 산소 O_2에 대한 에너지 준위 도표를 나타낸다. O의 전자 배치는 [He] $2s^2 2p^4$이므로 O_2의 MO는 F_2에 비해 전자 개수가 2만큼 적다. Hund의 최대 다중도 규칙에 의해 두 개의 π_p^* MO가 최고 점유 분자 오비탈(highest occupied molecular orbital, HOMO)이 되며 이들 각각은 전자를 1개씩 갖는다. 이 결과로 우선, O_2 분자는 결합 차수가 2이고 2중 결합을 갖는다고 표현된다. 둘째, O_2는 π_p^*의 홀전

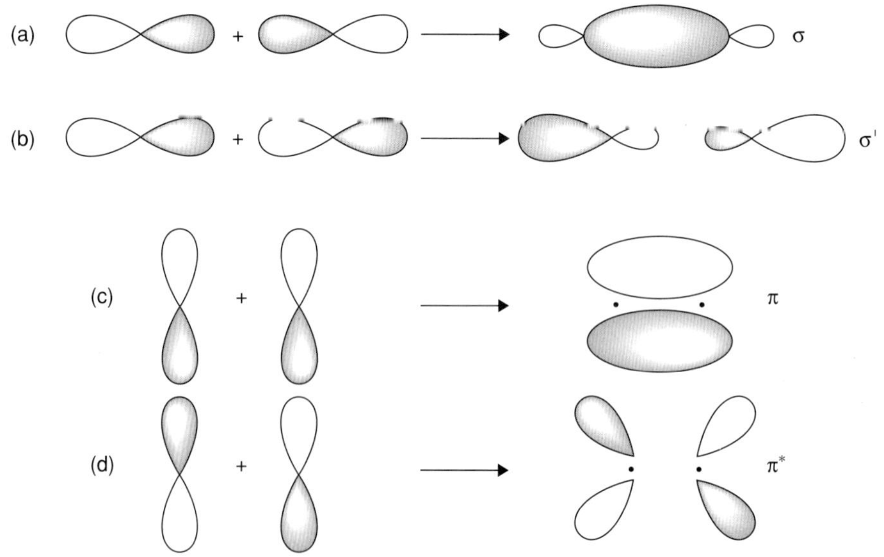

그림 3.18 $2p$ 오비탈 간 중첩으로 형성된 MO들: (a) 결합성 σ_p, (b) 반결합성 σ_p^*, (c) 결합성 π_p, (d) 반결합성 π_p^*.

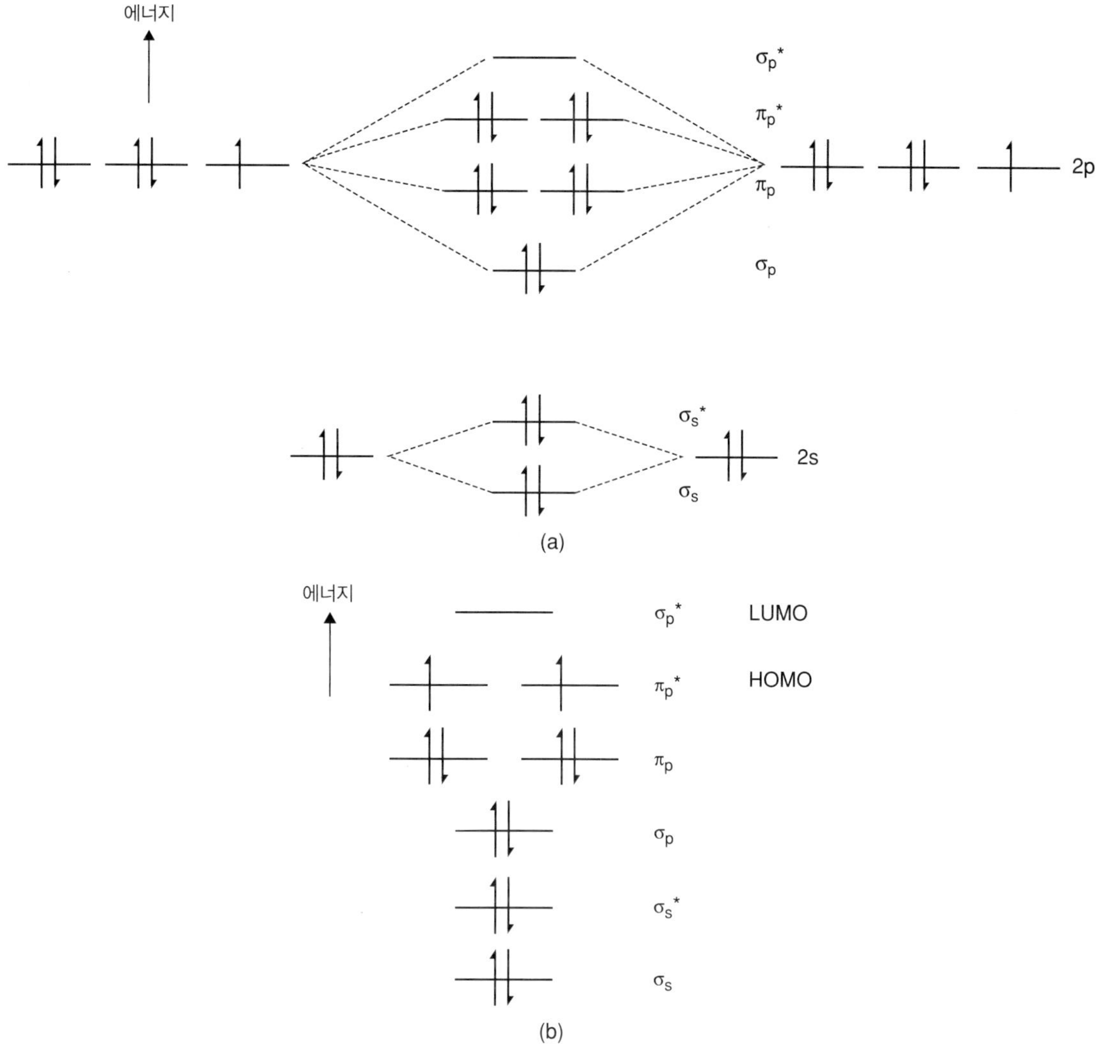

그림 3.19 원자가 껍질 $2s$와 $2p$ 오비탈의 중첩으로 형성된 분자에서 MO들의 에너지 준위 도표: (a) F_2 분자, (b) O_2 분자. HOMO: 최고 점유 분자 오비탈; LUMO: 최저 비점유 분자 오비탈.

자에서 기인하는 상자성을 나타낸다. 결합 차수의 변화에 의해 결합 세기와 길이가 직접적으로 영향 받는다. 단일 결합 분자 F_2의 결합 에너지와 결합 길이가 각각 155 kJ mol^{-1}, 1.412 Å인 것에 비해, 이중 결합된 O_2의 결합 에너지는 493 kJ mol^{-1}이고 결합 길이는 1.207 Å이다.

그림 3.19의 에너지 준위 도표는 s와 p 오비탈 사이의 상호 작용이 없는(또는 무시 가능한) 상황에 적용된다. 하지만 정밀 계산을 통한 MO 순위의 비교에서 드러나듯 많은 경우에 s–p 오비탈 간 상호 작용이 일어난다. 서로 다른 오비탈끼리 상호 작용, 또는 혼합한다는 점은 **혼성**(hybridization) 개념의 토대이기도 하다.

그림 3.20(a)는 σ_s와 σ_p MO 사이의 상호 작용과 그 결과로 얻어진 에너지 준위를 나타낸다. 새롭게 형성된 MO는 딱히 결합성과 반결합성으로 구분하는 것이 부적합하므로 단순하게 σ_1, σ_2로 명명된다. 비슷한 방식으로 σ_p^*와 σ_s^* MO끼리 혼합되어 새로운 혼성 오비탈 σ_3, σ_4를 만들어낸다(그림 3.20(b)). π MO들은 이러한 혼합 상호 작용에 참여하지 않는다.

N_2와 같은 분자에 대해서는 위와 같이 오비탈 혼합이 고려된 에너지 준위 도표가 잘 들어맞는다(그림 3.21). 그림 3.21을 3.19와 비교할 때, 에너지 준위 순서의 주요 차이점은 σ_3 오비탈 준위가 π_p 준위보다 더 높아진다는 점이다. 하지만 이러한 변화가 N_2의 결합 차수(= 3)에 영향을 주지는 않는다. N_2의 결합 에너지는 942 kJ mol^{-1}이고 결합 길이는 1.098 Å이다.

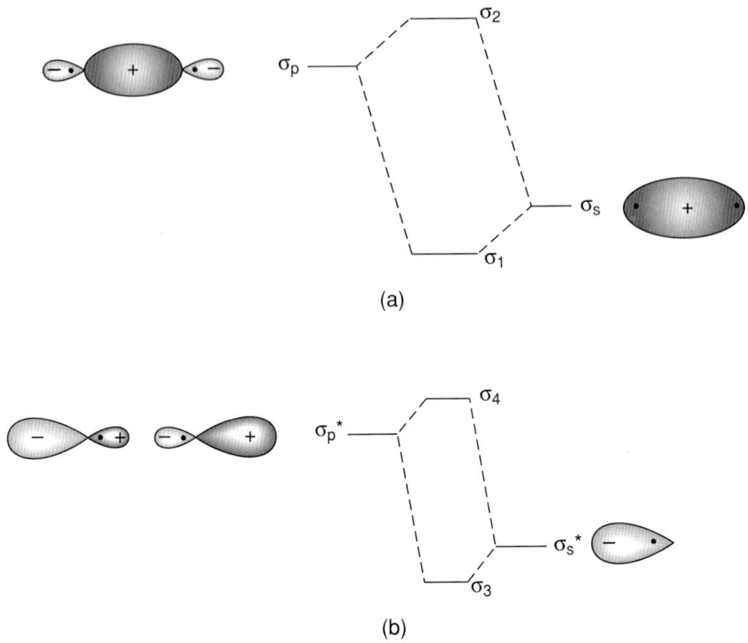

그림 3.20 (a) σ_p와 σ_s MO 간 혼합, (b) σ_p^*와 σ_s^* MO 간 혼합에 의해 4개의 새로운 MO(σ_1, σ_2, σ_3, σ_4)가 생겨난다.

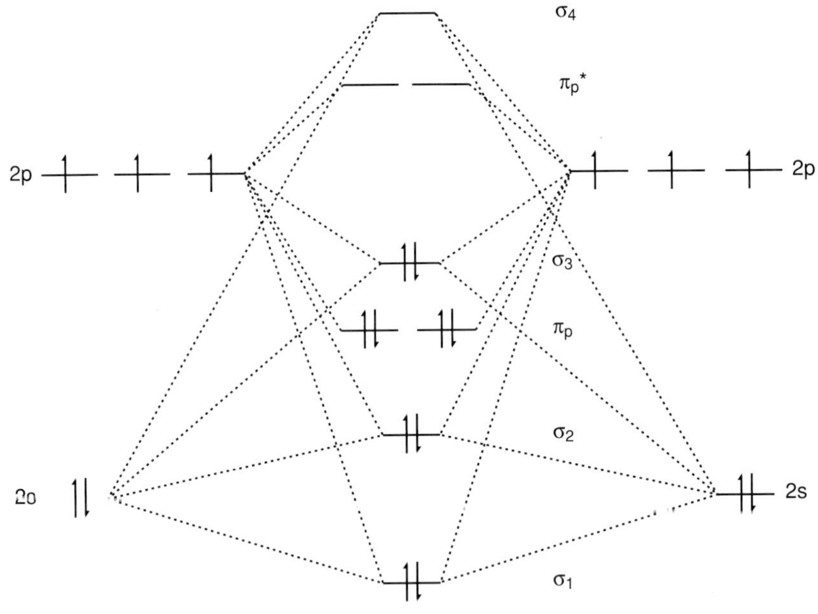

그림 3.21 N_2의 에너지 준위 도표에서 4개의 혼성 σ MO(σ_1, σ_2, σ_3, σ_4)와 π_p, π_p^* 오비탈들.

다음으로 서로 다른 종류의 원자로 구성된 이핵(heteronuclear) 이원자 분자를 살펴보자. 구성 원자가 다른 원소이므로 개개 AO들의 에너지가 같지 않고, 따라서 MO를 이루는 오비탈 혼합이 다양하게 다른 정도로 일어난다. 결과적으로 얻어진 에너지 준위 도표는 대개 비대칭 형태이다. 덧붙여 두 결합 원자의 전기음성도가 크게 다르다면 분자의 결합은 이온성과 공유성의 중도 성격이 된다.

극성 공유 결합의 좋은 예로 HF 분자를 들 수 있으며, 그림 3.22는 MO 이론을 이용하여 얻어진 HF의 에너지 준위 도표이다. 이 그림의 내용에는 산화물과 같은 고체의 결합을 이해하는 데 중요한 몇 가지 주요 사항이 담겨져 있다.

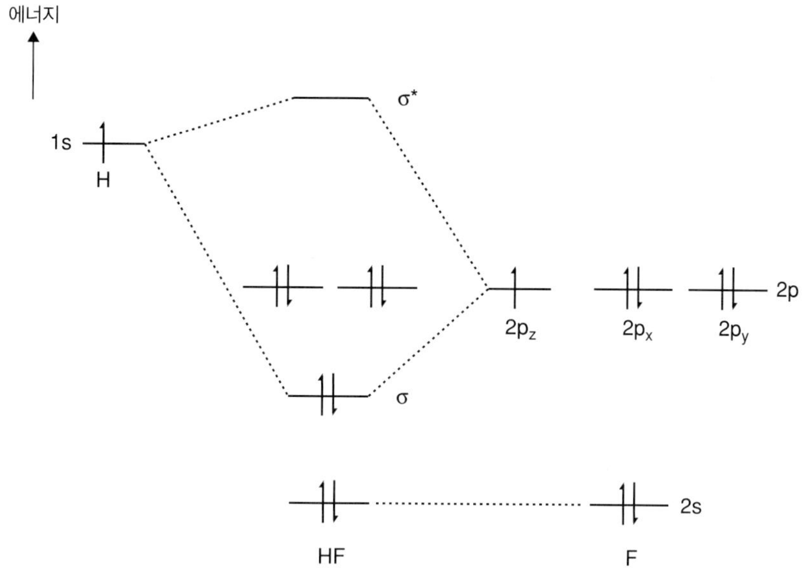

그림 3.22 HF 분자에 대한 에너지 준위 도표.

- MO 형성에 참여하는 AO의 에너지는 주기율표 상의 위치, 특히 이 AO의 전자들이 핵전하로부터 얼마나 잘 차폐되는지에 의해 크게 좌우된다. 수소 $1s$ 전자는 핵으로부터 단위 전하($+e$)만큼의 인력을 느낀다. 이에 비해 플루오린 $2s$, $2p$ 전자의 경우, 내부의 $1s$ 전자가 핵전하($+9e$)를 불완전하게 차폐하기 때문에 수소 $1s$보다 에너지가 더 낮다. 또한 $2s$ 오비탈은 $2p$ 오비탈에 비해 핵 가까이까지 침투되어 있기 때문에, $2p$ 전자에 대한 차폐 효과를 나타낸다. 그 결과, 플루오린의 $2p$ 오비탈은 $2s$보다 높은 에너지를 갖는다.
- F의 전기음성도가 H에 비해 훨씬 크기 때문에, 결합 전자가 F 쪽을 향해 강하게 이끌린다. 그 결과, F는 알짜 음전하 $-\delta$를 띠고 H는 양전하 $+\delta$를 띤다.
- F의 $2s$ 전자는 F의 핵에 강하게 속박되므로 MO 형성에 참여하지 않고, 에너지 변화 없이 개별 AO에 남아 있다(그림 3.22). 이 전자들이 점유한 오비탈은 비결합성이라 할 수 있다.
- H $1s$와 F $2p_z$ 오비탈의 중첩에서 생겨나는 결합성 σ 오비탈은 AO 기여 요소들보다 에너지가 낮으며 F $2p_z$ 쪽에 가까운 에너지를 갖는다. 이 σ 오비탈에서는 F의 p 성분이 지배적이다.
- 반대로 σ^* 오비탈은 H $1s$ AO에 가까운 에너지를 가지며, 강한 s 성분을 갖는다.
- F의 $2p_x$와 $2p_y$ AO는 H $1s$ 오비탈과의 상호 작용이 없고 비결합성 오비탈로 남는다.

MO 이론은 분자의 결합과 분광학적, 자기적 성질을 설명하는 데 매우 유용하게 적용되어 왔고, 차후 논해지겠지만 결정성 고체뿐만 아니라 약간의 변형을 통해 금속성 결합에도 확장될 수 있다. 나음에서는 공유 결합에 대한 또 다른 접근법으로 원자가 결합 이론을 살펴보겠다. 이 이론이 제공하는 여러 장점이 있지만, 그 중에서도 특히 분자의 결합 묘사로부터 배위 기하와 산화 상태를 매우 간편하게 이끌어낸다는 점을 들 수 있다.

3.3.3 원자가 결합 이론, 전자쌍 반발, 혼성, 산화 상태

공유 결합에 대한 원자가 결합(VB) 관점의 접근은 원자의 최외각(원자가) 전자에 초점을 둔다. 기본적으로 원자가 전자는 다음 중 한 가지 역할을 한다.

1. 단일 공유 결합은 결합에 관여하는 두 원자가 전자 1개씩을 내어 놓고, 이들이 공유됨으로써 형성된다.
2. 같은 원자에서 제공된 두 개의 전자가 한 AO를 점유할 경우, 그들은 로브 모양의 비-구형 공간에 **고립 전자쌍**(lone pair)으로 남는다. 고립 전자쌍은 대개 결합 전자쌍의 전자가 원래 놓였던 공간 영역을 점

표 3.16 배위수와 기하

전자쌍[a] 개수	이상적 기하	예
2	직선	CO_2
3	삼각	BCl_3
4	사면체	CH_4, SiO_4^{4-}
5	이중 삼각뿔	PCl_5
6	팔면체	SF_6, AlF_6^{3-}

[a] 별개의 공유 결합 쌍과 고립 전자쌍

유하며, 입체화학적 활성을 갖는다.

3. 단일 공유 결합에 이용된 두 개의 전자가 같은 원자로부터 제공되기도 한다. 그러한 결합을 **배위 결합**(dative bond)이라 부른다.
4. 두 원자가 기여하여 만들어진 전자쌍이 해당 원자 간의 다중 결합 형성에 참여하기도 한다. 그 결과로 이중, 삼중, 심지어 사중 결합까지도 형성된다.

중심 원자 주위의 배위수와 기하는 공유 결합 전자쌍과 고립 전자쌍의 개수 합으로부터 파악될 수 있다. 전자–전자 간 반발력에 의해 전자쌍들은 공간 상에서 가능한 한 서로 멀리 배열되며, 표 3.16은 배위수 2–6에 대한 이상적 전자쌍 기하를 나타낸다. 그러나 실제 분자에서 고립 전자쌍은 결합 전자쌍에 비해 더 강한 힘으로 핵에 속박된다. 달리 말해, 고립 전자쌍은 핵 주위에 매우 가까이 분포되고 기하 대칭을 뚜렷이 왜곡시킨다. 전자쌍의 반발력 세기는 다음과 같다.

고립 쌍–고립 쌍 > 고립 쌍–결합 쌍 > 결합 쌍–결합 쌍

NH_3와 H_2O는 기하 왜곡의 친숙한 두 가지 예이다(그림 3.23). NH_3에서 중심 원자 N은 1개의 고립 쌍과 3개의 N–H 공유 결합 쌍을 갖는다. 고립 쌍의 강한 반발에 의해 기하 왜곡이 일어나고 H–N–H 결합각은 정사면체의 사잇각 109.5°에 비해 107°로 감소한다. H_2O는 고립 쌍을 2개 가지며, H–O–H 결합각이 104.5°로 더욱 감소한다.

이상에서 원자가 껍질 전자쌍 반발(VSEPR) 이론과 이를 바탕으로 한 분자 기하의 파악이 간단히 요약되었다. 다중 결합은 단일 결합과 비슷한 기하학적 역할을 하기 때문에 분자의 모양을 크게 바꿔놓지는 않는다. 그렇지만 다중 결합은 더 많은 전자(이중 결합은 4개, 삼중 결합은 6개)를 가짐으로써 인접한 전자쌍에 대해 더 큰 반발력을 나타낸다.

원자 고유의 AO들의 모양과 배열을 생각해 볼 때, VSEPR의 적용을 위해서는 AO의 일부가 약간 변형되어야 함을 알 수 있다. 사면체 구조의 메테인(CH_4) 분자를 예로 들어, C 원자는 3개의 $2p$ AO들과 1개의 $2s$ AO를 갖는다. 이 중 $2p$ AO들은 서로 직교 관계에 있고 $2s$ AO는 대칭적 구형이므로, 이들의 원래 형태로는 사면체 배열을 이룰 방법이 없다. 또한 메테인이 4개의 동등한 C–H 결합을 형성하는 과정에 $2s$, $2p$ 오비탈이 어떤 방식으로 관여하는가? 혼성 개념은 이러한 질문들에 대한 설명으로서 유도되었다. 혼성 과정에서는 s, p, d AO들이 일단 통합되었다가 원래와 같은 수의 혼성 AO들을 만들어낸다. 이 혼성 AO들은 이웃 원자의 AO와 중첩하여 공유 결합을 만들어낸다.

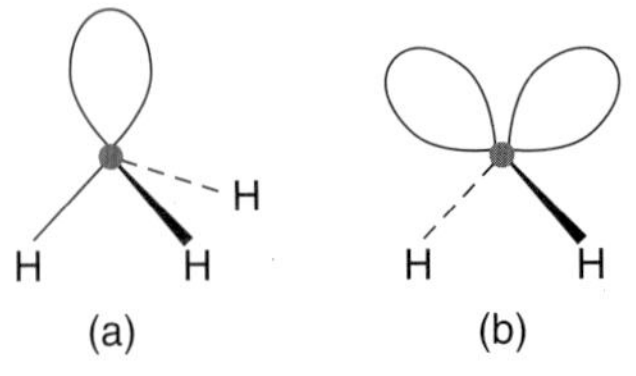

그림 3.23 (a) NH_3 분자와 (b) H_2O 분자의 모양.

표 3.17 오비탈 혼성과 혼성 기하

혼성	혼성 기하
$s + p \rightarrow sp$ 혼성 오비탈 2개	직선
$s + 2p \rightarrow sp^2$ 혼성 오비탈 3개	삼각
$s + 3p \rightarrow sp^3$ 혼성 오비탈 4개	사면체
$s + 3p + d \rightarrow sp^3d$ 혼성 오비탈 5개	이중 삼각뿔
$s + 3p + 2d \rightarrow sp^3d^2$ 혼성 오비탈 6개	팔면체
$s + 3p + 3d \rightarrow sp^3d^3$ 혼성 오비탈 7개	이중 오각뿔

표 3.17은 각기 다른 개수의 s, p, d AO들이 혼성될 때, 로브 모양의 혼성 오비탈들이 어떻게 배열될 것인지 가정하여 제시한다. 그 모양은 표 3.16에 주어진 바와 같고, 점유된 혼성 오비탈의 개수에 따라 배위 기하가 달라진다는 면에서 두 표 사이에 일관성이 있다.

결합 전자쌍과 고립 전자쌍을 할당하기 위해서는 주기율표, 원소의 바닥 상태, 가능한 들뜬 상태, 화합물에서의 일반적 산화 상태와 같은 정보를 알아야 한다. 원소의 바닥 상태 전자 배치를 묘사하기 위한 간단한 방법은 다음과 같다: 최외각 껍질의 전자만을 표시한다. 내부 전자들은 적절한 비활성 기체의 전자 배치로 약칭된다. 예를 들어, 2주기 p-블록 원소들의 전자 배치는 [He] $2s^2 2p^n$의 형식으로 표현된다(B, C, N, O, F에 대해 각각 $n = 1, 2, 3, 4, 5$). 4주기 전이 계열은 [Ar] $4s^2 3d^n$으로 표현된다(Sc, Ti, …에 대해 각각 $n = 1, 2, \cdots$).

원자가 전자를 나타내는 그림 표현의 한 가지로서 AO를 상자로, 전자를 화살표로 표시하는 방법이 있다(그림 3.24). 이 방법은 아주 오래 전부터 사용되어 왔으며 간단하면서도 직관적으로 내용을 전달한다.

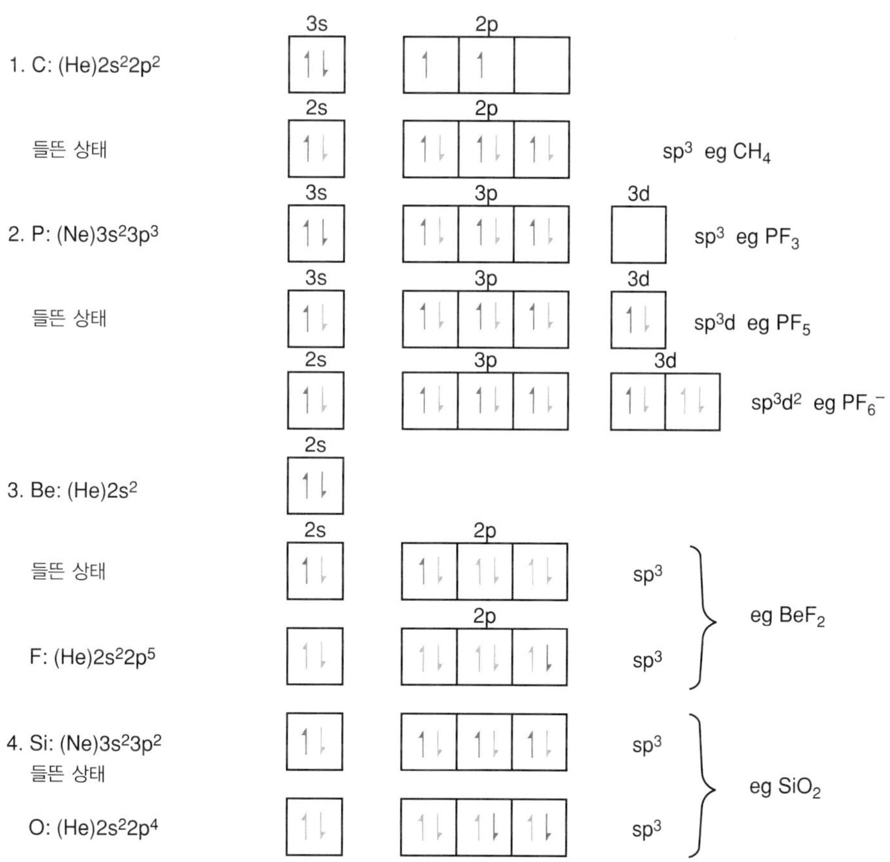

그림 3.24 몇몇 무기 화합물과 구조에 대한 원자가 결합 묘사. ➞ 앞의 컬러 그림 참조

이 방법은 고립 전자쌍/홀전자, 바닥 상태/들뜬 상태의 구분을 쉽게 해주며 인접 원자가 전자쌍을 공여한다면 어떤 AO에 채워질 것인지 알게 해 준다.

첫 번째 예에서 탄소는 2*p* 오비탈에 두 개의 홀전자를 가지므로, 2*s* 전자가 결합에 이용되지 않는다면 원자가가 2로 한정될 것이다. 탄소가 정상 원자가 4로 거동하기 위한 한 가지 방법은 2*s* 전자 중 1개가 비어 있는 2*p* 오비탈로 이동하여 단일 점유된 4개의 오비탈을 만드는 것이다. 이 4개 오비탈들의 혼성 결과로, 모양과 에너지가 같고 사면체 배열된 4개의 sp^3 혼성 오비탈이 생겨난다. 각각의 sp^3 혼성 오비탈이 주변 원자로부터 전자를 1개씩 받아들임으로써 분자 전체로는 4개의 전자쌍 공유 결합이 생겨날 수 있다(예: CH_4).

두 번째 예, 인(phosphorous)의 바닥 상태는 단일 점유된 3*p* 오비탈 3개를 가지므로 원자가가 3이다. 3가 인 화합물이 다수 알려져 있으며, 이들은 3개의 공유 결합으로 유지된다. P에서도 sp^3 혼성이 일어나며, 4개의 혼성 오비탈 중 한 개는 고립 전자쌍으로 채워져 있다. 고립 전자쌍이 입체화학적 활성을 띠면서 강한 반발력을 나타내어 분자 기하는 삼각뿔 모양이 된다.

P의 화합물 형성에서 특이한 점은 **오비탈 확장**(orbital expansion)이 가능하다는 것이다. 3*s* 오비탈 전자 중 1개가 비어 있는 3*d* 오비탈로 이동함으로써 단일 점유된 5개의 오비탈이 생겨날 수 있다. 이에 의해 P는 족 원자가 5를 나타내거나(5개의 전자쌍 공유 결합), 그보다 2만큼 낮게 원자가 3을 나타낼 수 있다.

보다 복잡한 상황으로, 제2의 3*d* 오비탈이 음전하 리간드로부터 전자쌍을 받아들이는 경우가 있다. 예를 들어 PF_5에 F^-이 배위하여 형성하는 팔면체 착물 PF_6^-에서는 sp^3d^2 혼성에 의해 6개의 동일한 혼성 오비탈이 팔면체 형으로 배열되어 있다.

세 번째 예, 베릴륨(Be)에서는 2*s* 전자 중 1개가 비어 있는 2*p* 오비탈로 이동하여 2가 상태가 된다. 나아가 비어 있는 2개의 2*p* 오비탈이 음전하 리간드로부터 전자쌍을 공여받아 sp^3 사면체 배위를 취할 수 있다. 고체상 BeF_2는 SiO_2와 등구조이며, BeF_4 사면체의 꼭짓점 공유로 형성된 골격 구조를 갖는다. 이러한 BeF_2 결정의 결합은 원자가 결합 이론을 이용하여 설명될 수도 있다. 각각의 F 원자는 Be 원자 1개와 단일 공유 결합을 형성하는 한편, 또 다른 Be 원자의 비어 있는 sp^3 오비탈에 전자쌍을 제공하여 배위 결합을 형성한다. 이와 같이 F는 배위수가 2이지만 고립 전자쌍 2개를 추가로 갖기 때문에 Be−F−Be 연결은 굽은 형이다.

네 번째 예, SiO_2는 BeF_2와 비슷한 구조를 갖는다. 그러나 이 경우, 들뜬 상태의 Si는 4개의 단일 점유된 sp^3 오비탈을 가지며, 그들 각각은 주위의 산소와 전자 1개를 공유한다. 각 산소가 갖는 2개의 단일 점유 오비탈은 Si와의 공유 결합 형성에 사용된다. 이 경우에도 역시 O가 고립 전자쌍을 2개 가지므로 Si−O−Si 결합은 굽은 형이다.

전자쌍 공유 결합 이론이 모든 무기 결정 구조를 묘사할 수 있는 것은 아니지만, SiO_2와 BeF_2는 상당히 좋은 적용 예가 된다. 이 구조들에서는 Si, Be, O, F의 배위수가 낮기 때문에 원자를 연결하는 모든 공간(공유 결합 위치)에 충분한 수의 전자가 배분될 수 있다.

흥미롭게도 VB 이론의 바탕이 되는 혼성 개념은 MO 이론의 주요 내용인 오비탈 혼합과 많은 부분에서 상통한다. VB 이론은 배위 기하의 논리적 설명과 예측을 가능케 해준다는 점에서 뚜렷한 장점이 있다. 여기에는 입체화학적 활성인 고립 전자쌍의 존재라든가 배위 결합의 형성 등이 포함된다. 또한 이 이론은 고립 전자쌍과 결합 전자쌍의 개수로부터 원소의 산화 상태를 직접 산출해낸다. 그러나 VB 이론은 에너지 준위 간 전이를 나타내는 분광학적 관찰이나 홀전자에 의한 자기적 성질에 대해 아무런 해석을 제시하지 못한다. 사실 이들에 대해서는 MO 이론이 훨씬 더 유용하다. 더욱이 MO 이론의 접근 방식은 작은 분자뿐만 아니라 금속성을 나타내는 결정 구조에까지 쉽게 확장될 수 있다.

3.4 금속성 결합과 띠 이론(band theory)

금속성 구조와 결합의 본질적 특징은 '최외각 전자의 비편재화'이며 바로 여기에서 금속의 높은 전기 전도도가 비롯된다. 이에 반해 이온성이나 공유성 결합에서는 최외각 전자가 특정 원자, 이온, 또는 분자 오비탈에 국부적으로 편재되어 구조 내를 이동할 수 없다. 비편재된 전자의 결합은 '고체의 띠 이론'으로 설명된다. 금속이나 반도체와 같은 고체에 대해 띠 이론이 어떻게 적용되는지 간략히 살펴보겠다.

Al과 같은 금속에서 내부 전자(1*s*, 2*s*, 2*p*)는 개개 원자의 고립된 오비탈에 편재되어 있다. 그러나 최외각 껍질을 이루는 3*s*, 3*p* 전자는 금속 결정 전체에 비편재된 준위를 점유한다. 이 준위들은 (결정 전반에 걸친) 거대한 MO와 같고, 각각에 전자가 2개까지 채워질 수 있다. 금속에는 그러한 준위가 엄청난 수로 존재하며 그들 사이의 에너지 간격은 매우 촘촘하다. 예를 들어 Al 결정이 *N*개의 원자로 이뤄질 때, 각각이 1개의 3*s* 오비탈을 제공하므로 *N*개의 에너지 준위가 밀집되어 띠를 이루게 된다. 이 띠를 3*s* 원자가 띠 혹은 최외각 띠라 부른다. 3*p* 준위 또한 비편재된 3*p* 띠를 이룬다.

다른 물질들의 띠 구조 역시 비슷한 방식으로 유추될 수 있다. 금속(metal), 반도체(semiconductor), 절연체(insulator)의 차이는 그림 3.25에 모식적으로 나타낸 바와 같으며, 다음 사항에 의존한다.

(가) 각각의 띠 구조
(나) 원자가 띠가 완전히 채워졌는가? 아니면 부분적으로 채워졌는가?
(다) 원자가 띠가 완전히 채워졌다면, 이 띠와 비어 있는 띠의 에너지 간격 크기는?

고체의 전자 구조에 대한 띠 모형은 두 가지 방향의 이론적 고찰에 의해, 또한 광전자 분광(photoelectron spectroscopy) 실험 결과에 의해 잘 뒷받침된다.

첫째, '화학적 접근'에서는 작은 분자의 논의에서 시작된 MO 이론을 3차원 무한 구조로 확장시킨다. 2원자 분자에 대해 MO 이론을 적용하면, 한쪽 원자의 AO 1개와 상대편 원자의 AO 1개가 중첩함으로써 양쪽 원자 모두에 비편재화된 2개의 MO가 형성된다. 둘 중 한 MO는 결합성이며 원래 AO보다 에너지가 낮고, 다른 MO는 에너지가 높아진 반결합성이다.

더 큰 분자로 논의를 확장시킬 때의 주요 변화는 MO의 개수와 준위 간격에 있다. 계에 포함되는 AO 개수가 증가할수록, 즉 고체에 가까워질수록 더 많은 MO가 생겨난다. MO의 수가 증가함에 따라 인접한 MO들 간의 에너지 간격 평균이 감소하고, 결국에는 에너지 준위의 연속체가 나타난다. 이와 함께 결합성/반결합성 띠가 가까워지고, 최외각 껍질의 경우 결합성/반결합성 띠가 하나의 띠로 합쳐지기도 한다.

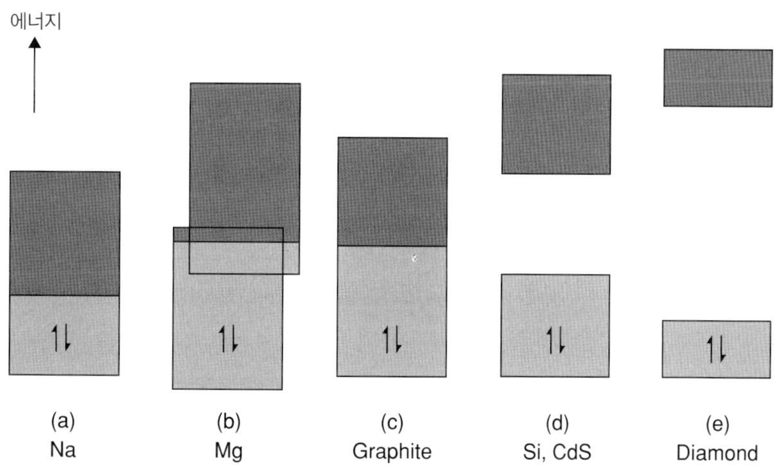

그림 3.25 전자 띠 구조: (a, b) 금속, (c) 반금속, (d) 반도체, (e) 절연체. 진홍색과 청색 영역은 각각 빈 에너지 준위와 점유된 준위를 나타냄. ➜ 앞의 컬러 그림 참조

이렇듯 금속은 무수히 많은 에너지 준위, 또는 분자 오비탈(1몰의 금속에서 ~6×10^{23}개)을 갖는 무한 '거대 분자'로 간주될 수 있다. 고체에서는 에너지 준위에 대응되는 전자 분포 공간이 결정 전체에 비편재되므로 분자 오비탈이라는 용어가 약간 어색해진다. 따라서 에너지 준위 또는 에너지 상태라는 표현이 대신 사용되곤 한다.

그림 3.26은 **밀접 결합 근사**(tight binding approximation)를 사용하여 계산된 Na의 띠 구조를 나타낸다. 특정 에너지 띠의 폭은 인접한 원자 간의 오비탈 중첩 정도, 즉 원자 간 거리에 관련된다. Na를 예로, 원자 간 거리가 실험값 r_0와 같을 때 이웃 원자 간의 3*s*, 3*p* 오비탈 중첩은 상당히 크고, 그 결과 3*s*, 3*p* 띠가 각각 넓게 형성된다. 더욱이 3*s* 띠의 윗부분(C~B)과 3*p* 띠의 아랫부분이 비슷한 에너지를 가짐에 따라 3*s*와 3*p* 띠는 에너지 불연속이 없이 합쳐진 띠를 이룬다. 알칼리 금속, 알칼리 토금속, Al과 같은 원소의 금속성은 이러한 띠의 중첩에 의해 설명될 수 있다(그림 3.25(b)).

Na의 원자 간 거리가 r_0일 때, 1*s*, 2*s*, 2*p* 오비탈들은 중첩하지 않는다. 이들은 개별 원자에 부속된 AO 상태로 남아 있으며 그림 3.26에서는 실선으로 나타내어져 있다. 만일 외부 압력에 의해 핵 간 거리가 r_0에서 r'으로 압축될 수 있다면, 2*s*와 2*p* 오비탈들 또한 중첩하여 띠를 형성할 수 있다. 그러나 핵 간 거리가 r'인 지점에서도 1*s* 오비탈은 중첩하지 않고 고립되어 있다. 다른 원소들에 압력이 가해질 때에도 이와 비슷한 효과가 예상된다. 계산 결과에 의하면 10^6기압 이상의 압력에서는 수소의 1*s* AO가 중첩하여 1*s* 띠를 형성하고 금속성 거동을 일으키게 된다.

Na의 전자 배치는 [Ne] $3s^1$이고 각 원자는 1개의 원자가 전자를 갖는다. 3*s*와 3*p* 띠가 중첩하므로(그림 3.26), 원자가 전자는 3*s* 띠에 한정되는 대신 3*s*와 3*p*가 통합된 띠의 낮은 준위 영역에 채워진다.

둘째, 띠 이론에 대한 '물리학적 접근'은 고체 내 전자의 에너지와 파장 관점을 고려한다. Sommerfeld와 Pauli의 **자유 전자 이론**(free electron theory)은 금속을 퍼텐셜 우물로 간주한다. 즉, 전자들은 금속 고체 내에 강하게 붙들려 있으며, 이 중 약하게 속박된 원자가 전자는 자유로이 운동할 수 있다고 생각한다. 전자가 점유하는 에너지 준위는 양자화되어 있고(양자역학의 '상자 속 입자' 문제와 유사), 우물의 바닥에서부터 매 준위마다 전자가 2개씩 채워진다. 온도 0 K에서 전자가 채워진 최고 에너지 준위를 **페르미 준위**(Fermi level), 해당 에너지를 페르미 에너지(E_F)라 부른다. **일함수**(work function, ϕ)는 퍼텐셜 우물로부터 전자를 제거하는 데 필요한 최소 에너지이다. 이는 기체 원자에 대한 이온화 에너지와 유사하다.

퍼텐셜 우물 내의 에너지 준위는 전자에 대한 '상자 속 입자' 모형을 이용하여 계산될 수 있다. 전자는 정상파(standing wave)로 묘사되며, 그 파장은 상자의 크기에 의해 특정값으로 한정된다. 구체적으로, 상자의 길이 l은 전자 파동의 반파장($\lambda/2$)의 정수 배이어야 하며, 그림 3.27(b)는 가장 낮은 에너지 준위 3

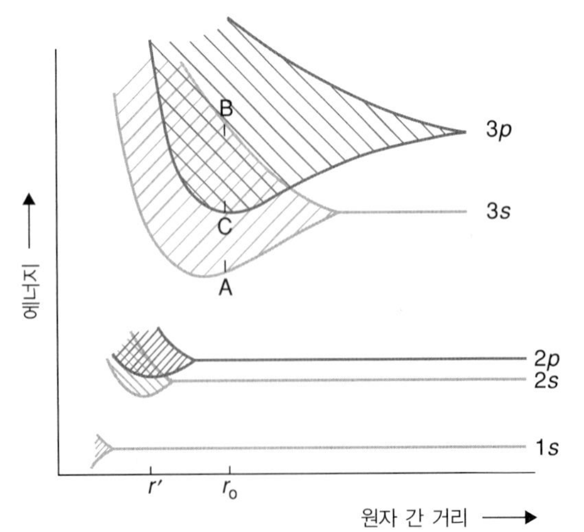

그림 3.26 Na에서 원자 간 거리에 따른 원자 오비탈 준위의 변화(밀접 결합 이론을 이용하여 계산됨). 빗금 영역은 인접한 AO들의 중첩으로 형성된 에너지 준위 띠를 나타낸다. ➜ 앞의 컬러 그림 참조

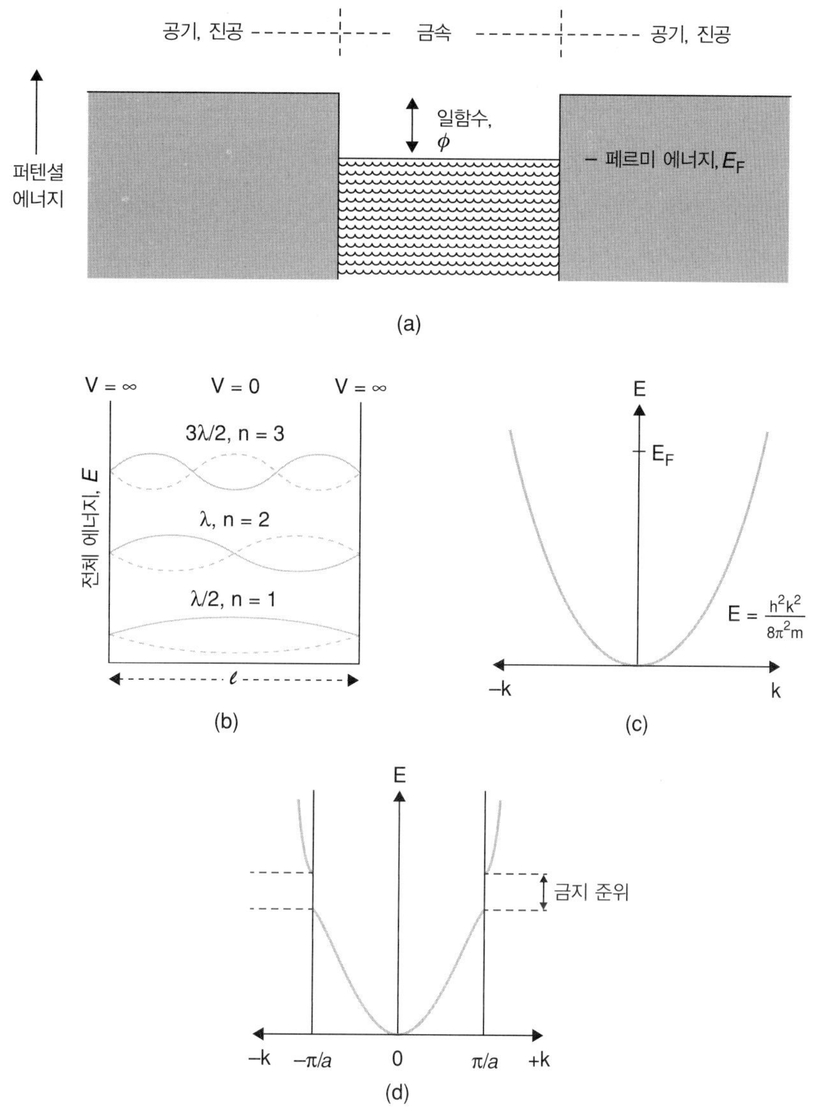

그림 3.27 (a) 금속의 자유 전자 이론에서 퍼텐셜 우물 내의 전자. (b) 길이 l의 상자 속에 전자가 속박될 때 허용되는 파장. (c) 고체 격자 내 자유 전자(양으로 하전된 원자핵의 섭동을 겪지 않음)에 대한 $E-k$ 포물선 상관 관계. (d) 원자 간 거리가 a인 1차원 결정에서 첫 번째 Brillouin zone.

게의 피장을 나디넨다. 위 제한 조건에 의해 주어진 에너지의 파동은 동일 위상 관계를 유시할 수 있으며, 상자 공간의 길이가 l일 때 허용되는 전자의 파장(λ)과 운동량(p)은 다음과 같다.

$$\lambda = \frac{2l}{n} \ : \ n = 1, 2, 3, \cdots \tag{3.35}$$

$$p = \frac{h}{\lambda} = \frac{hn}{2l} \tag{3.36}$$

상자 내부의 위치 에너지 PE를 0으로 두면, 전자의 전체 에너지는 운동 에너지 KE와 같다. 또한 전자의 입자성을 고려하여 기체의 운동 에너지 이론을 적용하면, 전자의 KE는 다음과 같다.

$$E = \frac{mv^2}{2} = \frac{p^2}{2m} \tag{3.37}$$

파동수(wavenumber) k를 아래와 같이 정의하고,

$$k = \frac{2\pi}{\lambda} = \frac{n\pi}{l} \tag{3.38}$$

식 3.36–3.38을 연립하면 E와 n, λ, k 사이의 관계가 얻어진다.

$$E = \frac{h^2}{2\lambda^2 m} = \frac{h^2 k^2}{8\pi^2 m} = \frac{h^2 n^2}{8ml^2} \tag{3.39}$$

식 3.39의 $E-k$ 관계는 그림 3.27(c)와 같은 포물선 형태를 띤다. 그림 3.27(b)와 (c)는 1차원에 속박된 자유 전자의 상황을 나타내며, 특히 페르미 에너지 E_F는 포물선의 음/양 방향의 두 점에 의해 표시된다(그림 3.27(c)). 만일 고체 내 전자가 N개라면 페르미 준위의 $n = N/2$이고 페르미 에너지는 다음과 같다.

$$E_F = \frac{h^2 N^2}{32ml^2} \tag{3.40}$$

k-공간을 3차원으로 확장하면 E_F에 해당하는 두 점은 페르미 표면이 된다. 페르미 표면은 등방 전도체에서는 구형이겠지만, 구형에서 벗어난 다양한 모양을 취할 수도 있다. 3차원에서는 식 3.39가 아래와 같이 변형된다.

$$E = \frac{h^2}{8m}\left(\frac{n_x^2}{l_x^2} + \frac{n_y^2}{l_y^2} + \frac{n_z^2}{l_z^2}\right) \tag{3.41}$$

상태 밀도[density of states, $N(E)$] 도표는 주어진 에너지에 대해, 해당하는 준위의 수를 나타낸다(그림 3.28). 자유 전자 이론에 의하면 에너지가 높아짐에 따라 가능한 준위의 수는 점진적으로 증가한다. 비록 에너지 준위가 양자화되어 있지만 준위 간격이 매우 좁기 때문에 실질적으로는 에너지 준위가 연속적이라 할 수 있다. 온도가 0 K보다 높을 경우 E_F 부근의 전자 일부가 열적 에너지에 의해 비어 있는 준위로 여기될 수 있다. 따라서 모든 실제 온도에서 E_F보다 낮은 준위의 일부가 비어 있고, E_F보다 높은 준위의 일부가 채워진다. 특히 흥미로운 점은 E_F 부근 준위의 대부분은 절반만 채워진다는 것이다. 그림 3.28은 임의의 실제 온도 T에서 전형적인 에너지 준위 점유도를 나타낸다.

금속의 높은 전기 전도도는 E_F 부근의 부분 점유된 준위들의 전자가 이동하는 데에서 기인한다. 원자가 띠 내부의 이중 점유된 준위의 전자들은 특정 방향으로의 알짜 이동을 일으킬 수 없다. 이에 비해 단일 점유된 준위의 전자들은 이동이 자유롭다. 전자 1개가 E_F 아래의 꽉 찬 준위로부터 E_F 위의 빈 준위로 여기될 때, 실질적으로는 2개의 이동 전자가 생겨난다. 금속의 비열(specific heat) 또는 열용량(heat capacity)을 온도에 따라 측정해 보면 거의 대부분이 격자 진동에서 비롯하는 것으로 나타난다. 바꿔 말해, 전기 전도에 기여하는 전자는 상대적으로 극소수(E_F 부근)에 불과한 것이다. 만일 금속의 모든 전자들이 이동성이라면 측정된 값보다 훨씬 큰 비열이 얻어져야 한다.

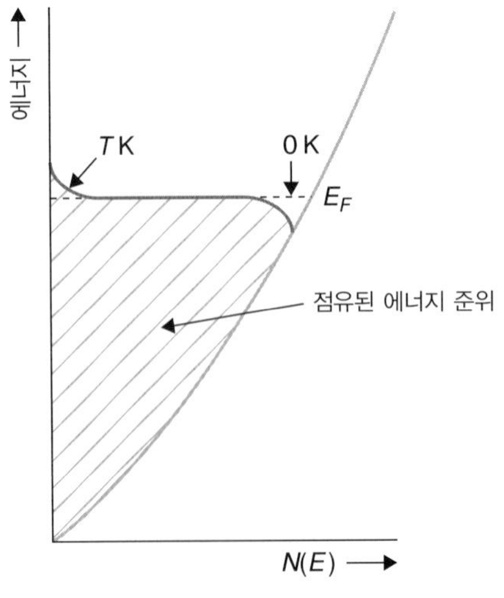

그림 3.28 에너지 대비 상태 밀도.

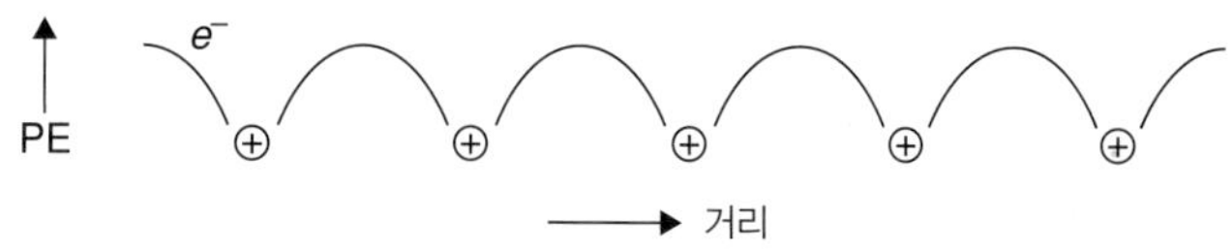

그림 3.29 고체 내 전자의 위치 에너지: 거리에 따른 주기적 함수.

자유 전자 이론은 약간 지나친 단순화를 포함하지만 매우 유용한 출발 모형이 된다. **준자유 전자 이론**(nearly free electron theory)에서는 결정이나 퍼텐셜 우물 내부의 위치 에너지가 단일하지 않고, 주기적 함수로 변한다고 생각한다(그림 3.29). 결정 격자 내에는 양전하를 띠는 원자핵들이 규칙적으로 반복 배열되어 있다. 쿨롱 인력을 고려할 때 전자의 위치 에너지는 원자핵 지점에서 최저이고 핵 간 중간점에서 최고이다. 그림 3.29와 같은 주기성 위치 에너지 조건 하에서 Schrödinger 해를 구하면 전자의 에너지 준위가 완전 연속적이 아니라, 일부 허용된 범위로만 얻어진다. 금지된 에너지는 결정 내부 특정 방향으로의 Bragg 회절 조건(5.3.4.2절)을 만족시키는 전자 파장에 해당한다. Bragg 법칙은 보강 간섭의 회절 조건을 평면 간 거리(d), X-선 파장(λ), 입사/반사 각도(θ) 사이의 상호 관계로 나타내는데,

$$n\lambda = 2d\sin\theta \tag{3.42}$$

입사각이 직각이라면,

$$n\lambda = 2d \tag{3.43}$$

이 관계식은 1차원 상자 속 입자에서 허용되는 전자의 정상파 파장을 규정하는 식과 같으며(그림 3.27(b)), 다만 길이 변수가 d와 l로 다르게 표현되었을 뿐이다. 이것이 의미하는 바는 전자 파장이 식 3.43을 만족시킬 경우, 그 운동 공간이 인접한 두 원자핵 사이로 한정된다는 것이다. 즉, 해당 파장(에너지)의 전자는 결정 전체에 파급되지 못하고 전기 전도에 기여하지 못한다. 전자가 $\lambda \neq 2d/n$ 또는 $\sin\theta \neq 1$인 이유로 식 3.42와 3.43을 *미세하게* 위배하는 경우에도 이론상으로 원거리에 비편재된 에너지 준위를 갖지 못한다. 이 결과, $E-k$ 도표에서 불연속이 발생하고(그림 3.27(d)), $N(E)$ 도표에 금지 준위(띠 간격)가 나타난다(그림 3.30).

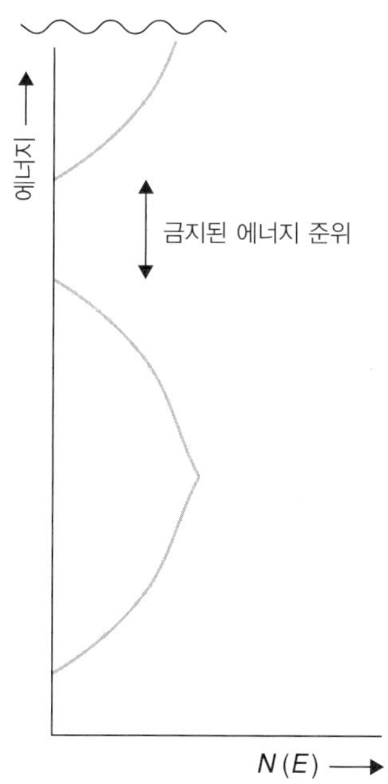

그림 3.30 반도체와 절연체에 대한 상태 밀도에서 띠 간격의 존재.

전자의 에너지 준위는 ***k*-공간** 관점에서 고려될 수도 있다. 그림 3.27(b)에서 가장 낮은 에너지의 전자들은($n = 1, 2, 3, \cdots$에 해당) 결정 전체에 비편재되어 있다(하지만 이들은 이중 점유된 준위에 있기 때문에 전기 전도에 기여하지 않는다). n의 증가와 함께 전자의 에너지는 높아지고 λ는 차츰 짧아진다. 마침내 $\lambda = 2a$가 되면(a = 원자핵 간 거리) 전자가 결정 전체에 비편재되는 것이 더 이상 가능하지 않다. 바로 이 지점에서 띠 간격이 벌려진다. $-\pi/a \sim +\pi/a$ 사이의 k-공간 또는 에너지 범위를 첫 번째 **Brillouin zone**이라 부르며, 그림 3.27(d)는 1차원 경우에 대한 표현이다. 3차원에서는 원자 간 간격 a가 방향에 따라 다르기 때문에 Bragg 법칙의 적용이 복잡해질 뿐만 아니라, k-공간 또한 더 복잡한 구조를 취한다. Brillouin zone의 모양은 3차원 결정 구조와 직접 연관된다.

MO를 바탕으로 하거나, 또는 주기적 위치 에너지를 출발점으로 하는 두 가지 접근법은 고체에서 에너지 띠의 존재에 대해 유사한 결론에 도달한다. 즉, 두 이론 모두 최외각 전자의 준위가 띠 형태를 취한다는 모형이 얻어진다. 어떤 물질에서는 다른 띠들이 서로 겹쳐지기도 하며, 또 어떤 물질에서는 띠 사이에 금지된 간격(forbidden gap)이 나타나기도 한다(그림 3.25).

고체의 띠 구조에 대한 실험적 증거는 다양한 분광학적 기법으로 준위 간 전자 전이를 관찰함으로써 얻어질 수 있다. 고체에서 X-선의 방출과 흡수는 내부 전자와 최외각 전자 모두에 대한 정보를 제공한다. 최외각 전자에 대한 정보는 가시광선과 자외선 분광을 통해서도 파악될 수 있다. 대개 고체의 X-선 방출 분광도에는 다양한 폭의 피크 또는 띠가 나타난다. 내부 준위들 간의 전이는 좁은 폭의 피크로 나타나는데, 이는 내부 준위들이 불연속적 AO임을 가리킨다. 최외각 전자가 관여된 전이는 넓은 분광 피크로 관찰되며, 금속인 경우 특히 피크 폭이 넓다. 이는 최외각 전자의 에너지가 넓게 분포되어 있음을, 즉 띠에 놓여 있음을 가리킨다.

3.4.1 금속의 띠 구조

금속에서는 최고 에너지의 전자가 위치한 띠(원자가 띠, 최외각 띠)가 부분적으로 채워져 있다(그림 3.25의 Na와 Mg). Mg와 같은 금속에서는 에너지 띠의 중첩이 일어나고 $3s$, $3p$ 띠 둘 다에 전자가 채워진다. 사실 Mg의 금속성은 띠의 중첩에 의해 가능해진다. 만일 $3s$, $3p$ 띠가 중첩하지 않는다면 $3s$ 띠는 완전히 채워지고 $3p$ 띠는 완전히 비게 되어 절연체나 반도체의 거동이 나타날 것이다. 다른 금속들 중 Na와 같은 경우(그림 3.25), 페르미 준위는 부분 점유된 단일 띠($3s$) 내에 놓인다.

3.4.2 절연체의 띠 구조

절연체의 원자가 띠는 완전히 점유되어 있으며, 그 다음으로 나타나는 띠(전도 띠)는 완전히 비어 있다. 또한 두 띠 사이에는 상당히 큰 금지 간격이 존재한다(그림 3.25(e)). 다이아몬드는 띠 간격 ~6 eV의 전형적 절연체이다. 절연체에서는 원자가 띠 전자 중 극소수만이 상위 띠로의 여기에 필요한 열적 에너지를 갖기 때문에 전기 전도도가 매우 낮다. 다이아몬드에서 띠 간격의 근원은 다음에 논의될 Si의 상황과 유사하다.

3.4.3 반도체의 띠 구조: 규소

반도체는 절연체와 유사한 띠 구조를 갖지만 띠 간격이 대개 0.5–3.0 eV 범위로 그리 크지 않고 상대적으로 많은 수의 전자가 열적으로 여기될 수 있다.

반도체의 전도 메커니즘에는 서로 다른 두 가지가 있다(그림 3.31). 상위의 비어 있는 띠(**전도 띠**, conduction band)로 여기되는 전자는 음전하 운반체 역할을 하며, 전기장 하에서 양(+)의 전극을 향해 이동한다. 원자가 띠에 남겨진 빈 준위를 **정공**(positive hole)이라 부르는데 정공은 자기 자신이 실체를 갖는 것은 아니다. 정공에 전자가 채워지면 그 전자의 원래 위치에 새로운 정공이 생겨난다. 실효적으로, 정공은 전자가 움직이는 반대 방향으로 이동한다.

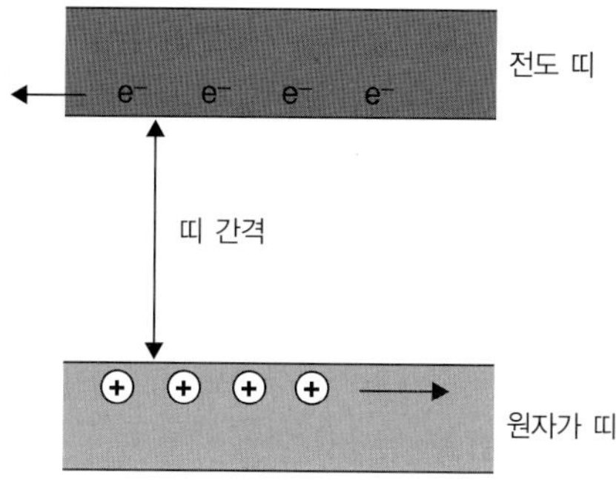

그림 3.31 양과 음의 전하 운반체.

내인성(intrinsic) 반도체는 순물질이며 그림 3.31과 같은 띠 구조를 갖는다. 전도 띠의 전자 수 n을 결정짓는 요소는 띠 간격 크기 E와 온도 T이다:

$$n = n_0 \exp(-E/kT) \tag{3.44}$$

순수한 Si는 내인성 반도체이며 Si를 포함한 14족 원소들의 띠 간격이 표 3.18에 주어져 있다.

주기율표 상의 이웃 원자 Al과 비교할 때, Si의 띠 구조는 사뭇 다르다. Al에서는 $3s$, $3p$ 준위들이 겹치면서 두 개의 넓은 띠가 만들어지고 이들 모두 부분적으로 채워진다. 같은 양상이 계속된다면 Si에서도 두 개의 비슷한 띠가 형성되고, 그들이 절반만 채워짐으로써 금속성이 나타날 것이라 기대할 수 있다. 하지만 이는 Si의 실제 거동과 전혀 다르다. Si는 금지 간격에 의해 분리된 두 개의 띠를 갖는다. 이 중 낮은 에너지의 띠에는 Si 원자당 4개의 전자가 제공되어 완전히 채워진다. 만일 금지 간격이 단지 s와 p 띠의 분리에 해당한다면, s 띠는 Si 원자당 2개의 전자만을 수용할 것이므로 적절한 설명이 되지 못한다.

MO 이론에 기반하여 Si의 띠 구조를 다음과 같이 단순화하여 설명할 수 있다(Ge, 다이아몬드 등에 대해서도 적용 가능). 우선 Si 원자 각각이 사면체형으로 배열된 4개의 동일한 결합을 갖는 점에 주목하자; 이 결합들 또는 오비탈들은 sp^3 혼성된 것으로 볼 수 있다. 각각의 혼성 오비탈은 이웃한 Si 원자의 혼성 오비탈과 중첩하여 한 쌍의 MO(결합성 σ, 반결합성 σ^*)를 이룬다. 각각의 MO는 전자를 2개까지 받아들일 수 있으며, 이 전자들은 결합에 관여한 두 개의 Si 원자에서 1개씩 제공된다. 마지막 단계로 개개의 σ MO들이 중첩하여 σ 띠를 이루는데, 이것이 바로 원자가 띠가 된다. 마찬가지로 σ^* MO들의 중첩에 의해 전도 띠가 형성된다. σ 띠는 Si당 4개의 전자를 채움으로써 완전히 점유된다. 반면, σ^* 띠는 완전히 비어 있다.

반도체에 대한 심화 내용과 그 응용 분야는 8장에서 다시 다루어질 것이다.

3.4.4 무기 고체의 띠 구조

이제까지는 띠 이론의 적용 예시를 위해 전기를 잘 통하는 물질들을 주로 선택하였다. 그러나 전기 전도

표 3.18 IV족(14족) 원소의 띠 간격

원소	띠 간격/eV	물질 구분
C(다이아몬드)	6.0	절연체
Si	1.1	반도체
Ge	0.7	반도체
α-Sn (> 13 °C)	0.1	반도체
β-Sn (< 13 °C)	0	금속
Pb	0	금속

성 여부를 떠나, 많은 무기 고체들이 띠 이론의 이용을 통해 보다 잘 학습될 수 있다. 띠 이론은 무기 고체의 구조, 결합과 성질에 대한 추가적 이해를 제공함으로써 이온성/공유성 모형에서 도출된 내용을 보완한다. 대부분의 무기 화합물은 금속이나 원소 반도체에 비해 훨씬 복잡한 결정 구조를 갖는다. 그에 따라 무기 화합물의 띠 구조는 대략적으로만 알려진 경우가 많다. 몇 가지 예를 살펴보겠다.

3.4.4.1 III−V, II−VI, I−VII 화합물들

앞서 IV족 원소들, 특히 Si의 띠 구조를 고찰하였다; GaP와 같은 III−V 화합물은 이와 밀접히 연관된다. III−V 화합물의 원자가 껍질은 IV족 원소와 등전자 관계이며 반도성을 보인다. 더 나아가 MgO와 같은 II−VI 화합물, NaCl과 같은 I−VII 화합물까지도 고려해 볼 수 있다.

NaCl이나 MgO의 화학 결합은 이온성이 지배적이다. 이들은 전자 전도도를 거의 나타내지 않는 절연성 고체이며 색깔은 백색이다. 이들 염에 불순물을 혼입할 경우, 전자 전도보다는 이온 전도가 유발된다. NaCl이 100% 이온성이라 가정하면, 구성 이온들은 다음의 전자 배치를 갖는다:

$$Na^+ : [He]\, 2s^2 2p^6$$
$$Cl^- : [Ne]\, 3s^2 3p^6$$

따라서, Cl^-의 $3s$, $3p$ 원자가 껍질은 완전히 채워져 있고, Na^+의 껍질은 비어 있다. NaCl에서 인접한 Cl^- 이온들은 거의 맞닿아 있기 때문에 좁은 폭의 $3p$ 원자가 띠가 형성될 수 있다. 이 띠는 음이온의 오비탈만으로 구성되며 완전히 채워진다. Na^+ 이온의 $3s$, $3p$ 오비탈들 또한 서로 중첩하여 띠를 이룰 수 있다. 이 띠는 양이온의 오비탈만으로 형성되며, NaCl의 전도 띠가 된다. NaCl은 띠 간격이 ~7 eV나 되기 때문에 평상 조건에서 전도 띠가 비어 있다. NaCl의 띠 구조는 전형적 절연체 유형에 해당하며(그림 3.25), 덧붙이자면, 원자가 띠는 음이온 오비탈로, 전도 띠는 양이온 오비탈로 구성되어진다. 따라서 원자가 띠의 전자가 전도 띠로 여기되는 것은 Cl^-에서 Na^+로의 전하 역전달(back transfer)이라 할 수 있다.

이러한 맥락에서 띠 간격의 크기와 음이온/양이온의 전기음성도 차이가 상관성을 가질 것으로 예상할 수 있다. 구성 이온의 전기음성도 차가 클수록 이온성 결합이 우세하다. 그러한 경우 음이온에서 양이온으로의 전하 역전달이 어렵고 이온성 고체는 넓은 띠 간격을 갖는다. 표 3.19는 다양한 무기 고체의 띠 간격을 열거하고 있다. Phillips와 van Vechten이 제안한 이온성 분율(식 3.29)은 띠 간격과 정량적으로 상관된다. 띠 간격은 두 가지 요소(동핵 띠 간격, 결합의 이온성 분율)에 의해 결정된다(3.2.13절). 이 중 '동핵 띠 간격'은 조성 원소의 전기음성도 차이가 없을 때에 대해 예상되는 띠 간격 값이다.

3.4.4.2 전이 금속 화합물

전이 금속 화합물에서 띠 구조와 전자적 성질에 영향을 미치는 중요 인자는 부분적으로 채워진 금속 d 오

표 3.19 몇몇 무기 고체의 띠 간격[a]

I−VII 화합물	띠 간격/eV	II−VI 화합물	띠 간격/eV	III−V 화합물	띠 간격/eV
LiF	11	ZnO	3.4	AlP	3.0
LiCl	9.5	ZnS	3.8	AlAs	2.3
NaF	11.5	ZnSe	2.8	AlSb	1.5
NaCl	8.5	ZnTe	2.4	GaP	2.3
NaBr	7.5	CdO	2.3	GaAs	1.4
KF	11	CdS	2.45	GaSb	0.7
KCl	8.5	CdSe	1.8	InP	1.3
KBr	7.5	CdTe	1.45	InAs	0.3
KI	5.8	PbS	0.37	InSb	0.2
		PbSe	0.27	β-SiC	2.2
		PbTe	0.33	α-SiC	3.1

[a]몇몇, 특히 알칼리 할로젠화물에 대한 자료는 대략적인 어림값임.

비탈의 존재이다. 어떤 경우 이들은 서로 중첩하여 d 전자 띠를 이루고 높은 전기 전도도를 발생시킨다. 또는 d 오비탈들의 중첩이 제한적으로 일어나면서 오비탈들이 개별 원자에 편재된 상태로 남는 경우도 있다. 화학양론적 NiO는 후자에 속하는 예이다. NiO는 연녹색을 띠며 이는 개개 Ni^{2+} 이온 내부의 d–d 전이 결과로 해석된다. NiO의 전기 전도도는 매우 낮으며(25 °C에서 $\sim 10^{-14}\ \Omega^{-1}\ cm^{-1}$), d 오비탈의 중첩이나 d 전자 띠의 형성이 미미한 것으로 여겨진다. 이와 정반대 경우로 TiO와 VO를 예시할 수 있다. 이들은 NiO와 마찬가지로 암염 구조이지만, M^{2+} 이온의 d_{xy}, d_{xz}, d_{yz} 오비탈들이 강하게 중첩하여(그림 3.32(a)) t_{2g} 띠를 형성한다. 이 띠는 에너지 폭이 넓고 부분적으로만 채워진다. 그 결과 TiO와 VO는 금속성 전도 거동을 보인다(25 °C에서 $\sim 10^3\ \Omega^{-1}\ cm^{-1}$).

TiO와 NiO의 추가적 차이점으로, NiO에서는 t_{2g} 띠가 완전히 채워진다(t_{2g} 띠는 금속 원자당 6개까지의 전자를 수용할 수 있다). $Ni^{2+}(d^8)$의 전자 중 t_{2g} 띠를 채우고 남은 2개는 e_g 준위($d_{x^2-y^2}$, d_{z^2})에 놓인다. e_g 오비탈은 O^{2-} 이온을 직접 향하기 때문에(그림 3.32(b)), 이웃한 Ni^{2+}의 e_g 오비탈 사이는 O^{2-} 이온으로 가로막혀 있다. 따라서 e_g 오비탈은 중첩과 띠 형성에 참여하지 못하고, 개개 Ni^{2+} 이온에 편재된 상태로 남는다.

Phillips와 Williams는 d 오비탈의 중첩과 d 전자 띠의 형성이 잘 일어날 수 있는 조건을 다음과 같이 제시하였다.

(가) 양이온의 형식 전하가 낮다.
(나) 양이온이 전이 계열 중 낮은 족 번호에 속한다.
(다) 양이온이 5주기(4d)나 6주기(5d) 전이 계열에 속한다.
(라) 음이온의 전기음성도가 다소 낮다.

이 지침들의 배경은 간단한 논리로 설명될 수 있다. (가)–(다)의 조건에 의해 d 오비탈은 핵으로부터 가능한 멀리까지 분산될 수 있고, 그 결과 전자가 느끼는 핵인력은 감소한다. (라) 조건은 이 절의 앞부분에서 설명된 바와 같이, 이온성 분율과 띠 간격을 감소시키는 효과이다. 다양한 예들에 대해 이 지침들을 적용해 볼 수 있다.

- (가): TiO_2는 절연체이고 TiO는 금속성이다. CuO, MoO_3는 절연체이고, Cu_2O, MoO_2는 반도체이다.
- (나): NiO, CuO는 전도도가 낮은 반도체이고, TiO, VO는 금속성이다.
- (다): Mo, W의 아산화물(suboxide)은 전도도가 높고, Cr_2O_3는 전도도가 낮다.

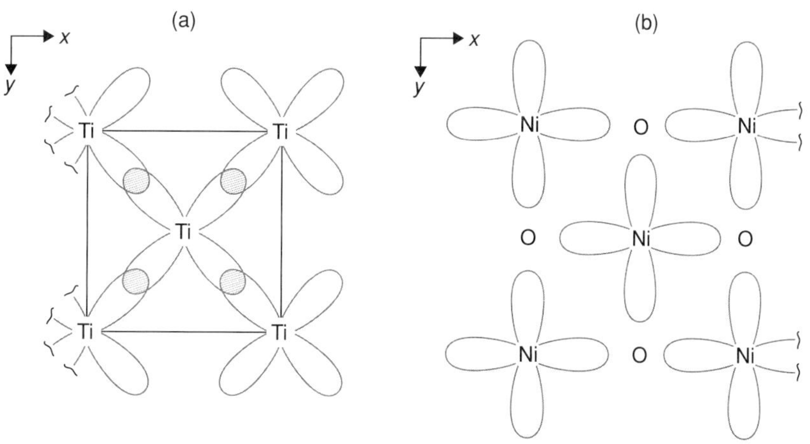

그림 3.32 (a) TiO 구조의 단위세포 면에 평행한 단면(Ti^{2+}의 위치만이 표시됨). Ti^{2+} 이온들 간 d_{xy} 오비탈 중첩에 의해(d_{xz}, d_{yz} 오비탈들끼리도 유사하게 중첩) t_{2g} 띠가 형성된다. (b) NiO 구조에서는 $d_{x^2-y^2}$ (d_{z^2}) 오비탈 사이를 산소 이온이 가로막고 있어 오비탈 중첩과 e_g 띠 형성이 어렵다.

• (라): NiS, NiSe, NiTe는 전도도가 높고 NiO는 전도도가 낮다.

전이 금속 고체 화합물의 d 전자 구조는 전이 금속의 산화수와 결정 구조에 대해서도 민감하다. 몇몇 흥미로운 예들이 스피넬 구조의 복합 산화물에서 발견된다.

(ㄱ) Fe_3O_4와 Mn_3O_4 모두 스피넬 구조이지만, Mn_3O_4가 절연성인 데 비해 Fe_3O_4는 금속성에 가깝다. 사실 각각의 구조를 자세히 나타내자면 아래의 식으로 표현할 수 있다.

$$[Fe^{3+}]^{tet}[Fe^{2+},\ Fe^{3+}]^{oct}O_4 : \text{역스피넬}$$

$$[Mn^{2+}]^{tet}[Mn_2{}^{3+}]^{oct}O_4 : \text{정상 스피넬}$$

Fe_3O_4은 역스피넬이므로 팔면체 자리에 Fe^{2+}와 Fe^{3+} 이온을 갖는다. 팔면체들이 모서리 공유로 연결되므로 위의 팔면체 자리들은 서로 거리가 가깝다. 그에 의해 Fe^{2+}에서 Fe^{3+}로 전자가 쉽게 이동할 수 있고 Fe_3O_4는 좋은 전도체가 된다.

정상 스피넬 Mn_3O_4에서는 가까이 배열된 팔면체 자리들이 Mn^{3+} 이온으로만 채워져 있다. Mn^{2+} 이온의 사면체 자리는 팔면체 자리와 꼭짓점만을 공유하기 때문에 $Mn^{2+}-Mn^{3+}$ 거리가 멀고 전자 교환이 쉽게 일어나지 못한다.

(ㄴ) 두 번째 예는 리튬 스피넬 $LiMn_2O_4$와 LiV_2O_4의 비교이며, 이들은 위에 제시된 지침 (나)의 적용 예가 된다. 이들의 구조는 아래 식으로 각각 표현된다.

$$[Li^{+}]^{tet}[Mn^{3+},\ Mn^{4+}]^{oct}O_4$$
$$[Li^{+}]^{tet}[V^{3+},\ V^{4+}]^{oct}O_4$$

두 경우 모두 팔면체 자리에 +3/+4가 이온이 혼재하지만 d 오비탈의 중첩은 V가 Mn보다 더 강하다. 이 점은 전기적 성질에 잘 반영되는데, LiV_2O_4가 금속성인 데 비해 $LiMn_2O_4$는 도약 반도체(hopping semiconductor)이다. 이 점은 8장에서 상술된다.

3.4.4.3 풀러렌(fullerence)과 흑연

탄소의 다형체(동소체)와 다양한 화합물에서는 절연성–반도성–금속성에 이르는 전기적 성질이 모두 관찰된다. 자연히 이들은 탄소의 $p\pi$ 오비탈 중첩과 전자 띠(또는 MO) 채움에 따라 전기적 성질이 어떻게 달라지는지에 대한 좋은 예를 제공한다. $p\pi$ 오비탈의 비편재화 개념은 벤젠 C_6H_6의 특이한 구조와 성질에서부터 유래한다. 벤젠의 결합에 대한 초기 모형에서는 C–C 단일 결합과 이중 결합이 번갈아 나타나며, 가능한 두 가지 결합 배치가 공명을 이룬다(그림 3.33(a)). 그 뒤를 이은 모형에서는 π 전자가 벤젠 고리 내의 C 원자 모두에 비편재되는 것으로 묘사된다(그림 3.33(b)). 벤젠 분자의 C 원자는 모두 동일 평면에 놓이고 이들의 p_z 오비탈은 평면에 대해 수직이다. 이러한 분자 기하는 인접한 C 원자들 간에 p 오비탈 중첩을 매우 용이하게 만들어 준다.

벤젠 분자가 무한 층으로 확장된다면, 즉 탄소 원자마다 1개의 π 전자를 갖는 육각형 단위가 평면 상에 반복된다면 그래핀(graphene)이 만들어지며 그 안에서 π 전자들은 평면 전체에 비편재된다. 나아가 그래핀 단위가 여럿 모이면 흑연이 된다. 띠 구조 계산에 의하면 p_z 오비탈의 중첩에 의해 두 개의 에너지 준위 띠, π와 π^*가 생겨난다. 이들은 각각 결합성, 반결합성이며, 에틸렌 분자 $CH_2=CH_2$의 π, π^* MO들의 연장선상에 놓인 것으로 간주될 수 있다(그림 3.33(d), (e)). 흑연의 π, π^* 준위들은 C_2H_4와 달리 불연속적이지 않으며, 띠를 이룬다(그림 3.33(f)). 낮은 에너지의 π 띠(원자가 띠)는 완전히 채워져 있고, 높은 에너지의 π^* 띠(전도 띠)는 비어 있다. 그런데 3차원 흑연 구조에서 π/π^* 띠들은 약 0.04 eV만큼 겹쳐지고, 원자가 띠의 전자가 전도 띠로 쉽게 여기될 수 있다. 그 결과 흑연은 전자 전도체이며 광택을 띠는 흑색 고체이다. 원자가 띠와 전도 띠의 중첩이 제한적이기 때문에 흑연은 반금속(semimetal)에 해당하는 거동을 보인다.

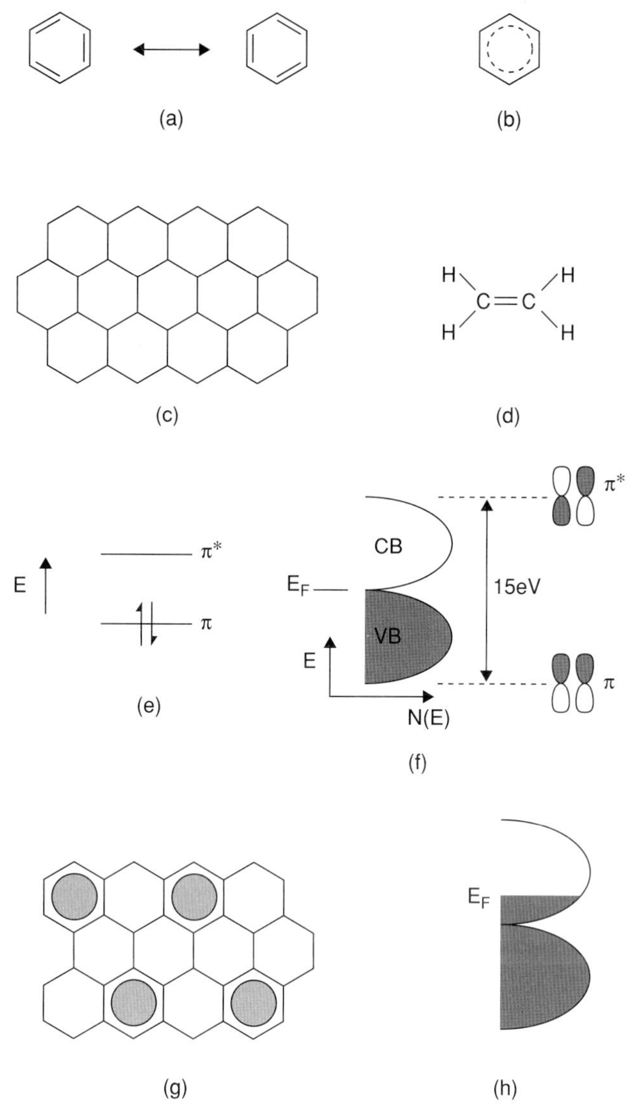

그림 3.33 (a) 벤젠의 구조와 성질을 설명하기 위해 초기에 제안된 공명 결합 모형, (b) 벤젠에 대한 비편재 π 전자 모형, (c) 흑연의 단위 층, (d) 에틸렌 분자, (e) 에틸렌의 MO들, (f) 흑연의 전자 띠 구조, (g) C_8M에서 인접한 흑연 층 사이에 질서 배열된 M 원자(예: K, Br), (h) C_8Na의 전자 띠 구조.

흑연의 띠 구조와 관련된 흥미로운 현상은 층간삽입(intercalation) 화합물의 형성이다. 이는 흑연의 층상 결정 구조(인접한 층들이 약한 반데르발스 결합으로만 붙들리면서 층 사이 공간이 매우 넓음)와도 밀접히 관련된다. C_8Na, C_8Br과 같은 삽입 화합물이 형성될 때(그림 3.33(g)) 고체상 산화–환원 반응이 일어나며, 전자가 흑연의 전도 띠에 더해지기도 하고($C_8^-Na^+$), 원자가 띠에서 제거되기도 한다($C_8^+Br^-$). Na는 환원제로서 전자를 내어주므로(그림 3.33(h)) 주개 불순물로 작용한다. 반면 Br은 받개 불순물로서 원자가 띠의 상층부에 빈 준위를 만들어낸다. 흑연이 산화–환원 양쪽성을 보이면서 매우 다양한 층간삽입 화합물을 이룰 수 있는 데에는 독특한 띠 구조가 큰 역할을 하고 있다.

풀러렌 C_{60}의 띠 구조는 흑연과 일면 비슷하지만, 원자가 띠와 전도 띠의 폭이 좁아 2.6 eV의 띠 간격이 존재한다(그림 3.34). C_{60}의 비편재된 π 전자계는 다른 모든 탄소-기반 분자성 물질과 상이하다. 이는 C_{60} 분자가 벤젠이나 흑연과 같은 평면형이 아니라 곡면형인 데에서 비롯한다. 흑연에서는 각각의 3배위 탄소가 sp^2 혼성이고 120°의 결합각을 가지며, p_z 오비탈은 탄소 고리의 평면과 수직을 이룬다. 반면 C_{60}에서는 분자의 굴곡에 의해 약간의 $s-p_z$ 오비탈 혼합이 일어난다; 그 결과, C의 배위수는 여전히 3이지만

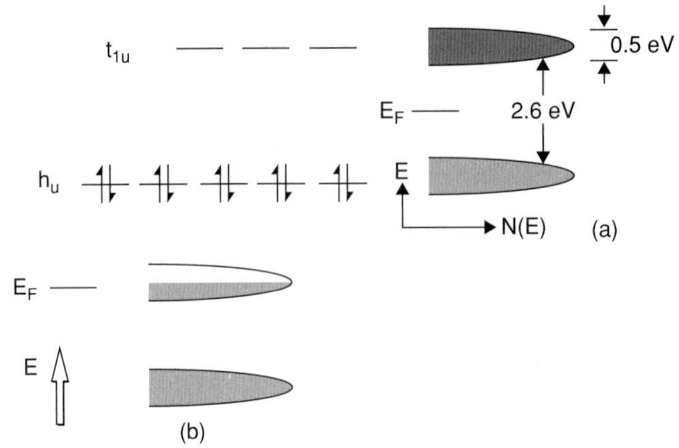

그림 3.34 (a) C_{60}의 전자 구조와 (b) K_3C_{60}에서의 전자 띠 채움.

각각의 탄소 원자는 이웃한 3개의 탄소가 이루는 평면보다 위쪽에 놓이고, 원자 간 결합각은 120°, 120°, 108°로 달라진다.

전자 구조 계산에 의하면 C_{60}의 원자가 띠 혹은 HOMO(h_u 준위)에는 전자가 10개까지 채워지며, 전도 띠 혹은 LUMO(t_{1u} 준위)에는 전자가 6개까지 채워질 수 있다. 그 결과 C_{60}는 전자 받개로 작용하면서 다양한 삽입 화합물을 만들어낸다. 예컨대 C_{60}가 절연성인 데 반해, K_3C_{60}는 절반만 채워진 전도 띠를 갖고(1.15.6절, 그림 3.34(b)) 금속성을 나타낸다.

3.5 띠와 결합

고체 결합의 세 가지 극단적 유형은 이온성, 공유성, 그리고 금속성이며, 각각의 범주에서 많은 전형적 예들이 발견될 수 있다. 그러나 주어진 무기 고체에서 세 결합 유형 중 어느 하나가 유일 성분으로 존재하는 경우는 흔치 않다. 그에 따라 구조를 묘사하는 가장 적절한 방법이 무엇인가에 대한 질문이 종종 제기된다.

띠 모형은 금속이나 몇몇 반도체와 같이 자유 이동 전자를 갖는 경우에 매우 잘 들어맞는다. 전자 이동도(mobility)의 측정 결과에 따르면 이 전자들은 속도가 매우 빠르며, 개별 원자에 속박되지 않는다. 몇몇 반도체들, 예를 들어 불순물이 혼입된 NiO(8장 참고)는 전자의 속도가 빠르지 않은 도약 반도체이므로 띠 모형이 적합하지 않다. 대신 d 전자들이 Ni 이온에 고립된 불연속적 오비탈을 채운다고 볼 수 있다.

한편 NiO에서의 전도 현상을 논할 때 단 한두 개의 에너지 준위 묶음만이 고려된다는 점은 생각해 볼만한 부분이다. 다른 모든 고체들과 마찬가지로, NiO는 여러 개의 에너지 준위 묶음을 갖는다. 낮은 에너지 영역에는 완전히 채워지고, 개개 이온에 편재된 불연속적 준위들이 존재한다. 높은 에너지 영역의 들뜬 준위들은 대개 완전히 비어 있고, 중첩을 통해 에너지 띠를 형성할 수 있다. 사실상 낮은 에너지 영역에는 이온성 결합 개념이, 높은 에너지 영역에는 띠 모형 개념이 내포된 것이다. 고체의 성질을 논함에 있어 결합과 띠 모형 중 어느 편이 더 적합할지 판단해야 한다면, 논점이 되는 성질이 무엇인지, 또한 높은 에너지의 전자와 낮은 에너지의 전자 중 어느 것의 거동에 중점을 두는지 맥락을 이해해야 한다. 예를 들어 많은 이온성 고체는 자외선이 쪼여질 때 전자 전도도를 나타낸다. 이 현상은 띠 이론을 이용하여 설명하는 것이 알맞다. 다른 한편으로 고체의 결정 구조와 격자 에너지를 논하는 상황이라면 이온성 결합 관점에서 묘사하는 것이 합당할 것이다.

이렇듯 결합 이론 중 어느 것도 구조와 성질에 관련된 모든 면을 총괄하여 설명하지는 못한다. 따라서 주어진 물질이나 현상을 고찰하는 바람직한 방법은 여러 결합 이론들의 주요 내용을 숙지하고, 경우에 따라 알맞는 개념과 관점을 적절히 조합하여 문제를 해결하는 것이라 하겠다.

4장

합성, 가공과 공정 기법

4.1 개요

무기 고체의 합성에는 수십여 가지의 다양한 방법들이 이용될 수 있다. 기본적으로 생성물과 같은 양이온 조성 비를 갖도록 반응 출발물을 마련하고 열, 압력, 빛 등 각종 에너지원을 적절히 가하여 원하는 최종 조성과 구조의 물질을 얻어내게 된다. 어떤 조성의 물질은 비교적 용이하게 형성되어 다양한 합성 방법이 폭넓게 적용될 수 있는 반면 어떤 부류의 물질들, 특히 열역학적으로 불안정한 상들은 극한 환경 조건을 사용하거나 정교하게 설계된 복합 경로를 통해서만 합성이 가능하다. 다른 한편으로 비분자성 무기 고체는 표 4.1, Al_2O_3의 예에 보이듯 다양한 형태 성상(분말, 단결정, 박막, 나노입자, 포말, 섬유상, …)으로 합성될 수 있다. 위와 같은 특정 물리적 형태들을 염두에 둔다면 정해진 조성물의 합성에 그치는 것이 아니라 가공과 공정의 최적화가 매우 중요해진다. 이미 살펴본 것처럼 무기 고체는 혼입 가능성과 물성 조절에 의한 응용 탐색에 있어 매우 폭넓은 확장 범위를 갖는다. 여기에 시료 합성 측면의 고려 변수가 더해짐으로써 무기 고체 연구의 다양성과 도전성은 한층 더 커진다.

이 장에서는 무기 고체 합성의 대표적 기법들과, 생성물의 형태 제어를 위한 특화 기법들이 요약된다. 비정질 규소, 다이아몬드 박막과 같은 몇몇 신물질들이 소개되는데, 이들은 산업 기술적으로 중요하면서 또한 합성 기법의 논의에서 다뤄지기 적합한 사례들이다.

4.2 고체상 반응(Shake'n bake method)

고체 상태의 반응물을 가열하여 생성물 상을 형성시키는 방식으로서, 매우 오랜 역사를 갖는 한편 현재까지도 보편적으로 사용되는 고체 합성 기법이다. 흔히 금속 원소나 단순 염을 고온에서 반응시켜 고체상 이온 확산을 유발하고 새로운 순물질 화합물을 얻어낸다. 단순한 예로 2원 산화물 스피넬(spinel) $MgAl_2O_4$를 합성하고자 한다면, 해당 양이온 성분의 단순 염, 예를 들어 MgO와 Al_2O_3를 정량의 몰비(1:1)로 혼합하여 반응 출발물로 사용할 수 있다. 알칼리 등의 휘발성 금속이 아니라면, 양이온 성분은 고체상 합성 과정에서 반응계 내에 계속 잔존하게 된다. 따라서 생성물의 양이온 조성은 반응물을 정량하여 취하는 단계에서 이미 조절된다. 반면 음이온 조성은 반응이 시행되는 기체 분위기에 의해 제어된다. 예를 들어 산화물은 공기 중에서, 질화물은 N_2나 NH_3 분위기에서, 황화물은 CS_2나 S의 분위기에서 얻게 된다. 또한 열처리 중의 기체 분위기에 의해 음이온 결함을 유도하는 것도 가능하다. 모든 산화물은 진공

표 4.1 무기 고체의 다양한 형태(예: Al_2O_3)

고체 형태	성질과 응용
세라믹, 박막	유전체 기판
섬유상	Saffil 절연 섬유
분말	연마제, 광택제
Cr-혼입	루비 보석, 레이저 광원
Na-혼입	고체 전해질 β-알루미나, $NaAl_{11}O_{17}$

또는 H_2, NH_3, CO, N_2 등 환원성 기체 분위기의 열처리에 의해 음이온 결핍을 일으키기 쉽다.

고체상 합성에서는 반응물 간의 혼합을 균일하게 이루는 것이 매우 중요하다. 기체나 액체와 달리 고체 물질은 '응축상'으로서 아주 작은 입자라 하더라도 무수히 많은 원자가 응집된 상태이다. 수작업으로 고체 입자를 분쇄한다면 대개 1 μm 수준의 크기가 얻어지는데, 그 경우 입자 1개에는 10^{10}개 이상의 원자가 포함된다. 그림 4.1과 같이 입자 차원에서 균일한 혼합이라 하여도 원자 차원에서는 매우 불균일할 수밖에 없고, 만일 반응물 입자 간 혼합의 균일도가 낮다면 의도된 합성 반응이 순조롭게 진행될 수 없다. 반응물을 원자 차원에서 균일하게 혼합하려면 고체 입자들 간의 이온 상호확산, 또는 액체상이나 기체상 전달을 통해 각기 다른 원소들의 원자를 결집시켜야 한다. 물론 이때 반응 요소들의 혼합 비가 정확히 유지되어야 한다. 고체상 합성의 기본적 지침은 반응물 혼합이 균일할수록, 또한 반응물 입자의 크기가 작을수록 반응 온도는 낮아지고 반응 속도는 빨라진다는 것이다. 고체상 반응의 전형적 예로 MgO와 Al_2O_3 분말로부터 $MgAl_2O_4$ 스피넬이 합성되는 반응에 관여된 다양한 과정들을 살펴보겠다(그림 4.1).

4.2.1 결정핵 형성과 성장

미시 차원에서 고찰할 때, $MgAl_2O_4$의 고체상 합성은 MgO와 Al_2O_3의 입자 경계에서 $MgAl_2O_4$의 결정핵이 형성(nucleation)되면서 시작된다. 결정핵이 재분해되지 않고 안정하기 위해서는 수십 Å 이상의 크기를 가져야 한다. 결정핵 안정성의 임계 입자 크기는 생성물 상의 형성에 수반되는 자유 에너지와 표면 에너지 간의 경쟁에 의해 결정된다. 결정핵 입자의 표면적/부피 비가 작을수록 자유 에너지(−)에 의한 안정화가 표면 에너지(+)에 의한 불안정화보다 우세해진다.

결정핵 성장은 균질보다는 불균질 성격(heterogeneous nucleation)으로 일어나는 편이 더 유리하다. 또한 생성물 결정이 기존 구조(기질)의 표면에서 형성될 때, 둘 사이의 구조적 유사성이 클수록 용이해진다. MgO/Al_2O_3 반응으로 스피넬 $MgAl_2O_4$가 생성될 때는 MgO 또는 Al_2O_3 입자 표면에서 모두 불균질 결정핵 성장이 일어날 수 있다(그림 4.2).

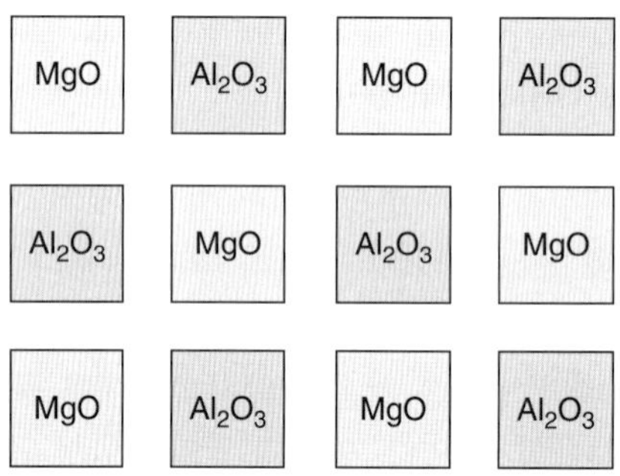

그림 4.1 MgO와 Al_2O_3 입자가 혼합된 이상적 반응 출발물. 실제 물질에서는 입자의 모양, 크기, 배열이 매우 불규칙적임.

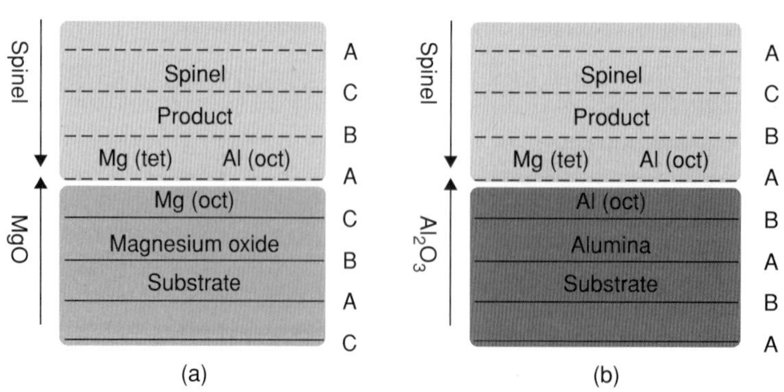

그림 4.2 (a) MgO 표면과 (b) Al_2O_3 표면 각각에서의 스피넬 $MgAl_2O_4$ 결정핵 형성. A, B, C는 각각 조밀 쌓임된 산소 원자층을 나타냄.

MgO는 스피넬과 마찬가지로 *ccp*(ABC 적층) 배열된 O 격자를 갖는다. 따라서 MgO 입자 경계에 Al 원자가 확산하여 $MgAl_2O_4$ 결정핵을 만들 때 음이온 배열의 연속성이 유지되어 $MgAl_2O_4$ 결정이 쉽게 형성될 수 있다. Al_2O_3는 *hcp*(AB 적층) 배열된 O 격자를 갖는다. MgO에 비해 약간 다르지만 $Al_2O_3/MgAl_2O_4$ 입자 경계에서도 O의 *cp* 층이 연속성을 띠며 배열되므로 Al_2O_3 입자 또한 스피넬 결정핵 형성에 유리한 조건을 제공한다(그림 4.2). 고체상 합성에서 종종 출발 물질의 구조 속성이 고려되기도 하며 $MgAl_2O_4$ 합성은 그 좋은 보기이다. $MgO/MgAl_2O_4$ 경계와 같이 기질과 결정핵의 구조 유사성이 3차원 상에서 유지되는 경우를 **위상보존**(topotaxy)이라 하며, $Al_2O_3/MgAl_2O_4$와 같이 2차원 계면에서만 구조 유사성이 유지되는 경우를 **켜쌓음**(epitaxy)이라 칭한다. 출발물의 주요 구조 요소가 생성물에서도 보존되는 반응을 흔히 **위상화학적 반응**(topochemical reaction)이라 부른다.

위상보존과 켜쌓음은 고체상 반응, 결정 성장, 박막의 지향 성장, 삽입 반응, 상 변환 등에서 자주 일어나며, 종종 관여된 두 구조가 전혀 다른 속성을 갖지만 그들 간의 구조 변환은 알아채기 어려울 정도로 매끄럽게 진행된다. Escher 화첩의 '물고기와 새'는 고체상 위상보존 반응 과정을 떠올리게 하는 *경탄스러운* 작품이다(그림 4.3). 교차 영역의 물체는 물고기와 새의 특징을 모두 갖지만 둘 중 어느 쪽과도 완전히 같지는 않다. 비슷한 효과가 위상보존 반응의 두 고체상 경계에서 발생한다; 반응 계면에서 원자 배열이 보존되더라도 배위 환경은 계면의 양 방향에서 서로 다르다. 물론 실제에서는 원자 변위가 함께 일어날 수 있기 때문에 계면 영역의 구조적 세부가 더욱 복잡해진다.

지향된 결정 성장은 (가) 생성물 핵의 형성에 필요한 원자가 가까이에 존재하고 (나) 기질과 결성핵 사이의 **격자 정합**(lattice matching)이 우수할수록 쉬워진다. 예를 들자면 두 구조에서의 O^{2-} 이온 간 배열 및 거리가 비슷해야 한다. 격자 정합이 양호할 경우 결맞은 계면이 형성될 것이다; 그렇지 않다면 큰 응력이 발생하므로 계면의 연속성이 확보되지 못해 결정이 기질로부터 떨어져 나간다. MgO/Al_2O_3 반응 혼합물에서는(그림 4.1) 세 구조가 모두 산소의 *cp* 배열을 가지므로 계면에서의 격자 정합이 양호하다. 따라서

그림 4.3 '물고기와 새': Escher 화첩. Reprinted with permission from M.C. Escher's 'Sky and Water I' © 2013 The M.C. Escher Company-The Netherlands. All rights reserved. www.mcescher.com

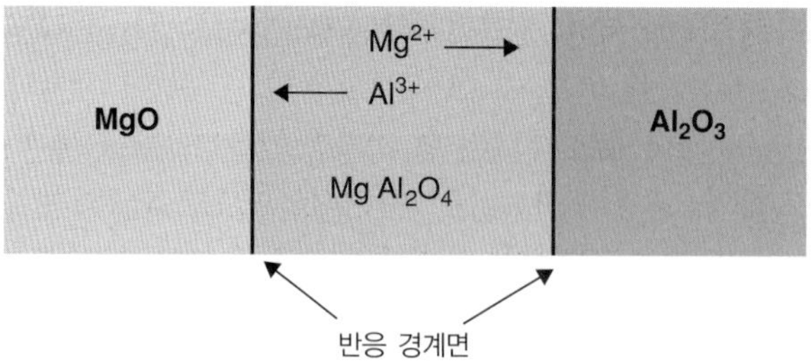

그림 4.4 MgO 입자와 Al_2O_3 입자 경계에서 스피넬 $MgAl_2O_4$ 상의 형성.

MgO와 Al_2O_3가 접촉하기만 하면 얇은 스피넬 층이 쉽게 형성될 것으로 기대할 수 있다.

초기의 생성물 결정핵 형성은 쉽게 일어날 수 있겠지만 후속 진행은 갈수록 어려워진다. 왜냐하면 반응물 MgO와 Al_2O_3 간의 접촉이 없어지고 둘 사이를 매우 치밀한 스피넬 층이 가로막기 때문이다. 즉, 반응이 진행됨에 따라 결정핵이 성장하고 그림 4.4에 나타낸 $MgO/MgAl_2O_4/Al_2O_3$의 계면이 차츰 이동한다. 반응의 진전을 위해서는 Mg^{2+} 이온과 Al^{3+} 이온이 각각 우측과 좌측 방향으로 계속해서 확산해야 하는데 스피넬 층의 폭이 넓어짐에 따라 확산 경로가 길어지고 반응 속도는 느려진다.

위의 반응에서 반응계의 어느 지점에서나 전하 중성이 유지되어야 하므로 Mg^{2+} 이온 3개당 Al^{3+} 이온 2개의 이동이 짝지어지며 각 경계면에서 일어나는 알짜 반응은 다음과 같다.

$$MgO/MgAl_2O_4\text{:}\ 2Al^{3+} - 3Mg^{2+} + 4MgO \rightarrow MgAl_2O_4$$

$$MgAl_2O_4/Al_2O_3\text{:}\ 3Mg^{2+} - 2Al^{3+} + 4Al_2O_3 \rightarrow 3MgAl_2O_4$$

$$\text{전체 반응:}\ 4MgO + 4Al_2O_3 \rightarrow 4MgAl_2O_4$$

반응식 표현에서 발견되는 흥미로운 점은 우측 계면($MgAl_2O_4/Al_2O_3$)의 이동이 좌측 계면보다 3배 빠르다는 것이다. 반응물과 생성물의 색깔이 다른 경우에는 적절한 실험 설계를 통해 계면의 이동을 관찰할 수도 있다(Kirkendall effect).

스피넬의 합성은 특히 느린 반응에 속하는데, 구성 이온의 산화수가 높은 편이어서 확산 속도가 느리기 때문이다. $MgAl_2O_4$의 경우 고순도의 생성물을 얻기 위해서는 1500 °C에서 1주일 정도의 열처리가 필요하다고 알려져 있다. 원활한 반응을 위해서는 반응물과 생성물 모두 약간의 결함을 가져야 하는데, 특히 빈자리 결함은 인접 이온의 접근을 가능케 하므로 도움이 될 수 있다. 이온들의 격자 내 이동을 유발하기 위해 에너지가 공급되어야 하므로 고체상 반응에서 고온 조건은 필수 요소가 된다. 이러한 면들을 고려할 때, 고체상 반응의 잔여 반응물들이 서로 격리된 채 남아 있을 경우 반응의 완결을 기대하기 어렵다. 반응을 촉진시키고 전체 반응 시간을 줄이는 효과적 방법은 단시간의 반응 처리를 반복하고 그 사이사이에 반응 중간체를 분쇄 혼합해 주는 것이다. 이를 통해 반응물 간의 활성 계면이 새롭게 생성될 수 있다. 또 다른 방법으로 일부 반응에서는 기체나 액체상을 이용한 물질 전달이 이루어진다. 이 경우 소량의 기체/액체 수송체만으로도 반응 속도를 크게 향상시킬 수 있다.

4.2.2 실험 시 고려 사항

고체상 스피넬 합성의 난점 중 한 가지는 출발물 MgO와 Al_2O_3 모두 매우 안정한 물질이라는 것이다. 여느 화학 반응과 마찬가지로 고체상 반응에서도 그 첫 단계는 출발물의 분해이다. 너무 안정한 출발물을 사용할 경우 반응이 느리므로 출발물 중 적어도 한 가지는 높은 반응성을 갖거나 확산성 이온을 함유해야 한다. 다른 한편으로 휘발성 물질이나(알칼리 산화물, Tl_2O, PbO, Bi_2O_3, HgO), 용기에 대한 반응성이 있는 전이 금속 화합물이 반응물로 관여되는 경우가 있다. 대개의 경우 이러한 문제들은 사전 지식과 함께 합성 과정에 대한 주의 관찰을 통해 피할 수 있다. 고체상 반응의 계획에서 기본적으로 고려할 네 가지 사항은 다음과 같다.

출발물 선택

이상적인 출발물은 정확한 양론을 가지면서 순도가 높고 반응성을 가져야 한다. 수분이나 CO_2에 민감한 시약, 또는 산화수가 명확하지 않은 전이 원소를 함유한 시약은 정확한 정량이 어려우므로 피해야 한다. 건조 처리를 요하는 시약의 경우, 시행착오를 통해 결정된 적정 온도에서 가열한 후 건조기에서 보관되어야 한다. 탄산염, 아세트산염, 질산염 등의 산소산 염은 고온 반응의 초기에 쉽게 분해되므로 산화물의 합성에 자주 사용된다(단, 황산염은 열적으로 안정하기 때문에 예외이다). 이러한 분해 단계는 시약 입자의 크기 감소와 표면적 증가를 통해 잠재적 반응성을 현저히 증가시킨다. 또한 분해 과정의 기체 발생은 고체 반응물의 혼합에도 도움이 될 수 있다.

출발물 혼합

고체상 반응에서는 무엇보다도 반응물 간 접촉이 중요하며, 이를 위해서는 반응물의 비표면적을 넓혀야 한다. 기본적 방법으로 시료를 분쇄 혼합하는데, 마노 유발과 막자(agate mortar and pestle)를 이용한 수작업이 주로 행해진다. 마노 재질은 치밀하고 세척이 용이하여 시료 오염의 염려가 적다. 그 밖에도 다양한 기계적 혼합 기법이 검토될 수 있는데, 대표적으로 볼밀(ball mill)에서는 반응 혼합물을 여러 개의 볼과 함께 용기에 넣어 회전시킨다(볼의 재질로는 마노 또는 지르코니아 등이 이용된다). 일정 시간, 예를 들어 3−24시간 동안 용기를 회전시키며 그 과정에서 반응물의 분쇄와 혼합이 효과적으로 이루어진다. 유성 연동 볼밀(planetary ball mill)은 초고속 회전을 통해 고에너지 분쇄를 가능케 한다. 단 볼밀의 사용에서는 분쇄 매체를 통한 오염에 유의해야 한다. 어느 경우에나 볼밀의 혼합을 돕기 위해 물이나 유기 액체가 사용되며, 혼합 이후 적절한 건조가 필요하다.

반응 용기

고체상 반응은 거의 예외 없이 고온에서 진행되며 그 범위는 1800 °C에 이른다. 따라서 무엇보다도 중요한 점은 반응물과 반응하지 않는 물질을 용기로 사용하는 것이다. 반응 용기는 보트(boat) 또는 도가니(crucible) 형태이며 주로 선택되는 재질은 다음과 같다.

재질	주요 특성	녹는점
Pt	Li_2O, BaO, Ga와 몇몇 전이 금속에 대한 반응성이 있음	1768 °C
Au	Pt에 비해 반응성이 낮으나, 녹는점이 비교적 낮음	1063 °C
Al_2O_3	반응성이 대체로 낮고 녹는점이 높으며 경제적이지만 반응물에 의해 오염될 수 있음	2072 °C
ZrO_2	Al_2O_3에 비해 녹는점이 높고 반응성이 낮으나 가격이 더 높음	2715 °C
SiO_2(석영)	1200 °C까지 사용 가능. 알칼리 금속과의 반응성이 큼	1713 °C
흑연, BN	황화물을 비롯한 칼코젠화물과 질화물 합성에 사용 산소 분압이 극도로 낮은 조건에서만 사용 가능	$>$2900 °C

열처리 조건

반응 온도와 시간, 가열/냉각 속도, 횟수, 기체 분위기 등을 다양하게 설계할 수 있으며 다음 사항에 주안점을 둔다. 출발물은 서서히 분해되는 것이 좋다. 급격한 용융이나 비산으로 인해 반응물이 용기 외부로 이탈하는 것은 피해야 한다. 대개 1회의 반응을 12−24시간에 걸쳐 시행하며, 진행도를 점검하여 동일 온도에서 반복 시행하거나 온도를 점진적으로 상승시킨다. 반응은 대개 공기 중에서 진행되지만, 관상형 전기로를 사용하는 경우 다양한 범위의 기체 분위기가 이용될 수 있다. 휘발 성분의 손실이나 대기에 의한 분해를 막기 위해서는 실리카나 귀금속 재질의 밀봉 용기를 이용하기도 한다. 합성 대상 물질이나 유사 물질에 대한 사례 자료를 참고하는 것이 가장 좋으나, 그것이 가용하지 않다면 시행착오를 통해 조건을 탐색해야 한다.

많은 고체 시료들이 고체상 반응으로부터 상당히 만족스럽게 합성될 수 있다. 아래 예들에서 각 경우마다 적어도 한 가지 이상의 특별한 고려 사항이 포함됨을 주목하라.

4.2.2.1 Li_4SiO_4

Li_4SiO_4는 다수의 이온 전도체를 설계하는 데 있어 모델이 되어온 화합물이며 아래 반응에 따라 합성될 수 있다.

$$2Li_2CO_3 + SiO_2 \xrightarrow[24\text{ h}]{\approx 800\,^\circ C} Li_4SiO_4 + 2CO_2$$

Li_2CO_3는 720 °C 이상에서 용융 분해되며, Pt, Al_2O_3, SiO_2를 비롯한 다수의 용기 재질과 반응한다. 이러한 문제를 피하기 위해 Au 용기를 사용하는 한편, 출발물을 650 °C 정도에서 수 시간 열처리한 후 800−900 °C에서 합성을 완결한다.

4.2.2.2 $YBa_2Cu_3O_{7-\delta}$(YBCO)

YBCO는 고온 초전도체(임계온도 90 K)의 효시 격인 화합물로서 아래 반응에 의한 합성이 고려될 수 있다.

$$Y_2O_3 + 4BaCO_3 + 6CuO + \frac{1}{2}O_2 \xrightarrow{950\,^\circ C, 350\,^\circ C} 2YBa_2Cu_3O_7 + 4CO_2$$

이 경우 문제점은 (i) $BaCO_3$가 상당히 안정하기 때문에 반응 온도에서 완전히 분해되지 않으며, 생성물 상 또한 CO_2에 대한 결합 경향이 있다. (ii) CuO는 고온에서 용기와 반응하기 쉽다. (iii) Cu의 산화수가 +2/+3으로 가변적이며 그에 수반한 산소 함량 제어가 어렵다. 이에 대한 해결 방법으로 (i) CO_2가 제거된 분위기에서 반응을 시행하며 $Ba(NO_3)_2$를 출발물로 사용한다. (ii) 기존에 합성된 YBCO 분말 위에 펠렛 상태로 마련된 반응물을 얹어 반응시킨다. (iii) 고온(≈ 950 °C)에서 얻어진 YBCO 상을 저온(300−500 °C)에서 열처리하여 산소 함량 δ를 조절한다.

4.2.2.3 Na β/β''-알루미나

Na β/β''-알루미나는 대표적인 Na^+ 이온 전도체이다. 조성 면에서 β-형은 $NaAl_{11}O_{17}$이고 β''-형은 $NaAl_5O_8$로 약간 다르며, 둘 모두 Al:O 비가 2:3에 가깝다. 합성을 위한 출발물로는 Na_2CO_3와 Al_2O_3를 고려할 수 있다.

$$Na_2CO_3 + xAl_2O_3 \xrightarrow{\approx 1500\,^\circ C} \text{Na } \beta/\beta''\text{-알루미나(Na 함량이 가변적)}$$

이 경우 Al_2O_3의 반응을 위해 상당한 고온이 필요한 데 비해 Na_2O (⇐ Na_2CO_3)는 휘발성이라는 난점이 있다. 최적화된 반응에서는 (i) 700−800 °C에서의 열처리를 통해 초벌(green) 생성물을 얻은 후, 1400−1500 °C의 고온 처리에 이용한다. (ii) 비표면적이 넓어 반응성이 큰 boehmite(γ-AlOOH) 또는 γ-Al_2O_3를 사용한다.

위의 예들은 모두 산화물에 대한 것들이다. 비-산화물의 고체상 합성에서도 비슷한 점들이 고려되지만 종종 전혀 다른 방법이 적용된다. **열탄소 환원**(carbothermal reduction)은 탄화물, 붕소화물, 질화물의 합성에 폭넓게 이용되는 기법이며, SiO_2와 C의 혼합으로부터 SiC를 얻어내는 Acheson 공정에서 개발되었다. 탄화 규소 SiC는 연마제 금강사(carborundum), 전기로의 발열체에 사용되는 중요 세라믹이다. Acheson 공정의 전체 반응은 다음과 같다.

$$SiO_2 + 3C \rightarrow SiC + 2CO$$

이 공정은 고온에서 진행되며 탄소는 반응물로서, 또한 SiO_2의 환원제로서 동시에 작용한다. 반응 메커니즘은 단순하지 않으며 기체상 중간체로 SiO를 포함한다. SiO는 Si와 C 간의 반응물 접촉을 효과적으로 매개한다. 열탄소 환원을 이용하여 Al_4C_3, B_4C, TiC, WC, Mo_2C 등 다양한 탄화물들이 합성될 수 있다.

유사한 방법으로 붕소화물이 합성될 수 있으며 이 경우 붕소의 공급원 B_2O_3가 원소 B로 환원되어져야 한다. 따라서 B_2O_3와 금속 산화물의 환원을 위해 탄소를 반응 혼합물에 첨가한다(탄소가 생성물에 남지는 않는다). 이로부터 AlB_{12}, VB, VB_2, TiB_2 등이 합성될 수 있다. 마찬가지로 금속 산화물과 N_2 기체, 흑연을 이용하여 BN, AlN, Si_3N_4, TiN과 같은 질화물들을 얻을 수 있다.

4.2.3 연소 합성

고체상 합성은 수일 이상의 반응 시간을 요하는 경우가 흔하지만 **연소 합성**(combustion synthesis) 반응들은 매우 짧은 시간 내에 완결될 수 있다. **자가파급 고온 합성**(self-propagating high temperature synthesis, SHS)과 **고체상 복분해**(solid state metathesis, SSM) 등이 이에 속하며, 공통적으로 매우 격렬한 발열 반응 과정을 활용한다.

SHS 반응의 대표적 예로 **써마이트**(thermite) 반응을 살펴보자.

$$Fe_2O_3 + 2Al \rightarrow 2Fe + Al_2O_3$$

이 반응의 부분 과정인 Al의 산화는 매우 큰 음의 반응 엔탈피를 가져, 반응계 국부 온도를 3000 °C까지 상승시킬 수 있다. 그 결과로 반응이 폭발적으로 파급되어 수분 내에 반응이 완결될 수 있는데, 여기서 Al과 Fe_2O_3는 각각 연료(fuel)와 산화제(oxidant) 역할을 한다. 이 개념을 확장시켜, 반응에 참여하지 않는 연료를 첨가하여 연소 반응을 설계할 수 있다. 주로 사용되는 연료 물질로 하이드라진, 글리신, 요소 등이 있고, 이때 출발물을 질산염으로 선택하여 산화제 역할을 담당하게 한다.

많은 복합 산화물들이 연소 합성으로 얻어질 수 있다. 스피넬 아철산염 $Ni_{0.5}Zn_{0.5}Fe_2O_4$를 합성하는 경우, 각 금속의 질산염과 요소를 혼합하여 600 °C에서 가열하면 자가 발화에 의해 단시간에 목적 상이 얻어진다. 반응 중에 다량의 기체가 발생하므로 미립 분말 형태의 생성물이 얻어지며, 펠렛 성형과 고온 가열을 통해 고밀도 세라믹으로 가공될 수 있다. 이때 온도가 1100 °C보다 낮으면 소결(sintering)이 불완전하고 1300 °C보다 높으면 입자가 과성장하므로 온도 조절이 중요하다.

SSM 반응에서는 매우 큰 격자 에너지를 갖는 부산물이 생성되도록 하여 정반응 유도 동력으로 이용한다. 아래 예에서는 격자 에너지가 매우 큰 LiCl의 형성이 TaN의 생성에 기여하는데, 부산물인 LiCl은 물에 녹기 때문에 쉽게 분리 제거될 수 있다. SSM에서는 부산물의 용융/증발이 반응열을 일부 흡수할 수 있어 SHS보다 반응에 대한 제어성이 높다. 단적으로 SSM에서 반응계 온도는 부산물(예: LiCl)의 끓는점을 넘지 못한다.

$$5Li_3N + 3TaCl_5 \rightarrow 3TaN + 15\,LiCl + N_2$$

폭넓은 범위의 물질들이 SHS와 SSM 방법으로 얻어질 수 있다. 탄소 나노튜브를 비롯한 탄소-관련 물질들을 리튬 아세틸라이드와 탄소 할로젠화물의 SSM으로 얻어낼 수 있다.

$$3Li_2C_2 + C_2Cl_6 \xrightarrow[\text{촉매}]{} 8C + 6LiCl$$

이 방법으로 얻어진 탄소 나노튜브는 단일벽과 다중벽 구조로 이루어지며 2000 °C를 넘는 온도에서 수초 내에 얻어진다.

SSM 기법이 적용되는 물질계는 탄화물, 규소화물, 질화물, 인화물, 황화물, 산화물 등으로 매우 다양하다. 물론 각각의 경우에 단일상 생성물을 얻기 위한 최적화 조건이 탐색되어야 한다.

$$3ZrCl_4 + Al_4C_3 \rightarrow 3ZrC + 4AlCl_3$$

$$V_2O_5 + 2Mg_2Si + CaSi_2 \rightarrow 2VSi_2 + 4MgO + CaO$$

$$2AgF + Na_2S \rightarrow Ag_2S + 2NaF$$

$$HfCl_4 + 2Na_2O \rightarrow HfO_2 + 4NaCl$$

4.2.4 역학적 합성

매우 큰 물리적 에너지를 이용한 혼합 분쇄만으로도 고체상 반응이 일어날 수 있으며, 역학적 합성

(mechanosynthesis)이라는 명칭으로 그 영역이 차츰 성장하고 있다. 정확한 메커니즘이 확립되어 있지는 않으나 역학적 합성에서는 기계적 충격에 의해 반응물 입자가 나노미터 수준으로 작아질 뿐만 아니라 매우 풍부한 결정 결함을 갖게 되고, 그 결과로 높은 반응성을 띠게 된다. 또한 직접 가열이 이루어지지는 않지만 기계적 에너지가 국부적 열에너지로 변환되어 원자의 확산과 생성물 구조 형성을 일으킬 수 있다.

일반적 고체상 합성 생성물에 비해 역학적 합성을 통해 얻어진 생성물은 준안정적이고(metastable), 조성의 불균일성과 구조의 무질서가 심하며, 원자의 빈자리 결함 농도가 높다는 특징이 있다. 최근 역학적으로 합성된 Zn_2SnO_4 나노 입자에서 입자 핵은 일반적 예상대로 역스피넬 구조였지만 바깥 껍질과 표면에서는 Zn/Sn의 무질서 배열과 왜곡된 다면체가 관찰되었다. 이는 이 물질이 심한 비평형 상태임을 가리킨다. 이와 같은 구조 면의 차이를 생각할 때, 역학적 합성물은 재료로서의 거동 또한 다를 것으로 여겨진다. 이러한 면에서 역학적 합성은 기존 고체상 합성법을 대체하거나 또한 새로운 물성의 나노재료를 얻어낼 수 있는 유망 기법으로 각광받고 있다.

4.3 저온 합성(*chimie douce*)

고체상 합성의 가장 큰 문제점은 반응물의 혼합이 원자 차원과는 아주 동떨어진, 미흡한 균일도로 얻어진다는 것이며, 이는 기체나 액체가 관여한 혼합과 비교할 때 판이하게 다른 부분이다. 반응물의 불균일 혼합은 높은 반응 온도와 긴 반응 시간을 요할 뿐만 아니라 생성물의 순도와 입자 크기의 단분포도를 떨어뜨리는 원인이 된다. 이러한 문제에 대한 개선책으로 다양한 경로가 착안되어졌으며 이른바 *chimie douce*(soft chemistry)라는 일련의 기법들이 개발되어졌다. *Chimie douce* 기법이 성공적으로 적용될 경우 고온 고상법으로 얻기 힘든 상을 합성하거나 또는 고체상 합성에 비해 고품질의 생성물을 얻을 수 있다는 장점이 있다. 반면 *chimie douce* 법은 고가이면서 취급이 어려운 시약을 사용하고, 대량 합성에 적용이 어려우며, 유사한 계로의 확장 적용이 제한적이라는 단점을 갖는다.

4.3.1 알콕사이드 졸-젤(alkoxide sol-gel)

Chimie douce 방법에서 일반 공통적으로 취하는 접근법은 액체 상태에서 반응물을 균일하게 혼합하고, 그 균일도를 유지한 채로 고형화시켜 고온 처리 출발물로 삼는 것이다. 이른바 **졸-젤 기법**에서는 양이온 조성 함량이 정확히 제어된 혼합 용액을 마련한 후, 점진적 건조에 의해 점성 졸 형태를 거쳐 투명하고 균일한 비정질 고체(젤)를 얻는다. 졸 상태에서 용질은 콜로이드 수준의 크기를 가지며 용질 크기가 더욱 커지고 용매가 제거됨으로써 젤이 얻어진다. 젤 상태의 선구체를 가열하면 반응물 이외의 지지체 성분들이 제거되고 최종 산물을 얻을 수 있다.

졸-젤 법의 선구 물질은 크게 유기금속(organometallic)과 금속 무기물의 두 종류로 나뉜다. 유기금속 선구체의 가장 대표적 예로 알콕사이드 졸-젤 기법에서는 $Si(OEt)_4$ (TEOS), $Ti(O^iPr)_4$ (TIPP), $Al(OBu)_3$와 같은 알콕사이드 $M(OR)_n$을 보편적으로 사용한다. 이러한 공유 결합성 액체를 알코올 용매 중에서 가수분해시키면 졸 상태의 선구체가 얻어진다. 알콕사이드의 가수분해는 산 촉매(H^+의 친전자 반응), 또는 염기 촉매(OH^-의 친핵 반응)에 의해 개시될 수 있다.

$$Cl^- + H^+ + ROSi(OR)_3 \rightarrow HOSi(OR)_3 + RCl$$

$$OH^- + Si(OR)_4 \rightarrow (HO)Si(OR)_3 + RO^-$$

이때 가수분해 과정은 두 단계에 거쳐 일어나는데, 생성된 졸의 점도나 구조가 가수분해 축합 정도에 따라 크게 달라지므로 반응 변수(온도, 시간, 촉매 종류, …)에 대한 면밀한 제어가 필요하다.

$$Si(OEt)_4 \rightarrow Si(OEt)_3OH + Si(OEt)_2(OH)_2 + \cdots$$

$$(EtO)_3Si{-}OH + HO{-}Si(OEt)_3 \rightarrow (EtO)_3Si{-}O{-}Si(OEt)_3$$

복합 양이온(M, M′) 조성의 산화물은 M과 M′의 알콕사이드를 혼합하여 교차 축합시킴으로써 얻을 수 있다. 이 경우, M과 M′의 알콕사이드가 엇비슷한 속도로 가수분해되어야 한다.

$$-\mathrm{M{-}OH} + \mathrm{HO{-}M'}- \rightarrow -\mathrm{M{-}O{-}M'}-$$

얻어진 젤을 가열하여, 유기물 성분을 제거하는 동시에 산화물 생성물을 얻을 수 있다. 다음은 알콕사이드 졸-젤 법이 성공적으로 적용된 몇몇 사례이다.

4.3.1.1 $MgAl_2O_4$ 합성

$Mg(OMe)_2$와 $Al(O^sBu)_3$의 혼합을 가수분해, 축합, 건조시켜 비정질의 젤을 얻고, 250 °C에서 열처리함으로써 스피넬 상의 미립자를 얻을 수 있다. 고체상 합성(약 1500 °C에서 수일간의 반응이 필요)에 비해 뚜렷한 장점을 제공하지만 알콕사이드 시약의 가격, 취급성, 대량가공 제한 등의 단점이 있다.

4.3.1.2 비정질 실리카

순수한 실리카 유리는 고전적 용융에 의한 가공이 매우 어렵고 고비용을 요하는데, 이는 SiO_2의 녹는점(~1700 °C)이 높아 약 2000 °C의 고온에서도 점도가 매우 높기 때문이다. 반면 TEOS를 출발 물질로 졸-젤 가공할 경우 1200 °C 이하의 온도에서 비정질 실리카를 가공할 수 있다. 실리카 유리와 비정질 실리카는 겉보기에 비슷하고 둘 다 준안정성이다. 이들은 1200 °C에서 최종 가공되는데 결정화가 일어나지 않도록 주의해야 한다.

4.3.1.3 섬유상 알루미나의 회전 사출

알루미나(alumina), 즉 산화 알루미늄은 대개 분말 상태로 주위에서 접할 수 있는데, 졸-젤 법을 통해 섬유상 알루미나를 얻을 수 있다. 섬유상 알루미나는 Saffil®이라는 상표명으로 상용화되어 석면 대체 단열재로 사용된다. $Al(OBu)_3$를 출발 물질로 졸-젤 가공하고 회전 사출(spinning)하여 섬유상 생성물을 얻을 수 있다. 이때 중합체의 점도 조절이 매우 중요하며, 또한 그 미세 구조가 사출에 적합해야 한다. 가수분해 촉매로 염기를 사용할 경우 가지화(branching) 성장이 유리해져 3차원 중합체가 얻어지는 반면, 산을 사용할 경우 선형 사슬이 얻어질 수 있으므로 산 촉매 조건에서 가수분해를 시행해야 한다. 염기성 촉매 하에서는 OR/OH의 치환 속도가 갈수록 증가한다. 전자 당김 작용기인 OH에 의해 Si의 부분 양전하가 증가하고 그에 따라 OH^-의 친핵성 공격이 더욱 쉬워지기 때문이다. 이 결과 OH 기를 둘 이상 갖는 Si 원자가 많아지고 축중합 과정에서 교차 결합된 구조가 얻어진다.

4.3.1.4 박막용 코팅액

ITO(tin-doped indium oxide)는 $In_{2-x}Sn_xO_3$의 조성을 갖는 반도체이며 투명 전도성, 적외선 차단성에 의해 매우 큰 관심을 받는 물질이다. 실제 제품에서 ITO는 박막 형태로 사용되는데, 졸-젤 가공에 의해 박막을 제조할 경우 물리적 방식에 비해 시간과 비용 면에서 장점이 있다. In과 Sn 각각의 알콕사이드를 이용하여 졸 용액을 얻은 후 스핀코팅이나 딥코팅으로 기판 위에 박막을 형성할 수 있다. 코팅과 동시에 막의 안정화가 이루어져 비정질의 얇고 투명한 층이 견고하게 형성될 수 있다.

졸-젤 코팅액을 이용한 박막 제조는 ITO뿐만 아니라 다양한 전자재료에 적용되어진다. 대표적으로 반도체 공정에서 Si 웨이퍼에 Ta_2O_5 절연 축전층을 도포하기 위해 $Ta(OEt)_5$를 이용하거나, 실리콘 태양전지 공정에서 Si 웨이퍼에 반사 방지용 SiO_2/TiO_2 막을 도포하는 예가 있다. 후자에서는 SiO_2/TiO_2의 함량 비에 따라 굴절률이 조절된다.

위와 같은 코팅 공정에서는 막의 균열을 피하고 기판과의 안정적 접착을 위해 건조 조건이 조절되어져야 한다. 코팅 직후의 젤은 용매 등의 휘발 성분을 다량 함유하기 때문에 건조/분해 과정에서 부피가 크게 감소한다. 코팅 막이 아주 얇다면 성분 이탈 과정에서도 일체성이 유지될 수 있지만 후막의 경우 표면과 내부의 수축 차이에 의해 심한 변형력을 겪게 된다.

4.3.1.5 YSZ 세라믹

$Zr_{1-x}Y_xO_{2-0.5x}$ 조성의 고용체는 YSZ(yttria-stabilized zirconia)라는 관용 약칭으로 불리우며 산소 이온 전해질로서 매우 높은 중요도를 갖는다. 일반적 고체상 합성에서는 Y_2O_3와 ZrO_2가 출발물로 고려될 수 있겠으나 둘 모두 녹는점이 매우 높은 안정한 산화물이다. YSZ를 졸-젤 법으로 합성할 경우 합성 온도와 시간 면에서뿐만 아니라 생성물 상의 입도 제어가 가능하다는 이점이 있는데, 출발물로는 $Y(OPr)_3$와 $Zr(OPr)_4$를 이용한다.

4.3.2 산화수산화물과 콜로이드 화학을 이용한 졸-젤 기법

알콕사이드 법에 비견되는 방법으로 무기 산화물이나 수산화물의 졸-젤화 방법이 있다. 수용액 중의 금속은 pH에 따라 완전히 용해된 이온부터 침전까지 다양한 상태를 취할 수 있으며, 적정한 pH 영역에서는 용해된 이온이 축합된 상태(졸, 젤)로 안정화될 수 있다. 그림 4.5는 수용액 중 Al, 즉 $Al^{3+}-H_2O-H^+/OH^-$ 계에서 나타나는 화학종 변환을 나타낸다. 강산성 조건 하의 $Al(H_2O)_6{}^{3+}$에 염기를 첨가하면 일련의 가수분해를 거쳐 $[Al_{13}O_4(OH)_{24}(H_2O)_{12}]^{7+}$와 같은 다핵 축합체, 나아가 콜로이드 졸 상태를 이룬다. 이후 단계에서는 젤화(gelation)가 진행되어 수화된 수산화물 $Al(OH)_3(H_2O)_n$이 형성되며, 끝으로 강염기성 조건에서는 젤이 $Al(OH)_4{}^-$ 상태로 재용해된다.

주기율표 상 원소 중 경계 영역의 전기 음성도를 갖는 경우 산성/염기성 양 조건에서 모두 용해도가 높아 양쪽성(amphoteric)이라 지칭되는데, Al이나 Zn이 이에 속한다. 이들보다 전기 음성도가 약간 높은 경우(Si, B, P) 폭넓은 크기 범위의 다핵 음이온을 형성한다. 수용액 중의 중합 화학종을 식별하는 것은 까다로운 작업이지만 규소산과 인산의 경우 크로마토그래피를 이용한 정제와 분석이 이루어질 수 있다.

Al_2O_3, SiO_2, Fe_2O_3, ZrO_2, Y_2O_3는 수용액 상에서 다양한 가수분해 평형을 갖고 pH에 대한 용해도 의존성이 높아 산화수산화물(oxyhydroxide) 졸-젤 기법을 적용하기에 이상적인 후보들이다. 산화수산화물 졸-젤 법 역시 단순 또는 복합 산화물 상의 합성뿐만 아니라 박막, 섬유상, 세라믹 성형에 유용하다는 장점이 있다. 스테인레스강 그물 체에 실리카를 코팅하여 내부식성을 보강할 수 있으며, 그 외 몇몇 예는 다음과 같다.

4.3.2.1 제올라이트(zeolite)

제올라이트는 3차원 골격 구조의 알루미노규산염(aluminosilicate)으로서 규칙 배열된 동공을 갖는다. 최근 천연 제올라이트와 유사한 구조 속성을 갖되 동공 크기가 조절된 알루미노인산염(aluminophosphate, ALPO)이 합성 개발되기도 하였다. 제올라이트, 또는 일반화하여 다공성 고체의 합성에서는 졸-젤 과정의 최종 단계로 수열 처리를 하는 경우가 많다.

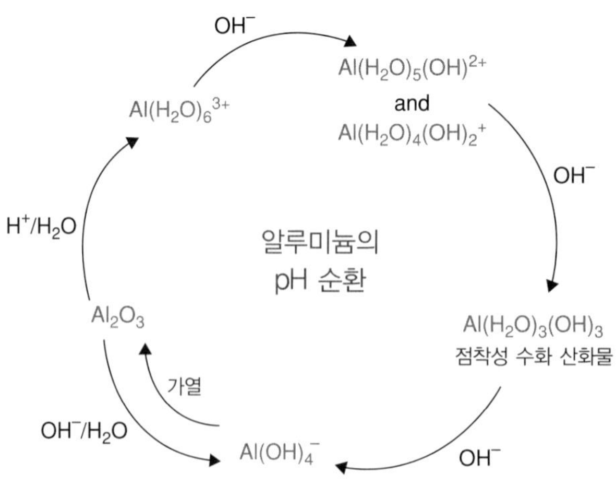

그림 4.5 수용액에서 Al의 양쪽성 거동과 pH 효과.

$$\mathrm{NaAl(OH)_4}(aq) + \mathrm{Na_2Si_3O_7}(aq) + \mathrm{NaOH}(aq) \xrightarrow{25\,^\circ\mathrm{C}} \text{젤} \xrightarrow[\text{수열}]{25\text{–}175\,^\circ\mathrm{C}} \mathrm{Na}_w\mathrm{Al}_x\mathrm{Si}_y\mathrm{O}_z \text{ 제올라이트}$$

제올라이트의 종류는 매우 다양하다. 출발 조성, 온도, 압력과 함께 **주형**(template) 첨가물에 따라 얻어지는 제올라이트의 세부 구분이 달라지는데, 합성 제올라이트에서 흥미로운 부분은 주형의 선택에 따라 동공의 크기와 배열이 설계될 수 있다는 점이다. 일반적으로 알킬암모늄 양이온 R_4N^+가 주형으로 사용되며 R의 길이, 모양 등이 주요 변수가 된다.

주형 유기 분자는 300−400 °C에서 가열함으로써 연소 제거될 수 있다. 남겨진 제올라이트는 다공성 구조이면서 열역학적으로 불안정한 편이지만, 400 °C 이내 범위에서는 촉매나 분자 체(molecular sieve)로서 폭넓은 용도를 갖는다.

4.3.2.2 알루미나-기반 연마제와 박막

양이온이 혼입된 알루미나 미립자는 연마제로 사용될 수 있다. AlOOH를 약산에 분산 해리시켜 졸을 얻고 $Mg(NO_3)_2$나 $Zr(OAc)_4$ 용액을 소량 혼합하여 젤화시킨 후 건조 및 가열함으로써 산화물 상을 얻을 수 있다.

알루미나 박막은 매우 넓은 용도 범위를 갖는데, 졸−젤 법으로 박막을 제조할 경우 장비와 전력 비용이 낮은 한편, 대면적화가 용이하고 소요 시간이 짧다는 이점이 있다. 졸−젤 법으로 제조된 박막은 고진공 장치에 의존하는 물리적 제조 박막에 비해 품질이 다소 뒤떨어지지만 대부분의 알루미나 코팅 제품 기준(투명도, 경도, 전기 절연성, 내화학성, 내마찰성, 내부식성)을 충족시키므로 활용도가 매우 높다. 전형적으로 이소프로판올에 용해된 $Al(O^sBu)_3$와 착물화제인 아세틸아세톤(acetylacetone)을 20:0.5 비율로 혼합하여 상온에서 6시간 교반한 후, 질산을 서서히 첨가하고 안정화/가수분해를 위해 물을 더한다. 이 용액을 80 °C에서 2시간 환류 응축시켜 코팅액으로 사용할 수 있다. 코팅 후 N_2 분위기, 200−800 °C에서 수 시간, 또는 마이크로파 오븐에서 수 분간 열처리함으로써 안정한 Al_2O_3 박막이 얻어진다.

4.3.3 구연산 법과 Pechini 공정[1]

다음으로 논해질 졸−젤 법은 카복실산(carboxylic acid)과 다수산화기 알코올(polyhydroxy alcohol)을 이용하여 젤을 형성하고 연소 분해에 의해 유기물을 제거하는 과정을 포함한다. 대표적인 사용 물질로는 구연산(citric acid)과 에틸렌글리콜(ethylene glycol)을 각각 들 수 있다(그림 4.6). 구연산 분자는 3개의 카복시기를 갖는 킬레이트 리간드로서 여러 개의 금속 이온과 동시에 결합할 수 있다. 또한 카복실산과 에

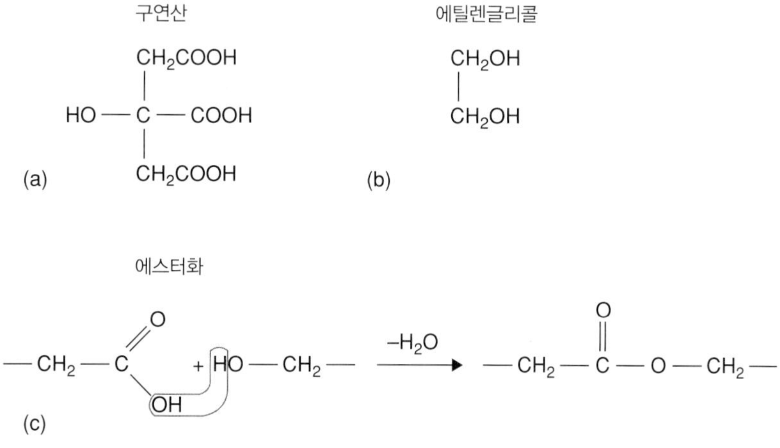

그림 4.6 Pechini 공정의 시약과 에스터화 메커니즘.

1) M. P. Pechini, US Patent 3330697, 1967.

틸렌글리콜의 수산화기 사이의 에스터화(esterification) 반응에 의해 축합이 일어날 수 있다. 즉, 구연산은 축합에 의해 젤을 형성하는 한편, 금속 양이온들이 응집되지 않도록 격리시켜 혼합하는 역할을 한다. 이 기법의 세부 적용은 다양하게 변형 시도될 수 있는데, 카복실산으로 타타르산(tartaric acid)이나 폴리아크릴산[poly(acrylic acid)]을 사용할 수 있고, 다수산화기 알코올로 작게는 글리세롤(glycerol)부터 폴리비닐 알코올[poly(vinyl alcohol)]이나 폴리에틸렌글리콜에 이르기까지 폭넓은 범위에서 선택이 가능하다.

젤을 이루는 고분자 유기물의 분해/제거에 상당한 고온이 필요할 수 있는데, 요소나 질산을 첨가하여 연소를 보조할 수 있다. 그 경우 다량의 질소 기체 발생에 의해 포말성 생성물이 얻어져 이후 공정에 추가적인 이점을 제공하며, 또한 질산의 첨가는 불용성 구연산 염의 침전을 억제하는 효과를 갖는다.

Pechini 공정은 카복실산과 알코올을 모두 사용하며 에스터화 과정을 포함한다. 반면 구연산 젤 기법은 금속 질산염 용액에 구연산을 가하는 과정만으로 진행되어 젤 생성물 내의 유기물 함량이 적게 된다. 이 경우 후속 열처리 과정에서 질량이나 부피 변화가 적어 박막 가공에 선호된다.

Pechini 법과 구연산 법이 특히 유용하게 적용된 예는 고온 초전도체 $YBa_2Cu_3O_7$, 연료 전지 음극재 $Sr(Co,Fe)O_{3-\delta}$, 리튬 이차 전지 음극재 $LiMn_2O_4$ 등이 있다.

4.3.4 단일종 선구체(single-source precursor)

졸–젤 법의 착안점에서 더 나아가, 목표로 하는 상과 동일한 양이온 조성을 가지면서 쉽게 분해될 수 있는 순물질 화합물이 가용하다면 이들은 단일종 선구체로서, 이상적인 반응 출발물이 된다. 아래에 몇 가지 예를 소개한다.

(1) $FeCr_2O_4 \Leftarrow NH_4Fe(CrO_4)_2$

수용액 중 침전을 통해 반응 선구체를 얻을 수 있으며, 이 선구체는 가열에 의해 목표 상으로 분해된다.

$$Fe^{3+}(aq) + 2CrO_4{}^{2-}(aq) + NH_4{}^{+}(aq) \rightarrow NH_4Fe(CrO_4)_2(s)$$

$$2NH_4Fe(CrO_4)_2 \xrightarrow{1150\,^\circ C} 2FeCr_2O_4 + 2NH_3 + H_2O + \frac{7}{2}O_2$$

(2) $MnCr_2O_4 \Leftarrow MnCr_2O_7 \cdot 5C_5H_5N$

피리딘산 선구체는 수용액 중 침전을 통해 얻어지며, H_2 분위기에서의 가열을 통해 목표 상으로 분해된다.

$$Mn^{2+}(aq) + Cr_2O_7{}^{2-}(aq) + 5C_5H_5N \rightarrow MnCr_2O_7 \cdot 5C_5H_5N(s)$$

$$MnCr_2O_7{\cdot}5C_5H_5N \xrightarrow[H_2]{1100\,^\circ C} MnCr_2O_4$$

(3) $BaTiO_3 \Leftarrow Ba(TiO)[(COO)_2]_2$

바륨 타이타늄 옥살산 선구체는 다단계 과정을 거쳐 얻어지며 가열에 의해 분해된다.

$$Ti(OBu)_4(aq) + H_2O(l) \rightarrow Ti(OH)_4(s)$$

$$Ti(OH)_4(s) + (COO)_2{}^{2-}(aq) \rightarrow TiO(COO)_2(aq)$$

$$TiO(COO)_2(aq) + Ba^{2+}(aq) + (COO)_2{}^{2-}(aq) \rightarrow BaTiO[(COO)_2]_2(aq)$$

$$BaTiO[(COO)_2]_2 \xrightarrow{650\,^\circ C} BaTiO_3$$

(4) $BaTiO_3 \Leftarrow$ BaTi-카테콜산(catecholate)

이 경우 역시 다단계 과정을 거쳐 선구체가 얻어지며 가열에 의해 분해된다.

$$C_6H_4(OH)_2\ (\text{catechol, cat}) + TiCl_4 \rightarrow H_2Ti(cat)_3$$

$$H_2Ti(cat)_3 + BaCO_3 \rightarrow BaTi(cat)_3$$

$$BaTi(cat)_3 \xrightarrow{650\,^\circ C} BaTiO_3$$

4.3.5 수열(hydrothermal), 용매열(solvothermal) 합성

수열 합성에서는 반응물을 물/수증기 중에서 가열함으로써 압력을 부가적으로 가하는데, 이때 물은 용매 및 압력 전달 매질의 두 가지 역할을 한다. 그 방법은 상당히 단순하다: 내벽이 PTFE (polytetrafluoroethylene) 재질로 된 용기[2)]에 반응물과 물을 담고 밀봉하거나 압력 컨트롤러에 연결한 후 100−500 °C 범위에서 가열한다. 반응 압력은 가열 온도 또는 용기 내 물의 양에 의해 조절되는데, 물에 대한 $P-T$ 상 도표를 참고 정보로 삼는다. 그림 4.7(a)에서 AB는 물의 포화 증기압 곡선을 나타내며 물(상부)과 증기(하부)를 경계짓는다. B 지점보다 온도가 높은 영역($T>374$ °C)에서 물은 액체와 기체의 구분이 없는 초임계(supercritical) 상태로 존재한다.

수열 합성의 대표 사례는 다음과 같다.

(1) 제올라이트 합성의 최종 단계는 알루미노규산염 젤을 수열 처리하여 결정화시키는 과정이다(4.3.2.1절).

(2) 압전체(piezoelectric)로 사용되는 단결정 석영을 수열 조건에서 성장시킬 수 있다. 그림 4.7(b)와 같이 용기에 담긴 NaOH 수용액에 SiO_2 원료 분말을 넣고 상하단에 걸쳐 온도 경사를 조성시키면 온도가 낮은 상부에 매달린 씨앗 결정(seed crystal)에서 용질의 재결정화가 일어나게 된다. 이 경우와 같이 미량의 산이나 염기가 첨가되어 용질의 용해를 돕는 **광화제**(mineralizer) 역할을 할 수 있다.

(3) 수열 합성의 반응 온도 범위는 일반적 고체상 합성에 비해 훨씬 낮다. Magnetoplumbite, $BaFe_{12}O_{19}$을 $BaCO_3$와 α-Fe_2O_3로부터 고상 합성할 경우 1250 °C 내외의 온도가 필요하나 수열 합성을 통해서는 325 °C에서 얻어지며, $SrFe_{12}O_{19}$에 대해서도 상황이 유사하다.

$$Ba(OH)_2 + \alpha\text{-FeOOH} \xrightarrow{325\,°C} BaFe_{12}O_{19}$$

(4) 알루미늄은 보크사이트(bauxite)에서 추출된 Al_2O_3를 제련함으로써 얻어진다. 보크사이트의 주성분은 Al_2O_3이지만, 그와 함께 SiO_2, TiO_2, Fe_2O_3를 불순물로 갖는다. 소위 Bayer 공정으로 불리는 Al_2O_3 추출 과정에서는 보크사이트를 NaOH 수용액에 수열 조건으로 용해시킨 후 깁사이트(gibbsite,

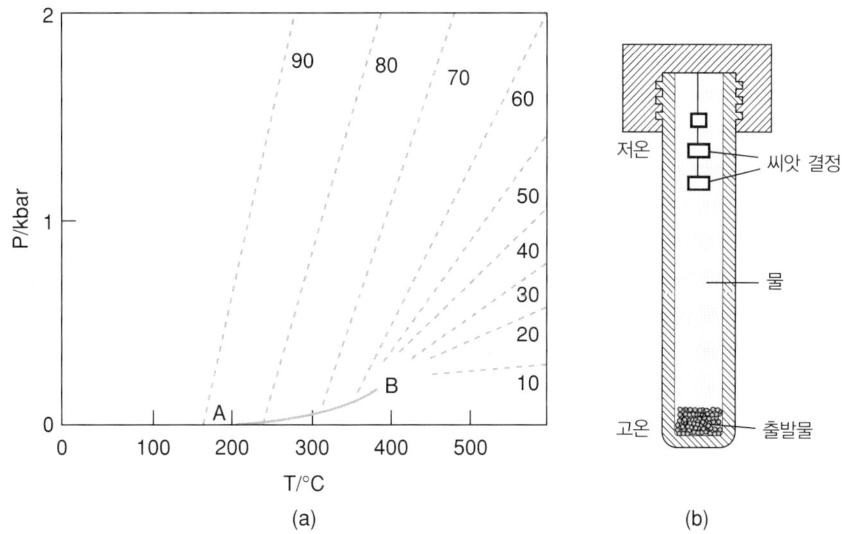

그림 4.7 (a) 고정 부피 조건 하의 물에 대한 압력−온도 상 평형도. 파선은 밀폐 용기 내에 형성되는 압력을 나타내며, 파선 옆의 숫자는 상온, 상압에서 물에 의해 채워진 용기 공간의 부피 백분율이다. Adapted from G. C. Kennedy (1950), Amer. J. Sci., **248** 540. (b) 결정 성장을 위해 사용되는 수열 처리 용기의 모식 단면.

2) 관용적으로 bomb으로 불리는 스테인레스강 용기를 사용.

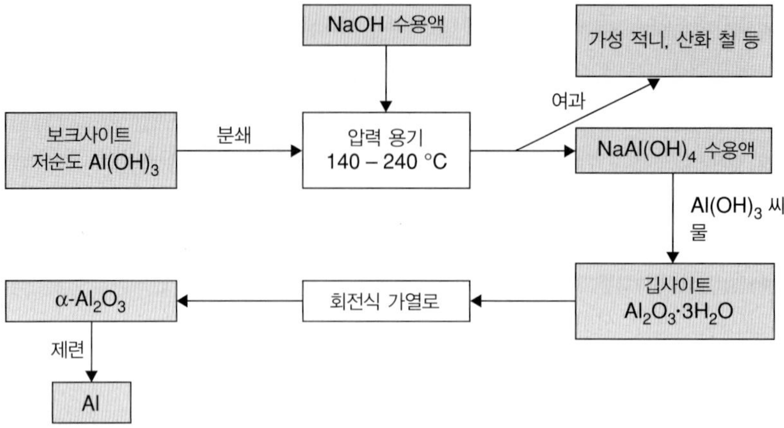

그림 4.8 보크사이트로부터 α-Al_2O_3를 얻기 위한 Bayer 공정. 보크사이트는 SiO_2나 TiO_2, 산화 철이 불순물로 함유된 알루미나이다.

α-$Al_2O_3 \cdot 3H_2O$) 상을 침전시켜 가열함으로써 무수물 α-Al_2O_3를 얻는다(그림 4.8).

수열 합성의 개념을 확장 응용하여 초임계 상태의 용매나 혼합 용매를 반응 환경으로 이용하는 기법을 용매열 합성이라 한다. 최근 그 이용이 점차 확대되고 있으며 주목할 예로 리튬 이차 전지 음극재 Li_2MnSiO_4의 합성을 들 수 있다. 초임계 상태의 물–에탄올로 형성된 38 MPa, 300 °C 조건에서 단 5분간의 반응만으로 고순도의 Li_2MnSiO_4가 합성된 바 있다. 특히 흥미로운 부분은 다른 합성 경로로는 이 물질을 얻기가 매우 어렵다는 점이다. 조성에 Si가 포함되어 고온 반응이 필요한 반면, Mn^{2+}가 매우 쉽게 산화될 뿐더러 Mn^{2+} 이온이 Li_2MnSiO_4의 사면체 틈새를 채우기에 너무 크기 때문이다.

4.3.6 마이크로파 합성

마이크로파(microwave) 가열을 이용한 합성은 유기화학에서 이미 잘 확립되어 있으며 무기소재 합성에 대한 적용 또한 증가하는 추세이다. 마이크로파 반응은 고체상 반응에 비해 소요 시간이 훨씬 짧고 부반응 가능성이 낮다는 장점이 있다. 간혹 이 기법의 시행에 가정용 마이크로파 오븐이 사용되기도 하지만, 전력량, 온도, 압력의 조절이 가능한 전문 제품이 상용화되어 있다. 마이크로파는 0.3–300 GHz (1 m–1 mm)의 범위를 일컫는데, 대부분의 오븐은 주파수 2.45 GHz(12.25 cm)의 전자기파를 발생하며 이는 10^{-5} eV 또는 1 J mol^{-1}의 에너지에 해당한다. 이러한 에너지는 화학 결합에 영향을 줄 수 있는 크기는 아니지만, 분자 회전 운동을 촉진함으로써 충분한 온도 상승을 일으킬 수 있다. 실제 마이크로파 합성 반응은 분자 운동을 통한 가열 효과에 의해 일어난다.

일반적 가열에서는 외부의 열원으로부터 제공된 열에너지가 시료의 외부를 거쳐 내부로 확산 전달된다. 열 확산계수 A는 시료의 열전도도 κ에 의존한다.

$$A = \kappa \rho_d^{-1} C_p^{-1} \tag{4.1}$$

ρ_d와 C_p는 각각 시료의 밀도와 열용량이다. 반면 마이크로파를 흡수한 시료에서는 일정한 침투 깊이(penetration depth) 범위 전체까지 가열이 일어난다.

마이크로파가 유도하는 교류 전기장은 물질 내부의 쌍극자나 이온과 상호 작용할 수 있고, 특히 쌍극자나 이온의 운동이 마이크로파와 엇비슷한 주파수를 가질 경우 물질에 의한 마이크로파 흡수와 발열이 일어난다. 마이크로파 흡수와 밀접하게 관련된 물성은 유전 손실(dielectric loss, ε'')과 유전율(dielectric permittivity, ε')이다. ε''는 물질의 전기 전도도 σ와 연관된다.

$$\sigma = \omega \varepsilon_0 \varepsilon'' \tag{4.2}$$

그림 4.9 다양한 금속 산화물 나노 구조의 전자 현미경(SEM) 사진. Reproduced with permission from I. Bilecka and M. Niederberger, Nanoscale, 2, 1358, © 2010 Royal Society of Chemistry.

ω는 각주파수 $2\pi f$이고 ε_0는 진공의 유전율 8.854×10^{-14} F cm^{-1}이다. ε'는 전기장 E 하에서 발생하는 분극도 P의 크기를 나타낸다. 또한 유전 손실과 유전율을 묶어 tanδ가 정의된다.

$$\tan\delta = \varepsilon''/\varepsilon' \tag{4.3}$$

마이크로파의 효과적 흡수와 신속한 가열을 위해서는 tanδ가 높은 매질이 필요하다. 마이크로파의 침투 깊이는 출력이 원래 공급 크기의 50%로 감소하는 지점으로 정의되며, 매질의 tanδ에 반비례한다. 마이크로파 오븐에서 금속이 처리될 때 표면에 불꽃이 튀는 것은 전도도가 높아 침투 깊이가 매우 짧기 때문이다.

재료과학 분야의 지속적 성장과 함께 마이크로파를 이용한 합성법 역시 폭넓게 연구되고 있으며, 수열 조건과 결합된 형태가 개발되기도 하였다. 마이크로파 합성이 적용 가능한 경우, 편리성과 시간, 비용 상의 이점이 있고 그 생성물은 매우 좁은 입도 분포를 갖는다. 대표적으로 페로브스카이트 $LaMO_3$(M = Al, Cr, Mn, Fe, Co)를 얻기 위해, 금속 질산염 혼합물에 약 5%의 카본 블랙을 섞어 마이크로파 가열한 사례가 있다. 이때 카본 블랙은 마이크로파의 흡수를 돕는 역할을 한다. 그 외 다수의 복합 산화물, 칼코젠화물의 합성과 졸-젤 코팅된 Al_2O_3의 결정화에 마이크로파 가열이 사용되고 있다. 이 기법에 대한 최근 관심사는 선구체의 농도, 주형 분자 첨가물의 종류 및 농도, 온도 등을 조절하여 입자 모양과 크기가 조절된 나노 상을 합성하는 것이다(그림 4.9).

4.3.7 삽입(intercalation)/이탈(deintercalation)

새로운 물질을 합성하는 방법 중 색다른 한 가지는 이미 알려진 물질을 대상으로, 그 구조를 크게 변형시키지 않으면서 원자(단)을 삽입하거나 이탈시키는 것이다. 이 과정은 원 물질과 생성물의 결정 구조가 유사하게 유지된다는 점에서 위상보존 반응에 속한다. 원자(단)을 받아들이는 물질과 원자(단)을 각각 호스트(host), 게스트(guest)라고 부른다. 삽입 반응은 언제나 호스트-게스트 간 전하 전달을 수반하는데, 이러한 산화/환원 경향성이 삽입 반응의 자발 동력을 제공한다.

게스트 물질은 그기가 작은 원자나 분자이며 중성 혹은 이온일 수 있다. 호스트 물질의 대부분은 층상 구조로서 2차원적 비등방성을 갖는다. 즉, 층 블록 내부의 결합(intralayer bonding)이 강한 반면 층간 결합(interlayer bonding) 세기는 약하여 게스트가 층 사이에 끼어들어가기 쉽다. 층상 호스트에 게스트가 층간삽입되면 층에 수직인 방향으로 격자 팽창이 일어나지만 층 평면의 격자 크기는 유사하게 유지된다. 반면 3차원 구조 호스트에 대한 삽입 반응에서는 위상이 보존된 격자 팽창이 일어나기 어려워 적은 수의 예만이 알려져 있다. 표 4.2는 삽입 반응의 대표적 물질들을 열거하고 있다.

알칼리 이온은 삽입 반응의 전형적 게스트이며, 다양한 방법에 의해 삽입 반응을 일으킨다.

(1) 전기화학적 방법

Li | poly(ethylene oxide) + $LiClO_4$ | TiS_2

Na | propylene carbonate + NaI | $NbSe_2$

표 4.2 삽입 화합물의 대표적 예

호스트	게스트	비고
흑연	Li, Na, K, Br_2, $FeCl_3$	• 알칼리 삽입 물질은 스테이징(staging) 현상을 보임
TiS_2, $ZrSe_2$	Li, NH_3, 아민류	• Li_xTiS_2는 초기 리튬 이차 전지의 음극재 물질 • 현재 거의 모든 리튬 전지에서 삽입 물질을 음극재로 사용
$NiPS_3$, $VPSe_3$	cobaltocene ($CoCp_2$)	
MoO_3, V_2O_5	H, Na	• 브론즈 상; 전기변색 현상을 보임
FeOCl	ferrocene ($FeCp_2$)	
$Zr(HPO_4)_2$	유기 분자	
고령토	유기 분자, 알루미늄산	• 가열에 의해 가교화 점토 형성
TiO_2 (아나타제)	Li	• 가열에 의해 스피넬 초전도체인 $LiTi_2O_4$ 형성
Mo_6X (X = S, Se, Te)	Li	• Chevrel 상; 초전도성 관련 상
$YBa_2Cu_3O_6$	O_2	• $YBa_2Cu_3O_{7-\delta}$; 90 K 고온초전도체

Source: Adapted with permission from CNR Rao. Mat. Sci. Eng. B18, 1–21, © 1993 Elsevier.

위와 같이 전지를 구성하고 전류를 인가함으로써 Li_xTiS_2나 Na_xNbSe_2를 얻을 수 있다. 전해질의 용매 매질로는 Li와 반응하지 않도록 비수성(non-aqueous)이면서 극성인 유기 액체나 고분자가 사용된다. 전기화학적 방법은 반응을 위한 열 공급이 필요하지 않고, 또한 생성물의 조성 x를 정량적으로 조절할 수 있다는 장점을 갖는다.

(2) 화학적 방법

$$xC_4H_9Li + TiS_2 \rightarrow Li_xTiS_2 + \frac{x}{2}C_8H_{18}$$

호스트 TiS_2를 용매 중에서 뷰틸리튬과 반응시킴으로써 리튬 삽입 반응을 일으킬 수 있다. 노말-뷰틸리튬[3)]은 매우 강력한 리튬화 반응성을 갖기 때문에 리튬 삽입 반응에 자주 이용된다.

최근 보고된 리튬 삽입 반응 사례에서는 아나타제(anatase) 상 TiO_2의 특이한 전기적 거동이 관찰되었다. 아나타제는 1차원 동공 구조를 가지며 리튬 삽입에 의한 구조 변화를 거의 겪지 않는다. 하지만, 아나타제 구조의 리튬 삽입물을 500 ℃에서 가열 처리하면, 조성에는 변화 없이 스피넬 형의 구조로 변환된다.

$$TiO_2\ (\text{아나타제}) + xC_4H_9Li \rightarrow Li_xTiO_2 + \frac{x}{2}C_8H_{18}$$

$$Li_xTiO_2\ (\text{리튬화 아나타제}) \xrightarrow{500\,°C} Li_xTiO_2\ (\text{스피넬})$$

흥미로운 점은 스피넬 상 Li_xTiO_2가 전이 온도 13 K의 초전도체라는 것이며, 특히 원 물질 TiO_2가 절연체라는 점을 상기하면 이 삽입 반응은 매우 놀라운 현상 사례를 제공한다.

아이오딘(I_2)의 아세토나이트릴(CH_3CN) 용액은 효과적인 리튬 이탈제(delithiating agent) 역할을 하는데, 이 과정에는 LiI의 형성이 반응 동력을 제공한다. I_2의 사용량을 조절함으로써 리튬 함량 x를 조절할 수 있으며, 형성된 LiI는 아세토나이트릴에 녹아 제거될 수 있다.

$$LiCoO_2 + I_2/CH_3CN \rightarrow Li_{1-x}CoO_2 + xLiI/CH_3CN$$

4.3.7.1 흑연 삽입 화합물

층상 구조 고체의 대표적 예로는 흑연(graphite)을 꼽을 수 있으며, 이를 바탕으로 한 층간삽입 화학이 심도 있게 확립되어져 있다. 100여 종이 넘는 원자나 분자 화학종이 흑연에 삽입될 수 있으며, 이들은 중성,

3) *n*-butyllithium. 대개 헥세인(hexane)을 용매로 사용.

양이온, 음이온 유형을 두루 포함한다. 흑연이 층간삽입 반응에 폭넓게 참여할 수 있는 이유는 우선 그 구조와 결합이 매우 안정하여 격렬한 반응 조건을 적용하는 것이 가능하고, 또한 전자 구조 상의 특성으로 인해 산화, 환원의 어느 경우에도 안정화될 수 있기 때문이다. 흑연의 대표적 층간삽입 반응은 다음과 같다.

$$\text{흑연} \xrightarrow[25\,^\circ C]{HF/F_2} \text{플루오린화 흑연(흑색)},\ C_{3.6}F \sim C_{4.0}F$$

$$\text{흑연} \xrightarrow[450\,^\circ C]{HF/F_2} \text{플루오린화 흑연(백색)},\ CF_{0.68} \sim CF$$

$$\text{흑연} + K\ (\text{용융 또는 증기}) \rightarrow C_8K\ (\text{청동색})$$

$$C_8K \xrightarrow{\text{감압}} C_{24}K\ (\text{강청색}) \rightarrow C_{36}K \rightarrow C_{48}K \rightarrow C_{60}K$$

$$\text{흑연} + H_2SO_4\ (\text{conc.}) \rightarrow C_{24}^{+}(HSO_4^{-})\cdot 2H_2SO_4 + H_2$$

$$\text{흑연} + FeCl_3 \rightarrow \text{흑연}/FeCl_3$$

$$\text{흑연} + Br_2 \rightarrow C_8Br$$

이 반응들의 대부분이 가역적이다. K의 층간삽입을 예로 들어, 흑연을 용융 상태나 증기 상태의 K에 노출시키면 조성이 C_8K인 삽입 반응물이 얻어지는데, 이를 진공 조건에 두면 각기 다른 기(stage)를 거치면서 K가 이탈하고 결국 흑연으로 되돌아온다. 층간삽입 전후에 흑연의 구조는 그대로 회복된다.

흑연의 결정 구조를 자세히 검토해 보면(그림 4.10), 확연한 비등방성이 발견된다. 흑연을 이루는 단위 층 내에서 C−C 결합 거리는 1.41Å(결합 차수 1.5)으로 상당히 짧은 데 비해, 이웃한 층 사이의 거리는 3.55Å이나 된다. 이는 층 내의 C−C 결합이 강하지만 층 사이의 인력은 매우 약하다는 것을 가리킨다. 실제로 3.55Å은 탄소의 반데르발스 반경(van der Waals radius)의 2배에 해당하므로 흑연의 단위 층 사이에는 최소한의 화학적 인력, 즉 분산력만이 작용한다고 볼 수 있다. 그 결과 흑연에 대한 삽입 반응은 비교적 낮은 에너지 장애를 겪으며, 게스트 화학종과 그 농도에 따라 다양한 정도로 층간 거리가 증가한다; C_4F(5.5Å), CF(≈6.6Å), C_8K(5.41Å).

삽입 화합물의 결정 구조는 원 물질에 비해 무질서도가 크고, 불확실성 요소를 많이 내포한다. 종종 발생하는 변화로, 층간 분리가 뚜렷해지면서 층들 간의 쌓임 패턴이 달라지는 경우가 있다. 원 물질 흑연(그림 4.10(a))에서는 이웃한 층들이 ABAB··· 유형으로 엇갈리게 쌓이는(staggered stacking) 데 비해 C_8K에서는 AAA··· 유형으로 포개어진 구조(eclipsed stacking)가 얻어진다(그림 4.10(b)). 이는 층 사이의 K^+ 이온이 상하 대칭적인 환경을 요구하기 때문으로 이해할 수 있다. K−흑연의 삽입 반응계에서는 게스

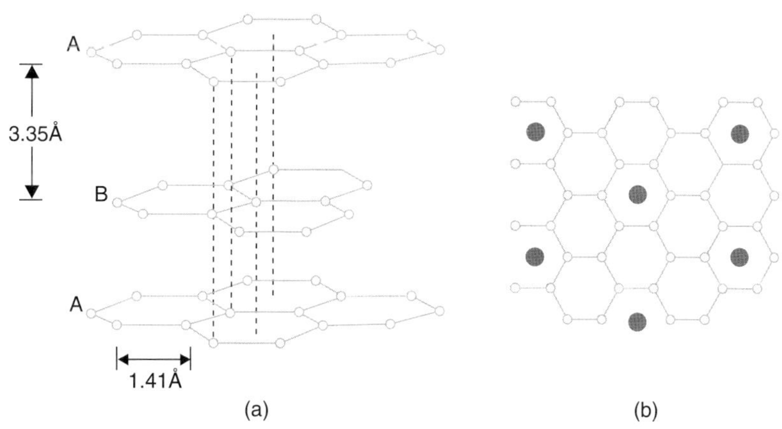

그림 4.10 흑연의 구조; (a) 2-층 단위의 적층 배열 표시와 (b) C_8K의 평면 투사.

트 K의 최대 삽입량이 C_8K로 제한된다. 이렇듯, 주어진 호스트-게스트 조합에서 게스트가 삽입될 수 있는 상한값이 존재하며 이는 게스트 화학종의 크기와 호스트의 전하 수용량에 의해 결정된다.

4.3.7.2 점토와 LDH의 가교화

흑연 이외에도 다수의 층상 구조 고체들이 삽입 반응을 일으키고, 그를 통해 새로운 유형의 물질과 물성이 유도될 수 있다. 점토(clay)와 층상 이중 수산화물(layered double hydroxide, LDH)은 지각 성분과 유사한 양이온, 음이온 성분을 가지면서 천연으로 풍부하게 존재하거나 쉽게 합성될 수 있는 물질 군이다. 점토는 알루미노규산염 광물로 분류되며 꼭짓점 공유로 연결된 SiO_4 사면체가 무한히 펼쳐진 판(infinite sheet) 상을 이루면서 형성된다. 이때 Si^{4+}의 일부가 Al^{3+}로 치환될 수 있는데 그 비에 따라 다양한 종류의 점토로 분화된다. 고령석(kaolinite), $Al_2(OH)_4(Si_2O_5)$은 중성 전하의 판으로 이루어진다는 점에서 특이한 예인데, 고령석에서의 판들은 수소 결합에 의해서만 붙들려 있다. 고령석 이외의 점토들은 음전하를 띠는 알루미늄 규소산 판과 함께 전하 중성을 위한 알칼리 양이온을 갖는다. 몬모릴로나이트(montmorillonite) $(Na,Ca)_{0.33}(Al,Mg)_2(Si_4O_{10})(OH)_2 \cdot nH_2O$, 백운모(muscovite) $K[Al_2(OH)_2(AlSi_3O_{10})]$와 같은 예가 있다.

점토 광물 구조에는 다양한 원자 혹은 분자성 양이온이 삽입될 수 있으며, 이들은 항상 이온 교환 형태로 일어난다. 백운모의 경우 판 사이의 K^+가 $[Al_{13}O_4(OH)_{24}(H_2O)_{12}]^{7+}$와 같은 다핵 양이온 졸로 치환될 수 있으며, 후속 열처리에 의해 양이온 졸의 물 분자가 제거될 수 있다. 그 과정에서 규소산 판과 복합 Al 양이온 간에 강한 공유 결합이 형성되어 2차원 상으로 연결된 동공 구조가 얻어지는데, 이를 가교화 점토(pillared clay, PILC)라 한다.

층상 이중 수산화물 LDH는 점토나 지르코늄 아인산염(zirconium phosphonate)과 유사하지만 양전하를 띠는 층 사이에 음이온이 삽입된 형태를 갖는다. LDH의 수산화물 층은 일반식 $[M^{2+}{}_{1-x}M^{3+}{}_x(OH)_2]^{x+}$로 표현되어지는데 M^{2+} = Mg, Ni, ⋯; M^{3+} = Al, Fe, ⋯이고 x는 0.2−0.33의 범위를 갖는다. 그림 4.11에 나타내어지듯 LDH 구조는 모서리 공유된 팔면체 단일 층을 기본 골격으로 삼는다. M^{2+}와 M^{3+}의 크기와 전하가 비슷하기 때문에 전체 팔면체 중심 자리에 두 가지 양이온이 무질서 배열된다. LDH의 층 사

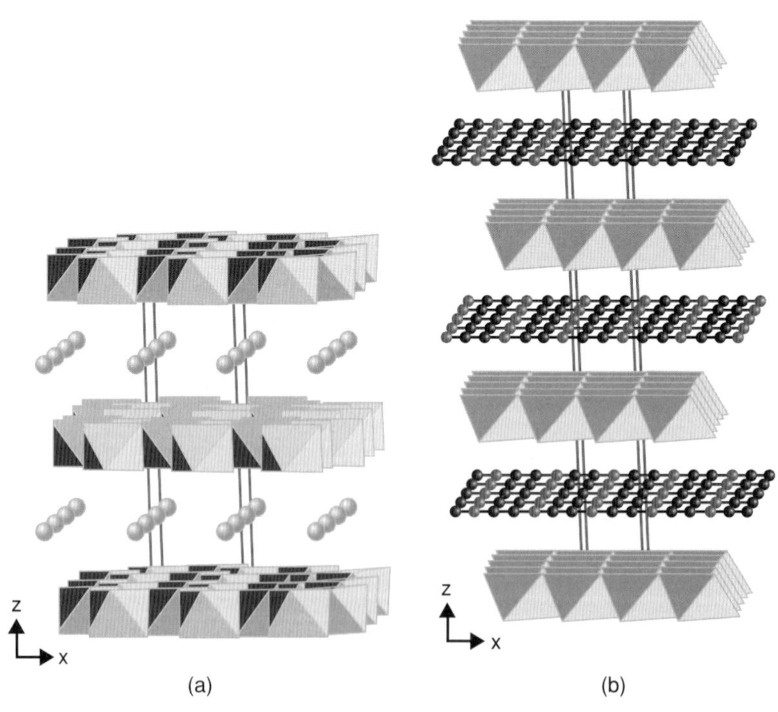

그림 4.11 LDH에서 팔면체 층의 쌓임 구조. (a) 육방정계 다형체에서의 2-층 반복과 (b) 삼방정계 다형체에서의 3-층 반복. Reproduced with permission from A. I. Khan and D. O'Hare, J. Mat. Chem., 12, 3191, © 2002 Royal Society of Chemistry. ➞ 앞의 컬러 그림 참조

이에는 CO_3^{2-}, NO_3^-, Cl^-, Br^-, $Fe(CN)_6^{3-}$, 또는 $C_2O_4^{2-}$가 수화된 상태로 존재한다.

그림 4.12는 LDH의 층 사이에 고분자 층을 안정화시켜 유기-무기 복합체를 얻어내는 경로들을 보여주는데, 유기 분자를 삽입한 후 중합시키거나 고분자를 직접 삽입시키는 등의 다양한 방법이 이용될 수 있다. 점토 광물과 LDH는 각각 음과 양의 층 전하(layer charge)를 가지며, 팔면체 층의 전하 밀도가 낮은 경우 박리화-재적층(exfoliation-restacking) 처리가 가능하다.

LDH는 이온 교환체, 촉매, 흡착제 등으로 사용되어져 왔으며, 유기 분자나 생물학적 활성 분자에 대한 삽입 호스트로서의 관심이 증대되고 있다. 최근 연구를 통해 비타민, 아미노산 등이 LDH에 삽입된 사례들이 보고되었고, 향후 약물 전달 혹은 유전자 전달 등의 의료 기술에 LDH가 이용될 것으로 기대되고 있

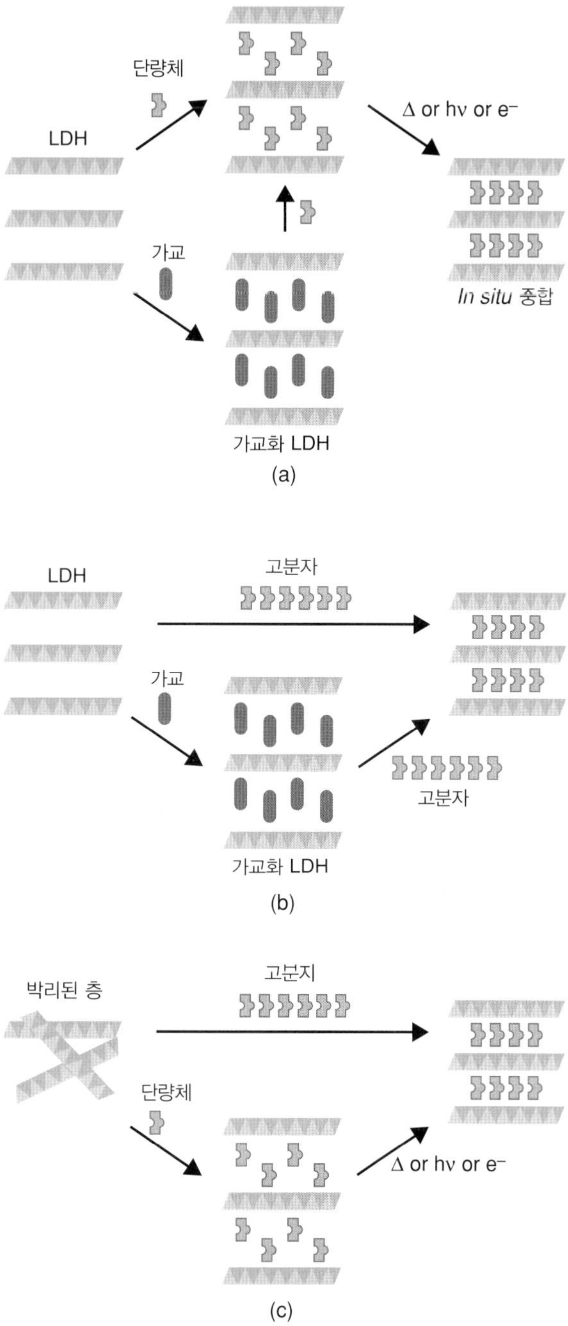

그림 4.12 고분자가 층간삽입된 LDH의 합성; (a) 단량체를 삽입한 후 *in situ* 고분자 중합, (b) 고분자를 직접 삽입, (c) 박리화 후 재적층. Reproduced with permission from A. I. Khan and D. O'Hare, J. Mat. Chem., 12, 3191, © 2002 Royal Society of Chemistry.

다. 또한 LDH의 음이온 교환 작용이 거대 이온종으로까지 확대되고 있는데 $PW_{12}O_{40}^{3-}$, $SiV_3W_9O_{40}^{7-}$ 등의 다중금속 산소산(polyoxometallate)이나 케긴(Keggin) 이온 $H_2W_{12}O_{40}^{6-}$이 그 대상이다. 이와 같은 대형 음이온은 단일 단계 반응으로 삽입시키기 어려우며, 음이온 크기를 점차적으로 증가시키면서 단계적 이온 교환을 시행해야 한다.

4.3.7.3 그래핀(graphene)

탄소는 유기화학의 핵심 성분이라는 점만으로도 화학의 중심 영역에 놓이기에 충분하지만, 나아가 무기 소재로서의 중요성 또한 매우 크다. 독특하게도 탄소는 화합물보다 원소 자체로서 다양하고 흥미로운 무기 물질계를 구축하고 있다. 흑연을 필두로 다이아몬드나 풀러렌, 탄소 나노튜브 등과 같이 획기적인 동소체들을 제공해 왔고 그 연장선상에 최근 등장한 물질이 그래핀이다.

1954 고온 고압에 의해 인조 다이아몬드 합성
1981 저압 기체상 증착에 의한 다이아몬드 박막 합성
1985 풀러렌(C_{60})의 발견
1992 탄소 나노튜브의 합성
2004 그래핀의 합성과 물성 규명

탄소가 나타내는 다변적 구조 특성은 크게 두 가지 요인에서 비롯한다. 우선 탄소는 sp, sp^2, sp^3의 3가지 혼성 오비탈을 모두 이룰 수 있어 직선형, 평면 삼각형, 사면체의 다양한 배위 환경을 취할 수 있다. 두 번째로 탄소 원자들 간의 결합 형성(catenation)이 쉽게 일어날 수 있어, 탄소–탄소 결합이 확장된 다양한 골격과, 2, 3차원 구조들이 얻어질 수 있다.

그래핀은 흑연을 이루는 단위 층 자체를 가리킨다. 그래핀은 원자 1개 층 두께의 판이라는 점에서 매우 불안정한 상태일 것으로 여겨져 왔으나, 2004년도에 최초로 분리되어 이후 지속적인 연구 관심을 받고 있다.[4)] 최초, 흑연 조각으로부터 그래핀을 얻는 데에는 기계적으로 탄소 층을 뜯어내는 방식이 사용되었으며, 이 방법으로 얻어진 고품질의 그래핀은 Si 기판에 옮겨진 후 물리적 특성 측정에 사용될 수 있었다. 화학적 기법을 통해 그래핀을 얻어내려는 다양한 시도들이 진행되고 있으며, 그 목표 관점은 불순물이 최소화된 고순도 시료를 얻는 것과, 원하는 층 개수만큼을 선택적으로 얻어내는 것이다. 한 가지 방법은 그래핀 산화물(graphene oxide, GO)을 거쳐 그래핀을 얻는 것이다. 먼저 흑연 분말을 H_2SO_4, $NaNO_3$, $KMnO_4$, H_2O_2로 순차적으로 처리하고, 초음파 충격을 가함으로써 물에 분산된 GO 콜로이드 상을 얻는다. GO 분산 상을 수화 하이드라진(hydrazine hydrate)으로 환원시키면 산소가 제거되어 그래핀이 남겨진다. 최종 환원 처리 조건의 선택에 따라 단일층 혹은 다중층의 그래핀이 얻어질 수 있는데, 고려될 수 있는 방식들로는 • Na/에탄올 하에서 용매열 처리 • 계면활성제 수용액이나 *N*-methylpyrrolidone에서 초음파 충격 • 마이크로파 조사 하에서 수화 하이드라진 처리 등이 있다.

다양한 기체상 반응법들이 그래핀 합성을 목적으로 고안되어졌으며, 다음 방법들이 그에 포함된다.

- 순간적 열처리(1050 °C, Ar)에 의해 GO 분산 상을 박리화
- 불활성 분위기에서 나노 다이아몬드를 가열
- H_2 분위기에서 흑연을 아크(arc) 증발
- SiC 단결정의 켜쌓음 열분해: (001) 배향된 SiC 단결정의 Si 표면 층을 열적으로 제거하여 그래핀 표면 층을 노출
- 금속(Ni, Cu) 기판에 탄화수소를 이용하여 화학적 기상 증착(CVD)

4) 영국 맨체스터 대학교의 Geim과 Novoselov가 흑연 덩어리에 스카치 테이프를 붙였다가 떼어 내는 방법으로 그래핀을 채취하였으며, 그 기여에 대해 2009년도 노벨 물리학상이 수여됨.

4.3.8 *Chimie douce* 법에 의한 합성 사례: $BiFeO_3$

$BiFeO_3$는 상온에서 **다중강성**(multiferroicity)을 보이는 드문 예이며, 강유전성(ferroelectricity)과 반강자성(antiferromagnetism)을 동시에 나타낸다. 강성(ferroicity) 거동이 전기적, 자기적 관점 각각에 있어 흥미로운 주제로 인식되어온 데 더해, 그들의 상관 작용에 의한 복합 효과는 이론과 실험 응용 모두에 있어 파급성이 높은 주제로 부각되고 있다.

고온 고체상 기법에 의한 $BiFeO_3$의 합성은 시료 순도 면에서 한계점을 갖는다. 인접 조성 $Bi_2Fe_4O_9$과 $Bi_{25}FeO_{39}$이 반복된 열처리에 의해서도 완전히 제거되지 않기 때문인데, 이는 열역학적 관점에서 설명될 수 있다. $Bi_2O_3-Fe_2O_3$ 계의 상 도표(그림 7.29)에 표시되듯, 두 산화물의 1:1 조성 비에서 $BiFeO_3$가 안정한 상을 이루지만 933 °C에서 용융되어 $Bi_2Fe_4O_9$과 잔여 조성의 액체 상으로 분해된다. $Bi_2Fe_4O_9$은 녹는점이 $BiFeO_3$나 $Bi_{25}FeO_{39}$보다 높기 때문에, 일단 형성된 이후에는 열처리를 통해 $BiFeO_3$ 상으로 변환시키기가 매우 어렵다. 덧붙여 ~800 °C 이상에서는 Bi_2O_3의 휘발이 심하다는 점과 Fe가 +2/+3/(+4)의 가변적 산화 상태를 취할 수 있다는 점이 이 물질의 고체상 합성을 어렵게 하는 요소들이다.

위의 이유에 의해 $BiFeO_3$의 합성은 *chimie douce* 기법이 유용하게 적용될 수 있는 적절한 대상이다. 실제 시도 예들에서는 Bi와 Fe의 미세 차원 혼합물이나 단일 선구체를 반응 출발물로 삼는다. 한 예로 질산염 수용액으로부터 수산화물 침전을 통해 미세 차원의 혼합 수산화물을 얻는 방식이 있다.

$$Bi^{3+} + Fe^{3+} + 6OH^- \rightarrow Bi(OH)_3 + Fe(OH)_3$$

얻어진 침전물을 여과, 건조한 후 가열 분해시켜 반응에 사용한다. **공침**(coprecipitation)이 성공적으로 적용되기 위해서는 금속 성분의 침전이 거의 동시에 일어나야 하므로, 이를 위한 pH 조건을 찾아내는 것이 관건이다.

졸-젤 법을 이용하여 $BiFeO_3$를 얻는 경우, 미세 분말이나 초미세 섬유상으로 생성물이 얻어질 수 있다. 또한 단순 수열 합성이나 마이크로파 조건 하의 수열 합성으로 200 °C에서 30분간의 반응을 통해 $BiFeO_3$를 얻을 수 있다. **용액 연소 합성**(solution combustion synthesis, SCS)에서는 금속 성분, 연료, 산화제 요소들 모두가 비율에 맞게 섞여 있는 균질 용액에서 발화가 일어난 후 자급적 발열 반응을 통해 $BiFeO_3$ 분말이 생성된다.

고출력의 초음파(20 kHz–10 MHz)는 수용액상 선구체로부터 $BiFeO_3$를 결정화시키는 데 도움을 준다. **음파 화학**(sonochemistry)으로 알려진 이 기법은 나노미터 크기의 용매 기포가 형성, 성장, 내폭하는 과정의 음파 공동화(acoustic cavitation) 현상에 기반을 둔다. 위의 기포 파열에 의해 나노 초 시간 차원에서 고온이 발생하고 반응 활성화에 기여하게 된다. 또 다른 한 방법에서는 액체 매질 내에 **마이크로에멀젼**(microemulsion) 혹은 **마이셀**(micelle)로 불리는 방울을 형성시키는 과정이 포함된다. **역마이크로에멀젼**(reverse microemulsion) 기법에서는, 나노 크기의 선구체 물방울이 계면활성제와 함께 유상(oil phase)에 분산되는데, 선구체를 함유한 물방울은 마이크로반응기 역할을 하게 된다.

표 4.3은 $BiFeO_3$를 합성하기 위해 이용된 기법들의 실험 조건과 생성물 결과를 요약한 것이다.

4.3.9 용융염 합성(molten salt synthesis, MSS)

용융염 합성에서는 녹는점이 낮고 물에 대한 용해성이 있는 알칼리 할로젠화물, 탄산염, 황산염 등을 액체상 반응 매질[5]로 이용한다. 선택된 용융 매질에서 반응물 중의 일부는 녹을 수 있어야 하지만 생성물은 녹지 않아야 한다. 액체상 반응 매질을 사용하는 이유는 비교적 저온(300–800 °C)에서도 반응물 화학종의 확산이 잘 일어날 수 있게 하여, 합성 온도를 낮추고 반응 시간은 단축시키면서도 고품질의 생성물을 얻기 위함이다. 반응이 종결된 후 용융염을 씻어내고 고체상 생성물을 분리하는 것이 가능하다.

MSS 과정은 두 종류의 메커니즘으로 분류된다. 첫째, 용해-침전(dissolution-precipitation) 메커니즘

5) MSS에서의 용융염을 융제(flux) 혹은 광화제(mineralizer)라 부르기도 함.

표 4.3 ***Chimie douce* 법에 의한 $BiFeO_3$의 합성**

합성 기법	생성물 입도(nm)	입자 형태 선택성	반응 온도(℃)	반응 시간	후속 가열(℃)
공침	30–100	미흡	20–90	분	550–700
마이크로에멀젼	15–40	양호	20–70	시간	400
수열	>100	아주 양호: 분말, 방추형, 나노박편	150–200	시간–일	–
졸–젤	15–150	양호: 분말, 섬유상, 나노튜브	20–90	시간–일	400–600
마이크로파–수열	>100	양호: 분말, 나노입방체	100–200	분	–
기계적 합성	>100	보통: 분말	~25	시간	–

Source: Adapted with permission from R. Safi and H. Shokrollahi, Prog. Solid State Chem., **40**, 6–15, © 2012 Elsevier.

은 모든 반응물이 용해된 상태로 출발했다가 생성물이 형성되어 침전하는 경우에 적용된다. 두 번째, 주형-제어 성장(template-controlled growth) 메커니즘은 반응물 중 불용성 성분이 존재하면서 생성물의 형성과 성장을 위한 주형 역할을 하는 경우이다. 후자의 경우 생성물의 입자 크기나 형상에 대한 제어 폭이 넓다. 다수의 복합 산화물 합성에 MSS 기법이 적용된 바 있다. KCl–KF 매질에서 630 ℃, 3시간의 반응으로 $LaAlO_3$가 얻어졌고, 염화물 매질에서 1100 ℃, 3시간의 반응으로 $MgAl_2O_4$가 합성된 바 있다. 그 밖에 $CaZrO_3$, $Yb_2Ti_2O_7$, TiC 코팅 등에서도 MSS 기법을 통해 개선된 합성 경로가 제공되어졌다.

4.4 기체상 기법

4.4.1 증기상 수송(vapor-phase transport)

증기상 수송의 핵심 요소는 생성물의 조성 원소 중 적어도 하나가 포함된 중간체를 휘발성의 불안정한 상태로 형성시키는 것이다. 이 방법은 물질의 신규 합성뿐만 아니라 단결정 성장, 시료의 정제 등을 위해 사용될 수 있다. 증기상 '수송'은 온도 경사를 따라 일어난다. 단순한 예로 다음 반응계를 이용한 증기상 수송을 구상해 볼 수 있다.

$$A(s) + B(g) \underset{}{\overset{K}{\rightleftharpoons}} AB(g)$$

밀봉된 실리카 관의 한쪽 끝에 반응물 A와 소량의 수송체(transporting agent) B를 위치시킨 후 전기로에 넣어 반응 관 양 끝에 걸쳐 약 50–100 ℃의 온도 경사를 조성시킨다. A와 B 사이의 반응으로 형성된 기체 AB는 관 내부에 고루 퍼지고, 저온 혹은 고온 영역에서 분해되어 A의 재결정화가 일어난다(그림 4.13).

증기상 수송의 실효성과 A의 재결정화 영역 위치는 반응의 평형 상수 K와 반응 엔탈피에 달려 있다. 먼저 K는 상당히 작되, 너무 작아서는 안 된다. $K \approx 0$일 경우, AB의 형성이 거의 없을 것이고 반대로 K가 아주 크면 A로의 분해가 거의 일어나지 않게 된다. 정반응이 흡열 반응이라면, AB의 형성은 고온에서 선호되고 반대로 A의 재결정화는 저온에서 일어난다. 같은 맥락에서 정반응이 발열 반응이라면 A의 재결정화는 고온에서 일어나게 된다. 평형 상수 K가 온도에 의존하므로 반응 관 내 위치에 따라 $AB(g)$의 농도가 다르고, 그에 의해 증기상 확산이 자발적으로 일어난다. 화학적 수송을 위한 반응이 흡열 반응인 예로, 기체 PtO_2는 1200 ℃ 이상의 온도에서 다음과 같이 형성된다.

$$Pt(s) + O_2 \rightleftharpoons PtO_2(g) \qquad \Delta H > 0$$

PtO_2 증기는 온도가 낮은 영역에서 분해하여 Pt 결정을 남기는데, 이 예는 백금을 발열체로 사용하는 전기로 내에서 종종 관찰되는 현상이기도 하다.

van Arkel 기법은 금속 아이오딘화물이 형성되는 발열 반응을 이용하여 금속을 정제한다. 고온 부분에서 정제된 금속이 얻어지며, Cr, Ti, Hf, V, Nb, Cu, Ta, Fe, Th 등의 금속에 적용 가능하다.

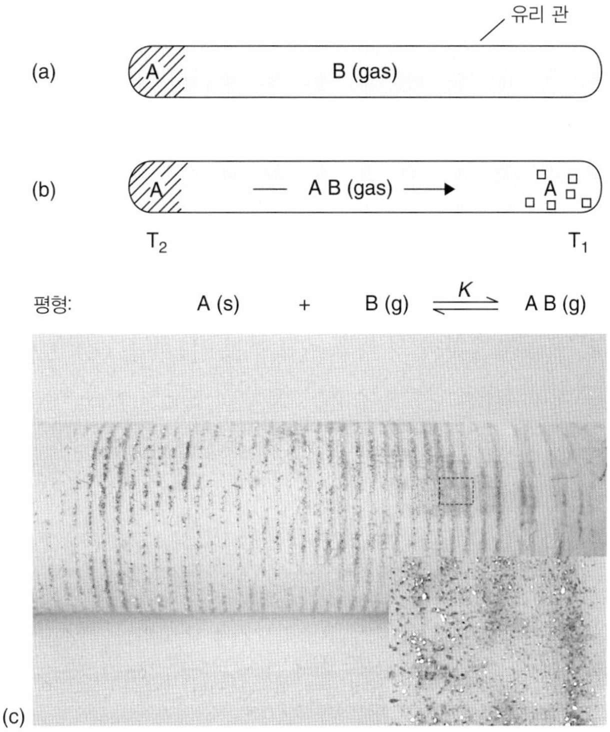

그림 4.13 (a, b) 휘발성 중간체 AB를 통해 A의 결정을 수송, 성장시키기 위한 증기상 수송 실험. (c) 전기로 세라믹 관의 저온부 표면에 성장된 백금 결정. ➞ 앞의 컬러 그림 참조

$$Cr(s) + I_2 \rightleftharpoons CrI_2(g) \qquad \Delta H < 0$$

Mond 공정은 Ni의 정제에 사용되며, 다음의 발열 반응을 바탕으로 한다.

$$Ni(s) + 4CO \underset{230\,^\circ C}{\overset{50\,^\circ C}{\rightleftharpoons}} Ni(CO)_4(g) \qquad \Delta H < 0$$

이 반응은 순도가 낮은 원료로부터 고순도 Ni를 얻기 위해 이용되던 산업 공정인데, Ni 오염에 의한 환경 문제와 CO, $Ni(CO)_4$의 인체 유해성으로 인해 최근 사용이 감소하고 있다. 그럼에도 이 반응이 화학 증기상 수송의 매우 좋은 예인 것만은 틀림이 없다.

증기상 수송을 색다르게 변형시킨 예에서는 한 용기 내에서 흡열성과 발열성의 두 가지 반응을 동시 수행함으로써 두 가지 물질을 각기 다른 온도 경사 방향으로 이동시킨다. 반응 용기에 W, WO_2, H_2O, I_2를 모두 넣고 가열하면 아래의 반응 평형들을 조성할 수 있으며, 800 °C와 1000 °C에서 각각 WO_2와 W를 얻을 수 있다.

$$WO_2(s) + I_2(g) \underset{800\,^\circ C}{\overset{1000\,^\circ C}{\rightleftharpoons}} WO_2I_2(g) \qquad \Delta H > 0$$

$$W(s) + 2H_2O(g) + 3I_2(g) \underset{1000\,^\circ C}{\overset{800\,^\circ C}{\rightleftharpoons}} WO_2I_2(g) + 4HI(g) \qquad \Delta H < 0$$

또 다른 예는 HCl을 수송체로 사용하여 Cu와 Cu_2O를 분리하는 것인데, 이 경우 고온에서 Cu_2O, 저온에서 Cu가 얻어진다.

$$Cu_2O(s) + 2HCl(g) \underset{900\,^\circ C}{\overset{500\,^\circ C}{\rightleftharpoons}} 2CuCl(g) + H_2O(g) \qquad \Delta H < 0$$

$$Cu(s) + HCl(g) \underset{500\,^\circ C}{\overset{600\,^\circ C}{\rightleftharpoons}} CuCl(g) + \frac{1}{2}H_2(g) \qquad \Delta H > 0$$

이상의 예들은 모두 출발물과 생성물이 같은 경우, 즉 **정제** 반응에 해당한다. 만일 생성물 조성을 *합성*하는 경우라면 증기상 수송에 뒤이어 후속 반응이 추가로 일어나야 한다.

$$T_2: \quad A(s) + B(g) \rightarrow AB(g)$$
$$T_1: \quad AB(g) + C(s) \rightarrow AC(s) + B(g)$$
$$\text{Overall:} \quad A(s) + C(s) \rightarrow AC(s)$$

증기상 수송은 2원 계, 3원 계 심지어 4원 계 화합물들의 합성에 이용된 바 있다. 증기상 수송 기법에 의한 합성은 Schäfer(1971)에 의해 창안되었다고 할 수 있으며, 그 중 대표적인 예들은 다음과 같다.

(1) Ca_2SnO_4: CaO와 SnO_2의 고체상 반응은 매우 느리게 일어나지만, CO 존재 하에서는 SnO_2가 반응성이 매우 큰 SnO로 기화할 수 있다. CaO와 SnO의 반응은 상당히 잘 일어난다.

$$SnO_2(s) + CO(g) \rightarrow SnO(g) + CO_2(g)$$
$$2CaO(s) + SnO(g) + CO_2(g) \rightarrow Ca_2SnO_4(s) + CO(g)$$

(2) $NiCr_2O_4$: NiO와 Cr_2O_3의 반응 속도는 O_2 분위기에서 뚜렷이 증가되는데 이는 기체상 CrO_3가 중간체로 형성되어 NiO로 확산하기 때문이다.

$$Cr_2O_3(s) + \frac{3}{2}O_2(g) \rightarrow 2CrO_3(g)$$
$$NiO(s) + 2CrO_3(g) \rightarrow NiCr_2O_4(s) + \frac{3}{2}O_2(g)$$

(3) Nb_5Si_3: Nb와 SiO_2는 고온(~1100 °C), 진공 조건에서 서로 반응하지 않는다. 하지만 H_2가 미량 존재할 경우 기체상 SiO가 형성되어 반응에 참여하게 되며,

$$SiO_2(s) + H_2(g) \rightarrow SiO(g) + H_2O(g)$$
$$8Nb(s) + 3SiO(g) \rightarrow Nb_5Si_3(s) + 3NbO(s)$$

I_2가 존재할 경우에는 기체상 NbI_4가 형성되어 반응에 참여한다.

$$Nb(s) + 2I_2(g) \rightarrow NbI_4(g)$$
$$11NbI_4(g) + 3SiO_2(s) \rightarrow Nb_5Si_3(s) + 22I_2(g) + 6NbO(s)$$

(4) Al_2S_3: Al의 녹는점과 S의 끓는점은 각각 660 °C, 445 °C이지만 그들 간의 반응은 ~800 °C의 온도에서도 그 속도가 매우 느리다. 이는 용융된 Al의 표면층을 Al_2S_3 막이 뒤덮어 반응을 위한 확산을 차단하기 때문이다. 그러나 I_2 존재 하에서 약 100 °C의 온도 경사를 조성해 주면 기체상 AlI_3의 형성을 거쳐 Al_2S_3가 저온(700 °C) 영역에서 재결정화한다.

$$2Al(l) + 3I_2(g) \rightarrow 2AlI_3(g)$$
$$2AlI_3(g) + \frac{3}{2}S_2(g) \rightarrow Al_2S_3(s) + 3I_2(g)$$

(5) Cu_3TaSe_4: Cu, Ta, Se의 혼합물을 800 °C에서 I_2와 함께 가열하면 750 °C 지점에서 Cu_3TaSe_4가 결정화한다. 이 과정에 기체상 아이오딘화물이 관여하는 것으로 여겨진다.

(6) $ZnWO_4$: ZnO와 WO_3를 Cl_2와 함께 1060 °C에서 가열하면 휘발성 염화물이 형성되고 980 °C 지점에서 $ZnWO_4$가 재결정화한다.

위의 예들은 기체상 수송체의 중요성과 함께 반응 속도에 대한 영향을 잘 보여 준다. 기체는 고체에 비해 이동도가 높기 때문에 반응 속도가 훨씬 빠르다. 실제 경우, 등온 조건의 고상 반응에서도 기체상에 의한 물질 전달이 반응 혼합물 내의 물질 이동을 크게 도울 수 있다.

4.4.2 화학적 기상 증착(chemical vapor deposition, CVD)

CVD는 산업적 용도로 고순도 박막을 제조하는 중요 기법으로서 특히 전자 산업과 원천 과학 연구에서의

비중이 매우 크다. 개념적으로 CVD 과정은 상당히 단순하다; 관심 대상 원소가 함유된 유기 분자를 기체 상에서 분해시키고, 반응기 내의 모든 표면 공간에 생성물을 증착시킨다. 유기 분자를 분해시키는 에너지 원으로는 열이나 빛이 사용될 수 있다. 그 몇 가지 예는 다음과 같다.

$$Si(CH_2CH_3)_4 + 14O_2 \rightarrow SiO_2 + 8CO_2 + 10H_2O$$

$$GeH_4 \xrightarrow{h\nu} Ge + 2H_2$$

$$CrCl_2 + H_2 \xrightarrow{600\,^\circ C} Cr + 2HCl$$

$$W(CO)_6 \rightarrow W + 6CO$$

$$Fe(C_5H_5)_2 + \frac{15}{2}O_2 \rightarrow Fe + 10CO + 5H_2O$$

$$Ga(CH_3)_3 + AsH_3 \xrightarrow[h\nu]{heat} GaAs + 3CH_4$$

CVD에서는 선구체 유기 분자의 선택이 매우 중요한데, 초기에는 휘발성이고 불안정한 수소화물(예: SiH_4)이나 알킬 금속[예: $Al(CH_3)_3$]이 주로 사용되었다. CVD에서 선구체 분자와 관련하여 나타날 수 있는 문제점은 다음과 같다.

- 알킬기의 자가 연소성
- 알킬기의 수분 민감성과 그에 따른 박막의 산소 오염
- 수소화물의 유독성
- snowing 효과: 알킬기와 15/16족 수소화물 간 반응에 의해 박막 성장과 무관하게 결정핵 형성
- 선구체 혼합비 조절의 난점: 생성물의 조성과 균일도에 영향
- 반응물들 간에 휘발성과 반응성이 상이

CVD의 목표 물질이 원소라면 비교적 쉽게 유기 분자를 선택할 수 있겠으나, 목표 물질이 화합물이라면 선구체 마련에 있어 고려할 사항이 많아진다. 단순하게는 두 종류 이상의 분자를 혼합하여 사용하는 방법이 있지만, 이상적인 방법은 목적 상과 양이온 조성이 동일한 유기금속 분자를 단일 선구체로 이용하는 것이다. 중요도가 높은 조성에 대해 고품질의 CVD 박막이 요구되는 경우, 유기금속 선구체를 설계 합성하는 경우도 종종 있으며, 유기금속 선구체가 사용되는 경우에 대해 MOCVD(metal-organic-CVD)라는 세분화된 약어가 사용되기도 한다. MOCVD 용도의 단일 분자 선구체는 휘발성이어야 하고, (목탄화를 피하기 위해) 안정한 리간드를 갖고, 금속–리간드 결합이 쉽게 열분해되어야 하며, 독성이 낮아야 한다. 단일 분자 선구체는 알킬화물이나 수소화물에 비해 부반응이나 snowing이 적고, 또한 O_2나 H_2O에 대한 반응성이 낮다는 장점을 갖는다. 그림 4.14는 몇 가지 단일 분자 선구체와 그들을 이용한 MOCVD 결과를 나타낸다.

반도체 산업을 비롯한 다수의 분야에서 기판과의 켜쌓임이 유지된 박막을 요구하고 있는데, MOVPE(metal-organic-vapor-phase-epitaxy)는 이러한 목적에 맞는 CVD 공정이다. 다음으로 CVD를 통해 얻어지는 물질 중 기술적 중요성이 매우 높은 두 가지를 살펴보도록 하자.

4.4.2.1 비정질 규소(amorphous silicon, a-Si)

비정질 규소 a-Si는 광전도성(photoconductivity)를 이용하는 다양한 기술 분야에서 핵심 요소로 사용되는 물질이다. a-Si에 불순물 수소(H)가 혼입될 경우, 결정성 규소의 거동과 마찬가지로 *n*- 혹은 *p*-형 혼입 효과가 나타날 뿐만 아니라, 대면적 박막으로 가공될 수 있어 복사기나 태양광 패널에 응용될 수 있다.

a-Si의 특성을 논하기에 앞서 결정성 규소 Si의 주요 특성을 정리해 보면, Si는 띠 간격 ~1.1 eV의 반도체이며 13족이나 15족 원소를 혼입하여 *p*-, *n*-형의 외인성 반도체를 얻을 수 있다. Si의 외인성 반도체나 *p*–*n* 접합이 전자 장치 요소로 사용되려면 고순도의 단결정이 필요하지만 기술적 한계에 의해 그 (면

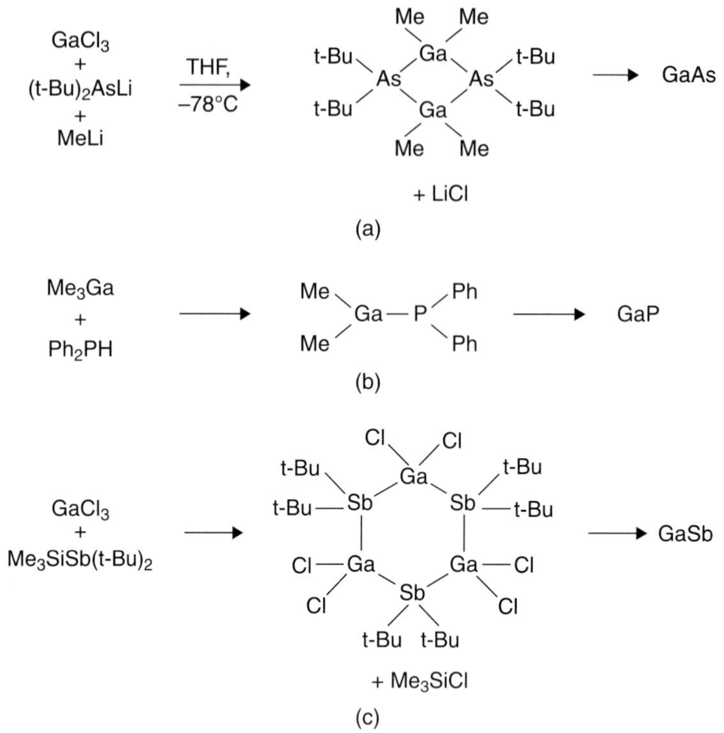

그림 4.14 단일 선구체 분자를 이용한 MOCVD.

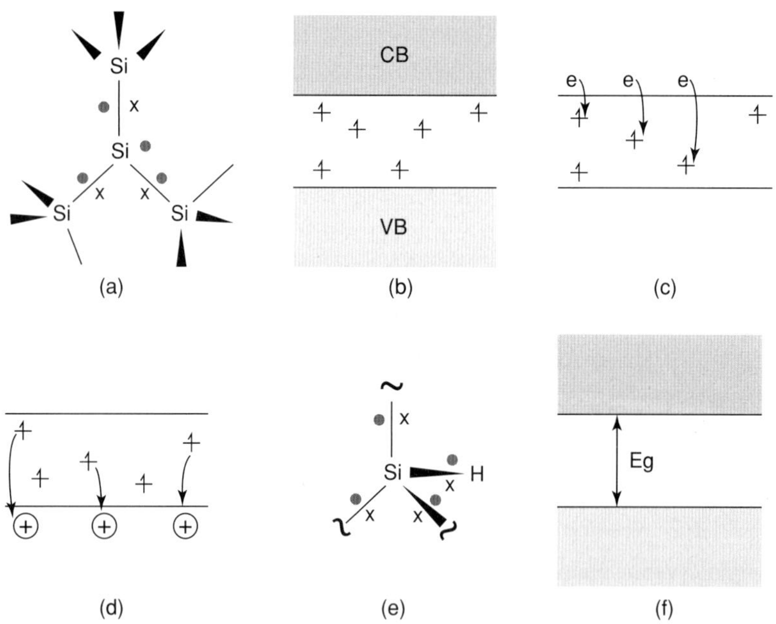

그림 4.15 (a) a-Si 내의 3배위 Si 원자; (b) 띠 간격 트랩 준위; (c, d) 띠 간격 트랩 준위가 관여하는 전자–정공 소멸; (e) a-Si:H 구조 내의 Si–H 결합; (f) a-Si:H의 띠 간격 영역(트랩 준위가 없음).

적) 크기가 제한되어진다.

a-Si의 경우 CVD에 의해 대면적으로 얻어질 수 있지만 불순물 혼입이 어려운 것으로 여겨져왔다. 초기 시도에서 a-Si 제조 공정에 13족이나 15족의 혼입물을 첨가하여 성분 원소로 유입시키는 데 성공했으나 전기적 성질 변화를 관찰하지는 못하였다. a-Si의 활용 가능성은 SiH_4를 선구체로 한 CVD 과정에서 우연히 발견되어졌다. SiH_4가 라디오파 플라즈마(r.f. plasma)에 의해 분해되는 과정에 H가 일부 잔존하였

고, 그 결과로 얻어진 a-Si:H는 *p*-, *n*-형 혼입에 의해 외인성 반도체로 가공될 수 있었다.

그림 4.15는 a-Si와 a-Si:H의 주요 차이점을 비교하고 있다. 두 경우 모두 Si 중심 사면체가 무작위 배열된 네트워크를 갖는다. a-Si에서 Si 원자의 일부는 불포화 배위 상태로서 3개의 공유 결합과 함께 1개의 홀전자를 갖는다. 이 홀전자들은 dangling bond라 불리기도 하며, 결합을 형성하려는 경향이 매우 크기 때문에 H 원자가 혼입되는 경우, 즉 a-Si:H에서는 H와의 공유 결합에 참여한다. 전자 구조 면에서 a-Si의 dangling bond는 전도 띠(CB)와 최외각 띠(VB) 사이의 띠 간격에 국부적 에너지 준위를 형성하는데, 이들은 불순물 혼입을 방해하는 트랩(trap) 준위 역할을 한다. 반면 a-Si:H에서는 띠 간격 영역에 트랩 준위가 존재하지 않아 불순물 혼입이 가능해진다.

4.4.2.2 다이아몬드 박막

인조 다이아몬드의 최초 합성은 1950년대 미국의 General Electric 소속 연구자들에 의해 이루어졌으며, 기계 공구류의 절삭부 등에 주로 사용되어 왔다. 탄소의 상 도표(그림 4.16(a))에 의하면 다이아몬드는 고온·고압(HPHT) 조건에서 열역학적 안정성을 띠는 평형 상이고, 실제 합성을 위해 6만 기압, 1500 ℃의 극한 조건이 이용되어졌다.

한동안 다이아몬드의 합성을 위해 고온·고압 조건이 필수불가결한 것으로 여겨져 왔으나, CVD는 일상적 실험실 환경에서 다이아몬드의 합성을 가능케 만들었다. 적절한 혼합 기체를 산소/아세틸렌 화염으로 연소시켜 다이아몬드 박막을 얻을 수 있는데, 박막을 구성하는 합성 다이아몬드 입사들이 천연 다이아몬드에 필적하는 물성을 나타내고 있어 다양한 산업 분야에 응용이 가능하다.

다이아몬드는 Ag와 같은 금속에 비해 수 배 더 큰 열전도도를 보이지만, 전기적으로는 절연체이기 때문에 절연성 흡열 소자(heat sink)로 적합하다. 또한 다이아몬드는 적외선 영역에 대한 투과도가 현존하는 물질 중 가장 높아 적외선 투과 창이나 렌즈로 사용될 수 있다(표 4.4). 이뿐만 아니라 다이아몬드는 익히

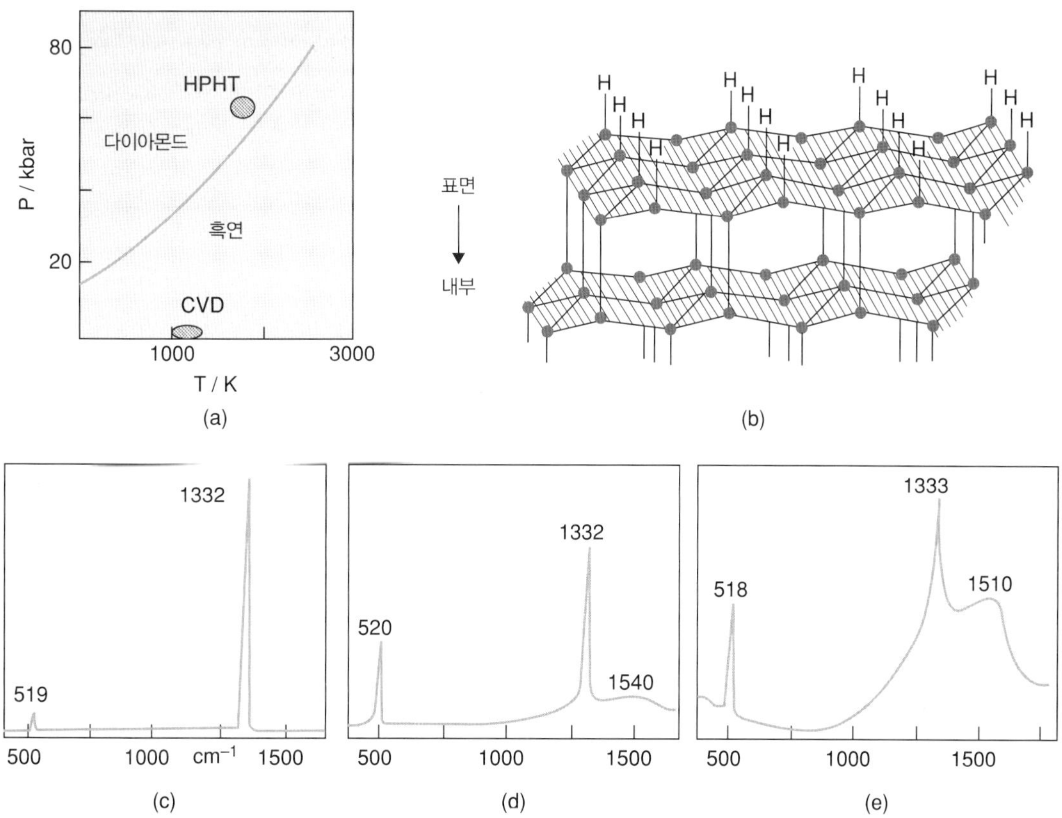

그림 4.16 (a) 탄소의 상 도표; (b) 다이아몬드 박막 표면의 모식적 표현; (c–e) 다양한 순도 품질의 다이아몬드에 대한 레이저 라만 분광도.

표 4.4 다이아몬드 코팅의 성질과 그에 관련된 응용 분야

물성	응용 분야
경도	기계 공구
낮은 열팽창률	전자회로 기판
높은 열전도도	연마제
반도성(혼입 상태)	전자 장치
가시광선/적외선 투과도	유리창/렌즈
복사선 내성	마이크로파 장치
높은 굴절률	전자광학 장치

알려진 대로 우수한 경도(Mohs 척도 10), 내화학성, 복사선 내성 등을 갖추고 있기 때문에, 안정한 생성물이 저렴한 비용으로 제공될 수 있다면 기술적 가치가 매우 높은 재료 공급원이 될 수 있다.

다이아몬드의 CVD 합성에는 CH_4, C_2H_2, H_2 등의 선구체가 사용되고, 에너지원으로 마이크로파, 열, 또는 라디오파 유도가 이용된다. 대개 600−1000 ℃의 온도와 0.1 atm의 감압 조건에서, 1−10 $\mu m\,h^{-1}$ 수준의 속도로 박막이 성장되며 기판으로는 유리판 등이 이용된다. 이 방법의 박막 성장은 흑연으로부터 다이아몬드로의 직접 변환이 아니라 기체 분자가 고체 표면에 증착되는 과정을 거쳐 일어난다. 표면 자유 에너지가 벌크(bulk)의 자유 에너지와 크게 다르기 때문에 다이아몬드 박막의 형성 과정은 벌크에서와 다른 열역학 관계를 따른다. 어떤 조건에서는 다이아몬드-형 배열의 표면 증착이 흑연-형 배열보다 더 잘 일어나고, 열역학적 평형에서 예측되는 안정 상 선호 경향이 무시될 수 있다. 그 결과로 얻어지는 CVD 박막에서 다이아몬드는 열역학적으로 준안정 상이지만 반응 동역학적으로는 충분한 안정성을 띤다.

그림 4.16(b)는 기체상으로부터 다이아몬드 박막이 성장하는 과정에 대한 메커니즘 가설을 나타낸 것이다. 다이아몬드에서 탄소는 sp^3 혼성과 함께 사면체 배위를 하는데, 표면 위치의 탄소는 C−H 결합을 가질 것으로 보인다. CVD의 기체 혼합물에 포함된 H_2는 활성화에 의해 수소 원자, 즉 수소 라디칼로 분해되었다가 성장 표면의 수소를 제거하는 역할을 한다. 수소가 제거되고 남겨진 탄소 라디칼은 아세틸렌 등의 탄화수소와 쉽게 반응한다.

$$-C-H + H^{\bullet} \rightarrow -C^{\bullet} + H_2$$
$$-C^{\bullet} + C_2H_2 \rightarrow -C-CH=CH^{\bullet}$$

이렇듯 다이아몬드의 CVD에서는 탄화수소 분자 단위만큼의 박막 성장이 일어나며, 표면에 새롭게 달라붙은 탄소는 다이아몬드 구조에 맞게 재빨리 재배열된다. 위의 메커니즘을 검증 보완하기 위해서는 심층적인 후속 연구가 필요하며, 아직 알려지지 않은 유기 라디칼과 분자들이 다이아몬드 결정핵 형성과 성장에 관여할 가능성도 있다.

라만(Raman) 분광은 다이아몬드의 품질 평가에 이용될 수 있는 신뢰도 높은 기법이다. 탄소의 오비탈 혼성 유형에 따라 확연히 다른 라만 신호가 검출되는데, sp^3 혼성의 경우 1332 cm^{-1}에서 고유한 피크를 나타내는 반면 sp^2 혼성은 1500−1600 cm^{-1}에 걸쳐 넓은 띠 모양의 산란 신호를 보인다. 그림 4.16(c)는 우수한 품질의 다이아몬드, 4.16(d)는 약간의 흑연 불순물을 함유한 다이아몬드 시료, 4.16(e)는 다이아몬드와 흑연의 혼합물에 해당한다. 레이저 라만 분광은 여러 유무기 물질에 대해 유용한 분석 기법이지만, 그중에도 특히 다이아몬드, 그래핀, 흑연, 풀러렌 등의 탄소 상에 대한 분석 능력이 탁월하다(6장 참조).

4.4.3 스퍼터링(sputtering)과 진공 증발(evaporation)

스퍼터링은 고체 목표물에 고에너지 입자로 충격을 가해 미립 단위체를 뜯어내는 조작을 의미하며, 특히 재료과학에서는 원료 타겟(target)에 고에너지를 가해 미립자로 떼어낸 후 기판 위에 얇은 막으로 재배열

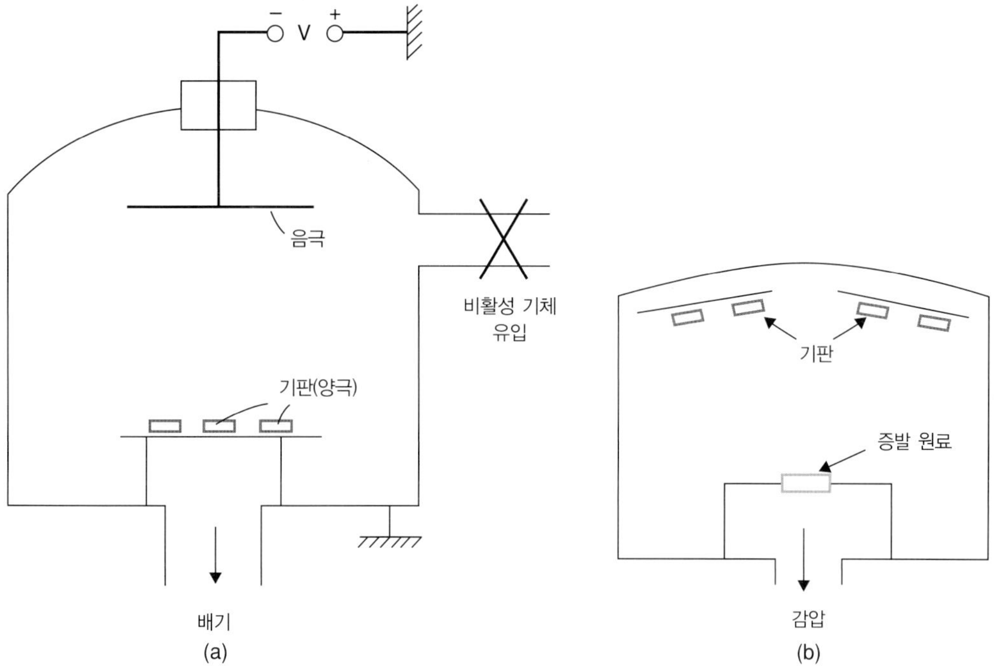

그림 4.17 박막 증착을 위한 (a) 음극 스퍼터링 장비와 (b) 진공 증발 장비.

시키는 박막 제조 공정을 가리킨다. 스퍼터링에는 그림 4.17(a)에 모식적으로 나타내어진 장치가 사용된다. 기본적으로 종 모양의 용기(bell jar)가 외형을 구성하고, 그 내부는 챔버(chamber)라 불린다. 챔버에는 Ar이나 Xe와 같은 비활성 기체가 $10^{-2}-10^{-1}$ Torr의 분압으로 채워지고, 압축 성형된 원 물질 타겟, 박막을 형성시키기 위한 기판, 에너지 발생을 위한 전극 등이 장착된다. 챔버 내부에 수 kV의 전압을 인가하면 글로우 방전(glow discharge)과 함께 하전된 양이온(Ar^+, Xe^+)이 생성되어 음극 타겟 방향으로 가속된다. 고에너지 양이온에 의해 타겟 물질의 미립자가 떼어내져 비산되고 챔버 내부 표면에서 재응축한다. 따라서 타겟과 기판의 거리 및 각도가 박막 품질에 영향을 줄 수 있다. 최신 스퍼터링 장비는 다양한 제어 조작이 가능하며, 그 중에는 비활성 기체에 의해 기판 표면이 오염되는 것을 방지하는 기능도 포함된다.

진공 증발(vacuum evaporation)은 스퍼터링과 유사하지만 약간 더 단순한 기법이고, 그 장비는 그림 4.17(b)의 모식 구성을 갖는다. 장비의 외부 용기는 온도 내구성이 높고 화학적 반응성이 낮으면서도 가공성이 좋은 W, Ta, Mo 등으로 제작된다. 진공 증발은 10^{-6} Torr 이하의 고진공 하에서 수행되며, 원료 물질의 기화를 위해 가열이나 전자 포격(electron bombardment)을 사용한다. 기판 재료는 박막의 용도에 따라 선택되는데 흔히 고려되는 물질로 세라믹(Al_2O_3), 유리, 알칼리 할로젠화물, Si, Ge 등이 있다. 또한 증발 원료 물질은 금속, 합금, 반도체, 질연체, 무기 염 등으로 다양하나. 고품질의 박막을 얻기 위한 여러 요령 수칙 중 기본적이면서도 실효성이 높은 조치는 기판의 세척이다. 기판 표면의 세척은 아래의 순차적 단계를 따르도록 권장된다.

- 세제 용액을 이용하여 초음파 세척
- 알코올을 이용하여 유지 제거(degreasing)
- 진공 중에서 흡착 기체 제거(degassing)
- 이온 포격을 이용하여 표면층 제거

기판 세척을 통해 표면의 잔재적 이물질을 제거하는 것은 박막의 순도 관리뿐만 아니라 기판/박막 간 계면의 접착성을 극대화시키는 기대 효과가 있다.

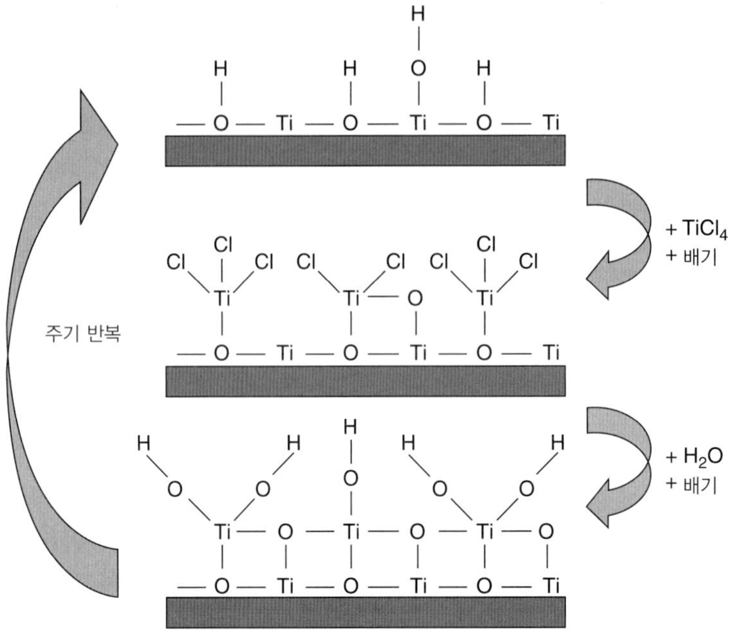

그림 4.18 ALD에 의한 TiO_2 박막의 증착. Adapted with permission from M. Leskelä and M. Ritala, Angew. Chem., Int. *Ed.*, 42, 5548, © 2003 Wiley-VCH Verlag GmbH & Co. KGaA, Weinheim.

4.4.4 원자층 증착(atomic layer deposition, ALD)

원자층 증착[6]은 나노미터 두께의 공형(conformal)[7] 박막을 형성한다는 고유 특성을 갖고, 마이크로전자 공학에서의 활용도가 매우 높다. ALD 공정에서는 자기제한적(self-limiting)이고 상보적인 두 가지 반응이 순차적으로 진행되면서 단일 원자층이 차곡차곡 쌓이게 된다. 그림 4.18은 $TiCl_4$와 H_2O로부터 TiO_2가 성장되는 ALD 예를 보여 준다. 최초 개시 단계에서, $TiCl_4$에 노출된 기판 표면에 TiO_xCl_y의 단일층이 형성된다. 다음 단계로 $TiCl_4$를 H_2O로 교체시키면 앞서 형성된 TiO_xCl_y 표면의 Ti−Cl 결합이 Ti−OH 결합으로 변환된다. 위의 두 과정이 한 주기가 되며, 각 주기마다 Ti 원자 1개층 두께만큼 막이 성장한다. 이때 Ti 층의 성장은 단원자층 두께로만 일어난다는 점에서 자기제한 속성을 띤다.

ALD 과정의 메커니즘, 즉 화학 흡착(chemisorption)이나 표면 반응이 아직 잘 규명되지 않은 상태이나 실험 조건이 잘 정립된 경우 단순하면서도 매우 우수한 박막 제조 경로를 제공한다. 주요한 실험 변수는 출발 물질의 종류와 부분 압력, 단계별 처리 시간 등이고 특히 온도는 단일층 형성을 제어하기 위한 주요 인자이다. ALD가 갖는 가장 큰 장점은 무엇보다도 막 두께를 매우 정밀하게 제어할 수 있다는 것이다.

ALD의 주된 상용 분야는 전기장발광(electroluminescence, EL) 평판 표시소자이다. 이 소자 내부에는 $ZnS:Mn^{2+}$와 $SrS:Ce^{3+}$가 번갈아 적층되어 있고, 각각 황색과 청녹색을 발광함으로써 전체적으로 백색광을 만들어낸다. 이때 각 발광체 층의 두께가 정밀하게 조절되어야 하므로 ALD가 매우 유용하게 적용될 수 있다. 또한 ALD는 비표면적이 넓은 다공성 지지체(γ-Al_2O_3, SiO_2)에 피막을 입혀 촉매로 가공하는 데 사용된다.

4.4.5 에어로졸(aerosol) 합성과 분무 열분해(spray pyrolysis)

분무 열분해는 미립 분말이나 박막을 얻기 위해 산업 현장에서 이용되는 중요 기법이다. 그 장치는 단순하면서도 대규모화가 용이하며 연속 공정에 적합하다는 장점을 갖는다. 과정을 간략히 묘사하면, 분무기에서 합성 대상 물질의 에어로졸이 생성되고 수송 기체에 의해 전기로로 이송된 후 열분해된다. 초음파

6) 원자층 켜쌓음(atomic layer epitaxy, ALE)으로 명칭되기도 함.

7) 기판 표면의 모양과 굴곡을 따라 박막이 입혀짐.

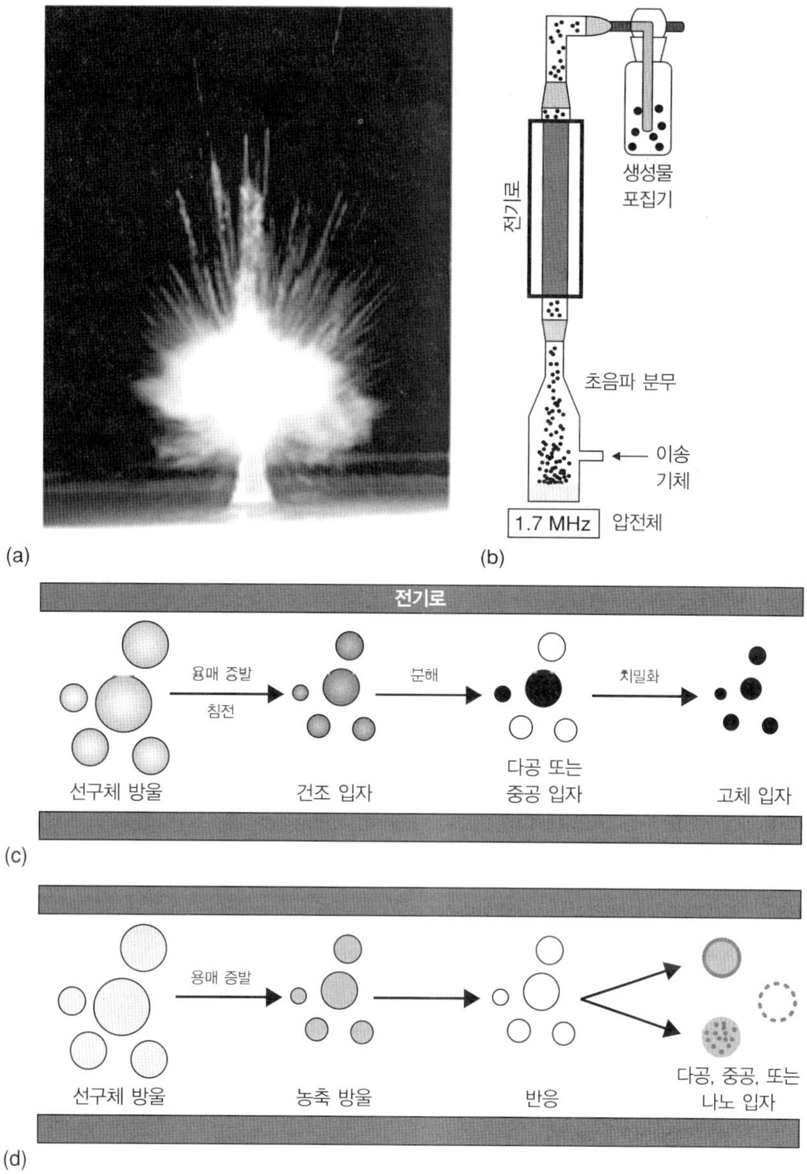

그림 4.19 초음파 분무 열분해: (a) 1.7 MHz 초음파에 의해 발생된 에어로졸 분수; (b) 연구용 USP의 전형적 장치 구성; (c, d) 분무 열분해 과정. Photograph courtesy of K. S. Suslick. Bang, J. H.; Didenko, Y. T.; Helmich, R. J.; Suslick, K. S. 'Nanostructured Materials through Ultrasonic Spray Pyrolysis' Aldrich Materials Matter, 2012, 7(2), 15–18.

분무 열분해(ultrasound spray pyrolysis, USP)는 초음파를 이용하여 마이크로미터 수준 크기의 에어로졸을 생성시킨다. 반응물 입자가 함유된 에어로졸은 마치 개별적으로 분리된 마이크로반응기와 같다. 전기로 내에서 에어로졸의 용매가 증발함에 따라 반응물 성분이 미립자로 고형화하거나, 또는 반응물 성분 간에 반응이 촉발될 수도 있다(그림 4.19).

USP에 의해 매우 다양한 나노 재료들이 얻어진 바 있는데 산화물, 황화물, 활성 탄소 소재, 반도체 양자점(quantum dot), 전도성 금속 잉크 등이 그에 포함된다. 양자점은 그 입자 크기에 따라 물리적 성질이 판이하게 달라진다는 점에서 관심을 끌고 있다. 예를 들어 CdSe 양자점은 입자 크기에 따라 띠 간격과 발광 특성이 뚜렷이 달라진다(그림 4.20). 양자점은 광유발 산화(photo-oxidation)와 탈색에 따른 청색 전이(blue shift)를 보일 수 있어, 생체 세포 내의 형광 표지 인자로 응용될 수 있다.

분무 열분해는 활성 촉매, 센서, 형광체 등을 다양한 기판에 도포하는 데 이용된다. CO 센서로 사용되는 SnO_2 박막(그림 4.21)이나 촉매 지지체와 광촉매 기능이 있는 TiO_2 박막을 분무 열분해로 제조할 수 있다.

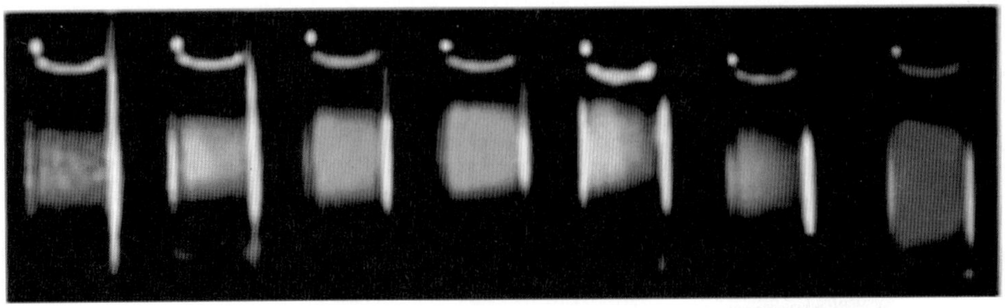

그림 4.20 USP 과정의 전기로 온도에 의해 입자 크기(2–4 nm)가 조절된 CdSe 양자점의 형광. Photograph courtesy of K. S. Suslick. Bang, J. H.; Didenko, Y. T.; Helmich, R. J.; Suslick, K. S. 'Nanostructured Materials through Ultrasonic Spray Pyrolysis' Aldrich Materials Matter, 2012, 7(2), 15–18. ➞ 앞의 컬러 그림 참조

4.5 고압(high-pressure) 기법

이제까지의 다양한 합성 논의에서는 온도만을 주요 조건 변수로 고려했으나, 압력의 변화 또한 고체상 반응에 큰 영향을 줄 수 있다. 현 기술 수준에서는 수백 kbar의 정압을 고온과 함께 조성하는 것이 가능하며, 충격파(shock wave) 기법을 사용할 경우 온도, 압력의 구현 범위가 훨씬 확대될 수 있다. 초기부터 사용되어 온 대항 모루(opposed anvil) 타입 고압 장치는 고정된 피스톤과 수압 잭(hydraulic jack)에 연결된 피스톤으로 구성되며, 시료는 두 피스톤 사이에서 압축된다. 최근에는 서너 개의 모루 혹은 피스톤을 사용하여 복잡한 모루 배열을 갖는 장치들이 개발되고 있다.

고압 조건에서는 상의 밀도가 증가하는 것이 일반적이고, 몇몇 경우에는 결정 구조 상 전이(phase transition)와 함께 원자의 배위수가 증가하기도 한다(표 4.5). 상온 상압 조건에서 SiO_2나 여타 규산염에 안정화된 Si는 배위수 4의 사면체 배위를 취하는 것이 거의 불변적이다. 그러나 100−120 kbar 이상의 고압 조건에서는 SiO_2의 새로운 동질다형체(polymorph)가 루틸 구조로 안정화된다. 고압 상, stishovite에서 Si는 6배위를 취한다.

고압 조건에서는 $Cr^{4+}(d^2)$, $Cr^{5+}(d^1)$, $Cu^{3+}(d^8)$, $Ni^{3+}(d^7)$, $Fe^{4+}(d^4)$와 같은 비정상적 금속 산화 상태가

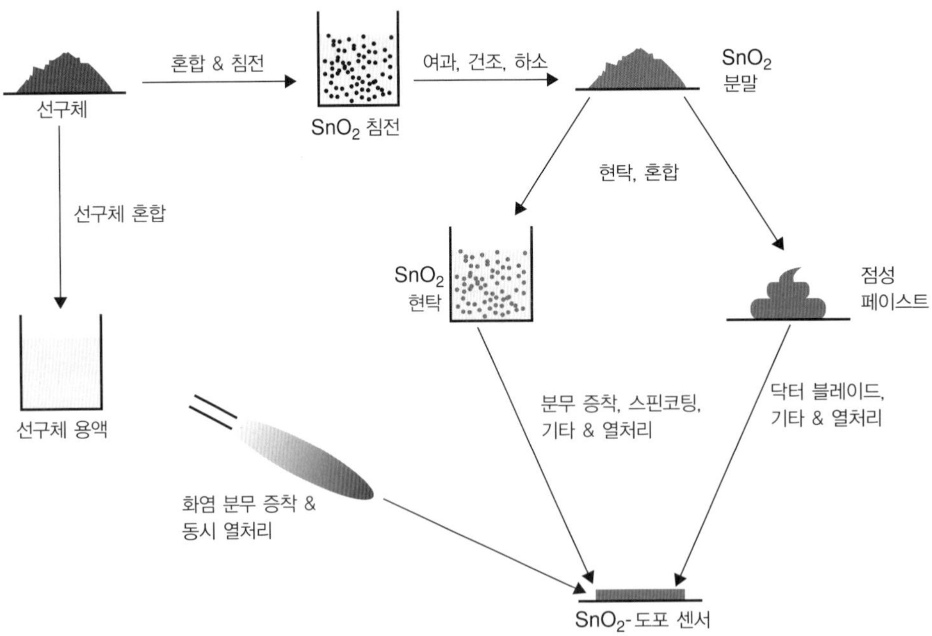

그림 4.21 SnO_2 기체 센서를 얻기 위한 습식 화학 경로와 화염 분무 증착의 비교. Adapted with permission from R. Strobel and S. E. Pratsinis, J. Mater. Chem., © 2007 Royal Society of Chemistry.

표 4.5 고압에 의해 나타나는 동질다형 현상

조성	표준 상태 구조 유형/ 배위수	전이 조건 압력(kbar)	전이 조건 온도(℃)	고압 상태 구조 유형/배위수
C	흑연/3	130	3000	다이아몬드/4
CdS	섬유아연석/4:4	30	20	암염/6:6
KCl	암염/6:6	20	20	CsCl/8:8
SiO_2	석영/4:2	120	1200	루틸/6:3
Li_2MoO_4	phenacite/4:4:3	10	400	스피넬/6:4:4
$NaAlO_2$	(질서배열) 섬유아연석/ 4:4:4	40	400	(질서배열) 암염/6:6:6

얻어지기도 한다. Cr의 경우 +3(d^3, 팔면체 중심)이나 +6(d^0, 사면체 중심)의 산화수를 갖는 것이 보편적인데 일련의 페로브스카이트 화합물들, $ACr^{4+}O_3$ (A = Ca, Sr, Ba, Pb)이 고압 조건에서 합성될 수 있었다. 위의 예에서 어느 경우에나 고압에 의해 산화 상태가 증가하는 쪽으로 변이가 발생하는데, 이는 압력 증가에 따른 금속-음이온 결합 거리 감소가 높은 산화 상태를 안정화시키기 때문으로 해석된다. 산업적으로 고압이 이용되는 대표적 예는 흑연에 고온·고압을 가하여 다이아몬드를 생산하는 것이다.

4.6 단결정 성장(single crystal growth)

결정은 증기, 액체상, 고체상의 어느 것으로부터도 얻어질 수 있지만, 응용이나 물성 측정에 필요한 충분한 크기를 얻기 위해서는 기체나 액체 상태의 출발 물질을 이용해야 한다. 수열이나 증기상 수송을 이용한 단결정 성장은 4.3절과 4.4절에서 각각 다뤄졌으며 여기서는 그 밖의 방법들을 소개한다.

4.6.1 Czochralski 기법

얻고자 하는 목표 결정과 동일한 조성을 갖는 용융액과 씨앗 결정(seed crystal)을 출발물로 삼는다. 용융액의 온도를 녹는점보다 약간 높게 유지하면서, 용융액 표면에 씨앗 결정이 닿도록 하여 매단다. 씨앗 결정을 수직으로 서서히 끌어 올리면 결정 표면에 묻어 나온 용융액이 응고되면서 결정이 성장한다(그림 4.22). 공정 진행 중에 결정과 용융액 모두 수직축을 중심으로 회전시켜 주는데 각각의 방향을 서로 반대

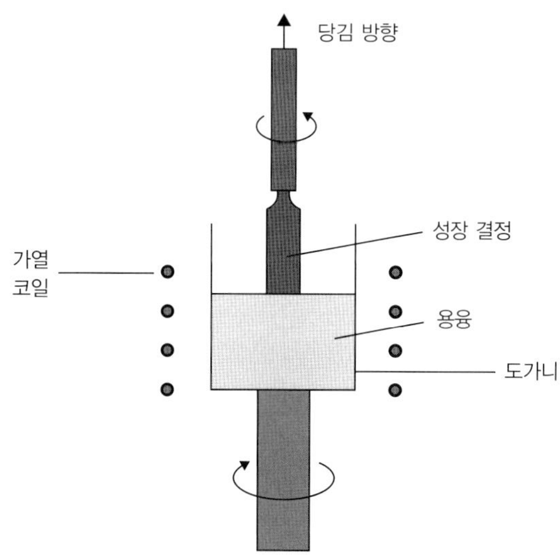

그림 4.22 Czochralski 기법에 의한 단결정 성장.

로 한다. 최종적으로 얻어지는 단결정은 원기둥 막대 모양이며 최초 씨앗 결정과 동일한 결정학적 배향을 갖는다. 이 기법은 Si, Ge, GaAs 등의 반도체 단결정 제조에 널리 이용되며, 용융액에 불순물을 첨가함으로써 *p*-, *n*-혼입된 단결정을 직접 얻을 수도 있다. 목표 결정이 As나 P 등 휘발 성분을 갖는 경우 그들의 손실을 막기 위해 비활성 기체 분위기에서 공정이 수행된다. 이 기법이 적용된 다른 예로는 레이저 발생 물질 $Ca(NbO_3)_2$:Nd의 단결정이 있다.

4.6.2 Bridgman 기법과 Stockbarger 기법

이 두 방법은 조성이 정확히 제어된 용융액을 점진적으로 결정화시킨다는 점에서 Czochralski 법과 유사하지만 결정 응고를 유발하는 방식에서 차이점을 갖는다. 즉, 용융액을 가로질러 온도 경사를 조성함으로써 저온 영역에서 고체 결정화를 일으킨다. Stockbarger 기법과 Bridgman 기법 모두, 온도 경사가 존재하는 가열대(heating zone)에 용융액을 위치시킨 상태에서 공정이 시작된다. 이때 용융액의 저온 말단부에 씨앗 결정이 놓인다. 이후 Stockbarger 법에서는 위의 용융액 전체를 저온 영역으로 이동시키고(그림 4.23(a)), Bridgman 법에서는 가열대의 온도를 전체적으로 낮춘다(그림 4.23(b)). 두 경우 모두 용융액이 담긴 용기에 온도 경사가 유지된 채로 냉각되기 때문에 결정화가 서서히 파급되는 효과를 기대할 수 있다.

4.6.3 대역 용융(zone melting)

이 방법은 Stockbarger 법과 약간 유사하지만, 용융 상태로 가열되는 대역이 매우 좁다는 차이점이 있다. 또한 이 방법은 단결정 제조 목적 외에 고체 시료 내의 불순물을 제거하기 위한 목적으로 시행되는 경우가 많다. 그 과정을 간략히 살펴보면, 압축 성형된 다결정 시편의 말단부에 씨앗 결정을 부착시키고 가열대에 위치시킨다. 출발 시점에 씨앗 결정은 가열대 중심, 최고 온도 지점에 놓이며 이후 시편의 나머지 부분 모두가 가열대 중심을 통과하도록 이동시킨다. 시편은 가열대 중심부에서만 용융되며, 그 대역을 벗어난 후에는 단결정으로 재결정화한다(그림 4.23(c)). 이 과정에서 불순물 성분은 단결정에 유입되지 못하고 계속 용융에 남아 있다가 시편의 말단부에 집하된다. 이것이 바로 금속의 순도 향상 기법으로 잘 알려진 대역 정제(zone-refining) 기술이다(그림 7.27). 대역 용융 법은 텅스텐(W)과 같이 녹는점이 매우 높은 금속의 정제와 결정 성장에 사용되고 있다.

4.6.4 침전: 융제(flux) 법

앞서 소개된 방법들과 달리 침전법에서는 액체상 출발물과 고체상 생성물이 서로 다른 조성을 갖는다. 즉, 용액이나 용융으로부터 일부 조성만이 고체 결정으로 석출된다. 용매 역할을 하는 성분은 얻고자 하는 결정의 일부 성분일 수도 있고(예: 수용액으로부터 염의 수화물이 석출), 또는 목표 결정과 전혀 무관한 물질일 수도 있다(예: 붕산염이나 할로젠화물의 용융으로부터 규산염이 석출). 이러한 경우 용융된 용매는 용질 결정의 녹는점을 상당한 정도로 낮추기 때문에 융제라 불리기도 한다.

4.6.5 베르누이 화염 융해(Verneuil flame fusion)

이 기법은 1904년 인조 보석 루비(ruby), 사파이어(sapphire)나 녹는점이 높은 산화물의 결정을 얻는 데 처음 사용되었다. 미립 분말 형태의 출발물을 O_2/H_2 혼합 기체(oxyhydrogen)의 화염 또는 다른 고온 장치에 통과시키면 용융된 방울이 씨앗 결정 위에 떨어지면서 재결정화한다(그림 4.23(d)). 이 기법 원리를 바탕으로 CaO(녹는점 ~2600 °C)의 결정을 얻을 수 있는데, 이때 CaO 분말은 플라즈마 토치를 이용하여 용융시킨다.

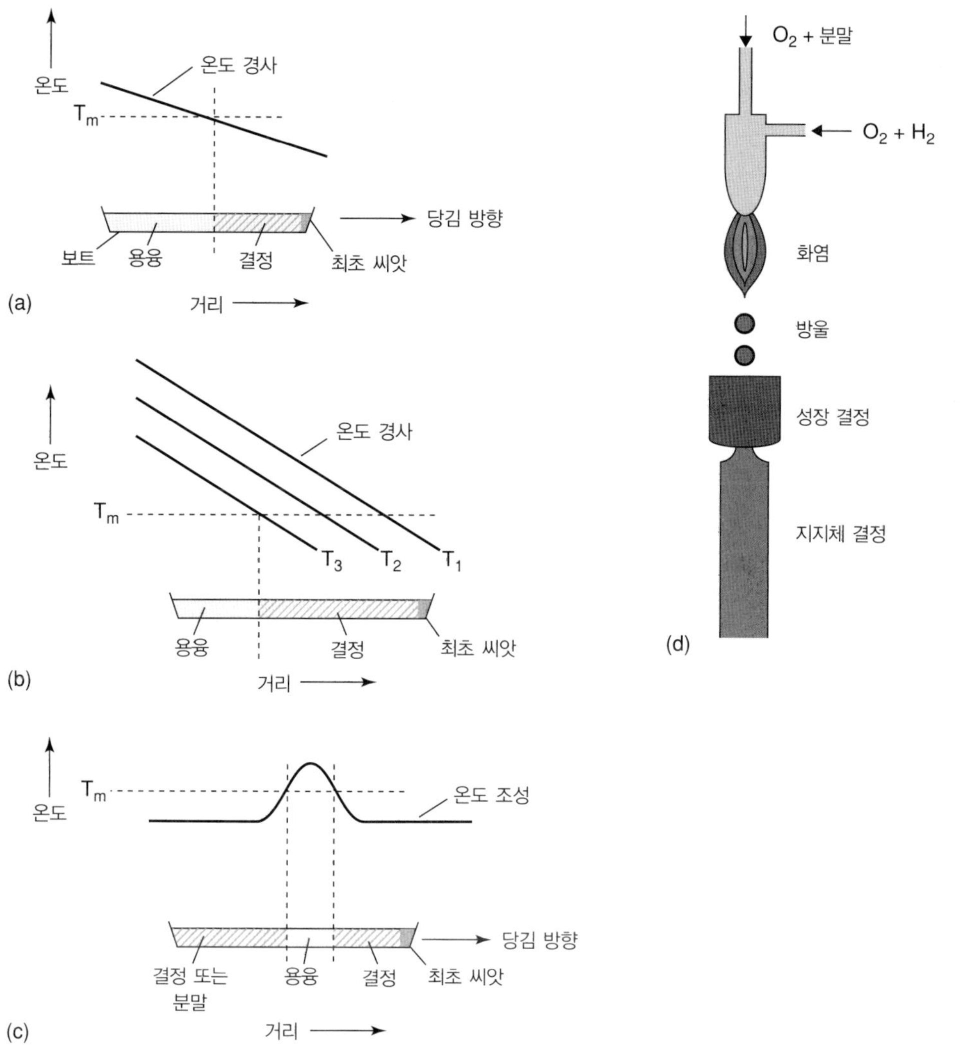

그림 4.23 (a) Stockbarger 기법 (T_m: 결정의 녹는점). (b) Bridgman 기법 (T_1, T_2, T_3 순으로 진행). (c) 대역 용융 기법. (d) 베르누이 기법.

5장

고체의 결정 구조 분석

5.1 분자성 고체와 확장형 고체

5.1.1 결정성 고체 상의 식별

주어진 무기 물질에 대한 묘사와 식별을 위해서는 성분 조성과 구조 정보가 제시되어야 한다. 이때 대상 물질이 분자성인지, 비분자성인지에 따라 방법론이 달라진다. 분자성 물질이라면 질량 분광, 적외선, 핵자기 공명 등의 분광학적 기법과 화학 분석(chemical analysis)을 통해 분자량과 작용기 등이 조사된다.

비분자성 무기물의 분석은 분말 X-선 회절(X-ray diffraction, XRD)에 크게 의존하고, 경우에 따라 화학 분석을 보조 정보로 이용한다. 결정성 물질의 XRD 패턴은 그 물질의 지문으로 간주될 만큼 고유성과 차별성을 띤다. 거의 모든 결정성 무기물 상에 대해 XRD 패턴이 전산 데이터베이스화[1]되어 있기 때문에 회절 실험을 통한 미지물 상의 확인이 빠르면서도 분명하게 이루어질 수 있다.

대상 물질이 분자성이고 그 조성이 밝혀졌다면, 다음 단계에서는 분광학적 측정을 통해 분자 기하의 세부가 고찰된다. 나아가 그 물질이 분자성 결정(molecular crystal)이라면 X-선 결정학을 통해 단위 분자체들의 공간 채움 방식을 조사하게 된다. 위의 정보들이 모두 얻어진다면 주어진 분자성 고체 결정에 대한 상 정의(phase identification)가 충분히 이루어진 것이다.

5.1.2 비분자성 결정성 고체의 구조

확장형 결정 고체, 즉 우리가 흔히 고체라고 칭하는 물질들에서 '구조'라는 용어는 여러 수준 차원과 여러 측면의 정보들을 통칭한다. 단순화된 거시적 시각에서 고체의 구조는 **평균 구조**(average structure), 즉 • 단위세포 기하 • 단위세포 구성 원자의 종류 • 단위세포 내 원자 위치로써 묘사될 수 있으나 모든 실제 고체는 비이상적 속성(non-ideality)을 띤다. 바꿔 말해 실제 계의 모든 구조 속성들이 평균 구조로 표현되는 이상적 상태와 정확히 일치하지는 않는 것이다. 실제 고체 구조에는 언제나 결함 또는 불순물이 존재하고, 이들은 종종 물질의 물성을 좌우하는 인자로 작용한다.

구조의 비이상성이 매우 좁은 차원에서 발생하는 예로, 루비는 강옥(corundum, Al_2O_3)에 Cr^{3+}가 불순물로 혼입된 물질이다. Cr^{3+}의 함량이 매우 적기 때문에 루비는 강옥과 거의 똑같은 평균 구조를 갖지만, 판이하게 다른 색깔과 광 증폭(lasing) 작용을 나타낸다. 루비가 나타내는 핵심 물성이 Cr^{3+}에 의해 발현된다는 점에서 루비의 구조를 논하기 위해서는 Cr^{3+} 이온을 중심으로 한 **국부 구조**(local structure) 정보가 평균 구조 정보에 더해져야 할 것이다.

시각을 약간 넓은 차원으로 옮겨, 콜로이드 상태 물질들은 그 조성과 원자 배열 평균 구조가 같더라도 입자 크기에 따라 물성이 달라진다. 이는 입자가 작아질수록 양자 효과(quantum effect)가 뚜렷해질 뿐만 아니라 표면 결함 성분의 분율이 증가하기 때문이다. 입자 표면에서는 병진 대칭성이 유지되지 못하므로 표면의 원자들은 내부와 다른 결합 환경에 놓이게 된다. 따라서 콜로이드 물질에서는 나노 차원 범위의

1) ICDD(International Centre for Diffraction Data), PDF(Powder Diffraction File) 등의 데이터베이스가 운용되고 있으며, 약 110,000개의 회절 패턴이 등록되어져 있음.

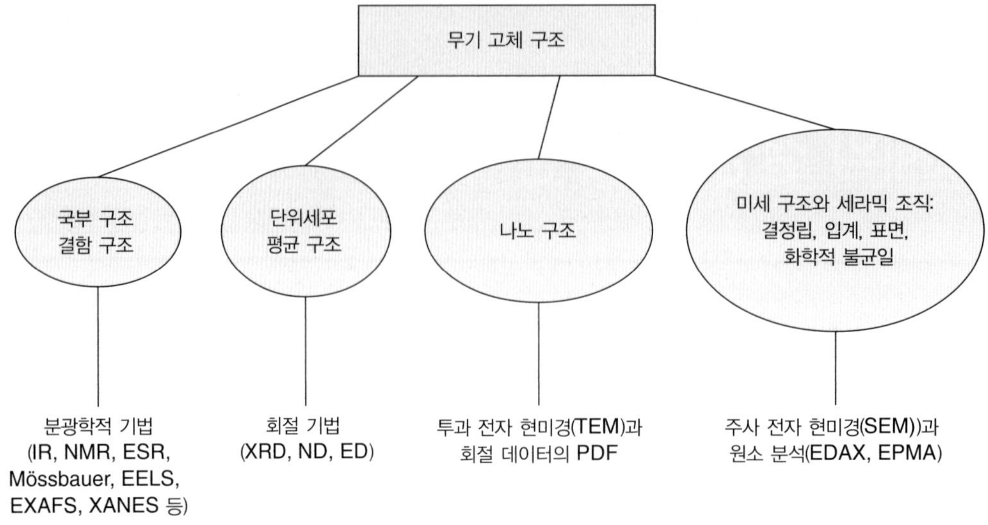

그림 5.1 무기 고체에서 길이 차원에 따라 강조되는 구조적 특질과 각각에 대한 분석 기법.

구조 이해가 중요하고, 입자의 크기와 표면 원자의 결합 환경을 위주로 기술하는 것이 적절하다.

좀 더 넓은 관점에서, 세라믹의 기계적 성질과 전기적 성질은 종종 **미세 구조**(microstructure)에 의해 영향 받는데, 미세 구조에는 결정 입자의 크기, 모양, 분포, 입자 간 결합, 입자 표면이나 경계에서의 불순물 분결(segregation) 등이 포함된다. 산화 아연(ZnO)은 Ohm 규칙을 따르지 않는 특이한 물질로서 배리스터(varistor)[2] 소자에 사용되는 세라믹이다. ZnO의 독특한 거동은 고유 물성이라기보다는 입자 내의 성분 불균일성과 입자 경계에 분결된 Bi, Co의 영향으로 설명된다. 이러한 경우에는 불순물의 존재 여부와 상 확인, 함량 등이 구조 정보에 포함되어져야 한다.

이상과 같이 확장형 고체 결정의 구조 묘사는 국부 구조(Å 차원)부터 나노 구조(10 nm 차원), 미세 구조(μm 차원)에 이르는 다양한 길이 범위의 특질을 아우르며, 대상 물질에 따라 그 일부 혹은 전체가 논의에 포함된다. 위에 구분된 관점에 따라 구조 정보의 성격과 분석 원리가 달라지므로 고체 구조의 특성 묘사에는 폭넓은 기법과 장비가 사용된다.

5.1.3 결정성 고체의 결함, 불순물과 화학양론

분자성 물질과 비분자성 물질을 구분하는 시각은 두 부류에서 결함과 불순물이 갖는 의미 차이와 상통하는 면이 있다. 개념 정의 상 분자성 물질은 결함을 가질 수 없다. 만일 어떤 분자에서 한 원자가 제거되거나 추가된다면 그 결과물은 더 이상 원래의 분자가 아니다. 즉, 결함성 분자란 성립할 수 없는 개념인 것이다. 또한 분자성 물질 내에 위와 같이 이질적인 분자가 포함되더라도 다른 정상적 분자들의 물성에 영향을 주지 못한다. 따라서 분자성 물질은 언제나 무결함 상태이고 정확히 고정된 화학식(화학양론)을 갖는다.

이와 대조적으로 비분자성 물질에서는 결함과 불순물을 피하는 것이 거의 불가능하다. 생성물 상과 동반적 관계로 형성된 결함이나 불순물은 완전히 제거될 수 없고, 주성분과 열역학적 평형을 이루며 공존한다. 이러한 불순물들은 비양론, 즉 가변적 조성의 원인이 되며 아주 큰 물성 변화를 유발하기도 한다. 표 5.1은 분자성 물질과 비분자성 물질이 보이는 근본적 차이점을 각각의 전형적 예인 톨루엔과 알루미나를 통해 나열하고 있다. 톨루엔의 화학이 다분히 확정적인 데 비해, 알루미나는 단순한 조성임에도 불구하고 다채로운 거동과 속성, 응용 범위들을 가져 지속적인 탐구 대상으로 남아 있다.

2) 전기 회로에 사용되며 전압이 증가할수록 저항이 급속히 감소하는 저항 소자.

표 5.1 분자성 물질 톨루엔($C_6H_5CH_3$)과 비분자성 물질 알루미나(Al_2O_3)의 비교

특성	톨루엔	알루미나
화학양론	고정, $C_6H_5CH_3$	고정, Al_2O_3
불순물 유입	불가능	매우 용이
물질의 유형	휘발성 액체	분말, 섬유상, 세라믹, 단결정, 박막
물성	불변의 고유 성질	물질 유형과 혼입물/불순물에 의존
용도	용매	연마제(분말) 단열재(Saffil 섬유상) 전기절연체(박막 또는 세라믹 기판) 루비 보석, 레이저(Cr^{3+} 혼입물) 고체 전해질(Na β-알루미나)

5.2 고체 물질의 묘사

주어진 고체 시료를 제대로 묘사하기 위해서는 다음의 정보가 필요하다.

(가) 평균 결정 구조에 대한 단위세포: 격자 상수와 단위세포 내 원자 좌표
(나) 결정 결함의 종류와 양, 분포
(다) 불순물 존재 여부 및 분포 양상: 무작위로 고르게 분포되었는지 혹은 편재화되어 분결을 이루었는지
(라) 나노 물질, 특히 비정질이거나 나노 차원에서 구조 변형이 일어난 경우, 중간 범위 길이(~10 nm) 차원의 원자 배열
(마) 다결정 고체(분말 또는 세라믹)인 경우, 결정립의 크기, 모양 및 분포
(바) 표면 구조: 성분의 불균일성, 표면층 형성, 표면과 내부의 구조 차이점

주어진 고체 상을 분석하는 데 있어 위의 정보 모두가 필요하지는 않고 (가)~(바) 중 일부만이 필요하게 된다. 또한 위의 정보 모두를 얻어낼 수 있는 단일 기법은 없으며, 다양한 기법들이 조합되어 사용되어진다. 주요한 물리적 분석 기법들을 크게 회절, 현미경, 분광법의 세 가지로 나눌 수 있으며, 열분석(thermal analysis)이나 물리적 성질 측정이 긴요한 정보를 제공하기도 한다. 5장에서는 회절의 세부를 살펴볼 것이며, 다른 기법들은 6장에서 다루어진다.

회절은 일정한 파장을 갖는 복사파를 이용하는데, 그 종류에는 X-선, 중성자, 전자가 있다. X-선 회절은 지난 100여 년간 지문법(fingerprint method)에 의한 결정성 물질의 상 확인과 구조 결정(structure determination)을 위해 폭넓게 사용되어져 왔다. 중성자 회절과 전자 회절은 보다 특화된 기법으로 X-선 회절에 대한 상보적 성격을 띤다.

5.3 X-선 회절

5.3.1 X-선 발생

5.3.1.1 내부 준위 전자 전이를 이용한 범용 X-선원

X-선은 파장 범위 $10^{-8}-10^{-11}$ m의 전자기파(electromagnetic wave)를 통칭하지만, 회절 실험에서는 약 1 Å(= 10^{-10} m)의 X-선 복사를 사용한다(그림 5.2). 고에너지로 가속된 하전 입자(대개 전자)가 금속과 충돌할 때 X-선이 발생되는데, 이 X-선은 백색 복사(white radiation)로 불리는 넓은 스펙트럼과 몇몇 단색광(monochromatic) 파장에서 나타나는 뚜렷한 피크 성분으로 구성된다. 백색 복사는 전자가 충돌 이후 감속되거나 정지하는 과정에서 방출한 운동 에너지가 전자기파로 변환된 결과이며, 그 하한 파장(λ_{min})은 X-선의 최대 에너지 상태에 해당한다. 즉, λ_{min}은 전압 V에 의해 eV의 에너지로 가속된 전자의

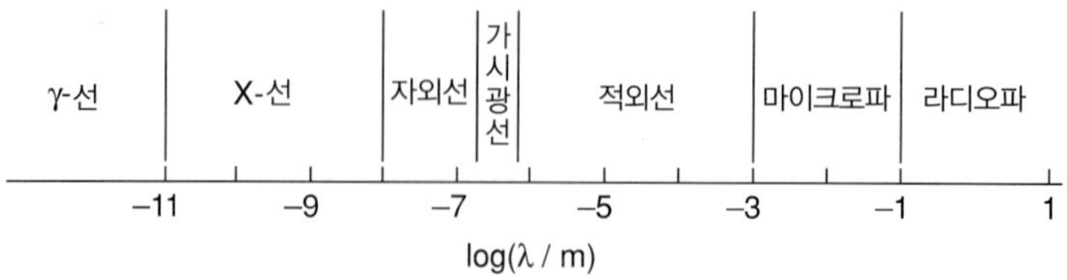

그림 5.2 전자기파 스펙트럼.

운동 에너지 전체가 X-선으로 변환될 때의 파장이다. 관계식 $eV = hc/\lambda_{\min}$에 상수 e, h, c 값을 대입하면 $\lambda_{\min}(\text{Å}) = 12{,}398/V$으로 구해진다.

거의 모든 범용 회절 실험에서 X-선 발생의 구체적 과정은 다음과 같다. 30−40 kV의 전압에 의해 가속되어진 전자 빔이 금속 타겟에 쪼여지는데, 전자 빔의 에너지가 충분히 높기 때문에 금속의 1s (K 껍질) 전자 일부를 떼어낼 수 있다. 비워진 1s 준위는 2p나 3p 전자에 의해 즉각 채워지고 그와 함께 X-선 영역 대의 전자기파가 방출된다. Cu에서 $2p \rightarrow 1s$ (K_α) 전이 에너지는 파장 1.5418 Å에 해당하고, $3p \rightarrow 1s$ (K_β) 전이는 1.3922 Å에 해당한다. 그림 5.3은 Cu 타겟을 이용하여 X-선이 발생되는 과정의 내부 전자 전이 과정을 나타낸 것이다.

K_α 전이는 K_β 전이에 비해 그 빈도가 높아 X-선 세기가 더 강하다. 한편 $2p \rightarrow 1s$ 전이에서 2p 상태는 미세한 에너지 갈라짐에 의해 $2p_{\frac{1}{2}}$, $2p_{\frac{3}{2}}$의 두 가지 준위를 갖고 그 결과 K_α 전이는 K_{α_1} (1.54051 Å)과 K_{α_2} (1.54433 Å)의 두 성분을 포함한다.

표 5.2에는 X-선 발생을 위해 주로 사용되는 타겟 금속들의 K_α 파장이 정리되어 있다. **Moseley 법칙**(식 5.1)에 따르면 K_α 파장 λ는 원자 번호 Z가 증가할수록 짧아진다:

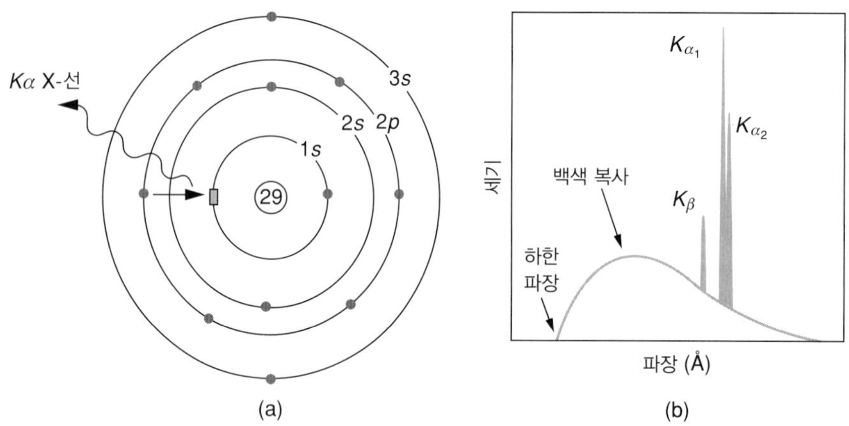

그림 5.3 (a) Cu K_α X-선의 발생. 1s 전자의 이온화에 이어 비워진 준위를 2p 전자가 채우면서 X-선을 방출. (b) Cu의 X-선 방출 스펙트럼.

표 5.2 타겟 금속의 종류에 따른 X-선 파장 (Å)

타겟	K_{α_1}	K_{α_2}	K_β	필터
Cr	2.2896	2.2935	2.2909	V
Fe	1.9360	1.9399	1.9373	Mn
Cu	1.5405	1.5443	1.5418	Ni
Mo	0.7093	0.7135	0.7107	Nb
Ag	0.5594	0.5638	0.5608	Pd

$$\frac{1}{\sqrt{\lambda}} = C(Z - \sigma) \quad (C, \sigma\text{는 상수}) \tag{5.1}$$

그림 5.4(a)는 X-선 발생 장치를 모식적으로 나타내고 있다. 가열된 텅스텐 필라멘트로부터 공급된 전자가 약 30 kV의 전압에 의해 양극 방향으로 가속된다. 전자는 양극에 부착된 Cu 타겟에 충돌하게 되고 그림 5.4(b)에 보여지는 X-선 스펙트럼이 방출된다. X-선 튜브 내부는 텅스텐 필라멘트의 산화를 방지하기 위해 진공으로 유지된다. X-선은 물질에 의해 흡수될 수 있으며, 그 흡수 정도는 원자 번호에 따라 증가한다. 따라서 X-선을 튜브 외부로 전달하기 위한 투과 창의 재질로는 원자 번호가 낮은 원소가 적합하고, 실제 경우 베릴륨(Be)이 주로 사용된다. 같은 이유로 Pb는 매우 효과적인 X-선 차단 재료이다. X-선 튜브의 작동 중에는 양극의 과열을 방지하기 위한 냉각이 필요하다. 가속된 전자의 에너지 중 X-선으로 변환되는 부분은 일부에 불과하며, 그 나머지는 열에너지로 변환되므로 양극의 손상을 막기 위한 조치가 필수적이다. 회전식 양극 발생기(rotating anode generator)는 양극이 회전하는 방식으로 설계되어 열 부하를 분산시키는 장점이 있고, 그에 따라 더 높은 에너지의 X-선을 발생시킬 수 있다.

많은 경우 X-선 회절에 사용되는 **선원**(radiation source)의 파장 분포가 단색광에 가까울수록 결과 데이터의 품질이 향상된다. Cu에서 전자 전이 확률에 따른 X-선 상대 세기는 대략적으로 $K_{\alpha_1}:K_{\alpha_2}:K_\beta = 100:50:5$이고, 실제 실험에서는 필요에 따라 K_β만을 제거하거나 K_β와 K_{α_2}를 모두 제거하여 사용한다. K_β의 제거를 위해서는 Ni 박판이 매우 효과적이다. Ni의 1s 이온화 에너지는 1.488 Å이므로 Cu K_β를 흡수하지만 K_α는 그대로 통과시킨다. K_β와 K_{α_2}를 모두 제거할 경우 데이터 품질이 우수하나 K_{α_1} 성분이 상당 부분 흡수되어 전체적인 X-선 세기가 감소하는 단점이 있다.

5.3.1.2 입자 가속기 X-선원(synchrotron X-ray source)

상대론적 속도로 운동하는 하전 입자가 자기장을 통과하면서 경로 방향을 변경할 때 가속 입자 방사광이 방출된다. 입자 가속 설비에서는 광속에 가깝게 가속된 전자나 양전자가 **저장 링**(storage ring)으로 불리는 원형의 초고진공 관에 주입되고 경로 유도 전자석에 의해 링 내부를 순회한다. 입자 가속기는 국가 혹은 국가 간 차원의 대형 시설에 속하며 대표적으로 European Synchrotron Radiation Facility(ESRF; Grenoble, 프랑스), National Synchrotron Light Source(NSLS; Brookhaven, 미국), Photon Factory (Tsukuba, 일본), Pohang Light Source(PLS; 포항) 등이 알려져 있다.

그림 5.5는 저장 링을 단순화하여 묘사한 것이다. 저장 링은 대개 직경 수백 미터의 크기이며 직선형과 곡선형의 구간이 전체 구성에 포함된다. 휨 자석(bending magnet)에 의해 곡선 구간으로 조종된 전자는 경로의 접선 방향으로 방사광을 방출하며 이것을 이용하여 다양한 기기들이 운용된다. 또한 직선 구간에

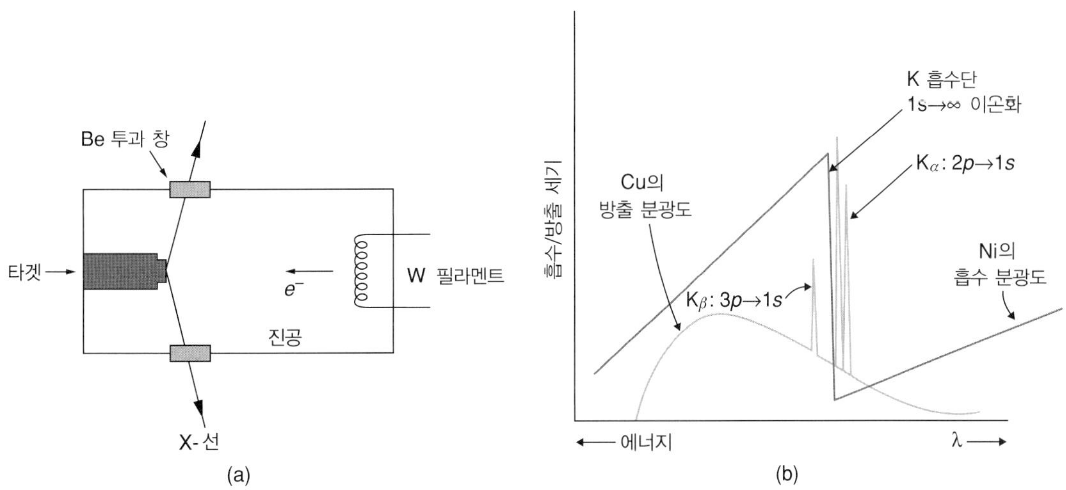

그림 5.4 (a) 필라멘트 X-선 튜브. (b) Ni 필터를 이용하여 백색 복사와 K_β 방사를 걸러내는 과정. ➡ 앞의 컬러 그림 참조

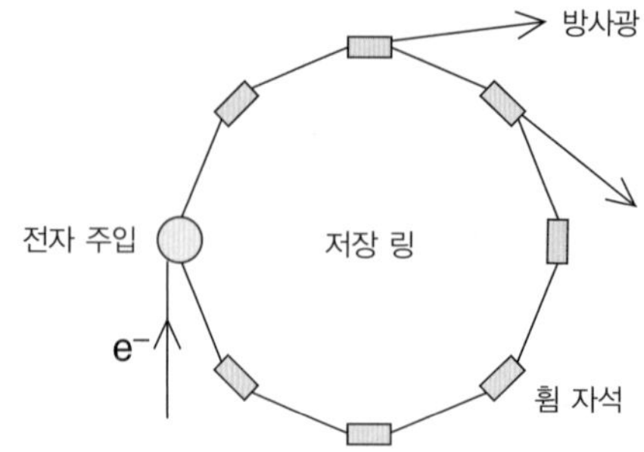

그림 5.5 입자 가속기 저장 링의 모식도.

는 삽입 장치(wiggler, undulator)가 설치되어 저장 링에 수직 방향으로 자기장을 발생시킨다. 그에 의해 전자가 수평면 상에서 편향되고, 방출된 방사광의 전기장 성분은 저장 링 평면에 선형 편광된다.

저장 링 둘레를 따라 다양한 회절, 분광 장치가 배열된다. 각 빔라인의 방사광 파장은 저장 링 전자의 에너지, 경로의 곡률, undulator의 간섭 효과 등에 따라 달라진다. 방사광은 연속적(휨 자석, wiggler)일 수도 있고 펄스 형(undulator)일 수도 있다. 펄스의 파장은 기본 파장의 정수 배이고 자기장 세기에 의존한다. 입자 가속기 선원은 범용 X-선에 비해 월등한 장점이 있다. 우선 세기가 매우 강하여 신호-소음 비(signal-to-noise ratio)가 매우 높고, 수평 광선(parallel beam)을 구현하기 때문에 각도 분해능(angular resolution)이 우수하다. 방사광 파장은 라디오파에서 γ-선까지의 전체 범위에서 선택될 수 있고, 또한 에너지-분산 실험을 위한 파장 조정이 가능하다. 회절 측정을 위한 단일 파장 X-선은 결정 단색광 분광기(crystal monochromator)를 이용하여 추출된다.

5.3.2 X-선과 물질의 상호 작용

물질과 X-선은 산란과 흡수 두 가지 방식으로 상호 작용한다. 흡수, 즉 에너지 손실이 없는 산란은 **결맞은 산란**(coherent scattering)이라 불리며 회절 측정에 기여하는 성분이다. 반면 **결맞지 않은 산란**(incoherent scattering), 혹은 **콤프톤 산란**(Compton scattering)은 에너지 흡수를 수반한다. 이 경우 입사된 X-선에 비해 산란된 파의 파장이 길어지며 X-선 회절 결과의 배경 신호를 증가시키게 된다.

X-선이 물질에 의해 흡수되면 내부 전자를 이온화시키거나 들뜬 상태로 여기시킬 수 있다. 비워진 내부 전자 준위가 높은 에너지 준위의 전자에 의해 채워지면서 에너지가 방출되는데, 이 과정을 **형광**(fluorescence)이라 한다. X-선을 흡수한 원자의 종류에 따라 X-선 영역에 해당하는 형광파가 방출될 수 있으며, 이 또한 회절 결과에 배경 신호로 기여하는 원인이 된다. 형광은 회절 측정 면에서는 저해 요소이지만 다양한 정성 분석 기법의 기본 원리이기도 하다. 나아가 각 원자들이 고유한 X-선 흡수 거동을 보이는 점에 근거하여 **X-선 흡수 분광학**(X-ray absorption spectroscopy, XAS)이 정립되어졌다. XAS는 X-선 흡수 근거리단 구조(X-ray absorption near edge structure, XANES)와 원거리 X-선 흡수 미세 구조(extended X-ray absorption fine structure, EXAFS) 분광학으로 구성되며, 분석 대상 원자의 국부 구조와 전자 구조를 파악하는 데 매우 유용한 기법이다.

5.3.3 광학 회절발과 빛의 회절

결정의 X-선 회절에 대한 이해를 돕기 위해 광학 회절발(optical grating)에 의한 빛의 회절을 먼저 살펴보자. 이는 결정의 3차원적 회절에 대응되는 1차원 유사 과정이다. 광학 회절발은 유리 조각에 여러 개의 평행선이 매우 좁고 동일한 간격으로 그어진 것이다. 선들 간의 거리는 빛의 파장보다 약간 더 길다(≈1 μm). 그림 5.6(a)는 회절발을 평면에 투영하여 점들의 줄로 나타낸 것이다. 빛이 회절발 평면에 대해 수직 방향으로 쪼여질 때 어떤 일이 일어날지 생각해 보자. 선이 그어지지 않은 유리 조각은 빛을 그냥 투과시킬 것이다. 하지만 회절발에서는 선들이 2차 광원으로 작용하여 빛을 모든 방향으로 다시 방사하게 된

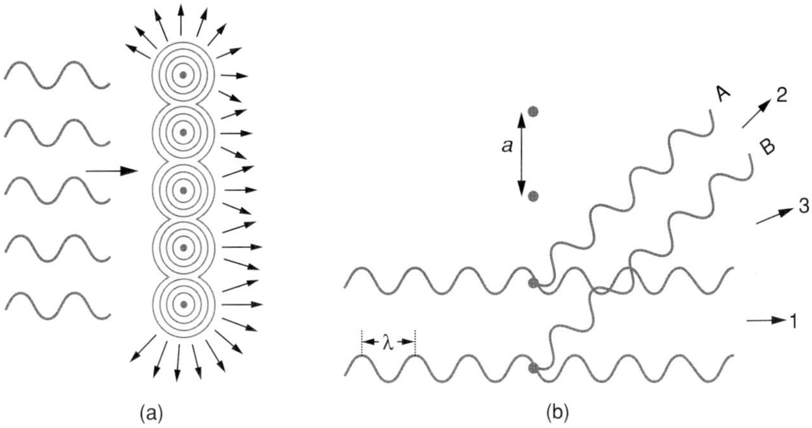

그림 5.6 (a) 광학 회절발 위의 선들은 2차 광원 역할을 한다. (b) 1과 2 방향의 보강 간섭.

다. 이 대목에서 각각의 선들이 방사하는 광파 간에 간섭이 일어난다.

어떤 방향에서는 이웃한 광파들의 위상이 서로 같아 **보강 간섭**(constructive interference)이 일어나면서 회절광이 만들어진다. 그림 5.6(b)는 보강 간섭이 일어나는 방향들 중 두 가지 예를 보여 주다. 방향 1은 입사광의 방향과 평행하므로 회절광들의 동일 위상 관계가 자명하다. 방향 2에서도 회절광들이 동일 위상 관계인데 이 경우 B 파의 진행이 A 파에 비해 정확히 한 파장만큼 지체된다. 1과 2 사이의 방향에서는 B 파가 파장의 분수만큼 지체되며 **소멸 간섭**(destructive interference)이 일어난다. 방향 3에서는 A 파에 비해 B 파가 정확히 반파장만큼 지체되며 완전한 소멸 간섭, 즉 상쇄가 일어난다. 그 밖의 사이 방향에서는 소멸 간섭이 단지 부분적으로 일어난다. 따라서 빛의 세기는 1과 2 방향에서 최대이고 방향각 변화와 함께 차츰 감소하여 3 방향에서 0이 된다. 실제 광학 회절발에서 일어나는 평행 회절광은 1과 2만이 아니라 수백 개나 된다(회절발의 선 1개당 회절광 1개). 그러나 그들 간의 간섭 결과로 결국에 관찰되는 회절에는 1과 2 방향의 둘만이 강한 세기를 보이며 둘의 중간 방향에서는 거의 아무런 세기가 나타나지 않는다.

2와 같이 보강 간섭이 일어나는 방향은 빛의 파장 λ와 회절발의 선 간격 a의 상호 관계에 의해 결정된다. 그림 5.7의 회절광 1과 2는 입사광 방향과 ϕ의 각도를 이루고 있다. 1과 2가 동일 위상이려면 거리 AB가 파장의 정수 배이어야 한다.

$$\mathrm{AB} = \lambda,\ 2\lambda,\ \cdots,\ n\lambda$$

한편,

$$\mathrm{AB} = a \sin\phi$$

따라서,

$$a \sin\phi = n\lambda \tag{5.2}$$

이 식은 회절발의 간격, 빛의 파장, 회절 차수(n)의 관계를 이용하여 보강 간섭이 일어나는 조건을 명시한다. 예컨대 $a\sin\phi$ 값에 따라 하나 또는 둘 이상의 회절 차수($n=1,\ 2,\ \cdots$)가 관측될 수도 있다.

위로부터 회절발의 선 간격이 빛의 파장과 엇비슷하면서 약간 길어야 하는 이유가 이해될 수 있다. 1차($n=1$) 회절의 조건은 $a\sin\phi=\lambda$이다. $\sin\phi$의 수학적 최댓값은 1이지만 실제 실험 환경에서 1차 회절이 일어날 ϕ가 90°보다 작을 것이므로 $a>\lambda$이어야 한다. $a<\lambda$라면 0차 회절만이 관찰될 수 있다.

하지만 $a\gg\lambda$이면 개개 회절 차수들($n=1,\ 2,\ 3,\ \cdots$)이 너무 촘촘하여 분리되지 못한 연속 군집 형태가 나타난다. 이는 a 값이 클 경우 $\sin\phi$와 ϕ가 매우 작아지기 때문이다. 이를테면 1차 회절에 대한 $\phi_{n=1}\approx 0$이 되어 0차 회절과 구분될 수 없다. 가시광은 4000−7000 Å 범위의 파장을 가지므로 이에 대한

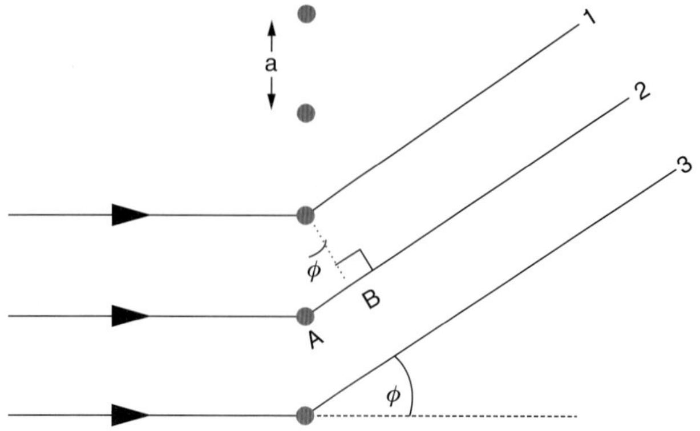

그림 5.7 광학 회절발에 의한 빛의 회절. 1, 2, 3에서 보강 간섭이 일어남.

회절 분광도를 얻기 위해서는 10,000−20,000 Å(1−2 μm) 간격의 회절발이 주로 사용된다.

광학 회절발을 구성할 때 덧붙여 주의해야 할 점은 선들이 정확히 평행해야 한다는 것이다. 그러지 않을 경우 ϕ가 일정하지 못하여 회절 분광 패턴이 흐릿해지거나 왜곡된다.

5.3.4 결정과 X-선 회절

광학 회절발에 의해 빛이 회절되는 것과 마찬가지로 결정은 단일 파장의 전자기파를 회절시킬 수 있다. 이때 결정은 3차원 상에서 규칙적으로 반복되는 원자 배열이라는 점과 전자기파의 파장이 보편적인 원자 간 거리 범위(~1−3 Å)이어야 함을 주목하라. 결정의 회절 실험에는 X-선, 중성자, 전자가 파동 선원으로 이용된다. 이 중 가장 유용한 것은 X-선이라 할 수 있지만 중성자와 전자 또한 중요한 고유 장점을 갖는다. 가장 널리 사용되는 X-선 선원은 Cu K_α 복사선($\lambda = 1.5418$ Å)이다. 결정이 X-선을 회절시킬 때 원자 또는 이온이 2차 점광원 역할을 하여 X-선을 산란시킨다; 광학 회절발에서는 유리에 그어진 선들이 산란에 관여한다.

결정의 회절을 해석하는 데에는 Laue 공식과 Bragg 법칙이 널리 이용되어져 왔다.

5.3.4.1 Laue 공식

Laue는 결정에 의한 X-선의 회절을 최초로 발견한 연구자이며[3], 그 현상을 설명하기 위해 결정 내 원자 배열을 점 격자로 간주하였다. 원자가 한 줄로 배열된 가상의 1차원 결정이 있다고 할 때, 광학 회절발과 유사하게 회절을 일으키고 $a\sin\phi = n\lambda$ 조건에서 보강 간섭이 일어난다. 이를 공간으로 확장시키면 3차원 결정에서는 세 개의 축 방향에 각각 관여하는 Laue 공식이 얻어진다.

$$a_1 \sin\phi_1 = n_1\lambda$$

$$a_2 \sin\phi_2 = n_2\lambda$$

$$a_3 \sin\phi_3 = n_3\lambda$$

즉, 결정이 보강 간섭을 일으키기 위해서는 위의 세 조건들이 동시에 충족되어져야 한다. 이 접근 방식은 논리적, 수학적 오류는 없지만 적용이 불편하다는 단점이 있다. 다른 한편으로 Bragg 법칙을 바탕으로 한 접근은 그 적용이 간편하여 고체화학에서 보편적으로 사용되고 있다.

5.3.4.2 Bragg 법칙

Bragg는 결정을 이루는 원자 배열에서 수많은 가상 평면이 발견되며 그들이 반투과성 면 격자 역할을 한다고 전제하였다. X-선이 결정에 쪼여질 때, 그 일부는 평면에 의해 반사되지만 나머지는 평면을 투과하

3) 이 공로에 대해 1913년 노벨 물리학상이 수여됨.

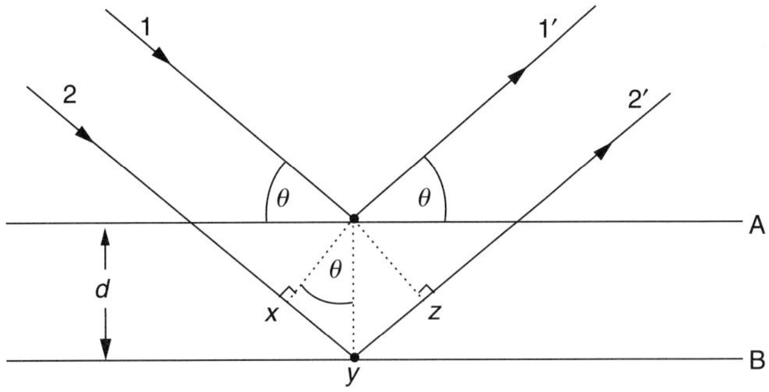

그림 5.8 Bragg 법칙의 유도.

여 계속 진행한다. 결정 내부까지 진행하는 중에 각 평면 층에서 부분적 반사가 계속 일어나는 것이다. 이 과정에서의 보강 간섭 조건을 나타내는 Bragg 법칙은 다음과 같이 유도된다[4]. 그림 5.8은 이웃한 두 평면에서 일어나는 X-선 반사 경로를 보여 준다. X-선 회절 실험의 입사선(incident beam)들은 같은 위상을 갖는데, 반사선 1′와 2′의 위상이 서로 같게 유지된다면 이것이 곧 보강 간섭이 된다. 반사선의 위상이 같기 위해서는 11′와 22′의 경로 차, xyz의 길이가 X-선 파장의 정수 배이어야 한다.

$$xy = yz = d\sin\theta$$

$$xyz = 2d\sin\theta$$

$$xyz = n\lambda \quad (n = 1, 2, 3, \cdots)$$

위 조건들을 정리하여 Bragg 법칙(식 5.3)이 얻어지며 보강 간섭이 일어나는 각도 θ를 Bragg 각도라 한다.

$$n\lambda = 2d\sin\theta \tag{5.3}$$

X-선 회절에서는 보강 간섭 조건에서만 회절 신호가 측정되고, 그 외 조건에서는 회절 신호가 없는 것으로 간주한다. 이는 회절 현상에 대한 일반적 인식과 약간 다른 부분이다. 촛불이나 물결에 의해 나타나는 회절 세기는 상쇄 간섭 조건에서만 0이 되고, 상쇄와 보강의 중간 단계에는 점진적으로 증가하는 세기가 나타난다. 그러나 X-선 회절에서는 결정의 격자 면 개수가 무수히 많기 때문에 보강 간섭 조건에서 약간만 벗어나더라도 그 세기가 거의 0으로 감소한다. Bragg 법칙에 포함된 n은 수리적으로 모든 양의 정수(1, 2, 3, …)가 될 수 있지만 대개 $n=1$인 조건만이 고려된다. n을 증가시키는 것은 실질적으로 더 작은 d-간격의 격자 면을 고려하는 것과 같은 결과를 주기 때문이다: $n\lambda = 2d\sin\theta$와 $\lambda = 2(d/n)\sin\theta$를 비교해 보라.

Bragg 법칙에 포함된 '반투과성 평면'이라는 요소는 물리적 실체라기보다 개념적인 것이고, 따라서 그 속성을 명료하게 설명하기 어렵다. 결정 구조에는 일정 패턴이 규칙적으로 반복되므로 3차원 격자라 할 수 있고, 그 반복 단위로서 단위세포가 발견될 수 있다. 한편 결정 구조 격자는 배향이 동일한 평면들의 세트로 쪼개어 볼 수도 있으며 이들이 바로 Bragg 법칙의 유도에 등장하는 평면이다. 단순한 유형의 일부 결정 구조에서 위의 평면이 원자 층에 해당하기도 하지만, 대개는 그렇지 않다. 보다 자세한 내용은 1.5절에서 찾아볼 수 있다.

Bragg 법칙의 유도에 사용된 몇 가지 가정은 사실 그 근거가 허술하다. 예를 들어 회절을 X-선과 원자 간 상호 작용의 결과로 설명하지만 구체적으로 어떤 방식이 관여되는지에 대한 언급은 없다. 더욱이 원자는 X-선을 특정 방향으로 반사하는 것이 아니라 모든 방향으로 산란 내지 회절시킨다. Bragg 법칙이 위와 같이 매우 단순화된 접근에 의해 유도되었음에도 불구하고, 그 내용은 정교한 수학적 작업에 의해 얻어진 결론과 똑같다. Bragg 회절을 기술하면서 장난스럽게 reflexion이라는 용어를 사용하기도 한다(실제로 반사가 아닌 과정을 반사라고 부르면서 일부러 틀린 철자를 사용하는 것이다). 이렇듯 단순하면서도 직관적

4) W. L. Bragg와 W. H. Bragg 부자에 의해 1913년에 제안되어졌으며, 이 공로에 대해 1915년 노벨 물리학상이 수여됨.

인, 비록 부정확하지만, 방법을 이용하여 실제로는 매우 복잡해야 할 과정을 묘사할 수 있다니, 어쩌면 다행이라 해야 할까?

5.3.5 X-선 회절 기법

X-선 회절 실험을 구성하는 요소는 크게 X-선원, 시료, 검출기로 나뉜다(그림 5.9). 이에 따라 X-선 회절 기법은 세 가지 변수 인자를 갖는다.

(가) 선원 – 단일 파장, 가변 파장
(나) 시료 – 단결정, 분말, 고체 조각
(다) 검출기 – 계수기, 감광막

그림 5.10은 주요한 X-선 기법 유형의 세부를 요약한 것이다. Laue 기법을 예외로 거의 모든 경우에 단일 파장 선원이 사용된다. Laue 기법은 금속공학 분야에서 금속 조직의 연구를 위해 주로 이용되며 여기서는 다루어지지 않는다.

5.3.6 분말 기법 – 원리와 실제

그림 5.11은 단색광의 X-선이 분말 시료에 조사되어 회절되는 과정을 간략히 나타낸다. 시료는 미세 분말 상태이면서 모든 결정 배향이 고르게 분포되도록 준비되어져야 한다. 그래야만 모든 격자 면들에 대

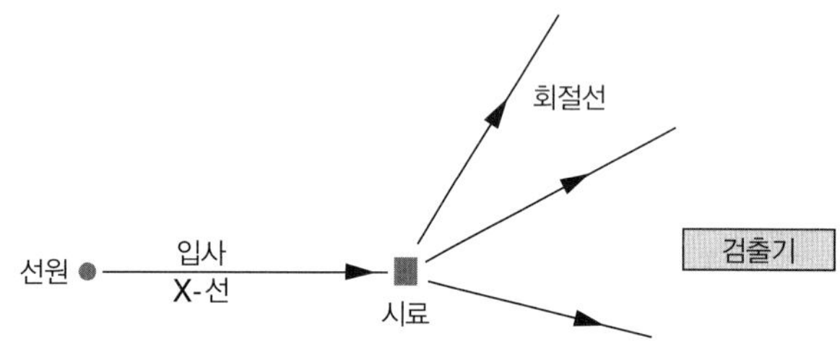

그림 5.9 X-선 회절 실험.

X-선원 파장	시료	검출기	기법
고정	분말	계수기	회절 분광
		감광막	Debye–Scherrer Guinier (Focusing)
	단결정	감광막	Rotation (Oscillation) Weissenberg Precession (Buerger)
		계수기	자동화 회절기
가변	고체 조각	감광막	Laue

그림 5.10 다양한 X-선 회절 기법들.

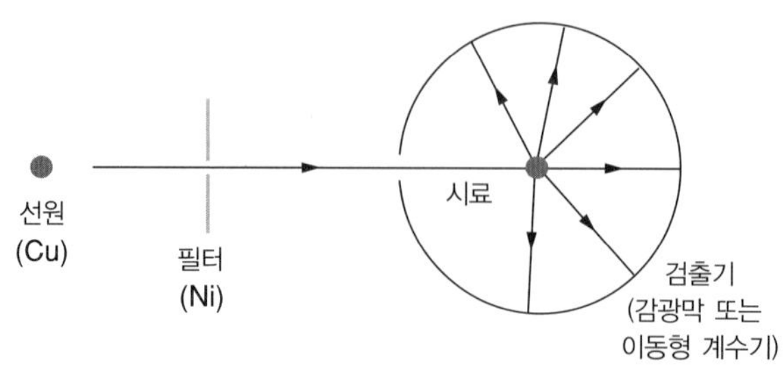

그림 5.11 분말 회절의 개략적 구성.

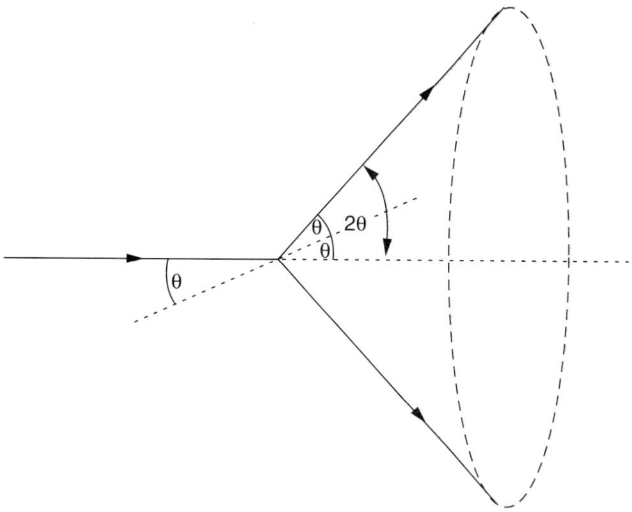

그림 5.12 회절된 X-선이 형성하는 원뿔 궤적.

해, 입사된 X-선과 Bragg 각도 θ를 갖도록 배향된 결정들이 존재하여 회절에 기여할 수 있다. Debye-Scherrer 기법과 Guinier 집속 기법은 시료 주위에 감광막(photographic film)을 환형으로 설치하여 X-선 회절 세기를 기록한다. 또 다른 분말 회절 기법에서는 Geiger 계수기, 섬광(scintillation) 계수기, 또는 영상 검출판(image plate) 방식의 이동형 검출기가 이용된다.

분말 기법의 초기 형태인 Debye–Scherrer 기법은 근래 들어 거의 사용되지 않지만 그 원리는 현재에도 그대로 차용되고 있다. 시료 내의 어떤 결정 면에 의해 Bragg 회절이 일어날 때, X-선의 진행 경로는 원뿔 모양의 궤적(diffraction cone)을 이룬다(그림 5.12). 이때 입사된 X-선에 대해 결정의 격자 면은 θ의 각도를 갖고, 원뿔의 중심 축(입사된 X-선 진행 방향)과 표면은 2θ의 각도를 갖는다. 시료 결정이 갖는 여러 격자 면들은 각각의 d에 해당하는 θ 방향에서 보강 간섭을 일으키고, 특정 격자 면의 반사선들을 모두 연결하면 원뿔 모양의 회절 궤적이 만들어진다. 시료를 중심으로 한 감광막은 X-선의 입/출구에 두 개의 구멍을 가지며, 각 원뿔은 구멍을 중심으로 양쪽 대칭 위치에서 감광막과 교차되어 원호 모양의 표식을 남긴다(그림 5.13).

짝 관계인 두 원호 사이의 거리 s와 Debye–Scherrer 카메라의 감광막 반지름 R은 Bragg 각도 θ를 매개로 연관된다. 따라서 s로부터 해당 격자 면에 대한 θ와 d 값을 구할 수 있다.

$$\frac{s}{2\pi R} = \frac{4\theta}{360} \tag{5.4}$$

$$\lambda = 2d\sin\theta = 2d\sin\left(\frac{45s}{\pi R}\right)$$

이 방법은 X-선에 대한 시료 노출 시간이 6–24시간으로 상당히 길고, 인접한 원호들의 분리 인식이 어렵다는 단점이 있다. 그 주요 원인은 X-선의 발산(divergence) 속성에 있는데, 바늘 구멍 크기의 입사 폭과 평행화기(collimator)를 사용하더라도 회절선의 번짐이 다소 심하다. 해상도 개선을 위해 더 세밀한 평행화기를 사용할 경우 회절 세기가 크게 약화되어 X-선 노출 시간의 증가를 요하게 된다. 그 경우, 시간 소요와 별개로, 배경 세기의 증가에 의해 약한 회절 신호가 가려지는 문제가 있다. 후속 개발되어진 감광막

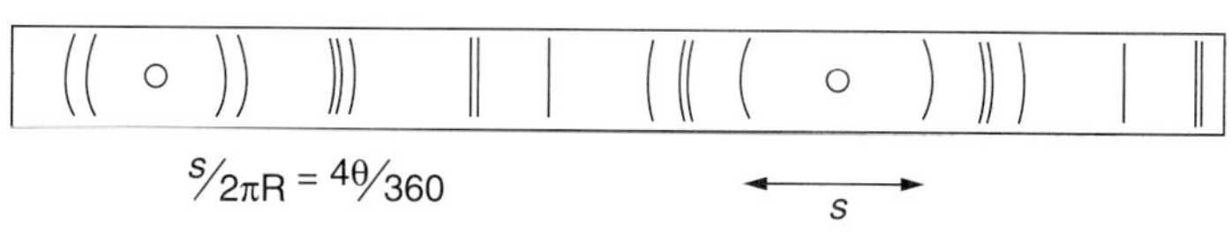

그림 5.13 Debye–Scherrer 사진의 모식적 표현.

기법(Guinier 집속)에서는 수렴성의 강한 X-선이 사용되어 위의 단점들이 상당 부분 해소되어졌다.

또 다른 현대적 분말 기법으로서 폭넓게 사용되는 것은 **회절 분광 기법**(diffractometry)이다. 이 기법에서는 회절에 의한 일련의 피크 신호들이 입사각의 변화에 따라 기록되어진다. 이 경우에도 수렴성 X-선이 사용되어 회절 신호의 분리가 우수하고, 피크의 위치와 세기(높이, 면적)가 즉각적으로 얻어지므로 시료의 상 분석이 신속히 이루어질 수 있다.

분말 회절의 가장 중요한 용도는 결정성 구조 상이나 화합물을 정성적으로 확인하는 것이다. 대부분의 화학 분석이 시료 내 조성 원소를 밝히는 데 비해, 분말 XRD는 시료가 어떤 유형의 결정 상이나 구조를 갖는지 알려주지만 구성 원소를 특정하지 않는다는 점에서 독특하다. 각각의 결정성 상들은 고유한 분말 XRD 패턴을 나타내므로 해당 물질의 지문과 같이 취급되어진다. 분말 회절 패턴의 두 가지 주요 정보는 피크의 위치와 세기인데, 둘 모두 현재 수준의 장비 기술에 의해 상당히 정확하게 측정될 수 있다. 결정성 상의 XRD 패턴은 적게는 5개에서 많게는 100여 개 이상의 피크를 포함하며, 임의의 서로 다른 두 상이 전체적으로 유사한 회절 패턴을 갖는 경우는 매우 드물다.

Powder Diffraction File(PDF; International Centre for Diffraction Data, USA)[5)]은 미지 결정 시료의 상 확인을 위한 유용한 참고 자료로서, 약 300,000개 이상의 XRD 패턴 자료를 수록하고 있으며 매년 약 2000개의 신규 데이터가 추가되고 있다. 이 데이터베이스를 이용한 검색 분석에서는 측정된 패턴에서 가장 강한 피크들의 위치, 혹은 *d*-값이 가장 큰 8개의 피크 위치를 비교하는 알고리즘이 주로 이용된다. 결정 상 확인에 있어 분말 XRD 기법이 매우 유용한 점은 사실이지만 실제 적용에서는 다음의 제한점들을 유념해야 한다.

- PDF에 시료의 물질 정보가 수록되지 않은 경우 (신규 물질)
- 시료가 결정성 물질의 혼합물인 경우 (시료를 구성하는 결정성 상들을 알아내려면 정교한 분석이 필요)
- XRD 패턴들이 매우 유사한 물질 군의 시료인 경우. 예를 들어 $LiNbO_3$와 $LiTaO_3$와 같은 유사 조성의 Nb 산화물과 Ta 산화물, 또는 인접한 희토류 금속의 산화물들
- 시료의 결정성 상이 가변 조성을 갖거나, 고용체 계열의 일부 요소인 경우

5.3.6.1 X-선의 집속(focusing)

Debye–Scherrer 카메라의 최대 단점은 입사된 X-선과 회절된 X-선 모두가 다소간의 발산을 나타내고, 그 세기가 약하다는 것이다. 회절기와 집속 카메라는 수렴 X-선을 사용함으로써 분해능과 측정 시간 면에서 현저히 개선된 성능을 갖는다. X-선을 수렴시키거나 집속시키는 작업은 원의 기하학적 정리를 이용한다. 그림 5.14(a)에 나타낸 바와 같이, 원호 XY에 대응하는 모든 원주각의 크기는 서로 같다. X-선원이 점 X

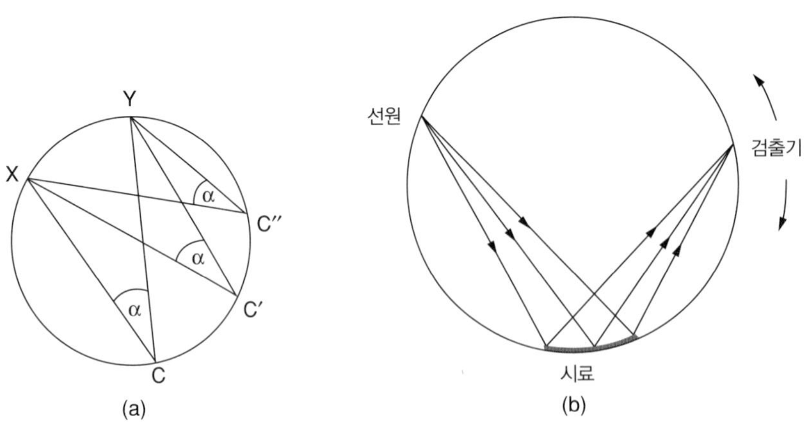

그림 5.14 (a) X-선 집속에 적용된 원의 도형 정리. (b) 시료, X-선원, 검출기의 원주 상 배열.

5) 종래에 ASTM 또는 JCPDS 파일로 알려져 왔음.

에 놓여 있고 시료가 C와 C′ 사이에 걸쳐 놓인 상황을 고려해 보자. 이때 XC와 XC′를 X-선 발산의 양단 경계로 취급할 수 있다. 시료 내의 회절 결정 면이 원주에 대해 접선 방향으로 배향되어 있을 때, 회절된 X-선(CY와 C′Y 사이의 모든 범위)은 점 Y에서 수렴하게 된다. 이상, 간단히 살펴본 집속 기법의 원리는 X-선원, 시료, 검출기 모두가 가상적 원의 원주 위에 놓이도록 배열하는 것이다.

5.3.6.2 결정 단색광 분광기(crystal monochromator)

다양한 회절기나 집속 카메라들에 기본적으로 같은 집속 원리가 적용되지만 상용 제품의 구성에는 몇 가지 다른 유형이 도입되기도 한다. 대표적으로 결정 단색광 분광기가 이용되는 경우, 단색도가 높고 세기와 수렴성이 우수한 X-선을 생산할 수 있다. X-선 회절 실험에서 K_α 이외의 파장이 X-선에 포함될 경우 배경 신호에 기여하고, 피크 폭을 넓히게 되므로 K_α 성분만을 분리하기 위해 필터 혹은 결정 단색광 분광기가 사용된다.

결정 단색광 분광기는 입사 X-선에 대해 특정 배향으로 고정된 단결정을 포함한다. 예를 들어 석영의 단결정을 사용하여 $(10\bar{1}1)$ 면이 K_{α_1} 파장에 대해 보강 간섭하도록 결정 배향을 고정하면 회절된 X-선의 거의 100%가 K_{α_1} 파장만을 갖는다. 평평한 모양의 단결정을 단색광 분광기에 사용할 경우 얻어지는 K_{α_1} 파의 세기가 매우 약하다. 이는 X-선의 발산 속성에 기인하는데, 선원으로부터 방출된 X-선의 일부만이 정확한 Bragg 각도로 단결정에 도달하기 때문이다. 발산성 X-선을 이용하되, 단색광 분광기의 효율을 높이기 위해서는 곡면형 단결정을 이용해야 한다.

5.3.6.3 분말 회절기(powder diffractometer)

분말 회절기는 일정한 각속도에 따라 2θ 범위를 지나면서 회절 세기를 기록하는데, 검출기로는 (섬광 또는 Geiger) 계수기나 영상 판이 이용된다. 이때 2θ는 입사광의 진행 방향과 X-선이 회절된 방향의 사잇각을 나타낸다. 대부분의 경우 2θ 범위 10−80°(Cu K_α 기준)에 대한 측정만으로 분말 패턴의 주요 정보를 얻는 것이 가능하고, 분당 2° 2θ의 스캔 속도를 사용할 경우 약 30분이 소요된다. 그림 5.15(a)는 분말 XRD 패턴의 전형적 예로 SiO_2의 다형체인 홍연석(cristobalite)을 나타낸다. 각 피크의 2θ 값으로부터 격자 면의 d 값을 계산할 수 있고 피크의 면적으로부터 회절 세기를 정량화할 수 있다. 정확한 d 값을 얻기 위해서는 내부 표준 역할을 할 수 있는 Si, LaB_6 등을 시료와 혼합하여 측정한 후 2θ 값을 보정하기도 한다.

분말 회절을 위한 시료는 다양한 방법으로 마련된다. 가장 흔하게는 유리나 아크릴판에 새겨진 홈에 분말을 눌러 채우는 방식이 있고, 유리판에 바셀린을 얇게 바른 후 분말을 흩뿌리는 방식이나 유리판에 얇

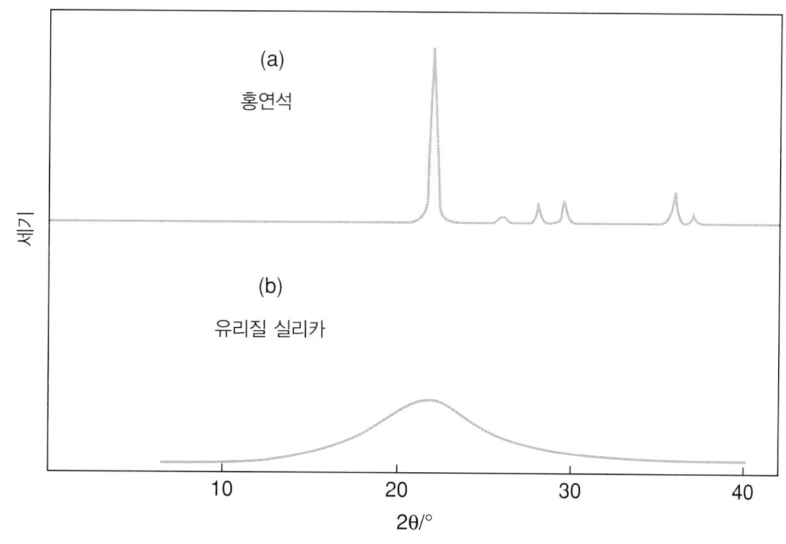

그림 5.15 (a) 홍연석과 (b) 유리질 실리카의 XRD 패턴; Cu K_α.

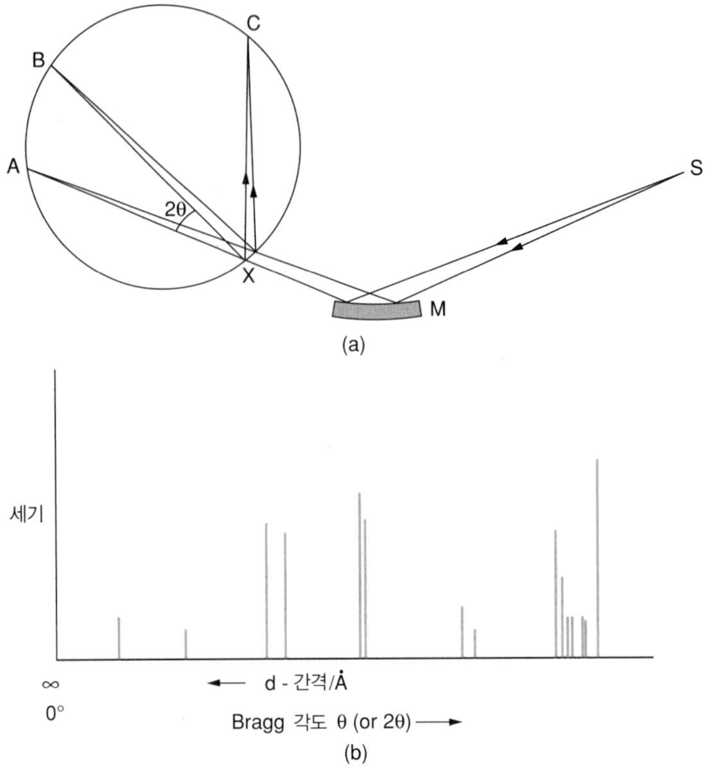

그림 5.16 (a) 집속 카메라에서 결정 단색광 분광기 M과 시료 X. (b) Guinier 분말 XRD 패턴의 모식도.

은 조각을 압착시키는 방식 등이 있다. 어느 경우에나 중요시되는 부분은 개개 분말 결정이 무작위로 고르게 배향되는 것이다. 특정 결정 면에 대한 **선호 배향**(preferred orientation)이 존재할 경우 회절 세기의 상대 비에 매우 큰 영향을 준다. 선호 배향은 결정 형태의 비등방성이 뚜렷할수록 심해지는데, 점토를 비롯한 층상 물질은 대표적 비등방성 물질로서 선호 배향을 피하는 것이 거의 불가능하다. 다른 한편으로 일부 입방정계 물질은 미세 결정에서도 입방체 모양을 유지하고, 그 결과로 평면에 쌓일 때 입방 면이 바닥을 향하는 경향이 있다.

5.3.6.4 Guinier 집속 카메라

집속 카메라, 혹은 Guinier 카메라는 결정 단색광 분광기(M)를 사용하며, 원주 이론을 바탕으로 한다(그림 5.16(a)). 수렴된 단색광 복사선은 X 지점에 놓인 시료를 통과한다. 즉, 투과 모드(transmission mode)로 회절 측정이 이루어진다. 회절에 관여하지 않은 복사선은 점 A에 수렴되므로 이 지점의 감광막 앞부분에는 차단 창이 설치된다. 시료에서 회절된 다양한 복사선들은 B, C 등의 지점에 수렴한다. 원의 정리에 따라 A, B, C, X는 모두 원주 위에 놓인다. 감광막은 크기가 약 $1 \times 15\,cm^2$이며, 원 ABC 위에 놓이는 짧은 원통형 카세트에 장착된다. 그림 5.16(b)는 감광막에 기록되어지는 정보를 모식적으로 나타낸 것이다. 실제 경우에는 수직선의 높이 대신 선의 폭이나 암흑도(blackness)에 의해 세기 정보가 표현되어진다. 감광막의 0° 2θ 지점($d = \infty$)은 점 A(회절되지 않은 복사선)에 해당하며, 이 지점을 기준으로 감광막 상 위치에 따라 2θ 값이 선형 척도로 증가한다.

Guinier 기법은 회절 분광법 수준으로 정확하게 d 값을 산출할 수 있다. 회절의 세기는 육안으로 검토되거나 미소농도계측(microdensitometry)에 의해 측정된다. 실제 실험에 사용되는 시료 양은 1 mg 이하이고, 5분–1시간의 X-선 노출로 측정이 완결된다.

5.3.6.5 결정성 상의 XRD 패턴의 고유성

XRD 패턴의 세부를 결정짓는 두 가지 요소는 • 단위세포의 모양과 크기 • 세포 내 원자의 종류와 위치이다. 따라서 어떤 두 물질이 같은 결정 구조를 갖더라도 회절 패턴까지 같게 얻어지기는 매우 어렵다. 예를

표 5.3 암염 구조 KF, KCl, KI의 분말 회절 패턴 요약

	KF, $a=5.347$Å		KCl, $a=6.2931$Å		KI, $a=7.0655$Å	
(hkl)	d(Å)	I	d(Å)	I	d(Å)	I
111	3.087	29	–	–	4.08	42
200	2.671	100	3.146	100	3.53	100
220	1.890	63	2.224	59	2.498	70
311	1.612	10	–	–	2.131	29
222	1.542	17	1.816	23	2.039	27
400	1.337	8	1.573	8	1.767	15

들어 암염 구조의 KF, KCl, KI는 같은 피크 묶음으로 구성된 회절 패턴을 보이지만, 회절 피크의 위치와 세기는 각 물질에서 서로 다르다(표 5.3). 피크 위치, 즉 d-간격은 단위세포 크기에 따라 달라지므로, 음이온 크기에 따라 달라지게 된다. 세 결정에서 원자의 배열 위치는 동일하지만 음이온의 원자 번호, 곧 전자 밀도가 다르기 때문에 각 결정에 의한 X-선 산란 세기와 피크 세기가 달라진다. X-선 회절의 세기는 5.3.7절에서 자세히 다루어질 것이다.

X-선 회절 패턴의 두 가지 정보 측면 중 d-간격 정보는 보다 근본적 정보를 담고 있으며, 또한 보다 정밀한 측정이 가능하다. 순수한 시료를 사용한다는 전제 하에, 물질의 d-간격 정보는 장소와 조건에 구애받지 않고 재연성 있게 얻어질 수 있다. 반면 세기 정보는 정량적으로 얻어내기가 어렵고 시료의 세부 상태나 측정 조건에 따라 달라지는 경우가 흔하다. 앞서 언급된 선호 배향이 잘 일어나는 시료에서는 세기 정보의 편차가 특히 심하다.

서로 다른 두 물질이 같은 격자 상수와 같은 조합의 d 값들을 가질 확률은 결정의 대칭성이 낮을수록 급격히 낮아진다. 입방정계의 경우 격자 상수의 변수가 a, 단 1개이기 때문에 임의의 두 물질이 같은 격자 상수를 가질 확률이 어느 정도 존재한다. 반면 삼사정계의 경우 6개의 격자 상수 a, b, c, α, β, γ 모두가 자유변수이며 그들이 모두 일치할 확률은 매우 희박하다. 따라서 XRD 패턴만으로 상 확인이 곤란한 상황은 입방정계 물질, 또는 엇비슷한 크기의 이온들이 동일 구조 화합물을 형성하는 경우에 주로 발생한다.

5.3.6.6 결정 구조와 분말 회절 패턴

분말 회절 패턴의 활용은 지문법 정성 분석의 초보적 수준부터 '구조의 완전 해(full structure determination)'까지 여러 차원에서 이루어질 수 있다. 완전 해는 단위세포의 결정계, 격자 상수와 원자 위치를 내용 정보로 포함하며, 피크의 위치, 세기와 모양까지 고려하여 얻어지게 된다. 하지만 체계적인 피크 위치 분석만으로도 상당 수준의 구조 정보를 알아낼 수 있다. 이를 위한 첫 번째 단계는 분말 회절 패턴을 **인덱싱**(indexing)하는 것이다. 인덱싱이란 회절 피크들 각각에 대해 밀러 지수(Miller index) h, k, l 값을 할당하고, 동시에 단위세포 대칭성과 격자 상수를 정하는 과정을 일컫는다.

XRD 패턴에서 일반적으로 나타나는 경향은 결정의 대칭성이 높을수록 회절 패턴이 단순하고 피크의 개수가 적다는 점이다. 같은 실험 조건 하에서 입방정계 물질이 10개 내외의 피크를 보일 때 비슷한 단위세포 부피의 삼사정계 물질은 100여 개의 피크를 보일 수도 있다. 입방정계 결정에서는 서로 다른 격자 면들(최대 48개)이 같은 d-간격을 갖는 경우가 많고, 그들 모두가 같은 위치에 회절 신호를 보인다. 반면 대칭성이 낮은 결정에서는 위와 같은 피크 중첩이 발생하기 어렵다.

결정의 대칭 속성에 따라, 자명하게 중첩되는 격자 면 방향의 수를 **다중도**(multiplicity, M)라 한다. 입방정계의 경우 $a=b=c$이므로, $h00$ 지수의 피크에 대한 $M=6$ ($h00$, $\bar{h}00$, $0h0$, $0\bar{h}0$, $00h$, $00\bar{h}$)이고, 정방정계($a=b$)에서 $h00$의 $M=4$($h00$, $\bar{h}00$, $0h0$, $0\bar{h}0$)인 반면, $00l$의 $M=2$($00l$, $00\bar{l}$)가 된다. 사방정계에서는 $a \neq b \neq c$이므로 $h00$의 $M=2$($h00$, $\bar{h}00$)로 낮아진다. 이것이 의미하는 바는 비슷한 모양의 단위세포가 미세 변형에 의해 입방정계, 정방정계, 사방정계로 구분될 때, 상응하는 격자 면에 의한 회절이 입방

정계에서는 1개의 피크($M=6$), 정방정계에서는 2개의 피크($M=4$, $M=2$), 사방정계에서는 3개의 피크(각각 $M=2$)로 관찰된다는 것이다.

$BaTiO_3$의 다형체는 대칭성에 따른 회절 패턴 변화를 잘 보여 준다(그림 5.17). $BaTiO_3$는 온도에 따라 다음 순서의 다형 전이를 나타내는데 온도가 높아질수록 대칭성이 높아지는 경향이 있다.

$$\text{능면} \xrightarrow{-110°\text{C}} \text{사방} \xrightarrow{28°\text{C}} \text{정방} \xrightarrow{125°\text{C}} \text{입방} \xrightarrow{1470°\text{C}} \text{육방}$$

$BaTiO_3$의 $h00$ 회절은 입방정계에서 단일 피크로 나타나지만 정방정계에서는 세기 비 1:2의 이중 피크, 사방정계에서는 세기 비 1:1:1의 삼중 피크로 나타난다. 이때 세기 비는 세부 피크 성분의 다중도에서 비롯한다. $BaTiO_3$의 예는 분말 회절 패턴이 단순한 상 확인에서 더 나아가 미세한 대칭성 변화와 동질다형체를 파악하는 데 참고될 수 있음을 보여 준다.

질서-무질서(order-disorder) 현상은 다수의 무기 물질에서 매우 중요한 거동이며, 분말 XRD 패턴을 통해 쉽게 감지될 수 있다. 그림 5.18은 암염 유형의 기본 구조를 가지면서 양이온 배열의 규칙성이 약

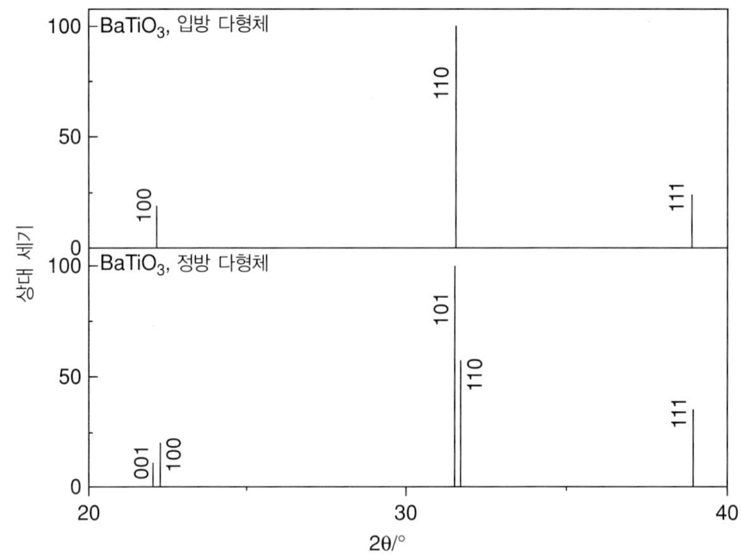

그림 5.17 $BaTiO_3$의 분말 XRD 패턴 일부. 입방정계의 100 피크에 대응하여 정방정계에서는 001, 100/010 피크가 1:2의 세기 비로 갈라짐.

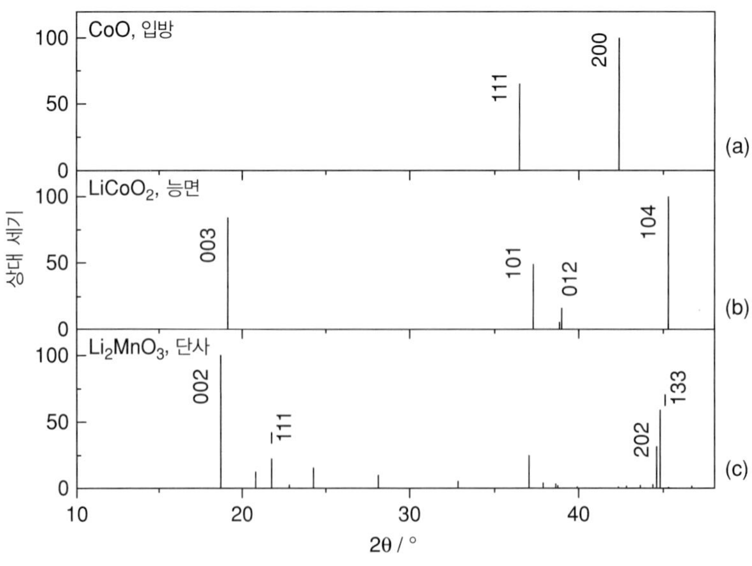

그림 5.18 암염 관련 상들의 XRD 패턴.

간 다른 세 가지 물질의 분말 회절 패턴을 보여 주고 있다. CoO는 면심 입방 암염 구조를 가지면서, 111, 200에 해당하는 피크들을 맨 먼저 나타낸다. $LiCoO_2$는 양이온 전체를 한 이온종으로 취급하여 (Li,Co)O의 암염 배열로 간주할 수 있다. 이때 양이온 하위 격자에서 Li와 Co가 팔면체 중심 층을 번갈아가며 채우는 질서 배열이 존재하기 때문에 확대된 크기의 능면(rhombohedral) 단위세포를 갖는다. 그 결과, 우선 밀러 지수가 달라지며(단위세포 확대) 추가적인 피크들이 나타나고(단위세포 확대, 대칭성 강하) 전반적인 피크 위치는 높은 2θ 영역으로 이동한다(결합 거리 감소).

Li_2MnO_3에서 역시 두 종류의 양이온들이 층층으로 질서 배열된다. 이 경우 Li 층과 $Li_{1/3}Mn_{2/3}$ 층이 번갈아 쌓이기 때문에 $LiCoO_2$와의 차이점을 강조하기 위해 $Li(Li_{1/3}Mn_{2/3})O_2$로 화학식을 표기하기도 한다. 이 구조는 단사 단위세포를 갖고, 그 결과 CoO보다 더 많은 개수의 피크를 보인다.

5.3.7 회절의 세기

회절의 세기는 두 가지 면에서 중요성을 띤다. 우선 결정 구조의 완전한 묘사를 위해서는 각 회절 피크들의 정량적인 상대 세기 정보가 필요하다. 또한 지문법 정성 분석의 경우에도 피크 위치의 목록과 함께 반정량적 세기 정보가 있어야 상 확인의 정확도를 높일 수 있다. 이 절에서는 고체 결정의 회절 세기에 관여하는 요소들을 살펴볼 것이며 • 개개 원자에 의한 X-선 산란 세기와 • 결정, 즉 원자의 군집에 의한 X-선 산란 세기를 차례로 논할 것이다.

5.3.7.1 원자에 의한 X-선 산란

X-선은 주기 진동하는 전기장을 수반한 전자기 파동이므로 원자 내의 전자를 진동시킬 수 있다. 또한 진동하는 전자가 입사 X-선과 결맞는 복사파를 방출하기 때문에 원자 내의 전자는 X-선의 2차 점광원 역할을 하게 된다. 결맞는 산란은 파동과 전자의 탄성 충돌(파동이 전자에 의해 편향되는 과정에서 에너지, 즉 파장이 보존됨)에 비견될 수 있다. '점광원' 전자에 의해 결맞음 산란된 복사파의 세기는 **톰슨**(Thomson) **공식**에 의해 주어진다.

$$I_P \propto \frac{1}{2}(1+\cos^2 2\theta) \tag{5.5}$$

I_P는 입사 X-선과 2θ의 각도를 이루며 회절된 파가 점 P를 지날 때의 산란 세기이다. 이 공식에 따르면 산란의 세기는 입사 X-선과 평행($\theta = 0°$) 또는 역평행($\theta = 90°$)인 방향에서 가장 강하고, 직각 방향($\theta = 45°$)에서 가장 약하다. 톰슨 공식은 **편극 인자**(polarization factor)로도 알려져 있으며 회절 세기의 정량화 처리에 반드시 적용되어지는 각도-의존성 보정 인자 중 한 가지이다.

덧붙여 언급될 부분은 X-선과 전자 간의 콤프톤 산란이다. 원자에 쪼여진 X-선의 일부는 콤프톤 산란을 일으키는데, 그 결과로 입사선에 비해 파장이 길며 결맞음 관계가 없는 산란이 방출된다. 콤프톤 산란은 주로 X-선과 최외각 전자 간 상호 작용에 기인하며 원자 번호가 낮을수록 그 영향이 심하다. 고분자와 같은 유기 물질이 비정상적으로 높은 XRD 배경 신호를 갖는 데에는 '결맞지 않은' 콤프톤 산란이 주요 원인으로 작용한다.

원자에 의한 X-선 산란은 실제로는 내부 전자 개개에 의한 X-선 산란이 중첩된 결과이다. **산란 인자**(scattering factor) 또는 **형상 인자**(form factor), f는 원자의 산란 세기를 나타내며, 원자 번호 Z, 엄밀하게는 원자가 갖는 전자 수에 비례한다. 논의 전개를 위해 전자들을 원자의 서로 다른 공간을 점유한 입자로 간주하고, 각 전자에서 산란된 파동들 간에 간섭이 일어난다고 가정하자. 그림 5.19(a)에 나타내어지듯 X-선의 입사 방향으로 일어나는 산란($1'$, $2'$)은 전자의 상대 위치에 관계없이 언제나 보강 간섭 관계이다. 즉, $2\theta = 0°$에서의 원자의 산란 인자 f_0는 각 전자들의 산란 세기 합과 같다. 임의 각도의 2θ 방향에서는 $1''$과 $2''$ 사이에 XY 거리에 해당하는 위상 차가 발생한다. 원자의 크기를 감안할 때 모든 2θ 범위에서 XY 거리는 X-선 파장에 비해 언제나 짧고 $1''$과 $2''$는 부분적 소멸 간섭만을 일으킨다. 2θ 값이 증가함에 따라 위상 차가 커질 것이므로 f는 단조롭게 감소한다. 나아가 X-선 파장이 짧아질수록 위상 차 XY

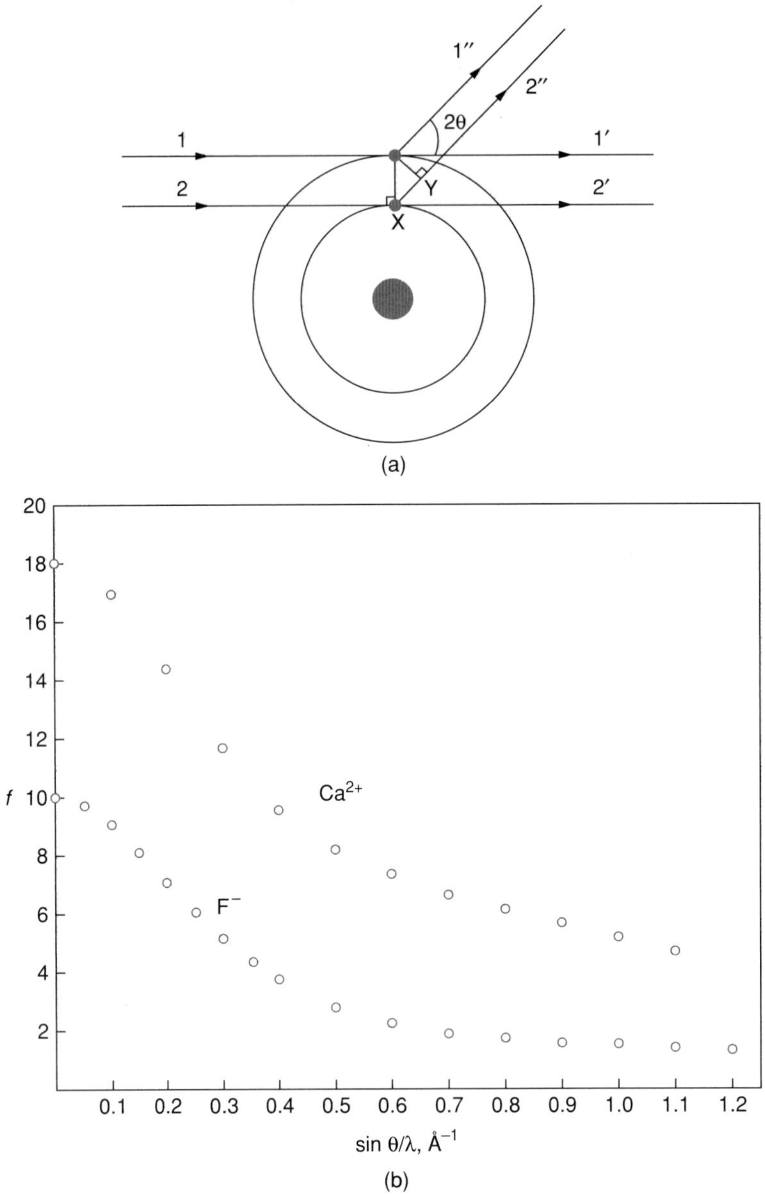

그림 5.19 (a) 원자 내 개별 전자의 X-선 산란. (b) Ca^{2+}와 F^{-}의 형상 인자.

에 의한 소멸 정도가 커지므로 f가 감소하는 정도가 심해진다. 원자의 f 값들은 International Tables for Crystallography, vol. C[6]를 비롯한 결정학 관련 문헌에 제공되어 있으며, 2θ와 λ에 대한 의존도를 모두 반영하기 위해 $\sin\theta/\lambda$ 대비 값으로 정리되어 있다(그림 5.19(b)).

f가 Z와 $\sin\theta/\lambda$에 의존함으로써 두 가지 결과가 파생된다. 첫째, 고각 영역으로 갈수록 XRD 패턴의 피크가 전반적으로 약해지고, ~60−70° 2θ 이상에서는 대체로 약한 피크만이 관찰된다. 둘째, X-선 구조 분석에서는 원자 번호가 낮은 원자의 위치를 정하기가 어렵다. 결정 내 수소나 리튬 원자의 위치를 알아내는 것은 해당 화합물의 구성 원소 모두가 낮은 Z를 갖는 경우에만 시도될 수 있다. 주요한 음이온 원소인 산소는 우라늄과 같이 Z가 매우 큰 원소와 화합물을 이룬 경우가 아니라면 어렵지 않게 위치를 결정할 수 있다. 구조 분석이 매우 어려운 한 상황은 C, N, O로 이루어진 거대 유기 분자와 같이 구성 원소

6) E. Prince, International Tables for Crystallography, Volume C: Mathematical, physical and chemical tables, International Union of Crystallography, 2006.

들의 원자 번호가 모두 엇비슷한 경우이다. 그와 같은 경우 분석 대상 물질의 조성 일부를 중금속으로 치환한 유도체를 합성하여 분석하는 방식이 이용된다. 회절된 X-선의 위상이 주로 중금속에 의해 결정되므로 그 위치 결정이 용이하고, 일단 정해진 중금속의 위치는 나머지 원자들의 위치에 대한 단서 역할을 하게 된다. 알루미노규산염 광물은 Al과 Si를 주요 성분으로 가지며, 그 분포에 따라 구조와 물성이 크게 달라진다. 그러나 이웃한 원자 번호의 $_{13}$Al과 $_{14}$Si는 X-선 회절에 의해 분간될 수 없고, $_{25}$Mn/$_{26}$Fe/$_{27}$Co, $_{7}$N/$_{8}$O, $_{8}$O/$_{9}$F 등이 혼재된 경우에도 마찬가지 문제를 겪게 된다. 이에 대한 대안은 회절 선원으로 중성자를 이용하는 것이다. 중성자에 대한 f는 원자 번호와 단순 연관되지 않아, 원자 번호가 인접하더라도 상당히 다를 수 있고 또한 원자 번호가 낮은 H나 Li도 상당한 산란 세기를 갖는다.

5.3.7.2 결정에 의한 X-선 산란

앞서, 결정성 고체에 의한 회절 현상은 원자 배열을 가상적인 격자 면의 집합체로 간주하고 Bragg 법칙을 적용함으로써 설명되어졌다. 단위세포 기하에 대한 격자 면 배향에 따라 밀러 지수 *hkl*이 부여되는데, 세 지수는 정수로 한정된다. 단위세포 격자 상수를 알고 있다면 밀러 지수로부터 격자 면의 d-간격이 계산될 수 있고, 또한 주어진 파장에 대해 Bragg 각도가 계산되어질 수 있다.

$$\frac{1}{d^2_{hkl}} = \frac{1}{\sin^2\beta}\left\{\frac{h^2}{a^2} + \frac{k^2\sin^2\beta}{b^2} + \frac{l^2}{c^2} - \frac{2hl\cos\beta}{ac}\right\}$$

$$\lambda = 2d_{hkl}\sin\theta_{hkl}$$

표 5.4는 가상적인 사방정계 단위세포에 대해 몇몇 격자 면의 d-간격 계산값을 보여 준다. 이 예는 밀러 지수가 0과 1만으로 조합된 격자 면으로 한정했지만, 더 큰 차수의 격자 면들에 대해 목록이 확장될 수 있다.

이론상 모든 격자 면들이 회절을 일으킬 수 있지만, 실제 경우 특정 격자 면은 회절 세기를 나타내지 못한다. 이러한 **계통적 소멸**(systematic absence) 현상은 원시(primitive) 타입이 아닌 격자이거나 공간 대칭 조작(나선축, 미끄럼면)이 존재하는 경우 발생한다. 격자의 중심화 유형에서 비롯하는 계통적 소멸의 예로 체심 입방형의 α-Fe를 살펴보면(그림 5.20), (100) 면에 의한 회절은 세기가 0이 되어 실험적으로 관찰되지 않는다. 이는 (100) 면에 대한 Bragg 각도에서 체심 원자들이 일으키는 회절과 꼭짓점 원자들이 일으키는 회절 간에 정확히 180°의 위상 차가 존재하기 때문이다. 결정 전체를 통틀어 꼭짓점의 원자와 체

표 5.4 사방정계 단위세포, $a = 3.0$ Å, $b = 4.0$ Å, $c = 5.0$ Å에 대해 계산된 d-간격

(*hkl*)	d/Å	(*hkl*)	d/Å
001	5.00	101	2.57
010	4.00	110	2.40
011	3.12	111	2.16
100	3.00		

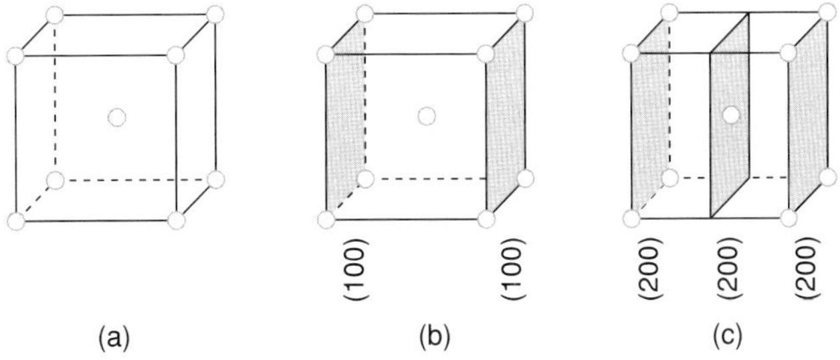

그림 5.20 (a) 체심 입방 α-Fe; (b) (100) 격자 면; (c) (200) 격자 면.

심 원자의 개수는 서로 같고 그 결과 각각의 회절 세기는 정확히 상쇄된다. 반면, 200 회절의 세기는 매우 강하게 관찰된다. 이는 모든 원자들이 (200) 면에 놓일 뿐만 아니라 이웃한 (200) 면 사이는 비어 있어 소멸 간섭의 소지가 없기 때문이다. 같은 논리에 의해 (110) 회절은 관찰되지만 (111) 회절은 그렇지 않다. 각각의 비원시(non-primitive) 격자는 고유한 계통적 소멸 규칙을 따르는데(표 5.5), α-Fe와 같은 체심 입방 격자는 $(h+k+l)$ 값이 홀수인 경우 계통적 소멸을 보인다(이에 대한 증명은 다음 절에 제시된다).

계통적 소멸은 개별 원자들이 회절시킨 X-선들이 상호 간섭한 결과이며 특히 소멸 간섭의 극단적 상황이다. 계통적 소멸은 다음 두 조건이 모두 만족될 때 일어난다: **한 원자 그룹이 회절시킨 X-선과 다른 원자 그룹이 회절시킨 X-선이 개수가 같으면서, (가) 정반대 위상($\lambda/2$ 혹은 π의 위상 차)을 갖고 (나) 같은 진폭을 갖는다.** 두 번째 항목 (나)의 진폭은 격자 면을 이루는 원자들의 f 값에 의해 결정된다.

실제에서는 개별 원자 그룹들의 회절 성분들이 부분적 소멸 간섭으로 이어지는 경우가 많다. 표 5.5의 규칙에 의하면 면심 입방인 NaCl은 h, k, l이 모두 홀수이거나 모두 짝수인 경우에만 회절 세기를 보인다. (110) 면을 예로 보면, 이 격자 면들은 Na^+와 Cl^-을 포함하는데 이웃한 두 면의 중간마다 같은 종류와 개수의 이온들로 이루어진 면이 존재한다(그림 5.21(a)). 따라서 (110) 격자 면 방향에서는 위의 두 조건이 만족되고 계통적 소멸이 일어난다. 한편 (111) 격자 면은 Cl^-로 이루어지고, 이웃한 두 면의 중간에 같은 개수의 Na^+가 이루는 면이 존재한다. 이 경우 조건 (가)가 성립하는 반면, $f(Na^+)$와 $f(Cl^-)$가 다르기 때문에 (나)가 만족되지 못하여 부분적 소멸 간섭만이 일어난다. 이로부터 암염 구조 물질의 (111) 회절 세기가 양이온, 음이온의 f 값(원자 번호) 차이에 의존한다고 추론할 수 있고, 실제로 다음과 같은 경향성이 나타난다: KCl < KF < KBr < KI(표 5.3)

다른 단순 구조들에서도 유사한 결과가 얻어진다. 단순 입방 CsCl에서 Cs와 Cl을 한 종류의 원자로 취급한다면, 그 원자 배열은 체심 입방 α-Fe에서와 같다. α-Fe에서는 $f(\mathrm{Fe})=f(\mathrm{Fe})$이기 때문에 (100) 회절이 계통적 소멸되는 반면, CsCl에서는 $f(Cs^+) \neq f(Cl^-)$이고 부분적으로 약화된 회절이 관찰된다.

표 5.5 격자 유형에 따른 계통적 소멸

격자 유형	회절의 관찰 요건
원시(P)	제한 없음
체심(I)	hkl; $(h+k+l)$이 짝수
면심(F)	hkl; h, k, l이 모두 짝수 혹은 모두 홀수
측심(C)	hkl; $(h+k)$가 짝수
능면(R)	hkl; $(-h+k+l)$이 3의 배수 또는 $(h-k+l)$이 3의 배수

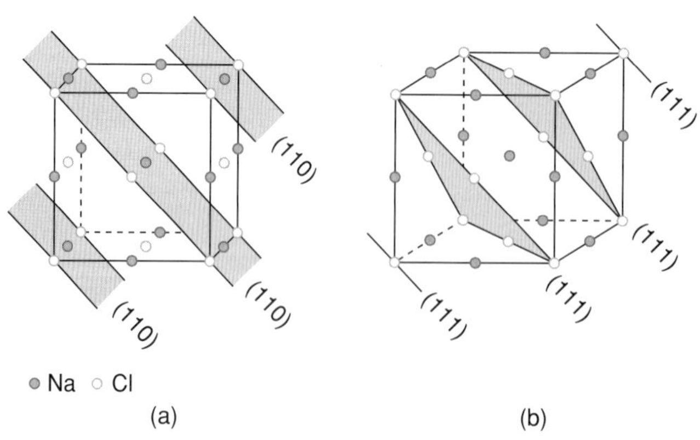

그림 5.21 NaCl의 (a) (110) 격자 면과 (b) (111) 격자 면.

5.3.7.3 위상 차 δ의 일반식: 부분적 간섭의 일반화된 표현

결정 고체 내의 원자들은 각각의 형상 인자 f에 의존하는 세기로 X-선을 산란시킨다. 구성 원자들의 산란 기여가 모두 더해져 회절을 만들어내며, 그 과정에 개개 산란 파동의 진폭과 위상이 중요 요소로 관여한다. 단위세포 내 원자의 종류와 위치를 안다면, 특정 hkl 면의 Bragg 회절 조건에서 각 원자들이 기여하는 산란 파동의 위상과 진폭을 계산할 수 있고, 파동 성분들을 수학적으로 더함으로써 고체 격자 전체가 발생시키는 이론적 회절 세기를 구할 수 있다.

우선 단위세포 내 원자들의 상대 위치에 따른 파동 간섭을 살펴보자. 그림 5.22(a)는 직각 단위세포에서 발견되는 2개의 (100) 격자 면을 보여 준다. 원자 A, B, C, A′는 a-축 상에 놓이고 A와 A′ 각각은 이웃한 두 단위세포의 원점에 해당한다. 100 방향의 Bragg 조건에서, A와 A′가 산란시킨 두 파동은 경로 차 λ, 위상 차 2π로서 보강 관계이다. B는 A와 A′의 중간점, 즉 원자 좌표가 $^1/_2$이고, A에 대한 위상 차는 $^1/_2 \times 2\pi = \pi$이다. 즉, A와 B는 정반대 위상으로 X-선을 산란시킨다. AC의 길이가 AA′ 길이의 x배일 때, 점 C의 일반 좌표 값은 x이고, C와 A에서 산란된 파동들은 $2\pi x$의 위상 차(phase difference, δ)를 갖는다(그림 5.22(b)).

같은 단위세포에 대해 (200) 회절을 살펴보자. $d_{200} = {}^1/_2 d_{100}$이므로 $\sin\theta_{200} = 2\sin\theta_{100}$이고 $\theta_{200} \gg \theta_{100}$이다. 원자 A와 B는 (100) 회절에서 π의 위상 차를 갖지만 (200) 회절에서는 2π의 위상 차를 보인다. 격자 면의 d-간격이 절반으로 줄고, θ가 증가하면서 주어진 두 원자의 위상 차를 2배로 증가시킨 것이다. 마찬가지로 (200) 회절에서 A와 C의 위상 차는 $4\pi x$가 된다. h00 회절에 대해 일반화시키면, 이웃한 (h00) 면 사이의 d-간격은 a/h이고 A와 C의 위상 차 δ는 다음과 같다:

$$\delta = 2\pi hx \tag{5.6}$$

따라서 두 원자의 위상 차는 두 가지 요소, • 고려 대상 회절의 밀러 지수와 • 단위세포 내 원자들의 상대 좌표에 의존한다. 이상의 1차원적 논리를 3차원으로 확장시킬 수 있다. (hkl) 지수의 회절에 대해, 원점의 원자와 임의 위치(x, y, z)에 놓인 원자 간의 위상 차는 다음과 같다.

$$\delta = 2\pi(hx + ky + lz) \tag{5.7}$$

참고로 이 공식은 단위세포의 결정계에 대한 제한 없이 적용된다. fcc 구조인 γ-Fe에 대해 위 관계식을 사

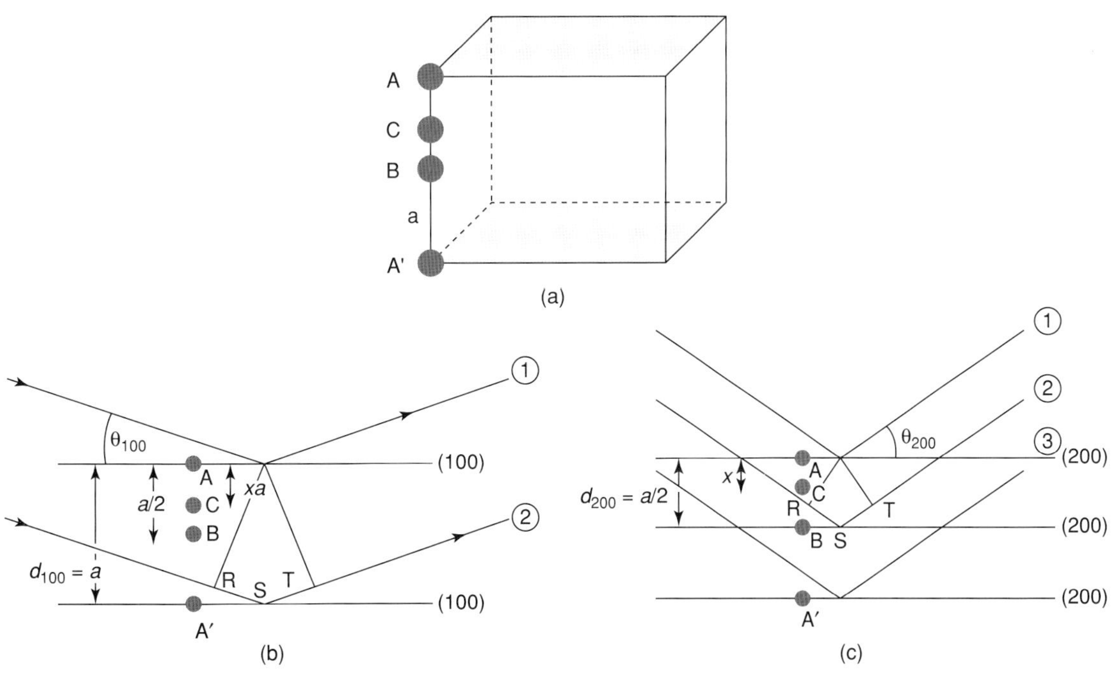

그림 5.22 직각 단위세포에서 (a, b) (100) 격자 면과 (c) (200) 격자 면. 원자 A, B, C, A′는 한 모서리(a) 위에 있다.

용해 보자. Fe 원자는 다음 좌표 위치를 점유한다: 0,0,0; $^1/_2$,$^1/_2$,0; $^1/_2$,0,$^1/_2$; 0,$^1/_2$,$^1/_2$. 이 좌표들을 (식 5.7)에 대입하면 네 개의 파동 위상이 얻어지며, h, k, l 값에 따라 간섭 효과가 달라지게 된다.

원자 좌표	δ(원점 기준)	δ(ooo/eee)	δ(oee)
0, 0, 0	0	0	0
$^1/_2$, $^1/_2$, 0	$\pi(h+k)$	$2n\pi$	$(2n+1)\pi$
$^1/_2$, 0, $^1/_2$	$\pi(h+l)$	$2n\pi$	$(2n+1)\pi$
0, $^1/_2$, $^1/_2$	$\pi(k+l)$	$2n\pi$	$2n\pi$

특히 h, k, l 값이 모두 홀수(ooo)이거나 모두 짝수(eee)인 경우, 네 파동 모두 결맞은 관계를 갖는다. 반면 h, k, l 값이 홀수와 짝수의 조합(oee, …)으로 구성된 경우 네 파동은 서로 정반대 위상 관계인 두 쌍으로 구성되므로 완전히 상쇄된다. γ-Fe 구조는 *fcc* 격자의 가장 단순한 예이며 Fe 원자 위치가 격자 점에 해당한다. 사실 위의 설명을 통해 면심 격자의 계통적 소멸 조건(표 5.5)이 도출된 셈이다. 나아가 α-Fe를 이용하여 *bcc* 구조의 계통적 소멸 조건을 구해 볼 수도 있을 것이다.

5.3.7.4 회절 세기와 구조 인자(structure factor)

원자의 종류를 일반화시켜 임의의 원자 j에 의한 회절 세기 기여를 살펴보자. 진폭이 f_j이고 위상이 δ_j인 회절파는 다음의 사인(sine) 파형을 갖는다.

$$F_j = f_j \sin(\omega t - \delta_j) \tag{5.8}$$

단위세포 내의 각 원자들이 회절시킨 파동은 모두 같은 각주파수(ω)를 갖지만 f와 δ에서 서로 다를 수 있다. 전체적인 회절 세기는 각 사인파를 합하여 얻어지는데, 파동의 합산을 위한 수학적 방법 중 하나는 복소 벡터 합을 구하는 것이다. 파동 j는 다음과 같이 복소 표기되어진다.

$$F_j = f_j(\cos\delta_j + i\ \sin\delta_j) \tag{5.9}$$

$$F_j = f_j \exp(i\delta_j) \tag{5.10}$$

파동의 세기는 진폭의 제곱에 비례하며,

$$I \propto f_j^2 \tag{5.11}$$

또한 파동의 식에 공액 복소수를 곱하여 얻을 수 있다.

$$I \propto f_j \exp(i\delta_j) \times f_j \exp(-i\delta_j)$$

δ의 표현(식 5.7)을 F_j(식 5.10)에 대입하면 회절된 파동은 다음과 같다.

$$\begin{aligned} F_j &= f_j \exp 2\pi i(hx_j + ky_j + lz_j) \\ &= f_j[\cos 2\pi(hx_j + ky_j + lz_j) + i \sin 2\pi(hx_j + ky_j + lz_j)] \end{aligned} \tag{5.12}$$

단위세포에 포함된 모든 원자를 고려하여 성분 파동을 합산하면 구조 인자 F_{hkl}이 얻어진다.

$$F_{hkl} = \sum_j^n f_j \exp(i\delta_j) = \sum_j f_j(\cos\delta_j + i\sin\delta_j) \tag{5.13}$$

회절 세기 I_{hkl}은 $|F_{hkl}|^2$에 비례하므로,

$$\begin{aligned} I_{hkl} \propto |F_{hkl}|^2 &= \left[\sum_j f_j(\cos\delta_j + i\sin\delta_j)\right]\left[\sum_j f_j(\cos\delta_j - i\sin\delta_j)\right] \\ &= \sum_j (f_j\cos\delta_j)^2 + \sum_j (f_j\sin\delta_j)^2 \end{aligned} \tag{5.14}$$

이 공식은 단위세포 내 원자 좌표로부터 정량적인 *hkl* 회절 세기를 계산하게 해 준다는 점에서 매우 큰 중요성을 띤다. 형석 CaF_2를 예로 삼아 위의 산술적 논의를 적용해 보자. CaF_2는 *fcc* 구조이고 단위세포에

4개의 Ca와 8개의 F를 갖는다. (202)와 (212) 회절을 선택하여 δ를 계산하면 다음과 같다.

원자	xyz	δ	δ (202)	δ (212)
Ca	000	$2\pi(0)$	0	0
	$\frac{1}{2}\frac{1}{2}0$	$\pi(h+k)$	2π	3π
	$\frac{1}{2}0\frac{1}{2}$	$\pi(h+l)$	4π	4π
	$0\frac{1}{2}\frac{1}{2}$	$\pi(k+l)$	2π	3π
F	$\frac{1}{4}\frac{1}{4}\frac{1}{4}$	$\pi(h+k+l)/2$	2π	$\pi/2$ $(5\pi/2)$
	$\frac{1}{4}\frac{1}{4}\frac{3}{4}$	$\pi(h+k+3l)/2$	4π	$\pi/2$ $(9\pi/2)$
	$\frac{1}{4}\frac{3}{4}\frac{1}{4}$	$\pi(h+3k+l)/2$	2π	$3\pi/2$ $(7\pi/2)$
	$\frac{3}{4}\frac{1}{4}\frac{1}{4}$	$\pi(3h+k+l)/2$	4π	$\pi/2$ $(9\pi/2)$
	$\frac{3}{4}\frac{3}{4}\frac{1}{4}$	$\pi(3h+3k+l)/2$	4π	$3\pi/2$ $(11\pi/2)$
	$\frac{3}{4}\frac{1}{4}\frac{3}{4}$	$\pi(3h+k+3l)/2$	6π	$\pi/2$ $(13\pi/2)$
	$\frac{1}{4}\frac{3}{4}\frac{3}{4}$	$\pi(h+3k+3l)/2$	4π	$3\pi/2$ $(11\pi/2)$
	$\frac{3}{4}\frac{3}{4}\frac{3}{4}$	$\pi(3h+3k+3l)/2$	6π	$3\pi/2$ $(15\pi/2)$

3열의 δ 값은 원자 좌표를 식 5.7에 대입하여 얻어진다. fcc에 대한 계통적 소멸 규칙에 맞게 (202) 회절 성분은 모두 보강 관계이고, (212) 회절 성분의 전체 합은 0이 된다. (202)에 대한 δ를 대입하여 F를 계산할 수 있다(식 5.13).

	(202) 회절	(212) 회절
$\sum f_{Ca}\cos\delta$	$4f_{Ca}$	0
$\sum f_{Ca}\sin\delta$	0	0
$\sum f_{F}\cos\delta$	$8f_{F}$	0
$\sum f_{F}\sin\delta$	0	0
F	$F_{202}=4f_{Ca}+8f_{F}$	$F_{212}=0$

CaF_2의 격자 상수 $a=5.464$ Å으로부터 $d_{202}=1.929$ Å이고 $\theta_{202}=23.6°$이다(Cu K_α 기준). 따라서 $\sin\theta/\lambda=0.259$이고, 이 조건에서 $f_{Ca}=12.65$, $f_F=5.8$로 내삽되므로 $F_{202}=97$이 얻어질 수 있다. 유사한 계산을 반복하여 일련의 F_{hkl} 값들을 산출할 수 있고, 실험적으로 얻어낸 값들과 비교할 수 있다(표 5.6).

미지 구조의 분석 과정에서 일관된 지향점은 계산된 구조 인자 F_{hkl}^{calc}와 측정값 F_{hkl}^{obs} 사이의 전체적인 불

표 5.6 CaF_2의 구조 인자 F: 계산 값과 분말 회절에 의한 측정 값

d/Å	hkl	I^{obs}	M	I^{corr}	F^{obs}	F^{calc}	$F^{obs,s}$	$\lvert\lvert F^{obs}\rvert-\lvert F^{calc}\rvert\rvert$
3.143	111	100	8	0.409	0.640	67	90	23
1.929	202	57	12	0.476	0.690	97	97	0
1.647	311	16	24	0.098	0.313	47	44	3
1.366	400	5	6	0.193	0.439	75	62	13
1.254	331	4	24	0.047	0.217	39	31	8

$I^{corr}=I^{obs}/(M\times L_p)$: M은 다중도이고, L_p는 회절 세기의 각도 의존성을 보정하기 위한 Lorentz 편극 인자

$F^{obs,s}$: 척도 조정된 F^{obs}

$\sum F^{obs,s}=324$

$\sum \lvert\lvert F^{obs}\rvert-\lvert F^{calc}\rvert\rvert=47$

$$R=\frac{\sum\lvert\Delta F\rvert}{\sum F^{obs,s}}=\frac{47}{324}=0.15.$$

일치를 최소화하는 것이다. 위의 계산에서는 F의 사인함수 부분이 모두 0이 되면서 계산을 간단하게 만들어 준다. 이러한 특성은 단위세포가 중심대칭성(centrosymmetric)인 데에서 비롯하는데, 즉 (x, y, z) 위치의 임의 원자에 대해 같은 종류이면서 $(-x, -y, -z)$ 위치에 놓인 원자가 언제나 존재하기 때문이다. 사인함수는 기함수이기 때문에, $\sin x = -\sin(-x)$, 중심대칭 세포의 F에서 사인함수 부분 합은 0이 된다. 중심비대칭 구조에 대한 F 계산은 사인함수와 코사인함수 두 부분 모두에 대한 연산을 포함하게 된다.

5.3.7.5 온도 인자(temperature factor, *B*)

모든 온도 조건에서 결정 내의 원자들은 진동 상태에 있다. 원자의 진동 주파수는 적외선 영역대로서 X-선에 비해 매우 작고, 따라서 회절은 원자의 평균 위치에 의해 일어나게 된다. 원자 진동에 의해 원자의 전자 밀도는 열적 진동폭에 비례하는 부피 공간에 퍼져나가며, 그 결과 동일 원자 내에서 산란 성분들 간 소멸 간섭이 심화된다. 원자 진동은 θ에 따른 f의 감쇠 경향을 소폭 증가시키는 효과를 갖는다. 이를 반영하여 형상 인자에 온도 인자 B가 포함되어진다.

$$f = f_0 \exp\left(-B\frac{\sin^2\theta}{\lambda^2}\right) \tag{5.15}$$

f는 실험 온도에서의 형상 인자이고, f_0는 정지 상태 원자에 대해 계산된 형상 인자이다. 온도 인자는 B 또는 U로 표현되며, 원자의 열적 진동 크기와 연관된다.

$$B = 8\pi^2\overline{u^2} = 8\pi^2 U \tag{5.16}$$

$\overline{u^2}$은 진동폭 제곱의 평균(mean square)이며 U로 적기도 한다. 대부분의 경우에서 원자 진동을 등방성으로 취급하지만, 구조의 특성에 따라 비등방성 온도 인자 B_{aniso}가 고려되기도 한다.

5.3.7.6 구조 결정과 잔차 인자(*R*-인자)

단위세포 내의 원자 위치로부터 구조 인자 F_{hkl}^{calc}를 계산하는 과정을 앞서 살펴보았다. 표 5.6은 CaF_2가 나타내는 첫 5개 회절선에 대해 F_{hkl}^{calc}와 회절 실험 결과들을 보여 주고 있다. 우선 회절 세기 I^{obs}는 피크의 면적으로부터 측정되고, 다중도와 Lorentz 편극 인자를 보정하여 보정 세기 I^{corr}가 계산되며, 보정 세기의 제곱근을 취하면 구조 인자 F_{hkl}^{obs}가 얻어진다.

$$I^{\text{corr}} = \frac{I^{\text{obs}}}{M \times L_{\text{p}}} \qquad F_{hkl}^{\text{obs}} = \sqrt{I^{\text{corr}}}$$

다음으로 $\sum F_{hkl}^{\text{obs}} = \sum F_{hkl}^{\text{calc}}$이 되도록 F_{hkl}^{obs}에 일정 값을 곱한다. 표 5.6의 예에서는 141이 곱해졌는데, 이러한 척도 조정은 F_{hkl}^{obs}과 F_{hkl}^{calc}의 직접 비교를 위한 것이다. 개별 F_{hkl}에 대한 실험–계산의 일치도는 **잔차 인자**(residual factor, *R*-인자)를 정의하여 정량화된다.

$$R = \frac{\sum \left| |F^{\text{obs}}| - |F^{\text{calc}}| \right|}{\sum |F^{\text{obs}}|} \tag{5.17}$$

구조 분석 과정에서 매우 중요하게 주시되는 부분은 R의 크기이다. R이 작을수록 얻어진 구조가 올바른 해일 가능성이 높아진다. R의 크기만으로 분석의 신뢰도를 단정 지을 수는 없으나, $R < 0.15$ 범위라면 구조의 대략적인 부분이 맞다고 볼 수 있다. 고품질의 실험 데이터를 이용하는 경우 0.02 수준의 R 값이 얻어질 수 있다.

5.3.7.7 리트벨트(Rietveld)[7] 기법에 의한 분말 회절 분석

종래의 고체 결정 구조 분석은 주로 단결정 시료를 이용하여 시행되었고, 분말 시료 실험의 용도는 정성

7) 네덜란드 물리학자 Hugo M. Rietveld.

적 상 확인에 국한되어 있었다. 1960년대에 개발된 리트벨트 기법은 저차원 데이터를 이용한 연산 알고리즘을 제공함으로써, 분말 회절의 적용 범위를 괄목할 수준으로 확대시켰다. 리트벨트 기법은 **순이론적**(*ab initio*)이 아닌 **정밀화**(refinement) 방법이다. 즉, 백지 상태로부터 결정 구조를 밝혀내는 것이 아니라 대략적인 모델 구조를 시작점으로 삼아 세부 사항을 다듬어 가는 방식이다. 리트벨트 분석에서는 데이터 패턴의 전체 영역을 동시에 다루며, 실험적 패턴에 잘 들어맞는 계산 패턴이 얻어지도록 결정 구조나 측정 장치 상의 변수를 조정하게 된다. 애초에 이 기법은 중성자 회절 패턴을 분석하고자 고안되었으나, 이후 X-선 회절 패턴으로 적용이 확대되었다. 다양한 유무상 소프트웨어 패키지[8]가 리트벨트 분석용으로 개발되어 있으며, 이 기법은 분말 시료의 결정 구조 분석을 위한 일상적 과정으로 확립되어 있다.

리트벨트 분석을 위해서는 결정 구조의 시도 모델(trial model)이 꼭 필요하며, 그것에는 구조 유형과 몇몇 구조 변수(격자 상수, 원자 좌표)에 대한 어림값이 포함된다. 시도 모델에 대한 정보가 전혀 없다면 분말 회절로부터 **구조 해**(structure solution)를 얻는 다양한 수단(5.3.8절)이 시도되어져야 한다; 그 알고리즘의 핵심은 분말 회절에서 임의의 2θ에서 관찰된 세기에 대해 기여 요소로 포함된 (각기 다른 *hkl*의) 회절 성분들을 분리해내고 $|F_{hkl}^{\text{obs}}|$을 산출하여 푸리에 변환(Fourier transformation)에 입력하는 것이다.

분말 회절의 한계점은 3차원 상에서 일어나는 회절 결과를 1차원 변수 2θ로 축약하여 기록하는 데에서 비롯한다. 결정 구조의 특성에 따라, 특히 대칭성이 낮거나 단위세포가 큰 경우 피크 수가 많고 그들 간의 겹침이 많이 발생하게 된다. 그 경우 개별 피크 성분의 세기를 알기 어렵고, 이러한 문제는 피크 모양이 비정형적인 경우 더욱 난해해진다. 덧붙여 리트벨트 분석은 패턴 전체에 대한 분석이기 때문에 배경 신호를 가능한 근접하게 모사하는 것도 중요하다.

시도 모델의 변수 값들이 실제 구조와 상당히 동떨어진 경우 **광역 해**(global minimum)가 아닌 **국부 해**(local minimum)에 도달하기 쉽다. 이러한 상황은 구조 변수의 일부가 부정확하지만 프로그램의 알고리즘이 쉽게 교정할 수 없는 범위인 경우에 발생한다. 또한 지나치게 많은 변수를 동시에 다룰 때에도 정밀화가 안정하게 수행되기 어렵다. 리트벨트 분석의 상당 부분이 컴퓨터 프로그램에 의해 진행되지만 분석자는 몇 가지 사항을 유념해야 한다. 분말 회절 패턴을 계산 모사하는 데에는 수십 개의 변수가 포함되는데, 그들의 물리적 의미, 타당한 값의 범위, 패턴의 계산 결과에 미치는 영향 등을 인지해야 한다. 또한 시도 모델의 변수 초기 값은 가능한 참값에 가깝게 추정해야 한다. 각 변수는 각기 다른 상대적 중요도를 갖는데, 중요도가 높은 변수부터 정밀화하고, 중요도가 낮은 변수들은 초기에 고정값으로 취급하다가 차츰 자유 변수로 정밀화해야 한다.

리트벨트 정밀화 분석에서도 품질 평가 지표로서 *R*-인자가 사용된다. 개별 피크들의 세기가 산출된 경우라면 식 5.17이 이용될 수 있으며, 보다 보편화된 방식으로 프로파일 *R*-인자(profile *R*-factor, R_p)가 사용되기도 한다.

$$R_{\text{p}} = \frac{\sum \left(I^{\text{obs}} - I^{\text{calc}}\right)}{\sum I^{\text{obs}}} \tag{5.18}$$

세기 값 I는 측정과 계산 모두 일정한 간격의 2θ 값에 대해 얻어진다. 리트벨트 분석의 완성도를 평가하거나 결과를 정리할 때 *R*-인자와 함께 데이터를 도시하여 함께 나타낸다. 이때 실험과 계산 패턴을 비교하는 한편, Bragg 피크의 위치와 편차 패턴 $I^{\text{diff}} = (I^{\text{obs}} - I^{\text{calc}})$을 함께 제시한다. 그림 5.23은 리트벨트 분석 결과의 정리 예를 보여 주는데 도표 상에서 주요하게 검토될 부분은 실험/계산 패턴이 잘 일치하는지, 또한 편차 패턴에서 잔차 피크가 과도한 양/음의 크기를 갖는지이다.

8) GSAS, Fullprof, TOPAS, Rietan 등.

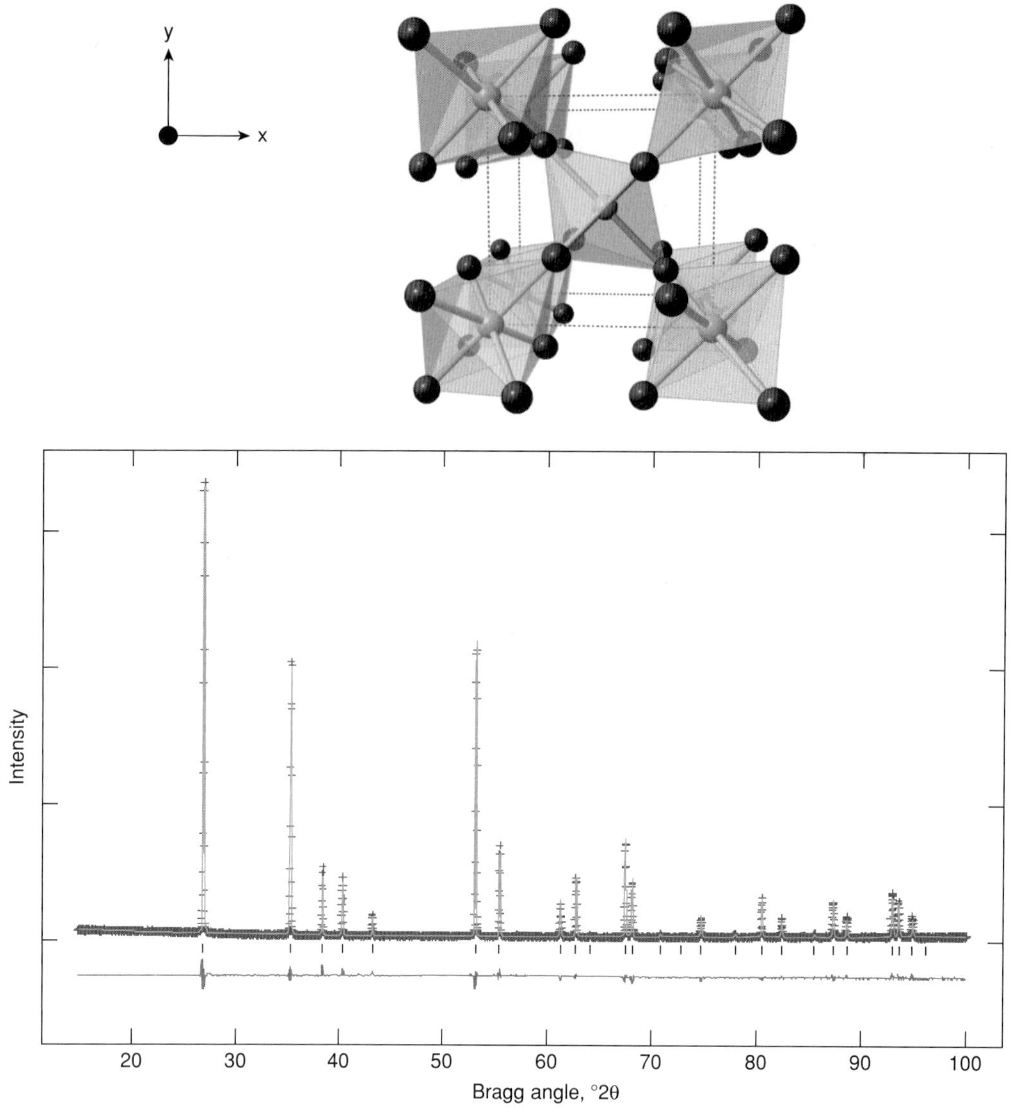

$a = 4.67791(3)$, $c = 3.02234(2)$ Å
Space group $P4_2/mnm$ (No 136)
Cations, site 2a: 000;½½½; $U_{iso} = 0.0080$ (3) $Å^2$
Oxygens, site 4f: x,x,0; $\bar{x}$, $\bar{x}$,0; $\bar{x}$+½,x+½,½; x+½,$\bar{x}$+½,½ with x = 0.03035(3); $U_{iso} = 0.0119(7)$ $Å^2$
χ^2: 6.575, R_{wp}: 7.27%, R_p: 5.58%,
Cation-oxygen bond lengths : 1.994 (1) x 4 and 2.008(2) x 2 Å

그림 5.23 루틸 구조 $Ti_{1-3x}Cu_xNb_{2x}O_2(x = 0.02)$의 분말 X-선 회절 패턴을 이용한 리트벨트 분석. Adapted from N. Reeves-McLaren et al., J. Solid State Chem., 184, 1813, © 2011 Elsevier. Reproduced under the terms of the STM Agreement. ➡ 앞의 컬러 그림 참조

5.3.8 X-선 결정학을 이용한 구조 해

분자성 물질과 비분자성 물질(확장형 고체)의 구조 분석은 다른 접근법을 취한다. 분자성 물질의 구조 분석에 있어 X-선 결정학과 분광 기법(NMR, 질량 분광, …)은 상보적 역할을 하며, 대부분의 경우 둘 중의 한 방법으로 구조 풀이가 가능하다. 비분자성 물질, 또는 결정 배열 양상이 의미를 띠는 분자성 물질의 구조 분석에는 X-선 결정학이 절대적 비중을 차지한다.

구조 분석은 매우 복잡한 연산 과정을 포함하지만, 오늘날에는 회절 데이터 수집 과정 대부분이 컴퓨터에 의해 제어되고, 데이터 처리와 분석이 고도로 자동화되어 있다. 단적으로, 우수한 품질의 단결정이 사용되는 경우 12−48시간의 회절 측정과 수 시간의 연산 작업으로 구조 해가 얻어질 수 있다. 장비 성능의 첨단화에 의해 회절 실험의 편의성이 높아지고 분석 정확도가 개선되었지만, 그럼에도 불구하고 회절 분석의 개요와 문제 요소들을 숙지하는 것은 매우 중요한 일이다.

미지의 결정 구조를 풀이하는 작업은 연립 방정식의 풀이에 비유될 수 있다. 이때 원자 좌표는 미지 변수가 되고 실험적 회절 세기는 방정식이 된다. 이론적으로 방정식(세기)의 개수가 변수에 비해 같거나 많은 경우 주어진 연립 방정식의 풀이가 가능하지만, 결정 구조 풀이에서는 변수에 비해 훨씬 더 많은 세기 정보가 필요하다. 세기 데이터는 통계적 해석을 통해 얻어지는데 데이터 개체 수가 충분히 많지 않다면 다소간의 오차가 포함되어진다. 또한 구조 결정 과정에 사용되는 푸리에 합성에 굉장히 많은 계수(데이터)가 이용되어야만 신뢰도 있는 결과를 주기 때문이다. 구조의 복잡성, 즉 변수의 개수에 따라 요구되는 데이터 개수와 회절 실험의 성격이 달라짐을 살펴보겠다.

우선 루틸 타입으로 짐작되는 물질 MX_2의 구조 분석을 예로 보겠는데, 그림 5.23에 나타낸 $Ti_{0.94}Cu_{0.02}Nb_{0.04}O_2$가 이에 해당된다. 루틸 구조에서 M은 단위세포의 꼭짓점과 체심의 고정 위치를 점유하므로 좌표 상 변수가 없다. X는 단위세포 내에서 아래 위치를 점유하므로 1개의 좌표 변수 x를 갖는다.

$$x, x, 0;\ 1-x, 1-x, 0;\ \tfrac{1}{2}-x, \tfrac{1}{2}+x, \tfrac{1}{2};\ \tfrac{1}{2}+x, \tfrac{1}{2}-x, \tfrac{1}{2}$$

루틸 구조에서 대개 $x \approx 0.3$이므로 이 값을 이용하여 시도 구조가 제안될 수 있다. F_{hkl}^{obs}와 비교하기 위해 F_{hkl}^{calc}을 계산할 때 주요한 변수는 원자 좌표와 각 원자의 온도 인자이다: x(O), B_{iso}(Ti), B_{iso}(O). 이 값들을 정확히 결정하기 위해서는 10−20개의 회절에 대한 세기 정보가 필요하다. 대개의 분말 XRD 실험은 그 정도 개수의 피크를 기록하므로 $Ti_{0.94}Cu_{0.02}Nb_{0.04}O_2$의 구조를 만족스러운 수준으로 결정하는 것이 가능하다.

두 번째 경우로 복합산화물 $YBa_2Cu_3O_x$($x \approx 7$)는 YBCO 또는 Y123으로 약칭되는 세라믹 고온 초전도체이다. 그 단위세포는 사방정계이고 페로브스카이트와 연관되지만 더욱 복잡한 구조를 갖는다. Y, Ba는 각각 한 종류의 결정학적 위치를 갖는 데 비해, Cu는 2개, O는 4개의 위치를 갖고, 그 중 1개의 O는 부분 점유도를 갖는다. 그 결과 $YBa_2Cu_3O_x$는 총 14개의 원자 변수(좌표 변수 5, 온도 인자 변수 8, 점유도 변수 1)를 갖고, 신뢰도 있는 분석을 위해서는 200−300개의 회절 세기가 필요하다. 통상적인 분말 XRD 실험은 위 개수의 회절을 충분한 분해능으로 기록하기 어려우므로, 고분해능 중성자 회절이나 입자 가속기 XRD, 단결정 XRD의 사용이 필요하다. 위에 대안으로 제시된 분말 회절 기법들은 더 짧은 d-간격까지 데이터를 얻을 수 있고, 단결정 회절은 분말 측정에서 감지하지 못하는 약한 세기의 신호를 기록할 수 있다.

세 번째로 규산염이나 거대 유기분자, 특히 대칭성이 낮은 경우에서는 50개 이상의 변수를 갖는 경우가 흔하고, 단결정 XRD를 이용하여 2000−3000개의 세기 정보를 얻어내는 것이 필수적이다.

이상의 논의는 구조 모델을 바탕으로 결정 구조 상의 미지 변수를 참값에 가깝게 찾아내는 것, 즉 정밀화에 한정된다. 이를 확장시켜 시도 모델이 가용하지 않은 경우에 순이론적 기법으로 구조를 풀이하는 과정을 고려해 보자. 구조 풀이의 첫 단계는 수집된 회절 세기로부터 편극 인자(L_p)와 다중도(M)를 보정하여 F_{hkl}^{obs}를 얻는 것이다. 이에 대응하는 F_{hkl}^{calc}은 식 5.12에 구조 해의 원자 좌표 x, y, z가 대입된 값이다. 구조 풀이는 F_{hkl}^{obs}와 근접한 F_{hkl}^{calc}을 내어 놓는 원자 좌표를 찾아내는 과정이다. F_{hkl}^{obs}의 크기와 부호를 모두 알아냈다면 푸리에 급수(Fourier series)에 기반한 표준 과정을 적용할 수 있다. 측정된 회절 세기는 푸리에 변환을 통해 전자 밀도 지도(electron density map)로 나타내어질 수 있다(그림 5.24).

$$\rho(u, v, w) = \frac{1}{V}\sum_h \sum_k \sum_l F_{hkl} \cos 2\pi(hu + kv + lw) \tag{5.19}$$

위 식에 따라 F_{hkl}^{obs} 값들을 합산하면 단위세포 내 임의 위치 (u, v, w)에서의 전자 밀도 ρ가 산출된다. 얻어진 전자 밀도 지도의 정확도와 정밀도는 연산에 이용된 F_{hkl}^{obs}의 개수에 직결되므로 가능한 한 많은 수의 세기 정보가 필요하다.

위와 같은 수학적 합산은 광학 현미경이나 전자 현미경에서 영상을 합성해내는 과정과 유사성을 띤다. 현미경에서는 빛이나 전자 빔을 시료에 조사하여 회절 패턴을 얻고 광학 렌즈나 전자기 렌즈로 이를 증폭시켜 영상을 구현해낸다. 그러나 'X-선 렌즈' 역할을 할 수 있는 물질은 알려져 있지 않고, X-선 회절에서는 수학적 기법에 의존하여 유사한 작업을 수행한다. 이와 관련하여 결정학에서의 주요 논제인 **위상 문제**(phase problem)가 발생한다. F_{hkl}^{obs}의 진폭, $|F_{hkl}^{obs}|$는 회절의 세기 I_{hkl}^{obs}로부터 직접 결정될 수 있지만 그 위상은 그렇지 못하다. 즉, F_{hkl}^{obs}는 $\sqrt{I_{hkl}^{obs}}$이거나 또는 $-\sqrt{I_{hkl}^{obs}}$일 수도 있는 것이다. 위상 문제의 해결을 위해 개발된 여러 방법들 중 가장 대표적인 몇 가지가 다음에 설명되어져 있다.

5.3.8.1 패터슨 기법(Patterson method)

이 기법에서도 식 5.19와 같이 푸리에 합산이 시행되는데, 그 계수로 세기(F_{hkl}^2) 값이 사용된다.

$$\rho(u, v, w) = \frac{1}{V}\sum_h\sum_k\sum_l |F_{hkl}|^2 \cos 2\pi(hu + kv + lw) \tag{5.20}$$

결과로 얻어지는 패터슨 지도(Patterson map)는 푸리에 지도와 유사하지만, 전자 밀도가 높은 영역들의 상대 위치를 원자쌍 간 벡터로 표현한다. 즉, (x_1, y_1, z_1)과 (x_2, y_2, z_2)에 각각 놓인 두 원자는 패터슨 지도의 원점을 기준으로 $(x_1 - x_2, y_1 - y_2, z_1 - z_2)$ 위치에서 패터슨 피크를 나타내게 된다. 패터슨 전자 밀도의 피크 높이는 원자 번호의 곱에 비례하므로 단위세포 내에서 전자 밀도가 높은(무거운) 원자들 간 상대 위치가 쉽게 식별될 수 있다.

패터슨 지도는 무거운 원자의 위치를 직접 가리키지는 않지만, 단위세포 내에서 무거운 원자들의 위치 관계를 보여 주므로 구조 모델을 정하는 초기 단계에서 매우 긴요하게 이용된다. 특히 어느 한 원자의 위치가 거의 확실한 경우 패터슨 지도를 이용하여 다른 원자들의 위치를 결정해 나갈 수 있으므로, 푸리에 기법과 결합 적용함으로써 구조 모델을 완성시킬 수 있다.

5.3.8.2 푸리에 기법(Fourier method)

이 기법은 F_{hkl}^{obs} 값과 부호의 내역 전체를 알지 못하는 경우에도 사용될 수 있다. F_{hkl}^{obs} 중의 일부를 택하고, 무거운 원자의 위치만으로 얻어낸 부분적 구조 인자로부터 그 부호를 잠정할 수 있다. 무거운 원자일수록 X-선을 강하게 산란시키므로, 회절의 세기와 위상은 주로 무거운 원자에 의해 결정된다. 따라서 무거운 원자의 위치가 알려져 있다면, 크기가 큰 F_{hkl}^{obs}의 부호를 대체로 옳게 결정할 수 있다. 선택된 회절 조합에 대한 F_{hkl}^{obs}와 식 5.19를 이용하여 얻어진 푸리에 지도는 상당히 많은 수의 피크와 함께 가벼운 원자의 위치 정보를 제공할 수 있다. 이 과정을 반복함으로써 원자 위치 정보가 확충되고 그로부터 보다 정확한 구조 인자가 계산될 수 있다. 그 결과 더 많은 수의 F_{hkl}^{obs}에 대해 부호가 결정되어지면서 푸리에 지도의 정확도 또한 개선되어진다.

원자 위치의 대부분이 추정되어졌다면 **최소자승 정밀화**(least-squares refinement)를 통해 F_{hkl}^{obs}와 F_{hkl}^{calc}을 근접시키고 식 5.17의 R-인자를 최소화시킨다. 그 과정에서 원자 위치에 따른 R-인자의 변화 추이가 추적되고, 시행착오를 통해 R-인자를 최소화시키는 원자 위치 조합이 발견되어진다. 또한 $(F^{obs} - F^{calc})$을 계수로 하여 구축된 **푸리에 편차 지도**(difference Fourier map)는 구조 모델의 보완과 오류 수정에 유용하게 참고될 수 있다.

$$\Delta(u, v, w) = \frac{1}{V}\sum_h\sum_k\sum_l (F^{obs} - F^{calc}) \cos 2\pi(hu + kv + lw) \tag{5.21}$$

편차 지도에서 양(+)의 피크는 그 위치에 추가적 원자가 존재함을 가리킨다. 반면 음(−)의 피크가 나타

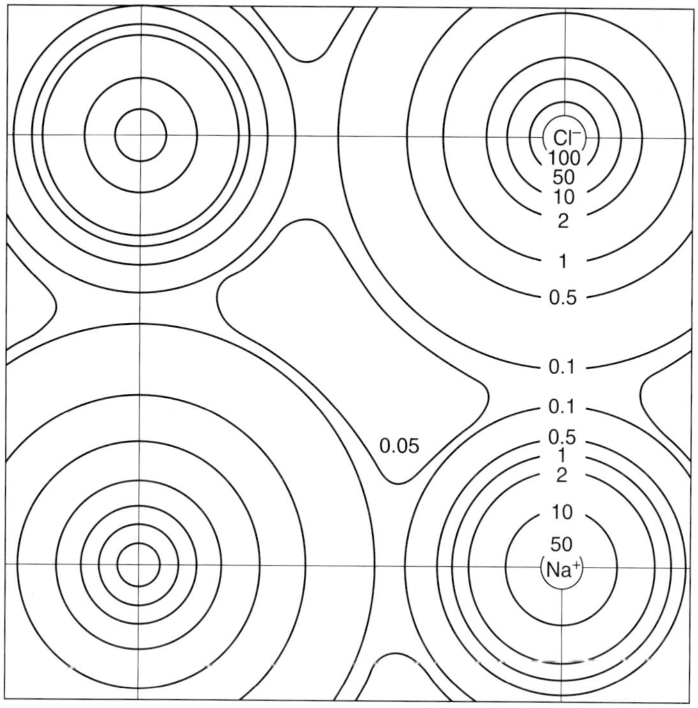

그림 5.24 NaCl의 전자 밀도 지도.

난 영역은 원자가 잘못 놓여 있음을 의미한다.

5.3.8.3 직접 기법(direct method)

이 기법들은 구조 내의 구성 원자들이 비슷한 원자 번호를 가진 경우에 매우 유용하여, 패터슨 기법에 대해 상보적 성격을 띤다. 직접 기법은 주어진 구조 인자의 위상이 + 혹은 −일 통계적 확률을 고려하여 위상을 정한다. Sayre 확률 관계성에 따르면, 중심대칭성 구조의 세 회절 h, k, l; h', k', l'; h'', k'', l''이 상호 관계, $h''=h-h'$, $k''=k-k'$, $l''=l-l'$을 따를 때 한 위상의 부호는 다른 두 위상의 부호 곱과 같기 쉽다. 예를 들어 312와 111 모두가 − 위상이라면 201의 위상은 +일 확률이 높다. 위상을 알지 못하는 3개의 회절 요소를 선택한 경우, 가능한 위상의 조합은 8개이지만 Sayre 관계성을 고려하면 4개의 조합만이 의미를 갖는다. 위상을 예측하고 최적화하기 위한 몇몇 기법들이 알려져 있는데, 그 최종 결과물은 항상 전자 밀도로 얻어지고 그로부터 원자 위치가 추정된다.

5.3.8.4 전자 밀도 지도

전자 밀도 지도(푸리에 지도)를 참고하여 원자 위치를 추정하는 것은 미지 구조의 풀이에 매우 유용한 과정이다. 구조 정밀화와 함께 전자 밀도 지도의 품질이 점차 개선되는데, 구체적으로 전자 밀도의 배경 준위는 낮아지고 개별 원자들에 의한 피크들이 더 잘 분리 식별된다. 구조 결정의 최종 단계에 얻어진 전자 밀도 지도에는 매우 중요한 결합 정보들이 담겨 있다.

전자 밀도 지도는 3차원 상에 대해 계산되어지지만, 흔히 단위세포의 특정 단면에 대해 2차원 등고선 방식으로 표현된다. 전자 밀도 지도의 피크 위치는 원자핵 위치에 해당하며, 피크의 높이는 원자의 전자 수에 비례한다. NaCl에 대한 전자 밀도 지도, 그림 5.24에서는 상대 높이 100과 50의 두 피크 종류가 발견되며 이들은 각각 Cl^-와 Na^+에 해당한다. 나아가 전자 밀도 지도는 원자가 구형이라는 직관이 옳다는 것을 입증한다. 이웃한 두 원자핵을 연결하는 선의 어느 지점에서 전자 밀도가 거의 0에 가깝게 감소하는데, 이는 NaCl의 이온 결합 속성을 잘 뒷받침한다. 하지만 알칼리 할로젠화물과 같이 단순한 구조가 아니고서는 전자 밀도 지도로부터 최외각 전자의 정량적 분포를 알아내기가 쉽지 않다.

구조 정밀화에서는 구조 인자의 측정값과 계산값 간 일치도가 극대화되도록 위치와 온도 인자 모두를 변이 조절한다. 단순한 구조의 정밀화에서는 대개 원자 좌표가 매우 근사하게 정해질 수 있다. 복잡도가 높은 구조에서는 다양한 국부 구조 왜곡이 발생할 수 있는데 그들 각각을 묘사하기는 곤란하며, 대신 개별 왜곡의 기여가 평균 구조에 합쳐져 나타나게 된다. 온도 인자는 구조의 국부 왜곡과 원자의 열적 진동을 함께 반영한다. 국부 왜곡이 존재하는 경우 미세한 원자 이동이 수반되어 온도 인자의 증가를 보이게 된다.

5.4 전자 회절(electron diffraction)

전자는 파동성을 갖기 때문에 전자를 결정성 시료에 조사하여 회절 실험을 수행할 수 있다. 전자의 파장은 전자 총(electron gun)의 가속 전압과 그에 따른 전자 속도에 따라 달라진다. 보편적인 전자 현미경은 ≈0.04 Å의 전자 파장을 이용한다. 전자 회절과 전자 현미경의 기법은 밀접하게 연관되는데, 현미경 기법은 6장에서 상세히 다뤄지며, 이 절에서는 X-선 회절과 전자 회절의 특성이 비교된다.

전자는 물질과 강하게 상호 작용하여 아주 적은 양의 시료만으로도 선명한 회절 무늬를 만들 수 있고, 실제 전자 회절은 투과 방식으로만 시행된다. 따라서 전자 회절 시료의 두께는 100 nm를 넘지 않아야 하고, 그 이상이 되면 전자가 시료를 통과하지 못한다. 이와 대조적으로, X-선은 회절 효율이 낮아 단결정 측정의 경우 0.05 mm 이상의 크기가 필요하다.

전자 회절의 단점 한 가지는 **2차 회절**(secondary diffraction)이 매우 빈번하다는 점이다. 전자의 산란 효율이 높기 때문에 매우 강한 회절 선이 발생하고, 나아가 2차 회절의 선원 역할을 하게 된다. 2차 회절은 두 가지의 부정적 효과를 갖는다. 우선 부수적 회절이 관측되는 경우가 있으므로 회절 패턴의 해석에 주의를 기울여야 한다. 둘째로 회절 세기에 미지 요소가 포함되어지므로 구조 해석을 위한 정량적 정보로 사용될 수 없다. 이러한 단점에도 불구하고 전자 회절은 X-선 회절에 대한 상보성과 고유 장점을 갖는다. 전자 회절은 미세 결정(너비 0.01−0.02 mm 미만)을 이용하여 단결정 X-선 분석과 유사한 수준의 결과를 제공하며, 회절 결과가 3차원 패턴으로 얻어진다. 그로부터 단위세포의 대칭성 정보가 명확히 제공될 수 있어, 격자 상수와 공간 군을 결정하는 데 특히 유용하다.

단위세포와 공간 군에 대한 직접 정보가 없는 경우, X-선 분말 패턴의 인덱싱은 다양한 시행착오를 거쳐 시도된다. 하지만 그 결과는 언제나 불확실성을 내포하며, 특히 초격자(superstructure)가 존재하되 그에 의한 XRD 신호가 매우 약한 경우 더욱 심하다. 전자 회절의 유용성에도 불구하고 그 응용은 제한적 수준에 머무르고 있는데, 이는 실험에 장시간이 소요될 뿐만 아니라 데이터 해석에 전문성이 요구되기 때문이다. 다른 한편으로 전자 회절의 세기 정보가 구조 해 풀이에 이용될 수 없다는 점 또한 그 사용 범위를 제한시키는 이유가 되고 있다.

전자 회절은 다량(10 mg 이상) 시료의 상 확인을 위한 범용 기법으로는 적합하지 않다. 이 기법의 분석은 낱개의 개별 입자를 대상으로 하므로, X-선 회절에서 분말 입자 군집의 평균 거동을 측정하는 점과 대조된다. 요약하여, 전자 회절은 • 시료의 양이 극히 적은 경우 • 박막 시료인 경우 • 미량의 불순물 상을 분석하는 경우에 유용하다.

5.5 중성자 회절(neutron diffraction)

중성자 회절은 장비 접근성 면에서 매우 제한된 기법이다. 회절 실험에 필요한 중성자 선원을 얻기 위해 전용 핵 반응로가 운용되어야 하는데, 자체적으로 핵 설비를 운용하는 연구소는 극히 드물며, 국가 차원이나 국가 간 공조에 의해 운영되는 시설에서만 중성자 회절 실험이 수행될 수 있다.[9] 중성자 회절은 다

9) Oak Ridge National Laboratory, USA; Los Alamos National Laboratory, USA; Institut Laue−Langevin, Grenoble, France; Rutherford−Appleton Laboratory, UK; Korea Atomic Energy Research Institute 등.

른 기법에 비해 매우 차별화된 정보를 제공하며, 특히 자성 물질 내부의 자기 모멘트 배열 정보를 알아내는 데 있어 대체 불가능한 기법이다. 반면 그 장비 기회의 희소성 때문에 XRD나 다른 유사 기법에 의해 해결될 수 없는 문제에만 중성자 회절을 적용하게 된다. 중성자 회절 선원은 연구용 원자로에 의해 얻어지므로 그 선속(flux)이 대체로 약하고, 그에 따라 상당한 양의 시료를 필요로 한다. 단결정을 이용하는 경우 최소 $1mm^3$ 크기가 요구되는데, 이러한 크기의 시료는 매우 드물기 때문에 대개는 분말 시료를 이용한다.

중성자 회절과 X-선 회절 간에는 몇 가지 근본적 차이점이 있다. X-선 튜브로부터 발생된 X-선이 특정 파장의 뚜렷한 피크 성분으로 얻어지는 데 비해, 핵 반응로에서 얻어진 중성자는 연속적 파장의 복사파이다. 핵 반응로는 열중성자(thermal neutron)를 방출하며, 반응로 내부 온도를 조절함으로써 중성자 파장이 0.5–3Å 범위로 조절된다. 단일 파장의 중성자를 얻기 위해서는 단결정 단색광 분광기를 이용하여 특정 파장만을 선택적으로 취하게 된다. 이 과정에서 반응로에서 생성된 중성자의 대부분이 걸러지므로 중성자 세기가 약해지지만 파장 순도가 뚜렷이 개선되는 것도 아니다.

최근의 향상된 기법에서는 펄스 중성자(pulsed neutron) 선원을 사용하면서 **비행시간**(time-of-flight) 법에 의해 회절 신호를 기록한다. 입자 가속기를 이용하여 얻은 고에너지 입자(대개 양성자)로 중금속 타겟을 펄스 가격하면 중성자가 방출된다. 위의 원자핵 파쇄(spallation) 과정은 양성자 1개당 중성자 약 30개의 효율로 진행되므로 회절 실험에 알맞는 선속이 공급될 수 있다. 비행시간 법은 전체 파장 범위의 중성자 모두를 선원으로 이용하고 회절각 θ를 고정한다. de Broglie 식, $\lambda = h/mv$에 따라 중성자의 파장은 속도에 의존하므로 회절파는 파장 별로 구분되어 검출기에 도달한다. 즉 중성자 파장이 짧을수록 더 짧은 비행시간으로 검출기에 도달하는 것이다. 통상적인 회절 실험과 마찬가지로 비행시간 법에서도 회절의 기본 법칙 $n\lambda = 2d\sin\theta$가 적용되는데, 이 경우에는 θ가 고정되고 λ와 d가 변수가 된다. 펄스 기법의 실험은 단시간에 수행될 수 있다는 장점이 있고, 특히 펄스 자기장 하의 자성체 거동과 같은 순간 현상 추적에 유용하다.

중성자와 X-선의 또 다른 차이점은 원자의 산란 강도에 있다. X-선의 산란 세기는 원자의 전자 개수에 단순 의존하므로 원자 번호가 낮은 H, Li 등은 매우 약한 세기로 X-선을 산란시킨다. 그러나 중성자는 원자핵에 의해 산란되며, 각 원자의 산란 세기는 원자 번호와 무관한 증감 추세를 보인다. 또한 원자핵은 점 산란원으로 작용하므로 중성자의 산란 세기는 회절각과 무관하게 일정하다. 이는 X-선에 대한 원자의 산란 세기가 $\sin\theta/\lambda$의 증가에 따라 감쇄하는 점과 다르다. 이 결과로 X-선 회절 패턴에서는 2θ 증가에 따라 피크 세기가 뚜렷이 감소하는 데 비해 중성자 회절 패턴에서는 그렇지 않다.

원자 번호와 중성자의 산란 세기 간에는 단순 의존성이 존재하지 않는다. 또한 주기율표 상 원자들의 중성자 산란 세기는 X-선에 대한 것과 달리 비교적 좁은 변이 폭을 갖는다. 그 결과 X-선 회절 패턴이 무거운 원자의 분포에 주로 의존하는 반면, 중성자 회절 패턴은 원자 번호와 무관하게 구성 원자들의 기여를 고루 반영한다. 이러한 속성에 의해 X-선 회절 패턴은 패터슨 기법과 같은 구조 풀이에 이용될 수 있지만, 가벼운 원자의 위치를 알아내거나 비슷한 원자 번호의 원자들을 구분하는 데 한계를 갖는다. 이와 대조적으로 중성자 회절은 특정 원자에 대한 차별적 민감성을 갖지 않으므로 순이론적 구조 결정에 적용되기 어렵지만, 다른 한편으로는 리트벨트 정밀화 분석에 유리하다. 일부 원자들은 중성자 회절 과정에서 위상 반전을 일으키거나(Li, Ti, Mn, …) 회절 세기가 거의 0에 가깝다(V). 이러한 이유로 중성자 회절에서는 바나듐(V) 재질의 시료 용기를 사용하는 경우가 많다.

5.5.1 결정 구조

XRD의 이용만으로 결정 구조 분석이 용이하지 않은 경우 중성자 회절을 고려해 볼 수 있다. 대표적 사례로 수소화물(hydride), 수화물(hydrate), 또는 유기물에 함유된 H의 위치를 결정하는 작업들이 있는데, 대개는 X-선 회절로부터 구조의 골격을 성한 후에 중성자 회절로 가벼운 원자의 위치를 결정하게 된다. 중성자 회절이 유용한 또 다른 상황은 Mn, Fe, Co, Ni와 같이 X-선 산란 세기가 비슷한 원자들을 구분하는 경우이다. 이 원자들의 중성자 산란 세기가 다르기 때문에 합금이나 복합 산화물 내에서의 초격자 현상을 관찰하는 것이 가능하다.

5.5.2 자성 구조 분석

물질의 자기적 성질은 d나 f 오비탈에 채워진 홀전자(unpaired electron)의 존재에 의존한다. 중성자는 자기 쌍극자 모멘트를 갖기 때문에 홀전자와도 상호 작용하고, 그 결과 중성자 회절은 원자핵과 홀전자 모두에 의해 일어난다. 이는 물질의 자기 구조를 분석하는 바탕 현상이 된다. NiO는 자기 모멘트 질서 배열의 단순한 예이다. XRD 상으로 NiO는 *fcc* 암염 구조를 나타내지만, 중성자 회절에서는 초격자를 가리키는 부가적 피크가 관찰된다. 위의 초격자는 Ni^{2+}의 $3d\ e_g$ 오비탈에 채워진 홀전자 스핀이 (111) 격자 면에 역평행 질서(antiparallel order) 배열되어 형성된다(그림 5.25). 중성자가 전자 스핀의 질서 배열을 감지하는 점은 X-선과 확연히 다른 부분이다. Ni^{2+}의 반강자성(antiferromagnetic) 배열은 250 °C 이하의 온도 조건에서 나타나며, 더 높은 온도에서는 상자성(paramagnetic) 배열이 나타난다. 자기 질서 배열에 의해 반강자성 상태의 자기 단위세포(magnetic unit cell)는 상자성 상태의 8배로 확장된다. 또한 반강자성 질서 배열에 수반된 삼방 왜곡이 일어나며, 그 결과로 Ni^{2+} 평면에 수직인 [111] 방향으로 격자 수축이 일어난다.

MnO의 중성자 분말 회절은 NiO와 비슷한 양상을 보이며, 그림 5.26은 반강자성–상자성 전이 전후의 중성자 회절 패턴과 X-선 회절 패턴을 나타낸 것이다. 전이 온도, 즉 Néel 온도(T_N) 이상에서의 두 패턴(그림 5.26(b), (c))은 같은 2θ 위치에서 피크를 보이지만 그 상대 세기가 크게 다르다. *fcc* 암염 구조는 h, k, l 지수가 모두 홀수이거나 모두 짝수인 경우에만 회절 세기를 나타낸다. 중성자 회절의 경우 200, 220 피크의 세기가 뚜렷이 약화되는데, 이는 Mn^{2+}와 O^{2-}의 중성자 산란 강도가 비슷한 크기이면서 반대 부호인 데서 비롯한다. 200과 220 격자 면은 각각 Mn^{2+}와 O^{2-} 이온을 함유하는데 이들의 중성자 산란 강도가 부분적으로 상쇄되는 것이다. 반면 X-선에 대한 Mn^{2+}와 O^{2-}의 형상 인자는 모두 같은 부호이므로 200과 220 격자 면에서 산란의 증강이 일어난다.

그림 5.26(a)와 (b)의 비교에서, T_N 이하의 중성자 회절 패턴에서는 반강자성 초격자에 의한 추가적 피크(*)가 관찰된다. 앞서 언급된 바와 같이 반강자성 전이는 삼방 왜곡을 수반하지만 대략적인 입방 형태가 유지된다. 반강자성 상태의 단위세포는 고온 상자성 상태에 비해 2배로 확장된 격자 상수(부피는 8배)를 갖는다; 293 K(> T_N)에서 $a = 4.43$ Å인 데 비해 80 K(< T_N)에서 $a = 8.85$ Å. 격자 상수의 증가에 따라 회절 피크의 밀러 지수가 달라지는 점을 고려해야 하는데, T_N 전후에 공통적으로 나타나는 회절 피크들을

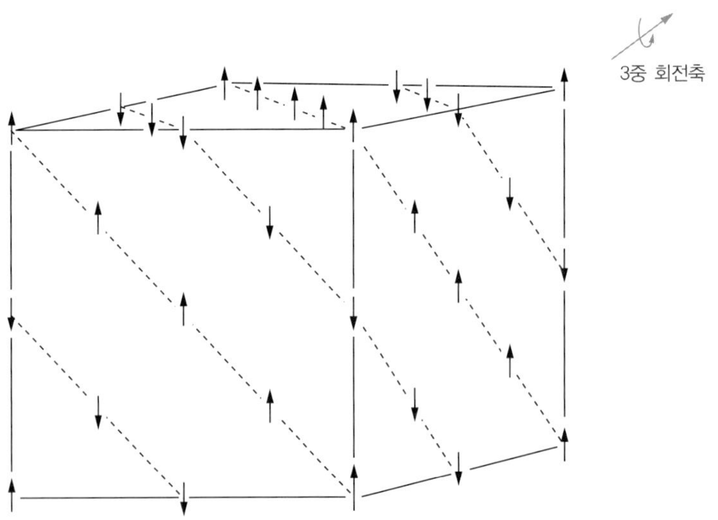

그림 5.25 MnO, FeO, NiO에서 나타나는 반강자성 초격자. 화살표는 금속 d 전자의 스핀 방향을 나타내며, 산소는 표시되지 않음.

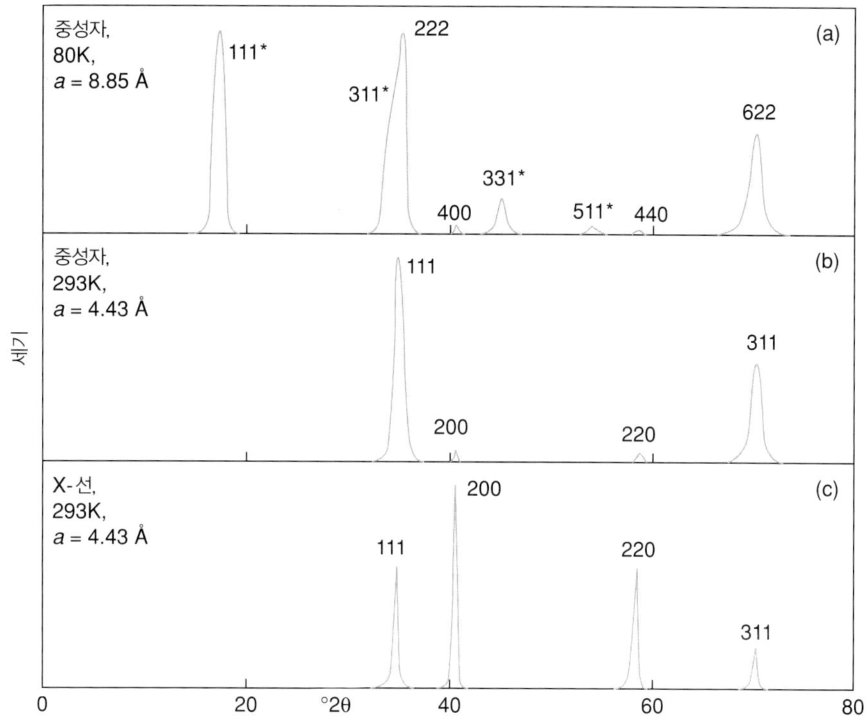

그림 5.26 MnO의 중성자 회절 패턴과 X-선 회절 패턴. 각 피크의 밀러 지수는 주어진 격자 상수를 바탕으로 부여됨. λ = 1.542 Å. Neutron data adapted from Shull, Strauser and Wollan, Phys. Rev., 83, 333, © 1951 American Physical Society.

비교하면 그림 5.26(a)에서의 *h*, *k*, *l* 값들은 5.26(b)에서보다 각각 2배씩 증가된다. 그림 5.26(a)에서 *h*, *k*, *l*이 홀수인 피크들은 초격자로의 확장에 의해 생겨난 것들이다.

5.5.3 비탄성 산란, 연성 모드와 상 전이

'저속' 중성자, 즉 저에너지의 중성자는 고체의 열적 에너지 수준에 해당하는 운동 에너지를 갖는다. 저속 중성자는 포논(phonon), 즉 고체의 진동 모드에 의해 비탄성 산란(inelastic scattering)되므로 산란 전후의 중성자 에너지를 분석하면 원자 간 힘과 포논에 대한 정보가 얻어질 수 있다. 자성 물질의 경우, 전자 교환에너지의 정보를 얻는 것도 가능하다. 중성자 회절이 결맞은 산란을 이용하는 데 비해, 이 기법은 결맞지 않은 산란을 이용하는 분광법이다.

변위성 상 전이(displacive phase transition)는 격자 진동의 불안정성과 연관된 것으로 알려져 있다. **연성 모드**(soft mode)로 알려져 있는 저온 구조 진동 모드는 전이 온도를 기점으로 붕괴되며, 적외선이나 라만(Raman) 분광, 또는 중성자 산란에 의해 연구될 수 있다. 특히 중성자 산란은 분광학적 선택 규칙(spectroscopic selection rule)의 제한을 받지 않는다는 장점이 있다. Bragg 회절 조건 부근에서 비탄성 산란을 측정함으로써, 연성 모드와 상 전이에 관련된 원자 변위를 알아낼 수 있다. 예를 들어 석영 SiO_2가 573 °C에서 나타내는 변위성 상 전이 메커니즘이 중성자 분광을 통해 밝혀질 수 있었다.

6장

현미경, 분광, 열분석

고체의 상과 구조에 대한 정보를 얻고 물성을 묘사하기 위해서는 회절 기법과 함께 다양한 분광, 현미경 기법과 열분석법이 사용되어진다. 이 장에서는 이러한 기법들의 종류와 함께 관련된 전문 용어들을 소개한다. 우선 각 기법들의 작동 원리가 기술되며 해당 기법을 적용하여 얻어질 수 있는 정보들이 간략히 다루어질 것이다.

6.1 회절과 현미경 기법

이 두 기법은 언뜻 별개로 생각될 수 있지만 실제 적용은 동일한 기본 과정을 포함한다.

$$\text{광원} \xrightarrow{\text{복사}} \text{시료} \xrightarrow{\text{결맞은 산란}} \text{회절 패턴} \xrightarrow{\text{재조합}} \text{시각 정보}$$

원리 상 모든 복사선원은 결맞은 산란과 간섭을 통해 회절 패턴을 만들어내며(산란된 복사선이 입사선에 비해 에너지 손실이 없이 동일한 파장을 가짐), 회절 패턴을 생성해 낸 복사선들을 재조합하면 물체의 영상을 만들어낼 수 있다. 그러나 회절 패턴과 영상을 얻는 데 모두 사용될 수 있는 복사선으로는 전자만이 알려져 있다. 즉, X-선과 중성자는 회절에 이용될 수 있으나 영상을 얻을 수는 없고, 반면 광학 현미경은 영상을 얻을 수 있으나 회절 패턴을 측정할 수는 없다.

회절 패턴으로부터 영상을 얻기 위해서는 적절한 렌즈가 필요한데, X-선이나 중성자에 대해서는 렌즈로 가공될 수 있는 원천물질이 알려져 있지 않다. 그러나 X-선 회절의 위상과 진폭이 파악된다면 푸리에 급수를 통해 전자 밀도 지도가 얻어질 수 있다. 즉, X-선 회절 패턴을 수학적 기법으로 가공함으로써 영상을 얻을 수 있는 것이다. 가시광선은 여러 이유에 의해 회절을 기록할 수 없다. 그 대신 광학 현미경은 적절한 렌즈를 사용함으로써 확대된 영상을 얻도록 구성되어진다. 6.2절에서는 가시광선이나 전자를 이용하는 현미경 기법을 살펴본다.

현미경 기법은 전자를 이용하는 대다수의 분광 기법, 특히 전자와 시료가 비탄성으로 결맞지 않게 상호작용하는 경우와 연관성을 갖는다. 이들에서, 입사된 전자가 시료와 충돌하면서 잃는 에너지는 2차 전자나 복사파의 형태로 방출되는데, 수많은 영상 기법과 분광 기법은 위의 에너지 방출을 이용한다.

6.2 광학 현미경과 전자 현미경 기법

6.2.1 광학 현미경(optical microscopy)

고체 시료, 특히 입자 크기가 마이크론 이상인 경우의 분석 검사에서 가장 기본적인 부분에 속하는 과정은 확대경을 통한 외관 관찰이다. 육안으로 구분되지 않는 분말들이라도 현미경 하에서 전혀 다른 형상 특성을 나타내는 경우가 있고, 편광 현미경(polarizing microscope)을 통해 다색광이나 소광(extinction) 거동을 보이기도 한다. 예를 들어 곱게 분쇄된 흰 모래와 소금은 겉보기로 거의 똑같지만, 현미경으로 관찰되는 입자의 모양이나 면 편광의 투과 거동이 크게 다르다.

그림 6.1(a)는 확대용 광학 현미경을 단순화하여 나타낸 것이다. 현미경의 **분해능**은 식별될 수 있는 두 물체의 최단 분리 거리이며, 다음 식에 의해 표현된다.

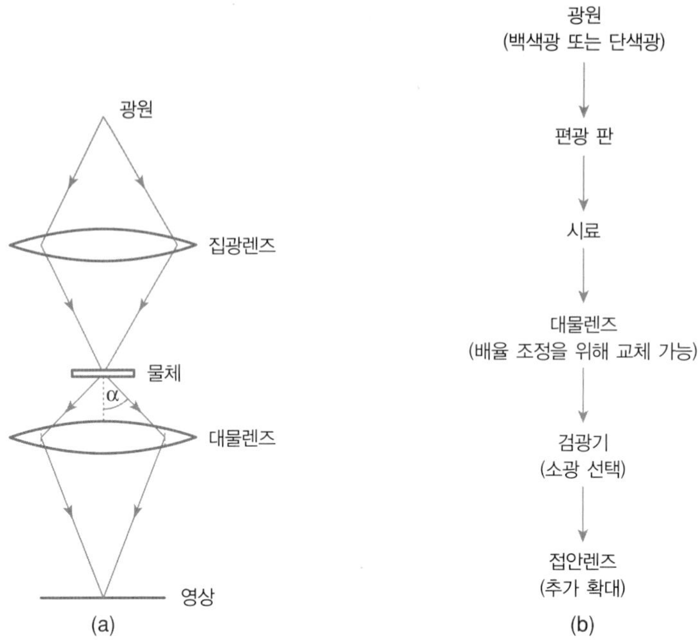

그림 6.1 (a) 광학 현미경의 광선 경로에 대한 간략 표현. (b) 편광 현미경의 기본 구성.

$$\text{분해능} = \frac{0.61\lambda}{n \sin\alpha} \tag{6.1}$$

n은 물체 주위 매질의 **굴절률**(refractive index)이고 α는 빛이 물체를 거쳐 대물렌즈(objective lens)에 굴절되는 범위의 최대 반각이다. 이들의 곱 $n\sin\alpha$는 대물렌즈의 **개구수**(numerical aperture)를 정의한다. 식 6.1에서 분해능을 결정짓는 주요 변수는 사용된 광원의 파장 λ임을 쉽게 알 수 있다. 광학 현미경은 가시광선을 광원으로 이용하므로 분석 대상체의 크기가 가시광 파장(0.4–0.7 μm) 수준으로 작아지면 관측 한계에 도달하게 된다. 광학 현미경을 이용하면 수 μm의 입자 크기를 식별할 수 있지만, 마이크론 이하 크기의 입자를 관찰하려면 전자 현미경을 사용해야 한다. 전자의 파장은 1 Å보다도 훨씬 짧게 얻어질 수 있으며, 따라서 전자 현미경의 분해능은 광학 현미경에 비해 수천 배 이상 우수하다.

고체 시료의 외관 검토에는 단계 순서가 있다. 우선 육안에 의한 관찰은 mm 이하 수준의 해상도를 갖는다. 다음으로 광학 현미경은 μm 이하, 주사 전자 현미경(scanning electron microscope, SEM)은 nm 수준의 해상도를 갖는다. 마지막으로 투과 전자 현미경(transmission electron microscope, TEM)은 Å 차원의 해상도를 가지며, 시료의 종류와 품질에 따라 개별 원자의 영상을 얻는 것도 가능하다. 미지의 고체 시료를 검사할 때, 다양한 거리 차원의 특성을 면밀히 파악하기 위해서는 위 순서를 따르는 것이 권장된다. 광학 현미경과 전자 현미경 모두 투과와 반사의 두 가지 방식을 이용할 수 있다.

편광 현미경은 광물학, 금속학, 암석 분류학에서 주요하게 활용되는 장비이다. 편광 현미경은 투과 방식으로 작동되므로 고운 분말이나 고체 조각에서 잘라낸 박편을 시료로 사용한다. 편광 현미경의 분석에서 시편은 그 자신과 굴절률이 비슷한 액체에 적셔진 채로 분석된다. 전처리 없이 공기를 매질로 하여 관찰할 경우 시편에 쪼여진 빛의 대부분이 표면에서 산란되어, 의도된 광학적 분석이 수행될 수 없다.

6.2.1.1 편광 현미경

그림 6.1(b)는 편광 현미경의 기본 구성을 나타낸 것이다. 백색광이나 단색광 광원이 편광 판을 지나면서 특정한 **면 편광**(plane polarized) 성분만이 선택되고, 렌즈, 개구를 지나 시료에 집속된다. 시료를 투과한 광선은 대물렌즈에 의해 확대되며 **검광기**(analyzer)를 통해 접안렌즈로 전달된다. 검광기는 편광 판에 대해 90°로 교차되게 놓여 시료가 없을 때에는 어둡게 보이게 한다. 그러나 편광 활성을 가진 매질이 놓인

경우, 빛이 검광기를 통과할 수 있고 여러 색상과 색도 차이가 만들어져 서로 다른 상들이 쉽게 구분될 수 있다. 필요에 따라 검광기가 없이 관찰이 이루어지기도 하는데, 그 경우 단순한 광학 현미경을 사용하는 것과 같다.

편광 현미경은 물질의 편광 거동에 따라 다른 영상을 보여 준다. 입방정계나 비정질 물질은 등방성으로서 편광을 일으키지 않으므로 어둡게 관찰되는 반면, 입방정계가 아닌 비등방성 결정질은 밝게 혹은 색깔을 띠어 나타난다. 또한 재물대와 시료를 회전시키면 비등방성 시료의 소광 방향이 드러날 수 있고, 소광 양상에 따라 결정의 품질이 판별될 수 있다. 시료의 굴절률을 결정하고자 한다면, 다양한 매질 액체에 시료를 적신 후 편광 현미경으로 관찰한다. 사용된 액체 매질의 굴절률이 시료의 굴절률과 같을 때, 시료는 거의 보이지 않게 된다. 또한 **베케 선**(Becke line) 기법을 이용하면 시료의 굴절률과 매질 액체의 굴절률의 대소 관계를 비교할 수 있다.

편광 현미경을 활용하여 결정 내 방향에 따른 굴절률을 연구할 수 있다. 비등방성 결정은 광학 축(optical axis)의 개수에 따라 **단일축**(uniaxial) 혹은 **이축**(biaxial) 유형으로 구분된다. 광학 축 방향으로 관찰될 때 비등방성 결정은 등방성인 것처럼 보인다. 즉 서로 교차된 편광 판 사이에서 어둡게 나타나는 것이다. 수렴된 광선을 시료에 비춘 채로 **편광경 검사**(conoscopic examination)을 시행하면 **간섭 그림**(interference figure)이 얻어질 수 있고, 이로부터 단일축 결정과 이축 결정에 대한 정보가 얻어질 수 있다.

1910년 X-선 회절이 창시되기 이전 무렵에는 주로 형태학적 자료에 의존하여 결정 분류가 이루어졌다. 흔한 방법은 측각대(goniometric stage)에 고정된 시료를 회전시키면서 여러 방향에서 현미경으로 관찰하는 것이다. 결정의 모양은 격자의 내부 대칭성 정보를 반영하는데, 결정 면의 개수와 양태로부터 결정의 점 군(point group)이 추론될 수 있다. 측각법은 최근 이용이 감소되는 추세이지만, 비교적 손쉬운 실험으로 유용한 정보를 얻어낼 수 있는 기법이다. 예를 들면,

(가) 결정의 파편은 종종 고유한 모양을 갖는데, 이는 결정이 특정 방향으로 쉽게 쪼개지기 때문이다.

(나) 편광 현미경 하에서 나타나는 시료의 명암으로부터 등방성과 비등방성을 판별할 수 있다. 또한 단일축 결정(육방, 삼방, 정방 대칭성)과 이축 결정(사방, 단사, 삼사 대칭성)을 구분하는 것도 가능하다. 단일축 결정에서 광학 축은 결정의 고유 대칭 축(unique symmetry axis)과 평행하고 이 방향으로 관찰될 때 등방성으로 나타난다. 분말 상태의 단일축 결정은 광학 축 방향으로 배향되기 쉽다. 예를 들어, 육방정은 얇은 육각 판 모양인 경우가 많고 평평하게 배향되는 속성이 있다. 이축 결정에는 2개의 광학 축이 있지만, 대개는 결정의 특성 요소과 무관한 방향을 갖기 때문에 광학 축과 광선이 평행하게 배향되기 어렵다.

(다) 교차된 편광 면 사이에서 비등방성 물질은 대개 밝게 보이지만, 재물대의 회전에 따라 어떤 위치에서 어둡게 변한다. 이와 같은 소광 거동은 매 90° 위치마다 나타나며, 45° 위치에서는 최대의 밝기가 관찰된다. 시료가 평행 소광을 보인다면, 즉 결정 모서리와 같은 결정 특질이 편광의 진동면과 평행할 때 소광이 일어난다면, 결정이 단사 이상의 대칭성을 가짐을 가리킨다.

많은 경우 (가)~(다) 단계를 통해 결정성 물질의 대칭성과 단위세포를 추정할 수 있다. 이는 결정 구조의 체계적 분석에 앞서 유익한 예비 과정이 되며, 또한 결정이 뚜렷이 인지될 수 있는 형상을 갖는 경우 X-선 단결정 회절이나 물리적 특성 측정에서 결정 취급을 위한 참고 정보가 될 수 있다.

결정성 물질은 광학적 거동, 굴절률, 광학 축 등에 의해 식별될 수 있다. 이는 광물학에서 매우 긴요하게 활용되며, 미지 광물의 분석에 참고될 수 있는 광학적 성질의 표준 자료가 목록화되어 있다. 정보가 전혀 없는 미지 물질을 위 방법으로 식별하는 것은 광물학 이외 분야에서는 거의 이용되지 않는다. 그러나 가능한 후보 물질이 몇 안 되는 상황이라면 광학 현미경이 매우 유용한 식별 수단이 될 수 있다. 예를 들어, 신규 조성의 합성이나 특정한 계의 상 도표를 연구하는 경우라면 발생 가능한 상의 수가 단 몇 개에 불과하다. 고려되는 상들의 대체적인 외양과 광학적 성질을 알고 있다면 광학 현미경을 이용한 상 분석이 단시간에 수행될 수 있다. 불순물이 형성될 때 결정성/비정질 상으로 분리된다면 시료 순도가 곧바로 검

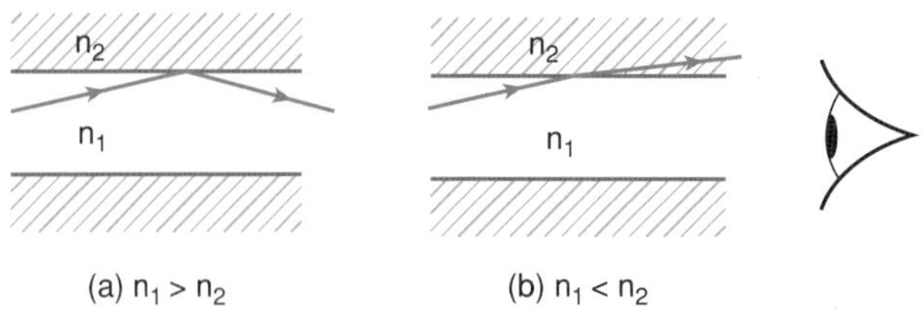

그림 6.2 광섬유 내 빛의 진행과 베케 선 기법에 대한 모식적 묘사.

사될 수 있다. 불순물의 광학적 성질이 주성분 상과 크게 다르다면 불순물 농도가 낮은 경우라도 쉽게 파악될 수 있다.

편광 현미경을 이용하여 단결정의 품질을 평가할 수 있다. 단결정의 품질이 우수할수록 소광 현상이 급격하게, 또한 시료 전반에서 동시에 일어나는 데 반해, 결정 내 결함이 많은 경우 불규칙적이고 물결진 소광이 관찰된다. 결정이 띠 모양으로 분할되어져 보이고, 회전에 의해 각 부분이 번갈아가며 소광된다면 **쌍정**이 형성된 결과로 볼 수 있다. 쌍정은 결정 성장 메커니즘에서 비롯되거나, 고대칭에서 저대칭 구조로의 상 전이가 불완전하게 일어난 데에 기인한다. 재물대의 온도 조절이 가능한 경우 광학 현미경을 이용한 상 전이 관찰이 이루어질 수도 있다.

비정질 유리의 품질과 균일도를 검사하는 경우 결정성 불순물의 존재 여부를 주로 살핀다. 상 조성의 균일도는 분쇄된 유리 시료에서 임의 채취된 부분들에 대해 굴절률을 측정함으로써 평가될 수 있다. 유리는 비정질 속성을 갖지만, 열 풀림(annealing) 처리가 제대로 이루어지지 않은 경우 **응력 복굴절**(stress birefringence)에 의해 비등방성 물질처럼 밝게 관찰되기도 한다.

굴절률 측정을 위해 이용되는 베케 선 기법은 광섬유 통신이나 광 도파관(optical waveguide)에서와 같은 원리에 기반을 둔다(10장 참조). 케이블을 따라 전달되는 빛은 내벽에서의 반사를 통해 케이블 내부에 유지되므로 케이블의 굴곡에 영향 받지 않고 진행할 수 있다. 이러한 기능은 케이블 중심부보다 굴절률이 낮은 물질을 케이블에 도포함으로써 구현될 수 있다. 그림 6.2에 비교된 것처럼, 중심부의 굴절률이 외부층보다 높은 경우 빛의 파동이 케이블 내에 속박되지만, 그 반대 경우에는 케이블을 이탈하게 된다. 굴절률의 측정을 위해 시료(굴절률 n_1)는 액체 매질(굴절률 n_2)에 적셔진다. 초점이 약간 벗어난 상태로 시료를 관찰하면 높은 굴절률 쪽에서 빛을 내뿜는 것처럼 나타난다. 실제에 있어 위의 빛은 시료 주위에 백색의 경계선(베케 선)으로 관찰되는데, 베케 선의 위치가 시료의 내측이라면 $n_1 > n_2$이고 외측이라면 그 반대인 것이다.

6.2.1.2 반사광 현미경

금속, 광물, 세라믹의 불투명한 덩어리를 관찰할 경우 반사 조건이 필요하게 된다. 반사광 현미경은 투과형과 여러 모로 유사하지만 광원과 대물렌즈가 시료를 중심으로 같은 쪽에 위치한다. 반사광 현미경의 활용도는 시편의 준비 상태에 의해 크게 좌우되는데, 이상적 전처리는 평평한 표면으로 광택 연마한 후 화학 처리를 통해 선택적으로 식각(etching)하는 것이다. 선택적 식각을 통해 표면의 응력이 완화될 수 있고, 어떤 경우 식각 이후 색조를 띠기도 한다.

반사광 현미경을 사용함으로써 얻어지는 정보는 주로 고체의 질감 조직(texture)과 상의 식별, 형상이다. 특히 연마와 식각을 거친 시료에 대해서 입자 경계 표면이나 선 결함(line defect) 정보를 얻어낼 수 있다. 위와 같은 결함은 단결정에서도 빈번하게 나타나며, 고체 구조의 형성과 성장에 대한 고급 정보를 담고 있다. 결함이 발생하는 부위에는 심한 응력이 작용하고 있어 식각이 선택적으로 빠르게 일어나고, 현미경 관찰을 용이하게 해 준다. 단위 면적당 식각 홈의 개수를 세는 것은 결정의 어긋남(dislocation) 결함 농도를 산출하는 가장 흔한 방법이다.

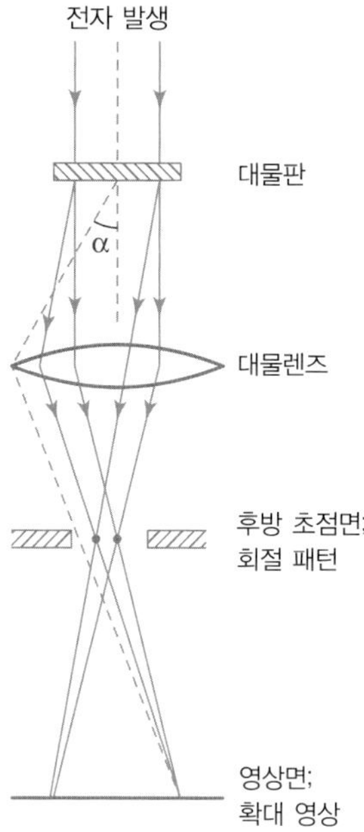

그림 6.3 전자 현미경을 이용한 회절과 촬영 개요

6.2.2 전자 현미경(electron microscopy)

전자 현미경은 폭넓은 배율 범위에 걸쳐 입자 형상, 구조, 성분 정보를 얻어낼 수 있어 활용도가 매우 높은 기법이다. 또한 전자 현미경은 확대 영상을 얻는 동시에 회절 패턴을 기록할 수 있다는 특징이 있다(그림 6.3). 대표적 예로 주사 전자 현미경(scanning electron microscopy, SEM)은 광학 현미경의 대부분 기능을 보다 우수하게 수행할 수 있다. 나아가 SEM 장비는 초점 깊이의 허용 범위가 상대적으로 넓어 3차원 품질의 영상을 얻게 해 준다. 다른 예인 투과 전자 현미경(transmission electron microscopy, TEM), 고분해능 전자 현미경(HREM), 주사 투과 전자 현미경(STEM)은 구조와 조성 정보를 2 Å 이내 수준으로 제공할 수 있다. 광학 현미경이 대기 중에서 사용되는 데 비해, 전자 현미경의 시료 환경은 고진공으로 유지된다는 점에서 뚜렷이 구분된다. 이는 전자의 진행 경로를 방해하는 요소가 있을 경우 신호 품질을 크게 저하시키기 때문이다.

전자 현미경은 투과나 반사 방식 모두로 작동될 수 있다. 전자는 물질과 강하게 상호 작용하고, 두꺼운 입자가 존재할 경우 전자의 운동 에너지가 완전히 흡수되기 때문에 투과 실험용 시편은 ≈ 200 nm 이하의 두께로 마련되어야 한다. 이러한 시편은 자발적 박편 분리나 이온 포격(ion bombardment) 가공으로 얻어지는데, 전자의 경우 시료 속성에 따라 크게 제한되고 후자는 시료 변질의 위험성이 있어 상당한 주의와 숙련을 요한나. 고에너지의 이온 포격은 분석 대상 고체 상의 구조적 변형을 유발하거나, 특정 성분을 선택적으로 식각할 수 있다. 이에 대한 대안으로 고전압(대략 1 MV 이상)의 장비를 사용하면, 전자의 침투력이 증대되는 한편 배경 산란이 감소하여 두꺼운 시편을 이용하더라도 만족스러운 해상도를 얻을 수 있다. 또는 고체 시편을 곱게 분쇄한 후 입자 크기가 작은 부분을 취하는 방법이 있다.

반사 방식에서는 시료가 얇아야 할 필요가 없는 대신, 시료 층이 너무 두꺼울 경우 문제가 된다. 반사 방식의 작동 원리 상 시료 전체가 도전성을 띠어야 하므로, 시료 표면을 얇은 금속 층으로 도포하는 과정이 일상적인 전처리에 포함된다. 반사 모드 측정의 주요한 예인 SEM은 광학 현미경의 해상도 하한인 ~1 μm에서부터 TEM 작동의 상한인 ~0.1 μm 사이의 배율로 이용되는 것이 일반적이지만, 실제로는 $\sim 10^{-2}$ μm부터 $\sim 10^{2}$ μm 범위까지도 사용될 수 있다. 그림 6.4는 각기 다른 현미경들의 대략적인 동작 배율 범위를 요약하고 있다.

전자 빔과 고체 물질 간의 상호 작용은 탄성 또는 비탄성, 두 가지 방식 모두로 일어날 수 있다(그림

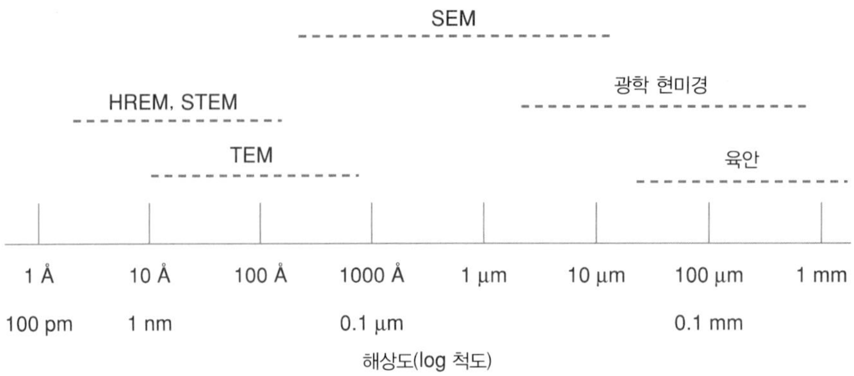

그림 6.4 다양한 물질 관찰 기법의 적용 범위.

6.5). 탄성 충돌에서는 전자 에너지의 손실이 거의 없고 충돌 전후의 파동이 결맞은 관계를 유지하므로, XRD에서와 같이 관측 가능한 회절 세기가 나타날 수 있다(2″). 비탄성 충돌에서는 입사된 전자 빔의 에너지 대부분이 고체 표적에 전달되며, 고체 표적은 다양한 방식으로 반응한다: • 2차 전자를 재방출 • 가시광선부터 X-선 범위의 다양한 에너지의 광자를 방출 • 격자 진동을 여기시키는 동시에 가열, 복사 손상에 의해 구조적 변화를 유발. 위와 같이 다양하게 나타나는 전자 방출과 복사 과정을 바탕으로 영상 합성, 회절, 분석과 분광 기법들이 개발되어졌다.

전자를 이용한 화학 분석 기법으로는 **전자 탐침 미세분석**(electron probe microanalysis, EPMA)과 **에너지 분산 X-선 분광**(energy dispersive X-ray spectroscopy, EDS)[1]이 대표적이다. 전자 포격에 의해 시료 내부 조성 원소는 X-선을 방출하게 되는데, 그 스펙트럼은 각 원소마다 고유하다(그림 5.3(b)). 따라서 방출 스펙트럼을 파장에 따라(wavelength-dispersive, WD) 또는 에너지에 따라(energy-dispersive, ED) 기록하면, 시료에 함유된 원소 종류와 상대량을 알아낼 수 있다. 통상적으로 원자 번호 11(Na) 이상의 원소에 대한 X-선 화학 분석이 이루어질 수 있으며, 일부 고성능 장비의 경우 Be보다 무거운 원소 전체에 대한 분석이 가능하다. 다른 한편으로 원자 번호가 낮은 원소들에 대해서는 **Auger 분광**(Auger spectroscopy)이나 **전자 에너지 손실 분광**(electron energy loss spectroscopy, EELS)이 사용될 수 있다.

전자 빔에 의해 들뜬 상태로 여기된 원자는 전자 전이를 통해 바닥 상태로 되돌아가게 된다(3). 이에 수반한 에너지 방출이 전자 이탈 형태로 일어나는 경우를 Auger 과정이라 하며(4′), 이탈되어 나간 2차 전자를 Auger 전자라 부른다. Auger 전자의 에너지는 방출 원자의 종류에 따른 고유 속성이므로 화학 분석

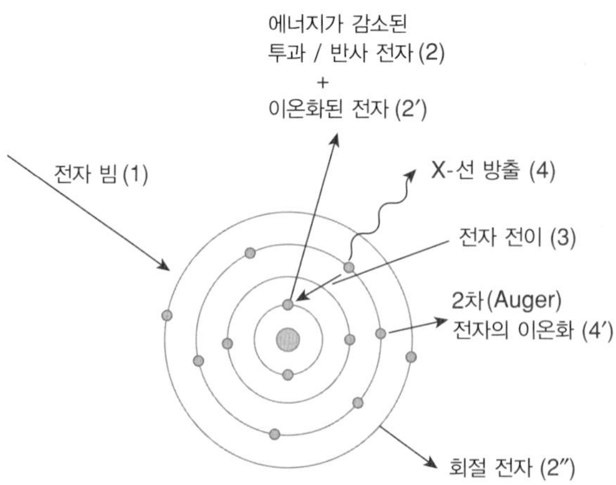

그림 6.5 전자 포격(1)에 의해 시료에서 일어나는 몇몇 이온화 과정과 에너지 방출 메커니즘.

1) EDX 또는 EDAX로 불리기도 함.

그림 6.6 전자 현미경의 기본 구성 요소.

에 이용될 수 있다.

EELS는 전자 이온화(2′)를 일으킨 후 빠져나온 전자(2)의 에너지를 기록한다. 원자의 이온화에는 에너지가 필요하므로 EELS 전자(2)는 최초 입사된 전자(1)보다 작은 에너지를 가지며, 그 차이는 원자의 이온화 에너지에 관계된다.

전자 현미경에서는 전자 총 역할을 하는 텅스텐 필라멘트로부터 전자가 방출되고 50−100 kV의 고전압으로 가속된다. de Broglie 관계식, $\lambda = h/mv$와 가속 전자에 대한 운동 에너지 표현식 $\frac{1}{2}mv^2 = eV$를 이용하면 전자의 파장이 다음과 같이 얻어지는데,

$$\lambda = \frac{h}{\sqrt{2meV}} = \frac{12.3}{\sqrt{V}}\ \text{Å} \tag{6.2}$$

m과 e는 각각 전자의 질량과 전하이다. 고전압 하에서 전자의 속도가 광속에 근접하는 경우, m은 상대론적 효과(relativistic effect)에 의해 증가된다. 전자 현미경에서 사용되는 전자의 파장은 X-선 파장보다 짧다. 예를 들어 90 kV 가속 전압에 의한 전자 파장은 약 0.04 Å인데, 그 결과로 Bragg 각도가 작고, 회절된 전자 선은 좁은 원뿔형의 궤적을 형성한다.

현미경에서 전자를 이용하여 확대 상을 얻으려면 전자를 집속시킬 수 있어야 한다. 전자를 집속할 수 있는 렌즈 물질은 알려진 바 없지만, 전기장이나 자기장을 이용하여 전자를 집속하는 것이 가능하다. 실제 전자 현미경은 여러 개의 전자기 렌즈를 포함한다(그림 6.6). 우선 집속렌즈(condenser lens)는 입사된 전자 빔의 크기와 진행 경로 각도를 조절한다. 시료를 투과한 전자는 대물렌즈, 중간 상 렌즈(intermediate image lens), 투사렌즈(projector lens)를 차례로 통과하여 형광 화면 위에 확대된 상을 형성하며, 필요시 사진 촬영이 이뤄질 수 있다. 관찰 화면의 상대적 위치를 변경함으로써 시료의 회절 무늬를 얻고 촬영하는 것도 가능하다. 시료의 어떤 부분에 대해 영상을 얻을 것인지는 중간 상 대에 위치한 개구(aperture)에 위해 조절되는데, 이는 특히 두 가지 이상의 상이 혼합된 다결정 시료의 검사에서 중요하다. 영상은 **암시야**(dark field) 혹은 **명시야**(bright field)에서 기록될 수 있다. 암시야 촬영에서는 관심 입자로부터 회절된 전자 선만이 밝은 무늬의 영상으로 재조합되게 한다. 명시야 촬영에서는 시료를 투과한 전자들만이 어두운 무늬의 영상을 이루도록 한다.

전자 현미경을 바탕으로 한 매우 다양한 기법들이 알려져 있으며, 그림 6.5와 그림 6.7은 그 중 가장 중

요한 몇 가지를 나타내고 있다. 회절과 영상 기법에 더해 폭넓은 범위의 분광 기법들이 있으며, 그 중 일부는 이미 언급된 바 있다. 다음 절에서는 전자 현미경에 기반을 둔 주요 기법들이 간략히 다루어진다.

6.2.2.1 주사 전자 현미경(SEM)

SEM에서는 전자 총에서 발생된 전자가 5−50 keV의 전압으로 가속되고, 시료 표면에서 직경 50−500 Å의 작은 점으로 집속된다(그림 6.7, 6.8). 전자 빔은 텔레비전 화면의 점과 같이 시료 표면을 훑어가면서 탄성 및 비탄성 충돌을 일으키고 굴절된다. 시료가 전자로 포격될 때, 복합적인 과정들이 일어나며 그로부터 다양한 에너지의 입자와 복사파들이 검출될 수 있다(그림 6.5, 6.7). 여기에는 에너지 흡수와 재방출 과정에서 발생된 2차 전자, **후방 산란 전자**(back-scattered electron, BSE), 탄성 산란되거나 회절된 전자, Auger 전자, 원자별 고유 X-선, 백색 X-선, 가시광선이 모두 포함된다. SEM은 대개 시료 표면으로부터 깊이 10 nm 이내에서 발생된 2차 전자를 수집하여 그 신호들을 실시간으로 영상화하지만, BSE를 이용하

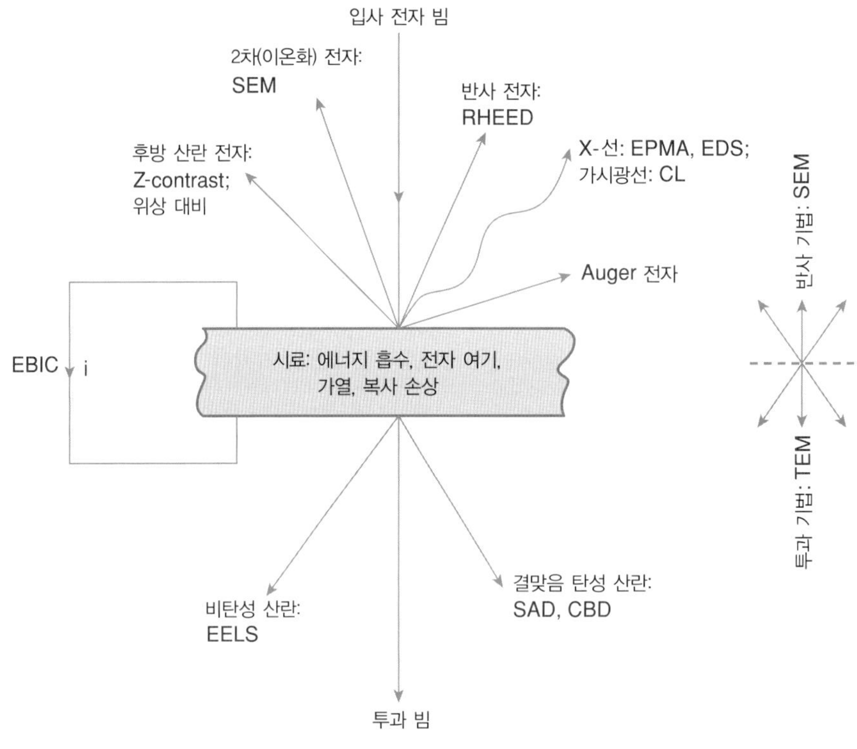

그림 6.7 SEM과 TEM에서 반사 또는 투과되는 신호.

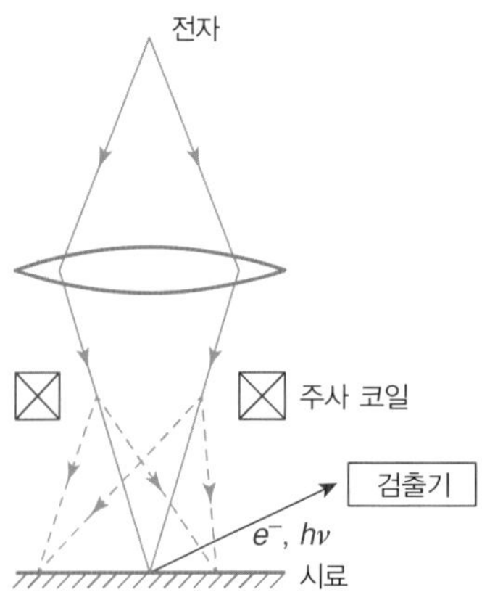

그림 6.8 SEM의 동작 원리.

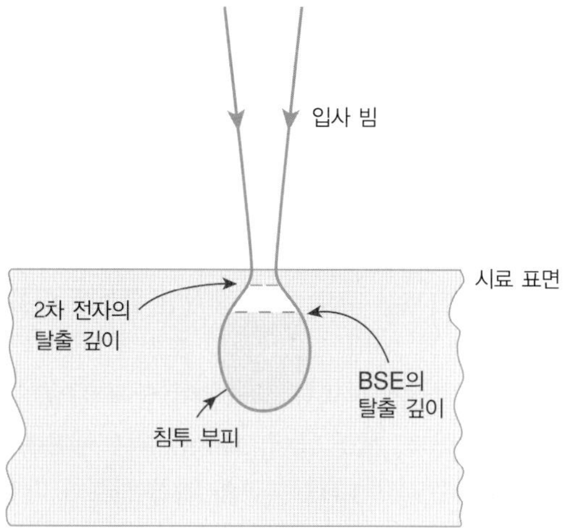

그림 6.9 SEM에서의 침투 깊이와 탈출 깊이.

여 영상이 기록될 수도 있다.

SEM은 초점의 심도가 깊기 때문에 미세한 고체 조각이나 분말 입사의 구조, 표면의 굴곡을 3차원적으로 명확히 관찰할 수 있다. SEM의 가속 전자는 최대 1 μm의 침투 깊이(penetration depth)를 갖는 반면, 전자나 복사파의 탈출 깊이(escape depth)는 그 에너지에 따라 다르다. BSE는 전자가 원자핵에 정면충돌할 때 발생한다. BSE는 상당히 큰 탈출 깊이를 가지며, 최초의 후방 산란 이후 추가 충돌을 겪지 않는 경우 발생된다(그림 6.9). 2차 이온화 전자나 방출 복사의 탈출 깊이는 입사 빔의 침투 깊이에 비해 훨씬 얕다. 입사 전자가 시료 내부 깊숙이 침투할수록 격자 진동과 복사 손상에 의해 더욱 많은 에너지를 잃게 되고 시료로부터의 탈출이 더 어려워진다.

SEM의 주요 용도는 물질을 고배율로 조사하여 고체 표면 입자의 크기, 모양, 조성의 정보를 알아내는 것이다. 전도성이 없는 시료에 대해 선명한 SEM 상을 얻으려면 표면 전하 축적을 막기 위해 얇은 금속막(약 80 Å)을 증착하거나 경우에 따라서는 방전제를 분무해야 한다. SEM은 마이크론 이하 수준에서 관찰하므로 광학 현미경으로부터 얻어진 결과를 잘 보완할 뿐만 아니라 수백 마이크론 수준까지도 유용하게 적용될 수 있다.

얇은 시편을 사용하는 TEM이나 고에너지의 입사 전자를 사용하는 STEM과 달리, SEM에서는 입사 전자가 시료를 완전히 관통할 수 없다. SEM의 한계 해상도는 약 100 Å으로 다른 전자 현미경법에 비해 큰 편인데, STEM은 SEM의 주사 방식과 TEM의 고해상도를 결합시킨 기법이다.

6.2.2.2 EPMA와 EDS

SEM이나 TEM에 부속 기기를 장착하면 특수한 분석기를 만들 수 있다. 예를 들어 EDS를 SEM에 부착하면 SEM-EDS가 된다. 가속된 전자의 포격에 의해 구성 원자의 내부 전자가 이온화되는 경우 그에 뒤따르는 X-선 방출 스펙트럼을 기록할 수 있다. EPMA는 WD 방식으로 작동되며, **결정 분광계**(crystal spectrometer)를 방출된 X-선에 대해 Bragg 각도 방향으로 위치시켜 사용하는데, 각 분광계 결정의 격자면 중에서 X-선을 강하게 회절할 수 있는 특정 조합이 선택되어 사용된다. 원소가 갖는 방출 X-선의 고유 파장은 Moseley 법칙에 따라 정해져 있다. 따라서 분석 대상 원소에 해당하는 Bragg 각도로 분광계를 조정하여 신호를 검출하게 되는데, d-간격이 각각 다른 여러 개의 결정 분광계를 사용함으로써 분석 대상이 Be($Z=4$)에까지 이를 수 있다. EPMA에서는 수 마이크론 크기의 영역에서 방출되는 X-선이 분석되므로, 국부 해상도에 제한이 있다. 탐침 영역 크기를 줄일 경우 통계적으로 유의미한 수준의 X-선 세기를 적정 시간 내에 얻기 곤란한 문제가 있다.

EPMA의 결정 분광계가 한 번에 한 가지의 원소를 검출하는 데 비해, EDS에서는 전체 X-선 방출 스펙트럼을 동시에 검출한다. 이 첫 단계로 방출 X-선을 Si나 Ge와 같은 반도체에 흡수시켜 들뜬 상태의 전자-정공 짝을 만든다. 전자-정공 짝에 전압을 인가하여 이동시키면 펄스 전위가 발생하는데, 이를 증폭시켜 기록할 수 있다. 이 과정의 펄스 전위는 입사된 X-선의 에너지, 즉 원소 고유의 X-선 방출 에너지에 비례한다. 따라서 들뜬 전자의 에너지와 그 분포를 분석하면 분석 시료의 X-선 방출 분광도가 얻어질 수 있다.

EDS는 시료 내에 존재하는 원소 종류를 비교적 재빨리 알아낼 수 있다는 면에서 매우 유용하나 원자번호가 낮은 원소에 대한 감도가 낮다. EDS는 주로 반 정량적인 분석에 이용되며, 그 검출 한계는 1000-3000 ppm(~10 wt%)로서 EPMA에 비해 10배 정도 높다. 또한 EDS에서 관찰되는 분광 피크의 폭은 WDS(EPMA)에 비해 10배 가량 넓고, 그 결과 피크 분해능이 상대적으로 불량하여 다른 원소들의 피크들끼리 중첩되는 경우가 빈번하게 발생한다. 예를 들어, Mn K_α 피크의 EDS 피크 폭은 ~130 eV인 데 비해 WDS 피크 폭은 10 eV에 불과하다. 덧붙여 EDS 분광의 배경 신호가 다양한 간섭과 떠돌이 방출에 의해 영향 받기 쉬운 반면, EPMA에서는 특정 Bragg 각도에서의 신호만이 선택적으로 검출된다. 그럼에도 불구하고 EDS는 범용 정성 분석과 시료 내 성분 분포 지도를 얻는 데 널리 사용되고 있으며, 실제로 거의 모든 SEM은 EDS를 장착하고 있다. 반면 EPMA는 다소 전문성이 높은 기기라는 점에서 그 사용 빈도가 제한적이다.

6.2.2.3 Auger 전자 분광(AES)

원자의 이온화 이후에 일어나는 전자 전이에 의해 K_α나 K_β와 같이 고유한 X-선 방출이 일어난다(그림 5.3). 그와 다른 에너지 방출 경로 한 가지는 Auger 전자로 알려진 바깥 껍질 전자의 방출이다(그림 6.10). 이 전자들은 0-2.5 keV의 낮은 에너지를 가지며 표면부의 원자에서만 발생될 수 있다; 시료 내부에서 방출된 Auger 전자는 이후의 충돌에 의해 에너지를 잃고 소멸된다. Auger 전자의 탈출 깊이는 1 nm 수준으로 EPMA의 0.5 μm에 비해 훨씬 얕다.

Auger 전자는 특정 전자 껍질 간의 전자 전이 결과로 발생하므로 그 에너지 값이 원소 종류에 따라 고유하다. 따라서 Auger 전자의 에너지를 검출함으로써 성분 분석이 가능하고, 또한 전자 띠 구조에 대한 정보가 얻어질 수 있다. Auger 방출은 입사된 전자 빔 에너지 크기에 의존하지 않으며 광자나 이온의 포격에 의해 유발될 수도 있다. 무엇보다도 Auger 기법은 표면의 국부 구조와 화학적 상태를 분석할 수 있다는 고유 장점을 갖는다. 하지만 고체 시료의 표면은 벌크와 달리 오염된 경우가 많기 때문에 분석 시료의 준비와 측정 데이터 해석에 있어 주의가 필요하다.

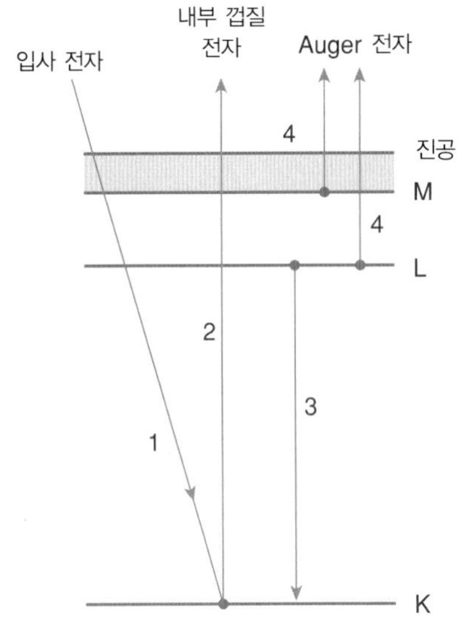

그림 6.10 Auger 전자 방출의 순차적 과정.

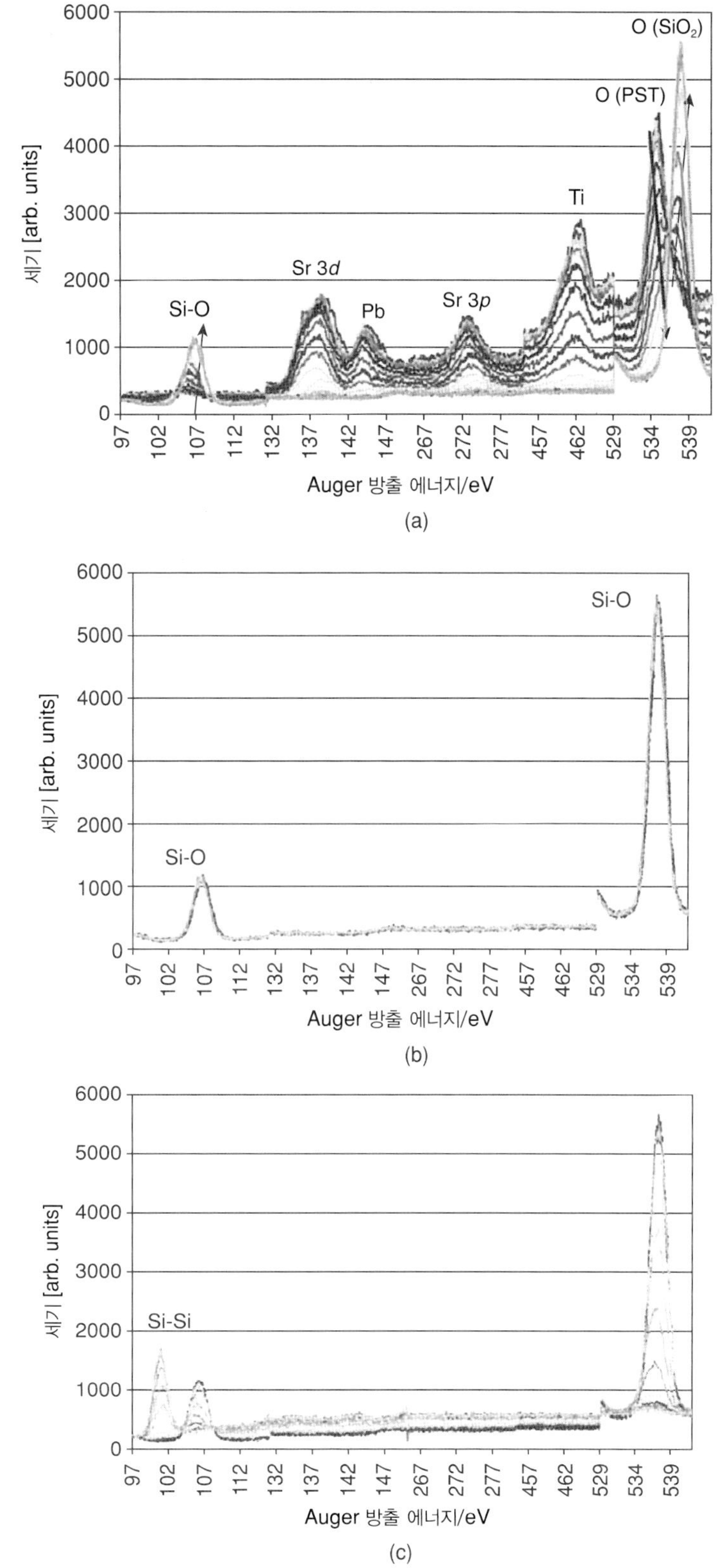

그림 6.11 $(Pb_{0.4}Sr_{0.6})TiO_3/SiO_2/Si$ 적층 구조의 표면을 이온 스퍼터링으로 제거하면서 단계적으로 측정된 Auger 분광도. (a) $(Pb_{0.4}Sr_{0.6})TiO_3$의 Pb, Sr, Ti, O의 세기는 감소하는 반면 SiO_2의 Si와 O의 세기는 증가; (b) 표면 층이 제거되어 노출된 SiO_2 층; (c) 계속된 스퍼터링에 의해 SiO_2의 세기(청색)는 감소하고 Si의 세기(황색)는 증가. Reproduced with permission from A. Lüker et al., Thin Solid Films, 518, 3763, © 2010 Elsevier. ➜ 앞의 컬러 그림 참조

Auger 기법은 물질의 촉매 거동을 연구하는 데 주요하게 사용되는데, 촉매 현상이 주로 표면 반응으로

일어난다는 점에서 당연한 부분이다. 또한 고용체 세라믹의 조성 변이 연구에 사용되는데, 양이온 치환 과정에서 분결이 발생할 경우 입자 표면에 주로 분포하기 때문이다. 시료 절단면에 대해 측정된 Auger 지도는 원소의 분포 양상을 나타내며, 시료의 표면에서부터 깊이별 AES를 기록(depth profiling)하는 기법도 이용될 수 있다.

그림 6.11은 Si 기판 위에 마련된 강유전체 박막 시료를 이용하여 깊이에 따른 조성 변화를 AES로 분석한 결과이다. 분석에 사용된 박막 구조, 강유전체/절연체/반도체 적층은 마이크로전자공학, 특히 전기적 자극과 그에 의한 압전 거동을 결합시키는 마이크로전자기계 시스템(microelectromechanical system, MEMS)에 사용된다. 그림 6.11의 박막은 Si 기판에 200 nm의 SiO_2와 $(Pb_{0.4}Sr_{0.6})TiO_3$, PST가 차례로 적층된 구조이며, 이 구조의 표면 층을 이온 빔으로 삭마(ablation) 제거하면서 일정 시간 간격으로 AES 분광도가 얻어졌다.

AES 분광도는 약 1 nm 깊이까지 존재하는 원소들을 검출한다. 시작점에서는 Pb, Sr, Ti, O에 해당하는 피크들이 관찰되는데, 삭마가 진행됨에 따라 위 피크들의 세기가 감소하는 반면 SiO_2에 해당하는 피크가 107 eV에서 등장한다. 또한 PST의 O에 의한 피크(534 eV)가 약화되면서 538 eV 위치에 새로운 피크가 차츰 성장한다. 후자는 534 eV 피크와 다른 화학적 환경, 즉 SiO_2의 O 원자를 나타내는 것으로 해석된다. 계속되는 삭마에 의해 PST의 피크는 모두 사라지고 SiO_2에 의한 피크만이 남다가(그림 6.11(b)), 결국에는 Si에 의한 피크 1개만이 남게 된다(그림 6.11(c)).

이 예는 AES가 나노미터 수준의 성분 분석 감도를 가짐을 잘 보여 주며, 추가적 심층 분석을 통해 구조와 결합 정보가 얻어질 수 있음을 가리킨다. 즉, Si(Si, SiO_2)와 O(SiO_2, PST) 모두 화학적 환경에 따라 다른 AES 피크 위치를 갖는다. 이러한 특성은 적층 구조의 서로 다른 층 간에 이온 상호 확산을 추적하는 데에도 유용한 부분이다.

6.2.2.4 음극선발광

음극선발광(cathodoluminescence, CL)은 현미경 내에서 전자 포격을 받은 시료가 가시광선을 방출하는 과정이다. 전자 포격은 다양한 이온화와 전자 전이를 유발하는데, 금속성 물질이 아닌 경우 최외각 띠(valence band, VB)의 전자가 전도 띠(conduction band, CB)로 여기되는 띠 간격 전이가 일어나기도 한다(그림 6.12). 들뜬 전자는 CB로부터 직접 전이(1)하거나 띠 간격 영역의 트랩 준위를 거쳐(2, 3) VB로 되돌아오는데, 이들에 의해 CL이 나타난다. 전자가 VB에서 CB로 여기될 때 VB에 정공이 남겨지므로, 그 역과정은 전자–정공의 **복사 재결합**(radiative recombination)이라 불린다.

CL은 금속이 아니면서 명확한 띠 간격을 갖는 물질들, 즉 세라믹, 유기물, 생체재료와 같이 절연성이거나 반도성인 물질에 잘 적용될 수 있다. 또한 CL 파장은 결함이나 혼입에 의한 트랩 준위에 의해 영향 받기 때문에 관련 물질을 연구하는 데 유용하다. CL은 트랩 준위에 관여한 화학종을 식별할 수 있으며, 그들의 시료 내 분포를 나노미터 수준에서 얻어낼 수 있다. CL이 응용된 제품 예로는 다양한 표시 소자의 형광 화면이 있다. 보다 자세한 내용은 10장에서 다시 다뤄진다.

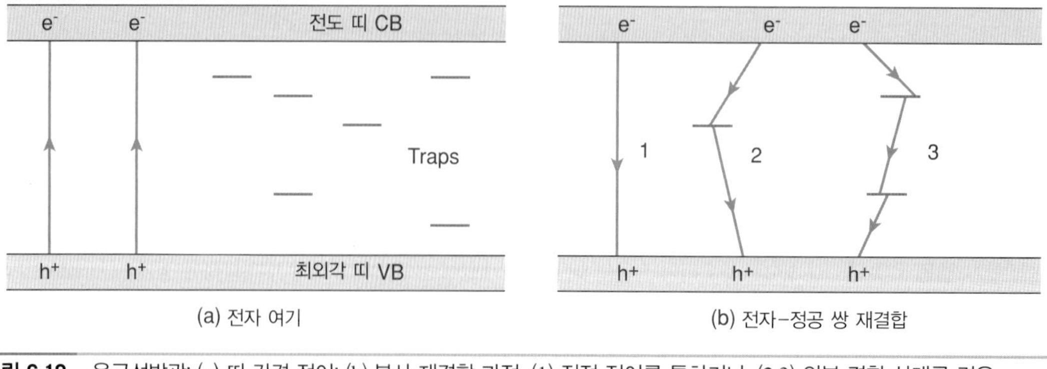

그림 6.12 음극선발광: (a) 띠 간격 전이; (b) 복사 재결합 과정, (1) 직접 전이를 통하거나, (2,3) 외부 결함 상태를 경유.

그림 6.13은 AlN에 0.2%의 Eu가 혼입된 시료, AlN:Eu를 CL과 SEM, EDS를 결합시켜 분석한 예를 나타낸다. AlN과 AlN:Eu 모두 360 nm에서 CL 피크를 나타내는데, 이는 원 물질 AlN 내에 존재하는 고유 결함으로 해석된다. 한편 AlN:Eu는 550 nm에서 또 다른 피크를 보이는데, 이는 Eu에 의한 결과로 추정할 수 있다. 두 분광 피크를 이용하여 얻은 CL 영상은 Eu가 입자 경계에 밀집되어 있음을 가리킨다(그림 6.13(c)). 이러한 해석은 SEM(그림 6.13(d))과 EDS(그림 6.13(e))에 의해 확인되어진다. AlN:Eu에 대한 EDS 분광도의 일부(그림 6.13(f))를 보면 Al의 농도가 입자 내부에서 높고 입자 경계에서 낮은 반면, Eu의 농도는 입자 경계에서 낮은 것을 볼 수 있다.

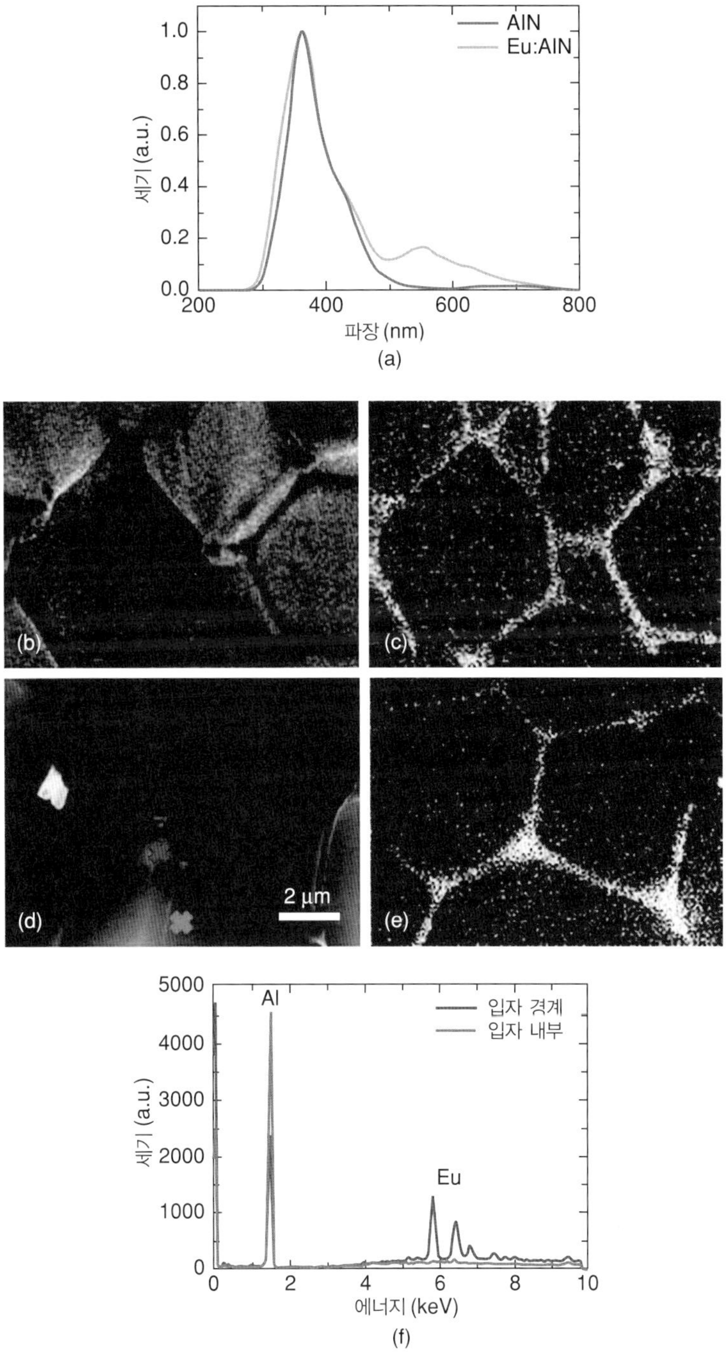

그림 6.13 (a) AlN과 AlN:Eu(0.2%)의 정규화된 CL 분광도. (b−f) AlN:Eu; (b) 360 nm 피크에 의한 CL 영상; (c) 550 nm 피크에 의한 CL 영상; (d) Eu 분포를 나타내는 SEM; (e) Eu 분포를 나타내는 EDS 지도; (f) Eu, Al의 EDS 분광도. Reproduced from B. Dierre et al., Sci. Technol. Adv. Mater. 11 © 2010 IOP Publishing. ➞ 앞의 컬러 그림 참조

이를 종합하여 AlN 격자에 대한 Eu의 용해도가 매우 낮다는 점을 알 수 있으며, 이로부터 CL, SEM, EDS가 결합되어 매우 강력한 분석 기법으로 사용될 수 있음이 시사된다. 또한 이 사례는 분석 대상 물질의 용도 기능과 대체 기법의 부재와 맞물려 CL–SEM–EDS 분석의 고분해능을 부각시킨다.

6.2.2.5 TEM과 STEM

TEM과 그 관련 기법들은 투과된 전자나 복사파를 검출한다는 면에서 SEM, EPMA, EDS, AES, CL 등과 대조된다. TEM은 동일한 시료 영역에 대해 회절 패턴과 확대 상을 모두 기록할 수 있는데, 회절로부터는 격자 상수와 공간 군 정보를, HREM으로부터는 격자의 영상, 즉 형태학적 정보를 얻어낼 수 있다.

TEM의 회절은 두 가지 부류로 나뉜다. **선택영역 회절**(selected area diffraction, SAD)에서는 평행 전자 빔이 마이크론 크기의 시료 면적을 가격한다. 시료에 의한 전자 회절이 매우 강하지만 그와 동시에 흡수가 일어나므로 회절 세기가 시료 두께에 크게 의존한다. 따라서 충분한 회절 세기의 수집이 곤란하고, SAD 결과를 X-선이나 중성자를 이용한 경우처럼 결정 구조 분석에 활용하기는 어렵다. 하지만 SAD의 패턴 정보는 단위세포 정보와 공간 군, 초격자의 존재 여부를 밝히는 데 귀중한 정보를 제공한다. 특히 정확한 단위세포를 분말 회절로 결정하기 어렵고, 단결정을 마련하기 어려운 경우에 SAD의 진가가 나타난다. SAD에 대한 심도 있는 논의는 역 격자(reciprocal lattice) 개념의 이해를 필요로 하며 결정학 관련 전문서를 통해 얻어질 수 있다.

수렴선 회절(convergent beam diffraction, CBD)에서는 수렴된 전자 빔이 ~10 nm 크기의 점으로 시료에 집속되어 SAD보다 훨씬 우수한 해상도를 구현한다. CBD 패턴의 속성은 SAD와 상당히 다르지만, 본질적으로 격자 상수와 결정 화학에 대한 정보를 유사하게 제공한다. 고분해능 TEM은 EDS나 EELS와 결합됨으로써 1–10 nm 차원의 원소 정보를 제공하며, 이들 기법을 통칭하여 **분석 전자 현미경 기법**(analytical electron microscopy, AEM)이라 부른다.

경우에 따라 HREM은 **격자 영상**(lattice imaging)을 통해 결정 구조를 직접 시각화할 수 있다. 회절된 전자 빔의 일부가 재결합하여 결정 구조를 형상화할 수 있는데, 단 이 과정에는 여러 어려움이나 모호함이 있다. 그 우선적 원인은 영상이 결정 구조의 평면 투사로 얻어진다는 것이고, 둘째, 기기 장비의 집속 조건에 따라 영상의 재연성이 낮다는 점이다. 각기 다른 결정 구조 모델에 대해 HREM 영상을 계산할 수 있으며, 이들을 관측 영상과 비교함으로써 미지 구조에 대한 가설 모형을 평가하는 것이 가능하다. 이러한 접근법은 순이론적으로 결정 구조를 풀이하는 방식에 비해 덜 유용하지만, 복잡 구조, 특히 층상이나 전단(shear) 특성을 갖는 무기물 구조의 연구에 매우 긴요하다. 이러한 물질들에 대해 얻어진 HREM 영상은 층상 물질의 격자 배열을 가시적으로 보여 주고 블록의 폭과 간격을 쉽게 결정지을 수 있다(그림 6.14).

HREM을 통해 개개 원자를 촬영할 수 있다는 점은 매우 고무적이지만, 그 기법의 이론적 해상도 한계는 아직 구현되지 못하고 있다. 이는 전자의 파장이 매우 짧기 때문인데(식 6.2), 1 MeV 기기에서 사용되는 전자 파장은 원자 크기의 10^{-2}–10^{-3}배이다. 이와 같은 고배율 조건에서 발생하는 문제는 현미경의 전자기 렌즈를 이용한 전자 집속이 어렵다는 것이다. 렌즈의 **수차**(aberration)에는 세 종류가 있는데 종류에 따라 보정 범위가 다르다. **구면 수차**(spherical aberration)는 기본적으로 발생하는 집속 한계이며, 렌즈에 음의 구면 수차를 적용하여 보정된다. **비점 수차**(astigmatism)는 입사 전자 빔의 단면이 원형에서 벗어난 타원일 때에, **색 수차**(chromatic aberration)는 입사 전자의 파장이 단일하지 않고 분포되어 있을 때에 발생한다.

6.2.2.6 EELS

TEM 관련 기술의 최근 진보 중 주목할 부분은 개별 원자를 촬영하는 데서 그치지 않고 EELS를 통해 그 종류를 식별할 수 있다는 점이다. EELS는 최초 이온화와 여기를 일으킨 포격 전자를 검출 분석한다. 이 전자들은 처음에 비해 감소된 에너지를 갖는데, 그 감소분은 2차 방출 전자의 이온화 에너지와 운동 에너지, 또는 전자를 들뜬 상태로 여기시키는 데 사용된 에너지에 해당한다. 이러한 EELS 전자들의 에너지와 파장을 기록함으로써 얻어지는 흡수 스펙트럼은 XAS 스펙트럼과 여러 모로 유사하다. 즉 에너지 손실 근

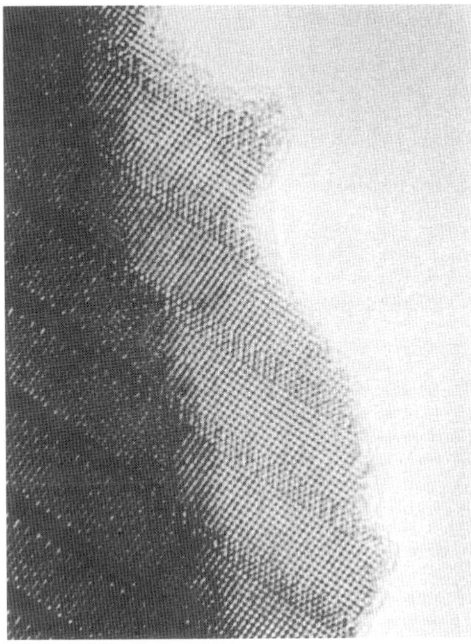

그림 6.14 텅스텐 브론즈 $Rb_{0.1}WO_3$의 고해상 전자 현미경 사진. 흑색의 점은 WO_6 팔면체를 나타냄. 원시 입방 WO_3(바둑판 배열을 이루는 흑색 점들의 띠)와 Rb가 함유된 육방정계 WO_3(육방 배열을 이루는 흑색 점들의 띠) 간의 교대 성장이 관찰됨. Photograph courtesy of Dr M. Sundberg, University of Stockholm, Department of Chemistry.

거리단 구조(energy loss near edge structure, ELNES)와 원거리 에너지 손실 미세 구조(extended energy loss fine structure, EELFS) 기법은 XANES와 EXAFS에 각각 대응되는 전자 분석법으로 통용된다.

그림 6.15는 ELNES 기법을 이용하여 광물 내부 원소의 산화 상태를 알아낸 예이다. TEM 사진은 티탄철석(ilmenite) $FeTiO_3$ 매질에 적철석(hematite) Fe_2O_3의 층 석출(exsolution lamella)이 ~100 nm 폭으로 발생했음을 보여 주고 있다(그림 6.15(a)). 두 성분에서 Fe의 산화 상태는 L-흡수단($2p \rightarrow \infty$) EELS 스펙트럼에 의해 나타내어진다(그림 6.15(b)). Fe-함유 표준물질의 검사로부터 708 eV와 710 eV의 피크가 각

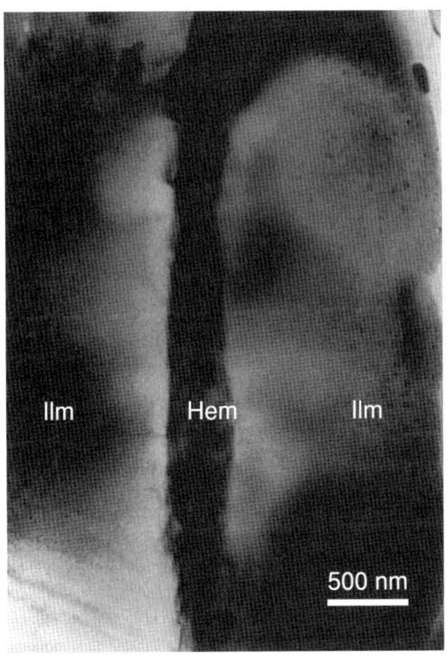

(a)

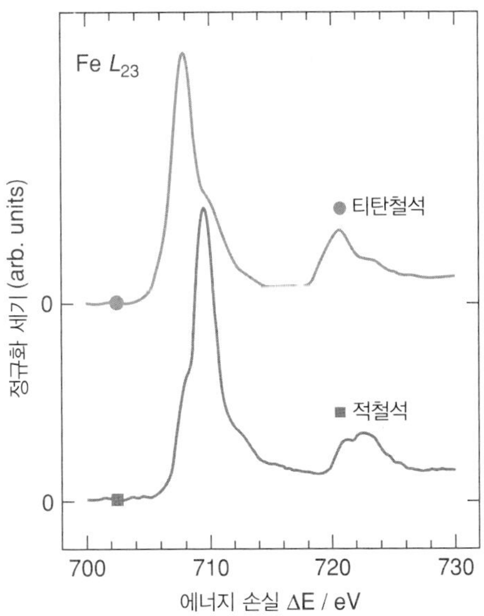

(b)

그림 6.15 (a) 티탄철석(Ilm) 시료에 함유된 적철석(Hem)의 층상 석출을 보여 주는 명시야 TEM 사진. (b) 각 부분에 대한 Fe L-흡수단 ELNES 분광도. Reproduced with permission from P. A. van Aken, B. Liebscher and V. J. Styrsa, Phys. Chem. Minerals, 25, 323, © 1998 Springer Berlin / Heidelberg.

각 Fe^{2+}, Fe^{3+}에 해당함을 알 수 있고, 따라서 관측된 두 피크 요소를 $FeTiO_3$ 또는 Fe_2O_3 성분에 연관 지을 수 있다. 이와 같이 EELS 기법에 의해 나노미터 차원의 분해능으로 물질의 산화 상태를 알아내는 것이 가능하며, 이는 다양한 산화 상태가 혼재된 합성/천연 광물에 두루 적용될 수 있다.

EELS 기법이 특히 유용한 상황은 원자 번호가 낮은 원소를 검출하고자 할 때이다. 이때의 에너지 해상도는 0.3−2.0 eV로 양호하며 또한 나노미터 수준의 공간 분해능으로 원소 분포를 얻어낼 수 있는데, 측정 시간이 짧은 반면 그 분석 과정은 다소 복잡하다. EDS가 무거운 원자의 검출에 적합하고 에너지 해상도(> 100 eV)가 낮은 데 비해, EELS는 상보성이 매우 뛰어난 기법이다. EDS 기법은 조성 분포도를 얻기 위한 소요 시간이 길지만, 데이터 처리 과정이 단순하다는 비교점이 있다.

EELS를 이용하여 원소 성분 분석을 수행할 뿐만 아니라 전도 띠에서 일어나는 전자 여기를 감지할 수 있다. 페르미 준위 위의 비어 있는 상태 준위로 일어나는 전자 여기는 물질의 전자 띠 구조 정보를 제공하는 한편, 원자 오비탈 간의 혼성과 국부 결합의 세부를 밝힐 수 있다.

6.2.2.7 HAADF STEM

고각 환형 암시야(high-angle annular dark field, HAADF) STEM 기법은 EELS를 이용하여 원자 차원의 공간 분해능을 구현하도록 설계되어졌다. 이 장비는 매우 정밀한 초점 크기(< 0.1−10 nm)를 가지며 시료를 횡선으로 가로질러 훑어가는데, 투과된 EELS 전자뿐만 아니라 결맞지 않은 X-선이 함께 검출되어진다. 고각에서 산란된 전자는 HAADF, 또는 *Z*-contrast[2)] 영상 기법의 기본 바탕을 제공한다. 고각의 산란 전자들을 암시야 검출기로 채집하면 원자 영상이 얻어지는데, 구조 내 원자들 간의 결맞음 및 회절 효과가 약화되어 각 원자들이 독립적으로 전자를 산란시키기 때문이다. 적절히 배향된 얇은 결정에 대해, 개개의 원자 수직 열을 순차적으로 비추면서 시료 전반을 탐침함으로써 원자 분포 지도가 얻어진다. 이 분포도에서의 밝기 세기는 원자 열 구성 성분의 평균 원자 번호의 제곱 Z^2에 의존하므로, 영상 모사가 필요치 않을 만큼 화학적 대비가 뛰어나다.

HREM에서 나타나던 다수의 상 대비 문제와 집속 문제가 이 기법을 통해 해소되었다. *Z*-contrast 촬영에서 얻어질 수 있는 정보는 입사된 전자 탐침의 초점과 크기에 상관된다; 초점의 크기가 최적보다 작게 흐린 경우 탐침이 넓어지고 개개 원자 열이 분리되지 않는다. 반대로 초점이 더 크게 흐린 경우 탐침이 좁아지고 영상이 선명해지지만 조성 정보가 몇몇 열에 대해 평균화되어 버린다. 따라서 최적의 초점 조건은 고해상의 선명한 영상과 정확한 국부 조성 정보에 대한 요구가 절충된 상태라 할 수 있다.

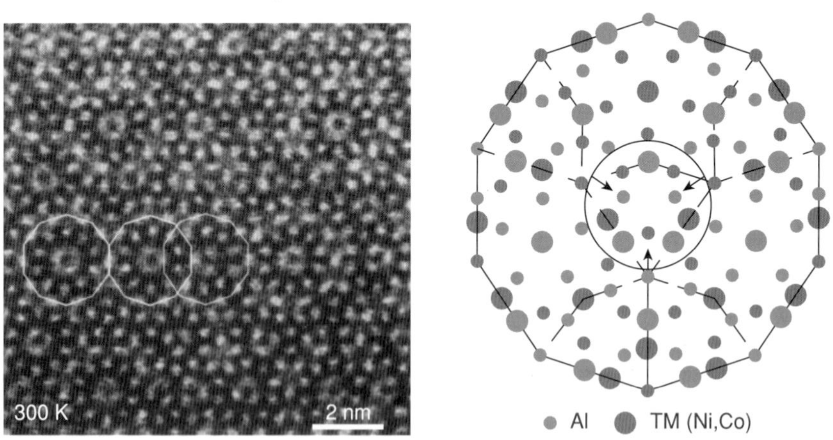

그림 6.16 (a) $Al_{72}Ni_{20}Co_8$의 10중 회전축을 따라 얻어진 원자 해상 HAADF-STEM 사진. (b) 해당 국부 구조의 원자 모형. Reproduced from E. Abe, Materials Transactions, 44 (10), 2035, © 2003 The Japan Institute of Metals. ➜ 앞의 컬러 그림 참조

2) 원자 번호(*Z*)에 따라 영상의 명암 대비가 뚜렷하다는 점에서 명명이 유래됨.

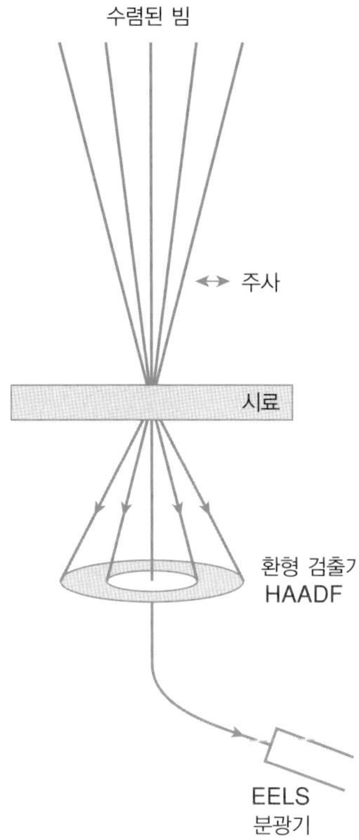

그림 6.17 원자 해상 촬영 및 분석에 사용되는 환형 검출기와 1차 투과 빔. 환형 검출기, HAADF는 *Z*-contrast 촬영에 사용되며, 1차 투과 빔은 EELS 분광에 사용됨.

그림 6.16(a)는 *Z*-contrast 촬영의 한 예로 준결정성(quasi-crystalline) 합금 $Al_{72}Ni_{20}Co_8$에서 관찰된 10중 회전축 대칭을 보여 주며, 그림 6.16(b)는 그에 대응되는 국부 구조 원자 모형을 나타낸 것이다. 준결정성 물질의 대칭성은 매우 독특해서 현미경 영상과 같은 명확한 근거가 없는 경우 그 대칭성을 입증하기 어렵다. 이 기법이 투과 방식이라는 점을 상기할 때 이 그림은 2차원 상의 투사도이고, 밝은 점들은 수직열을 형성한 무거운 원자들에 의해 나타난 것이다. 국부적으로 세 개의 10각형과 그에 대응된 10중 회전축이 표시되어 있지만, 준결정성 상태의 일반 특징대로 그 대칭성이 구조 전체로 확장되지는 않는다.

Z-contrast 촬영과 EELS는 상보적이면서 독립적으로 운용된다: *Z*-contrast 촬영은 고각 산란을 이용하는 데 비해 EELS는 저각 투과 빔을 이용한다(그림 6.17). 시료 분석의 실제에서는 *Z*-contrast 촬영으로 특정 관심 부위를 찾아내고, EELS를 이용하여 심층 조사하게 된다.

6.3 분광 기법

물질 분석에는 다양한 분광 기법들이 사용되는데, 그들 모두는 물질이 에너지를 흡수하거나 방출한다는 원리를 바탕으로 한다. 물질에 출입하는 에너지는 여러 가지 다른 형태를 취한다. 그 중 대부분이 전자기파 복사이지만 음파, 입자, 전기 등이 되기도 한다. 분광도는 대개 흡수나 방출의 세기(세로 축)를 에너지(가로 축)에 대한 함수로 나타내는데, 이때 에너지는 복사파의 주파수(진동수, frequency, ν) 또는 파장(wavelength, λ)으로 표현된다. 복사파의 에너지는 다음 공식으로 축약된다.

$$E = h\nu = \frac{hc}{\lambda} \tag{6.3}$$

플랑크(Planck) 상수 $h = 6.626 \times 10^{-34}$ J s이고 빛의 속도 $c = 2.998 \times 10^{10}$ cm s^{-1}이다. E, ν, λ의 단위는 각각 J, s^{-1}, cm이고, λ^{-1}의 단위는 cm^{-1} 또는 파동수(wavenumber)로 불린다. 화학에서는 에너지의 단위로 J mol^{-1}이 자주 사용되는데, 그에 대한 해당 값으로 변환시키려면 식 6.3 전체에 아보가드로 수

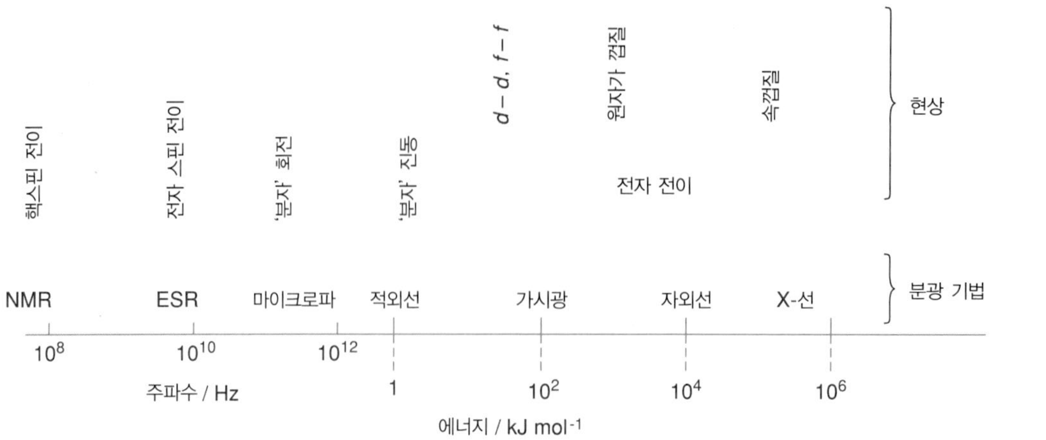

그림 6.18 전자기 스펙트럼의 주요 영역과 영역대별 분광 기법.

6.022×10^{23}을 곱하면 된다. 종종 주파수나 파동수가 에너지를 나타내는 물리량으로 통용되기도 하고 에너지의 단위가 다른 형식으로 표현되기도 하는데, 그들 간의 상호 변환 관계는 식 6.4와 같다.

$$
\begin{aligned}
E(\mathrm{J\ mol^{-1}}) &= 3.991 \times 10^{-10}\,\nu \approx 4 \times 10^{-10}\,\nu\ (\mathrm{s^{-1}}) \\
E(\mathrm{J\ mol^{-1}}) &= 11.97\,\lambda^{-1} \approx 12\,\lambda^{-1}\ (\mathrm{cm^{-1}}) \\
E(\mathrm{s^{-1}}) &= 3 \times 10^{10}\,\lambda^{-1}\ (\mathrm{cm^{-1}}) \\
E(\mathrm{eV}) &\approx 96E\ (\mathrm{kJ\ mol^{-1}})
\end{aligned}
\tag{6.4}
$$

전자기 스펙트럼은 매우 넓은 진동수와 파장, 그리고 에너지 범위를 포함한다. 물질의 어떤 에너지 변환 과정을 추적하는가에 따라 다양한 분광 기법들이 제각기 다른 진동수 범위에서 활용된다(그림 6.18). 주파수가 작을수록, 즉 파장이 길수록 연관된 에너지 변화 크기가 작지만, 그에 해당되는 물질 내 변화가 있을 수 있다. 예를 들어 자기장 하에서 원자핵이나 전자의 스핀 전이는 1 J mol^{-1} 이하의 에너지 변화를 수반한다. 따라서 핵스핀 상태를 감지하기 위한 핵자기 공명(nuclear magnetic resonance, NMR) 분광은 라디오파 영역, 200–600 MHz에서 이루어진다.

주파수가 커지고 파장이 짧아질수록 에너지가 증가한다. 적외선(infrared, IR) 영역 복사파는 분자나 고체 내 원자의 진동 상태를 바꿀 수 있고, 진동수가 더 커지면 원자 내의 전자 전이가 유발될 수 있다. 그 중에서도 바깥 껍질 전자의 전이 에너지는 가시광선(visible)이나 자외선(ultraviolet, UV) 영역인 데 비해, 내부 전자의 전이는 훨씬 더 큰 에너지를 필요로 하여 X-선 영역에 해당한다.

고체 시료에 대한 분광 측정은 회절 분석에 대해 상보적 관계를 갖는다. 우선, 회절로부터 얻어지는 정보가 주로 원거리 평균 구조인 데 비해, 분광 기법은 근거리 국부 구조 정보에 초점을 둔다. 실제로 분광 분석은 배위수와 격자 대칭, 불순물과 결함을 감지하는 데 유용할 뿐만 아니라, 시료의 결정성에 제한받지 않고 적용될 수 있다. 결정의 원거리 규칙성은 회절에 의해서만 분석될 수 있다. 하지만 그 과정에서 결함이나 불순물, 미세한 국부 질서 배열 등이 간과되기 쉽다는 점에서, 주어진 고체 시료의 분석을 위해서는 회절과 분광 기법을 병행하는 것이 이상적이다.

전자 현미경과 연관된 몇 가지 분광 기법들이 6.2.2절에 소개되어졌으며, 이 절에서는 그 외의 주요 분광 기법들을 소개하고 고체화학에서의 응용 예를 살펴본다.

6.3.1 진동 분광법: IR, 라만(Raman)

고체 내의 원자들은 약 10^{12}–10^{13} Hz의 주파수로 진동하며, 적절한 에너지의 복사파를 흡수함으로써 상위 진동 모드로 여기될 수 있다(그림 6.19). IR 분광과 라만 분광은 물질에 전자기파를 쪼이면서, 흡수(IR) 또는 산란(라만) 세기를 전자기 복사의 주파수(또는 파동수)의 함수로 기록한다. 이 기법들은 분자성 물질에 대해 특정 작용기 결합의 공명 진동수를 연구하기 위해 개발되었으나, 최근 비분자성 고체에 대한 적용이 확대되고 있다. IR 기법에서는 시료에 입사되는 전자기파의 진동수를 바꿔가면서 흡수 또는 투과된 세기를 측정한다. 이 과정에서 국부 작용기 또는 공유 결합이 에너지를 흡수하고, 그 에너지만큼에 해당하는 상위 진동 준위로 들뜨게 된다.

라만 분광법은 인도의 과학자 C. V. Raman을 기려 명명되어졌다. 라만은 이른바 라만 산란(Raman scattering)이라 불리는 현상을 실험적으로 확립하였다.[3] 한 실험에서 라만은 햇빛을 단색광 필터에 통과시킨 후 망원경을 이용하여 시료에 집속시켰고, 그로부터 강한 빛이 시료를 투과하는 동시에 아주 약한 (라만) 산란이 다른 색을 띠면서 여러 방향으로 발산되는 것을 관찰하였다. 이 현상은 비탄성 산란에 의해, 입사된 빛과 다른 파장의 빛이 생성되었음을 가리키는 것이었다.

라만 분광법에서는 대개 레이저로 얻어진 단색광을 광원으로 이용한다. 고정된 파장의 빛을 시료에 쪼이면 두 종류의 산란광이 얻어진다. 둘 중 Rayleigh[4] 산란은 탄성 산란으로서 입사된 빛과 동일한 에너지와 파장을 가지며 매우 강한 세기로 나타난다. 라만 산란은 세기가 약하며 입사된 빛보다 길거나 짧은 파장을 갖는다. 라만 산란은 IR 흡광에 비해 복잡한 과정을 포함하며, 실험 조건도 약간 까다롭다. 우선 복사광원의 출력이 매우 높아야 하기 때문에 Nd:YAG(532 nm), Ar^+(514 nm), He−Ne(633 nm)와 같은 레이저가 사용된다. 시료의 작용기는 복사파를 흡수하여 훨씬 더 높은 에너지의 가상 준위로 들떴다가 낮은 에너지 상태로 되돌아오는데, 이때 원래와 같은 진동 상태로 되돌아오는 경우 **Rayleigh 산란**이고, 높은 에너지의 진동 상태로 돌아오면 **Stokes 라만**(Stokes Raman) 산란, 낮은 에너지의 진동 상태로 돌아오면 **반-Stokes 라만**(anti-Stokes Raman) 산란으로 구분된다(그림 6.19). 입사된 복사파의 주파수가 ν_0이고,

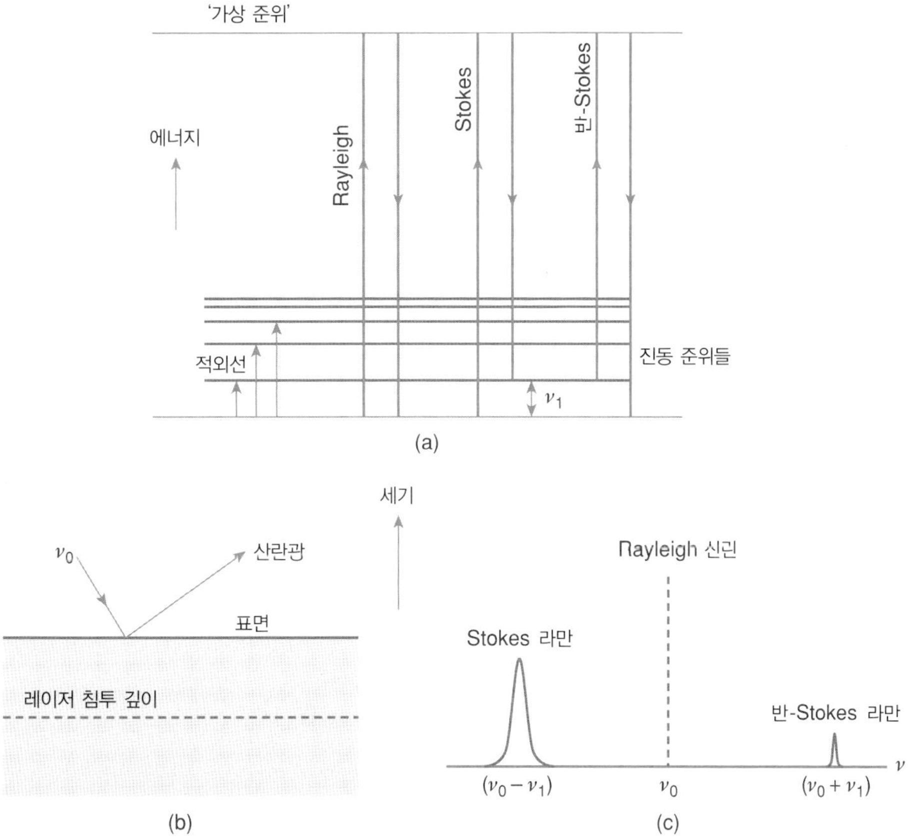

그림 6.19 적외선 분광과 라만 분광에 관련된 진동 모드 전이.

3) 그 기여에 대해 1930년 노벨 물리학상이 수여됨.

4) Lord Rayleigh(W. S. Rayleigh), 1904년 노벨 물리학상을 수상함.

산란 전후 진동 모드의 진동 주파수가 ν_1만큼 달라졌다면 Stokes 라만과 반-Stokes 라만 산란의 주파수는 각각 $(\nu_0 - \nu_1)$과 $(\nu_0 + \nu_1)$이 된다.

Stokes 라만과 반-Stokes 라만 산란은 출발 상태에서 시료 작용기의 진동 상태가 바닥 상태인지, 들뜬 상태인지에 따라 구별할 수 있다. 들뜬 상태에서 출발할 경우 반-Stokes 산란이 일어나기 쉽지만, 바닥 상태에서 출발한다면 압도적으로 Stokes 산란을 보일 것이다. 따라서 실제 라만 분광에서는 Stokes 산란이 훨씬 더 강하게 관찰된다. 물론 Rayleigh 산란은 Stokes 산란보다도 훨씬 더 강하다. 라만 산란의 알짜 효과는 주파수 ν_0로 입사된 레이저 광자가 시료 내 작용기의 진동 상태 전이($\Delta E = \nu_1$)를 일으킨 후 $(\nu_0 \pm \nu_1)$의 주파수로 산란되는 것이다. 위와 같이 산란된 빛은 입사광에 대해 수직 방향에서 탐지된다.

비분자성, 즉 고체의 IR과 라만 분광도는 대개 복잡한 신호를 담고 있다. 모양이 일정치 않은 여러 개의 피크가 나타나는데 그들 각각은 특정 진동 전이와 연관된다. 분자성 물질의 경우와 일부 고체의 경우, 관찰된 피크 모두에 대해 진동 모드를 짝짓는 해석이 가능하다. 많은 경우 IR과 라만 분광도는 판이한 차이를 보이는데, 이는 두 기법에 적용되는 **분광학적 선택 규칙**(spectroscopic selection rule)이 서로 다르기 때문이다. 분광 분석에서 관찰되는 피크의 수는 전체 진동 모드의 개수에 비해 훨씬 적고, 또한 IR과 라만에 대한 활성이 진동 모드마다 다를 수 있다. 진동 모드가 IR 흡광 활성이기 위해서는 진동 과정에서 쌍극자 모멘트의 변화가 있어야 한다. 이 때문에 중심대칭성인 진동 모드는 IR에 대해 비활성이다. 다른 한편으로 진동 모드가 라만 활성이기 위해서는 진동 과정에 편극도(polarizability)의 변화가 있어야 한다.

IR과 라만 모두 유기물 내 특정 작용기의 존재를 감지하는 데 유용하다. 무기 고체에서는 공유 결합된 말단 수산화기, 포집된 물, 산소산 등이 뚜렷한 IR, 라만 신호를 보인다. 그림 6.20은 몇몇 무기 고체의 IR 분광도를 보여 주는데, 300−1500 cm^{-1} 영역에서 나타나는 차이는 각 물질의 산소산 음이온에 기인한다: (a) CO_3^{2-}, (b) NO_3^-, (c) SO_4^{2-}. (c) 시료, 석고의 경우 ~3500 cm^{-1}에서 이중선 흡수 피크를 추가적으로 보이는데 이는 H_2O 분자에 의한 것이다. ~3000−3500 cm^{-1} 영역에 나타나는 피크는 −OH 기의 전형적 신호이며, 그 주파수가 O−H 결합 세기에 따라 뚜렷이 달라지므로 −OH 기의 위치나 화학적 환경(자유 분자 여부, 수소 결합 여부)에 대한 정보를 준다.

산소산과 같이 공유 결합으로 형성된 작용기는 대개 ~300 cm^{-1} 이상의 주파수에서 피크를 보인다. 더 낮은 주파수, 즉 원적외선(far-IR) 영역에 나타나는 피크는 국부 작용기보다는 격자 진동에서 비롯된다. 예를 들어 알칼리 할로젠화물은 100−300 cm^{-1}에서 넓은 흡수 띠를 보이는데, 구성 이온의 질량이 클수록 파동수가 작다: LiF(307 cm^{-1}), NaF(246 cm^{-1}), KF(190 cm^{-1}), RbF(156 cm^{-1}), CsF(127 cm^{-1}); LiCl(191 cm^{-1}), NaCl(164 cm^{-1}), KCl(141 cm^{-1}), RbCl(118 cm^{-1}), CsCl(99 cm^{-1}).

몇몇 무기 고체는 특질적인 진동 분광도를 보이므로 상 확인 용도로 사용된다: XRD와 유사하게 기

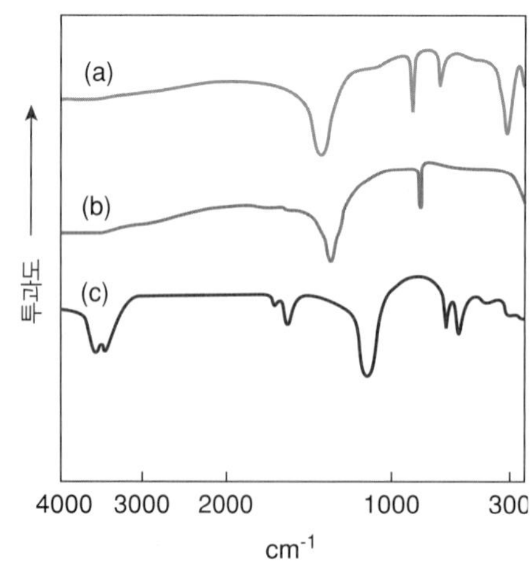

그림 6.20 (a) 방해석 $CaCO_3$, (b) $NaNO_3$, (c) 석고 $CaSO_4 \cdot 2H_2O$에 대한 적외선 분광도. Data reproduced with permission from P. A. Estep-Barnes, ed. Zussman, Physical Methods in Determinative Mineralogy, © 1977 Elsevier.

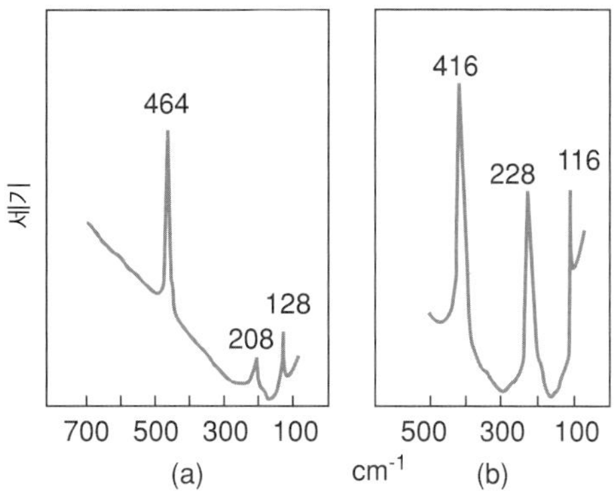

그림 6.21 (a) 석영, (b) 홍연석에 대한 레이저 라만 분광도. Reproduced with permission from Farwell and Gage, Crystalline silica in Mount St. Helens ash, J. Anal. Chem., 53, 1529, © 1981 American Chemical Society.

준 물질의 분광도가 데이터베이스화되어 있어 미지물 확인에 이용될 수 있다. 유기물의 경우 이 같은 분석 과정이 매우 보편적이지만 무기 고체에 대한 진동 분광 데이터베이스는 미흡하다. 그 이면에는 ICDD XRD 데이터베이스의 활용도가 매우 높아 부가적인 지문법 분석 수단의 필요성이 그다지 높지 않다는 배경이 있다.

그림 6.21은 레이저 라만 분광을 이용하여 결정성 고체를 지문법으로 확인한 예를 보여 준다. SiO_2의 두 가지 다형체, 석영(quartz)과 홍연석(cristobalite)은 100–500 cm^{-1} 영역에서 각각 3개의 날카로운 피크를 보이는데 그 위치들이 서로 다르다. 이러한 차이점은 미국 St. Helens 산에서 채취된 화산재 성분을 분석하는 데 적용된 바 있다. 레이저 라만 분광도를 지문법으로 활용한 또 다른 예는 다이아몬드와 흑연의 구분인데(그림 4.16), 이 경우 다이아몬드의 품질 평가 수단으로 이용될 수 있다.

다이아몬드와 같은 응축 물질의 진동 주파수는 외부 압력에 대해 매우 민감하므로 압력 센서로의 응용이나 박막에서의 응력 연구에 사용될 수 있다. 인장 응력(tensile stress)은 라만 피크를 낮은 주파수로 이동시키고 심하게는 축퇴 제거에 의한 피크 갈라짐을 유발할 수 있다. 반대로 압축 응력(compressive stress)은 라만 피크를 높은 주파수 영역으로 이동시킨다.

라만 분광 분석을 위한 시료 준비는 별다른 전처리를 요하지 않는다. 분말이나 박막, 단결정 등의 고체상 표면에 레이저를 쪼이면서 반사 모드로 분광도가 측정된다(그림 6.19(b)). 레이저 입사 빔의 침투 깊이가 파장에 의존하므로 시료 깊이에 따른 차이를 조사하고자 레이저 광원을 바꿔가며 측정하기도 한다. 라만 기법의 분광학적 분해능은 3–4 cm^{-1}이고 레이저의 공간 분해능이 0.5–2 μm이어서 마이크론 크기 영역에 대한 분광도가 기록될 수 있다. 앞서 Stokes 산란과 반-Stokes 산란에 대해 기술한 바대로 라만 분광도는 입사 주파수(ν_0)를 중심으로 대칭적으로 얻어지지만 Stokes 산란만을 기록하는 것이 일반적이다. 진동 분광도는 지문 정보로서의 역할 외에도 의미 있는 구조 정보를 담는 경우가 많다. 하지만 확장형 무기 고체의 경우 라만 분광 결과의 해석을 위해서는 상당히 심도 깊은 분광학적 접근과 수학적, 결정학적 지식, 고체 전자 구조에 대한 통찰이 두루 필요하다.

6.3.2 가시광선–자외선 분광

원자의 바깥쪽 전자 껍질에서 일어나는 전자 전이는 ~10^4–10^5 cm^{-1}의 주파수(~10^2–10^3 kJ mol^{-1})에 해당하는 에너지 변화를 수반한다. 이러한 에너지 범위는 근적외선(near-IR)부터 가시광선, 자외선 영역 대에 걸치며(그림 6.18), 종종 시료의 색깔과 관계되기도 한다.

고체 내의 전자 전이는 몇 가지 다른 유형으로 분류된다(그림 6.22). 고체 구조에서 이웃한 두 원자 A와 B, 예를 들어 이온성 고체의 양이온과 음이온을 생각해 보자. 각 원자에서 안쪽 전자 껍질은 편재화되는 데 비해 바깥쪽 껍질은 중첩을 통해 비편재화된 전자 띠를 이루게 되고, 따라서 그림 6.22에 나타낸 바와

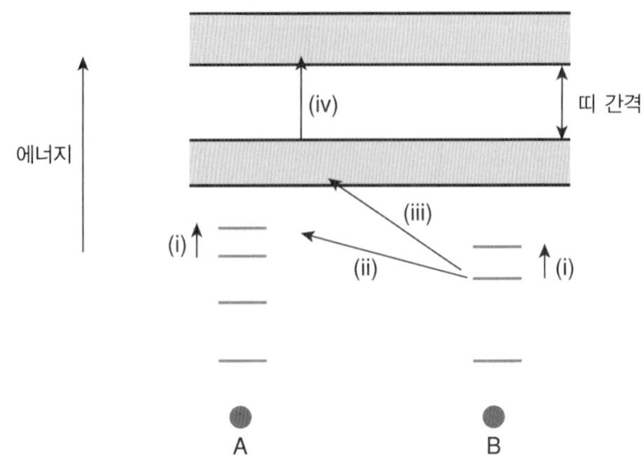

그림 6.22 고체에서 발생할 수 있는 전자 전이 유형. 편재된 오비탈(i, ii, iii) 또는 비편재된 전자 띠(iii, iv)가 관여할 수 있다.

같이 4가지의 기본적 전자 전이가 고려될 수 있다.

(i) 동일 원자 내에서, 편재화된 오비탈로부터 더 높은 편재 오비탈로의 전이. 이에 수반된 흡수 띠는 종종 **엑시톤 띠**(exciton band)로 불리며 다음 예들을 포함한다. • 전이 금속 착물에서의 $d-d$ 전이나 $f-f$ 전이 • 중금속 화합물에서 바깥 껍질 전자 전이, 예를 들어 Pb^{2+} 화합물에서 $6s \rightarrow 6p$ 전이 • 포착된 전자나 정공이 관여된 전이, 예를 들어 알칼리 할로젠화물의 색 중심(color center) F, H 등 • 광변색성(photochromic) 유리에 함유된 Ag 원자의 전이: 광 조사에 의해 Ag 콜로이드가 침전되었다가 이후 전자 전이를 일으킴.

(ii) 한 원자의 편재화된 오비탈로부터 이웃한 원자의 편재 오비탈로 여기 전이. 이에 수반된 흡수 띠를 **전하-전달**(charge-transfer) 전이라 부른다. 이러한 전이들은 대개 분광학적 선택 규칙 상 '허용 전이'에 속하므로 매우 강한 흡수 띠가 기록된다. 전하-전달 과정의 한 예로, 사면체형 크로뮴산 이온 CrO_4^{2-}에서는 O^{2-} 원자의 전자가 Cr^{6+} 원자로 전달되면서 진한 노란색이 나타난다. 또한 사파이어 Al_2O_3:Fe,Ti는 Fe^{2+}의 전자가 Ti^{4+}로 이동하는 과정에 의해 청색을 띠게 된다. 자철석 Fe_3O_4와 같이 혼합 원자가의 전이 금속 성분을 갖는 경우에도 전하-전달이 일어나기 쉽다.

(iii) 한 원자의 편재화된 오비탈로부터 전도 띠로 전이. 일반적으로 이러한 전이는 매우 큰 에너지를 필요로 하지만 중금속 원소가 함유된 경우 가시광선/자외선 영역 대의 에너지에 의해 유발될 수 있고, 광전도성(photoconductivity)과 함께 나타난다. 비정질 칼코젠화물의 광전도성은 이 유형의 전이와 관련된다.

(iv) 한 전자 띠(원자가 띠)로부터 더 높은 전자 띠(전도 띠)로 전이. 반도체(Si, Ge, …)의 띠 간격 크기는 분광학적으로 측정될 수 있다. 통상적인 반도체들의 띠 간격 크기는 대략 1 eV(96 kJ mol^{-1})이고 가시광선과 자외선 사이에 해당한다.

그림 6.23은 전형적인 자외선-가시광선 흡광 분광도를 나타내는데, 이 자료에는 두 가지의 주요 특징이 담겨 있다. **흡수단**(absorption edge)으로 정의되는 에너지(혹은 주파수)를 경계로 고에너지 영역에서의 흡수가 급격히 증가하고, 그에 의해 분광학적 분석을 위한 주파수 범위가 제한된다. 위의 (iii), (iv) 유형의 전이에서 흡수단이 발생하게 되는데, 흡수단 너머의 주파수 영역을 조사하려면 반사 기법을 사용해야 한다. 전기적으로 절연성인 이온성 고체에서는 흡수단이 자외선 영역에 놓이지만, 광전도성 물질이나 반도성 물질의 흡수단은 가시광선이나 근적외선 영역에서 일어날 수 있다.

둘째, 흡수단 아래의 주파수 영역에서 넓은 흡수 피크 혹은 흡수 띠가 관찰되는 경우, 이들은 (i)이나 (ii) 유형의 전이로 해석될 수 있다.

자외선-가시광선(UV-vis) 분광법은 물질의 국부 구조와 연관된 다양한 정보를 제공한다. 이는 흡수 띠

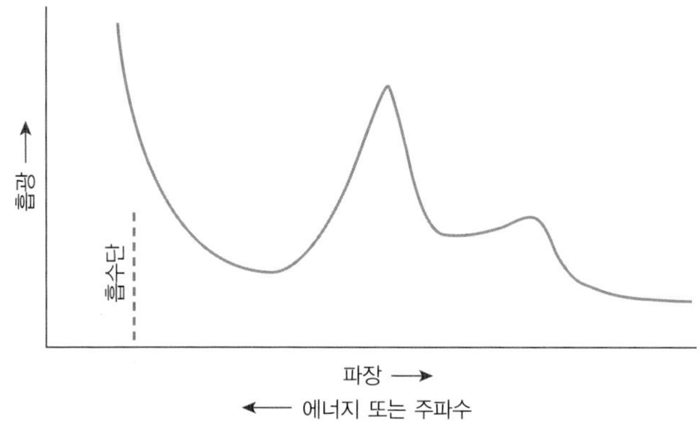

그림 6.23 전형적 UV-vis 흡광도의 모식도.

의 위치가 배위 환경이나 결합 속성에 대해 민감하기 때문이다. 유리질 물질의 국부 구조 정보를 얻고자 할 때, 원 물질에 분광학적 활성 화학종을 소량 첨가하는 방법이 있다. 이 경우 전이 금속을 첨가하여 d–d 전이를 기록하거나 Tl^{+}나 Pb^{2+}와 같은 p-블록 중금속을 첨가하여 $s \rightarrow p$ 전이를 기록한다. 분광도의 세부 사항으로부터 양이온의 배위수를 추론할 수 있고, 나아가 유리질 내부에 존재하는 결합 환경의 종류를 밝힐 수 있다.

Pb^{2+}와 같은 이온들의 분광 거동은 이웃 음이온과의 결합 공유도에 매우 민감하고, 이를 이용하여 유리의 염기도를 연구할 수 있다. 염기도는 전자 공여 능력과 연관된다. 규산염 유리 내에서, 말단 O^{2-} 이온은 −1의 알짜 음전하를 갖기 때문에 염기도가 매우 크다. 반면 다리 O^{2-} 이온은 잉여 음전하를 거의 띠지 않고 염기도가 없다. 따라서 Pb^{2+} 이온을 유리에 첨가하여 결합 환경 별 염기도를 조사할 수 있다.

또한 유리에서의 산화–환원 평형이 연구될 수 있다. Fe^{2+}–Fe^{3+} 평형은 가장 중요한 예 중 하나인데 많은 유리에서 녹/갈색을 내기 위해 Fe^{3+} 이온이 사용되기 때문이다. 광섬유 통신과 같은 응용에서는 이러한 이온들의 존재와 흡광 거동이 최소화되어져야 한다.

레이저 발진은 점유도 반전(population inversion) 상태의 들뜬 전자들이 동시에 바닥 상태로 내려오면서 결맞은 단색광을 방출하는 과정이다. 레이저의 개발과 응용을 위해서는 매질 내 활성 화학종의 전자 에너지 준위와 그들 간 전이 경로를 이해해야 하는데, 이는 결합 환경과 밀접하게 연관된다. 몇몇 레이저 매질은 전이 금속을 활성 화학종으로 함유한다. 루비 레이저는 Al_2O_3에 Cr^{3+}를 혼입하여, 네오디뮴 레이저는 유리질에 Nd^{3+}를 혼입하여 만든다. 각각의 바탕 구조에서 Cr^{3+}와 Nd^{3+}가 취하는 배위 환경을 자외선–가시광선 분광으로 조사할 수 있고, 그로부터 레이저 매질에서 일어나는 전자 전이 메커니즘을 파악할 수 있다.

어떤 화학종(이온/분자/작용기)이 특정 주파수 대에서 흡수 피크를 보일 경우, 자외선–가시광선 분광법으로 그 농도를 결정할 수 있다. 이 방법은 Beer–Lambert 법칙을 배경 원리로 하는 투과 측정이며, 정량 분석의 기본 기법 중 한 가지이다.

$$A = \varepsilon c l = \log\left(\frac{I_0}{I_t}\right) \tag{6.5}$$

A, 흡광도; ε, 분석 대상 화학종의 몰 흡광도(소광 계수); c, 화학종의 농도; l, 시료의 경로 길이; I_0, 입사광의 세기; I_t, 투과광의 세기.

올바르게 수행된 교정 실험을 통해 ε를 결정할 수 있으며, 또한 미지 시료의 농도를 알아낼 수 있다.

6.3.3 핵자기 공명(NMR) 분광

NMR 분광법은 분자성 구조의 해석에 지대한 역할을 해왔고 최근에는 고체의 구조 정보를 얻는 데 매우 긴요한 수단으로 자리 잡고 있다. 분자성 액체의 NMR 분광도는 매우 뾰족한 피크들로 이루어지며, 그 위치와 세기로부터 대상 핵종에 대한 제1 배위구의 원자 종류와 개수, 제2 배위구의 원자 등이 분석될 수 있다. 고체 상태의 경우 액체와 다른 타입의 NMR 기기가 사용된다. 초기의 고체 NMR 분광도는 폭이 넓고 특징이 없는 피크들로 구성되어 직접적인 구조 정보를 얻기가 매우 어려웠다. 이후 **요술각 회전**(magic angle spinning, MAS) 기법의 개발은 고체 NMR에 새로운 전기를 마련해 주었다. 시료를 자기장 방향에 대해 54.74° 각도[5]로 기울인 채 고속으로 회전시키며 NMR을 측정하면 분광 피크 폭이 매우 좁아지고, 보다 더 많은 구조 정보가 얻어질 수 있다. 즉, MAS 조건의 사용은 NMR 분광 분해능을 비약적으로 향상시키는 효과가 있다.

NMR 분광법은 원자핵의 자기 스핀 에너지를 분석 대상으로 삼는다. 핵스핀(nuclear spin)이 0이 아닌 원자(^{1}H, ^{2}H, ^{6}Li, ^{7}Li, ^{13}C, ^{29}Si 등)에 자기장이 인가되면 핵의 에너지 상태에 영향을 준다. 즉, 인가된 자기장 방향에 대해 핵스핀이 평행 혹은 역평행인지에 따라 자기 에너지 준위가 두 그룹으로 갈라진다. 평행/역평행 스핀 상태의 에너지 준위 차이는 10^4 Gauss(= 1 Tesla) 세기의 자기장에서 ~0.01 J mol^{-1}로 매우 작아 라디오파 영역에 해당한다. NMR 분광기는 라디오파 에너지를 이용하여 핵스핀 전이를 유발하는데, 에너지 변화 크기(흡수 주파수)는 원자의 종류와 그 화학적 환경에 따라 달라진다. 한 예로 다른 속성의 C 원자에 결합된 H 원자들이나 다른 종류의 작용기에 결합된 H 원자들은 약간씩 다른 주파수에서 흡수를 일으킨다(실제의 NMR 기기는 주파수를 고정하고 자기장 세기를 변화시키는 방식으로 작동된다).

E. Lippmaa는 MAS 기법을 결정성 규산염에 적용하였고, ^{29}Si NMR에서의 피크 위치가 규산 음이온의 속성에 따라 달라짐을 발견하였다. 즉, ^{29}Si NMR 분광도 상의 각 피크들을 SiO_4 사면체의 꼭짓점 공유 개수(0–4)에 따라 구분해내었다. 규산염 연구에서는 Si(혹은 SiO_4 사면체)의 다양한 배위 환경을 구분하기 위해 관행적으로 'Q 수치'를 사용하는데 Q^n의 n은 SiO_4 사면체에 직접 결합된 다른 사면체 개수를 나타낸다. Mg_2SiO_4와 같은 오쏘규산염(orthosilicate)에서 SiO_4는 고립되어 있어 Q^0인 데 비해, 3차원 골격 구조 SiO_2에서는 Q^4이다. NMR 피크의 위치는 기준 물질[6]의 공명 주파수를 0 ppm으로 삼는 상대값으로 표시되며, **화학적 이동**(chemical shift)으로 불리기도 한다. 그림 6.24에 보인 바와 같이 ^{29}Si NMR의 화학적 이동은 Q 수치에 따라 잘 구분된다. 각각의 Q 수치에 대해 약간 분포된 화학적 이동이 나타나는데, 이는 구조 세부 상의 차이로 설명되어진다.

그림 6.25는 칼슘 규산염, 소노라이트(xonotlite)의 ^{29}Si NMR 분광도이다. 이 광물에서 규산 음이온은 무한 이중 사슬 꼴을 취하고, 각 사슬에서 사면체 3개 당 1개가 규칙적으로 교차 결합에 참여한다. 이러한 구조에는 두 종류의 Si, 즉 Q^2, Q^3 유형이 2:1의 비로 존재하는데, 실제 NMR 측정에서도 Q^2, Q^3 타입에 대해 예상되는 화학적 이동 위치에서 2:1 세기 비의 피크가 관찰되었다.

NMR 분광법은 알루미노규산염의 미세 구조 조사에도 이용될 수 있다. 다양한 알루미노규산염에서 Al의 위치는 두 종류로 나타난다: 팔면체 중심을 점유하면서 사면체 네트워크와 별개로 존재할 수도 있고, 또는 사면체 중심에 안정화되어 Si와 함께 사면체 네트워크를 구성하기도 한다. 후자의 경우, Si의

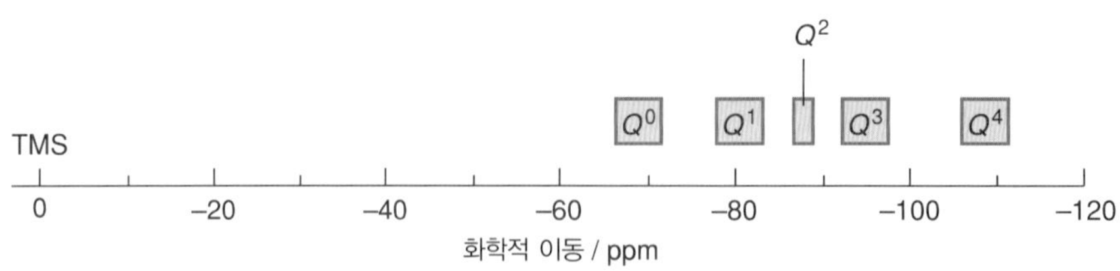

그림 6.24 규산염 광물에서 규산 음이온의 응축도 Q에 따른 ^{29}Si NMR 피크 위치. Reproduced with permission from Lippmaa et al., Structural studies of silicates by solid-state high-resolution silicon-29 NMR, J. Amer. Chem. Soc., 102, 4889, © 1980 American Chemical Society.

5) 요술각 $\theta_m = 54.74°$, $3\cos^2\theta_m = 1$.

6) 예를 들어 ^{1}H, ^{29}Si NMR에는 tetramethylsilane [$(CH_3)_4Si$, TMS]이 주로 사용됨.

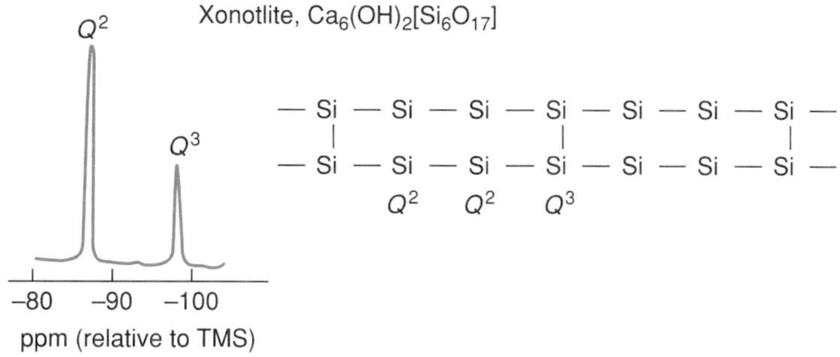

그림 6.25 소노라이트의 ^{29}Si NMR 분광도. Reproduced with permission from Lippmaa et al., Structural studies of silicates by solid-state high-resolution silicon-29 NMR, J. Amer. Chem. Soc., 102, 4889 © 1980, American Chemical Society. 규소산 음이온의 이중 사슬이 모식적으로 표현되어 있으며 Si 원자의 Q 값들이 함께 표시되어 있다(산소는 미표시).

화학적 이동은 제2 배위구에 몇 개의 Al을 갖는지에 따라 달라진다(그림 6.26). 예를 들어 알루미노규산염 골격에서 Q^4 Si는 4개의 사면체로 둘러싸이므로 제2 배위구에 0–4개의 Al을 가질 수 있다. 실험적 경향은 이웃한 Al의 개수가 적을수록 화학적 이동이 증가함을 가리킨다: Al이 4개인 하석[nepheline, $KNa_3(AlSiO_4)_4$]에서 84 ppm이고 Al이 0개인 홍연석(SiO_2)에서는 −108 ppm이다.

소다비석[natrolite, $Na_2(Al_2Si_3O_{10})\cdot 2H_2O$]에는 두 종류의 Q^4 Si가 존재하며 그들 각각은 3개와 2개의 Al에 이웃한다. ^{29}Si NMR에서 나타난 두 개의 피크(−87.7 ppm, −95.4 ppm)는 Si의 결합 환경과 잘 일치된다(그림 6.26(c)). 일부 알루미노규산염에서는 Al과 Si가 사면체 자리에 무질서하게 분포되는데, 이러한 속성은 NMR 신호의 가로 퍼짐으로 드러난다. 극단적 예로 파리장석[sanidine, $K(AlSi_3O_8)$]에서 Al과 Si는 완전히 무질서 배열되어 있고 NMR 신호의 FWHM이 ~15–20 ppm에 달한다(그림 6.26(d)).

NMR은 핵종 선택적이라는 장점이 있고 감도가 매우 뛰어나 국부 구조 조사 기법 중에서도 가장 뛰어난 한 가지로 인식되고 있다. MAS NMR로부터 얻어지는 정보는 XRD의 평균 구조 정보에 대해 상보

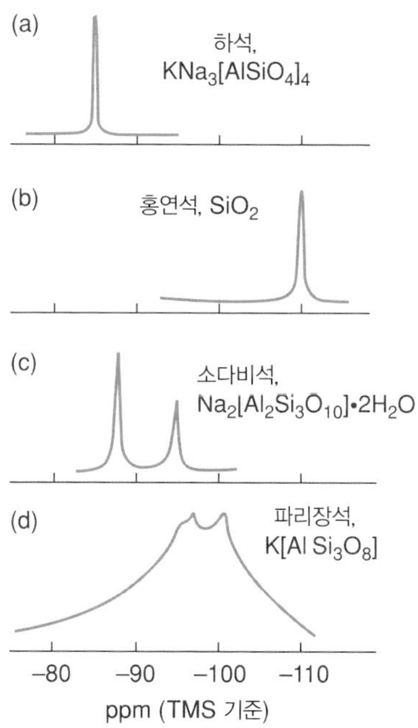

그림 6.26 각기 다른 Q^4 Si 원자를 함유한 규산염 광물들의 ^{29}Si NMR 분광도. Si의 제2 배위구에서 Al 원자의 개수는 (a) 4, (b) 0, (c) 3과 2, (d) 2와 1이다. Reproduced with permission from Lippmaa et al., Structural studies of silicates by solid-state high-resolution silicon-29 NMR, J. Amer. Chem. Soc., 102, 4889, © 1980 American Chemical Society.

성이 매우 크다. 특히 점토 광물(^{29}Si, ^{27}Al), 리튬 화합물(^{6}Li, ^{7}Li), 지르코늄 화합물(^{91}Zr), 주석 화합물(^{119}Sn) 등의 연구에서 X-선 회절이나 중성자 회절의 한계를 고체상 NMR로 극복한 사례들이 다수 알려져 있다.

6.3.4 전자 스핀 공명(ESR)[7] 분광

ESR 기법은 전자의 스핀 상태 전이를 감지한다는 점에서 NMR과 밀접한 유사성을 갖는다. ESR 신호는 전이 금속 이온과 같이 영구 자기 쌍극자, 즉 홀전자를 갖는 물질이 자기장 하에서 나타내는 스핀 반전을 검출한다. 전자 스핀 전이에 수반되는 에너지는 NMR의 경우보다 약간 크지만 $\sim 1.0\ \mathrm{J\ mol^{-1}}$에 지나지 않는다. ESR 분광기는 약 3000 G의 자기장을 사용하고, 마이크로파 영역, 2.8×10^{10} Hz(28 GHz) 부근에서 운용된다. 실제 실험은 고정된 주파수에서 자기장 세기를 바꿔가며 진행되며, 공명 조건에서 에너지 흡수가 일어난다.

$$\Delta E = hf = g\beta_c H \tag{6.6}$$

$\beta_c(=eh/4\pi mc = 9.723 \times 10^{-12}\ \mathrm{J\ G^{-1}})$는 **보어 마그네톤 상수**이고, H는 자기장 세기이다. **자기회전비**(gyromagnetic ratio), g 인자는 자유 전자에 대해 2.0023이지만 고체 상태의 상자성 이온들에서 상당한 편차를 보인다. g 값은 이온에 따라 다르며 산화수, 배위수에 의존하는 값으로 NMR의 화학적 이동과 성격이 유사하다.

고체의 ESR 분광도는 명확한 특징이 없이 폭이 넓은 피크들로 나타나는 경우가 많다. 의미 있는 정보가 담긴, 뚜렷한 모양의 피크를 얻기 위해서는 몇몇 조건이 충족되어야 한다. 인접한 홀전자 간의 스핀-스핀 상호 작용은 피크 폭을 넓히는 한 원인이다. 이를 피하기 위해서는 상자성 이온을 반자성의 바탕 구조에 0.1–1%로 희석시켜야 한다. 또 다른 원인으로, 상자성 이온의 들뜬 상태들이 바닥 상태에 가까이 존재할 경우 전자 전이가 매우 빈번하여 이완 시간(relaxation time)이 짧아지고 피크가 넓어진다. 이를 억제할 수 있는 한 방법은 극저온에서 실험을 수행하는 것이다. 상자성 이온이 홀전자를 1개만 가질 경우(V^{4+}, Cr^{5+}) ESR 분광도의 해석이 굉장히 단순해진다.

ESR 분광은 에너지 흡수를 기록하지만, 결과 자료는 대개 흡수의 1차 미분 형태로 제시된다(그림 6.27). ESR 분광도는 종종 좁은 간격의 피크 군집을 보인다. 그 원인이 되는 초미세 갈라짐(hyperfine splitting)은 외부 자기장과 시료 내부의 핵 자기장이 상호 작용하여 일어난다. 시료의 핵 자기장은 성분 전이 금속이나 리간드로부터 발생될 수 있다.

한 예로, ^{53}Cr은 핵스핀 모멘트 $I=3/2$을 갖고 $^{53}Cr^{5+}$의 ESR 분광도는 4개$(=2I+1)$의 초미세 선들로 갈라진다. 그림 6.27(c)는 인회석(apatite) Ca_2PO_4Cl에 CrO_4^{3-} 형태로 함유된 Cr^{5+}의 분광도를 보여 준다. 천연의 Cr은 동위원소의 혼합이며 그 주종은 $^{52}Cr(I=0)$이다. 분광도에서 매우 강한 중심 피크(3)는 $^{52}Cr^{5+}$ 이온의 홀전자에서 비롯한 것이며, 4개의 작은 등간격 피크들(1, 2, 4, 5)은 $^{53}Cr^{5+}(I=3/2)$ 이온의 홀전자에 의한 것이다.

일부 경우에는 홀전자와 이웃 원자의 핵스핀 모멘트가 상호 작용하여 극미세 갈라짐(superhyperfine splitting)이 발생하기도 한다.

그림 6.27과 같은 ESR 분광도는 상자성 이온의 상태와 그 인접 환경에 대한 정보를 제공하며, 구체적으로 다음 내용이 포함된다.

(1) 상자성 이온의 산화 상태, 전자 배치, 배위수
(2) Jahn–Teller 효과 등에 의한 국부 환경 왜곡
(3) 상자성 이온과 이웃 원자 간의 결합 공유도

상자성 이온이 낮은 농도로 존재하기 때문에, 그 구조 환경은 바탕 구조를 따른다고 가정할 수 있다. 예

7) 전자 상자성 공명(electron paramagnetic resonance, EPR)으로 불리기도 함.

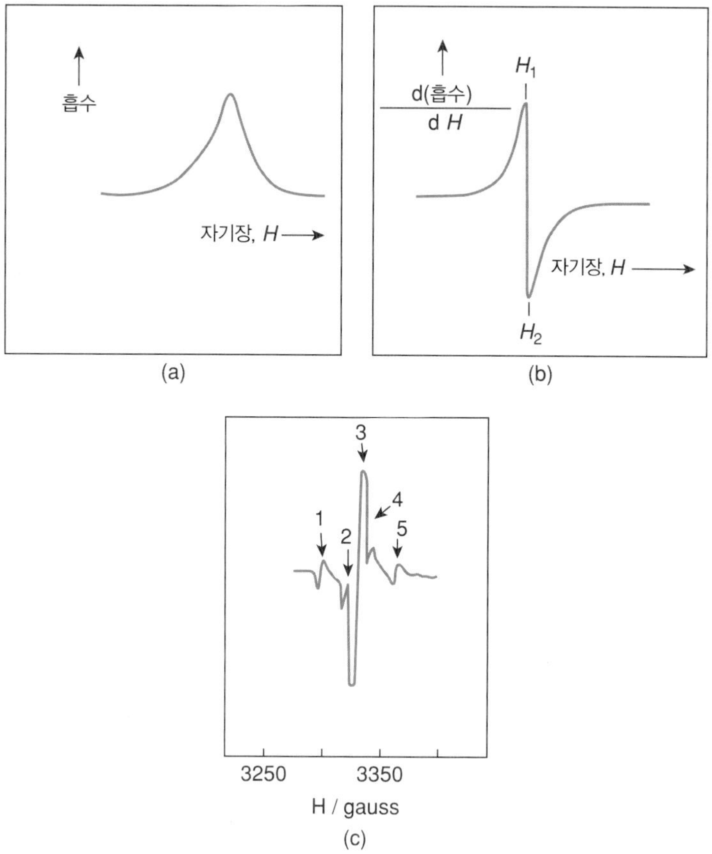

그림 6.27 (a) 모식적인 ESR 흡수 피크, (b) 흡수 곡선의 1차 미분, (c) Ca_2PO_4Cl에 함유된 CrO_4^{3-}의 ESR 분광도(77 K). Reproduced with permission from Greenblatt, M., Electron spin resonance of tetrahedral transition metal oxyanions(MO_4^{n-}) in solids, J. Chem. Educ., 57, 546, © 1980 American Chemical Society.

로서 Cr이 혼입된 인회석 $M_5(PO_4)_3X$(M = Ca, Sr, Ba; X = Cl, F)의 분광도는 CrO_4^{3-} 사면체가 4중 반전축을 따라 압축되었음을 보여 준다. 이 관찰은 인회석의 PO_4 사면체들이 유사하게 찌그러져 있음을 가리킨다. 다른 한편으로 $MnO_4^{2-}(d^1)$가 혼입된 $BaSO_4$의 ESR은 $BaSO_4$의 SO_4 사면체가 4중 반전축을 따라 늘여져 있음을 나타낸다.

전자 핵 이중 공명(electron nuclear double resonance, ENDOR)은 ESR과 연관되며, 초미세 갈라짐과 극미세 갈라짐을 관찰하기에 유리한 기법이다. 간단히 말해 ENDOR은 NMR과 ESR 분광을 결합시킨 기법이다. ENDOR에서는 상자성 중심에 인접한 핵종의 NMR 주파수를 탐색한다. 결과로 얻어진 NMR 분광도는 상자성 이온에 의한 미세 구조를 보인다. 상자성 화학종의 주변 핵종들 각각에 대해 NMR 결과를 수집함으로써 국부적 원자 구조에 대한 상세 평면도가 얻어진다. 이 기법은 색 중심(color center)과 같은 결정 결함, 복사파 손상, 형광체나 반도체에 대한 혼입을 연구하는 데 성공적으로 적용된 바 있다.

6.3.5 X-선 분광: XRF, AEFS, EXAFS

X-선 영역의 전자기파는 고체의 구조 연구와 분석 묘사에 매우 유용하게 활용된다. X-선은 크게 회절, 방출 분광, 흡수 분광의 3가지 방법으로 사용된다(그림 6.28(a)).

회절 기법은 단색광의 X-선 빔을 시료에 회절시켜 상 확인과 결정 구조 분석에 이용한다(5장).

방출 분광 기법은 고에너지의 충격에 의해 원소가 방출하는 특질적 X-선 신호를 이용한다. 방출 분광도는 벌크 시료(XRF) 또는 마이크론 이하 크기의 미립자(AEM, EPMA, …)의 화학 분석에 두루 이용되며, 국부 구조와 배위수를 알아내는 데 이용된 경우도 있다.

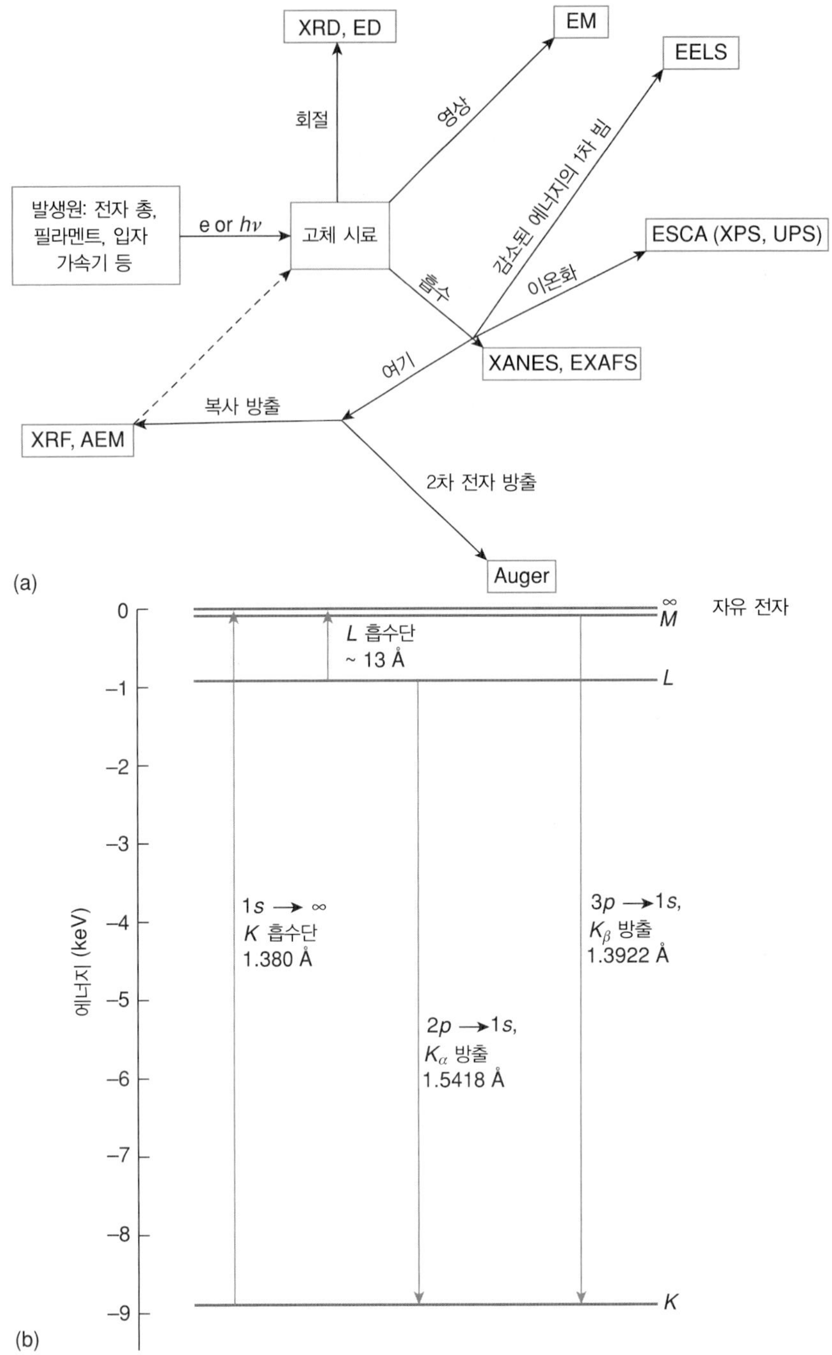

그림 6.28 (a) 전자와 X-선을 이용한 회절, 현미경, 분광 기법들의 개념 흐름도. (b) X-선 분광의 방출과 흡수를 일으키는 전자 전이들(파장 값들은 Cu 기준).

흡수 분광은 시료에 의한 X-선 흡수를 측정하는데, 그 관심 영역은 시료 내 원소의 **흡수단**(absorption edge)이다. 이 기법은 국부 구조를 알아내는 데 매우 강력하지만, 가속 입자와 같은 고에너지 X-선을 필요로 하므로 제한된 설비에서만 사용될 수 있다.

6.3.5.1 방출 분광 기법

고에너지 전자로 물질을 가격하면 내부 껍질의 전자를 원자로부터 떼어낼 수 있다. 비워진 내부 준위는 바깥 껍질 전자에 의해 채워지고 그와 함께 잉여 에너지가 전자기 복사, 주로 X-선 형태로 방출된다(그림

5.3(a), 6.5). 위 과정에서 얻어진 X-선 방출 분광도는 몇 개의 뚜렷한 피크들로 구성된다(그림 5.3(b)). 그 피크 위치가 전이에 관여된 준위들의 에너지 차에 상응하므로 원자 번호에 따라 그 방출 파장 값이 고유하다(Moseley 법칙, 식 5.1). 따라서 X-선 방출 분광도의 피크 위치를 비교함으로써 원소의 정성 분석이 가능하고, 또한 피크의 세기를 보정 자료와 비교함으로써 정량 분석이 이루어질 수 있다. **X-선 형광**(X-ray fluorescence, XRF)은 이러한 정성/정량 분석을 간편하게 수행할 수 있으며, 산업 현장에서 매우 중요한 기법으로 이용되고 있다.

EPMA나 EDAX와 같은 분석 전자 현미경(AEM) 기법은 XRF와 같은 방식으로 작동된다. 시료가 고에너지의 전자로 가격되고, 회절된 전자가 전자 영상과 전자 회절 패턴 모두를 얻는 데 이용되는 한편, 방출 X-선은 원소 분석에 이용된다. AEM 기법들은 고체의 화학 분석에 핵심 역할을 하며, 특히 작은 탐침 크기를 갖기 때문에 시멘트나 강철, 촉매 등의 불균일 속성을 연구하기에 알맞다.

X-선 방출 분광에서의 피크 위치는 원자의 근거리 환경에 의해 영향 받으므로 배위수나 결합 거리와 같은 국부 구조의 결정에 사용되기도 한다. 그림 6.29는 Al, α-Al_2O_3, $KAlSi_3O_8$(파리장석)에 대한 Al K_β 방출($3p \rightarrow 1s$) 띠를 비교하고 있다. 세 물질의 피크 위치가 다를뿐더러 Al_2O_3와 $KAlSi_3O_8$은 약하게 분리된 이중선을 보이고 있다. 일련의 알루미늄 산화물들에 대해 방출 분광도를 비교한 결과, 피크 위치가 Al의 배위수(4 또는 6), 또한 Al−O 거리와 상관됨이 발견되었다. 유사하게 규산염들에서도 Si K_β 피크 위치와 Si−O 거리가 상관성을 보였는데, 이로부터 규산 음이온의 중합 상태에 대한 정보를 얻을 수 있다.

원자가, 즉 산화 상태가 가변적인 원소들은 산화 상태에 따라 다른 위치에서 방출 피크를 보인다. 다양한 황 화합물에서 나타나는 여러 산화 상태들(S^{2-}−S^{6+})을 XRF를 이용하여 구분할 수 있다.

6.3.5.2 흡수 분광 기법

방출뿐만 아니라 흡수에 있어서도 원자별로 고유한 거동이 나타난다. 흡수에 관여하는 이온화 에너지와 내부 껍질 전이(그림 6.28(b)) 에너지가 원자마다 다르기 때문이다. Cu의 경우 $1s$ 전자의 이온화를 위해서는 9 keV(≈1.380 Å)의 에너지가 필요하지만, L 껍질($2s$, $2p$)에 대해서는 훨씬 작은 에너지, ~1 keV만이 필요하다. 그림 6.30은 0.5−12 keV 범위에서 Cu의 X-선 흡수 분광도를 보여 준다. X-선 흡수의 배경 세기는 매끈한 곡선형이면서, 낮은 에너지로 갈수록 급격히 증가한다. 그 위에 K, L 등의 흡수가 중첩되어 분광도가 완성된다. K 흡수단은 $1s$ 이온화의 최소 에너지를 나타내며, 이 에너지 값에 다다를 때 흡광계수가 급격히 증가한다. L 흡수단은 $2s$와 $2p$ 전자의 이온화에 해당하며 L_1, L_2, L_3의 세 흡수단으로 구성된다. 중간 에너지, 예를 들어 4 keV의 X-선을 물질에 쪼일 경우 L 껍질의 이온화가 일어날 것이며, 이때 이탈하는 전자는 잉여의 운동 에너지 E를 갖는다.

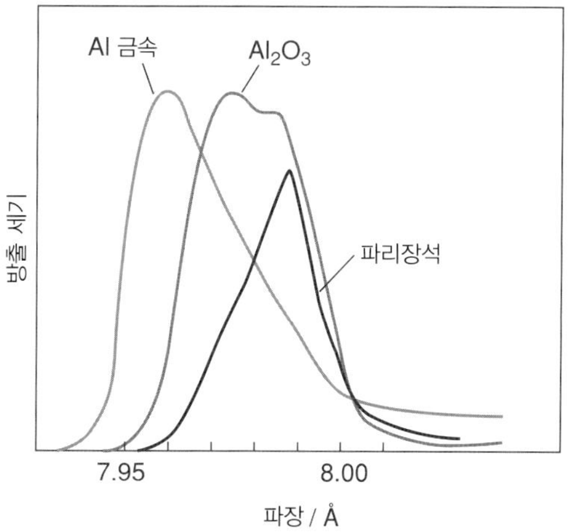

그림 6.29 Al과 그 화합물로부터 기록된 Al K_β 방출 분광. Reproduced with permission from White and Gibbs, Amer. Mineral., 54, 931, © 1969 The Mineralogical Society of America.

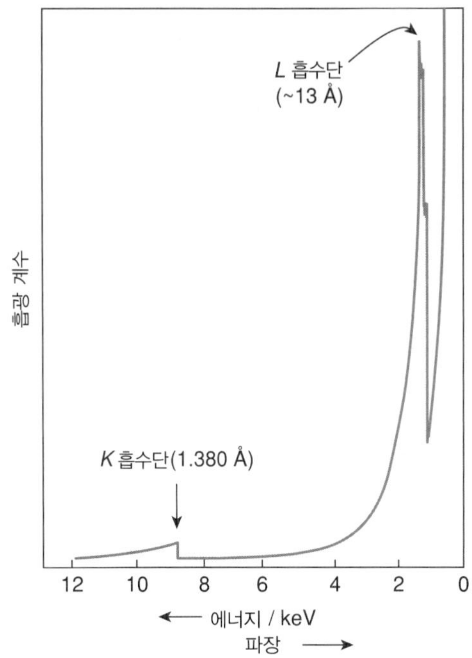

그림 6.30 X-선 파장에 따른 Cu의 흡광 계수 변화. Reproduced with permission from E. A. Stern 'The Analysis of Materials by X-Ray Absorption' Scientific American, 234(4):96 © 1976 Scientific American, a division of Nature America, Inc.

$$E = h\nu - E_0 \tag{6.7}$$

$h\nu$와 E_0는 각각 X-선 입사 에너지와 이온화 임계 에너지이다. 흡수단의 파장은 원자 내 에너지 준위의 상대 간격에 의존하므로, Moseley 법칙에 따라 원자 번호 Z에 연관된다. 따라서 X-선 흡수 분광을 통해 원소 종을 확인할 수 있다.

X-선 흡수 기법은 1930년대 이래로 사용되어 왔지만, 최근 이루어진 입자 가속기 기술 진보에 의해 그 활용 범위가 획기적으로 확대, 심화되었다. 전자를 자기장 하에서 가속시킴으로써 매우 강한 세기의 운동 입자를 얻을 수 있고, 그 파장을 X-선 영역 대에서 자유로이 조절 가능하다. 가속 입자의 사용으로 흡수 분광의 감도가 크게 개선되었고, 자연히 훨씬 더 많은 정보가 얻어지게 되었다. 현재 입자 가속 설비를 갖춘 연구소의 수는 전 세계적으로도 매우 적은 편이지만,[8] 꾸준히 증설되는 추세이다.

X-선 흡수 분광의 두 가지 주요 기법은 XANES(X-ray absorption near edge structure)와 EXAFS (extended X-ray absorption fine structure)이며, 둘 모두 흡수단에서의 흡수 분광을 분석한다.

XANES: 내부 껍질 전이와 관련된 미세 구조가 흡수단 영역에서 관찰되는 경우가 있다. Cu *K* 흡수단 영역에서는 초기 상태 1*s*로부터 3*d*(Cu^+의 경우는 불가), 4*s*, 4*p*를 최종 상태로 하는 전이가 가능하며 이에 의한 미세 구조가 나타날 수 있다. 흡수 피크의 위치는 원자의 산화 상태, 국부 대칭, 결합 원자와 결합 속성에 의존하므로, 흡수 분광도로부터 산화 상태와 국부 구조를 알아낼 수 있다. 그림 6.31은 Cu 화합물 CuCl과 $CuCl_2 \cdot 2H_2O$의 흡수단 영역 분광도를 보여 주는데, 두 경우 모두 여러 흡수 전이에 의한 미세 구조 피크가 겹쳐져 나타나 있다. 분광도의 전체적 위치는 $CuCl_2 \cdot 2H_2O$가 더 높은 에너지 쪽에 놓여 있다. 이는 Cu의 산화 상태가 더 높아 *K* 껍질 전자의 이온화 에너지가 더 크기 때문으로 해석할 수 있다.

EXAFS: XANES가 흡수단 미세 구조를 고분해능으로 조사하는 데 비해, EXAFS는 흡수단 이후

8) ESRF(Grenoble, 프랑스), ISIS(Chilton, 영국), NSLS-II(Brookhaven, 미국), SLAC(Stanford, 미국), PF-KEK(Tsukuba, 일본), PLS-II(포항) 등.

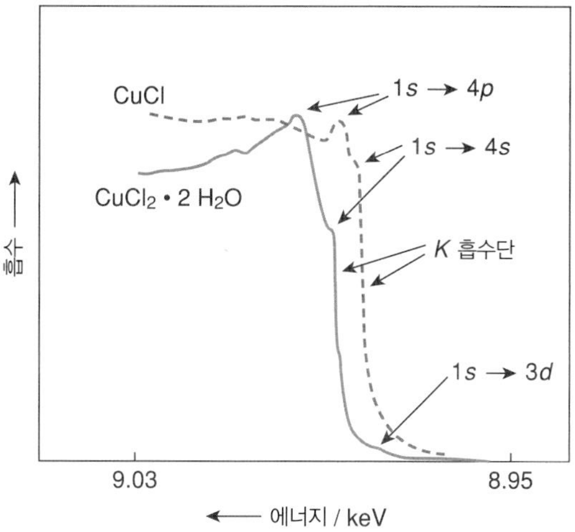

그림 6.31 CuCl과 $CuCl_2 \cdot 2H_2O$의 XANES 분광도. Reproduced with permission from Chan, Hu and Gamble, Application of synchrotron radiation to the structural studies of metalloproteins., J. Mol. Str., 45, 239, © 1978 Elsevier.

~1 keV에 이르는 넓은 영역에 걸쳐 에너지에 따른 흡수 변화를 분석한다. 흡수는 Kronig 미세 구조로 알려진 물결무늬를 보이며(그림 6.32), 그로부터 국부 구조 정보를 추출할 수 있다. 여기서 상세히 다루지는 않겠으나, 이온화된 광전자는 고체 내의 이웃 원자들과 상호 작용하는 과정에 파동으로 거동하며, 또한 이 파동은 광전자의 2차 산란원 역할을 한다. 이웃한 산란 파동 간에 간섭이 일어날 수 있고, 그에 의해 X-선 광자의 흡수 확률이 영향 받는다. 간섭의 정도는 광전자의 파장(입사 X-선의 파장)뿐만 아니라, 흡광 원자 주위의 원자 종류, 개수, 거리에 의존한다. 어떤 면에서 EXAFS는 개개의 흡광 원자가 전자 광원으로 작용하는 *in situ* 전자 회절이라 하겠다. 물결무늬를 푸리에 변환 기법으로 분석하면 배위수와 결합 거리 정보를 얻을 수 있다.

EXAFS 기법은 물질의 결정성에 관계없이 적용될 수 있으며, 특히 유리, 젤, 비정질 금속과 같이 구조 정보를 얻기 어려운 대상에 대해 유용한 분석 수단이다. EXAFS의 차별적 장점은 두 가지 면에서 비롯한다. 우선 EXAFS는 흡광 원자를 중심으로 수십 Å 내외 범위만이 관여하는 전형적 국부 현상이다. 또한 입사되는 X-선 에너지를 조정함으로써 특정 원소에 대한 국부 구조 정보를 선택적으로 알아낼 수 있다. 반면 일반 회절 기법은 전체 원소가 기여하는 평균 결합 거리 정보를 뭉뚱그려 보여 준다.

그림 6.33은 합금 $Cu_{46}Zr_{54}$의 EXAFS를 푸리에 변환하여 얻은 거리 분포 함수(radial distribution function, RDF)이다. 피크의 위치는 결합 거리를 반영하는데, Zr의 경우 평균적으로 4.6개의 Cu(2.74 Å)

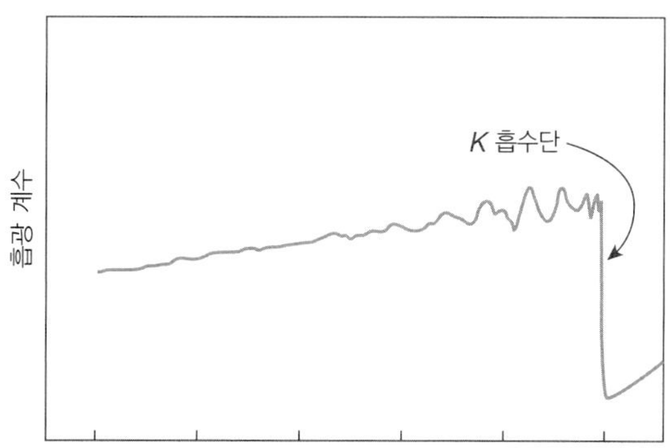

그림 6.32 Cu의 EXAFS 분광도. Reproduced with permission from E. A. Stern 'The Analysis of Materials by X-Ray Absorption' Scientific American, 234(4):96 © 1976 Scientific American, a division of Nature America, Inc.

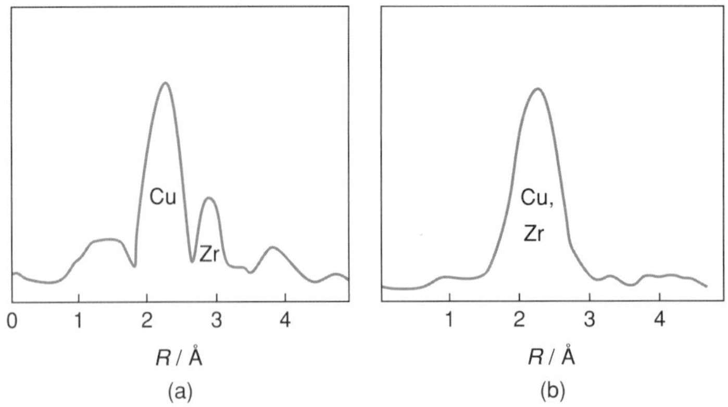

그림 6.33 비정질 합금 $Cu_{46}Zr_{54}$의 EXAFS에서 얻어진 RDF: (a) Zr *K* 흡수단(18 keV); (b) Cu *K* 흡수단(9 keV). Reproduced with permission from Gurman, S. J., EXAFS studies in materials science, J. Mat. Sci., 17, 1541, ©1982 Springer Netherlands.

와 5.1개의 Zr(3.14 Å)에 둘러싸인 것으로 나타난다. Cu−Cu 거리는 2.47 Å이다.

6.3.6 전자 분광: ESCA, XPS, UPS, AES, EELS

전자 분광 기법은 복사파나 입자를 이용하여 이온화 에너지 이상의 충분한 고에너지로 물질을 가격한 후, 그 결과 방출되는 전자의 운동 에너지를 측정한다. 고에너지에 노출된 물질에서는 다양한 과정이 일어나는데(그림 6.28(a)), 가장 단순하게는 최외각 또는 내부 껍질의 전자가 이온화하는 것이다. 이온화된 전자의 운동 에너지 E는 입사 에너지 $h\nu$와 전자의 결합 에너지 E_0의 차이에 해당한다(식 6.7). 주어진 원자에서 여러 다른 껍질의 전자가 제각각 이온화할 수 있으므로, E_0 값은 상당한 범위에 걸쳐 나타난다. 또한 이러한 E_0 값들은 원소의 종류에 따라 고유하다.

E와, 또한 그에 따라 E_0를 측정함으로써 조성 원자를 확인할 수 있는데, 이게 바로 Siegbahn과 그 동료들이 개발한 **전자 분광 화학 분석**(ESCA)[9]의 기본 원리이다. 이온화에는 대개 X-선(Mg K_α, 1254 eV 또는 Al K_α, 1487 eV)이나 자외선(He의 $2p \rightarrow 1s$ 방전, He일 경우 21.4 eV, He^+은 40.8 eV)이 이용되는데, 그 이유로 각각을 XPS, UPS[10]로 부르기도 한다. XPS와 UPS의 주요한 차이점은 이온화가 일어나는 전자 껍질이다. 내부 껍질 전자들은 XPS에 의해서만 이온화될 수 있고, UPS는 최외각 준위의 전자만을 떼어낼 수 있다.

Auger 전자 분광, AES(6.2.2.3절)는 ESCA와 밀접히 연관된 기법이다. AES에서는 이온화 과정 자체가 아니라, 이온화에 의해 들뜬 원자가 바닥 상태로 되돌아가는 2차 과정에 발생된 전자를 탐지한다(그림 6.34). 원자 A에서 ESCA와 Auger 과정의 최초 단계는 다음과 같다.

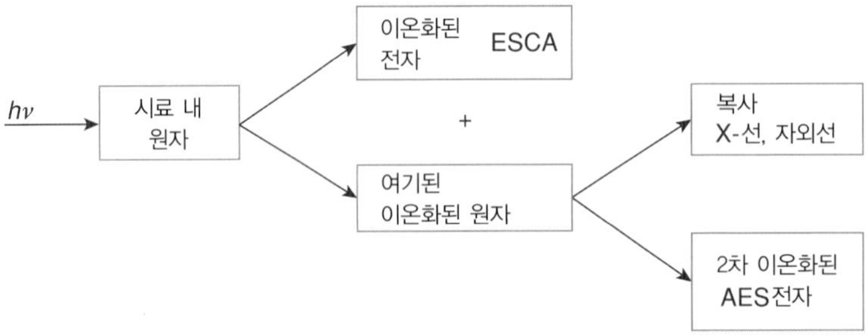

그림 6.34 ESCA와 Auger 분광의 흐름도.

9) Electron spectroscopy for chemical analysis. K. Siegbahn은 ESCA의 개발 공로를 인정받아 1981년 노벨 물리학상을 수상함.

10) X-ray photoelectron spectroscopy, Ultraviolet photoelectron spectroscopy.

$$A \xrightarrow{h\nu} A^{+*} + e^-$$

A^{+*}은 들뜬 상태의 이온화된 원자를 나타내며, e^-는 이온화 결과로 발생되어 ESCA에 의해 감지되는 전자이다. 들뜬 상태의 A^{+*}은 내부 껍질의 전자가 이온화되면서 빈 자리를 남기거나 또는 복사 에너지에 의해 일부 전자가 더 높은 준위로 여기됨으로써 생성된다. 어느 경우에나 A^{+*}는 전자 전이를 통해 바닥 상태로 내려오는데, 그에 수반된 에너지 방출은 다음의 둘 중 한 경로를 따른다.

$$A^{+*} \longrightarrow A^{+} + h\nu \text{ (X-선, 자외선)}$$
$$A^{+*} \longrightarrow A^{2+} + e^- \text{ (Auger 전자)}$$

에너지는 전자기파 복사의 형태로 방출될 수 있으며, 사실 X-선을 얻는 흔한 방법은 무거운 A 원자에서 위 과정을 일으키는 것이다. 가벼운 원자에서는 자외선 광자가 얻어진다. 이와는 달리 원자 내부에서 더 높은 준위의 다른 전자에 에너지가 전달되어 이온화를 유발할 수 있다. 이러한 2차 이온화 전자를 Auger 전자라 부른다.

대개 AES 분광도는 ESCA와 동시에 관찰된다. 그림 6.35는 간략화된 AES 분광도를 보여 주고 있다. 종종 AES 분광도는 해석이 어려우리만치 복잡성을 띠는데, 이는 그 배경 과정이 단순하지 않기 때문이다. 그러나 장치 성능의 진보가 지속적으로 이루어지고 있고 기법 원리상 유망한 활용성을 가져 향후 그 사용이 증가할 것으로 기대된다.

XPS와 UPS는 원자나 분자 내의 에너지 준위를 결정하는 데 유용한 기법이며 특히 표면 상태를 연구하는 데 적합하다. 이는 방출되는 전자의 에너지가 낮아 ($\ll 1$ keV) 시료에 의해 쉽게 흡수되기 때문이다. 시료 표면 ~2–5 nm 이내에서 발생된 이온화 전자는 내부로부터 탈출하는 과정에서 쉽게 소멸되고 만다.

고체 표면의 국부 구조를 밝히는 데 XPS가 적용된 사례들이 다수 알려져 있다. 여기에는 전자의 결합 에너지가 원자의 산화 상태나 인접 환경에 의해 달라진다는 점이 이용된다. 즉, NMR에서와 같이 원자의 **화학적 이동**(chemical shift)을 측정함으로써 국부 결합 정보를 얻는 것이다. 그림 6.36과 6.37은 화학적 이동의 예를 보여 준다. 먼저 그림 6.36에서 $Na_2S_2O_3$는 두 종류의 S 원자를 가지며, 두 피크의 세기로부터 각 종류의 양이 같음을 알 수 있다. 두 피크 중 높은 운동 에너지의 것을 말단 S 원자로 지정할 수 있는데, 말단 원자가 중심 원자보다 더 큰 음전하를 띰에 따라 이온화가 더 쉬울 것이기 때문이다. 이에 비해 Na_2SO_4는 단일한 S 2*p* 피크를 보였고 그 위치는 앞서 $Na_2S_2O_3$의 중심 S 원자에 지정했던 피크와 같다.

KCr_3O_8은 혼합 원자가 화합물이며 $KCr^{III}(Cr^{VI}O_4)_2$로 표기함으로써 보다 명확히 묘사된다. 그 XPS 분광도(그림 6.37)는 Cr 3*s*와 3*p* 전자들 각각에 대한 이중선을 보여 준다. 두 경우 모두 피크 세기 비는 2:1이고 각 성분을 Cr^{VI}, Cr^{III}의 산화 상태에 지정할 수 있다. 이러한 해석은 화학식 조성과 일치하며, 높은

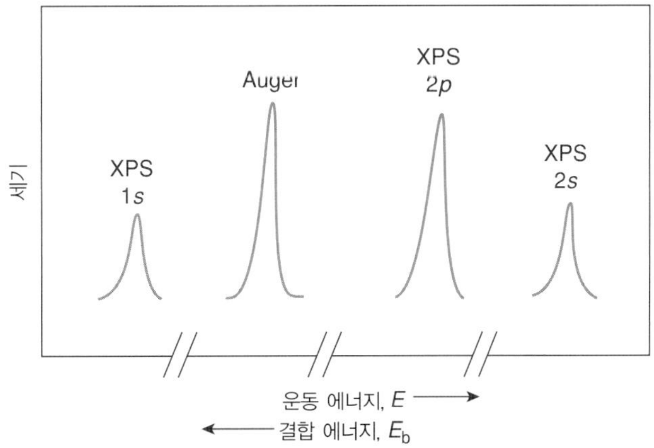

그림 6.35 Na^+ 함유 고체에서 측정된 XPS와 AES의 모식도. 최초 형성된 1*s* 빈자리를 2*p* 전자가 채우게 되고, 그 과정에서 다른 2*p* 전자(Auger 전자)가 이온화됨.

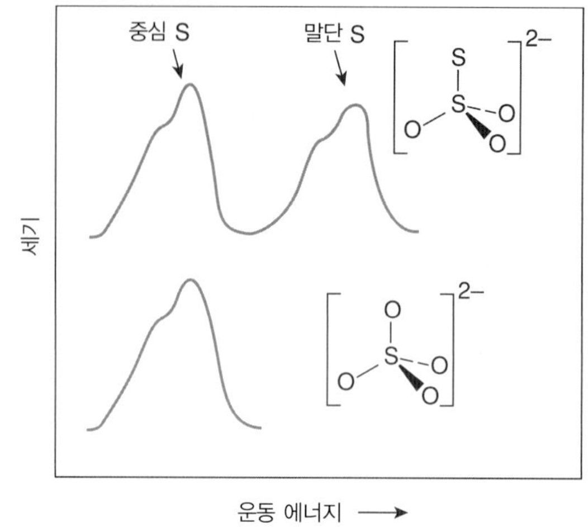

그림 6.36 $Na_2S_2O_3$(위)와 Na_2SO_4(아래)의 모식적인 S $2p$ XPS 분광도. 각 피크들은 $2p$ 전자의 두 가지 스핀−궤도 상태 1/2, 3/2에 의해 이중선을 보임.

산화 상태가 더 큰 E_0를 갖는다는 상식에도 잘 들어맞는다.

위 예들은 ESCA 분광도에 대한 국부 구조의 영향을 잘 보여 준다. 다른 많은 기법에서 '화학적 이동'은 산화 상태나 국부 구조, 국부 환경에 대해 크게 민감하지 않다. ESCA의 국부 탐침 능력은 거의 모든 원소에 적용 가능하므로 앞으로도 확장 여지가 크다.

ESCA는 고체, 특히 금속이나 반도체의 전자 띠 구조를 조사하기 위해 널리 사용된다. 그림 6.38은 일련의 Na-함유 텅스텐 브론즈 화합물들을 예로 보여 준다. 이들은 모두 ReO_3 구조를 갖지만 서로 다른 양의 Na가 삽입되어 있다. W^{VI}는 d^0 상태이므로 WO_3는 $5d$ 전자를 갖지 않는다. Na를 WO_3에 삽입시켜 Na_xWO_3를 형성함에 따라 Na의 전자가 W $5d$ 띠를 채우게 된다. 이와 함께 XPS 분광도에서 $5d$ 띠의 이온화에 해당하는 피크가 나타나고 그 세기는 Na의 양에 따라 증가한다. ReO_3의 경우와 비교하면, Re^{VI}는 d^1 상태이며, 실제 그 XPS 분광도는 $Na_{1.0}WO_3$에 대해 예상되는 결과와 유사하다. 어떤 경우 금속의 전자 띠 구조에서 편재화된 표면 상태가 감지되기도 한다. 이들은 금속의 표면이나 그 부근에 편재화된 전자 오비탈로 나타나는데, 그것을 감지하기 위해서는 매우 깨끗한 시료 표면이 요구된다.

EELS는 분석 전자 현미경에 부속된 기법이며 6.2.2.6절에서 다루어졌다. 이 기법은 C나 N과 같이 원자 번호가 낮은 성분의 원소 분석이나 고체 표면층의 에너지 준위 연구에도 사용될 수 있다. EELS의 첫 단계에서는 단색광의 전자 입사 빔이 내부 껍질 전자를 이온화시킨다. 이 이온화 과정은 X-선을 발생시키

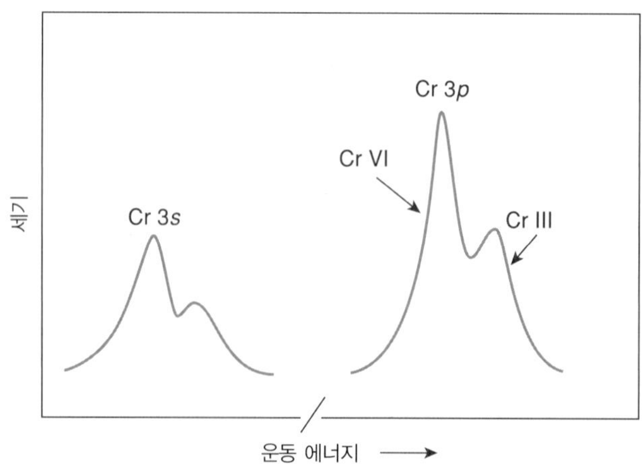

그림 6.37 KCr_3O_8의 Cr $3s$, $3p$ XPS 분광도.

기 위한 전 단계이다. 이온화를 유발시킨 입사 전자는 에너지를 잃게 되며, EELS 분광도는 그 전자들의 개수를 에너지 손실 크기에 대해 나타낸 것이다. EELS 분광도에서 가로축(에너지 손실 값)이 0일 때 강한 피크가 나타나는데, 이는 시료와 상호 작용을 전혀 하지 않았거나 탄성 산란된 전자에 해당한다. 그 외의 피크들은 내부 껍질 전자의 이온화를 일으킨 전자에 의한 것인데, 대개 세기가 약하고 폭이 넓으며 원자 번호가 높을수록 복잡도가 증가한다. EELS는 가벼운 원자들의 분석에 특히 유용하기 때문에 XRF에 대한 상보 기법으로 알맞다.

6.3.7 뫼스바우어(Mössbauer) 분광

뫼스바우어 분광(γ-선 분광)은 원자핵 내부의 전이를 탐지한다는 면에서 NMR 분광과 유사점이 있다. 시료에 입사되는 γ-선은 고순도의 단색광이며 그 에너지는 도플러(Doppler) 효과를 이용하여 조절된다. 입사 에너지에 따라 시료의 흡수가 기록되는데, 대개 경우 분광도는 넓은 폭의 피크가 겹쳐진 패턴을 보이며 이로부터 국부 구조 정보(산화 상태, 배위수, 결합 속성)가 얻어질 수 있다.

γ-선은 $^{57}_{26}Fe^{*}$ 또는 $^{119}_{50}Sn^{*}$과 같은 방사능 원소의 붕괴로부터 생성된다. γ-선은 전자기파 스펙트럼에서 X-선의 높은 에너지 쪽 경계 너머에 나타난다. γ-방출 과정에서는 원자 질량(원자 번호)이 달라지는 대신 핵 내부의 에너지 준위 점유 분포가 변화한다. '무반동 방출(recoilless emission)'이 없는 조건에서는 이 모든 에너지 변화량이 방출 γ-선으로 전해진다. 그 결과 단색광의 방사선이 발생되며, 시료 내에 방사능 발생원과 비슷한 원자가 함유된 경우 γ-선 흡수가 일어날 수 있다. 흡수 원자의 핵 에너지 준위 구조가 산화 상태, 배위수 등에 따라 다소 달라지므로 입사 방사선의 에너지나 시료의 원자핵 내 에너지 준위를 조절할 수 있는 방법이 필요하다.

실제에서는 입사 γ-선의 에너지가 도플러 효과를 이용하여 조절된다. 시료를 고정된 위치에 둔 채 γ-선 광원을 일정 속도로 시료에 가까이 또는 멀리 이동시키면, 시료에 입사되는 γ-선의 에너지가 증감된다. 이 방법에 의해 시료의 γ-선 흡수 분광도가 얻어진다. 몇 안 되는 동위원소만이 뫼스바우어 분석에 적합한 γ-선을 방출할 수 있다. ^{57}Fe와 ^{119}Sn이 가장 널리 사용되며, 자연히 이 기법은 철이나 주석을 함유한 물질에 대해 주로 이용되어 왔다. 사용 가능한 다른 동위원소에는 ^{129}I, ^{99}Ru, ^{121}Sb가 포함된다. 그림 6.39는

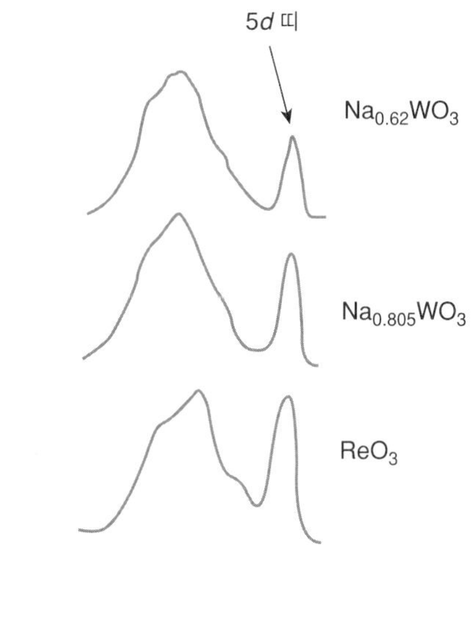

그림 6.38 텅스텐 브론즈에 대한 XPS 분광도. Reproduced with permission from Campagna et al., Phys. Rev. Lett., 34, 738, ©1975 American Physical Society.

이 기법의 모식적 개요를 나타낸다.

뫼스바우어 분광도에는 몇 가지 종류의 정보가 담겨 있다. 가장 단순하게는 방출 원자와 시료가 동일한 경우, 광원이 정상 위치일 때 공진 흡수 피크가 발생한다(그림 6.39(b)). 방출 원자와 시료가 똑같지 않다면 흡수 피크가 이동한다. 이러한 화학적 이동(chemical shift, δ)은 핵 외곽의 전자 밀도 분포 변화에 의해 핵의 에너지 준위가 달라지기 때문에 일어난다. 특히 화학적 이동과 상관되는 것은 핵에서 바깥 껍질 s 전자의 밀도이다. 그림 6.40은 다양한 철-함유 고체에서의 화학적 이동을 요약하며 전하와 배위수의 영향을 보여 준다. 이를 활용함으로써 무기 화합물에 함유된 Fe의 속성을 알아낼 수 있다.

핵스핀 양자수 I가 $^1/_2$보다 큰 경우 핵 내부의 양전하 분포가 구형에서 벗어나며 사중극자 모멘트 Q가 발생한다. 그 결과로 핵 에너지 준위의 갈라짐과 뫼스바우어 분광도의 피크 갈라짐이 일어난다. ^{57}Fe와 ^{119}Sn 둘 다에서 피크는 이중선으로 갈라진다. 이중선의 분리는 **사중극자 갈라짐**(quadrupole splitting, Δ)으로 불리며 국부 구조와 산화 상태에 대해 민감하다.

선 갈라짐의 두 번째 유형은 **자기 초미세 Zeeman 갈라짐**(magnetic hyperfine Zeeman splitting)이다. 이는 스핀 I의 핵이 자기장에 놓일 때 핵 에너지 준위 각각이 $(2I+1)$개의 하위 준위로 갈라지는 효과이다. 자기장 환경은 강자성, 반강자성, 상자성 시료의 자기 교환 상호 작용이나 외부 자기장에 의해 조성

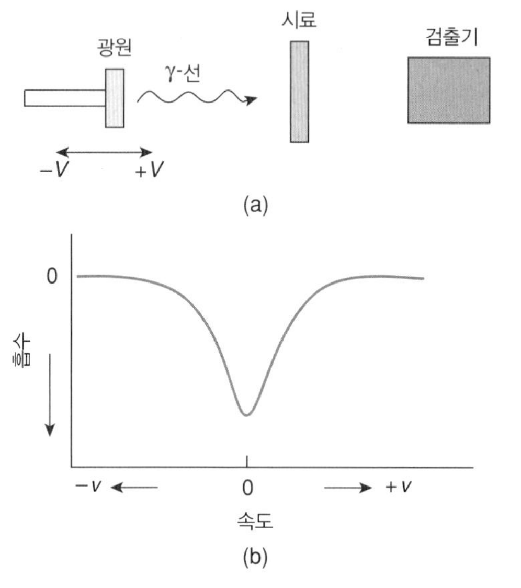

그림 6.39 (a) 뫼스바우어 효과. γ-선의 에너지는 이동형 광원을 이용함으로써 조절된다(도플러 효과). (b) γ-광원과 시료가 똑같은 물질일 때 얻어지는 전형적 단일선 분광도.

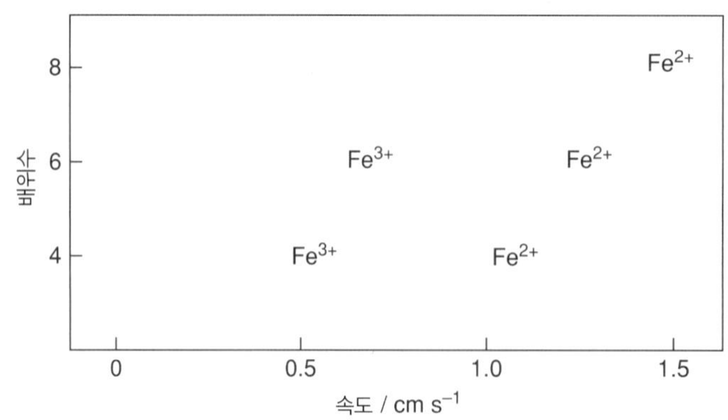

그림 6.40 철-함유 화합물의 화학적 이동. Reproduced with permission from Bancroft, Mössbauer Spectroscopy, © 1973 McGraw-Hill.

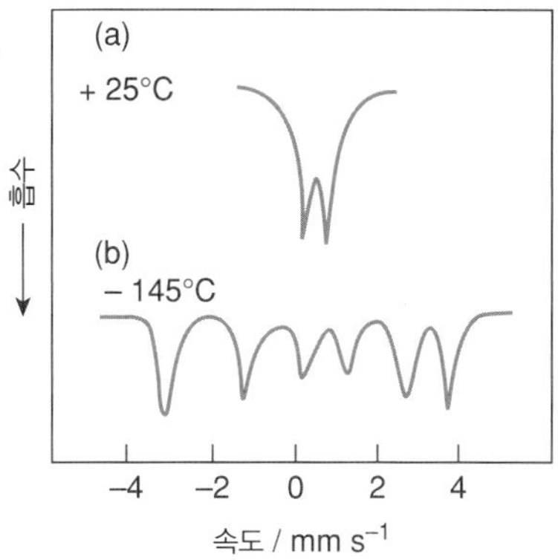

그림 6.41 $KFeS_2$의 뫼스바우어 분광도: (a) Néel 온도 이상, (b) Néel 온도 이하. Reproduced with permission from Greenwood, Chem. Brit., 3, 56, © 1967 Royal Society of Chemistry.

될 수 있다. 초미세 갈라짐 거동, 특히 온도 의존성의 연구는 자기적 질서에 대한 정보를 제공해 준다. 예를 들어 $KFeS_2$는 245 K 아래에서 반강자성이고 초미세 갈라짐에 의해 6개의 피크가 분광도에 나타난다. 245 K 위에서는 사중극자 상호 작용만이 일어나며 분광도가 이중선으로 단순해진다(그림 6.41).

6.4 열분석

열분석(thermal analysis, TA)은 온도 환경에 따라 시료의 물리적, 화학적 거동을 측정하는 기법이며, 여기에는 엔탈피, 열용량, 질량, 열팽창계수 등이 포함된다. 금속 막대의 열팽창계수를 측정하거나 가열에 의해 물질이 분해되는 과정의 질량 변화를 측정하는 것은 TA의 단순한 예이다. 고체 과학에서 TA는 고체상 반응, 열적 분해, 상 전이, 상 평형도 정립에 대한 연구를 위해 다양하게 이용된다. 대부분의 고체는 '열적 활성', 즉 온도 조건에 따라 조성이나 물성의 변화를 보이기 때문에 적절한 조건 설계에 따라 TA를 매우 유용하게 활용할 수 있다.

TA 기법 중 가장 널리 사용되는 두 가지는 **열중량법**(thermogravimetry, TG)과 **시차 열분석법**(differential thermal analysis, DTA)이다. TG는 시료의 질량을 온도에 따라, 혹은 일정 온도에서 시간 경과에 따라 기록한다. DTA는 시료와 비활성 기준 물질의 온도 차 ΔT를 환경 온도의 함수로 기록하며, 그를 통해 시료의 열량 변화를 측정할 수 있다. DTA와 유사 기법인 **시차 주사 열계량법**(differential scanning calorimetry, DSC)에서도 시료의 엔탈피 변화를 정량 측정하도록 장치가 설계되어져 있다. **팽창법**(dilatometry)에서는 시료의 1차원적 길이 변화를 온도에 따라 기록한다. 이 기법은 오래 전부터 금속의 열팽창계수를 측정하는 데 이용되어 왔으며, 최근 **열적 역학분석**(thermomechanical analysis, TMA)으로 불리면서 고분자의 품질 관리와 같은 분야로 적용이 확대되고 있다.

이 절에서는 TG, DTA, DSC의 기본 원리와 응용이 소개된다. 단, 기기 구성의 세부는 포함되지 않는다.

6.4.1 TG

TG는 물질의 중량 변화를 온도 또는 시간의 함수로 측정하며, 그 결과는 그림 6.42와 같은 곡선으로 얻어진다. 그림의 예는 일정한 승온 속도로 가열되는 중에 시료가 분해되는 과정을 나타낸다. 동적 가열에 의한 열적 분해는 대개 다소 간의 온도 범위($T_i \sim T_f$)에 걸쳐 일어난다. 기록된 M_i와 M_f는 각각 분해 전후의 물질 상태, 그리고 ΔM은 분해 과정에서 기체 상태로 발생된 성분에 해당한다. M_i, M_f, ΔM의 상대 비는 분해 과정의 성분 변화 정보를 담고 있으며, 시료 물질에 따라 고유한 값이다. 반면 T_i와 T_f는 승온 속도, 시료의 속성(입자 크기 등) 등에 의존하며, 특히 기체 분위기에 따라 크게 달라질 수 있다(그림 6.43). $CaCO_3$의 경우 진공에서는 ~500 ℃에서 분해가 완결되는 반면, CO_2 분위기에서는 900 ℃까지도 분해가 시작되지 않는다. 즉, T_i와 T_f는 실험 조건에 대한 의존도가 크며, 평형 열분해 온도를 나타내는 것은 아니다.

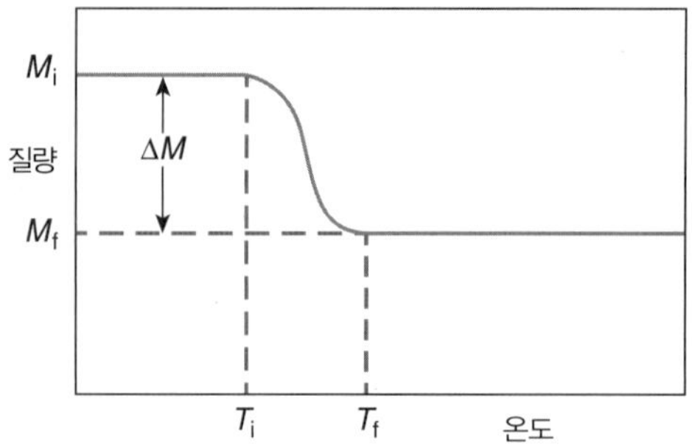

그림 6.42 단일 단계 분해 반응 과정에 대한 모식적 TG 곡선.

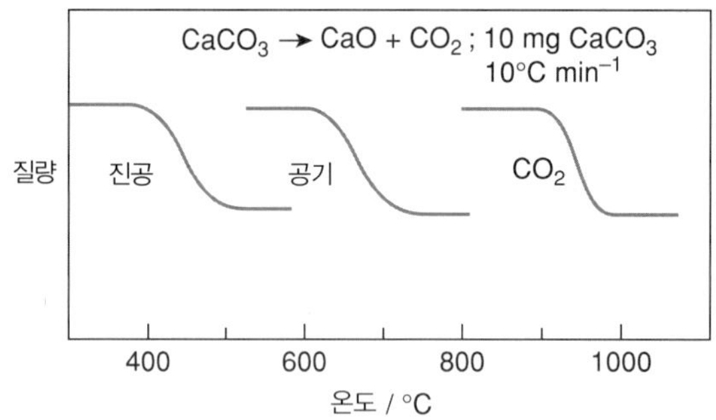

그림 6.43 각기 다른 기체 분위기에서 $CaCO_3$의 분해.

6.4.2 DTA와 DSC

DTA에서는 일정 패턴의 온도 변화 과정에서 시료의 온도(T_s)와 비활성 기준 물질의 온도(T_r)를 비교한다. 가열에 의해 시료의 단순 승온만이 일어난다면 위의 두 온도가 같을 것이다. 하지만, 시료가 용융, 분해, 결정 구조 전이 등의 변화를 겪는다면 시료의 승온이 가열 속도에 비해 앞서거나(발열 과정) 지체될(흡열 과정) 수 있다.

그림 6.44는 DTA에서 기준 물질의 역할과 필요성을 보여 주고 있다. 그림 6.44(a)와 같이 시료를 일정 속도로 가열하면 시작 부분에서 T_s가 직선상을 따라 증가한다. 이후 시료의 흡열 과정 온도, 예를 들어 녹는점 T_c에 이르게 되면, T_s가 일정하게 유지되다가 흡열 과정이 종결되면 다시 일정 속도로 증가하게 된다. 따라서 T_c에서의 열적 거동은 배경선(baseline) 기울기로부터 벗어난 승온 궤적으로 나타난다.

그러나 위와 같은 방식의 측정은 작은 크기의 열적 효과를 잘 나타내지 못하며, 또한 가열 속도의 요동 등에 의한 배경선 변화가 시료 내부의 열적 거동으로 오인될 여지도 있다. 이와 같은 감도 한계 때문에 이 장치는 제한된 사용 범위를 가지며, 종래 냉각 곡선 기법(method of cooling curve)으로 상 평형도를 정립하는 데 주로 사용되어 왔다. 이 방법에서는 시료의 온도를 냉각 과정에서 기록하는데, 이는 응고나 결정화에 수반된 열적 효과가 크게 나타나기 때문이다.

그림 6.44(c)는 DTA에 사용되는 시료 환경을 보여 준다. 시료와 기준 물질은 하나의 가열체 위에 이웃하여 놓인 채 등속 가열 혹은 냉각되며, 같은 종류의 열전기쌍(thermocouple)이 시료와 기준 물질에 각각 부착된다. 시료와 기준 물질의 온도가 같은 경우 두 열전기쌍이 나타내는 열기전력 차는 0이지만, 시료에서 열적 변화가 일어날 경우 $T_s \neq T_r$가 되며 이는 열전기쌍들의 전압 차로 측정되어진다. 또한 별도의 열전기쌍(그림에 미표시)에 의해 가열체 온도 T_h가 측정되어진다. DTA는 온도 차 $\Delta T(=T_s - T_r)$를 온도에 따라 도시하는데(그림 6.44(d)), 수평의 배경선은 $\Delta T = 0$에 해당하며 시료의 열적 거동은 피크로 나타나게 된다. 피크의 온도 위치는 그 시작 온도 T_1, 또는 극소(극대)점 온도 T_2로 택해진다. 물리적 의미 면에서는 T_1을 선택하는 것이 보다 정확하지만, 그 값을 명확히 결정하기 어렵기 때문에 T_2를 사용하는 경우

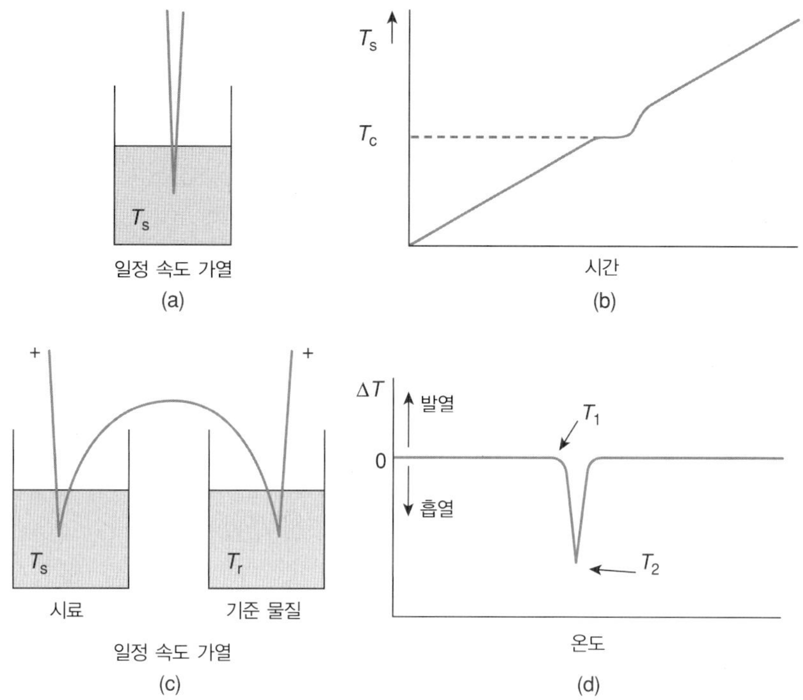

그림 6.44 DTA 기법. (b)의 도표는 (a)의 장치를 이용하여 얻어진다. (d)는 전형적 DTA 결과이며 (c)의 장치를 이용하여 얻어졌다.

가 흔하다. ΔT 피크를 증폭하는 것이 가능하므로 아주 작은 엔탈피 변화도 감지될 수 있다. 정밀도와 정확도 면에서 그림 6.44(d)는 그림 6.44(b)에 비해 확연히 뛰어나고, DTA나 DSC 결과를 나타내는 보편적 방법이다.

DTA 측정 장치는 열적 조건 변화에 대한 민감도가 극대화되도록 설계되어, 열용량 변화에 대한 감응도가 절충된다. 즉, 온도에 대한 정확도가 높은 대신 엔탈피 변화에 대한 피크 세기는 정성적인 면이 있다. DTA의 엔탈피 값을 정량화하기 위해 장비 보정을 할 수도 있지만, 정량적 엔탈피 정보를 위해서는 DSC의 사용이 권장된다.

DSC는 DTA와 매우 유사하여 시료와 비활성 기준 물질이 사용되지만 장치 설계에 차이가 있다. 대부분 타입의 DSC에서는 가열 과정에서 시료와 기준 물질이 서로 같은 온도를 유지하도록 한다. 이때 시료의 열적 변화가 없다면 두 물질에 공급되는 외부 열량이 똑같을 것이다. 하지만 시료가 흡열이나 발열 과정을 겪게 되면 기준 물질에 비해 더 많거나 적은 양의 외부 열을 필요로 하고, 그로부터 엔탈피 변화가 직접 측정될 수 있다. 또 다른 타입의 DSC에서는 DTA와 마찬가지로 시료와 기준 물질의 온도 차가 측정된다. 이 경우 장치의 설계 변형을 통해 열용량 측정이 정량적으로 이루어지게 한다.

6.4.3 열분석의 적용

TA는 매우 다양한 방식으로 다수의 예에서 사용되는데, 일반적으로 TG에 비해 DTA/DSC의 사용 범위가 더 넓다. TG가 시료의 질량 변화만을 기록하는 데 비해 DTA/DSC는 질량 증감뿐만 아니라, 다형체 전이와 같은 변화를 감지할 수 있다. 많은 상황에서 TG와 DTA/DSC를 병행할 경우 관찰된 DTA/DSC 거동의 속성을 질량 변화 여부에 따라 구분할 수 있다. 한 예로 그림 6.45는 고령석 $Al_4(Si_4O_{10})(OH)_8$의 분해 과정을 나타낸다. TG의 ~500−600 °C에서 나타난 질량 감소는 시료의 탈수에 해당하며, 이는 DTA에서 흡열 거동으로 표시된다. 두 번째 DTA 효과는 950−980 °C에 나타나는데, 이에 상응하는 TG 거동이 수반되지 않으므로 이 과정은 고령석의 재결정화로 해석될 수 있다. 이 변화가 발열성이라는 사실은 ~600 °C와 950 °C 사이의 구조가 준안정성임을 암시한다. 발열 신호는 시료의 엔탈피가 감소하여 안정한

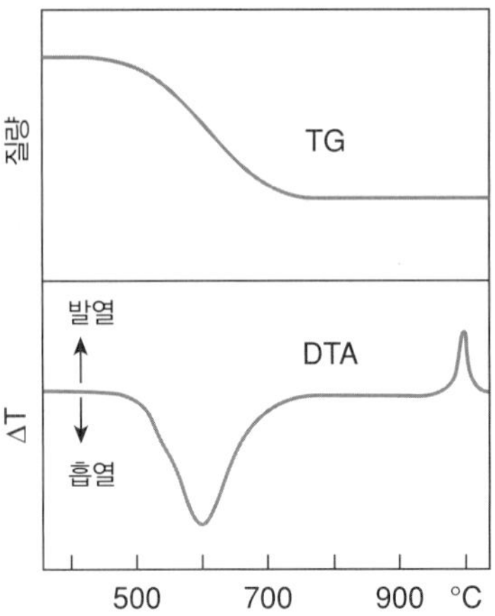

그림 6.45 고령석 광물의 TG, DTA 곡선. 곡선의 세부 사항은 시료의 구조와 조성에 따라 달라진다. 예를 들어 질량 감소(TG)와 그에 수반된 흡열(DTA)은 450–750 °C 범위의 어느 지점에서나 일어날 수 있다.

구조로 변하는 과정에 대응되기 때문이다. 이 전이에서 일어나는 구조 변화의 세부 사항은 아직 완전히 정립되지 않았다.

열분석 결과를 활용하는 또 다른 방법은 가열과 냉각 과정의 열적 변화를 비교하는 것이다. 이를 통해 용융/응고와 같은 가역적 변화를 분해 반응과 같은 비가역적 변화로부터 구분할 수 있다. 그림 6.46의 모식적 DTA 곡선은 가역적 변화와 비가역적 변화를 모두 포함하고 있다. 수화물에서 출발하여 가열을 시작했을 때, 첫 번째 변화는 탈수 과정(a)이며 여기에는 열 공급이 필요하여 흡열 신호가 기록된다. 다음 단계로, 탈수된 물질의 다형체 전이(b)가 일어나는데 이 또한 흡열 과정이다. 끝으로 시료가 용융되면서 세 번째 흡열 신호(c)가 나타난다. 고온 상태 물질을 냉각함에 따라 용융물은 발열성으로 결정화(c)하고, 뒤이어 다형체 전이(b)를 일으킨다. 그러나 열분석 조건에서 재수화가 일어나지는 못하기 때문에 이 그림은 2개의 가역 과정과 1개의 비가역 과정을 나타낸다.

가역 과정의 연구에 있어 **이력**(hysteresis)이 관찰되는 것은 매우 흔한 일이다. 즉, 냉각 과정의 발열 피크 위치가 가열 과정의 흡열 피크에 비해 더 낮은 온도로 이동하는 것이다. 이상적으로는 두 과정이 같은 온도에서 일어나고 또 같은 온도에서 기록되어져야 할 테지만, 실제로는 수 °C에서 수백 °C의 이력이 일어나는 것이 다반사이다. 그림 6.46의 두 가역적 변화는 아주 작은 이력을 보이고 있다.

이력의 정도는 시료의 속성과 전이에 수반되는 구조 변화에 따라 다르며, 강한 결합의 해리를 포함할 경우 큰 이력을 보이기 쉽다. 냉각 속도가 빠를수록 이력이 일어나기 쉬우며, 냉각 속도가 충분히 빠른 경

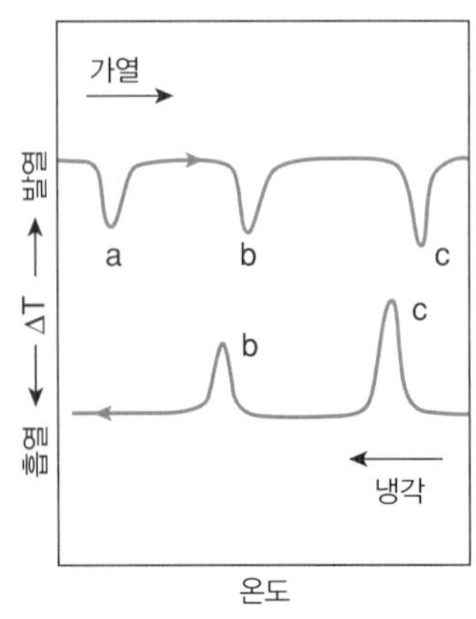

그림 6.46 모식적으로 표현된 가역적, 비가역적 변화: (a) 탈수, (b) 다형체 전이, (c) 용융/응고.

우 역과정이 완전히 억제되어 실질적으로 가열–냉각 순환에서 비가역 변화가 관찰된다. 비가역적 열처리를 산업적으로 이용하는 한 예는 유리의 제조이다(그림 6.47). 석영과 같은 결정성 물질을 가열하면 흡열 피크와 함께 용융되며, 이를 냉각시키면 결정화하는 대신 과냉각된다: 온도 하강과 함께 고점성 액체 상태를 거쳐 결국 유리가 된다. 즉, 이 과정에서 결정화가 완전히 억제되는 것이다. SiO_2의 용융액은 녹는점(~1700 ℃) 이상에서도 점도가 상당히 높고 느린 냉각 속도에서도 결정화가 매우 천천히 일어난다.

유리에 대한 연구에서 DTA와 DSC의 주요한 용도는 **유리 전이 온도**(glass transition temperature, T_g)를 측정하는 것이다. T_g는 고체 상태의 유리가 고점성의 과냉각 액체로 변환되는 온도이며, DTA 곡선의 배경선 위에 폭이 넓은 특이 피크로 나타난다(그림 6.47). 또한 T_g는 유리가 사용될 수 있는 실질적 상한 온도를 나타내며, 유리의 특성을 규정할 편리한 측정 변수가 된다. 실리카 유리와 같이 동역학적으로 매우 안정한 유리에서, DTA 분석으로부터 관찰되는 유일한 열적 변화는 유리 전이이다. 그러나 어떤 종류의 유리에서는 T_g와 T_m 사이에서 결정화와 불투명화(devitrification)가 일어날 수 있다. 이 경우 유리화 이후의 가열 과정에서 불투명화(발열 신호)가 일어나고 그 뒤를 이어 용융(흡열 신호)이 더 높은 온도에서 일어난다. 금속성 유리질은 불투명화 과정을 보이는 예들이며, 이들은 특정 조성의 액체 합금을 급속 냉각시켜 박막 형태로 얻을 수 있다. 유리를 형성하는 물질의 다른 주요 예로는 비정질 고분자와 비정질 칼코젠화물 반도체를 들 수 있다.

다형체 상 전이는 DTA나 DSC를 이용하여 쉽고 정확하게 조사될 수 있다. 많은 고체 물성이 상 전이에 의해 달라지므로 그 연구는 매우 중요한 가치를 띤다. 다음은 주요한 예들이다.

(1) 강유전체 $BaTiO_3$는 ~120 ℃의 Curie 온도(T_C)를 가지며 DTA에 의해 그 값을 결정할 수 있다. Ba^{2+} 또는 Ti^{4+}를 다른 이온으로 치환하면 T_C가 달라진다. 다양한 치환에 의해 T_C가 수십 내지 수백 ℃만큼 달라질 수 있으며 그 조성에 대한 정확한 지시자가 될 수 있다.
(2) 시멘트에서 β-Ca_2SiO_4는 γ-형 다형체에 비해 콘크리트 형성 능력이 훨씬 우수하다. DTA를 이용하여 시멘트 첨가물에 따른 $\beta \leftrightarrow \gamma$ 전이 양상이 연구될 수 있다.
(3) 내화물에서 석영의 $\alpha \rightarrow \beta$ 전이나 석영 → 홍연석 전이가 일어나면 부피 변화와 함께 기계적 강도가 약화되고, 이는 내화성을 저하시킨다. 따라서 이러한 전이를 살피기 위해 DTA를 이용한다.

DTA/DSC는 상 도표(7장) 확립을 위한 강력한 수단이며 이를 위해 XRD가 함께 이용된다. DTA/DSC를 통해 상 전이 온도를 찾고, XRD로 상을 확인하는 것이다. 그림 6.48(b)는 6.48(a)에 나타낸 2원 공융계(binary eutectic system)의 두 조성 A, B의 열적 거동을 나타낸다. 조성 A의 물질을 가열함에 따라 공융점 T_2에서 용융이 일어나며 이에 의한 흡열 피크가 나타난다. 이 피크는 더 넓은 다른 흡열 피크와 중첩되는데, 두 번째 피크는 T_2~T_1 사이에서 계속되는 용융에 의한 것이다. 따라서 조성 A에 대한 고상선

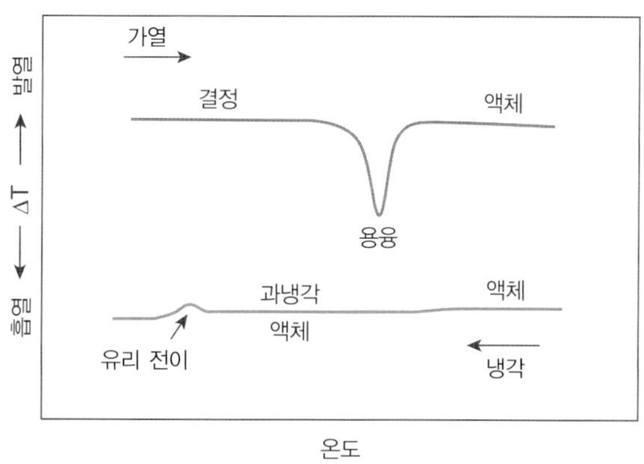

그림 6.47 가열 과정의 결정 용융과 냉각 과정의 이력을 나타내는 모식적 DTA 곡선. 냉각 과정의 이력에 의해 유리가 형성됨.

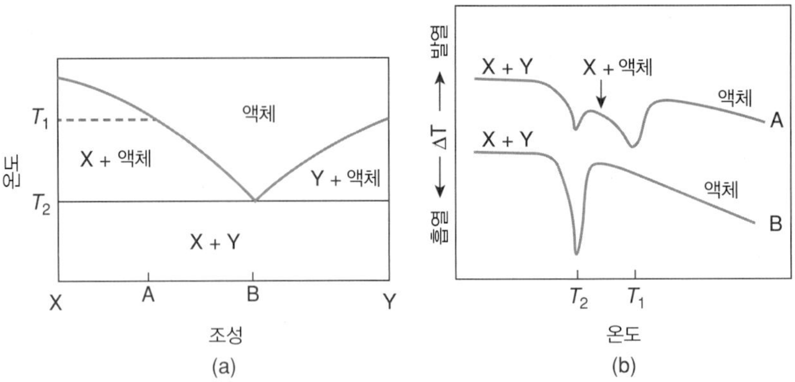

그림 6.48 상 도표 작성을 위한 DTA 사용: (a) 단순 2원 공융계; (b) A와 B 조성을 가열하는 과정의 모식적 DTA 곡선.

(solidus) 온도와 액상선(liquidus) 온도를 각각 T_2, T_1으로 추정할 수 있다. B 조성은 공융 조성에 해당한다. B 조성을 가열하면 공융 온도 T_2에서 완전히 용융되며, 이에 수반하여 단일한 DTA 피크가 T_2에서 강하게 나타난다.

X−Y의 다양한 혼합 조성물에 대해 DTA 곡선을 조사한다면 어느 경우에나 T_2에서 흡열 피크를 보일 것이며, 그 세기는 해당 조성이 공융 조성에 얼마나 가까운지를 가리키는 지표가 된다. 나아가 B 이외의 모든 조성은 T_2 이상의 온도에서 넓은 흡열 피크를 보일 것이다. 이는 용융의 완결에 해당하는 것으로 그 온도는 조성에 따라 달라진다. 상 도표의 고상선 이하(subsolidus) 온도에서는 동질다형 상 전이가 나타날 수 있다. X와 Y 사이에 고용체가 형성되고 상 전이 온도가 성분 비에 의존하는 경우, 그 온도가 DTA로부터 쉽게 결정될 수 있다.

TG 또는 TG/DTA를 이용함으로써 다단계 분해의 개별 과정을 분리 해석할 수 있다. 좋은 예로 옥살산 칼슘 1수화물 $CaC_2O_4 \cdot H_2O$의 분해 과정이 그림 6.49에 나타내어져 있다. 분해는 세 단계에 걸쳐 일어나며 중간체로 무수 옥살산 칼슘과 탄산 칼슘이 형성된다. 다단계 분해의 다른 예들은 수화물, 수산화물, 산소산 염과 광물에서 발견될 수 있다.

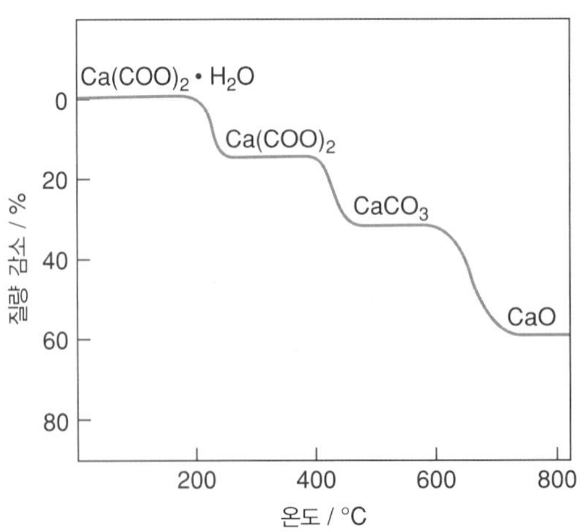

그림 6.49 옥살산 칼슘 수화물의 단계적 분해에 대한 TG 관찰.

6.5 미지 고체의 상 확인, 분석, 묘사

어떤 고체 물질의 상을 확인하고 분석, 묘사해야 하는 상황이라 하자. 시료는 백색 분말일 수도 있고, 고체 조각이거나 또는 표면에 달라붙은 자국일 수도 있다. 모든 분석 기법에 대한 장비와 결과 해석 능력도 갖추고 있다고 하자.

우선 유념할 점은 주어진 물질의 묘사에 필요한 모든 정보를 제공할 수 있는 단일 분석 기법은 없다는 사실이다. 단적인 예로 분말 XRD는 물질의 예비 분석을 위한 유용한 기법임에 틀림없으나 성분, 구조, 결함의 존재와 분포 등 후속 질문에 대해 답하지는 못한다.

5장과 6장에서 보편적인 주요 기법들이 다루어졌고, 표 6.1에는 미지 고체에 대한 세부 질문에 대응되는 개개 기법들이 정리되어 있다. 이 기법들 모두에 대해 통달할 수는 없지만(그럴 필요도 없다), 각각의 주요 관점과 용도, 장단점을 알아두는 것은 매우 중요하다.

표 6.1에 모든 분석 기법이 망라되어 있지는 않다. 물성 측정 기법들은 소개되어 있지 않은데, 지기적 측정은 뫼스바우어 분광을 상보하여 홀전자 스핀 배치 정보를 알아내는 데 유용하다. 또한 전기적 성질은 혼입과 전이 금속 산화 상태에 대해 매우 민감하며, 광학적 성질의 측정은 전이 금속 산화 상태와 d, f 전자 배치 정보를 제공할 수 있다. 이러한 물성 측정은 미지 고체의 상 확인과 묘사에 직접 관여되지는 않지만 넓게 볼 때 구조–성질 상관 관계의 연구 범위에 포함되어진다.

표 6.1 고체의 상 확인, 분석과 구조 결정 개요

기법	정보	주요 사항
1. 어떤 물질인가?		
광학 현미경	• 비정질/유리질인가? 결정성인가? • 입자가 마이크론 크기인가? 마이크론 이하 혹은 나노 크기인가?	최초 속성 검사 목적으로 매우 유용. 고체가 결정성이라면 결정 대칭에 대한 후속 분석이 시행될 수 있음: 입자의 외관이 비슷한가, 아니면 상 혼합인가?; 쌍정이 발견되는가?; 결정 품질이 양호한가(뚜렷한 소광)? 입자 크기가 마이크론 이하라면 SEM으로 진행
분말 XRD	• 결정상 확인; 상 순도	지문법 검사를 위한 가장 중요한 범용 기법. 결정상의 유형을 알려주지만 조성 정보는 미제공. 혼합물의 개개 결정상을 식별. 가용한 데이터베이스가 필요
2. 화학 조성?		
원자 흡수 분광(AAS); 유도 결합 플라즈마 질량 분광(ICP-MS)	• 용해 시료를 이용한 벌크 조성 분석	시료의 전체 조성이 얻어지지만 상 확인과 순도 정보는 없음. 분석 전처리 단계에서 시료가 용해되지 않을 경우 Na_2CO_3나 B_2O_3와 함께 용융시킨 후 용해시킴
X-선 형광(XRF)	• 고체 시료를 이용한 벌크 조성 분석	비파괴 분석이지만 간혹 시료를 비정질과 섞어 분석하기도 함. 전체 조성만을 제공. 원자 번호가 낮은 원소에 대해서는 부적합
C, H, N 분석	• 유기 고체나 유기금속 화합물의 조성	분자성 유기물 분석에 유용. 분광 기법(NMR, 질량 분광, IR)과 병행하여 구조 분석에 적용. 화학의 다른 전공 영역에 속함
전자 탐침 미세분석 (EPMA); 에너지 분산 X-선 분광 (EDS); HAADF/*Z*-contrast 촬영	• μm~Å 크기 개별 입자에 대한 원소 분석	마이크론 크기의 입자에 대해 사용. EPMA를 이용하여 정량 분석(H, Li 제외) 나노미터 수준의 반정량 분석을 위해서는 SEM-EDS, 원자 차원 분석을 위해서는 *Z*-contrast STEM 권장
3. 구조?		
단결정 XRD	• 결정 구조: 단위세포 내용과 원자 좌표	구조 분석의 표준 기법. 분자성 물질에서 분자 구조와 함께 고체상 쌓임 배열 정보를 제공. 방사광 XRD를 사용할 경우 1−10 μm 크기의 시편도 분석 가능
분말 XRD/ND	• 결정 구조: 단위세포 내용과 원자 좌표	방사광 XRD와 ND는 갈수록 장치 기술이 발달하고 있으나 사용 기회가 매우 제한적임. 따라서 측정 이전 혹은 분석 초기 단계에 단위세포와 공간 군 정보가 파악될 수 있어야 함. ND는 자기 구조에 대한 정보도 함께 제공
전자 회절: SAD, CBD	• 단위세포와 공간 군	분말 XRD/ND로부터 단위세포를 정하기 어려운 경우 강력한 보완 기법. 회절 세기의 신뢰도가 낮기 때문에 ED를 이용한 결정 구조 종합 분석은 곤란
고분해능 전자 현미경 (HREM)	• 격자 영상	드물게 HREM을 이용하여 격자 면의 직접 관찰이 이루어질 수 있음. 전단 구조, 층상 교대 성장, 동족 계열 연속 상의 확인에 있어 독보적 기법. *Z*-contrast 촬영은 2차원 구조 투영을 원자 차원으로 제공. 결정이 정확히 배향되어야 함

X-선 분광 (X-ray spectroscopy)	• 벌크 시료의 국부 구조	회절을 이용하여 평균 결정 구조가 얻어짐. 또한 다른 분광 기법으로부터 국부 구조 정보가 상보됨: XANES(산화 상태), EXAFS(특정 원소의 배위수, 결합 거리)
뫼스바우어 분광	• 특정 원소의 배위수와 산화 상태	매우 강력한 국부 구조 탐침이지만 적용 원소가 소수(Fe, Sn, I)로 제한됨
전자 분광 (electron spectroscopy)	• 표면 물질의 국부 구조와 산화 상태	낮은 에너지의 전자는 탈출 깊이가 얕기 때문에 표면 정보를 제공. XPS로부터 고체 시료가 신속히 검토될 수 있음. EELS와 Auger는 전자현미경 내에서 시행. EELS와 Z-contrast 촬영의 동시 사용으로 원자 차원 결합 정보가 얻어짐. Auger는 원자 번호가 낮은 원소(분광도가 단순)에 특히 적합
NMR 분광	• 원소 선택적 국부 구조	MAS 기법을 이용하여 고체 시료의 벌크 정보를 얻어냄. 알루미노규산염과 붕소규산염과 같은 비정질, 또한 중간 거리 차원(차인접 배위구)의 구조 특질 분석에 특히 적합
ESR 분광	• 원소 선택적 국부 구조	상자성 시료에 적용 가능; 감도가 매우 우수
IR/라만 분광	• 작용기 확인	IR은 탄소 비함유 물질에서 산소산 음이온 또는 수소 함유 작용기를 탐지하는 데 유용. 라만은 지문법 상 확인에 이용(예: 탄소 동소체)
4. 온도/대기에 대한 안정성		
TG	• 온도, 기체 분위기에 대한 안정성	수화물, 탄산염과 같은 화합물의 질량 감소를 측정하거나, H_2O, CO_2 등에 의한 대기 영향 효과를 조사. TG와 함께 발생 기체의 MS가 병행될 수 있음(TG-MS). 화학 시약의 건조 조건이 정립될 수 있음. 기기 오염/손상을 막기 위해 분석 시료를 TG의 최고 온도까지 가열하여 예비 조사할 필요가 있음. 수소 환원 TG로부터 산소 양론을 결정
DTA/DSC	• 녹는점, 상 전이(혼입이나 불순물 효과 포함)	가열/냉각 중의 열적 거동을 조사. TG와 결합하여 질량 감소에 관여된 원인 현상을 파악. 가열/냉각 중에 일어나는 변화의 가역성을 검토

7장

상 도표와 그 해석

상 도표(phase diagram)는 전체 조성, 온도, 압력 등의 조건에 대한 '열역학적 평형에서' 어떤 상(들)이 가장 안정한지를 그림의 형식으로 요약한 것이다. 완결된 상 도표는 주어진 열역학적 조건에서 안정한 상의 조성, 고용체(solid solution) 범위, 상 전이, 녹는점, 분해점 등의 정보를 담게 된다. 실제 내지 잠재적 응용성을 갖는 무기 고체 소재가 있을 때, 사용 환경에서 안정성을 유지할 수 있는지 혹은 반응을 통해 다른 상으로 변환될 가능성이 있는지를 검토하는 것이 매우 중요하다. 이러한 면에서 상 도표는 유리, 내화물, 시멘트, 세라믹 등의 무기재료 개발과 사용을 위한 핵심 자료 역할을 해왔다. 아울러 소재의 사용 조건뿐만 아니라 합성과 가공 단계에서도 상 도표가 활용될 수 있다.

상 도표는 특정 반응에 대해 최종적인 평형 생성물이 무엇인지 알려주지만, 반응 동역학적 정보를 제공하지는 않는다. 그러나 상 도표를 통해 반응의 진행 방향이나 평형 도달 여부를 판단할 수 있다는 것만으로도 매우 유익할 수 있다. 이를테면 주어진 평형 상 도표로부터 온도, 압력, 또는 조성이 반응에 미치는 영향을 이해할 수 있다. 상 도표가 확립되지 않은 계에서 어떤 신규 조성이 합성될 경우, 상 도표를 완성하기 위해 추가 정보를 수집하는 다양한 작업이 뒤따르게 된다. 7장의 주요 목표는 상 도표의 해석과 활용 방법을 설명하는 것이다. 마지막 절은 새로운 상 도표를 구축하는 과정에 대한 몇 가지 참고 지침을 제시하고 있다.

상 도표의 이론적 기반은 W. J. Gibbs의 **상 규칙**(phase rule)이라 할 수 있다. 상 규칙의 유도 과정은 뒤에 기술될 것이며, 우선 그 내용과 용어를 살펴보겠다.

7.1 상 규칙, 응축상 규칙과 용어 정의

상 규칙은 다음 식으로 표현된다.

$$P + F = C + 2 \tag{7.1}$$

P는 평형 상태에 존재하는 상(phase)의 개수이고 C는 주어진 계를 묘사하기 위해 필요한 성분(component)의 수이다. F는 자유도(degree of freedom) 수이며 온도, 압력, 상 조성(composition) 중 독립적인 변수의 개수를 나타낸다. 많은 경우, 압력이 고정되기 때문에 **응축상 규칙**(condensed phase rule)이 이용될 수 있다.

$$P + F = C + 1 \tag{7.2}$$

우선 각각의 용어를 좀 더 자세히 설명하겠다. **계**(system)는 관심 대상의 조성 범위를 규정한다. 예를 들어 '$MgO-SiO_2$ 계'라 지칭할 때는 말단 조성 MgO, SiO_2와 함께 모든 사이 조성들이 관심 대상이며 여기에는 $MgSiO_3$, Mg_2SiO_4 등의 마그네슘 규산염이 포함되어진다. 계는 조성 면에서 완전히 자급적이어야 한다. 즉, 온도, 압력 등의 변화에 따라 다양한 단일상/혼합상으로 나타나는 어떠한 조성이라도 MgO와 SiO_2의 함량만을 변수로 삼아 묘사될 수 있어야 한다.

다른 예로 철 규산염 Fe_2SiO_4가 관심 대상이라면, 시료 합성 과정에서 Fe의 산화 상태가 적절히 유지되어야 함을 알 수 있다. 따라서 O_2의 분압을 주요 요소로 취급하여 $FeO-SiO_2-O$ 또는 $Fe-SiO_2-O$ 계로 지칭할 수 있으며, Fe의 화학적 속성을 고려할 때 Fe_2O_3, Fe_3O_4, FeO와 같은 산화물을 요소 성분으로 포함시키는 것도 가능하다.

*P*는 평형 상태 시료에서의 상의 개수, 즉 물리적으로 이질적이고 기계적 분리가 가능한 구성물의 수를 의미한다. 물론 이때 각각의 상은 균일해야 한다. 대개 서로 다른 결정상들은 쉽게 구분될 수 있다. 예를 들어 분필($CaCO_3$)과 모래(SiO_2)의 차이는 매우 뚜렷하다. 또한 성분 원소가 같되 다른 조성으로 형성된 결정상들도 대개는 쉽게 구분될 수 있다. 위에 언급된 마그네슘 규산염, 완화휘석(enstatite, $MgSiO_3$)과 고토감람석(forsterite, Mg_2SiO_4)은 조성, 결정 구조와 성질이 다른 별개의 상이다.

고체 물질은 화학적 조성이 같더라도 다른 결정상으로 존재하는 경우가 있으며, 이를 **동질다형 현상**(polymorphism)이라 부른다. 한 예로 상온에서 Ca_2SiO_4는 안정상 γ-형과 준안정상(metastable phase) β-형의 두 가지 다형체로 얻어질 수 있는데, 이들은 서로 다른 물리적, 화학적 성질과 결정 구조를 갖는다. 사실 이 다형체 사례는 건설 산업 전반에 파급되는 주제를 담고 있다. β-Ca_2SiO_4는 시멘트의 주성분으로서 물과 반응하여 콘크리트를 형성하는 물질이다. 반면, γ-Ca_2SiO_4는 물에 대한 반응성이 매우 낮아 시멘트 제조 과정에서 생성되지 않도록 주의되는 성분이다. 탄소(C)는 유난히 화제성이 높은 다형 현상을 보이는 예이며, 실험 조건에 따라 다이아몬드, 흑연, 풀러렌, 나노튜브, 또는 그래핀이 얻어질 수 있다.

고체 상들을 분류할 때 고려되는 중요한 검토 사항은 고용체(solid solution, 2장 참조)의 형성이다: 고용체는 조성이 가변적인 단일상이다. 예를 들어 α-Al_2O_3와 Cr_2O_3는 동일한 결정 구조(강옥)를 가지며, 연속적 가변 조성의 고용체를 형성한다. Al_2O_3와 Cr_2O_3의 혼합은 고온에서 단일한 균일상이 되는데, 그 구조는 말단 조성(Al_2O_3, Cr_2O_3)과 같지만 양이온 자리에 Al^{3+}와 Cr^{3+}가 무작위로 분포된다.

결정학적 전단(CS) 구조처럼 상의 구분을 어떻게 판별해야 할지 명확하지 않은 경우가 종종 있다. 이런 상황은 조성의 미세 변화에 따라 구조 내의 결합이 약간씩 다른 형태로 규칙 배열될 때 발생한다. 산소-결핍된 텅스텐 산화물 WO_{3-x}는 종래에 산소 빈자리가 무질서 분포된 균일 고용체로 여겨졌으나, 후에 밝혀지기로 이 계에는 구조가 유사하면서도 차별화되는 일련의 유사 조성들이 포함된다. 그 일부는 동족 계열 W_nO_{3n-1}에 속하는 화학식을 가지며, *n*이 다른 각각의 조성은 별개의 상이 된다. 예컨대 $W_{20}O_{59}(=WO_{2.950})$와 $W_{19}O_{56}(=WO_{2.947})$이 물리적으로 다른 상인 것이다! 그러나 대부분 고체에서는 위와 같은 복잡성이 발생하지 않아 상을 규정하는 데에 큰 문제가 없다.

액체 상태에서는 형성 가능한 별개의 균일상 개수가 훨씬 제한된다. 액체의 혼합은 넓은 조성 범위에 걸쳐 단일상의 용액을 매우 쉽게 형성하기 때문이다. Na_2O-SiO_2 계를 예로 들면, 고온 액체 상태에서 Na_2O와 SiO_2는 완전히 섞임으로써 단일상의 소듐 규산염 액체를 가변적 조성으로 형성한다. 그러나 결정성 상태에서는 상의 수가 상당히 많아진다. 결정성 소듐 규산염은 5가지 다른 조성으로 형성되며 그 중에는 다형 거동을 보이는 상도 있다. 한편 $MgO-SiO_2$ 등의 일부 계에서는 두 가지 액체상의 불균일 혼합, 즉 **액상 비혼화**(liquid immiscibility)가 조성의 특정 범위에서 나타날 수 있다.

기체 상태에서 가능한 상의 개수는 항상 1이라고 볼 수 있다. 중력의 효과를 제외한다면 기체상의 비혼화가 알려진 예는 없다.

성분의 개수 *C*는 상이 달라질 때 그 양이 독립적으로 변할 수 있는 구성 요소의 수이다. 달리 말해, 계에 포함된 상들 모두를 묘사하기 위해 필요한 구성 요소의 최소 개수이기도 하다. 이에 대한 이해를 돕기 위해 몇 가지 예를 살펴보겠다.

(가) 모든 칼슘 규산염은 CaO와 SiO_2로부터 만들어지며, 다만 이 둘의 조성비가 달라질 뿐이다. 따라서 $CaO-SiO_2$는 Ca, Si, O의 세 가지 원소를 포함하지만 실질적으로 2성분 계(2원 계)와 같다. 이에 대해, 3원 계 Ca−Si−O 내에서 CaO와 SiO_2가 **2원 접합**(binary join)을 이룬다고 기술하기도 한다(그림 7.1). 3원 상 도표는 이 책의 범위를 넘어서는 내용이며, 여기서는 3원 상 도표가 그림 7.1과 같이 정삼각형의 형태로 주어진다는 정도만 언급하겠다.

(나) MgO를 고려해 보자. 적어도 녹는점 2700 °C까지의 범위에서, MgO는 고정된 조성을 가지므로 1원 계가 된다. 만일 MgO 상만이 고려 대상이라면 Mg−O의 2원 계로 간주할 필요가 없는 것이

다. 물론 Mg 금속과 산소가 온도, 압력, 조성에 따라 어떻게 반응하는지 관심을 두는 상황이라면 Mg−O 2원 계로 고려해야 할 것이다.

(다) 'FeO'라는 조성은 2성분 계 Fe−O에 속하는 일부분이다. 실제의 wüstite는 Fe^{3+}의 존재에 의해 형성된 비양론적 철-결핍 상 $Fe_{1-x}O$이기 때문이다(2장 참조). 벌크 조성이 'FeO'인 물질은 사실 2개의 상 $Fe_{1-x}O$와 Fe의 평형 혼합물이다. 따라서 'FeO'에 대한 올바른 이해를 위해서는 Fe−O 2원 계를 바탕으로 접근할 필요가 있다.

자유도 수 F는 온도, 압력, 상 조성 중에서 발생할 수 있는 독립적 변수의 개수이다. 즉, 계를 완전히 정의하기 위해 명시되어야 하는 변수의 최소 개수이다. 다음 예들을 살펴보자.

(가) $Al_2O_3-Cr_2O_3$ 계의 고용체에서는 Al_2O_3:Cr_2O_3 비가 가변적이므로 조성 변수가 1개이다. 만일 어떤 고용체의 Al_2O_3 조성이 x%라면 Cr_2O_3의 양은 $(100-x)$%로 정해지는 것이다. 이들 단일상 고용제의 온도 또한 변수가 된다. 따라서 주어신 고용제의 완전한 묘사를 위해서는 2개의 자유 변수(온도, 조성)가 필요하며 $F=2$이다. 만일 압력이 가변적인 조건이라면 3개의 자유 변수(온도, 조성, 압력)가 필요하며 $F=3$이 된다.

(나) 특수한 상황으로 1성분 계의 고체가 녹는점 평형에서 부분 용융된 경우, $F=0$이다. 예를 들어 얼음과 물의 2상 혼합은 단지 0 °C에서만(1기압 조건으로 한정할 때) 평형으로 존재하므로 온도 변수가 없다. 또한 H_2O 조성이 고정적으로 유지되므로 $C=1$이다.

(다) 위의 두 예의 중간에 해당하는 좋은 예는 끓는 물, 즉 물과 수증기의 평형 혼합이다(단, 온도가 반드시 끓는점인 것은 아니다). 이 경우도 조성 변수가 없는 H_2O 1원 계이므로 $C=1$이다. 끓는점의 물−수증기 혼합에서는 수증기압과 온도가 서로에 대해 종속되기 때문에 둘 중 하나만을 명시함으로써 계가 완전히 묘사될 수 있다. 즉, $F=1$이다. 끓는점은 증기압에 따라 달라지며, 실제로 해수면 고도에서 물의 끓는점이 100 °C인 데 비해 멕시코 시티와 같은 고지대에서는 대기압이 580 mmHg에 불과해 물이 92 °C에서 끓는다. '끓는 물' 계에 상 규칙을 적용해 본다면,

$$P+F=C+2$$

: $C=1(H_2O)$, $P=2$(증기, 액체)이므로 $F=1$(온도, 압력 중 단 1개)

위와 같이 '물−수증기'의 평형 계는 압력이나 온도 중 하나만으로 완전히 묘사될 수 있고, 상 규칙은 이 계가 1**변수성**(univariant)임을 확인시켜 준다. 단, 상 규칙으로부터 물과 수증기의 상대량 정보가 제공되

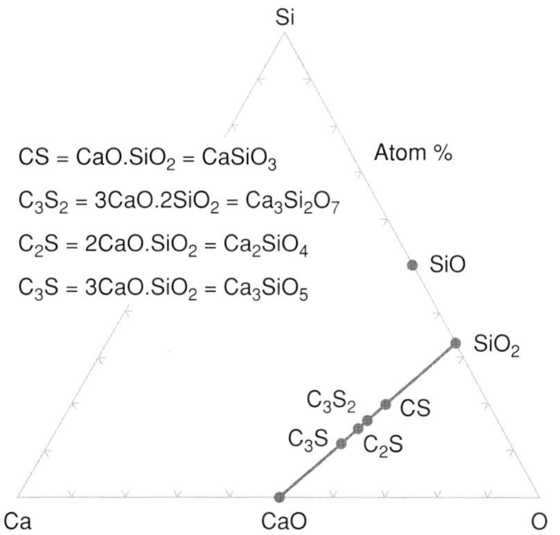

그림 7.1 (a) 3원 계 Ca−Si−O에서 $CaO-SiO_2$의 2원 접합. 상의 약칭 방법에 주목하라(예: C = CaO). 산화물 화학에서는 이와 같은 약칭이 자주 사용된다.

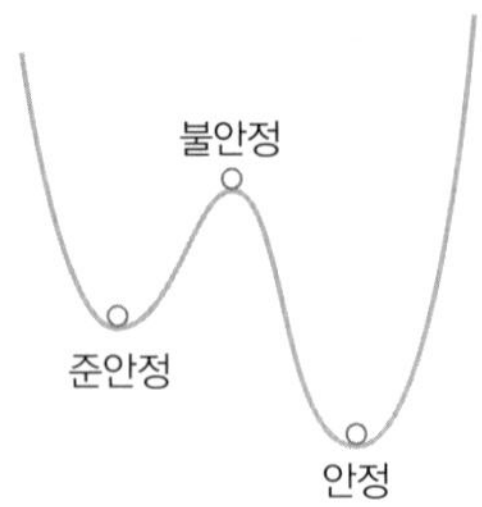

그림 7.2 안정, 불안정, 준안정 상태 조건을 구분하는 모식적 에너지 도표.

지는 않는다. 수증기가 평형 압력을 유지하기에 충분한 양으로 존재하기만 한다면 그 부피는 중요하지 않다. 이와 관련하여, 중요한 일반 규칙 한 가지는 '상의 조성은 자유도가 될 수 있지만 상의 양은 자유도에 포함되지 않는다'는 것이다.

녹는점이 높은 고체에서는 고체뿐만 아니라 액체의 증기압조차도 대기압에 비해 매우 낮다. 따라서 증기상의 존재는 실질적으로 무시될 수 있고, 대기압 하에서 유의미한 상으로 고려될 필요가 없다. 그러한 계이거나, 또는 압력이 고정된 경우에는 응축상 규칙(식 7.2)이 사용된다. 앞서 언급한 얼음의 용융($P = 2$, $C = 1$, 따라서 0°C에서 $F = 0$)이나 $Al_2O_3-Cr_2O_3$ 고용체($P = 1$, $C = 2$, 따라서 $F = 2$)에도 응축상 규칙을 적용할 수 있으며, 후자의 경우 온도와 고용체 조성이 자유도가 된다.

상 도표를 사용하는 데 있어 **평형**(equilibrium) 개념을 정확히 이해하는 것은 매우 중요하다. 평형 상태는 주어진 변수 조건 하에서 자유 에너지가 최저인 상태이며, 개념적으로는 자유 에너지 우물의 가장 밑바닥 지점으로 설명될 수 있다(그림 7.2). 하지만 자유 에너지의 극소점이 둘 이상 존재할 경우 평형의 도달 여부를 판단하기 어려울 수 있다. 국부적으로 자유 에너지의 극소점에 해당하지만 진정한 평형보다는 불안정한 상태가 존재하는 것이다. 특정한 반응 생성물 또는 생성 혼합물이 평형 상태에 해당하는지의 여부를 가릴 간단한 방법은 없다. 다양한 검증 방법이 적용될 수 있으나(7.4절), '준안정 상태'와 '안정 상태' 간의 에너지 장벽이 매우 높은 경우, 반응 생성물이 준안정 상태를 벗어나지 못할 수도 있다.

평형 도달 여부를 판단하는 데에는 다양한 실험적 검토뿐만 아니라 열역학적 측정이 이용될 수 있다. 관련된 상들의 생성 엔탈피와 생성 엔트로피를 알아낸 후, 이를 토대로 이론적 상 도표를 구축하여 실험적 상 도표와 비교하는 것이다. 격자 에너지의 계산은 그 유용성이 점차 확대되고 있는 비실험적 접근법이며, 주어진 조성에서 가장 선호되는 결정 구조를 찾아낼 수 있다. 전산 모사(computational modelling) 기법은 다양한 방식으로 발전되어져 활용 폭이 넓어지고 있으며, 특히 화합물 생성, 상 평형, 결정 구조에 대한 실험 연구를 상보하는 역할을 한다.

상온의 다이아몬드는 열역학적으로 준안정 상태이지만 반응 동역학적으로 안정한 대표적 예이다. 다이아몬드 → 흑연 변환은 활성화 에너지가 매우 높기 때문에 일단 형성된 다이아몬드는 동역학적으로 매우 안정하다. 열역학적 관점에서 가능한 과정임에도 불구하고 다이아몬드 → 흑연의 자발적 변환은 일어나지 않는다. "*A Diamond is Forever*"라는 유명한 광고 문구에는 물질과학적 의미도 담겨 있는 것이다.

이 예를 통해 상기시킬 중요한 점이 있다: 상 도표가 주어진 온도에서 안정한 상 또는 상 혼합이 무엇인지 제시할 때, 철저하게 열역학적 측면만을 고려한다는 사실이다. 즉, 상 도표는 반응이나 변환의 동역학적 정보는 전혀 포함하지 않는다. 예를 들어, $MgO-SiO_2$ 상 도표에는 상온 이상의 온도 범위에서 $MgSiO_3$와 Mg_2SiO_4가 등장한다. 그렇다고 해서 MgO와 SiO_2가 서로 혼합되기만 하면 자발적으로 반응하여 위의 복합 상을 형성한다는 의미는 아니다. 상 도표는 궁극적으로 어떤 상이 형성될 것인지를 가리킬 뿐, 그 과정이나 반응 속도에 대해 알려주지는 않는 것이다. 산화물 계의 상 도표는 종종 고온 영역에 대해서만 제시되는데, 그 이유 중 하나는 저온 영역에서 열역학적으로 가장 안정한 상(들)을 알아내는 것이 지극히 어렵기 때문이다.

그림 7.2는 '불안정(unstable)'이라는 용어의 열역학적 의미를 개념적으로 나타낸다. 봉우리 꼭대기에

놓인 공은 아주 약한 힘이 작용하더라도 봉우리의 한 측면을 따라 미끄러질 것이다. 이처럼, 열역학적으로 불안정한 상태가 안정 상태나 준안정 상태로 바뀌는 데에는 활성화 에너지가 필요치 않다. 따라서 '불안정 평형'이란 직접 관찰될 수 없는 상태이지만 그 이후의 진행 경로는 예측될 수 있다. 예를 들어 액체상 비혼화 구간 내부에는 **스피노달**(spinodal)이라 불리는 반구형 영역이 존재한다. 이 영역에서는 균일한 액체상이 안정하지 못하기 때문에 **스피노달 분해**(spinodal decomposition)라 불리는 자발적 과정을 거쳐 두 액체상의 분리가 일어난다.

이제 상 규칙의 유도를 위해 필요한 기본 배경들이 어느 정도 다루어진 셈이다. 상 규칙은 연립 방정식과 흡사한 면이 있다. 연립 방정식의 완전한 풀이를 위해서는 미지수와 같은 개수만큼의 관계식이 필요하다. 미지수를 결정하기 위한 관계 정보가 불충분할 경우 그만큼의 가변성(variance)이 남게 된다.

상 규칙에서 미지수의 개수는 온도, 압력, 상들의 조성을 통틀어 변수의 총 개수이다. 관계식의 개수는 각 성분의 **화학적 퍼텐셜**(chemical potential)과 관계된다; 정의 상, 평형 상태에서는 각 성분의 화학적 퍼텐셜이 모든 상들에서 동일하다. 가변성은 결정되지 못한 변수의 개수이며, 이는 상 규칙에서의 자유도 F가 된다. 따라서 F는 다음과 같이 정의된다.

$$F = (\text{변수의 총 개수}) - (\text{변수 간 관계식의 총 개수}) \tag{7.3}$$

C개 성분을 갖는 계에서, 각 상들의 조성을 규정하기 위해서는 $(C-1)$개의 변수 값이 파악되어야 한다(조성의 합이 1 또는 100%라는 점이 적용된다). 따라서,

$$\begin{aligned}(\text{변수의 총 개수}) &= (\text{상의 개수}) \times (C-1) + \text{압력} + \text{온도} \\ &= P(C-1) + 2\end{aligned} \tag{7.4}$$

평형 조건에서, 성분 i의 화학적 퍼텐셜 μ_i는 모든 상들에서 동일하다.

$$\begin{aligned}\mu_i(\text{상 } 1) &= \mu_i(\text{상 } 2) \\ &\cdots\end{aligned} \tag{7.5}$$

상의 개수가 P일 때 위와 같은 관계식이 $(P-1)$개 존재하므로,

$$(\text{관계식의 총 개수}) = C(P-1) \tag{7.6}$$

식 7.4와 7.6을 7.3에 대입하면 상 규칙이 얻어진다.

$$\begin{aligned}F &= P(C-1) + 2 - C(P-1) \\ &= 2 - P + C\end{aligned} \tag{7.1}$$

압력이 일정한 경우, 변수가 1개 줄어 응축상 규칙(식 7.2)이 된다.

7.2 1성분 계

1성분 계에서는 조성이 고정되므로 온도 T와 압력 p만이 독립 변수가 될 수 있다.[1)] 상 규칙으로부터 $P+F=C+2=3$이다. 따라서 상의 개수가 1이라면 2변수성($F=2$), 2라면 1변수성($F=1$), 3이라면 변수가 없다($F=0$). 그림 7.3은 1성분 계에서의 상 관계를 모식적으로 나타내며, 양 축은 독립 변수 p와 T이다. 주어진 상 도표의 조건 범위에서 가능한 상으로는 결정성 다형체(**동소체**(allotrope)로 불리기도 함) X와 Y, 액체, 기체가 있다. $P=1$일 때 $F=2$이다: 각각의 상은 도표를 분할하는 일정 구역을 점유하며, 임의의 구역 내부에서 한 지점을 묘사하기 위해서는 p와 T가 모두 필요하다. 각각의 단일상 구역은 1변수성 곡선에 의해 인접 단일상 구역들로부터 분리된다. 곡선 상에서는 $P=2$이고 $F=1$이 된다. 만일 한 변수, 예를 들어 p를 고정하면 남은 변수 T가 자동적으로 고정되는 것이다. 도표 상의 1변수성 곡선들은 다

1) 압력을 나타내는 기호로 대문자 P를 사용하는 경우가 많으나(West의 원서에도 P가 사용됨), 7장에서는 상(phase)을 나타내는 기호 P와의 혼동을 피하기 위해 소문자 p로 적는다.

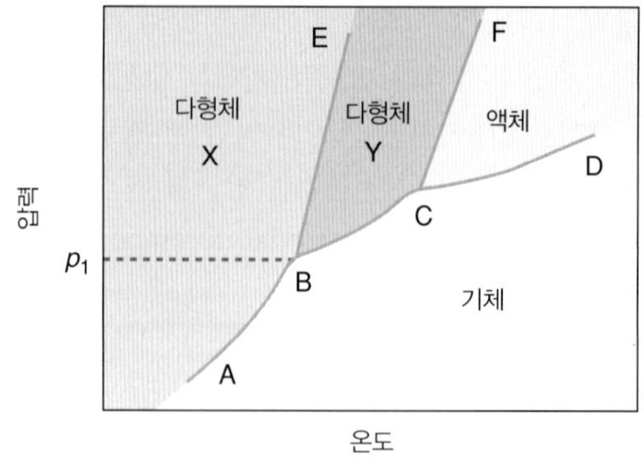

그림 7.3 1성분 계에 대한 $p-T$ 상 도표의 모식적 표현.

음의 평형을 나타낸다.

(가) BE – 다형체 X와 Y 간 전이: 전이 온도가 압력에 따라 달라진다.

(나) FC – 다형체 Y의 용융: 녹는점이 압력에 따라 달라진다.

(다) AB, BC – 각각 X와 Y의 승화: 승화점이 압력에 따라 달라진다.

(라) CD – 액체와 기체 간 전이: 끓는점이 압력에 따라 달라진다.

그림 7.3에서 다형체 X와 액체의 구역은 서로 인접하지 않고, 따라서 평형 조건 하에서는 X의 직접 용융이 일어날 수 없다. X가 가열될 때, 압력 조건에 따라 다른 종류의 변화가 일어난다. 압력이 p_1보다 낮을 때는 승화, p_1보다 높을 때는 Y로의 다형체 전이가 일어나지만, 액체로 용융되지는 않는다. 또한 그림 7.3에는 두 개의 **불변점**(invariant point) B와 C가 존재하며, 이 지점에서 $P=3$이고 $F=0$이다. B 지점의 경우 3개의 공존 상은 다형체 X, 다형체 Y, 기체이다. 점 B와 C는 **3중점**(triple point)이라 불리기도 한다.

7.2.1 H_2O 계

H_2O는 특이하면서도 중요한 1성분 계이다. 그림 7.4의 상 도표는 고체–고체 전이와 고체–액체 전이의 예들을 보여 준다. 대기압에서 안정한 다형체는 얼음 I이며 그 외에도 몇몇 고압 다형체들(얼음 II – 얼음 VI)이 함께 알려져 있다. 언뜻 보기에 그림 7.3의 모식적 표현과 그림 7.4, 물의 상 도표 사이에 유사점이 거의 없지만, 이는 단지 얼음 I과 액체의 구역 경계인 1변수성 곡선 XY의 위치 때문이다. 잘 알려진 특이적 성질로 0 °C에서 얼음 I은 액체 물보다 밀도가 더 낮다. '얼음 I–물' 전이 온도에 대한 압력의 효과는 르 샤틀리에 원리로부터 이해될 수 있다: *평형 계에 교란이 가해지면 계는 교란 영향을 제거하기 위한 방향으로 자체 조정된다.* 얼음 I의 용융에는 부피 감소가 수반되므로 압력을 증가시키면 용융이 더 쉽게 일

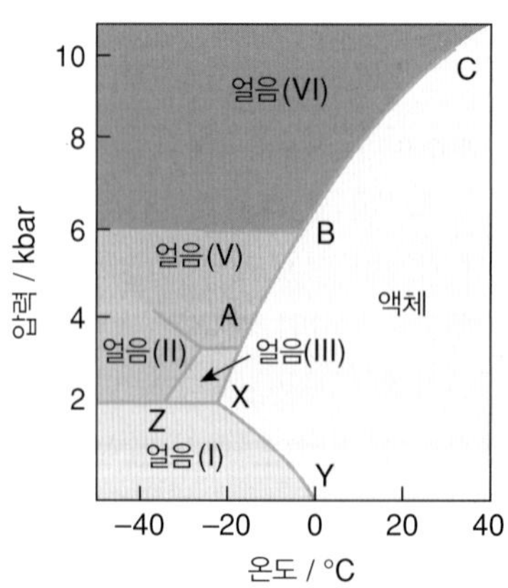

그림 7.4 H_2O 계.

어난다. 따라서 압력이 증가할 때 녹는점은 곡선 YX를 따라 감소한다.

H_2O 계는 3개의 고체 상이 평형을 이루는 불변점(예: Z)을 가지므로 그림 7.3에 비해 약간 더 복잡한 면도 있다. 하지만 상 도표의 나머지 부분은 쉽게 해석될 수 있다. 예컨대 YXABC 곡선은 압력에 따른 얼음 다형체들의 녹는점 변화를 나타낸다. 그림 7.4의 압력 범위 척도에서는 물의 액체-기체 평형에 해당하는 곡선이 가로축에 매우 가까이 놓이기 때문에 그 표시가 생략되어 있다.

7.2.2 SiO_2 계

실리카는 지표에서 가장 흔한 산화물일 뿐만 아니라 많은 세라믹 재료의 주성분이다. SiO_2의 다형 현상은 상당히 복잡하며, '석영(quartz)-인규석(tridymite)'과 같은 1차의 주전이와 'α-석영(저온)-β-석영(고온)'과 같은 부전이를 포함한다. 대기압 하의 다형 거동은 아래와 같이 온도에 따라 일어나는 순차적 변화로 요약될 수 있다.

$$\alpha\text{-석영} \xrightarrow{573\,^\circ\mathrm{C}} \beta\text{-석영} \xrightarrow{870\,^\circ\mathrm{C}} \beta\text{-인규석} \xrightarrow{1470\,^\circ\mathrm{C}} \beta\text{-홍연석} \xrightarrow{1710\,^\circ\mathrm{C}} \text{액체}$$

압력이 증가할 때 두 가지 큰 변화가 관찰된다(그림 7.5). 우선 인규석의 구역이 차츰 좁아져 ~5 kbar에서는 완전히 없어지고, ~8 kbar에서는 홍연석(cristobalite)의 구역이 없어진다. 고압 하에서 인규석과 홍연석의 구역이 사라지는 것은 이들의 밀도가 석영보다 낮다는 점과 부합된다(표 7.1). 압력이 증가할 때 일반적으로 나타나는 효과는 밀도가 높은 다형체가 안정화되는 것이다. 실제로 20-40 kbar 이상에서는 석영이 coesite로 전환되며 80-100 kbar 이상에서는 stishovite가 안정하다(정확한 압력 경계는 온도에 따라 달라짐).

SiO_2는 그림 7.5에 표시된 내용 외에도 준안정 다형체를 여럿 갖는다. 예를 들어, 홍연석은 안정 구역 외부까지 과냉각될 수 있고 ~270 °C에서 가역적인 β(고온)-α(저온) 전이를 나타낸다. 그러나 위 온도 범위에서 홍연석은 석영에 비해 준안정적이기 때문에 그림 7.5에는 생략되어 있다.

표 7.1 SiO_2 다형체들의 밀도

다형체	밀도/g cm^{-3}
인규석(저온)	2.265
홍연석(저온)	2.334
석영(저온)	2.647
coesite	3.00
stishovite	4.40

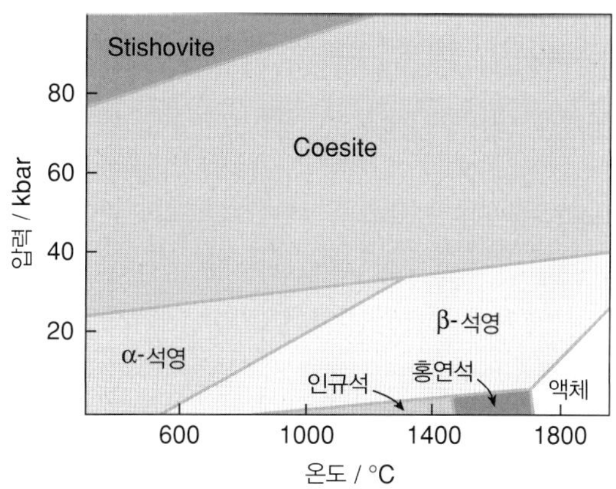

그림 7.5 SiO_2 계. Adapted with permission from Griffin, Silicate Crystal Chemistry, © 1992 Oxford University Press.

7.2.3 응축상 1성분 계

고체화학에서 관심을 받는 많은 계와 응용에 있어, 압력은 변수 인자에서 제외되므로 응축상 규칙(식 7.2)이 적용될 수 있다. 게다가 증기상이 별로 중요하지 않은 상황이라면 유일한 자유도로 온도만이 남게 되므로 상 도표는 한 개의 직선으로 단순화된다. 이를테면 1기압에서 SiO_2의 응축상 도표는 온도에 따른 다형체 전이를 표시하는 직선 하나로 표현될 수 있다. 그러한 경우, 위에 보인 바와 같이 '흐름 도표'를 써서 상의 변화들을 쉽게 나타낼 수 있다.

7.3 응축상 2성분 계

2성분 계는 세 개의 독립 변수 p, T, 조성을 갖는다. 압력의 고려가 불필요하다면 응축상 규칙 $P+F=C+1$이 사용된다. 2원 계($C=2$)인 경우, 3개의 상이 공존하는 불변점($F=0$) 1개, 두 상들에 대한 1변수성 곡선 1개, 한 상에 대한 2변수성 조건을 갖는다. 보편적으로 2원 상 도표에서 세로축은 온도, 가로축은 조성이 된다. 이후 다뤄질 예들의 대부분에서는 증기 압력을 무시하고 고체-액체의 상 도표만으로 논의를 한정한다. 어떤 계를 '응축상 계'라 지칭할 때에는 계의 압력이 고정적이고 증기상이 중요치 않다는 두 가지 의미가 내포된다. 다만 응축상 규칙의 적용 조건에는 전자, 즉 일정 압력만이 포함된다.

7.3.1 단순 공융(eutectic) 계

가장 간단한 2성분 응축상 계는 그림 7.6(a)에 나타낸 공융계이다. 이 계는 서로 반응하지 않으면서 분해 없이 용융되는 두 고체 A와 B가 혼합될 때 발생한다. 공융계에서는 화합물이나 고용체가 전혀 형성되지 않으며 혼합물의 녹는점은 A, B 중 어느 쪽보다도 낮다.

저온의 고체 상태에는 중간 화합물이나 고용체의 형성 없이 두 말단 조성 A, B의 혼합물만이 존재한다. 고온의 액체 상태에는 단일상의 액상 용액이 조성 범위 전체에 걸쳐 형성된다. 상 도표의 중간 온도 범위에서는 부분 용융 구역이 나타난다. 이 구역들은 결정상과 액체상의 혼합에 해당하며, 이때 두 상은 서로 다른 조성을 갖는다.

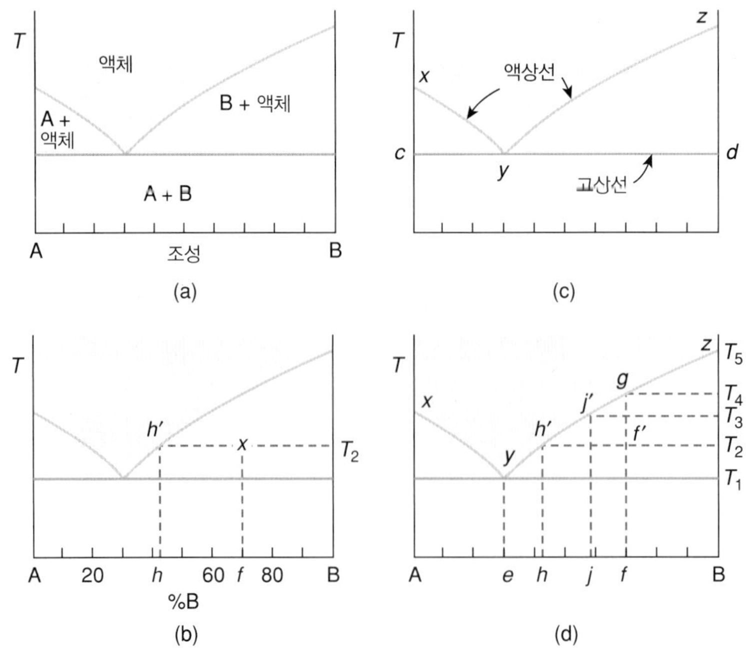

그림 7.6 단순 공융 2원 계.

상 도표에는 몇 개의 분할 구역이 나타나며 각 구역은 1개 또는 2개의 상을 포함한다. 7장 전체에 걸쳐 일관된 표현을 위해 모든 단일상 구역은 색조 음영으로 표시된다(바꿔 말해, 색조 표시가 없는 구역은 혼합상을 가리킨다). 이 단일상 구역들은 실선에 의해 2상 구역들로부터 경계 지어진다. '액체' 구역은 단일상이면서 2변수성이다. 이 구역 내의 모든 지점은 제각각의 상태(온도, 조성)에 대응된다. 즉, $P=1$이고 $F=2$이다.

나머지 세 구역들은 각각 2개의 상(A+B; A+액체; B+액체)을 갖는다. 이들의 경우 $P=2$, $C=2$이므로 1변수성이다. 이 중 'B+액체' 구역을 살펴보겠다. 혼합물의 전체 조성이 f(그림 7.6(b)의 조성 축에 표시됨)이고 온도가 T_2일 때, 이 혼합물은 점 x에 해당한다. 이 구역에서 자유도는 1이며(온도와 조성 중 단 1개), 이 중 온도를 T_2로 고정함으로써 조성 또한 결정됨을 살펴보자.

x 조건의 평형에서 B와 액체의 조성을 결정하기 위해서는 먼저 **구성선**(construction line: 그림 7.6(b)의 파선)을 긋는다. 먼저 해당 온도 T_2에서 **등온선**(isotherm)을 긋는다. 이 등온선은 수평 파선으로 그려져 있고 **액상선**(liquidus) 위의 점 h'에서 끝난다. 점 h'는 온도 T_2의 'B+액체' 혼합물에 포함된 액체 구성물을 나타낸다. 이 액체의 조성은 수직으로 그려진 **등치선**(isopleth)에 의해 파악된다. 등치선은 조성 축(가로축)과 h에서 만나며, 이 경우 액체의 조성은 B 43%, A 57%로 파악된다. 한편 혼합물에 포함된 나머지 상 B는 순물질이므로 조성이 고정된다.

이 대목에서 '조성(composition)'이라는 용어가 갖는 다른 의미들을 구별 지을 필요가 있다. 조성은 적어도 세 가지의 의미를 갖는다.

(가) **특정한 상의 조성**: 위의 예에서 액체상은 조성 h(43% A, 57% B)를 갖는다.
(나) **혼합물을 이루는 다른 상들의 상대량**: 이 의미를 위한 표현으로 '상 조성(phase composition)'이 종종 사용되지만 사실 더 적절한 표현은 '상 함량(phase content)'이다. 위의 예에서 B와 액체는 ~1:1의 비로 존재한다. 지렛대 규칙(lever rule)을 이용하여 상 조성(또는 상 함량)을 결정하는 방법은 뒤에 설명하기로 한다.
(다) **혼합물의 전체적 조성**: 상의 구분 없이 성분들의 상대량을 의미한다. 위의 예에서 혼합물의 전체 조성 f는 30% A, 70% B이다.

이와 같이 '조성'이라는 용어는 다소 상이한 세부 의미들을 가지므로 이 점에 유의하고 맥락에 맞게 의미를 해석해야 한다.

상 규칙의 적용에 있어 자유도가 되는 '조성'은 (가)의 의미일 때뿐이다. 혼합물에서 상들의 구성 함량, 즉 (나)는 자유도가 되지 못한다. 예컨대 h', x를 지나는 T_2 등온선을 따라 이동할 때 B와 액체의 상대량이 달라지지만 이들 각각의 조성은 변하지 않는다. 전체 조성 (다)는 상 규칙에 등장하지만 자유도가 아니라 성분의 개수로서이다.

7.3.1.1 액상선(liquidus)과 고상선(solidus)

그림 7.6(c)의 액상선 곡선 xyz는 고체 결정이 존재할 수 있는 가장 높은 온도를 나타낸다. 액체가 냉각되면서 $x-y$ 사이에서 액상선을 가로지를 경우 'A+액체'의 2상 구역에 진입하게 된다. 이 조성들에서는 냉각 과정에서 A가 제일 먼저 결정화하므로 **초정**(primary phase)은 A이다. 비슷하게, y와 z 사이의 액체들에서는 B가 초정이 된다. cyd 선은 고상선이며 액체가 존재할 수 있는 가장 낮은 온도를 나타낸다. 즉, 고상선의 위쪽 영역에서는 용융이 시작된다. 요약하자면 액상선의 위쪽 영역에서는 혼합물이 완전히 용융되고 고상선의 아래쪽에서는 완전히 고체이며, 그 사이에서는 부분 용융이 일어난다.

7.3.1.2 공융

y 점은 A, B, 액체의 3개 상이 공존하는 불변점이다($C=2$, $P=3$, $F=0$). 이 지점을 공융점(eutectic point)이라 부르며 그 온도는 전체 조성(70% A, 30% B)과 일치하는 조성의 액체가 존재할 수 있는 가장

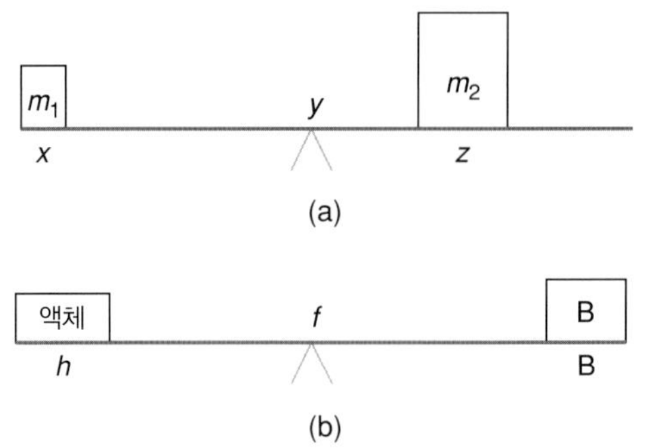

그림 7.7 운동량 원리.

낮은 온도이다. 또한 공융점은 액상선 xyz의 최저점이기도 하다. 이와 같은 단순 공융계에서는 공융점과 고상선의 온도가 서로 같다.

7.3.1.3 지렛대 규칙

혼합물에서 두 상의 상대량(조성의 의미 (나))을 결정하는 데에는 지렛대 규칙이 이용된다. 이 규칙은 시소의 균형을 설명하는 운동량 원리(principle of moments)와 같다. 시소의 받침점은 혼합물의 전체 조성에 해당하고 두 상들은 시소 양편의 두 사람에 해당한다. 체중이 다른 두 사람이 시소 중심으로부터 다른 거리에 앉음으로써 균형을 맞추듯, 혼합물의 두 상들의 조성과 양은 상호 연관된다. 시소에서 균형 조건(그림 7.7(a))은 다음과 같다.

$$m_1 \times (xy \text{ 거리}) = m_2 \times (yz \text{ 거리}) \tag{7.7}$$

이 관계를 재배열하여 m_1/m_2 또는 $m_1/(m_1+m_2)$ 비를 얻을 수 있다.

이제 상들의 혼합에 대해 지렛대 규칙을 적용해 보겠다. 그림 7.6(b)에서 전체 조성이 f이고 온도가 T_2인 지점(x)은 고체와 액체의 혼합에 해당한다. 이때 액체의 조성은 가로축 상의 h이고 고체는 순수한 B이다: 또한 이들의 전체적 조성은 f이다. 따라서 점 x는 결정 B와 액체 h'가 평형을 이루는 지점이다. T_2에서 이 조성들을 잇는 선을 **접속선**(tie line)이라 부른다. 일반적 규칙으로 접속선은 열역학적 평형에 관여된 두 상들을 연결한다. 그림 7.7(b)는 이 평형을 모식적으로 나타내고 있다. 운동량 원리를 적용하면,

$$(\text{액체의 양}) \times (hf \text{ 거리}) = (\text{B의 양}) \times (\text{B}f \text{ 거리}) \tag{7.8}$$

다음을 적용하여,

$$(\text{B의 양}) + (\text{액체의 양}) = 1 \tag{7.9}$$

식 7.8을 재배열할 수 있다.

$$\frac{(\text{B의 양})}{(\text{액체의 양})} = \frac{(\text{B의 양})}{1-(\text{B의 양})} = \frac{hf}{\text{B}f} = \frac{hf}{\text{B}h - hf}$$

$$\text{B의 양} = \frac{hf}{\text{B}h} \tag{7.10}$$

$$\text{액체의 양} = \frac{\text{B}f}{\text{B}h} \tag{7.11}$$

지렛대 규칙을 이용하여 상 혼합의 조성이 온도에 따라 어떻게 달라지는지 살펴볼 수 있다(그림 7.6(d)). 온도 T_2, 전체 조성 f일 때 액체 양은 Bf/Bh, 즉 0.53이다. 약간 높은 온도 T_3에서는 액체 양이 Bf/Bj(=0.71)이다. 반면 더 낮은 온도, 예를 들어 고상선 T_1의 약간 위에서라면 액체 양이 Bf/Be(=0.43)이다. 따라서 온도를 T_1 이상으로 높일 때 용융 정도가 뚜렷이 증가하고(T_1에서 43% → T_3에서 71%), T_4에서는 용융 극한에 도달하여 액체 분율이 1이다.

승온에 의해 용융이 진행되면서 액체의 조성 또한 달라진다. 용융과 함께 B 결정이 액체로 변하기 때문에 액체 내의 B 함량이 증가하게 된다. 예를 들어, T_1 이상으로 가열할 때 최초 나타나는 액체의 조성은 e(30% B, 70% A)이다. 용융의 진행과 함께 액체는 액상선 $yh'j'g$를 따라 변하며, 마침내 용융의 완결 시점 T_4에서 액체의 조성은 f(70% B, 30% A)가 된다. 조성 f의 액체를 평형을 유지하면서 냉각하면 위의 반대 과정이 관찰된다. T_4로부터 온도가 낮아지면 B 결정의 형성이 일어나고 그와 함께 액체의 조성은 g에서 y로 이동한다.

7.3.1.4 공정(eutectic)[2] 반응

공융 온도 T_1을 지나 냉각될 때 일어나는 공정 반응은 지렛대 규칙이 적용되는 좋은 예이다. T_1보다 약간 높은 온도에서 f 조성에 존재하는 B의 분율은 fe/Be이고 대략 0.57이다. 반대편, T_1의 약간 아래에서 B의 분율은 $f\mathrm{A}/\mathrm{BA}$이고 대략 0.70이다. 따라서 공정 반응을 통해 조성 e의 액체가 고체 A와 B의 혼합으로 *완전히* 응고되고, 이때 B의 양은 0.57에서 0.70으로 증가하며 A 결정은 최초로 형성된다. 공융 조성인 e의 'A + B' 고체 혼합은 T_1에서 완전히 용융되며, 거꾸로 이 조성의 균일 액체는 냉각 과정의 T_1에서 A와 B의 혼합으로 완전히 응고된다.

위에 묘사된 반응은 평형 조건에서 일어나는 과정이며, 온도 변화, 특히 냉각이 서서히 이뤄질 때에만 관찰될 수 있다. 냉각이 급속히 일어날 경우 다른 결과가 나타나기 쉬우며, 복잡한 상 도표를 갖는 계에서는 더욱 그러하다. 그러나 평형 상 도표는 비평형 거동들을 설명하는 데에도 유용한 경우가 많다.

7.3.1.5 액상선, 포화 용해도, 어는점 내림

액상선 곡선 xyz는 다양한 정보를 담고 있다. 이 곡선은 결정이 존재할 수 있는 최고 온도를 보여 줄 뿐만 아니라 포화 용해도를 나타내기도 한다. 예컨대 yz 곡선은 액체에 용해된 B 결정의 용해도 한계를 온도에 따라 나타낸다. yz 곡선의 위쪽에서는 균일 용액이 형성되지만, 아래쪽에서는 용해되지 않은 B 결정이 존재한다. 냉각 중에 yz 곡선의 아래쪽 온도에서는 B 결정이 석출되는데, 그러지 못할 경우 준안정적인 과냉각, 과포화 용액이 얻어지게 된다.

또한 액상선은 순물질 화합물의 녹는점에 대한 용해성 불순물의 효과를 보여 준다. B 시편을 온도 T_4로 유지한 채 소량의 A를 첨가하면 조성 g의 액체가 약간 생겨난다. A는 **융제**(flux) 역할을 하는 셈이며 A의 첨가량이 증가될수록 액체 g의 양도 증가한다. 전체 조성이 g가 되는 정도까지 A가 가해지면 시료의 고체상은 사라지고 액체만이 남는다. 결과적으로 소량의 용해성 불순물 A에 의해 B의 녹는점이 T_5에서 T_4로 낮아지는 것이다. 실생활의 친숙한 예로 빙판에 소금을 뿌리는 것은 바로 이 작용을 이용하는 것이다. H_2O−NaCl 2원 계에서 NaCl은 얼음의 녹는점을 0 °C 아래로 낮춰 주며, 이 계는 −21°C에서 저온 공융을 보인다.

7.3.2 화합물 조성을 갖는 2원 계

그림 7.8과 7.9는 화합물 AB를 포함하는 2원 계의 세 가지 유형을 보여 준다. AB와 같은 양론적 2원 화합물은 수직선으로 표시되며, 이로부터 AB 화합물이 안정한 온도 범위를 알 수 있다.

7.3.2.1 합치 용융(congruent melting)

그림 7.8(a)의 온도 T_3에서 고체 상태의 AB는 동일한 조성의 액체로 직접 변한다. 즉, 화합물 AB는 합치 용융된다. 이 도표는 7.8(b)와 같이 조성 범위 A−AB와 AB−B의 두 부분으로 분리될 수 있다. 각 부분은 단순 공융계로 간주되어 그림 7.6과 똑같은 방식으로 해석될 수 있다. 공융 온도 T_1과 T_2의 수평선이 결정성 AB의 수직선과 만나지만, 순수한 AB를 가열할 때 T_1, T_2에서는 아무 변화가 일어나지 않는다. 조성

2) 공융(共融)과 공정(共晶)은 상 도표의 동일 지점에서 일어나며, 각각 승온과 냉각 중의 변화를 가리킨다. 영어로는 공융과 공정 모두 eutectic으로 표현된다.

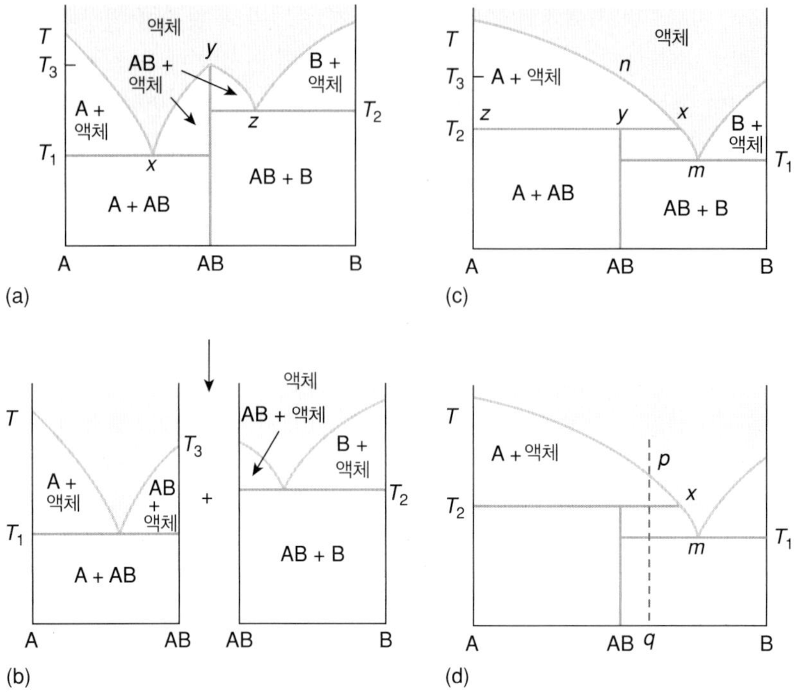

그림 7.8 화합물 AB가 형성되는 2원 계: (a) 합치 용융, (c, d) 비합치 용융. (b)는 (a)의 도표를 두 개의 독립적 단순 공융계로 분리하여 나타내고 있음.

AB에 가까워지면서 이 수평선들이 차츰 소멸하기 때문이다. AB 조성은 자체로서 독립적 1성분 계이고 다른 성분(A 또는 B)이 더해질 때에만 T_1 또는 T_2에서 변화를 보인다.

합치 용융이 일어날 경우 용융 또는 액상선 온도의 극대점이 존재한다는 특징이 있다. 즉, 그림 7.8(a)의 y 점에서 조성축을 따라 어느 쪽으로 이동하더라도 액상선 온도가 하강한다.

7.3.2.2 비합치 용융(incongruent melting), 포정점(peritectic point), 포정 반응

그림 7.8(c)의 화합물 AB는 온도 T_2에서 조성 x의 액체와 A의 혼합으로 비합치 용융된다. T_2보다 약간 높은 온도에서 액체와 A의 상대량은 지렛대 규칙에 의해 주어지며, 액체 분율은 yz/xz이다. 온도를 높이면 A가 점차 용해되고 액체상에서의 A 함량이 액상선의 xn 방향을 따라 증가한다. 온도 T_3에서 액체는 n 점에 도달하고 A 결정은 완전히 사라진다.

x 점은 3개의 상 A, AB, 액체가 공존하는 불변점이다. 사실 직선 xyz 위의 모든 점에서 이 3개의 상이 공존하지만 대개는 액상선 위의 점인 x를 불변점으로 삼는다. 이 불변점은 포정점이라 불리며, 두 가지 면에서 공융점과 구별된다. 우선 포정점은 액상선 곡선의 최저 온도가 아니다. 둘째, 포정점에서 액체 성분의 조성은 두 공존 고체의 함량으로 표현될 수 없다: 공융점과 달리 포정점 x는 A와 AB 사이에 놓이지 않는다. 그림 7.8(c)의 상 도표는 포정점 x와 함께 공융점 m을 갖는다. 공융점 m은 액상선의 극소점이며 이 점에서는 3개의 상(AB, B, 액체)이 공존한다. x와 달리, m의 조성은 두 공존 고체상의 조성 AB와 B 사이에 놓인다.

AB 상은 $x-m$ 범위의 액체로부터 맨 먼저 석출되는 고체상이므로, 초정 구역(primary phase field)을 갖지만 그 조성 위치가 초정 구역으로부터 분리되어 있다. 이는 AB가 합치 용융될 때(그림 7.8(a)), AB 조성이 초정 구역(xyz 범위) 내부에 놓이는 점과 대조된다.

다음으로 각기 다른 액체들의 냉각 거동을 살펴보자. 먼저 그림 7.8(d)에서 조성 q인 액체를 예로 고려하겠다. p 점에서 고체 A가 결정화하기 시작한다. 온도가 낮아짐에 따라 A 결정의 양이 증가하고 액체 조성은 p에서 x로 달라진다. 온도 T_2에 다다르면 다소 복잡한 포정 반응 '액체(x) + A → 액체(x) + AB'가 일어난다. 이때 고체상은 A에서 AB로 변하고 액체의 양은 감소하게 된다. 지렛대 규칙에 의해 T_2의 약간 위에서는 혼합물의 ~85%가 액체이고 T_2의 약간 아래에서는 단 ~50%가 액체이다. 따라서 포정 반응에서는 A 상 전체가 액체의 일부와 반응하여 AB를 만들어내는 것이다. T_2에서 T_1으로 냉각이 계속되면 액체 조성이 x에서 m으로 달라지면서 더 많은 AB가 석출된다. 마침내 T_1에서는 조성 m의 잔존 액체가 AB와 B의 혼합으로 결정화한다. T_1의 약간 위에서 혼합물은 ~40% 액체, 60% AB이고, T_1의 약간 아래에서는 ~20% B, 80% AB이다. 위에 묘사된 변화는 열역학적 평형 조건, 즉 냉각 중의 모든 온도에서 상도표로부터 예상되는 상들이 형성될 때의 거동이다. 그러나 다음 절에서 논해지듯 평형 상태를 이루기 어려운 경우들이 있고 특히 포정 반응이 관여될 때는 평형의 도달이 쉽지 않다.

A와 AB 사이 조성의 액체들이 평형 하에 냉각될 때 보이는 거동은 한 가지 차이점을 제외하면 조성 q와 대체로 비슷하다. T_2의 약간 위에서는 A와 액체의 혼합이 존재하고, 약간 아래에는 A와 AB의 고체 혼합이 존재한다. 따라서 T_2에서 이 조성의 포정 반응은 A의 일부가 액체 전체와 반응하여 AB를 만드는 과정을 포함한다. T_2 아래에서는 A와 AB가 혼합물로 공존하며 냉각 과정에서 아무런 변화가 없다.

그림 7.8(c)에서 액체 조성 n이 냉각 과정에서 보이는 거동은 특수한 경우에 속한다. T_3와 T_2 사이의 온도에서 고체 A의 결정화가 시작된다. T_2에서 포정 반응이 일어나는데, 이 경우 모든 A가 모든 액체와 반응하여 단일상 AB를 이룬다. 이 포정 반응은 이론상으로 간단하지만 실제로는 상당히 복잡하다. 단일상의 AB를 얻기 위해서는 시료가 T_2를 지날 때 매우 서서히 냉각되어야 하고, T_2의 바로 아래 온도에 장시간 머무름으로써 반응이 완결되도록 해야 한다.

7.3.2.3 비평형 효과

그림 7.8(c)와 같이 비합치 용융 화합물을 갖는 계에서는 냉각 과정에서 비평형 생성물이 얻어지기 쉽다. 이는 A와 액체 간 포정 반응이 느리기 때문이며, 만일 고체 A의 밀도가 높아 용기 바닥에 가라앉는다면 더욱 그렇다. 실제의 흔한 상황은 A 결정이 상 변환에 소모되지만 시간의 제한으로 인해 T_2에서의 포정 반응이 충분히 진행되지 못하는 것이다. 그림 7.8(c)에서 x–y 사이의 조성을 갖는 혼합물이 냉각되는 과정을 고려해 보자. T_2에서 포정 반응 'A + 액체(x) → AB + 액체(x)'이 완결되지 못할 경우 시료는 A, AB, 액체(x)로 구성된다. 조성 x의 액체는 T_2 아래에서 결정화하면서 AB를 계속 형성할 것이고, 공정 온도 T_1에서는 잔여 액체 m이 AB와 B의 혼합으로 결정화한다. 그 결과 냉각된 상태는 A, AB, B의 혼합이 되며, 이러한 경우가 실제에서 빈번하다. 평형 조건에서라면 위의 3개 결정상 중 1개 또는 2개만이 존재할 수 있다.

비평형의 또 다른 유형으로, 냉각 과정에서 비합치 용융 화합물 AB의 결정화가 전혀 일어나지 못하기도 한다. 이 경우 액상선은 2개의 불변점(포정 x와 공융 m) 대신 1개의 불변점만을 보이며, (m, T_1)에 인접하지만 똑같지는 않은 조건에서 공정 거동이 나타난다. 만일 액체, 예를 들어 그림 7.8(c)의 n이나

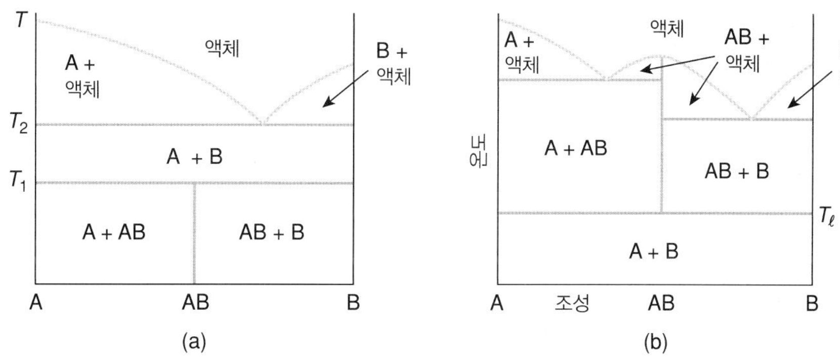

그림 7.9 화합물 AB를 갖는 2원 계: (a) 안정성의 상한, (b) 안정성의 하한.

7.8(d)의 p를 냉각할 때 위 현상이 일어나면 생성물에는 AB가 없이 A와 B가 존재하게 된다. 실질적으로 포정 반응 'A + 액체 → AB'가 완전히 억제되는 것이다.

7.3.2.4 안정성의 상한과 하한

어떤 화합물은 그림 7.9(a)의 AB와 같이 용융 이전에 분해된다. 이러한 경우 화합물 AB는 안정성의 상한점(T_1)을 갖는다. AB는 T_1에서 A와 B의 혼합으로 불균화(disproportionation)하고 T_1 이상에서는 단순 공융계의 성격을 띤다.

다른 한편으로 다수의 계들이 안정성 하한을 갖는 화합물을 포함한다. 즉, 특정 온도 이하에서 AB가 A와 B의 혼합으로 분해된다(그림 7.9(b)). 이때 고온에서 AB의 거동은 앞서 기술된 세 가지 유형(단순 공융, 합치 용융, 비합치 용융) 중 하나가 될 수 있다.

7.3.3 고용체를 갖는 2원 계

7.3.3.1 완전 고용체

가장 단순한 고용체 계는 고체와 액체 상태 모두에서 완전 혼화성(miscibility)을 보이는 경우이다(그림 7.10). 말단 조성 A의 녹는점은 상대편 조성 B의 첨가에 의해 낮아지고, 그 역으로 B의 녹는점은 A의 첨가에 의해 높아진다. 낮은 온도에서는 단일상의 고용체가 존재하며 2변수성이다($C = 2$, $P = 1$, 따라서 $F = 2$). 고온에서는 단일상의 액상 용액으로 존재하며 역시 2변수성이다. 중간 온도에서는 고용체와 액체의 2상 구역이 나타난다($C = 2$, $P = 2$, 따라서 $F = 1$). 고상선과 액상선은 둘 다 조성에 따라 온도가 달라지는 매끄러운 곡선이며, 말단 조성 A와 B 지점에서만 만난다. 이 2상 구역 내부에서 두 상의 평형 조성은 관심 온도에서 등온선(접속선)을 그어 찾아낼 수 있다. 온도 T_1을 예로, 접속선-고상선의 교점으로부터 고용체의 조성은 a이고 접속선-액상선의 교점으로부터 액체의 조성은 b이다. T_1의 평형에서 고용체와 액체의 조성은 각각 a, b에서 그려진 등치선들과 등온선의 교점으로부터 파악될 수 있다.

이와 같은 계에서 액체를 냉각할 때는 결정화 경로가 복잡하다(그림 7.10(b)). 조성 b의 액체는 T_1에서 조성 a의 고용체를 석출시키기 시작한다. 더 낮은 온도 T_2에서는 고용체의 양이 증가할 뿐만 아니라 그 조성 또한 a'로 달라진다. 지렛대 규칙을 이용하면, 고용체 a'의 분율은 $bb'/a'b'$와 같다. 즉, T_2의 평형 혼합에서 약 1/3은 고용체, 2/3는 액체이다. 냉각에 의한 결정화가 평형을 유지한 채 일어나려면 고용체 조성이 계속 변해야 한다. 하지만 일단 형성된 결정의 조성이 매순간 연속적으로 변하기는 매우 어렵다. 평형 조건 하에서 온도가 하강할 때, 결정과 액체 모두에서 B의 양이 점진적으로 증가하며, 고용체 : 액체의 상대량은 지렛대 규칙을 따라 달라진다(물론 전체 조성은 언제나 b이다). 마지막 단계 T_3에서는 고용체 조

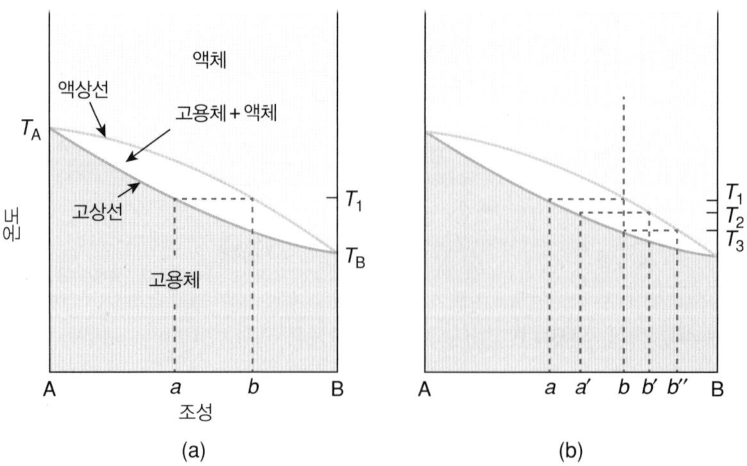

그림 7.10 조성 범위 전체에 걸쳐 고용체가 형성되는 2원 계.

성이 벌크 조성 b와 같아지고, 조성 b''의 잔여 액체는 모두 사라진다.

7.3.3.2 분별 결정(fractional crystallization)

완전한 고용체 계에서는 '분별 결정'이라 불리는 과정에 의해 준안정 혹은 비평형 생성물이 종종 생겨난다. 냉각 과정의 모든 온도에서 평형이 도달될 만큼 냉각 속도가 충분히 느리지 않고서는 이러한 생성물을 피할 수 없다. 액체 b를 냉각할 때 맨 처음 형성되는 결정은 조성 a를 갖는다. 냉각이 계속될 때 이 결정(조성 a)이 액체와 재평형을 이룰 충분한 시간을 갖지 못할 경우, 이들은 계로부터 유리된다. 새로이 석출되는 결정에서는 B 함량이 높아지고, 그 결과 결정들의 조성이 a에서부터 b와 B의 사이 지점까지 다양한 범위로 분포된다. 실제로 냉각 과정에서 석출되는 결정들은 중심핵 구조를 갖기 쉽다. 최초 형성된 중심부는 a 조성을 갖지만 바깥쪽으로 갈수록 B의 함량이 높아지는 것이다.

중심핵 구조는 다수의 암석과 금속에서 일어난다. 사장석(plagioclase)은 회장석(anorthite, $CaAl_2Si_2O_8$)과 조장석(albite, $NaAlSi_3O_8$)의 고용체이며 그림 7.11의 상 도표를 갖는다. 참고로 화성암의 주성분은 액체의 서랭으로 형성된 사장석이다. 장석의 액체–결정 간 평형은 유난히 느리며, 자연에서 용융의 냉각이 꽤 천천히 진행됨에도 불구하고 분별 결정의 흔적을 갖는 암석들을 쉽게 발견할 수 있다. 사장석의 경우, 결정 중심부에서는 Ca 함량이 높고 외곽부에서는 Na 함량이 높다.

금속을 막대나 잉곳 형태로 제작하는 과정에서도 중심핵 구조가 일어날 수 있다. 이 공정에서는 용융 금속을 주형에 부은 후 냉각시킨다. 이때 금속 조성이 고용체의 일부라면 용융의 응고 과정에서 중심핵 구조가 발생할 수 있다. 중심핵 구조는 금속 제품의 품질을 저하시킬 수 있어 기피되는 요소이다. 중심핵 구조를 제거하기 위한 방법으로 고상선 온도의 약간 아래에서 열처리가 시행되는데, 이 과정에서 고체상 확산을 통한 금속의 균일화가 일어날 수 있다.

7.3.3.3 열적 극대점과 극소점

그림 7.10은 고용체 상 도표의 가장 단순한 형태라 할 수 있다; 조성 A에서 B로 변화하는 중에 액상선과 고상선 곡선 모두가 완만하게 감소한다. 그러나 위와 달리 고용체 상 도표의 액상선과 고상선 곡선이 열적 극소점이나 극대점을 갖는 것도 가능하다(그림 7.12). 이들 극대점과 극소점은 진정한 불변점이 아니며 **비차별점**(indifferent point)이라 불린다. 불변점에서는 3개의 상이 평형을 이루지만($F = 0$, $P = C + 1 = 3$), 비차별점을 갖는 고용체 계에서는 최다 2개의 상(고용체, 액체상 용액)만이 존재하므로

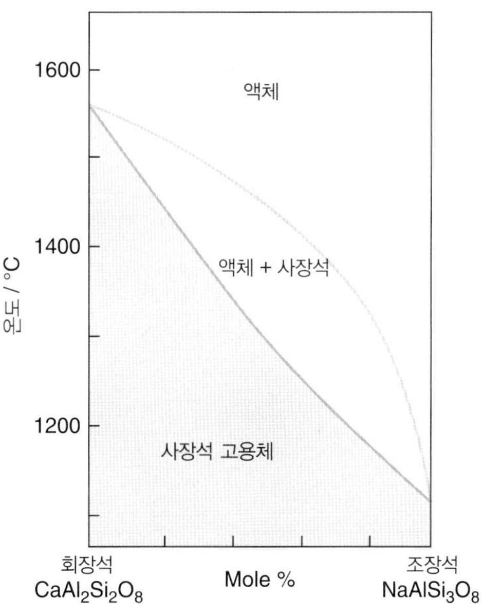

그림 7.11 사장석 계, 회장석–조장석 고용체.

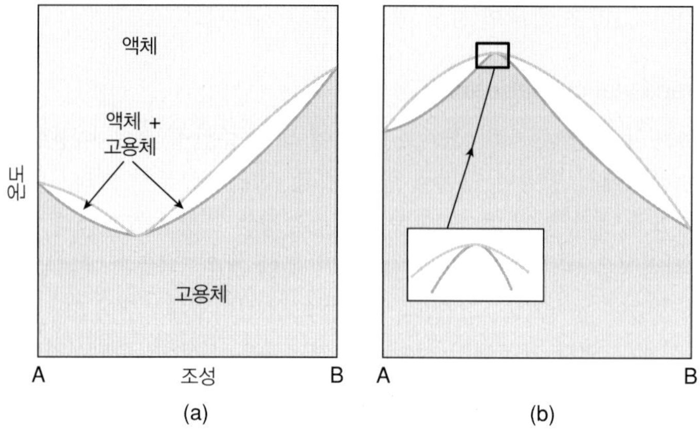

그림 7.12 액상선과 고상선 곡선의 (a) 열적 극소점 또는 (b) 열적 극대점을 갖는 2원 고용체 계.

위 조건이 일어날 수 없다. 액상선과 고상선은 열적 극대점이나 극소점 부근에서 연속성을 유지하며(그림 7.12(b)), 이는 포정점과 공융점에서 불연속성이 나타나는 점과 차별화된다.

7.3.3.4 부분적 고용체 계

완전한 고용체(그림 7.10–7.12)는 치환에 관여된 이온들의 크기가 비슷하고 말단 조성의 상들이 같은 결정 구조일 때에만 가능하다. 실제 결정상들 간에는 부분적 용해도가 나타나는 경우가 훨씬 흔하다. 부분적 고용체의 가장 단순한 경우(그림 7.13)는 단순 공융계(그림 7.13의 삽도 i)를 그대로 확장시킨 결과이다. B의 결정이 A에 용해되어 고용체(색 표시된 A ss 구역)를 형성하며, 그 용해도는 온도에 따라 달라져 곡선 *xmp*(그림 7.13(b))로 주어진다. 고용체 범위는 공융 온도인 *m* 지점에서 극대가 된다. 마찬가지로 A는 B에 부분적으로 용해된다(B ss 구역). B ss 구역의 범위 또한 온도에 따라 다르며, 곡선 *ynq*에 의해 주어진다. 여기서도 역시 공융 온도 *n* 지점에서 용해도가 최대이다.

'A ss + B ss'의 2상 구역에서 A 고용체의 조성은 해당 온도 T_1에서의 접속선(파선)이 곡선 *mx*와 교차하는 점으로부터 주어진다; T_1에서는 조성 축 *a* 지점에 해당한다. 같은 방법으로 B 고용체의 조성은 접속선과 *ny* 곡선의 교점에 의해 주어진다.

대부분 상 도표들에서 고체는 **직선 상**(line phase), 즉 고정된 조성의 화학양론적 상들이다: 그림 7.13의 삽도 i에서 말단 조성 A와 B가 표시된 방법을 보라. 하지만 실제로는 삽도 ii에 보인 바와 같이 다소간의 조성 변화가 일어날 수 있다. 그림 7.13과 비슷한 실제 계는 고토감람석(forsterite, Mg_2SiO_4)–규산아연석(willemite, Zn_2SiO_4) 고용체이다(그림 7.14). 이 계의 치환성 고용체 메커니즘은 2장에서 논해진 바

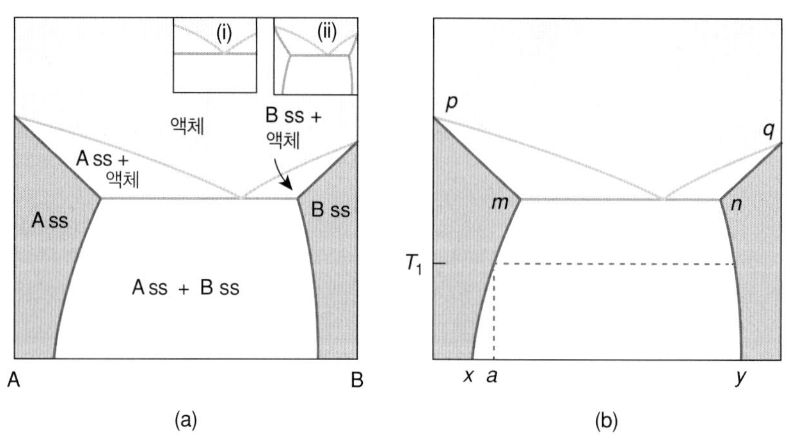

그림 7.13 말단 조성에서 부분적 고용체를 형성하는 단순 공융계.

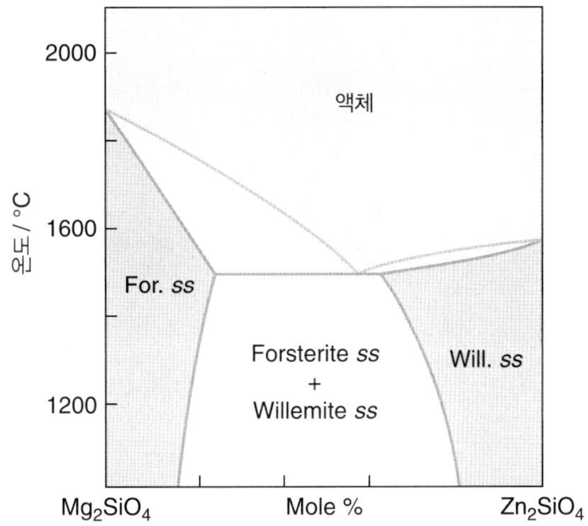

그림 7.14 Mg_2SiO_4–Zn_2SiO_4 계. Reproduced with permission from E.R. Segnit and A.E. Holland, J. Amer. Ceram. Soc., 48, 412, © 1965 John Wiley & Sons.

있다.

그림 7.15는 부분적 고용체 거동을 보이는 단순 2원 계의 또 다른 유형을 나타낸 것이다. 이 도표는 약간 특이한 형태의 경계를 가지며 완전 용해도의 단순 계(삽도 i)로부터 유도될 수 있다. 우선 삽도 ii와 같이 고용체 구역 내에 **상위 공용 온도**(upper consolute temperature)를 갖는 **비혼화 반구**(immiscibility dome)가 존재한다고 가정하자. 상위 공용 온도보다 높은 온도에서는 단일상 고용체가 존재하지만, 낮은 온도에서는 두 고체상의 혼합이 존재한다. 다음 단계로 반구를 고온 범위로 확장시켜 용융 곡선과 만나게 한다. 그 결과는 삽도 iii에 주어진 바와 같으며, 또한 본 그림에 상세히 나타내어져 있다.

이제 이 상 도표의 세부를 살펴보겠다. A 고용체가 제한된 범위로 형성되며 그들의 조성 범위는 온도 증가와 함께 용해도 곡선 *ab*를 따라 넓어진다. B 고용체 또한 제한된 범위의 고용체를 이루며 온도 증가와 함께 조성 폭이 곡선 *cd*를 따라 넓어진다. A 고용체의 용융은 단순한 방식을 따른다: 용융과 함께 'A ss + 액체'의 구역에 진입하며 A 고용체의 조성은 고상선 *be*를 따라 변하므로 온도가 높아질수록 A의 비율이 점차 증가한다. 대부분의 B 고용체들도 유사한 용융 거동을 보인다. 용융과 함께 'B 고용체 + 액체'의 2상 구역에 진입하여 고상선 *fd*를 따르며, 온도가 높아질수록 액체와 평형을 이룬 B 고용체에서의 A 함량이 차츰 증가한다. 그러나 점 *d*의 한계 조성에서는 B 고용체의 거동이 판이하게 달라진다. 이 조성은 비합치 용융에 의해 'A 고용체 + 액체'가 되며 이에 부속되어 포정점 *P*가 나타난다.

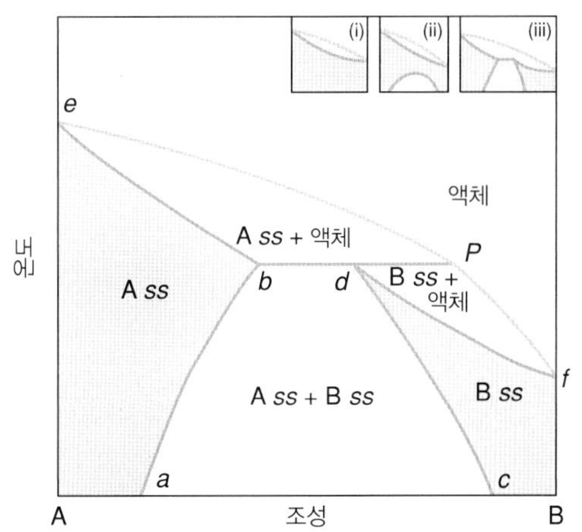

그림 7.15 부분적 고용체가 형성되는 2원 계.

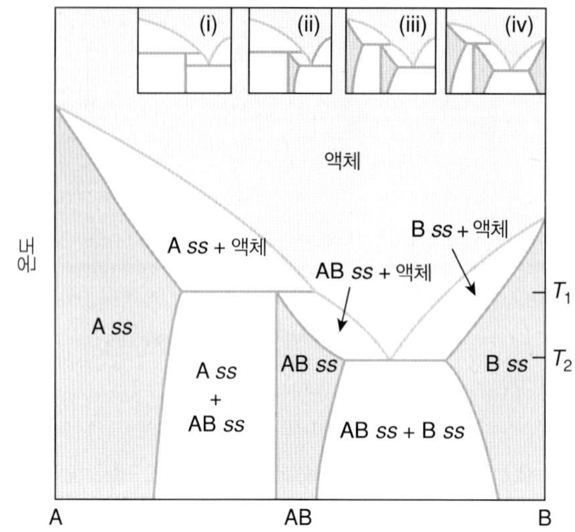

그림 7.16 비합치 용융과 부분적 고용체 형성이 일어나는 2원 계.

그림 7.16의 상 도표는 비합치 용융 속성과 부분적 고용체 속성을 함께 갖는 상을 포함하여 좀 더 복잡한 양상을 띤다. 이는 삽도 i–iv와 같이 고용체 구역이 점진적으로 도입된 결과로 해석될 수 있으며, 이때 고용체의 최대 한도가 온도 T_1(포정점)과 T_2(공융점)에서 나타나도록 설정되었다. 그림 7.16의 AB 고용체 구역은 그림 7.15의 B 고용체 구역과 전혀 다른 모양이지만 본질적 성격은 같다. AB 구역에서 B 성분의 극한 지점은 온도에 따라 달라지지만, A 성분의 극한은 온도에 무관하게 수직선으로 표시된다. 또한 A 성분의 극한이 비합치 용융되는 데 비해, 그 외의 고용체 조성들은 'AB ss + 액체'의 2상 구역에 진입한다.

7.3.4 고체–고체 상 전이(phase transition)를 보이는 2원 계

상 전이는 한 다형체에서 다른 다형체로의 결정 구조 변화를 일컬으며, 대개 온도 또는 압력의 변화에 의해 유발된다. 한 예로 $BaTiO_3$는 강유전성 Curie 온도 127 °C에서 정방 ↔ 입방 전이를 보이며, SiO_2의 다형 거동은 상 전이의 좋은 예를 제공한다(그림 7.5). 열역학적으로 1차 유형이면서 부피나 엔탈피의 변화를 수반하는 상 전이는 용융 현상과 비슷한 방식으로 취급될 수 있다. 순물질 A의 1성분 응축계에서는 2개의 고체상 다형체가 평형으로 공존하는 불변점이 존재할 수 있다($C = 1$, $P = 2$, 따라서 $F = 0$). 고용체를 이루지 않는 2원 계에서는 개개 말단 조성의 상 전이가 수평선(등온선)으로 표시되어진다. 그림 7.17에서 αA와 αB는 각각 A와 B의 저온 다형체를 가리키며, 그에 대응되는 고온 다형체들은 βA, δA, βB로

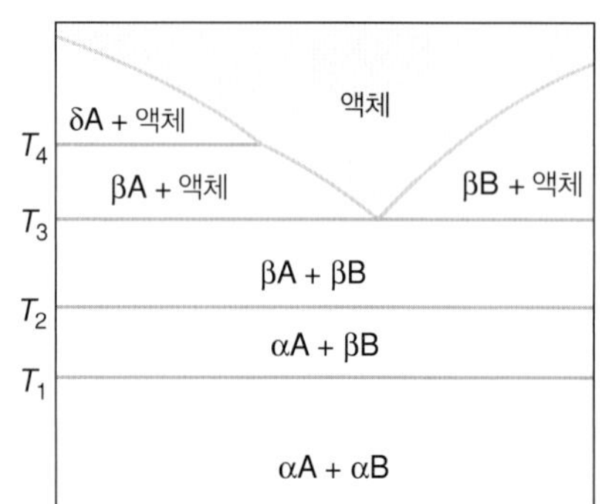

그림 7.17 고체–고체 상 전이를 갖는 단순 공융계.

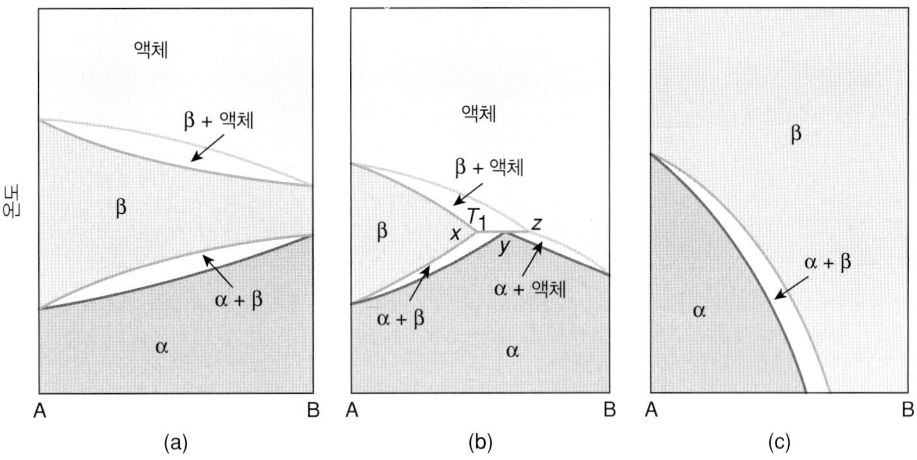

그림 7.18 다형체 상 전이를 보이는 2원 고용체 계.

표지되어 있다. 상 전이 온도 $T_1(\alpha B \rightarrow \beta B)$, $T_2(\alpha A \rightarrow \beta A)$, $T_4(\beta A \rightarrow \delta A)$가 순물질 또는 혼합물 상태 여부에 무관하게 일정하며, 이는 A와 B의 임의 혼합에서 각 성분의 상 전이가 다른 상의 존재에 영향 받지 않음을 의미한다.

7.3.5 상 전이와 고용체 거동을 보이는 2원 계: 공석(eutectoid)과 포석(peritectoid)[3)]

고용체와 상 전이가 모두 발생하는 계에서는 세 종류의 상 도표가 나타날 수 있다(그림 7.18). 말단 성분 A와 B의 상 전이는 일정 온도에서 일어난다($C=1$, $P=2$, $F=0$). 그러나 그 중간 조성에는 1개의 자유도가 있기 때문에 2개 상이 상당 범위의 온도 또는 조성에 걸쳐 공존할 수 있다. 따라서 2개의 고체상, 예를 들어 '$\alpha+\beta$'를 갖는 구역이 일반적으로 관찰된다(그림 7.18). 그림 7.18(a)의 $\alpha \rightarrow \beta$ 전이와 β 고용체의 용융은 같은 방식으로 해석될 수 있으며, 앞서 그림 7.10에 대해 사용된 논의가 적용될 수 있다. 그림 7.18(a)의 용융 관계는 그림 7.10과 동일하지만, 그림 7.10, 7.12에 주어진 세 유형 중 어느 것으로도 변형될 수 있다. 그림 7.18(a)에서 A, B와 고용체 전체 조성 모두는 각각의 α, β 다형체를 갖는다.

B, 그리고 B 성분이 우세한 고용체가 $\alpha \rightarrow \beta$ 전이에 앞서 용융될 경우 $\alpha \rightarrow \beta$ 전이 곡선이 고상선과 교차하게 된다(그림 7.18(b)). 온도 T_1에서 3개의 1상 구역(α, β, 액체)들과 3개의 2상 구역들이 교차하는 방식은 고용체 계의 전형적 특성이다. 인접한 두 개의 1상 구역 사이에는 언제나 1개의 2상 구역이 놓인다. 예컨대 α와 β 구역은 '$\alpha+\beta$' 구역에 의해 분리되어 있다. 다만 2상 구역의 실제 폭을 실험적으로 결정하기는 쉽지 않다. 온도 T_1의 수평선 xyz 위에는 3개의 상들이 공존한다. 즉, 이 선분은 불변 조건에 해당하다. 액상서 위의 z는 포정점이 되는데, y 점의 α 조성이 비합치 용융에 의해 조성 x의 β 고용체와 조성 z의 액체가 되기 때문이다.

그림 7.18(c)에서는 고용체의 B 함량이 증가할수록 $\alpha \rightarrow \beta$ 전이 온도가 가속적으로 낮아진다. 순수한 B는 어떤 온도에서도 α 다형체 형태를 취하지 않는다.

그림 7.19는 상 전이와 부분적 고용체를 갖는 2원 계를 모식적으로 나타낸다. 여기서도 'αA$+\beta$A'와 'αB$+\beta$B'의 고용체 2상 구역들이 존재한다. 고용체 계에서 용융과 상 전이 거동이 갖는 유사점을 이미 살펴본 바 있는데, 더 나아가 공융 e와 공석 b 간에도 비교되는 면이 있다. abc 선분은 3개의 상, βA 고용체(조성 a), βB 고용체(조성 b), αB 고용체(조성 c)가 공존하는 불변 조건을 나타낸다. 냉각 과정의 b 지점에서는 공석 반응에 의해 고체상 1개(βB 고용체)가 고체상 2개(βA 고용체$+\alpha$B 고용체)로 바뀐다. 따라서 공정 반응과 공석 반응은 둘 다 불균화 과정이다: 냉각 과정의 공정점 e에서는 액체가 βA 고용체와

3) 공석(共析), 포석(包析).

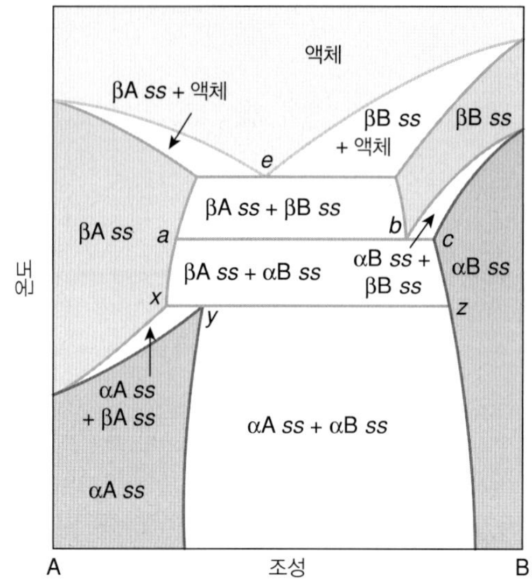

그림 7.19 다형체 상 전이와 부분적 고용체 형성을 보이는 2원 공융계.

βB 고용체의 혼합으로 결정화하는 한편, 공석점 *b*에서는 βB 고용체가 βA 고용체와 αB 고용체의 혼합으로 불균화한다(공정과 공석의 차이점은 각각에서의 고온상이 액체와 고체라는 것이다).

포석은 포정에 대응되는 고체상의 개념이며, 그림 7.19에서는 점 *y*가 포석에 해당한다. 가열 과정에서 점 *y*의 αA 고용체는 두 고체상 βA 고용체와 αB 고용체의 혼합으로 분해된다. 따라서 선분 *xyz*는 3개의 상, αA 고용체(조성 *y*), βA 고용체(조성 *x*), αB 고용체(조성 *z*)가 공존하는 불변 조건이 된다. 가열 과정에서 일어나는 αA 고용체의 분해는 포정점에서의 비합치 용융과 유사하다. 포정 용융이 '고체상 1개 → 고체상 1개 + 액체 1개'의 반응인 것에 비해 포석 변환은 '고체상 1개 → 고체상 2개'의 반응이다(공정/공석의 비교와 비슷하게, 포정과 포석의 차이점은 각각에서의 고온상이 액체와 고체라는 것이다).

7.3.6 액상 비혼화를 보이는 2원 계: $MgO-SiO_2$

이제까지 다뤄진 상 도표들은 모두 다 조성 범위 A–B 전체에 걸쳐 한 가지 액체 상만을 갖는다. 그러나 적지 않은 경우에 액상 비혼화가 일어나며, 친숙한 예로 휘발유와 물과 같이 서로 섞이지 않는 물질들이 존재한다. 그림 7.20(a)는 간단한 액상 비혼화 계를 모식적으로 나타낸다. 이 도표는 비혼화 반구에 의해 특징지어지는데, 반구 내부에서는 두 액체가 불균일 혼합물로 존재하는 반면 외부에서는 액체가 서로 섞인다. 반구의 정점은 **상위 공용 온도**가 된다.

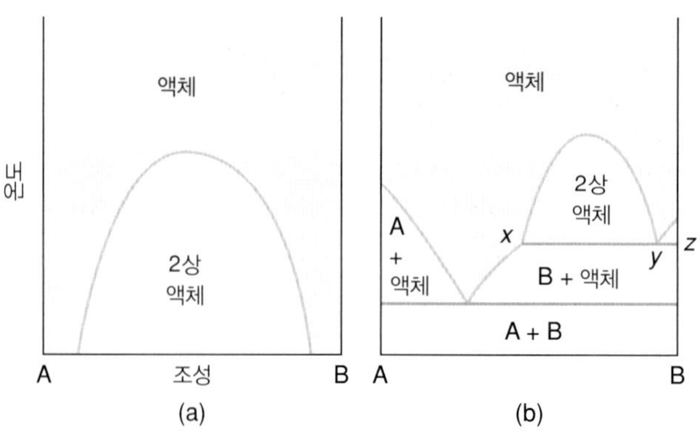

그림 7.20 상 도표에서의 액상 비혼화 반구.

더 낮은 온도에서는 액체가 결정화하면서 고체–액체 평형이 재등장한다. 그림 7.20(b)의 오른쪽 부분(B가 우세한 조성 영역)에서는 액상 비혼화와 단순 공융 거동이 복합되어 나타난다. 비혼화 반구는 B의 초정 구역에서 액상선 경계를 가로막으며, 이 교차점에서 새로운 유형의 불변 조건이 발생한다. 즉, *xyz* 선을 따라 2개의 액체(x, y)와 1개의 고체(z 지점의 B)가 존재하므로 $C=2$, $P=3$, $F=0$이 된다. 이와 같이 한 액체상이 냉각되는 중에 등온 가역적으로 다른 액체와 고체로 변하는 조건을 **단변성**(monotectic)이라고 한다.

액상 비혼화는 고온의 규산염 계(예: MO–SiO_2; M = Mg, Ca, Zn, Co)에서 흔히 일어난다. M^{2+}와 Si^{4+}의 크기, 배위 속성, 결합 속성이 크게 다르기 때문에 SiO_2 조성이 우세한 영역에서 균일한 액체가 형성되지 못하는 것이다. 그림 7.21은 MgO–SiO_2 상 도표를 보여 준다. 액상 비혼화 구역은 SiO_2가 주성분인 조성, 그리고 1700 °C 이상에서 발생한다. 상 도표의 나머지 부분에서는 합치 용융되는 Mg_2SiO_4와 비합치 용융되는 $MgSiO_3$가 나타난다. $MgSiO_3$는 1557 °C에서 Mg_2SiO_4와 액체로 비합치 용융된다. 또한 이 계는 2개의 공융 조건(1850 °C, 1543 °C)과 1개의 단변성 조건(1700 °C)을 갖는다.

7.3.7 기술적으로 중요한 상 도표들

7.3.7.1 Fe–C 계: 제철과 제강

Fe–C 계에서의 공석 반응은 제철 산업에서 매우 큰 중요성을 갖는다. 그림 7.22는 이 합금계 중 Fe가 주성분인 부분의 상 도표를 보여 준다. 이 도표에는 723 °C에서의 공석(냉각 중에 γ-Fe 고용체의 분해)과 함께 ~1500 °C에서 γ-고용체의 포정 용융, 1147 °C, 4.3 wt% C 조성에서 γ-Fe 고용체와 Fe_3C의 공융이 나타난다. 제강 과정에서는 Fe–C 합금의 열적 순환과 특히 γ-Fe 고용체의 공석 분해에 따른 변화에 초점을 둔다.

Fe는 세 가지 다형체로 존재한다: *bcc* α는 910 °C 이하, *fcc* γ는 910–1400 °C 범위, *bcc* δ는 1400–1534 °C(녹는점) 범위에서 각각 안정하다. γ-Fe는 상당량(최고 2.06 wt%)의 탄소를 용해시킬 수 있으나 α, δ 다형체는 그보다 훨씬 적은 양, 각각 0.02 wt%와 0.1 wt%만을 용해시킬 수 있다(그림 2.12와 관련 본문 참고).

구조용 탄소강의 대부분은 1 wt% 미만(대개는 0.2–0.3 wt%)의 탄소를 함유한다. 용융을 냉각할 때,

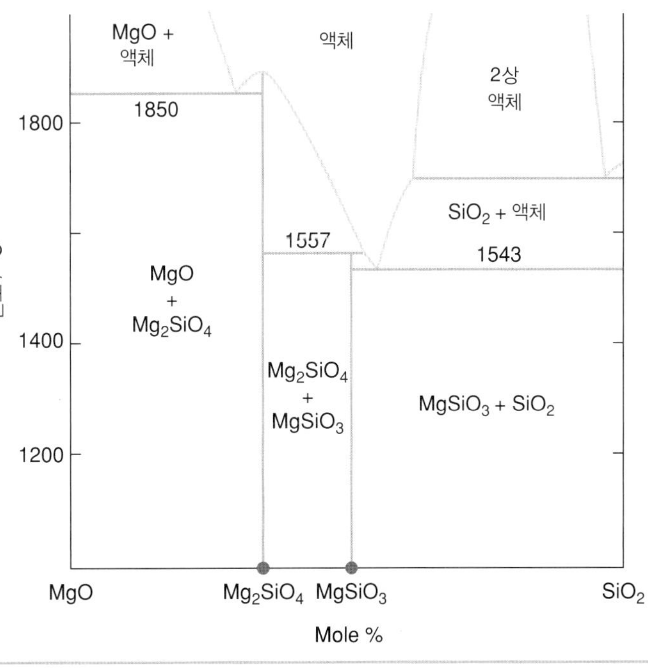

그림 7.21 MgO–SiO_2 상 도표.

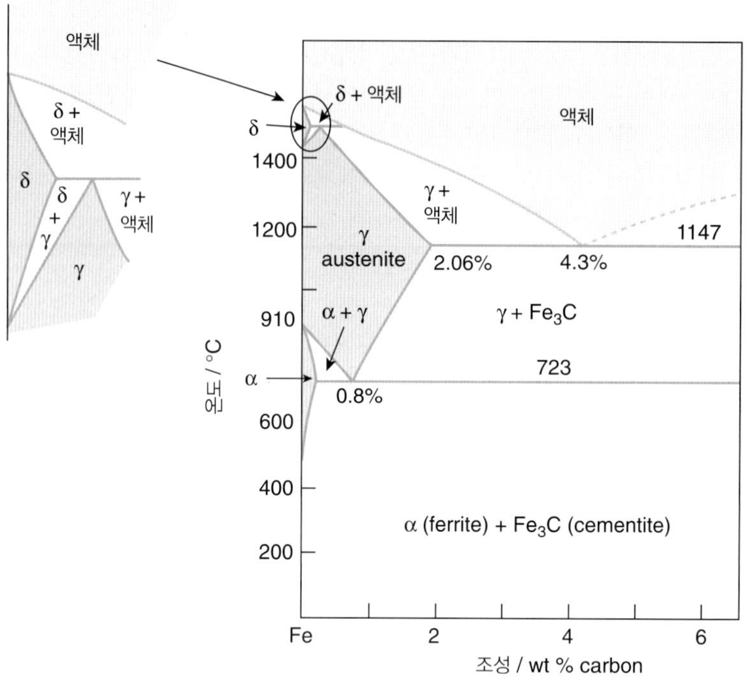

그림 7.22 Fe−C 상 도표.

800−1400 °C 범위에서 C와 γ-Fe의 고용체가 형성되며, 이를 *austenite*라 부른다. Austenite 고용체는 저온(723 °C 이하)에서 불안정한데, 이는 γ-Fe가 α-Fe로 전이하면서 탄화물 상 Fe_3C를 석출시키기 때문이다. 이 공석 분해는 austensite 입자 경계에서 시작되며, 그 결과로 α-Fe(ferrite)와 Fe_3C(cementite) 결정이 판상 조직으로 나란히 성장한 pearlite가 만들어진다.

강철이 급속히 냉각될 경우 austenite의 분해가 일어나지 못하며, 대신 *martensite*가 형성된다. Martensite는 변형된 austenite 구조이며 탄소 원자들을 고용체 내에 보유하고 있다. 이 탄소 원자들은 불림(tempering) 가공(재가열을 통해 미세한 pearlite 조직을 형성)에 의해 cementite 형태로 방출될 수 있다.

강철의 경도는 냉각 조건과 불림 처리에 따라 달라진다. Martensite 결정은 일종의 변형된 형태이기 때문에 어긋남(dislocation)의 내부 이동이 어렵다. 그 결과, martensite 강은 대체로 경도가 우수하다. Fe_3C는 경도가 매우 큰 물질이고, 따라서 pearlite 조직을 갖는 강철의 경도는 Fe_3C 입자의 크기, 양, 분포에 크게 의존한다. Fe_3C 입자가 여러 개이면서 작은 크기로 조밀하게 배열된 미세 조직을 이룰 때 강철의 경도가 높아진다. 만일 강철이 서서히 냉각되거나 723 °C 바로 아래에서 장시간 유지되면 느린 분해와 함께 거친 pearlite 조직이 얻어진다. Martensite를 얻기 위한 냉각을 재빨리 진행하고 200 °C 정도의 저온에서 불림 처리함으로써 좀 더 미세한 조직을 얻을 수 있다.

7.3.7.2 CaO−SiO_2 계: 시멘트 제조

규산염 산업의 가장 중요한 상 도표 중 하나는 CaO−SiO_2 계이다. 그림 7.23은 그 일부를 나타낸 것이다. 화합물 Ca_2SiO_4(≡2CaO·SiO_2≡33.3% SiO_2·66.7% CaO)는 2130 °C에서 합치 용융된다. 화합물 Ca_3SiO_5는 2150 °C에서 CaO와 액체로 비합치 용융된다. 또한 1250 °C에서 안전성 하한을 가져 이 온도 아래에서는 CaO와 Ca_2SiO_4로의 분해가 일어난다. 제시된 상 도표 범위에는 1개의 포정점 P와 1개의 공융점 E가 존재한다.

CaO−SiO_2 상 도표는 시멘트 제조에 있어 절대적 중요성을 갖는다. Ca_3SiO_5는 포틀랜드 시멘트의 급속 경화에 필요한 핵심 요소인데, 상 도표는 이 물질이 1250 °C 이하에서 불안정함을 가리킨다. 따라서 이 물질을 얻기 위해서는 반응물을 1400−1500 °C에서 가열한 후 공기 중에 분사하여 급랭하는 기법을 이

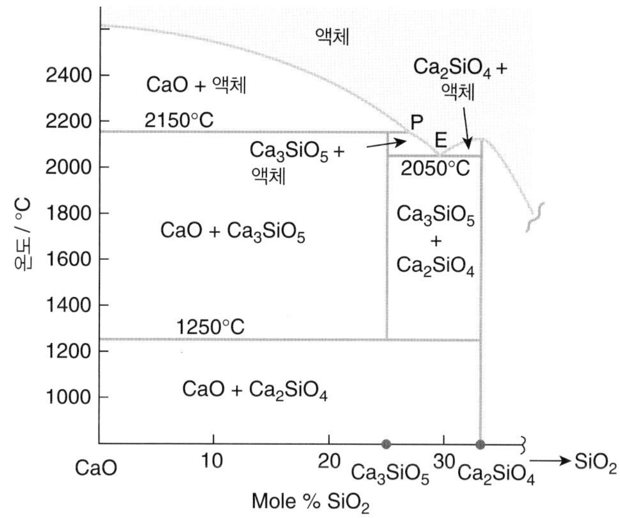

그림 7.23 CaO–SiO_2 계에서 CaO 성분이 우세한 조성의 부분 상 도표.

용한다. 그러한 급랭 조건에서는 Ca_3SiO_5가 재빨리 분해되지 않기 때문에 상온까지 유지될 수 있다. 또한 상온에서 Ca_3SiO_5는 동역학적으로 안정하다. 이후 물과의 반응에서 Ca_3SiO_5는 반결정성 칼슘 규산염 수화물 젤을 형성하며 이는 급결 시멘트와 콘크리트의 핵심 경화 성분이다.

7.3.7.3 Na–S 계: Na/S 전지

Na–S 계는 Na/S 전지(베타 전지)의 최적화를 위한 실용적 중요성을 갖는다. Na/S 전지는 MW-급 발전소의 부하 분산에 사용될 수 있다. 그림 7.24는 S 성분이 우세한 조성들을 보여 준다. 240 °C의 단변성 조건과 액상 비혼화 반구(상위 공용 온도는 미표시), 몇몇 결정성 Na 황화물이 우선 관찰된다. Na_2S_5와 Na_2S_4는 각각 합치 용융되며 Na_2S_2는 'Na_2S + 액체'로 비합치 용융된다. 따라서 주어진 상 도표에서 액상선 경계에는 3개의 공융, 1개의 단변성, 1개의 포정이 나타난다.

Na/S 전지는 용융된 S를 음극으로 가지며 300–350 °C에서 작동한다; 방전 온도와 생성물은 그림 7.24의 빗금 영역으로 나타내어져 있다. 방전 과정의 일반 반응식은 다음과 같으며,

$$x\text{Na} + \text{S} \rightarrow \text{Na}_x\text{S}\,(l)$$

Na^+ 이온이 β-알루미나 전해질(8.5.4.11절 참조)을 통과한 후 S 음극과 반응하여 액상의 Na 황화물을 형성한다. 결정성 Na 황화물이 생성될 경우 전지 성능을 저하시키므로 이를 피하기 위해 Na_2S_2가 석출되는 시점까지만 방전을 진행한다. 이는 $Na_xS(l)$의 조성이 액상선 경계를 교차하는 지점(예를 들어 320 °C에서 ~57% S)이다.

그림 7.24의 하단에는 방전 정도에 따른 전지 전위(emf)가 나타내어져 있다. 방전의 초기 단계에는 생성물이 두 액체의 혼합이며 기전력은 2.08 V로 일정하다. 방전이 진행됨에 따라 생성물은 단일상 액체가 되고 기전력은 조성에 따라 2.08–1.78 V 범위로 달라진다. 방전의 후반부에는 Na_2S_2의 석출이 시작되며 기전력이 1.78 V로 다시 일정해진다.

7.3.7.4 Na_2O–SiO_2 계: 유리 제조

유리창, 유리병과 같은 다양한 응용에서 실리카(SiO_2)는 유리의 기본 조성이며, 다른 산화물이 첨가됨으로써 녹는점이 낮아져 용융 유동성이 증가되고, 불투명화(devitrification)가 방지된다. 순수한 SiO_2는 1700 °C 이상에서 용융되어 점성이 큰 고분자성 액체가 되며, 냉각 과정에서 쉽게 유리(구조 상 3차원 규칙성이 없는 비정질 고체)로 고형화한다. SiO_2의 녹는점이 매우 높고 용융물의 점성이 크기 때문에 2000 °C 정도의 고온에서도 가공이 어렵다. 당연히 순수한 SiO_2로 만들어진 유리 제품은 가격이 높을 수밖에 없는

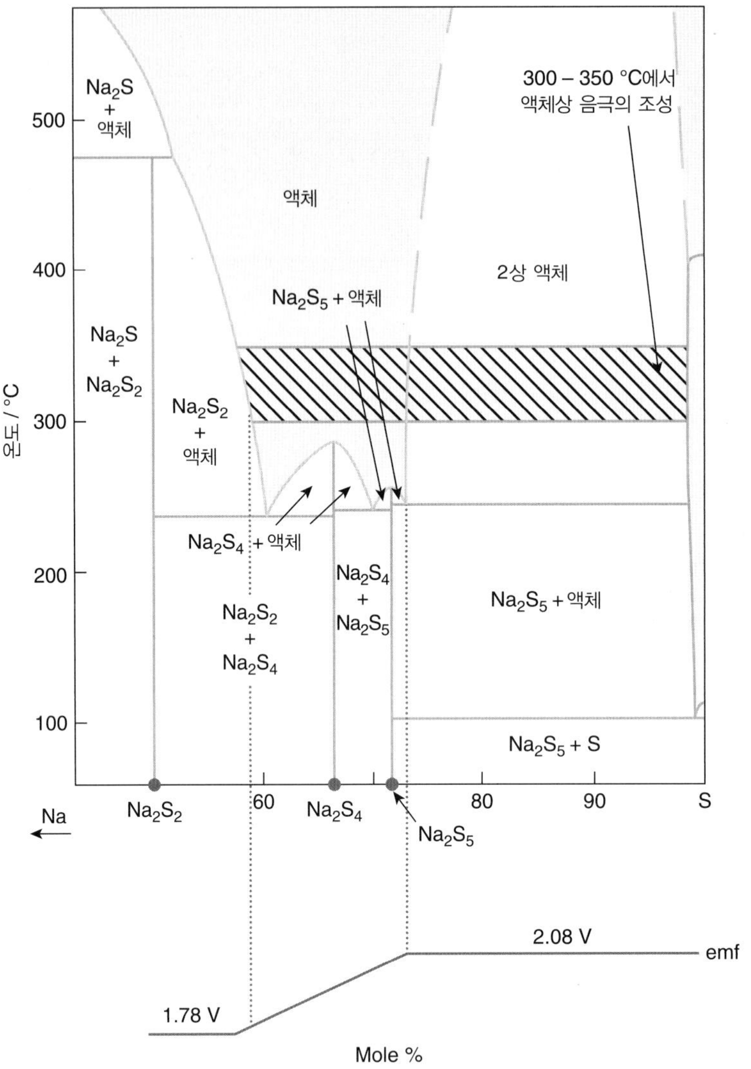

그림 7.24 Na–S 상 도표와 Na/S 전지의 방전도 및 음극 조성에 따른 개회로 전지 전압.

반면, 연화 온도(~1200 °C)가 높고 심미성이 우수하다는 장점이 있다. 간단히 말해 순수한 SiO_2는 차별화된 고급 유리라 할 수 있다.

그림 7.25의 Na_2O-SiO_2 상 도표는 SiO_2에 대한 Na_2O의 첨가 효과를 보여 준다. 30%의 Na_2O가 첨가되면 녹는점이 ~1700 °C에서 ~800 °C로 낮아지며, 이 경우에도 액체상은 유리 상태로 냉각되어진다. 또한 액체상의 유동성이 뛰어나기 때문에 유리 제품의 성형이 용이해진다. 그러나 Na_2O-SiO_2 유리는 수용성이라는 문제점을 갖는다. 소듐 규산염으로 만들어진 유리창은 아타카마 사막(Atacama Desert)에서라면 몰라도 셰필드(Sheffield)에서 사용하기는 곤란하다. 따라서 대기 안정성을 보강하기 위해 CaO, MgO, Al_2O_3, B_2O_3와 같은 산화물이 첨가되어진다. 그 결과 얻어진 유리는 비수용성이며 쉽게 투명성을 상실(결정화)하지 않는다. 이와 같이 상용 유리는 다소 복잡한 조성을 갖지만 첨가 조성에 의해 녹는점이 낮아지는 효과가 그림 7.25를 통해 충분히 설명된다. 유리의 용융 유동성과 구조의 변화를 규소산 성분의 고분자도 관점에서 이해하려면 1.17.16절을 참고하라.

7.3.7.5 Li_2O-SiO_2 계: 준안정적 상 분리와 합성 오팔(opal)

Li_2O-SiO_2 계는 Na_2O-SiO_2 계와 유사하게 실리카 함량이 높을 때 유리를 형성한다. 다른 한편으로 이 계에서 약 20 mol% Li_2O 조성의 유리는 아름다운 유백광(투과광은 주황색이고 반사광은 청색)을 나타낸

다. 그림 7.26의 Li_2O-SiO_2 상 도표는 SiO_2 함량이 높은 영역에서 특이 형태의 액상선을 보인다. 이는 이 영역에 안정한 액상 비혼화 반구가 뚜렷이 존재하지는 않지만, 액체의 국부 차원에서 Li_2O 또는 SiO_2

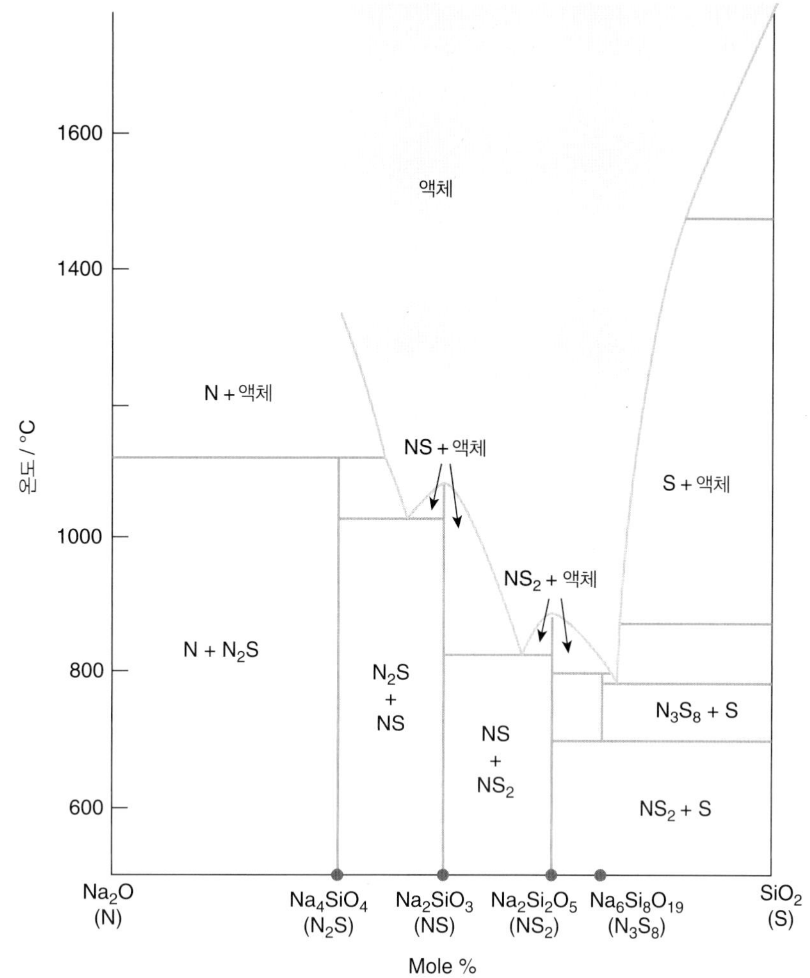

그림 7.25 Na_2O-SiO_2 상 도표. N = Na_2O, S = SiO_2, N_2S = Na_4SiO_4, NS = Na_2SiO_3, NS_2 = $Na_2Si_2O_5$, N_3S_8 = $Na_6Si_8O_{19}$.

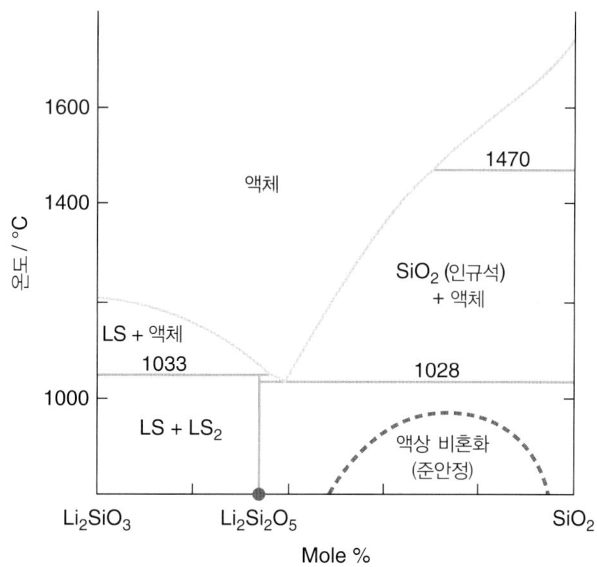

그림 7.26 $Li_2SiO_3-SiO_2$ 상 도표. LS = Li_2SiO_3, LS_2 = $Li_2Si_2O_5$. 파선은 급속 냉각에 의해 결정화가 억제된 액체에서의 준안정적 비혼화 반구를 모식적으로 나타낸다.

성분이 우세한 뭉치가 형성되기 때문이다. 그러한 액체상을 냉각할 때 뭉치 형성 경향성이 증가하는데, $T\Delta S$의 감소에 따라 액체 혼합에 대한 원동력이 감소하기 때문이다. 용융물을 급속히 냉각할 경우, 결정화가 억제되며 과냉각된 액체는 상위 공용 온도가 ~950 °C인 비혼화 반구에 진입하게 된다. 일단 반구 내로 진입한 후에는 매우 미세한 조직의 두 액체로 자발적 분리가 일어난다(스피노달 분해 메커니즘). 그 결과 형성된 액체들은 각각 ~95% SiO_2와 ~25% Li_2O·75% SiO_2의 조성을 가지며 굴절률이 서로 달라 유백광을 발생시킨다.

Li_2O-SiO_2 유리의 비혼화 반구는 전적으로 준안정적이며 과냉각된 액체에서만 관찰된다. 즉, 급속 냉각에 의해 결정화가 일어나지 못함으로써 상 도표의 예측 거동으로부터 벗어난 상태인 것이다. 이러한 현상이 평형 성질은 아니지만 일반적인 상 도표 거동을 고려할 때 아주 특이한 것은 아니다: 적지 않은 단일상 액체들이 냉각 과정에서 비혼화 반구에 진입한다. 모든 물질이 열역학적 평형이라는 제한 내에서 거동한다면 세상 만물의 색채가 지금보다 덜 화려하리라 생각해 볼 수도 있겠다.

7.3.7.6 대역 정제(zone refining)에 의한 고순도 반도체 Si

초고순도 Si는 반도체 응용의 필수 요소이며, 용융/결정화의 반복에 의한 대역 정제 기법으로 얻어진다. 결정화 과정에서 불순물은 잔여 액상에 농축되는 경향이 있다; 온도 경사 조건에서 결정화를 시행함으로써 Si 내의 불순물들을 '쓸어낼' 수 있다. 이 과정은 그림 7.27의 모식적 상 도표에 의해 설명될 수 있다. Si와 (불특정) 불순물이 고용체를 이루며, 고상선과 액상선 온도는 불순물 함량 증가와 함께 완만하게 감소한다. 조성 a를 온도 T에서 부분 용융시키면 액상에서의 불순물 농도는 전체 조성 a에 비해 높게 된다. 또한 이 온도에서 액체 c를 고체상으로부터 분리할 수 있다면 남겨진 고체 b는 초기의 고체 a보다 높은 Si 순도를 갖게 된다. 대역 정제의 응용에 대한 추가 설명은 4.6.3절에 주어져 있다.

7.3.7.7 $ZrO_2-Y_2O_3$ 계: 이트리아-안정화 지르코니아(YSZ) 고체 전해질

지르코니아 ZrO_2는 녹는점이 ~2700 °C라는 점에서 잠재적 유용성이 매우 높은 세라믹 재료이다. 하지만 이 물질은 냉각 과정에서 일련의 상 전이를 일으킨다:

$$\text{입방(형석)} \xrightarrow{2400\,°\text{C}} \text{정방} \xrightarrow{1050\,°\text{C}} \text{단사(baddeleyite)}$$

정방→단사 전이는 단위세포의 팽창을 수반한다. 그에 따라 시료 부피가 ~9% 증가하기 때문에 고온에서 가공된 세라믹 소결체가 냉각 과정에서 파손되는 문제가 있다. 다행히도 Zr 일부를 이원자가 양이온 Mg, Ca, Y 등으로 치환하여 $Zr_{1-x}Mg_xO_{2-x}$나 $Zr_{1-y}Y_yO_{2-y/2}$와 같은 고용체를 이루면 위의 전이가 일어나지 않는다.

그림 7.28은 $ZrO_2-Y_2O_3(YO_{1.5})$ 계의 상 도표를 나타낸 것이다. $YO_{1.5}$의 양이 증가함에 따라 두 전이

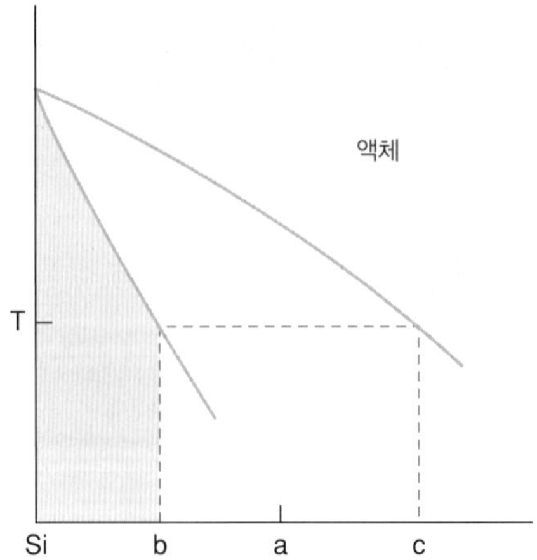

그림 7.27 대역 정제에 의한 Si의 고순도화: 불순물은 용융에 농축된다.

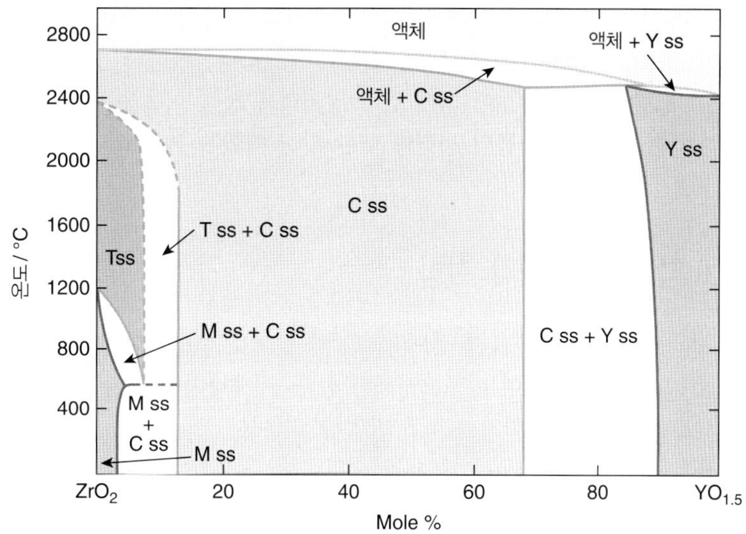

그림 7.28 $ZrO_2-Y_2O_3$ 상 도표. M, T, C는 각각 지르코니아의 단사, 정방, 입방 다형체를 가리키며, ss는 고용체를 뜻한다. Y는 이트리아 Y_2O_3를 가리킨다.

온도 모두 급격하게 낮아진다. $YO_{1.5}$ 함량이 ~15%를 넘어서면 입방 다형체가 상온에서 안정해져 이트리아-안정화 지르코니아(yttria-stabilized zirconia, YSZ)라 불리는 물질이 된다. 이트리아 함량이 낮을 경우 정방 다형체가 공석점 ~500 °C까지 부분 안정화되며, 그 아래 온도의 평형 조건에서는 입방과 단사 다형체의 혼합으로 분해된다. 부분 안정화된 정방 지르코니아와 완전 안정화된 입방 YSZ 모두 다양한 실제 응용에 사용되어진다.

YSZ는 특별히 중요한 소재로 취급되는데, 이 물질이 넓은 온도 범위에서 안정한 세라믹일 뿐만 아니라 매우 우수한 산소 이온 전도체이기 때문이다. 후자의 특성은 고용체 형성 메커니즘에 의해 산소 이온 빈자리가 생성되는 데에서 비롯한다. 고온에서 이 빈자리들의 이동성이 매우 크기 때문에 YSZ를 연료 전지나 센서의 산소 이온 전도체로 활용할 수 있다(8장 참고).

7.3.7.8 $Bi_2O_3-Fe_2O_3$ 계: $BiFeO_3$ 다중강성체(multiferroic)

$Bi_2O_3-Fe_2O_3$ 계에 포함된 $BiFeO_3$ 상은 자성과 강유전성의 결합에 의한 다중강성을 보여 최근 큰 관심을 받고 있다. 그림 7.29의 상 도표는 $BiFeO_3$가 933 °C에서 '$Bi_2Fe_4O_9$ + 액체'로 비합치 용융됨을 가리킨

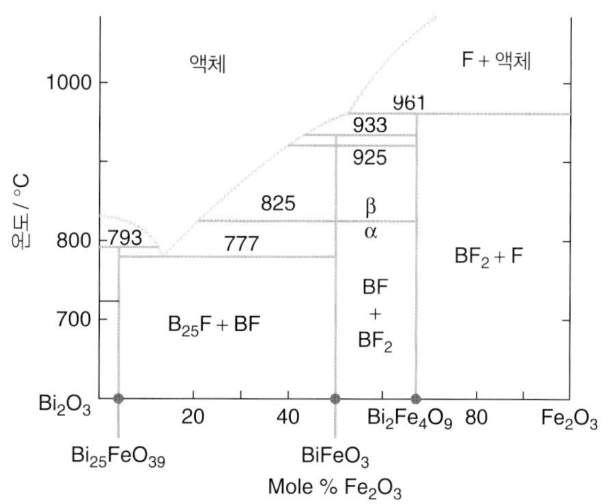

그림 7.29 $Bi_2O_3-Fe_2O_3$ 상 도표. Adapted with permission from E. I. Speranskaya et al., Bull. Acad. Sci. USSR, 5 873–4 © 1965.

다. 또한 $Bi_2Fe_4O_9$는 961°C에서 'Fe_2O_3 + 액체'로 비합치 용융된다. 일반적으로 비합치 용융되는 상들은 고상 반응을 통해 고순도로 합성해내기 어려우며, $BiFeO_3$도 예외가 아니다. 대개 경우 합성 생성물의 주 성분은 $BiFeO_3$이지만 소량의 부가 상들이 섞여 있고 열처리를 통해 이들을 제거하기는 매우 어렵다. 실제로 $BiFeO_3$의 단일상 합성은 과학자들의 능력에 대한 시험 역할을 해왔고, 이 과정에 다양한 방법들이 동원된 바 있다(4.3.8절).

7.4 2원 상 도표의 작성 요령과 지침

이 절에서는 상 도표를 구성하는 데 필요한 정보와 그것을 얻어내는 방법이 소개된다. 우선, 반응 생성물의 속성과 또한 그들이 단일상인지의 여부를 고려해야 한다. 언제나처럼 주된 질문은 합성되어진 상(또는 상의 집합체)이 반응 조건에서의 열역학적 평형을 반영하는가이다.

실험적 조사와 그 결과로부터 얻어진 정보를 바탕으로 실험 조건을 변경해 가면서 어떤 변화가 일어나는지 고찰해야 한다. 예컨대 반응 종료 후 상들의 혼합물이 얻어졌다면, 이 집합체가 반응 시간이나 온도에 무관한지 검토하는 것이다. 만일 반응 시간에 따라 결과가 달라진다면 평형에 도달한 것으로 보기 어렵다. 온도에 따라 결과가 달라진다면 이 변화가 원래 온도로 되돌아갔을 때 가역적인지의 여부를 조사해야 한다. 온도에 따른 변화가 비가역적이라면 다음으로 제기될 질문은 '원래 시료가 비평형 상태였기 때문인가?' 또는 '역과정 속도가 너무 느려 실험의 시간 차원에서 관찰될 수 없기 때문인가?'가 된다.

그림 7.30에 요약된 바와 같이 단일상 물질에서 온도, 시간, 대기에 의해 유발될 수 있는 변화는 크게 네 가지이다. 이렇듯 다양한 가능성들을 조사하기 위해서는 기체 환경 조절이 가능한 전기로, 상 분석을 위한 분말 X-선 회절기(XRD)가 필요하다. 또한 승온 과정의 질량 변화 측정을 위한 열분석기(TG)와 온도 변화 과정의 발열/흡열 조사를 위한 DTA/DSC가 가용하다면 매우 큰 도움이 될 수 있다. 실로 다양한 변화가 분석 대상 물질에서 일어날 수 있으며(그림 7.30), 이 변화들이 실험 조건의 변경에 대해 가역적이라면 주어진 물질이 열역학적 평형 상태이거나 적어도 준안정 평형 상태(6.4절)라고 간주할 수 있다.

소프트 화학(*chimie douce*) 기법으로 얻어지는 신물질의 다수는 저온에서만 열역학적 안정성을 갖거나 또는 저온에서 동역학적으로 안정하되 열역학적으로는 준안정적이다. 만일 분석 물질이 대기 영향, 분해, 다형체 전이를 겪지 않는다면 용융에 관한 질문만이 남게 된다: 녹는점은 몇 도인가, 합치 용융되는가, 비합치 용융되는가, 아니면 용융 이전에 분해되는가? 용융의 유형은 DTA/DSC와 냉각 결정화 생성물의 XRD를 연관 지어 파악할 수 있다.

용융을 냉각시킬 때 일어날 수 있는 주요 과정은 네 가지이다. 첫째, 결정화하지 않고 유리 형태로 고형화하는 것이다. 이 경우 생성물은 X-선 회절에서 비정질로 나타나며 광학 현미경 등을 사용하여 확인

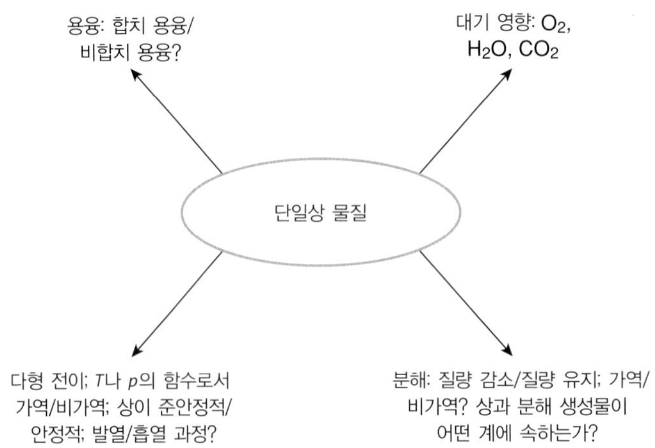

그림 7.30 가열이나 대기의 영향에 의해 단일상 물질에 발생할 수 있는 변화들.

될 수 있다. 둘째, 용융이 합치성이었다면 원래 상으로 재결정화할 것이며 이는 XRD로부터 확인될 수 있다. 셋째, 용융이 비합치성이었다면 일반적인 실험의 냉각 조건에서 원래 상으로의 재결정화가 일어나기 어렵고 상들의 혼합물이 얻어지게 된다. 네 번째 가능성은 상의 분해이며 특히 산소산염인 경우가 해당된다. 이는 용융 이전이나 용융 도중에 발생할 수 있으며, 이때도 역시 급랭 결과물은 출발 상과 다르게 얻어지기 쉽다. 분해가 의심되는 경우 이용될 수 있는 유용한 기법은 TG이다(시료 분해에 의한 기기 손상 가능성을 미리 검토해야 한다). TG와 DSC/DTA를 적절히 결합하면 질량 변화를 수반하는 변환/반응과 그렇지 않은 가능성들을 구분할 수 있다(6.4절).

가열에 의해 시료가 변화했는지 판별하는 간단한 방법은 열처리 종료 후 상온으로 급랭시킨 시료와 서서히 식힌 시료를 비교하는 것이다. 급랭 처리에는 백금 박판에 싸여진 고온 시료를 액체 질소에 떨구는 방법이 이용될 수 있다(액체 수은은 열전도도가 높아 더 좋은 냉매이지만 증발에 의한 보건, 안전 상의 문제로 근래에는 사용되지 않는다).

급랭 실험과 결과물의 상온 분석을 통해 '상온에서의 시료가 가열 온도에서의 시료와 동일한가', 아니면 '냉각 과정에서 변화가 일어났는가?'에 대한 직접적인 답이 제공될 수 있다. 냉각 과정에서 일어날 수 있는 변화 과정이나 반응은 다음과 같으며, 이들은 냉각 속도에 따라 달라질 수 있다.

- 고온에서는 시료로부터 소량의 산소 이탈이 일어날 수 있으며, 이는 서랭 과정에서 회복될 수 있으나 급랭 과정에서는 그렇지 않다. 이는 전기적 성질에 커다란 영향을 끼친다.
- 다수의 다형체 전이가 서랭 과정에서는 가능한 반면 급랭 조건에서는 억제된다(6.4절).
- 일부 고용체 조성은 냉각 과정에서 과포화되며 냉각 속도에 의해 2차 상의 석출이 조절될 수 있다.
- 서랭 과정의 재산화(reoxidation) 가능성에 더해, 많은 물질들이 습기나 CO_2에 민감하다. 그 결과, 냉각 속도와 기체 분위기에 따라 상온 생성물이 달라질 수 있다.

상의 안정성과 용융 거동에 대해 다양한 검토를 마쳤다면, 상 혼합물의 용융을 살펴볼 차례이다. 이를 위해서는 DTA/DSC가 유용하며, 특히 가열 과정의 첫 번째 흡열 피크는 고상선 온도를 확립하는 데 참조된다. 다음 단계로 다양한 2상 구역들의 거동을 파악하여 상 도표의 나머지 부분을 구성하는 작업은 상대적으로 쉽게 진행될 수 있다.

요약하자면, 상 도표를 결정하는 데 있어 핵심 사항은 우선 순물질 화합물 상들의 거동을 명확히 밝히고 그들의 열역학적 안정 조건을 결정하는 것이다. 예를 들어 단일상임이 확실한 물질에서 일어나는 후속 변화는 열역학적 안정성의 변화로 해석될 수 있다. 그러나 혼합물이 나타내는 변화는 열역학적 안정성의 변화에 의한 것인지 아니면 반응이 미완결된 시료의 동역학적 변화 때문인지 단정될 수 없다. 단일상 물질의 거동이 확립되었다면 상 혼합물의 거동, 특히 용융 거동을 쉽게 결정할 수 있다. 가변 산화수의 전이금속이 함유된 계와 같이 증기상이 중요한 경우, 상 도표의 계를 정확히 설정하는 것이 매우 중요하다. 언뜻 보기에 2원 계로 간주되었으나 실제로는 산소가 중요 조성 변수로 포함된 3원 계의 일부일 수 있기 때문이다.

8장

전기적 성질

8.1 전기적 성질과 전기적 물질의 개괄

물질의 전기적 성질은 우선 전도체인지 유전체(절연체)인지에 따라 차별화되며, 또한 전도체인 경우 전하 운반체가 전자인지 이온인지에 따라 구분된다. 전기적 현상은 매우 다양한 방식으로 일어나며 각각에 해당하는 응용 분야가 존재한다. 8장에서는 전기적 성질의 화학적 측면에 관심을 두고 결정 구조와의 관계를 살펴보겠다.

전자 전도성(electronic conductivity)은 각양각색의 물질에서 여러 종류의 메커니즘을 따라, 또한 매우 넓은 폭의 크기 범위로 일어난다. 금속, 초전도체, 반도체 각각의 전기적 성질은 전자 전도 속성에 의해 구분된다. **금속성 전도**의 몇 가지 특징은 아래와 같다.

(가) 최외각 껍질의 전자, 즉 원자가 전자의 상당량이 구조 전체에 비편재되어 자유로이 이동할 수 있다.
(나) 이 전자들이 **포논**(phonon, 격자 진동)과 충돌함으로써 전류 흐름에 대한 저항과 발열 손실이 일어난다.
(다) 금속성 결합과 전도도는 띠 이론(band theory)으로 설명된다.
(라) 금속성 전도 거동은 금속, 합금뿐만 아니라 산화물, 황화물 등의 다양한 무기 고체에서 나타난다. 후자에서는 금속 원자들의 하위 격자에서 원자가 오비탈의 중첩이 뚜렷하다. 금속성 전도성은 폴리아세틸렌이나 폴리아닐린과 같은 공액 유기계에서도 나타난다.

초전도성(superconductivity)은 금속성과 밀접하게 연관된 현상이며, 아래의 특징을 갖는다.

(가) 원자가 껍질 전자가 비편재되어 있다.
(나) 전자들이 약한 힘으로 짝지어져 협동적으로 운동한다.
(다) 전자–포논 충돌이 일어나지 않아 전류에 대한 저항과 발열 손실이 없다.
(라) 1986년까지는 매우 낮은 온도(<23 K)에서만 초전도성이 관찰되어졌다. 그러나 '고임계온도(high-T_c) 세라믹 초전도체'로 알려진 물질들에서는 138 K까지(고압 하에서는 166 K까지) 그 온도 범위가 확대된다.

반도성(semiconductivity)은 아래의 특징을 갖는다.

(가) 전자 전도가 제한된 정도로 일어난다.
(나) 금속성 전도(최외각 전자의 상당량이 자유로이 운동)와 절연성 거동(모든 최외각 전자들이 개개 원자에 강하게 속박되거나 원자 간 결합에 편재)의 중간에 해당한다.
(다) 금속성이 아닌 전이 금속 화합물, Si, Ge와 그 관련 물질, 안트라센(anthracene)과 같은 몇몇 유기 고체들에서 흔히 나타난다.
(라) 물질에 따라 전자의 도약(hopping) 과정으로 묘사되거나, 또는 띠 이론으로 설명될 수 있다.
(마) 전기 전도에 기여하는 전자 수가 온도와 불순물 함량에 크게 의존한다. 이는 금속성 전도와 뚜렷이 대조된다.

(바) 혼입을 통한 반도체 물성 조절은 수많은 기술적 응용을 가능케 하며, 마이크로전자 산업의 기반 과정이다.

높은 **이온 전도도**를 나타내는 물질들은 **고체 전해질**(solid electrolyte), **초이온 전도체**(superionic conductor), 또는 **고속 이온 전도체**(fast ion conductor)라고 일컬어지며 다음과 같은 특징을 갖는다.

(가) 경직된 골격을 바탕 구조로 하며, 그에 더해 특정 이온이 이동에 유리한 하위 격자를 형성한다.
(나) 최고 1 Ω^{-1} cm^{-1}에 달하는 전도도가 나타날 수 있으며, 이는 액체상 강전해질에서 관찰되는 수준이다.
(다) 전도도의 크기와 결정 구조의 무질서도 측면에서, 고체 전해질은 전형적 이온성 고체와 액체 전해질의 중간 영역에 놓인다. 단순 이온성 고체에서는 모든 이온들이 정해진 격자 점에 고정되어 있고, 액체 전해질에서는 모든 이온들이 유동성이다.
(라) 구조 면에서, 높은 이온 전도도가 얻어지기 위해서는 이온의 이동 경로가 될 수 있는 빈자리들이 다수 존재해야 하고, 아울러 이온의 자리 간 이동에 대한 에너지 장벽이 낮아야 한다.
(마) 높은 이온 전도도는 드문 현상이지만 약간의 이온 전도도를 보이는 물질은 비교적 흔하다. 특히 비양론적이거나 불순물이 혼입된 물질에서는 다소간의 이온 전도도가 늘 나타난다.

유전체(dielectric materials)는 절연체이며, 전자성/이온성을 막론하고 전기 전도 현상을 나타내지 않는다. 유전 물질에서의 화학 결합은 MgO나 Al_2O_3와 같은 뚜렷한 이온성, 다이아몬드와 같은 공유성, SiO_2와 같은 극성 공유성으로 매우 다양하다.

표 8.1은 전기 전도 속성에 따른 물질 분류와 함께 각각이 나타내는 전자/이온 전도도 범위를 요약한 것이다. 금속과 초전도체를 제외한 모든 물질 군에서 전도도는 온도가 높아질수록 증가한다: 초전도체(초전도 상태)에서는 전기 저항이 0이기 때문에 전도도의 온도 의존성이 없다; 금속에서는 온도가 높을수록 전자–포논 충돌이 증가하여 전도도가 감소한다.

강유전성(ferroelectricity)은 다음과 같은 특징으로 묘사된다.

(가) 강유전성은 고체 전해질과 유전체의 중간 거동에 해당한다. 전기장이 인가될 때, 고체 전해질에서는 이온이 원거리 차원에 걸쳐 이동하지만 유전체의 이온은 정해진 격자 점을 벗어나지 않는다. 강유전체에서는 일부 이온이 격자 점으로부터 ~0.1 Å만큼까지 이동할 수 있다.
(나) 위와 같은 제한적 크기의 원자 변위에 의해 알짜 분극과 쌍극자 모멘트가 발생한다.
(다) 강유전성은 소수의 물질에서만 나타나는데, 그 중 한 예인 페로브스카이트 $BaTiO_3$의 상온 구조에서 Ti 원자는 TiO_6 팔면체의 한 꼭짓점을 향해 치우쳐 있다. 이는 Ti 이온이 산소의 정팔면체 자리에 비해 약간 작은 크기이기 때문이다.

표 8.1 물질 분류에 따른 전형적 전기 전도도

전도 속성	물질	$\sigma/\Omega^{-1}\ cm^{-1}$[a]
이온 전도	이온성 결정	$<10^{-18}$–10^{-4}
	고체 전해질	10^{-3}–10^{1}
	(액체) 강전해질	10^{-3}–10^{1}
전자 전도	금속	10^{-1}–10^{5}
	반도체	10^{-5}–10^{2}
	절연체	$<10^{-12}$

[a] **전도도**(conductivity)의 단위는 다음과 같이 정의된다.
먼저 고체 시편의 **저항**(resistance)과 기하학적 형태로부터 **비저항**(resistivity)이 산출된다:

$$\text{비저항 } \rho(\Omega\ cm) = \text{저항}(\Omega) \times \frac{\text{단면적}(cm^2)}{\text{두께}(cm)}$$

전도도 σ는 비저항의 역수이며 그 단위는 Ω^{-1} cm^{-1} 또는 S cm^{-1}이다.

(라) 강유전성과 연관된 현상으로 **초전성**(pyroelectricity)과 **압전성**(piezoelectricity)이 있다. 초전성은 온도 변화에 의한 자발적 이온 변위를, 압전성은 압력 변화에 의한 자발적 이온 변위를 가리킨다. 강유전체에서는 인가된 전기장에 의해 자발적 변위 방향이 역전될 수 있어 **이력**(hysteresis) 거동이 관찰된다.

8.2 금속성 전도도

3장에서 다룬 바와 같이 금속의 결합은 전자 띠 이론을 바탕으로 묘사될 수 있다. 금속성 전도 현상을 설명하기 위한 두 가지 이론은 **준자유 전자 모형**(nearly free electron model)과 **밀접 결합 모형**(tight binding model)이며, 정성적으로는 둘 모두 비슷한 방식으로 금속성 결합을 시각화한다. 위의 접근법을 반도체와 절연체에 대해서도 적용할 수 있으나, 다만 이들의 경우 전자가 가질 수 있는 에너지 준위가 일부 제한된다. 즉, 에니지를 싱태 밀도에 대해 도시할 때, E vs. $N(E)$, 띠 간격(band gap) 혹은 금지 간격이 발생하고 이는 금속을 반도체/절연체로부터 구분하는 근본적 차이가 된다. 단적으로, 반도체나 절연체에서 전기 전도가 일어나기 위해서는 먼저 금지 간격을 뛰어넘는 전자 여기(excitation)가 일어나야 한다. 이는 전형적인 활성화 과정으로서 온도 의존성이 매우 크다. 반면 금속은 띠 간격을 갖지 않기 때문에 이를 극복하기 위한 전자 여기 단계가 필요치 않다.

금속이 우수한 전기 전도체이기는 하지만 그 전도도가 무한한 것은 아니다. 모든 금속은 두 종류의 근원에 의해 일정 크기의 잔류 비저항을 갖는다. 첫째, 전자–포논 충돌, 즉 이동 전자와 격자 진동 간의 정전기적 상호 작용에 의해 ρ_{vib}이 발생한다. 둘째, 이동 전자가 금속 결정 격자의 결함이나 불순물과 충돌함으로써 ρ_{def}이 발생한다. Matthiesen 규칙에 따르면 이 두 가지 효과는 가산적으로 작용한다.

$$\rho = \rho_{vib} + \rho_{def} \tag{8.1}$$

온도가 상승할 때, 금속 내의 전자–포논 간 충돌이 증가하기 때문에 비저항이 점진적으로 증가한다(그림 8.1). 그럼에도 불구하고 충돌 사이의 **평균 자유 행로**(mean free path)는 상온에서 원자 수백 개 범위, 극저온에서는 수 cm에 달한다. 금속의 전도에 기여하는 실제 전자 개수는 비교적 소수이며 페르미 에너지 E_F 부근의 일부 전자로 한정된다. 이에 대한 실험적 증거로서, 금속의 비열(specific heat) 측정값은 거의 전적으로 격자 진동에 의해 설명될 수 있으며 이에 대한 전자의 기여는 매우 작다. 표 8.2는 일부 금속의 상온 전도도 자료를 요약하고 있다.

금속성 전도는 '금속'에만 국한되지 않으며 산화물 등의 무기 물질, 고분자와 같은 유기 물질에서도 나타난다. 앞서 3장에서 전이 금속 산화물 내의 d-오비탈이 중첩하여 d 전자 띠가 형성되는 과정을 살펴보

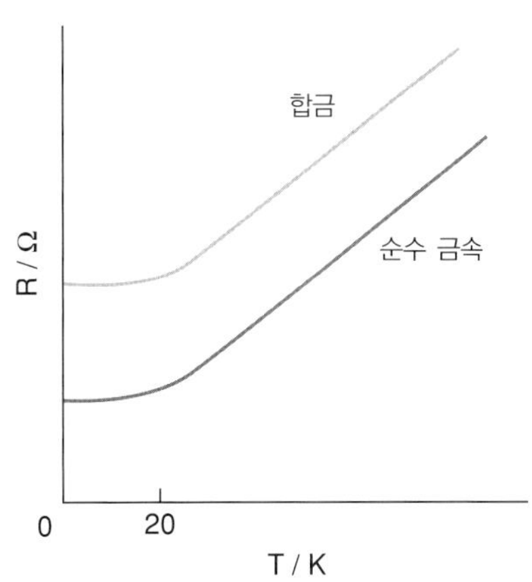

그림 8.1 금속의 비저항은 대개 ~20 K 이하에서는 일정하며 20 K 이상에서는 온도에 따라 선형 의존성으로 증가한다.

표 8.2 몇몇 금속의 상온(25 °C) 전기 전도도

금속	$10^{-5}\sigma/\Omega^{-1}\ cm^{-1}$
Cu	5.9
Ag	6.2
Na	2.1
Al	3.7
Fe	1.0
Zn	1.7
Cd	1.4
Pb	0.5

았다; 오비탈 중첩의 정도와 *d* 전자 개수에 대한 몇 가지 조건이 충족될 경우 금속성 전도가 발생할 수 있다. 타이타늄 일산화물 TiO, 또는 Na_xWO_3와 같은 텅스텐 브론즈는 위에 대한 좋은 예가 된다.

전기 전도성을 띠는 고분자, 즉 '유기 금속(organic metal)'에 대한 기대는 매우 성공적으로 실현되어 졌다. 이와 같은 물질들은 고분자의 기계적 성질(유연성, 박막 가공의 용이성)과 함께, 금속만의 고유 성질로 여겨지던 전기 전도도를 겸비한다는 점에서 매우 유망한 재료가 된다. 유기 금속에는 크게 **공액 계**(conjugated system)와 **전하-전달 결합체**(charge-transfer complex)의 두 부류가 있다. 이에 더해 탄소의 신규 동소체, 탄소 나노튜브와 그래핀은 전기적 성질과 기계적 성질 측면 모두에서 각별한 관심을 받고 있다.

8.2.1 유기 금속: 공액 계

8.2.1.1 폴리아세틸렌(polyacetylene)

대부분의 유기 고체에서는 전자가 분자 내부나 또는 분자 간 어느 경우에도 쉽게 이동할 수 없기 때문에 절연 거동이 나타난다. 하지만 흑연과 같이 C−C 단일 결합과 이중 결합이 번갈아 연결되어 형성된 공액 계는 그 예외가 된다. 폴리에틸렌과 같은 고분자는 절연체이다. 선구체 에틸렌이 이중 결합을 갖지만 폴리에틸렌 중합체는 포화 탄화수소로서 단일 C−C 결합만을 갖기 때문이다(그림 8.2(a)).

폴리아세틸렌은 공액 배열을 갖는 긴사슬 고분자로서 전기 전도 잠재성이 높은 물질이다. 아세틸렌 선구체는 −C≡C− 삼중 결합을 가지며, 이들의 중합체 폴리아세틸렌에서는 단일/이중 결합이 번갈아 나타난다(그림 8.2(b)). 하지만 순수한 폴리아세틸렌의 전기 전도도는 $10^{-9}\ \Omega^{-1}\ cm^{-1}$(*시스-형*)에서 $10^{-5}\ \Omega^{-1}\ cm^{-1}$(*트랜스-형*) 범위로 순수한 Si의 전도도에 비할 만한 수준이다. 이렇듯 전도도가 그리 높지 않은 것은 π-전자가 폴리아세틸렌 골격 전체에 비편재되지 못하기 때문이며, 띠 간격 또한 1.9 eV로 다소 크다.

다른 한편으로 MacDiarmid, Heeger, Shirakawa는 폴리아세틸렌의 전기 전도 거동에 대한 놀라운 발견을 이뤄냈다. 이들은 폴리아세틸렌에 적절한 무기물을 혼입함으로써 전기 전도도를 비약적으로 증가시켰으며, 그 업적에 대해 2000년 노벨 화학상이 수여되었다. *트랜스*-폴리아세틸렌에 Br_2, SbF_5, WF_6, H_2SO_4와 같은 전자 받개, 또는 알칼리 금속과 같은 전자 주개를 혼입함으로써 무려 $10^3\ \Omega^{-1}\ cm^{-1}$에 이르는 전도도가 구현될 수 있다. 이 값은 보편적인 금속의 전도도에 견줄 수 있는 정도이며, 실제로 이와 같은 전도성 고분자들은 '합성 금속(synthetic metal)'이라 불리기도 한다. 혼입물의 첨가와 함께 전도도가 급격히 증가하며, 혼입물의 양이 1−5 mol%에 이르면 반도체−금속 전이가 일어난다.

폴리아세틸렌은 산소 차단 조건에서 아세틸렌을 촉매[1] 중합함으로써 얻어진다. 한 예로, 촉매 용액에 아세틸렌을 주입하면서 폴리아세틸렌의 침전을 얻을 수 있다. 다르게는, 내벽이 얇은 촉매 막으로 덮힌

1) $Al(CH_2CH_3)_3$와 $Ti(OC_4H_9)_4$의 혼합, 즉 Ziegler−Natta 촉매가 사용될 수 있다.

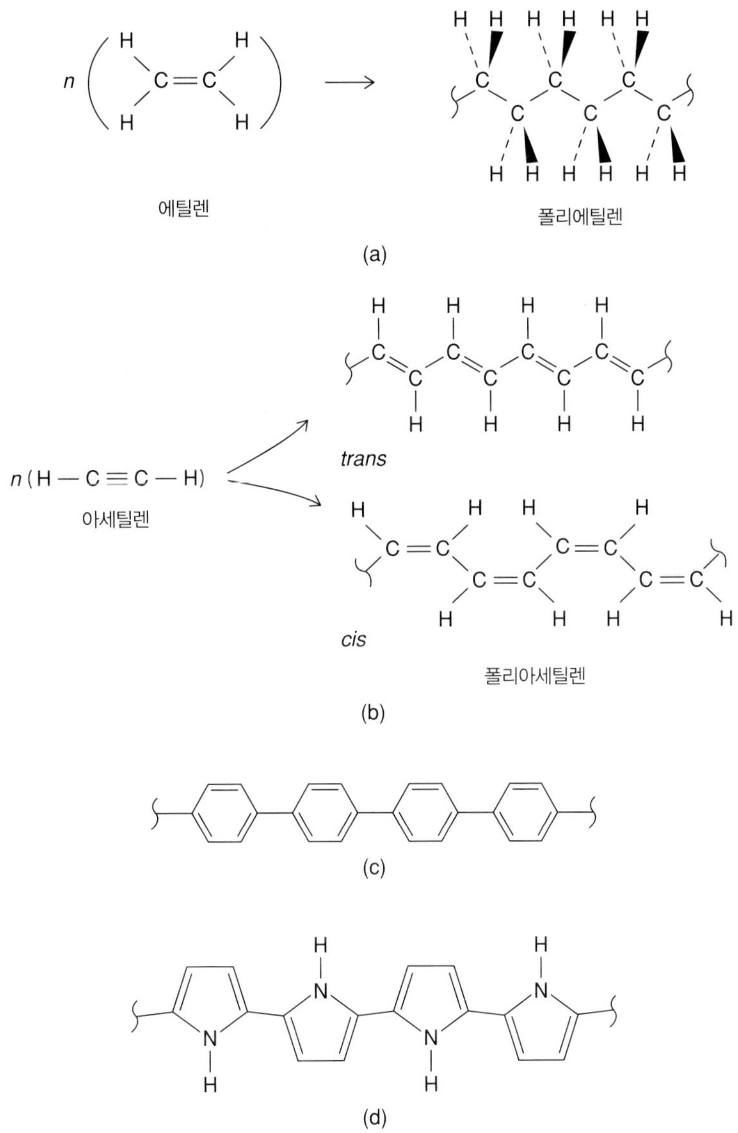

그림 8.2 (a) 폴리에틸렌, (b) 폴리아세틸렌, (c) 폴리-*p*-페닐렌, (d) 폴리피롤.

유리관에 아세틸렌 기체를 주입하여 폴리아세틸렌 층을 촉매 표면에 형성시킬 수 있다. 전도도가 더 높다는 점 때문에 대개는 *트랜스*-이성질체가 선호되는데, 이 형태는 100 ℃에서 직접 얻어질 수 있다. 또는 *시스*-형을 ~150 ℃에서 가열하면 *트랜스*-형으로 급속히 전환된다. 혼입 처리는 폴리아세틸렌을 기체나 액체상의 혼입물에 노출시킴으로써 이루어진다.

폴리아세틸렌 박막의 전자 구조와 사슬 간 전자 전달 메커니즘은 명확히 밝혀지지 않았다. 박막 내부에서는 폴리아세틸렌 사슬들이 접혀 판을 이루고, 판이 겹쳐져 섬유상이 형성되는 등 전반적 입자 형태가 다소 복잡하다. 박막 조직의 분석과 제어 기술 확보, 또한 높은 전자 전도도와 특정 조직 특성의 연관을 위한 후속 연구가 필요한 상황이다. 전도성 폴리아세틸렌은 다양한 분야에 대해 잠재적 응용성을 지닌다. 순수한 상태, 또는 낮은 농도로 혼입된 물질은 반도체로 사용될 수 있다. 예컨대 전자 받개가 혼입된 p-형 폴리아세틸렌과 전자 주개가 혼입된 n-형 폴리아세틸렌을 이용하여 $p-n$ 다이오드 접합을 제작할 수 있다. 그와 같은 소자는 제작이 간편하며, 대면적 가공이 가능하므로 태양광 에너지 변환에 적용될 수 있다. 폴리아세틸렌은 산소에 대해 민감하다는 문제점을 안고 있는데, 이를 극복하기 위해 치환체 또는 변형체의 탐색이 이루어지고 있다.

위의 논의는 폴리아세틸렌의 전자 전도도에 초점을 두었다. 아울러 혼입된 폴리아세틸렌 몇몇은 이온 전도도를 나타내며 전지의 가역적 삽입 전극으로 고려되기도 한다. 폴리아세틸렌에 대한 전기화학적 혼입 처리가 가능한데, 한 예로, $LiClO_4$를 탄산 프로필렌(PC)에 녹인 용액과 폴리아세틸렌 박막, Li 금속으로 구성된 화학 전지가 이용될 수 있다. 여기서 폴리아세틸렌과 Li 각각은 전극이고, $LiClO_4$/PC 용액은 전해질 역할을 한다. 상온에서 이 전지에 1.0 V의 전압을 인가하면 전해질의 ClO_4^- 이온이 폴리아세틸렌 전극에 삽입되어 $(CH)_y^+(ClO_4)_y^-$이 형성된다($y=0-0.06$). 전하 균형 유지를 위해 폴리아세틸렌 전극의 전자가 외부 회로를 통해 Li 전극으로 이동하고, Li 전극에서 Li^+가 전착되는 과정이 함께 일어난다. 폴리아세틸렌 구조에 대한 과염소산 이온의 삽입은 가역적이며, 방전 과정에서 과염소산 이온이 전해질로 확산되어 나온다. 이렇듯 폴리아세틸렌은 이온-전자 혼합 전도체로 거동한다.

고체형 이차 전지에 고분자 전극이 활용된다면 매우 큰 이점이 제공될 수 있다. 우선 고분자는 질량이 매우 가볍고(납/산 전지의 구성물과 비교해 보라) 유연 구조를 갖기 때문에 전극-전해질 계면 저항을 감소시킬 뿐만 아니라 초박형 유연 전지를 가능케 할 수 있다.

8.2.1.2 폴리-*p*-페닐렌(poly-*p*-phenylene)과 폴리피롤(polypyrrole)

폴리-*p*-페닐렌은 벤젠 고리의 연결로 이루어지며, 전도체로 유망한 긴사슬 고분자이다(그림 8.2(c)). 폴리아세틸렌에 비해 덜 연구되어졌지만, 이 물질 역시 혼입에 의해 전자 전도도가 급증한다. 예를 들어 $FeCl_3$의 혼입으로 얻어진 $[C_6H_4(FeCl_3)_{0.16}]_x$는 25 °C에서 0.3 S cm^{-1}의 전도도를 보인 바 있다.

피롤, C_4H_5N은 중합을 통해 긴사슬 구조로 확장되며, 이중 결합과 단일 결합의 교대에 의해 비편재된 π-전자계를 갖는다(그림 8.2(d)). 순수한 폴리피롤은 전도도가 낮지만 과염소산에 의해 산화됨으로써 10^2 S cm^{-1} 수준의 *p*-형 전도도를 나타낸다. 폴리피롤은 공기 중에서 250 °C까지 안정하다.

8.2.2 유기 금속: 전하-전달 결합체

일부 2성분 유기물 계는 π-전자 주개 성분과 전자 받개 성분으로 구성되며, 전도성이 높은 유기 금속으로 거동한다. 심지어 이 중 일부는 저온에서 초전도성을 띠기도 한다. 다수의 전하-전달 유기 결합체가 알려져 있으나, 주개와 받개가 각각 개별 층을 이룬 후 교대 배열될 때에만 원거리 차원의 전기 전도가 일어난다. 그러한 배열은 주개 층으로부터 받개 층으로의 전하 전달을 용이하게 하고, 나아가 부분 점유된 π 전자 띠를 형성할 수 있다.

우수한 π-전자 받개의 예로는 TCNQ(tetracyanoquinodimethane, 그림 8.3(a))와 클로라닐(chloranil, 그림 8.3(b))을 들 수 있다. TCNQ는 평면형 공액 분자로서 매우 강한 전자-당김 작용기 CN을 갖기 때문에 가장 뛰어난 받개 분자 중 하나이다. π-전자 주개의 대표적 예로는 *p*-페닐렌다이아민(*p*-phenylenediamine, 그림 8.3(c): R=H), TMPD(tetramethyl *p* phenylenediamine, 그림 8.3(c): R=CH_3), TTF(tetrathiafulvalene, 그림 8.3(d)), BEDT-TTF(bisethylenedithiotetrathiafulvalene, 그림 8.3(e))가 있다. 그림 8.3(f)는 TTF와 TCNQ 분자 간의 단일 주개-받개 상호 작용을 모식적으로 나타내며, 8.3(g)는 주개 D와 받개 A 분자의 기울어진 쌓임 층 배열을 보여 준다. TTF-TCNQ 결합체는 유기 금속 거동이 실현된 최초 사례이며 1972년에 발견되어졌다. 이 물질은 상온부터 54 K까지의 범위에서 금속성을 띤다.

적층 방향으로 높은 전도도를 구현하기 위해서는 주개와 받개가 별개의 층을 형성해야 하는 것으로 보인다. 주개, 받개가 혼합 층을 이룰 경우 전자 전달이 단거리 차원으로 국한되어 비편재된 π-전자 계가 형성되지 못한다. 또한 비편재된 π-전자 계가 부분 점유되기 위해서는 주개-받개 간 전하 전달이 부분적이어야 한다.

한쪽 층만이 비편재 π-전자를 갖는 경우에도 전자 전도성 계를 이룰 수 있다. 해당 예에는 $(TCNQ)_3Cs_2$와 같은 TCNQ/알칼리 금속 결합체와 $(TTF)_2Br$과 같은 TTF/할로젠 결합체가 포함된다.

나아가 유기 금속 분야에서 일궈진 놀라운 연구 성과는 초전도성의 발견이다. 1981년 Bechgard는 TM

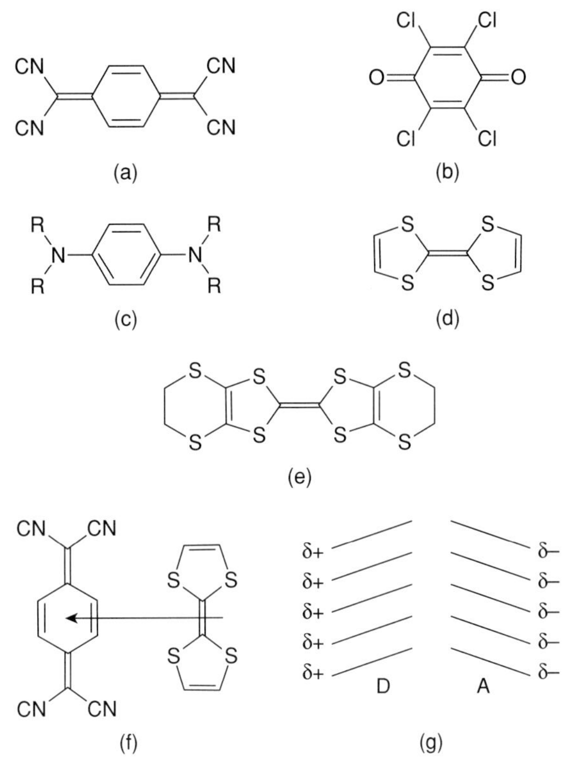

그림 8.3 (a) TCNQ, (b) 클로라닐, (c) *p*-페닐렌다이아민, (d) TTF, (e) BEDT-TTF, (f) TTF–TCNQ 주개–받개 상호 작용, (g) 1차원 유기 금속에서 인접한 주개 층과 받개 층.

TSF(tetramethyltetraselenafulvalene)의 염으로부터 초전도성을 관찰하였는데, 최초 예, 육플루오린화인 산염은 12 kbar에서 0.9 K의 T_c를 보였고, 과염소산염은 대기압 하에서 1.4 K의 T_c를 보였다. 2015년 기준으로 전하-전달 결합체에서 보고된 초전도 전이 온도의 최고값은 $(BEDT\text{-}TTF)_2Cu(NCS)_2$의 11.4 K이다.

8.3 초전도성

근래 이루어진 과학적 진보 중 가장 획기적인 한 가지로 꼽을 수 있는 것은 1986–1987년 무렵 세라믹 산화물 $\mathbf{La_{2-x}Ba_xCuO_{4-\delta}}$과 $\mathbf{YBa_2Cu_3O_7}$에서 상당히 높은 전이 온도의 초전도성이 관찰된 사건이다. 이 발견 이전에는 초전도 현상이 30 K 미만의 매우 낮은 온도 조건에서만 일어났으나, $YBa_2Cu_3O_7$는 질소의 끓는점 77 K 이상에서도 초전도성을 유지한다. 극저온의 미지 영역이었던 초전도 현상이 불과 수개월 사이에 일상적인 실험 주제로 다가왔으며, 그와 함께 새로운 개발 응용의 가능성이 열리게 된 것이다.

1911년 네덜란드 라이덴 대학의 Holst와 Onnes는 헬륨의 끓는점 온도에서 수은의 전기 저항이 사라지는 것을 관찰하였다. 이는 초전도 현상의 최초 발견 사례이며, 같은 연구실에서 He의 액화에 최초로 성공한 지 3년 만에 거둔 성과였다. 그 이후로 다양한 종류의 금속, 합금, 산화물과 유기 화합물에서 초전도성이 발견되었지만 어느 경우에나 그 온도 조건은 매우 낮은 범위로 국한되었다. 실제 1986년 이전까지만 해도 초전도–금속 전이 온도의 최고값은 Nb_3Ge와 Nb_3Sn에서 관찰된 20 K 남짓이었다. 그러나 1986년 스위스 쮜리히의 IBM 소속 Bednorz와 Müller는 La–Sr–Cu–O 상에서 $T_c \approx 36$ K의 초전도성을 발견하였으며, 이는 종래 초전도성에 대한 인식을 크게 뒤흔드는 결과였다.[2)] 이 발견에 고무된 후속 연구들로부터 $YBa_2Cu_3O_7$($T_c = 91$ K)과 그 외 Bi, Tl, Hg가 함유된 복합 구리 산화물들이 합성되어졌고, 현재 상압

2) Bednorz와 Müller는 이 업적을 인정받아 1987년 노벨 물리학상을 수상함.

조건의 전이 온도 최고 기록은 138 K이다. 이러한 발견들의 결과로, 또한 $YBa_2Cu_3O_7$의 도선 및 테이프 가공법 개발에 의해 전기, 자기, 전자 산업의 많은 영역에서 혁신적인 기술 진보가 기대되고 있다.

8.3.1 영 저항(zero resistance)

초전도체는 몇 가지 고유한 특질을 가지며, 그 중 대표적으로 전류 흐름에 대한 저항이 없다. 바꿔 말해, 초전도체에서는 영구적인 전류 흐름, **초전류**(supercurrent)가 가능하다. 그림 8.4는 $YBa_2Cu_3O_7$의 전기 저항을 온도에 대한 함수로 나타낸 것인데, 90 K 이하 초전도 상태에서는 저항이 0임을 알 수 있다. 약 92 K 이상에서는 금속성이 나타나며 온도 증가와 함께 저항이 점차 증가한다. 이와 같은 저항 증가는 소위 **정상 상태**(normal state) 금속성 거동의 일부이며 전자–포논 충돌(식 8.1)과 관련된다. 종종 금속의 전도 전자를 '자유 운동' 상태로 묘사하지만 실제로는 결정의 다양한 결함이나 진동 원자와 충돌한다. 그 결과 금속은 크기가 작으면서 온도에 따라 증가하는 잔류 저항을 갖는다.

$YBa_2Cu_3O_7$과 같은 **세라믹 고온 초전도체**(high-T_c ceramic superconductor)의 발견 이전에는 **BCS 초전도 이론**[3]에 의해 초전도 현상 전반이 묘사되어졌다. BCS 이론에 의하면 초전도 상태에서는 두 개의 전자가 약한 속박으로 결합되어 **쿠퍼 쌍**(Cooper pair)을 형성하고 포논 충돌 없이 격자 내를 협동적으로 이동할 수 있다. BCS 이론을 뒷받침하는 배경으로 초전도 상태의 자유 에너지는 동일 물질의 금속성 상태에 비해 더 낮은 것으로 알려져 있다. 또한 두 상태 간에는 좁은 띠 간격이 존재하여 마이크로파의 흡수에 의한 전자 들뜸이 일어날 수 있다.

열용량의 실측 결과는 금속성 상태에 비해 초전도 상태의 엔트로피가 더 낮고 따라서 질서도가 더 높음을 가리킨다. 초전도–금속 상태 간 전이의 열역학적 거동은 2차 유형에 해당한다. 즉, 전이 지점 T_c에서 ΔH나 ΔS의 변화가 수학적 연속성을 보이는 데 비해, ΔH의 1차 미분 $\Delta H/\Delta T$(= 열용량)는 불연속점을 갖는다. 냉각 과정에서 저온, 초전도 상태의 질서도는 차츰 더 증가하며 작은 띠 간격($\approx$1 meV)이 생겨난다(이는 반도체 띠 간격에 비해 겨우 1/1000배 정도이다). **2차 상 전이**(second-order phase transition)의 속성 상, 모든 종류의 변화들이 T_c 이하의 넓은 온도 폭에 걸쳐 일어나며 그 변화가 전이 온도에서 완결된다. 한편 이상적 **1차 상 전이**(first-order phase transition)에서는 모든 변화들이 T_c에서 급격히 일어난다. 초전도 띠 간격 $E_g(T)$의 크기는 다음 식에 의해 주어진다.

$$E_g(T) = E_g(0)\left(\frac{T_c - T}{T_c}\right)^{\frac{1}{2}} \tag{8.2}$$

$E_g(0)$은 0 K에서의 띠 간격이며, $E_g(T_c) = 0$이고 $T > T_c$에서는 초전도성이 사라지게 된다.

금속의 전자 띠 이론에서 친숙한 핵심 개념은 전도 띠 내에 무수히 많은 개별 준위가 밀집되어 있으며,

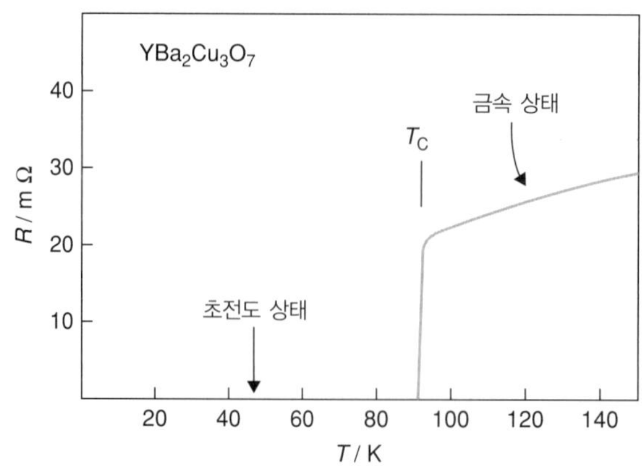

그림 8.4 온도에 따른 $YBa_2Cu_3O_7$의 전기 저항.

3) 1957년 Bardeen, Cooper, Schrieffer에 의해 제안되었으며, 이 업적에 대해 1972년 노벨 물리학상이 수여됨.

이들 간에 매우 작은 크기이지만 에너지 차이가 존재한다는 것이다. 이러한 띠 전도 모형에서는 전자가 점유 상태와 비점유 상태 사이를 이동할 때 에너지 손실이 발생하게 되므로 초전도 상태에 대해서는 적용될 수 없다. 대신, 초전도 상태에서는 일단 초전도 전류가 형성되면 에너지 손실 없이 무한히 지속되는 것으로 설명된다. 초전도체의 초전류는 단일 양자 상태에 속하며, 따라서 하나의 초전도 물질 시편이 마치 거대한 단일 원자처럼 거동하는 양자 현상으로 표현된다.

동위원소 효과(isotope effect)는 전자–포논 상호 작용이 쿠퍼 쌍 형성과 초전도 거동에 간접적으로 관여한다는 증거를 제공한다. 초전도성 원소의 각기 다른 동위원소들에 대해 임계 온도 T_c를 비교하면 다음 관계가 관찰된다.

$$T_c \propto M^{-\beta} \tag{8.3}$$

M은 동위원소 질량이고 지수 β는 약 0.5이다. 또한 격자 원자의 기본 진동 주파수 ν는 환산 질량 M_0과 진동 원자 간 힘 상수 k에 의해 정해진다.

$$\nu = \frac{1}{2\pi}\sqrt{\frac{k}{M_0}} \tag{8.4}$$

따라서 식 8.3과 8.4로부터 격자 진동(포논) 주파수와 초전도성 간의 연관 관계가 발견될 수 있다.

고전적 초전도체, 즉 저온 초전도체에서 쿠퍼 쌍의 간섭 거리는 수백 내지 수천 Å에 달한다. 이는 통상적인 화학 결합에서 전자쌍이 2–3 Å 정도의 거리에 분포되는 것과 극명하게 대조된다. 한편, 세라믹 고온 초전도체에 BCS 이론을 적용할 경우 쿠퍼 쌍의 결합이 매우 강하여 간섭 거리가 수 Å 차원에 불과하다는 결과가 얻어진다(바꿔 말해, 원거리의 전자 전도가 쉽게 일어나기 어렵다). 저온 초전도체에서 전자–포논 상호 작용에 의해 초전도 상태의 쿠퍼 쌍이 생성된다고 설명되는 데 비해 고온 초전도체에 대해 흥미로운 가설로 제기되는 가능성은 쿠퍼 쌍의 생성이 좀 더 강한 '미지의' 전자–전자 상호 작용에 부속되며, 고체 내의 결합 형성과도 어떤 식으로든 연관된다는 것이다. 틀림없는 사실은 고온 초전도 세라믹 물질에 대한 이해가 매우 제한적인 수준에 머물러 있으며, 이론적 확립을 위해서는 방대한 양의 연구가 필요하다는 점이다.

8.3.2 완전 반자성(perfect diamagnetism): 마이스너 효과(Meissner effect)

초전도 물질은 '완전 반자성'을 띠기 때문에 임계 자기장(critical field, H_c) 세기 이하에서는 외부 자기장을 완전히 밀어낸다. 이러한 성질은 마이스너 효과[4]에 의해 매우 잘 입증된다(그림 8.5(a)). 예를 들어 실에 매달린 $YBa_2Cu_3O_7$ 시편을 액체 질소에서 냉각시키면 자기장 중심으로부터 바깥쪽으로 밀려난다. 시간 경과 후 시편의 온도가 높아지면 초전도성이 사라지면서 시편이 자기장 내부로 되돌아온다. 마이스너 효과는 초전도체가 외부 자기장을 거의 차단한다는 것을 보여 준다. 그러나 실제로는 자기장이 시편 표면을 부분적으로 침투할 수 있으며 그 거리를 **런던 침투 깊이**(London penetration depth)라 부른다.

$$\text{침투 깊이, } \lambda = \left(\frac{m}{\mu_0 n e^2}\right)^{\frac{1}{2}} \tag{8.5}$$

m, n, e는 각각 전도 요소(전자)의 질량, 농도, 전하이고, μ_0는 초전도체 시료의 자기 모멘트이다. 자기장과 그에 따른 전류 밀도는 표면으로부터의 거리에 따라 지수 의존성으로 감소하고, λ는 자기장 세기가 외부 자기장의 ~37%(= $1/e$)로 감소된 지점의 거리이며, 대개 100 nm 정도이다.

대다수 화학자들에게 반자성은 모든 물질이 나타내는 약한 자력으로서 정확한 자기적 측정을 위해 보정되어야 하는 요소로 여겨질 뿐 그다지 흥미로운 주제가 되지 못한다. 그러나 초전도체의 완전 반자성은

4) 1933년 Meissner와 Ochsenfeld에 의해 발견됨.

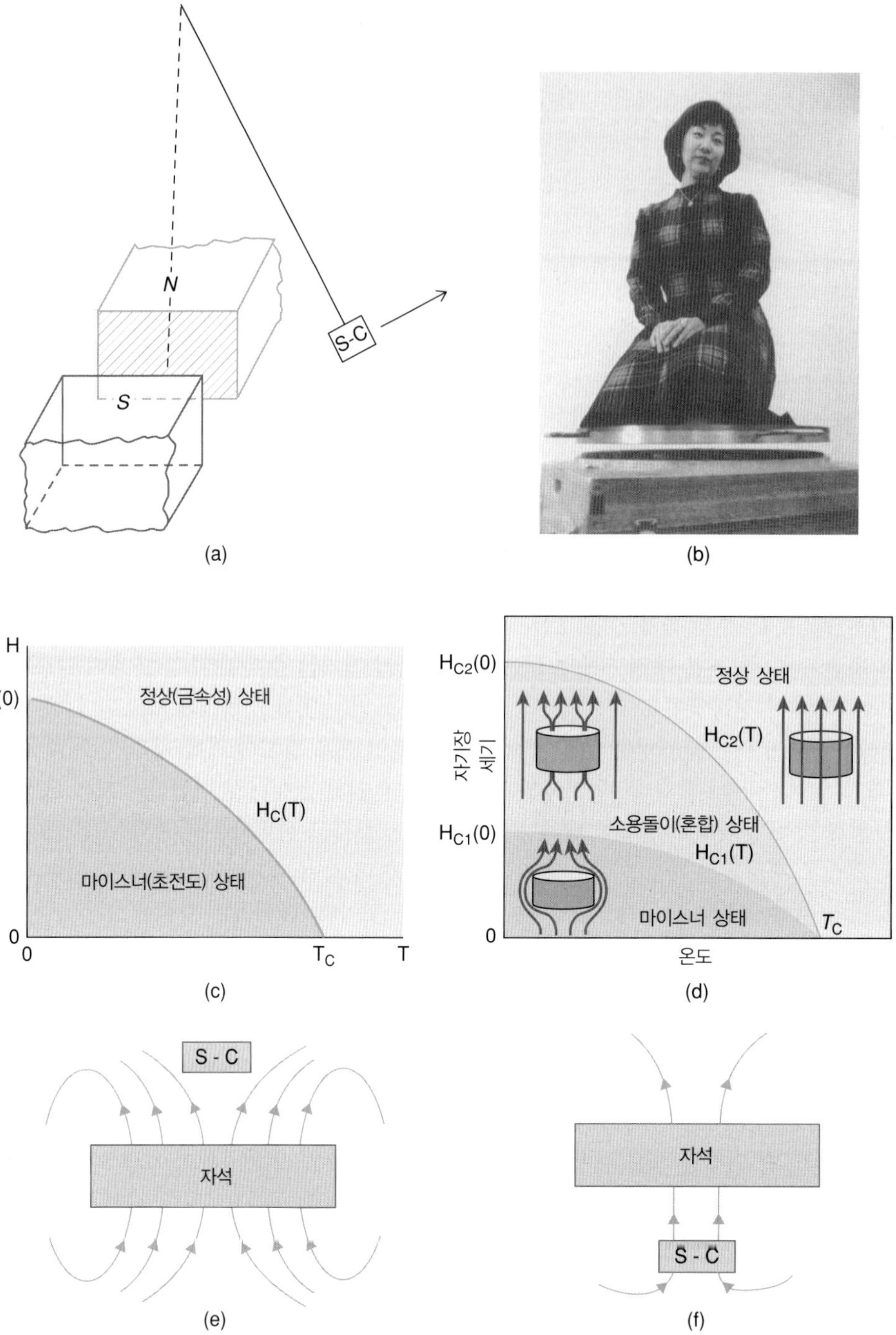

그림 8.5 (a) 마이스너 효과: 자기장과 초전도체 S-C 사이의 반발. (b) 공중 부상: 사진의 여성이 앉아 있는 원반 자석은 초전도 $YBa_2Cu_3O_7$이 채워진 구조물 위에 떠 있음. Photograph courtesy of Dr M. Murakami, ISTEC, Japan. (c) 1종 초전도체. (d) 2종 초전도체. (e) 마이스너 효과에 의한 공중 부상 상태의 자기 선속 분포. (f) 소용돌이 고정(vortex pinning)에 의한 부상 상태의 자기 선속 분포.

공중 부상(그림 8.5(b))과 같은 응용 분야를 열어줄 수 있는 놀라운 효과이다.

8.3.3 임계 온도 T_c, 임계 자기장 H_c, 임계 전류 밀도 J_c

특정 물질의 초전도성은 다음 셋 중 하나 이상의 조건에 의해 사라진다.

(ㄱ) 시편의 온도를 임계 온도 T_c 이상으로 증가

(ㄴ) 외부 자기장 세기를 임계 자기장 H_c 이상의 세기로 증가
(ㄷ) 인가 전류를 임계 전류 밀도 J_c 이상으로 증가

위의 세 인자들은 상호 연관되어 있다. 예를 들어 T_c 부근에서 H_c는 거의 0에 가깝지만 온도가 낮아질수록 그 크기가 증가한다. 그림 8.5(c)는 모식적인 $H-T$ 상 도표를 나타낸다: $H_c(T)$는 온도 T_c에서 최저값 0, 온도 0 K에서 최고값 $H_c(0)$을 가지며 아래의 실증적 관계를 따른다.

$$H_c(T) = H_c(0)\left[1 - \left(\frac{T}{T_c}\right)^2\right] \tag{8.6}$$

초전도체가 나타내는 특이 성질들은 파급력이 매우 큰 응용 범위들과 연관된다. 영 저항에 관련된 응용에서는 T_c 값이 주요하게 고려되고, 자기적 성질에 기반을 둔 분야에서는 H_c의 크기가 중요하다. 전력 분야에서는 초전도 전선이나 소자를 통해 고전류를 흘려야 하므로 J_c 값에 관심을 둔다. 대개 10^6 A cm^{-2} 수준의 전류 밀도를 목표로 하며, 원거리에 걸쳐 높은 J_c가 유지되려면 초전도체가 전선이나 테이프 형태로 가공되어야 한다. 그러나 고온 초전도체의 세라믹 속성은 소재 가공 면에서 상당한 난관으로 작용한다.

8.3.4 1종 초전도체와 2종 초전도체: 소용돌이(vortex) 혼합 상태

소위 **1종 초전도체**(type I superconductor)에서는 그림 8.5(c)의 $H-T$ 상 도표에 나타내어지듯 H 또는 T의 증가와 함께 초전도성이 급작스레 사라진다. 1종 초전도체의 거동은 BCS 이론에 대체로 잘 들어맞으며, 쿠퍼 전자쌍의 생성에 격자 진동이 주요하게 기여하는 것으로 설명된다. 이는 우수한 금속 전도체인 Cu, Ag, Au가 초전도성을 전혀 보이지 않는 점과도 상통한다: 이들의 높은 전도도는 격자 진동이 미미하기 때문으로 해석될 수 있고, 나아가 전자–포논 상호 작용이 매우 약해 쿠퍼 쌍을 형성하기 어려운 것이다. 대부분의 원소 초전도체들은 1종에 속하며 H_c가 작다는 특징이 있다. 따라서 이들은 다소 작은 자기장에서도 초전도성을 상실한다. 1종 초전도체의 쿠퍼 쌍은 반대 스핀의 두 전자로 구성되어 각운동량과 스핀을 갖지 않는다: 이러한 이유로 ***s*-파동 단일항 초전도체**(*s*-wave singlet superconductor)라는 묘사가 사용되기도 한다. 자기장이 가해지면 자기장 방향으로 스핀 정렬이 일어나려는 경향에 의해 쿠퍼 쌍이 쉽게 해리될 수 있다.

2종 초전도체는 초전도 영역과 금속성 영역 사이에 **소용돌이**(vortex) **상태**, 혹은 **혼합 상태**라 불리는 전이 단계를 거친다(그림 8.5(d)). 이 상태에서는 자력선이 초전도체 내부를 통과할 수 있는데, 단 소용돌이라 불리는 좁은 지점에 밀집되어 관통하게 된다. 응용을 위해서는 소용돌이 고정(vortex pinning)이 필요하며, 이를 위해 소용돌이의 가로 방향 위치를 먼저 고정한 후 초전도체 내부에 가두게 된다. 아마 초전도 물질이 자석 아래 허공에 떠 있는 상태, 혹은 초전도체 시편이 자석과 나란한 높이에 떠 있는 상태의 시연을 관람한 적이 있을 것이다. 이들은 2종 초전도체에서만 가능한 현상이며, 또한 온도와 자기장 조건이 초전도체의 소용돌이 상태에 해당해야 한다. 그림 8.5(e)는 마이스너 상태의 초전도체가 나타내는 공중 부상 원리를 모식적으로 도시하고 있으며, 8.5(b)는 실제 부상 장면을 보여 준다. 그림 8.5(f)는 소용돌이 상태의 2종 초전도체가 포착된 자력선을 매개로 부상된 상태를 나타낸다.

소용돌이 상태 공중 부상의 성패는 **선속 고정**(flux pinning) 메커니즘에 달려 있다. 많은 경우에 결정 결함, 불균일 조성, 또는 불순물 상이 고정 점 역할을 하는 것으로 여겨진다. 소용돌이가 고정되지 못한 경우, 그들 간에 반발력이 작용하며 **소용돌이 격자**(vortex lattice)라 불리는 정육각 배열을 취하기도 한다. 고정된 소용돌이들이 무작위 배열된 경우 **소용돌이 유리**(vortex glass)로 취급된다.

2종 초전도체는 Nb_3Sn과 Nb_3Ge 합금으로 대표되며 1종에 비해 훨씬 높은 H_c 값을 갖는다. 이들에서는 쿠퍼 쌍 전자들이 평행한 스핀을 가져 삼중항 상태를 이루고 자기장 하에서도 쉽게 해리되지 않는다. 또한 초전도성의 손실 없이 고전류를 흘릴 수 있어 H_c가 16 T나 되는 영구 자석이 개발된 바 있다. 이는 자기 공명 영상(MRI), 핵자기 공명(NMR), 질량 분광기, 입자 가속기의 제어 자석, 자기적 분리 기술 등에 적용되어졌다.

8.3.5 초전도 물질의 개괄

표 8.3은 중요도가 높은 초전도 물질들을 선별하여 요약하고 있다. 영 저항 거동과 초전도성은 수은에서 최초로 발견되었고, 이후 많은 금속들이 절대 0도 부근에서 초전도성을 띠는 것으로 확인되었다. 어떤 금속들이 초전도성을 보이게 되는지 간단히 설명할 수는 없지만, La, Ti, V, Mo, Nb와 같은 앞전이 금속(early transition metal)과 몇몇 뒷전이 금속들(late transition metal), 그리고 Zn, Hg, Sn, Pb 등 *p*-블록 중금속들이 초전도성을 띤다는 점이 쉽게 눈에 띈다. 원소 금속으로서 가장 높은 T_c를 보이는 것은 Nb, 9.5 K이다.

폭넓은 범위의 금속간 화합물(intermetallic) 합금에서 초전도성이 나타난다. 그 중 가장 높은 T_c는 Nb_3Ge에서 기록된 23.2 K이며, 이론 연구자들은 이 값이 T_c의 이론적 상한에 근접하다고 오랫동안 여겨왔다. Nb_3Sn과 NbTi와 같은 합금에 대해서는 상당한 기술적 개발이 진행되어졌고, 이들의 주요 용도 중 한 가지는 의료용 MRI 장치의 초전도 자석이다.

1986년 고온 초전도 현상의 발견에 앞서 몇몇 산화물에서 초전도성이 관찰된 바 있다. $SrTiO_3$의 환원상(T_c<1 K)을 비롯하여 스피넬 $LiTi_2O_4$, Bi가 혼입된 $BaPbO_3$ 등이 있으며 이들은 공통적으로 혼합 산화수의 이온(Ti, Pb)을 함유한다.

표 8.3 몇몇 초전도 물질들

물질 분류	조성	T_c/K	조성	T_c/K
금속	Hg	4	Nb	9.5
	V	5.4	Tc	7.8
	Pb	7.2		
합금	Nb_3Ge	23.2	V_3Si	17
	Nb_3Sn	18	V_3Ga	16.5
	Nb_3Al	17.5	NbN	16
비-구리 산화물	$LiTi_2O_4$	12	$BaPb_{0.75}Bi_{0.25}O_3$	13
			$Ba_{0.6}K_{0.4}BiO_3$	30
구리 산화물	$La_{1.85}Sr_{0.15}CuO_4$	40	$Tl_2Ba_2CuO_6$	80
	$YBa_2Cu_3O_7$	93	$Tl_2Ba_2CaCu_2O_8$	105
	$Bi_2Sr_2Ca_2Cu_3O_{10}$ (Bi3CCO)	110	$Tl_2Ba_2Ca_2Cu_3O_{10}$	125
	$HgBa_2Ca_2Cu_3O_8$	138[a]	$Tl_2Ba_2Ca_3Cu_4O_{12}$	115
	Sr_2CuO_4	1.5		
유기물	$(ET)_2Cu(NCS)_2$	11.4		
기타	YNi_2B_2C	15.5	MgB_2	39
	풀러렌 (Cs_2RbC_{60}, …)	33	$LaO_{1-x}F_xFeAs$	28
	Chevrel 상 ($HoMo_6S_8$, …)	0.7–1.8	$SmO_{1-x}F_xFeAs$	55
	S (93 GPa)	10	$ErRh_4B_4$	1.0–8.7
	S (160 GPa)	17[b]		

[a] 고압 하에서는 T_c가 166 K까지 높아지며, 이는 2013년 현재 최고 기록임. 또한 이 값은 지구 자연계에서 관측된 최저 온도에 비해 단 20 K만큼 낮은 온도임.

[b] 황은 정상 조건에서 비금속성이지만 초고압에서 금속성, 초전도성으로 변함. 황의 T_c는 순수 원소 중 가장 높은 값이며 압력에 따라 증가하는데 이는 Nb의 T_c가 압력에 따라 감소하는 것과 대조됨.

상당히 많은 구리 산화물들이 초전도 현상을 보이는데, 이들의 거의 모두가 층상 구조이면서 혼합 산화 상태(2+/3+)의 Cu를 갖는다. 실용화 관점에서 관심을 끄는 주요 조성은 '123 상' $YBa_2Cu_3O_7$과 $NdBa_2Cu_3O_7$이다. Nd 조성의 경우 H_{c2} (~7 T)가 매우 커서 고자기장 자석에 사용될 수 있다. $Bi_2Sr_2Ca_2Cu_3O_{10+\delta}$ (BiSCCO 2223)는 J_c 값이 크기 때문에 도선, 테이프, 나아가 케이블로 가공하려는 시도가 이루어지고 있다. 흥미로운 사실로, 구리 산화물의 초전도 T_c가 높아질수록 조성과 구조가 특이해질 뿐만 아니라 불안정성과 독성이 더욱 심해진다. 실제로 BiSCCO 상들에 뒤이어 Pb-, Tl-기반 구리 산화물들이 발견되어졌는데 이 과정에서 T_c는 126 K까지 상승하였다. 가장 최근의 결과로, Hg-기반 조성 $HgBa_2Ca_2Cu_3O_{8+\delta}$의 플루오린화물은 T_c가 138 K이며, 고압(23 GPa) 하에서 166 K으로까지 높아진다. 위의 초전도 구리 산화물들은 공통적으로 페로브스카이트 관련 구조를 갖는데 그 바탕이 되는 결정 화학적 원리를 다음 절에서 다루도록 하겠다.

초전도성은 매우 다양한 물질 군과 구조 유형에서 관찰되어져 왔으며, 그 중 특히 흥미로운 예들은 다음과 같다.

- Chevrel 상은 일반 조성식이 $REMo_6X_8$ (X = S, Se)이며 그림 8.6(a)의 구조를 갖는다. 이 중 황화물 유형이 저온 초전도 거동을 보이는데, $HoMo_6S_8$과 같은 조성은 **회귀성 초전도체**(re-entrant superconductor)이다: 초전도성이 제한된 온도 범위에서 나타나며 0 K까지 계속되지 않는다. 이를테면 이 물질은 T_{c1}, 1.8 K 이상에서는 정상 상태 금속성 전도체이고, 1.8–0.7 K 범위에서 초전도체이다가 0.7 K (T_{c2}) 이하에서는 정상 상태 강자성체가 된다. 복합 로듐 붕소화물 XRh_4B_4 (X = Y, Th, RE) 또한 저온 초전도체이고, X = Er 조성은 $T_{c1} \approx 8.7$ K, $T_{c2} \approx 1$ K인 회귀성 초전도체이다.
- MgB_2는 꽤 오래 전부터 알려져 온 물질이지만, 2001년에야 Akimitsu에 의해 그 초전도성(T_c = 39 K)이 발견되었다. 이 물질은 매우 단순한 구조(그림 1.51)를 갖는다: 3배위 환경의 B가 흑연과 유사한 층을 이루고, Mg 원자 층과 번갈아 쌓인다. MgB_2에서 B–B 결합은 완전한 전자쌍의 σ 공유결합이 아닌 전자 결핍 상태이다. 따라서 $Mg^{\delta+}B_2^{\delta-}$와 같은 전하 분포가 예상되는데, δ 값이 2보다 작아 이온성 구조라기보다는 정상 상태 금속으로 거동한다. MgB_2는 뚜렷한 동위원소 효과($^{11}B/^{10}B$)를 보이는데 이는 BCS 이론에 잘 들어맞는 부분이다. 이 물질은 도선 가공이 용이하고 자기적 성질이 우수하여(4.2 K에서 $H_{c2} \approx 200$ T) 실용화 측면의 관심을 받고 있다.
- $CeCu_2Si_2$로 대표되는 **페르미 중입자**(heavy fermion) 화합물들에서 초전도성이 관찰되며, $CeCoIn_5$ (T_c = 23 K), 방사성 $PuCoGa_5$(T_c = 18 K) 등이 그 예에 포함된다. 이 화합물들에서 특이점은 페르미 준위 E_F 부근의 4*f*(Ce), 5*f*(Pu) 전자들의 **유효 질량**(effective mass, m^*)이 정상 수준에 비해 10^3배 정도 더 크다는 것이다. E_F 부근의 상태 밀도 $N(E)$가 높아 전자의 이동 속도가 감소하고, 그 결과 m^*이 커지는 것이다. 또한 높은 $N(E)$는 자기적 불안정을 유발하여 에너지 띠가 하향 스핀과 상향 스핀의 하위 띠들로 갈라지게 만든다.
- 단일벽 탄소 나노튜브는 1차원 초전도체(T_c = 15 K)이다. 풀러렌화물에서도 초전도성이 관찰되며(이후 설명됨), 전하-전달 유기 염 또한 흥미로운 대상계이다.
- 산화닉토젠화물(oxypnictide) $REO_{1-x}F_xFeAs$의 초전도성은 2008년 Hosono에 의해 발견되었다. 이들의 T_c는 희토류 RE가 La일 때 28 K, Sm일 때 55 K이며, 구리 산화물 다음으로 가장 높은 값이라는 면에서 큰 관심을 받고 있다. 종래에는 자기 거동과 초전도성이 병립될 수 없는 별개 현상으로 여겨졌으나, 이 계의 상당수가 Fe를 중심 조성으로 갖는다는 점에서 자기적 현상과 초전도성의 연관 가능성이 제기되고 있다. 이 상들의 다수는 Jeitschko에 의해 최초 합성되고 규명되어졌으며, 그 중 한 예가 그림 8.6(b)에 나타내어져 있다. 이 구조들은 matlockite, PbFCl의 구조(그림 8.6(c))를 원형으로 한다. 이 상들은 $FeAs_4$ 또는 $CuAs_4$ 사면체의 2차원 층들이 산소 이온이나 금속의 층에 의해 분리되어진 구조로 묘사될 수 있다.

이들 모두가 매우 이색적이고 흥미로운 물질임에 틀림없으나 산업적 응용 관점에서는 아직 초기 단계를

Chevrel Phase ($BaMo_6S_8$)

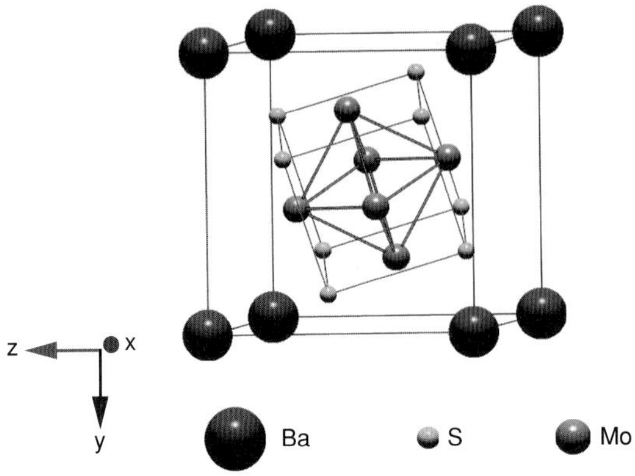

Atom	Wyckoff positions	x	y	z
Ba	1a	0	0	0
Mo	6f	0.23479	0.56589	0.41741
S1	6f	0.1233	0.3907	0.7365
S2	2c	0.2512	0.2512	0.2512

Trigonal (Rhombohedral) : a = 6.6441 Å, α = 88.562

Space Group : R $\overline{3}$ (No. 148)

(a)

ZrCuSiAs

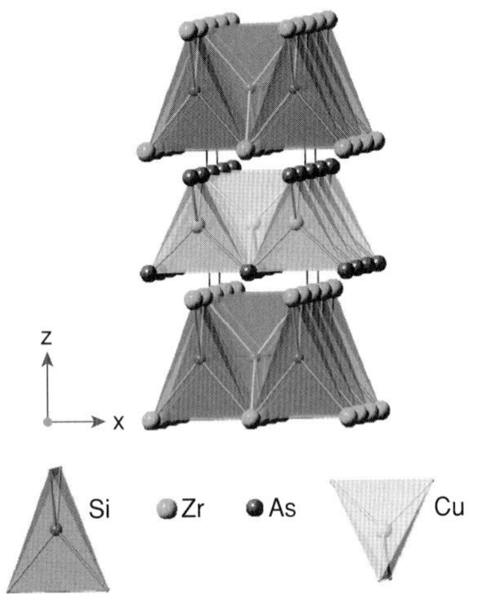

Atom	Wyckoff positions	x	y	z
Zr	2c	0	0.5	0.2046(6)
Cu	2b	0	0.5	0.5
Si	2a	0	0	0
As	2c	0	0	0.6793(8)

Tetragonal : a = 3.6736, c = 9.5712 Å

Space Group : P4 / nmm (No. 129)

(b)

Matlockite (PbFCl)

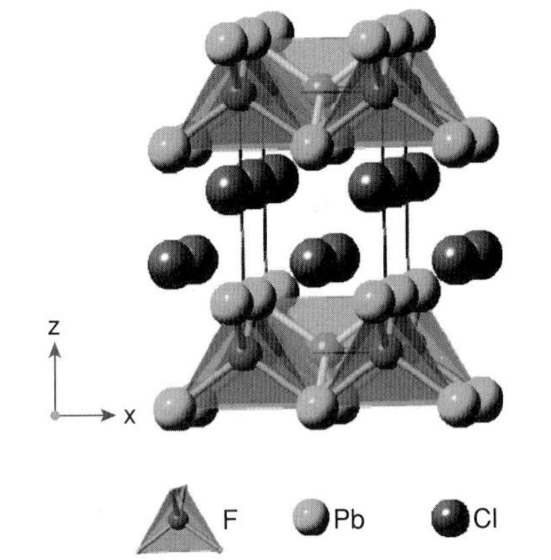

Atom	Wyckoff positions	x	y	z
Pb	2c	0	0.5	0.2055(1)
Cl	2c	0	0.5	0.6485(1)
F	2a	0	0	0

Tetragonal : a = 4.1062, c = 7.2264 Å

Space Group : P4 / nmm (No. 129)

(c)

그림 8.6 결정 구조 표현: (a) Chevrel 상, (b) ZrCuSiAs, (c) PbFCl. ➜ 앞의 컬러 그림 참조

지나지 못하고 있다. 구체적 실용화의 주된 관심은 고온 초전도 구리 산화물, 그리고 NbTi나 Nb_3Sn과 같은 고전적 초전도체를 이용한 고자기장 응용에 집중되어 있다.

8.3.6 구리 산화물 페로브스카이트의 결정 화학

구리 양이온이 이상적인 입방 페로브스카이트 구조에 안정화될 가능성은 매우 희박하다. Cu가 채워질 만한 위치는 팔면체 중심 B 자리인데, Cu는 대개 정팔면체 환경을 취하지 않는다. 그보다는 Cu의 산화 상태에 따라 직선형, 사각 평면, 사각뿔, 왜곡된 팔면체 등의 다양한 배위 형태가 나타난다. 구리 산화물 초전도체는 복잡하면서도 오묘한 결정 화학적 양상을 보이는데, 이는 구조 내 산소 결핍에 의해 Cu의 배위와 산화 상태가 달라지는 데에서 비롯한다.

이에 대한 고찰을 위해 이상적 페로브스카이트 구조를 논의의 출발점으로 삼겠다. 그림 8.7(a)의 페로브스카이트 단위세포에서 B 양이온은 꼭짓점에, 12배위 A 양이온은 체심에, 그리고 산소는 모서리 중심에 놓인다. B 이온 1개의 정팔면체 배위가 표시되어 있는데, 이러한 팔면체가 꼭짓점 공유를 통해 3차원

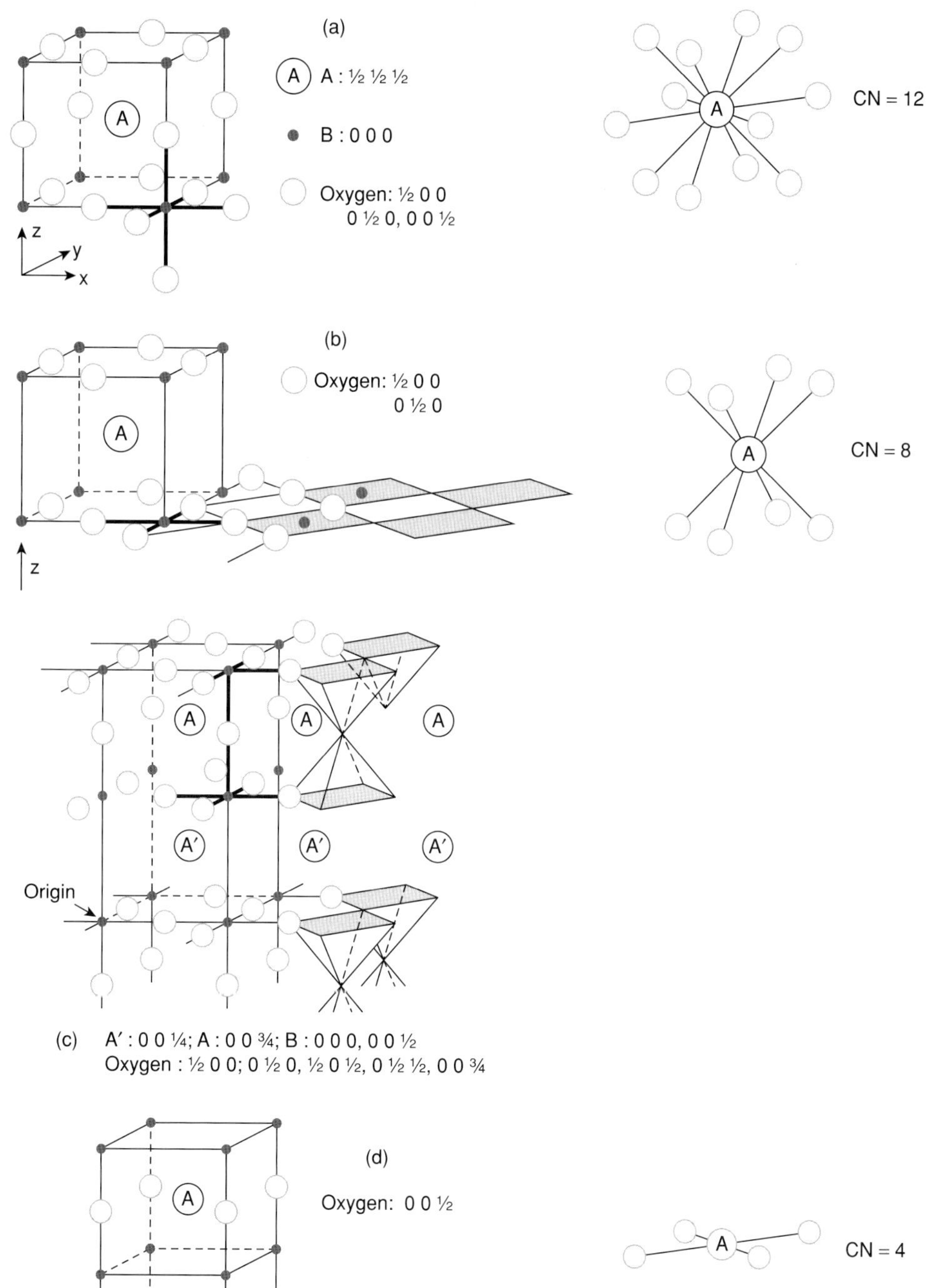

그림 8.7 페로브스카이트 관련 구리 산화물 초전도체의 구조에서 Cu의 다양한 배위 환경: (a) 팔면체, (b) 사각 평면, (c) 사각뿔, (d) 직선형.

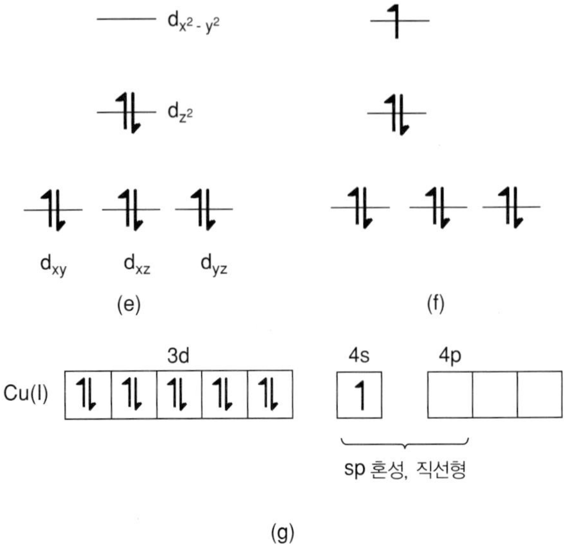

그림 8.7 (계속) (b−d)의 배위 환경은 각각 (e) $Cu^{3+}(d^8)$, (f) $Cu^{2+}(d^9)$, (g) $Cu^{+}(d^{10}s^1)$의 전자 배치에 해당. (g)에서는 4s 전자가 이온화되지 않은 채 공유 결합에 참여하는 것으로 가정함.

골격으로 확장되고 그와 함께 A 이온이 채워질 동공이 형성된다(1.17.7절). 이 동공은 ReO_3 구조에서는 비어 있고, 텅스텐 브론즈에서는 부분적으로 채워지며, 페로브스카이트 및 관련 구리 산화물 초전도체에서는 완전히 채워진다. B 양이온 자리의 경우, 거의 모든 페로브스카이트에서 완전히 채워진다. 예외적으로, La가 혼입된 $BaTiO_3$는 B 빈자리를 갖는다. La^{3+}/Ba^{2+} 치환에 대한 전하 보상을 위해 Ti 빈자리가 생성되기 때문이다. 즉, $4Ba^{2+} + Ti^{4+} = 4La^{3+}$ 과정을 통해 $Ba_{1-4x}La_{4x}Ti_{1-x}O_3$이 얻어진다.

페로브스카이트 구조에서 산소 일부를 제거할 때 나타나는 결과를 살펴보자. 그림 8.7(b)와 같이 $(00\frac{1}{2})$ 위치의 모든 산소들이 결핍될 때, A 이온의 배위수는 8로 감소하고 B의 배위 환경은 사각 평면이 된다. BO_4 사각 평면 단위는 꼭짓점 연결을 통해 2차원의 무한 판을 형성한다. 실제로 일부 구리 산화물 관련 상에서 Cu의 사각 평면 배위가 나타나는데, 이는 Cu의 전자 채움이 d^8임을 시사한다(사각 평면 배위는 Ni^{2+}, Pd^{2+}, Pt^{2+}와 같은 d^8 이온에서 흔히 나타난다). 사각 평면 배위의 Cu^{3+} 이온은 그림 8.7(e)의 전자 배치를 갖기 때문에 에너지 면의 이점이 있다.

다음으로, $(00\frac{1}{2})$ 위치의 산소가 한 층 건너마다 제거된다면 그림 8.7(c)의 구조가 얻어진다. 이 배열은 단순 페로브스카이트에 비해 2배만큼 큰 반복 단위를 가지며, 이상적인 단위 모서리 길이는 a, a, $2a$이다(a, b 방향으로는 동일하지만 c 축 방향 길이가 2배). 그림 8.7(c)에 주어진 단위세포에서 $(00\frac{3}{4})$ 위치는 산소로 채워지지만 $(00\frac{1}{4})$ 위치는 비어 있다. A 이온의 배위 환경은 12배위 $A(\frac{1}{2}\frac{1}{2}\frac{3}{4})$ 자리와 8배위 $A'(\frac{1}{2}\frac{1}{2}\frac{1}{4})$ 자리로 나뉘고 B 자리는 5배위 사각뿔형이 된다. BO_5 사각뿔은 바닥면의 꼭짓점 공유를 통해 무한 판을 이루고, 또한 각각의 무한 판들은 정점의 공유를 통해 다른 무한 판과 연결된다. 그 결과 사각뿔의 이중층 단위가 형성되는데, 둘 중 한 층에서는 사각뿔이 위를 향하고 다른 층에서는 아래를 향한다. A 원자는 이 중층의 내부 공간에 놓이며 A′ 원자는 인접한 두 이중층의 사이 공간에서 층을 이룬다. 이와 같은 사각뿔 배위는 구리 산화물에서 흔히 나타나며 d^9 Cu^{2+} 상태의 특질로 여겨진다. d^9 이온은 Jahn−Teller 효과에 의해 사각뿔 또는 왜곡된 팔면체 배위를 취하기 쉽다. 이에 해당하는 전자 배치(그림 8.7(f))는 8.7(e)와 유사하지만 추가적인 전자 1개가 $d_{x^2-y^2}$ 오비탈을 단일 점유한다는 차이가 있다.

끝으로, $(\frac{1}{2}00)$, $(0\frac{1}{2}0)$ 위치의 산소를 모두 제거하되 $(00\frac{1}{2})$ 위치의 산소는 남겨둔 경우를 고려해 보자. 단위세포 범위는 원래에 비해 달라지지 않는다(그림 8.7(d)). A의 배위수는 4로 감소하여 사각 평면 환경이 되고 B의 배위는 직선형이 된다. 만일 모든 단위세포의 산소-결핍 양상이 동일하다면 $(BO)_\infty$ 무한 사슬이 c에 평행하게 형성될 것이다. 몇몇 구리 산화물에서는 이와 같은 직선형 CuO 분절이 발견된다(단, 무한 사슬은 흔치 않다). 이러한 2배위 Cu는 d^{10} 상태, 즉 Cu^+ 화학종의 증거가 된다. 이에 대한 결합 모형은 다음과 같이 제시된다: Cu의 3d 껍질이 완전히 채워진 반면(d^{10}), 결합 전자들은 4s와 4p가 만들어낸 직선형 sp 혼성 오비탈에 채워진다.

위의 결정 화학적 원리들을 이용하여 복합 구리 산화물의 다양한 구조를 단순한 형태의 구성 요소로 나누어 고찰할 수 있다(곧이어 $YBa_2Cu_3O_7$ 구조가 예로 다루어질 것이다). 다른 복잡한 구조 중에는 다양한 페로브스카이트 파생 구조가 암염, 형석 등의 부분 구조와 교대 성장한 경우들이 있다.

8.3.7 $YBa_2Cu_3O_{7-\delta}$, YBCO

$YBa_2Cu_3O_{7-\delta}$는 산소 함량($0 \le \delta \le 1$)에 따라 상이 규정되는 고용체이다. 산소 함량의 변화에 따라 Cu의 산화수가 달라지며 그와 함께 전기적 성질의 비약적 변화가 일어난다. $\delta = 0$인 말단 조성, $YBa_2Cu_3O_7$는 $T_c = 90$ K의 초전도체이다. 그러나 δ가 증가함에 따라 T_c가 가속적으로 감소하며, $\delta = 1$인 조성은 평범한 반도체로 거동한다. 따라서 산소 함량의 조절은 초전도성의 최적화를 위한 관건일 뿐만 아니라, YBCO 세라믹, 박막, 도선의 합성과 가공, 나아가 시료 내 δ의 측정기법 개발에서 핵심 과정이 된다.

8.3.7.1 결정 구조

$YBa_2Cu_3O_7$는 독특하면서 흥미로운 구조를 갖는다. 화학식만을 놓고 본다면, 이 물질은 페로브스카이트로부터 $^2/_9$만큼의 산소를 제거한 구조로 취급될 수 있다 – 화학양론적 ABO_3에 비해 이 구조의 식은 $(Y,Ba)_3Cu_3O_7$로 적을 수 있다. 그림 8.8(a)에 나타낸 바와 같이 $YBa_2Cu_3O_7$의 단위세포는 페로브스카이트 기본 블록 3개가 c 방향으로 쌓인 꼴이다. 셋 중 맨 위와 맨 밑의 둘은 각각 양론적으로 '$BaCuO_{2.5}$'이고 A 자리에 Ba를 갖는다. 또한 12개의 모서리 중심 O 위치 중 2개가 비어 있어 Ba의 배위수는 10이 된다(그림 8.8(a)). 중간 위치 입방체 단위의 알짜 조성은 '$YCuO_2$'이고, 모서리 중심 O 중 4개가 빠져 있어 Y의 배위수는 8이다.

$YBa_2Cu_3O_7$에는 두 종류의 Cu 자리가 있다. 이들은 정상적인 페로브스카이트의 팔면체 중심(B 자리)에 해당하지만, 산소 결핍에 의해 5배위[Cu(2), 사각뿔] 또는 4배위[Cu(1), 평면 사각] 위치가 된다. Cu(1) 중심의 평면 사각 단위는 꼭짓점 2개씩을 공유하여 y 축에 평행한 사슬을 형성한다. 또한 Cu(2)의 사각뿔 단위는 바닥면 꼭짓점의 공유를 통해 xy 평면상에 판을 형성한다. 평면 사각 사슬은 인접한 사각뿔 판들을 연결해 주며, 그에 의해 상하 대칭성의 복합 3중층이 형성된다. 이 복합 층의 반복 단위는 그림 8.8(a)의 우측 아래 부분에 표시되어 있다.

$YBa_2Cu_3O_7$의 단위세포는 사방정계에 속하고 $a \approx b \approx c/3$이다. 그림에 열거된 원자 좌표로부터 결합 거리들이 계산될 수 있다. 예컨대 Cu(1)–O(1) $= 0.16c = 1.87$ Å이고 Cu(2)–O(1) $= 0.19c = 2.22$ Å이다. Cu(1)–O(1) 결합이 Cu(2)–O(1)보다 짧은데, 이는 Cu(1)의 형식 전하가 더 높아 산소와의 결합이 더 강하다는 점과 일치된다(다음 절 참고).

8.3.7.2 원자의 산화수와 초전도 메커니즘

$YBa_2Cu_3O_7$에서 Cu는 다소 특이한 산화 상태를 갖는다. Y, Ba, O의 산화수가 각각의 보편적인 값인 +3, +2, −2라면, 전하 균형을 위해 Cu의 평균 산화수는 +2.33이어야 한다. 이는 사각뿔 위치 Cu(2)의 산화수가 +2이고 사각 평면 위치 Cu(1)의 산화수가 +3이라 함으로써 설명될 수 있다. 앞서 8.3.6절에서 논한 바와 같이 Cu의 배위 환경이 명목 전하와 연관되기 때문이다.

그러나 위의 단순한 해석과 달리 Cu^{3+}보다는 O^- 이온의 존재를 주장하는 시각이 있고, 따라서 $YBa_2Cu_3O_7$ 내 조성들의 원자가에 대한 논의는 종결되지 않은 상태이다. 사실 어느 주장을 따르더라도 Cu와 O 둘 중 하나는 일반적인 경우(Cu^{2+}, O^{2-})에 비해 부분적으로 산화된 상태이다. 약간 다른 관점에서, 사각뿔의 바닥면을 단위로 묶어 $(CuO_2)_\infty$가 부분 산화된 것으로 취급하기도 한다. 그러나 이 경우에도 Cu, O, 또는 Cu 3d와 O 2p가 이루는 띠 중 어떤 것이 산화의 중심인지 가려내지는 못한다. 이 관점에 부합되게 정상 상태 $YBa_2Cu_3O_7$은 xy 평면에 비편재된 전자를 갖는 금속이다: 구조의 2차원성과 상응하여 xy 평면 방향의 전도도가 z 방향에 비해 훨씬 더 높다.

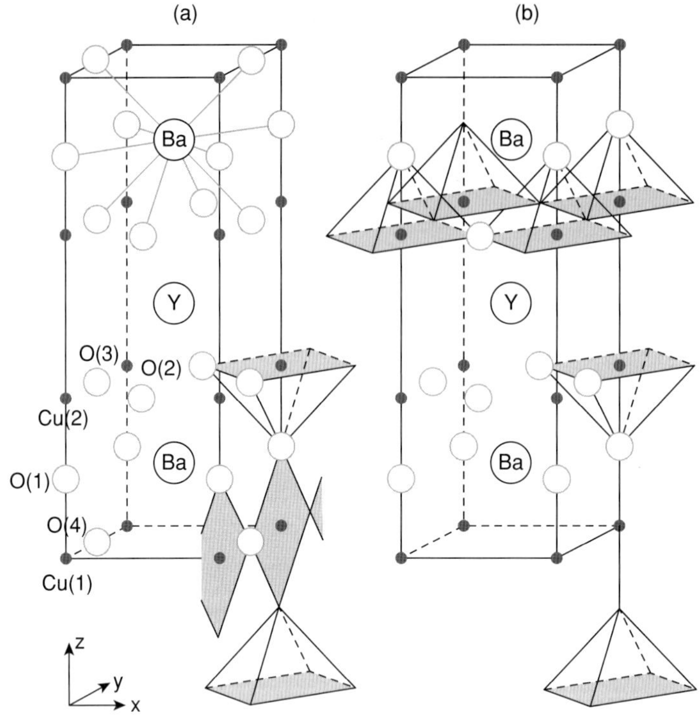

a = 3.817, b = 3.882, c = 11.671 Å
Ba : ½ ½ 0.18; ½ ½ 0.82
Y : ½ ½ ½
Cu(1) : 0 0 0
Cu(2) : 0 0 0.35; 0 0 0.65
O(1) : 0 0 0.16; 0 0 0.84
O(2) : ½ 0 0.38; ½ 0 0.62
O(3) : 0 ½ 0.38; 0 ½ 0.62
O(4) : 0 ½ 0

a = b = 3.8, c = 11.8 Å
원자 좌표는 (a)와 같음.
단, O(4) 자리는 비어 있음.

그림 8.8 (a) $YBa_2Cu_3O_7$, (b) $YBa_2Cu_3O_6$의 결정 구조.

$YBa_2Cu_3O_7$ 내에서 상대적으로 더 산화된 부분은 Cu−O 띠 구조를 갖는 것으로 여겨지며, 또한 Cu(2) 사각뿔과 Cu(1) 사각 평면 사이에 전자 전달이 가능한 것으로 생각된다. 이에 대한 근거는 다음과 같다. 우선 초전도 메커니즘에서 정공이 중요 부분을 차지한다는 점에서 Cu의 과잉 산화에 의한 2+/3+ 혼합 상태가 필수적인데, 산화수가 가장 높다고 예상되는 위치는 Cu(1) 사슬이다. 반면, 실험적 관찰은 초전도 거동이 사각뿔 위치 Cu(2)를 중심으로 발현됨을 가리키는데 이 위치에서 예상되는 산화수는 Cu^{2+}이다. 위의 두 가지 정보는 얼핏 상반되지만 Cu(1)과 Cu(2) 사이의 내부 산화 · 환원 또는 전하-전달 과정을 통해 짝지어질 수 있다. 즉, Cu^{3+} 상태에 가까운 Cu(1)이 전자의 '싱크(sink)' 구실을 하면서 $Cu(2)O_2$ 바닥면으로부터 전자를 전달받는 것이다.

$YBa_2Cu_3O_7$를 비롯한 구리 산화물 초전도체의 거동에서 핵심이 되는 부분은 Cu라 할 수 있다. 그 산화 상태뿐만 아니라 구조 내에서 산소와 배위하는 방식에 의해 초전도 특성이 좌우된다. $YBa_2Cu_3O_7$의 초전도성은 환원에 의해 소멸될 수 있다. 그 과정에서 O(4) 자리의 산소가 제거되며(그림 8.8(a)), Cu의 평균 산화수가 감소한다. 그림 8.9(a)는 $YBa_2Cu_3O_{7-\delta}$ 고용체에서 δ에 대한 T_c의 의존성을 나타내며, 합성 직후 시료의 냉각 속도에 따라 두 가지 유형의 거동이 관찰된다. 이러한 차이가 발생하는 원인은 명확하지 않지만 Cu(1) 사슬과 Cu(2) 사각뿔 사이의 내부 전자-전달의 크기와 관련된 것으로 추정된다.

그림 8.8(b)는 산소 제거에 의한 구조 변화를 보여 준다. $\delta = 1$, 즉 $YBa_2Cu_3O_6$에서는 모든 O(4) 자리가 비어 있고 Cu(1)의 배위수가 2(직선형)로 감소한다. 8.3.6절에서 논한 대로 이는 Cu^+의 전형적 배위 형태이고, $\delta = 1$에 대한 원자가 표현 $Y^{3+}Ba_2^{2+}Cu(1)^+Cu(2)_2^{2+}O_6$와 일치한다. 따라서 산소가 제거될 때 Cu(1)

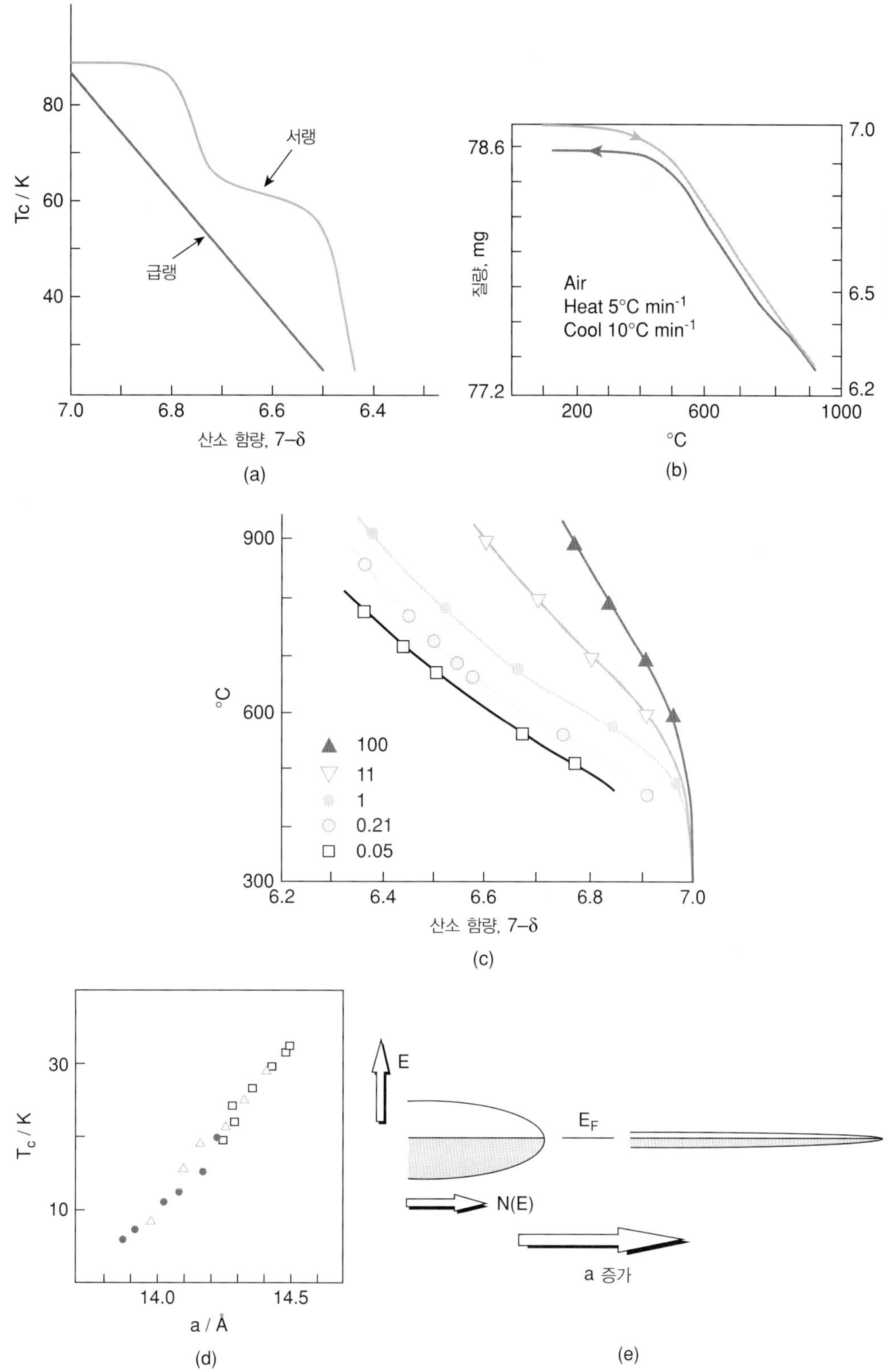

그림 8.9 (a) $YBa_2Cu_3O_{7-\delta}$에서 산소 함량에 따른 T_c: 시료의 내력(합성 후 냉각 속도)의 효과를 알 수 있음. (b) $YBa_2Cu_3O_7$의 열중량 분석: 가열에 의해 산소가 이탈하며 냉각 과정에서 대체로 가역적인 회복이 일어남. 원래 산소 함량 7.0을 완전히 회복하기 위해서는 10 °C min^{-1}보다 훨씬 느린 냉각 속도가 필요함. (c) 다양한 산소 분압(bar) 환경에서 $YBa_2Cu_3O_{7-\delta}$의 산소 함량을 온도에 따라 나타낸 상 도표. (d) 풀러렌화물에서 입방 격자 상수 a에 따른 T_c의 변화: (•) 다양한 압력 하의 K_3C_{60}, (△) 다양한 압력 하의 Rb_3C_{60}, (□) 조성이 다른 $(M_xM'_{3-x})C_{60}$: M, M′ = K, Rb, Cs. Reproduced with permission from Gunnarsson, Rev. Mod. Phys., 69, 575–606, © 1997 American Physical Society. (e) C_{60}^{3-} 이온 간 거리가 멀어지면서 전도 띠 폭이 좁아지고 $N(E)$가 증가. ➡ 앞의 컬러 그림 참조

이 Cu^{3+}에서 Cu^{+}로 환원되는 반면 Cu(2)의 +2 산화 상태는 대체로 유지된다고 볼 수 있다.

$\delta=0$인 조성이 사방정계인 데 비해 $YBa_2Cu_3O_6$의 단위세포는 정방정계이고(그림 8.8(b)), 그 4중 회전축은 A 자리 양이온을 지나면서 z 축과 평행하다. $YBa_2Cu_3O_7$의 경우, O(4) 산소가 $0\frac{1}{2}0$ 위치에만 존재하고 $\frac{1}{2}00$ 위치는 비어 있어, 위의 회전축이 2중 대칭성만을 갖는다.

8.3.7.3 $YBa_2Cu_3O_{7-\delta}$의 산소 함량

대부분의 산화물에서 산소의 양은 정확히 고정된다. $YBa_2Cu_3O_{7-\delta}$는 뚜렷한 예외로서, 시료의 가열 온도와 산소 분압에 따라 δ가 0–1 범위에서 쉽게 달라진다. 이러한 성질은 열중량 분석(thermogravimetric analysis)을 통해 잘 드러난다. 그림 8.9(b)는 공기 중에서 승온/냉각 과정의 $YBa_2Cu_3O_{7-\delta}$의 질량을 나타낸다. 완전히 산화된 상온의 $YBa_2Cu_3O_7$에서 출발하여, ~400 °C 이상에서 산소 이탈이 개시되어 ~1000 °C까지 서서히 계속된다(이 물질의 녹는점은 1000 °C를 약간 상회하며, δ에 따라 달라진다). 냉각 과정에는 산소 흡입이 급속히 일어나 다소 빠른 가열/냉각 속도(10 °C min^{-1})에서도 가역적인 평형이 일어난다. 따라서 중간 범위 δ의 상을 얻으려면 해당되는 고온에서 평형에 도달한 시료를 급랭시키는 방법이 이용된다.

그림 8.9(c)는 온도에 따른 산소 함량(7−δ)을 기체 분위기 별로 나타내고 있다. 주어진 온도에서, 산소 분압(P_{O_2})이 감소할수록 δ가 증가하며, 또한 주어진 P_{O_2}에서 온도가 증가할수록 δ가 증가한다.

8.3.7.4 산소 함량의 결정

고체 시료의 산소 함량을 결정하기는 쉽지 않다. 많은 화학적 조성 분석 기법들이 시료를 용해시킨 후 성분 원소를 탐지하는 방식을 취하는데, 이 경우 용해에 사용되는 물질 자체가 다량의 산소를 함유하고 있어 산소의 정량 분석에 적합하지 않다. 전자 현미경(EPMA, EDAX)과 X-선 형광은 고체 내 원소를 직접 탐지할 수 있다. 그러나 산소는 원자 번호가 낮기 때문에 에너지가 낮은 연성 X-선을 방출하고 시료 내에서 쉽게 흡수된다. 산소의 정량 분석을 위한 기구 장치가 고안되어 있지만 그 기법은 일상적이지 않다.

보편적으로 적용 가능한 간접 기법 한 가지는 시료를 환원 분위기에서 가열한 후, 질량 변화로부터 산소 함량을 결정하는 것이다. '수소 환원 열분석'에서는 시료를 환원성 기체, 예를 들어 5 % H_2−95 % N_2 분위기에서 정해진 온도 경로를 따라 가열한다. 시료의 질량이 일정해진다면 환원이 종결된 것으로 볼 수 있다. $YBa_2Cu_3O_{7-\delta}$의 환원 반응은 다음과 같이 진행된다.

$$YBa_2Cu_3O_{7-\delta} + (3.5-\delta)H_2 \rightarrow \tfrac{1}{2}Y_2O_3(s) + 2BaO(s) + 3Cu(s) + (3.5-\delta)H_2O(g)$$

위의 조건에서 Cu 성분은 원소 금속으로 환원되지만, Y와 Ba는 단순 산화물 형태로 남는다.

또 다른 방법으로, 간접 **아이오딘 적정법**(iodometry)은 성분 원소의 혼합 산화 상태를 분석하는 데에 유용하다. 먼저 시료를 묽은 염산 등에 용해시키고, 산성화된 KI 용액을 과량 더한다. I^- 이온은 환원제(Cu^{3+}, $Cu^{2+} \rightarrow Cu^+$; $O^- \rightarrow O^{2-}$)로서, 또한 침전제(CuI는 불용성임)로서의 두 가지 역할을 한다. 반응이 모두 끝난 후 싸이오황산(thiosulfate) 역적정으로 남아 있는 I^-의 양을 결정함으로써 소모된 I^-의 양을 알아낼 수 있다. 별도로 시료 내의 Cu 총량이 측정되어진다. 이를 위해서는 Fe^{2+}가 함유된 묽은 염산에 시료를 녹인 후 아이오딘 적정을 시행한다. 시료 내에 Cu^{3+}가 존재했더라도 Fe^{2+}를 Fe^{3+}로 산화시키면서 모두 Cu^{2+}로 환원되므로 아이오딘 적정 결과가 첫 실험에서와 달라진다. 따라서 두 경우의 결과를 비교함으로써 시료 내 Cu^{3+}의 양과 함께 산소 함량을 알아낼 수 있다.

8.3.8 풀러렌화물(fulleride)

K_3C_{60}와 같은 알칼리 풀러렌화물의 상당수가 초전도성을 나타낸다. 구리 산화물 초전도체가 2차원성인 것과 달리 이들은 3차원 초전도체이다. C_{60}와 풀러렌화물의 구조와 결합은 1.15.6절과 3.4.4.3절에서 다룬 바 있다. C_{60}가 알칼리 금속과 반응하면, C_{60}의 전도 띠에 전자가 유입되어 절연체–금속 전이를 일으킨다. 조성이 A_3C_{60}일 때, C_{60}^{3-}의 전도 띠가 절반만 채워지면서 전도도가 최적화된다. 하지만 C_{60}^{6-}까지

전자가 더해지면 전도 띠가 모두 채워지면서 전도도는 최저값으로 감소한다.

많은 A_3C_{60} 화합물들이 초전도성이다. 몇몇에 대해서는 압력에 대한 T_c의 의존성이 조사되었으며, T_c와 입방 격자 상수 a 간의 뚜렷한 일반 상관성이 관찰되었다(그림 8.9(d)). 이 결과는 초전도 현상의 발생 조건에 대해 중요한 정보를 제공한다. 먼저 알칼리 양이온 M^+의 역할은 단순한 '채움' 이온이며, 일단 C_{60}에 전자를 내어준 후에는 전기적 성질에 영향을 미치지 않는다. 둘째, C_{60}^{3-} 이온 간 거리가 멀어질수록 T_c가 높아지는데, 세부적으로는 인접한 C_{60}^{3-} 이온들 간의 오비탈 중첩이 감소하면서 전도 띠의 폭과 금속성이 감소한다. 초전도체, 특히 구리 산화물 고온 초전도체에서 나타나는 흥미로운 사실은 아주 우수한 금속보다는 금속–절연체 경계의 금속에서 초전도성이 나타난다는 점이다. 이 경향은 풀러렌화물의 예에서도 잘 드러난다(그림 8.9(d)). C_{60}^{3-} 이온들이 서로 멀어짐에 따라 전도 띠가 좁아지지만, 에너지 준위의 수는 일정하므로(매 C_{60}마다 3개) 페르미 준위 부근의 상태 밀도 $N(E)$가 매우 커진다. 즉, E_F 영역에 매우 많은 전자들이 비슷한 에너지로 존재하게 된다(그림 8.9(e)). 통상적인 띠 구조 해석에서는 이러한 조건에서 전지의 이동 속도가 느려져 전도도가 낮아지는 것으로 여기지만(금속성이 약화), 풀러렌화물의 초전도성은 오히려 강화되는 것이다. 현 시점에서 초전도성의 근원에 대한 이론들은 다소 엇갈리며, 구리 산화물이나 풀러렌화물에서 나타나는 초전도성에 대해조차 광범위하게 통용되는 설명이 제시되지 못한 상태이다.

8.3.9 초전도체의 응용

현재 초전도체가 상용화된 분야는 MRI와 NMR 분광기의 초전도 자석이며, 약 40억 달러의 세계 시장 규모를 갖는다. 여기에는 초전도체 도선을 코일 형태로 제작하여 사용하는데, 일반 전자석에 비해 강한 자기장이 발생될 수 있다. 이러한 제품은 전류에 의한 열 손실이 없어 작동 비용이 저렴하지만 액체 헬륨을 이용한 냉각이 필요하다. 현재 상용 제품에 사용되는 소재는 NbTi ($T_c = 9.2$ K)인데, 이 물질에 대한 배경 연구가 잘 이루어져 있고 코일 형태의 가공이 쉽기 때문이다. 한편 최근에 알려진 MgB_2 ($T_c = 39$ K)는 가격 면의 이점 때문에 유망 재료로 고려되고 있다. 이들에 비해 YBCO는 초전도 특성이 탁월한 반면 도선 가공비용이 매우 높다.

YBCO와 BiSCCO 2223은 액체 질소보다 높은 T_c를 갖기 때문에 이들을 도선과 테이프로 가공하여 송전용 또는 마이크로전자 소자의 회로, 접속 부품으로 응용하려는 많은 노력이 투입되었다. 그러나 YBCO와 BiSCCO는 전형적 세라믹 산화물로서, 금속이나 합금과 달리 도선 형태로 가공하기가 매우 어렵다. 이 문제를 극복하기 위한 방법은 크게 두 가지이며, 그 중 하나는 초전도체 분말을 은(Ag) 관에 채워 넣은 후 도선으로 뽑아내는 것이다. 이 방법으로 77 K에서 전류 밀도 $J = 10^4$ A cm^{-2}인 BiSCCO 도선이 생산되었으며, 이는 액체 질소로 사용 가능한 1세대 상용 도선이다. 두 번째 방법은 초전도체 분말을 Ni나 스테인레스강과 같은 금속 기판에 도포하는 것이다. 이 방법은 YBCO에 성공적으로 적용되었고, 길이가 수백 미터이면서 77 K에서 전류 밀도가 10^6 A cm^{-2}이나 되는 도전체가 제작될 수 있었다. 위의 전류 밀도는 전기 회로에 사용되는 Cu에 비해 100배 가량 큰 값이다. 이 방법은 제조비용이 너무 높다는 단점이 있지만, 매우 뛰어난 성능의 초전도 도전체를 제공한다. 예를 들어 자기장에 대한 내성이 매우 커서 4 K에서의 H_{c2}는 측정이 불가할 정도로 높다. 제작이나 운용의 경제성을 감안할 때 YBCO를 이용한 송전 케이블이 근 시일 내에 현실화되기는 어려워 보인다.

고온 초전도체의 발견과 개발이 진행되던 초기 무렵에는 마이크로전자 산업으로의 파급이 곧바로 일어날 것이라 기대되었으나 아직 실제 사례는 없다. 이는 MOSFET(metal-oxide-semiconductor field-effect transistor)의 개발과도 다소 연관되는데, 이 기술은 극저온 환경이 없이도 소자의 소형화를 가능케 해 주기 때문이다.

2종 고온 초전도체의 공중 부상 효과는 매우 신기한 현상이지만 아직 자기 부상 열차와 같은 상용화에는 접근하지 못하고 있다. 종합적인 면에서 초전도 자석의 뚜렷한 이점이 없기 때문에 일본의 야나마시 시험 선로를 제외하고는 대부분의 자기 부상 열차에 Fe-코어 전자석이 사용되고 있다.

초전도 양자 간섭계(superconducting quantum interference device, SQUID)는 초전도체의 자기적 성질에 기반을 둔 장치 개발 예이며, 미세 자기장을 감지하는 기능이 있다. SQUID는 **죠셉슨 효과**(Josephson effect)를 토대로 개발되었는데, 이 효과에 의하면 얇은 절연체 층으로 격리된 초전도체 사이에서 전류의 터널링 효과(tunneling effect)가 일어날 수 있다. SQUID는 죠셉슨 접합을 이용하여 제작되며 매우 작은 자기장 세기를 측정할 수 있다. 이들은 심장 이상 진단을 위한 자기 심전도 검사(magnetocardiography), 뇌 이상을 조사하기 위한 자기 뇌 조영(magnetoencephalography) 등 의료 부문에서부터 물질의 자기적 거동을 분석하는 기초 연구 부문까지 다양하게 활용된다.

가속 입자 저장 링과 입자 가속기를 구축하는 데에는 대형 초전도 자석이 필수적이다. 위 장치에서는 전자가 광속에 가깝게 가속되어 원형 경로를 운동하는데, 전자의 곡선 궤적은 초전도 휨 자석(bending magnet)에 의해 유지된다. 한 예로 스위스 소재 CERN 연구소[5]의 입자 충돌기(Large Hadron Collider)에 사용된 휨 자석은 8000 A의 전류를 사용하며, 2 K에서 8 T의 자기장을 발생시킨다. 이러한 입자 가속기의 응용 관심 중 하나는 전자와 다른 입자 간 충돌 에너지를 증대시키는 것이다. CERN에서는 7 TeV에 달하는 충격 에너지가 달성된 바 있으며, 그를 이용한 극한 실험들이 수행되고 있다. 최근 예로 힉스 입자(Higgs boson particle)의 실측이 이뤄진 바 있다. 가속 입자의 또 다른 활용은 저장된 전자가 방출될 때 기존 운동 경로의 접선 방향으로 직진한다는 점에 착안한다. 그와 같은 가속 입자 방사광은 기초 과학 연구의 다양한 영역, 즉 분광 연구, 회절 측정 등에 이용된다. 이러한 기법의 일부는 6장에서 다뤄졌다.

8.4 반도성(semiconductivity)

먼저 금속과 반도체의 주요 차이점 몇 가지를 살펴보도록 하겠다. 일반적으로 전도도 σ는 다음과 같이 주어진다.

$$\sigma = ne\mu \tag{8.7}$$

n, e, μ는 각각 전하 운반체의 수(농도), 전하량, 이동 속도를 가리킨다. 금속에서 이동 전자의 수는 거의 일정하지만 온도가 증가할 때 전자–포논 충돌에 의해 이동 속도가 점차 감소한다. 결과적으로 금속의 전도도는 온도가 높아질수록 감소하며, 그림 8.10에 아레니우스(Arrhenius) 의존성으로 도시한 바와 같이 전도도의 로그 값이 온도의 역수에 대해 선형에 가깝게 비례한다.

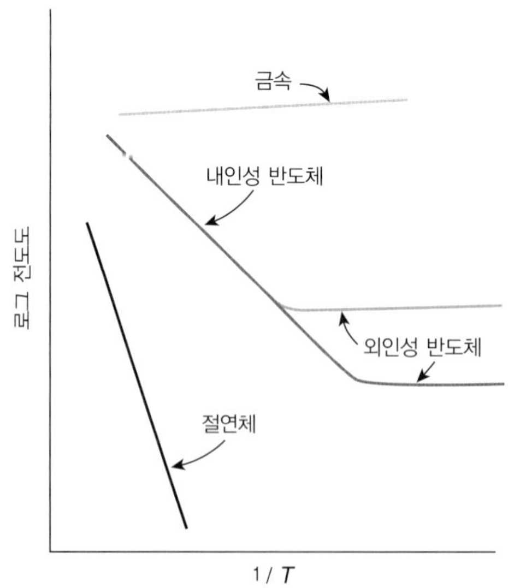

그림 8.10 온도에 따른 금속, 반도체, 절연체의 전형적 전도 거동.

5) 유럽 입자 물리학 연구소, European Organization for Nuclear Research(Conseil Européen pour la Recherche Nucléaire).

반도체에서는 이동 전자가 상대적으로 적지만 온도를 높여 최외각 띠의 전자를 전도 띠로 여기시키거나 불순물을 혼입함으로써 그 수를 늘릴 수 있다. 온도를 변화시키는 경우 n은 다음과 같이 달라진다.

$$n = n_0 \exp(-E/kT) \tag{8.8}$$

n_0는 상수(전체 전자 수)이고 E는 전도 띠로의 여기에 필요한 활성화 에너지, k는 볼츠만 상수(화학에서는 기체 상수 R이 사용되기도 하는데, 그 경우 E의 단위는 kJ mol^{-1}이 되고, k가 사용된다면 E의 단위는 eV이다), T는 절대 온도이다. 이동 전자의 수 n과, 아울러 σ는 온도 상승과 함께 지수 의존성으로 증가한다. 그림 8.10에서 내인성 영역의 거동을 보라. 금속에서와 마찬가지로 이동 속도 μ는 온도에 따라 소폭 감소하므로, 전도도의 온도 의존성은 거의 n의 온도 의존성에 의해 결정된다.

둘째, 불순물이 혼입되는 경우 전자나 정공이 함께 더해져 전하 운반체 역할을 한다. 저온, 외인성 영역에서는(그림 8.10) 불순물에 의해 추가된 전하 운반체의 농도가 열적으로 생성된 내인성 농도보다 훨씬 높다. 따라서 외인성 영역에서는 전하 운반체의 농도가 온도에 무관하다. 또한 앞서 언급한 대로 전하 운반체의 이동 속도가 온도에 따라 약간 감소하므로, σ는 온도에 따라 감소한다.

절연체는 전도도가 온도와 불순물 모두에 민감하다는 면에서 반도체와 다소 유사하지만, 전도도의 크기 면에서 확연히 다르다. 절연체의 띠 간격은 반도체보다 훨씬 넓고, 그 결과 전하 생성의 활성화 에너지가 매우 커서 고온에서조차 σ가 매우 작다.

앞서 3장에서 전자 띠 이론을 적용하여 금속, 반도체, 절연체의 전자 구조를 대략적으로 묘사하였다. 위의 유형 분류에서 가장 중요한 지표는 띠 간격, E라 할 수 있다(그림 8.11, 표 3.18, 표 3.19). 띠 간격을 건너 전자가 여기되려면 에너지를 흡수해야 한다. 띠 간격이 작은 경우, < 1 eV, 열적 여기에 의해 전자가 들뜰 수 있고 고온으로 갈수록 이 과정이 잘 일어난다. $E < 0.01$ eV인 물질들은 실질적으로 금속에 포함된다. 띠 간격이 큰 경우, 적절한 파장의 복사파에 의해 전자 들뜸과 광전도(photoconductivity)가 발생할 수 있다. 예로, CdS($E = 2.45$ eV)는 가시광을 흡수하며, 햇빛을 다른 형태의 에너지로 변환하는 광전지에 사용된다.

8.4.1 다이아몬드 구조의 원소 반도체와 섬아연석 구조의 화합물 반도체

산업적인 면에서 가장 중요한 반도체는 다이아몬드 구조의 IV족 원소들(C, Si, Ge)과 그 관련 구조 화합물들이며, 후자에는 III족–V족(GaN, GaAs, …), II족–VI족(ZnO, CdTe, …)의 조성들이 포함된다. 위 화합물들은 다이아몬드 구조와 유사한 원자 배열을 갖지만 III/V, II/VI 원소들이 규칙적으로 번갈아 나타난다. 이러한 규칙 배열 구조는 섬아연석 유형(그림 1.33)으로 지칭되며, 1.17.1.2절에 다뤄져 있다. 다이아몬드 구조 원소와 화합물의 단위세포 자료는 표 1.9에 주어져 있고, 띠 간격 자료는 표 3.18과 3.19에 제시되어 있다. 이들 다양한 반도체들 중에서도 산업 기술적으로 가장 중요한 것은 단연 Si이며, 현대 마이크로전자 산업의 대부분이 Si를 중심으로 하고 있다.

빈도체의 산업적 응용에서는 혼입된 외인성 반도체가 주로 이용된다. Si의 경우 III족이나 V족 원소

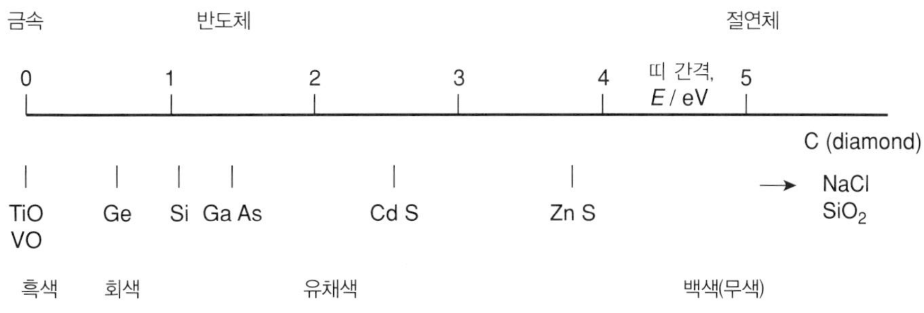

그림 8.11 띠 간격 크기별 전자 구조 유형과 대표적 예.

를 혼입하여 외인성 반도체를 얻을 수 있다. 먼저, Si에 원자가가 3인 원소를 소량, 예를 들어 Ga를 0.02 at.%만큼 혼입함으로써 나타나는 효과를 살펴보자. 다이아몬드 구조의 사면체 자리에서 Si/Ga의 치환이 일어나면서 치환성 고용체가 형성된다. 공유 결합 이론을 바탕으로 순수한 Si를 살펴보면, 각 Si 원자가 4개의 최외각 전자를 가지면서 다른 4개의 Si와 결합하므로 모든 Si−Si 결합은 단일 전자쌍 공유 결합이 된다(그림 8.1(a)). 반면, Ga는 최외각 전자가 3개뿐이므로 Ga가 혼입된 Si는 전자 1개가 부족한 Ga−Si 결합을 갖게 된다. 전자 띠 이론에 의한 계산과 실험적 결과는 '단일 전자' Ga−Si 결합의 에너지 준위가 Si의 최외각 띠 형성에 참여하지 않음을 가리킨다. 대신 이 전자-결핍 결합은 원자 오비탈 성격을 띠면서 Si 최외각 띠 상단의 약간 위쪽에 불연속적 준위로 나타난다. 이와 같이 형성된 준위를 **받개 준위**(acceptor level)라 부른다.

받개 준위와 최외각 띠 상단 사이의 간격은 0.1 eV 이하 범위이고, 따라서 최외각 띠로부터 받개 준위로의 전자 들뜸이 열에너지만으로도 쉽게 일어날 수 있다(300 K에서 $kT=0.026$ eV이다). Ga의 농도가 미량 수준이라면, 받개 준위는 불연속적으로 고립되므로 받개 준위를 채운 전자가 전기 전도에 직접적으로 기여하지는 못한다. 하지만 전자의 들뜸 과정에서 최외각 띠에 남겨진 정공은 이동성을 갖는다. 이렇듯 Ga가 혼입된 Si는 양(+)의 정공을 주요 전도 성분으로 삼으며, ***p*-형 반도체**라 지칭된다.

정공에 의한 전도 개념은 설명과 이해에 편리한 면이 있지만 약간의 오류를 담고 있다. 겉보기에 정공의 이동(예를 들어, A에서 B 위치로)으로 여겨지는 과정이 실제로는 B 위치의 전자가 A로 이동하면서 B 위치에 새로운 정공을 만들어내는 과정인 것이다. 연속적인 도약에 의해 정공이 한 방향으로 이동하는 과정은 사실 전자가 정반대 방향으로 도약하는 것과 같다.

상온에서는 Ga 혼입에 의해 생겨난 정공이 열에너지에 의해 전도 띠로 들뜬 전자보다 압도적으로 많다. 외인성 정공의 농도가 내인성 농도를 크게 능가하므로 전도도를 결정짓는 것은 Ga의 농도이다. 한편 온도 증가와 함께 내인성 전하 운반체는 지수 의존성으로 늘어나며, 결국 외인성 운반체보다 많아지는 온도에 다다르게 된다. 이 지점 이후에는 반도체의 전도 거동이 내인성으로 전환한다(그림 8.10).

다음으로 원자가가 5인 원소, 예를 들어 As를 Si에 혼입할 때 나타나는 결과를 보겠다. 여기서도 As가 다이아몬드 구조의 Si를 치환하지만 As 원자는 4개의 As−Si 결합에 필요한 것보다 1개 더 많은 전자를 갖는다(그림 8.12(b)). 전자 띠 관점에서 이 잉여 전자는 전도 띠 하단의 약 0.1 eV 아래 지점에 형성된 불연속적 준위를 점유한다. 앞서와 마찬가지로 이 준위들은 중첩이 거의 없이 고립되어 있으므로 점유 전자들의 직접 이동이 불가능하다. 반면 이 불연속 준위는 전도 띠와 가깝기 때문에 **주개 준위**(donor level) 역할을 한다. 즉, 이 준위의 전자들은 열적 들뜸을 통해 쉽게 전도 띠로 옮겨져 자유로이 이동할 수 있다. 이러한 물질들은 ***n*-형 반도체**로 불린다.

요약하자면, 외인성 반도체와 내인성 반도체 간에는 다음의 차이점이 있다.

(가) 저온에서는 외인성 반도체의 전도도가 유사한 내인성 반도체에 비해 더 높다. 예컨대, 25 °C에서 순수한 Si의 내인성 전도도는 약 $10^{-2}\ \Omega^{-1}\ \mathrm{cm}^{-1}$이지만, 이 값은 적절한 혼입을 통해 10^n배만큼 증가될 수 있다.

(나) 외인성 반도체의 전도도는 혼입물 농도에 의해 정확히 조절될 수 있고, 따라서 특정한 값의 전도도를 갖는 물질이 설계, 합성될 수 있다. 내인성 반도체의 전도도는 온도와 미량의 불순물에 의해 크게 달라진다.

(다) 외인성 영역의 온도 범위는 (i) 내인성 띠 간격이 매우 큰 물질을 선택하거나, (ii) 불순물 준위(받개/주개)가 내인성 띠(최외각/전도)에 가까이 놓이는 불순물을 선택함으로써 확장될 수 있다.

8.4.2 반도체의 전기적 성질

반도체의 전기 전도도는 식 8.7로 표현될 수 있다. 전도도의 크기와 온도 의존성은 주로 전하 운반체 농도 n에 따라 달라지는데, n은 외인성 영역에서는 온도와 무관하지만 내인성 영역에서는 온도에 대해 지수 의

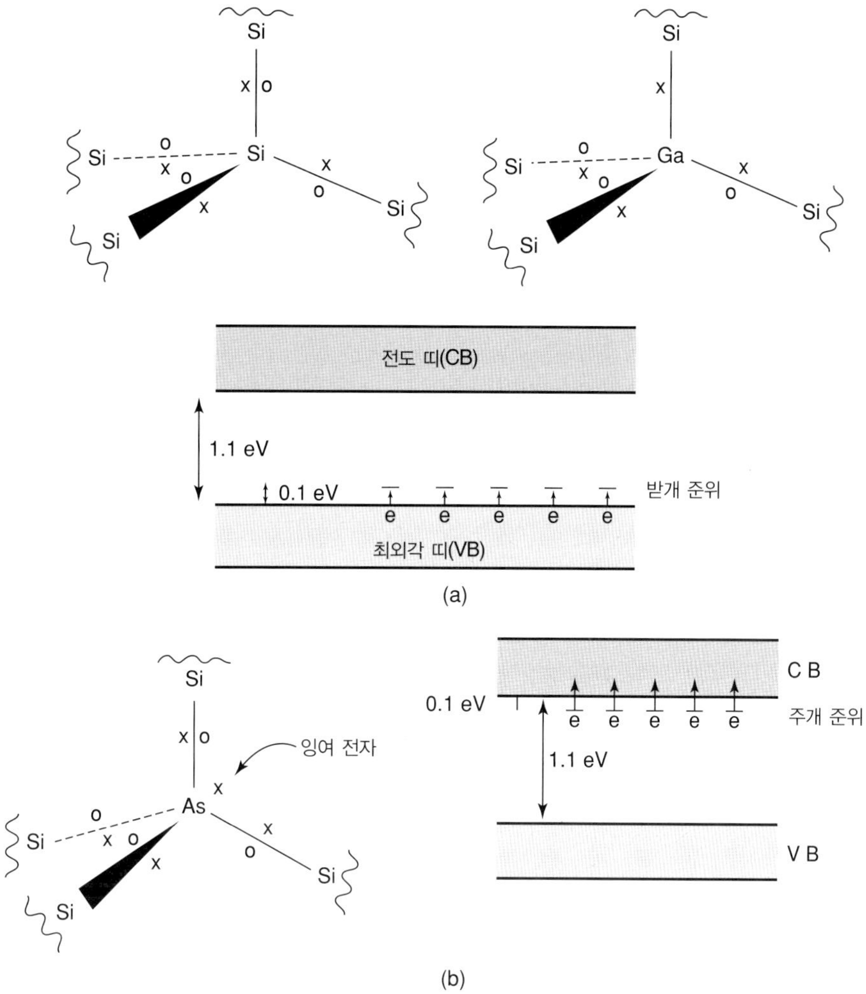

그림 8.12 (a) Ga-혼입된 Si의 p-형 반도성과 (b) As-혼입된 Si의 n-형 반도성.

존적이다(식 8.8). 내인성 영역에서는 한 개의 전자가 전도 띠로 들뜰 때마다 정공 한 개가 최외각 띠에 남겨지므로, 들뜬 전자(e), 정공(h), 결함(n)의 농도가 모두 같다.

$$[e] = [h] = [n] \tag{8.9}$$

내인성 결함의 생성은 일종의 평형 과정으로 간주될 수 있다.

$$null \leftrightarrow e' + h^{\bullet} \tag{8.10}$$

평형 상수가 K라면,

$$K = [e][h] = [n]^2 \tag{8.11}$$

외인성 반도체에서는 혼입물 성격(주개 혹은 받개)에 따라 전자 또는 정공 중 한쪽의 농도가 증가된다. 낮은 혼입 수준에서는 K가 크게 달라지지 않을 것이므로, [e]의 증가가 [h]의 감소에 의해 보상될 수 있고 또한 그 반대로 [h]가 증가하면 [e]가 감소한다. 바꿔 말해 외인성 반도체에서는 전하 운반체가 **주운반체**(majority carrier)와 **부운반체**(minority carrier)로 구분된다.[6)]

일반적으로 반도체 응용 소자의 작동 속도는 전하 운반체의 이동 속도에 의해 결정된다. 전하 운반체의

6) n-형 반도체에서 주운반체와 부운반체는 각각 전자, 정공이고, p-형 반도체에서는 그 반대이다.

이동에 기여하는 요소는 크게 세 가지이다. 첫째, **표류 속도**(drift velocity, v_d)는 인가된 전기장 세기 E에 직접 비례한다.

$$v_d = \mu_d E \tag{8.12}$$

μ_d는 표류 이동도이며 두 가지 요소, 즉 전자–포논 충돌과 전자–불순물 상호 작용에 의해 결정된다. 포논과의 충돌은 고온으로 갈수록 증가하고 불순물의 영향은 불순물 농도에 비례한다(식 8.1). 고순도의 반도체가 가치를 띠는 이유 중 하나는 잔류량 수준의 불순물이더라도 전하 운반체의 이동도를 상당히 감소시킨다는 점이다. 대역 정제(zone refining)를 통해 고순도 반도체를 얻는 과정이 4장과 7장에서 소개된 바 있다.

둘째, 전하 운반체는 고유한 **열적 속도**(thermal velocity, v_t)를 가지며, 이는 온도에 의존한다. 약간 지나친 단순화이지만 전하 운반체를 기체와 같은 입자로 취급하여 논의를 전개하겠다. 기체의 운동론으로부터 에너지는 다음과 같이 주어진다.

$$KE = \frac{1}{2}m^* v_t^2 = \frac{3}{2}kT \tag{8.13}$$

m^*은 전하 운반체의 유효 질량이다. v_t에 대해 정리하면,

$$v_t = (3kT/m^*)^{1/2} \tag{8.14}$$

여기서는 뉴턴(Newton)의 운동 법칙을 전자에 적용하기 위해 유효 질량 개념을 사용한다. 준자유 전자 이론에서 전자의 속도는 전자–포논 충돌에 의해 달라지는데, 전자의 유효 질량을 증가시킴으로써 이러한 속도 감소를 대략적으로 반영할 수 있다. 전자의 운동량 p와 파동수 k는 식 3.36–3.39 및 포물선형의 이상적 E–k 관계(그림 3.27(c))를 통해 연관된다. 따라서 유효 질량은 다음과 같이 표현될 수 있다.

$$m^* = h^2/(\mathrm{d}^2E/\mathrm{d}k^2) \tag{8.15}$$

E–k 곡선은 그림 3.27(c)와 그림 8.13(a)에 도시되어 있으며, 이에 대한 도함수들 $\mathrm{d}E/\mathrm{d}k$–k와 $\mathrm{d}^2E/\mathrm{d}k^2$–$k$가 그림 8.13(b)와 (c)에 함께 나타내어져 있다. 식 8.15에서 m^*이 $\mathrm{d}^2E/\mathrm{d}k^2$에 반비례하므로 그림 8.13(d)에 보인 바와 같은 m^*–k 관계성이 유도된다.

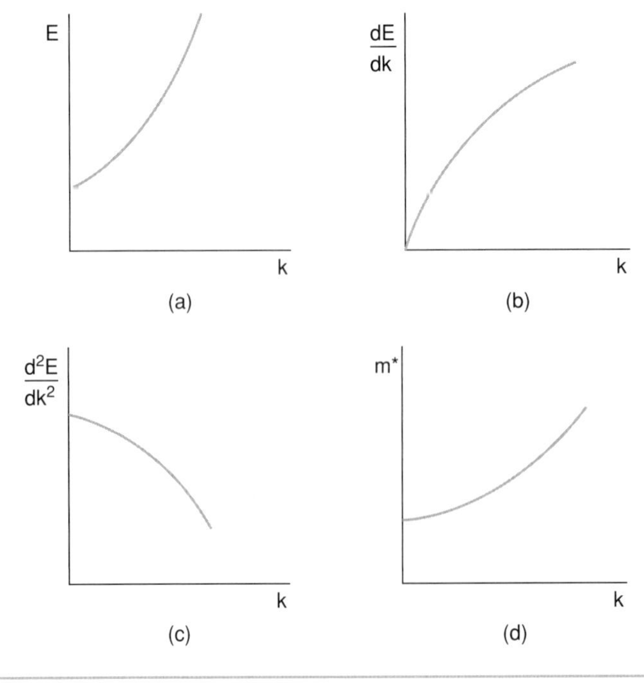

그림 8.13 파동 벡터 k와 유효 질량 m^* 사이의 관계성(d)과, 이 관계가 E–k 공간으로부터 유도되는 과정 (a–c).

표 8.4 25 °C에서 n-형 Si의 전형적 v_d와 v_t

기본 가정 :	$m^* = 1.18m_0 = 1.18 \times 9.11 \times 10^{31}$ kg (m_0는 전자의 질량) $\mu_d = 0.15$ m^2 V^{-1}s^{-1} $V_{appl} = 2$ kV m^{-1}
식 8.12로부터 :	$v_d = 300$ m s^{-1}
식 8.14로부터 :	$v_t = 1.075 \times 10^5$ m s^{-1}

Source: Reproduced with permission from S. A. Holgate, Understanding Solid State Physics, © 2010 Taylor & Francis Group LLC.

전하 운반체의 운동에 기여하는 세 번째 인자는 시료 내 전하 운반체의 농도 경사이며, 이에 의해 농도가 높은 쪽으로부터 낮은 쪽으로 전하 운반체가 **확산**(diffusion)한다. 열적 속도에 의해 전하 운반체가 운동할 때 농도 경사를 해소하려는 경향 또한 작용하는 것이다. 농도 경사가 존재할 때는 농도가 높은 쪽에서 낮은 쪽 방향으로 전하 운반체가 알짜 이동한다. 전하 운반체가 균일하게 분포된 후에도 확산 과정이 계속되지만 특정 방향으로의 알짜 이동은 일어나지 않는다.

전하 운반체의 운동은 표류 속도, 열적 속도, 확산의 종합적 효과에 의해 결정되는데, 대개는 정공과 전자 간에 차이가 있다. Si와 GaAs 둘 다에서 전자의 속도가 정공의 속도보다 높고, 고속 소자의 제작에는 이런 점이 고려되어져야 한다. 특정 방향으로의 전류 값은 v_d에 확산 효과가 더해진 결과인데, v_d와 v_t의 상대적 크기 비교는 상당히 흥미로운 부분이다(표 8.4). 전자의 유효 질량과 이동도에 대해 전형적인 값을 대입하고, 보편적인 저전압 인가 조건 2 V mm^{-1}을 가정하여 계산된 열적 속도는 표류 속도에 비해 수백 배 더 높다. 이는 전압이 인가될 때, 무작위적 전자 운동에 대해 단지 작은 바이어스(bias)만이 조성되고 그 결과로 특정 방향의 알짜 전류가 발생함을 보여 준다. 즉, 전압 인가에 의해 모든 전자들이 한 방향으로 운동하게 되는 것은 아니라는 것이다.

표류 속도로부터 '평균 자유 행로(mean free path)' 또는 전자–포논 충돌 간의 '자유 비행 시간(time of flight, τ)'을 어림잡을 수 있다. 속도는 가속도와 시간의 곱이고, 가속도는 힘/질량이다. 이 경우 힘은 전하 e와 가해진 전압 V의 곱이므로,

$$v_d = (Ve)(m^*)^{-1}\tau \tag{8.16}$$

식 8.16과 8.12를 결합하면 다음 결과가 얻어진다.

$$\mu = e(m^*)^{-1}\tau \tag{8.17}$$

8.4.3 산화물 반도체

전자 띠 이론은 Si나 Ge와 같은 반도체의 성질을 잘 설명할 수 있지만 몇몇 전이 금속 화합물에 대해서는 적용되기 어렵다. 그 주요 원인은 인접한 원자들의 최외각 오비탈 중첩이 불충분하여 비편재된 에너지 준위 띠를 형성하지 못하기 때문이다. 예를 들어 암염 구조 MnO에서 Mn^{2+}(d^5) 이온은 고스핀 상태로서 t_{2g} 오비탈에 전자를 3개만 갖는다(나머지 2개는 e_g 오비탈을 점유한다). 인접한 원자들의 t_{2g} 오비탈끼리 충분히 중첩한다면 절반만 채워진 최외각 띠와 함께 금속성 전도도가 나타날 것이다. 그러나 이러한 가설과 달리 MnO의 실제 거동은 반도성이다.

비슷한 상황이 FeO와 CoO에서 나타나며 이들 역시 반도체이다. 반면 TiO와 VO는 금속성이라는 점에서, 이들의 t_{2g} 오비탈은 중첩이 매우 클 것으로 생각된다. 띠 형성을 위해 필요한 오비탈 중첩의 정도를 정량화하기란 간단치 않은 일이다(오비탈 자체가 비정형적이라는 데에도 일부 이유가 있다). 그럼에도, VO와 MnO처럼 유사한 두 물질이 뚜렷하게 다른 성질을 보이는 사실은 오비탈 중첩의 효과가 매우 중요함을 가리킨다. 이러한 전자 구조 상의 변화는 전이 금속 계열에서 원자 번호 증가와 함께 d 오비탈 전자가 겪는 핵전하가 증가한다는 점으로 설명된다. d 전자들이 개개 원자에 강하게 속박됨에 따라 유동적인 띠 상태에 속하지 못하고 오비탈이나 결합으로 편재되는 것이다.

띠 이론이 들어맞지 않는 반도체들은 **도약 반도체**(hopping semiconductor)로 분류된다. 여기서 전도 전자들은 개개 원자에 편재되어 있지만 충분한 에너지가 공급될 경우 인접 원자로 도약할 수 있다. 바꿔 말해 전자의 도약을 위해서는 내인성 반도체의 띠 간격과 같은 성격의 활성화 에너지가 극복되어져야 한다. 그러나 도약을 통해 이동한 전자가 새로운 원자에 다시 속박되므로 개개 도약의 발생 거리는 매우 짧다.

전이 금속 화합물 반도체의 전도도는 전이 원소가 둘 이상의 산화 상태로 존재할 때 높게 나타나곤 한다. 니켈 산화물은 그와 같은 **혼합 원자가 반도체**(mixed valency semiconductor)의 좋은 예이다. 화학양론적인 산화 니켈(II), NiO는 전도도가 매우 낮은 연녹색의 고체이다. 이 물질의 색깔은 팔면체 배위된 $Ni^{2+}(d^8)$의 d–d 내부 전이로 설명되며, 따라서 d 전자가 개개 양이온에 편재되어 있음을 가리킨다. 공기 중, 약 800 ℃에서 NiO를 가열하면, 실험 조성 $Ni_{1-x}O(x \approx 0.1)$로의 산화가 일어나면서 흑색의 반도체가 얻어진다. 이 생성물은 NiO와 같이 단순 암염 구조를 갖지만 양이온 자리에 Ni^{2+}, Ni^{3+} 이온과 빈자리가 혼재되어, $Ni^{2+}_{1-3x}Ni^{3+}_{2x}V_xO$의 식 표현에 해당한다. Ni^{2+}로부터 Ni^{3+}로 전자 도약이 비교적 쉽기 때문에 이에 의한 전자 전도가 발생한다. 전자 도약 과정에서 Ni 이온 자신이 실제로 이동하지는 않지만, 알짜 결과를 놓고 보면 전자 이동의 정반대 방향으로 Ni^{3+} 이온이 이동한 것처럼 보이게 된다. Ni^{3+} 이온은 실질적으로 정공과 다르지 않고, 따라서 흑색의 산화 니켈은 p-형 반도체이다. 앞서 다룬 p-형 반도체, Ga가 혼입된 Si에서와 달리 Ni^{2+}/Ni^{3+} 교환은 열적으로 활성화되기 때문에 산화 니켈의 전도도는 온도 의존성이 매우 크다.

산화된 NiO를 반도체로 사용할 때의 단점은 전도도의 조절이 어렵다는 점이다. 전도도는 산화 정도에 따라 달라지며, 또한 산화 상태는 온도와 산소 분압에 의존한다. **원자가 제어 반도체**(controlled valency semiconductor)에서는 이원자가 혼입물의 첨가에 의해 관심 이온(예: Ni^{3+})의 농도가 조절된다. 예를 들어, Li_2O를 NiO, O_2와 반응시켜 고용체 $Li_xNi^{2+}_{1-2x}Ni^{3+}_xO$를 얻을 수 있다. 여기서 Ni^{3+} 이온의 농도와 전도도는 Li^+의 농도에 직결된다. 전도도의 크기는 x에 따라 엄청난 폭으로 달라진다: 25 ℃에서 $x=0$일 때 $\sim 10^{-10}\ \Omega^{-1}\ cm^{-1}$이고 $x=0.1$일 때 $\sim 10^{-1}\ \Omega^{-1}\ cm^{-1}$이다.

고용체에서 이원자가 혼입을 통해 원자가가 제어되는 예들은 2장에서 다뤄진 바 있다. 사실 이는 상당히 광범위한 현상이며, 이원자가 치환에 대한 전하 보상이 전자성으로 이뤄지는 경우에는 항상 일어난다. 고온 초전도 구리 산화물에서도 이러한 원자가 제어 메커니즘이 중요하게 작동한다. 이 물질들에서도 혼입물 농도에 따라 반도체–금속 전이가 나타난다. 예컨대 $YBa_2Cu_3O_6$는 Cu^{2+}와 Cu^+가 혼재하는 반도체이지만, 산소 함량을 증가시켜 얻어진 $YBa_2Cu_3O_7$는 Cu^{2+}와 Cu^{3+}가 혼재하는 금속(90 K 이하에서는 초전도체)이다. 이때 Cu^{3+}의 발생과 함께 Cu $3d$–O $2p$ 오비탈의 중첩과 띠 구조 형성이 가능해지는 것으로 여겨진다.

8.4.4 반도체의 응용

반도체의 주된 응용 분야는 트랜지스터, 실리콘 칩, 광전지 등의 고체상 장치(solid-state device)[7]이다. 위와 같은 장치들의 작동 원리에는 반도체가 n-형 또는 p-형으로 혼입됨에 따라 최고 점유 준위의 전자 에너지가 달라지는 점이 주요하게 관여한다. 그림 8.14(a)는 Si에 원자가 3의 B가 혼입된 p-형 물질과 원자가 5의 P가 혼입된 n-형 물질의 에너지 준위를 비교하고 있다. p-형에서는 받개 준위가 최외각 띠 상단의 약간 위쪽에 놓인다. 열적 들뜸에 필요한 에너지가 작기 때문에 상당수의 받개 준위가 점유되고 최외각 띠 상부에는 정공이 생겨난다. n-형에서는 주개 준위가 전도 띠 하단의 약간 아래에 위치하며, 주개 준위 전자의 열적 들뜸이 쉽게 일어날 수 있다. 결과적으로 n-형 영역은 p-형 영역보다 더 높은 페르미 준위 E_F를 갖게 되고, 서로 다른 방식으로 혼입된 두 반도체를 접합시킬 경우 그 경계에서는 E_F의 불일치가 발생한다. 이러한 접합 경계의 E_F 격차는 마이크로전자 산업 자체의 존립을 가능케 한 핵심 성질이라 하겠다.

***p*–*n* 접합**에서는 p-형 영역과 n-형 영역이 서로 맞닿아진다. p–n 접합을 형성하는 방법에는 Si 등의 단

7) 진공관이나 방전관이 사용되지 않을 뿐만 아니라 운동 부품이 포함되지 않은 장치를 뜻함. 주로 반도체 기반 장치를 가리킴.

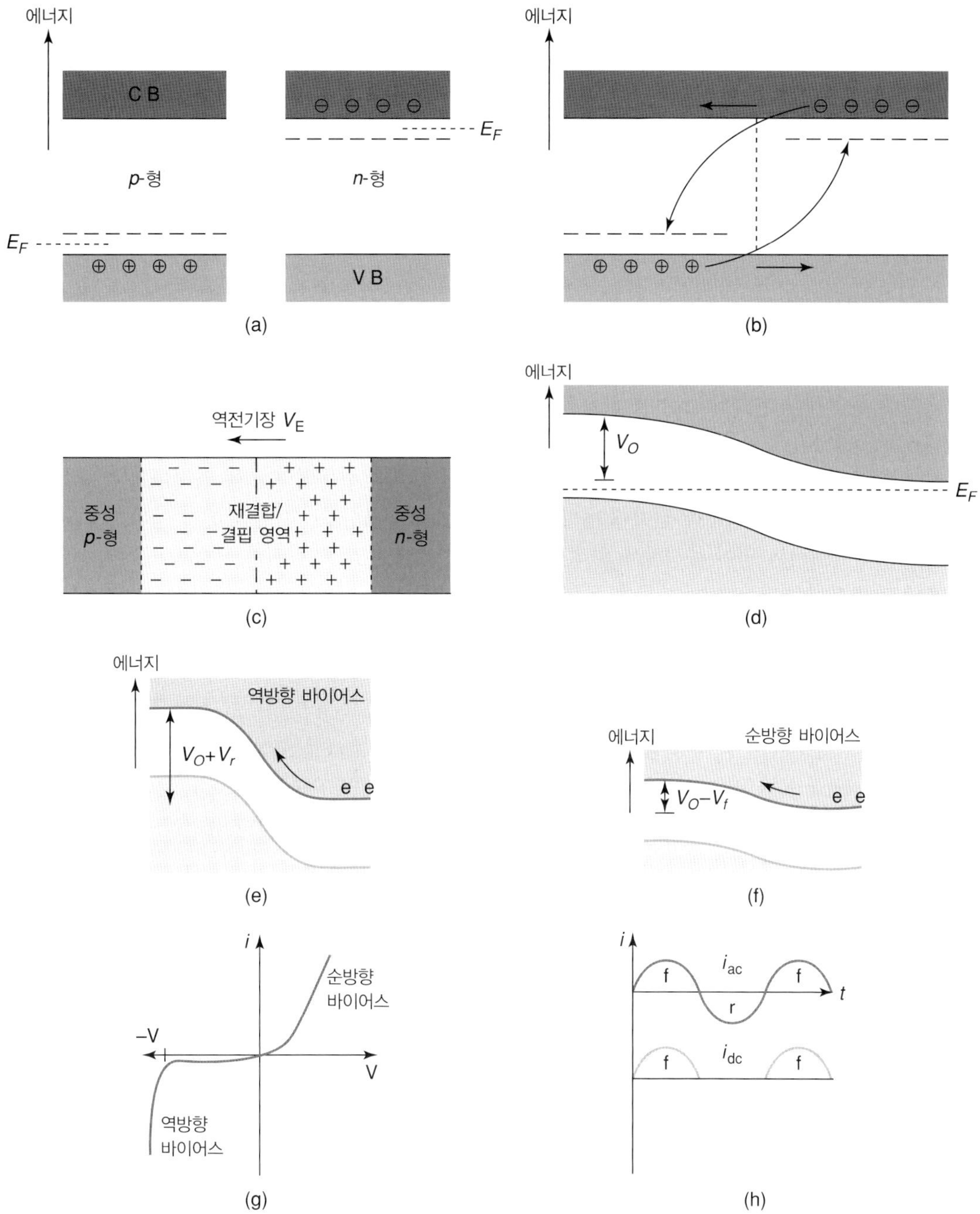

그림 8.14 $p-n$ 접합. (a) p-형 반도체와 n-형 반도체의 에너지 준위, (b) 접합된 p-, n-형 영역, (c) 자발적 확산에 의한 전하 운반체 결핍 영역의 생성, (d) $p-n$ 접합 경계에서 E_F의 평준화. 전자 띠 휨(band bending)은 (e) 역방향 바이어스 하에서는 증가하고, (f) 순방향 바이어스 하에서는 감소한다. (g) 바이어스 인가에 따른 전압–전류 특성과 (h) 정류 작용.

결정 내에 주개/받개 불순물의 농도 경사를 조성하는 **동질 접합**(homojunction) 방식과 단결정 기판 위에 다른 속성의 혼입물을 켜쌓음 성장(epitaxial growth)시키는 **이질 접합**(heterojunction) 방식이 있다. 서로 접합되기 이전에는 n-형과 p-형 모두 전기적으로 중성이다. 하지만 접합 형성과 함께 경계 영역의 E_F 차이에 의해 전하 운반체(전자, 정공)의 농도 경사가 발생한다. 자발적 확산에 의해 전자가 n-형 영역에서 p-형 영역으로 흘러가는데, 이들은 전도 띠 준위를 채우기도 하겠으나 그보다는 최외각 띠로 하강하여 전자–정공 결합을 일으키기 쉽다. 반면 p-형 영역의 최외각 띠에 있던 정공은 n-형 영역의 최외각 띠로 확산하게 되고(물론 실제 과정은 전자의 반대 방향 확산이다), 나아가 전도 띠의 전자와 결합하기도 한다.

전자의 페르미 준위는 전기화학적 전위와 유사한 일면이 있다: 전위 차가 존재할 때 전자는 높은 전위에서 낮은 전위 쪽으로 자발적으로 이동한다.

이러한 과정들의 결과로 두 물질의 물리적 접합면 양쪽에 전하 운반체가 결핍된 영역이 생겨난다. 이 영역은 더 이상 중성이 아닌데, *p*-형 쪽에는 잉여 음전하가, *n*-형 쪽에는 잉여 양전하가 존재하기 때문이다. 이렇게 하전된 **결핍 영역**(depletion region)은 **공간 전하 층**(space charge layer)이라고도 불리며, 전하 운반체의 확산이 $p-n$ 접합체 전체로 진행되는 것을 막아준다. 다른 한편으로 *p*-형 영역의 정공이 전자의 트랩 구실을 하는 것으로 볼 수도 있다. 정공이 전자에 의해 점유되면 전기적으로 음전하가 되어 전자의 차단 영역을 이루기 때문이다.

전자와 정공의 확산은 역전기장(reverse electric field, V_E)을 발생시킨다(그림 8.14(c)). 또한 이에 의해 자발적 확산의 정반대 방향으로 전하 운반체의 알짜 표류가 일어난다. 결국에는 확산과 표류가 서로 균형을 이루는 평형 상태가 도달되고, 이때 접합 경계에서의 페르미 준위는 동등해진다(그림 8.14(d)).

하전된 결핍 영역의 형성은 **전자 띠 휨**(band bending)을 일으킨다. 이는 그림 8.14(d)에 나타낸 바와 같이 최외각 띠와 전도 띠 에너지가 국부적으로 변형되는 현상이다. 이를테면 *n*-형 영역에서는 음전하가 제거됨에 따라 최외각 띠와 전도 띠 전자에 대한 원자핵 인력이 증가하고, 그 결과 전자 에너지가 낮아진다. 반대로 *p*-형 영역에서는 잉여 음전하에 의해 최외각 띠와 전도 띠의 에너지가 상승한다. 양쪽 영역 모두에서 에너지 준위의 변화는 접합 부근에 국한된다. 이러한 '띠 휨' 가설은 결핍 영역이 형성된 후 알짜 전하 이동이 중단되는 점을 잘 설명할 수 있다. 말하자면 *n*-형에서 *p*-형 영역으로의 전도 띠 전자 흐름은 오르막 과정을 거쳐야 하므로 매우 어려워진다. 따라서 극소수의 주운반체만이 $n \rightarrow p$ 방향으로 접합을 통과할 수 있다. 그러나 *p*-형 영역 전도 띠의 부운반체 전자는 내리막 $p \rightarrow n$ 방향으로 접합을 통과할 수 있다.

그림 8.14(e)와 8.14(f)는 $p-n$ 접합에 대한 직류 바이어스 인가 효과를 모식적으로 나타낸 것이다. **역방향 바이어스**(reverse bias) 하에서는 *p*-형 영역 말단에 음전위가 인가되면서, $n \rightarrow p$ 방향 전자 이동에 대한 전위 장벽이 훨씬 더 높아진다. 바이어스가 없는 평형에서 $p-n$ 접합의 장벽 높이가 V_0이고 역방향 바이어스가 V_r의 크기로 인가된다면 전위 장벽이 $V_0 + V_r$로 증가하는 것이다. 이 결과로 *n*-에서 *p*-형 영역으로 이동할 수 있는 전자는 더욱 적어지지만 반대 방향으로 진행되는 부운반체의 표류는 그대로 유지되므로 아주 약한 전류가 잔존한다. 이에 반해 **순방향 바이어스**(forward bias) 조건에서는 *p*-형 말단부에 양전위 V_f가 인가되어 전자 흐름에 대한 에너지 장벽이 $V_0 - V_f$로 낮아진다. 이 조건에서는 *n*-에서 *p*-형 영역으로의 주운반체 흐름이 연속적으로 일어날 수 있고 전류의 흐름이 계속된다. 회로를 통해 직류가 순환할 때, 우측 (−) 전극에서는 전자가 *n*-형 말단부로 흘러 들어가고, 좌측 (+) 전극을 통해서는 *p*-형 영역의 최외각 띠 전자가 흘러 나간다. *n*-형 영역에 유입된 전자는 전도 띠를 거쳐 *p*-형 영역의 최외각 띠로 내려와 정공과 재결합한다. *p*-형 영역에서는 (+) 전극을 통해 전자가 빠져 나가면서 새로운 정공이 보충되어진다.

결론적으로 $p-n$ 접합을 통한 전류는 역방향 바이어스 하에서 크게 감소하고 순방향 바이어스 하에서는 증대된다. 이러한 거동은 그림 8.14(g)에 의해 잘 요약되며, 교류의 직류 변환, 즉 **정류 작용**(rectification)의 토대가 된다(그림 8.14(h)). $p-n$ 접합은 2극 진공관 정류기 밸브에 대응되는 고체상 전자 소자라 할 수 있으며, 실제로 전자 회로의 2극 진공관 밸브는 Si-기반 $p-n$ 접합에 의해 완전히 대체되어졌다. 보다 복잡한 배열로 $p-n-p$ 또는 $n-p-n$과 같은 접합은 전류나 전압의 증폭 기능이 있기 때문에 트랜지스터에 사용된다. 트랜지스터는 종래 기술의 3극 진공관 밸브를 대신한다.

제어된 원자가의 도약 반도체는 **더미스터**(thermistor), 즉 열 감지 저항체에 이용된다. 이 용도에 적합하려면 전도도의 온도 의존성, 즉 활성화 에너지 E가 커야 한다. 예를 들어 $Li_{0.05}Ni_{0.95}O$는 ~200 °C까지 넓은 온도 범위에서 $E \approx 0.15$ eV의 아레니우스 전도 거동을 보인다. 주어진 양이온 조성에서 전도도가 재현적이므로 Li−Ni−O는 온도의 조절과 측정을 위한 장치에 사용될 수 있다. 재현 신뢰성을 위해서는 불순물에 크게 영향받지 않는 물질이 사용되어야 하며, 그러한 예로 Fe_3O_4, Mn_2O_3, Co_2O_3-혼입 NiO와 일부 스피넬 조성이 있다.

일부 반도체는 광전도성이다. 즉, 빛이 쪼여질 때 전도도가 뚜렷이 증가한다. 비정질 셀레늄(Se)은 매우 뛰어난 광전도체이며 복사기에서 핵심 역할을 한다(10장 참고). 셀레늄과 같은 비정질 물질은 원거리 차원의 원자 배열 주기성이 없기 때문에 보편적인 전자 띠 이론을 이용한 물성 묘사가 곤란하다.

8.5 이온 전도성

대부분의 이온성 고체에서 이온들은 각각의 격자 점 위치에 속박되어 있다. 이온들은 적외선 주파수 범위에서 연속적으로 진동하지만, 격자 점을 이탈할 만큼 충분한 열에너지를 갖는 경우는 매우 드물다. 만일 이온이 원 위치를 벗어나 인접한 격자 점으로 움직인다면, 이것이 곧 '이온 전도'이며 또한 '이온 이동', '도약', '확산'이라고 표현되기도 한다. 이온 전도는 온도가 높을수록 활발해지며 결정의 결함이 존재할 경우 특히 그렇다. 결함이 없는 고체에는 원자의 빈자리가 없고 틈새자리의 원자 채움도 없기 때문에 이온 전도를 기대하기 어렵다. 이온 전도가 일어나기 위한 기본적 요건은 (i) 격자 자리 일부가 비어 있어 인접 원자가 접근할 수 있거나 (ii) 틈새 위치에 원자들이 존재하면서 인접 틈새 위치로 도약할 수 있는 환경을 가져야 한다는 것이다. 고온에서는 이온의 열적 에너지가 커져 진동이 격렬해질 뿐만 아니라 결함의 농도가 높아진다. 예를 들어 상온의 NaCl은 전도도가 $10^{-12}\ \Omega^{-1}\ cm^{-1}$보다도 훨씬 낮은 절연체이지만, 녹는점 직전 ~800 ℃에서는 전도도가 $\sim 10^{-3}\ \Omega^{-1}\ cm^{-1}$으로 높아진다.

대다수 이온성 고체와 달리, 이온이 격자 내를 매우 쉽게 움직여 다닐 수 있는 소수의 물질 군이 있고 이들은 고체 전해질, 고속 이온 전도체, 초이온 전도체 등으로 지칭된다(8.1절). 그러한 물질들은 종종 독특한 결정 구조를 가지며, 대개는 탁 트인 터널이나 층이 존재하면서 이동성 이온의 운동 경로 역할을 하는 경우가 많다. 25 ℃에서 β-알루미나의 Na^+ 전도도($10^{-3}\ \Omega^{-1}\ cm^{-1}$)는 강전해질 액체의 전도도에 버금가는 수준이다. 고체 전해질의 성질 연구와 신조성 탐색 및 응용성 개선을 통해 고체상 전기화학 장치에 적용하려는 노력은 지속적으로 활발히 진행되고 있다. 우선 전형적인 이온성 고체의 거동과 그 전기적 성질에 대한 결정 결함의 영향을 살펴보겠다.

알칼리 할로젠화물과 은 할로젠화물의 이온 전도 거동은 순수한 상태와 혼입된 상태 모두에 대해 상당히 많이 연구되어졌고 또한 이미 수십 년 전에 확립되어진 주제이다. 이 물질들은 이온 전도도가 낮은 편이어서 실용화에 적합하지는 않다. 하지만 단결정을 이용하여 정교하게 수행된 측정들로부터 결함의 생성, 이동, 응집의 열역학적 측면에 대한 많은 정보들이 수집되어졌고, 이온성 고체와 그 거동에 대해 현재까지 정립된 내용들은 상당 부분 이 실험 결과에 기반하고 있다. 이러한 배경에서 이 소재를 약간 자세히 살펴보도록 하겠다.

8.5.1 알칼리 할로젠화물: 빈자리 전도

알칼리 금속 할로젠화물 결정에서는 대개 양이온의 이동성이 음이온보다 더 크다. 그림 8.15는 NaCl 구조의 한 단면 영역에서 일어나는 양이온 이동을 보여 준다. 한 Na^+ 이온이 원래 위치를 비우면서 인접한 양이온 빈자리로 이동하고 있다. 일단 이동한 Na^+ 이온은 더 이상 움직일 수 없는데, (i) 이동해 들어갈 수 있는 빈자리가 주변에 없고 (ii) NaCl 구조의 사면체 틈새자리를 Na^+가 채우기는 어렵기 때문이다. 그러나 남겨진 '양이온 빈자리'는 새로운 위치에서도 항상 12개의 Na^+ 이온에 둘러싸이고 그들 중 어느 하나가 빈자리로 도약할 수 있어 빈자리의 이동은 계속해서 일어나게 된다. 따라서 NaCl에서는 양이온 빈

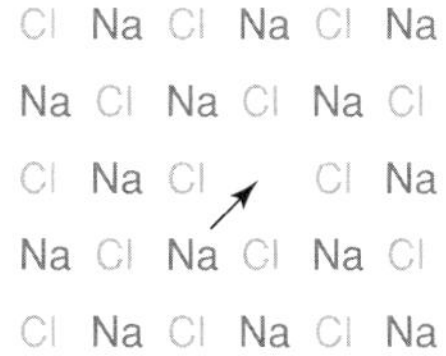

그림 8.15 NaCl에서 양이온 빈자리, 즉 Na^+ 이온의 이동.

자리를 주된 전하 운반체로 취급할 수 있다. NaCl에 음이온 빈자리도 존재하지만 양이온 빈자리에 비해 이동도가 낮다.

NaCl의 이온 전도도는 양이온 빈자리의 양에 따라 달라지며, 결국 시료의 순도와 열적 내력에 의존하게 된다. 빈자리는 두 가지 방법에 의해 생성된다. 한 가지는 시료를 단순 가열하는 것이다. 열역학적 평형에 존재하는 빈자리의 양은 각 물질마다 고유한 수치로 정해지며, 온도가 높아질수록 지수 의존적으로 증가한다(식 2.12). 또 다른 방법으로, 이원자가 불순물을 첨가하면 전하 균형을 유지하기 위해 빈자리가 생겨나게 된다. 예를 들어 소량의 $MnCl_2$를 NaCl에 첨가하여 고용체 $Na_{1-2x}Mn_xV_xCl$을 형성할 수 있는데, 매 Mn^{2+} 이온마다 양이온 빈자리 V가 하나씩 딸리게 된다. 이와 같은 빈자리는 외인성이며 순수한 NaCl에는 존재하지 않는다. 25 °C 정도의 저온에서는 열적으로 생성된 내인성 빈자리가 매우 적고, 순도가 아주 높은 결정이 아니고서는 외인성 빈자리의 수가 훨씬 더 많다. 온도가 증가함에 따라 열적으로 생성된 내인성 빈자리가 불순물에 의해 유도된 외인성 빈자리의 수를 능가하는 지점에 다다르게 되고 이를 기점으로 외인성 거동이 내인성 거동으로 전환하게 된다.

이온 전도도의 온도 의존성은 흔히 아레니우스 공식으로 표현된다.

$$\sigma = A\exp\left(-\frac{E}{RT}\right) \tag{8.18}$$

비례 인자 A에는 이동성 이온의 진동 주파수 등 몇 가지 항이 포함되어진다. 식에 따라 절대 온도의 역수 T^{-1}에 대해 $\log_e\sigma$를 도시하면 기울기가 $-E/R$인 직선이 얻어지게 된다. 보다 보편적으로는 $\log_{10}\sigma$이 도시되며 이 경우 기울기는 $-(E/R)\log_{10}e$가 된다. 간혹 온도의 역수 항을 비례 인자 A에 포함시키면서 $\log_{10}(\sigma T)$를 T^{-1}에 대해 도시하기도 하는데, 그 경우 직선의 기울기와 활성화 에너지가 약간 달라진다.

그림 8.16은 NaCl에 대한 아레니우스 도표를 모식적으로 나타낸 것이다. 저온에서는 빈자리의 수가 불순물 수준에 의해 정해지므로 주어진 시료의 불순물 농도에 따라 일정하다. 일련의 평행 직선들의 각각은 각기 다른 혼입물 농도에 해당한다. 이 외인성 영역에서는 σ의 온도 의존성이 양이온 이동도 μ에 의해 결정된다(식 8.7). μ 또한 아레니우스 온도 의존성을 보이며, 양이온 빈자리 이동에 대한 활성화 에너지로 E_m이 관여한다.

$$\mu = \mu_0 \exp\left(-\frac{E_m}{RT}\right) \tag{8.19}$$

8.5.1.1 이온 도약의 활성화 에너지: 기하학적 고려

E_m의 근원과 속성을 이해하기 위해, 격자 점의 Na^+ 이온이 인접한 빈자리로 이동하는 과정의 가능 경로를 살펴보자. 그림 8.17(a)는 NaCl 구조의 단위세포 중 1/8에 해당하는 일부를 나타내며, 이 입방체의 꼭

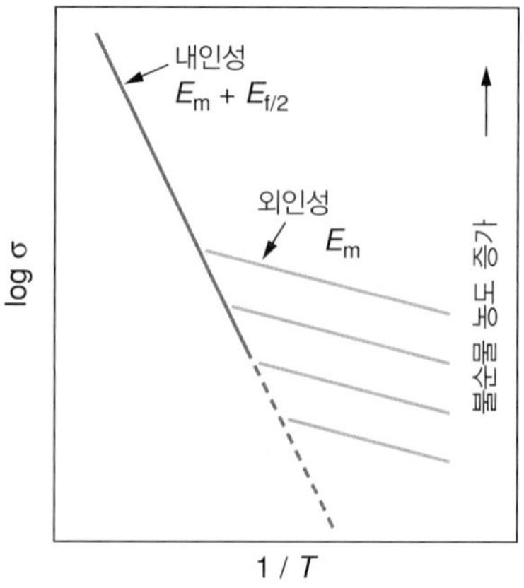

그림 8.16 혼입된 NaCl 결정의 모식적 이온 전도도. 외인성 영역의 평행한 직선들은 각기 다른 혼입 농도에 해당.

짓점에는 Na^+와 Cl^-가 번갈아 놓여 있다. Na^+ 위치에 해당하는 꼭짓점 한 개가 비어 있고 다른 세 꼭짓점 중 한 Na^+가 빈자리에 진입할 수 있다. 1, 2번 Cl^- 이온들이 아주 가깝기 때문에 면심을 거치는 직접 도약(점선)은 불가능하다고 여겨진다. 대신 Na^+는 체심을 지나는 간접 경로(곡선 화살표)를 택할 수 있다. 체심은 8개 꼭짓점 모두와 등거리인 틈새자리이며 꼭짓점 중 4개에는 Cl^-가 사면체 배열되어 있다. 이동하는 Na^+가 체심 위치에 도달하기 위해서는 1, 2, 3번 Cl^-로 이뤄진 삼각 창을 통과해야 한다. Na^+가 이 병목(bottleneck)을 통과하는 것이 얼마나 힘들지 가늠하기 위해 창의 크기를 계산해 보자.

NaCl의 단위세포 상수 a는 5.64 Å이고, Na−Cl의 결합 길이는 $a/2 = 2.82$ Å이다(그림 8.17(a)). 또한 음이온과 양이온이 서로 맞닿아 있다고 가정하면 $a/2 = (r_{Na^+} + r_{Cl^-})$이 된다. Na^+와 Cl^-의 이온 반경은 각각 ~0.95 Å, ~1.85 Å으로 알려져 있어(참조된 반경 목록에 따라 약간 상이할 수 있음), 두 이온의 반경으로부터 계산된 Na−Cl 결합 길이, 2.80 Å은 측정치에 매우 근사하다.

NaCl과 같은 조밀 쌓임 구조에서 음이온들은 서로 접하거나 또는 매우 근접해 있다. Cl^- 이온 1, 2, 3은 한 cp 층에 속하며, Cl(1)−Cl(2) 거리는 $[(a/2)^2 + (a/2)^2]^{1/2} = 3.99$ Å으로 계산된다. 이 값은 이온 반경 합 $2r_{Cl^-}$에 비해 약 0.3 Å만큼 더 크고, NaCl에서 인접한 Cl^- 이온들이 비접촉 상태임을 가리킨다.

그림 8.17(b)에서 삼각 창의 크기, 즉 1−3번 Cl^- 이온들이 이루는 병목의 반경 r'을 다음 과정에 의해 계산할 수 있다.

$$\cos 30° = \frac{x/2}{y} = \frac{1.995}{(r_{Cl^-} + r')} \tag{8.20}$$

따라서

$$(r_{Cl^-} + r') = \frac{1.995}{\cos 30°} = 2.30 \text{ Å} \tag{8.21}$$

$$r_{Cl^-} = 1.85 \text{ Å이라면, } r' = 0.45 \text{ Å} \tag{8.22}$$

비슷한 방법으로 체심 위치의 틈새자리 반경 r''을 계산할 수 있다. 체대각 거리가 $(2r_{Cl^-} + 2r'')$이라는 점을 이용하도록 하자.

$$2(r_{Cl^-} + r'') = \left[(a/2)^2 + (a/2)^2 + (a/2)^2\right]^{\frac{1}{2}} = 4.88 \text{ Å}$$
$$r'' = 0.59 \text{ Å} \tag{8.23}$$

따라서 NaCl에서 Na^+ 이온의 도약은 꽤 어렵고 복잡한 과정이다. 먼저 Na^+ 이온은 반경 0.45 Å의 좁은 삼각형 틈새를 비집고 지나가야 하며, 그 후에도 반경 0.59 Å의 작은 사면체 틈새에 놓이게 된다. 사면체 틈새는 매우 가까운 거리(2.44 Å)에 2개의 Na^+ 이온(1, 2)과 4개의 Cl^- 이온을 이웃하므로 Na^+ 이

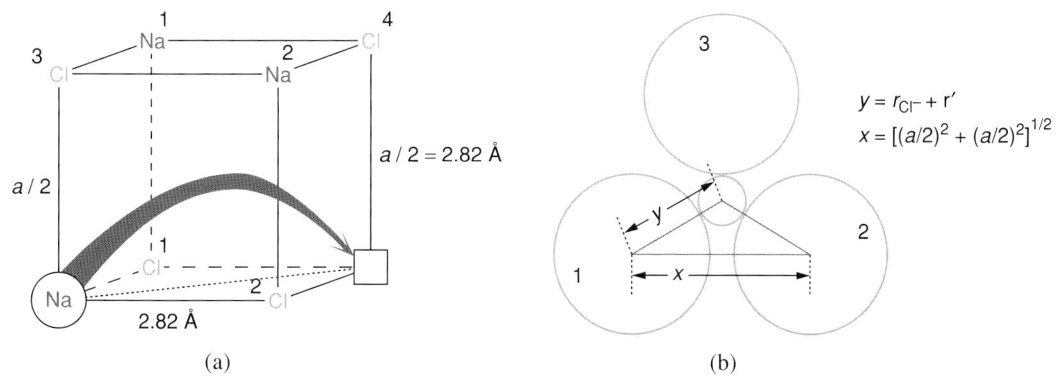

그림 8.17 (a) NaCl에서 Na^+의 이동 경로. (b) NaCl에서 Na^+ 이온이 통과해야 하는 삼각 틈새(반경 r'). 원 1−3은 Cl^- 이온.

온이 이 위치에 오래 머무를 수는 없다. Na^+ 이온이 사면체 틈새를 떠나 비어 있는 반대쪽 팔면체 자리에 도달하려면 1, 2, 4번 Cl^-에 의해 형성된 두 번째 병목을 통과해야 한다. 여기서도 반경 크기는 0.45 Å이다. 이러한 계산은 어쩔 수 없이 단순화된 면이 있으며, 실제로는 결함 부근에서 구조 이완과 왜곡에 의해 결합 거리의 변동이 있을 것으로 생각된다. 그럼에도 이 계산을 통해 Na^+ 이온의 이동이 상당히 어려운 과정이고 이에 대한 활성화 에너지 장벽이 높다는 점을 분명히 알 수 있다.

그림 8.16의 외인성 영역에서 전도도는 빈자리 농도와 이동도에 의존한다. 이 의존성은 식 8.7과 8.19를 결합하여 표현될 수 있다.

$$\sigma = ne\mu_0 \exp\left(-\frac{E_m}{RT}\right) \tag{8.24}$$

고온, 내인성 영역에서는 열적으로 생성되는 빈자리 농도가 혼입물에 부속된 빈자리 농도보다 더 높다. 따라서 n이 온도 의존적이고 이 또한 아레니우스 관계를 따른다.

$$n = N \exp\left(-\frac{E_f}{2RT}\right) \tag{8.25}$$

이 공식은 식 2.12와 동일한데, $E_f/2$는 양이온 빈자리 1몰의 생성에 대한 활성화 에너지이면서, Schottky 결함 1몰의 생성에 필요한 에너지의 절반이다. 빈자리 이동도를 식 8.19로 표현할 수 있으므로 내인성 영역의 전도도에 대한 전체 표현은 다음과 같다.

$$\sigma = Ne\mu_0 \exp\left(-\frac{E_m}{RT}\right) \exp\left(-\frac{E_f}{2RT}\right) \tag{8.26}$$

$$\sigma = A \exp\left(-\frac{E_m + E_f/2}{RT}\right) \tag{8.27}$$

그림 8.16은 NaCl 결정의 이온 전도도를 모식적인 아레니우스 도표로 나타낸 것이며, 결정의 순도에 따른 차이가 비교되어 있다. 외인성 영역의 평행한 직선들은 각기 다른 불순물 수준에 해당한다. 내인성 영역에서는 이들이 단일한 직선으로 겹쳐지는데, 이는 곧 전도도가 불순물에 의해 영향 받지 않음을 의미한다. 내인성 영역의 직선은 외인성 영역에서보다 기울기가 더 크게 마련이다. 두 영역에서의 기울기가 모두 측정된다면 E_m과 E_f가 각각 결정될 수 있다.

8.5.1.2 NaCl 결정의 이온 전도

NaCl 단결정에 대한 실험적 자료(그림 8.18)는 몇 가지 복잡한 세부 요소를 담고 있으며, 그림 8.16의 단순화된 표현이 다소 이상적임을 가리킨다. 우선, 단계 I, II는 각각 그림 8.16의 내인성 영역과 외인성 영역에 해당한다. 파선은 I, II 영역의 외삽 궤적으로서 편차가 발생하는 부분을 강조해 준다. 녹는점(802 ℃) 가까이에 등장하는 I′ 단계에 대해서는 두 가지의 가능한 원인이 제시되어졌다. 한 가지는 음이온 빈자리의 이동도가 점차 증가하여 σ에 기여하게 된다는 것이다. 또 다른 가설은 고온에서 양이온 빈자리와 음이온 빈자리가 증가함에 따라 그들 간의 원거리 Debye–Hückel 상호 작용이 상당해진다는 것이다. 용액 중의 이온들처럼 빈자리들이 인력으로 안정화된다면 E_f가 감소될 수 있다. 다시 말해, 빈자리의 생성이 쉬워지면서 빈자리 농도가 증가하고 결국 σ가 증가하는 것이다. NaCl에 대해서는 둘 중 어느 쪽이 옳은 설명인지 규명되지 않았으나, AgCl 단결정에서 나타나는 유사한 고온 편차는 Debye–Hückel 효과에 의한 것으로 여겨진다(그림 2.4).

그림 8.18의 ~390 ℃ 이하에서는 이상적인 외인성 경향에 비해 σ의 하향 편차가 나타난다(단계 III). 이는 결함 복합체의 형성에 기인되는데, 예를 들어 양이온 빈자리/음이온 빈자리 또는 양이온 빈자리/이원자가 양이온 불순물이 쌍을 이룰 수 있다. 이러한 복합체는 서로 반대되는 결함들 간 단거리 상호 작용에 의해 형성되며 앞서 언급된 원거리 Debye–Hückel 상호 작용과 속성이 다르다. 단계 III 영역에서는

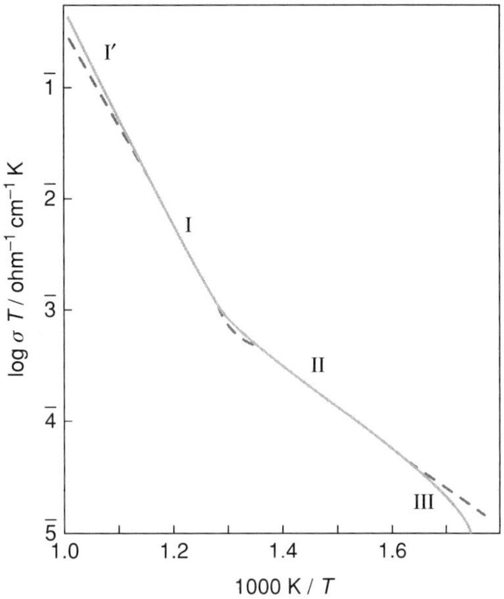

그림 8.18 '순수한' NaCl 결정의 이온 전도도.

양이온 빈자리의 격자 내 이동에 앞서 결함 복합체를 우선 해리시켜야 하므로 이에 대한 추가 에너지가 필요하다. 그 결과, 단계 III의 활성화 에너지는 E_m(단계 II)보다 더 커지게 된다.

표 8.5는 NaCl의 이온 전도와 관계된 다양한 활성화 에너지들을 열거하고 있다. E_m 값이 일정치 않은 이유는 다른 유형의 결함들, 특히 어긋남(dislocation)이 불가피하게 존재하면서 이온 이동에 적잖은 영향

표 8.5 NaCl 결정 및 다른 이온성 고체의 전도 속성과 고체 전해질의 특성

• NaCl에서 전도의 세부 과정에 대한 활성화 에너지, E/eV	
Na^+의 이동	0.65–0.85
Cl^-의 이동	0.90–1.10
Schottky 쌍의 생성	2.18–2.38
빈자리 쌍의 해리	~1.3
빈자리–불순물 쌍의 해리	0.27–0.50
• 다른 이온성 고체들의 전도 활성화 에너지, E/eV	
MgO	3–5 (Mg^{2+}, O^{2-})
Na β-알루미나	0.16 (Na_i)
Na β''-알루미나	0.08–0.35 (Na_i)
$RbAg_4I_5$	0.05 (Ag^+)
• 고체 전해질의 특성	
이동성 화학종이 단 한 종류(액체 전해질과 다름)	
전하 운반체의 수가 많음(평범한 이온성 고체와 다름)	
도약이 쉽고, E가 낮음(~0.1–0.9 eV)	
상대적으로 드문 현상	
비정질, 세라믹, 결정, 젤 형태에서 모두 발생	
주로 M^+, F^-, O^{2-} 이온에서 발생	
구조 내 격자 자리에서 이동성 이온이 부분 점유도를 보임	
대개 협동적 전도 메커니즘을 따름	

을 미치기 때문으로 추측된다. 어긋남 부근의 결정 구조 영역은 응력에 의해 변형된다. 이렇게 형성된 '어긋남 도관(dislocation pipe)'은 양이온이 보다 쉽게 이동하는 경로를 제공할 수 있다. 이 경우 E_m의 크기와 전도도는 어긋남의 수와 분포, 결국 결정의 열적 내력에 따라 달라질 수 있다. 그러나 어긋남의 수 조절이나 정확한 측정이 불가하기 때문에, σ에 대한 어긋남의 효과를 정량적으로 평가하기는 어렵다.

8.5.1.3 NaCl의 외인성 전도: 이원자가 혼입을 통한 제어

이온성 고체에서는 불순물의 양을 정확하게 조절하고 측정할 수 있다. 더욱이 불순물 함량에 따라 외인성 전도 거동이 현저히 달라지므로 σ에 대한 불순물의 효과를 쉽게 연구할 수 있다. 평형 계에서 Schottky 결함의 농도는 질량 작용 법칙(law of mass action, 식 2.5)에 의해 주어진다.

$$K = \frac{[V'_{\rm Na}][V^{\bullet}_{\rm Cl}]}{[{\rm Na}^{\rm X}_{\rm Na}][{\rm Cl}^{\rm X}_{\rm Cl}]}$$

이원자가 불순물이 소량 존재하더라도 K는 불변일 것으로, 또한 분모(점유된 자리의 농도)는 일정하게 1인 것으로 가정된다. 따라서,

$$[V'_{\rm Na}][V^{\bullet}_{\rm Cl}] = \text{상수} = x_0^2 \tag{8.28}$$

내인성 영역에서는 $x_0 = [V'_{\rm Na}] = [V^{\bullet}_{\rm Cl}]$이다. 외인성 영역에서 이원자가 양이온 불순물에 의해 양이온 빈자리가 증가하면 음이온 빈자리의 수는 식 8.28에 따라 감소하게 된다. 외인성 조건에서의 양이온 빈자리와 음이온 빈자리 농도를 각각 x_c, x_a로 적고, 이원자가 이온의 농도를 c라 하면,

$$x_c = x_a + c \tag{8.29}$$

2가의 양이온 불순물과 음이온 빈자리는 두 경우 모두 +1의 알짜 전하를 갖는 한편, 양이온 빈자리는 −1의 알짜 전하를 가지므로, 전체적 전하 균형을 위해 위 조건이 지켜져야 한다. 식 8.28과 8.29를 결합한 후, 얻어진 이차방정식을 풀면 x_c와 x_a가 다음과 같이 얻어진다.

$$\begin{aligned} x_c &= \frac{c}{2}\left[\left(1 + \frac{4x_0^2}{c^2}\right)^{\frac{1}{2}} + 1\right] \\ x_a &= \frac{c}{2}\left[\left(1 + \frac{4x_0^2}{c^2}\right)^{\frac{1}{2}} - 1\right] \end{aligned} \tag{8.30}$$

$x_0 \ll c$인 조건에서는 $x_c \to c$, $x_a \to 0$으로 수렴한다. 이는 앞서 추론된 결과와 같으며, 외인성 영역에 해당한다. 반대로 $x_0 \gg c$일 때는 $x_c = x_0 = x_a$의 수렴 관계가 나타나면서 내인성 전도 영역에 해당된다.

모든 불순물이 외인성 영역의 σ를 증가시키는 것은 아니다. 등원자가의 불순물, 예를 들어 K^+나 Br^-가 NaCl에 존재하는 경우 그 농도가 높지 않다면 σ에 대해 미미한 영향을 줄 뿐이다. 어떤 불순물은 이동성 결함의 농도와 σ를 감소시킨다. 예컨대, 2가의 음이온이 NaCl 결정에 유입되면 이동도가 낮은 음이온 빈자리가 증가하면서, 이동도가 높은 양이온 빈자리는 감소된다. NaCl에서는 2가 음이온의 유입이 어렵기 때문에 이러한 효과가 거의 관찰되지 않는다. 하지만 다음 절에서 논해지듯, AgCl에서는 이 효과가 상당히 중요하게 작용한다.

8.5.2 염화 은: 틈새자리 전도

AgCl에서 우세한 결함은 양이온 Frenkel 결함, 즉 틈새 위치의 Ag^+ 이온과 그에 딸린 양이온 빈자리이다(2장). 틈새 Ag^+ 이온은 Ag^+ 빈자리보다 이동성이 더 크다. 그림 8.19(a)는 틈새 이온의 이동에 대해 제안된 두 가지 메커니즘을 모식적으로 나타낸 것이다. **틈새간**(interstitial) **'직접' 메커니즘**(1)에서는 틈새 Ag^+ 이온이 이웃의 빈 틈새 위치로 직접 도약한다. **틈새 상태**(interstitialcy) **'간접' 메커니즘**(2)은 연쇄적

충돌 과정을 포함한다. 틈새 Ag^+ 이온이 이웃한 4개의 Ag_{Ag} 중 하나를 인접 틈새로 밀어내면서, 그 결과 비워진 격자 점을 자기 자신이 점유하는 것이다. 확산과 전도도에 대한 정확한 자료가 제공된다면 틈새 상태 메커니즘과 틈새간 직접 메커니즘 중 어느 것이 유효한지 판별할 수 있다. 확산의 측정을 위해서는 방사성 Ag^{+*} 이온이 혼입된 결정을 마련하여 Ag^{+*}의 이동을 추적한다. 반면 전도도 측정에서는 방사성 여부에 구분 없이 모든 Ag^+ 이온이 전도에 기여한다. Nernst-Einstein 공식은 **자체 확산 계수**(self-diffusion coefficient, D)와 전도도 σ 간 관계를 제시한다.

$$D = \frac{kT}{fn(Ze)^2}\sigma \tag{8.31}$$

Ze와 n은 각각 이동 이온의 전하와 농도이다. f는 상관 인자, **Haven 비율**이며 이온 이동 메커니즘에 따라 달라지는 값이다. 그림 8.19(a)에 나타낸 두 메커니즘 간에도 f 값이 서로 다르다. 메커니즘 (2)에서는 전하의 알짜 운동 거리가 개개 도약 거리보다 더 길다. 반면 메커니즘 (1)에서는 Ag^+ 이온의 도약 거리가 전하의 전체 이동 거리와 같다. 확산 계수가 이온들의 운동 자체를 추적하는 반면 전도도는 전하의 알짜 이동을 측정하므로 두 메커니즘에 대한 Haven 비율은 서로 다르게 된다. 실험적 자료에 의하면 AgCl에서는 틈새 상태 메커니즘(2)이 적용된다.

NaCl의 빈자리 이동 메커니즘과 AgCl의 틈새 상태 메커니즘, 이 둘 사이의 차이점은 그림 8.17(a)와 8.19의 비교로부터 파악될 수 있다. NaCl과 AgCl은 모두 암염 구조를 갖는다. 빈자리 메커니즘에서는 Na^+ 이온이 입방체의 한 꼭짓점에서 면대각 위치의 꼭짓점으로 이동하며 그 과정에서 체심 위치의 사면체 틈새를 잠깐 거쳐 간다. 틈새 상태 메커니즘의 알짜 과정은 Ag^+ 이온이 입방체 중심의 틈새에서 이웃 입방체의 중심으로 이동하는 것이며, 그 중간 과정으로 입방체 꼭짓점에서 Ag^+ 이온의 출입이 일어난다.

AgCl에서 이원자가 양이온 불순물이 외인성 전도도에 미치는 영향은 NaCl의 경우에서와 다르다. 예를 들어 Cd^{2+}가 존재할 때 양이온 빈자리의 수가 증가하는 효과는 동일하다. 그러나 양이온 빈자리와 틈

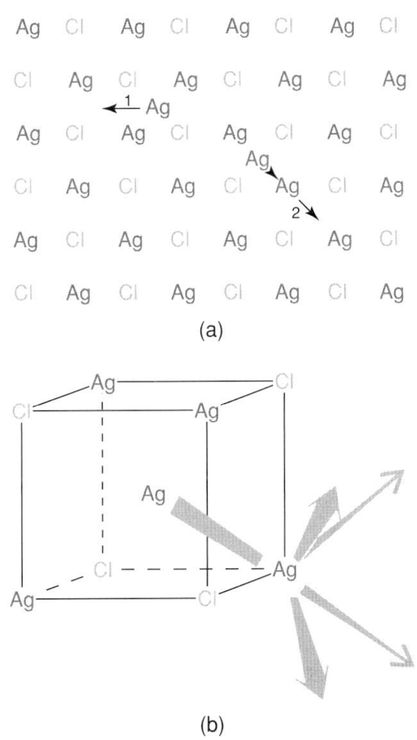

그림 8.19 (a) 틈새간 직접 도약(1), 또는 간접 틈새 상태 메커니즘(2)에 의한 틈새 Ag^+의 이동. (b) 틈새 상태 메커니즘에서 Ag^+의 이동 경로.

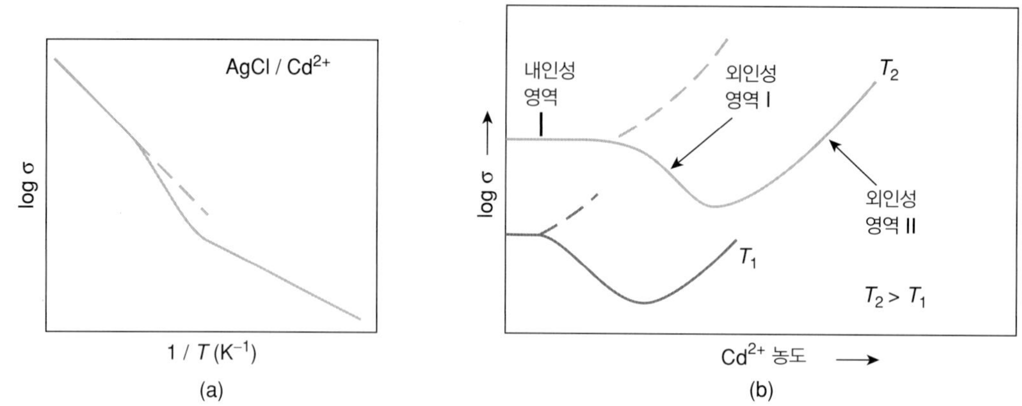

그림 8.20 (a) AgCl 결정의 전도도에 대한 Cd^{2+} 불순물의 효과. (b) AgCl의 등온 전도도에 대한 Cd^{2+} 불순물의 효과. 파선은 2가 음이온 불순물의 첨가 효과를 나타낸다.

새 Ag^+의 농도 곱이 일정하므로(식 2.15), Cd^{2+}가 증가할수록 틈새 Ag^+의 농도는 감소된다. 결국 Cd^{2+}의 첨가에 의해 이동성 결함의 농도가 줄어드는 것이다. 그에 따른 아레니우스 형식 전도도가 그림 8.20에 모식적으로 도시되어 있다. 저온에서 외인성 영역이 관찰되는데, σ 값이 낮아지는 방향으로 하향 이동한 것을 볼 수 있다. Cd^{2+}의 농도 증가와 함께 하향 이동의 폭이 커지다가 전도도의 극소 지점을 지나 증가하는 추세를 보인다. 위의 전도도 극소점에서는 양은 많지만 이동도가 낮은 양이온 빈자리와 반대로 양은 적지만 이동도가 높은 틈새 Ag^+의 전도도, 각각이 기여하는 전도도 크기가 서로 같다. 결함 농도가 훨씬 큰 경우, 양이온 빈자리 이동이 우세해지고 σ가 결함 농도와 함께 증가한다. 그림 8.20(b)는 이러한 양상을 나타내고 있으며, 결함 농도에 따른 전도도를 각기 다른 두 온도에 대해 도시하고 있다. 내인성 영역에서는 전도도가 $[Cd^{2+}]$와 무관하다. 외인성 영역 I에서는 틈새 전도가 우세하며, $[Cd^{2+}]$의 증가와 함께 $[Ag_i^{\bullet}]$와 σ가 감소한다. 외인성 영역 II에서는 빈자리 전도가 우세하며, $[Cd^{2+}]$의 증가와 함께 $[V'_{Ag}]$와 σ가 증가한다.

불순물 함량 c에 대한 σ의 의존성을 다음과 같이 식으로 유도할 수 있다. 전하 균형을 위한 조건으로,

$$x_c = c + x_i \tag{8.32}$$

x_c와 x_i는 각각 Ag^+ 빈자리와 틈새 Ag^+의 농도이다. 외인성 영역의 전도도는 다음과 같이 주어진다.

$$\begin{aligned}\sigma &= e(x_c\mu_c + x_i\mu_i)\\ &= e\mu_c\frac{c}{2}\left[\left(1+\frac{4x_0^2}{c^2}\right)^{\frac{1}{2}}+1\right]+e\mu_i\frac{c}{2}\left[\left(1+\frac{4x_0^2}{c^2}\right)^{\frac{1}{2}}-1\right]\end{aligned} \tag{8.33}$$

AgCl에 대해 정확히 측정된 σ 자료는 그림 8.20(a)가 다소 이상적으로 단순화되어 있음을 가리킨다. 고온에서는 원거리 Debye–Hückel 상호 작용이 중요해지면서 σ의 내인성 거동에 비해 상향 편차가 관찰된다. 다른 한편으로 저온에서는 양이온 빈자리와 이원자가 양이온 불순물이 '복합체'를 형성함으로써 외인성 거동의 하향 편차가 일어난다. AgCl의 결함과 관련된 현상은 다음과 같은 에너지 범위를 갖는다.

Frenkel 결함의 생성	1.24 eV
양이온 빈자리의 이동	0.27–0.34 eV
틈새 Ag^+의 이동	0.05–0.16 eV

8.5.3 알칼리 토 플루오린화물

이들에서 가장 중요한 결함은 음이온 Frenkel 결함이며, 8개 꼭짓점 모두에 F가 놓인 입방체 중심을 틈새

F^- 이온이 점유한 상태이다(그림 1.30). 전도도 측정 결과에 의하면 음이온 빈자리의 이동도가 틈새 F^-보다 더 높다. 이는 AgCl에서 틈새 Ag^+의 이동도가 양이온 빈자리보다 더 높은 점과 대조된다. 형석 구조의 일부 물질, 예를 들어 PbF_2에서는 고온 전도도가 꽤 높게 나타난다.

8.5.4 고체 전해질(고속 이온 전도체, 초이온 전도체)

8.5.4.1 일반 개요

NaCl이나 MgO와 같은 대부분의 결정성 고체는 낮은 이온 전도도를 보인다. 구조 내부의 이온들이 진동 상태에 있지만 격자 점을 이탈하지는 못하기 때문이다. '고체 전해질'로 분류되는 소수의 물질들은 그에 대한 예외이다. 이들에서는 조성의 한 성분이 거의 자유롭게 구조 내를 운동할 수 있으며, 이 이온은 양이온일 수도 음이온일 수도 있다. 고체 전해질의 특성 중 몇 가지가 표 8.5에 요약되어 있다. 보통의 결정성 고체는 정형화된 3차원 구조와 고정된 이온을 갖는다. 다른 한편으로 액체 전해질은 구성 원자의 배열 규칙성이 없으면서 이온의 이동성이 매우 크다. 고체 전해질은 위의 둘 사이 중간에 해당한다고 할 수 있다. 고체 전해질의 상은 종종 고온에서만 유지되며, 냉각 과정에서 이온 전도도가 낮은 다형체로 전이한다(그림 8.21). 예를 들어 Li_2SO_4와 AgI는 25 ℃에서 빈약한 전도체이지만 각각 572, 146 ℃에서 다형체 α-Li_2SO_4와 α-AgI로 구조가 바뀌면서 Li^+와 Ag^+의 이동도가 크게 높아진다($\sigma \approx 1\ \Omega^{-1}\ cm^{-1}$). 승온 중에 일어나는 상 전이와 함께 전도도가 급격히 증가하는 것이다.

어떤 물질은 고온에서 결함이 점차 증가하면서 고체 전해질이 되기도 한다. ZrO_2는 ~600 ℃ 이상이 되면 음이온 빈자리가 아주 많아져 우수한 산소 전도체가 된다. 간혹 평범한 이온성 고체와 명확히 구분되기 어려운 고체 전해질이 있는데 특히 ZrO_2와 같이 온도에 따라 점진적으로 거동이 달라지는 물질들이 이에 해당한다.

다양한 사례에 대한 이론적 고찰과 실험적 분석 결과를 종합할 때, 고체 물질이 나타낼 수 있는 이온 전도도의 상한은 $0.1-10\ \Omega^{-1}\ cm^{-1}$로 여겨진다. 이는 대단히 많은 양의 이온들이 한꺼번에 이동하는 상황에서 얻어질 수 있는 값이다. 일부 연구자들은 '초이온 전도체' 또는 '고속 이온 전도체'라는 명칭을 위의 전도도 범위($0.1-10\ \Omega^{-1}\ cm^{-1}$)에 대해서만 부여하도록 고수하고 있다. 이 용어들은 우수한 이온 전도체를 지칭하기 위해 보편적으로 통용되고 있지만, 의미상에서 약간의 오류를 담고 있다. 사실 이 물질들 내의 이동성 이온들이 비정상적 속성을 갖는 것은 아니며 운동 속도가 특이할 정도로 빠른 것도 아니다. 다만 전하 운반체의 농도가 높고 이동에 대한 활성화 에너지가 상대적으로 낮은 이유로 높은 전도도가 나타나는 것일 뿐이다.

고체 전해질을 보통의 이온성 고체와 액체 전해질의 중간 상태로 간주하는 관점은(그림 8.21), 다형체 전이와 용융 과정의 단계적 엔트로피 변화에 의해 뒷받침된다. NaCl과 같은 전형적 1가 이온성 고체가

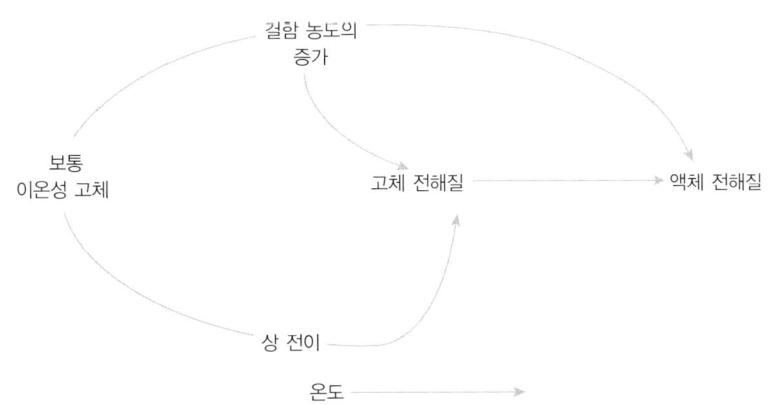

그림 8.21 보통 이온성 고체, 고체 전해질, 액체 전해질의 상대적 비교.

용융될 때, 양이온과 음이온의 무질서도가 증가하며 용융 엔트로피(entropy of fusion)는 24 J mol^{-1} K^{-1} 수준이다. AgI의 경우, 146 °C에서의 $\beta \rightarrow \alpha$ 전이를 Ag^+ 이온의 유사-용융으로 간주할 수 있으며, 전이 엔트로피는 13.5 J mol^{-1} K^{-1}이다. 한편 α-AgI의 용융 엔트로피는 11.3 J mol^{-1} K^{-1}이다. 이 결과는 AgI의 녹는점에서 I^-만이 규칙 배열을 유지하고 있고 Ag^+는 이미 무질서 분포된 상태임을 가리킨다. 실제로 AgI의 상 전이 엔트로피와 용융 엔트로피를 합한 값은 NaCl의 용융 엔트로피에 가깝다. 비슷한 효과가 2가 금속의 플루오린화물에서도 관찰된다. 전형적 이온성 고체인 MgF_2의 용융 엔트로피가 ~35 J $mol^{-1}K^{-1}$인 데 비해 PbF_2의 값은 16.4 J mol^{-1} K^{-1}에 불과하다. 이는 PbF_2의 F^- 이온의 배열이 ~500 °C 이상에서 이미 무질서화되고, 녹는점(824 °C)에서는 Pb^{2+}의 무질서화만이 일어나기 때문이다.

1960년대 β-알루미나와 $RbAg_4I_5$에서 매우 높은 상온 전도도가 발견된 이래 고체 전해질의 연구가 촉발되었지만, 사실 고체상 이온 전도도에 대한 관심은 Faraday 시절로까지 거슬러 올라간다. 1839년 Faraday는 PbF_2와 Ag_2S가 고온에서 높은 이온 전도도를 보임을 보고하였다. 뒤이어 1900년 무렵 Nernst는 $ZrO_2-Y_2O_3$의 혼합 산화물에 전류를 흘릴 때 백색 방열이 일어남을 관찰했다. 그는 이 현상을 산소 이온 전도에 의한 것으로 해석하였고 또한 'Nernst 발광체'로 알려진 램프 제작에 이용하였다. 놀랍게도, 100여 년이 지난 현재, Nernst가 다룬 것과 본질적으로 동일한 물질인 YSZ(yttria-stabilized zirconia)가 다양한 산화물 연료 전지와 센서 응용에서 핵심 고체 전해질 요소로 사용되고 있다.

고체 내의 이온 이동이 실험적으로 확인된 것은 1910년 Tubandt에 의해서이다. 그는 150 °C에서 Ag/AgI/Ag 복합 시편에 직류를 흘린 후 양쪽 Ag 전극의 질량 변화를 측정하였고, 한쪽에서는 질량의 증가를, 반대쪽에서는 같은 크기만큼의 감소를 관찰하였다. 질량 변화의 크기와 흘려준 전하량을 비교할 때 전하 전달이 Ag^+ 이온에 의해서만 일어난 것으로 확인되었다. 즉, (+) Ag 전극의 Ag^+ 이온이 AgI를 거쳐 (−) Ag 전극으로 이동한 것이다.

이러한 초기 실험들에서는 고체상 이온 전도가 고온에서만 관찰되었기 때문에 기초 연구의 흥미 수준을 크게 벗어나지 못했다. 한편 1960년대에 들어서 몇몇 연구진들이 개별적 탐색을 통해 상온에서 높은 이온 전도도를 보이는 물질들을 발견하였다. 두드러진 연구진들로는 Takahashi(Ag 화합물), Bradley와 Green, Owens와 Argue($RbAg_4I_5$), Yao와 Kummer(β-알루미나)를 거명할 수 있다.

결정성 고체에서 활발한 이온 전도가 일어나려면 몇 가지 조건이 충족되어야 한다:

(가) 단일한 종류의 이동성 이온이 다량으로 존재해야 한다(식 $\sigma = ne\mu$에서 n이 큰 값).

(나) 이동성 이온이 도약해 들어갈 빈 공간이 많이 존재해야 한다. 이 조건은 (가)와 같은 의미가 될 수 있는데, 이온이 이동성이기 위해서는 그들이 이동해 들어갈 수 있는 자리가 제공되어야 하기 때문이다.

(다) 이온이 점유한 자리와 빈 자리가 엇비슷한 위치 에너지를 가져야 하며 그들 간 이동의 활성화 장벽이 낮아야 한다. 빈 공간이 많더라도 이온이 이동해 들어갈 수 없다면 소용이 되지 못한다.

(라) 결정 구조가 골격을 가지면서 트인 통로가 가급적 3차원으로 존재해야 한다.

(마) 음이온(이동성 이온의 상대 전하) 골격의 편극성이 커야 한다.

β-알루미나와 안정화 지르코니아는 먼저 열거된 4가지 조건을 만족시키며, 우수한 Ag^+ 이온 전도체는 5가지 조건 모두를 만족시킨다. 좋은 고체 전해질로 분류되는 많은 물질들이 위 조건들의 일부를 만족시키지만, 개개 조건들만으로 고체 전해질의 충분조건이 되지는 못한다. 예로, 많은 규산염 제올라이트들이 골격 구조와 큰 동공을 갖지만(이는 고체 전해질로서 매우 매력적인 부분이다), 양이온들이 상대적으로 강하게 속박되어 있어 평이한 수준의 전도도만을 나타낸다. 제올라이트에서 양이온은 대개 수화 착물로 존재하며, 이온 교환성이 뛰어나지만 이온 이동도가 높지는 않다. 또한 탈수된 제올라이트에서는 통로의 단면적이 너무 커서 양이온이 통로 벽의 특정 위치에 고착되기 쉽다. 이와 유사한 결과를 Li^+ β-알루미나에서도 발견할 수 있다. β-AgI와 γ-AgI는 조건 (마)를 만족시키지만 (다)를 충족시키지 못하며 전도도가 낮다.

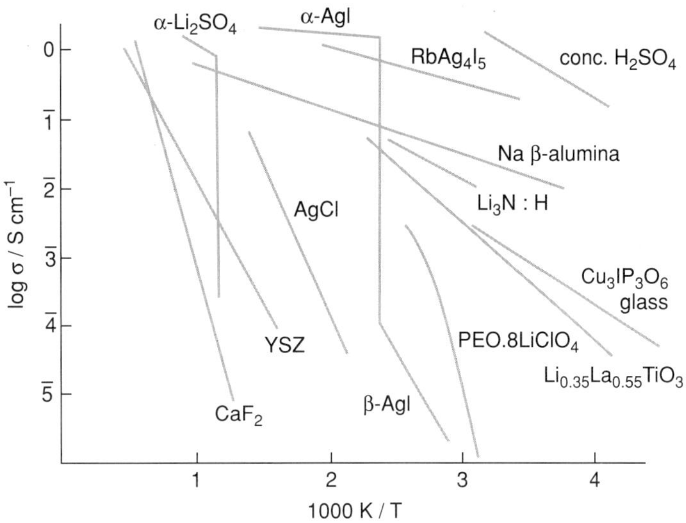

그림 8.22 몇몇 고체 전해질들과 진한 황산의 이온 전도도 비교.

그림 8.22는 다양한 고체 전해질의 전도도를 아레니우스 도표 형식으로 보여 주고 있으며, 액체 전해질의 비교 예로 진한 H_2SO_4의 자료가 함께 주어져 있다. 고체 전해질의 개발 목표는 그림의 우측 상단 영역, 즉 *저온 조건의 높은 전도도*라 할 수 있다. 이어서 대표적 고체 전해질들의 선별된 예와 그 응용을 논하도록 하겠다.

8.5.4.2 β-알루미나

β-알루미나는 일반식 $M_2O \cdot nX_2O_3$의 상들에 대한 포괄적 명칭으로, n은 5–11 범위이고 M은 1가 양이온(알칼리$^+$, Cu^+, Ag^+, Ga^+, In^+, Tl^+, $NH_4{}^+$, H_3O^+), X는 3가 양이온(Al^{3+}, Ga^{3+}, Fe^{3+})이다. 그 중에서도 가장 중요한 조성은 Na β-알루미나($M = Na^+$, $X = Al^{3+}$)이다. 종래에 이 물질은 유리 제조 과정의 부산물로만 여겨졌는데, 전기로의 내열부에서 내화 벽돌의 알루미나 성분이 용융된 소듐과 반응함으로써 우연히 얻어졌다. 애초에는 이 물질이 Al_2O_3의 새로운 다형체인 것으로 오인하여 명칭이 정해졌으나, 후에 밝혀지기로 Na_2O와 같은 부가적 산화물 층이 구조 안정화에 결정적 역할을 하고 있다.

β-알루미나가 고체 전해질로서 주목받기 시작한 것은 1966년 포드 자동차회사의 Yao와 Kummer가 상온에서 Na^+의 전도성을 발견하면서부터이다. 나아가 그들은 다양한 양이온들로 Na^+ 이온을 교환하였고, 그들로부터 우수한 이온 전도 거동을 관찰하였다. 이는 고체 전해질에 대한 관심을 급속도로 확산시키는 계기가 되었다. 에너지의 중요성이 나날이 강조되는 현 시점에서, Na/β-알루미나/S 전지와 같은 집약형 에너지 저장 시스템은 미래기술 개발에서 집중적으로 모색되는 한 부분이다.

β/β''-알루미나의 결정 구조와 전도 메커니즘은 잘 규명되어 있으며, 고체 전해질의 구조–물성 관계를 이해하기 위한 교과서적 사례를 제공한다. 이러한 맥락에서, 또한 Na/S 관련 전지가 갖는 중요성을 감안하여, 이 계의 세부 사항들을 살펴보도록 하겠다.

β-, β''-알루미나의 결정 구조

β-알루미나에서 1가 양이온의 높은 전도도는 결정 구조의 특이성에서 비롯된다(그림 8.23). 이 구조는 산소 이온의 *cp* 층이 3차원으로 쌓여 만들어지는데, 매 5번째 층마다 산소의 3/4이 제거되어져 있다. Na^+ 이온은 이 산소-결핍 층에 놓이며, (i) Na^+ 이온의 수보다 더 많은 빈자리들이 존재하고 (ii) Na^+ 이온이 O^{2-} 이온보다 더 작기 때문에, 2차원 공간상의 이동이 매우 쉽게 일어난다. β-알루미나는 두 가지(β, β'')의 변형 구조로 존재하는데 이들 간의 차이는 층의 쌓임 순서에서 발생한다(그림 8.24). β'' 형태는 소다 함량이 높은 결정($n = 5–7$)에서 얻어지는 한편 β 형태는 $n = 8–11$에서 형성된다. 두 형태 모두에서 Al^{3+}

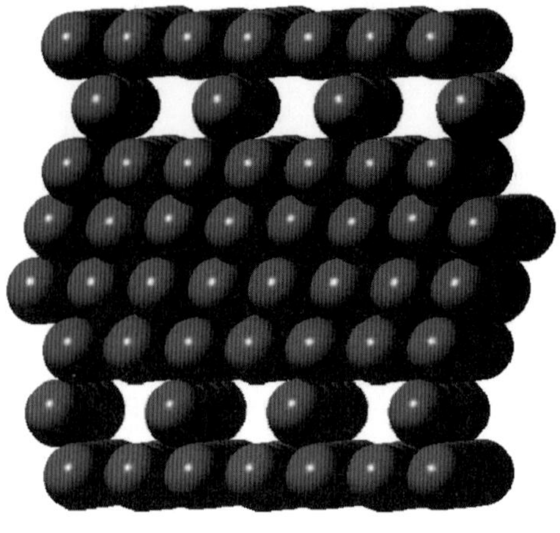

그림 8.23 β-알루미나의 산소 층: 4-층 스피넬 블록과 전도 평면이 c 방향으로 번갈아 나타남.

는 인접한 두 *cp* 산소 층 사이의 사면체/팔면체 틈새의 일부를 채우고 있어, 스피넬 $MgAl_2O_4$의 구조와 밀접하게 연관된다(그림 1.44). β-와 β''-알루미나 구조에는 공통적으로 *cp* 산소 층 4개 두께의 '스피넬 블록'이 존재하며, 여기서 *cp* 층의 쌓임 순서는 ABCA이다. 이웃한 스피넬 블록 사이에는 산소-결핍 층이 놓이며 이는 Na^+ 이온의 '전도 평면'이기도 하다. 단위세포는 육방정계에 속하며, 격자 상수 $a = 5.60$ Å, $c = 22.5$ Å(β), 33.8 Å(β'')이다. 산소 층에 수직한 c 방향으로 스피넬 블록이 반복되며, β 형태에서는 블록 2개가 단위세포에 포함되고, β'' 형태에서는 3개가 포함된다. 스피넬 블록의 구조는 이상적 스피넬 구조에 비해 결함성이다. 단적으로, 스피넬 $MgAl_2O_4$가 Mg^{2+}와 Al^{3+} 두 이온을 1:2의 비로 갖는 데 비해 β/β''-알루미나의 스피넬 블록은 Al^{3+}만을 함유하므로(Li^+, Mg^{2+} 등이 혼입물로 첨가되는 경우는 제외) 전하 균형을 위한 Al^{3+} 빈자리가 추가로 존재한다. 스피넬 블록과 전도 평면 모두를 포함한 전체 산소 층의 쌓임 순서는 β''-형의 경우 입방(ABC)이지만 β-형에서는 10개 층 반복 단위의 복잡한 양상이 나타난다(그림 8.24). 그림 8.24(c)는 β 구조를 나타내며, 스피넬 블록을 이루는 사면체와 팔면체, 그리고 전도 평면이 강조되어져 있다. β 구조에서는 전도 평면이 결정학적 거울면이 되면서 반복 단위가 10층으로 확장된다.

그림 8.25는 전도 평면의 한쪽 벽면을 구성하는 *cp* 산소 층(스피넬 블록의 표면 층)과 그에 접한 전도 평면에서 '기둥' 또는 '띄우개' 역할을 하는 O^{2-} 이온(음영)을 나타낸다. 전도 평면에서는 가능한 산소 자리 중 1/4만이 채워져 있다. 즉, 음영 표시된 O^{2-}마다 3개의 빈자리(m)가 딸려 있다. β 구조에서는 전도 평면이 거울면이므로(그림 8.24), 양쪽 벽의 O^{2-} 이온들이 같은 위치에 투사된다(그림 8.25). 반면, β''-형에서는 전도 평면의 벽을 이루는 두 산소 층이 서로 엇갈린 위치에 투사된다.

β-형에서 Na^+ 이온이 채울 수 있는 자리는 (i) '중간-산소' 지점, *m*, (ii) 'Beevers−Ross 자리', *br*, (iii) '역 Beevers−Ross 자리', *abr*의 3가지이다(그림 8.25). 이 중 *br* 자리와 *m* 자리는 공간이 상당히 크다. Na^+ 이온은 대개 *br*과 *m* 자리에 머무르지만, 원거리 이동을 위해서는 *abr* 자리를 반드시 통과해야 한다. *br* 자리의 Na^+ 이온은 아래쪽 산소 층, 위쪽 산소 층, 전도 층 각각의 산소 3개씩과(총 9개) 배위하며 Na−O 결합 거리 ~2.8 Å은 보편적인 값 ~2.4 Å에 비해 더 길다. *abr* 자리는 c 방향의 양쪽으로 두 개의 산소가 가까이 마주하고 있어 훨씬 작은 크기이다. 이 위치는 두 개의 짧은 Na−O 거리 2.3 Å을 갖는다. 대부분의 다른 1가 양이온들도 β-알루미나에서 *br* 자리와 *m* 자리를 선호한다. 예외적으로 Ag^+와 Tl^+는 *abr* 자리를 선호하는데 이들이 낮은 배위수의 공유 결합을 선호하기 때문으로 여겨진다.

β-알루미나는 2차원 전도체이다. 알칼리 양이온이 전도 평면상에서는 자유로이 움직이지만 스피넬 블록의 치밀한 구조를 관통하지는 못한다. Na^+ 이온의 뛰어난 이동도는 다양한 양이온과의 교환을 가능케 해주며, 그 대상에는 +1가 이온뿐만 아니라 Pb^{2+}, Eu^{3+} 등이 포함된다. 이온 교환을 위해서는 β-알

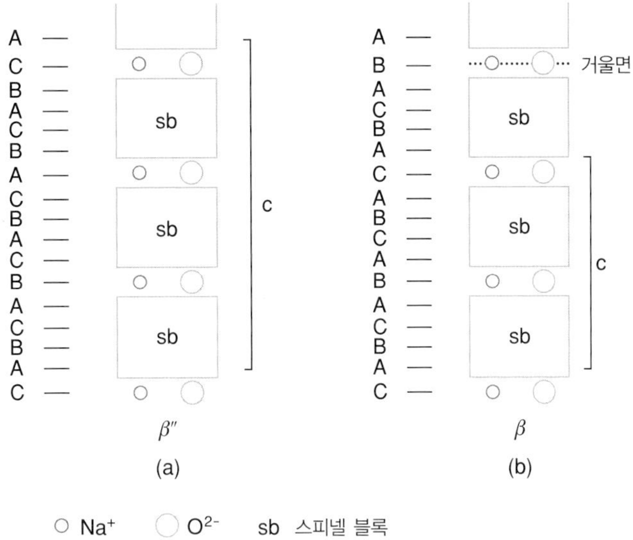

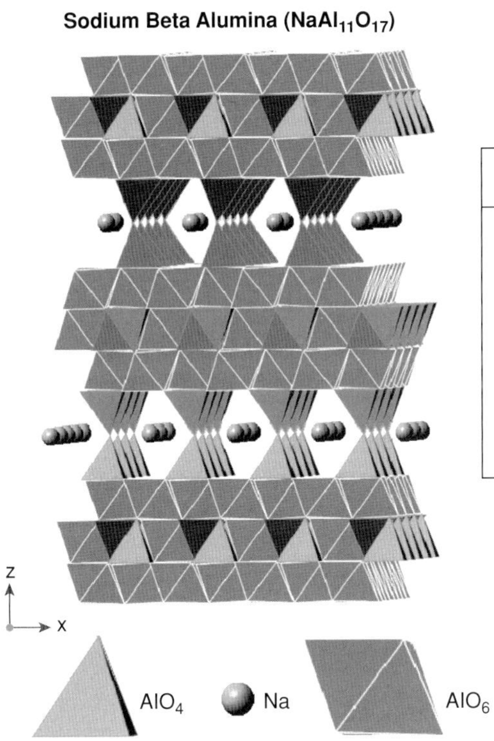

Atom	Wyckoff positions	x	y	z
Al1	2a	0	0	0
Al2	4f	0.3333	0.6667	0.0248(3)
Al3	12k	0.8333	0.1667	0.1062(2)
Al4	4f	0.3333	0.6667	0.1757(3)
Na	2d	0.6667	0.3333	0.25
O1	12k	0.1667	0.8333	0.0494(4)
O2	4f	0.6667	0.3333	0.0548(8)
O3	4e	0	0	0.1421(8)
O4	12k	0.5	0.5	0.1466(4)
O5	2c	0.3333	0.6667	0.25

Hexagonal : a = 5.602, c = 22.626 Å

Space Group : $P6_3$ / mmc (194)

(c)

그림 8.24 (a) β''-알루미나, (b) β-알루미나에서의 산소 채움. (c) β 다형체에서 사면체와 팔면체의 3차원 배열과 전도 평면의 Na^+ 이온. ➞ 앞의 컬러 그림 참조

루미나 결정을 대상 양이온의 용융염에 담그는 방식이 이용된다. 예를 들어 300−350 °C의 용융 KNO_3에 결정을 담가 Na^+를 K^+로 치환할 수 있다. 이온 교환된 β-알루미나들을 비교할 때, Na^+ β-알루미나와 Ag^+ β-알루미나가 가장 높은 전도도와 가장 낮은 활성화 에너지를 나타낸다(그림 8.26). 양이온이 커질수록(K^+, Tl^+) 그 움직임이 어려워질 것이라 짐작할 수 있다. 하지만 Ag^+와 Na^+의 조성이 Li^+ β-알루미나보다 더 우수한 전도 거동을 보이는 점에 비추어, 이 두 양이온이 최적의 크기를 갖는 것으로 보인다. Li^+는 크기가 작으면서 편극성이 크기 때문에 약간 큰 공간에서는 오히려 안정하지 못하다.

β-알루미나의 전도도는 넓은 온도 범위(최고 1000 °C까지)와 전도도 범위(최저−최고 간 10^7배)에서 아

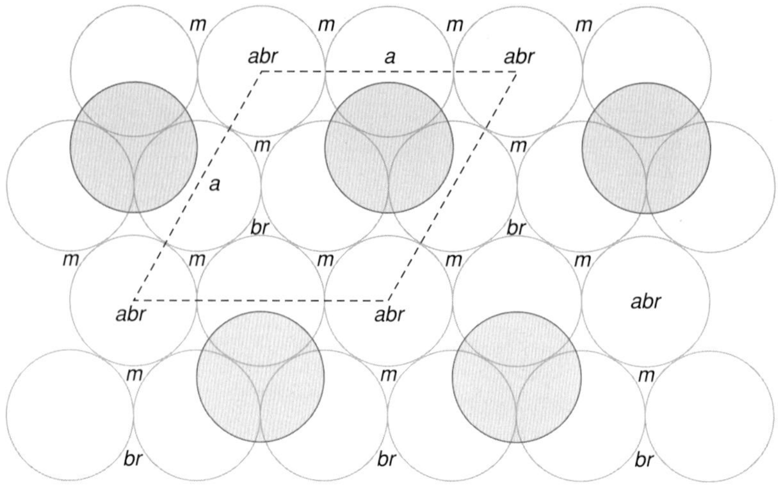

그림 8.25 β-알루미나의 전도 평면: 파선은 육방 세포의 바닥면 경계를 나타냄. ➜ 앞의 컬러 그림 참조

레니우스 관계를 매우 잘 따른다(그림 8.26). 이는 NaCl이 ~400 °C의 온도 범위에서 여러 차례의 기울기 변화를 보이는 점과 확연히 대조된다(그림 8.18). 이와 같이 β-알루미나가 보이는 단순화된 거동은 고체 전해질의 특징이며, 또한 이온 전도와 거리가 먼 복합 산화물, 규산염 등에서 나타나는 특징이기도 하다. β-알루미나와 같이 복잡한 구조와 조성을 갖는 물질들이 단순한 전도도 거동을 보이는 데 비해, NaCl과 같이 간단한 물질들이 복잡한 전도도 거동을 보이는 점은 꽤 흥미로운 부분이다. 또한 전도 거동의 단순성은 σ의 크기에 관계없이 나타난다. β-알루미나의 전도 거동은 300 °C($\sigma \approx 10^{-1}$ S cm^{-1})에서나 −180 °C($\sigma \approx 10^{-8}$ S cm^{-1})에서나 일관되게 아레니우스 관계를 따른다.

고체 전해질의 σ는 소량의 불순물에 대해 그다지 민감하지 않으며, 시료와 실험자가 다르더라도 대개는 재현성 있는 측정값이 얻어진다. β-알루미나의 전도도는 여러 실험실에서 측정된 바 있고, 그 결과들은

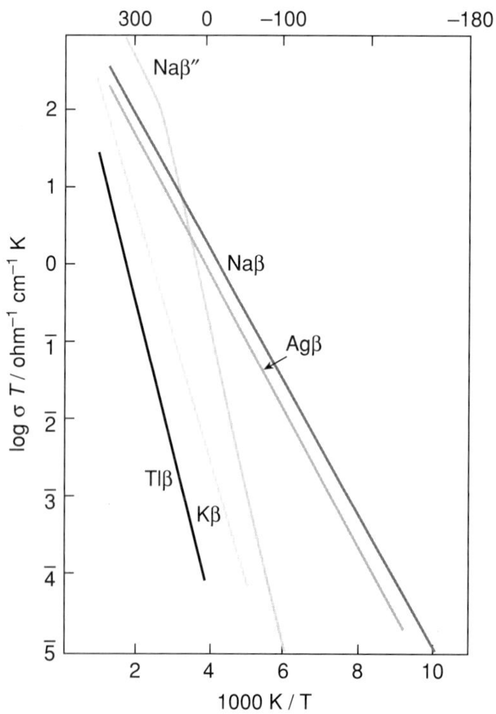

그림 8.26 몇몇 β-알루미나와 β''-알루미나 단결정의 전도도.

활성화 에너지 0.16 ± 0.01 eV로 매우 잘 일치한다. 이러한 재현성이 가능한 것은 (i) n이 매우 크기 때문에(모든 Na^+ 이온들이 이동 잠재성을 가짐) 불순물에 의한 오차가 미미하고, (ii) 전도 통로가 견고하여 격자 결함에 의한 변형 여지가 없기 때문이다.

결함 평형 개념과 질량 작용 법칙을 β-알루미나에 적용하기는 곤란한데 거기에는 몇 가지 이유가 있다. 첫째, β-알루미나에서 거의 모든 Na^+ 이온들이 이동성인 데 비해, Frenkel/Schottky 결함의 농도 표현 공식들은 결함 농도가 낮은(격자 점의 0.1% 미만) 경우에만 유효하다. 둘째, β-알루미나에서는 이원자가 혼입 효과가 없으며, 따라서 전도 활성화 에너지를 결함 생성과 이동의 두 성분으로 분리할 수 없다. 이동성 이온의 수가 매우 크기 때문에 불순물 첨가에 의해 영향 받지 않고, 따라서 이들은 결함이라기보다는 정상 구조의 일부로 취급되어야 한다. 이를테면 NaCl에 0.1%의 $MnCl_2$를 더할 경우 양이온 빈자리 농도가 10^n배만큼 증가하면서 σ가 급증하지만, 비슷한 정도의 불순물을 β-알루미나에 더하는 것은 거의 효과가 없다. 소량의 불순물에 의해 Na/S 전지에 사용되는 β-알루미나 세라믹의 내구성이 개선될 수 있지만, 이는 이온 전도와 무관한 작용이다.

그림 8.25는 β-알루미나의 전도 경로를 나타낸다. *br*, *abr*, *m* 자리들이 육각형의 네트워크를 형성하며, Na^+ 이온의 원거리 이동을 위해서는 $-br-m-abr-m-br-m-$ 자리의 순서로 경로가 구성되어야 한다. 전도 활성화 에너지 0.16 eV는 Na^+의 이동 과정 전체, 예를 들어 한 *br* 자리로부터 다음 *br* 자리까지에 해당하는 값이다. Haven 비율의 측정 결과는 충돌 메커니즘(틈새 상태 메커니즘)에 부합된다. 조성이 $NaAl_{11}O_{17}$인 β-알루미나 결정에서 Na^+ 이온은 모든 *br* 자리를 점유하며 *abr* 자리와 *m* 자리는 비어 있다. Na^+ 이온이 *br* 자리를 완전히 벗어나려면 이웃한 *abr* 자리를 통과해야 하고, 일단 *abr* 자리에 도달한 Na^+ 이온은 진행 방향의 전방에 *br* 자리의 Na^+, O^{2-}, *m* 자리를 마주하게 된다. 그러나 *br* 자리의 Na^+와 O^{2-} 사이는 너무 좁아 Na^+ 이온이 통과할 수 없고 *m* 자리 또한 Na^+가 놓인 *br* 자리와 너무 가까워 접근할 수 없다. 이 상황에서 이동 중인 Na^+ 이온에게는 두 가지 선택이 있다. 한 가지는 출발 지점인 *br* 자리로 되돌아가는 것인데, 물론 이때의 전도 효과는 없다. 두 번째로, 전방 *br* 자리의 Na^+에 충돌하여 밀어내는 것이다. 이 경우, 밀려난 Na^+ 이온은 이웃한 두 개의 *m* 자리 중 한 곳으로 이동할 것이고 진입하는 Na^+는 셋째 위치의 *m* 자리를 차지하게 된다. 결과적으로 **갈라진 틈새**(split interstitial)가 생겨나는 것이다. 틈새 상태 메커니즘의 관점에서 접근한다면, 튕겨나온 Na^+ 이온이 *br* 자리와 인접한 *m* 자리를 완전히 벗어나면서 연쇄 이동이 개시될 것으로 생각할 수도 있다. 정확한 세부 메커니즘이 명확히 밝혀지지는 않았지만 β-알루미나에서 Na^+ 이온은 독립적으로 움직일 수 없으며, 일련의 협동 과정이 일어나는 것이 틀림없다.

β-알루미나에 두 종류의 알칼리 양이온이 함유된 경우, 소위 '혼합 알칼리 효과(mixed alkali effect)'라 불리는 흥미로운 현상이 관찰된다. 이러한 물질에서는 두 이온(예를 들어 Na^+와 K^+)의 이동도가 단일 종류의 양이온만 함유된 어느 쪽보다도 낮다. 그 결과, 알칼리 이온의 혼합 비를 바꿔 가며 비교할 때, 중간 조성에서 전도도의 최저점과 활성화 에너지의 최고점이 나타난다. 혼합 알칼리 효과는 비정질에서도 잘 알려져 있으나, 잘 규명되지 못한 주제이다. 이 효과의 특이성과 그에 대한 설명의 부재는 이온 이동도의 바탕이 되는 힘의 속성을 이해하는 것이 얼마나 어려운지를 방증한다.

β-알루미나에 대한 대부분의 연구는 다결정 세라믹의 전도도를 극대화하는 데 관심을 쏟아 왔다. Na/S 전지의 작동 온도인 ~300 ℃에서(8.5.4.11절) β'' 형태의 전도도가 β보다 더 높기 때문에, β''-상을 안정화시킬 뿐만 아니라[8] β에 대한 β''-상의 상대량이 극대화된 조성이 요구된다. 이에 대한 최선의 방법으로 알려져 있는 것은 소량의 Li_2O와 MgO를 혼입시키는 것이다. β''-알루미나의 전도도에 대한 아레니우스 도표는 β-알루미나의 도표에 비해 크게 다르다(그림 8.26). β''-알루미나에서는 두 개의 직선형 영역과 함께 곡선형의 중간 영역이 나타난다. 고온 영역에서는 Na^+의 운동이 거의 액체상에 가깝지만($E \approx 0.05$ eV), 저온 영역에서는 특정 격자 점을 선호하면서 규칙성 초구조(superstructure)를 형성한다. 그에 따라 Na^+의

8) 첨가물이 사용되지 않는 경우 $Na_2O-Al_2O_3$ 계의 β''-상은 안정하지 못하다.

이동이 훨씬 제한되면서 활성화 에너지가 0.35 eV로 크게 증가한다.

β-알루미나와 유사성을 갖는 구조로 magnetoplumbite가 언급될 수 있다. 이 구조는 자성체로서 중요성을 띠는 바륨 plumbite($BaFe_{12}O_{19}$, BAM)에서 발견된다. 이 둘은 전반적 원자 배열이 비슷하지만, β-알루미나가 전도 평면에 1개의 O와 Na를 갖는 데 비해 magnetoplumbite는 3개의 O와 Ba를 갖는다. 좀 더 자세한 내용은 9.2.7절에 주어져 있다.

8.5.4.3 Nasicon

Nasicon이라는 명칭은 *Na* *s*uper*i*onic *con*ductor를 의미하며, ZrO_6 팔면체와 $(Si,P)O_4$ 사면체로 이루어진 골격의 비화학양론적 물질을 가리킨다. 위의 골격에는 Na^+ 이온의 이동 통로들이 상호 관통하는 3차원 네트워크가 존재한다. Na 자리는 부분 점유되어 있으며 Na^+의 3차원상 이동이 쉽게 일어날 수 있다. 이 물질의 일반식은 $Na_{1+x}Zr_2P_{3-x}Si_xO_{12}$이며 고용체 $NaZr_2(PO_4)_3-Na_4Zr_2(SiO_4)_3$로 취급될 수도 있다. 구체적인 화학양론과 또한 Na 함량은 P:Si 비를 통해 조절된다. Nasicon 고용체의 Na^+ 전도도는 조성 x에 크게 의존하며 $x = 2$에서 전도도 최고값이 나타난다(이 값은 고온, $> \sim 150$ °C에서의 β''-알루미나의 전도

Atom	Wyckoff positions	x	y	z
Na	6b	0	0	0
Zr	12c	0	0	0.1456(1)
P	18e	0.2909(6)	0	0.25
O	36f	0.1860(15)	−0.0144(15)	0.0949(5)
O	36f	0.1913(15)	0.1683(15)	0.0866(5)

Trigonal : a = 8.8043, c = 22.7585 Å

Space Group : $R\bar{3}c$ (No. 167)

(a)

그림 8.27 (a) Nasicon $NaZr_2(PO_4)_3$의 결정 구조. Data taken from L. O. Hogman and P. Kierkegaard (1968), Acta Chem. Scand., 22, 1822–1832. ➜ 앞의 컬러 그림 참조

도에 비견된다). 냉각 과정의 150 °C에서는 능면 → 단사의 구조 전이가 일어난다. 그 결과 Na^+의 이동도가 감소하고 상온에서의 전도도는 10^{-4} S cm^{-1}에 지나지 않는다.

그림 8.27(a)는 Nasicon의 말단 조성 중 $NaZr_2(PO_4)_3$의 결정 구조를 나타낸다. 이 조성에서는 Na^+가 단일한 결정학적 위치를 완전히 채우기 때문에 Na^+ 전도도가 낮다. Nasicon 고용체에서는 한 종류의 틈새자리가 부분적으로 채워지면서 이온 전도도가 높아진다.

다양한 종류의 조성들이 Nasicon 관련 구조에 속한다. 예를 들어 Zr이 Ti, V, Co 등으로 대체될 수 있다. Na를 Li로 대신하는 것도 가능하며, 그로부터 중요한 Li^+ 이온 전도체 군이 파생되어졌다. $Ca_{0.5}Ti_2(PO_4)_3$ 상(CTP)을 모태로 하는 몇몇 물질들은 열팽창 계수가 0에 가까워 고온 세라믹에 사용된다.

8.5.4.4 Hollandite와 priderite

이 구조 군들에 속하는 물질 중 일부는 Na^+나 K^+에 의해 특이적으로 높은 1차원 전도도를 나타낸다. Hollandite 광물의 조성은 $Ba_xMn_8O_{16}$($x \le 2$)이며, MnO_6 팔면체로 이루어진 골격의 1차원 통로에 Ba^{2+}가 위치해 있다(그림 8.27(b)). 골격의 기본 구조는 모서리-공유된 MnO_6 팔면체들의 이중 사슬이며, 이중 사슬의 노출된 꼭짓점들이 공유되어 b에 평행한 통로가 형성된다. 이 통로는 K^+나 Ba^{2+}와 같이 큰 이온들의 점유 공간 및 이동 경로 역할을 한다. b 방향의 단위세포 길이는 매우 짧은데, $b \approx 2.86$Å, 이는 반복

Hollandite ($Ba_{1.2}Mn_8O_{16}$)

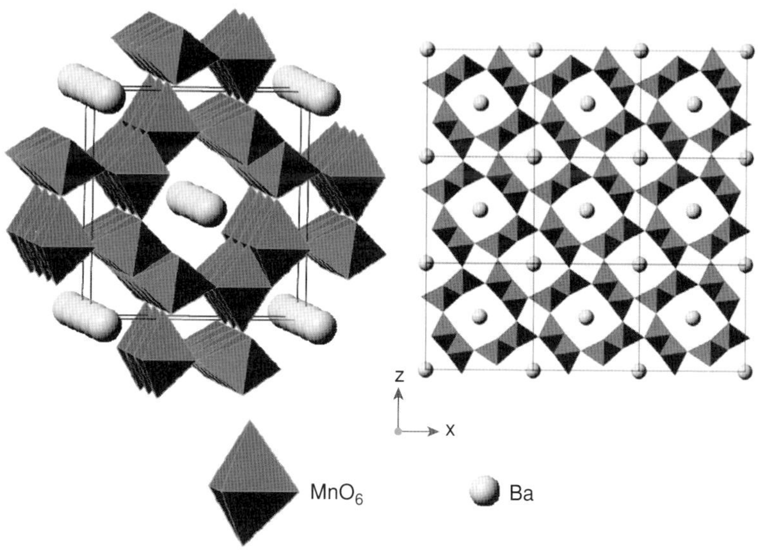

Atom	Wyckoff positions	x	y	z	f_{occ}
Ba	4g	0	0.382(4)	0	0.313(4)
Mn1	4i	0.161(1)	0	0.350(1)	1.0
Mn2	4i	0.347(1)	0	0.839(1)	1.0
O	4i	0.198(2)	0	0.152(2)	1.0
O	4i	0.162(3)	0	0.795(2)	1.0
O	4i	0.161(2)	0	0.542(3)	1.0
O	4i	0.550(2)	0	0.814(2)	1.0

Monoclinic : a = 10.052, b = 2.8579, c = 9.7627 Å, β = 89.96°

Space Group : I2/m (No. 12)

(b)

그림 8.27 (계속) (b) Hollandite의 결정 구조. Data taken from S. Ishiwata, J.W. G. Bos, Q. Huang and R. J. Cava (2006), J. Phys. Condens. Matter, 18, 3745–3752.

단위에 MnO_6 팔면체 1개 또는 알칼리 양이온 1개만이 포함됨을 의미한다.

Priderite는 hollandite와 등구조 관계이지만 훨씬 복잡한 식을 갖는다[예: $K_x(Mg,Ti)_8O_{16}$]. K-priderite의 전도도는 293 K에서 10^{-1} S cm^{-1}로 매우 높은데, 이 값은 10^6–10^9 Hz의 고주파에서만 유지되며 측정 주파수가 낮아지면 전도도가 훨씬 낮아진다. 이는 K^+ 이온의 이동이 근거리 범위로 한정되기 때문으로 해석된다. 원거리 이동을 위해서는 1차원 경로의 병목을 통과해야 하는데 그 크기가 너무 작다. 또한 우연적으로 유입된 불순물이 1차원 통로에 놓일 경우 이동성 이온의 원거리 전도를 크게 저해하게 된다.

8.5.4.5 은과 구리의 이온 전도체

AgI는 146 °C에서 $\beta \leftrightarrow \alpha$ 상 전이를 일으킨다. 고온 상 α-AgI는 이례적으로 높은 전도도(~1 S cm^{-1})를 보이는데, 이는 β-AgI의 상온 전도도에 비해 10^4배만큼 증가된 값이다(그림 8.22). α-AgI는 단지 0.05 eV의 전도 활성화 에너지를 가지며, Ag^+ 이온의 이동에 매우 유리한 구조를 갖고 있다. 실제로 α-AgI의 전도도는 555 °C에서의 용융 과정에서 약간 감소할 정도이다. β-AgI는 I^- 이온의 *hcp* 배열의 사면체 자리에 Ag^+ 이온이 채워진 섬유아연석 구조이다. α-AgI는 *bcc* 유형의 구조이다. 입방 세포의 꼭짓점과 체심에 I^- 이온들이 놓이고(그림 8.28(a)), 2개의 Ag^+ 이온이 총 36개의 틈새자리(사면체, 삼각, 직선형 배위 자리를 모두 포함)에 통계적으로 분포된다(그림 8.28(b)). B, B′를 중심으로 하는 두 사면체는 C가 포함된 삼각 면을 공유함으로써 연결된다. 즉, –B–C–B′–과 같은 연속 경로가 Ag^+ 이온의 이동에 이용될 수 있다. 또한 직선형 자리 A가 이웃한 두 세포의 사면체 자리들을 연결해주므로 Ag^+ 이온의 자리 간 이동은 구조 전체에 걸쳐 거의 액체 상태에서처럼 일어난다.

이렇듯 Ag^+의 이동이 용이한 것은 Ag와 I 간의 결합 특성과도 관계 있다. Ag^+는 최외각 4*d* 전자의 핵전하 차폐가 효과적이지 못해 편극성이 크고, I^- 또한 반경이 커서 편극성이 크다. 따라서 Ag^+와 I^- 사이에는 매우 뚜렷한 공유 결합이 형성되며, 이들이 이루는 구조에서는 낮은 배위수가 나타나기 쉽다. 전도 과정에서 Ag는 사면체 자리들을 쉽게 옮겨 다닐 수 있는데, 이는 이동 중간에 삼각 또는 선형 자리가 적절히 제공되기 때문이다. Ag–I의 공유성 결합은 중간 지점에서의 낮은 배위수를 안정화시켜 활성화 에너지를 낮추는 데 기여한다. 한편 AgCl과 AgBr도 고온에서의 전도도가 꽤 높지만(그림 8.22) α-AgI에 비해서는 훨씬 낮다. 이들은 AgI에 비해 결합의 공유성이 작고, 아울러 결정 구조가 다르다는 점이 주요 원인으로 지목된다(AgCl과 AgBr은 암염 구조, 8.5.2절).

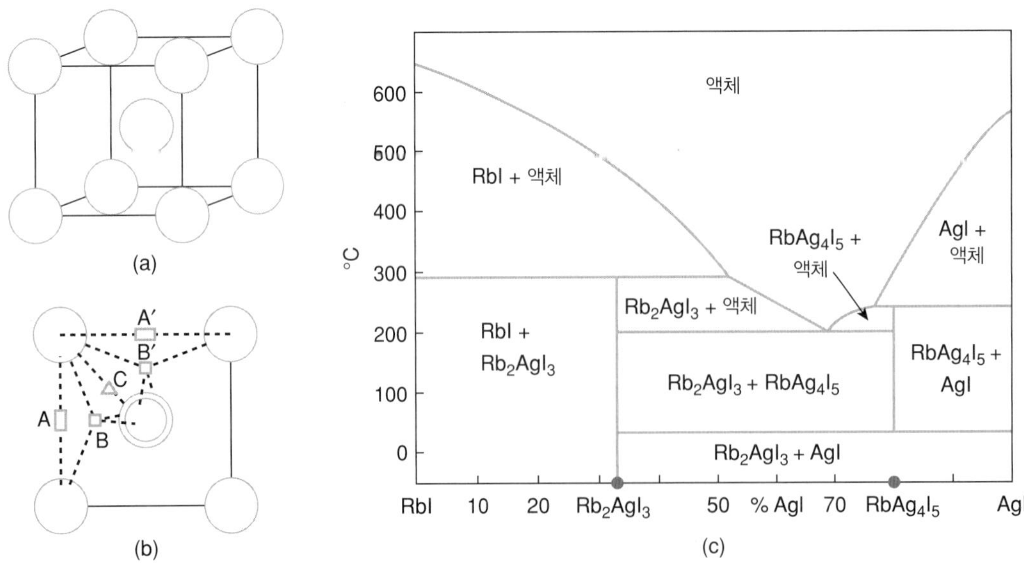

그림 8.28 α-AgI의 결정 구조에서 (a) I^- 이온의 *bcc* 배열과 (b) Ag^+ 이온이 점유할 수 있는 자리들(A/A′: 직선형 배위, B/B′: 사면체 배위, C: 평면 삼각 배위). (c) AgI–RbI 계에 대한 상 도표. Reproduced with permission from T. Takahashi, Solid silver ion conductors, J. Appl. Electrochem., 3, 79 © 1973, Chapman and Hall Ltd.

α-AgI 상의 구조를 낮은 온도에서 안정화하기 위한 시도로서, 음이온과 양이온의 치환이 다양하게 탐색되어졌다. 그 중 가장 성공적인 예로, Ag를 Rb로 부분 치환하여 얻어진 $RbAg_4I_5$는 알려진 결정성 물질 중 상온 전도도(0.25 S cm^{-1})가 가장 높다. $RbAg_4I_5$의 활성화 에너지는 0.07 eV이고(그림 8.22), 매우 낮은 전자 전도도(25 ℃에서 ~10^{-9} S cm^{-1})를 갖는다.

그림 8.28(c)는 RbI−AgI의 상 도표를 보여 준다. 이 계에서는 두 가지 2성분 화합물, Rb_2AgI_3와 $RbAg_4I_5$가 개별 상으로 존재한다. $RbAg_4I_5$는 ~230 ℃에서 AgI와 액체상의 혼합으로 비합치 용융(incongruent melting)되며, 27 ℃ 이하에서는 AgI와 Rb_2AgI_3의 혼합으로 분해된다. 그러나 냉각 과정에 주의를 기울인다면 $RbAg_4I_5$ 상을 상온 이하까지 유지시킬 수도 있다.

$RbAg_4I_5$의 결정 구조는 α-AgI와 약간 다르다. 하지만 이 경우에도 Ag^+ 이온이 면 공유된 사면체의 네트워크에 분포되어 있고 Ag^+ 이온 수에 비해 점유 가능한 자리 수가 더 많다. Rb^+는 I^-로 이루어진 왜곡된 팔면체 환경에 고정되어 있다. $RbAg_4I_5$의 전도도(그림 8.22)는 아레니우스 선형 관계에서 약간 벗어나 완만한 곡선을 따른다.

다양한 양이온(알칼리, NH_4^+, NH_4^+-유도체, 유기 양이온)의 치환을 통해, α-AgI와 유사하게 양이온 무질서도가 높은 구조를 저온에서 안정화시킬 수 있다. 그 예로 $[(CH_3)_4N]_2Ag_{13}I_{15}$, $PyAg_5I_6$(Py = $C_5H_5NH^+$, pyridinium), $(NH_4)Ag_4I_5$가 포함되며 이들은 모두 25 ℃에서 0.02−0.20 S cm^{-1} 범위의 전도도를 갖는다.

일련의 음이온들이 I를 부분 치환할 수 있고 그 중 몇몇 상(예: Ag_3SI, $Ag_7I_4PO_4$, $Ag_6I_4WO_4$)은 높은 전도도를 갖는다. 이 중 'I^-/산소산'의 혼합 음이온 상들은 열적 안정성이 우수하며 아이오딘 증기나 습기에 대한 취약성이 없어 전기화학 전지의 전해질로 적합하다. 이 범주의 전해질을 탐색하는 과정에서 얻어진 흥미로운 성과물은 비정질 고체 전해질이다. AgI와 산소산염(Ag_2SeO_4, Ag_3AsO_4, $Ag_2Cr_2O_7$)의 용융 혼합물을 급랭시킴으로써 비정질 상태를 상온까지 유지시키는 한편, 매우 높은 Ag^+ 전도도를 얻어낼 수 있다(예: $Ag_7I_4AsO_4$, σ = 0.01 S cm^{-1}). 이러한 비정질에서 I^-와 산소산 음이온 골격의 세부 구조를 파악할 수는 없지만, Ag^+ 이온이 면 공유된 사면체의 골격을 통해 이동하는 것으로 여겨진다.

Ag와 I를 동시에 치환하는 것도 가능하며, 다음과 같은 개별 사례가 있다.

(가) Ag^+를 Hg^{2+}로, I^-를 Se^{2-}로 치환: $Ag_{1.8}Hg_{0.45}Se_{0.7}I_{1.3}$
(나) Ag^+를 Rb^+로, I^-를 CN^-로 치환: $RbAg_4I_4CN$

이러한 AgI-유도 상들은 Ag^+ 이동도가 높은 반면 전자 전도도는 매우 작아, 고체 전해질로 사용될 때 단락의 위험성이 없다는 장점이 있다. 이에 반해, 고체 전극 재료에 대해서는 높은 이온 전도도와 높은 전자 전도도가 동시에 요구된다. α-Ag_2S와 같은 칼코젠화 은은 이온성/전자성 혼합 전도도를 가지며, 다양한 치환을 통해 고온 무질서 구조를 낮은 온도에서 안정화시킬 수 있다. 예를 들어 α-Ag_2Se는 고용체 형성을 통해 5−10%의 Ag_3PO_4를 용해시킬 수 있다. 이 고용체는 상온에서 α-상의 구조를 취하면서 이온 전도도가 0.13 S cm^{-1}, 전자 전도도가 10^4−10^5 S cm^{-1} 범위이다. 혼합 전도체는 8.5.4.10절에서 추가로 논의된다.

Ag^+와 Cu^+의 화학적 유사성으로부터 예상되듯 많은 화합물들이 높은 Cu^+ 전도도를 보이지만, 그 크기가 Ag^+ 전도체에 비해 대체로 작은 편이다. AgI와 유사하게, CuI는 430 ℃에서 상 전이를 거치며 고온 다형체는 매우 우수한 Cu^+ 전도체이다. CuI의 $\beta \rightarrow \alpha$ 전이에도 상당한 엔트로피 증가가 수반되며, α-CuI의 Cu^+ 이온은 부분 점유 자리들에 무질서하게 분포되어 액체 수준의 하위 격자를 형성한다. 이 같은 무질서 하위 격자는 $Rb_3Cu_7Cl_{10}$, $Rb_4Cu_{16}I_7Cl_{13}$을 포함한 다수의 복합 할로젠화물에서 안정화될 수 있으며, 그와 함께 매우 높은 Cu^+ 전도도가 얻어진다.

8.5.4.6 플루오린 이온 전도체

PbF_2는 형석 구조이며 고온에서 높은 F^- 전도도를 갖는다. 이 물질의 전도도는 Faraday에 의해 발견되었

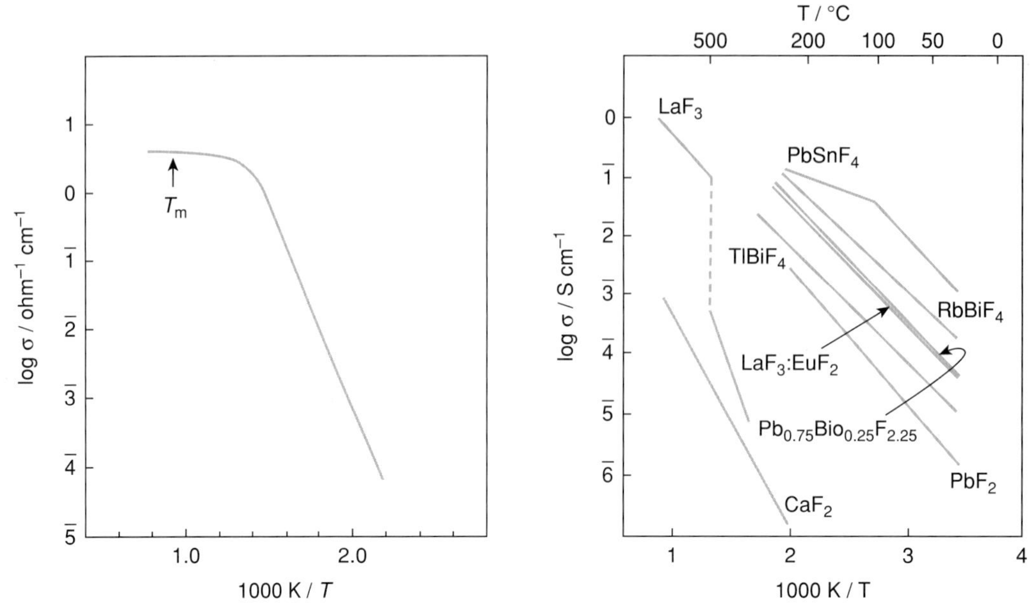

그림 8.29 (a) 온도에 따른 PbF_2의 전도도. Reproduced with permission from Derrington and O'Keeffe, Nature Phys. Sci., 246, 44 © 1973 Nature Publishing Group. (b) 대표적 F^- 전도체의 전도도. Adapted with permission from T. Kudo 'Survey of types of solid electrolytes' in The CRC Handbook of Solid State Electrochemistry, Ed. P. J. Gellings and H. J. M. Bouwmeester, © 1997 CRC Press.

으며 따라서 고체 전해질의 효시라 해도 무방할 것이다. 상온의 PbF_2는 낮은 전도도의 평범한 이온성 고체이지만, 온도를 높임에 따라 전도도가 급속히 증가하여 ~500 °C에서 최고치 ~5 S cm^{-1}에 도달한다(그림 8.29(a)). 500 °C부터 녹는점 822 °C까지는 σ의 변화가 거의 없다. 흥미로운 부분은 AgI가 급격한 구조 변화와 함께 1차 상 전이를 일으키는 데 비해 PbF_2의 전도도는 승온에 따라 점진적으로 증가한다는 점이다. $SrCl_2$는 PbF_2와 유사하게 거동하여 ~700 °C부터 녹는점 873 °C 사이에서 높은 전도도를 갖는다. CaF_2는 녹는점 1418 °C에 다다라서야 전도성을 보인다. 한편 $PbSnF_4$와 같은 복합 플루오린화물 몇몇은 PbF_2보다 낮은 온도에서 높은 F^- 전도도를 갖는다.

그림 8.29(b)는 선별된 플루오린화물의 전도도 자료를 나타낸다. 대부분의 플루오린 이온 전도체는 단순 형석 구조이거나 두 종류의 양이온이 질서 배열된 형석 구조, 또는 $Pb_{1-x}Bi_xF_{2+x}$와 같이 틈새 F^- 이온이 함유된 고용체 형석 구조이다. LaF_3는 tysonite 구조이며, 고온에서 우수한 F^- 전도 거동을 보인다. LaF_3의 전도도는 고용체 $La_{1-x}Eu_xF_{3-x}$에서와 같이 F^- 빈자리를 형성시킴으로써 증가될 수 있다.

형석 구조는 다양한 방식으로 묘사될 수 있으며, 그 중 하나는 F^- 이온의 원시 입방 배열에 나타나는 체심 위치를 Ca^{2+} 이온이 번갈아 채우는 것이다(그림 1.34). 틈새 F^-는 비어 있는 체심을 점유할 것으로 생각되며, 이 위치는 6개의 Ca^{2+}와 팔면체 배위하는 동시에 입방 꼭짓점의 F^- 8개로 둘러싸여진다. 체심 위치에 틈새 F^- 이온이 생겨날 때, 꼭짓점 F^- 중 하나는 위치를 약간 이동해야 한다. 결함 형성 부근에서는 이온들의 연쇄 이동을 통해 구조가 이완되므로 복잡한 결함 구조가 나타날 수밖에 없다. 앞서 $Fe_{1-x}O$(그림 2.9)와 UO_{2+x}(그림 2.10)에 대해 묘사된 바와 같이 결함 주위에는 여러 원자가 관여된 결함 복합체가 형성된다.

8.5.4.7 산소 이온 전도체

산소 이온 전도체는 O_2 센서, 펌프, 고체 산화물 연료 전지(solid oxide fuel cell, SOFC)와 같이 폭넓은 응용 범위를 가져, 유망 물질에 대한 관심이 높다. 그림 8.30은 대표적 예들을 보여 주고 있다.

산소 이온 전도체 중 가장 잘 알려진 것은 **이트리아-안정화 지르코니아**(yttria-stabilized zirconia, YSZ)이다. 지르코니아의 고온 다형체는 형석 유형의 입방 구조이며, CaO, Y_2O_3 등과의 고용체 형성을 통해

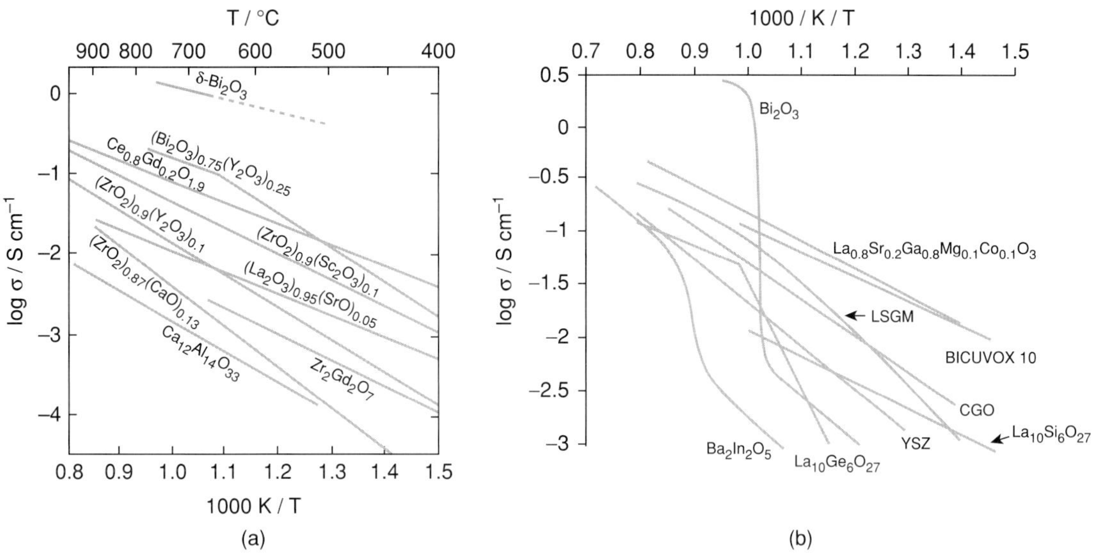

그림 8.30 (a) 몇 가지 산소 전도체들. (b) 선별된 산소 이온 전도체의 전도도 자료(BICUVOX 10 = $Bi_2V_{0.9}Cu_{0.1}O_{5.5-x}$; LSGM = $La_{0.9}Sr_{0.1}Ga_{0.8}Mg_{0.2}O_{2.85}$; YSZ = $Y_{0.15}Zr_{0.85}O_{1.925}$; CGO = $Ce_{0.9}Gd_{0.1}O_{2-x}$). Reproduced with permission from Slater et al., Chem. Record, © 2004 The Japan Chemical Journal Forum and Wiley Periodicals, Inc.

상온에서 안정화될 수 있다. 그 결과로 얻어진 '안정화 지르코니아'는 고온에서 우수한 O^{2-} 전도체인데, 고용체 형성 과정의 전하 보상을 위해 생성된 O^{2-} 빈자리가 주된 기여 요소로 작용한다. CaO-안정화 지르코니아, $(Ca_xZr_{1-x})O_{2-x}$는 $x = 0.1-0.2$ 범위로 얻어지며 매 Ca^{2+} 이온마다 한 개의 O^{2-} 빈자리가 생겨난다. YSZ의 식은 $(Y_xZr_{1-x})O_{2-x/2}$이다. 이 고용체 메커니즘은 2.3.3.1절과 2.3.5.2절에서 논해진 바 있으며 $ZrO_2-Y_2O_3$의 상 도표는 그림 7.28에 주어져 있다.

안정화 지르코니아의 전형적 전도도는 800 °C에서 $10^{-1}-10^{-2}$ S cm^{-1} 범위이며 전도 활성화 에너지는 0.8–1.3 eV 범위이다(그림 8.30). 반면 낮은 온도에서의 전도도는 우수한 Na^+ 전도체나 Ag^+ 전도체에 비해 훨씬 낮다. 안정화 지르코니아가 특별히 유용한 부분은 내열 난연성 물질로서 1500 °C의 고온에서도 사용이 가능하며, 또한 그리 흔치 않은 산소 이온 전도체라는 점이다. ThO_2와 HfO_2 역시 혼입을 통해 지르코니아와 유사한 O^{2-} 전도도를 보일 수 있다. CeO_2를 바탕으로 한 고용체는 더욱 우수한 산소 전도체이지만 Ce의 환원과 함께 이온/전자 혼합 전도도를 보이는 경향이 있다.

형석 구조 고용체의 산소 전도도는 산소 빈자리와 연관되며, 혼입물 농도 5–10% 범위에서 극대값을 갖는다. 산소 빈자리는 혼입 양이온 주위에 붙들려 쌍극자 내지는 결합 뭉치를 이루기 때문에, 완전히 자유로운 결함이라 할 수 없다. 이는 산소 빈자리가 알짜의 2+ 전하를 갖고(2장에 소개된 Kroger–Vink 표기법을 따르면 $V_O^{\bullet\bullet}$), 혼입 이온은 알짜 음전하(Ca_{Zr}'', Y_{Zr}')를 띠기 때문이다. 반대 전하 사이에는 당연한 인력이 작용하며, 빈자리가 이를 벗어나려면 결함 뭉치의 생성 엔탈피만큼에 해당하는 활성화 에너지를 극복해야 한다. 일부 산소 전도체의 특징은 결함 위치에 산소 빈자리가 차츰 이끌려져 결함 뭉치로 성장하고, 어느 정도의 시간에 걸쳐 뭉치가 완성된다는 것이다. 그 최초 과정은 다음과 같이 나타낼 수 있다.

$$V_O^{\bullet\bullet} + Ca_{Zr}'' \rightarrow (Ca_{Zr} - V_O)^X \tag{8.34}$$

결함 뭉치가 성장함에 따라 이동성 빈자리와 전도도가 차츰 감소하며, 이 현상을 가리켜 **노화**(ageing)라 부른다. 혼입물 농도가 증가할수록 결함 뭉치의 성장이 촉진되며, 결국 산소 빈자리가 밀집되고 전도도가 낮은 상이 석출되어진다. 이 상에서 산소 빈자리는 규칙적으로 배열되어 있으면서 이동성을 완전히 상실한 상태이다. 예컨대 CaO-안정화 지르코니아에서는 음이온 빈자리가 규칙 배열된 $CaZr_2O_5$가 석출된다. 비슷하게, YSZ 계의 Y_2O_3는 음이온 빈자리가 질서 배열된 C-형 희토류 산화물 구조로 간주될 수 있다.

$Ce_{1-x}Gd_xO_{2-x/2}$와 같은 CeO_2-기반 고체 전해질은 안정화 지르코니아보다 훨씬 높은 전도도를 갖는다. 게다가 그 활성화 에너지가 작기 때문에 전도도의 상대적 우위는 저온에서 더욱 두드러진다. 하지만 이 물질은 Ce^{4+}가 Ce^{3+}로 쉽게 환원된다는 특징이자 단점이 있어, 이에 대한 이해가 필요하다. 산소 분압(p_{O_2})이 낮은 고온에서는 산소의 격자 이탈과 함께 $Ce_{1-x}Gd_xO_{2-x/2-\delta}$와 같은 조성이 형성될 수 있다. 격자를 이탈하는 O^{2-} 이온은 O_2 분자를 이루는 동시에 전자를 구조에 전달한다.

$$O_O^X \leftrightarrow \frac{1}{2}O_2 + V_O^{\bullet\bullet} + 2e' \tag{8.35}$$

위 평형에 대해 질량 작용 법칙을 적용하면,

$$K = \frac{(p_{O_2})^{\frac{1}{2}}\left[V_O^{\bullet\bullet}\right][e']^2}{\left[O_O^X\right]} \tag{8.36}$$

격자 산소의 농도는 1과 같고, 혼입물의 농도가 높을 때 산소 빈자리 농도는 거의 일정하므로 주된 변수는 p_{O_2}와 전자의 농도이다. 따라서

$$[e'] \propto K^{\frac{1}{2}}\,(p_{O_2})^{-\frac{1}{4}} \tag{8.37}$$

즉, 혼입된 CeO_2는 좋은 산소 전도체이지만, p_{O_2}가 낮을수록 전자 전도도 또한 증가하게 된다.

이온 전도와 전자 전도가 모두 일어나는 혼합 전도체에서 이온성 운반율(ionic transport number, t_i)은 다음과 같이 산출된다.

$$t_i = \frac{\sigma_i}{\sigma_i + \sigma_e} \tag{8.38}$$

$t_i = {}^1\!/_2$일 때의 산소 분압을 $p^*_{O_2}$라 하면 다음 관계가 성립하므로 $p^*_{O_2}$는 산소 이온 전도체의 환원 경향성을 나타내는 유용한 지표가 된다.

$$t_i = \frac{1}{2} = \left[1 + \left(p_{O_2}/p^*_{O_2}\right)\right]^{-1} \tag{8.39}$$

그림 8.31은 p_{O_2}에 대한 전도도의 의존성을 로그 척도를 써서 모식적으로 나타낸 것이다. 낮은 p_{O_2} 영역에서는 전도도가 $-1/4$의 기울기로 증가하며, 물질은 n-형 반도체 상태이다. p_{O_2}가 높아져 $t_i = 1$인 영역에서는 물질의 전도도가 p_{O_2}와 무관한 **전해 구역**(electrolytic domain)이 나타난다. p_{O_2}가 더욱 높아지면 p-

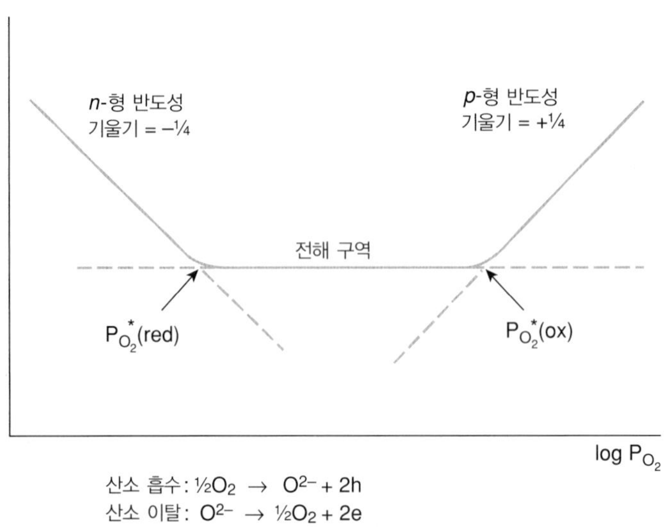

그림 8.31 산소 분압에 따른 이온성 전도 구역과 전자성 전도 구역.

형 거동이 나타나며 이는 n-형 의존성에 대한 거울상 형태이다. 이 영역에서는 시료 표면에서의 흡착이나 음이온 빈자리로의 확산을 통해 산소가 흡수된다. 흡수된 산소는 식 8.35의 역방향 과정을 따라, 전자를 획득하면서 해리된다.

$$\tfrac{1}{2}O_2 + V_O^{\bullet\bullet} + 2e' \rightarrow O_O^X \tag{8.40}$$

이를 달리 적으면,

$$\tfrac{1}{2}O_2 + V_O^{\bullet\bullet} \rightarrow O_O^X + 2h^{\bullet} \tag{8.41}$$

이 과정에 생성된 정공이 우세종 운반체가 되면, 전도도는 p_{O_2}에 대해 기울기 +1/4의 의존성을 보인다(그림 8.31).

식 8.39는 산소 이온 전도체가 n-형 반도체로 전이하는 지점 $p^*_{O_2}$(red)와 p-형 반도체로 전이하는 지점 $p^*_{O_2}$(ox)에서 성립한다(그림 8.31). 특히 $p^*_{O_2}$(red)는 환원 분위기에서 산소 이온 전도체의 안정성과 연료 전지 전해질로서의 활용 가능성을 평가하기 위한 중요 지표이다. CeO_2-기반 재료들에 대한 일부 자료가 표 8.6에 요약되어 있으며, 이로부터 지르코니아 재료의 환원 내성이 훨씬 뛰어남을 알 수 있다.

고온에서 산소 전도도가 가장 높은 물질은 Bi_2O_3이다(그림 8.30). 이 물질의 고온 구조, 입방 δ-Bi_2O_3는 형석과 관련되지만 음이온 자리의 25%가 무작위로 비어 있어 무질서도가 매우 크다. 그러나 냉각 과정의 729 °C에서 단사 α-Bi_2O_3로의 상 전이가 일어나고, 그와 함께 빈자리가 질서 배열되면서 전도도가 크게 감소한다. Bi_2O_3는 Y_2O_3, Gd_2O_3, WO_3 등과 폭넓은 고용체를 형성하며, 그 중 일부는 δ-Bi_2O_3의 높은 전도도를 저온 범위에서도 유지한다. 그러나 이 물질들 또한 낮은 p_{O_2}에서 쉽게 환원되기 때문에 SOFC의 고체 전해질로 사용되지 못하고 있다.

형석 이외에도 몇몇 결정 구조들이 고온 산소 전도체의 후보 물질로 알려져 있다. 이들은 공통적으로 산소 음이온 격자의 빈자리 농도가 높다는 특징을 가지며, 구체적으로 파이로클로어(예: $Zr_2Gd_2O_7$), 알루미늄산 칼슘(예: $Ca_{12}Al_{14}O_{33}$), 페로브스카이트[예: $(La_{1-x}Sr_x)(Ga_{1-x}Mg_x)O_{3-x}$], 인회석[예: $Ln_{9.33+x}(SiO_4)_6O_{2+3x/2}$: Ln = 희토류]이 포함된다. 이들 중 일부의 전도도 자료는 그림 8.30(b)에 포함되어 있다.

8.5.4.8 Li^+ 이온 전도체

높은 Li^+ 전도도를 갖는 물질은 에너지 밀도가 높은 Li 전지에 전해질 요소로 사용될 수 있다. 전 세계적으로 Li 전지의 성능 개선에 대한 관심이 매우 높으며, 그 용도 범위는 무선 전화기, 비디오 녹화기, 노트북 컴퓨터 등의 소형에서부터 무배출 전기차(zero-emission vehicle, ZEV)와 같은 대용량 전지에까지 꾸준히 확대되고 있다. Li 전지가 유난히 관심을 받는 이유 중 하나는 양극(anode)으로 Li를 사용할 경우 Na 등의 다른 계에 비해 높은 **기전력**(electromotive force, emf)이 제공되기 때문이다. 현재 주류를 이루는 상용 Li 전지에는 4 V의 단일 전지가 포함되며, Li–탄소가 양극으로, Li_xCoO_2-기반 삽입 전극이 음극(cathode)으로 사용된다. 새로운 조성과 전지 설계가 지속적으로 검토되고 있으며, 현재까지 단일 전지에

표 8.6 $t_{O^{2-}} = \frac{1}{2}$, 즉 $\sigma_{O^{2-}} = \sigma_e$인 조건의 산소 분압

조성	$p^*_{O_2}$/atm			
	500 °C	700 °C	850 °C	1000 °C
$Ce_{0.9}Ca_{0.1}O_{1.9}$	10^{-20}	10^{-13}	10^{-9}	
$Ce_{0.905}Y_{0.095}O_{1.95}$	10^{-26}	10^{-17}	10^{-13}	10^{-10}
$Ce_{0.9}Gd_{0.1}O_{1.95}$		1.2×10^{-19}	1.7×10^{-15}	
$Ce_{0.5}Gd_{0.5}O_{1.75}$		1.5×10^{-16}	6.5×10^{-14}	
$Zr_{1-x}Ca_xO_{2-x}$		10^{-34}	10^{-30}	10^{-26}

Source: Data reproduced with permission from T. Kudo and K. Fueki (1990) Solid State Ionics, VCH, p. 133.

의해 구현된 emf 최고값은 5.0 V이다(이 전지는 $LiCoMnO_4$, $LiNi_{0.5}Mn_{1.5}O_4$와 같은 스피넬을 삽입 전극으로 사용한다).

우리는 주로 결정성 Li^+ 이온 전도체에 관심을 두지만 현재 상용 전지에는 비수용성 액상 전해질(예: $LiPF_6$를 탄산 프로필렌과 같은 유기 용매에 용해)이 사용되며, 이를 대체할 만한 무기 소재가 아직까지 개발되지 못한 상태이다. 그러나 액상 요소의 사용에 따른 불안정성 문제가 꾸준히 제기되고 있어, 이를 해결하기 위한 고체 전해질 개발, 나아가 '전고체형 전지(all-solid-state battery)' 개발이 매우 중요한 관심사로 떠오르고 있다. 주요 Li^+ 이온 전도체의 전도도 자료가 그림 8.22에 나타내어져 있다.

Li_2SO_4는 572 °C에서 상 전이를 일으키며, 고온에서 $\sigma \approx 1$ S cm^{-1}이다. 상 전이 온도를 낮추고 고온 상(α-Li_2SO_4)의 전도도를 낮은 온도까지 유지시키려는 다양한 치환 연구가 이루어졌으나 만족스런 성과로 이어지지는 못했다. 결국, 상온에서 α-다형체의 구조가 형성된 예는 없다. 그럼에도 불구하고 α-Li_2SO_4는 지속적인 탐구 대상으로 남아 있는데, 특이하게도 SO_4^{2-} 이온은 고체 격자 내에서 회전할 수 있다[이를 가리켜 '회전자 상(rotator phase)'이라는 별칭이 사용되기도 한다]. 관심을 끄는 부분은 SO_4^{2-}의 회전과 Li^+의 전도가 외륜 메커니즘(paddle-wheel mechanism)에 의해 연동되는지, 그렇지 않다면 이 두 개의 희귀 현상이 별개로서 일어나는지를 밝혀내는 것이며, 이에 대한 연구가 아직도 계속되고 있다.

Li_4SiO_4와 Li_4GeO_4는 평범한 수준의 Li^+ 전도체지만 치환을 통해 Li^+ 빈자리나 틈새 Li^+를 생성시킴으로써 전도도를 비약적으로 증가시킬 수 있다. 다음은 몇 가지 예이다.

$$Li^+ + Si^{4+} \rightarrow V^{5+} : Li_{4-x}Si_{1-x}V_xO_4$$

$$3Li^+ \rightarrow Al^{3+} : Li_{4-3x}Al_xSiO_4$$

$$Si^{4+} \rightarrow Li^+ + Al^{3+} : Li_{4+x}Si_{1-x}Al_xO_4$$

Li_4SiO_4는 SiO_4^{4-} 사면체 단위로 이루어진 오쏘규산염(orthosilicate)이며, Li^+ 이온은 면-공유 다면체의 네트워크에 분포되어진다. 화학양론적인 Li_4SiO_4에서 위의 다면체 중심은 완전히 채워지거나 완전히 비어 있다. 따라서 이동성 이온의 농도 n이 매우 낮고, 전도도 또한 낮다. 반면 이들의 치환 물질에서는 전하 운반체 농도(빈자리 또는 틈새)가 증가함에 따라 전도도가 상승한다.

Al이 함유된 Li_4SiO_4 고용체는 이동 이온 농도의 중요성을 잘 보여 주는 예이다(그림 8.32(a)). 이 고용체는 Li^+ 함량이 4.5($Li_{4.5}Si_{0.5}Al_{0.5}O_4$)부터 2.3($Li_{2.29}Al_{0.57}SiO_4$)에 이르기까지 매우 넓은 범위로 형성된다. 100 °C에서 조성별 전도도(그림 8.32(a))를 비교하면 Li_4SiO_4와 $Li_{2.5}Al_{0.5}SiO_4$에서 극소가 되는 한편, 중간과 말단 조성에서는 극대가 된다.

그림 8.32(b)와 (c)의 결정 구조에서, 특정 Li 자리들이 Li_4SiO_4에서는 완전히 채워진 반면 $Li_{2.5}Al_{0.5}SiO_4$에서는 완전히 비어 있어 이들의 절연 거동이 이해될 수 있다. 중간 범위 조성에서는 위의 자리들이 부분적으로 점유되기 때문에 전도도가 증가하게 되고, $Li_{3.25}Al_{0.25}SiO_4$ 부근에서 극대값을 지난다. Li 양이 2.5보다 낮은 조성에서는 $Li_{2.5}Al_{0.5}SiO_4$의 골격 자리 Li가 빠져나가면서 빈자리 전도 메커니즘이 가능해져 전도도가 증가한다. 반면, Li 함량이 4.0보다 높은 경우에는 새로운 틈새자리가 채워지면서 전도도가 증가한다. Al이 치환된 Li_4SiO_4는 특이할 정도로 넓은 조성 범위에 걸쳐 바탕 구조를 유지하며, 그 과정에서 다양한 전도 메커니즘의 등장과 급격한 전도도 변화가 관찰된다. 이에 비해 다른 치환계의 거의 모두는 훨씬 제한된 조성 범위를 가지면서 단순한 유형의 전도도 변화만을 보인다.

Lisicon(*Li* *s*uper*i*onic *con*ductor)은 치환된 Li_4SiO_4와 구조적으로 유사한 Li^+ 전도체들을 일컫는다. 이들은 다음과 같은 틈새 고용체들이다.

$$P^{5+} \rightarrow Li^+ + Si^{4+} : Li_{3+x}P_{1-x}Si_xO_4$$

$$Zn^{2+} \rightarrow 2Li^+ : Li_{2+2x}Zn_{1-x}SiO_4$$

이들로부터 얻어진 최고 전도도의 예로는 $Li_{3.5}Zn_{0.25}GeO_4$의 10^{-1} S cm^{-1}(300 °C), $Li_{3.5}V_{0.5}Ge_{0.5}O_4$의 5×10^{-5} S cm^{-1}(25 °C)을 들 수 있다. Lisicon에서 나타나는 문제점의 한 가지는 결함 뭉치의 형성에 의

한 이동성 이온의 고착과 전도도의 감소이다. 이는 안정화 지르코니아, 또는 알칼리 할로젠화물의 이원자가 치환에서와 비슷한 현상이다. 예컨대 $Li_{2+2x}Zn_{1-x}SiO_4$에서 매 Zn^{2+} 이온을 2개의 Li^+ 이온이 치환할 때, 이 중 하나는 Zn 자리(Li_{Zn}')를 점유하고 다른 하나는 빈 틈새자리($Li_i^{\bullet}$)를 채우므로 서로 반대의 전하를 띠게 된다. 고온에서는 결함 뭉치가 해리되지만 냉각 과정에서 점차 재형성되어 전도도를 감소시킨다. 이와 같은 노화 효과의 억제는 실용화 관점에서 매우 중요한 관심사이다.

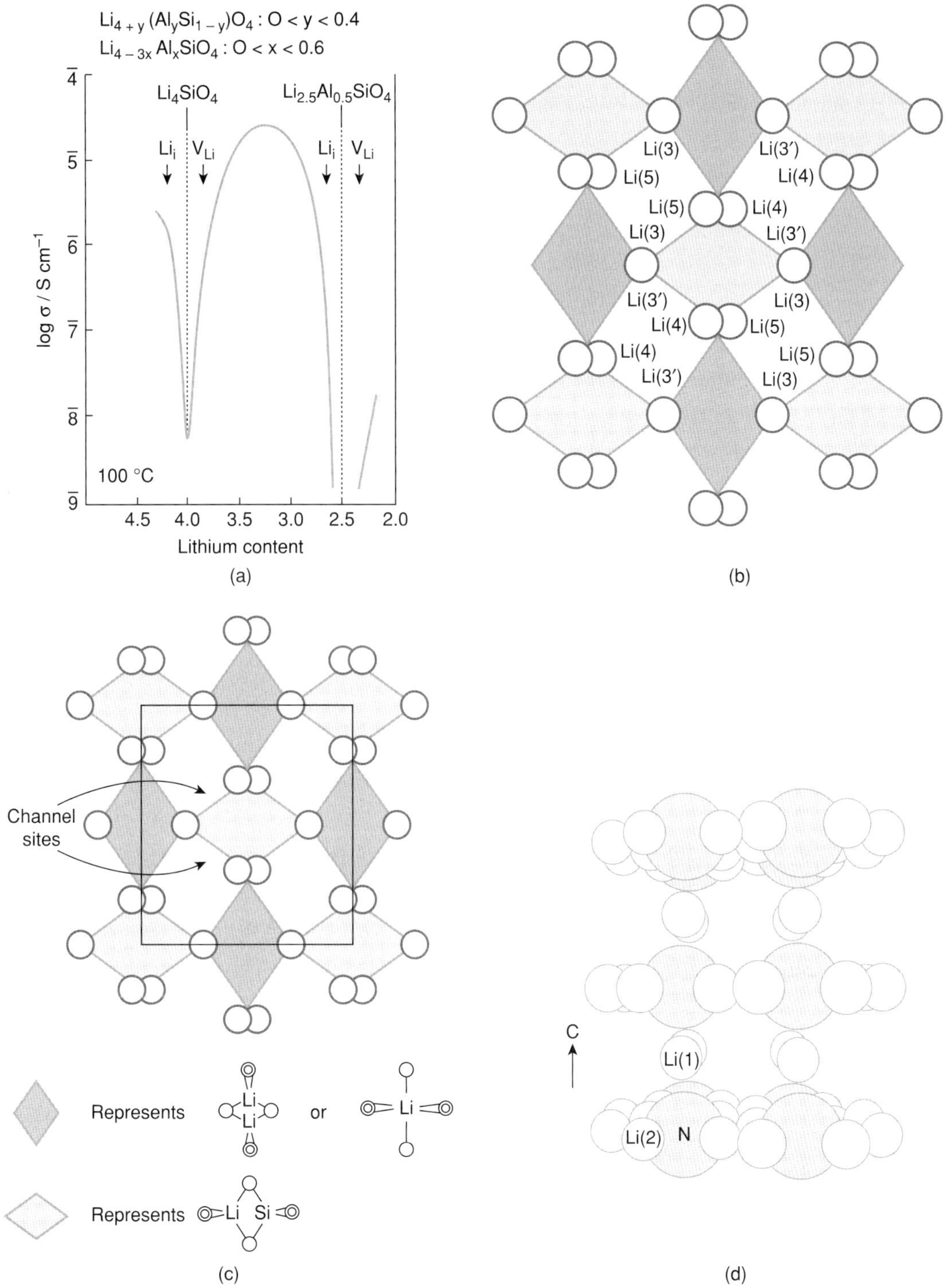

그림 8.32 (a) Li_4SiO_4에서 파생된 고용체에서 Li 함량에 따른 전도도(온도 100 ℃). (b) Li_4SiO_4, (c) $Li_{2.5}Al_{0.5}SiO_4$의 결정 구조. Li(3), (3′), (4), (5) 위치는 (b)에서는 완전히 채워지고, (c)에서는 완전히 비어 있고, 중간 조성에서는 부분 점유된다. (d) Li_3N의 결정 구조.

최근, Kanno는 산소가 황으로 대체된 **thiolisicon** 물질들을 개발하였다. 이들은 결정 구조와 고용체 메커니즘이 lisicon과 비슷하며, 25 °C에서 10^{-2} S cm^{-1}에 달하는 전도도를 나타내 전고체형 리튬 전지의 전해질로 고려되고 있다. 이들의 높은 전도도는 S/O 치환에 의한 결합 공유도 증가와 격자 팽창이 결합된 효과로 설명된다.

질화 리튬 Li_3N은 매우 높은 2차원상 전도도를 보인다(그림 8.22). 이 물질은 층상이며, 양론 'Li_2N'의 판들이 Li 층과 번갈아 배열된 구조이다(그림 8.32(d)). 전도도의 주된 부분은 Li_2N 판에서 빈자리 메커니즘에 의해 일어난다. Li_3N에 수소(H)가 함유되어 $Li_{3-x}H_xN$이 형성되면 전도도가 더 높아진다. 이때 H는 N에 강하게 붙들려져 NH 단위를 형성하면서 Li_2N 판에 Li 빈자리를 만들어낸다. 리튬의 다양한 질화할로젠화물(nitride halide)들이 알려져 있으며 $Li_{3-2x}N_{1-x}Cl_x(x=0.6)$ 등의 몇몇은 Li-결핍 반형석 구조를 가지면서 높은 Li^+ 전도도를 나타낸다.

특이한 구조 속성과 함께 높은 Li^+ 이온 전도도(25 °C에서 10^{-3} S cm^{-1})를 갖는 페로브스카이트들이 $Li_{0.5}La_{0.5}TiO_3$의 조성 조절을 통해 얻어진 바 있다. 이들은 Li/La의 이원자가 치환을 통해 얻어지는 Li-결핍 고용체이다.

$$3Li^+ \rightarrow La^{3+} : Li_{0.5-3x}La_{0.5+x}TiO_3$$

Li가 페로브스카이트 격자에 포함될 때 대개는 크기가 작은 B 자리(팔면체 6배위)에서 발견된다. 그러나 이들 고용체 페로브스카이트에서는 $[Li]+[La]<[Ti]$이고 Ti^{4+}가 B 자리를 독점할 것이므로, Li^+가 크기가 훨씬 큰 La^{3+}와 함께 A 자리에 놓일 수밖에 없다. 이렇듯 특이한 고용체 메커니즘이 설명될 수 있었던 것은 중성자 회절을 통해서이다. 분석 결과, Li는 A 자리의 정 중앙이 아니라 왜곡된 사면체 자리 또는 사각 평면 자리에 놓임으로써 인접한 La 자리 사이에 '창문'을 형성한다. 이 위치로부터 산소의 거리는 ~2.0 Å으로 La−O 거리 ~2.4 Å보다 훨씬 짧으면서 Li−O 결합 거리로 타당하다.

LiI와 Al_2O_3의 혼합물에서는 특이한 효과가 관찰된다. 이들 간의 화학적 반응을 가리키는 아무런 증거도 없지만 몰비 1:1의 LiI/Al_2O_3 혼합물은 LiI에 비해 10^n배만큼이나 높은 전도도를 보인다(25 °C에서 ~10^{-5} S cm^{-1}). 위의 복합물 전도체에서는 LiI와 Al_2O_3 입계에서 표면 전도가 일어난다. 또한 LiI의 흡습성을 고려할 때 수분의 관여 가능성도 있다.

8.5.4.9 수소 전도체(proton conductor)

대부분의 H^+ 이온 전도체는 H_2O를 함유하며 가열 과정에서 쉽게 분해된다. 그 일부는 수화물 형태이며, $HUO_2PO_4 \cdot 4H_2O$(HUP)의 경우 25 °C에서 $\sigma \approx 4 \times 10^{-2}$ S cm^{-1}이다. 이온 교환은 수소 전도체를 합성하는 보편적 방법 중 하나이며, 한 예로 $Na^+ \leftrightarrow H_3O^+$ 교환을 통해 H_3O^+ β-알루미나, $H_3OAl_{11}O_{17}$이 얻어진다. 전도 과정은 협동적(Grotthus) 메커니즘을 따르는 경우가 많다. 즉, H^+가 인접한 H_2O 분자들을 연쇄적으로 옮겨 다니는데 그 과정에서 H^+의 선별을 쉽게 하기 위해 H_2O 분자의 재배향이 일어날 수도 있다. 안티모니산($Sb_2O_5 \cdot nH_2O$)과 같은 고체 산들은 양성자를 쉽게 이온화시킬 수 있어 좋은 수소 전도체가 될 수 있다.

$BaCeO_{3-\delta}$를 비롯한 몇몇은 전혀 다른 부류의 수소 전도체이다. 이들은 소량의 수분을 쉽게 흡수하며, 또한 강하게 결합한다. 격자 내에서 H_2O 분자가 H^+와 OH^-로 해리되며, 양성자는 Ce^{3+} 부근의 산소에 결합하는 것으로 여겨진다($BaCeO_{3-\delta}$는 비양론적이며 Ce^{3+}와 Ce^{4+}를 함유한다). $BaCeO_{3-\delta}$는 고온에서 매우 높은 수소 전도도를 보인다(600 °C에서 10^{-2} S cm^{-1}). 그림 8.33은 몇몇 수소 전도체의 전도도를 나타낸 것이다.

8.5.4.10 이온/전자 혼합 전도체(mixed ionic/electronic conductor)

이제까지는 주로 고체 전해질, 즉 이온 전도도는 높지만 전자 전도 면에서 절연체인 물질들을 다루었다. 실제 고체 전해질의 사용 조건에서는 전자 전도가 가능한 한 억제되어야 한다. 전해질 영역에서의 전자 전도는 전지나 센서 내부의 회로 단락을 일으킬 수 있고, 나아가 성능 저하 내지는 폭발을 야기한다. 다른

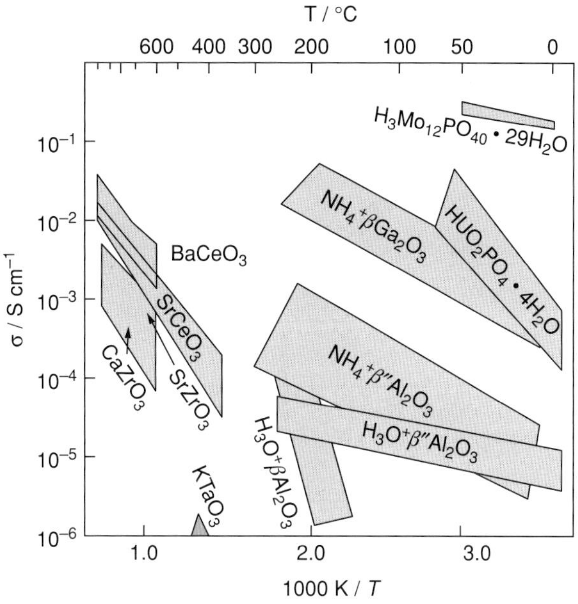

그림 8.33 대표적 수소 이온 전도체의 전도도 자료. Adapted with permission from T. Kudo 'Survey of types of solid electrolytes' in The CRC Handbook of Solid State Electrochemistry, Ed. P. J. Gellings and H. J. M. Bouwmeester, ©1997 CRC Press.

한편으로 '혼합 전도체' 물질에서는 이온성과 전자성의 전기 전도가 동시에 일어나며, 이는 다양한 장치의 전극 재료에 공통적으로 요구되는 성질이다.

이온 전도 성분을 갖추기 위한 구조, 조성, 치환성 측면의 요건은 앞서 고체 전해질에 대한 내용과 같다. 즉, 트인 통로를 가지면서 이동 이온의 격자 자리가 부분 점유되어야 한다. 이에 더해 높은 전자 전도도를 갖기 위해서는 조성 원소 중 하나가 반드시 혼합 원자가로 존재해야 한다.

혼합 전도체에서 한 가지 흥미로운 질문은 이온 전도와 전자 전도가 독립적으로 일어나는가? 아니면 그들이 어떤 방식으로든 상관되는가?이다. 전자 전도가 어떻게 이온 전도를 증대시킬 수 있을지 고찰하는 데 있어, 먼저 주목할 점은 이온 도약이 언제나 국부적 전기 중성을 흐트러진다는 사실이다. 이를테면, 도약하는 양이온 뒤에 남겨진 자리는 음전하를 띠게 되고 도약 후의 새로운 자리는 양전하를 띠게 된다. 따라서 양이온의 후속 도약이 원래 자리의 음전하에 의해 방해받게 되는데, 이러한 작용은 'Debye–Hückel 이온-환경', 또는 'Debye–Falkenhagen 효과'로 알려져 있다(액체 전해질을 연구하는 전기화학자들에게는 친숙한 개념이다). 하전된 빈자리로 이온종이 이동해오면 원래대로 전기 중성이 회복되면서 이온 환경이 약화될 수 있다. 다른 한편으로 물질이 혼합 전도도를 갖는다면, 양이온 도약에 전자가 동반됨으로써 이온 환경이 쉽게 해소될 것이다. 따라서 전자 전도의 존재는 이온 도약의 시간 간격(자리 체류 시간 = 이온 도약 빈도의 역수)을 단축시킬 수 있고, 나아가 이온 이동도와 전도도를 증가시킬 수 있다.

산소 이온 전도체에서는 산소 분압의 조절만으로 이온 전도–혼합 전도 간 전이가 유발될 수 있다(그림 8.31). 리튬 삽입 음극 물질의 전자 전도성은 구조 골격에 포함된 전이 금속의 혼합 원자가와 관련된다. 예를 들어, 부분적으로 충전된 $Li_{1-x}CoO_2$는 Co^{3+}와 Co^{4+} 이온의 혼합을 함유한다. 비슷하게, $Li_{1-x}FePO_4$는 Fe^{2+}, Fe^{3+}의 혼합을 갖고 $Li_{1-x}Ni_{0.5}Mn_{1.5}O_4$는 Ni^{2+}, Ni^{4+}의 혼합을 갖는다.

8.5.4.11 고체 전해질과 혼합 전도체의 응용

고체 전해질이 내장된 전지는 폭넓은 활용 범위를 가지며 그 중 다수는 액체 전해질이 포함된 전지가 사용될 수 없는 분야이다. 그림 8.34(a)에 나타낸 전지는 두 개의 전극 부분(a_1, a_2)과 그들을 격리하는 고체 전해질 막으로 구성된다. 전극 부분으로는 고체, 액체, 또는 기체 중 어느 것도 가능하며 양쪽이 비슷한

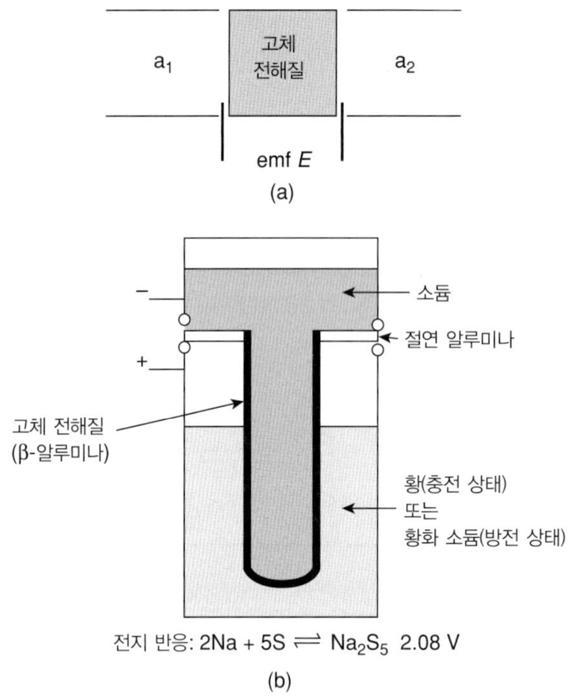

그림 8.34 (a) 고체 전해질이 포함된 전기화학 전지. (b) Na–S 전지.

화학종이거나 또는 다를 수도 있다. 예를 들어 서로 다른 압력의 산소 기체가 양쪽에 사용될 수도 있고, 또는 Na, S와 같이 서로 다른 물질들이 사용되기도 한다. 혼합 전도체는 전기화학 전지에서 다양하게 활용되며, 그림 8.34(a)의 전지에서는 전극 부분 중 하나 또는 둘 모두에 이용된다. 이 전지에서 전해질 영역의 이동성 이온은 전극에서도 이동성이어야 하고, 또한 전극은 전자 전도성을 가져야 한다. 전기화학 전지는 전력 공급, 센서, 스마트 윈도우, 열역학적 계측 등 다양한 용도를 갖는다. 몇 가지 예를 살펴보겠다.

열역학적 계측

전지 반응의 emf는 **Nernst 공식**에 의해 주어진다.

$$E = E^{\circ}_{\text{red}} + \frac{RT}{nF}\log_e \frac{[\text{Ox}]}{[\text{Red}]} \tag{8.42}$$

이와 같은 공식이 두 전극 반응 각각에 대해 필요하다. 양극에서 다음 산화 반응이 일어난다면,

$$\text{M} \rightarrow \text{M}^+ + \text{e}^-$$

이에 대한 반쪽 emf는 아래와 같다.

$$E_1 = E^{\circ}_{\text{M/M}^+} + \frac{RT}{F}\log_e \frac{[\text{M}]}{[\text{M}^+]} \tag{8.43}$$

$E^{\circ}_{\text{M/M}^+}$는 반응에 대한 표준 전위이고 n은 전달되는 전자 개수 1이다. [M], $[\text{M}^+]$은 각 화학종의 농도이고 F는 Faraday 상수 96500 C mol^{-1}이다. 양극에서 생성된 M^+ 이온은 확산을 통해 전해질을 통과하고 음극에서 X^-와 반응한다. 이 X^-는 아래 음극 반응으로부터 생겨난다.

$$\text{X} + \text{e}^- \rightarrow \text{X}^-$$

이 반응에 대한 Nernst 식은

$$E_2 = E^{\circ}_{\text{X/X}^-} + \frac{RT}{F}\log_e \frac{[\text{X}]}{[\text{X}^-]}$$

E_1과 E_2의 합은 $M + X \rightarrow MX$ 반응 전체에 대한 emf이며, 이 값은 MX의 생성 자유 에너지와 관계된다.

$$\Delta G = -nEF \tag{8.44}$$

고체 전해질이 포함된 전지는 물질의 열역학적 자료를 얻어내는 데 이용될 수 있다. 예를 들어 Ag_2S의 생성 자유 에너지는 $Ag(s)/AgI(s)/Ag_2S(s)$, $S(l)$, $C(s)$ 전지를 이용하여 측정되어졌다. 이 전지의 반응은 $2Ag + S \rightarrow Ag_2S$이고, 반응물 Ag와 S가 표준 상태이므로

$$\Delta G^\circ(Ag_2S) = -2EF \tag{8.45}$$

나아가 emf의 온도 의존성으로부터 반응 엔트로피와 반응 엔탈피가 파악될 수 있다.

Na–S 전지와 Zebra 전지

고체 전해질 연구의 주요 동기는 새로운 유형의 전지에 요구되는 전해질을 제공하는 데 있다. Na/S 전지는 Na^+ β-알루미나 고체 전해질을 사용하는(그림 8.34(b)) 고밀도의 2차 전지이다. 즉, 질량당 에너지(전력)가 크기 때문에 전기 자동차와 발전소 부하 분산을 염두에 둔 개발이 광범위하게 진행되고 있다. 이 전지에는 용융된 Na와 용융된 S가 각각 양극, 음극으로 사용되며 이들은 β-알루미나 고체 전해질에 의해 격리된다. 대개 β-알루미나는 한쪽 끝이 막힌 관으로 성형되며 관 내부와 외부에 각각 Na, S가(그 반대도 가능) 채워진다. 용융 S가 공유 분자성이면서 전기적 절연체이므로, 음극에는 전도성 흑연 펠트를 S에 담지시켜 사용한다. 전지의 외부 용기는 스테인레스강으로 만들어져 집전체 역할을 한다. 전지의 방전 반응은 다음과 같고,

$$2Na + xS \rightarrow Na_2S_x$$

x는 전지의 충방전 상태에 따라 달라진다. 방전의 초기 단계에서 $x \approx 5$이며 이는 황화 소듐 중 S 함량이 최대인 Na_2S_5에 해당하는데, 사실 이는 Na–S 계의 상 도표에서 나타나는 비혼화 반구(immiscibility dome)의 한계 조성들 중 하나이다(그림 7.24).

Na/S 전지는 300–350 °C에서 작동하는데, 이 온도는 넓은 조성 범위의 방전 생성물들이 용융 상태를 유지할 수 있는 최저 온도이다. 상 도표에 의하면 방전이 진행되어 $x \leq 3$ 단계(60% S, 40% Na)에 이르렀을 때 액상선(liquidus)이 재빨리 상승하면서 결정성 Na_2S_2가 형성되기 시작한다. 이 상태에서의 계속 방전은 음극을 점진적으로 고형화시킬 수 있다.

전지의 **개회로 전압**(open-circuit voltage, *OCV*)은 충전 수준과 온도에 따라 달라진다. 완전히 충전된 전지의 최대 *OCV*는 300 °C에서 2.08 V이다. 방전의 개시점에서 음극은 두 액체상, $S(l)$와 $Na_2S_5(l)$의 혼합이며, 방전에 의해 $Na_2S_5(l)$가 차츰 증가하지만 전지의 *OCV*는 2.08 V로 일정하다. 일단 'Na_2S_5'의 전체 조성이 도달되면 음극은 단일상의 액체로 존재하기 시작한다. 이후 방전 과정에서는 *OCV*가 차츰 감소하여 조성이 'Na_2S_3' 부근일 때 1.78 V가 된다. 이 지점부터는 음극이 (Na_2S_2 + 액체)이면서 *OCV*가 다시 일정해진다. 이 구간에서는 Na_2S_2의 석출과 함께 음극이 고형화히기 시작하므로 전시 방선을 종결해야 한다. 위 과정에 대한 이론적 에너지 저장 용량이 750 Wh kg^{-1}인 데 비해 실험적 결과는 100–200 Wh kg^{-1} 범위로 얻어진다. 일반적으로 실제 전지가 이론적 최대치보다 훨씬 낮은 작동 효율을 보인다는 점에서 현 수준이 크게 개선될 여지는 별로 없다.

Na/S 전지의 개량된 형태로 $Na/FeCl_2$ 또는 $Na/NiCl_2$ 전지가 개발되었으며, 이들은 Zebra 전지 혹은 'salt and iron filings' 전지라 불린다. 여기서도 β-알루미나 관이 고체 전해질로 사용되며 전체 전지 반응은 다음과 같다.

$$2Na + FeCl_2 \rightarrow 2NaCl + Fe$$

이 전지는 250 °C에서 작동하며 2.35 V의 *OCV*를 갖는다. 음극 $Fe/FeCl_2$를 $NaAlCl_4(l)$에 담지시킴으로써 전극을 250 °C에서 용융 상태로 유지할 수 있다. 이 전지는 대개 방전된 상태, 즉 음극 부분에 NaCl과 Fe의 혼합을 채운 상태로 조립되기 때문에 salt and iron filings 전지라는 이름이 붙여졌다.

초소형 전지, 심장 박동기

Na/S 전지와 Zebra 전지는 그 규모 면에서 대형의 극한에 해당한다(전력 부하 분산을 위해서는 1 MW 또는 그 이상의 용량이 필요하다). 다른 한편으로 상온에서 작동하면서 전력이 작지만 장시간 사용 가능한 초소형 전지들이 알려져 있으며, 이들은 의료용이나 마이크로전자 회로에 사용된다. 그 중 만족스러운 성능을 보이는 예로 $Ag/RbAg_4I_5/I_2$(0.65 V), $Li/LiI/I_2$(2.8 V)가 있다. 이들에서, I_2의 전자 전도도가 방전 전류를 소화할 만큼 높지 않기 때문에 단독으로 음극에 사용될 수 없고, 대신 I_5^- 음이온을 갖는 $(CH_3)_4NI_5$와 전하-전달 착물 아이오딘-폴리(2-비닐피리딘)의 혼합이 사용된다. LiI/I_2 전지는 심장 박동기에 널리 사용되고 있다. 37 ℃에서 사용될 때, 전지의 전류 밀도는 1−10 μA cm^{-2}이고 에너지 밀도는 0.8 Wh cm^{-3}에 달하며, 간헐적 방전 모드로 사용될 때 작동 수명은 최소 10년 이상이다.

리튬 전지

과학기술 관점과 상업화 관점 모두에서, 현재 진행되고 있는 가장 흥미로운 기술진보는 리튬 이차 전지라 할 수 있다. 이 분야의 시장 규모는 폭발적으로 확대되고 있으며, 특히 경량화와 에너지 고밀도가 추구되는 휴대용 PC, 이동 전화기, 비디오 녹화기의 전지 수요에 힘입은 바 크다. 이에 못지않게 주목되는 부분은 전기차(EV)와 하이브리드 전기차를 바탕으로 한 수요가 눈에 띄게 증가하고 있다는 점이다.

그림 8.35(a)는 재충전형 Li 전지의 구성 요소들과 각각에 대한 대표적 후보 조성들을 나타낸 것이다. 최적의(높은) 전지 전압을 위해서는 양극의 Li 활성이 높아야 한다. 금속 Li는 가장 이상적인 후보이지만 충방전 과정에 수지상 결정(dendrite)이 성장하면서 내부 회로 단락을 일으키는 안정성 문제가 있다. 실제로 최근 발생한 고성능 Li 전지 관련 사고는 위의 부작용에 의한 것으로 추정된다. 후속 대안으로 Li를 주성분으로 하는 다양한 합금들이 고려되었으며 현재 가장 관심을 끄는 물질은 Li−C 삽입 화합물이다(C는 무질서도가 높은 유사-흑연의 판이나 조각 형태이다).

현재 상용화 제품에는 탄산 프로필렌(PC), 탄산 에틸렌(EC)과 같은 비수용성 용매에 CF_3COOLi, $LiClO_4$, 또는 $LiPF_6$가 녹여진 액체상 전해질이 포함된다. 차세대 Li 전지에는 고분자 전해질이 사용될 것으로 전망되며, 이 경우 Li 염이 폴리산화에틸렌(PEO)과 같은 극성 고분자에 용해되어 사용된다. 전지의 작동 온도는 고분자의 **유리 전이 온도**(glass transition temperature, T_g)보다 높거나 낮을 수 있다. T_g 이상의 온도에서는 전해질이 액체 상태에 가까워져 양이온과 음이온 모두 전도에 기여할 수 있다. 만일 온도가 T_g 이하라면 고분자가 결정성을 띠면서 고체와 같이 거동하므로, T_g 이상에서에 비해 Li^+ 전도도가 훨씬 낮아진다. 현재 연구에서 목표로 삼는 부분은 T_g 이하의 경직 상태에서도 높은 Li^+ 전도도를 제공할 수 있는 고분자를 개발하여 전해질 매질에 적용하는 것이다. 아직까지는 상용화 수준의 높은 Li^+ 전도도를 보이는 고분자 전해질이 개발되지 못한 상황이다.

음극의 후보 물질은 어느 경우에나 층간삽입 호스트 구조이고 또한 혼합 원자가 원소를 구조 골격 요소로 갖는다. 이는 충방전 과정에서 Li^+ 이온이 음극에 가역적으로 탈삽입되어야 하고, 아울러 그 과정의 전하 균형 유지를 위해 전자 출입이 일어나야 하기 때문이다. 이러한 개념의 '고용체 전극'을 제안한 이는 Whittingham이며, 최초 고려된 물질은 TiS_2와 같은 층상 칼코젠화물들이다. TiS_2는 CdI_2 구조를(1.17.6절) 가지며, 인접한 TiS_2 판 사이의 빈 팔면체 자리 층에 Li^+ 이온이 삽입될 수 있다. 이와 동시에 TiS_2 판은 전자를 받아들임으로써 전기 중성을 유지하는데 전자는 Ti d_{xy} 오비탈들의 중첩 띠에 채워진다. 층간삽입 과정의 전체 반응은 다음과 같이 표현될 수 있다.

$$Ti^{4+}S_2 + xLi \rightarrow Li_x^+Ti_{1-x}^{4+}Ti_x^{3+}S_2$$

다수의 층간삽입 화합물들이 음극 역할을 할 수 있다. 상용화 측면에서 현재 가장 중요한 물질은 Goodenough에 의해 발견된 $LiCoO_2$이다. 이 물질은 *질서 배열된 암염 구조*라 할 수 있는데, *ccp* 배열된 산소 이온의 팔면체 틈새 층을 Li^+와 Co^{3+} 이온이 번갈아 채운다(그림 8.35(c, d)). 화학식 $LiCoO_2$는 Li가 완전히 삽입되어진, 방전 상태에 해당한다. 충전 과정에서는 Li^+ 이온이 제거되면서 Co^{3+} 일부가

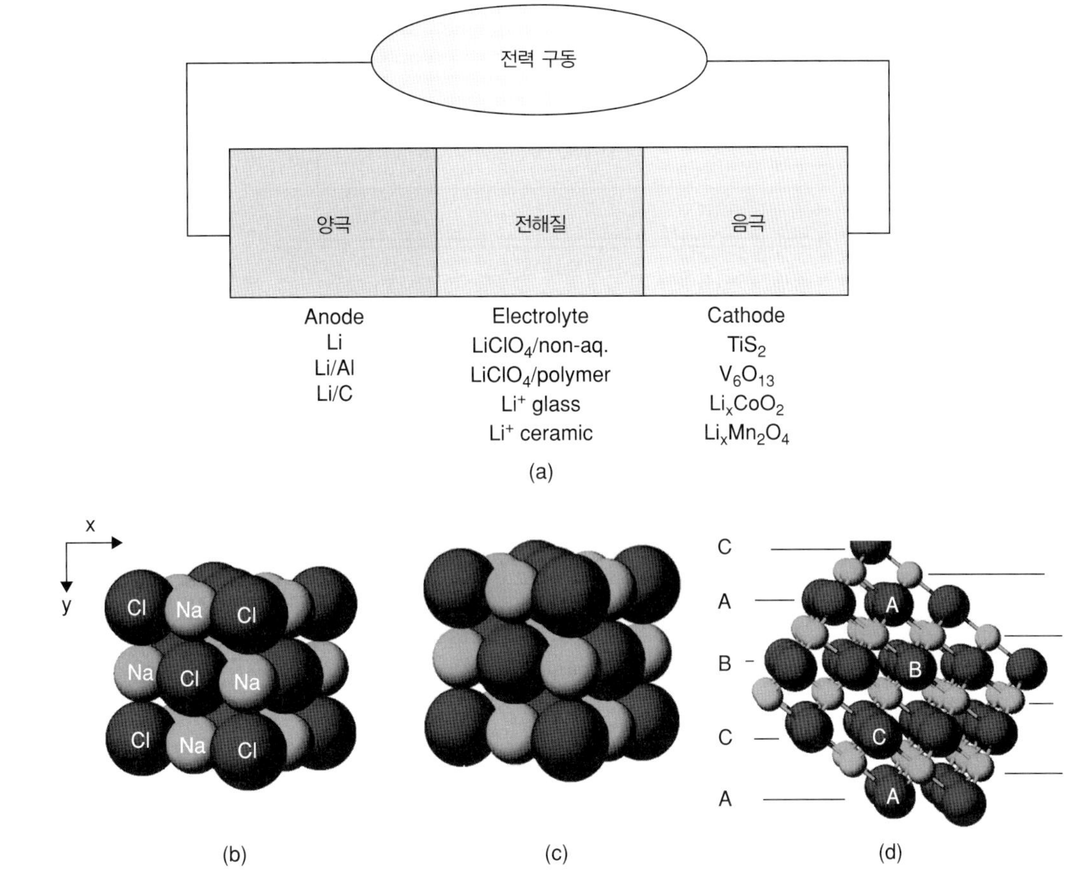

그림 8.35 (a) 리튬 이차 전지의 구성 요소. (b) NaCl의 결정 구조에서 Na^+와 Cl^- 이온 층. (c) $LiCoO_2$ 결정 구조의 *ccp* 산소 배열 사이에 번갈아 나타나는 Li^+, Co^{3+} 이온 층. (d) 다른 방향에서 나타낸 $LiCoO_2$ 구조에서, *ccp* 산소 층(적색) 사이에 번갈아 나타나는 Li^+(주황색), Co^{3+}(녹색) 이온 층. ➜ 앞의 컬러 그림 참조

Co^{4+}로 산화된다. Li 금속과 Co^{3+}/Co^{4+} 산화–환원 쌍을 전지의 두 전극으로 짝지으면 ~4.0 V의 전지 전압이 발생될 수 있다.

Co는 원료 가격이 높고 독성이 있어 $LiCoO_2$에 대한 대체 재료가 요구된다. $Li(Ni_{0.5}Mn_{0.5})O_2$, $Li(Ni_{0.33}Mn_{0.33}Co_{0.33})O_2$와 같은 층상 암염 물질은 저렴하고 독성이 적은 Mn을 상당량 함유하고 있어 유망한 후보이다. 또 다른 예로, 스피넬 구조의 $LiMn_2O_4$는 Li의 제거뿐만 아니라 잉여분의 삽입도 가능하다. 그러나 Li를 1당량 이상으로 삽입할 경우 Mn^{3+}의 상대량이 증가하는 문제가 발생한다. 이를테면 $LiMn_2O_4(=LiMn^{3+}Mn^{4+}O_4)$에 Li가 추가 삽입될수록 $Li_{1+x}Mn^{3+}_{1+x}Mn^{4+}_{1-x}O_4$와 같이 Mn^{3+} 분율이 차츰 증가한다. 팔면체 환경의 $Mn^{3+}(d^4)$ 이온은 Jahn–Teller 활성을 띠고, 그에 의해 $Li_{1+x}Mn_2O_4$에서는 입방 → 정방의 구조 왜곡이 일어난다. 이러한 구조 왜곡과, 아울러 그에 수반된 $LiMn_2O_4$ 결정의 형태/부피 변화는 전해질–음극 계면의 일체성을 손상시키며, 전지 성능의 저하를 재촉한다. 최근 많은 관심을 받으며 음극 물질로 고려되는 물질은 감람석(그림 1.45) 구조의 $LiFePO_4$이다. 이 물질 역시 Goodenough에 의해 제안되었으며 Li 탈삽입 과정의 $Fe^{2+/3+}$ 산화–환원 쌍을 이용한다. 이 물질의 장점 중 한 가지는 가격과 독성 면에서 매우 유리한 Fe, P를 조성으로 한다는 점이다.

전기화학 전지의 사용에서 발생하는 장애의 대부분은 전극과 전해질의 계면에 관련된다. 금속성 전극과 이온 전도성 전해질이 합체되어 동작될 때, 그 경계에서는 전하 축적에 의한 계면 분극이 일어나 원활한 전류 흐름을 가로막는다. 이러한 문제는 Li_xCoO_2와 같이 전해질의 이동성 이온뿐만 아니라 전자를 전도시킬 수 있는 **가역 전극**(reversible electrode)을 사용함으로써 해결될 수 있다. Li 가역 전극에서는 Li 이온이 전극/전해질 계면을 통해 출입하는 과정에 분극 문제가 거의 발생하지 않는다.

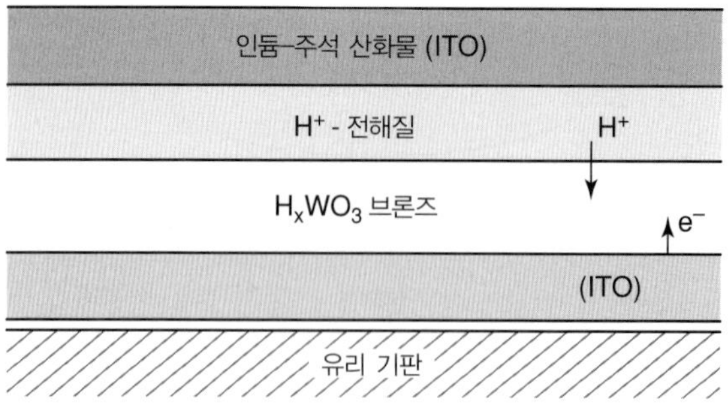

그림 8.36 텅스텐 브론즈 삽입 전극을 기반으로 한 박막 전기변색 소자.

전기변색(electrochromic) 소자, 스마트 윈도우

Na_xWO_3와 같은 텅스텐 브론즈는 가역 전극 역할을 할 수 있으며, 전기변색 소자와 스마트 윈도우에 사용되어진다. 텅스텐 브론즈의 바탕 구조 WO_3는 ReO_3와 유사하게 꼭짓점 공유된 WO_6 팔면체의 골격을 가지면서 우수한 Na^+ 이동 환경을 제공한다(그림 1.43). 즉, 상호 교차된 통로들의 3차원 네트워크가 구조 전반을 관통하고 있어 Na^+ 등 알칼리 이온의 3차원상 이동이 용이하다. W의 산화 상태는 +V와 +VI 사이에서 달라지며, 텅스텐 브론즈 고용체 전극의 작동 과정에 대한 화학 반응은 다음과 같다.

$$x\text{Na}^+ + \text{WO}_3 + xe^- \rightarrow \text{Na}_x\text{W}_x^{\text{V}}\text{W}_{1-x}^{\text{VI}}\text{O}_3$$

박막 상태의 순수한 WO_3는 거의 무색투명이고 완전히 비어 있는 W 5*d* 띠를 갖는다. 그러나 Na^+와 e^-의 삽입과 함께 전자가 전도 띠(W 5*d*)를 채우게 되면 *d*–*d* 전이와 빛의 흡수가 일어나 WO_3 박막이 진한 청색으로 변한다. WO_3의 색깔 변화는 전기에 의해 가역적으로 조절되므로 텅스텐 브론즈에서 양이온을 제거하면 W의 산화와 함께 다시 무색으로 되돌려진다. 이러한 작용은 다양한 전기변색 소자 응용에 적용될 수 있다(그림 8.36).

기체 센서

고체 전해질을 갖는 전기화학 전지는 기체의 분압이나 액체에 용해된 기체 농도를 측정하는 데 사용될 수 있다. 그림 8.37(a)는 안정화 지르코니아를 고체 전해질로 사용하는 산소 농도 전지의 모식도이다. 여기서 지르코니아는 한쪽 끝이 뚫린 관의 형태이고 그 내벽과 외벽에는 산소 기체의 흡수와 방출을 돕기 위한 다공성 금속 전극이 도포되어 있다. 관 내부에는 공기와 같은 기준 기체가 채워져 있다. 만일 측정 시료의 산소 분압(P'_{O_2})이 기준 압력(P''_{O_2})보다 낮다면 O^{2-} 이온은 고체 전해질을 거쳐 우측에서 좌측으로 이동한다(그림 (ii)). 양쪽의 산소 분압 차이와 발생 전압 간 관계는 Nernst 공식으로 표현될 수 있다.

$$E = \frac{RT}{4F}\log_e\left(\frac{P''_{O_2}}{P'_{O_2}}\right) \tag{8.46}$$

기체 센서는 개회로 상태, 즉 전류 흐름이 없이 동작된다. 단지 내부 전극과 외부 전극 사이의 전압 차이로부터 P'_{O_2}를 감지하거나 측정하는 것이 그 기능이다.

기체 센서의 작동에서는 기체–고체 경계에서의 평형이 필수적으로 전제되므로 전도 이온의 이동이 충분히 빨라야 한다. 따라서 산소 센서는 고온에서 사용되며 그 측정 하한은 10^{-16} atm으로 매우 낮다. 안정화 쏘리아(stabilized ThO_2) 전해질은 YSZ보다 넓은 산소 분압에 대해 이온 전도도를 유지하며 $P_{O_2} < 10^{-16}$ atm 이하에 대한 측정도 가능하다. 산소 농도 전지의 대표적 예는 지르코니아 탐침이며, 차량 배기가스나 대기오염의 측정, 호흡 중의 산소 소모량 측정, CO/CO_2, H_2/H_2O, 금속/금속 산화물 간 평형 연구 등 다양한 용도를 갖는다. 산소 농도 전지를 사용하여 용융 철강의 산소 활성을 알아낼 수도 있다. 탐침을 용융액에 담그는 방식이 사용되는데, 산소 농도는 보정된 수치계를 통해 주어지며 탐침의 감응은

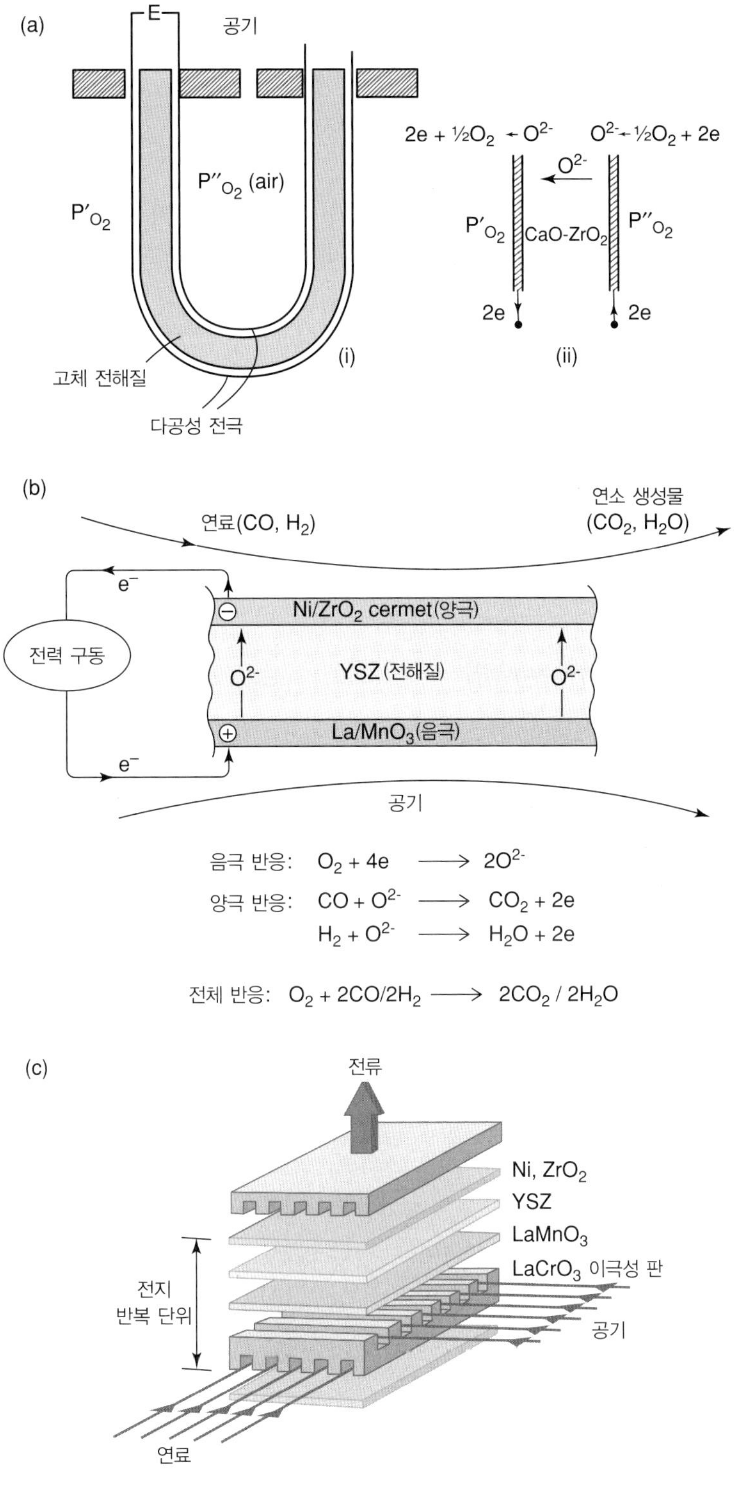

그림 8.37 안정화 지르코니아가 사용된 (a) 산소 농도 전지와 (b, c) 고체 산소 연료 전지.

매우 빠른 편이다.

운반율(transport number) **측정**

산소 농도 차이에 의해 산소 전도체 막에 발생되는 전압은 식 8.46으로 주어진다. 그러나 막이 산소 이온과 전자의 혼합 전도체라면 실제 발생 전압 E_{exp}은 그보다 낮아지며 구체적으로는 이온성 운반율 t_i에 따라 달라진다.

$$t_i = E_{exp}/E_{theor} \tag{8.47}$$

따라서 그림 8.31(a)와 같은 전지는 운반율의 측정에 사용될 수도 있다.

고체 산소 연료 전지(SOFC), **수증기 전해조**(steam electrolyser), **산소 펌프**

고온 SOFC 응용에서 안정화 지르코니아는 관이나 박막 형태로 사용되고, 또한 전해질이나 분리막 역할을 한다. 두 전극 부분 중 한쪽에는 공기나 산소(O_2)가 포함되고 다른 쪽에는 연료 기체(H_2, CO, …)가 포함된다. 지르코니아는 다공성 Ni 양극과 혼합 전도체 $LaMnO_3$ 음극 사이에 포개어 끼워진다. 전지 반응은 연료에 따라 약간 다르지만 공통적으로 '$H_2 + {}^1/_2O_2 \rightarrow H_2O$' 또는 '$CO + {}^1/_2O_2 \rightarrow CO_2$'와 같은 연소 과정이다. 이러한 유형의 연료 전지는 전극의 분극 문제를 최소화시키고 전류 고밀도(예: 0.5 A cm^{-2})를 구현할 수 있다는 장점을 갖는다. 그림 8.37(b)와 (c)는 적층형 SOFC의 작동과 구조를 나타낸다.

연료 전지의 전류 방향을 (외부 전원을 써서) 뒤바꾸면 전해조가 되며, 에너지 저장 수단으로 사용될 수 있다. 이를테면, 수증기를 H_2와 O_2로 분해하여 저장하는 것이다. 또는 우주선에서 CO_2로부터 O_2의 재생, 액체 금속의 탈산소화, 기체 정제를 위한 산소의 강제 이송에 사용될 수도 있다.

8.6 유전체(dielectric material)

이상적으로 혹은 이론적으로 유전체는 직류 전기 전도도가 0이어야 한다. 유전 성질은 축전기(capacitor) 내에서 물질이 나타내는 거동으로부터 정의될 수 있다. 축전기는 평행하게 마주 보는 두 개의 도체 판으로 구성되며, 그들 간의 거리(d)는 판의 가로세로 길이에 비해 매우 짧다(그림 8.38(a)). 판 사이가 진공일 때의 **축전 용량**(capacitance), C_0는 다음과 같이 정의된다.

$$C_0 = \frac{\varepsilon_0 A}{d} \tag{8.48}$$

ε_0는 진공의 유전율, 8.854×10^{-12} F m^{-1}이고 A는 판의 면적이다. ε_0가 상수이므로 진공의 축전 용량은 축전기의 d와 A에만 의존한다. 두 판 사이에 V의 전압을 인가하면 Q_0만큼의 전하가 저장된다.

$$Q_0 = C_0 V \tag{8.49}$$

한편 판 사이에 유전체를 위치시키고 같은 전압 V를 인가한다면 저장되는 전하량이 Q_1으로 늘어나고 축전 용량 또한 C_1으로 증가한다. 이는 전압 V가 인가될 때, 전자나 이온의 원거리 이동이 일어나지는 않지만 최외각 전자의 전하 구름이 분극되기 때문이다. 전압 인가가 중단되면 분극 상태도 사라진다. 유전체에 의해 증가된 축전 용량을 이용하여 그 물질의 **유전 상수**(dielectric constant) 또는 **상대 유전율**(relative permittivity), ε'를 정의한다.

$$\varepsilon' = \frac{C_1}{C_0} \tag{8.50}$$

ε'의 크기는 물질의 분극 정도에 따라 달라지며, 진공은 1, 공기는 1.0006의 값을 갖는다. Al_2O_3, NaCl과 같은 대부분의 이온성 고체에서 $\varepsilon' = 5-10$이고, $BaTiO_3$ 등의 강유전체(ferroelectric)에서 $\varepsilon' = 10^3-10^4$이다.

유전체에 전압을 인가하는 상황에 대한 관련 용어는 다소 다양하고 혼동되기까지 하다.[9] 표 8.7은 주요 용어와 기호/단위(SI 위주)를 요약하고 있다. 유사 성격의 몇몇 용어는 묶어서 취급될 수 있다. 예를 들어 '인가 전기장(applied field, E_0)'이 외부에서 가해진 전기장을 가리키는 한편, '국부 전기장(local

9) 가장 기본적인 용어, 유전 상수(유전율)만 보더라도 dielectric constant, relative permittivity, dielectric permittivity 등의 용어가 혼용되며 기호 표현 또한 ε', ε_r, κ으로 다양하다.

field, E_{local})'은 물질 내의 영구 또는 유도 쌍극자에 의한 내부 전기장이 고려된 크기이다. '축전 용량(capacitance)'은 주어진 전압 하에서 저장될 수 있는 '전하량(charge)'을 가리키므로 이 둘 또한 연관된 용어이다. 축전 용량은 단위 면적당 전하량으로 산출되거나 '단위 면적/두께'당 전하량으로 표현된다. **분극**(polarization)은 양전하와 음전하의 분리 및 해당 전하량의 크기를 나타내므로 축전 용량과 관계된다.

전기장에 대한 물질의 반응은 **유전율**(permittivity, ε'), **분극도**(polarizability, α), **유전화율**(dielectric susceptibility, χ)의 3가지 용어로 묘사되는데, 사실 이들은 동일한 현상에 대한 다른 방식의 정의일 뿐이다. 유전화율은 상대 유전율로부터 진공 유전율의 기여 성분을 뺀 값이다.

$$\varepsilon_0\chi = \varepsilon_0\varepsilon' - \varepsilon_0; \quad \chi = (\varepsilon' - 1) \tag{8.51}$$

분극도는 전압 E_0에 의해 생성된 쌍극자 모멘트 p를 나타내며(그림 8.38(b)), 분극(P)은 모든 쌍극자 모멘트들의 기여 합계이다. 단위 부피당 i개의 쌍극자가 존재할 때,

$$P = \sum_i p_i = \sum_i \alpha_i E_{\mathrm{local},i} \tag{8.52}$$

같은 물질에서도 ε', α, χ 값은 측정 조건이 직류인지 교류인지에 따라, 또한 교류 주파수에 따라 크게 달라진다. 이는 물질 내의 다양한 과정에 의해 쌍극자 생성과 재배향이 일어나고 각 과정의 감응 시간 차

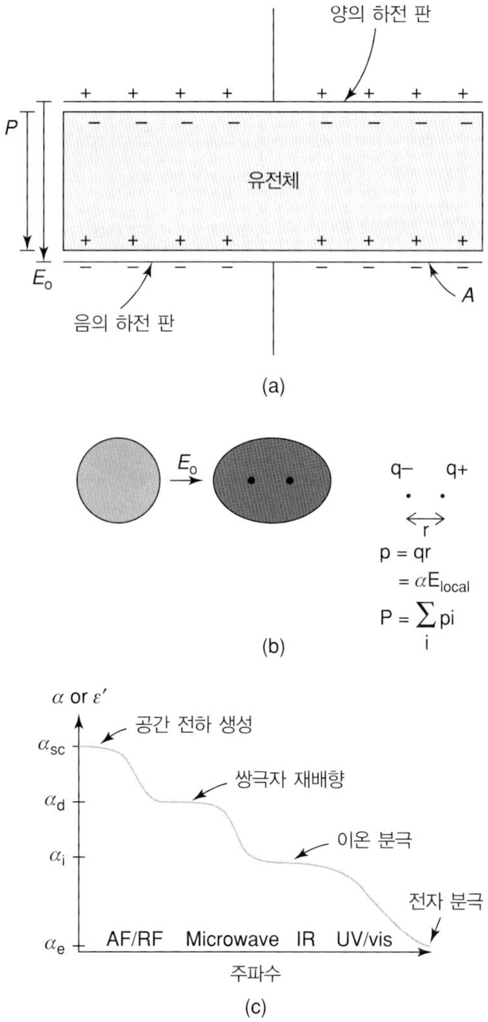

그림 8.38 (a) 평행 판 축전기 사이에 놓인 유전 물질, (b) 전기장 하에서 유도 쌍극자의 생성, (c) 분극도와 유전율의 주파수 의존성.

표 8.7 유전체에 대해 사용되는 용어와 단위

용어	기호	단위
인가 전기장	E_0	$\mathrm{V\ m^{-1}}$
국부 전기장	$E_{local}\ (=E_0+E_1+\cdots)$	$\mathrm{V\ m^{-1}}$
전하량	Q	C
축전 용량	C	F 또는 $\mathrm{C\ V^{-1}}$
	C/단위 면적/두께	$\mathrm{F\ m^{-1}}$
	C/단위 면적	$\mathrm{F\ m^{-2}}$
(상대) 유전율 또는 유전 상수	ε' 또는 ε_r	없음
진공의 유전율	ε_0	$\mathrm{F\ m^{-1}}$
분극도	α	$\mathrm{C\ m^2\ V^{-1}}$ 또는 $\mathrm{F\ m^2}$
쌍극자 모멘트	p	C m
분극	$P(=\Sigma p/$부피$)$	$\mathrm{C\ m^{-2}}$
유전화율	χ	없음

원이 다르기 때문이다(그림 8.38(c)). 고주파 극한(자외선/가시광선 대)에서는 개별 원자의 전자 전하 구름이 약간 이동함으로써 원자핵의 무게중심과 음전하 분포의 무게중심이 불일치하게 된다(그림 8.38(b)). 이는 곧 **전자 분극도**(electronic polarizability, α_e)에 해당한다.

주파수 감소와 함께 개별 원자나 이온의 소폭 이동이 일어날 수 있다. 이러한 거동은 격자의 진동 모드에 영향을 주기 때문에 적외선/라만 분광도의 피크 위치 변화로부터 확인될 수 있다. 이 주파수에서는 **이온 분극도**(ionic polarizability, α_i)가 나타난다. 주파수를 더욱 낮춰 마이크로파 대에 이르면 분자 운동, 즉 분자 회전과 쌍극자 재배향이 일어나면서 **배향 분극도**(orientational polarizability, α_d)가 생겨난다.

끝으로 저주파 극한(라디오파, 가청파)에서는 이온이나 전자의 원거리 이동이 가능하며, 직류 전도가 일어나지 않는다면 전하의 분리와 함께 **공간 전하 분극도**(space charge polarizability, α_{sc})가 발생한다. 물질의 분극도 α는 모든 부분 요소의 합이다.

분극도와 유전율은 비슷한 주파수-의존성을 가지며(그림 8.38(c)), **Clausius−Mossotti 관계**에 의해 연관 지어진다. 다음은 이 관계에 대한 표현식 중 한 가지이다.

$$\frac{\varepsilon'-1}{\varepsilon'+2}=\frac{N\alpha}{3\varepsilon_0} \tag{8.53}$$

α는 화학식당 분극도이고 N은 단위 부피당 화학식 단위 개수이다. 이 관계는 균일하고 등방성이면서 영구 쌍극자를 갖지 않는 물질에 적용 가능하다. 위로부터 ε'와 α 사이의 연관성이 제시되지만, 실제 이들의 주파수-의존성은 그림 8.38(c)처럼 뚜렷하지 않으며, 식 8.53은 반정성적인 지침으로 고려되어야 한다. 가시광선 영역에서는 α_e만이 α에 기여하며, 유전율과 굴절 계수 n이 다음과 같이 연관된다.

$$\varepsilon'=n^2 \tag{8.54}$$

대부분 고체의 n은 1.4−2.9 범위이므로 위 관계에 의해 고주파 극한의 ε' 값은 2−8 범위여야 할 것이다. 실제 Al_2O_3, MgO, $MgAl_2O_4$와 같은 절연체는 5−10 범위의 유전율을 나타내 α_i, α_d, α_{sc}의 기여가 거의 없음을 알 수 있다.

8.6.1 유전체와 전도체

전기적 거동 면에서 유전체와 전도체는 두 가지 극한 부류의 물질에 해당한다. 유전체에는 최외각 전자의 전하 구름 분포의 작은 변화 외에 아무런 전하 이동 요소가 없다. 반면 전도체에서는 이온이나 전자 중 하나 이상이 원거리에 걸쳐 이동할 수 있다. 그러한 이동은 원자, 이온, 전자의 열에너지에 의해 무작위적 방향성으로 일어나지만, 전압이 가해질 경우 전기장 방향을 따라 알짜 전하 이동(표류)이 일어날 수 있다.

이 두 극한 거동 사이에는 전하의 단거리 이동 양상에 따른 단계별 현상들이 나타나며, 각각에 해당하는 다양한 물성과 응용 분야가 펼쳐진다(그림 8.39). 자세한 논의에 앞서 이들을 간단히 요약하도록 하겠다.

저손실 유전체(low-loss dielectric)는 전하 이동 요소를 갖지 않으며, 전자 회로의 기판에 주로 이용된다. 전자 회로는 기판 위에 박막 식각 등의 기법으로 회로 요소를 입혀 만들어지는데 이때 기판의 절연성이 매우 중요하다. 이 소재는 엔진의 점화 플러그의 절연재료로, 또한 송전탑 사이에 전력 케이블을 설치하는 데에도 사용된다. 전선과 케이블의 절연 덮개로는 절연체 세라믹뿐만 아니라 PVDF[poly(vinylidene difluoride)]와 같은 비전도성 고분자가 사용되고 있다.

고유전율 유전체(high-permittivity dielectric) 역시 전기 전도도와 유전 손실이 낮지만 상대적으로 높은 범위(50−150)의 유전율을 갖는다. 이들은 **마이크로파 유전체**로 사용되며 이동통신 산업에서 필수적인 요소이다. 휴대 전화기 내 마이크로파 수신기의 크기는 사용된 유전체의 유전율에 반비례한다. 따라서 이동 전화기의 소형화는 우수한 마이크로파 유전체의 개발에 의존할 수밖에 없다.

비극성 유전체는 중심대칭적(centrosymmetric) 결정 구조를 갖는다. 즉, 결정 격자의 양이온과 음이온의 배열 방식으로부터 비롯한 쌍극자 모멘트가 없다. 비결정성 극성 유전체의 고전적 예는 H_2O 분자이다(그림 8.40(a)). H_2O에서 전기 음성도가 더 큰 산소 원자는 $q-$의 전하를 띠고, 수소 둘의 총 전하는 $q+$이다. 물 분자는 비선형이면서 중심비대칭적(non-centrosymmetric)이므로, 양전하와 음전하의 공간적 분리와 함께 쌍극자 모멘트를 갖는다. 전압 V가 인가될 때 물 분자는 그림 8.40(b)와 같이 회전할 수 있고, 그로 인해 액체 H_2O는 81의 유전율을 갖는다.

결정성 유전 물질 중 중심비대칭적인 것들은 **극성 유전체**로 분류되며, 전기장에 의해 알짜 분극과 쌍극자 모멘트가 달라짐으로써 높은 유전율을 나타낼 수 있다. 이들 중 잘 알려진 고전적 예는 강유전체 $BaTiO_3$이다. 이 물질의 상온 구조인 정방 다형체에서 Ti^{4+} 이온은 TiO_6 팔면체 중심을 약간 벗어나 쌍극자 모멘트를 발생시킨다(그림 8.40(c, d)). 보다 정확하게 말해, Ti^{4+} 이온은 팔면체 내에서 '요동(rattling)'하면서 꼭짓점 산소 6개 중 하나에 선택적으로 가까워진다. 전기장에 따라 Ti^{4+} 이온의 위치가 재빨리 바뀔 수 있기 때문에 $BaTiO_3$는 12,000에 달하는 매우 높은 유전율을 가질 수 있다. 이와 같이 높은 유전율

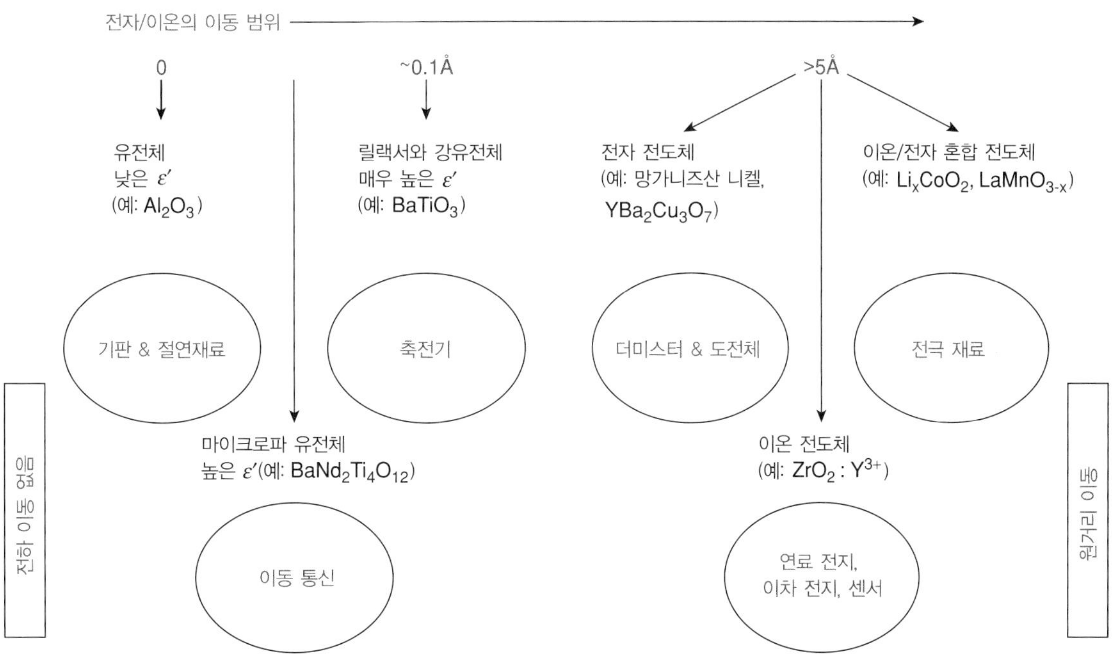

그림 8.39 낮은 전압 조건에서 다양한 전자세라믹 물질의 감응.

은 막대한 양의 전하 저장(식 8.50)을 가능케 하며, 관련 물질은 축전기의 핵심 요소가 된다(연간 축전기 제작 수량은 10^{12}개 이상이다). 높은 유전율에 더해, 강유전체에서는 전기장에 의한 쌍극자 모멘트 방향의 반전과 이력 고리(hysteresis loop)가 관찰될 수 있다(그림 8.40(e)). 강유전체의 전기적 이력 거동과 강자성체가 나타내는 자기적 이력 거동은 서로 평행 대응되는 흥미로운 비교 대상이다.

극성 유전체의 유전율에 영향을 줄 수 있는 외부 자극은 전기장 외에도 열과 압력이 있다. 일부 극성 유전체에서는 온도에 따라 이온 간 결합 거리나 결합 각도가 달라지면서 유전율이 변한다. 이러한 성질을 보이는 물질을 초전체(pyroelectric)라 부른다. 초전성 물질은 야간 카메라 등에 내장된 열감지 센서 부품으로 사용된다. 방열체에 의한 온도 변화는 초전성 탐지기에 형성되는 전압 변화로부터 감지될 수 있다.

초전성과 관련된 현상으로, 압전성(piezoelectricity)은 기계적 압력에 의해 물질 내에 쌍극자가 새로이 생성되거나 기존의 쌍극자가 방향을 바꾸는 성질이다. 이 성질을 이용하여 가스 라이터의 스파크 발화나 트릭 볼펜의 조작과 같이 압력 인가를 통해 전압 변화를 이끌어내는 예가 있다. 또 다른 응용에서는 교류 전압 인가에 의해 압전체가 기계적으로 변형됨과 함께 압전 변환기에서 음파가 발생된다. 여기 사용되는 압전 변환기는 해저 음파 탐지 장치와 같은 원리로 작동한다. 가장 널리 사용되는 압전체는 Pb−Zr−Ti−O 계열의 페로브스카이트이며 대략적인 조성은 $Pb(Zr_{0.48}Ti_{0.52})O_3$이다.

극성 유전체는 강유전체인지 여부에 따라 두 종류로 구분될 수 있다. 강유전체에서는 전기장에 따라 쌍극자 배향이 바뀌고, 비-강유전체(non-ferroelectric)에서는 쌍극자 성분의 크기가 달라지지만 배향에는 변화가 없다. 강유전체에서의 원자 이동에 대한 이해는 어느 정도 충분히 이루어졌으며, 그 이동 거리는 결합 길이에 비해 약간(0.1−0.3 Å)에 불과하다(그림 8.40(c, d)). 이들과 달리, 어떤 물질에서는 쌍극자 재배향이 일어나지만 이력 거동을 나타내지는 않는다.

이원자가 치환된 알칼리 할로젠화물(예: Ca-치환된 NaCl)에서 +2가 양이온의 치환에 대한 전하 보상은 같은 수의 양이온 빈자리를 통해 이루어진다. 전체적인 전기 중성이 유지되지만, 빈자리 V'_{Na}가 알짜 음전하를 띠고 치환 이온 $Ca^{\bullet}_{Na}$이 알짜 양전하를 띠기 때문에 두 결함이 회합하여 쌍극자 단위를 만들어낸다. 이들에서 Ca^{2+}의 위치는 거의 고정적이지만 양이온 빈자리의 도약이 가능하기 때문에 쌍극자 재배향이 일어날 수 있다. 빈자리 도약이 열에너지에만 의존하는 경우 그 방향이 무작위적이지만, 전기장 인가 하에서는 도약 방향이 제약되면서 쌍극자의 부분적 정렬이 일어날 수 있다.

릴랙서(relaxor, 완화 강유전체) 물질에는 원거리 강유전 구역 대신에 단거리 차원에서만 평행 정렬된 쌍극자 뭉치가 존재한다. $Pb(Mg_{1/3}Nb_{2/3})O_3$ (PMN)은 대표적 릴랙서이며 페로브스카이트의 팔면체 중심 자리에 무질서 배열된 Mg^{2+}/Nb^{5+}를 갖는다. Mg^{2+}는 Nb^{5+}보다 반경이 더 크고, 이상적 팔면체 환경에서 안정하다. 즉, 둘 중 Nb^{5+} 이온만이 팔면체 중심을 벗어나는 거동을 보인다. PMN은 무질서 배열된 MgO_6 팔면체와 NbO_6 팔면체로 이루어지며, 중심대칭적 MgO_6 팔면체는 극성 구역의 원거리 차원 성장을 효과적으로 차단하게 된다. PMN과 같은 릴랙서의 유용한 속성은 강유전체(ferroelectric)−상유전체(paraelectric) 전이가 넓은 온도 범위에 걸쳐 완만하게 진행된다는 것이다. 그 결과 릴랙서는 상당히 넓은 범위에 걸쳐 높은 유전율을 유지한다. 한편 $BaTiO_3$와 같은 강유전체는 유전율의 최댓값이 매우 큰 반면에 전이 온도 부근의 좁은 범위에서 유전율이 급격히 증감한다. 축전기에서는 정해진 온도 범위에서 축전용량이 일정하게 유지되어야 하므로 릴랙서의 주요 응용 분야 중 하나이다.

이상에서, 유전체부터 누설성(leaky, lossy) 유전체에 이르는 전기적 절연체들을 훑어보았다. 이들에서의 전하 이동은 원자간 결합 거리에 비해 훨씬 짧은 수준에 그친다. 전자(정공)나 이온, 또는 둘 모두의 원거리 이동을 위해서는 직류 전도가 일어나야 하며(그림 8.39), 이는 앞서 논했던 반도체, 금속, 고체 전해질, 혼합 전도체의 영역이 된다.

8.7 강유전체(ferroelectric)

강유전성 물질이 보통의 유전체와 차별화되는 면은 (i) 유전율이 대단히 높고 (ii) 전기장이 제거된 후에도 잔류 분극이 유지되며, (iii) 전기장(E) 방향의 역전에 의해 분극(P)이나 쌍극자 모멘트가 가역적으로 반전될 수 있어 P−E **이력 고리**(hysteresis loop)가 나타난다는 데 있다. 보통의 유전 물질에서는 P와 전하량(Q)이 E에 비례하여 증감한다. 강유전체에서는 P와 E가 단순 선형 관계를 따르는 대신, 이력 고리와 함께 좀 더 복잡한 거동이 나타난다(그림 8.40(e)). 우선 전압 증가와 함께 분극이 일어나지만 전압이 감소

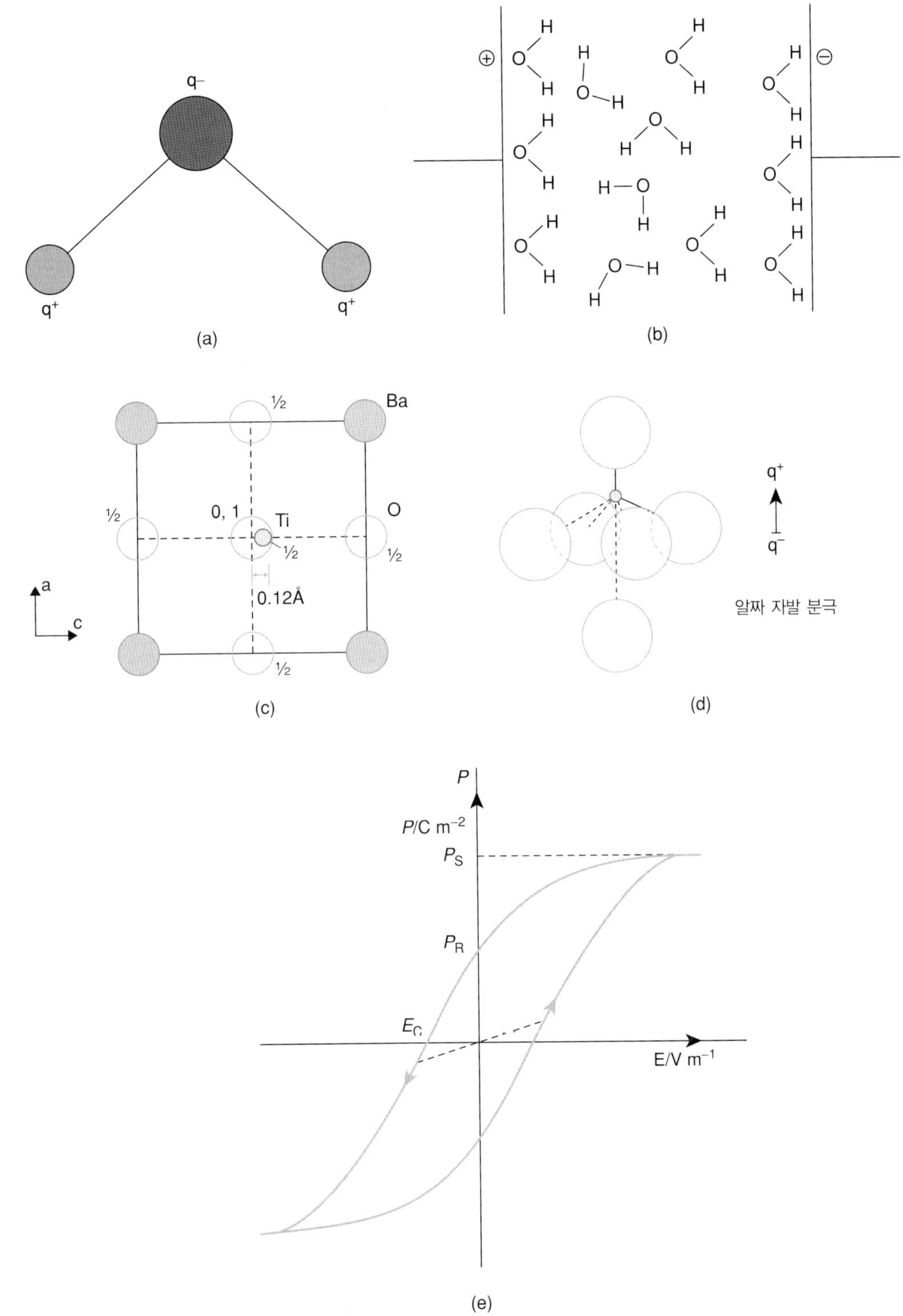

그림 8.40 (a) 극성 물 분자, (b) 전기장 하에서 물 분자의 재배향, (c) 정방 $BaTiO_3$의 극성 구조, (d) $BaTiO_3$에서 TiO_6 팔면체의 자발 분극; 이러한 분극은 동등한 6가지 다른 배향으로 일어날 수 있다. (e) 강유전체의 이력 고리; 원점을 지나는 파선은 일반 유전체의 거동을 나타낸다.

할 때 가역적으로 감소하지 않는다. 강한 전기장 하에서 강유전체는 **포화 분극**(saturation polarization, P_S)을 나타낸다. $BaTiO_3$의 경우 23 °C에서 $P_S = 0.26\ C\ m^{-2}$이다. 포화 분극 상태로부터 전기장이 제거되어 $E = 0$이 된 후에도 강유전체가 유지하는 분극 값을 **잔류 분극**(remanent polarization, P_R)이라 한다. P를 0으로 만들기 위해서는 반대 방향으로 **항전계**(coercive field, E_C)만큼의 전기장이 가해져야 한다.

보편적인 강유전성 물질들(표 8.8)의 구조적 특징은 한 종류의 양이온(예: $BaTiO_3$에서 Ti^{4+})이 음이온 이웃들에 대비하여 상당히 큰 정도로(~0.1 Å) 위치 이동한다는 점이다. 이러한 전하 이동은 영구 쌍극자를 형성시키고, 나아가 강유전체의 전형적 범위에 해당하는 높은 유전 상수를 발생시킨다.

$SrTiO_3$ 또한 페로브스카이트 구조이며 그 단위세포는 그림 1.41에 나타내어져 있다. 원시 입방 단위세포에서 Ti는 꼭짓점의 팔면체 중심 자리, O는 모서리 중심, Sr은 체심 위치에 놓인다. TiO_6 팔면체는 꼭짓점 공유로 연결되어 3차원 골격을 형성한다. Sr은 이 골격 내에서 12배위 동공을 점유한다. 물론 다른 방식으로 단위세포를 설정할 수도 있다. 예를 들어 Sr이 꼭짓점, Ti가 체심에 놓이는 것도 가능하다.

$BaTiO_3$의 경우 120 °C 이상에서는 위와 같은 입방 구조가 안정하고 모든 전하들이 대칭적으로 배열되기 때문에 알짜 쌍극자 모멘트를 갖지 않는다. 이 온도에서 $BaTiO_3$는 유전 상수가 매우 높다는 점을 제외하면 보통의 유전체와 유사하게 거동한다. 120 °C 아래에서는 $BaTiO_3$의 구조 왜곡이 일어난다. TiO_6 팔면체에서 Ti가 중심을 벗어나 한 꼭짓점을 향해 이동하므로 더 이상 정팔면체 기하가 유지되지 못하는 한편(그림 8.40(c)), 자발 분극(spontaneous polarization, P_s)이 생겨난다(그림 8.40(d)). 만일 모든 TiO_6 팔면체의 Ti가 비슷하게 평행 이동한다면 고체의 알짜 분극이 발생하게 된다.

강유전체 $BaTiO_3$에서 각각의 TiO_6 팔면체는 항상 분극된 상태이며, 외부 전기장의 인가는 개개 쌍극자들이 전기장 방향을 따라 나란히 정렬하도록 유도하는 작용이라 하겠다. 포화 분극 상태는 쌍극자들이 모두 완벽하게 정렬될 때 얻어질 수 있다(그림 8.40(e)). 실험적으로 측정된 P_S의 크기는 Ti가 팔면체 중심에서 꼭짓점 방향으로 약 0.1 Å만큼 이동했음을 가리킨다. 실제 이 거리 값은 X-선 결정학으로부터 검증되었는데, 0.1 Å(= 10 pm)은 TiO_6 팔면체에서 Ti−O 평균 거리 ~1.95 Å에 비하면 상당히 작은 값이다. 그림 8.41(a)는 $BaTiO_3$와 같은 강유전체 내부의 쌍극자 정렬을 모식적으로 나타낸다. 각각의 화살표는 왜곡된 TiO_6 팔면체를 나타내며 모두에서 왜곡의 방향이 같다.

강유전성 $BaTiO_3$에서는 인접한 TiO_6 팔면체들이 평행하게 정렬되어진 **구역 구조**(domain structure)가 형성될 수 있다(그림 8.41(d)). 구역의 크기는 약간씩 다를 수 있지만, 대개 수십 내지 수백 Å 범위로 꽤 큰 편이다. 단일 구역 내의 쌍극자 배향은 모두 같기 때문에 각각의 구역은 거대한 쌍극자로 취급될 수 있다. 시료의 알짜 분극은 개개 구역별 분극들의 벡터 합이 된다.

강유전체에 전기장을 인가하면 P가 달라진다. 그 원인이 될 수 있는 몇 가지 세부 과정은 다음과 같다:

(가) 구역의 분극 방향이 달라질 수 있다. 이는 곧 구역 내의 모든 TiO_6 쌍극자들이 배향을 바꾸는 것을 의

표 8.8 대표적 강유전성 물질

물질	T_C/°C
$BaTiO_3$	120
Rochelle 염, $KNaC_4H_4O_6 \cdot 4H_2O$	−18 ~ +24
$KNbO_3$	434
KDP, KH_2PO_4	−150
$PbTiO_3$	490
$LiNbO_3$	1210
$Bi_4Ti_3O_{12}$	675
GMO, $Gd_2(MoO_4)_3$	159
PZT, $Pb(Zr_xTi_{1-x})O_3$	x에 의존

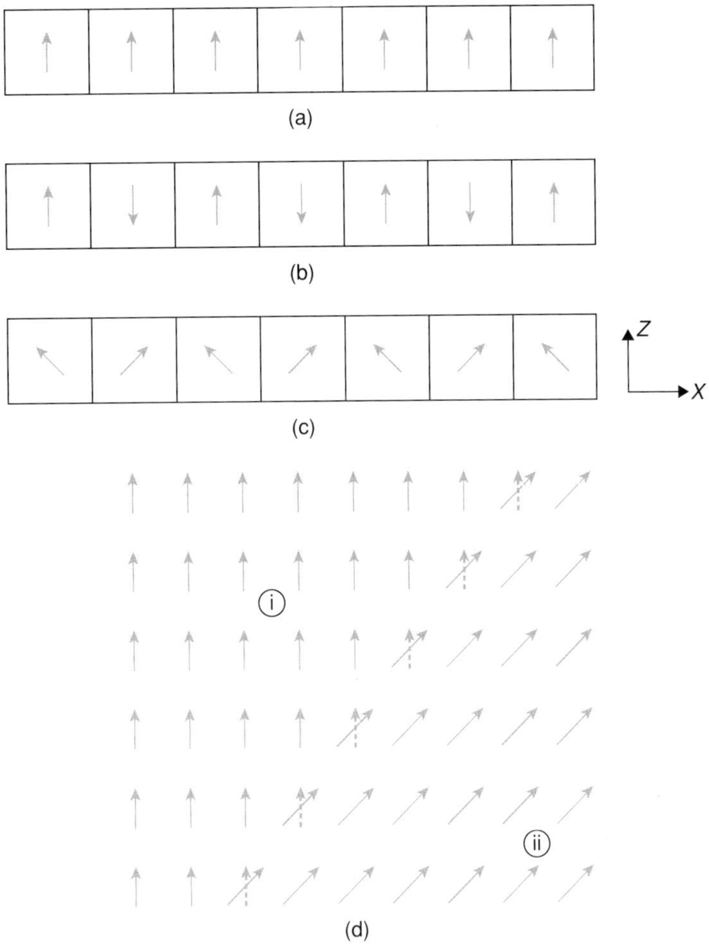

그림 8.41 쌍극자 배향의 모식 표현: (a) 강유전체, (b) 반강유전체, (c) 준강유전체, (d) 구역 경계에 의해 구분된 강유전 구역.

미한다. 예를 들어, 그림 8.41(d)에서 (ii) 구역의 쌍극자들 모두가 (i) 구역의 쌍극자와 평행하도록 재정렬하는 것이다.

(나) 각 구역에서 P의 크기가 증가할 수 있으며, 전기장 인가 이전의 쌍극자 배향이 다소 무작위적이었다면 특히 두드러진다.

(다) 구역 벽의 이동에 의해 구역의 상대 크기가 조정될 수 있다. 전기장 방향에 호응하여 배향된 구역은 확대되고 그렇지 않은 구역은 축소된다. 그림 8.41(d)의 예에서 구역 벽이 우측으로 한 칸 이동함으로써 (i) 구역이 성장할 수 있다. 이를 위해 (ii) 구역 경계의 쌍극자들이 파선 표시된 배향으로 바뀌면서 (i) 구역에 편입되어진다.

강유전 상태는 대개 저온 조건에서 나타난다. 고온으로 갈수록 열적 운동이 증가하면서 인접한 팔면체 내의 이온 변위 동조성을 약화시키고 구역 구조를 무너뜨리기 때문이다. **강유전 Curie 온도**(ferroelectric Curie temperature, T_C)는 물질의 강유전성이 붕괴되는 온도를 가리킨다(표 8.7). T_C보다 높은 온도에서는 물질이 상유전체(paraelectric)로 거동한다: 이 온도 범위에서도 유전 상수가 여전히 높지만(그림 8.42), 잔류 분극이나 이력과 같은 특성은 나타나지 않는다. T_C 이상의 온도에서 ε'는 Curie–Weiss 법칙을 따른다.

$$\varepsilon' = C/(T - \theta) \tag{8.55}$$

C는 Curie 상수이고, θ는 Curie–Weiss 온도이다. Curie–Weiss 온도 의존성은 $(1/\varepsilon')$을 T에 대해 도시했

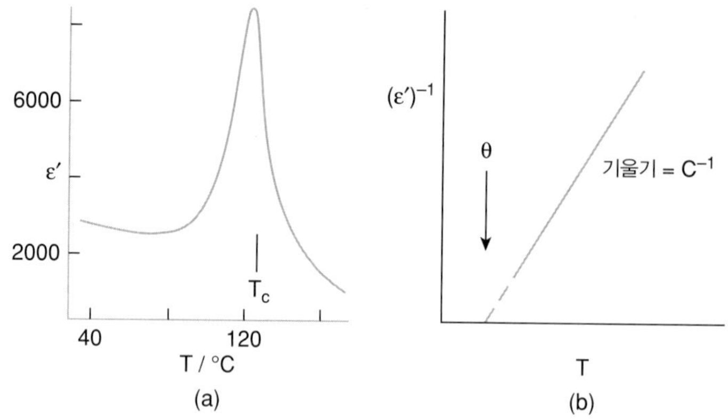

그림 8.42 (a) $BaTiO_3$ 세라믹의 유전 상수와 (b) Curie–Weiss 도표.

을 때 직선형이 나타나는 것으로부터 확인될 수 있다(그림 8.42(b)). 대개 T_C와 θ는 일치하거나 수 °C 이내에서만 다르다.

T_C에서의 강유전–상유전 전이는 질서–무질서 상 전이에 속한다. 그러나 여기서는 이온의 원거리 확산이 일어나지 않는다는 면에서 놋쇠에서와 같은 질서–무질서 현상과 구별된다. 사실 T_C 이하에서 일어나는 질서화는 특정 양상의 다면체 왜곡과 기울임을 포함하므로 **변위성 상 전이**(displacive phase transition)에 속한다. 고온, 상유전 상태에서는 다면체의 왜곡과 기울어짐이 사라지며, 만일 잔존한다 하더라도 무작위화된 상태로 분포된다.

결정이 자발 분극과 강유전성을 갖기 위해서는 결정학적으로 중심비대칭적 공간 군(space group)에 속해야 한다. 대개 경우 T_C 이상의 상유전 상태는 중심대칭을 갖고, 냉각 과정의 전이에 의해 중심비대칭적 공간 군으로 대칭성이 낮아진다.

현재 수백 개의 강유전성 물질이 알려져 있으며 그 중 다수가 왜곡된 (비-입방) 페로브스카이트 구조의 산화물들이다. 이들은 공통적으로 산소 팔면체 틈새에 비해 크기가 작아 왜곡된 환경을 선호하는 양이온을 함유한다. 특히 Ti^{4+}, Nb^{5+}, Ta^{5+}는 강유전성 구조에서 흔히 발견되는 대표적 양이온들이다. 페로브스카이트 산화물 강유전체의 자발 분극과 쌍극자 모멘트는 MO_6 팔면체 내의 비대칭적 결합 환경에서 비롯한다.

모든 비-입방 페로브스카이트들이 강유전체인 것은 아니다. 예를 들어 $BaTiO_3$, $PbTiO_3$와 달리 $CaTiO_3$는 강유전성이 아닌데, 이는 양이온 반경과 관계된다. Ba^{2+}와 같이 큰 양이온은 단위세포를 확대시킴과 동시에 Ti–O 길이를 증가시키고, 그 결과 TiO_6 팔면체 내에서 Ti^{4+}의 이동이 자유롭다. 반면 Ca^{2+}는 매우 작은 이온이며 $CaTiO_3$에서의 Ti–O 거리는 $BaTiO_3$에서보다 훨씬 짧다. 일부 강유전성 산화물들은 최외각 껍질에 비공유 전자쌍을 갖는 양이온을 함유한다. p-블록 중금속 원소가 족 원자가에 비해 2만큼 낮은 산화수를 갖는 경우(예: Sn^{2+}, Pb^{2+}, Bi^{3+}), 즉 비활성 전자쌍 효과를 보이는 이온들이 이에 해당하며, 이들은 비공유 전자쌍의 영향으로 비대칭적 결합을 형성한다.

강유전성 산화물들은 유전 상수가 대체로 높기 때문에(특히 T_C 부근에서) 축전기에 사용된다(그림 8.42). 실용적 관점에서 ε'를 극대화하기 위해서는 Curie 온도를 상온 근처로 이동시켜야 한다. $BaTiO_3$의 경우, Ba^{2+}나 Ti^{4+}를 일부 치환함으로써 Curie 온도를 120 °C 아래로 낮추고 전이를 완만하게 만든다. $Ba^{2+} \leftrightarrow Sr^{2+}$의 치환은 단위세포의 수축과 T_C의 감소를 가져온다. 또한 Ti^{4+}를 '분극 비활성'인 Zr^{4+}나 Sn^{4+}로 치환하면 T_C가 재빨리 낮아진다.

반강유전성(antiferroelectric) 물질에서도 일종의 자발 분극이 일어난다. 여기서는 이웃한 쌍극자들이 서로 역평행 관계로 정렬되어(그림 8.41(b)), 알짜 자발 분극이 0이 된다. 반강유전성은 '반강유전 Curie 온도' 아래에서만 나타나며, 그 이상 온도에서는 보통의 상유전 거동으로 되돌아간다. 반강유전체의 대표적 예와 Curie 온도를 열거하면, $PbZrO_3$ 233 °C, $NaNbO_3$ 638 °C, $NH_4H_2PO_4$ −125 °C이다.

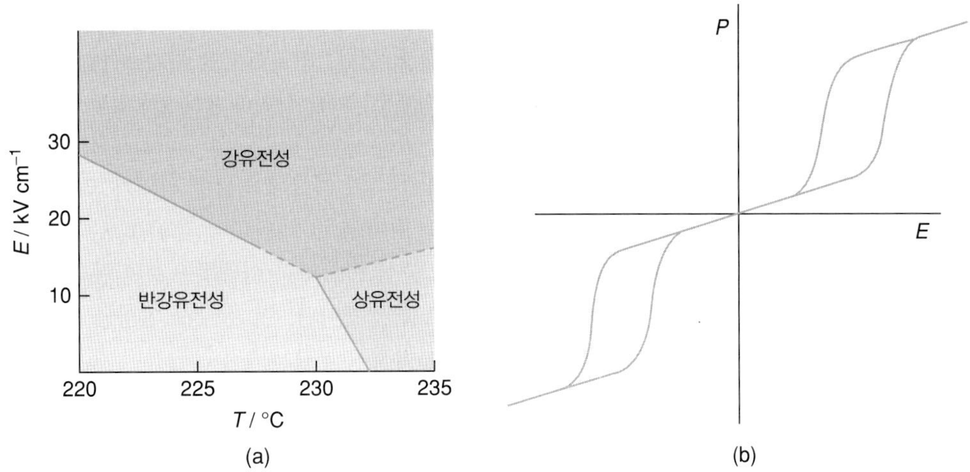

그림 8.43 (a) $PbZrO_3$에서 전기장 E와 온도 T에 의한 반강유전성–강유전성 전이, (b) 전기장 변화에 따른 분극 거동.

반강유전체는 강유전체와 다른 특징을 갖는다. 반강유전 상태는 비극성이고, T_C 부근에서 유전율이 크게 증가하지만 이력 고리를 나타내지 않는다($PbZrO_3$의 ε'은 200 °C에서 ~100이고 230 °C에서는 ~3000이다). 간혹 반강유전 상태의 역평행 쌍극자 배열이 강유전성 평행 배열에 비해 단지 근소하게 안정하며, 이런 경우 작은 조건 변화만으로도 상 전이가 일어날 수 있다. 예컨대 $PbZrO_3$에 전기장을 인가함으로써 반강유전성–강유전성 전이가 유발될 수 있다(그림 8.43(a)). 이때 필요한 전기장 세기는 온도에 따라 달라진다. 그림 8.43(b)는 전기장 세기에 따른 반강유전체의 분극 거동을 나타낸다. 낮은 장에서 $PbZrO_3$는 이력이 없이 반강유전성이지만, 양과 음 각각의 높은 전기장에서는 강유전성이 되면서 이력 고리를 만들어낸다.

또 다른 관련 유형의 분극 현상으로, 그림 8.41(c)는 특정 방향으로만 반강유전성이 일어나는 경우를 나타낸다. 이 예에서, x 방향으로는 반강유전성 구조이면서 알짜 분극이 0이지만 z 방향으로는 알짜 자발 분극이 발생한다. 이러한 구조는 **준강유전체**(ferrielectric)라 불리며, $Bi_4Ti_3O_{12}$와 타타르산 리튬 암모늄 일수화물($LiNH_4C_4H_4O_6 \cdot H_2O$) 등에서 나타난다.

그림 8.44는 일부 강유전체와 반강유전체에서 수소 결합의 역할을 나타낸 것이다. 강유전성 KH_2PO_4와 반강유전성 $NH_4H_2PO_4$는 공통적으로 고립된 PO_4 사면체들이 수소 결합과 양이온(K^+ 또는 NH_4^+)을 통해 연결된 구조를 갖는다. 수소 결합은 이웃한 PO_4 사면체의 산소들을 이어 준다. 위의 두 구조는 수소 결

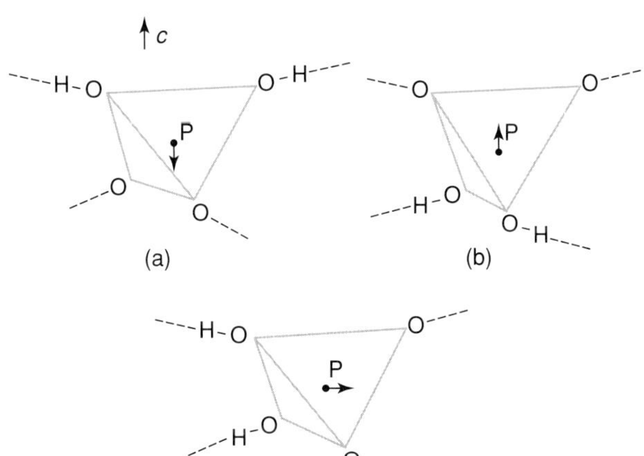

그림 8.44 $PO_2(OH)_2$ 사면체에서 P의 변위와 그에 의한 자발 분극.

합의 H 위치에서 차이를 보인다. PO_4 사면체 각각은 인접한 4개의 PO_4 사면체와 수소 결합을 이루고, 각각의 수소 결합에서 H는 양쪽 산소 중 어느 한쪽으로 치우쳐 있다. 결과적으로 각각의 PO_4 사면체에 대해 2개의 H는 가까이, 다른 2개는 약간 멀리 놓여 있게 되므로, PO_4 사면체마다 2개의 (가까운) H가 딸린 것으로 간주할 수 있다.

고온, 상유전 상태의 KH_2PO_4와 $NH_4H_2PO_4$에서는 각각의 수소 결합에서 H의 위치가 무작위적인 무질서 구조가 나타난다. 저온, 강유전성 KH_2PO_4에서는 2개의 H가 질서 배열되어 각 PO_4 사면체의 위쪽 모서리 O에 결합한다(그림 8.44(a)). 이 H들에 의해 사면체 중심 P가 약간 아래쪽으로 이동하기 때문에 자발 분극이 일어나며, 이때의 쌍극자 방향은 결정학적 c 축과 평행하다. 이 쌍극자 방향을 반전시키기 위해 사면체를 뒤집을 필요는 없다. 대신 수소 결합의 H들이 위치 이동함으로써 마찬가지 효과가 얻어질 수 있다. 그림 8.44(a)에서 위쪽 산소에 부속되어 있던 H들은 측면 방향으로 이동하여 인접 사면체의 아래쪽 산소로 옮겨간다. 그와 동시에 다른 2개의 H가 이동해와서 아래쪽의 산소에 부속된다(그림 8.44(b)). 주목할 부분은 쌍극자의 반전 방향이 c 축에 평행인 데 비해 H의 이동 방향은 c 축에 수직이라는 점이다.

반강자성 $NH_4H_2PO_4$에서는 각 사면체의 H 2개가 위쪽 산소 1개와 아래쪽 산소 1개에 부속됨으로써(그림 8.44(c)), c 축에 수직인 방향으로 쌍극자가 생겨난다. 인접한 사면체들에서 이 쌍극자들의 방향이 뒤바뀌기 때문에 결정 전체의 분극은 0이 된다.

8.8 초전체(pyroelectric)

초전성 결정은 중심비대칭적이고 알짜 자발 분극(P_s)을 갖는다는 면에서 강유전체와 연관된다. 그러나 초전체에서는 P_s의 방향이 전기장에 의해 반전되지 않는다. 대개 P_s의 크기는 온도에 따라 달라진다.

$$\Delta P_s = \pi \Delta T \tag{8.56}$$

π는 초전 계수(pyroelectric coefficient)이다. 이 효과는 가열에 의한 결정의 열적 팽창이 쌍극자 길이를 변화시키기 때문에 발생한다. 섬유아연석 구조(그림 1.35) ZnO는 초전 결정의 좋은 예이다. 이 구조는 O^{2-} 이온의 hcp 배열에서 한 종류의 사면체 자리(T_+ 또는 T_-)를 Zn^{2+} 이온이 채움으로써 형성된다. 모든 ZnO_4 사면체가 같은 방향을 향하고, 각 사면체가 쌍극자 모멘트를 가지므로 결정은 알짜 분극을 갖는다. 실제로 ZnO 결정은 (001) 표면과 $(00\bar{1})$ 표면이 각각 Zn^{2+}와 O^{2-} 이온 층으로 종결되어, c 축 방향의 분극을 갖는다. 그러나 대개 경우 극성 불순물 분자의 흡착으로 표면 전하가 중성화되기 때문에 항온 조건에서는 초전 효과가 감지될 수 없다. 대신 결정의 온도 변화에 의해 P_s가 달라질 때에만 초전 효과가 일어난다.

8.9 압전체(piezoelectric)

압전 결정에 기계적 응력(stress)을 가하면, 분극의 발생과 함께 마주 보는 두 결정면에 전하가 발생된다. 강유전체나 초전체와 마찬가지로 압전 결정의 점 군 대칭은 중심비대칭적이다. 압전 거동은 결정 구조와 외력의 방향에 따라 달라진다. 석영을 예로, [100] 방향으로 압축 응력이 가해지면 분극이 발생하지만 [001] 방향의 응력은 아무 효과가 없다. 분극(P), 응력(σ), 압전 계수(d)는 다음 관계를 갖는다.

$$P = d\sigma \tag{8.57}$$

결정 구조의 사면체는 응력에 의해 쉽게 왜곡되기 때문에 사면체 단위를 갖는 많은 결정들이 압전성을 보인다(예: ZnO, ZnS). $PbZrO_3-PbTiO_3$의 고용체인 PZT는 주요 압전체들 중 하나이다. 그림 8.45의 상도표에 표현되듯 $PbTi_{1-x}Zr_xO_3$ 고용체는 반강유전체와 강유전체를 함께 포함하며, 최적의 압전체 조성은 $x \approx 0.5$에서 나타난다.

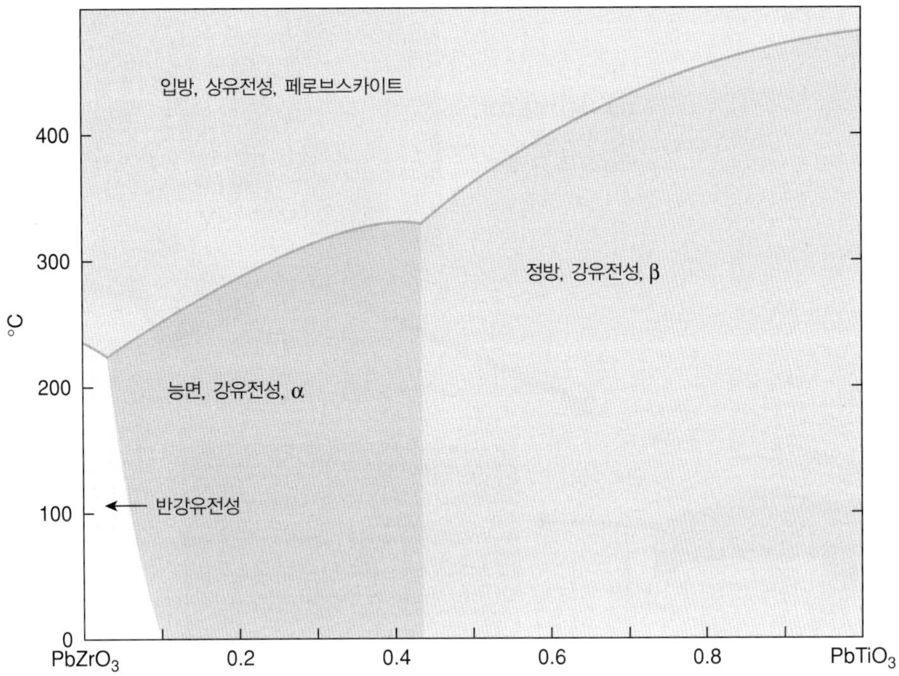

그림 8.45 PZT 계의 상 도표. Data from E. Sawaguchi, J. Phys. Soc. Japan, 8, 615, ©1953 Physical Society of Japan.

8.10 강유전체, 초전체, 압전체의 응용

강유전체는 대개 10^2–10^4 범위의 높은 유전율을 갖기 때문에 축전기에 주로 사용된다. 주요한 상용 소재는 $BaTiO_3$와 PZT이며, 이들은 고밀도의 다결정 세라믹이나 박막 형태로 가공되어 사용된다. TiO_2, $MgTiO_3$와 같은 일상적 유전체들은 10–100 범위의 유전율을 갖는다. 따라서 부피와 모양이 같을 때, $BaTiO_3$ 축전기는 TiO_2-기반 축전기보다 10–1000배 더 큰 축전 용량을 갖는다. 그림 8.46은 $BaTiO_3$-기반 다층 세라믹 축전기(multilayer ceramic capacitor, MLCC)의 구조를 나타낸다. 이 소자의 제작 기술은 놀라울 만큼 진보되어 있으며 $BaTiO_3$ 층과 Ni 전극 층 각각을 ~1 μm 두께로 번갈아 수백 개 층까지 쌓을 수 있다.

PTC 더미스터(*p*ositive *t*emperature *c*oefficient *ther*mally sensitive res*istor*)는 $BaTiO_3$, $PbTiO_3$와 같은 강유전체의 주요 응용 분야이지만 강유전성과의 직접 관련성은 없다(그림 8.47). 대부분의 비금속성 물질에서 전기 저항은 고온으로 갈수록 낮아진다. 즉, 저항은 음의 온도 계수(negative temperature coefficient, NTC)를 갖는다. 그러나 $BaTiO_3$를 포함, 몇몇 강유전체는 전이 온도 T_C 가까이 가열될 때 이례적으로 비저항이 크게 증가한다. T_C 부근에서 일어나는 ρ의 증가는 복잡한 이유에서 비롯되며, ε'의 급격한 증가와 대체로 상응한다. PTC 더미스터는 스위치 기능이 있다. 저항체를 통해 흐르는 전류는 I^2R에 해당하는 Joule 발열 손실을 일으키면서 저항체를 가열한다. 만일 저항체가 $BaTiO_3$ 더미스터라면 약간의 발열에 의해 비저항이 급격히 증가하면서 전류를 차단한다. PTC 더미스터의 구체적인 응용 제품에는 (i) 과열 차단 장치와 과부하 전류 차단 장치에서 재사용 가능한 퓨즈, (ii) 시간 지연 퓨즈, (iii) 모발 건조기 등이 있다.

초전체 결정은 적외선 탐지기에 주로 사용된다. 필요시 초전체 결정 표면에 적절한 흡광 소재를 도포하여 분광 감도를 높일 수 있다. 탐지기 성능은 π/ε' 비가 클수록 우수하므로, 고유전율 물질은 오히려 적합하지 않다. 현재 알려진 가장 좋은 탐지기 물질은 황산 트라이글리신이다.

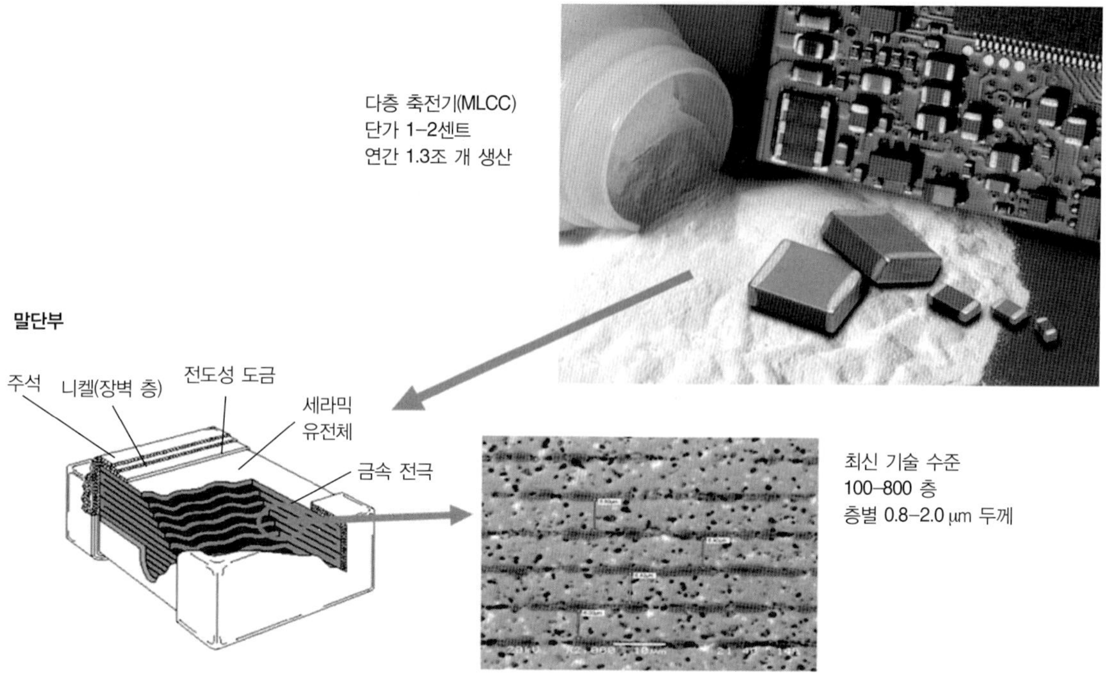

그림 8.46 다층 세라믹 축전기.

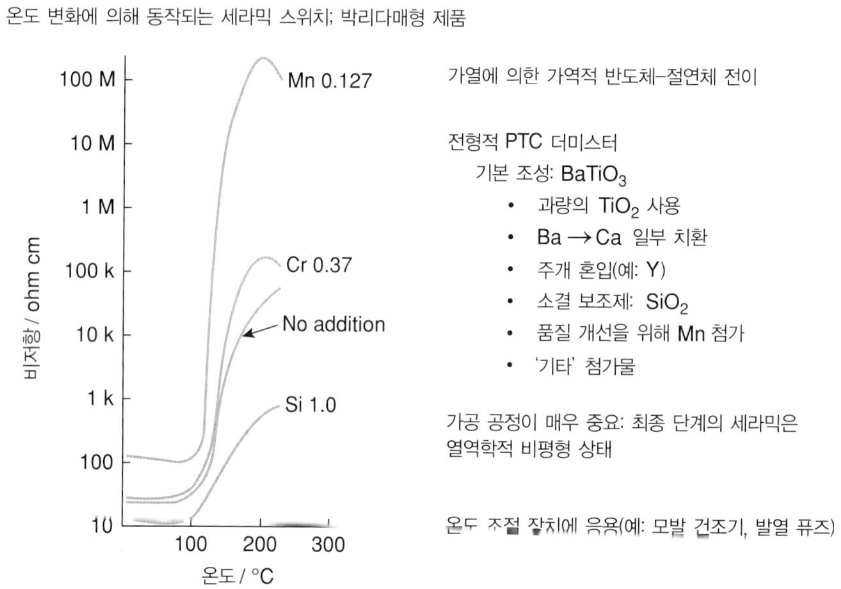

그림 8.47 다양한 불순물이 함유된 $BaTiO_3$ 세라믹 반도체의 PTC 저항.

초전체 결정은 기계 에너지와 전기 에너지 사이의 변환 장치에 오래 전부터 사용되어 왔다. 그 응용 제품은 음향(마이크, 이어폰, 확성기, 입체음향 송신) 장치의 바이몰프(bimorph), 퓨즈, 솔레노이드 점화 장치, 라이터, 음파 발생기, 초음파 세척기에 이르기까지 매우 다양하다. 변압기, 필터, 발진기에는 보다 복잡한 형태의 장치들이 사용된다. 이들 응용의 대부분에는 PZT 세라믹, 석영, Rochelle 염, 또는 $Li_2SO_4 \cdot H_2O$가 사용된다.

9장 자기적 성질

9.1 물리적 성질

모든 물질은 기본적으로 **반자성**(diamagnetism)을 가지며, 무기 고체가 구성 원자의 최외각 전자 껍질에 홀전자(unpaired electron)를 가질 경우 반자성 이외의 다른 자기적 성질을 나타낼 수 있다(내부 준위의 오비탈들은 완전히 채워지기 때문에 전자들이 항상 스핀 쌍을 이룬다). 홀전자는 대개 금속 양이온에 놓이며, 스핀 운동과 오비탈 운동의 결합에 의해 자기 모멘트를 발생시킨다. 자기 거동을 보이는 화합물은 전이 금속이나 란탄족 원소를 거의 필수적으로 함유하는데, 이들 각각은 d와 f 오비탈에 홀전자를 가질 수 있기 때문이다. 원자핵 자체도 자기 모멘트를 갖지만, 그 크기가 전자에 비해 훨씬 작기 때문에 논외로 할 수 있다. 자성체 산화물, 특히 $MgFe_2O_4$와 같은 아철산염(ferrite, $MO \cdot Fe_2O_3$)은 변압기 코어, 자기 기록, 정보 저장 매체 등에 사용될 수 있다.

그림 9.1에서 모식적 1차원 결정에 대해 나타낸 바와 같이 몇 가지 전형적 자기 현상들이 알려져 있다. 물질 내 각기 다른 원자들의 홀전자 스핀이 무작위 배향될 수 있으며 이러한 경우 **상자성**(paramagnetic) (a)이 된다. 다른 한편으로 홀전자 스핀들 간에 상호 작용이 존재하여 *협동적 자기 현상*이 일어날 수 있다. 스핀들이 평행하게 정렬될 경우 **강자성**(ferromagnetic) (b) 물질이며 매우 큰 자기 모멘트를 갖는다. 이와 달리 스핀들이 역평행 정렬될 수도 있고 이 경우 **반강자성**(antiferromagnetic) (c)이며 이상적으로는 전체 자기 모멘트가 0이다. 스핀 정렬이 역평행이지만 양 방향의 스핀이 정확히 상쇄되지 않는 경우 알짜 자기 모멘트가 발생하며 **준강자성**(ferrimagnetic) (d)이 된다. 어떤 물질은 **스핀 유리**(spin glass) (e) 거동을 나타낸다: 이들은 반강자성 스핀 정렬을 기본 경향으로 갖지만, 그 배열 질서가 구조 전체로 파급되지 못하고 평행 배열된 스핀 쌍에 의해 구역화된다. **나선자성**(helimagnetic) (f) 거동에서는 이웃한 스핀들의 정렬이 단순한 평행/역평행 관계로 한정되지 않고 점차적인 각도 회전을 보임으로써 나선형의 자기적 구조가 발생된다.

자기적 성질과 전기적 성질(8장) 간에는 유사하게 대응되는 면이 많다. 상자성과 상유전성, 강자성과 강유전성, … 이들에서 자기 모멘트와 전기 분극을 맞바꾸면 거의 흡사한 현상이 된다. 한 가지 차이점이라면 전기적 전하에 대응되는 자기적 요소, 이를테면 '자기 단극(magnetic monopole)'은 존재하지 않는다는

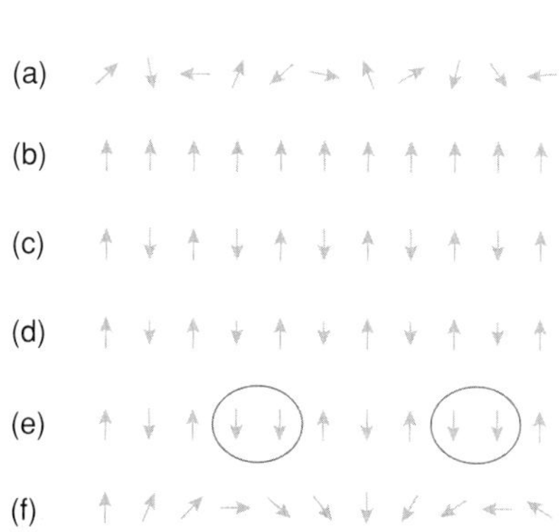

그림 9.1 1차원 결정에서 모식적으로 표현된 자기적 현상들: (a) 상자성, (b) 강자성, (c) 반강자성, (d) 준강자성, (e) 스핀 유리 거동 – 반강자성 전체 배열이 국부적 강자성 짝지음에 의해 방해됨(동그라미 표시), (f) 나선자성.

것이다.

자기적 거동에 대한 이론은 상당히 복잡하며 관련 용어, 기호, 단위 체계 또한 단순하지 않다. 게다가 홀전자 이온의 자기 모멘트를 산출하는 방법도 통일되어 있지 않은데, 사용되는 매개변수와 근사 추정이 물질에 따라 다르기 때문이다. 절연체와 반도체에 대해서는 홀전자 편재 모형이 사용될 수 있으나 금속성 물질에서는 전자 띠 모형이 더 적절하다. 이 장에서는 자기적 거동의 다른 유형들을 분간하고 또한 결정 구조와 관련짓는 수준의 내용이 다루어진다.

9.1.1 자기장 내에서 물질의 거동

어떤 물질이 세기 H의 자기장에 놓일 때 시료 내부에 형성된 자력선 밀도 B를 **자기 유도**(magnetic induction) 또는 **자기 선속 밀도**(magnetic flux density)라 부른다. B와 H는 **투자율**(permeability) μ에 의해 연관된다.

$$B = \mu H \tag{9.1}$$

$$B = \mu_0 H + \mu_0 M \tag{9.2}$$

μ_0는 진공의 투자율 $4\pi \times 10^{-7}$ H m^{-1}이고[1] M은 시료의 **자화**(magnetization) 또는 **자기 모멘트**(magnetic moment)이다. 식 9.2를 살펴볼 때, $\mu_0 H$는 외부 자기장의 유도 효과이고 $\mu_0 M$은 추가적으로 시료가 기여한 유도 효과이다. 도선이나 코일을 따라 흐르는 전류는 항상 유도 자기장을 발생시킨다. 따라서 자기장 세기(H)에 대한 SI 단위는 미터당 암페어, 즉 A m^{-1}로 주어진다. B의 단위는 테슬라(tesla, T)이다.

자화율(magnetic susceptibility) χ는 자기장 세기에 대한 자화의 비로 정의된다.

$$\chi = \frac{M}{H} \tag{9.3}$$

따라서

$$\mu = \mu_0(1 + \chi) \tag{9.4}$$

μ/μ_0 비는 $1 + \chi$와 같고 **상대 투자율**(relative permeability), μ_r로 불린다. χ와 μ_r 모두 단위가 없다. 자화율은 자기적 성질의 기술에서 가장 주요하게 취급되는 변수이며 자기장 인가에 대한 시료의 반응을 직접적으로 가늠케 해준다. 이는 전기장 하의 거동인 유전율이나 분극도와 비슷한 개념이다.

자기 거동의 다양한 유형들은 χ, μ_r 값의 범위와 온도 의존성, 자기장 의존성에 의해 분간될 수 있다(표 9.1). 반자성 물질의 χ는 크기가 매우 작고 음의 부호이다. 반자성은 원자 내 전자의 오비탈 운동에서 비롯한다. 일단, 전하의 오비탈 운동은 작은 전기장을 발생시킬 수 있다. 외부 자기장이 인가되면 전자의 오비탈 운동이 약간 조정되면서 반대 방향의 자기 모멘트가 발생된다. 즉, 반자성은 외부 자기장에 대한 약한 반발 효과이며 **Lenz의 전자기 법칙**으로 설명되어지는 성질이다. 조선노체는 외부 자기장을 완전히 밀어내므로(8.3.2절) 반자성의 특수하고 극단적인 유형이다. 초전도체 내부에서 B는 0이므로 식 9.2와 9.3

표 9.1 자기 거동 유형과 자화율

거동	전형적 χ 범위	온도 증가에 따른 χ 변화	자기장 세기에 대한 의존성
반자성	-8×10^{-6}(Cu); -1(초전도체)	없음	없음
상자성	0.1–0.001(전이 금속 화합물)	감소	없음
파울리 상자성	8.3×10^{-4}(Mn)	없음	있음
강자성	5×10^{3}(Fe)	감소	있음
반강자성	0–10^{-2}	증가	(있음)

1) H는 인덕턴스의 단위 henry에 대한 기호이다(자기장 세기 H와 혼동하지 않도록 주의하라).

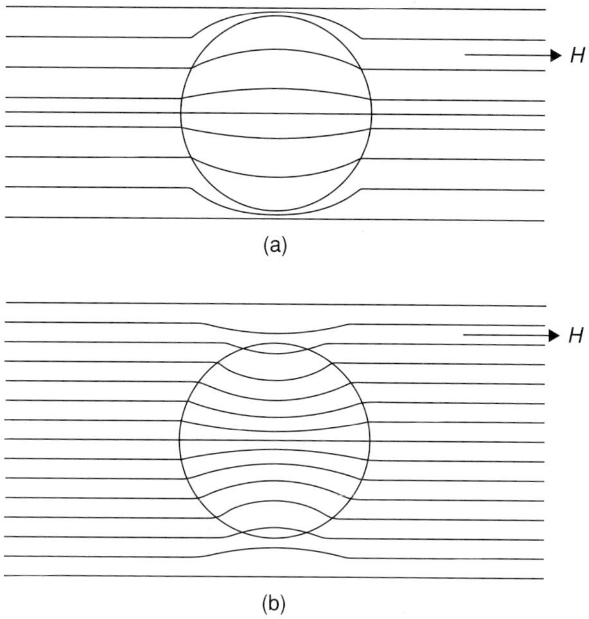

그림 9.2 자기장 내의 물질 내부에서 자속 밀도 또는 자력선의 수: (a) 반자성체, (b) 상자성체.

으로부터 각각 $M=-H$이고 $\chi=-1$이다.

상자성 물질은 χ의 크기가 작고 양의 부호이다. 따라서 상자성 물질이 자기장 하에 놓이면 진공에서에 비해 자력 밀도가 증가한다. 반면 반자성 물질은 자기장에서의 자력 밀도가 진공에서보다 약간 낮다(그림 9.2). 그 결과 상자성 물질은 자기장에 이끌리고 반자성 물질은 아주 약하게 밀려난다. 초전도체의 완전 반자성은 자기장의 완전 반발을 통해 마이스너 효과와 공중 부상 현상을 일으킨다.

강자성체는 $\chi>1$이고 자기장에 강하게 이끌린다. 반강자성체의 χ는 0보다 크지만 상자성체에 비해 비슷하거나 작은 값이다.

9.1.2 온도의 영향: Curie 법칙과 Curie–Weiss 법칙

자성체의 종류에 따라 자화율의 절대적 크기와 온도 의존성이 다르다(표 9.1). 질서 배열된 자기 구조들(강자성, 준강자성, 반강자성, 나선자성, 스핀 유리)은 특정 온도 이상에서 질서 속성을 상실하여 상자성 상태가 된다. 그 전이 온도를 강자성과 준강자성의 경우 Curie 온도(T_C), 반강자성과 나선자성은 Néel 온도(T_N)라 부른다. 이들 온도에서는 자기 모멘트의 배향을 무작위화하려는 열에너지 요소와 스핀의 협동 정렬을 선호하는 내부 교환 상호 작용 요소가 서로 균형을 이룬다.

T_C와 T_N에서는 질서 구조가 무질서 상자성 구조로 변하는 질서–무질서 전이가 발생한다. 많은 상자성체들이 냉각 과정에서 질서 전이를 거치며, 이러한 전이 거동은 자화율의 온도 의존성으로부터 파악될 수 있다. 순전한 상자성체는 단순한 Curie 법칙을 따르며 자화율 크기가 절대 온도에 반비례한다.

$$\chi=\frac{C}{T} \tag{9.5}$$

C는 Curie 상수이다. 이러한 Curie 거동은 이웃한 홀전자들 사이에 아무런 자발적 상호 작용이 없을 때 일어난다. 홀전자들은 자기장 내에서 나란히 정렬하려는 경향을 갖지만, 온도가 높아질수록 그 경향이 약화되면서 χ가 감소한다(식 9.5).

인접한 스핀들끼리 어떤 식으로든 간섭할 경우, 저온에서 자기적 질서 구조가 형성될 수 있고 고온 영역의 상자성 거동 또한 Curie–Weiss 법칙에 더 가까워진다.

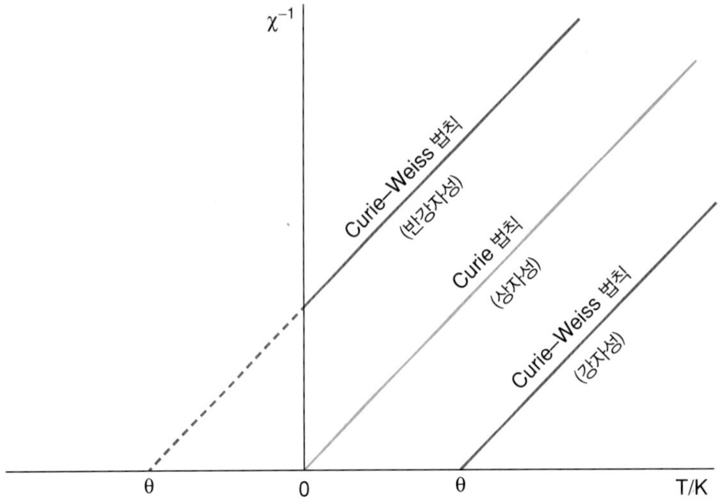

그림 9.3 상자성 상태이지만 저온에서 자기 질서를 나타낼 수 있는 물질들의 $\chi^{-1}(T)$ 도표. 기울기는 C^{-1}.

$$\chi = \frac{C}{T-\theta} \tag{9.6}$$

θ는 Weiss 상수이다. 그림 9.3은 이 두 가지 유형의 거동을 T에 대한 χ^{-1}의 도표로서 나타내고 있다. 자기적 질서 경향이 전혀 없는 상자성체의 경우 χ의 무한 수렴($\chi^{-1} \to 0$)에 대한 외삽이 0 K를 지난다. 강자성 질서 경향을 갖는 상자성체는 국부 정렬을 약간이나마 갖기 때문에 χ가 상자성의 경우에 비해 높을 뿐만 아니라 χ의 무한 수렴이 0보다 높은 온도를 향한다. 이 외삽 온도 θ는 시료가 강자성으로 전이하는 '강자성 Curie 온도(T_C)'와 대략 일치한다.

반강자성 경향을 갖는 상자성체에서는 단순 상자성 거동에 비해 χ가 더 낮아진다. 이 결과 Curie–Weiss 도표가 저온 영역으로 이동하고 θ의 외삽 온도는 0 K 아래에서 나타난다. 물론 이러한 온도 조건이 실현될 수는 없다; 실제 시료는 냉각 과정에서 차츰 Curie–Weiss 거동을 벗어나고 T_N 아래에서 반강자성 상태가 된다.

그림 9.3에 나타낸 거동은 순수한 상자성체 또는 강자성체, 반강자성체의 상자성 상태(전이 온도인 T_C, T_N보다 높은 온도)에 대한 것이다. 이 도표들은 다분히 이상적으로 표현된 것이며 실제 거동은 이로부터 약간 벗어난다. T_C와 T_N 아래에서는 Curie–Weiss 거동이 관찰되지 않는다. 강자성 물질의 자화율은 저온에서 매우 크며, T_C로 승온하는 과정에 가속적으로 급격히 감소한다(예: 그림 9.4(a)). 저온의 반강자성체는 질서도가 높기 때문에 χ가 매우 낮다. 하지만 온도가 높아질수록 열적으로 유발된 무질서에 의해 반강자성 배열이 흐트러져 χ가 증가하게 된다(강자성체와 정반대의 온도 의존성). χ는 T_N에서 최댓값을 지나고 전이 이후 고온 영역에서는 Curie–Weiss 법칙을 따라 감소한다. 몇몇 물질에 대한 Curie 온도와 Néel 온도가 표 9.2에 정리되어 있다.

'스핀 유리' 거동을 보이는 반강자성체는 근래 각광받는 자성체 물질 군이다. 이들에서는 인접한 홀전자 간 협동 상호 작용이 반강자성 속성이지만, 그 배열이 원거리의 완전한 반강자성 배열로 확장되지 못한다. 즉, 빈번하게 나타나는 '상향–상향' 또는 '하향–하향' 강자성 쌍들이 '상향–하향'의 규칙적 스핀 배열을 흐트러뜨리는 것이다. 그림 9.1(e)는 스핀 유리 거동을 단순화하여 나타낸 것이다.

9.1.3 자기 모멘트

자기적 성질은 대개 자기 모멘트 μ를 이용하여 표현되는데, 이 값이 홀전자 수에 직접 연관되기 때문이다. 자화율과 자기 모멘트는 Gouy 저울을 이용하여 직접 결정될 수 있다: 전자석 사이에 시료를 위치시킨 후 자기장 세기를 바꿔가면서 시료의 겉보기 질량을 기록한다. 상자성 물질의 경우 홀전자가 자기장에 이

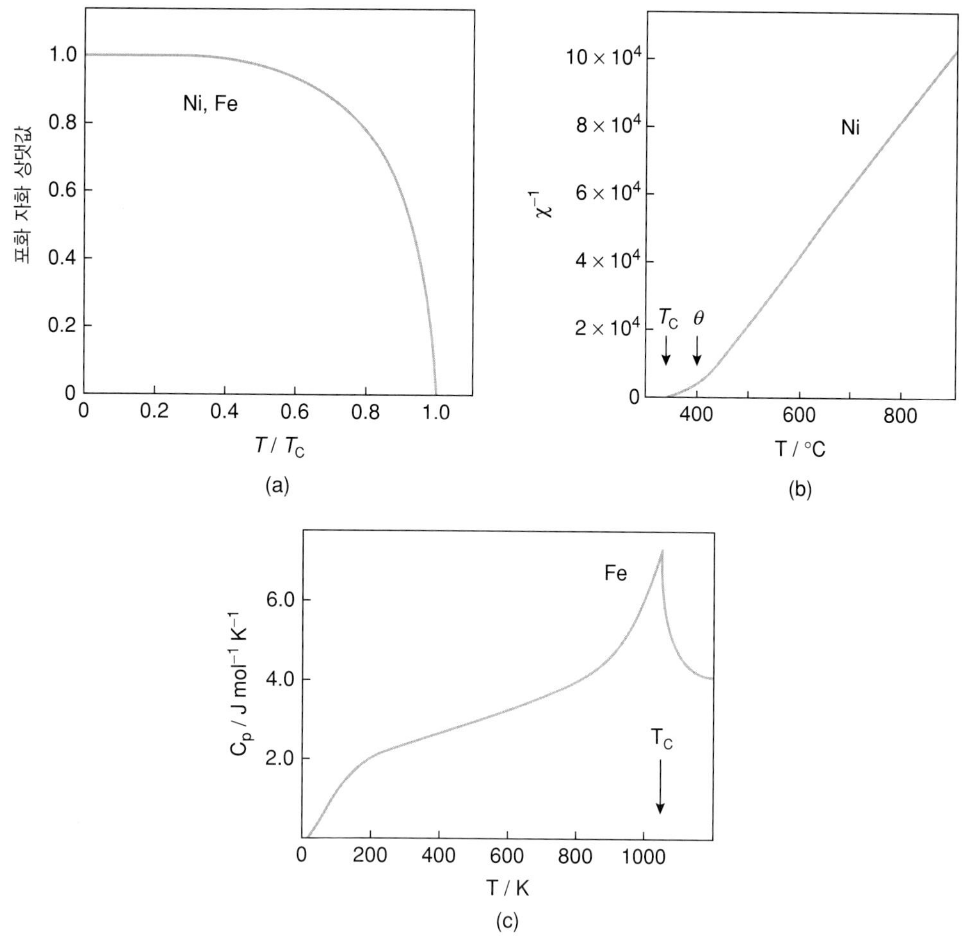

그림 9.4 강자성체의 몇 가지 성질. (a) 온도에 따른 포화 자화: 0 K의 값에 대한 상댓값이며 환산 온도의 함수로 표시됨. (b) Ni에 대한 Curie−Weiss 도표, $\chi^{-1}(T)$: T_C 가까이에서 편차가 뚜렷함. (c) 온도에 따른 Fe의 열용량. Data taken from C. A. Wert and R. W. Thomson, Physics of Solids, ©1970 McGraw-Hill.

표 9.2 몇몇 물질의 Curie 온도와 Néel 온도

원소	T_C/K	T_N/K
Cr		308
Mn		100
Fe	1043	
Co	1404	
Ni	631	
Ce		12.5
Pr		25
Nd		19
Sm		14.8
Eu		90
Gd	293	
Tb	222	229
Dy	85	179
Ho	20	131
Er	20	84
Tm	25	56

끌리기 때문에 자기장에서의 질량이 더 큰 값으로 나타난다. 측정된 자화율은 시료의 반자성, 시료 용기 등의 다양한 인자를 고려하여 보정된다. 자기 모멘트 계산을 위해 분광학자들과 화학자들은 주로 다음과 같은 접근 방식을 취한다.

홀전자의 자기 모멘트는 두 가지 원인, 전자의 스핀 운동과 오비탈 운동에서 비롯하며 이 중 중요도가 더 높은 것은 스핀 성분이다. 전자는 특정 축을 기준으로 자전하는 음전하로 간주할 수 있으며, 그에 따른 스핀 모멘트 μ_s는 1.73 BM이다. BM, 즉 **보어 마그네톤**(Bohr magneton)은 다음과 같이 정의된다.

$$1\,\mathrm{BM} = \frac{eh}{4\pi mc} \tag{9.7}$$

e는 전자 전하, h는 플랑크 상수, m은 전자 질량, c는 빛의 속도이다. 전자 1개의 μ_s는 다음 식으로 계산되어진다.

$$\mu_s = g\sqrt{s(s+1)} \tag{9.8}$$

s는 스핀 양자수 $^1\!/_2$이고 g는 **자기회전비**(gyromagnetic ratio) ~2.00이다. s와 g의 값을 대입하면 전자 1개에 대해 $\mu_s = 1.73$ BM이다. 홀전자가 둘 이상인 원자나 이온에서 전체 스핀 모멘트는 다음과 같다.

$$\mu_S = g\sqrt{S(S+1)} \tag{9.9}$$

S는 개개 홀전자들의 스핀 양자수를 합한 값이다. 예컨대, 고스핀 Fe^{3+}는 $3d$ 홀전자 5개를 가지므로 $S = {}^5\!/_2$이고 $\mu_S = 5.92$ BM이다. 표 9.3은 홀전자 수가 각기 다른 계들에 대해 μ_S의 계산값을 비교하고 있다.

란탄족과 같이 원자 번호가 높은 금속 이온이 함유된 경우 원자핵 주위의 전자 운동이 오비탈 모멘트를 발생시켜 자기 모멘트에 기여할 수 있다. 오비탈 모멘트가 온전히 기여하는 경우 자기 모멘트는 다음과 같이 표현된다.

$$\mu_{S+L} = \sqrt{4S(S+1) + L(L+1)} \tag{9.10}$$

L은 이온에 대해 산출된 오비탈 각운동량 양자수이다. 식 9.8~9.10은 자유 원자나 이온 모두에 적용될 수 있다. 실제 화합물에서는 홀전자의 오비탈 운동이 주변 원자나 이온의 전기장에 의해 소멸될 수 있어 식 9.10이 엄밀하게 적용되지 못한다. 이러한 경우, 측정된 자기 모멘트는 스핀의 기여만을 고려하여 계산된 값, $\mu_{S(계산)}$와 비슷하거나 단지 약간 더 클 뿐이다(표 9.3).

표 9.3 몇몇 전이 금속 이온에서 자기 모멘트(BM)의 계산값과 측정값

이온	홀전자 수	$\mu_{S(계산)}$	$\mu_{S+L(계산)}$	$\mu_{(측정)}$
V^{4+}	1	1.73	3.00	~1.8
V^{3+}	2	2.83	4.47	~2.8
Cr^{3+}	3	3.87	5.20	~3.8
Mn^{2+}(고스핀)	5	5.92	5.92	~5.9
Fe^{3+}(고스핀)	5	5.92	5.92	~5.9
Fe^{2+}(고스핀)	4	4.90	5.48	5.1–5.5
Co^{3+}(고스핀)	4	4.90	5.48	~5.4
Co^{2+}(고스핀)	3	3.87	5.20	4.1–5.2
Ni^{2+}	2	2.83	4.47	2.8–4.0
Cu^{2+}	1	1.73	3.00	1.7–2.2

Source: data taken from F. A. Cotton and G.Wilkinson(1966), Advanced Inorganic Chemistry: a Comprehensive Text, 2nd edn, John Wiley & Sons, Inc., NewYork.

위에 기술된 자기 모멘트 계산법은 양자역학에 기반하고 있다. 그 세부 내용이 상당히 복잡한 전개 과정을 포함하는 데 비해 이론과 실험의 일치도는 그다지 만족스럽지 못하다(표 9.3). 이에 대한 대안으로 훨씬 간단한 방법이 알려져 있으며 특히 강자성이나 반강자성 계를 다룰 때 종종 사용된다. 이 방법에서는 단일 홀전자의 자기 모멘트를 1 BM으로 정하며, 홀전자가 n개인 이온의 자기 모멘트는 n BM으로 한다. 예를 들어 고스핀 Mn^{2+}와 Fe^{3+}의 자기 모멘트는 둘 다 5 BM이 된다. 이 방법은 다음과 같이 간단하게 정량 표현된다.

$$\mu = gS \tag{9.11}$$

$g \approx 2.00$이고 이온의 스핀 상태 S는 $n/2$과 같다. 이 방법은 실제 값에 비해 자기 모멘트를 작게 평가하곤 하지만(표 9.3의 2번째와 5번째 열을 비교해 보라), μ를 손쉽게 가늠한다는 장점이 있다. 또한 g를 가변 인자로 취급함으로써 위의 어림값을 보정할 수 있다. 즉, g가 2를 초과하도록 허용함으로써 오비탈 모멘트의 실효적 기여를 포함시키는 것이다. Ni^{2+}를 예로 들어, g 값이 2.2−2.3 범위로 조정되면 실험값과 계산값이 엇비슷해진다. 이 장의 뒷부분에서 아철산염(ferrite) 상들의 자기적 성질을 논할 때 인용되는 μ는 식 9.11을 이용하여 산정된 값들이다.

9.1.4 강자성 질서와 반강자성 질서의 메커니즘: 초교환(superexchange)

상자성 상태에서는 홀전자 이온들 개개의 자기 모멘트가 무작위로 배향되며, 자기장이 인가될 때에만 부분적 정렬이 일어난다. 자기 쌍극자와 자기장의 상호 작용 에너지는 어렵지 않게 계산될 수 있으며(세부 내용은 생략), 대개는 이온이나 쌍극자가 갖는 열적 에너지 kT에 비해 더 크다.

강자성과 반강자성 상태에서는 자기 쌍극자의 정렬이 자발적으로 일어난다. 이는 곧 인접한 스핀들의 평행 혹은 역평행 정렬에 의해 에너지 안정화가 발생함을 의미한다. 이러한 협동적 스핀 상호 작용은 양자역학적 배경에서 정성적으로 이해될 수 있다. 하지만 주어진 자기적 거동, 예를 들어 Fe나 Co의 강자성을 세세히 이해하기 위해서는 전자 띠 구조의 계산이 필요하다.

그림 9.5는 NiO를 예로 들어 반강자성 스핀 상호 작용의 한 가지 경로인 **초교환**(superexchange)을 나타내고 있다. Ni^{2+}는 8개의 d 전자를 가지며, 이 중 2개는 팔면체 환경에서 e_g 준위 오비탈 $d_{x^2-y^2}$, d_{z^2}을 각각 단일 점유한다. 이 오비탈들은 단위세포의 축 방향으로 배향하므로 인접한 산소 이온을 직접적으로 향한다. 그 결과 Ni^{2+} e_g 준위의 홀전자가 O^{2-}의 p 오비탈 전자와 상당 공간을 공유하게 되며, 들뜬 상태에서는 Ni^{2+}의 e_g 오비탈로부터 O^{2-} p 오비탈로 전자가 전달될 수도 있다. 달리 묘사하면 인접한 Ni와 O 사이에 전자 짝지음에 의한 부분적 공유 결합이 형성되는 것이다. O^{2-} 이온의 p 오비탈 각각은 2개의 전자를 가지며 이들의 스핀은 서로 역평행 관계이다. 따라서 Ni^{2+}와 O^{2-}의 거리가 충분히 가깝다면 전자의 상호 작용이 유발되고, 나아가 규칙적 스핀 배열이 결정 구조 전반에 연쇄적으로 파급될 수 있다(그림 9.5). 위와 같은 초교환에 의해, O^{2-}를 사이에 두고 이웃한 Ni^{2+} 이온들은 역평행 스핀을 갖게 된다.

9.1.5 부가적 용어 정의

강자성체는 **구역**(domain) 구조를 가지며, 이는 강유전체의 구역 구조와 유사하다. 한 구역 내부에서는 스

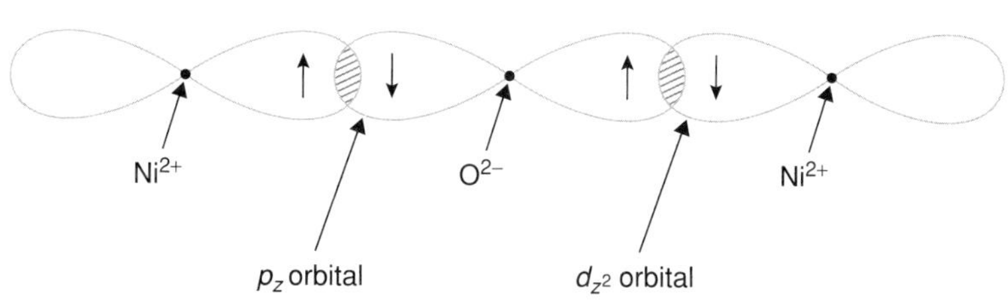

그림 9.5 O^{2-}의 p 전자를 매개로 일어나는 Ni^{2+} d 전자 스핀의 반강자성 상호 작용.

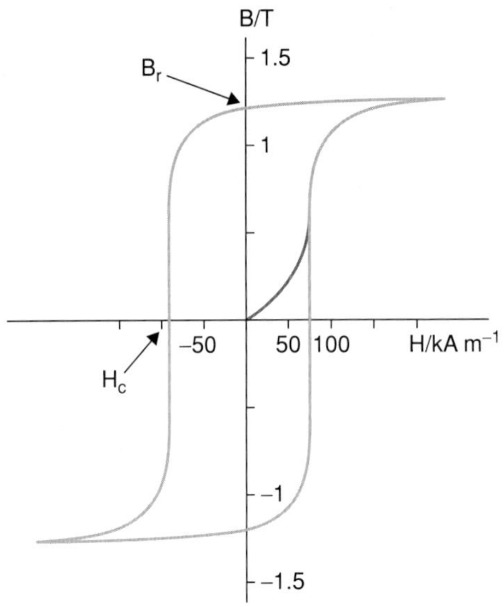

그림 9.6 직사각 이력 고리를 이용하여 표시된 보자력(H_c)과 잔류 자화(B_r 또는 M_r).

핀이 평행 정렬되지만, 물질이 **포화 자화**(saturation magnetization) 상태가 아니라면 개개 구역들의 스핀 배향이 모두 똑같지는 않다.

자기장이 인가될 때 강자성체의 거동은 전기장 하의 강유전체와 비슷하다. 자화(M) 또는 자기 유도(B)를 자기장 세기(H)에 대해 도시할 때 **이력 고리**(hysteresis loop)가 얻어진다(그림 9.6). 강유전체의 분극을 전기장 전압에 대해 도시할 때에도 비슷한 고리가 관찰된다(그림 8.40(e)). 교번 자기장에서 자화와 자기 소거가 일어날 때 에너지 손실이 발생하며 대개는 열의 형태로 방출된다. 1회의 순환 전체에서 방출되는 에너지를 가리켜 **이력 손실**(hysteresis loss) 또는 'BH 곱'이라 부르며, 이는 이력 고리의 내부 면적에 비례한다. **잔류 자화**(remanence)는 자기장이 0인 지점에서 남아 있는 자화 값이며 B_r 또는 M_r의 기호로 표현된다. 포화 자화(M_s)는 자기장 전체 범위에서 도달 가능한 최대 자화이다.

교번 자기장 하에서 물질 내부에 유도되는 **맴돌이 전류**(eddy current)는 에너지 손실의 추가적 원인이 된다. 자기장 세기의 변화는 전압 변화를 유발하며 맴돌이 전류 손실의 크기는 I^2R 또는 V^2/R로 표현된다: 전류 I, 전압 V에 대해 에너지 손실 $IV = (V/R) \times V$이다. 따라서 맴돌이 전류는 물질의 저항이 클수록 작아진다. $Fe_{0.98}Si_{0.02}$와 같은 합금은 순수 금속에 비해 저항이 훨씬 크다. 산화물 자성체 또한 금속에 비해 전기 저항이 훨씬 크다는 장점을 갖는다.

보자력(coercivity, H_c)이 낮은 자성체들은 자기적 **연성**(soft)으로 분류된다. 보자력은 완전한 자기 소거를 위해 물질에 인가되어야 하는 자기장 세기이다. 연성 물질은 투자율 또한 낮고, 이력 고리가 홀쭉한 모양이면서 면적이 작다. 연성 자성체의 용도는 사용 환경의 전류 성격에 따라 달라진다. 직류 기반 응용에서는 M_s가 클수록 좋고, 주파수가 증가함에 따라 낮은 H_c가 중요해진다. 고주파 교류에서는 맴돌이 전류 손실을 줄이는 것이 중요하기 때문에 저항이 큰 물질이 선호된다. 자기적으로 **경성**(hard)인 자성체들은 H_c가 높고 M_r(또는 B_r)이 높은 물질이다. 경성 자성체는 자기 소거가 쉽게 일어나지 않으므로 영구 자석에 사용된다. 연성 및 경성 용도에 사용되는 일부 자성체와 각각의 특성이 표 9.4에 정리되어 있다.

강자성체에서의 자화는 결정 격자의 특정 방향으로 일어난다. Fe를 예로 들어, 자화 방향은 입방 단위 세포의 축과 평행하다(그림 9.7). 자화 방향을 선호 방향으로부터 벗어나게 회전시키려면 **자기결정 비등방도**(magnetocrystalline anisotropy)만큼의 에너지가 필요하다.

대부분의 자성체는 **자기변형**(magnetostriction), 즉 자화에 의해 모양이 변하는 거동을 보인다. Ni와 Co는 둘 다 자화 방향으로는 수축하면서 그 수직 방향으로는 팽창한다. Fe의 경우 낮은 자기장에서는 반

표 9.4 몇몇 연성 자성체와 경성 자성체

물질	보자력/kA m^{-1}	포화 자화/kA m^{-1}	Curie 온도/°C
γ-Fe_2O_3	~25	~370	600
Co-도포된 γ-Fe_2O_3	~50	~370	
CrO_2	~60	~500	128
Fe 분말	~120	~1700	

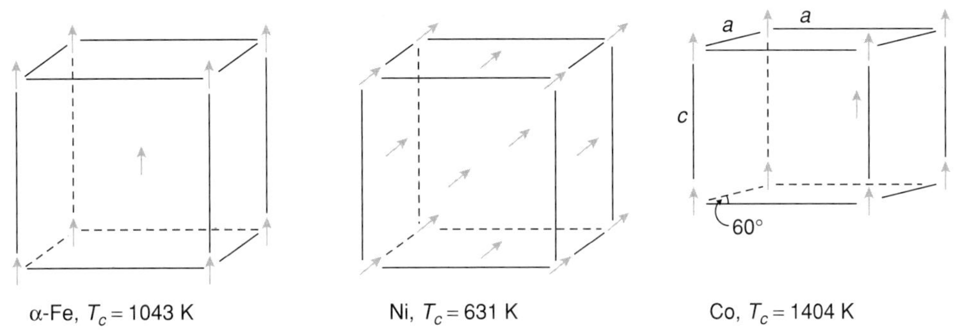

그림 9.7 *bcc* α-Fe, *fcc* Ni, *hcp* Co에서의 강자성 질서 배열.

대 현상(자화 방향으로 팽창, 그 수직 방향으로 수축)을 보이지만, 높은 자기장에서는 Ni, Co와 같게 거동한다. 이들 과정에서의 크기 변화는 별로 심하지 않다. 자기변형 계수는 $\lambda_s = \Delta l/l_0$로 정의되며 H와 함께 증가하여 포화 자화 상태에서 $1-60\times10^{-5}$의 최댓값에 도달한다. 이 정도의 변형은 물질의 온도를 수 ℃ 만큼 변화시킬 때의 효과와 비슷한 수준이다.

9.2 자성 물질, 구조와 성질

9.2.1 금속과 합금

5개 전이 금속(Cr, Mn, Fe, Co, Ni)과 대부분의 란탄족 원소들은 강자성이거나 반강자성이다(표 9.2). 란탄족 원소 중 몇몇(Dy, Tb, Ho, Er)은 나선자성이다. 일부 원소는 자기 질서 상태를 순차적으로 거쳐 간다. Tb의 예에서 $T_C = 220$ K, $T_N = 230$ K이고 Dy의 경우 $T_C = 85$ K, $T_N = 180$ K이다. 즉, 이 금속들은 승온 과정에서 강자성–나선자성–상자성으로 순차적 변화를 보인다. 합금(alloy)과 금속간 화합물(intermetallic)의 다수에서도 일종의 자성 질서가 나타난다.

그림 9.7에 나타낸 바와 같이 Fe, Co, Ni는 강자성이다. *bcc* α-Fe에서는 스핀이 입방 세포 모서리에 평행하여 [100] 방향을 향한다. *fcc* Ni에서의 스핀은 입방 체대각선에 평행하여 [111] 방향을 향한다. Co는 *hcp* 구조를 가지며 스핀은 단위세포 c 축에 평행하게 배향된다. 이 예들은 강자성이 특정 결정 구조 유형에 국한되지 않음을 뚜렷이 보여 준다.

Cr과 Mn은 저온에서 반강자성이다. Mn은 복잡한 구조를 갖지만 Cr은 α-Fe와 비슷하게 *bcc* 유형이다. Cr에서의 스핀은 입방 세포의 모서리를 따라 역평행 정렬되어 있다.

강자성체의 특징 몇 가지가 그림 9.4에 나타내어져 있다. 그림 9.4(a)는 자화율(또는 자기 모멘트)의 온도 의존성을 나타낸다. 세로축은 온도에 따른 포화 자화를 절대 0 K에서의 최댓값에 대한 상대량으로 나타낸 것이다. 가로축은 '환산 온도' 척도, 즉 Curie 온도에 대한 실제 온도의 비를 나타낸다. 예컨대 Curie 온도 조건에서의 환산 온도 $T/T_C = 1$이다. 이와 같이 도표 축에 환산치를 사용함으로써 Curie 온도와 자기 모멘트가 각기 다른 물질들을 간편하게 비교할 수 있다. 이 방식으로 도시할 때, Fe와 Ni가 비슷하게 거동함을 발견할 수 있다: 온도를 높일 때 T/T_C가 작은 영역에서는 포화 자화가 거의 일정하고 T_C에 접근할수록 가속적으로 감소한다.

Curie 온도 이상에서는 Fe, Co, Ni 모두 상자성이다. T_C보다 충분히 높은 온도 영역에서는 Curie-Weiss 법칙이 지켜지지만 T_C 가까이에서는 다소간의 편차가 일어난다(그림 9.4(b)). 이러한 편차는 스핀 간의 근거리 질서 배열에서 비롯한다. 강자성 상태의 원거리 질서 배열은 없어지지만 T_C 부근에서 근거리 질서가 일부 남아 있을 수 있다. 그에 의해 Weiss 온도 θ는 T_C로부터 약간 떨어진 지점에 나타난다. 그림에 Ni의 자료만이 제시되어 있지만 Fe와 Co도 비슷하게 거동한다.

T_C에서의 강자성-상자성 전이는 여러 모로 **2차 상 전이**(Λ 상 전이) 특성을 보이며 질서-무질서 상 전이의 전형적 예가 된다. 완벽한 질서는 오직 0 K에서만 가능할 뿐이고, 모든 실제 온도에서는 무질서 요소가 존재하며 온도 증가와 함께 급속히 증가한다. 이를 잘 보여 주는 결과로, 열용량이 T_C에서 극대점을 지난다(그림 9.4(c)).

한편, 단순한 직관으로는 이해되기 어렵고 전자 구조의 계산을 통해서만 설명될 수 있는 현상이 있다. 강자성에 있어 묘한 점 한 가지는 관련 원소의 주기율표 상 위치이며, 나아가 몇 개의 홀전자가 강자성에 기여하는가 하는 부분이다. 일단 현상적 사실은 다음과 같으며 그에 대한 설명은 독자에게 맡긴다.

4주기 전이 금속 중에 나타나는 3개의 강자성 원소는 표 9.5에 주어진 전자 배치를 갖는다. 2열은 바닥 상태 자유 원자의 전자 배치이고, 각 경우에 4*s* 준위는 완전히 점유된다. 강자성 상태(4열)에서, 4*s* 띠는 완전히 채워지지 않고 일부 전자가 3*d* 띠로 이동해 있다. 이에 대한 증거로서 각 금속의 포화 자화 값은 표의 3열에 주어진 홀스핀 개수에 비례한다. 이를테면 Fe의 알짜 모멘트는 원자 당 2.2 BM이며, 따라서 Fe 원자 당 평균적으로 2.2개의 *d* 홀전자를 갖는다. 즉, 7.4개의 *d* 전자 중 4.8개는 서로 같은 스핀이고 나머지 2.6개는 반대 스핀인 셈이다.

4*s*와 3*d* 준위 간 전자 이동이 그리 어렵지 않게 일어남을 생각할 때, 이 부분까지의 설명은 어느 정도 이해될 수 있다. 그러나 아직 해결되지 못한 질문은 3*d* 계열 원소나 합금을 통틀어 강자성에 기여할 수 있는 홀전자의 최대 개수이다. 실험 관찰에 근거할 때 그 값은 원자 당 2.4개이다. 3*d* 계열 내에서 홀전자의 유효 개수는 전자의 총량에 따라 달라지며, 최댓값 2.4는 조성 $Fe_{0.8}Co_{0.2}$의 합금에서 발견된다. 총 전자 수가 이보다 증가하면 홀스핀 수는 점차 감소하며 Co, Ni를 지나 합금 $Ni_{0.4}Cu_{0.6}$에서 0이 된다. 나아가 순수한 Cu는 상자성이다. $Fe_{0.8}Co_{0.2}$ 조성의 반대쪽 방향으로도 Fe, Mn, Cr을 지나면서 홀스핀 수가 규칙적으로 감소한다. Mn과 Cr은 저온에서 반강자성이다.

페르미 에너지 E_F 부근에서 계산된 준위 밀도 $N(E)$는 강자성의 근원에 대한 몇 가지 통찰을 제공한다. $N(E)$는 에너지 띠의 형성에 관여한 오비탈의 속성과 중첩 정도에 따라 달라진다. 4주기 전이 원소들에서 고려되어야 할 에너지 띠는 4*s*/4*p* 준위, 3*d* 준위가 각각 만들어내는 두 개이다. 4*s*, 4*p* 오비탈들은 공간상 확산도가 커서 인접 원자의 오비탈과 강하게 중첩한다. 그 결과로 형성된 띠는 에너지 분포 폭이 넓고 E_F 부근의 준위 수가 상대적으로 적다. 다른 한편으로 원자 번호가 증가함에 따라 3*d* 오비탈의 전자는 개별 원자핵에 점점 더 강하게 붙들린다. 핵전하가 증가하는 데 비해 추가된 3*d* 전자의 가리움 효과는 불완전하기 때문이다. 이에 따라 오비탈 중첩이 제한된 정도로만 일어나며, *d* 전자 띠는 폭이 좁고 $N(E)$가 크다는 특징을 갖는다(그림 9.8).

표 9.5 Fe, Co, Ni의 전자 구성

금속	바닥 상태 원자의 전자 배치	강자성 고체 상태	
		홀스핀 수	배치
Fe	$d^6 s^2$	2.2	$d^{7.4} s^{0.6}$
Co	$d^7 s^2$	1.7	
Ni	$d^8 s^2$	0.6	

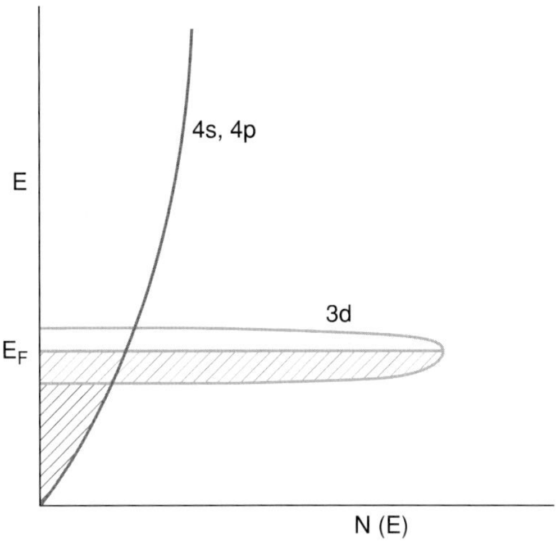

그림 9.8 4주기 전이 원소(예: Fe)의 $3d$ 띠와 $4s/4p$ 띠에서 점유된 에너지 준위(빗금 표시)와 준위 밀도 $N(E)$.

두 가지 인자가 d 홀전자 수에 관여한다. 첫째는 페르미 준위의 위치이며, 특히 그 위치가 $4s/4p$ 띠의 중간 부분인지 아니면 $3d$ 띠 내인지가 중요하다(4주기 원소인 경우). 둘째, E_F에서의 준위 밀도이다. 오비탈 중첩이 약하면 에너지 준위 간격이 촘촘하면서 폭이 좁은 띠가 얻어지며 이 경우 $N(E)$가 매우 높다. d 전자가 홀스핀 상태이기 위해서는 E_F 부근의 준위가 단일 점유되어야 하며, 나아가 강자성 협동 작용을 위해서는 많은 수의 홀전자가 필요하다. 이러한 요건을 만족시키기 위해서는 그림 9.8과 같이 좁은 d 전자 띠의 가운데 부분에 E_F가 놓여야 한다.

자기적 성질은 결국 위의 두 인자, 즉 d 전자 띠의 폭과 E_F의 위치에 의해 결정된다고 할 수 있다. 앞전이 금속(early transition metal)에서 E_F가 위치한 띠는 주로 $4s/4p$의 겹침으로 형성되며 $3d$ 띠의 기여를 약간만 포함한다. 따라서 이들 금속에서는 d 홀전자 농도가 낮다. 뒷전이 금속(late transition metal)에서는 d 전자 띠가 모두 채워지고 E_F는 $4s/4p$ 띠의 높은 에너지 영역에 놓인다. 반면 Fe, Co와 Ni에서는 E_F가 $3d$ 띠의 중간 위치에 놓임으로써 적정한 수의 $3d$ 홀전자가 생겨나고, 이들 평행 스핀 전자들 간의 협동 작용으로 강자성이 일어난다.

한편 $4d$와 $5d$ 띠는 확산도가 크기 때문에 5, 6주기 전이 원소의 E_F에서는 d 홀전자 수가 강자성 상호 작용을 일으킬 만큼 충분하지 못하다.

란탄족 원소들은 $4f$ 홀전자가 관여된 자기 질서를 보이는데, 단 $4f$ 껍질이 비어 있거나 꽉 찬 경우는 예외이다: La, $4f^0$; Yb $4f^{14}$; Lu, $4f^{14}$. Gd를 제외한 대부분 란탄족 원소는 상온 이하에서 반강자성이다. 몇몇 란탄족 원소들은 온도 변화에 따라 강자성과 반강자성을 모두 나타내며 이는 족 번호가 높을수록 두드러진다. 이들 경우에서 온도 하강 과정의 전이는 언제나 상자성 → 반강자성 → 강자성 순서를 따른다. 표 9.2의 Curie 온도와 Néel 온도를 참고하라.

반강자성 란탄족 원소의 몇몇은 **준자성**(metamagnetism)을 보이며 고자기장 하에서 강자성으로 전환된다. 한 예로, Dy는 85 K 아래에서 강자성이고 그 이상 온도에서는 반강자성이다. 하지만 자기장 인가 조건에서는 Dy의 강자성이 85 K를 넘어 Néel 온도 179 K까지도 유지될 수 있다.

희토류 함유 합금의 일부는 현재까지 알려진 가장 강력한 영구 자석을 제공한다는 점에서 매우 큰 관심을 받고 있다. 대표적 예로 $SmCo_5$와 $Nd_2Fe_{14}B$를 들 수 있으며, 이들의 강자성은 란탄족 원소의 f와 d 전자들이 함께 협동 작용에 참여함으로써 나타난다. 란탄족에서는 $5d$ 일부에 더해 최다 7개의 $4f$ 홀전자가 가능하기 때문에 자기 모멘트와 자화 값이 전이 원소에 비해 훨씬 더 커질 수 있다.

전자 구조의 계산은 전자 띠의 폭과 준위 밀도에 대한 이해를 도울 수 있고, 특히 E_F에 대한 정보를 제공한다. 따라서 정교하게 수행된 계산 연구는 전이 원소와 란탄족 원소가 자기적 거동을 보이는 데 반해 s나 p 블록 금속은 그러지 않는 이유를 정성적으로 설명할 수 있다. 후자에서는 최외각 s, p 오비탈들이 강하게 중첩하면서 넓은 폭의 *s*, *p* 띠를 만들어내고 또한 *s*, *p* 전자들이 완전히 비편재화된다. 이에 따라 E_F에서의 준위 밀도가 상대적으로 작고, 강자성을 일으킬 만큼 충분한 수의 홀전자가 생겨나지 못하는 것이다. 따라서 평상 조건 하의 *s*와 *p*-블록 금속들은 강자성이 될 수 없다.

일부 전이 금속들이 뚜렷한 강자성이나 반강자성을 보이는 데 비해, 대부분의 금속들은 자기장 하에서 **파울리 상자성**(Pauli paramagnetism)을 보인다. 이는 약한 상자성 효과이며 자기 모멘트의 온도 의존성이 거의 없을뿐더러 Curie 법칙(식 9.5)이 지켜지지도 않는다. 그 근원은 그림 9.9로부터 이해될 수 있다. 일단 최외각 전자는 부분적으로 채워진 띠에 놓이며, E_F 부근을 제외한 모든 에너지 준위가 상향-스핀(spin-up) 전자와 하향-스핀(spin-down) 전자들로 완전히 채워져 있다. 이 전자들은 각각 상향-스핀 하위 띠와 하향-스핀 하위 띠를 점유한 것으로 생각할 수 있다(그림 9.9(a)). 자기장이 없는 조건에서 두 하위 띠는 같은 에너지를 갖는다. 아래 설명되듯 협동적 자기 상호 작용이 거의 없기 때문에 두 하위 띠의 전자 수는 같고 금속의 자기 모멘트는 0이다.

자기장이 인가되면(그림 9.9(b)) *H*와 평행하게 정렬된 상향-스핀 전자는 에너지가 낮아지고, 역평행으로 정렬된 하향-스핀 전자는 에너지가 높아진다. 그 결과 E_F 부근에서 하향-스핀 전자와 상향-스핀 전자의 에너지 격차가 발생하는데, 이를 해소하기 위해 하향-스핀 전자가 하위 띠 경계를 넘어 이동한다. 이 과정에서 이동 전자의 스핀 배향이 바뀌므로 약간의 상향-스핀 자기 모멘트가 알짜로 발생한다. 이로부터 유동 전도 띠(itinerant conduction band) 유형의 자기적 거동이 나타나며 이를 파울리 상자성이라 부른다. E_F 부근의 전도 띠 전자 중 단지 일부만이 파울리 상자성에 기여하며, 이는 극히 일부의 전자만이 전자 전도도와 열용량에 기여하는 점과 유사하다. 파울리 상자성에는 소수의 홀스핀만이 관여하기 때문에 자기 모멘트가 대체로 온도에 무관하다. 하지만 하위 띠의 에너지 갈라짐이 중요한 변수 인자이므로 자기장 세기에 대해서는 상당히 민감하다.

파울리 상자성은 홀스핀 전자 간의 협동 작용을 전혀 포함하지 않는다. 파울리 상자성과 대조적으로 강자성은 강한 **교환 상호 작용**(exchange interaction)을 통해 외부 자기장이 없는 조건에서도 홀전자들이 협동적으로 정렬된다는 특징이 있다. 이는 두 경우에서 상향-스핀과 하향-스핀 하위 띠의 상대 에너지, 즉 **교환 갈라짐**(exchange splitting)이 크게 다름을 가리킨다; 그러나 알짜 자화가 상향-스핀 준위와 하향-스핀 준위의 점유도 차이에 의해 결정된다는 점은 마찬가지이다. 교환 갈라짐이 극단적으로 큰 경우에는 두 하위 띠가 자발적으로, 완전히 분리된다(그림 9.9(c)).

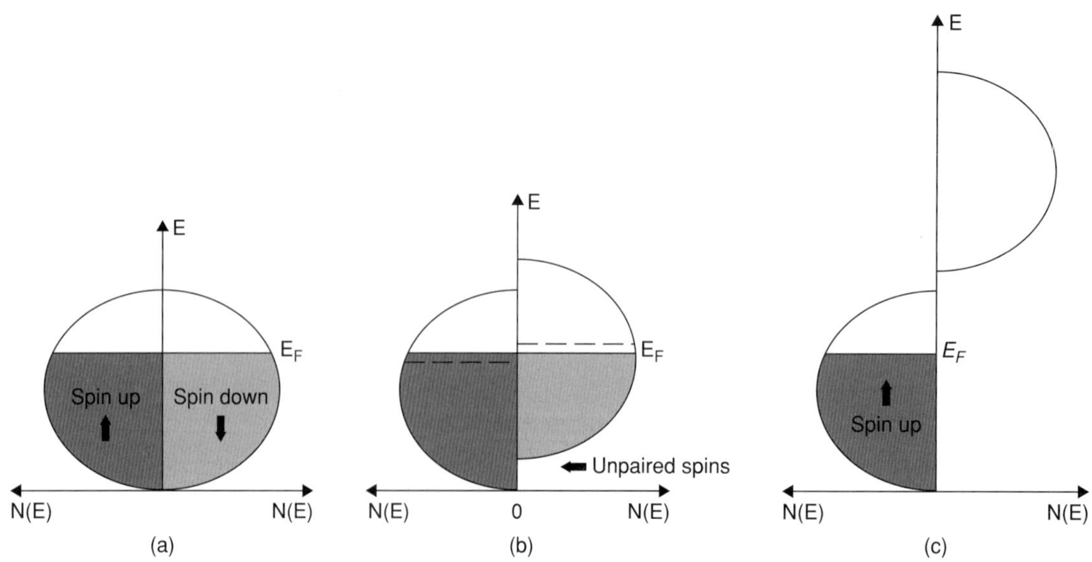

그림 9.9 스핀에 따라 3*d* 띠가 두 하위 띠로 갈라짐: (a) 자기장이 없는 조건; (b) Pauli 상자성체에서는 자기장에 의해 하위 띠 간 에너지 격차가 발생; (c) 강자성 전이 금속에서는 띠 갈라짐이 자발적으로 일어남.

9.2.2 전이 금속 일산화물

4주기 전이 원소의 산화물들은 금속의 원자 번호와 *d* 전자 수에 따라 규칙적이고 뚜렷한 물성 변화를 보인다. 2가 산화물 MO는 금속성 TiO부터 절연성 NiO에 이르기까지 매우 넓은 범위의 전기 전도도를 나타낸다(8장). 자기적 성질 또한 전기적 성질 못지않게 변화 폭이 크다. TiO, VO, CrO는 높은 전도도를 갖는데, 이는 *d* 전자가 t_{2g} 띠를 부분적으로 채우기 때문이다. 또한 이들 금속은 편재된 홀전자를 갖지 않기 때문에 반자성과 파울리 상자성을 보인다. 반면, 이후 원소의 산화물들, MnO, FeO, CoO, NiO는 개개 원자핵에 강하게 편재된 *d* 전자를 가짐으로써 반도성/절연성과 함께 상자성을 보인다.

위의 Mn−Ni의 산화물들은 냉각 과정에서 흥미로운 자기 효과를 보인다: 인접 이온들의 홀전자 간 협동 작용으로 자기 질서 구조를 이룬다. MnO, FeO, CoO, NiO 모두 반강자성 전이를 일으키며 각각의 Néel 온도는 −153, −75, −2, +250 ℃이다. 이들 모두 고온에서는 암염 구조이고 냉각 중에 약한 능면(rhombohedral) 왜곡을 일으킨다. NiO와 MnO에서는 [111]에 평행한 3중 회전축 중 하나를 따라 소폭의 격자 수축이 일어난다. 이에 반해 FeO에서는 [111] 방향으로 격자가 신장된다(그림 1.10(c)와 삼방 대칭에 대한 설명 참고).

이러한 능면 왜곡은 M^{2+} 이온의 반강자성 질서 정렬(그림 9.5 초교환 메커니즘)에 의해 유발된다. 암염 구조에서는 M^{2+}와 O^{2-} 이온 층이 (111) 면에 평행하게, 즉 [111] 방향에 수직으로, 번갈아 나타난다. NiO의 Ni^{2+} 층 각각에서는 모든 Ni^{2+}의 스핀이 같은 방향으로 정렬되는 한편 인접한 층들 간에는 항상 역평행 관계이다(그림 5.25). 이와 같은 자기 질서 구조는 중성자 회절을 이용함으로써 명확히 연구될 수 있다. 중성자는 자기 모멘트를 갖기 때문에 원자핵뿐만 아니라 홀전자에 의해 산란될 수 있다. 보다 자세한 내용은 5.5.2절에 주어져 있다.

9.2.3 전이 금속 이산화물

4주기 이산화물에서는 TiO_2, CrO_2, MnO_2만이 등구조(루틸) 관계이기 때문에 구조−성질 상관성을 비교하기에 부족함이 있지만, 전반적인 틀에서 일산화물과 비슷한 거동이 나타난다. 주기율표의 Cr 이전에서는 3*d* 오비탈의 중첩으로 띠가 형성된다(TiO_2는 *d* 전자가 없어 절연성이지만 환원된 TiO_{2-x}는 재빨리 금속성이 된다. 이는 3*d* 오비탈 중첩이 잘 일어남을 가리킨다). Cr 이후에서는 3*d* 오비탈들이 편재되며 MnO_2는 상자성 반도체이다. CrO_2는 그 중간 성격으로, 제한적 오비탈 중첩에 의해 매우 좁은 3*d* 띠를 가지며 $T_C = 392$ K의 강자성을 보인다. 이 예는 자기적 성질과 전기적 성질 간의 연관성을 설득력 있게 드러낸다. 협동 자기 현상, 특히 강자성은 좁은 *d* 전자 띠 구조와 결부되며, 이는 '유동성 전자에 의한 높은 전자 전도도'와 '전자 편재에 의한 반도성(또는 절연성)'의 교차 영역에 해당한다.

9.2.4 스피넬

아철산염(ferrite) 스피넬은 산업적으로 중요한 자성체이며, 그 일반식 MFe_2O_4에서 M은 Fe^{2+}, Ni^{2+}, Cu^{2+}, Mg^{2+}와 같은 2가 이온이다. 이들은 모두 부분적 또는 완전한 역스피넬(1장)이다. 이는 d^5 이온 Fe^{3+}가 팔면체 장에서 결정장 안정화 에너지(CFSE)를 전혀 갖지 않기 때문으로 해석된다(3.2.15절). 이러한 경우 크기가 큰 2가 양이온이 팔면체 자리를 택하고 Fe^{3+} 이온은 팔면체 자리와 사면체 자리 둘 다에 분포될 것이다. 스피넬 Fe_3O_4는 자철석(magnetite, lodestone)이라는 관용명으로 친숙하며, 수백 년 전 중국에서 발견되어 나침반을 만드는 데 사용되었다. 이는 자성이 실용화된 최초 사례라 하겠다.

자철석은 역스피넬이며 식을 $[Fe^{3+}]^{tet}[Fe^{2+},Fe^{3+}]^{oct}O_4$로 적을 수 있다. 이 물질은 T_N=119 K의 반강자성체이며, 팔면체 자리 Fe의 혼합 산화수에 기인하여 매우 높은 전자 전도도를 갖는다. 밀접하게 관련된 상으로 산화 철 γ-Fe_2O_3 또한 스피넬이지만 Fe:O 비가 3:4 대신 2:3인 점에서 알 수 있듯 Fe-결핍 구조이다. γ-Fe_2O_3에서는 스피넬 단위세포의 사면체/팔면체 자리 총 24개에 Fe 21.33개가 분포된다. 자철석은 γ-Fe_2O_3로 쉽게 산화되는데, 그 과정이 가역적이고 γ-Fe_2O_3를 진공, 250 ℃에서 가열하면 다시 자철석이

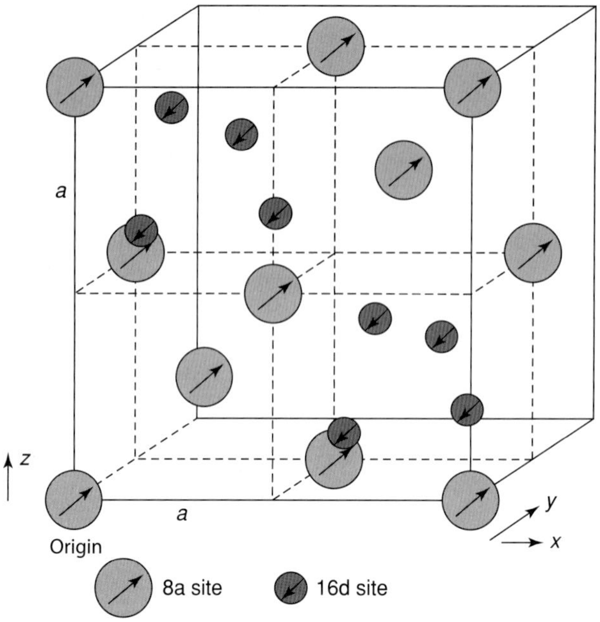

그림 9.10 반강자성 또는 준강자성 스피넬에서 자기 구조(단위세포의 팔분체 중 앞부분의 4개에 대해 양이온만이 표시됨). 8*a* 자리와 16*d* 자리의 역평행 스핀들이 [111] 방향에 수직하게 교번 층을 이룬다.

된다. γ-Fe_2O_3는 자성 기반 정보 저장 매체로서 중요하게 고려되고 있다.

아철산염에서는 사면체 자리(8*a*)와 팔면체 자리(16*d*) 이온들의 자기 스핀이 역평행이기 때문에 반강자성이나 준강자성이 나타난다. 그림 9.10은 스피넬 단위세포의 팔분체 중 앞부분 4개의 구성을 나타낸 것이다. 원점은 8*a* 자리 이온에 해당되고, 산소 이온의 표현은 생략되었다. 이 단위세포 그림에서는 8*a* 이온이 꼭짓점, 면심, 번갈아 나타나는 팔분체 중심에서 발견된다. 따라서 8*a* 이온의 *fcc* 배열을 파악할 수 있고, 단위세포 당 8*a* 이온 수는 8이다. 8*a* 이온이 없는 팔분체 내에는 16*d* 이온이 사면체형으로 배열된다. 16*d* 이온은 4개의 팔분체에 4개씩 놓이므로 단위세포 당 개수는 총 16이다. 8*a* 이온과 16*d* 이온의 자기 스핀은 그림과 같이 역평행이다. 식 9.11을 이용하여 각기 다른 스피넬의 자기 모멘트 μ를 계산해보자.

우선 간단한 예로 $ZnFe_2O_4$를 보겠다. 이 조성은 극저온에서 역스피넬이다(상온에서는 정상 스피넬).

$$[Fe^{3+}]^{tet}[Zn^{2+}, Fe^{3+}]^{oct}O_4$$

8*a*와 16*d* 자리를 같은 수의 Fe^{3+} 이온이 반대 스핀으로 채우므로 이들의 자기 모멘트는 정확히 상쇄된다. 게다가 Zn^{2+}는 자기 모멘트가 없다. 따라서 $ZnFe_2O_4$의 μ는 전체적으로 0이 될 것이고, 두 자리의 Fe^{3+} 이온들이 역평행 스핀을 가지므로 반강자성이 예상된다. 이는 실험적 측정으로부터 확인된다($T_N = 9.5$ K).

$MgFe_2O_4$에 대해서도 비슷한 예상이 가능하지만, 이 물질의 μ는 0이 아니며 준강자성이 나타난다. 이에 대해 두 가지 설명이 제시될 수 있다. 한 가지 가정은 스피넬의 역배열이 완전하지 못해 팔면체 자리의 Fe^{3+} 수가 사면체 자리의 Fe^{3+}보다 더 많다는 것이다. 이러한 경우 스핀의 상쇄가 완전하지 못하게 된다. 또 다른 가정은 두 Fe^{3+} 자리(8*a*, 16*d*)의 유효 μ가 서로 다르다는 것이다. 실험적 측정 결과는 첫 번째 설명을 뒷받침한다. 온도가 높아질수록 $MgFe_2O_4$는 점차 정상 스피넬 구조로 변환된다. 상온에서의 스피넬 반전도는 열처리 내력, 특히 고온 합성 후의 냉각 속도에 따라 달라진다. 예컨대 급랭된 시료는 서랭된 시료에 비해 낮은 반전도와 높은 μ를 갖는다.

아철산 망가니즈 $MnFe_2O_4$는 80% 정상, 20% 반전이다. 하지만 Mn^{2+}와 Fe^{3+} 둘 다 d^5이기 때문에 μ가 반전도나 열처리 내력과 무관하다. $MnFe_2O_4$는 준강자성이고 $\mu \approx 5$ BM이다.

혼합 아철산염 $M_{1-x}Zn_xFe_2O_4$(M = Mg, Ni, Co, Fe, Mn)는 양이온 점유도와 고용체 효과의 중요성을

보여 주는 흥미로운 예이다. $x=0$일 때, 즉 MFe_2O_4는 대체로 역스피넬이다.

$$[Fe^{3+}]^{tet}[M^{2+}, Fe^{3+}]^{oct}O_4$$

순수한 역스피넬 상이라 할 때 기대되는 μ는 Mg 0, Ni 2, Co 3, Fe 4, Mn 5이다. 그러나 실험적 값들은 이들보다 크며(그림 9.11의 세로축), 이는 식 9.11의 μ 계산 방법이 지나치게 단순화되었음을 가리킨다. 위와 대조적으로 $x=1$, 아철산 아연($ZnFe_2O_4$)은 상온에서 거의 순수한 정상 스피넬이다. 그러나 팔면체 자리 Fe^{3+} 이온의 스핀이 무작위적이고, $ZnFe_2O_4$는 상자성이다. M^{2+}가 Zn^{2+}로 부분 치환되어 아철산염 고용체가 형성될 때 역스피넬 배열이 점차 정상 배열로 변화한다. 치환 이온 Zn^{2+}가 사면체 자리를 채우면서 Fe^{3+} 이온이 팔면체 자리로 옮겨가는 것이다.

$$\left[Fe^{3+}_{1-x}Zn^{2+}_{x}\right]^{tet}\left[M^{2+}_{1-x}Fe^{3+}_{1+x}\right]^{oct}O_4$$

만일 고용체들이 $MFe_2O_4(x=0)$의 반강자성 성향을 유지한다면 μ가 직선 의존성으로 증가하여 $ZnFe_2O_4$ $(x=1)$에서 10에 달할 수 있다. 그러나 $x=1$에 훨씬 못미쳐서 $16d$와 $8a$ 자리 간 반강자성 짝지음이 없어지고 M 값이 감소한다(그림 9.11). x 값이 작을 때 M의 측정값이 증가하는 것은 반강자성/준강자성 질서가 유지됨을 의미한다. 하지만 M은 $x=0.4-0.5$에서 극댓값을 지난다.

아철산염의 자기적 성질은 자기 모멘트뿐만 아니라 다른 인자들에 의해서도 영향 받는다. 여기에는 포화 자화(M_s), 자기변형 계수(λ_s), 투자율(μ), 자기결정 비등방 계수(K_1)가 포함되는데, 이들 상수 값은 물질에 따라 매우 큰 폭으로 다르다. 특정 용도가 제시될 때 위의 인자들을 고려하여 적합한 아철산염이 선택될 수 있다. 또한 자기적 성질의 설계 및 조절을 위해 혼합 아철산염이 탐색될 수 있다. 일례로 $MnFe_2O_4$의 Mn^{2+} 일부를 Fe^{2+}로 치환하여 고용체 $Mn^{2+}_{1-x}Fe^{2+}_{x}Fe^{3+}_{2}O_4$를 얻어내면 자기 비등방성이 0으로 감소한다. 이 지표는 자기장 인가 하에서 자기 모멘트의 재배향이 얼마나 쉽게 일어나는지를 계량화한다. 자기 비등방성의 감소는 투자율의 증가를 가져오며, 이는 상용 아철산염에서 중요시되는 항목이다. 하지만 Fe^{2+} 함량의 증가와 함께 전기 전도도가 증가하는 부작용도 있다.

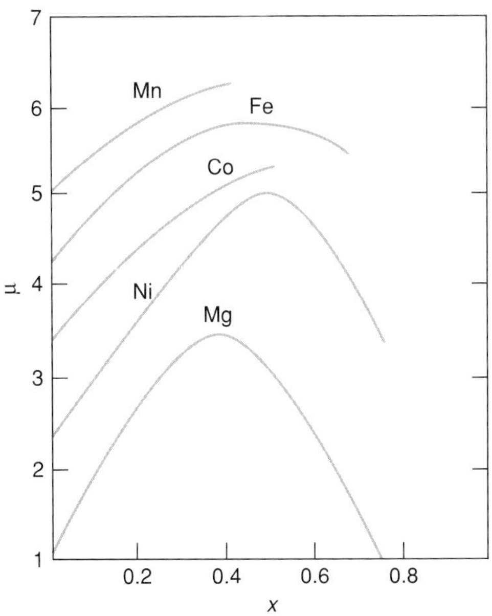

그림 9.11 아철산염 고용체 $M_{1-x}Zn_xFe_2O_4$의 조성에 따른 자기 모멘트 변화. Reproduced with permission from Gorter, Nature, 165, 798, © 1950 Macmillan Publishers Ltd.

9.2.5 가넷

꽤 많은 수의 복합 산화물이 가넷(garnet, 석류석) 구조 군에 속하며, 그 일부는 중요한 **준강자성** 물질이다. 가넷의 일반식은 $A_3B_2X_3O_{12}$이며 결정 구조는 1.17.13절에 묘사되어 있다. A는 반경 ~1 Å의 큰 이온이고 왜곡된 입방 환경에 놓여 배위수가 8이다. B와 X는 크기가 작고 각각 팔면체 배위와 사면체 배위를 취한다. 가넷 조성의 B와 X가 Fe^{3+}이고 A는 Y, Sm, Gd, Tb, Dy, Ho, Er, Tm, Yb, Lu일 때 흥미로운 자성이 나타난다. 그 중에서도 가장 중요한 것은 **이트륨 철 가넷**(YIG) $Y_3Fe_5O_{12}$이다. 다양한 A–B–X 조합이 가넷 조성을 이루며, 그 중 일부는 1.17.13절에 소개되어 있다.

YIG의 결정학적 자료는 그림 1.49에 주어져 있으며, *bcc* 단위세포($a = 12.376$ Å)에 8개의 화학식 단위가 포함되어 있다. 이 구조에서는 BO_6 팔면체와 XO_4 사면체가 꼭짓점을 공유하여 골격을 형성하고 A가 8배위 동공을 채운다. YIG와 희토류 가넷에서 B와 X는 똑같이 Fe^{3+}이다.

YIG와 희토류 가넷은 Curie 온도가 548–578 K 범위인 준강자성체이다. μ를 산정하기 위해서는 세 종류의 이온, 즉 A(24*c*), X(24*d*), B(16*a*) 자리의 이온들을 모두 고려해야 한다. 24*d* 이온의 스핀은 24*c* 이온과 16*a* 이온의 스핀 둘 다에 역평행 관계이다. 두 종류의 Fe^{3+} 이온들(24*d*, 16*a*)을 먼저 고려하면, 이들의 스핀은 부분적으로 상쇄된다. 단위세포 당 한 방향의 스핀이 16개이고 반대 방향의 스핀이 24개이기 때문이다. 따라서 화학식 단위 $M_3Fe_5O_{12}$ 당 Fe^{3+} 이온 1개에 해당하는 알짜 모멘트, 즉 5 BM이 발생한다. Y^{3+}는 d^0 이온이므로 μ가 0이고, 결과적으로 YIG의 μ는 5 BM이다.

희토류 가넷의 전체 모멘트는 $(3\mu_M - 5)$ BM으로 예상된다. μ_M은 24*c* 이온 M의 모멘트이고 M은 화학식 단위당 3개 포함된다. f^7 이온 Gd^{3+}의 경우 $\mu_{Gd} = 7$ BM이다. 이로부터 GdIG의 알짜 모멘트는 16 BM으로 계산되어지며, 이는 실험적 결과와 일치한다. Tb–Yb 이온들에서는 오비탈 모멘트의 기여가 일부 남아 있는 것으로 보인다. 이들의 μ_M 값은 $g = 2.00$으로 두고 스핀만을 고려하여 계산된 것보다 더 크다. 그림 9.12는 μ의 실험값과 계산값을 비교하여 나타낸 것이며, 스핀만을 고려하여 계산된 결과와 '스핀 + 오비탈'의 기여를 고려한 결과가 각각 나타내어져 있다. 실험적 결과는 위의 두 이론적 곡선 사이를 지나며, 이는 오비탈 모멘트가 단지 부분적으로 소멸함을 보여 준다.

희토류 가넷의 자기 모멘트는 특이하면서 흥미로운 온도 의존성을 보인다. 절대 0 K로부터 온도를 올리는 과정에서, DyIG의 자발적 모멘트(그림 9.13)는 감소하여 **보상 온도**(compensation temperature)에서 0을 지나고, 반대 방향으로 모멘트가 증가하다가 감소하여 Curie 온도에서 또다시 0이 된다. 이 현상은 희토류 하위 격자의 스핀이 Fe^{3+} 하위 격자의 스핀보다 더 빨리 무작위 배열되기 때문에 일어난다.

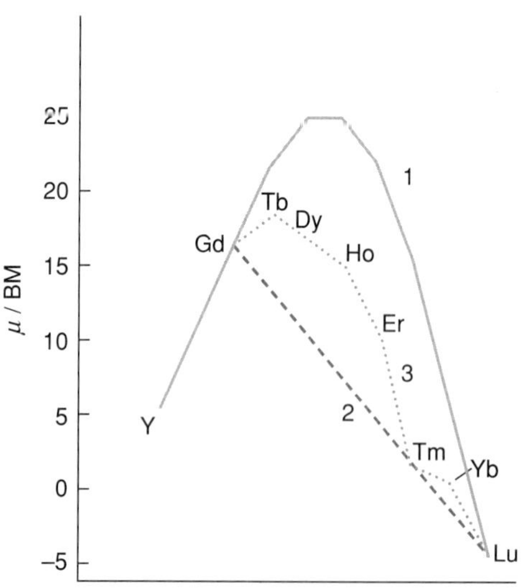

그림 9.12 0 K에서 가넷의 조성에 따른 자기 모멘트 변화. 곡선 1, 스핀+오비탈 공식을 이용한 계산값; 곡선 2, 스핀만을 고려한 계산값; 곡선 3, 실험값. Data from Standley, Oxide Magnetic Materials, © 1972 Clarendon Press.

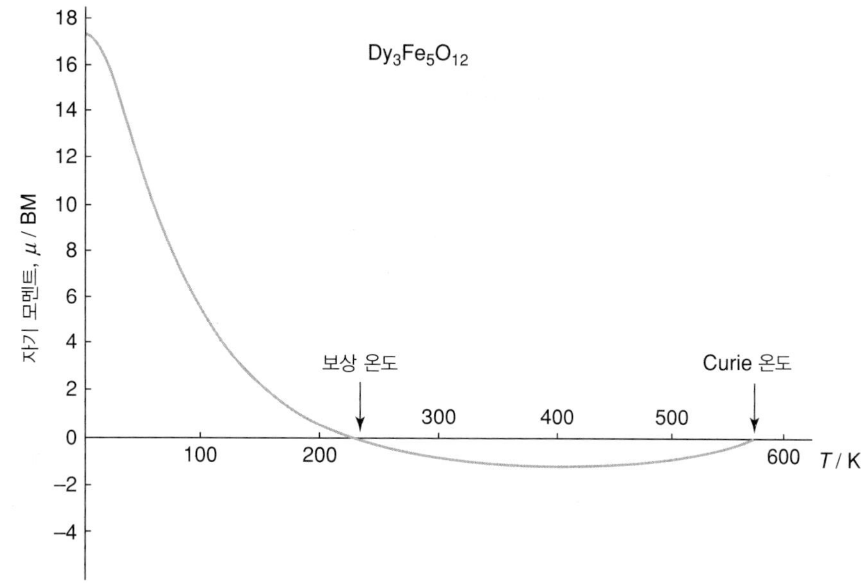

그림 9.13 DyIG의 자발 자화.

가넷 구조에서는 다양한 방식의 이온 치환이 가능하고 그에 상응하는 자기적 성질 변화가 일어난다. 예를 들어 24*c* 자리의 이온은 Ca^{2+}로 부분 치환될 수 있으며, 이 과정에서 사면체 자리 Fe^{3+}의 일부가 V^{5+}로 동시 치환될 수 있다.

$$[Y^{3+}_{3-2x}Ca^{2+}_{2x}]Fe^{3+}_2[Fe^{3+}_{3-x}V^{5+}_x]O_{12}$$

9.2.6 티탄철석(ilmenite)과 페로브스카이트(perovskite)

티탄철석 ABO_3(A = Fe, Co, Ni, Cd, Mg; B = Ti, Rh, Mn)는 강옥 α-Al_2O_3(1.17.11절)과 밀접히 연관된 구조를 갖는다. 티탄철석은 능면 대칭이지만 확대된 육방 단위세포(그림 1.46)를 이용하여 보다 쉽게 시각화될 수 있다. 이 구조는 산소 이온의 *hcp* 배열을 갖는다. 양이온들은 팔면체 틈새의 $\frac{2}{3}$를 채우는데, *c* 축을 따라 A 층과 B 층이 번갈아 나타나도록 분리되어 있다. 티탄철석의 구조를 설명하는 또 다른 관점은 NiAs의 파생 구조로 간주하는 것이다. 이 경우 팔면체 틈새의 $^1/_3$이 비워지고, 남은 자리에 두 양이온이 질서 배열된 것으로 본다.

$SrTiO_3$의 페로브스카이트 구조는 1.17.7절에 묘사된 바 있다. Fe^{3+}나 $Mn^{3+,4+}$를 함유한 일부 산화물은 페로브스카이트 구조를 취하며 흥미로운 강자성을 보인다. 이들은 $La^{3+}Mn^{3+}O_3$와 $A^{2+}Mn^{4+}O_3$의 고용체이며, 아래와 같이 이중 치환을 통해 형성된다.

$$[La^{3+}_{1-x}A_x{}^{2+}][Mn^{3+}_{1-x}Mn^{4+}_x]O_3$$

크기가 큰 La^{3+}, A^{2+}(A = Ca, Sr, Ba, Cd, Pb) 이온은 12배위 자리를 채우며 $Mn^{3+,4+}$는 팔면체 자리를 점유한다. 이들 계의 결정 화학, 상 도표, 자기적 성질은 상당히 복잡하다.

9.2.7 Magnetoplumbite

Magnetoplumbite는 광물 $PbFe_{12}O_{19}$이며, Ba-유사체 $BaFe_{12}O_{19}$(BaM)는 영구 자석의 중요 성분이다. 이들의 결정 구조는 β-알루미나 $NaAl_{11}O_{17}$와 밀접히 연관된다(8.5.4.2절). Magnetoplumbite는 *cp* 층 5개의 반복 단위를 가지며, 이 중 4개는 β-알루미나에서와 비슷하게 산소만으로 이루어진다. 5번째 층의 $\frac{3}{4}$은 산소 이온이고 나머지 자리에는 2가 이온 Pb^{2+}, Ba^{2+}이 놓인다. 따라서 반복 단위는 산소 이온 19개

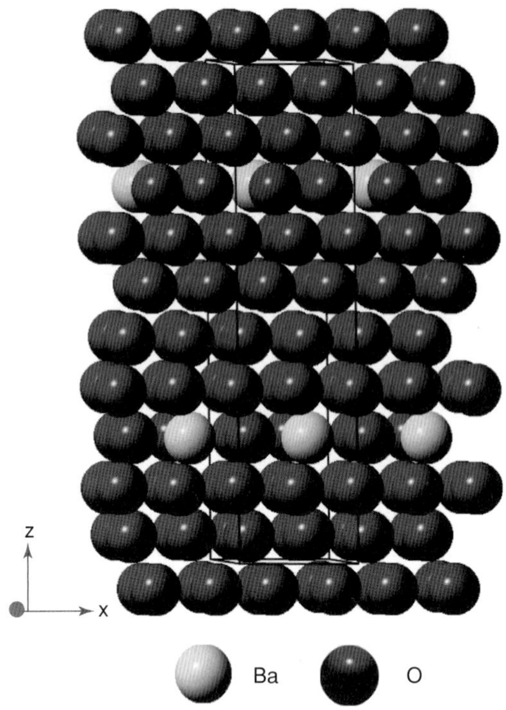

그림 9.14 Magnetoplumbite 구조에서 O와 Ba의 채움 배열. → 앞의 컬러 그림 참조

[=(4×4)+(1×3)]와 1개의 Ba^{2+}(또는 Pb^{2+}) 이온으로 구성된다(그림 9.14).

BaM에서는 Fe^{3+}가 5가지의 결정학적 자리를 점유하여 복잡한 자기 구조가 나타난다. 주요 부분만을 요약하면 단위 식 $BaFe_{12}O_{19}$마다 8개의 Fe^{3+} 이온이 동일 배향이고 나머지 4개는 역평행으로 정렬되어, 결과적으로 4개의 Fe^{3+} 이온에 의한 자기 모멘트 20 BM을 갖는다.

9.3 응용: 구조-물성 상관 관계

자기적 성질에는 여러 인자가 관여한다. 자성 물질의 조성과 가공 과정을 세밀하게 조절함으로써 '결정 조작(crystal engineering)'을 수행하고 바람직한 물성 조합을 이끌어낼 수 있다. 자성 물질의 응용 분야는 크게 세 가지이다. μ가 크고 H_c가 낮은 연성 물질은 전자석에 사용되며 이 경우 주어진 H에서 B를 최적화하는 것이 관심사이다. μ가 작고 H_c와 M_r이 높은 경성 물질은 영구 자석으로 사용된다. 또한 다양한 물성 범위의 물질들이 자기 정보 저장에 응용된다. 개별 사례들은 다음과 같다.

9.3.1 변압기 코어

강자성체와 준강자성체의 주된 응용 중 하나는 변압기와 모터의 코어이다(그림 9.15). 사용되는 물질은 자기적으로 연성이고 전력 처리 용량이 크되 손실은 낮아야 한다. 연성 물질은 투자율이 높아 낮은 자기장에서도 쉽게 자화되고, 보자력장이 낮아 이력 손실(BH 곱)이 대체로 작다. 이러한 성질들은 자기변형 계수(λ_s)와 자기결정 비등방 계수(K_1)가 작을수록 얻어지기 쉽다. 역학적 관점에서 연성 자성체는 구역 벽의 이동이 쉽게 일어나는 물질이다.

이력 손실에 더해, 고주파에서는 맴돌이 전류 손실이 큰 문제가 되며 이는 전기 저항이 작은 물질일수록 더욱 심각하다. 맴돌이 전류는 주파수의 제곱에 비례한다. Fe와 같은 금속의 맴돌이 전류는 Ni나 Si와의 합금화를 통해 감소될 수 있다. 일반적으로 합금은 성분 금속에 비해 비저항이 크다. 아철산염이나 YIG와 같은 준강자성 산화물은 저항이 커서 맴돌이 전류가 무시될 수 있다는 장점을 갖는다. 예컨대 3가

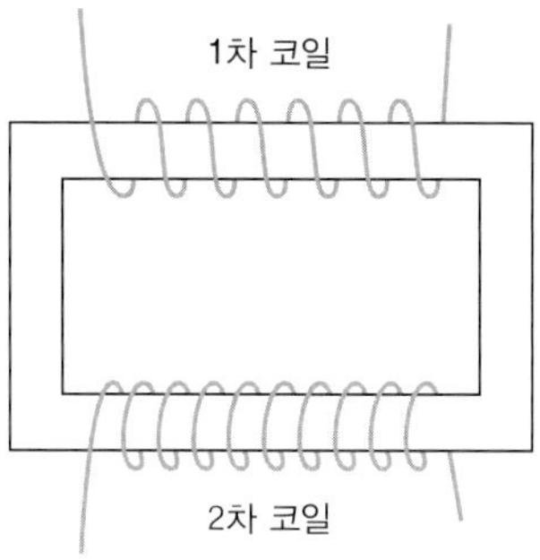

그림 9.15 변압기 코어에 감겨진 1차 코일과 2차 코일.

양이온만으로 구성된 YIG는 이렇다 할 전자 전도 메커니즘을 갖지 않으며 $\sigma_{25\,°C} \approx 10^{-12}$ S cm^{-1}이다. 이때 Fe의 산화수는 반드시 +3 상태이어야 하는데, 그렇지 않을 경우 $Fe^{2+} \rightarrow Fe^{3+} + e^-$의 전하 전달로 인해 전도도가 증가할 수 있다. 예를 들어 자철석 $Fe_3O_4(Fe^{2+}Fe_2^{3+}O_4)$의 상온 전도도는 10^2–10^3 S cm^{-1}이다: 이는 YIG에 비해 $\sim 10^{15}$배만큼 큰 값이며 Fe의 혼합 산화수와 연관된다.

9.3.2 영구 자석

영구 자석은 포화 자화(M_s), 에너지 곱(BH), 보자력장(H_c), 잔류 자화(M_r), Curie 온도, 자기결정 비등방도가 모두 높아야 한다. 이에 적합한 물질은 Fe, Co, Ni와 같은 금속, $SmCo_5$와 같은 합금, 그리고 BaM과 같은 경성 산화물이다.

자석의 경도는 '고정화(pinning)'에 의해 증대될 수 있는데, 이는 구역 벽의 이동을 어렵게 만드는 과정이다. 이와 유사하게 강철에 Cr이나 W와 같은 혼입물을 첨가하면 냉각 중에 탄화물 상의 석출 또는 martensite 변환이 일어난다. Alnico 자석에는 Al을 바탕으로 한 기질에 강자성 Co/Ni-기반 미립 결정들이 다량으로 분산되어 있다. 이들 미립 결정은 모두 같은 방향으로 자화되며 자기 모멘트의 소거나 배향 전환이 매우 어렵다.

BaM과 같은 산화물 자석은 가볍고 가격이 저렴한 편이다. 이들의 품질은 Alnico 자석에 비해 전반적으로 뒤떨어지지만, 자기적으로 정렬된 조직을 갖도록 제조함으로써 상당히 개선될 수 있다. 이를 위해서는 분말 형태의 출발물을 자기장 환경에서 성형한 후 소결한다. 자기장 인가에 의해 입자들의 자기 정렬이 일어나고 나아가 잔류 자화가 증가된다.

9.3.3 자기 정보 저장

자기를 기반으로 한 정보 저장에서는 연성이면서 맴돌이 전류 손실이 낮고 정사각이나 직사각형의 이력고리(그림 9.6)를 갖는 물질이 정보 기억 소자에 사용된다. 이러한 특성의 물질이 자화된 상태에 역방향 자기장이 가해지면 보자력장 H_c까지는 아무 변화가 없다가 이 지점을 넘는 순간 급작스런 자화 역전이 일어난다. 자화의 두 방향, +와 −는 이진 연산체계의 0과 1로 인식될 수 있다.

카세트 테이프와 플로피 디스크에서 음향 자료는 매체 표면의 자화 세기 변화를 통해 기록된다. 위의 '표면'은 대개 고분자 필름에 자성체 CrO_2 또는 γ-Fe_2O_3의 미립자를 분산시킨 복합체이거나 기판에 자성 물질 박막이 도포된 형태이다. 개개의 미립자나 자성 구역은 둘 중의 한 방향으로 자화되며 각각의 상태는 0 또는 1을 나타낸다. 판독-기록 헤드(read-write head)는 연성 자성체(예: MnZn 아철산염)로 만들어진 소형 전자석이며, ~0.8 μm 폭의 틈 사이에 N, S 극의 자기장을 발생시킨다(그림 9.16). 기록 매체가 판독-기록 헤드 위치를 통과하면서 기록과 판독이 이루어진다. 기록 모드에서는 N, S 극 사이의 테두리 자기장에 의해 근접한 매체 부분이 자화된다. 자화 세기는 자기장에 의존하며, 이는 코일 전류에 의해 조절된다. 판독 모드에서는 기록 매체 표면 부의 테두리 자기장 변화에 의해 코일 전압이 유도되어 확성

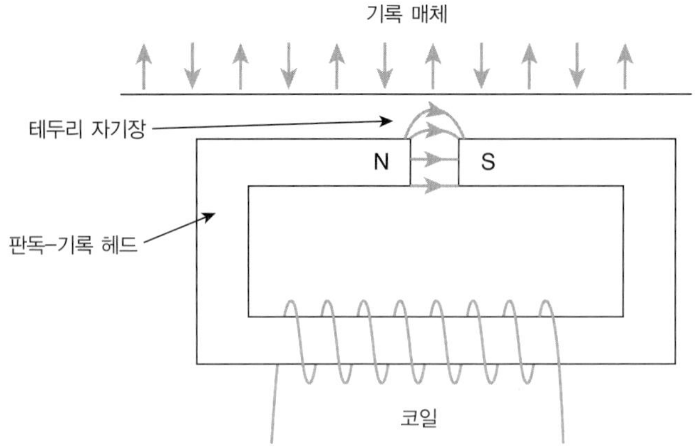

그림 9.16 판독–기록 자기 헤드.

기로 전달된다.

판독–기록 헤드에 사용되는 물질과 기록 매체에 사용되는 물질은 서로 다른 자성 요건을 갖는다. 헤드는 높은 자화율과 낮은 보자력을 가져야 하므로 투자율이 높은 연성 물질로 만들어진다. 기록 매체는 의도치 않은 기록 소실을 막기 위해 보자력이 높아야 하고, 또한 포화 자화와 잔류 자화가 높아야 매체 표면의 테두리 자기장이 잘 감지될 수 있다.

자기 기록 매체의 **정보 저장 밀도**는 주요한 품질 지표이며, 컴팩트 디스크와 광학 저장 장치에서는 높은 저장 밀도가 구현될 수 있다. 저장 밀도는 단위 면적 당 비트(bit: 자성 구역이나 입자) 수로 표현된다. 구역 크기가 1 μm라면 10^8 bits cm^{-2}의 저장 밀도가 얻어질 수 있으며, 특히 자성 입자가 테이프 면에 수직으로 정렬된 수직 미세 구조에서는 저장 밀도와 테두리 자기장의 선명도가 향상될 수 있다.

컴팩트 디스크에 대해서는 광학적 판독–기록 장치가 사용된다. 기록 모드에서는 집속된 레이저 광선을 이용하여 기록 매체를 가열한다. Curie 온도 이상으로 가열할 경우 강자성이 사라지면서 기록 정보가 삭제되고 그 이하이더라도 보자력이 감소하여 재자화가 쉬워진다. 이 상태로 자기 기록 헤드를 지나면서 매체의 자화 또는 재자화가 수행된다. 작업 처리된 매체를 냉각시키면 보자력이 다시 증가하고 저장된 자기 정보는 반영구적이 된다. 판독 모드에서는 약화된 세기의 레이저를 사용하면서도 **자기광학적 Kerr 효과**를 이용하여 각기 다른 자화 상태를 구분할 수 있다. 물론 이때 강자성 구역 구조의 손상은 없다. Kerr 효과에서는 선형 편광된 레이저 광이 자기 매체 표면에서 반사될 때 편광 방향의 회전이 일어난다. 이때 회전 방향은 자화 방향에 의존하고 회전 각도는 기록 매체의 소재에 따라 달라진다.

그림 9.17은 1960–1990년 기간 동안 정보 저장 밀도의 증가 추세를 나타낸 것이다. 새로운 기술의 등장과 함께 소형화가 꾸준히 이루어져 왔고, 2013년 현재 최고 수준의 집적 기술은 자기광학 저장 장치이다.

초기 개발 중 한 가지 흥미로운 사례에서는 고온에서 비자성 기판 위에 수 마이크론 두께로 켜쌓음 도포된 가넷 박막이 사용되었다. 가넷의 조성과 격자 상수를 세심하게 선택하면 냉각 과정에 박막과 기판의 열적 수축이 미세하게 차별화된다. 그에 따른 응력은 가넷 박막의 자화가 막 평면에 수직하게 일어나도록 유도하여 스핀이 위나 아래로 향한 구역 구조들을 형성시킨다. 이러한 구역 구조는 편광 현미경에서 관찰될 때 거품 형상으로 나타난다. 이들 '자기 거품' 물질은 2진 자료 저장 장치의 기억 소자에 사용되어 왔지만, 후속 기술에 의해 점차 대체되는 추세이다.

9.4 최신 기술 동향

9.4.1 자기저항: 거대 저항, 초거대 저항

자기저항(magnetoresistance, MR)은 자기장 인가에 의해 물질의 전기 저항이 변하는 현상이다. 이 효

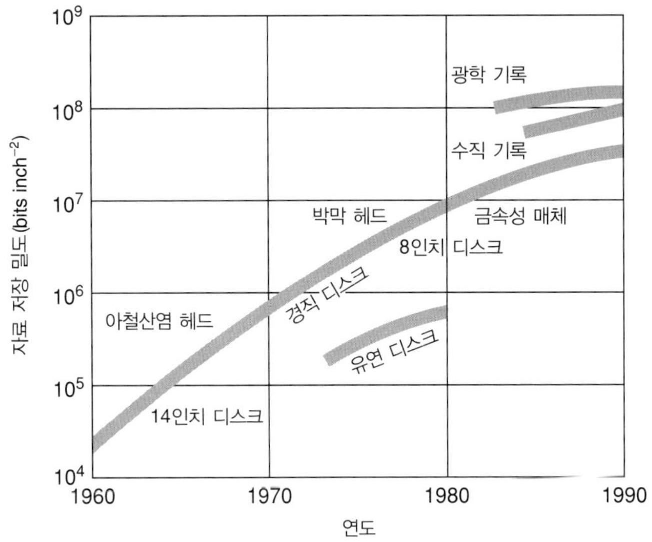

그림 9.17 플로피 디스크, 경직 디스크, 자기광학 장치, 수직 기록 장치 등에서 정보 저장 밀도의 진보. Adapted with permission from David Jiles, Introduction to the Electronic Properties of Materials, Chapman and Hall, © 1994 Taylor & Francis Ltd.

과는 자기장이 전도 전자의 이동에 약간의 영향을 미침으로써 발생하는데 매우 강한, 예를 들어 1 T의 자기장에서도 1% 미만의 저항 변화가 일어나는 것이 보통이다. **비등방성 자기저항**(anisotropic magnetoresistance, AMR)에서는 물질의 자기 모멘트와 자기장의 상대 배향에 따라 저항 변화 크기가 달라진다. 이 효과 역시 작은 크기이지만 자기장 변화에 대한 저항의 민감도가 높기 때문에 자기 센서로 응용될 수 있다.

자기저항에 대한 관심은 1988년 Fert와 Grünberg가 **거대 자기저항**(giant magnetoresistance, GMR)을 발견하면서부터 급증하였다.[2] GMR이 관측되기 위해서는 강자성 금속(예: Fe)과 비자성 금속(예: Cr)이 번갈아 배열된 다층 박막 구조가 필요하다. 흥미롭게도 층들의 두께에 따라 Fe 층 사이의 교환 상호 작용이 반강자성 또는 강자성 성격으로 달라진다(그림 9.18). 교환 상호 작용은 Cr 층의 유동성 전자를 통해 매개된다. GMR 소자에서는 Fe 층들이 반강자성 상태가 되도록 Cr 층의 두께가 조절되며, 이후 자기장을 인가하면 자기장에 역평행이던 스핀 배향이 정반대로 전환된다(그림 9.18(b)).

GMR 효과의 핵심은 자기장에 평행(상향-스핀)으로 자화된 물질의 전자 저항 R_p가 역평행(하향-스핀)으로 자화된 물질의 저항 R_a보다 현저히 낮다는 점이다. 이는 하향-스핀 전자가 강한 산란 중심 역할을 하

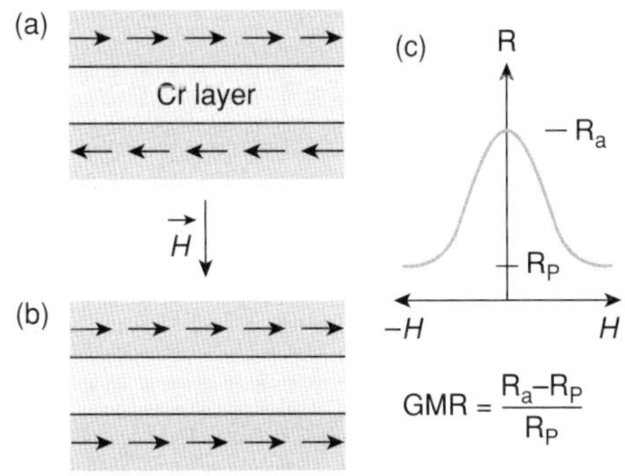

그림 9.18 Fe−Cr 다층 구조의 거대 자기저항: (a) 인접 Fe 층들 간의 반강자성 상호 작용; (b) 자기장 인가에 의해 강자성 상호 작용으로 전환; (c) 층에 대한 수직 방향의 저항이 H에 따라 변함.

2) 이 공로에 대해 2007년 Nobel 물리학상이 수여됨.

여 전도 전자의 이동성을 감소시키는 데에서 비롯한다. 다층 구조에 수직한 방향의 전자 전도도는 다층 전체의 저항에 따라 달라지며, 이는 역평행 층의 저항, 결국 자기장 세기에 의해 조절된다(그림 9.18(c)).

최초 Fert와 Grünberg가 이용한 반강자성 상호 작용에 더해 GMR 효과를 발생시키기 위한 몇 가지 다른 기법들이 개발되어졌다. 그 중 한 방법은 비자성 층(Cr)을 사용하는 대신 보자력이 다른 강자성 층들을 번갈아 배열하는 것이다. 자기장 하에서 연성 층의 스핀 전환이 일어나면서 이웃한 강자성 층에 대해 반강자성 관계로 배열되고 그 결과 저항이 증가한다. 장 세기가 훨씬 높아지면 경성 층에서도 스핀 전환이 일어나고, 그 결과 두 층에서의 자화가 평행이 되어 전체 저항이 감소한다.

GMR 효과를 위해서는 고품질의 다층 구조가 요구되는데, 여기서 각각의 자성체 층 두께는 겨우 수 nm 수준이다. 따라서 시편 가공 단계에서 분자살 증착(molecular beam epitaxy, MBE)과 같은 최첨단 박막 기술이 필수적이다. GMR 효과를 이해하려면 앞서 강자성 현상의 설명에서 기술된 바와 같이 상향-스핀과 하향-스핀의 하위 띠를 상정해야 한다. 위와 같이 스핀-편향(spin-polarization)된 전자 띠 구조는 두 개의 독립적 전자 전도 경로를 갖게 된다. GMR 효과의 발견을 곧바로 뒤따라 자기장 센서, 자기 저장 칩, 하드 디스크 판독 헤드 등의 분야에서 GMR 소자의 개발이 이루어졌다. 이들 모두에서는 자기장 세기에 따라 저항이 달라지는 거동이 응용된다(그림 9.18(c)).

초거대 자기저항(colossal magnetoresistance, CMR)은 MR 현상의 다양성이 심화 연구된 예라 하겠다. CMR 효과는 $La_{1-x}Ca_xMnO_3$ 등의 복합 페로브스카이트에서 관찰된다. 이 현상은 Curie 온도 부근에서 매우 높은 자기장(수 tesla)을 인가할 때 일어나는 금속–절연체 전이에 부속된다. 한 예로서 그림 9.19는 4.2 K에서 자기장을 인가할 때 $(Pr_{0.7}Ca_{0.3})MnO_3$가 보이는 비저항 변화를 나타낸다. 이 조성은 3–6 T 영역에서 절연성 반강자성체로부터 금속성 강자성체로 전이하고 그 과정에서 전도도가 10^{10}배 가까이 증가한다. CMR 효과는 극도의 고자기장에서 나타나기 때문에 현 단계에서는 실험실 차원의 관심 주제에 머무르고 있다.

터널링 자기저항(tunnelling magnetoresistance, TMR)은 다층 MR 효과의 또 다른 예이며, 접합 자기저항(junction magnetoresistance, JMR)으로 불리기도 한다. TMR에서는 강자성 금속 층들이 얇은 절연층(예: Al_2O_3)으로 분리되어 있다. 강자성체 층들은 절연체 격리층을 꿰뚫는 스핀-편향 터널링을 통해 자

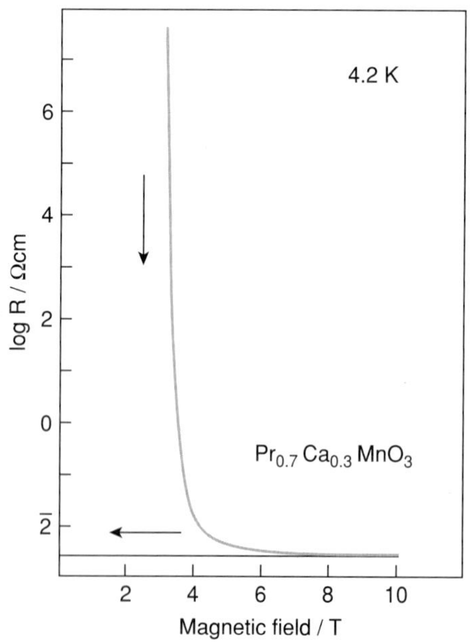

그림 9.19 자기장 인가에 의한 $Pr_{0.7}Ca_{0.3}MnO_3$의 비저항 감소. Adapted with permission from H. Yoshizawa et al., Neutron-diffraction study of the magnetic-field-induced metal-insulator transition in $Pr_{0.7}Ca_{0.3}MnO_3$, Phys Rev B, 52 (1995) 13145–13148, ©1995, American Physical Society.

기적으로 속박된다. 이는 GMR에서의 교환 상호 작용이 금속 층을 통해 일어나는 점과 대조된다. 다른 한편으로 TMR은 죠셉슨 효과를 상기시킨다. 죠셉슨 효과에서는 절연 층을 통과하는 터널링에 의해 초전도체 간 상호 작용이 일어난다.

9.4.2 다중강성체

다중강성체(multiferroic)는 두 종류 이상의 강성 질서를 나타내는 물질이다. 강자성과 강유전성을 동시에 나타내는 물질은 가장 주요한 관심 대상이며, 또한 두 성질 간의 상호 작용과 간섭이 존재하는지에 대해 많은 연구 노력이 기울여지고 있다. 두 가지 유형의 다중강성 거동이 알려져 있는데 I형에서는 강유전성과 강자성이 대체로 무관하고, II형에서는 강유전성이 강자성에 의해 촉진된다. II형 다중강성체는 자기-전기 상호 작용을 고유 성질로 갖기 때문에 실용화 면의 잠재성이 크다: 전기장을 인가하여 자기적 성질을 전환하거나 자기장을 이용하여 전기적 성질을 제어할 수 있다.

앞서 묘사되었듯 강유전성 물질은 자발 분극을 가지며 이는 전기장 인가에 의해 반전될 수 있다(8장). 강자성체는 자발 자화를 가지며 이 또한 자기장 인가에 의해 반전될 수 있다. 또다른 부류로서 강탄성(ferroelastic) 물질은 자발 변형을 보이며 이는 외력에 의해 반전될 수 있다. $CaAl_2Si_2O_8$은 강탄성체의 한 예이다. 다중강성체 분야가 크게 주목받기 시작한 것은 2003년 두 가지 의미 있는 사례가 발견되면서부터이다. 하나는 $BiFeO_3$의 강자성 박막이 거대 강유전성을 나타낸 현상이었고, 다른 하나는 자기장에 의해 $TbMnO_3$의 강유전성이 조절되는 현상이었다. 다중강성은 최근 수년 간 고체물리학과 고체화학에서 지대한 관심을 받는 주제이다.

강자성과 강유전성은 전혀 다른 근원에서 유래하기 때문에 이들을 결합시키는 것은 매우 어려운 작업이다. 강유전성 물질은 전기적 절연체이어야 하고 중심비대칭 결정 구조와 극성 결합을 가져야 한다. 대개의 강유전체는 d 껍질이 비어 있는 전이 금속(Ti^{4+}, Nb^{5+}, Ta^{5+})을 함유한다. 이와 대조적으로 대부분의 강자성체는 금속성 전도체이면서 양이온-음이온 간 결합이 쌍극자 모멘트를 갖지 않는다. 무엇보다도 자기적 거동을 위해서는 d나 f 껍질에 홀전자가 존재해야 한다. 따라서 강자성은 Mn, Fe, Co, Ni 등의 뒷전이 금속과 그들의 화합물에서 일어나기 쉽다.

$BiFeO_3$는 가장 활발히 연구된 다중강성체 중 하나이며 T_N은 643 K이고 T_C는 1100 K이다. 강유전성에 주로 기여하는 요소는 Bi^{3+} 양이온인데, $6s^2$ 고립 전자쌍이 Bi 주위에 비대칭 배위 환경과 함께 극성 Bi−O 결합을 만들어낸다. Fe^{3+} 이온은 Fe−O−Fe 초교환 상호 작용을 통해 $BiFeO_3$ 내에 반강자성 질서를 형성한다. 이 물질 내부의 스핀 상호 작용에는 나선자성이 관여하기 때문에 반강자성의 구체적 양상은 매우 복잡하다.

$BiFeO_3$는 기본적으로 페로브스카이트 구조이지만 T_C 아래에서 능면 변형된 다형체로 전이한다. 강유전성 다형체에서는 고온 입방 단위세포의 [111] 방향을 따라 자발 분극이 일어난다. $BiMnO_3$와 $PbVO_3$를 포함한 몇 가지 다른 페로브스카이트에서도 다중강성이 발견된 바 있다.

10장

광학적 성질: 발광, 레이저

10.1 가시광선과 전자기 스펙트럼

'빛(light)'이란 무엇인지 호기심을 품어본 적이 있는가? 빛은 우리 주위 어디서나 직간접적으로 감지될 수 있는 친숙한 환경이지만 서로 다른 빛의 종류들, 성질, 다양한 응용성을 생각해 보면 이것이 간단히 묘사될 수 있는 현상이 아님을 알 수 있다. 하지만 빛이 전자기 복사의 한 형태라는 점에 주목하면 체계적인 방법으로 이해와 설명이 이루어질 수 있다. 전자기 복사의 여러 형태(라디오파, 마이크로파, 적외선, 가시광선, 자외선, X-선, …)들은 파장 범위와 에너지로 쉽게 구분된다. 가시광선은 낮은 에너지(붉은색) 쪽으로 ~700 nm(~1.7 eV)부터 높은 에너지(보라색) 쪽으로 ~400 nm(~3.3 eV)의 범위에 걸쳐 있다(그림 10.1(a)).

빛은 직교하는 전기/자기 진동 장의 결합 파동이 공간을 진행하는 것이라 할 수 있다(그림 10.1(b)). 파동의 진행 방향은 위의 두 진동 장 모두에 대해 수직이다. 따라서 빛은 크기와 방향 면에서 3차원 벡터 파동이지만, 많은 경우에 1차원 스칼라 파동의 진행으로 간주될 수 있다(그림 1.10(c)). 우리가 일상에서 접하는 빛은 모든 방향으로 진행하는 파동들이 뒤섞인 것이고, 또한 가시광 파장 범위 전체에 해당하는 파동들이 백색광으로 합쳐진 결과이다. 그 안에서 각기 다른 파장의 파동 성분들은 서로 간섭하지 않는다.

진행하는 빛에서 모든 파동의 전기장 벡터가 동일 평면 위에서 진동한다면(그림 10.1(c)), 이는 '선형 편광(linear polarization)'된 빛이다. 성분 파동들의 진동 방향 간에 아무런 관계성이 없다면 이는 비편광된 빛이다. 편광의 다른 유형으로 '원편광(circular polarization)'에서는 전기장 벡터가 진행 방향에 수직을 유지하면서 연속적으로 회전한다. 이때 회전 방향이 반시계 혹은 시계 방향인지에 따라 각각 좌원편광, 우원편광이 된다. 보다 일반적인 형태인 '타원편광(elliptical polarization)'에서는 전기장 벡터의 회전과 함께 진폭이 달라진다.

10.2 빛의 근원, 열적 광원, 흑체 복사와 전자 전이

고온의 물체는 복사선을 방출하며 이들은 종종 특정한 색깔을 띤다. 소듐 가로등은 황색이고 꺼져가는 불은 주황색, 태양은 백색이다. 이들 색깔은 넓은 파장 범위를 가질 수도 있고 또는 불연속적 파장 몇몇이 합쳐진 결과일 수도 있으며, 이는 광원의 속성에 따라 달라진다. 색 성분의 분포, 즉 스펙트럼은 빛을 프리즘에 통과시킴으로써 알아낼 수 있다. 프리즘을 통과한 빛은 파장에 따라 분리되어, 입사광에 대한 서로 다른 각도 위치에서 프리즘을 빠져나온다(그림 10.1(d)).

이러한 '스펙트럼'의 근원은 궁극적으로 원자, 분자, 고체의 전자 구조에서 특정 에너지 준위만이 허용되는 사실에 바탕한다. 고온의 물체에서는 전자가 여러 에너지 준위 사이를 계속적으로 이동하며, 실험 조건의 조정을 통해 **흡수 스펙트럼** 또는 **방출 스펙트럼**을 측정할 수 있다. 온도가 일정하게 유지될 때, 계 내에서는 외부 자극 없이 자발적으로 일어나는 흡수와 방출 과정이 평형을 향해가게 된다.

단순한 상황으로, 초기 상태에 두 개의 에너지 준위 E_0와 E_1이 에너지 간격 ΔE만큼 분리되어 있고 E_0 준위가 N_0개의 전자에 의해 점유된 경우를 고려해 보자. 온도를 T로 하면 전자의 일부, 즉 N_1개가 E_1 준위로 들뜰 것이다(그림 10.2). 여기서 서로 다른 준위의 상대적 점유 밀도는 온도에 의해 크게 좌우된다.

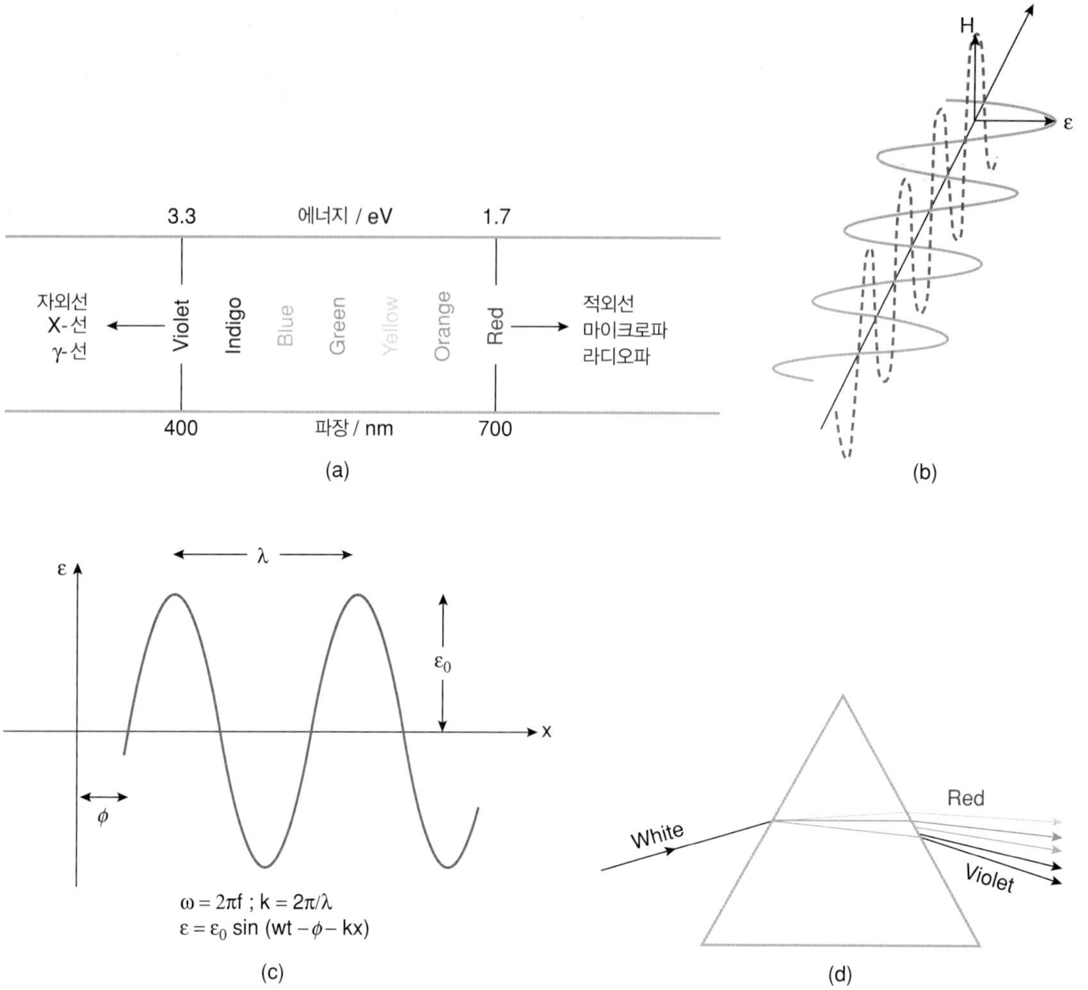

그림 10.1 (a) 가시광선 영역의 전자기 스펙트럼; (b) 상호 직교하는 진동 전기장과 진동 자기장이 빛을 구성; (c) x-방향으로 진행하는 1차원 전자기파; (d) 백색광이 프리즘을 거쳐 성분 색으로 분리. ➡ 앞의 컬러 그림 참조

기체의 운동론에 따르면, 단원자 기체의 열적 에너지는 약 $3kT/2$이고 상온에서 이 에너지는 대략 0.025 eV이다. 근사적으로 전자의 열적 에너지가 단원자 기체와 비슷하다고 생각하자.

만일 E_0 준위에 빈 자리가 있다면 E_1 준위의 전자가 낮은 준위로 내려오면서 동시에 ΔE만큼의 에너지가 방출된다. 이 과정을 **자발 방출**(spontaneous emission)이라 부른다. 평상 조건에서 전자가 상위 준위에 머무를 수 있는 시간은 수 나노초에 지나지 않는다. 비록 온도에 따라 그 수가 증가하기는 하지만(볼츠만 공식, 그림 10.2(a)), 평균적으로 볼 때 상대적으로 매우 적은 수의 전자만이 상위 준위를 점유한다.

기체와 고체의 방출 스펙트럼은 크게 다른 속성을 갖는다. 기체상 원자(예: Hg 방전등)에서는 허용되는 에너지 준위가 많지 않아 불연속적 선 스펙트럼이 얻어진다. 반면 고체에서는 전자 띠 모형을 이용하여 묘사되듯, 최외각 전자가 전도 띠를 부분 점유하거나(금속), 완전히 채워진 최외각 띠가 띠 간격에 의해 전도 띠로부터 분리되어 있다(비금속). 어느 경우에나 온도가 높아질수록 전자가 높은 준위로 들뜨는 빈도가 높아지고 부분 점유된 준위의 연속적 군집이 나타난다. 그에 따라 흡수–방출 과정에 의한 방출 스펙트럼이 상당한 폭의 띠 형태로 얻어지게 된다.

그림 10.2(b)는 **흑체 복사**(black body radiation) 방출 스펙트럼을 모식적으로 나타낸 것이다. 그림의 스펙트럼은 Wien 법칙이 가리키는 대로 온도에 따라 변화한다; 온도가 높아질수록 단파장 쪽으로 이동한다. 아크 방전이나 백열등에 사용되는 광원 물질은 위와 같이 광대역의 방출 스펙트럼을 보인다. 이들의 스펙트럼은 넓은 범위의 파장 성분으로 구성되며 무작위적인 시점과 방향으로 방출되므로 결맞지 않은

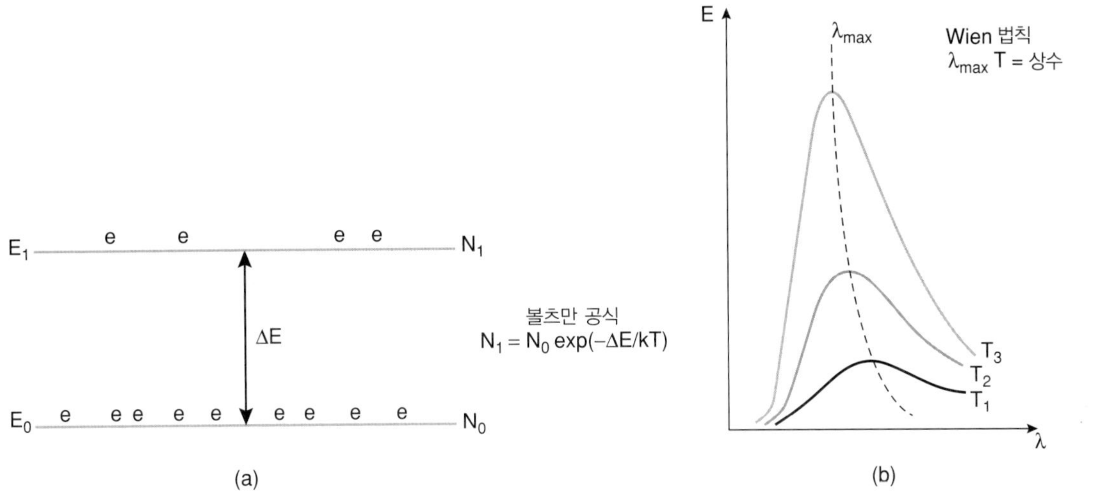

그림 10.2 (a) 열적 여기에 의한 에너지 준위 점유 상태, (b) 흑체 복사의 에너지 분포. 실험적으로 결정된 Wien 상수는 2.9×10^{-3} mK이다.

(incoherent) 광원이라 할 수 있다. 이는 레이저가 단일 파장의 빛을 결맞음 관계로 방출하는 점과 완전히 반대된다.

위에 살펴본 바와 같이 흡수와 방출 과정은 에너지 준위 간 전자 전이에 의해 일어난다. 전이에 수반된 에너지가 가시광선 영역에 해당하는 경우를 **광학적 전이**(optical transition)라고 부른다. 빛과 물질의 상호 작용에서는 흡수와 방출 외에도 다양한 산란 과정이 일어나며, 그 내용은 다음 절에서 다루어진다.

10.3 산란 과정: 반사, 회절, 간섭

반사(reflection)는 복사파가 어떤 표면에 부딪쳐 되돌아가는 과정이며, 특히 거울 반사(specular reflection)의 경우 입사각과 반사각이 서로 같다. 반사된 빛은 입사될 때의 결맞음 관계를 유지하며 개개 파동의 입장에서 반사 과정의 에너지 손실은 없다. 다수의 물질에서 색깔은 흡수, 방출과 함께 반사에 의해 주로 결정된다. 먼저 언급할 당연한 사실 한 가지는 물질의 색은 광원이 존재할 때에만 감지될 수 있다는 것이다. 암흑 속에서는 모든 물질이 똑같이 흑색이다. 물질에 빛이 쪼여지는 상황에서, '방출 색'을 구성하는 것은 물질이 내어놓는 빛에 포함된 파장들이며 이는 껍질 간의 전자 전이에서 비롯된다. '흡수 색'은 입사광으로부터 물질의 흡수 에너지에 해당하는 파장 성분이 제거되고 남은 색이다. '반사 색' 또한 입사광 스펙트럼으로부터 각종 흡수 과정에 해당하는 성분이 모두 제거된 나머지이다.

그림 10.3은 빛과 고체의 상호 작용에서 발생할 수 있는 대표적 과정들을 모식적으로 나타낸 것이다.

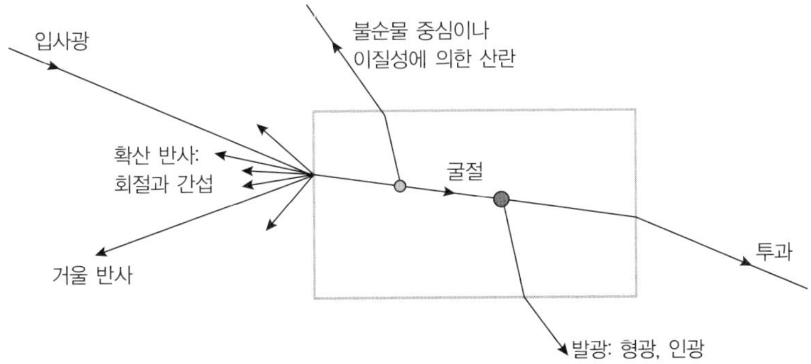

그림 10.3 빛과 고체의 상호 작용. 빛은 반사, 투과, 산란 또는 흡수될 수 있다. 고체의 외관은 이들 중 어떤 과정이 일어나는지에 따라 달라진다. Adapted with permission from Richard Tilley, Understanding Solids, p. 442, © 2004, John Wiley & Sons Ltd. Reproduced under the terms of the STM Agreement.

입사광이 매끄럽고 평평한 표면(입사광의 파장에 비해 훨씬 큰 너비)을 만날 경우 반사 과정이 지배적이다. 물질의 크기 또는 표면 특성의 물리적 길이 차원이 입사광 파장과 엇비슷할 경우 회절이 일어난다. 이때 물질 표면의 해당 특질은 복사파의 2차 선원 역할을 한다. 관련된 내용으로 5장에서 광학 회절발에 의한 빛의 회절과 결정성 고체의 X-선 회절이 다뤄진 바 있다. 2차 광원에 의한 회절, 또는 일반적으로 표현하여 빛의 **확산 산란**(diffuse scattering)은 모든 방향으로 일어난다. 그 결과 입사에 대한 반사각 방향에서의 빛의 세기가 거울 반사에 비해 훨씬 약하다. 이 현상은 컴팩트 디스크(CD)의 광학적 저장 정보를 판독하는 데에 응용된다. CD 표면의 트랙에는 일정한 폭의 요철이 새겨져 있는데, 그 길이와 간격은 판독기 광원(주로 780 nm 레이저)의 파장 수준이다. 레이저가 요철(정확히는 요철의 경계) 부분을 비출 때는 모든 방향으로 산란되지만 평탄한 영역에서는 강하게 반사된다. 저장 정보는 반사된 빛의 세기 변화를 통해 판독된다. 5장에서 설명되었듯 회절광 사이의 간섭은 보강에서 상쇄까지 모든 범위의 방식으로 일어날 수 있다.

10.4 발광과 발광 물질

발광(luminescence)은 에너지를 흡수한 물질이 후속 과정으로 빛을 방출하는 현상이다. 다양한 종류의 여기 에너지가 관여할 수 있으며 각각을 나타내기 위해 접두어가 사용된다. **광발광**(photoluminescence)을 유발하는 에너지원은 광자, 그 중에서도 대개 자외선이다. **전기장발광**(electroluminescence)은 전기 에너지를, **음극선발광**(cathodoluminescence)은 음극선 전자를 이용한다. 광발광은 두 종류로 구분될 수 있다. 여기와 발광 사이의 시간 경과가 매우 짧은($\leq 10^{-8}$ s) 발광을 **형광**(fluorescence)이라 하는데, 형광은 여기 광원이 제거됨과 거의 동시에 중단된다. **인광**(phosphorescence) 과정은 소멸 시간이 훨씬 길고, 여기 광원이 제거된 후에도 상당 시간 지속된다.

일반적으로 광발광 물질은 **바탕 결정**(host crystal) 구조를 필요 요소로 가지며, 그에 더해 소량의 **활성제**(activator)가 혼입된 형태이다. 바탕 결정으로는 ZnS, $CaWO_4$, Zn_2SiO_4 등이 알려져 있고, 활성제로는 Mn^{2+}, Sn^{2+}, Pb^{2+}, Eu^{2+} 등 다수가 알려져 있다. 종종 **감광제**(sensitizer) 역할을 위한 제2의 혼입물이 더해지기도 한다. 무기 발광 물질은 흔히 **형광체**(phosphor)[1)]로 칭해지며, 그림 10.4는 그 작용 방식을 모식적으로 나타낸 것이다. 대개의 경우 방출된 빛은 여기 복사에 비해 에너지가 낮고, 따라서 파장은 더 길다. 이와 같은 파장의 증가를 Stokes 이동(Stokes shift)이라 부른다. 형광등에서는 수은 방전에서 발생된 자외선이 여기 복사 역할을 한다. 형광 물질은 이 자외선을 흡수한 후 '백색'광을 방출한다. 형광등은 유리관의 내벽에 형광체를 도포하고 수은 증기와 아르곤의 혼합 기체를 채워 제작된다(그림 10.5). 형광등에 전류를 흘리면 전자 포격에 의해 Hg 원자가 높은 에너지 준위로 여기되고, 바닥 상태로 되돌아오면서

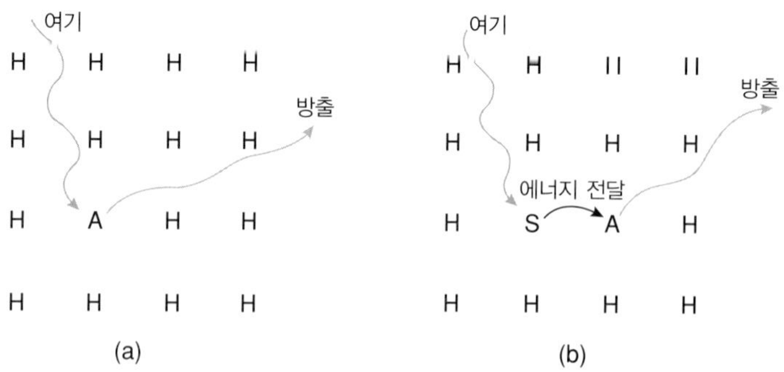

그림 10.4 바탕 결정 H에서 발광 과정의 모식적 표현: (a) 활성제 A만 관여, (b) 감광제 S와 활성제 A가 둘 다 관여. Adapted with permission from DeLuca, J. Chem. Educ., 57, 541, ©1980, American Chemical Society. Reproduced under the terms of the STM Agreement.

1) 영문 용어 phosphor는 흔히 형광체의 의미로 해석되나 엄밀하게는 형광체와 인광체 둘 다를 포함하는 개념임. 실제 경우 인광체가 주요 고려 대상인 경우가 거의 없어 phosphor를 형광체로 동일시하더라도 큰 문제는 없음.

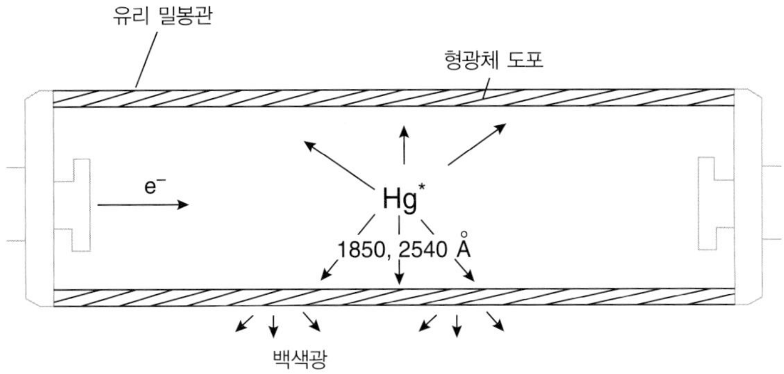

그림 10.5 형광등 구성의 모식도.

254 nm와 185 nm 파장의 자외선을 방출한다. 이 자외선 성분은 형광체를 여기시켜 발광을 유발한다.

그림 10.6은 ZnS 형광체의 방출 스펙트럼 몇 가지를 보여 준다. 그림에서 눈에 띄는 점은 활성제(Ag, Co, Mn)에 따라 ZnS의 스펙트럼 상 특질과 색깔이 달라진다는 점이다. 표 10.1은 몇몇 활성제와 전이 과정의 전자 배치를 열거하고 있다.

바탕 결정은 두 부류로 나뉜다.

(i) 이온 결합성 절연체: $Cd_2B_2O_5$, Zn_2SiO_4, 인회석(apatite) $3Ca_3(PO_4)_2 \cdot Ca(Cl,F)_2$ 등이 이에 해당한다. 이들은 활성제 이온과 전자를 주고받을 수 있는 일련의 불연속적 에너지 준위를 갖는다. 또한 활성제 이온의 준위들은 바탕 결정의 국부 구조에 의해 변형된다. 이온성 형광체의 발광 과정을 정성적으로 표현하는 데에는 **배열 좌표 모형**(configurational coordinate model)이 유용하다.

(ii) 공유 결합성 반도체 황화물: ZnS가 대표적 예이다. 이들에서는 활성제 이온의 편재된 에너지 준위에 의해 바탕 결정의 띠 구조가 변형된다.

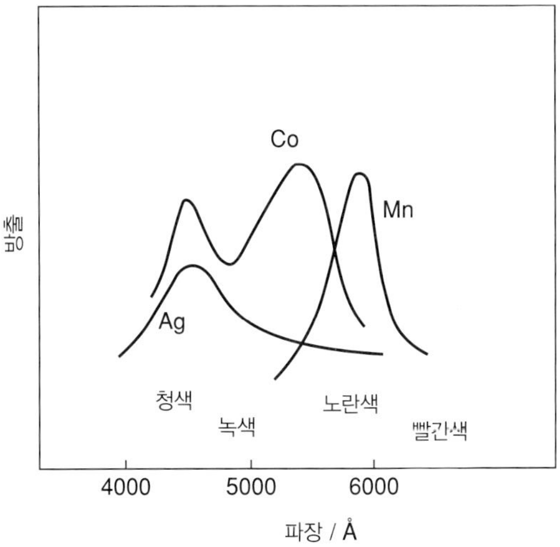

그림 10.6 자외선 복사 후에 활성화된 ZnS의 발광 스펙트럼.

표 10.1 활성제의 예와 각각의 전자 배치. Data taken from Burrus, 1972.

이온	바닥 상태	여기 상태
Ag^+	$4d^{10}$	$4d^9 5p$
Sb^{3+}	$4d^{10} 5s^2$	$4d^{10} 5s 5p$
Eu^{2+}	$4f^7$	$4f^6 5d$

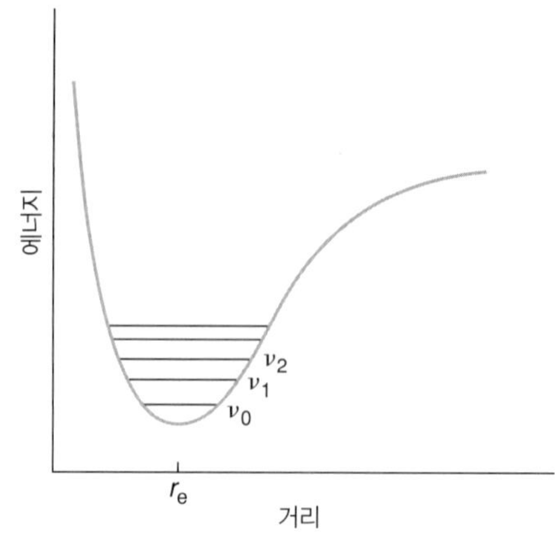

그림 10.7 바탕 결정 내 발광 중심의 바닥 상태 퍼텐셜 에너지 도표.

10.5 배열 좌표 모형

그림 10.7은 발광 중심점의 바닥 전자 상태의 퍼텐셜 에너지 PE가 일반 좌표(대개 핵간 거리)에 따라 달라지는 양상을 모식적으로 나타낸다. PE는 평형 결합 거리 r_e에서 최소점을 지난다. 이 바닥 상태 내에서 이온은 양자화된 진동 준위(ν_0, ν_1, …)를 다양하게 점유할 수 있다.

발광 중심의 여기 상태도 그림 10.7과 비슷한 모양의 PE 곡선을 갖는다. 그림 10.8에서 바닥 상태와 여기 상태의 PE 곡선을 비교해 보라. 이 도표를 이용하여 발광의 주요 단계들이 설명될 수 있다. 먼저, 여기 과정은 바닥 상태(준위 A)의 활성 중심을 상위 진동 준위(B)로 들뜨게 한다. 둘째, 이온이 하위 준위(C)로 재빨리 이완할 때 에너지 손실이 일어난다. 이 에너지는 열의 형태로 바탕 결정에 전달된다. 셋째, 활성 중심이 하위 상태 D나 A로 되돌아오면서 빛을 방출한다. A → B 여기는 C → D 방출에 비해 에너지가 크며, 따라서 방출 복사는 여기 복사보다 파장이 더 길다. 이는 Stokes 이동과 잘 부합된다.

열적 소광(thermal quenching)은 특정 온도 이상에서 발광 효율이 뚜렷이 감소하는 거동을 가리키며, 이 또한 그림 10.8로부터 설명될 수 있다. 바닥 상태와 여기 상태의 PE 곡선들이 점 E에서 교차한다고 하자. 이 지점에서 여기 상태의 이온은 에너지 변화 없이 바닥 상태로 전이할 수 있고, 이후 진동 전이를 통해 바닥 상태의 낮은 진동 준위로 되돌아간다. 따라서 E는 **유출점**(spillover point)이라 할 수 있다. 만일

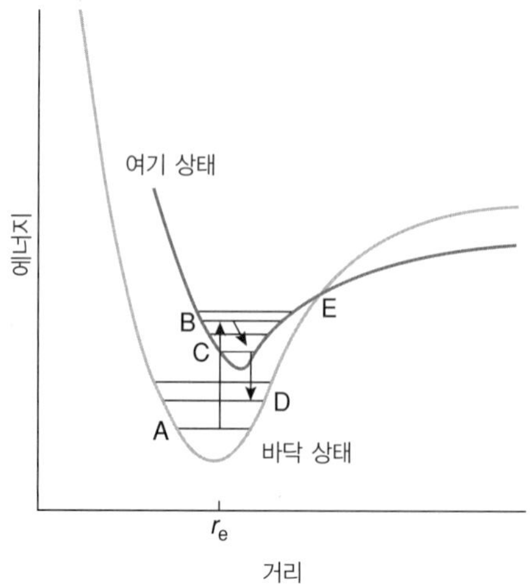

그림 10.8 발광 중심에서 바닥 상태와 여기 상태에 대한 PE 도표.

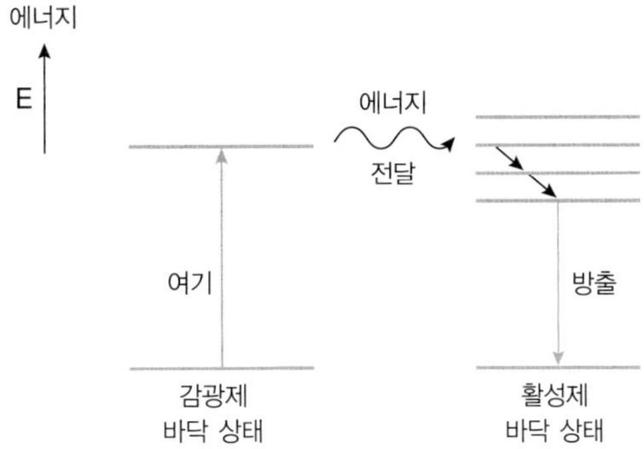

그림 10.9 감광 형광체의 작용에 관여된 비복사성 에너지 전달.

여기 상태의 이온이 점 E에 도달할 만큼의 에너지를 갖는다면 바닥 상태의 진동 준위로 건너갈 수 있다. 이러한 '유출' 과정에서는 모든 에너지가 진동 에너지 형태로 배출되며 발광은 일어나지 않는다. 온도가 높아질 때 이온은 더 큰 열적 에너지를 얻게 되므로 점차 높은 진동 에너지 준위로 여기되고, 결국 점 E에 도달할 수 있다. 들뜬 이온의 잉여 에너지가 열의 형태로 바탕 격자에 전달되므로 열적 소광은 **비복사성**(non-radiative) **전이**이다.

그림 10.9에는 또 다른 전이 유형으로서 '비복사성 에너지 전달'이 나타내어져 있다. 이러한 전이 유형은 감광제와 활성제 이온들이 (a) 여기 상태에서 비슷한 준위를 갖고 (b) 바탕 격자 내에서 가까이 놓일 때 가능하다. 이 과정을 살펴보면 개시 단계에서 외부 광원이 감광제를 여기 상태로 들뜨게 한다. 여기된 감광제의 에너지는 손실이 거의 없이 이웃한 활성제 이온에 전달된다; 이와 동시에 감광제 이온은 바닥 상태로 되돌아온다. 끝으로 활성제 이온이 바닥 상태로 되돌아오면서 발광 복사가 방출된다.

비복사성 에너지 전달은 일부 불순물의 피독(poisoning) 작용에도 관여된다. 어떤 불순물 중심은 감광제 또는 활성제로부터 에너지를 전달받은 후 진동의 형태로 바탕 격자에 내보낸다. 따라서 이들은 발광 관점에서 독소(poison)로 지칭된다. Fe^{2+}, Co^{2+}, Ni^{2+} 등의 이온은 바닥 상태로의 비복사성 전이가 가능하므로 형광체 구성에서 피해야 한다.

10.6 발광 물질

형광등에 널리 사용되는 발광 물질은 Mn^{2+}와 Sb^{3+}가 혼입된 인회석이다. 플루오린화 인회석 $Ca_5(PO_4)_3F$가 Sb^{3+}로 혼입되면 청색 형광이, Mn^{2+}로 혼입되면 주황색 형광이 일어난다; 이 둘이 합쳐져 만들어낸 방출 스펙트럼은 백색광에 대략 근접한다. 플루오린화 인회석의 F^- 일부를 Cl^-로 치환함으로써 방출 스펙트럼의 파장 분포를 변화시킬 수 있다. 위의 치환은 활성제 이온의 에너지 준위와 방출 파장을 변화시키므로 면밀한 조성 조절을 통해 형광색이 최적화될 수 있다. 표 10.2는 조명등에 사용되는 발광 물질들을 선별하여 열거하고 있다.

표 10.2 조명등의 발광 물질들

형광체	활성제	색
Zn_2SiO_4, 규산아연석	Mn^{2+}	녹색
Y_2O_3	Eu^{3+}	적색
$CaMg(SiO_3)_2$, 투휘석	Ti	청색
$CaSiO_3$, 규회석	Pb, Mn	주황색(yellow-orange)
$(Sr,Zn)_3(PO_4)_2$	Sn	주황색(orange)
$Ca_5(PO_4)_3(F,Cl)$	Sb^{3+}, Mn^{2+}	'백색'

Eu(III)은 중요한 활성제 이온이며, 특히 컬러 TV 화면의 적색 형광체에 사용된다. 음극선 관(CRT)의 YVO_4:Eu^{3+}에서 에너지를 흡수하는 부분은 바나듐산이지만 방출하는 것은 Eu^{3+}이다. 바나듐산과 Eu^{3+} 사이의 전하 전달 메커니즘은 비복사성 초교환 과정을 포함하는데, 이때 둘 사이의 O가 매개 역할을 한다. 이 현상은 NiO에서 Ni^{2+} 이온의 반강자성 질서 배열을 설명하기 위해 제시된 초교환 메커니즘과 유사하다. 초교환을 통해 효율적 에너지 전달을 일으키려면 오비탈 중첩의 극대화를 위해 금속–산소–금속 결합이 직선형에 가까워야 한다. YVO_4:Eu^{3+}에서 V–O–Eu 각도는 170°이고 에너지 교환이 신속히 일어난다.

이론적으로 Eu^{3+}에서는 f 준위 간 전이가 여러 방식으로 일어날 수 있다. 그 중 실제로 관찰되는 전이, 그리고 색은 바탕 결정의 구조에 의존하며, 특히 중요한 변수는 Eu^{3+} 이온이 점유하는 자리의 대칭성이다. 만일 Eu^{3+} 이온이 $NaLuO_2$와 Ba_2GdNbO_6에서와 같이 대칭 중심에 놓인다면 $^5D_0 \rightarrow {}^7F_1$ 전이가[2] 일어나기 쉽고 관찰되는 색은 주황이다. $NaGdO_2$에서와 같이 대칭 중심이 아닌 위치에 놓인 경우에는 $^5D_0 \rightarrow {}^7F_2$ 전이가 유리하며 관찰색은 빨강이다. 따라서 바탕 결정의 구조는 형광색을 좌우하는 주된 요인이 된다.

컬러 TV 화면은 3원색의 음극선발광을 필요로 한다.

(ㄱ) 빨강(위에 언급) – YVO_4:Eu^{3+}이 주로 사용됨
(ㄴ) 파랑 – ZnS:Ag^+
(ㄷ) 녹색 – ZnS:Cu^+

흑백 화면에는 청색-발광 ZnS:Ag^+와 황색-발광 (Zn,Cd)S:Ag^+의 혼합물이 사용된다.

10.7 반-Stokes 형광체

반-Stokes 형광체는 입사된 여기 복사파에 비해 더 높은 에너지(짧은 파장)의 빛 또는 광자를 방출한다는 면에서 특기할 만하다. 이러한 형광체를 이용하면 적외선을 가시광선으로 상향전환(upconversion)시킬 수 있다. 물론 이 과정이 에너지 보존 법칙을 위배하지는 않음을 유념하자. 반-Stokes 형광체에서의 여기 과정은 둘 이상의 단계가 누적되어 일어난다(그림 10.10).

이제까지 가장 많이 연구된 반-Stokes 형광체는 YF_3, $NaLa(WO_4)_2$, α-$NaYF_4$와 같은 바탕 결정에 Yb^{3+} 감광제와 Er^{3+} 활성제가 함께 혼입된 것들이다. 이들은 적외선 복사를 녹색으로 전환시킨다. 적외선이 쪼여질 때 Yb^{3+} 이온은 2개의 적외선 광자를 인근의 Er^{3+} 이온에 전달한다. Er^{3+} 이온은 2중 여기 상태로 들떴다가 가시광선을 방출하면서 이완한다.

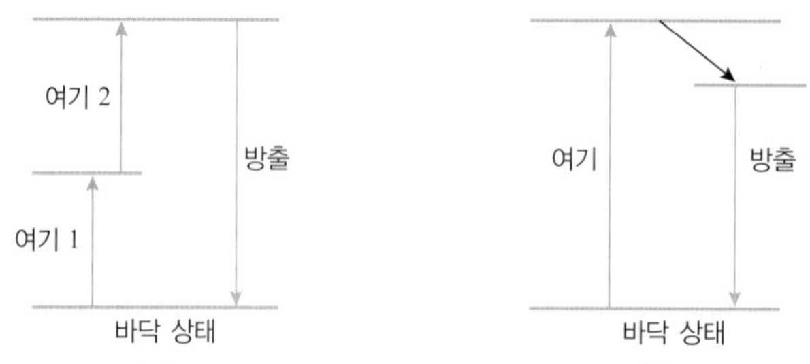

그림 10.10 (a) 반-Stokes 발광과 (b) 일반적 발광 현상.

2) 이러한 항 기호(term symbol)는 분광학적 상태 표지를 위한 명명 체계의 일부이다.

10.8 유도 방출, 빛의 증폭과 레이저

이상에서는 물질의 발광을 두 가지 주요 과정, 즉 에너지의 흡수와 자발적 방출의 결과로 설명하였다. 이에 더해 고려될 또 다른 과정은 **유도 방출**(stimulated emission)이며, 이는 레이저(laser)의 발견과 광범위한 응용의 토대가 되었다. 유도 방출의 세부 과정은 두 가지 면에서 독특하다. 첫째, 바닥 상태보다 여기 상태의 전자 수가 더 많은 **점유도 반전**(population inversion)을 포함한다; 여기 상태의 이완이 매우 느리게 일어나기 때문에 과잉의 전자가 여기 상태로 존재할 수 있다.

특정 여기 상태의 수명은 해당 전자 배치, 구체적으로 전자가 더 낮은 준위로 이완할 때 스핀 변화가 요구되는지에 따라 달라진다. 스핀 변화가 없는 이완은 분광학적으로 **허용 전이**이며 매우 빨리 일어난다. 즉, 여기 상태의 수명이 짧다. 반면 스핀 배향이 바뀌는 경우 **스핀-금지 전이**이며 여기 상태의 수명이 길어 점유도 반전에 유리하다.

둘째, 여기 상태 전자의 이완이 외부 자극에 의해 유도된다; 여기 상태에 특정 에너지의 광자를 주입함으로써 똑같은 에너지의 복사파를 유도 방출시킬 수 있다. 특히 많은 수의 전자가 여기 상태에 있을 때 소위 **폭포 효과**(cascade effect)와 함께, 결맞음 관계의 강한 단일 파장 복사가 발생된다. 이 과정은 마치 입사된 광자의 증폭과 같은 효과를 갖기 때문에 **레이저**(light amplification by stimulated emission of radiation, LASER)[3]라는 명칭이 붙여졌다. 이 효과는 가시광선뿐만 아니라 마이크로파 영역에서도 구현될 수 있다(MASER).

레이저 발진의 개시 단계에서는 여기 상태의 전자 몇 개가 자발 방출을 거쳐 이완한다. 이때 자발적으로 방출된 광자들이 레이저 물질을 자극하는 복사파 역할을 하고, 나아가 폭포 효과에 의한 유도 방출을 일으킨다.

이론상 2준위 레이저 계에서는 여기 상태의 점유도가 바닥 상태보다 높을 수 없고, 따라서 퍼올림(pumping)에 의한 점유도 반전이나 광 증폭이 기대될 수 없다. 따라서 실제 레이저는 Cr^{3+} 레이저와 같은 3준위 계, 또는 Nd^{3+} 레이저와 같은 4준위 계로 설계된다. 3준위 계에서는 먼저 전자가 가장 높은 준위로 퍼올려진 후 중간 준위로 자발 이완하여 계속 축적된다(그림 10.11). 위 과정의 경과와 함께 결맞음 복사 방출이 유도될 수 있는 조건이 조성된다.

그림 10.12의 **4준위 레이저 계**(four-level laser system)에서는 레이저 전이가 2차 여기 상태와 1차 여

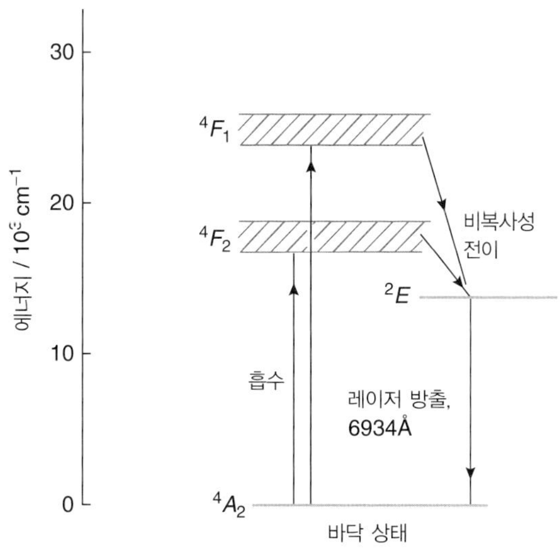

그림 10.11 루비 결정 내 Cr^{3+} 이온의 에너지 준위와 레이저 방출.

3) 우리 말로 옮기자면 '복사파의 유도 방출에 의한 광 증폭' 정도가 되겠다.

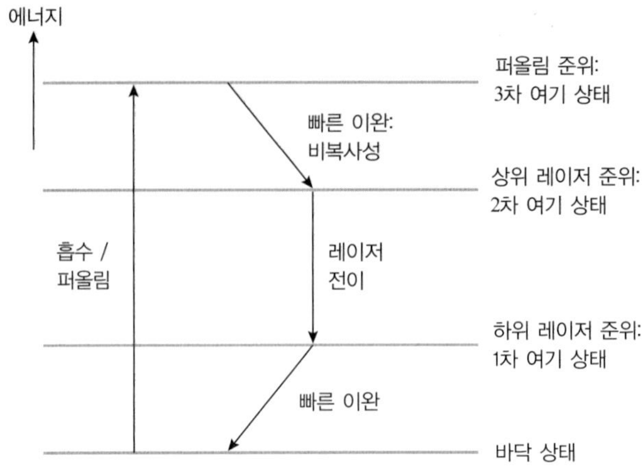

그림 10.12 4준위 레이저 계.

기 상태 사이에서 일어나며, 보다 개선된 광 증폭이 구현된다. 하위 레이저 준위(1차 여기 상태)는 빠른 자발적 이완에 의해 항상 비어 있고, 상위 레이저 준위(2차 여기 상태) 역시 빠른 자발적 이완에 의해 항상 채워지므로 이상적인 점유도 반전이 조성되기 때문이다.

레이저의 설계에서는 광 증폭의 극대화를 위해 레이저 매질을 관 형태로 하고 그 양 끝에 거울을 둔다. 유도된 광선은 두 거울 사이를 왕복하는데, 한쪽 거울은 완전 반사성인 데 비해 다른 쪽은 부분 반사 기능을 갖는다. 부분 반사 거울의 반사율은 10−90% 범위에서 조절되며 그에 의해 레이저 출력이 선택된다. 루비 레이저의 모식적 구성(그림 10.13)은 실질적으로 세로방향 광학 공진 공동(optical resonant cavity)과 같다 − 공동 내부에서 특정한 파장만이 지속될 수 있다(이는 화학 결합과 같이 속박된 환경 하의 전자가 특정 에너지 준위만을 갖는다는 '상자 속 입자' 모형을 상기시킨다; 또한 양끝이 고정된 용수철을 늘릴 때 특정한 정상파만이 관찰되는 데에도 똑같은 개념이 적용된다). 레이저 공동 내에서는 공동의 길이(L)에 대해 다음 관계를 만족시키는 광선만이 유지될 수 있다.

$$L = n\lambda/2 \tag{10.1}$$

즉, 반파장의 배수가 공동의 길이로 표현될 수 있는 광선 또는 모드만이 지속되며, 그 이외는 모두 소멸된다. n은 모드 차수이다. 각 모드의 주파수 f는 다음과 같이 주어진다.

$$f = nc/(2L) \tag{10.2}$$

레이저 전이에 의한 분광 선은 유한한 선폭을 가지며, 그 결과 대개의 레이저 공동에서는 여러 개의 진동 차수가 함께 발생할 수 있다. 따라서 단일 파장 레이저 광선을 얻기 위해서는 공동 길이의 정밀 조정이 필요하며, 실제 경우 거울을 기울임으로써 단 한 개의 모드만이 식 10.1의 기준을 만족시키도록 한다.

1960년 Maiman에 의해 루비 레이저가 최초 보고된 이래, 레이저는 현대 과학기술과 실용화에 광범위

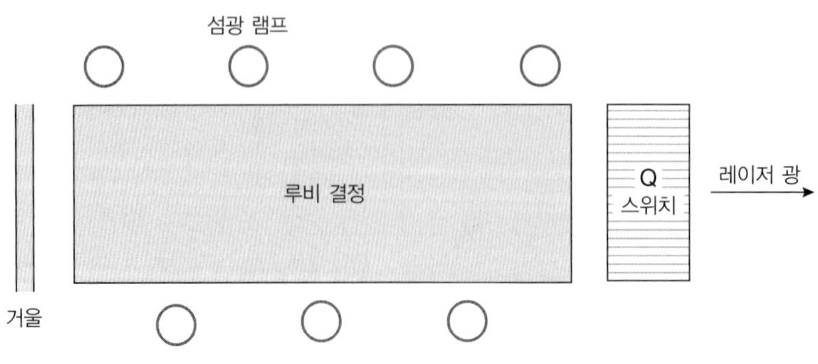

그림 10.13 루비 레이저의 구성.

표 10.3 몇몇 레이저 계들

유형	매질	주파장/nm	평균 출력	모드
기체	He–Ne	633	0.1–50 mW	*cw*
	Ar	488, 514	5 mW–20 W	*cw*
	CO_2	10,600	20 W–15 kW	*cw*
고체상	루비	694	30 mJ–100 J	펄스
	Nd : YAG	1064	10 mJ–100 J	펄스
	Nd : YAG (다이오드 펴올림)	1064	1–10 mW	*cw*
	Nd : 유리	1060	100 mJ–100 J	펄스
반도체	GaAlAs	750–905	1–40 mW	*cw*
여기이합체	ArF	193	50 W	펄스
	XeF	351	30 W	펄스
염료, 가변파장		300–1000	2–50 W	*cw* 또는 펄스

하게 파급되었다. 일부 예로 사진술, 외과수술, 통신, 정밀 계측 등이 언급될 수 있겠다. 다양한 유형의 레이저가 발견되었으며, 그들 중 중요성이 큰 몇 가지가 표 10.3에 열거되어 있다. 우리는 고체상 레이저와 반도체 레이저에 초점을 두고 그 작동 상의 화학적 측면을 주로 살펴볼 것이다. 첨단 레이저는 복잡한 구성으로 다양하게 세분화되며, 이 책에 레이저에 대한 전반적 총설이 제공되지는 않는다. 레이저는 **펄스** 또는 **연속파**(continuous wave, *cw*) 형태로 발생된다. 펄스 레이저는 수 W(반도체)에서 10^{15} W(고체상) 범위의 출력으로 발생될 수 있다.[4] 고체상 고출력 레이저는 레이저 융합(laser fusion)에 사용된다. *cw* 레이저의 출력은 수 mW(He–Ne)에서 수 kW(CO_2)의 범위이다.

10.8.1 루비 레이저

이 계는 레이저의 최초 사례로서 의의를 가질 뿐만 아니라 50여 년이 지난 현재에도 여전히 중요한 위치를 차지하고 있다. 루비 레이저의 핵심 요소는 소량(0.02~0.05 wt%)의 Cr^{3+}가 혼입된 Al_2O_3 단결정이다. Cr^{3+} 이온은 강옥 구조(1.17.11절)의 왜곡된 팔면체 자리에서 Al^{3+}를 치환한다. 백색의 Al_2O_3에 Cr_2O_3가 더해지면 낮은 Cr^{3+} 함량에서는 적색, 더 높은 함량에서는 녹색으로 색 변화가 일어난다; 이 고용체 계는 2.3.1절에서 논해진 바 있다.

어떤 물성이 미량의 불순물에 의해 완전히 뒤바뀌는 경우를 찾고 있다면 이게 바로 그 예이다! 전형적인 루비에서 강옥 구조의 Al^{3+} 이온은 약 3000개당 1개 꼴로 Cr^{3+}에 의해 치환되지만 그에 따른 변화는 가히 비약적이다. 물질의 색이 백색에서 적색으로 바뀔 뿐만 아니라 빛의 유도 방출과 레이저 작용이 가능해진다. 또한 이 예는 고체상 무기물과 분자성 물질의 근본적 차이를 매우 잘 보여 준다. 알루미나와 같은 결정 격자는 약간량의 불순물을 수용할 수 있으나 분자성 물질은 전혀 그렇지 못하다. 만일 어떤 분자 내에 불순물 원자가 유입된다면 이는 곧 '다른' 분자가 된다. 이러한 이질적 분자는 구조와 성질 면에서 나머지 분자들과 구별되며 화학적 추출에 의해 분리될 수 있다. 반면 루비의 Cr^{3+} 이온은 강옥 결정 구조의 내인성 일부분이며, 분리된 상의 형성이 아닌 것이다.

루비에서 Cr^{3+} 이온의 에너지 준위를 모식적으로 나타내면 그림 10.11과 같다. Xe 섬광 램프를 사용하여 루비 결정에 강한 가시광선을 비추면(그림 10.13), Cr^{3+}의 바닥 상태($^4A_2$) d 전자가 청–녹 영역의 복사파를 흡수하여 $^4F_2$와 $^4F_1$ 상위 준위로 들뜰 수 있다. 이들은 비복사성 과정을 통해 재빨리 ^2E 준위로 이완한다. ^2E 여기 상태의 수명은 꽤 길며(~5×10^{-3}s), 따라서 상당한 정도의 점유도 반전이 일어날 수 있다.

4) 펄스 레이저의 출력 사양은 대개 펄스당 에너지로 주어진다. 예를 들어 1 MW의 펄스가 10 μs의 폭으로 발생되면 레이저 에너지는 10 J이다 (1 J = 1 watt · s).

이후 ^2E 준위로부터 바닥 상태로의 전이에 의해 레이저 작용이 일어나는데, 이때 여러 개의 이온들이 동일위상 관계로 이완하도록 유도된다. 그 결과, 결맞음 관계의 강한 적색광($\lambda = 6934$ Å) 펄스가 발생된다. 레이저 펄스는 ~250 μs의 폭을 가지며 에너지는 수 mJ에서 수백 J 사이의 범위를 갖는다.

루비 레이저(그림 10.13)에는 길이가 수 cm이고 지름이 1~2 cm인 막대형 루비 결정이 포함되며 그 주위를 섬광 램프가 둘러싸고 있다. 이 둘은 반사 공동(reflection cavity) 내에 장치되는데 이때 결정이 모든 방향에서 비춰질 수 있도록 배치된다. 결정의 한쪽 끝에는 etalon이라 불리는 거울이 놓여 펄스 광을 결정으로 반사시킨다. 반대쪽 끝에 놓인 **Q 스위치**는 레이저 광선을 외부로 내보내거나 또는 결정으로 재반사시켜 계속 진행하게 한다. Q 스위치 기능은 단순한 회전 거울에 의해 수행될 수도 있으며, 이때 레이저 광선이 적정 세기에 도달하면 배출되도록 설정된다: 펄스 광이 결정 내부를 왕복하면서 더 많은 활성 중심들을 유도 방출에 동참시키므로 결맞은 복사의 세기가 증가하게 된다. Q 스위치 방식은 **자유진행**(free-running, FR) 방식 작동에 비해 레이저 출력 효율(주어진 퍼올림 에너지로부터 얻어낼 수 있는 레이저 출력)이 훨씬 더 우수하다.

10.8.2 네오디뮴 레이저

레이저 활성 Nd^{3+} 이온은 유리 또는 이트륨 알루미늄 가넷(YAG, $Y_3Al_5O_{12}$)을 바탕 결정으로 삼아 안정화되며, YAG(1.17.13절)에서는 소량의 Y^{3+}를 치환한다. Nd 레이저는 고체상 레이저 분야에서 루비를 대체해 왔으며, 그 작동에 관여된 에너지 준위와 전이는 그림 10.14에 나타낸 바와 같다. 고에너지 램프를 이용하여 빛을 쪼이면 몇 가지 흡수 전이가 일어난다(그림은 그 중 한 가지만을 나타낸 것이다). 모든 여기 상태는 비복사성 전이를 통해 $^4F_{3/2}$ 준위에 다다르며, 레이저 발진은 $^4F_{3/2}$ 준위와 $^4I_{11/2}$ 준위 사이에서 일어난다. 방출 레이저의 파장은 Nd^{3+} : 유리에서 10,600 Å이고 Nd^{3+} : YAG에서 10,640 Å이다. $^4F_{3/2}$ 준위의 수명은 ~10^{-4} s으로 긴 편이며 Nd^{3+} 농도에 따라 다소 달라진다. 여기서도 역시 매우 큰 점유도 반전이 가능하기 때문에 Nd^{3+}를 바탕으로 한 고출력 레이저가 제작될 수 있다.

10.8.3 반도체 레이저와 발광 다이오드(light-emitting diode, LED)

반도체 레이저는 p−n 접합을 기본 요소로 하며 광통신과 광디스크에 사용되는 소형 광원을 제공한다. p−n 접합의 주요 특징(8.4.2, 8.4.4절)을 상기시키자면, p-형과 n-형 영역 경계에는 전하 운반체가 존재하지 않는 결핍층이 자발적으로 형성된다. 이는 전도 띠의 전자와 최외각 띠의 정공이 접합을 가로질러

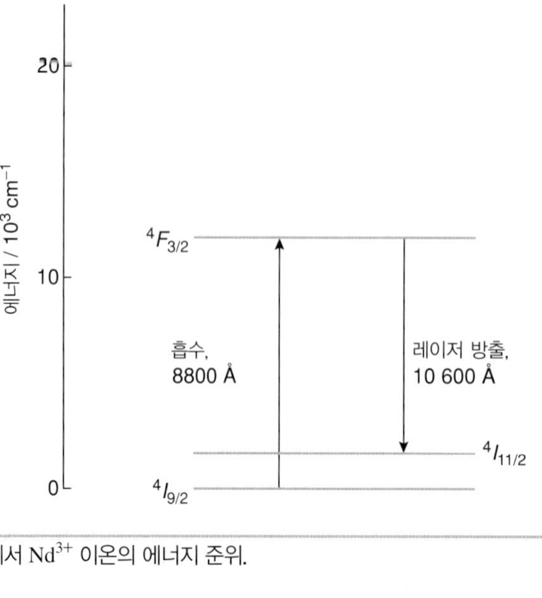

그림 10.14 네오디뮴 레이저에서 Nd^{3+} 이온의 에너지 준위.

확산할 만큼 충분한 에너지를 가짐으로써 반대 극성의 운반체와 결합하기 때문이다.

$p-n$ 접합의 양쪽 부분에서는 이온화된 불순물, 즉 혼입물이 격자 점을 차지하고 있고, 이들은 n-형(양전위)과 p-형(음전위) 영역 사이에 전위 경사를 발생시키는 근원이다. 접합의 양쪽에서는 열적으로 여기된 전자–정공 쌍이 계속 생성된다. 그럼에도 그들의 영역 간 확산이 일정 수준에서 중단되는 것은 접합 경계의 전위 경사 때문이다. 열적으로 생성된 전자–정공 쌍은 부운반체(p-쪽의 전자, n-쪽의 정공)를 생성시키며, 이들 부운반체들은 전위 경사에 의해 접합 건너편으로 이끌려진다. 결국에는 일종의 평형, 즉 $n \rightarrow p$ 방향으로 확산하는 전자와 $p \rightarrow n$ 방향으로 표류하는 전자의 수가 같아지는 상태가 도달된다. 그림 10.15는 $p-n$ 접합에서의 전위 경사, 주운반체 확산, 부운반체 표류를 모식적으로 나타낸 것이다.

순방향 직류 바이어스 V_{bias}가 인가되면 접합 다이오드의 평형이 교란되면서 전위 장벽이 V_{bias}만큼 낮아진다. 그에 따라 주운반체는 더 쉽게 접합 경계를 건너게 되고, 확산 전류가 표류 전류보다 우세해진다. 결국 n-에서 p-영역으로 전자의 알짜 이동이 일어나며 이를 **주입 전류**(injection current)라 부른다(전기공학자들은 전류 방향과 전자 이동 방향을 반대로 정의함에 주의하라). 전자 또는 정공이 전위 장벽을 건널 때 전자–정공 재결합이 일어나며, 여기에 자발 방출이 수반된다; 이 방출의 파장은 전자와 정공의 에너지 차에 따라 달라진다. 방출 파장의 최댓값은 전자가 전도 띠 하단에서 최외각 띠 상단으로 하강할 때 나타나며, 다음과 같이 주어진다.

$$\lambda_{\mathrm{max}} = hc/E_{\mathrm{g}} \tag{10.3}$$

E_{g}는 반도체의 띠 간격이다. 전자가 전도 띠의 하단이 아닌 위쪽 준위로부터 하강한다면 방출 파장은 좀 더 짧아진다.

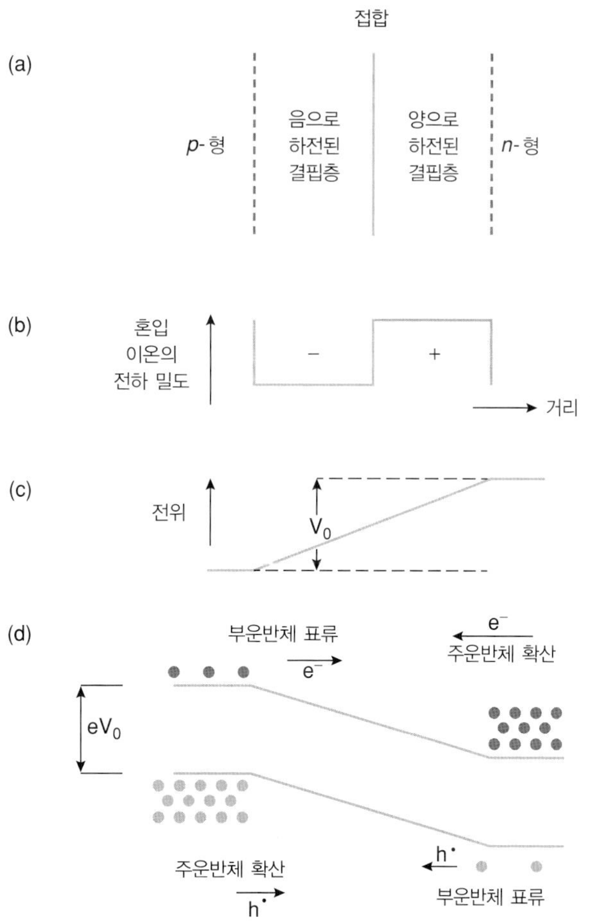

그림 10.15 (a) $p-n$ 접합, (b) 하전된 결핍층의 두 성분 요소, (c) 전위 경사, (d) 접합부를 가로질러 일어나는 전하운반체의 확산/표류.

$p-n$ 접합이 정류기(rectifier)로 사용될 때는 위의 자발 방출이 에너지 손실에 해당하므로 이를 최소화하기 위한 접합 설계가 필요하다. 반면 레이저 다이오드와 LED에서는 이러한 **주입 발광**(injection luminescence)을 최적화하는 것이 중요시된다. 이에 더해 레이저 다이오드에서는 유도 방출 조건을 갖추기 위해 전도 띠의 점유도 반전이 가능해야 한다.

최초의 **레이저 다이오드**는 비소화 갈륨(GaAs) 반도체를 이용하여 개발되었다. GaAs는 Si나 Ge에 비해 비교적 덜 알려진 물질이지만 **직접 간격 반도체**(direct band gap semiconductor)라는 특징이 있다. 말하자면 GaAs는 전도 띠 전자의 준위 하강과 함께 광자 방출이 즉각 일어나는 반도체이고, 발광 효율이 높다. 반면 Si나 Ge와 같은 **간접 간격 반도체**(indirect band gap semiconductor)에서는 전자가 이완되기 전에 약간의 잉여 에너지를 잃어야 한다. 즉, 간접 간격 반도체는 자발적 이완에 앞서 부가적인 비복사성 전이를 거쳐야 한다(그림 10.11).

전이에 관여된 두 상태의 에너지가 같은 파동 벡터(전자 운동량, k) 값을 갖는 경우 직접 간격 전이가 선호된다. $p-n$ 접합 경계를 가로질러 k 벡터가 같아지는 것은 p-영역의 최외각 띠 상단과 n-영역의 전도 띠 하단이 비슷한 에너지일 때 가능할 수 있다. GaAs의 $p-n$ 접합에서는 전자의 띠 간격 전이가 직접성이기 때문에 적색, 황색의 LED와 레이저에 유용하게 사용된다. 하지만 청색 발광은 GaAs보다 띠 간격이 더 넓은 물질을 필요로 하며 가장 유망한 계로 고려되는 것은 GaN이다.

GaAs 레이저는 매우 좁은(~1 nm) 폭의 결핍 영역에서 전도 띠의 점유도 반전이 일어나도록 설계된다. 이 결핍 영역은 '활성 층(active layer)'이라 불린다. 이 기술의 구현을 위해서는 p-, n-영역의 혼입 농도가 매우 높아야 한다. 그래야만 점유된 전도 띠 준위와 비어 있는 최외각 띠 준위가 거의 수직 상하 위치에 놓이기 때문이다. 레이저 발진을 위해서는 일정 문턱값 이상의 주입 전류가 필요하며, 그보다 낮은 전류가 인가될 경우 결맞지 않은 자발 발광만이 일어난다. 레이저 광선의 파장은 GaAs의 혼입에 의해 조절될 수 있다. 예를 들어 $Ga_{1-x}Al_xAs$에서는 혼입물의 종류(Al)와 그 양 x에 따라 띠 간격 및 방출 파장 λ가 달라진다.

광선 공연, 안과 수술, 홀로그래피 등 레이저 기술의 다양한 응용에서 공통적으로 추구되는 광선 속성은 폭이 좁고, 구성 파동들이 동일위상이면서 소멸 간섭을 하지 않는 것이다. 따라서 레이저 장치의 설계에서 핵심 목표는 광선의 발산을 줄이고 광원을 가능한 작은 크기로 배치하는 것이다. 반도체 레이저의 발산을 감소시키는 한 방법은 보다 복잡한 접합 구조를 사용하는 것이다. 이를테면 p-, n-영역의 조성을 조절함으로써 활성 층으로부터 멀어질수록 굴절률이 감소하게 만든다(그림 10.16). 여기서 발생된 레이저 광은 활성 층에 평행하며 또한 그 진행 경로는 활성 층 내부로 국한된다. 이는 활성 층의 굴절률이 주변에 비해 높기 때문에 가능해지며, 같은 원리가 광섬유 통신(10.10절)과 투과 광학 현미경의 베케 선 효과 관찰에도 적용된다.

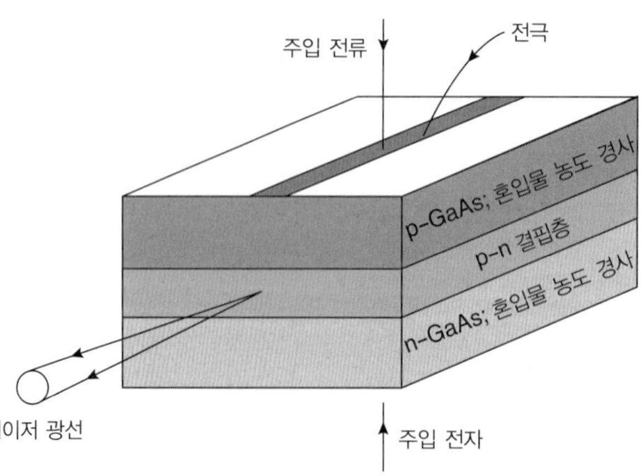

그림 10.16 레이저 다이오드의 구성과 작동.

유도 방출의 효율 증대를 위해 레이저 다이오드의 끝부분을 연마하기도 한다. 끝부분 표면이 울퉁불퉁한 경우 방출 광의 일부가 무작위 산란되어 발광 손실이 발생한다. 반도체 레이저에서는 $p-n$ 접합부 전체가 유도 방출 광원 역할을 하므로 소자 크기에 비해 발광 세기가 매우 강력하다. Cr이나 Nd 레이저의 경우 발광 활성 혼입물의 함량은 전체 부피의 1% 이내에 불과하다.

원리 상, LED는 레이저 다이오드에 비해 기능과 구성이 단순하다. 기본적으로 LED는 결맞음 방출을 위한 광학 공동(optical cavity)을 필요로 하지 않는다. LED에서 방출된 복사파는 주로 자발 전이에 기인하며 그 색은 반도체 물질의 조성에 의존한다. 예컨대 GaAs−GaP 고용체, $GaAs_{1-x}P_x$의 띠 간격은 2.26 eV ($x=1$, GaP)부터 1.44 eV($x=0$, GaAs)에 이르도록 조절될 수 있다. 이는 파장 범위 550−860 nm에 해당한다.

10.9 광검출기(photodetector)

이제까지 발광 요소와 레이저에서 일어나는 빛의 방출을 살펴봤는데, 그 핵심 단계는 전자가 상위 준위에서 하위 준위로 이완하는 중에 에너지를 내어놓는 과정이다. 광검출기는 그 역과정에 의해 작동되는 장치이며, 광원으로부터 방출된 빛이나 복사파 세기를 측정한다. 다양한 종류의 광검출기가 알려져 있으며 광검출 메커니즘에도 여러 방식이 있다.

반도체 검출기는 빛을 흡수한 전자가 최외각 띠로부터 전도 띠로 여기될 때 나타나는 전기적 변화(저항 또는 전압)를 감지한다. **접합 광다이오드**(junction photodiode)는 기본적으로 $p-n$ 접합이며 빛이 쪼여질 때 전기적 거동이 뚜렷이 달라지도록 제작된다. 앞서 설명되었듯 빛이나 직류 바이어스가 없는 경우에는 접합 영역에서 전하 운반체의 알짜 이동이 없다: 주운반체의 확산과 부운반체의 표류가 균형을 이룬 평형 상태이다(그림 10.15). 이러한 평형은 순/역방향의 직류 바이어스나 빛의 복사에 의해 교란된다. 빛을 쪼이면 결핍 층의 전자 일부가 전도 띠로 여기되면서 전자−정공 쌍이 생성된다. 접합부에 자발 바이어스가 eV_0만큼의 장벽 높이로 형성되어 있기 때문에 전자−정공 쌍은 쉽게 분리되고 서로 다른 방향으로 표류한다. 전자는 $p \rightarrow n$ 방향, 정공은 $n \rightarrow p$ 방향으로 표류하므로 그에 따른 전류는 자발적 확산 전류와 정반대 방향이며, 이에 의해 자발 확산에 대한 장벽이 eV_0에서 $(eV_0 - eV_{h\nu})$로 감소한다. 결과적으로 더 많은 주운반체가 접합을 건너 이동할 수 있게 되고, 광전류와 자발적 순방향 전류가 균형을 이루는 지점에서 새로운 평형에 도달된다. 개회로의 경우 알짜 직류가 발생하지는 않지만 접합 장벽 높이가 eV_0에서 $(eV_0 - eV_{h\nu})$로 감소하는 효과는 동일하다. 접합을 **광기전력 모드**(photovoltaic mode)로 작동하면 에너지 차이 $eV_{h\nu}$를 측정할 수 있다.

이와 달리 **광전도 모드**(photoconductive mode) 작동에서는 역방향 바이어스를 인가하여 자발 확산 장벽을 eV_0에서 $(eV_0 + eV_{\text{reverse bias}})$로 증가시킨다. 이 상태에 빛을 쪼이면 전자−정공의 생성과 분리, 표류가 일어나고 폐회로 상태의 접합에서 직류 표류 전류가 흐른다. 광전도 모드에서는 접합부의 전위 대신 전류 발생이 측정된다. 접합 전위가 높을수록 전하 운반체가 접합을 가로질러 전극에 도달하는 시간이 짧아지기 때문에 광전도 모드는 광기전력 모드보다 감응 시간이 빠르다. 반면 광전도 모드에서는 부운반체의 누설 전류에 의한 '소음' 신호가 항상 나타난다. 그림 10.17은 광전도 모드로 작동되는 접합 다이오드를 모식적으로 나타낸 것이다.

기본형 $p-n$ 접합 다이오드에 비해, 복잡한 접합 구조를 고안함으로써 감광 감응 시간을 더욱 단축시킬 수 있다. **핀 다이오드**(pin diode)는 n-, p-형 결핍층 사이에 두꺼운 내인성 물질 층이 놓여진 $p-i-n$ 접합 구조를 갖는다. 이 구조에서는 결핍층의 유효 두께가 훨씬 커지며, p-, n-형 혼입 농도가 낮을 경우 작은 역방향 바이어스만으로도 단자 사이 전체 범위에 결핍 영역을 형성시킬 수 있다. 이는 빛에 대한 감응이 매우 빨리 일어나도록 해준다. 반면 **사태 광다이오드**(avalanche photodiode)는 혼입 농도가 높은 $p-n$ 접합을 가지며, 큰 역방향 바이어스를 인가하여 사용한다. 그에 의해 표류성 부운반체가 높은 에너지를 가짐으로써 추가적인 운반체를 활성화시키고 결국 사태 전류가 발생된다.

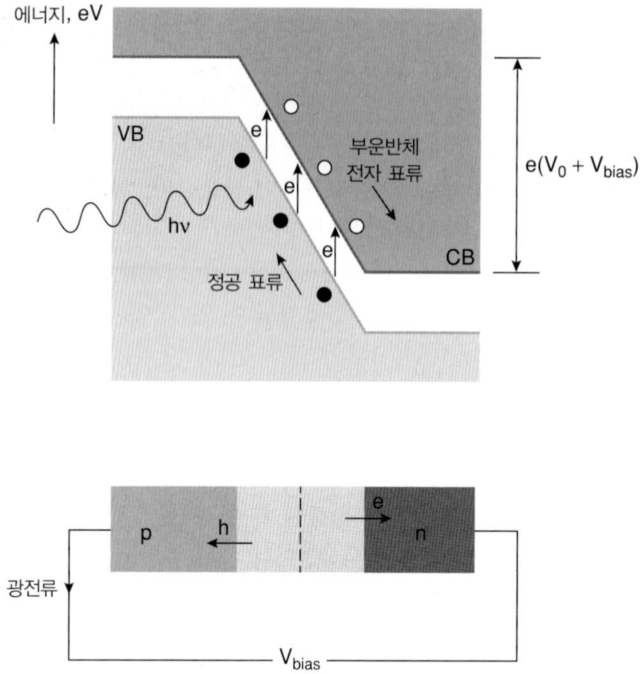

그림 10.17 접합 다이오드의 광전도 작동 모드.

광전자방출 검출기(photoemissive detector)에서는 일함수 ϕ가 낮은 물질에 복사파를 쪼여 전자를 방출시킨다(고체의 일함수는 고립 원자의 이온화 퍼텐셜에 해당하는 개념이다). 일함수가 낮은 물질에는 알칼리 금속과 그 합금, 그리고 LaB_6 등이 포함된다. 입사된 복사파가 최소 문턱 에너지 $h\nu_{min}$ 이상(또는 최대 파장 λ_{max} 이하)이면 전도 띠의 최상위 전자들이 에너지를 흡수하여 이온화될 수 있다. 이온화된 전자들은 양극을 향해 가속되는데, 양극에 가까워질수록 양전위 경사가 증가하기 때문에 다른 전자들의 방출이 유발되어 전류가 10^n배로 증폭된다. 이때 증폭 비를 '이득(gain)'이라 부른다. **광전자증배기**(photomultiflier)는 위와 같이 개념적으로 단순한 과정을 바탕으로 작동된다.

10.10 섬유 광학(fiber optics)

굴절률(refractive index, n)이 다른 두 물질의 경계를 빛이 통과할 때 굴절이 일어난다. 이때 빛의 경로는

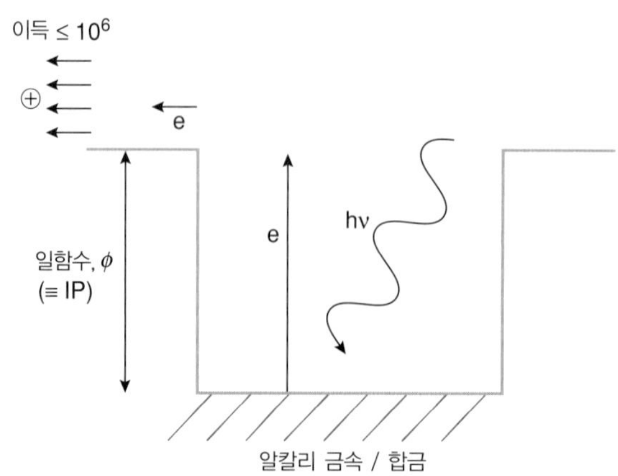

그림 10.18 광전자방출에 기반한 광전자증배기의 작동.

n이 더 큰 매질 쪽의 법선을 향해 굽어진다. 입사각 θ_1, 굴절각 θ_2, 그리고 두 매질의 굴절률 n_1, n_2의 관계는 **Snell의 법칙**으로 주어진다(그림 10.19). 이 법칙은 섬유 광학의 바탕 이론이며, 빛이 유리 섬유 내부에 속박된 채 무한 진행하는 거동을 설명할 수 있다. 유리 섬유를 낮은 n의 물질로 감싸 **전반사**(total internal reflection) 조건을 갖춰 주면, 유리 섬유를 진행하는 빛은 내부 반사를 겪을 뿐 외부 매질로 굴절되지 않는다(그림 10.20). 광선이 유리 경계로부터 유리 섬유에 입사될 때 법선을 향해 굴절된다. 이때 θ_2가 임계각 θ_{crit}보다 크다면, 이후 진행 과정의 광선은 광섬유 내벽에서 100% 반사되고 거의 아무런 손실 없이 섬유 내부를 이동할 수 있다.

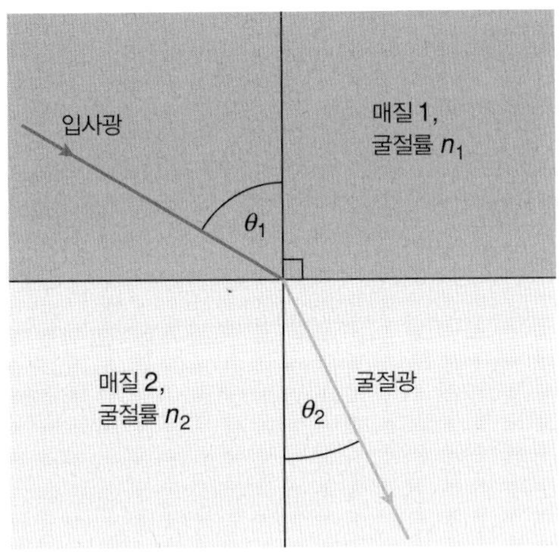

Snell's law : $n_1 \sin\ \theta_1 = n_2 \sin \theta_2$

그림 10.19 Snell의 법칙: 굴절률이 서로 다른 두 매질의 경계를 빛이 통과할 때 입사각과 굴절각의 관계.

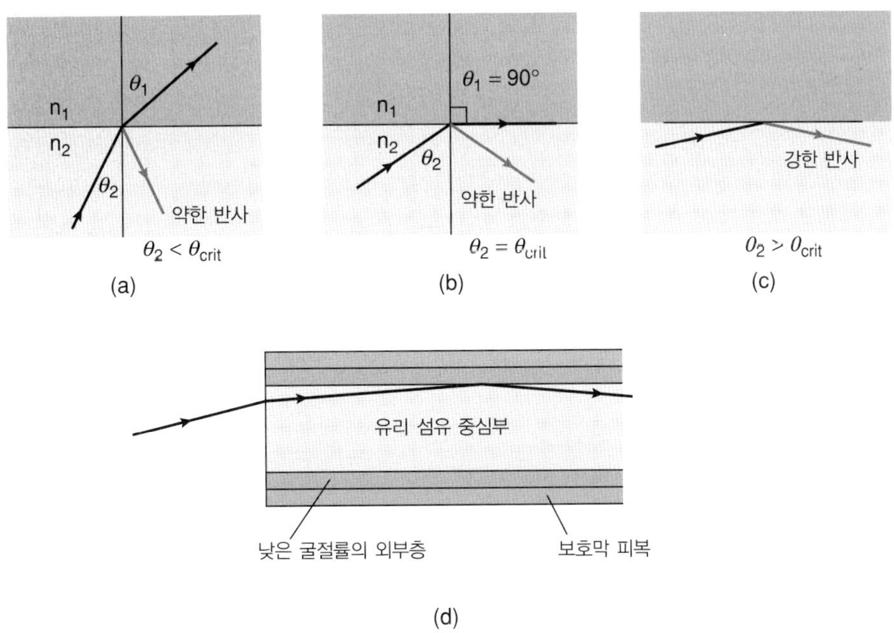

그림 10.20 (a–c) 광섬유를 따라 진행하는 빛이 전반사에 의해 광섬유 내부에 속박됨. (d) 이 거동은 광섬유 통신에 응용됨.

10.11 태양 전지

태양 에너지의 전기 변환은 p–n 접합의 새로운 응용 분야이면서 최근 급속도로 중요성이 부각되고 있다. 태양 전지의 구성은 그림 10.15와 10.17에 나타낸 반도체 다이오드의 원리에 기반을 둔다. p–n 접합에 빛을 쪼이면 전자–정공 쌍이 생겨나며, 전자와 정공은 접합부의 전위 경사에 의해 서로 반대 방향으로 분리되어진다. p–n 접합의 혼입물 농도가 높고 결핍층의 두께가 ~500 nm 정도이면 충분한 크기의 전위 경사가 형성될 수 있다. 태양광에 의해 생성된 정공, 전자가 자발적으로 분리되므로 외부 전원이 없어도 전기 에너지가 발생한다. 전자와 정공이 각각 n-형, p-형 영역으로 표류하므로 역바이어스 전압을 인가하는 것과 마찬가지의 전류가 흐르게 된다.

심화 학습 자료

General

Books

D. M. Adams (1974), *Inorganic Solids. An Introduction to Concepts in Solid-State Structural Chemistry*, John Wiley & Sons, Inc., New York.

R. Cotterill (2008), *The Material World*, Cambridge University Press, Cambridge.

P. A. Cox (1987), *The Electronic Structure and Chemistry of Solids*, Oxford University Press, Oxford.

P. A. Cox (2010), *Transition Metal Oxides*, Oxford University Press, Oxford.

P. K. Davies, A. J. Jacobson, C. C. Torardi and T. A. Vanderah (eds) (1997), *Solid State Chemistry of Inorganic Materials*, MRS Symposium Proceedings Series, Vol. 453, Materials Research Society, Warrendale, PA.

B. D. Fahlman (2011), *Materials Chemistry*, 2nd edn, Springer, Dordrecht.

W. Gao and N. M. Sammes (1999), *An Introduction to Electronic and Ionic Materials*, World Scientific, Singapore.

A. Guinier (1980), *The Structure of Matter*, Arnold, London.

A. Guinier and R. Jullien (1989), *The Solid State: from Superconductors to Superalloys*, International Union of Crystallography, Oxford University Press, Oxford.

P. J. F. Harris (1999), *Carbon Nanotubes and Related Structures: New Materials for the Twenty-First Century*, Cambridge University Press, Cambridge.

J. M. Honig and C. N. R. Rao (eds) (1981), *Preparation and Characterisation of Materials*, Academic Press, New York.

W. D. Kingery, H. K. Bowen and D. R. Uhlmann (1976), *Introduction to Ceramics*, 2nd edn, John Wiley & Sons, Inc., New York.

W. J. Moore (1967), *Seven Solid States*, W. A. Benjamin, New York.

R. E. Newnham (1975), *Structure–Property Relations*, Springer, New York.

G. A. Ozin, A. C. Arsenault and L. Cademartiri (2009), *Nanochemistry: a Chemical Approach to Nanomaterials*, RSC Publishing, Cambridge.

S. K. Pati, T. Enoki, and C. N. R. Rao (2011), *Graphene and its Fascinating Attributes*, World Scientific, Singapore.

C. N. R. Rao (ed.) (1993), *Chemistry of Advanced Materials*, Blackwell, Oxford.

Solid State Chemistry and its Applications, Second Edition, Student Edition. Anthony R. West.

Companion Website: http://www.wiley.com/go/west/solidstatechemistrystudent

C. N. R. Rao and J. Gopalakrishnan (1997), *New Directions in Solid State Chemistry*, Cambridge University Press, Cambridge.
K. J. Rao (ed.) (1995), *Perspectives in Solid State Chemistry*, Narosa Publications, New Delhi.
R. E. Reed-Hill (1964), *Physical Metallurgy Principles*, Van Nostrand Reinhold, New York.
D. Sangeeta and J. R. LaGraff (2005), *Inorganic Materials Chemistry Desk Reference*, 2nd edn, CRC Press, Boca Raton, FL.
L. E. Smart and E. A. Moore (2012), *Solid State Chemistry*, CRC Press, Boca Raton, FL.
R. J. D. Tilley (2004), *Understanding Solids: the Science of Materials*, John Wiley & Sons, Ltd, Chichester.
M. T. Weller (1994), *Inorganic Materials Chemistry*, Oxford University Press, Oxford.
M. A. White (2012), *Physical Properties of Materials*, CRC Press, Boca Raton, FL.
A. Wold and K. Dwight (1993), *Solid State Chemistry: Synthesis, Structure, and Properties of Selected Oxides and Sulfides*, Chapman and Hall, New York.
J. D. Wright (1995), *Molecular Crystals*, 2nd edn, Cambridge University Press, Cambridge.
H. Yanagida, K. Koumoto and M. Miyayama (1996), *The Chemistry of Ceramics*, John Wiley & Sons, Inc., New York.

Reviews and research publications

N. S. P. Bhuranesh and J. Gopalakrishnan (1997), Solid state chemistry of early transition metal oxides containing d^0 and d^1 cations, *J. Mater. Chem.*, **7**, 2297.
F. J. DiSalvo (1990), Solid state chemistry – a rediscovered chemical frontier, *Science*, **247**, 649.

Chapters 1, 2 and 3

Books

F. Agullo-Lopez, C. R. A. Catlow and P. D. Townsend (1988), *Point Defects in Materials*, Academic Press, New York.
S. L. Altmann (1994), *Band Theory of Solids: an Introduction from the Point of View of Symmetry*, Oxford University Press, Oxford.
L. W. Barr and A. B. Lidiard (1970), Defects in ionic crystals, in *Physical Chemistry: an Advanced Treatise*, Vol. 10 (eds H. Eyring, D. Henderson and W. Jost), Academic Press, New York.
J. K. Burdett (1995), *Chemical Bonding in Solids*, Oxford University Press, Oxford.
J. K. Burdett (1997) *Chemical Bonds: a Dialog*, John Wiley & Sons, Ltd, Chichester.
C. R. A. Catlow (1997), *Computer Modelling in Crystallography*, Academic Press, New York.
J. M. Dubois (2005) *Useful Quasicrystals*, World Scientific, Singapore.
L. Eyring and M. O'Keeffe (eds) (1970), *The Chemistry of Extended Defects in Non-Metallic Compounds*, North-Holland, Amsterdam.
N. N. Greenwood (1968), *Ionic Crystals, Lattice Defects and Nonstoichiometry*, Butterworths, London.
D. T. Griffin (1992), *Silicate Crystal Chemistry*, Oxford University Press, Oxford.
R. M. Hazen and L. W. Finger (1984), *Comparative Crystal Chemistry*, John Wiley & Sons, Ltd, Chichester.
R. Hoffmann (1988), *Solids and Surfaces: a Chemist's View of Bonding in Extended Structures*, Wiley-VCH Inc., New York.
B. G. Hyde and S. Andersson (1989), *Inorganic Crystal Structures*, John Wiley & Sons, Inc., New York.
H. W. Jaffe (1988), *Crystal Chemistry and Refractivity*, Cambridge University Press, Cambridge.
C. Janot (1992), *Quasicrystals: a Primer*, Oxford University Press, Oxford.

P. Kofstad (1972), *Non-Stoichiometry, Electrical Conductivity and Diffusion in Binary Metal Oxides*, John Wiley & Sons, Inc., New York.

F. A. Kröger (1974), *The Chemistry of Imperfect Crystals*, North-Holland, Amsterdam.

F. Liebau (1985), *Structural Chemistry of Silicates*, Springer, Berlin.

H. D. Megaw (1973), *Crystal Structures, a Working Approach*, Saunders, Philadelphia, PA.

U. Müller (1992), *Inorganic Structural Chemistry*, John Wiley & Sons, Ltd, Chichester.

D. Pettifor (1995), *Bonding and Structure of Molecules and Solids*, Oxford University Press, Oxford.

J. C. Phillips and G. Lucovsky (2009), *Bonds and Bands in Semiconductors*, 2nd edn, Momentum Press, New York.

A. L. G. Rees (1954), *Chemistry of the Defect Solid State*, Methuen, London.

M. Senechal (1995), *Quasicrystals and Geometry*, Cambridge University Press, Cambridge.

R. J. D. Tilley (1987), *Defect Crystal Chemistry and its Applications*, Blackie, Glasgow.

A. F. Wells (1984), *Structural Inorganic Chemistry*, Oxford University Press, Oxford.

M. J. Winter (1994) *Chemical Bonding*, Oxford University Press, Oxford.

R. W. G. Wyckoff (1971), *Crystal Structures*, Vols 1–6, John Wiley & Sons, Inc., New York.

E. Zolotoyabko (2011) *Basic Concepts of Crystallography*, Wiley-VCH Verlag GmbH, Weinheim.

Reviews and research publications

D. Arnold and F. Morrison (2009), B-cation effects in relaxor and ferroelectric tetragonal tungsten bronzes, *J. Mater. Chem.*, **19**, 6485.

T. P. Beales (1998), Properties and substitutional chemistry of layered lead cuprate superconductors, *J. Mater. Chem.*, **8**, 1.

L. Bindi, P. J. Steinhardt, N. Yao and P. J. Lu (2009), Natural quasicrystals, *Science*, **324**, 1306.

J. K. Burdett (1994), Some aspects of the metal–insulator transition, *Chem. Soc. Rev.*, **23**, 299.

A. Corma and A. Martinez (1995), Zeolites and zeotypes as catalysts, *Adv. Mater.*, **7**, 137.

J. Darriet and M. A. Subramanian (1995), Structural relationships between compounds based on the stacking of mixed layers related to hexagonal perovskite structures, *J. Mater. Chem.*, **5**, 543.

W. I. F. David, R. M. Ibberson, J. C. Matthewman, *et al.* (1991), Crystal structure and bonding of ordered C_{60}, *Nature*, **353**, 147.

R. C. Ewing, W. J. Weber and J. Lian (2004), Nuclear waste disposal – pyrochlore ($A_2B_2O_7$): nuclear waste form for the immobilisation of plutonium and 'minor' actinides, *J. Appl. Phys*, **95**, 5949.

L. Howes (2011), Quasicrystals scoop prize, *Chem. World*, November, 38.

M. Kawaguchi (1997), B/C/N semiconductors based on the graphite network, *Adv. Mater.*, **9**, 615.

H. W. Kroto, A. W. Allaf and S. P. Balm (1991), C_{60}: buckminsterfullerene, *Chem. Rev.*, **91**, 1213.

J. Nolting (1970), Disorder in solids, *Angew. Chem. Int. Ed. Engl.*, **9**, 989.

B. Raveau, C. Michel, M. Hervieu and A. Maignan (1995), Crystal chemistry of superconducting mercury-based cuprates and oxycarbonates, *J. Mater. Chem.*, **5**, 803.

M. J. Rosseinsky (1995), Fullerene intercalation chemistry, *J. Mater. Chem.*, **5**, 1497.

R. D. Shannon and C. T. Prewitt (1969–1976), Effective ionic radii in oxides and fluorides, *Acta Crystallogr.*, **1969**, B25, 925; Revised values of effective ionic radii, *Acta Crystallogr.*, 1970, **B26**, 1046; Revised effective ionic radii and systematic studies of interatomic distances in halides and chalcogenides, *Acta Crystallogr.*, 1976, **A32**, 751.

M. A. Subramanian, G. Aravamudan and G. V. Subba Rao (1983), Oxide pyrochlores, *Prog. Solid State Chem.*, **15**, 55.

R. Tenne, Doped and heteroatom-containing fullerene-like structures and nanotubes (1995), *Adv. Mater.*, **7**, 965.

J. M. Thomas (1974), Topography and topology in solid state chemistry, *Philos. Trans. R. Soc. London, Ser. A*, **277**, 251.

Chapter 4

Books

R. M. Barrer (1982), *Hydrothermal Chemistry of Zeolites*, Academic Press, London.

L. C. Klein (ed.) (1988), *Sol–Gel Technology for Thin Films, Fibers, Preforms, Electronics and Speciality Shapes*, Noyes Publications, Park Ridge, NJ.

J. Rouxel, M. Tournoux and R. Brec (1994), *Soft Chemistry Routes to New Materials: Chimie Douce*, Materials Science Forum, Vols 152 and 153, Transtech Publications, Zürich.

U. Schubert and N. Hüsing (2012), *Synthesis of Inorganic Materials*, 3rd edn, Wiley-VCH Verlag GmbH, Weinheim.

D. H. Segal (1994), *Chemical Synthesis of Advanced Ceramic Materials*, Cambridge University Press, Cambridge.

R. A. Street (1991), *Hydrogenated Amorphous Silicon*, Cambridge University Press, Cambridge.

J. D. Wright and N. A. J. M. Sommerdijk (2001), *Sol–Gel Materials: Chemistry and Applications*, Gordon and Breach Science, New York.

Reviews and research publications

J.C. Angus and C. C. Hayman (1988), Low pressure growth of diamond, *Science*, **241**, 913.

S. T. Aruna and A. S. Mukasyan (2008), Combustion synthesis and nanomaterials, *Curr. Opin. Solid State Mater. Sci.*, **12**, 44.

M. N. R. Ashfold, P. W. May, C. A. Rego and N. M. Everitt (1994), Thin film diamond by chemical vapour deposition methods, *Chem. Soc. Rev.*, **23**, 21.

J. H. Bang, W. H. Suh and K. S. Suslick (2008), Quantum dots from chemical aerosol flow synthesis: preparation, characterisation and cellular imaging, *Chem. Mater.*, **20**, 4033.

A. R. Barron (1996), CVD of SiO_2 and related materials: an overview, *Adv. Mater. Opt. Electron.*, **6**, 101.

I. Bilecka and M. Niederberger (2010), Microwave chemistry for inorganic nanomaterials synthesis, *Nanoscale*, **2**, 1358.

J. Bill and F. Aldinger (1995), Precursor-derived covalent ceramics, *Adv. Mater.*, **7**, 775.

M. Binnewies, R. Glaum, M. Schmidt and P. Schmidt (2013), Chemical vapour transport reactions – a historical review, *Z. Anorg. Allg. Chem.*, **639**, 219.

J.-O. Carlsson and U. Jansson (1993), Progress in chemical vapour deposition, *Prog. Solid State Chem.*, **22**, 237.

L.-H. Chen, *et al.* (2012), Hierarchically structured zeolites synthesis, mass transport properties and applications, *J. Mater. Chem.*, **22**, 17381.

W. Choi, *et al.* (2010), Synthesis of graphene and its applications: A review, *Crit. Rev. Solid State and Mat. Sci.*, **35**, 52.

A. H. Cowley and R. A. Jones (1989), Single source III/V precursors, *Angew. Chem. Int. Ed. Engl.*, **28**, 1208.

P. B. Davies and P. M. Martineau (1992), Diagnostics and modelling of silane and methane plasma CVD processes, *Adv. Mater.*, **4**, 729.

M. K. Devaraju, D. Rangappa and I. Honma (2012), Controlled synthesis of nanocrystalline Li_2MnSiO_4 particles for high capacity cathode application in lithium-ion batteries, *Chem. Commun.*, **48**, 2698.

W. Du, X. Jiang and L. Zhu (2013), From graphite to graphene: direct liquid-phase exfoliation of graphite to produce single- and few-layered pristine graphene, *J. Mater. Chem.*, **Al**, 12695.

E. G. Gillan and R. B. Kaner (1996), Synthesis of refractory ceramics via metathesis reactions between solid state precursors, *Chem. Mater.*, **8**, 333.

C. Greaves and M. G. Francesconi (1998), Fluorine insertion in inorganic materials, *Curr. Opin. Solid State Mater. Sci.*, **3**, 144.

A. Gurav, T. Kodas, T. Pluym and Y. Xiong (1993), Aerosol processing of materials, *Aerosol Sci. Technol.*, **19**, 411.

J. F. Hamet and B. Mercey (1998), Laser ablation for the growth of materials, *Curr. Opin. Solid State Mater. Sci.*, **3**, 144.

M. J. Hampden-Smith and T. V. Kodas (1995), Chemical vapour deposition of metals, *Chem. Vap. Deposition*, **1**, 8–23; 39–48.

M. L. Hand, M. C. Stennett and N. C. Hyatt (2012), Rapid low temperature synthesis of a titanate pyrochlore by molten salt mediated reaction, *J. Eur. Ceram. Soc.*, **32**, 3211.

A. C. Jones (1997), Developments in metalorganic precursors for semiconductor growth from the vapour phase, *Chem. Soc. Rev.*, **26**, 101.

A. I. Khan and D. O'Hare (2002), Intercalation chemistry of layered double hydroxides: recent developments and applications, *J. Mater. Chem.*, **12**, 3191.

L. C. Klein (1985), Sol–gel processing of silicates, *Annu. Rev. Mater. Sci.*, **15**, 227.

F. F. Lange (1989), Powder processing science and technology for increased reliability, *J. Am. Ceram. Soc.*, **72**, 3.

H. Lange, G. Wötting and G. Winter (1991), Silicon nitride – from powder synthesis to ceramic materials, *Angew. Chem. Int. Ed. Engl.*, **30**, 1579.

H. Schäfer (1971), Preparative solid state chemistry: the present position. *Angew. Chem.*, **10**, 43.

M. Leskelä and M. Ritala (2003), Atomic layer deposition chemistry: recent developments and future challenges, *Angew. Chem. Int. Ed.*, **42**, 5548.

J. Livage (1996), Sol–gel processes, *Curr. Opin. Solid State Mater. Sci.*, **1**, 132.

J. Livage, M. Henry and C. Sanchez (1988), Sol–gel chemistry of transition metal oxides, *Prog. Solid State Chem.*, **18**, 259.

V. Miikkulainen, M. Leskelä, M. Ritala and R. L. Puurunen (2013), Crystallinity of inorganic films grown by ALD; overview and general trends, *J. Appl. Phys.*, **113**, 021301.

H. Morkoç (2001), III-nitride semiconductor growth by MBE: recent issues, *J. Mater. Sci. Mater. Electron.*, **12**, 677.

R. E. Morris and S. J. Weigel (1997), The synthesis of molecular sieves from non-aqueous solvents, *Chem. Soc. Rev.*, **26**, 309.

L. Niinstö, Atomic layer epitaxy (1998), *Curr. Opin. Solid State Mater. Sci.*, **3**, 147.

P. O'Brien and R. Nomura (1995), Single molecule precursors for deposition of semiconductors by MOCVD, *J. Mater. Chem.*, **5**, 1761.

K. Ohtsuka (1997), Preparation and properties of two-dimensional microporous pillared interlayered solids, *Chem. Mater.*, **9**, 2039.

R. T. Paine and C. K. Narula (1990), Synthetic routes to boron nitride, *Chem. Rev.*, **90**, 73.

I. P. Parkin (2002), Solvent-free reactions in the solid state: solid state metathesis, *Transition. Met. Chem.*, **27**, 569.

J. Prado-Gonjal, A. M. Arévalo-López and E. Moran (2011), Microwave-assisted synthesis: a fast and efficient route to produce $LaMO_3$: M = Al, Cr, Mn, Fe, Co perovskite, *Mater. Res. Bull.*, **46**, 222.

C. N. R. Rao (1993), Chemical synthesis of solid inorganic materials, *Mater. Sci. Eng.*, **B18**, 1–21

C. N. R. Rao and J. Rouxel (1996), Synthesis and reactivity of solids, *Curr. Opin. Solid State Mater. Sci.*, **1**, 225.

K. J. Rao, B. Vaidhyanathan, M. Ganguli and P. A. Ramakrishnan (1999), Synthesis of inorganic solids using microwaves, *Chem. Mater.*, **11**, 882.

J. Robertson (1991), Hard amorphous (diamond-like) carbons, *Prog. Solid State Chem.*, **21**, 199.

R. Roy, S. Komarneni and L. J. Yang (1985), Controlled microwave heating and melting of gels, *J. Am. Ceram. Soc.*, **68**, 392.

R. Safi and H. Shokrollahi (2012), Physics, chemistry and synthesis methods of nanostructured bismuth ferrite, $BiFeO_3$, as a ferroelectric-magnetic material, *Prog. Solid State Chem.*, **40**, 6.

A. B. Sawaska, M. Takamatsu and T. Akashi (1994), Shock compression synthesis of diamond, *Adv. Mater.*, **6**, 346.

R. Schöllhorn (1996), Intercalation systems as nanostructured functional materials, *Chem. Mater.*, **8**, 1747.

P. G. Schultz and X.-D, Xiang (1998), Combinatorial approaches to materials science, *Curr. Opin. Solid State Mater. Sci.*, **3**, 153.

D. Segal (1997), Chemical synthesis of ceramic materials, *J. Mater. Chem.*, **7**, 1297.

V. Šepelák, S. M. Becker, I. Bergmann, *et al.* (2012), Nonequilibrium structure of Zn_2SnO_4 spinel nanoparticles, *J. Mater. Chem.*, **22**, 3117.

J. Shim, *et al.* (2013), Atomic layer deposition of thin-film ceramic electrodes for high performance fuel cells, *J. Mater. Chem.*, **Al**, 12695.

M. K. Singh, Y. Yang and C. G. Takoudis (2009), Synthesis of multifunctional multiferroic materials from metal organics, *Coord. Chem. Rev.*, **253**, 2920.

F. T. J. Smith (1989), Low pressure organometallic epitaxy of the III–V compounds, *Prog. Solid State Chem.*, **19**, 111.

K. E. Spear (1989), Diamond – ceramic coating of the future, *J. Am. Ceram. Soc.*, **72**, 171.

R. Strobel and S. E. Pratsinis (2007), Flame aerosol synthesis of smart nanostructured materials, *J. Mater. Chem.* **17**, 4743.

K. S. Suslick and G. J. Price (1999), Applications of ultrasound to materials chemistry, *Annu. Rev. Mater. Sci.*, **29**, 295.

M. T. Weller and S. E. Dann (1998), Hydrothermal synthesis of zeolites, *Curr. Opin. Solid State Mater. Sci.*, **3**, 137.

H. C. Yi and J. J. Moore (1990), Self-propagating high-temperature (combustion) synthesis (SHS) of powder-compacted materials, *J. Mater. Sci.*, **25**, 1159.

F. Zaera (2008), The surface chemistry of thin film atomic layer deposition processes for electronic device manufacturing, *J. Mater. Chem.*, **18**, 3521.

V. V. Zyranov (2008), Mechanochemical synthesis of complex oxides, *Russ. Chem. Rev.*, **7**, 105.

Chapter 5

Books

G. E. Bacon (1975), *Neutron Diffraction*, Oxford University Press, Oxford.

P. Coppens (1992), *Synchrotron Radiation Crystallography*, Academic Press, New York.

B. D. Cullity (1978), *Elements of X-ray Diffraction*, 2nd edn, Addison Wesley Reading, MA.

W. I. F. David, K. Shankland, L. B. McCuster and C. Baerlocher (eds) (2003), *Structure Determination from Powder Diffraction Data*, IUCr Monographs on Crystallography 13, International Union of Crystallography, Oxford University Press, Oxford.

M. De Graef and M. E. McHenry (2012), *Structure of Materials: an Introduction to Crystallography, Diffraction and Symmetry*, 2nd edn, Cambridge University Press, Cambridge.

L. S. Dent Glasser (1977), *Crystallography and its Applications*, Van Nostrand Reinhold, New York.

R. E. Dinnebier and S. J. L. Billinge (eds) (2008), *Powder Diffraction, Theory and Practice*, RSC Publishing, Cambridge.

T. Hahn (ed.) (2005), *International Tables for X-ray Crystallography*, Vol. A, 5th edn, John Wiley & Sons, Ltd, Chichester.

C. Hammond (1997), *The Basics of Crystallography and Diffraction*, IUCr texts on Crystallography 3, International Union of Crystallography, Oxford University Press, Oxford.

A. Kelly and K. M. Knowles (2012), *Crystallography and Crystal Defects*, 2nd edn, John Wiley & Sons, Ltd, Chichester.

D. McKie and C. McKie (1986), *Essentials of Crystallography*, Blackwell, Oxford.

V. K. Pecharsky and P. Y. Zavalij (2003), *Fundamentals of Powder Diffraction and Structural Characterisation of Materials*, Kluwer, Dordrecht.

J. Wormald (1973), *Diffraction Methods*, Clarendon Press, Oxford.

R. A. Young (ed.) (1993), *The Rietveld Method*, IUCr Monographs on Crystallography 5, International Union of Crystallography, Oxford University Press, Oxford.

E. Zolotoyabko (2011), *Basic Concepts of Crystallography*, Wiley-VCH Verlag GmbH, Weinheim.

Chapter 6

Books

D. C. Apperley, R. K. Harris and P. Hodgkinson (2012), *Solid-State NMR: Basic Principles and Practice*, Momentum Press, New York.

G. M. Bancroft (1973), *Mössbauer Spectroscopy*, McGraw-Hill, New York.

A. Bianconi, L. Incoccia and S. Stipcich (eds) (1983), *EXAFS and Near Edge Structure*, Springer, Berlin.

R. W. Cahn (ed.) (2005), *Concise Encyclopedia of Materials Characterization*, 2nd edn, Elsevier, Amsterdam.

A. K. Cheetham and P. Day (eds) (1987), *Solid State Chemistry: Techniques*, Oxford University Press, Oxford.

T. Daniels (1973), *Thermal Analysis*, Kogan Page, London.

M. J. Duer (2004), *Introduction to Solid-State NMR Spectroscopy*, Blackwell, Oxford.

G. Engelhardt and D. Michel (1987), *High Resolution Solid State NMR of Silicates and Zeolites*, John Wiley & Sons, Ltd, Chichester.

J. García Solé, L. E. Bausá and D. Jaque (2005), *An Introduction to the Optical Spectroscopy of Inorganic Solids*, John Wiley & Sons, Ltd, Chichester.

J. T. Grant and D. Briggs (2003), *Surface Analysis by Auger and X-Ray Photoelectron Spectroscopy*, IM Publications, Chichester.

P. J. Grundy and G. A. Jones (1976), *Electron Microscopy in the Study of Materials*, Arnold, London.

N. H. Hartshorne and A. Stuart (1971), *Practical Optical Crystallography*, Arnold, London.

P. C. H. Mitchell, S. F. Parker, A. J. Ramirez-Cuesta and J. Tomkinson (2005), *Vibrational Spectroscopy with Neutrons*, World Scientific, Singapore.

R. E. Newnham and R. Roy (1975), Structural characterisation of solids, in *Treatise on Solid State Chemistry*, Vol. 2 (ed. N. B. Hannay), Plenum Press, New York, p. 437.

K. Oura, V. G. Lifshits, A. A. Saranin, *et al.* (2003), *Surface Science: an Introduction* Springer, Berlin.

K. Siegbahn, C. Nordling, A. Fahlman, *et al.* (1967), *ESCA: Atomic, Molecular and Solid State Structure Studied by Means of Electron Spectroscopy*, Almquist and Wicksells, Uppsala.

P. van der Heide (2012), *X-Ray Photoelectron Spectroscopy: an Introduction to Principles and Practice*, John Wiley & Sons, Inc., Hoboken, NJ.

W. W. Wendlandt (1974), *Thermal Methods of Analysis*, John Wiley & Sons, Inc., New York.

D. B. Williams and C. B. Carter (1996), *Transmission Electron Microscopy*, Plenum Press, New York.

A. H. Zewail and J. M. Thomas (2010), *4D Electron Microscopy*, Imperial College Press, London.

J. Zussman (ed.) (1977), *Physical Methods in Determinative Mineralogy*, Academic Press, New York.

Reviews and research publications

C. W. T. Bulle-Lieuwma, W. Coene and A. F. de Jong (1991), High resolution electron microscopy of semiconductors and metals, *Adv. Mater.*, **3**, 368.

L. Eyring (1980), The application of high-resolution electron microscopy to problems in solid state chemistry, *J. Chem. Educ.*, **57**, 565.

S. Hackwood and R. G. Linford (1981), Physical techniques for the study of solid electrolytes, *Chem. Rev.*, **81**, 327.

W. Jones and J. M. Thomas (1979), Applications of electron microscopy to organic solid state chemistry, *Prog. Solid State Chem.*, **12**, 101.

L. Kihlborg (1990), High resolution electron microscopy in solid state chemistry, *Prog. Solid State Chem.*, **20**, 101.

M. W. Roberts (1981), Photoelectron spectroscopy and surface chemistry, *Chem. Br.*, **510**.

M. Rühle (1997), Microscopy of structural ceramics, *Adv. Mater.*, **9**, 195.

B. G. Williams (1986–1987), Electron energy loss spectroscopy, *Prog. Solid State Chem.*, **17**, 87.

Chapter 7

Books

A. M. Alper (ed.) (1971), *High Temperature Oxides*, Vols 1–4, Academic Press, New York.

A. M. Alper (1976), *Phase Diagrams*, Vols 1–5, Academic Press, New York.

C. G. Bergeron and S. H. Risbud (1984), *Introduction to Phase Equilibria in Ceramics*, American Ceramic Society, Westerville, OH.

W. G. Ernst (1976), *Petrologic Phase Equilibria*, Freeman, San Francisco, CA.

A. Findlay (1951), *The Phase Rule and Its Applications*, 9th edn, Dover, New York.

P. Gordon (1968), *Principles of Phase Diagrams in Materials Systems*, McGraw-Hill, New York.

Phase Diagrams for Ceramists, 1964 edn, 1969 Suppl., 1975 Suppl., 1981 Suppl., American Ceramic Society, Columbus, OH: the standard work of reference for phase diagrams of non-metallic inorganic materials.

Reviews and research publications

S. V. Ushakov and A. Navrotsky (2012), Experimental approaches to the thermodynamics of ceramics above 1500 °C, *J. Am. Ceram. Soc.*, **95**, 1463.

Chapter 8

Books

V. S. Bagotsky (2012), *Fuel Cells: Problems and Solutions*, 2nd edn, John Wiley & Sons, Inc., Hoboken, NJ.

S. Blundell (2009), *Magnetism*, Oxford University Press, Oxford.

P. G. Bruce (ed.) (1995), *Solid State Electrochemistry*, Cambridge University Press, Cambridge.
J. C. Burfoot and G. W. Taylor (1979), *Polar Dielectrics and Their Applications*, University of California Press, Berkeley, CA.
G. Burns (1992), *High-Temperature Superconductivity: an Introduction*, Academic Press, San Diego, CA.
P. Colomban (ed.) (1992), *Proton Conductors: Solids, Membranes and Gels – Materials and Devices*, Cambridge University Press, Cambridge.
P. A. Cox (1987), *The Electronic Structure and Chemistry of Solids*, Oxford University Press, Oxford.
R. M. Dell and D. A J. Rand (2001), *Understanding Batteries*, Royal Society of Chemistry, Cambridge.
P. P. Edwards and C. N. R. Rao (eds) (1995), *Metal–Insulator Transitions Revisited*, Taylor and Francis, London.
D. A. Fraser (1986), *The Physics of Semiconductor Devices*, Oxford University Press, Oxford.
W. Gao and N. M. Sammes (2006), *An Introduction to Electronic and Ionic Materials*, World Scientific, Singapore.
P. J. Gellings and H. J. M. Bouwmeester (1997), *Solid State Electrochemistry*, CRC Press, Boca Raton, FL.
K. Huang and J. B. Goodenough (2009), *Solid Oxide Fuel Cell Technology*, Woodhead Publishing, Cambridge.
R. A. Huggins (2009), *Advanced Batteries*, Springer, New York.
D. Jiles (1994), *Electronic Properties of Materials*, Chapman and Hall, London.
A. K. Jonscher (1996), *Universal Relaxation Law*, Chelsea Dielectrics Press.
T. Kudo and K. Fueki (1990), *Solid State Ionics*, VCH Verlag GmbH, Weinheim.
P. Knauth and M. L. DiVona (eds) (2012) *Solid State Proton Conductors*, John Wiley & Sons, Ltd, Chichester.
J. Maier (2004) *Physical Chemistry of Ionic Materials: Ions and Electrons in Solids*, John Wiley & Sons, Ltd, Chichester.
M. D. McCluskey and E. E. Haller (2012), *Dopants and Defects in Semiconductors*, CRC Press, Boca Raton, FL.
N. B. McKeown (1998), *Phthalocyanine Materials: Synthesis, Structure and Function*, Cambridge University Press, Cambridge.
D. V. Morgan and K. Board (1983), *An Introduction to Semiconductor Microtechnology*, John Wiley & Sons, Ltd, Chichester.
A. J. Moulson and J. M. Herbert (2003), *Electroceramics: Materials, Properties, Applications*, 2nd edn, John Wiley & Sons, Ltd, Chichester.
G. Schopf and G. Kossmehl (1997), *Polythiophenes – Electrically Conductive Polymers*, Springer, Berlin.
R. B. Seymour (1981), *Conductive Polymers*, Plenum Press, New York.
L. Solymar and D. Walsh (2004), *Electrical Properties of Materials*, Oxford University Press, Oxford.
J. L. Sudworth and A. R. Tilley (1985), *The Sodium Sulphur Battery*, Chapman & Hall, London.
S. M. Sze (1985), *Semiconductor Devices*, John Wiley & Sons, Inc., New York.
G. Vidali (1993), *Superconductivity: the Next Revolution?*, Cambridge University Press, Cambridge.
C. A. Vincent (1984), *Modern Batteries: an Introduction to Electrochemical Power Sources*, Arnold, London.

Reviews and research publications

H. Asahi (1997), Self-organised quantum wires and dots in III–V semiconductors, *Adv. Mater.*, **9**, 1019.
A. Battacharya and A. De (1996), Conducting composites of polypyrrole and polyaniline, *Prog. Solid State Chem.*, **24**, 141.
K. Bechgard and D. Jerome (1982), Organic superconductors, *Sci. Am.*, **247**, 50.
D. Bloor (1982), Plastics that conduct electricity, *New Sci.*, **1981**, 577.
P. G. Bruce, S. A. Freunberger, L. J. Hardwick and J.-M. Tarascon (2012), Li-O_2 and Li-S batteries with high energy storage, *Nature Materials*, **11**, 19.
M. R. Bryce and L. C. Murphy (1984), Organic metals, *Nature*, **309**, 119.

R. M. Dell (ed.) (1996), Materials for electrochemical power systems: a discussion, *Philos. Trans. R. Soc. London, Ser. A*, **354**, 1513.

V. Etacheri, R. Marom, R. Elazari, G. Salitra and D. Aurbach (2011), Challenges in the development of advanced Li-ion batteries: a review, *Energy and Environ.*, **4**, 3243.

O. Gunnarsson (1997), Superconductivity in fullerides, *Rev. Mod. Phys.*, **69**, 575.

P. He, H. Yu, De Li and H. Zhou (2012), Layered lithium transition metal oxide cathodes towards high energy lithium-ion batteries, *J. Mater. Chem.*, **22**, 3680.

H. E. Katz (1997), Organic molecular solids as thin film transistor semiconductors, *J. Mater. Chem.*, **7**, 369.

V. V. Kharton, F. M. B. Marques and A. Atkinson (2004), Transport properties of solid oxide electrolyte ceramics: a brief review, *Solid State Ionics*, **174**, 135.

P. Knauth (2009), Inorganic solid Li ion conductors: An overview, *Solid State Ionics*, **180**, 911.

P. M. Levy and S. Zhang (1999), Spin dependent tunnelling, *Curr. Opin. Solid State Mater. Sci.*, **4**, 223.

N. Martin (2013), Tetrathiafulvalene: the advent of organic metals, *Chem. Commun.*, **49**, 7025.

P. J. Nigrey, D. McInnes, D. P. Nairs, *et al.* (1981), Lightweight rechargeable storage batteries using polyacetylene $(CH)_x$ as the cathode active material, *J. Electrochem. Soc.*, **128**, 1651.

S. C. O'Brien (1996), The chemistry of the semiconductor industry, *Chem. Soc. Rev.*, **25**, 393.

M. O'Keeffe and B. G. Hyde (1976), The solid electrolyte transition and melting in salts, *Philos. Mag.*, **B3**, 219.

J. R. Owen (1997), Rechargeable lithium batteries, *Chem. Soc. Rev.*, **26**, 259.

C. N. R. Rao and A. K. Ganguli (1995), Structure–property relations in superconducting cuprates, *Chem. Soc. Rev.*, **24**, 1.

H. Rickert (1978), Solid ionic conductors – principles and applications, *Angew. Chem. Int. Ed. Engl.*, **17**, 37–46.

P. R. Slater, J. E. H. Sansom and J. R. Tolchard (2004), Development of apatite-type oxide ion conductors, *Chem. Rec.*, **4**, 373.

K. Takeda (2013), Progress and prospective of solid-state lithium batteries, *Acta Mat.*, **61**, 759.

T. Takahashi (1973), Solid silver ion conductors, *J. Appl. Electrochem.*, **3**, 79.

K. Tanigaki and K. Prassides (1995), Conducting and superconducting properties of alkali metal C_{60} fullerides, *J. Mater. Chem.*, **5**, 1515.

J. Tirado (2003), Inorganic materials for the negative electrode of lithium-ion batteries: state-of-the-art and future prospects, *Mater. Sci. Eng.*, **R40**, 103.

A. E. Underhill (1992), Molecular metals and superconductors, *J. Mater. Chem.*, **2**, 1.

A. Vayrynen and J. Salminen (2012), Lithium ion battery production, *J. Chem. Thermodynamics*, **46**, 80.

A. R. West (1991), Solid electrolytes, *J. Mater. Chem.*, **1**, 157.

M. Winter, J. O. Besenhard, M. E. Spahr and P. Novák (1998), Insertion electrode materials for rechargeable lithium batteries, *Adv. Mater.*, **10**, 725.

F. Wudl, G. M. Smith and E. J. Hufnagel (1970), bis-1,3-dithiolium chloride: an unusually stable organic radical cation, *Chem. Commun.*, 1453.

Chapter 9

Books

S. Blundell (2012), *Magnetism*, Oxford University Press, Oxford.

D. J. Craik (ed.) (1975), *Magnetic Oxides, Parts 1 and 2*, John Wiley & Sons, Ltd, London.

J. Crangle (1991), *Solid State Magnetism*, Arnold, London.
J. B. Goodenough (1963), *Magnetism and the Chemical Bond*, John Wiley & Sons, Inc., New York.
D. Jiles (1991), *Introduction to Magnetism and Magnetic Materials*, Chapman and Hall, London.
K. J. Standley (1972), *Oxide Magnetic Materials*, Clarendon Press, Oxford.
R. S. Tebble and D. J. Craik (1979), *Magnetic Materials*, John Wiley & Sons, Inc., New York.
R. Valenzuela (1994), *Magnetic Ceramics*, Cambridge University Press, Cambridge.

Reviews and research publications

J. M. D. Coey, M. Viret and S. von Molnár (1999), Mixed-valence manganites, *Adv. Phys.*, **48**, 167.
D. Gatteschi (1994), Molecular magnetism, *Adv. Mater.*, **6**, 635.
H. Hibst (1982), Hexagonal ferrites from melts and aqueous solutions, magnetic recording materials, *Angew. Chem. Int. Ed. Engl.*, **21**, 270.
J. S. Moodera, J. Nassar and G. Mathon (1999), Spin-tunneling in ferromagnetic junctions, *Annu. Rev. Mater. Sci.*, **29**, 381.
C. N. R. Rao and A. K. Cheetham (1977), Giant magnetoresistance, charge ordering and related aspects of manganates and other oxide systems, *Adv. Mater.*, **9**, 1009.
M. Sugimoto (1999), The past, present and future of ferrites, *J. Am. Ceram. Soc.*, **82**, 269.
E. Y. Tsymbal and D. G. Pettifor (2001), Perspectives of giant magnetoresistance, *Solid State Phys.*, **48**, 113.
W. E. Wallace (1985), Rare earth–transition metal permanent magnet materials, *Prog. Solid State Chem.*, **16**, 127.
C.-H. Yang, *et al.* (2012), Doping $BiFeO_3$: approaches and enhanced functionality, *Phys. Chem. Chem. Phys.*, **14**, 15953.

Chapter 10

Books

G. Blasse and B. C. Grabmaier (1994), *Luminescent Materials*, Springer-Verlag.
H. L. Burrus (1972), *Lamp Phosphors*, Harlequin Mills and Boon Ltd.
T. R. Evans (1982), *Applications of Lasers to Chemical Problems*, John Wiley Interscience, New York.
A. Kitai (2011), *Principles of Solar Cells, LEDs and Diodes*, John Wiley & Sons, Ltd, Chichester.
S. W. S. McKeever (1988), *Thermoluminescence of Solids*. Cambridge University Press, Cambridge.
J. Watson (1989), *Optoelectronics*, van Nostrand Reinhold.

Reviews and research publications

G. Blasse (1988), Luminescence of inorganic solids, *Prog. Solid State Chem.*, **18**, 79.
J. A. DeLuca (1980), An introduction to luminescence in inorganic solids, *J. Chem. Educ.*, **57**, 541.
M. Gratzel (2004), Conversion of sunlight to electric power by nanocrystalline dye-sensitized solar cells, *J. Photochem. Photobiol. A: Chemistry*, **164**, 3.
T. H. Maiman (1960), Stimulated optical radiation in ruby, *Nature*, **187**, 493.
Y. Tokura (1998), Optical and magnetic properties of transition metal oxides, *Curr. Opin. Solid State Mater. Sci.*, **3**, 175.

부록 A

Interplanar Spacings and Unit Cell Volumes

The value of d, the perpendicular distance between adjacent planes in the set (hkl), may be calculated using the following equations:

Cubic $$\frac{1}{d^2} = \frac{h^2 + k^2 + l^2}{a^2}$$

Tetragonal $$\frac{1}{d^2} = \frac{h^2 + k^2}{a^2} + \frac{l^2}{c^2}$$

Orthorhombic $$\frac{1}{d^2} = \frac{h^2}{a^2} + \frac{h^2}{b^2} + \frac{l^2}{c^2}$$

Hexagonal $$\frac{1}{d^2} = \frac{4}{3}\left(\frac{h^2 + hk + k^2}{a^2}\right) + \frac{l^2}{c^2}$$

Monoclinic $$\frac{1}{d^2} = \frac{1}{\sin^2\beta}\left(\frac{h^2}{a^2} + \frac{k^2\sin^2\beta}{b^2} + \frac{l^2}{c^2} - \frac{2hl\cos\beta}{ac}\right)$$

Triclinic $$\begin{aligned}\frac{1}{d^2} = \frac{1}{V^2}[&h^2b^2c^2\sin^2\alpha + k^2a^2c^2\sin^2\beta \\ &+ l^2a^2b^2\sin^2\gamma + 2hkabc^2(\cos\alpha\cos\beta - \cos\gamma) \\ &+ 2kla^2bc(\cos\beta\cos\gamma - \cos\alpha) \\ &+ 2hlab^2c(\cos\alpha\cos\gamma - \cos\beta)]\end{aligned}$$

where V is the cell volume.

The unit cell volumes are given by

Cubic	$V = a^3$
Tetragonal	$V = a^2c$
Orthorhombic	$V = abc$
Hexagonal	$V = \left(\sqrt{3}a^2c\right)/2 = 0.866a^2c$
Monoclinic	$V = abc\sin\beta$
Triclinic	$V = abc\left(1 - \cos^2\alpha - \cos^2\beta - \cos^2\gamma + 2\cos\alpha\cos\beta\cos\gamma\right)^{\frac{1}{2}}$

Solid State Chemistry and its Applications, Second Edition, Student Edition. Anthony R. West.

Companion Website: http://www.wiley.com/go/west/solidstatechemistrystudent

Model Building

The construction of two types of model, based on spheres and polyhedra, is outlined.

Equipment Needed

Polystyrene spheres (100–200), any diameter but 30 mm is convenient. Alternatively, small plastic spheres.
Solvent (5–10 ml) in a bottle with dropper or paint brush; chloroform is suitable.
Card paper (2–3 m^2), perhaps sheets of different colour.
Glue stick.

Sphere Packing Arrangements

In order to join polystyrene spheres, glue may be used but is often messy. An alternative is to use a solvent in which polystyrene dissolves. A small amount of solvent is spotted or brushed onto a sphere and a second sphere is placed in contact with the first in the region of the solvent. If too much solvent is used it may run and spoil the appearance of the sphere. The spheres usually stick immediately on contact but the bond hardens only after leaving for a few hours. It is therefore often better to construct larger three-dimensional models in stages.

It should be relatively easy to stick together spheres to form *cp* layers and then build up layers in *hcp* and *ccp* stacking sequences. Some useful exercises are as follows:

To show the relation between a *ccp* structure and an *fcc* unit cell

Stick together six spheres to form that part of a *cp* layer shown in Fig. A.1(a). Place a single sphere in the layer above, as shown in (b). Repeat steps (a) and (b) so that two identical arrangements, (b), are obtained. Allow the models to harden. Orient one model as in (c) and place the second model over the first as in (d). The resulting structure should be a face centred cubic unit cell with spheres in corner and face centre positions. The *fcc* cell therefore contains *cp* layers parallel to the {111} planes of the unit cell. On standing the model on one corner so that the *cp* layers are horizontal, it should be apparent that the stacking sequence is ABC.

Solid State Chemistry and its Applications, Second Edition, Student Edition. Anthony R. West.

Companion Website: http://www.wiley.com/go/west/solidstatechemistrystudent

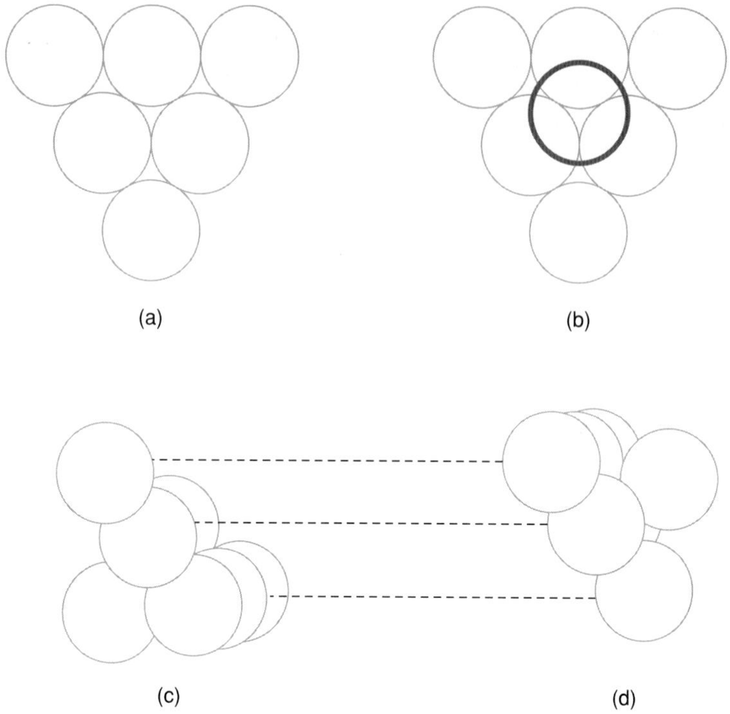

Figure A.1 **To show the relation between ccp and the fcc unit cell.**

To show the four orientations of the *cp* layers in an *fcc* unit cell

In a *ccp* array of spheres, *cp* layers occur in four orientations. This may be shown by constructing the pyramid shown in Fig. A.2. First, construct a triangular base of six spheres, as in Fig. A.1(a); then add three spheres in the layer above and one sphere to form the apex to give the pyramid shown in Fig. A.2. Check that the packing sequence is ABC, i.e. *ccp*. The pyramid may now be reoriented so that any of its other three faces forms the base and an identical structure results. The four equivalent orientations of the pyramid correspond, therefore, to the four orientations of *cp* layers in a *ccp* structure, i.e. the *cp* layers are the $\{111\}$ planes in the *fcc* unit cell.

Figure A.2 **The cp layers in a ccp structure.**

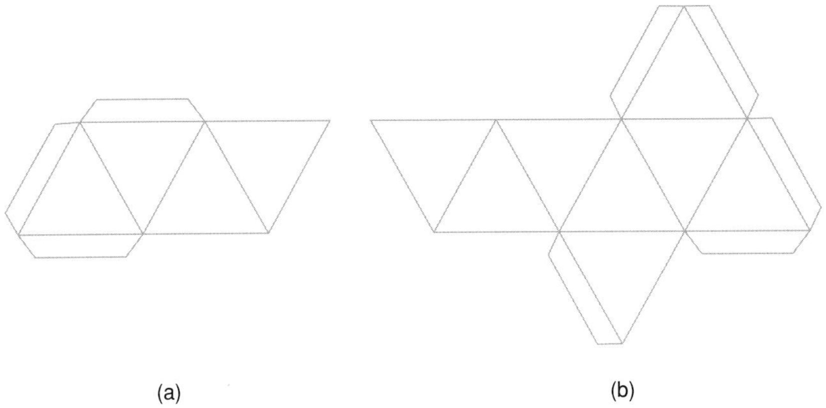

Figure A.3 **Templates for making tetrahedra and octahedra.**

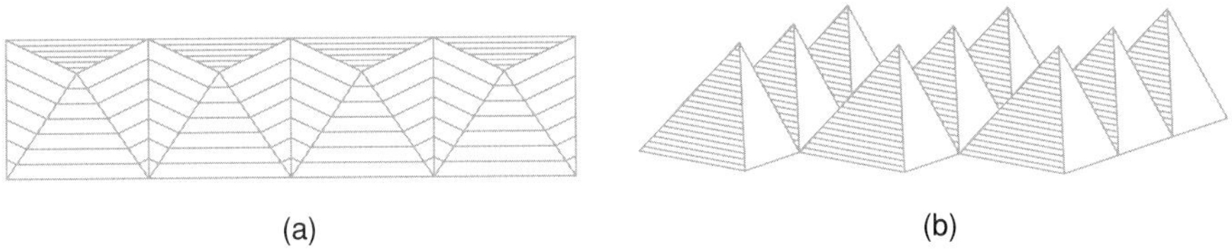

Figure A.4 **Some polyhedral linkages.**

To show the *cp* layers and unit cell of an *hcp* stacking sequence

One major difference between *ccp* and *hcp* is that in an *hcp* array of spheres, only one set of *cp* layers occurs, parallel to the basal plane of the hexagonal unit cell. To see this, construct separately three triangular bases of six spheres, as in Fig. A.1(a). Place the three layers on top of each other so that the third layer is directly above the first layer, giving the ABA sequence. It should be clear that *cp* layers are present in only one orientation, parallel to the base.

To construct the *hcp* unit cell, see Fig. 1.21(a, b); you need eight spheres to form the diamond-shaped top and bottom faces of the unit cell (A layers), which are separated by one sphere in the B layer.

Polyhedral structures

Tetrahedra, octahedra and any other polyhedra may be made from card paper. Using templates such as in Fig. A.3, the polyhedra may be copied, cut out, folded and glued at the tabs. A convenient size for making fairly rigid polyhedra is to make the polyhedron edge ~5 cm. The polyhedra may be linked by glueing corners, edges or faces; glueing polyhedra by their corners only is a little tricky. Some polyhedral linkages are given in Fig. A.4; others are shown as 3D crystal structures throughout Chapter 1.

부록 C

Geometrical Considerations in Crystal Chemistry

Notes on the Geometry of Tetrahedra and Octahedra

Relation of a tetrahedron to a cube

In Fig. A.5 is shown a cube with a tetrahedron inside; the centre of the tetrahedron, M, is at the cube body centre and the corners of the tetrahedron are at four alternate corners of the cube, X_1 to X_4. Using this relation, it is relatively easy to make calculations on the geometry of tetrahedra.

Relation between distances M–X and X–X in a tetrahedron

Let the cube edge have length a. From Pythagoras, the distance X–X is the face diagonal of the cube, i.e. $X - X = \sqrt{2}a$. The distance M–X is half the body diagonal of the cube, i.e. $M - X = \sqrt{3}a/2$. Hence, the ratio $XX/MX = \sqrt{2}a/(\sqrt{3}a/2) = \sqrt{8/3} = 1.633$. In silica structures, the basic building blocks are SiO_4 tetrahedra. In these, usually Si–O ≈ 1.62 Å. Therefore, the tetrahedron edges are O–O = 1.633(Si–O) = 2.65 Å.

Angle XMX of a tetrahedron

Using the above result and the cosine equation [Fig. A.5(a) and (b)]:

$$(X_1X_2)^2 = (MX_1)^2 + (MX_2)^2 - 2\,(MX_1)\,(MX_2)\cos\angle X_1MX_2$$

Therefore,

$$(1.633MX_1)^2 = 2(MX_1)^2 - 2(MX_1)^2 \cos\angle X_1MX_2$$

Solid State Chemistry and its Applications, Second Edition, Student Edition. Anthony R. West.

Companion Website: http://www.wiley.com/go/west/solidstatechemistrystudent

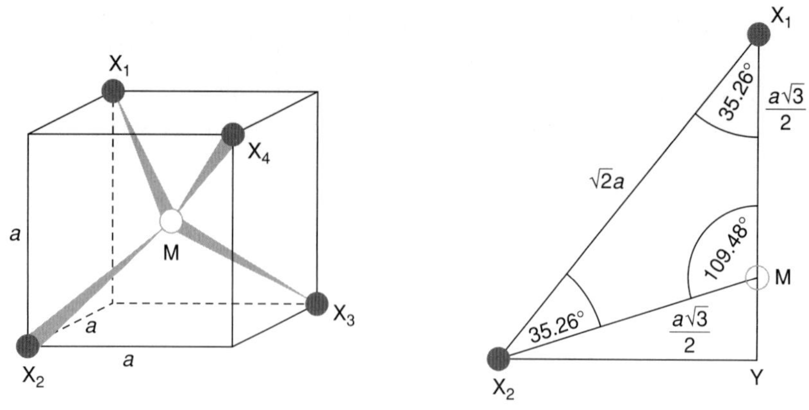

(a) (b)

Figure A.5 ***Relation of a tetrahedron to a cube.***

and so

$$\angle XMX = 109.48^\circ$$

Symmetry of a tetrahedron

A tetrahedron has a threefold rotation axis along each of the M–X directions, i.e. along each cube body diagonal. Both the tetrahedron and the cube therefore possess four threefold axes. The cube also possesses three fourfold rotation axes, passing through each pair of opposite cube faces. In the tetrahedron, these axes reduce to twofold rotation axes, but retain fourfold character by becoming fourfold inversion axes, $\bar{4}$ (i.e. rotation by 90° followed by inversion through the centre of the tetrahedron).

Centre of gravity of a tetrahedron

For this, we need to know the vertical height of position M above the triangular base of the tetrahedron. Consider the triangular section X_1X_2M [Fig. A.5(b)]. Point Y, the extension of the line X_1–M, lies in the centre of the base X_2, X_3, X_4 [Fig. A.5(a), not shown]. Hence, distance M–Y gives the height of the centre of gravity above the base. Since

$$\angle X_1MX_2 = 109.48^\circ$$

then

$$\angle MX_1X_2 = \angle MX_2X_1 = 35.26^\circ$$

and so

$$\cos 35.26^\circ = \frac{X_1Y}{X_1X_2} = \frac{X_1Y}{\sqrt{2}a}$$

i.e.

$$X_1Y = 1.155a$$

Therefore,

$$YM = X_1Y - X_1M = 0.289a$$

and

$$\frac{YM}{YX_1} = \frac{0.289a}{1.155a} = 0.25$$

i.e. the centre of gravity of a tetrahedron, given by position M, is at one-quarter of the vertical height above the (or any) base and in the direction of the apex.

Relation of an octahedron to a cube

In Fig. A.6 is shown an octahedron centred at the body centre of a cube with the corners of the octahedron at the face centres of the cube. If the cube has edge a the distance MX in the octahedron is $a/2$. From Pythagoras, distance XX is $a/\sqrt{2}$.

The octahedron has fourfold rotation axes (3) parallel to each XMX straight line. These axes coincide with the fourfold axes of the cube that pass through opposite cube faces. The cube also has threefold axes (4) which pass through opposite cube corners, along the body diagonal of the cube. In the octahedron, these threefold axes pass through pairs of opposite faces.

Hexagonal unit cell: proof that the axial ratio, c/a, ideally equals 1.633

An *hcp* array of atoms contains atoms at the corners and inside the unit cell at $\frac{1}{3}\ \frac{2}{3}\ \frac{1}{2}$ (Fig. 1.21). Along the a and b edges, atoms are in contact; hence a is equal to the atom diameter. For the purpose of calculating c/a, 'tetrahedral arrays' of atoms may be identified, as in Fig. A.7, in which two tetrahedra share a common

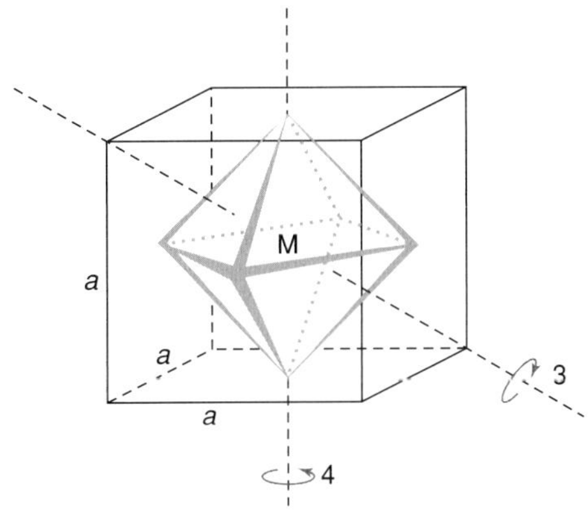

Figure A.6 ***Relation of an octahedron to a cube.***

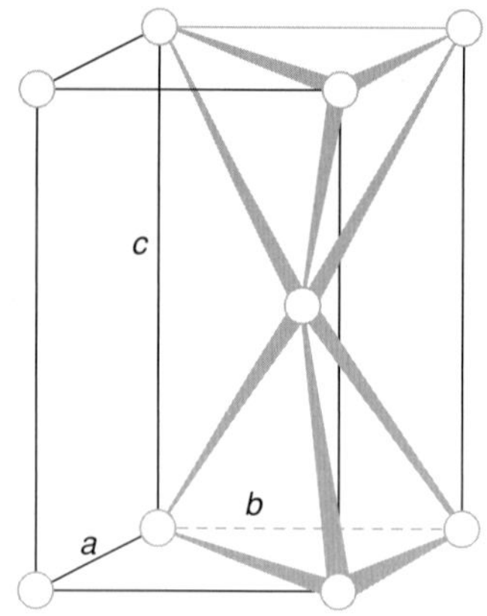

Figure A.7 ***Hexagonal unit cell; c/a = 1.633.***

corner (i.e. the atom at $\frac{1}{3}\ \frac{2}{3}\ \frac{1}{2}$). Hence, the c dimension equals twice the vertical height of such a tetrahedron. Therefore:

$$\frac{c}{a} = \frac{2X_1Y}{X_1X_2} = \frac{2 \times 1.155a}{\sqrt{2}a} = 1.633$$

부록 D

How to Recognise Close Packed (Eutactic) Structures

On encountering a new or unfamiliar structure, a common questions is: Is it close packed? These notes are intended to provide guidelines for helping to decide whether or not a structure is *cp*, although it is difficult to give hard and fast rules. We focus mainly on non-molecular, non-metallic ionic structures such as oxides, halides and sulfides, but similar criteria apply to metallic structures and, in some cases, molecular structures. The requirements may be summarised as follows:

(a) For non-metallic, close packed (or eutactic) oxide structures of general formula $A_xB_yO_z$ we are interested mainly in whether the oxide ions form a *cp* array. Sometimes the A or B atoms themselves may form a *cp* array or indeed, mixed anion-cation arrangements may form a *cp* array, as in perovskites.
(b) Coordination numbers, given by the number of anions surrounding a cation are ideally, either four or six.

Point (a) must hold in a eutactic *cp* structure but the difficulty is often to visualise a sufficiently large part of the structure (often more than one unit cell is needed) that the packing arrangements of like atoms can be seen. The best test, I find, is to look for one close packed layer, i.e. to choose a central atom and look for six equidistant neighbours of the same type such that a coplanar, hexagonal arrangement exists, as in Fig. 7.1. If such a layer can be identified, it is usually relatively easy to find six other atoms in the layers on either side that complete the *cp* requirement of 12 neighbour atoms. Often, different layers may be seen in a structure, some of which are *cp* and others non-*cp*. Quite often, layers may be identified that contain both anions and cations but are not *cp*. Thus, the unit cell faces in the rock salt structure may be regarded as layers of atoms but they do not constitute *cp* layers because each Na^+ (or Cl^-) has only four Na^+ (or Cl^-) neighbours in the layer. By contrast, the layers parallel to the $\{111\}$ planes of the rock salt structure are *cp* because (i) each Cl^- (or Na^+) has six like neighbours and (ii) layers of ions of one kind may be identified which alternate with layers of the other kind.

Point (b) refers to the fact that in a *cp* array of anions, tetrahedral and octahedral interstitial sites exist for the cations. The cation coordination number is therefore four or six. The coordination number of cations surrounding the anions is more variable, as shown by the following examples:

(i) Na_2O (antifluorite) has *ccp* oxide ions with tetrahedral coordination for Na^+. The coordination number of oxygen (by Na^+) is eight.

Solid State Chemistry and its Applications, Second Edition, Student Edition. Anthony R. West.

Companion Website: http://www.wiley.com/go/west/solidstatechemistrystudent

(ii) NiAs has *hcp* As^{2-} ions with octahedrally coordinated Ni^{2+} ions. The coordination number of arsenic (by nickel) is also six but is trigonal prismatic.
(iii) Cu_2O (cuprite) has *ccp* Cu^+ ions with tetrahedral O^{2-} ions. The coordination number of Cu^+ (by O^{2-}) is two (linear).

As stated above, in structures containing large cations such as perovskites, the large cations may take the place of anions in a *cp* array, in which case the cation coordination number is ideally 12 but can be lower, such as 10 or 8 in distorted *cp* structures. In summary, in order fully to understand and classify a structure as belonging to the *cp* family of structures, it is necessary to examine, in particular, the anion, packing arrangement and the cation coordination numbers. It is also worthwhile to consider the cation packing arrangements, in isolation, and also the combined packing arrangements of anions and large cations.

부록 E

Positive and Negative Atomic Coordinates

In assigning fractional coordinates to the positions of atoms in a unit cell, it is customary to include in the cell those atoms whose coordinates lie between 0 and 0.999. Atoms with negative coordinates or with coordinates ≥ 1 then lie in adjacent unit cells. This is illustrated in Fig. A.8, in which four unit cells are drawn. Let us consider the top right cell; its origin is given as the solid circle and positive directions of x, y and z are indicated by arrows. The diagram shows the coordinates of one pair of opposite face centre positions in each of the four cells. Relative to the origin of our chosen cell, all the face centre positions shown at the right hand side have $x = {}^1\!/_2$ and those at the left have $x = -{}^1\!/_2$. All positions in the diagram have a positive y value of ${}^1\!/_2$. The z values are in three sets, with values of 1, 0 and –1. In considering the contents of our unit cell, the position at ${}^1\!/_2{}^1\!/_2 0$ is regarded as belonging to the cell, but all other positions shown belong to neighbouring cells.

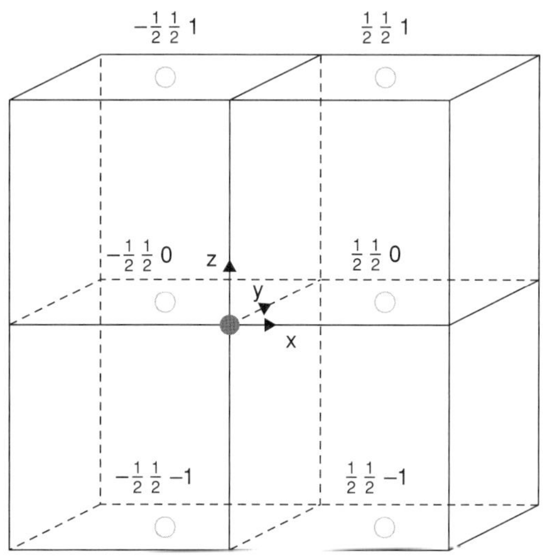

Figure A.8 ***Positive and negative atomic coordinates.***

Solid State Chemistry and its Applications, Second Edition, Student Edition. Anthony R. West.

Companion Website: http://www.wiley.com/go/west/solidstatechemistrystudent

부록 F

The Elements and Some of Their Properties

Solid State Chemistry and its Applications, Second Edition, Student Edition. Anthony R. West.

Companion Website: http://www.wiley.com/go/west/solidstatechemistrystudent

Element	Symbol	Atomic weight[a]	Electronic configuration[b]	Atomic number	Main oxidation state(s)[c]	Some typical bond lengths–oxygen (Å) and coordination numbers[d]	Melting point (°C)	Crystallographic data: unit cell or structure; lattice parameters (Å); temperature[e]
Actinium	Ac	(227)	(Rn)$6d^1 7s^2$	89	3		1050	*fcc*; 5.311 (RT)
Aluminium	Al	26.98	(Ne)$3s^2 3p^1$	13	3	Al–O(4) 1.79; Al–O(6) 1.93	660	*fcc*; 4.0495 (25 °C)
Americium	Am	(243)	(Rn) $5f^7 7s^2$	95	3, 4	Am(III)–O(6) 2.40; Am(IV)–O(8) 2.35	850	hex, ABAC; 3.642, 11.76 (RT)
Antimony	Sb	121.75	(Kr)$4d^{10} 5s^2 5p^3$	51	3, 5		630	*R*3*m*; 4.5067, 57° 6.5′ (25 °C)
Argon	Ar	39.95	(Ne)$3s^3 3p^6$	18			−189	*fcc*; 5.42 (−233 °C)
Arsenic	As	74.92	(Ar)$3d^{10} 4s^2 4p^3$	33	3, 5	As(V)–O(4) 1.74; As(V)–O(6) 1.90	814	*R*3*m*; 4.131, 54° 10′ (25 °C)
Astatine	At	(210)	(Xe)$4f^{14} 5d^{10} 6s^2 6p^5$	85	1			
Barium	Ba	137.34	(Xe)$6s^2$	56	2	Ba–O(6) 2.76; Ba–O(12) 3.00	710	*bcc*; 5.019 (RT)
Berkelium	Bk	(247)	(Rn)$5f^8 6d^1 7s^2$	97	3(4)	Bk(III)–O(6) 2.36; Bk(IV)–O(8) 2.33		
Beryllium	Be	9.01	(He)$2s^2$	4	2	Be–O(3) 1.57; Be–O(4) 1.67	1280	*hcp*; 2.2856, 3.5832 (25 °C)
Bismuth	Bi	208.98	(Xe)$4f^{14} 5d^{10} 6s^2 6p^3$	83	1, 3(5)	Bi(III)–O(6) 2.42; Bi(III)–O(8) 2.51	271	*R*3*m*; 4.7457, 57° 14.2′ (31 °C)
Boron	B	10.81	(He)$2s^2 2p^1$	5	3	B–O(3) 1.42; B–O(4) 1.52	2300	tet; 8.73, 5.03 (RT)
Bromine	Br	79.91	(Ar)$3d^{10} 4s^2 4p^5$	35	1(3, 5, 7)	Br(VII)–O(4) 1.66	−7	orth; 4.48, 6.67, 8.72 (−150 °C)
Cadmium	Cd	112.40	(Kr) $4d^{10} 5s^2$	48	2	Cd–O(4) 2.19; Cd–O(6) 2.35	321	*hcp*; 2.9788 5.6167 (21 °C)
Caesium	Cs	132.91	(Xe) $6s^1$	55	1	Cs–O(8) 3.22; Cs–O(12) 3.30	29	*bcc*; 6.14 (−10 °C)
Calcium	Ca	40.08	(Ar)$4s^2$	20	2	Ca–O(6) 2.40; Ca–O(8) 2.47	850	*fcc*; 5.582 (18 °C)
Californium	Cf	(249)	(Rn)$5f^{10} 7s^2$	98	3	Cf–O(6) 2.35		
Carbon	C	12.01	(He)$2s^2 2p^2$	6	4	C–O(3) 1.32	3500	hex, graphite; 2.4612, 6.7079 (RT)
Cerium	Ce	140.12	(Xe)$4f^2 6s^2$	58	3, 4	Ce(III)–O(9) 2.55; Ce(IV)–O(8) 2.33	804	*fcc*, 5.1604 (20 °C)
Chlorine	Cl	35.46	(Ne)$3s^2 3p^5$	17	1(3, 5, 7)	Cl(V)–O(3) 1.52; Cl(VII)–O(4) 1.60	−101	tet; 8.56, 6.12 (−185 °C)
Chromium	Cr	52.00	(Ar)$3d^5 4s^1$	24	3, 6	Cr(III)–O(6) 2.02; Cr(VI)–O(4) 1.70	1900	*bcc*; 2.8846 (20 °C)
Cobalt	Co	58.93	(Ar)$3d^7 4s^2$	27	2, 3	Co(II)–O(6) 2.05–2.14; Co(III)–O(6) 1.93–2 01	1492	*hcp*; 2.507, 4.069 (RT)

Copper	Cu	63.54	(Ar) $3d^{10}4s^1$	29	1, 2	Cu(I)–O(2) 1.86; Cu(II)–O(6) 1.97–2.66	1083	*fcc*; 3.6147 (20 °C)
Curium	Cm	(247)	(Rn)$5f^7 6d^1 7s^2$	96	3(4)	Cm(III)–O(6) 2.38; Cm(IV)–O(8) 2.35		
Dysprosium	Dy	162.50	(Xe)$4f^{10}6s^2$	66	3(4)	Dy(III)–O(6) 2.31	1500	*hcp*; 3.5923, 5.6545 (20 °C)
Einsteinium	Es	(254)	(Rn)$5f^{11}7s^2$	99	3			
Erbium	Er	167.26	(Xe)$4f^{12}6s^2$	68	3	Er(III)–O(6) 2.29	1525	*hcp*; 3.559, 5.592 (20 °C)
Europium	Eu	151.96	(Xe)$4f^7 6s^2$	63	2, 3	Eu(III)–O(6) 2.35; Eu(III)–O(7) 2.43	900	*bcc*; 4.578 (20 °C)
Fermium	Fm	(253)	(Rn)$5f^{12}7s^2$	100	3			
Fluorine	F	19.00	(He)$2s^2 2p^5$	9	1		−220	
Francium	Fr	223	(Rn)$7s^1$	87	1			
Gadolinium	Gd	157.25	(Xe)$4f^7 5d^1 6s^2$	64	3	Gd–O(7) 2.44	1320	*hcp*; 3.6315, 5.777 (20 °C)
Gallium	Ga	69.72	(Ar)$3d^{10}4s^2 4p^1$	31	(1)3	Ga–O(4) 1.87; Ga–O(6) 2.00	30	orth; 4.520, 7.661, 4.526 (20 °C)
Germanium	Ge	72.59	(Ar)$3d^{10}4s^2 4p^2$	32	(2)4	Ge–O(4) 1.79; Ge–O (6) 1.94	958	diam; 5.6575 (20 °C)
Gold	Au	196.97	(Xe)$4f^{14}5d^{10}6s^1$	79	(1)(3)	Au(III)–O(4) 2.10	1063	*fcc*; 4.0783 (25 °C)
Hafnium	Hf	178.49	(Xe)$4f^{14}5d^2 6s^2$	72	4	Hf–O(6) 2.11; Hf–O(8) 2.23	2000	*hcp*; 3.1946, 5.0511 (24 °C)
Helium	He	4.00	$1s^2$	2	—		−270	
Holmium	Ho	164.93	(Xe)$4f^{11}6s^2$	67	3	Ho–O(6) 2.30; Ho–O(8) 2.42	1500	*hcp*; 3.5761, 5.6174 (20 °C)
Hydrogen	H	1.01	$1s^1$	1	1	H–O 1.02–1.22	−259	hex; 3.75, 6.12 (−271 °C)
Indium	In	114.82	(Kr)$4d^{10}5s^2 5p^1$	49	(1)3	In–O(6) 2.18; In–O(8) 2.32	156	tet; 3.2512, 4.9467 (20 °C)
Iodine	I	126.90	(Kr)$4d^{10}5s^2 55p^5$	53	1(3, 5, 7)	I(V)–O(3) 1.83	114	orth; 4.792, 7.271, 9.773 (RT)
Iridium	Ir	192.22	(Xe)$4f^{14}5d^7 6s^2$	77	3, 4(6)	Ir(III)–O(6) 2.13; Ir(IV)–O(6) 2.03	2443	*fcc*; 3.8389 (RT)
Iron	Fe	55.85	(Ar)$3d^6 4s^2$	26	2, 3(4, 6)	Fe(II)–O(6) 2.18; Fe(III)–O(4) 1.86	1539	*bcc*; 2.8664 (20 °C)
Krypton	Kr	83.80	(Ar)$3d^{10}4s^2 4p^6$	36			−157	*fcc* 5.68 (−191 °C)
Lanthanum	La	138.91	(Xe)$5d^1 6s^2$	57	3	La–O(6) 2.46; La–O(10) 2.68	920	hex; ABAC; 3.770, 12.131 (20 °C)
Lawrencium	Lr	(257)	(Rn)$5f^{14}6d^1 7s^2$	103	3			
Lead	Pb	207.19	(Xe)$4f^{14}5d^{10}6s^2 6p^2$	82	2, 4	Pb(II)–O(4) 2.34; Pb(IV)–O(6) 2.18	327	*fcc*; 4.9502 (25 °C)
Lithium	Li	6.94	(He)$2s^1$	3	1	Li–O(4) 1.99; Li–O(6) 2.14	180	*bcc*; 3.5092 (20 °C)
Lutetium	Lu	174.97	(Xe)$4f^{14}5d^1 6s^2$	71	3	Lu–O(6) 2.25; Lu–O(S) 2.37	1700	*hcp*; 3.5050, 5.5486 (20 °C)

(Continued)

Element	Symbol	Atomic weight[a]	Electronic configuration[b]	Atomic number	Main oxidation state(s)[c]	Some typical bond lengths–oxygen (Å) and coordination numbers[d]	Melting point (°C)	Crystallographic data: unit cell or structure; lattice parameters (Å); temperature[e]
Magnesium	Mg	24.31	(Ne)$3s^2$	12	2	Mg–O(4) 1.89; Mg–O(6) 2.12	650	*hcp*; 3.2094, 5.2105 (25 °C)
Manganese	Mn	54.94	(Ar)$3d^5 4s^2$	25	2, 3, 4, 7	Mn(II)–O(6) ~2.10; Mn(VII)–O(4) 1.66	1250	cub; 8.914 (25 °C)
Mendelevium	Md	(256)	(Rn)$5f^{13} 7s^2$	101	3			
Mercury	Hg	200.59	(Xe)$4f^{14} 5d^{10} 6s^2$	80	1, 2	Hg(I)–O(3) 2.37; Hg(II)–O(2) 2.09	−39	$R\bar{3}m$; 3.005, 70° 32′ (−46 °C)
Molybdenum	Mo	95.94	(Kr)$4d^5 5s^1$	42	(3, 4, 5)6	Mo(VI)–O(4) 1.82; Mo(VI)–O(6) 2.00	2620	*bcc*; 3.1469 (20 °C)
Neodymium	Nd	144.24	(Xe)$4f^4 6s^2$	60	3(4)	Nd–O(6) 2.40; Nd–O(8) 2.52	1024	hex; ABAC; 3.6582, 11.802 (20 °C)
Neon	Ne	20.18	(He)$2s^2 2p^6$	10	—		−249	*fcc*; 4.52 (−268 °C)
Neptunium	Np	(237)	(Rn)$5f^5 7s^2$	93	(2, 3)4(6, 7)	Np(II)–O(6) 2.60; Np(IV)–O(8) 2.38	640	orth; 4.723, 4.887, 6.663 (20 °C)
Nickel	Ni	58.71	(Ar)$3d^8 4s^2$	28	2(3)	Ni(II)–O(6) 2.10; Ni(III)–O(6) 1.98	1453	*fcc*; 3.524 (18 °C)
Niobium	Nb	92.91	(Kr)$4d^4 5s^1$	41	(4)5	Nb(V)–O(6) 2.04; Nb(V)–O(7) 2.06	2420	*bcc*; 3.006 (20 °C)
Nitrogen	N	14.01	(He)$2s^2 2p^3$	7	(2, 3, 4)5	N(V)–O(3) 1.28	−210	hex; 4.03,6.59 (−234 °C)
Nobelium	No	(253)	(Rn)$5f^{14} 7s^2$	102	3			
Osmium	Os	190.20	(Xe)$4f^{14} 5d^6 6s^2$	76	4(6)8	Os(IV)–O(6) 2.03	2700	*hcp*; 2.7353, 4.3191 (20 °C)
Oxygen	O	16.00	(He)$2s^2 2p^4$	8	(1)2		−219	cub; 6.83 (−225 °C)
Palladium	Pd	106.40	(Kr)$4d^{10}$	46	2(4)	Pd(II)–O(4) 2.04; Pd(IV)–O(6) 2.02	1552	*fcc*; 3.8907 (22 °C)
Phosphorus	P	30.97	(Ne)$3s^2 3p^3$	15	3, 5	P(V)–O(4) 1.57	44	orth; 3.32. 10.52, 4.39 (black) (RT)
Platinum	Pt	195.09	(Xe)$4f^{14} 5d^9 6s^1$	78	4(6)	Pt(IV)–O(6) 2.03	1769	*fcc*; 3.9239 (20 °C)
Plutonium	Pu	(242)	(Rn)$5f^6 7s^2$	94	3, 4, 6	Pu(III)–O(6) 2.40; Pu(IV)–O(8) 2.36		monocl; 6.18. 4.82. 10.97, 101.81° (21 °C)
Polonium	Po	(210)	(Xe)$4f^{14} 5d^{10} 6s^2 6p^4$	84	2, 4	Po(IV)–O(8) 2.50	254	cub; 3.345 (10 °C)
Potassium	K	39.10	(Ar)$4s^1$	19	1	K–O(6) 2.78; K–O(12) 3.00	63	*bcc*; 5.32 (20 °C)
Praseodymium	Pr	140.91	(Xe)$4f^3 6s^2$	59	3(4)	Pr(III)–O(6) 2.41; Pr(IV)–O(8) 2.39	935	hex, ABAC; 3.6702, 11.828 (20 °C)
Promethium	Pm	(147)	(Xe)$4f^5 6s^2$	61	3	Pm(III)–O(6) 2.38		

Protactinium	Pa	(231)	(Rn)$5f^2 6d^1 7s^2$	91	4, 5	Pa(IV)–O(8) 2.41; Pa(V)–O(9) 2.35	3000	tet; 3.935, 3.238 (RT)
Radium	Ra	(226)	(Rn)$7s^2$	88	2		700	
Radon	Rn	(222)	(Xe)$4f^{14} 5d^{10} 6s^2 6p^6$	86	—		−71	
Rhenium	Re	186.23	(Xe)$4f^{14} 5d^5 6s^2$	75	3, 4, 5, 7	Re(IV)–O(6) 2.03; Re(VII)–O(6) 1.97	3170	*hcp*; 2.760, 4.458 (RT)
Rhodium	Rh	102.91	(Kr)$4d^8 5s^1$	45	3(4, 6)	Rh(III)–O(6) 2.07; Rh(IV)–O(6) 2.02	1960	*fcc*; 3.8044 (20 °C)
Rubidium	Rb	85.47	(Kr)$5s^1$	37	1	Rb–O(6) 2.89; Rb–O(12) 3.13	39	*bcc*; 5.70 (20 °C)
Ruthenium	Ru	101.07	(Kr)$4d^7 5s^1$	44	4(6)8	Ru(III)–O(6) 2.08; Ru(IV)–O(6) 2.02	2400	*hcp*; 2.7058, 4.2816 (25 °C)
Samarium	Sm	150.35	(Xe)$4f^6 6s^2$	62	(2)3	Sm(III)–O(6) 2.36; Sm(III)–O(8) 2.49	1052	R; 8.996, 23° 13′ (20 °C)
Scandium	Sc	44.96	(Ar)$3d^1 4s^2$	21	3	Sc–O(6) 2.13; Sc–O(8) 2.27	1400	*hcp*; 3.3080, 5.2653 (20 °C)
Selenium	Se	78.96	(Ar)$3d^{10} 4s^2 4p^4$	34	(2) 4, 6	Se(VI)–O(4) 1.69	217	hex; 4.3656, 4.9590 (25 °C)
Silicon	Si	28.09	(Ne)$3s^2 3p^2$	14	4	Si–O(4) 1.66; Si–O(6) 1.80	1410	diam; 5.4305 (RT)
Silver	Ag	107.87	(Kr)$4d^{10} 5s^1$	47	1(2)	Ag(I)–O(2) 2.07; Ag(I)–O(8) 2.70	961	*fcc*; 4.0857 (20 °C)
Sodium	Na	22.99	(Ne)$3s^1$	11	1	Na–O(4) 2.39; Na–O(9) 2.72	98	*bcc*; 4.2906 (20 °C)
Strontium	Sr	87.62	(Kr)$5s^2$	38	2	Sr–O(6) 2.56; Sr–O(12) 2.84	770	*fcc*; 6.0849 (25 °C)
Sulfur	S	32.06	(Ne)$3s^2 3p^4$	16	2, 4, 6	S(VI)–O(4) 1.52	119	orth; 10.414, 10.845, 24.369 (RT)
Tantalum	Ta	180.95	(Xe)$4f^{14} 5d^3 6s^2$	73	(3, 4)5	Ta(III)–O(6) 2.07; Ta(V)–O(6) 2.04	3000	*bcc*; 3.3026 (20 °C)
Technetium	Tc	98.91	(Kr)$4d^6 5s^1$	43	(3)4(5, 6)7	Tc(IV)–O(6) 2.04	2700	*hcp*; 2.735, 4.388 (RT)
Tellurium	Te	127.60	(Kr)$4d^{10} 5s^2 5p^4$	52	(2)4(6)	Te(IV)–O(3) 1.92	450	hex; 4.45666, 5.9268 (25 °C)
Terbium	Tb	158.93	(Xe)$4f^9 6s^2$	65	3, 4	Tb(III)–O(6) 2.32; Tb(IV)–O(8) 2.28	1450	*hcp*; 3.599, 5.696 (20 °C)
Thallium	Tl	204.37	(Xe)$4f^{14} 5d^{10} 6s^2 6p^1$	81	1(3)	Tl(I)–O(6) 2.90; Tl(I)–0(12) 3.16	304	*hcp*; 3.4566, 5.5248 (18 °C)
Thorium	Th	232.04	(Rn)$6d^2 7s^2$	90	(3)4	Th–O(6) 2.40; Th–O(9) 2.49	1700	*fcc*; 5.0843 (RT)
Thulium	Tm	168.93	(Xe)$4f^{13} 6s^2$	69	(2)3	Tm(III)–O(6) 2.27; Tm(III)–O(8) 2.39	1600	*hcp*; 3.5372, 5.5619 (20 °C)

(Continued)

Element	Symbol	Atomic weight[a]	Electronic configuration[b]	Atomic number	Main oxidation state(s)[c]	Some typical bond lengths–oxygen (Å) and coordination numbers[d]	Melting point (°C)	Crystallographic data: unit cell or structure; lattice parameters (Å); temperature[e]
Tin	Sn	118.69	$(Kr)4d^{10}5s^25p^2$	50	2, 4	Sn(II)–O(8) 2.62; Sn(IV)–O(6) 2.09	232	tet; 5.8315, 3.1814 (25 °C)
Titanium	Ti	47.90	$(Ar)3d^24s^2$	22	(2)4	Ti(II)–O(6) 2.26; Ti(IV)–O(6) 2.01	1680	*hcp*; 2.9506, 4.6788 (25 °C)
Tungsten	W	183.85	$(Xe)4f^{14}5d^46s^2$	74	(4)6	W(VI)–O(4) 1.81; W(VI)–O(6) 1.98	3380	*bcc*; 3.1650 (25 °C)
Uranium	U	238.03	$(Xe)4f^{14}5d^46s^2$	92	(3)4(5)6	U(IV)–O(9) 2.45; U(VI)–O(4) 1.88	1133	orth; 2.854, 5.869, 4.955 (27 °C)
Vanadium	V	50.94	$(Ar)3d^34s^2$	23	2–5	V(II)–O(6) 2.19; V(V)–O(4) 1.76	1920	*bcc*; 3.028 (30 °C)
Xenon	Xe	131.30	$(Kr)4d^{10}5s^25p^6$	54	2, 4, 6		−112	*fcc*; 6.24 (−185 °C)
Ytterbium	Yb	173.04	$(Xe)4f^{14}6s^2$	70	2, 3	Yb(III)–O(6) 2.26; Yb(III)–O(9) 2.38	824	*fcc*; 5.481 (20 °C)
Yttrium	Y	88.91	$(Kr)4d^15s^2$	39	3	Y–O(6) 2.29; Y–O(9) 2.50	1500	*hcp*; 3.6451, 5.7305 (20 °C)
Zinc	Zn	65.37	$(Ar)3d^{10}4s^2$	30	2	Zn–O(4) 2.00; Zn–O(6) 2.15	419	*hcp*; 2.6649, 4.9468 (25 °C)
Zirconium	Zr	91.22	$(Kr)4d^25s^2$	40	4	Zr–O(6) 2.12; Zr–O(8) 2.24	1850	*hcp*; 3.2312, 5.1477 (25 °C)

[a]Based on the relative atomic mass of ^{12}C = 12.00. These atomic weights are for natural isotopic abundances except for those given in parentheses, which refer to short-lived elements without a natural abundance. For these, the mass of the isotope with longest half-life is given.

[b]These are the ground state configurations of the elements. In some cases with transition elements, lanthanides and actinides, the difference in energy between the ground state and the first excited state is small.

[c]Most elements show a variety of unstable oxidation states in addition to the stable one(s). In compiling this table, principal note is taken of the oxidation state(s) found in crystalline oxides and halides.

[d]Values are taken from R. D. Shannon and C. T. Prewitt, *Acta Crystallogr*, **B25**, 925 (1969); **B26**, 1046 (1970). Note that bond distances generally increase with increase in cation coordination number and decrease with increase in cation oxidation state. Bond distances to fluorine are usually 0.05–0.10 Å shorter than distances to oxygen; bond distances to chlorine are usually 0.20–0.40 Å larger.

[e]Data taken mainly from *International Tables for X-ray Crystallography*, International Union of Crystallography, Chester, Vol. III, p. 278. *fcc* = face centred cubic (cubic close packed); hex = hexagonal; *hcp* = hexagonal close packed; $R\bar{3}m$, $R3m$ = rhombohedral; *bcc* = body centred cubic; tet = tetragonal; orth = orthorhombic; cub = cubic; monocl = monoclinic; diam = diamond structure; RT = room temperature.

연습문제

1장

1.1 다음 사면체 분자가 갖는 대칭 요소를 모두 열거하라.
(a) CH_3Cl (b) CH_2Cl_2 (c) CH_2ClBr (d) CH_4

1.2 다음의 일상적 사물들에서 공통적으로 발견되는 대칭 요소는 무엇인가?
(a) 찻잔 (b) 바지 (c) 세발자전거

1.3 정육면체 블록이 갖는 대칭 요소를 모두 열거하라.

1.4 문제 1.3의 블록에서 마주 보는 한 쌍의 면이 나머지 네 면과 다른 색깔이라면 어떤 대칭 요소들이 존재하는가?

1.5 이 책의 겉표지와 모든 면이 백지라면 어떤 대칭 요소들이 존재하는가?

1.6 가상적 팔면체 분자 MX_2Y_4는 두 가지 기하 이성질체를 갖는다. 각각의 구조를 그리고, 그 중 대칭 중심을 갖는 것을 찾으라. 두 분자들이 갖는 나머지 대칭 요소들을 모두 찾으라.

1.7 다음 격자의 단위세포는 몇 개의 격자 점을 갖는가?
(a) 원시 격자 (b) 체심 격자 (c) *C*-측심 격자 (d) 면심 격자

1.8 CaC_2 구조(그림 1.10(a))의 Bravais 격자는 무엇인가?

1.9 표 1.1에 주어지듯, 단위세포와 격자 유형의 조합은 선택적으로 허용된다. 다음의 Bravais 격자가 성립하지 않는 이유를 설명하라.
(a) *C*-측심 입방 (b) 면심 정방 (c) *C*-측심 정방

1.10 다음 격자 면에 대한 밀러 지수는 무엇인가?
(a) 입방 단위세포에서 마주 보는 *ab* 평면을 지나는 면들
(b) *b*와 *c*에 평행하고 *a*를 0, $\frac{1}{2}$, 1, $\frac{3}{2}$, …에서 교차하는 면들
(c) 입방 세포의 체대각에 수직이면서, *a*, *b*, *c*를 $\frac{1}{2}\,\frac{1}{2}\,\frac{1}{2}$, 111, $\frac{3}{2}\,\frac{3}{2}\,\frac{3}{2}$, …에서 교차하는 면들

1.11 다음 방향에 대한 지수는 무엇인가?
(a) 단위세포 *b*에 평행하고 양의 *y* 방향
(b) 단위세포 *b*에 평행하고 음의 *y* 방향

1.12 입방 구조에 대한 *d*-간격 공식을 참고하여, *d*-간격이 가장 큰 5개의 *hkl* 값을 구하라.
$a = 5.00$ Å일 때, 위의 *d* 값들을 계산하라.

1.13 KCl은 암염 구조이고 $a = 6.2931$ Å이다. 밀도를 계산하라.

1.14 TlBr은 입방 단위세포를 갖고 $a = 3.97$ Å, $D = 7.458$ g cm^{-3}이다. TlBr의 단위세포 당 화학식 단위 개수(*Z*)를 계산하고 구조를 예측하라.

1.15 *fcc*(*ccp*) 금속 구조에 대해 답하라.
(a) 금속 원자의 *cp* 층들의 밀러 지수를 모두 찾으라.
(b) 금속 원자의 *cp* 방향들의 지수를 모두 찾으라(금속 원자들이 어떤 방향으로 접해 있는가?).
(c) 원자 반경 *r*을 단위세포 모서리 길이 *a*로 표현하라.

1.16 금속 Au는 *fcc* 단위세포를 갖고 $a = 4.08$ Å이다. Au 원자 반경을 계산하라.

1.17 *bcc* 금속 구조에서 원자의 배위수는 몇인가? 원자 반경 *r*을 단위세포 모서리 길이 *a*로 표현하라.

1.18 Fe는 온도에 따라 다른 구조를 취한다.
20 °C: α-Fe, *bcc*, $a = 2.866$ Å
950 °C: γ-Fe, *fcc*, $a = 3.656$ Å
1425 °C: δ-Fe, *bcc*, $a = 2.940$ Å
각 온도에서 Fe의 밀도와 원자 반경을 계산하라.

1.19 구형체의 *bcc* 배열에서 채움 효율이 0.6802임을 보이라.

1.20 구형체의 *fcc* 배열에서 채움 효율이 0.740임을 보이라.

1.21 음이온의 *ccp* 배열에 다음과 같이 양이온이 채워질 때 생겨나는 구조 유형은 무엇인가?
(a) 사면체 자리 전체
(b) 사면체 자리의 절반 (T_+ 자리 전체)
(c) 팔면체 자리 전체
(d) 번갈아 나타나는 팔면체 자리 층

1.22 위 문제의 음이온 *ccp* 배열을 *hcp* 배열로 바꿔 답하라.

1.23 주어진 원자 좌표 정보를 이용하여 입방 구조 유형을 정하라.
(i) MX: M: $\frac{1}{2}$00, 0$\frac{1}{2}$0, 00$\frac{1}{2}$, $\frac{1}{2}\frac{1}{2}\frac{1}{2}$
X: 000, $\frac{1}{2}\frac{1}{2}$0, $\frac{1}{2}$0$\frac{1}{2}$, 0$\frac{1}{2}\frac{1}{2}$
(ii) MX: M: $\frac{1}{4}\frac{1}{4}\frac{1}{4}$, $\frac{3}{4}\frac{3}{4}\frac{1}{4}$, $\frac{1}{4}\frac{3}{4}\frac{3}{4}$, $\frac{3}{4}\frac{1}{4}\frac{3}{4}$
X: 000, $\frac{1}{2}\frac{1}{2}$0, $\frac{1}{2}$0$\frac{1}{2}$, 0$\frac{1}{2}\frac{1}{2}$
(iii) MX: M: $\frac{1}{2}\frac{1}{2}\frac{1}{2}$
X: 000
(iv) MX_2: M: 000, $\frac{1}{2}\frac{1}{2}$0, $\frac{1}{2}$0$\frac{1}{2}$, 0$\frac{1}{2}\frac{1}{2}$
X: $\frac{1}{4}\frac{1}{4}\frac{1}{4}$, $\frac{1}{4}\frac{1}{4}\frac{3}{4}$, $\frac{1}{4}\frac{3}{4}\frac{1}{4}$, $\frac{3}{4}\frac{1}{4}\frac{1}{4}$, $\frac{1}{4}\frac{3}{4}\frac{3}{4}$, $\frac{3}{4}\frac{1}{4}\frac{3}{4}$, $\frac{3}{4}\frac{3}{4}\frac{1}{4}$, $\frac{3}{4}\frac{3}{4}\frac{3}{4}$
(v) MX_3: M: 000
X: $\frac{1}{2}$00, 0$\frac{1}{2}$0, 00$\frac{1}{2}$
(vi) AMX_3: A: $\frac{1}{2}\frac{1}{2}\frac{1}{2}$
M: 000
X: $\frac{1}{2}$00, 0$\frac{1}{2}$0, 00$\frac{1}{2}$

1.24 암염 구조를 다음과 같이 변형하면 어떤 구조가 얻어지는가?
(a) 한 종류의 원자를 모두 제거

(b) 양이온 층을 번갈아가며 제거

(c) 팔면체 자리의 양이온 모두를 한 세트의 사면체 자리로 이동

1.25 NiAs 구조가 금속성 화합물에서 흔히 나타나는 반면, 이온성 화합물에서는 나타나지 않는 이유를 설명하라.

1.26 MgO는 암염 구조($a=4.213$ Å)를 갖는다. Mg–O 결합 거리를 계산하라. O^{2-} 이온 반경을 1.26 Å으로 하여 Mg^{2+} 이온 반경을 계산하라. O^{2-} 이온들은 서로 접하는가?

1.27 섬아연석 ZnS에서 $a=5.406$ Å이다. Zn–S 결합 거리를 계산하라.

1.28 Li_2O는 반형석 구조, $a=4.611$ Å이다. Li–O 거리, O–O 거리, Li–Li 거리를 계산하라. O^{2-} 이온들은 서로 접하는가? ($r_O=1.26$ Å)

1.29 $SrTiO_3$는 $a=3.91$ Å의 입방 페로브스카이트 구조를 가지며, 원자 좌표는 다음과 같다: Sr: $\frac{1}{2}\,\frac{1}{2}\,\frac{1}{2}$, Ti: 0 0 0, O: $\frac{1}{2}$ 0 0, 0 $\frac{1}{2}$ 0, 0 0 $\frac{1}{2}$

(a) *xz* 평면에 구조를 투사하라.

(b) Sr, Ti, O의 배위 환경은 각각 무엇인가?

(c) Sr–O 거리와 Ti–O 거리를 계산하라. $SrTiO_3$의 밀도는 얼마인가?

(d) 이 구조를 조밀 쌓임으로 간주할 때 그 방식을 설명하라. 격자 유형은 무엇인가?

(e) 다음 물성을 유도하고자 할 때, $SrTiO_3$의 조성을 어떻게 조절해야 하겠는가?

(i) 강유전성 (ii) 초전도성 (iii) 이온 전도성

1.30 Si는 다이아몬드 구조이고 $a=5.4307$ Å이다. Si의 원자 반경을 계산하라.

1.31 산화 은, Ag_2O는 입방 단위세포($Z=2$, $a=4.726$ Å)를 가지며 원자 좌표는 아래와 같다.

Ag: $\frac{1}{4}\,\frac{1}{4}\,\frac{1}{4}$, $\frac{3}{4}\,\frac{3}{4}\,\frac{1}{4}$, $\frac{3}{4}\,\frac{1}{4}\,\frac{3}{4}$, $\frac{1}{4}\,\frac{3}{4}\,\frac{3}{4}$

O: 000, $\frac{1}{2}\,\frac{1}{2}\,\frac{1}{2}$

Ag가 원점에 놓이도록 단위세포 경계를 이동하면 원자 좌표들이 어떻게 달라지는가? 새로운 좌표계의 구조를 *ab* 평면에 투사하여 그려라. 격자 유형은 무엇인가? Ag와 O의 배위수는 각각 몇인가? Ag–O 거리를 계산하라. 이 구조는 대칭 중심을 갖는가?

1.32 이상적 암염 구조의 MX에서 음이온들끼리 맞닿아 있을 때, 반경 비 r_M/r_X를 계산하라.

1.33 이상적 섬아연석 구조의 MX에서 음이온들끼리 맞닿아 있을 때, 반경 비 r_M/r_X를 계산하라.

1.34 이상적 CsCl 구조의 MX에서 음이온들끼리 맞닿아 있을 때, 반경 비 r_M/r_X를 계산하라.

1.35 다음의 MX 화합물이 어떤 구조일지 예상하라. 문 1.32–1.34에서 얻어진 '반경 비 규칙'을 참고하되, 계산된 값이 각각의 구조에서 가능한 최소 반경 비라고 가정하라.

(a) $r_M/r_X=0.3$ (b) $r_M/r_X=0.6$ (c) $r_M/r_X=0.8$

1.36 NaCl과 CsCl 구조 모두에서 음이온–음이온, 음이온–양이온 간의 접촉이 일어난다. 두 구조의 채움 밀도를 비교하라.

1.37 다음 화합물에 존재하는 복합 음이온의 종류는 무엇인가?

(a) Ca_2SiO_4

(b) $NaAlSiO_4$: Al은 사면체 자리

(c) $BaTiSi_3O_9$

(d) melilite, $Ca_2MgSi_2O_7$

(e) diopside, $CaMgSi_2O_6$

(f) tremolite, $Ca_2Mg_5Si_8O_{22}(OH,F)_2$: 이 각섬석에서 OH와 F는 Si에 결합하지 않음

(g) margarite, $CaAl_2(OH)_2(Si_2Al_2)O_{10}$: Al 중 둘은 사면체 자리, 둘은 팔면체 자리

(h) 고령석, $Al_2(OH)_4Si_2O_5$: Al은 팔면체 자리, OH는 Si에 결합하지 않음

1.38 풀러렌, C_{60}은 *fcc* 분자 배열을 갖고 $a=14.17$ Å이다. C_{60} 분자가 구형이고 [110] 방향으로 접한다고 가정하여 (a) C_{60} 분자의 반데르 발스 반경, (b) 팔면체 틈새와 사면체 틈새의 반경을 계산하라.

풀러렌의 구조 틈새에는 비활성 기체가 삽입되어 화합물을 형성할 수 있다. 비활성 기체의 원자 반경(Ar 1.91 Å, Kr 1.98 Å, Xe 2.05 Å)을 고려하여 '비활성 기체 풀러렌화물'의 화학식과 구조를 예상하라. 또한 Ar, Kr, Xe의 삽입 화합물 형성에 대한 상대적 난이도를 비교하라.

1.39 페로브스카이트 구조는 매우 넓은 범위의 물질에서 나타나며, 여기에는 양론적 조성뿐만 아니라 비양론적 조성도 포함된다. 페로브스카이트의 전기적, 자기적, 광학적 성질은 조성에 따라 크게 달라진다. 다음에 답하라.

(a) 페로브스카이트 구조를 묘사하라.

(b) 이 구조에 속하는 대표적 화합물 조성을 적으라.

(c) 비양론적 페로브스카이트 조성의 설계 방법을 기술하라.

(d) 페로브스카이트의 물성 중 3개를 선택하여 조성–구조–성질 간 관계를 논하라.

2장

2.1 온도가 높을수록 결정성 고체의 결함성이 증가하는 이유를 설명하라.

2.2 그림 2.4의 자료를 이용하여 AgCl에서 Frenkel 결함의 생성 엔탈피를 계산하라.

2.3 다음 결정에서 어떤 종류의 결함이 우세할지 예상하라.

(a) $MnCl_2$가 혼입된 NaCl

(b) Y_2O_3가 혼입된 ZrO_2

(c) YF_3가 혼입된 CaF_2

(d) As가 혼입된 Si

(e) 물리적 가격에 의해 박판으로 가공된 알루미늄 조각

(f) 환원 분위기에서 가열된 WO_3

2.4 텅스텐보다 구리가 더 무른 금속인 이유를 설명하라.

2.5 β'-놋쇠(그림 2.11)에서 Cu와 Zn 원자의 질서 배열은 X-선

분말 회절 패턴에 어떤 영향을 주는가? β-놋쇠와 β'-놋쇠의 패턴이 어떻게 다를지 예상하라.

2.6 질량 작용 법칙을 이용하여 결함 농도가 낮은 계의 결함 평형을 분석할 수 있다. 결함 농도가 높은 계에 이 방법을 적용할 경우 예상되는 한계점은 무엇인가?

2.7 어떤 종류의 어긋남이 다음 특성을 갖는가?
(a) Burgers 벡터가 전단 방향에 평행이고 어긋남 선과는 수직이다.
(b) Burgers 벡터가 전단 방향에 수직이고 어긋남 선과는 평행이다.

2.8 다음의 결정에서 미끄러짐이 일어나기 가장 쉬운 방향은?
(a) Zn (b) Cu (c) α-Fe (d) NaCl

2.9 NaCl에서 Schottky 결함의 생성 엔탈피가 2.3 eV이고, 750 °C에서 빈자리와 점유된 자리의 비는 10^{-5}이다. NaCl에서 Schottky 결함의 평형 농도를 300 °C와 25 °C 조건에 대해 추정하라.

2.10 CaF_2에 YF_3가 용해된 고용체에서 조성에 따른 밀도를 다음 경우에 대해 각각 계산하라. CaF_2의 격자 상수는 1장에 주어졌으며, 고용체 조성에 따른 격자 부피 변화는 무시한다.
(a) 양이온 빈자리 모형 (b) 틈새 F^- 이온 모형

3장

3.1 녹석류석(grossular) $Ca_3Al_2Si_3O_{12}$는 가넷(석류석) 구조를 갖는 광물이며, 8배위 Ca, 팔면체 배위 Al, 사면체 배위 Si를 갖는다. 각각의 O는 Si 1개, Al 1개, Ca 2개에 배위된다. 이 구조에서 Pauling의 정전기적 원자가 규칙이 성립함을 보이라.

3.2 Pauling의 정전기적 원자가 규칙을 이용하여, 규산염 구조에서 꼭짓점 공유에 참여하는 SiO_4 사면체의 개수가 2를 넘지 않는 이유를 설명하라.

3.3 BeF_2, MgF_2, CaF_2는 각각 SiO_2, 루틸, 형석 유형의 구조이다. 이온 크기 관점에서 위 결과를 해설하라.

3.4 표 1.8에 암염 구조 산화물들의 격자 상수가 주어져 있다. $r_{O^{2-}} = 1.26$ Å 또는 $r_{O^{2-}} = 1.40$ Å인 두 경우 각각에 대해 다음을 계산하라.
(a) 양이온 반경 (b) 반경 비 $r_{M^{2+}}/r_{O^{2-}}$
이 산화물들에서 M^{2+} 이온의 팔면체 배위를 예측하는 데 반경 비 규칙이 유용한지 평가하라. 섬유아연석 구조 산화물(표 1.12)과 형석/반형석 구조 산화물(표 1.10)에 대해 같은 계산을 반복하라.

3.5 Kapustinskii 공식과 표 1.8의 자료를 이용하여 알칼리 토 산화물의 격자 에너지 값을 계산하고, 그 결과를 표 3.6의 자료와 비교하라. 이 산화물들의 생성 엔탈피를 추정해 보라.

3.6 CuF_2와 CuI가 안정한 화합물인 반면, CuF와 CuI_2는 불안정한 이유를 설명하라.

3.7 리튬의 가장 안정한 산화물이 Li_2O인 데 비해 루비듐과 세슘은 과산화물 M_2O_2와 초과산화물 MO_2가 더 안정하다. 이에 대해 논하라.

3.8 Sanderson 기법을 이용하여 소듐 할로젠화물의 부분 이온성을 추정하라. 즉, 구성 원자 반경과 격자 상수 a를 계산하고 표 1.8의 자료와 비교하라.

3.9 산화물 MnO, FeO, CoO, NiO는 모두 입방 암염 구조로서 팔면체 배위 양이온을 갖는다. 이들과 달리 CuO는 심하게 왜곡된 CuO_6 팔면체를 갖는다. 이유를 설명하라.

3.10 많은 전이 금속 화합물에서 d 전자는 결합 형성에 직접 관여하지 않으면서도 구조에 상당한 영향을 미친다. 이에 대해 설명하라.

3.11 원소 마그네슘의 띠 구조를 간략히 스케치하고 금속성 전도도를 해설하라.

3.12 TiO와 NiO는 둘 다 암염 구조이다. 그러나 TiO가 금속성인 반면 순수한 NiO는 전기적 절연체이다. 이에 대해 설명하라.

3.13 순수한 WO_3(ReO_3 구조)는 절연체이지만 $Na_{0.5}WO_3$와 같은 텅스텐 브론즈는 금속성이다. 이들의 띠 구조를 스케치하라. 전기적 성질을 결정짓는 것은 W의 d 오비탈들 중 어떤 것인가?

3.14 암염 구조는 LiF, NiO, TiO, LaN, TiC와 같은 다양한 물질에서 나타난다. 이들 각각에 어떤 유형의 결합이 존재할지 논하라.

3.15 Kapustinskii 공식과 MgO의 Born–Haber 순환을 바탕으로 산소의 전자 친화도(O/O^{2-})를 계산하라. 다음의 관련 자료(단위 $kJ\,mol^{-1}$)를 참고하라: $S_{Mg} = 148$, $IP_{Mg/Mg^{2+}} = 2188$, $D_{O_2} = 498$, $\Delta H_{f,MgO} = -602$, $r_{Mg^{2+}} = 0.86$ Å, $r_{O^{2-}} = 1.26$ Å.

4장

4.1 무기 고체 상의 합성에 있어서, 고전적 'shake'n bake' 방식에 비해 *chimie douce* 기법이 갖는 장단점을 논하라.

4.2 다음 물질의 합성을 위한 *chimie douce* 경로를 제안하라.
$LiTiS_2$ $Li_{0.5}CoO_2$ $BaTiO_3$ $CoFe_2O_4$

4.3 일반적으로 무기 물질의 고체상 합성은 고온에서 장시간의 가열을 필요로 한다. 그 이유와, 고체상 합성의 반응 시간을 단축시킬 수 있는 방법을 적으라.

4.4 결정성 고체의 합성은 반응물 혼합의 균일도가 원자 차원에 가까울수록 용이해진다.
(a) 위와 같은 균일 혼합물을 얻기 위한 방법을 3가지 이상 제시하고 $BaTiO_3$의 분말 합성을 예로 하여 각각의 장단점을 비교하라.
(b) 반도체 CdS나 GaAs를 박막으로 합성하기 위한 방법을 논하라.

4.5 종래 인조 다이아몬드의 합성은 고온 고압 조건에서만 가능했으나, 최근에는 기상 반응을 통해 낮은 압력에서도 다이아몬드를 합성할 수 있다. 이에 대해 설명하고, 다이아몬

드 합성 과정에 대한 열역학적/속도론적 인자들을 논하라.

4.6 결정성 규소와 비정질 규소가 13족 또는 15족 원소에 의해 혼입될 때 나타나는 변화를 비교하라.

4.7 TiS_2가 리튬 이차 전지의 음극으로 사용될 수 있는 배경과 그 방법을 설명하라. 또한 NiS가 TiS_2와 유사한 역할을 할 수 있을지 논하라.

4.8 유리 기판에 $BaTiO_3$ 박막을 합성하고자 할 때 사용될 수 있는 기법은?

4.9 제올라이트 합성에서 주형의 역할은?

5장

5.1 표 5.2의 $K_{\alpha1}$ 자료를 이용하여 Moseley 법칙을 도표로 나타내라. Co $K_{\alpha1}$ 전이에 해당하는 파장을 예상하라.

5.2 다음과 같은 회절을 나타내는 격자 유형은 무엇일지 예측하라.
(a) 110, 200, 103, 202, 211
(b) 111, 200, 113, 220, 222
(c) 100, 110, 111, 200, 210
(d) 001, 110, 200, 111, 201

5.3 $a = 5.0$ Å의 입방 격자가 나타내는 111, 200 회절에 대해 d 값과 θ 값을 계산하라(Cu K_α 선원).

5.4 Bragg 법칙의 적용에서 n 값은 항상 1로만 설정된다. n이 2 이상인 경우, 즉 고차(higher order)의 회절 피크가 고려되지 않는 이유는 무엇인가?

5.5 입방정계에 속하는 알칼리 할로젠화물의 회절 패턴에서 처음 6개의 피크가 d-간격 4.08, 3.53, 2.50, 2.13, 2.04, 1.77 Å에 해당하는 2θ 위치에서 관찰되었다. 각각의 밀러 지수를 결정하고 단위세포 격자 상수를 계산하라.
이 물질의 밀도가 3.126 g cm^{-3}라면 이 물질은 무엇인가?

5.6 가상의 사방정계 단위세포에서 같은 종류의 원자 2개가 000, $^1/_2{}^1/_2 0$ 위치에 놓여 있다. 구조 인자(structure factor)를 간략하게 유도하고, C-측심 격자에서의 회절 조건이 hkl: $h + k = 2n$임을 보이라.

5.7 페로브스카이트 구조 $SrTiO_3$에 대해 체심 중심을 원점으로 삼아 구조 인자 공식을 유도하라. 원자 좌표는 각각 Sr: $^1/_2{}^1/_2{}^1/_2$, Ti: 000, O: $^1/_2 00$, $0{}^1/_2 0$, $00{}^1/_2$이다.

5.8 분말 회절 패턴에서, KCl의 111은 세기가 0이지만 KF의 111은 세기가 상당히 강하다. 이유를 설명하라.

5.9 고온의 Au–Cu 합금은 Au/Cu가 무작위로 배열된 면심 입방 단위세포를 갖는다. 반면, 저온의 Au–Cu 합금에서는 질서 배열이 일어난다: Cu는 꼭짓점 위치와 한 쌍의 마주보는 면 중심 위치를 선호하고, Au는 나머지 두 쌍의 면 중심 위치를 선호한다. Au–Cu 합금의 X-선 회절 패턴은 고온과 저온에서 어떻게 달라지겠는가?

5.10 사방정계 Li_2PdO_2의 X-선 회절 패턴은 다음 위치에서 세기를 보인다: 4.68 Å(002), 3.47 Å(101), 2.084 Å(112). 단위세포 격자 상수를 계산하라. 이 물질은 밀도가 4.87 g cm^{-3}이다; 단위세포를 구성하는 원자는 각각 몇 개인가?

5.11 어떤 암모늄 염 NH_4X가 상온에서 CsCl 구조($a = 4.059$ Å)이다가 138 °C에서 NaCl 구조($a = 6.867$ Å)로 전이한다.
(a) 상온 다형체의 밀도는 3.431 g cm^{-3}이다. 이 물질은 무엇인가?
(b) 각 다형체에 대해, X-선 회절의 처음 4개 피크의 d-값을 계산하라.
(c) 각 다형체의 1몰당 부피를 비교하라. 단, 열팽창 효과는 무시한다.
(d) NH_4^+ 이온의 반지름이 1.50 Å이고, 양이온과 음이온이 맞닿아 있다고 가정하여 각 구조에서 음이온 반지름을 계산하라. 두 구조에서 음이온끼리 맞닿아 있는가?

5.12 "결정성 고체에 대해 X-선 회절 패턴이 고유 지문과 같은 역할을 할 수 있다." 이 진술의 타당성과, NaCl이나 NaF와 같이 유사한 구조들이 분말 회절에 의해 구분될 수 있는 이유를 논하라.

5.13 다음 물질에 대해 X-선 회절 패턴과 중성자 회절 패턴을 측정할 때 정성적으로 어떤 차이가 나타날지 예상하라. 단, 각각의 회절에서는 비슷한 파장의 단색광원이 이용된다.
(a) NaCl (b) 금속 Fe (c) 반강자성 NiO

5.14 다음 시료들의 X-선 회절 패턴에서 나타나는 차이를 정성적으로 스케치하여 나타내라.
(a) NaCl과 AgCl 분말을 1:1로 단순 혼합
(b) (a)를 고온에서 가열하여 얻어진 균일 고용체

5.15 어떤 수산화 알루미늄 시료를 분석한 결과 소량의 Fe^{3+}가 검출되었다. Fe^{3+}가 별개의 $Fe(OH)_3$ 상으로 존재, 또는 $Al(OH)_3$의 Al^{3+}를 치환하는 두 경우에 X-선 회절 패턴은 어떻게 다르겠는가?

6장

6.1 고체 물질의 순도를 판정하는 데 있어 광학 현미경과 X-선 분말 회절이 각각 어떻게 이용될 수 있는가?

6.2 결정성 시료 CHI_3 또는 CdI_2의 상 확인과 물질 묘사를 위해 어떤 기법이 사용될 수 있는지 비교하라.

6.3 다음 시료들을 약한 힘으로 분쇄한 후 편광 현미경으로 관찰할 때 어떤 차이점이 예상되는가?
(a) 비정질 SiO_2 (b) 석영 결정 (c) NaCl (d) 금속 Cu

6.4 전자 현미경에서 50 kV의 전압으로 가속된 전자의 파장을 계산하라.

6.5 다음 약칭의 원 용어를 적으라.

EXAFS	XANES	EELS	XRF
ESCA	XPS	UPS	MAS NMR
SEM/TEM	AEM	EDX	EPMA

6.6 다음 정보를 얻기 위해 어떤 기법(들)이 적용될 수 있는가?
(a) 유리병에 함유된 Fe의 산화 상태와 배위수
(b) 루비 결정 내 Cr^{3+}의 배위수
(c) 알루미늄 금속 조각에서 표면층의 속성

(d) 다결정 SiC 조각에 포함된 결정성 미시 불순물의 속성
(e) 수화된 시멘트 입자에서 Ca:Si 조성 비
(f) 팔라듐 수소화물의 분말 시료에서 수소 원자의 위치
(g) MnO 내의 자기적 질서 배열에 의한 초격자 존재 여부

6.7 (i–iv) 과정에 대한 대략적 에너지 값을 (a–d) 단위 별로 적으라.
(i) 전자 스핀 배향의 변화, (ii) NiO에서 d–d 전이,
(iii) Cu에서 K 흡수단, (iv) KCl에서 격자 진동
(a) eV (b) kJ mol^{-1} (c) cm^{-1} (d) Hz

6.8 다음을 연구하기 위해 어떤 현미경 기법(들)을 사용할 수 있는가?
(a) 금속 조각의 조직(texture)
(b) 분말 유리 시료의 균일도
(c) 어긋남(dislocation), 쌓임 결함(stacking fault), 쌍정(twinning)
(d) 세척용 소다에 의한 소금 시료의 오염 여부

6.9 일반적으로 비분자성 고체 물질에 비해 유기물의 물질 묘사가 더 쉬운 이유를 설명하라.

6.10 신규 페로브스카이트 상의 합성 시도로부터 백색의 고체가 얻어졌다. 이 생성물이 페로브스카이트 상인지 여부와 결정 구조, 조성, 순도를 어떻게 알아낼 수 있는가?

6.11 다음 시료를 용융되기까지 가열할 때 DTA와 TG 곡선이 어떻게 얻어질지 예상하라.
(a) 모래 (b) 창 유리 (c) 소금 (d) 세척용 소다
(e) 엡섬 염(epsom salt; 황산 마그네슘 수화물) (f) 금속 Ni
(g) 강유전체 $BaTiO_3$ (h) 점토 광물

6.12 다음 중 이력(hysteresis) 여부와 별개로 가역적 DTA 거동이 예상되는 과정은 무엇인가?
(a) 소금의 용융 (b) $CaCO_3$의 분해 (c) 백사장 모래의 용융 (d) 금속 Mg의 산화 (d) $Ca(OH)_2$의 분해

6.13 겨울철 빙판에 소금을 뿌리는 경우가 있다. 소금이 얼음에 미치는 영향을 DTA로부터 정량화할 수 있는가? 어떤 결과가 예상되는가?

6.14 다음을 가열하는 과정에서 예상되는 DTA 곡선을 스케치하라.
(a) 순수한 Fe 시료 (b) 1wt%의 C를 함유한 Fe–C 합금

6.15 분광학적 기법은 라디오파, 마이크로파, 적외선, 가시광선, 자외선, X-선, γ-선에 이르는 전자기파를 사용한다. 각 영역 대에 해당하는 대표적 기법은 무엇이고, 고체화학에서 다음의 분석을 위해 사용되는 예는 무엇인가?
(a) 원소 조성 (b) 상의 식별 (c) 결정 구조

7장

7.1 다음에서 (i) 몰 백분율과 (ii) 질량 백분율을 계산하라.
(a) mullite, $Al_6Si_2O_{13}$에서 Al_2O_3
(b) 불투명화제, $Na_2Ca_3Si_6O_{16}$에서 Na_2O
(c) 이트륨 철 가넷, $Y_3Fe_5O_{12}$에서 Y_2O_3

7.2 상 도표는 대개 질량 백분율이나 몰 백분율로 표현된 조성에 대해 그려진다. 2원 계 AB에 대해 위 둘의 상호 변환 관계를 유도하라.

7.3 CaO–SiO_2 계는 다음 상들을 포함한다: Ca_3SiO_5, Ca_2SiO_4, $Ca_3Si_2O_7$, $CaSiO_3$. 각각의 조성을 SiO_2의 몰 백분율로 나타내고, 그 결과를 이용하여 CaO–SiO_2 상 도표의 조성 축을 구성하라.

7.4 Na_2O–P_2O_5 상 도표에 대해 문제 7.3을 반복하라. 이 계는 Na_3PO_4, $Na_4P_2O_7$, $Na_5P_3O_{10}$, $NaPO_3$를 포함한다.

7.5 다음과 같은 특징을 갖는 A–B 계에 대해 상 도표를 스케치하라.
– 3개의 2원 화합물, A_2B, AB, AB_2가 존재
– A_2B와 AB_2는 합치 용융됨
– AB는 'A_2B + 액체'로 비합치 용융됨
– AB는 안정성의 하한을 가짐

7.6 다음 정보를 바탕으로 Al_2O_3–SiO_2 상 도표를 스케치하라. (모든 영역을 표지하라.)
– Al_2O_3와 SiO_2의 녹는점은 각각 2060, 1720 °C
– 1개의 합치 용융 화합물 $Al_6Si_2O_{13}$이 있으며 그 녹는점은 1850 °C
– ~5 mol% Al_2O_3, 1595 °C와 ~67 mol% Al_2O_3, 1840 °C에서 공융점

7.7 다음 정보를 바탕으로 Na_2O–Nb_2O_5 상 도표를 모눈용지에 스케치하라. (모든 영역을 표지하라.)
– 4개의 2원 상이 존재하며 각각의 녹는점은 아래와 같다.
Na_3NbO_4 합치, 992 °C
$NaNbO_3$ 합치, 1412 °C
$Na_2Nb_8O_{21}$ 비합치, 1265 °C (→ $Na_2Nb_{20}O_{51}$ + 액체)
$Na_2Nb_{20}O_{51}$ 비합치, 1290 °C (→ Nb_2O_5 + 액체)
Na_2O ~1200 °C
Nb_2O_5 1485 °C
– 공융: 10% Nb_2O_5, 830 °C; 31% Nb_2O_5, 975 °C; 68% Nb_2O_5, 1220°C
– $NaNbO_3$는 368 °C와 640 °C에서 다형 전이

7.8 순수한 철은 910 °C에서 $\alpha \rightarrow \gamma$ 전이를 거치며, 탄소의 첨가에 의해 전이 온도가 723 °C로 낮아진다. Fe–C 상 도표 중에서 Fe 조성이 우세한 부분의 대략적 형태를 스케치하라.

7.9 A–B 계는 단순 공융계이며 두 말단 조성은 제한된 범위에서 고용체를 이룬다. 이 계에 대한 상 도표를 적절히 스케치하라. 작성된 도표를 Mg_2SiO_4–Zn_2SiO_4의 상 도표(그림 7.14)와 비교해 보라. 실험적으로 다음 사항을 어떻게 알아내겠는가?
(a) 고용체의 한계 조성
(b) 각 경우의 고용체 형성 메커니즘
(c) 공융 온도

7.10 상(phase, P)과 성분(component, C)의 차이를 보기를 들어 설명하라. 어떤 조건에서 성분이 상이 될 수 있는가?

7.11 $MgAl_2O_4-Al_2O_3$ 상 도표(그림 Q.1)를 참고하여, 40 mol% MgO, 60 mol% Al_2O_3인 액체가 평형을 따라 냉각될 때 예상되는 반응을 묘사하라. 냉각 속도를 빠르게 하면 생성물(들)이 달라지겠는가?

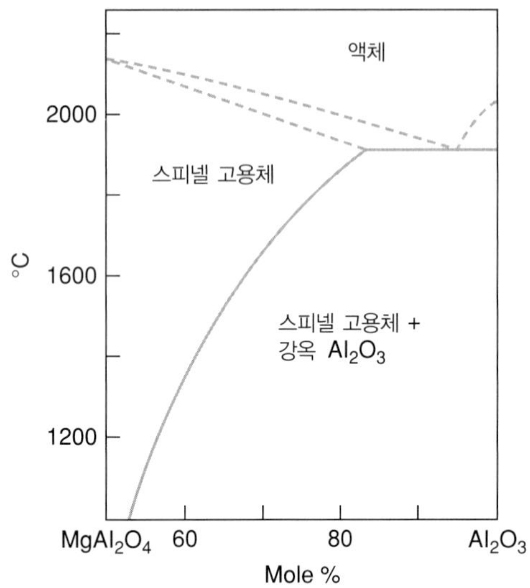

그림 Q.1 $MgAl_2O_4-Al_2O_3$ 계의 상 도표.

8장

8.1 폴리아세틸렌은 전기 전도체이고 폴리에틸렌은 절연체인 이유를 설명하라.

8.2 폴리피롤을 이용하여 *n*-형 반도체와 *p*-형 반도체를 얻으려면 각각 어떤 물질을 더해야 하는가?

8.3 (그림 8.8(a)에 주어진 원자 좌표와 단위세포 상수를 이용하여 답하라.)
$YBa_2Cu_3O_7$의 단위세포를 다음 평면에 투사하여 그려라.
(a) *ac* 평면 (b) *bc* 평면
Cu–O, Ba–O, Y–O 거리를 계산하라.

8.4 띠 간격이 1.1 eV인 규소(Si)의 에너지 띠 구조를 스케치하라. *p*-형 반도체를 얻기 위해 어떤 원소를 Si에 더하겠는가? 받개 준위가 최외각 띠 상단보다 0.01 eV만큼 높을 때의 에너지 준위 구조를 스케치하라. 상온에서 받개 준위 중 얼마만큼이 점유되겠는가? 전자 여기 확률은 $\exp(-E/kT)$에 비례한다. 불순물 농도가 10^{-4} at.%라면 불순물에 의한 운반체 농도는 얼마인가? 내인성 운반체 농도와 외인성 운반체 농도가 같아지는 것은 어떤 온도에서인가?

8.5 위 문제를 Ge(띠 간격 0.7 eV)에 대해 반복하라.

8.6 실제 소자 응용에서는 띠 간격이 넓고, 최외각/전도 띠와 불순물 준위 사이의 간격이 작은 반도체가 선호된다. 이유를 설명하라.

8.7 (a) Si 조각에 B 원자를 $5\times10^{18}\,cm^{-3}$의 농도로 혼입시켰다. 전자와 정공 각각의 농도는? 내인성 결함의 농도는 $1\times10^{10}\,cm^{-3}$인 것으로 가정하라.
(b) 정공 이동도 $\mu_h = 0.05\,m^2\,V^{-1}\,s^{-1}$로 가정하여 시료의 전도도를 계산하라.

8.8 (a) NaCl 결정에 다음 불순물이 소량 존재한다면 전도도가 어떻게 영향 받겠는가?
(i) KCl (ii) NaBr (iii) $CaCl_2$ (iv) AgCl (v) Na_2O
(b) AgCl 결정에 다음 불순물이 소량 존재한다면 전도도가 어떻게 영향 받겠는가?
(i) AgBr (ii) $ZnCl_2$ (iii) Ag_2O

8.9 그림 8.18에 주어진 전도도 자료를 이용하여 (a) 양이온 빈자리의 이동 엔탈피와 (b) Schottky 결함의 생성 엔탈피를 계산하라. 표 8.5의 값과 엇비슷한 결과가 얻어졌는지 확인하라.

8.10 어떤 고체의 전도도가 상온에서 $10^{-5}\,\Omega^{-1}\,cm^{-1}$이다. 전하 운반체의 결정 방법을 제안하라. 전하 운반체가 (a) 전자, (b) Na^+ 이온, (c) O^{2-} 이온인 경우들을 어떻게 구별해낼 수 있는가?

8.11 그림 8.26, β-알루미나의 양이온 종류별 전도도 자료 각각에 대해 비례 인자 *A*와 활성화 에너지 *E*를 계산하라.

8.12 그림 7.24를 참고하여 200 °C와 300 °C에서 Na/S 전지의 작동 방식을 비교하라. 또한 둘 중 어느 온도에서 전지가 더 기능적인가?

8.13 Na/S 전지는 전기 버스나 승용차의 용도를 염두에 두고 개발되고 있다. 그러한 응용에서, 기존의 납/산 전지에 비해 Na/S 전지의 장점과 단점은 각각 무엇인가?

8.14 플루오린 기체에 대한 감도가 우수한 고체 전해질이 있을 때, 이 전해질을 포함하는 장치 구성을 제안하라.

8.15 상유전체, 강유전체, 준강유전체, 반강유전체 사이의 차이점은 무엇인가?

8.16 다음 물질이 축전기 판 사이에 놓였을 때, 1 kHz에서 측정된 겉보기 유전 상수를 어림잡아 예상하라.
(a) Ar 기체 (b) 물 (c) 얼음 (d) 순수한 Si 단결정
(e) 순수한 KBr 단결정 (f) $CaBr_2$가 혼입된 KBr 단결정
(g) Na β-알루미나 (h) $BaTiO_3$

8.17 다음 결정 중 어느 것(들)이 압전 거동을 보일 것으로 예상되는가?
(a) NaCl (b) CaF_2 (c) CsCl (d) 섬유아연석 ZnS
(e) NiAs (f) 루틸 TiO_2

8.18 다음 진술의 타당성에 대해 논하라. "초전체는 가열에 의해 알짜 자발 분극이 유발되는 물질이다."

8.19 '유전 손실'이란 무엇인가? 또한 그 발생 원인은 무엇인가? 전기 절연체 소재에서 유전 손실을 최소화할 수 있는 방법은 무엇인가?

8.20 고체 전해질의 높은 이온 전도도에 관련된 결정 구조 측면의 요건을 기술하고 예를 들어라.

8.21 다음의 혼입에 의해 발생될 수 있는 결함 유형을 논하라.
(a) LiF에 MgF_2를 혼입 (b) NiO에 Li_2O를 혼입
위의 혼입 결과로 전기적 성질이 어떻게 영향 받겠는가?

8.22 다음 관찰 내용을 해설하라.

(a) LiF는 전자 절연체이다.

(b) 순수한 NiO는 연녹색의 절연체이지만 공기 중 가열에 의해 흑색의 반도체가 된다.

(c) MnO는 반도체, NiO는 절연체인 데 반해 TiO는 금속성 전도도를 보인다. 이들 셋 모두 동일하게 암염 구조를 갖는다.

8.23 양론적 CsI에서 주요 결함은 Schottky 결함이고, 격자 점 중 Schottky 결함을 보이는 분율은 다음과 같다: 1.08×10^{-16} (300 K), 1.06×10^{-12} (400 K), 2.63×10^{-10} (500 K), 1.04×10^{-8} (600 K), 4.76×10^{-6} (900 K).

Schottky 결함의 생성이 아레니우스 (또는 볼츠만) 표현을 따르는지 판정하고, 만일 그렇다면 Schottky 결함의 생성 엔탈피를 (a) 결함 1개에 대해, 또한 (b) 결함 1몰에 대해 계산하라.

8.24 구리 산화물 고온 초전도체의 화학식과 구조를 간략히 기술하라. 그들과 페로브스카이트 구조가 어떻게 연관되는지 나타내고, Cu의 배위 환경에 산화수 정보가 내포됨을 설명하라.

8.25 $LaBa_2Cu_3O_\delta$와 같은 물질에서 산소 함량 δ의 결정을 위해 사용될 수 있는 기법들을 상세히 비교하라.

8.26 고체 전해질 전지 Pt:Ni,Cu,NiO/YSZ/Ni,NiO:Pt의 emf는 1500 K에서 +0.2V이다. Ni, NiO 혼합물에 대한 산소 분압이 10^{-6} atm이라면 Ni, Cu, NiO 혼합물에서의 산소 분압은 얼마일지 계산하라.

8.27 산소 분압이 아주 낮거나($<10^{-20}$ atm) 아주 높은($>10^{10}$ atm) 경우, YSZ를 이용한 산소 센서가 사용될 수 없는 이유를 설명하라.

9장

9.1 Gouy 저울을 이용하여 상자성, 강자성, 반강자성 거동을 어떻게 구분할 수 있는가?

9.2 일산화 바나듐(VO)은 상자성이면서 우수한 전기 전도체인 데 비해 산화 니켈(NiO)은 상자성/반강자성이면서 전도도가 낮다. 이를 설명하라.

9.3 다음 스피넬들의 자기적 거동을 설명하라.

(a) $ZnFe_2O_4$: 반강자성

(b) $MgFe_2O_4$: 준강자성, 자기 모멘트가 고온으로 갈수록 증가

(c) $MnFe_2O_4$: 준강자성, 자기 모멘트가 온도에 무관

9.4 정보 저장 매체에 사용되는 자성 물질이 정사각 또는 직사각형의 이력 고리를 가져야 하는 이유를 설명하라.

9.5 순수한 철이 변압기 코어에 사용될 수 없는 이유는?

9.6 Ni에 대한 다음 자화율 자료가 Curie–Weiss 법칙에 들어맞음을 보이라.

T(K)	800	900	1000	1100	1200
$\chi\times10^{-5}$	3.3	2.1	1.55	1.2	1.0

T_C 또는 θ와 C를 구하라.

9.7 $Ni_{1-x}Zn_xFe_2O_4$ 스피넬에서 Ni를 Zn으로 치환함에 따라 포화 자화가 2.3 BM($x=0$)에서 5.2 BM($x=0.5$)으로 증가하는 결과를 설명하라.

10장

10.1 할로젠화 포타슘은 모두 다 가시광선 영역에서 투명하다. 표 3.19의 띠 간격 자료를 이용하여 이들이 불투명해지는 파장을 계산하라.

10.2 고체 물질이 레이저 광원으로 이용되기 위해 갖춰야 하는 일반적 요건은 무엇인가?

10.3 반-Stokes 형광체는 여기 파장보다 더 짧은 파장의 빛을 방출한다. 이 과정에서 에너지 보존 법칙이 위배되지 않음을 설명하라.

연습문제의 풀이는 Wiley 출판사의 학습지원 웹사이트(http://www.wiley.com/go/west/solidstatechemistrystudent)에 게시됨.

찾아보기

ㄱ

ㄴ

ㄷ

ㄹ

ㅁ

ㅂ

ㅅ

ㅇ

ㅈ

ㅊ

ㅋ

ㅌ

ㅍ

ㅎ

광물 색인

stishovite	SiO_2		196, 287
talc	$Mg_3(OH)_2Si_4O_{10}$	활석	73
tenorite	CuO	흑동석	139
thortveitite	$(Sc,Y)_2Si_2O_7$		72
tremolite	$Ca_2Mg_5Si_8O_{22}(OH,F)_2$	투각섬석	462
tridymite	SiO_2	인규석	91, 287
triphylite	$LiFePO_4$	삼인석	63
uvarovite	$Ca_3Cr_2Si_3O_{12}$	회크롬석류석	68
willemite	Zn_2SiO_4	규산아연석	88, 417
wollastonite	$CaSiO_3$	규회석	417
wurtzite	$(Zn,Fe)S$	섬유아연석	37
wüstite	$Fe_{1-x}O$		83
xonotlite	$Ca_6(OH)_2Si_6O_{17}$		258
zeolite	$M_x(Al,Si)O_2 \cdot nH_2O$	비석	174

[a]국문/한자 관용명이 알려진 경우만 표기함.

| 역자 소개 |

김영일
서울대학교 자연과학대학 화학과 학사
서울대학교 대학원 화학과 석사
Ohio State University 대학원 화학과 박사
(현) 영남대학교 자연과학대학 화학과 교수

고체화학 제2판

|저 자 Anthony R. West
|역 자 김영일
|발 행 인 주정희
|발 행 처 자유아카데미
|주 소 경기도 파주시 회동길 37-42
파주출판도시
|전 화 031-955-1321
|팩 스 031-955-1322
|전자우편 main@freeaca.com(대표)
editor@freeaca.com(편집)
crm@freeaca.com(영업)
|홈페이지 www.freeaca.com
|등 록 제406-2003-017호, 1980. 7. 12
|제2판1쇄 2018년 3월 30일 발행
|정 가 45,000원

역자와의
협의하에
인지생략

Printed in Korea
ISBN 979-11-5808-165-2 93430